现代农业科学学术专著
国家科技计划和现代农业产业技术体系资助

旱作覆盖集雨农业探索与实践

樊廷录　李尚中　等　著

中国农业科学技术出版社

图书在版编目（CIP）数据

旱作覆盖集雨农业探索与实践 / 樊廷录等著 .—北京：中国农业科学技术出版社，2017. 11
ISBN 978-7-5116-3238-8

Ⅰ. ①旱…　Ⅱ. ①樊…　Ⅲ. ①旱作农业-降水-蓄水-研究②旱作农业-地膜覆盖-节约用水-研究　Ⅳ. ①S343. 1

中国版本图书馆 CIP 数据核字（2017）第 219754 号

责任编辑　史咏竹
责任校对　贾海霞

出 版 者　中国农业科学技术出版社
北京市中关村南大街 12 号　邮编：100081
电　　话　(010)82105169(编辑室)
(010)82109702(发行部)
(010)82109709(读者服务部)
传　　真　(010)82109707
网　　址　http://www.castp.cn
经 销 者　各地新华书店
印 刷 者　北京科信印刷有限公司
开　　本　787mm×1 092mm　1/16
印　　张　35. 25
字　　数　864 千字
版　　次　2017 年 11 月第 1 版　2017 年 11 月第 1 次印刷
定　　价　198. 00 元

《旱作覆盖集雨农业探索与实践》
著者名单

主　著　樊廷录　李尚中

副主著　王　勇　张建军　王淑英　赵　刚
　　　　李兴茂　王　磊　党　翼　倪胜利

著　者　唐小明　张国宏　马明生　宋尚有
　　　　秦富华　牛俊义　乔小林　程万莉
　　　　王立明　罗俊杰　周广业　丁宁平
　　　　王晓巍　雍致明　张兴高　冯成荣
　　　　崔明九　高育峰

前　言

中国是世界上严重缺水的国家之一，干旱、半干旱面积和没有灌溉条件的旱作耕地面积均超过了国土面积和全国耕地面积的 1/2。改革开放 40 年来，随着中国经济的快速发展和气候干暖化趋势的加剧，水资源日趋紧张，加之农业结构战略性调整，农业用水特别是粮食生产用水呈现零增长或负增长，灌溉粮田面积趋于减少，使得旱作农业在我国粮食安全、水生态安全和精准扶贫中的基础性战略性地位上升，已成为粮食安全的重要支撑体。特别是在完全依靠自然降水进行农牧业生产的旱作农区，合理高效利用有限的降水资源对确保该区粮食安全和经济发展显得尤为重要，降水高效利用无疑成为旱作农业发展永恒的主题。然而，在传统旱作技术条件下，只有 20%~25%的天然降水形成了植物初级生产力，10%~15%通过径流损失，无效蒸发高达 60%~70%，大田降水生产潜力开发度不足 50%，这对于中国北方约 4 000万公顷的旱作耕地而言，农业增产潜力是巨大的。因此，针对旱作区降水量少且无效降水多、季节性分配不均及土壤蒸发损失强烈等水分平衡现状，旱作农业开发解决水问题的基本思路是通过农艺、生物、工程、农机、结构五大环节集成配套，建立集水、蓄水、保水、节水和用水技术体系，形成旱作高效用水一体化综合解决方案，提高水分“三率”，即土壤水分保蓄率、降水利用率和作物水分利用效率。

世界各国高度重视旱作区降水高效利用与环境协调发展，盛行模式有美国夏休闲轮作制和少免耕秸秆覆盖保护性耕作制、澳大利亚草田轮作制、印度和以色列等径流拦蓄利用等。20 世纪 80 年代以来，中国旱作高效用水农业研究与应用取得了一系列重大突破，建立了以旱地耕作、轮作、施肥和抗逆作物及节水品种为支柱，以蓄水保墒、豆科作物轮作和施用有机肥为核心的有机旱作农业，以水土保持和梯田建设为核心的水保型旱作农业，以径流集蓄和关键生育期补灌为主的集水高效农业，以覆盖和垄沟为主的农田覆盖集水种植技术与模式。以旱作农业为主的甘肃省中东部，水资源短缺，耕地亩均水资源不到全国平均水平的 1/4，长期以来始终坚持保住天上雨、蓄住地里墒和用好地表水的抗旱思路，确立了“品种+梯田+水窖+覆盖+结构”旱作农业发展模式，在抗旱作物新品种选育、集水农业工程及集雨补灌、全膜双垄沟集雨种植、稀植作物地膜穴播等方面取得了技术突破，特别是玉米全膜双垄沟种植技术解决了旱地粮食产量长期低而不稳的问题，创造了同类型区旱地玉米单产和水分利用效率的世界纪录，被称为旱地农业技术的一场革命。

本书以黄土高原区降水资源高效利用与粮果增产增效为主线，阐述了覆盖集雨农业研究与应用成效。第一章回顾了国内外覆盖集雨农业研究进展，第二章估算了黄土高原降水资源化潜力，划分了集雨农业类型区，第三章总结了非耕地集雨高效利用的理论与关键技术，第四章阐述了旱作农田和果园土壤水分动态及平衡规律，第五章系统论述了旱地农田作物覆盖集雨种植类型及水分调控机理、作物产量—水分关系、玉米密植增产及农艺农机融合、应对气候变化减灾策略等问题，第六章介绍了定位试验所揭示的黄土旱塬土壤肥力演变规律及施肥效应，第七章在总结国内外生物节水研究进展的基础上，阐述了高产和高水分效率品种评价指标及方法，第八章分析了旱作农田残膜潜在污染问题，评价了生物降解地膜的降解性能，第九章分析了甘肃省粮食生产发展轨迹及对粮食生产的需求，提出了粮食生产能力提升的构思及可持续发展的重点科技任务。

本书是依托国家科技计划项目和国家现代农业产业技术体系，在6个五年计划30多年研究工作的基础上总结形成的系统性成果，包括国家“八五”至“十三五”科技计划“陇东高原半湿润偏旱区农业综合发展研究（85-07-01-07）”“陇东高原半湿润偏旱区集水高效农业研究与开发（96-004-04-04）”“北方旱塬区优质粮食产业开发模式与技术研究（2001BA508B11）”“西北半湿润偏旱区优质粮果稳产高效技术集成与示范（2006BAD29B07）”“西北旱作区抗逆稳产旱作农业技术集成与示范（2012BAD09B03）”和“西北旱塬区增粮增效技术研究与示范（2015BAD22B0-2）”，国家农业科研行业专项“粮食主产区土壤肥力演变与培肥技术研究与示范（201203030-08）”“黄土高原雨养农田玉米水分高效利用技术研究与示范（201303104）”和“黄土高原小麦玉米油菜田间节水节肥节药综合技术方案（201503124）”，国家玉米产业技术体系兰州综合试验站（2011—2020）和甘肃省重大专项“旱地作物关键生产环节农艺农机融合及产业化（143NKDJ018）”等项目资助所取得的研究成果，期间获甘肃省科技进步一等奖3项、省部级科技进步二等奖8项，汇集了以镇原旱农试验站为平台、国家“旱地集雨高效用水技术研究与应用”创新团队为核心的集体智慧与长期辛勤劳动的结晶。

在编写和资料积累整理过程中，除了本书作者外，还得到了甘肃省科学院高世铭研究员，西北农林科技大学王立祥教授、贾志宽教授、李军教授和王朝辉教授，中国农业科学院信乃诠研究员、梅旭荣研究员、徐明岗研究员、张燕卿研究员和严昌荣研究员，甘肃农业大学牛俊义教授、柴强教授、吴建民教授和赵武云教授的指导和支持，甘肃农业大学在镇原试验站从事研究的许多专家和研究生，都付出了辛勤努力，在本书出版之际向他们表示衷心感谢！

本书涉及内容较多、时间跨度相对较长，由于时间仓促和著者水平有限，归纳梳理不够，书中难免存在不足之处，希望得到同行的批评和指教，使其更加完善。

樊廷录

2017年10月于兰州

序

水孕育了生命，也造就了人类文明，水是农业的命脉，农耕文明的发展推动了用水文明的进步。纵观历史，中华农业文明的发展实际上是一部与洪涝、干旱作斗争而不断前进的历史，中华民族所创造的一切物质财富和精神财富都蕴含着治水与雨水高效利用的成果。黄土高原是我国古代农业的发祥地和曾经的农业最为发达地区之一，而今正成为旱作马铃薯、玉米、苹果以及草食畜牧业的重要基地，承担着生态脆弱区和扶贫开发区确保粮食安全、绿色增效和生态保护的重大任务。然而，这里长期面临着严重水土流失和频繁干旱缺水并存的问题，水是该区域农业发展最大的制约因素，探索雨水高效利用之路是历史赋予我们的永恒命题。

国内外在旱作农田水分循环与调控，包括覆盖保护性耕作栽培、集雨补灌、高水分效率作物与品种应用等方面开展了大量工作，取得了显著成效；但对以农田和非耕地雨水资源时空富集叠加利用为核心的关键技术与模式研究方面还不够系统完善。樊廷录研究员及其团队依托承担的各类科研项目，以自然降水高效利用为主线长期致力于提高半干旱地区旱作农田生产力研究，《旱作覆盖集雨农业探索与实践》一书是对他们“八五”以来研究工作的全面总结，体现了20世纪90年代以来我国旱作农业研究发展阶段的转变和新思路的逐步形成。该书在回顾国内外径流集蓄利用研究进展的基础上，以长期试验数据积累和生产应用效果为基础，系统介绍了他们在黄土旱塬区开展覆盖集雨农业方面的研究进展与实践。书中内容抓住了农田覆膜集雨种植机艺一体化、非耕地集雨补灌、作物品种节水及施肥效应等旱作高效用水的关键环节，探讨了高产农田水分可持续性、旱作粮食生产能力提升、农田地膜污染及替代技术等热点问题，内容丰富、主线清晰、思路方法有创新，研究成果有效支撑了旱作粮食持续增产和高产纪录刷新，应用效果明显，较好地回答了半干旱区一方水土能养活一方人的历史性命题。

该书的出版，为从事旱农研究与生产应用的科技人员提供了一部有价值的参考读物，科学性、实用性强，其内容丰富了旱农高效用水的相关理论，技术新颖，可操作性强。尽管书中有关内容和研究工作仍需进一步完善，如适宜于推广应用区域的划定、长期实施对土壤基础肥力的影响等，但它对生产的应用价值和给予我们的启发是十分宝贵的。在该书出版之际，愿以序为贺。

山仑

中国工程院院士

西北农林科技大学、中国科学院水利部水土保持研究所研究员

2017年10月20日

序

黄土高原农耕文化历史悠久，是华夏文明的发祥地和我国典型的旱作农业区。依靠科技进步不断提高降水资源利用率和水分利用效率，是旱作农业发展长期的战略任务和热点科学问题。自20世纪80年代以来，我国在黄土高原先后组织实施了以旱作节水和水土流失综合治理为主的科技计划项目，不断创新和集成应用了一批旱作节水品种和突破性技术及模式，使旱作区成为区域粮食安全的压舱石和稳压器，保障了农业结构战略性调整和特色农产品生产基地的形成。

樊廷录同志1990年研究生毕业以来，就步入国家“八五”旱农科技攻关项目——甘肃镇原试验区建设行列，不忘初心，长期坚守在陇东黄土旱塬，开展以降水高效利用和抗旱增粮为中心的旱农科技创新与应用工作，在旱作农田作物—水分关系、土壤水肥演变、机械化覆膜集雨种植、非耕地径流补灌、生物节水品种筛选评价等方面，取得了一系列研究成果与科技奖励，形成了抗旱增粮的重大技术，在不同阶段完善了旱作高效用水技术体系，显著提高了粮食产量。他推动镇原旱地农业试验站进入国家农业科学试验站和农业部植物营养与施肥科学观测实验站，成为承担国内外农业科技项目、服务地方农业科技创新和人才培养的基地平台，他领衔的“旱地集雨高效用水技术研究与应用”研究团队入选国家农业科研创新团队。

出于对旱作农业发展的高度关心和农业科技工作者的担当责任，基于近30年大量科研数据积累与生产一线工作经验，樊廷录同志组织团队成员，系统总结撰写了《旱作覆盖集雨农业探索与实践》一书。该书以水为主线，按照全方位解决旱作农田水问题的思路，通过生物、覆盖、田间微地形工程、农艺农机融合等手段，构建了集水、蓄水、保水、节水、用水的五大旱作高效用水体系，对目前关注的农田地膜残留现状及地膜减量和替代、旱作覆盖作物全程机械化等热点问题，进行了深入研究。该书的面世，对我国旱作粮食稳定生产、绿色节本增效、地力提升和地膜污染控制等必将发挥应有的推动作用。

全书立意清新，集创新性、整体性和实践性于一体，资料翔实，图文并茂，具有重要的理论、科学和应用价值，可供广大农业科技工作者阅读。特此向大家推荐这本书。

中国工程院院士
中国农业大学教授
2017年11月26日

目　　录

第一章　国内外覆盖集雨农业研究进展

第一节　覆盖集雨农业概念与内涵

水，孕育了生命，也造就了人类文明，四大文明古国就是在适合农业耕作的大河流域诞生的，其各具特色的文明发展史，构成了灿烂辉煌的大河文明，对整个人类进步做出了巨大贡献。人类社会的发展总是伴随着科学技术的进步而不断提升，促进了人类文明的不断升华，带来了用水文明的进步。随着干旱趋势的加剧和水资源短缺的压力，广大的旱作农业区受发展与生存之动力牵引，人们再次把对水资源的渴求转向源头水——自然降水资源的利用，认为仅将地表水和地下水作为水资源总量是一个不完整的水资源总量的概念，降水资源总量才是水资源总量，地表水与地下水由其转化而来，属于降水派生的资源。然而，我国降水资源化系数仅45%，二次转化系数不足14%，大部分降水尚未得到较好利用。随着经济持续增长和粮食及农产品需求刚性增加，加剧了水资源短缺与用水矛盾，同时用水生态文明、农业水生态建设和高效用水也越来越迫切。因此，水利工程、集雨、结构调整、覆盖、节水无疑就成为解决水问题的五大战略选择，农业领域降水资源利用行为已经不再是一种简单的生产行为，而是基于农产品生产稳定增产与水资源可持续利用的协调发展。为实现这一目标，需要创新农业用水理念，尤其是要丰富旱作区高效用水概念与内涵。

一、径流集蓄及覆盖集雨农业的概念

雨水资源的利用有广义和狭义之分。从广义上讲，凡是利用雨水的活动都可以称为雨水集流利用。如兴建水库、塘坝和灌溉系统等开发利用地表水，打井开采地下水以及人工增雨措施等活动，而狭义的雨水集流是指直接利用雨水的活动，如利用一定的集水面收集雨水用于生活、农业生产和城市环境卫生等。雨水集流最初被定义为“收集和贮存径流或溪流用于农业灌溉使用”（Geddes，1963），后来在此基础上进行了修改，发展为“通过人为措施处理集流面增加降雨和融雪径流，进而收集利用的过程”，并指出“贮存”是集水系统重要的有机组成部分（Myers，1964，1967）。20世纪80年代，有些学者全面地将雨水集流定义为收集各种形式的径流（Reij等，1988），用于工农业生产、人畜饮水或其他用途。地表径流是集水系统中的关键因素，包括降雨、融雪径流和季节性溪流。

径流是在降雨条件下地表出现的超渗或超蓄产流。即当降雨强度或降水量超过土壤的入渗能力或超出土壤的保蓄能力时，水在地表积存并发生流动迁移的现象。由此看来，径流是一种正常的自然现象，遍布世界各地，径流产生及产流量受制于地貌类型、土壤类型

和土壤入渗率、植被类型和植被覆盖度、土地利用方式、土壤含水量和土壤容重、降雨强度与历时、不透水面积比例与位置、风向和风速等因素的综合影响。综观全球地球水分循环特征，径流形成过程是陆地水文循环的一个重要环节。从全球观点看，大大小小的径流汇聚形成了河流，推动全球水体循环，对促进农业发展，滋养人类文明产生着积极的作用，生活在河流下游的人们，也正是依赖来自河川上游的径流水资源及其蕴含的极为丰富的营养物质灌溉、滋润着下游的农田，保证那里的人们正常地繁衍生息。从这个意义上讲，一切以径流水资源（河川、水库、冰川、湖泊、塘坝等）作为灌溉水源的灌溉农业，包括绿洲农业等，都是径流集蓄利用农业的形式，分布在河口三角洲、开阔的山前洪积扇、四面八方径流汇聚的盆地，以及依附于流域河口径流源的水库、堰塘、沟坝等工程聚流的灌溉农业，实为径流集蓄农业的精华所在，这可称之为广义上的径流农业。

然而，径流又以其特有的形式——水土流失破坏农业文化，阻碍人类进步，尤其在植被匮乏和降水量少的旱农地区，径流的这种消积作用表现明显，在西北黄土高原地区径流的这种负面作用更为突出。从这个意义上讲，旱作覆盖农业的实质是对径流的拦蓄和水土环境的保护，提高降水的利用率和利用效率。它一方面是控制径流非目标性输出和汇聚非耕地的径流，另一方面是对汇聚的径流资源加以充分、高效的利用。现今的集水农业、集雨农业、聚流农业、窑窖农业等，特指在雨养农区旱作农业较为艰难的半干旱地区的一种有别于灌溉农业的微型径流农业技术，其核心是将较大范围内的降水以径流形式聚集到较小面积的田块中，或者将雨季降雨暂时贮存在贮水容器或土壤水库中，以备作物播种或生长季节抗旱之需，这称之为旱作地区的集雨农业。但旱作地区散见性降雨比较多，低效降水次数多、数量多，难以利用，加之土壤裸露时间长，大量水分通过蒸发损失掉了，抑制蒸发损失是解决旱地缺水问题的核心。

因此，以降水资源化利用为核心，实施非耕地径流向耕地富集和耕地降水就地富集，通过覆盖措施最大限度抑制水分的无效蒸发损失，增加作物水分满足率和土地生产力的综合农业技术体系，称之旱作地区的覆盖集雨农业。由于灌溉农业已成体系，人们在习惯上将灌溉农业与覆盖集雨农业截然分开，但从本质上看，灌溉农业与覆盖集雨农业同为径流向耕地富集和高效利用。

二、覆盖集雨农业意义及中国实践

水资源短缺是全球农业面临的共同难题。在黄土高原为典型代表的中国雨养农业区，年降水量在300~550mm，降雨时空分布不均，与作物需水期之间出现严重供需错位，是制约该地区粮食生产和社会经济发展的主要因素。如何充分利用天然降雨、确保粮食生产安全和农田生态系统可持续性是长期以来难以破解的理论难题和实践难题，解决问题的关键途径是要研发和推广高效、低廉的旱作栽培技术。旱作集雨栽培技术在中国历史上有2 000余年的发展历程，早在公元前157—前87年的《汉书·食货志》中就有“代田法”记载：甽陇相间，苗生甽中。今岁为垄者，明岁作甽；今岁作甽者，明岁为垄。

自20世纪80年代地膜引入中国农业生产，经历了几次更新换代。中国集水农业创始人赵松龄教授在20世纪80年代中期便系统地阐明了适合中国西北地区集雨农业发展的新思路和新技术。20世纪90年代中期，我国学者提出了生态型集水农业（李凤民，2000）

和集水高效农业概念（马天恩和高世铭，1997）；90 年代后，根据旱塬农田土壤水库蓄水特征与 7—9 月雨热同季规律，提出了旱地夏休闲期农田覆膜集雨保墒土壤水库扩蓄增容概念，研究形成了旱地冬小麦周年覆膜降水高效利用技术（樊廷录，王勇等，1999），在陕西渭北旱塬提出了夏休闲期地膜与秸秆全程覆盖高效用水技术（韩思明，2001）。最近 10 多年，集水农业在西北雨养农业区得到了长足发展，其中核心技术就是秋覆膜保墒技术、垄沟集雨全膜覆盖技术。以甘肃省为例，2013 年以来该技术年推广面积 1 000 万亩[①]，在玉米、小麦、马铃薯等所有大宗作物及其他经济作物得到广泛应用。该技术主要利用田间起垄、沟垄相间、垄面产流、沟内高效集雨，并依靠增温、抑蒸等生理生态效应，已经作为水分缺乏的干旱和半干旱地区一项重要的抗旱措施。沟垄覆盖结合的栽培模式可使当季无效和微效的降水形成径流，叠加到种植沟内，覆盖之后还可抑制下层土壤水分的无效蒸发，促进降水下渗，改善作物根区的土壤水分供应状况，进而提高作物产量和水分利用效率。

大量的研究表明，垄沟结合地膜、禾草、秸秆和砾石等覆盖材料通过合理的耕作还具有提高作物养分利用率，增加土壤表面温度，活化土壤养分，缓解水土流失，抑制土壤盐碱，改善作物光照条件和提高光合强度等作用，最终促进作物生长发育和实现产量品质的提高。发展至今，该技术不仅广泛应用于小麦、玉米、马铃薯等大宗作物上，如谷子、苜蓿等其他小杂粮和牧草栽培中同样也得以实现。

垄沟覆盖集雨技术为缓解日益增长的人口与粮食紧缺的矛盾，目前在旱地农业的生产中发挥着至关重要的作用。然而，当前以追求高产和经济效益最大化为目的，对该技术，尤其是垄沟地膜覆盖技术进行多年重复的单一操作势必使潜在可持续问题日益凸显，如土壤质量下降、地膜残留和土壤底墒下降等问题。在黄土高原雨养农业区，多年高强度耕作、作物秸秆难以还田、降水时空分布不均衡等导致土壤肥力衰退，土地承载力下降，严重影响该地区农业和环境的可持续发展。学术界已经重视并致力于该方面的研究，但是在生产实践中仍面临较大的挑战。

三、农田覆盖集雨技术研究进展

对垄沟覆盖集雨栽培技术的现状进行总结，分析可能带来的环境恶化和气候变化问题，为其在未来的应用和发展提出一些建议和意见。

（一）沟垄集雨和覆盖系统的设计

田间微集雨和覆盖技术一般为垄沟相间排列，垄上产流，沟内集流，在沟内种植作物，两者共同构成了田间微集雨种植系统，称为沟垄系统。因作物类型、当地气候条件、耕作习惯和生产实践等因素，垄沟覆盖栽培体系设计包含了丰富的内容，主要包括垄沟尺寸比例、覆盖物类型、覆盖持续时长等。由于不同设计的沟垄和覆盖模式在不同气候条件和作物栽培下均会产生各异的雨水收集和利用效率，进而形成不同的田间气候、土壤、水分微环境，最终导致作物产量和水分利用效率的明显不同。田间设计模式在黄土高原旱地

① 1 亩≈667 平方米，全书同

农业区的种类较多，地域差异也很大。

1. 垄沟比例

对于垄沟规格的设计，依据作物类型、降水量等因素的不同，同样有差异性表现。以马铃薯为例，有研究指出通过对经济产量和沟垄的宽度进行回归分析，发现在年降水量300~450mm的半干旱地区，最佳沟垄比为60cm：40cm，马铃薯经济产量最高，而在降水量较高的地区没有发现固定的设计模式。近年来，在各地政府推动下，黄土高原半干旱地区推广全膜双垄沟播高产玉米栽培技术。该技术按照模式化的垄沟尺寸和地膜覆盖可以获得较高的产量，垄沟尺寸比例以30cm：70cm和60cm：60cm的种植模式较为广泛。

垄沟覆盖栽培技术的种类较多，不同自然条件对技术的要求均不相同。通过总结在不同作物类型下能带来相对高产和普适性较好的设计模型发现，对于大宗作物玉米而言，半干旱偏干旱地区垄沟宽度比为60cm：60cm是相对较为广泛采取的种植模式，甘肃全膜双垄沟宽垄70cm和小垄40cm。马铃薯属喜凉作物，较小的垄沟宽度能够很好地形成郁闭的冠层从而改善地下部分的生物量积累，50cm：50cm的垄沟宽度比例是半干旱和干旱区较为普遍适用的。对于一些密植作物，如小麦、燕麦、谷子等，因受种植密度、农业机械的限制，目前尚未发展出推广成熟的垄沟覆盖栽培模式。

2. 覆盖材料

目前，国内外传统覆盖材料有沙石、卵石、树叶、畜粪、谷草、秸秆、油纸、瓦片、泥盆、铝箔和纸浆等。黄土高原旱地雨养农业生产实践中主要依靠地膜，这主要是因为地膜抑蒸效果好、增产效果显著且价格低廉所致。随着保护性耕作农业受到广泛关注，一些环境友好型的覆盖物如禾草、作物秸秆、树叶及砾石等材料逐渐被采用。近年来，随着覆盖技术有利于农田生态环境良性发展的转变，新型覆盖材料开始问世，例如生物降解膜和液态膜覆等也正在研发之中，它们不仅满足普通地膜蓄水保墒效果和增产增收效应，也能降低对环境的污染。

3. 覆盖农具

伴随地膜覆盖栽培技术的日益成熟和完善，与之相配套的农机设施也得以广泛的发展和推广。因黄土高原主要农业产区地理条件所限，近年来以发展中小型机械化，以及半机械化农具等配套设施为思路的农机创新，对促进地膜覆盖技术的高产高效发挥了至关重要的作用。以全膜双垄沟栽培技术为例，从播种前土地整理至垄沟修筑，地膜覆盖到播种，再到中期追肥及后期地膜回收，相配套的农机具依次有：整地机、起垄覆膜机、播种机和残膜回收机。就整地机而言，一些集灭茬、旋耕和深松于一体的联合整地机的发展避免了多次扰动土壤给土壤环境带来的不利，如1GSZ-350型灭茬旋耕联合整地机，1LZ系列联合整地机。最新研制的起垄施肥铺膜机，可完成起垄、施肥、喷药、铺膜和覆土压膜联合作业，2BFM-8玉米全膜双垄沟播种植施肥起垄覆膜机，能一次性完成田间松土整地、深施化肥、开沟起垄、大小双垄成形和铺膜覆土压膜作业过程，在该机具上安装开沟器，拆除起垄铺膜覆土装置后，可实现对小麦、黄豆、糜子、油菜等作物的机械播种，达到一机多用的功能。为了更有效地贮存播前水分，目前全膜双垄沟栽培技术在覆膜时间上较作物播种时间早，如秋覆膜、顶凌覆膜等，这使得耕作一体化的农具发展较为受限，尽管目前已经出现了一些集土地整理、起垄覆膜、施肥和播种等于一体的农具设备，但增产效应不及提前覆膜后播种的耕作措施明显。针对地膜残留问题，近年来同样发展的一些回收装置使得这一问题在很大程度上得以缓解。如 1SM-Ⅱ地膜回收机，05-2 残膜回收机，SMJ-2 地膜回收集条机，4JSM-1800 棉秆还田及残膜回收联合作业机，4MBCX-1.5 棉花拔秆清膜旋耕机等，均针对作物收获后农田土壤中的地膜残留进行设计。尽管，一系列配套于全膜双垄沟栽培技术的农机设备在近年来得以发展和应用，但对地块地理条件要求高、一种作物和技术对一种农机、系统化程度低而导致的未能灵活拆装和组合，实现多子模块协调控制和综合管理等诸多问题仍亟待解决。

4. 田地选取、施肥和播种问题

全膜双垄沟栽培技术其设计思路围绕建造农田降雨的产流面和收集区供作物生长所需。这便决定了该技术对田块的选择有一定的限制。目前的研究表明：选择地势相对平坦，坡度在 15°以下的地块最为适宜。在一些坡度较大的山区或沟壑地带，该技术在集雨效率上将受到不同程度的影响。全膜双垄沟栽培技术下作物的播种时间一般取决于当地的气候条件和品种本身特征，最低的要求是 5~10cm 表层土壤温度通过 7~10℃被认为是可进行播种操作。播种深度一般为 3~5cm，每穴下籽 2~3 粒，并用细沙土封严播种孔，以防散墒和遇雨板结而影响出苗。根据品种特性和土壤肥力状况确定种植密度，肥力较高的地块株距 27~30cm，每公顷保苗 63 000 株左右；肥力中等的地块株距 30~35cm，每公顷保苗 55 000 株左右。肥力稍差的地块株距 35~40cm，每公顷保苗 48 000 株左右。施肥可分底肥和追肥两个阶段，底肥的实施可在起垄覆膜前进行或利用机械设备实现一体化，施肥位置在种子一侧 5~7cm，土深 7~10cm 为宜。作物中后期的追肥可按照作物自身的需肥特征曲线进行叶面喷施和根旁侧点施。

（二）田间水分动态变化

1. 土壤水分迁移和变化

在黄土高原干旱半干旱区，降水主要集中在 7—9 月，占全年降水的 60%左右，造成雨季与春季作物生长季的严重错位。而垄沟覆盖系统主要从时间和空间上拉小了黄土高原作物需水期和雨水供给期错位的矛盾。

一方面，沟垄集雨种植建立的垄沟产流、集水、蓄墒系统，改善了土壤水分生态环境，能够使降水通过垄面产生的径流首先抵达沟侧，然后通过侧渗逐渐向沟中央汇集，并同时向垄下扩渗，同时通过重力作用向深层土壤下渗，使降雨得到有效蓄存，在农田内部实现作物在时空上对水分的有效调控利用。研究指出垄沟覆膜能把小于 5mm 的无效降水转化为有效水分贮存于土壤中，平均集水效率 90%。

另一方面，垄沟并辅之以覆盖材料在蓄水基础上实现了保水，改变了降雨空间分布。沟内覆盖地膜、秸秆、禾草、沙石等有效抑制了蒸发，也为垄上顺利节流创造了条件，尽可能将自然降雨最大化接纳到沟内种植区，最大限度满足作物对各个生育期水分的摄取。与露地种植相比较，垄沟全膜种植模式能够明显的提高土壤水分，表现出随生育进程的变化土壤水分向深层增加的趋势，这种土壤水分的增加趋势对于缓解各生育进程的干旱威胁有一定的作用。同时它还能改变作物耗水模式，即减少前期蒸发、增加后期蒸腾，促进了干物质积累，从而使水分消耗由物理过程向生理过程转化，由无效消耗向有效消耗转化。

2. 土壤径流

径流是地表水循环重要过程之一，是地表土壤侵蚀和物质迁移的主要动力，径流的形成源自于降雨，当它超过下渗强度时的降雨到达地面以后就会形成土壤的径流，造成水土流失。坡耕地也是中国水土流失的主要区域之一，每年的土壤流失量约为 15 亿 t，占全国水土流失总量的 1/3。

黄土高原是中国乃至全球水土流失最严重的地区之一，降雨大部分集中在作物生长后期，极易突发暴雨，土壤表面遭受严重的冲刷破坏，熟土层减薄、土壤肥力流失严重，生态环境极其脆弱。垄沟覆盖栽培模式由于垄沟存在改变了地表微地貌，粗糙度改变，提高土壤抗冲抗蚀能力，特别在暴雨多发季节，可以通过增加地表粗糙度来减少或延缓降雨的径流损失。在黄土丘陵沟壑半干旱雨养农业区坡耕地采用双垄全膜覆盖沟播栽培，因降低了水分流失率和土壤流失量，具有良好的减少土壤水土流失的作用。

杂草、秸秆、沙石等覆盖材料同样是增加土壤粗糙度的一种有效途径，可以使雨水不直接落入土壤表面，阻断了雨水与土壤的直接接触。且由于土埂起阻碍作用，使降雨在地里滞留时间更长，从而增加水分渗透量，减少地表土壤流失。土壤质量高低是决定农业生产的基础，沟垄覆盖栽培方式为黄土高原改变地表径流，防止水土流失，提升耕地质量，增加耕地产出做出了很大贡献。

3. 水分利用效率

在水分资源短缺的黄土高原半干旱地区，提高作物产量的有效途径便是对有限水分的高效利用。农田水分利用效率的提高主要通过栽培措施的有效集雨和作物本身的高效利用两个方面实现，垄沟覆盖栽培技术对雨水的有效收集可分为时间和空间两个方面。

空间上，通过设计田间微集雨场将水分收集在种植区，即通过垄沟交替布置，以垄面为田间微集雨面，雨水通过垄侧的叠加汇集于种植沟内供作物所需。垄沟地膜覆盖栽培可将降水量小于 5mm 的无效降雨叠加汇集转化为作物利用的有效水资源，覆膜特别是提高了降水量小于 10mm 的农田降水资源化程度，改善作物根际土壤水分状况，干旱和正常年份均能显著提水分利用效率。受黄土高原特殊地貌、温带大陆性季风气候影响，降雨存在很大变率，加之农业生产中技术投入、推广和生产实践的不同步性等矛盾，致使大部分地区还存在着自然降水大量流失、水分利用效率低等问题。

时间上，秋季覆盖和顶凌覆膜将非生长季的降雨收集贮存下来用于作物生长季，它通过对天然降水的时空调控，达到秋雨春用，实现了降雨在时间上的就地调节，以秋前覆膜为例，它明显抑制了土壤冬春季水分散失，一方面可以解决当地春旱玉米春播难问题，另一方面，在玉米生长中后期（吐丝期—成熟期）可以将深层水分提到上层供玉米生长所需，具有保持和提高耕层含水量的作用，显著改善玉米生长的水分环境，提高了作物水分利用效率。

垄沟覆盖栽培技术在高效雨水收集的基础上，使作物摆脱了旱季胁迫，保证了播前水分，改善了雨水渗透作用，协调了水热关系，从而提高了作物水分利用效率。但是不同作物之间的水分利用效率存在着差异，一般来说，C_4 植物的水分利用效率比 C_3 作物高出 2. 5~3. 0 倍。以小麦和玉米对比发现，在年降水量比较接近的陕西杨凌和合阳两地，相比于传统耕作模式，垄沟覆盖栽培对土壤水分利用效率的提高玉米更为显著。而受地区间土壤特性、降水、蒸发、光照等条件的影响，相同作物在不同播种区域对水分利用效率的利用也会呈现较大的差异。即便在同一区域，相同的作物和耕作方式，水分利用效率的提高也不相同，这时候人为因素起到了主导作用（表 1-1）。

表 1-1　沟垄覆盖下不同试验点水分利用效率

作　物	试验地点	全年蒸发量（mm）	全年降水量（mm）	水分利用效率 kg/（mm・hm^2）		提高百分比（%）
				传统耕作	垄沟覆盖	
玉　米	陕西省杨凌市	993	550~600	20	40	100
小　麦	陕西省合阳县	1 832. 8	550	9. 5	12. 44	30. 5
马铃薯	甘肃省定西市	1 531	415	77. 8	143. 1	83. 9
大　豆	甘肃省镇原县	1 638. 3	547	8. 1	12. 8	58
苜　蓿	甘肃省永登县	1 230~1 879	230. 0~435. 8	15. 53	49. 23	218

然而，单纯的以耗水量和产量来表征作物水分利用效率是不够的，还应该从叶片水平上揭示垄沟覆盖栽培体系下植物内在的耗水机制，探究叶片在作物生长过程中水分利用机理，最终通过大田尺度和作物器官微观尺度共同调控，掌握作物在旱作条件下如何提高水分利用效率的生存适应对策。

（三）土壤特性效应

1. 土壤温度

土壤温度作为土壤热状况的综合表征指标，是作物生长的重要环境因子之一。传统裸露种植存在土壤升温快降温也快的缺陷。垄沟覆盖栽培技术能够解决黄土高原半干旱地区温度供需矛盾，提高产量的稳定性。

在黄土高原旱地农业耕作中覆膜的主要增温表现为：播前温度提升，保证种子顺利萌发，并在生长前期增温明显，促进苗期生长节律利于成功建株。由于 3—4 月较低的夜温和霜冻会对幼苗建成带来挑战，研究指出全膜双垄沟玉米种植能够使苗期的温度增加 6. 1℃。地膜覆盖显著增加表层温度的这种特点，对海拔较高、积温不足的地区作用更为显著，增温效应重塑了作物种植的区域性，致使作物种植区域向高海拔和寒区移动，从而拓宽了作物的播种地域。

秸秆、沙石等覆盖材料最大的优点在于对地表温度的敏感性调节，满足作物不同生育期对温度的要求。例如，玉米花期要求最适日均温在 26~27℃，如遇高温天气，覆膜土壤表层温度可达 32~35℃，不利于作物的生长。此时，秸秆、覆草等方式可降低土壤表层高温，使作物避开高温胁迫。但也有研究指出，秸秆覆盖过早使土壤温度低于作物生长最适温度，造成作物减产。因此可以通过秸秆和地膜覆盖相结合的覆盖方式实现高温低调、低温高调的双重作用，增强作物对环境的适应性。

2. 土壤碳

土壤碳固定是缓解温室效应加剧的有效方法之一，已成为陆地生态系统碳循环研究的热点问题。土壤有机碳是全球碳循环中重要的碳库，其含量及其动态平衡是反映土壤质量或土壤健康的一个重要指标，直接影响土壤肥力和作物的产量表现。在黄土高原半干旱地区，土壤含碳量普遍较低，一般不超过 1.5%，再加之多年连续耕作，总的土壤碳储存更是明显地减小。地膜覆盖由于其良好的水热环境，加速了土壤有机质的分解速度，表层土壤有机碳含量下降速率明显。以玉米为例，地膜覆盖第一个生长季后土壤碳略有增加，2 年后以每年 0.1g/kg 数量减退，如果一膜多年用，连年连作，品种单一，碳的流失程度还会加快，达到了 0.2g/kg。因此，以地膜为主的耕作方式得不到合理的调控和改善，碳源无法及时补给，随着播种年限增加，这种恶化趋势会进一步扩大(表 1-2)。

表 1-2　不同垄沟覆盖设计对土壤碳变化的影响

作物类型	种植方式	土壤碳变化
玉　米	垄沟覆膜（收获后移走地膜）	连续生长季后由 7.1g/kg 降至 6.9g/kg
玉　米	垄沟覆膜	连续 2 年生长季后由 7.6g/kg 降至 7.2g/kg
玉　米	土垄或者垄上覆膜	1 个生长季土壤碳增加
小　麦	覆草栽培，覆膜栽培	5 个生长季后覆草增加了表层土壤的轻质有机碳而覆膜降低
玉　米	秸秆还田+全面覆盖	2 个生长后季土壤含碳量增加
小　麦	秸秆+地膜覆盖	1 个生长季后土壤有机碳含量提高

然而，覆草、作物秸秆覆盖均不同程度提高了土壤有机碳含量。主要原因可归结为秸秆在覆盖期间降解产生的有机物质颗粒随降雨下渗到土壤中增加了土壤有机碳。其次由于秸秆覆盖处理显著的降温稳温和保水作用又有利于土壤有机碳的积累。并且通过作物本身地上生物量与地下生物量的增加以及人为对地表覆盖物输入双向的积累，提高了潜在的碳源，在短期内可使农田生态系统成为碳汇。研究指出小麦秸秆连续覆盖两年后，可增加土壤有机质 0.14%。

传统的深翻耕作和移走作物根茬，增加了对土壤团聚体的扰动、减少了有机物对土壤的输入进而降低了土壤肥力，导致碳含量的减少。而秸秆还田结合地膜覆盖有利于土壤有机碳积累。研究表明垄沟秸秆还田和地膜覆盖均增加了土壤中微生物量碳的含量，秸秆还田增加了土壤中的碳源，而其效果也比较明显。因此，秸秆还田与覆膜的交替耕作使秸秆还田弥补了覆膜带来的有机碳含量下降问题。

3. 土壤呼吸

土壤呼吸作用是植物根系和土壤微生物生命活动的集中体现，而植物和微生物的许多生命活动都需要水分的直接参与。农田土壤呼吸释放的二氧化碳是大气温室气体重要输出源，垄沟覆盖栽培体系通过对土壤温度、水分的就地调控，间接或直接影响着土壤的呼吸。

垄沟覆膜增温促进了微生物活动，而微生物活动的加强，也明显改变了土壤微环境及土壤微生物的活性，土壤呼吸也随之增加。研究指出垄沟覆膜栽培条件下垄脊土壤呼吸速率高于平作栽培，而垄沟部土壤呼吸速率小于平作。冬小麦生育期内垄脊呼吸速率为 (2.06±0.44) $\mu mol/(m^2 \cdot s)$，垄沟为 (0.75±0.11) $\mu mol/(m^2 \cdot s)$，而平作栽培为

（1. 14±0. 20）μmol/（m^2·s）（以 CO_2 计）。

水分对土壤呼吸是一个双向的作用，在水分不受限制时，增温使土壤呼吸速率显著增加；而当水分受限时，增温对土壤呼吸的刺激效应会被水分缺乏导致的负效应抵消。地膜覆盖虽然同时具有保水、增温的效果，但作物不同生长阶段对温度、水分需求不同，会出现水分和温度胁迫，而在此胁迫下土壤呼吸会出现交替变化。研究指出土壤含水量在一定范围内能促进土壤呼吸，超过 12%（质量含水量）后土壤含水量对土壤呼吸由促进作用变为消减作用。

土壤呼吸不仅受到土壤条件调控，也可能受到植物生理活动周期性等生物因素影响。因此不同栽培方式下作物生长差异对土壤昼夜呼吸强度的改变也有所差异，但垄沟为主体的秸秆覆盖和地膜覆盖都能显著增加土壤呼吸。研究表明全生育期覆膜小麦农田土壤呼吸速率较无覆盖处理平均提高了 163%。

垄沟覆盖体系下的土壤呼吸改变也对农耕措施下的碳循环研究有一定的指导意义。土壤呼吸向大气提供 CO_2，是土壤有机碳输出的重要环节，垄沟栽培技术融入覆膜、覆草等明显改善了碳的循环，增加了土壤与大气的交换。但是，农田土壤呼吸释放 CO_2 过程加强是导致全球气候变暖的重要途径，而要实现经济效益与生态效益的双赢，耕作方式的选择是一个必须面对的问题。

4. 土壤微生物及类型

土壤微生物是土壤中物质转化和养分循环的驱动力，其数量被认为是土壤活性养分的储存库和植物生长可利用养分的重要来源，也是农田生态系统的重要组成部分。

垄沟覆盖栽培通过对土壤水热条件重新分配，改变了农田系统原来相对温和的状态，而导致整个微生物群落结构发生重大变化。研究指出地膜覆盖的沟垄系统使土壤细菌、真菌和放线菌的数量分别增加了 9%、83%和 82%，在丰水年份，微生物数量高峰出现得更早，数量也最高。

轻质有机质不仅是土壤微生物极易分解利用的底物，还是微生物生长和繁殖的养分来源，而覆草能够增加土壤轻质有机质，增强微生物对土壤有机碳矿化过程参与，间接提高了微生物的活性和数量。然而微生物数量的增加和多样性也加剧了微生物群落的不稳定性，可能影响土壤养分的数量及形态。

（四）作物生理及产量效应

1. 作物光合

作物产量的 90%~95%来自光合作用，光合作用强弱可作为判断作物长势的重要指标，水分是影响植物光合生理特性的一个重要因子，干旱缺水可降低作物的光合速率。而作物所接受的光照条件，对光的截获能力同样对作物光合至关重要。而沟垄覆盖栽培技术能通过协调水温关系，改善作物冠层的小气候条件，提高叶片的光合能力，为作物光合创造适宜的环境。

垄沟覆盖栽培技术提高作物光合作用主要是通过提高土壤表面受光面积和减小棵间蒸发两个方面实现的。一方面，交替的垄沟设计能够提高地表接收光面积，改善的光条件为作物光合作用提供了基础。另一方面，由于覆盖材料减少了棵间蒸发和作物棵间的竞争，进而改变了作物群体结构，提高了群体光合能力。研究表明沟垄集雨种植下谷子的光合速率要大于平作，表现为沟内边行的光合作用强度最大。尤其目前在黄土高原大面积推广玉米、马铃薯等全膜双垄沟播种植较其他种植方式光合能力更强，光合物质的形成与积累更加高效，这得益于它能够增加的作物冠层，提高其叶面积指数，延缓叶片衰老，延长叶片功能期，促进光合产物向籽粒的转移。

另外，垄沟覆盖栽培技术对作物光合生理的促进作用还依赖于当地水资源状况。在偏旱年份，相对于其他作物，沟垄集雨覆膜种植更易提高玉米光合效率。然而，生育期降水量较大时，土壤囤积过多水分会影响作物根系活动，反而会抑制作物的光合作用。因此，依据降水量类型实时实地的判断、选择最优垄沟覆盖栽培类型是增强作物光合，提高旱区作物产量的有效途径。

作为反映作物光合能力的一个重要指标，叶绿素含量在垄沟覆盖栽培中同样有较好的表现。同不覆盖栽培相比较，小麦拔节期、开花期和灌浆期旗叶叶绿素含量地膜覆盖增加5%、7%、10%；垄沟栽培增加6.5%、8.5%、11.5%；垄沟覆膜栽培增加5.3%、8.4%、11.3%。在玉米拔节期至抽雄期，全膜双垄沟播显著增加功能玉米叶片叶绿素含量。

2. 作物蒸腾

研究指出垄作覆盖适度调节作物体内水分代谢生理活动，可能通过改善根系分布和质量状况，增强植株汲取营养（水分）能力和叶片持水能力，降低水分蒸腾的速率，促进作物有效蒸腾，从而导致蒸发/蒸腾比减小，延长叶片光合有效期，提高了作物产量。

另外，土壤表层由于地膜、麦秸、沙石或残茬等覆盖材料存在，地表热学性质的随之变化，地面热量平衡也发生了改变，尤其在地膜覆盖中近地面温度较高，浅层土壤蒸发强烈，地表的根处于干旱而地表下层根处于湿润，这样就调控了根源信号ABA向叶片运输，调节部分气孔关闭，降低气孔导度，蒸腾速率减少，从而减少了植株体内的水分蒸发，提高了单位叶面积的水分利用效率。而在土壤水分相对充足时候，垄沟覆盖能够发挥其技术潜能，提高叶片蒸腾速率。研究指出在230mm的降水量下，蒸腾速率平作与垄作存在显著性差异；在340mm的降水量下，它们之间无显著性差异。蒸腾速率的提高也加速了水分的消耗，一方面提高了作物的水分利用效率，另一方面在干旱胁迫下，无效的蒸腾导致植株体内水分大量消耗，影响产量的提高。

3. 作物物候

作物物候反映了作物生长节律的循环，是作物生长和资源状况协同体现的结果。作物物候的改变也会对农业生产有一定影响，很可能会改变作物产量的形成过程并最终影响作物总产量。因此，加强对垄沟覆盖体系农田小气候改变与作物物候关系的研究意义深远。

水、热是物候研究的关键因子，干旱会延缓植物的生长发育，使物候期推迟。垄沟覆盖系统通过调控土壤水热关系，改变了作物生长的微环境，进而影响到作物生育期的进程。在黄土高原大量的理论实验和实践已经证明，垄沟覆盖尤其是覆膜这种栽培模式通过保墒、保温、增温增加土壤有效积温，从时间上拉近了作物的各个生育期，使得玉米、马铃薯、谷子、绿豆等作物全生育期都不同程度的缩短7~15d，促进作物提早成熟。以小麦为例，覆盖还能使其成熟期维持较长时间，保证了产量的提高。在旱区，这种物候的改变促使作物在生理上避开干旱导致的水分亏缺；而在寒区，春季开冻迟和秋季霜期早是限制春播和收获的两大因素，生育期缩短实现了作物生理上主动抗寒，从而获得相对高产。

4. 产量效应

沟垄覆盖栽培技术对半干旱地区旱作物高产和稳产起到了巨大推动作用。然而，因垄沟覆盖技术在不同气候条件下对作物微环境改善的幅度各异，从而导致了增产效应明显的地区差异。在缺乏径流源或远离产流区的旱平地和缓坡旱地中作物的增产效应相对明显。并且，在生育前期气温较低或高海拔地区，如甘肃省榆中县等，因该技术能够很好提升苗期积温和土壤水分有效性，从而带来相对其他地区较高增产幅度。而对于半干旱地区中降水量相对充足，播前气温较高的地区，沟垄覆盖技术的增产效应不及前者。

目前，以垄沟覆膜为主体的栽培方式有力推动了作物类型由传统单一、固定的模式向多元化的转变，在生产实践中通过与施肥、秸秆还田等措施相结合，实现了玉米、马铃薯、小麦主粮作物在最优垄沟比例下的产量大幅度提升。以玉米为例，全膜双垄沟由于其集雨沟播、覆盖抑蒸和增加土壤温度等特性，当生育期降水量为 266. 9mm 时，玉米增产幅度最高达 136%。但在降水量较好的年份产量增幅却出现了较大的回落。同样采用全膜双垄沟播技术，在定西市生育期降水量比榆中县高出 92. 2mm 的情况下，马铃薯增产幅度差别却很小。而小麦、谷子也显示出类似的规律。也就表明只有在降水量适度的范围内，垄沟覆盖集雨栽培才能够提高产量，并不是降雨越多越好。苜蓿是一种多年生的牧草，在生育期降水量和年平均积温较低的永登县采用 60cm：60cm 垄沟比例全膜覆盖栽培技术，因其抑制蒸发、保水等优点解决了苜蓿因种子小、播种浅而造成出苗、成苗难的问题，产量提高了 204. 9%，为半干旱区草业高产和可持续发展奠定了基础。

（五）病虫草害控制

杂草和病虫害的控制和防御一直是农田生态系统面临的挑战。研究指出免耕及免耕覆盖秸秆均可显著提高冬小麦田杂草群落的物种多样性和群落均匀度，降低群落的优势度，这不仅有利于降低某些优势杂草在群落中的优势地位，控制优势杂草对作物的危害，也有利于保护非优势杂草的生物多样性，从而使农业生态系统发挥出最大生态效应。禾草、地膜、碎石、沙子及作物秸秆，都能有效的抑制杂草的呼吸和光能的获取，例如白膜覆盖增温能够杀灭低温环境的草类，有效地控制禾本科和阔叶类等杂草种类；而黑膜的不透光能阻止杂草的光合作用。垄沟的存在也能抑制杂草群落的形成，从而遏制了杂草的生长与蔓延，使作物在自然环境竞争中获得优势。

杂草的死亡也在一定的程度上破坏了害虫滋生的环境，最终使农田生态系统的稳定性向作物生长有利的方向转移。在作物整个生长周期，为控制和消灭病虫害要消耗很大的人力和物力，且这个过程伴随作物生育期的变化进行适时的调控，因为受温度和降水等气候因素的影响，在不同的阶段会发生不同类型的病虫害。垄沟覆盖栽培也有效降低了对除草剂和农药的应用，避免了化学药品的使用对环境的污染和农田生态系统的危害，节省了人工除草对劳动力、资金、时间上的投入。有研究指出，与没有覆盖相比，覆盖大大降低了人工除草耗费的时间，在 2007 年，从 1 050h/hm^2 减少到 190h/hm^2；2008 年，相应的值由 1 374h/hm^2 降低到 170h/hm^2。

（六）垄沟覆盖的负面效应

1. 土壤水分和养分的过度消耗

垄沟地膜覆盖技术对作物产量的提高具有明显效应，但是一定程度上是以消耗大量土壤有机质和养分、水分为代价的。由于作物生长前期土壤水分和养分耗竭严重，导致了后期会出现严重的脱水、脱肥现象，如果应用不当，长期连续覆膜导致作物早衰，土壤乏力，产量增幅降低，土壤生态条件恶化。黄土高原生产实践已经表明：一方面，全生育期覆膜易造成有机质的大量矿化和 NO_3-N 的淋溶损失，施氮肥使土壤有机碳累积量降低，有机氮累积量变化较小，导致 C/N 比值降低；另一方面，表现为土壤有机碳和矿化氮含量降低，微生物生物量碳增加，而两者之间关系呈负相关。

高产农田产量波动性导致黄土高原旱地农业的土壤干层已经是一种普遍现象。以垄沟全膜覆盖玉米种植为例，随着生育期的推进，耗水量和耗水深度逐渐增加，导致了深层土壤水分过耗和土壤干燥化现象发生，2m 以下深层土壤水库贮水量亏缺，严重阻隔了土壤上下层水分交换和通气性。尽管在短暂的休耕期可能会得到适当的缓解，但是它还不足以填补整个生育期留下的水分空白。因此，随着生产力对耕地破坏加深，这种恶性循环将会越发凸显，农业生产的可持续性也将面临着更大的挑战。

2. *覆盖物的残留*

在黄土高原以垄沟覆盖（地膜覆盖为主）为核心的微集雨栽培技术极大拓宽了作物的播种面积，随之农业生产中对地膜需求也在逐年提高，相反对环境的破坏范围和力度也在加大。生产实践证明，如多年覆盖地膜，残膜清除不净，造成土壤污染，长期存在于土壤中的残膜严重地影响作物根系的生长发育、水肥的运移，致使农作物减产。

地膜残留量会随使用年限的增加而逐年积累，分布在土壤不同的剖面，破坏土壤团粒结构，影响土壤微生物的活动。研究指出残留在耕地土壤中的地膜主要分布在耕作层，集中在 0~10cm 的土壤中，一般要占残留地膜的 2/3 左右，其余则分布在 10~30cm 的土壤中。以棉田地为例，膜残片的面积一般在 10~15cm^2，约占地膜残留量的 73.9%，其次是小于 5cm^2 的残片，约占 13%。

目前，旱地农田中地膜的残留量相当严重，每年残存于土壤中的地膜占很大比例，由于地膜的原料多为高分子化合物，自然条件下很难在短期内分解，导致耕作难度加大，农田生态环境恶化。因此，要大力提倡液体膜、生物降解膜、光解膜等新型覆盖材料逐步取代传统的聚乙烯膜在生产中的应用。同时，为了进一步削弱地膜对环境的危害，短期内要倡导一膜多年用并实现残留地膜的机械化处理、回收和再利用，并针对不同的农作物采取不同的最佳揭膜期，提高地膜的回收率，减少对农田土壤的污染。

总之，垄沟覆盖微集雨栽培技术在最近几十年成功应用和迅速发展，改变了黄土高原干旱半干旱地区“靠天吃饭”的被动抗旱局面，使有限的自然降水得到了充分利用，农田水生产力大幅提高，并解决了当地农民生计等关键性问题。然而，气候变化使农业生态系统发展必须高效和可持续并重发展。首先，加强土壤养分、水分、温度和作物产量形成之间的耦合研究，并建立较为适宜的垄沟覆盖栽培体系下的作物生长模型，从机理上揭示、解释垄沟覆盖的栽培体系生态效应。并采用秸秆还田，禾草覆盖，保留作物残茬等耕作方式降低对地膜的使用。其次，在现有区域自然资源和土地类型的基础上，科学地推进垄沟覆盖技术与免耕、休耕、草田轮作、作物套作等保护性耕作方式的结合使用。单一连续的垄沟覆盖技术使用，特别是垄沟地膜栽培将导致多方面的负效应，如土壤水分补给，土壤质量减退，高产的不可持续性等问题。因此，保护性耕作与高效的垄沟覆盖栽培的结合可增加土壤有机碳并改善碳库质量，改善、恢复土壤养分和水分的过度消耗。并通过合理施肥，加强田间管理，重新固定由于不合理的耕作制度流失土壤碳、氮，实现土壤肥力的自身调节。最后，建立垄沟覆盖栽培作物物候数据库，通过多年气象、物候资料适时、准确的选择垄沟模型、覆盖材料、作物类型，确定最优耕作栽培方式。

第二节　覆盖集雨农业的发展与创新

阿兹特克和玛雅文化时期，人类就开始将雨水收集起来作为生活和农业生产用水。在青铜时代，生活在沙漠地区的居民将山坡修整以增加雨水径流，又挖沟截引使水流入较低的田地，这一措施使平均降水量约为 100mm 地区的农业得到了发展，距今已有 4 000多年的历史。我国科学家把雨水集流的发展划分为雨水利用初始阶段、雨水集流基础性研究阶段和集水技术系统研究 3 个阶段。我国农业科技工作者在雨水集流快速发展的基础上，贾志宽等提出了以农田降雨就地高效利用为核心的根域集水种植概念，将非耕地雨水向耕地富集叠加发展耕地内降水就地叠加利用，近几年，关于此种植技术方面的研究迅速增多，并日趋成熟，技术应用效果显著，以甘肃发明的全膜双垄沟集雨种植技术为典型代表。

一、非耕地集雨利用的初始阶段

在古代，伊拉克被认为是集水技术起源和发展的地区，在 4 000~6 000年前，这一技术被用来为穿越沙漠的商旅提供水源；4 000多年以前，以色列内格夫（Negev）沙漠地区的农民利用修整过的山坡来增加雨水的径流，并且把径流直接引入山谷中的耕地中；1 000多年前，在墨西哥、秘鲁和南美洲的安第斯山山坡上建造了既能灌又能排的旱作梯田；15世纪，印度的 Thar 沙漠地区就开始采用集水农业系统；20 世纪 70 年代，从卫星照片上发现了埃及北部古代的径流收集系统；在美国的西南地区也有一些印第安人 500 年前使用过类似的系统收集雨水，种植玉米、南瓜和甜瓜。我国在唐代时期盛行“淤灌”，600 多年前就已经有水窖、旱井等设施。雨水的利用开始基本都是从洪水灌溉开始的，比较传统的利用方式有以下几种：一是在漫长的边坡上沿等高线筑堤坝以拦截分散降雨径流，一方面灌溉田地，另一方面通过泥沙淤积，逐渐形成窄条梯田；二是在山坡的排水沟中修筑拦水设施，通过泥沙淤积变成小块田地；三是修筑引水渠，将山前洪水引进邻近的耕作区灌溉；四是修筑小的蓄水坝，将季节性洪水贮存起来，通过渠道系统浇灌农田或供人畜饮用。这个时期，只建了少数的人造集雨区，主要是由政府部门经办的。

二、非耕地集雨种植技术模式形成阶段

20 世纪 50 年代以前，雨水集流技术发展比较缓慢，由于第一次、第二次世界大战和政治动荡，许多古老的径流集雨农业区遭破坏而被遗弃。加之由于机械动力开发河流与地下水技术的迅速发展，人们对于雨水集流利用的兴趣在这个阶段有所下降。20 世纪五六十年代以后，随着第二次世界大战的结束、经济的复苏、全球旱灾频率的加快和人口的增长，特别是 70 年代非洲大旱灾发生后，古代雨水集流的利用技术重新受到人们的关注，在有关国家政府的参与和科技人员的努力下，随即投入了较大规模的理论研究与技术开

发。仅1910—1980年就有170篇有关集水的文章发表。1950年，在西澳大利亚，修整了数万亩的集水区，为家庭及牲畜供水，这在当时是最大的人工集雨场。后来，1956—1968年，科学家在内格夫荒漠区的萨夫塔和阿夫达特两个地区重建集水农场并进行研究（Evenari等，1968）。十多年的研究取得了丰硕成果，摸清了内格夫地区在不同集水区面积、坡度和石子覆盖度下降水量与径流量的关系，以及集水措施对作物和草场产量的影响，提出了径流理论，主要结论为：集水区和耕作区面积之比为（17∶1）~（30∶1），平均为20∶1，即每公顷耕地以20km^{2}山坡麓陵集水区收集径流，耕地上可得到300~400mm的径流和100mm的直接降水，单位面积径流量和产流率随着集水区面积的增大而降低。在美国，主要集中研究了集水面处理方式对于径流的收集效率及其水质的影响。集流面的处理方式包括机械处理（清除杂草、平整土表和夯实），喷洒化学剂及用地膜覆盖地表。澳大利亚科学家对道路型集流面的降雨到形成径流过程、集水面的坡度和面积、土壤的冲刷和风险评价、径流的分散和贮存以及对蒸发和下渗的防治做了深入研究（Hollick，1982）。印度广泛盛行集水种植技术，20世纪70年代以来印度西北地区研究提出了暴雨集水法。集水种植是印度旱地农业技术的重要组成部分，主要在降水量少的地区用，有3种形式：一是利用蓄水池收集田间降雨，在降水好的年份可以把总降水量16%~26%的径流收集起来，作为补充灌溉的水源；二是利用田内集水，即通过收集周围平地或集水区的水分来稳定作物产量。位于左德薄尔的干旱地带研究所，采用把耕地分成不同条带的办法（分为种植带和不种植带，后者为集水区，向种植区倾斜），在雨水好的年份，种植区除可得到117~528mm的直接降水外，还可从集水区获得23~100mm的径流作为灌溉水；三是发展微型集水区种植，种植区为沟，集水区为垄，分别单行向沟倾斜，类似我国的微集水种植，只是作物种在沟里，不是种在垄上。同时，印度在坡降3%~5%的旱坡地下方修2 000m^{3}水池作为补灌水源。在南部山区上，坡耕地采用种植带和非种植带等高相间排列，丰水年种植带可获得328mm的直接降水和100mm的集流水。20世纪60年代，中国科学家在黄土高原进行水土保持研究时就提出了鱼鳞坑和水平沟技术，20世纪70年代在吕梁山还采用反坡梯田发展雨养农业。在此阶段，集水技术在伊朗主要用于果树（如杏扁桃、石榴、橄榄），以及草场植物的种植。这时期的重要著作有：美国国家科学院编著的《干旱地区集水保水技术》（美国国家科学院，1979）、《集水会议论文集》（Frasier，1979）和美国农业部科技报告《干旱区径流增加措施》（Hillel，1967）。

三、非耕地集水技术系统及集水种植技术发展阶段

20世纪80年代以后，面对地表水匮乏、地下水位下降、水质变坏、土壤盐渍化和沙漠化等环境问题，人们对于雨水资源的合理利用有了更深刻的认识。80年代初，国际雨水收集系统协会成立以来，各国对雨水利用进行了系统的研究，如东南亚的尼泊尔、菲律宾、印度和泰国，非洲的纳米比亚、坦桑尼亚和马里等国。雨水利用范围从生活用水向城市用水和农业用水发展，这一阶段雨水集流的研究主要集中在以下几个方面。

（一）集雨系统的分类研究

世界各地的集水系统分为两类（Boers，Ben-Asher，1982）：①微集雨系统（Microcatchment water harvesting，MCWH）。MCWH 具体指收集 0.5～1 000 m^2 面积的集水区（Contributing area，CA）的地表径流，经过不大于 100mm 的距离，存入邻近的称为入渗区（Infiltration basin，IB）的根系土壤中，供植物吸收利用。CA 和 IB 是 MCWH 的两个基本元素，其面积之比（CA/IB）是 MCWH 设计的关键参数，因此是各国科学家研究的重点，但他们得出的结论相差很大，为 1～25，主要是由于各地气候、土壤条件和作物需水量不同所致。MCWH 的优点是径流率高，投资少，容易建设；缺点是单位面积产量低，因为 MCWH 工程占地较多，作物密度小。②径流农场集雨系统（Runoff farming water harvesting，RFWH）。所谓 RFWH 是指收集 CA 地表径流，通过沟、渠、坝等将其引入地面贮水设备（Surface reservoir，SR）蓄存或将其导入作物根区直接为作物所利用，其设计关键是依据 CA 与 SR 的相对大小的确定。没有 SR 的 RFWH 称为径流农场，如前文所述的内格夫集雨径流农场。RFWH 的优点是，通过 SR 可以使有限的水在时间和空间上得以更合理地分配，因此常用于家畜饮用或关键期的农田灌溉；其缺点是建设 SR 和从 SR 到农田的输水系统需较大的投资。集雨系统进一步细分为 4 种类型（Prinz，2000）：一是屋顶集雨系统。在屋顶和庭院安装管道、输水设备和蓄水设备，收集屋顶上的雨水供家庭饮水、卫生、养畜等使用。二是小型集雨系统。与上述 MCWH 相似，集水区面积在 1 000m^2 以下，种植区面积在 100m^2 以下，两者之比为（1∶1）～（10∶1）；种植区仅种一棵树或部分灌木或一年生作物；主要由手工建成，不设溢流口。三是中型集雨系统。集水区经过处理或不处理，坡度为 5%～50%，面积为 1 000～2 000 000m^2；种植区或为梯田或为坡度小于 10%的缓坡；集水区面积与种植区面积之比为（10∶1）～（100∶1）；由手工或机械建成，设溢流口。四是大型集雨系统洪水集流系统。需建设复杂的渠坝体系，收集雨季时季节性河流形成的洪水；集水区面积为 200 万～500 万 m^2 时，集水区面积与种植区面积之比为（100∶1）～（10 000∶1）；收集的雨水蓄存于水库、池塘和农田土壤中，其主要用途为补充作物所需的土壤水分、回补地下水和减小洪水灾害造成的损失。主要由机械建成，设溢流口。

（二）关于集雨模型的研究

1982 年以前，专门针对雨水收集利用的模型研究很少，相关研究集中在模拟降水—径流关系的水文模型和模拟雨水入渗、径流等物理过程的土壤物理模型两个方面（程序，等，1997）。比较著名的降水—径流关系模型有径流系数模型、等时线模型、单位过程线性模型、SCS 模型、Orstom 模型等（赵松岭，1996）。1982 年以后，随着国际上集雨农业研究热潮的形成，关于集雨模型的研究也逐渐多了起来。为探寻不同气候、土壤条件下小型集雨系统工程建设中合理确定集水区面积与种植区面积的最佳比值的考虑，应用一维瞬时有限差分土壤水分平衡模型，建立了一个描述缺乏长期气象水文资料地区降水和径流关系的线性回归模型（Boers，1986），并应用内格夫集雨径流农场的试验资料对此模型进行了检验校正。在考虑生长季作物需水量、预期降水量、集水区径流系数及种植因素的基础上，提出了一个简单的集水系统模型（Critchley，Siegert，1991），该模型也旨在确定合适的集水区面积与种植区面积之比。近些年来，集雨系统模型逐步向全面、准确和实用的方向发展，模型中大多详细考虑了土壤水分平衡方程的各个分项（降水、渗漏、作物蒸散和土壤水分的变化），具有模拟集水区径流量和种植区土壤水分含量的功能。Parched-

Thirst 模型在模拟降水径流过程、土壤水分运动的同时，还加入了对高粱、水稻、玉米、谷子生长的模拟，可预测集雨条件下上述作物的产量（Young，2002）。

（三）微型集水区集雨系统的定量模拟研究

荷兰、以色列和美国的科学家合作研究了微型集水区集雨方式，利用水量平衡的原理从理论上进行了定量研究，建立了设计微集水系统的模型，提出了适合于在年降水量为 250mm 左右，且有黄土分布的荒漠区使用的微型集雨系统。

（四）以农业生产为目的降雨径流集水系统的研究

20 世纪 80 年代后期，联合国有关组织在对非洲的援助中把发展适合当地的径流农业技术作为一项重要内容，使一些发达国家的科技人员在非洲不同地区做了大量的试验，在恢复被遗弃的径流农业系统和开发新的径流农业技术方面取得了卓有成效的进展。科学家在撒哈拉荒漠区使用微型集雨方法种植高粱和谷子，分别获得 1 900. 95g/hm^2 和 3 101. 6 kg/hm^2 的产量（Reij，1988；Tabor，1995），试验过程中还使用了包括卫星遥感、地理信息系统、全球定位系统及水文模型模拟等现代手段在内的高新技术获取的必要信息，进行农业径流系统的规划和设计。

（五）以改善生态环境和建立新的农业生态系统为目的的集水系统研究

以色列土地开发署林业部在内格夫荒漠区于 1990 年开始的“Savannization Project”计划，旨在通过微型集水区集水技术人为建造一个包括植物、微生物、水、土、营养物质相互作用的良好生态系统，增加生物多样性及生物生产力，促使荒漠生态景观向草原景观转变，抑制和逆转荒漠化。试验结果初步证明：在微型集水区建立之后，不仅植物的生物产量增加了，而且物种数目也增加了，研究认为用微型集水区技术可以在干旱环境中产生小规模绿洲。印度目前采用集水区集水技术和传统的水土保持措施相结合，致力于发展干旱地区的农林复合经营生态系统，以解决干旱地区农业持续发展的问题。

（六）微流域集水农业系统

微流域集水农业系统是指利用面积较大的集水区产生径流并贮存于蓄水池或贮水罐中，再通过修筑渠道、管道等输水设施把水分输入要灌溉的农地或直接供人畜饮用。

（七）关于集雨面处理技术研究

集雨面处理方法总结为下列 6 个方面（Oweis，1999）：一是清除集雨坡面上的植被，移走能截留和阻碍雨水流动的石块及其他物质，以使集雨坡面在下降雨滴的不断敲击作用下形成紧实连续的表面硬壳。二是通过对集雨坡面进行平整压实处理，能减小土壤的渗透性，提高集雨效率，注意要在适宜的土壤湿度条件下进行土壤压实处理。三是应用化学物质（主要是钠盐）疏散土壤胶体，使其充塞土壤孔隙，减低土壤渗水能力。四是应用化学物质（主要是石蜡和沥青）充塞土壤孔隙，使土壤表面形成致密层，增大径流率。五是在集雨坡面上平铺混凝土板、木板或金属片等刚性材料。这种方法成本高，但使用寿命长（可用 20 年以上）。六是在集雨坡面上覆盖塑料膜、橡胶布和用沥青处理过的玻璃纤维等软性材料。这种方法的成本也比较高。

20 世纪 80 年代，为解决贫困山区人畜饮水问题，我国科学家开始对集水技术进行初步研究。同期，从事干旱生态、干旱气象和旱地农业研究方面的专家在分析以往旱农研究生产成效和局限的基础上，指出了旱农地区集水农业的研究和发展思路，联合提出了“集水农业”命题。

20 世纪 90 年代，在政府的支持和科技人员的努力下，以集水技术为依托建立了初具规模的庭院经济集水农业模式。集流面的类型主要为混凝土庭院、屋顶、土路面和柏油路面，收集的雨水贮存在混凝土薄壳水窖及传统的红胶泥旱井中。水窖主要分布在庭院旁或接近路面的田池中，收集的雨水除人畜饮水外，还结合点灌和微灌措施发展果园、蔬菜及花卉和小规模的大田作物生产。如甘肃省的“121 工程”，陕西省的“甘露工程”，山西省的“123 工程”，宁夏①的“窖窑工程”和内蒙古②的“11338 工程”。甘肃省的“121工程”、宁夏的“窑窖工程”和陕西省的“甘露工程”已形成一定规模。同时，我国在黄土高原区大面积推广集流梯田和田间微集水覆盖措施，在农业生产方面获得显著成效。兰州大学确立了集水农业思想，出版了《集水农业引论》（赵松岭，1996），发展了传统旱地农业思想，确立了现代旱地农业新的研究方向。实践证明，集水农业是干旱地区农林牧业生产发展的成功之路，也是解决山区干旱和防治水土流失的有效途径。目前，我国的集水农业实践在宏观上注意解决干旱与水土流失问题，在微观上注意解决 3 个问题：一是根据降水和坡面产流情况，正确确定产流区与承流区的面积比。二是处理好“需水”与“蓄水”的关系，以使贮水量既可满足植物生长需要，又能以安全、合理利用为原则。三是注意给洪水留出路，兴修适当的排水设施。同时要正确处理好生态治理与经济开发之间关系这一核心问题。我国旱区、水土流失区农业的发展和经济的发展离不开集水农业。随着社会的发展和山区经济的振兴，生产实践会不断给集水农业提出新的、更高的要求，集水农业必然向多层次、高层次的目标推进，进入园田化、集约化、艺术化的新阶段，与此同时，根域集水种植技术的发展也更加广义化和多元化。

四、农田集雨种植创新提升阶段及急需解决的问题

集雨农业一方面注重集水、贮水和补灌技术的研究，另一方面更注重雨水就地富集利用技术的研究，在很大程度上后者比前者更有效，更能解决生产实际问题。农田根域微集水种植是集雨农业的一种技术模式，该技术不但能够收集降雨所产生的地表径流，还可以降低无效蒸发，增加种植区土壤含水量，同时可以显著地降低风蚀，有效地减少表面径流和土壤侵蚀，显著提高肥料利用率。研究表明，该技术可显著促进年降水量只有 300mm 的印度沙漠中树木的生长，可以增加小麦生物量及籽粒产量，有效降低水分损耗，提高水分利用效率，还可以显著提高玉米和马铃薯的生产力，能增加作物根域土壤含水量，延长水分利用期，还可提高园艺和森林植物的生产力；其种植方式结合漫灌可以提高灌溉水利用效率，降低生产成本。由此可见，深入开展农田集水种植技术的研究对于提高旱作农田降水利用率、完善集水种植技术、充分利用自然降水有非常重要的意义。

农田微集水种植技术基于雨水就地利用的理念，通过改变农田地表微地形，使降雨在

---

① 宁夏回族自治区，全书简称宁夏

② 内蒙古自治区，全书简称内蒙古

农田内就地实现空间再分配，最大限度地降低农田内的蒸发面积，将有限的降水尽量保留和集中到沟内种植区，达到雨水在农田内富集利用的目的。20 世纪 80 年代后期，我国的旱农工作者在总结了国内外集雨农业早期研究成果和经验的基础上，在黄土高原旱作农区做了大量试验，通过修筑沟垄和垄上覆膜改变田间微地形，可以有效收集 5mm 以下微效降雨，使微效降雨资源化，发挥小雨量的叠加增值效应，缓解作物需水期和降雨时间错位的矛盾，明显改善了作物需水状况，最终使作物增产增收，该技术即为农田微集水种植技术，有的资料上称为沟垄微集水种植或者垄膜沟种微集水种植。20 世纪 90 年代，国家旱作农业科技计划项目在甘肃省陇东、宁夏南部等半干旱地区，开展了垄膜集水沟种、夏休闲期覆膜或秸秆覆盖集雨保墒、膜侧种植等微集水种植技术研究，明显改善作物根际水分状况，显著促进作物生长，有效提高了作物产量和水分利用效率，该种植方式影响作物生产力和农田水分效应大小与覆膜垄的宽度有关。大田试验表明，田间微集水与覆盖相结合可有效利用膜垄的集水和沟覆盖的蓄水保墒功能，改变降雨的时空分布，显著提高降水利用率，特别是小雨的利用率，可使玉米产量比传统平作提高 44%~143%。而且微集水种植使作物增产的幅度大小与降水量有关。近年来，农田微集水种植技术逐渐发展成熟，并且在我国的北方旱区逐步进行推广，特别是在 一些主要粮食作物生产上取得了较大的成功。甘肃省成功地探索提出了旱地秋覆膜春播、全膜双垄沟集雨种植两项重大核心技术，将“垄集沟蓄、全覆膜抑蒸、增温保墒”融为一体，配套研发出起垄覆膜、施肥、播种一体化机具，实现了农艺农机融合，最大限度实现了秋雨春用保全苗、小雨量效应倍增、降水周年调控利用，旱地玉米增产 20%~30%，降水利用率超过了 75%，水分利用效率平均 2.5kg/(mm·亩)。

我们不难看出，随着科技手段的进步和耕作栽培实践的不断深入以及人们对传统耕作集水技术的不断改进和创新，全膜双垄沟集雨种植技术实现了农艺农机融合，极大地提升了覆盖集雨种植的水平，农田集水种植技术必将成为缓解旱区农作物需水与降水供需错位及生育期水分亏缺状况的有效途径。关于微集水种植适宜区域的研究显示，适于雨水集流的区域标准是一个相对的概念，它与降雨特征、地表组成（下垫面状况）、缺水程度等有关，即使在干旱地区也可以发展雨水集流，该技术对于缺乏灌溉和灌溉成本高的干旱半干旱区非常适用。在冬季降雨区，适合于雨水集流的最低年平均降水量为 100mm（Paeey，Culis，1986），在热带夏季降雨区为 150mm。微集雨推广的地区，年降水量应当至少在 250mm 左右（Boers，Ben-Asher，1982）。尽管如此，从资源利用的有效性和经济的可行性角度考虑，年平均降水量在 250mm 以上的半干旱地区属最适宜发展集雨农业的地区。近几年，在人工模拟条件下对该问题进行了探索，得出了一些经验性的结论，但是，微集水种植作为雨水集流的一种重要方式，关于其作物生育期雨量与生产力关系及其适宜范围的研究尚不多见。

作物微集水种植技术作为调控旱区水分亏缺的农作物栽培模式，取决于区域自然降水量、农作 物种类等。微集水垄上集雨、沟中种植的模式对于栽培小株作物减少了播种面积，在降雨极其少，甚至无雨可集，投资无法回收的条件下，无法补偿由于种植面积减少引起的农作物减产；在降雨比较充沛的地区，水分亏缺不再是限制农作物生长的因子，采用微集水种植的必要性则会消失。然而，关于此 种植方式对同一年际不同降水量地区作物生产力影响的横向比较研究却很少见，关于该种植方式影响作物生产力形成机制也没有比较系统的阐述，而此方面的研究不仅为确定合理的微集水种植模式提供一定的理论依据，而且还可为该技术的推广和应用提供重要参考。

从前面分析可以看出，国内研究重点集中在对沟垄微集雨系统本身技术指标（比如垄的集水效率、最佳沟垄比及其和覆盖措施相结合的集水节水系统等），以及对作物产量、土壤水、温、肥影响方面的研究，并取得了明显结果，但仍有很多问题亟待研究。

一是过去对雨水集流所适宜的年降水量范围是否也同样适合于沟垄系统种植作物，对某种具体作物而言，是否有最适宜的生育期雨量范围，这方面的研究相对较少。因此，以前所获得的结果是否具有普遍性，需进一步确证。

二是降水量多少是微集水种植技术采用与否的关键，也是不同生态类型区微集水种植模拟优化的重要决定因素，因此，不同雨量区微集水种植效果对比以及种植模式的确定，对明确该模式的推广区域具有重要科学意义。然而，过去的研究主要侧重于一种或类似降水量下作物增产效应研究，得出的结果也比较单一，没有对不同雨量梯度下作物增产效应进行比较，今后应加强不同雨量区微集水种植影响作物生产力机制方面的对比研究，为不同降水量生态类型区微集水推广模式优化提供理论指导。

三是水、肥为农作物生产的基本物质条件，对解决旱区农业生产问题来说，不能单一笼统地强调某方面的重要性，应该考虑水肥之间的相互作用，努力实现以水促肥，以肥提水的重要目标，对于微集水种植亦是如此。然而，近年来，对于微集水种植水肥互作的研究还不多见，特别是不同雨量区根域微集水种植使作物增产的水肥耦合机制还不明确。

四是技术标准和操作规程是一项技术从试验走向成熟推广的技术性标志，从农田微集水种植技术提出至今，已有多年的历史，并且在黄土高原一些地区已经逐步推广，然而关于该种植技术的一些关键技术指标和相应的操作规程至今还有待完善，所以，根据现有的研究基础和成果，制定相应的操作规程和标准指导农民进行科学的农事操作，对该项技术的大面积推广意义重大，这是当前农业标准化生产和该项技术被合理使用的保证。

五是农田根集水种植技术通过农田就地集雨和覆盖保护性耕作，以提高旱地生产力水平为主要目的，兼顾旱作节水农业的生态环境效应，抑制田间无效蒸发，以最大限度地开发利用旱区有限的自然降水，提高农田水分利用效率，有效控制水土流失，促进旱作生态型集雨节水农业的发展为主旨。因此，进行农田“集水—防蚀—抑蒸”一体化系统研究，就显得尤为重要，在今后研究中应予以重视，微集水种植模式研究结果将为半干旱地区控制区域水土流失、环境保护提供依据。

第三节　覆盖集雨高效用水农业的理论基础

一、自然降水资源的时间空间分配

从自然降水分布和利用看，干旱半干旱地区一方面缺水，另一方面存在降水资源的浪费。我国北方旱区，在农作物生长时期，对降水的有效利用率低，年自然降水的60%~70%集中在秋季，造成农作物生长期需水与自然降水供需错位。在黄土高原半干旱地区，降水在下垫面的分配比例大致是：20%～25%用于第一性生产；10%～15%形成径流；50%～60%为无效蒸发。在这里形成径流和无效蒸发的水分实际就是集水农业的主要利用对象，年集水量丰富。从自然降水总量看，甘肃中部年均降水量367mm，其年降水总量200亿m^3，甘肃东部年均降水521mm，年均降水总量也有200亿m^3，数量超过当地河川径流量的10倍。甘肃河东地区年降水量187.5～1 200mm，降水资源总量年均可达500亿～600亿m^3，约相当于10个刘家峡水库的容量。宁夏南部山区年降水量为277.1～650.8mm，年均降水资源总量110亿m^3；陕西渭北旱源年降水量为533～709mm，年均降水资源总量787.8亿m^3。黄土高原年平均降水量443mm，年均降水资源总量2 757亿m^3，降水利用率30%～40%。因此，解决自然降水与农作物需水的供需错位，解决大气干旱与降水资源浪费的矛盾，可通过耕作将降水蓄积在土壤水库中，借助覆盖措施最大限度降低土壤蒸发损失，实现降水资源的时空调配，提高农田作物需水满足率，提高农业生态系统生产力，正是覆盖集水农业思想理论的精髓之一。

二、雨水利用潜力

以平田整地为目标修筑梯田，进行小流域综合治理的旱地农业，始终贯穿的一个基本思想就是接纳尽可能多的天然降水就地入渗，以此来提高天然降水的利用率和作物生产力。旱地农业虽然在一定范围内调控对提高降水利用率起到了一定作用，但土壤水分状况的改善仍然非常有限。在陇中半干旱地区的研究表明，最好的水保型农业工程措施（梯田化）只可能多接纳10%～15%的天然降水，假设100%就地入渗，"吃干喝尽"，降水量只能达到465.3～486.5mm，相应粮食产量可增加25%。这就是说，即使全部梯田化，多接纳降水也不能改变半干旱地区水分特征和水分困扰的胁迫，单位面积农业生产力仍然受水分亏缺的制约，平均生产力水平并未能有重大突破。特别是在400mm以下的降水区，由于土壤贮水蒸发和旱段长度、强度的影响，很难解决水分亏缺问题。在决定农业生产力水平的光、热、水、肥四大生态因子中，水分成为制约农业生态系统生产力水平的瓶颈，这就是旱地农业思想亟待发展和拓展的原因。因而在传统旱地农业基础上，集水农业思想则是以自然降水的时空调配为手段，提高雨水利用潜力，发展覆盖集水农业。这是集水农业思想确立以来，在思想理论方面研究的一个重大进展。覆盖集水农业继承传统旱地农业技术措施，将集水技术与覆盖农业有机结合，成为现代黄土高原农业可持续发展的方向。

三、集水农业的典型模式

集水农业也包含了养殖业和林业。长期以来解决"人畜饮水"工程也是利用汇集自然降水发展养殖业的实例，并在干旱半干旱地区有了长足的发展，为维护该地区农业的可持续发展起着重要作用。利用水平条田、水平沟汇集雨水发展林业已有悠久的历史，尤其是近10年来，采用节水灌溉技术与集水技术有机结合，发展经果林取得了显著的经济效益、生态效益和社会效益。在20世纪80年代中期，以种草为纽带的退耕还草模式为干旱半干旱地区农林牧综合发展从理论上起到了积极推动作用。然而以解决水资源问题为核心的集水农业的确立，有力地推动了以草为纽带的退耕还林还草、农林牧综合发展的生态型农业建设。特别是把旱地集水技术与小流域综合治理、农林牧综合发展结合起来，将会实现旱地农业区域性建设的更高层次或更高形式，为未来旱地农业发展找出了一条有效途径。小流域综合治理是旱地生态农业区域性建设的有效形式。从农业生态环境来看，小流域综合治理仍是利用集水技术，拦截自然降水，防止水土流失，进行区域性生态环境建设的有效措施。沙漠化治理中的草方格技术也是蓄积雨雪、减少水分蒸发和沙丘流动的典型集水技术应用实例。甘肃省榆中县、定西市，宁夏海原县、固原市，河南省卫辉市等集雨农业试验区多年来通过修建小型集水场、微型蓄水池，或利用荒山、荒坡汇集坡面雨水，把水利建设、基本农田建设和水土保持工作结合起来，利用生物措施、工程措施、耕作措施建立起良性的人工生态系统，取得了显著的经济效益、社会效益和生态效益，区域性生态环境得到改善，推动了农业可持续发展。因而从大农业和生态环境建设来看，集水农业技术正在由"解决农作物需水与降水供需错位"扩充至农林牧综合发展、小流域综合治理、生态环境建设等研究领域，这正是集水农业广义性研究的一面。可以预见，集水技术作为旱地农业一个新的发展点，将对半干旱区农业和农林牧协调发展起到重要的推动作用。

半干旱区集水农业高效用水模式分为 3 类（杨封科，2002）：雨水就地入渗利用模式、雨水就地富集叠加利用模式及雨水聚集异地利用模式。

（一）雨水就地入渗利用模式

这一类模式涵盖了雨水—土壤水库—植物利用的雨水调控利用模式。通过对地表微地形的改造，降低地表径流水力坡度，截短径流线长度，减缓径流运移速度，从而增加地表径流在一定区域的滞留时间，增加地表入渗能力，达到增加雨水土壤入渗的目的。通过"土壤水库"增容的储蓄调节功能，达到雨水资源的高效利用。该模式主要含梯田、残茬秸秆覆盖、砂田覆盖、水平等高耕作、垄沟种植、垄作区田、抗旱丰产沟、地孔田和保护性耕作法几种技术，还有鱼鳞坑、水平沟、带状间作以及传统耕作技术等。

（二）雨水就地富集叠加利用模式

这一类模式采用微工程雨水富集叠加—土壤水库—生物高效利用的技术原理，人为调控利用的程度逐渐加强。共同的特点是通过改变地表空间立体微地形下垫面建设集水区和作物种植区，将集水区的雨水径流汇集到种植区形成水分叠加或富集进行利用。实践中主要采用的模式有：大田微工程覆膜雨水富集叠加高效用水模式、荒山坡微工程雨水富集叠加恢复植被高效用水模式、温室棚面集雨水分半自给高效用水模式。

旱地农田微工程覆膜雨水富集叠加高效用水模式，是地膜覆盖技术与沟垄种植技术有机结合起来的复合技术模式。其技术关键是通过地膜覆盖作物行间非种植区的土地，使覆盖区的降雨叠加到种植区，供作物生长利用。主要通过作物生育期内的微集水种植和休闲期的微集雨，把降雨贮存在土壤水库中，形成"集水—蓄水种植"模式。通过优化产生径流的面积与接受径流的面积之比，使同等降雨条件下作物种植的水分增加了近 1 倍，扩大了作物生长的水分供应，保障了作物的正常生长，使作物生长始终处在水分良好供应的环境，提高了作物生产的水分满足率，从而获得理想产量。针对该种模式，国内主要进行了农田微集水种植技术的类型、沟垄系统与微集水种植农田的水分调控和农田微集水种植技术的效果等方面的研究。

（三）农田微工程覆膜雨水富集叠加高效用水模式的类型

在不同旱农地区，农田微集水种植技术的开发和设计因集水时间、种植模式、覆盖措施、技术组合方式等的不同而呈现多样化表现形式。近年来各地出现的与农田微集水栽培有关的技术可作如下分类。

一是按集水时间的不同，可分为休闲期集水保墒技术和作物生育期集水保墒技术。

二是按种植模式的不同，可分为微集水单作和间作套种技术。

三是按覆盖方式的不同，可分为一元覆盖微集水种植技术（如“膜盖垄、不盖沟”“膜盖垄、半盖沟”）和二元覆盖微集水种植技术（如“膜盖垄、秸秆盖沟”）。

四是按技术组合形式的不同，可分为微集水种植单一技术和组合技术（如全程地膜覆盖高产栽培技术及生育期覆膜沟穴播集雨增产技术等）。

上述技术虽形式各异，但本质相同，均可概括为通过以集雨、蓄水、保墒为核心内容的农田水分调控，实现作物稳产高产的田间集水农业技术。

（四）雨水聚集异地利用模式

这一类模式涵盖了雨水人工汇集—设施存贮—植物高效利用的人为时空调控异地利用所有模式。该模式中人为对雨水资源的调控程度最高，经济、技术投入强度大，相对产出也高，是资源、技术、经济、环境控制与高效管理优化配置与资源再分配利用相结合的高效模式。该模式共同的特点是通过人工集流面汇集降雨径流，贮水设施蓄存，利用先进微灌技术在作物需水关键期和严重干旱时段补充灌溉。

第四节　黄土旱塬覆盖集雨高效农业模式探索

在北方旱区中倚山、临水、地势平坦的旱地灌溉农业区，以及高原、台塬、低平原旱作农业区，是现今北方旱地最主要的粮食生产区，其中旱作农业区主要分布在黄土高原、长城沿线、蒙古高原、冀鲁豫低洼平原及辽西的低山丘陵等区域，地势较为平坦、土层深厚、耕作便利，是优质特色粮食的重要生产基地。特别是黄土旱塬区是我国旱作节水农业的重点区域和全国绿色能源化工基地及扶贫开发区域，目前已成为区域性苹果、优质粮食生产基地，在西北旱作农业发展和区域产业开发中占据重要地位。

一、区域自然特点及社会经济发展状况

（一）区域的典型代表性

西北半湿润偏旱区位于黄土高原水土流失区的南部，其东南与汾渭灌区接壤，北部与丘陵区交错分布，西部以六盘山、陇山为界，主要分布在陕西省北部及甘肃省东部，包括渭北旱塬和陇东旱塬两片，土地类型以台塬为主。

西北旱塬区土地总面积约5.3万km^2，年降水量500~600mm，干燥度1.3~1.5，降水资源及水热资源匹配条件相对较好，发展潜力大，是西北旱作地区重要的产粮区之一，也是我国以生产小麦为主的古老旱作区，农耕历史悠久。特别是分布在甘肃东部及陕西省北部的广大旱塬区，塬面耕地2 000万亩以上，土地相对平缓，适宜机械化旱作，土层深

厚，蓄水保水能强，一直是我国西北旱作农业的精华地带，发展潜力较大，已列入国家和西北节水农业发展规划的核心实施区。

旱塬区土地面积、耕地面积分别占西北黄土水土流失区土地总面积、耕地总面积的23.7%和28.3%，以占全区约30%的粮食播种面积，生产了40%的粮食总产量。尤其是冬小麦、玉米种植面积占相应作物播种面积的46.6%和47.6%，生产了其相应总产量的56.4%和48.5%，这决定了旱塬粮食生产在区域发展中的重要地位。近年来，随着农业产业结构的调整，西北旱塬区如今已成为我国第二大苹果优势产区，占全国苹果总产面积的39%和总产量的35%，其中甘肃陇东和陕西渭北旱塬成为国家优质苹果生产区，2016年苹果面积（其中陕西渭北接近800万亩，甘肃陇东366万亩）占黄土高原优势产区总种植面积的2/3，苹果基地人均果品年收入占农民人均纯收入的比例超过了70%，苹果在提高农业效益和增加农民收入中的作用越来越明显。旱塬区已成为西北乃至全国旱作农业的重要发展区域，是一个地域特色十分明显的区域性优质粮果生产带。

（二）区域农业生产的有利条件

有利于农业生产的条件：①地面宽阔平整，土壤侵蚀轻微，有利于规模化机械旱作。在黄土旱塬总耕地中，平地（地面坡度<10°）和平坡耕地（地面坡度为3°~7°）占耕地总面积的67.7%。②土壤类型主要有黑垆土和黄绵土，其中黑垆土是黄土旱塬的主要地带性土类，土层深厚，一般2m土层可储蓄500~600mm的水分，耕性良好，十分有利于作物根系下伸生长。③气候温和，气温的年、日差较大，这一特点构成了优质农产品生产的重要气候学基础，同时由于较远离工矿和城市人口密集地区，现代工业污染较少，具备得天独厚的生产环境，所种植的小麦、玉米、杂粮和果品等品质明显优于其他地区。旱塬区盛产的小麦是我国优质小麦生产基地，可望建成以高产、优质为目标的小麦商品粮基地。玉米适于本区生长，产量较高，生产潜力较大，用途较多，是一个有发展前途的多用途粮食作物。④年均降水量500~550mm，年均温8℃，水热资源同季，且年内分布基本与作物生长相同步，对作物生长发育十分有利，如大于10℃期间的降水量约占全年总降水量的70%~90%，有利于降水资源充分转化和利用。⑤农耕历史悠久，耕作和种植经验丰富。

按照旱塬分布、作物种植结构和粮食生产水平，并参照行政区划，分为以下4个亚区。

（1）陇东旱塬中产亚区：本亚区位于陇东盆地，包括董志塬、早胜塬、屯字塬等26条旱塬，行政区为除华池县、环县、庄浪县、静宁县外的甘肃庆阳、平凉2个地区，共11县（市），有塬面耕地456.5万亩，其中尤以保存较为完整且国内最大旱塬董志塬为代表，面积910.7 km^2，历来是甘肃省的粮食产区，曾有陇东粮仓之称。水热条件略逊于临近的陕西渭北旱塬，夏粮以冬小麦为主，秋粮主要是玉米。

（2）渭北台塬西部中产亚区：位于陕西省境内渭河北岸旱塬西部，包括长武塬、彬县塬等台塬，行政区为咸阳市北部7县和宝鸡市北部3县，共10县。粮食以夏粮为主，播种面积占总播面积的2/3，秋粮占1/3。夏粮以小麦为主，秋粮以玉米为主，其次是大豆、糜子、高粱等。

（3）渭北台塬东部中产亚区：位于陕西省境内渭河北岸旱塬东部，包括洛川塬等台塬，行政区为铜川市 3 县（市），渭南市北部 3 县（市）、延安市南部 5 县，共 11 县（市）。夏粮占粮食播种总面积的 63.3%，秋粮占 36.7%。夏粮以冬小麦为主，多与油菜、豆类倒茬培肥。秋粮以玉米为主，其次是大豆、谷子等。

（4）晋南残塬中产亚区：位于山西省西南部，包括隰县塬、蒲县塬等台塬，行政区为临汾地区西部 6 县。秋粮占粮食播种面积的 52.43%，略高于夏粮。秋粮以玉米为主，其次是谷子、大豆、高粱等。夏粮以小麦为主。本区是山西省小麦、玉米的重要产区。

（三）区域农业自然资源的基本特征与评价

我国西北地区多为高山丘陵，生态环境脆弱，自然条件比较严酷，农业生产条件差，但半湿润偏旱区是整个地区自然资源和农业生产条件相对较好的地区。作为植物生活要素的农业自然资源的诸多方面，具有相当有利的条件，也有一定不利因素，扬长避短，发挥资源优势应是该区农业发展的重要方面。

1. 较为充足的光热资源

本区光能资源十分丰富，太阳能总辐射比我国同纬度的东部地区要高，整个西北黄土高原地区在（50×10^8）~（63×10^8）J/m^2。该区年积温不高，但对作物生长有效性好，≥10℃年积温为 2 500~3 500℃，气温日较差达 12~14℃，有利于光合产物积累和作物产量提高。甘肃陇东镇原旱农试验区年辐射量为 554.3~565.2kJ/m^2，比陕西省西安市高 150.7~167.5kJ/m^2，比北部哈尔滨市多 50.2~67.0kJ/m^2。日照时数可满足主要农作物生长发育的需要，年日照时数为 2 449小时，而且理论上的光合潜力巨大，如光能利用率理论上限 6%，则小麦籽粒产量可达到 1 411.8kg/亩，玉米产量达 1 202.4kg/亩。

甘肃陇东（镇原）年均气温 8.3℃，无霜期 165 天，≥0℃持续 253 天，积温 3 435℃，≥10℃积温持续期 153 天，积温 2 727℃。因此，陇东旱原区温度可满足小麦以及中熟或晚熟春玉米、高粱、胡麻等农作物一年一季生长发育的需要，也可满足小麦复种两年三熟的需要。

2. 降水资源特征和气候干旱化趋势

黄土高原年降水量在 300~600mm，年际分配不均，年变率大（20%~50%）；降水量在年内各月的分配极不均匀，70%的降水量分布在 7—9 月，常以暴雨形式出现，造成这一地区“十年九旱”，可为农业利用的降水量不到 30%；由于千沟万壑的黄土地貌，地表水资源的利用仅限于河流谷地的川坝地，水利工程难度大、成本高；地下水埋藏深，补给条件复杂，不宜大量开发。暴雨性降水不仅造成严重的水土流失，且使水资源利用率难以提高。

黄土高原地区年降水资源 2 757亿 m^3，其中 2 201.3亿 m^{3}转化为土壤水资源，占年降水资源量的 79.8%，地表径流 443.7 亿 m^3，占年降水资源量的 16.1%，年降水补给地下水 112.0 亿 m^3，占年降水资源量的 4.7%。降水资源化系数（二次转化系数）只有 20.16%，不到全国的一半。降水的三次转化系数 8.12%，同样低于全国。黄土高原年均产水模数 8.91 万 m^3/km^2，仅为全国的 30%。总之，在降水资源总量和径流量严重不足的西北黄土高原地区，降水资源化系数即降水的二次、三次转化系数均很低，只有转化为土壤水资源的比重较高。根据水分循环规律，进入土壤中的降水还要经过再循环转化，至少有一半以上的水分通过蒸发损失掉了。据研究，我国北方旱农地区降雨利用率只有 30%~

40%，水分生产效率 6kg/(mm·hm²) 左右。我国旱地农业区农田对自然降水的利用率只有一半左右（梅旭荣，1997），这“一半”揭示了以往的旱作农业技术对自然降水的低效利用。因此，充分利用好土壤水资源是黄土高原农业发展的重要基础。

径流非目标输出是雨水利用率不高的原因之一。在黄土高原62万km^2的土地资源中，坡度<3°（平地）、3°~7°（平坡地）、7°~15°（缓坡地）、15°~25°（斜坡地）、>25°（陡坡地）的面积占全区面积的29.6%、6.77%、16.2%、21.39%、17.54%，年均降水443mm，总量2 757亿m^3，其中径流损失占12%~18%，蒸发损失占50%左右，这两部分资源是集雨农业应着力考虑的重点，开发潜力较大。一般情况下，径流发生在夏季降雨集中季节，夏季暴雨易形成短时的超渗产流和水土流失，黄土高原地区以道路为主的非耕地和2/3左右的山坡地是降雨产流及造成水土流失的主要区域。因此，把非耕地径流向农田汇聚，或把多块地上的径流向一块地汇聚，发展雨水富集型农业产业，是雨水资源高效利用中急需强化的重要方面。

气温升高，降水量减少，向暖干化方向发展，使短缺的水资源日益紧张。陇东黄土高原平均气温每年以0.034 8℃的速度升高，高于全国增温速度（0.004℃），冬季尤为明显，达到0.055℃。陇东黄土高原年降水量明显下降，每年减少3mm，下降速度高于全国平均降水量递减率（1.5mm）。位于甘肃陇东的董志塬1980—2006年9月、10月和11月平均气温均呈明显的上升趋势，月平均气温每年分别以0.07℃、0.05℃和0.07℃的速度上升；月最高气温每年分别以0.07℃、0.05℃和0.08℃速度上升；月最低气温每年分别以0.08℃、0.04℃和0.06℃速度上升，即无论是月平均气温、还是最高气温和最低气温均表征为气候变暖趋势。气候变暖和降水的逐年减少导致了陇东黄土高原陆面蒸发和土壤储水量逐年减少以及土壤干旱化的趋势。随秋季气温的变暖，≥0℃和≥5℃积温分别以每年增加6.1℃和5.5℃的速度增加，即在秋季冬小麦生长季内热量资源条件呈现增加趋势，导致冬小麦秋季出现异常旺长普遍现象。

3. 土地类型多，旱地和山坡地比例大，土地生产力水平较低

黄土高原的基本土地类型是塬、梁、峁、沟、涧、坪，还有土石山地、河谷平原、风沙草滩、覆沙地、黄土台地。黄土高原地区总共有土地92 962.85万亩，其中平地占29.9%，黄土丘陵坡耕地39.9%，土石山地22.3%，沙地7.8%，在地面坡度分级数据中<3°的地面占37.70%，3°~7°占6.81%，7°~15°占16.31%，15°~25°占21.53%，>25°占17.65%。其中陇东陕北和陇中宁南两个区土地面积占全区的17.28%，耕地占全区的22.19%。陇东陕北区中地面坡度为15°~25°、>25°的土地占本区总面积的35.38%、31%，同类坡度的耕地却占本区耕地的12.73%和7.23%，地面坡度<3°的土地占18.76%，同类坡度的平地和梯条田却占63.63%。陇中宁南区中地面坡度为7°~15°、15°~25°的土地占本区总面积的33.77%和31.35%，同类坡度的耕地却占本区耕地的11.86%和12.73%，地面坡度<3°的土地占13.5%，同类坡度的平地和梯条田却占40.2%。位于甘肃陇东的庆阳和平凉两个地区，有耕地面积1 400多万亩，其中旱塬地占27%，旱梯田占21%，山旱地占44%，坡度<6°的占25%，坡度在2°~6°占9%左右，坡度在6°~15°、15°~25°各占30%左右。

西北半湿润偏旱区虽然耕地资源相对丰富，但农田质量水平较低。从农田土壤类型来

看，甘肃陇东地区黑垆土约占耕地的13%，以塬地分布较广；其次是黄绵土类，约占耕地的64%，以塬地、斜坡分布较多；再次为胶土类，约占耕地的15%，主要分布在沟谷坡地。土壤基础肥力一般以黑土类最高，土壤有机质在0.78%~1.11%；其次为黄绵土，土壤有机质在0.72%~0.94%；胶土类土壤有机质基础肥力最差，有机质低于0.6%。据估算，基础潜在肥力所决定的土壤肥力产量仅相当于作物降水潜在产量水平的65%~75%，尚有20%~30%的产量潜力差距有待挖掘。

4. 区域的社会经济状况

甘肃陇东是典型的黄土高原丘陵沟壑区，众多的岭谷掌滩、河谷川地和保存比较完整的旱塬地、沟坡平台和山地梯田，为发展多元化农业提供了有利条件。

位于陇东旱塬的庆阳市，有“陇东盆地”之称，总面积27 119km^2，海拔885~2 082 m，年降水量480~660mm，年平均气温7~10℃，无霜期140~180d。全市辖7县1区，146个乡镇，2009年总人口260万人，其中，农业人口223.3万人。全市有董志、早胜等12条较大塬面，总面积27万hm^2，其中，面积9万hm^{2}的董志塬，是农作物主产区。市内有马莲河、蒲河、洪河、四郎河、葫芦河5条河流，较大的支流有27条。年平均总流量为每秒26.7m^3，总径流量8.43亿m^3。全市地下水静储量约43.9亿m^3，动储量3 714万m^3。黄花菜、白瓜子、红富士苹果、晋枣、曹杏、早胜牛、庆阳驴、环县滩羊等大宗优质品享誉国内外。2009年庆阳市第一产业、第二产业、第三产业结构为14.64：59.71：25.65，对经济增长的贡献依次为14.6%、59.5%和25.9%。全市农作物播种面积945.82万亩，其中粮食播种面积636.53万亩，粮食总产量达到110.87万t；粮食播种面积和总产量中秋粮62.7%和66.4%，夏粮占37.2%和33.6%，全市围绕“草畜、苹果、瓜菜”三大主导产业调整农业产业结构，突出实施肉牛、肉绒羊、紫花苜蓿、苹果、瓜菜、全膜玉米等“六个百万工程”建设，优势特色产业发展规模逐步扩大，“南果北草、南牛北羊、山区草畜、塬区苹果、川区瓜菜”的区域化布局初步形成。

二、区域农业发展制约因素分析

降水资源数量少、分布不均、利用率和利用效率低是黄土高原农业生产的最大制约因素。雨水降落到地表以后，有如下3个去向：一是形成地表径流；二是土壤深层渗漏；三是转化成土壤水后通过地面蒸发和作物蒸腾回到大气。为了高效利用有限降水资源，长期以来科技工作者在继承和发扬传统旱作农业技术的基础上，通过大量试验研究，在农田蓄水、保水、集水、节水和用水等方面，因地制宜开发出许多行之有效的旱区降水资源高效利用新技术。大量生产实践和理论研究表明，黄土高原300~600mm的常年降水量，基本上可以满足主要旱地作物一季生长发育对水分的需求，但实际问题是有限的水资源远未被充分利用。因此，在依靠自然降雨的旱农地区通过技术进步和人为努力，使潜在资源有效化，提高降水资源有效利用，已成为适宜于黄土高原旱区经济和生产发展的有效途径。制约黄土高原降水资源高效利用的主要因素有以下5个方面。

（一）蒸发损失是旱农地区水分损失最主要的途径，是雨水资源利用率低的关键

作物生育期的土壤水分蒸发量偏大，雨水转化为土壤水后的散失包括蒸腾、蒸发两部分，其中无效蒸发可达到生育期耗水的50%左右，以棵间蒸发的形式损失掉。蒸发主要

发生在土壤无覆盖的休闲期和作物生育期，这一时期降雨的有效蓄存是旱地农业技术工作的重中之重。黄土高原旱作农业地区主要存在着夏季休闲（冬麦区）和冬春季休闲（春麦区）两种休闲耕作制，这两种耕作制是在长期的农耕过程中形成的，但不可避免地造成了雨水资源的很大浪费。在以夏季休闲为主的冬小麦种植区，休闲期雨水的保存和利用不足，大多数地方年降水量在 500mm 以上，其中 7—9 月占 55%～60%，传统深耕晒垡耕作技术对农田同期降雨的保蓄率 1/3 左右，2/3 以上降雨变成无效蒸发损失（损失量约占年降雨 1/3）（图 1-1），这是冬小麦种植区农田水分不足的关键，减少蒸发和提高休闲期土壤贮水效率是长期致力于解决的重大问题。在以冬春休闲为主的半干旱春小麦种植区，年降水量 300～500mm，7—9 月仍然是降雨的高峰期与土壤水分的高蒸发期，除了土壤水分的大量损失外，前一茬作物收获到次年作物播种的休闲期长达半年左右，同样造成了土壤水分的大量损失。相比较而言，春小麦田土壤水分亏缺量要大于冬小麦田，抑制 7—9 月和冬春休闲期土壤水蒸发是解决水分不足的核心。

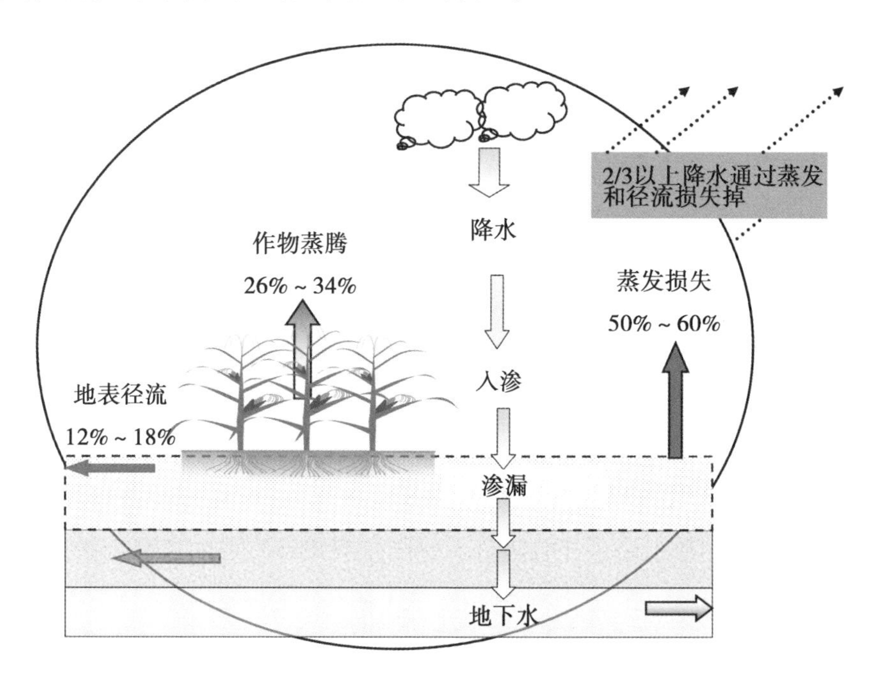

图 1-1　黄土高原旱地农田土壤水分循环利用途径

作物生育期内土壤水分的大量蒸发损失，仍然是旱地农业技术需解决的问题。大量研究表明，夏收作物（秋播作物）生育期处在降雨严重不足的干旱期，在冬小麦蒸散耗水量中（土壤贮水占 1/3，生育期降雨占 2/3），生育期棵间土壤蒸发量占蒸散量的 50%，秋收作物（春播作物玉米和马铃薯等）其需水规律与降水季节分布基本相吻合，在春小麦蒸散耗水中（土壤贮水占 15%左右，生育期降雨占 80%以上），生育期棵间土壤蒸发量占蒸散量的 45%～50%。研究还表明，秋播作物生育期降水占田间耗水量的 52.4%～69.7%，生育期间土壤蒸发量占总蒸散量的 45%～66%，春播作物耗水量与生育期间有效降水量十分接近，田间耗水量中 80%以上来源于生育期间的降雨，棵间蒸发仍然占田间蒸散耗水的45%左右。大部分旱农地区降水利用率低于40%，粮食作物水分利用率4.5~6.0kg/(mm·hm^2)。

因此，减少休闲期和作物生育期土壤蒸发、提高土壤贮水效率是提高农田土壤水分丰度的关键，对有效调控农田土壤水分和抗旱丰产具有广泛而现实的意义。

（二）蒸发径流非目标输出是雨水利用率不高的原因之一

从降雨的分配和利用来看，减少蒸发和径流损失均是旱地农业应着力解决的两大关键问题。黄土高原地区降雨在下垫面上的分配中蒸发、植物蒸腾、径流分别占年降雨的55%（270mm）、26%~34%（120~160mm）、12%~18%（50~80mm），塬面农田依次占60%~65%（300~330mm）、30%~33%（150~180mm）、5%~10%（25~50mm）。径流常发生在降雨集中季节，夏季次数不多的暴雨由于时间短，降雨强度大，土壤来不及下渗，易形成短时的超渗产流和水土流失，绝大多数降雨以小雨和中雨为主，持续时间并不长，在农田区域很难形成径流损失，当然在山坡沟道区域径流损失量要远大于农田区域。因此，抑蒸和防止流失是旱作节水农业的核心，是人类向蒸发夺取水资源的一次革命，抑蒸对农田土壤水分和作物需水的有效调控更具有广泛而现实的意义，非耕地径流蓄保和补灌是高效用水的有效形式。

所以，旱作农区雨水资源利用中有待强化和急需解决的问题，一是提高夏休闲期和冬春闲期降雨的保蓄率，增加土壤有效贮水库容。过去人们往往以黄土高原土壤完全能容纳全年降雨而欣慰，这确实是黄土能承载大量人口的关键，旱作农业技术一直在增加土壤贮水量，但在传统旱农耕作技术和大气土壤农田水分循环方式界定下，实际变为土壤有效水和作物可利用水的降水量很有限，土壤实际有效贮水量不到可计算有效库容的60%，开发潜力较大，设想把雨季降雨保蓄率由1/3提高到2/3，为秋播作物多提供80mm的土壤贮水。二是降低生育期尤其是生育前期棵间土壤水分蒸发损失，设想把生育期棵间土壤蒸发量占蒸散量的比例由1/2降到1/4。三是不同区域非耕地径流向农田的富集和关键期的节水补灌。

（三）降水有效性差，资源化程度低，是降水利用率不高的重要原因

黄土高原地区40年平均降水量464mm，并且62%的地方年降水量小于500mm、14%的地方年降水量小于300mm。一是小雨数量多且难以资源化利用，制约着降水利用率的提高。日降水小于10mm的数量对年降水量的平均贡献率为33.9%，大部分地区小于5mm的降水量占20%，小于10mm的降水量占年降水量的30%~45%，小于15mm的降水量占45%~60%，小于20mm的降水量占55%~75%。二是小雨降雨日数多，难以利用。小于5mm的降雨日数占总降雨日数的65%~74%，小于10mm的降雨日数占80%~87%，小于15mm的降雨日数占87%~93%。三是年内季节分配不均。黄土高原夏季（6—8月）降水量占年降水量的50%~60%，秋季（9—11月）占20%~30%，春季（3—5月）占13%~20%，冬季（12—2月）占1.5%~3.0%。同时大于30mm的降水量占总降水量的10%~30%，大于50mm暴雨平均8%左右，这些降雨易形成径流损失，难以利用。

（四）农业生产结构不合理及作物品种对降水资源化的制约

由于历史与自然的多种原因，黄土高原许多地方在作物布局上以夏作物小麦等主粮作

物为主，而小麦生长在降水稀少的干旱季节，而挤掉耐旱耐瘠薄的小杂粮作物种植面积。作物布局的单一化打破了传统的轮作制度，不利于水资源的均衡利用。生育期需水与降水季节相吻合的秋杂作物的减少，致使农田水分利用效率难以提高。因此实行“压夏扩秋”的种植格局，对于提高该区农田整体水分转化率是十分必要的。优良品种是夺取旱区农业高产稳产的内在因素，是一项投资少、收效快的增产措施，即使在其他生产条件一时难以显著改善的情况下，植物遗传种质的改良可有效增强作物对环境的适应能力。在同样的条件下，良种一般可增产 20%~30%。然而，许多研究部门往往只注重于耐水、耐肥丰产品种的选育，而对适于大面积旱地和肥力较差耕地的耐旱耐瘠薄的优良品种培育工作重视不够，许多育种单位尚未将水分利用效率作为育种目标。

（五）耕作管理粗放

传统农业的特点是精耕细作，通过耕翻、耙耱、镇压、中耕除草等措施，最大限度地蓄纳、利用自然降水，供作物生长发育需要。但是，由于黄土高原区人均耕地较多，机械化水平低，劳畜力负担重，加之历史上广种薄收、靠天吃饭等习惯的影响，许多地方的土壤耕作管理仍很粗放。在梁峁坡耕地上，常常沿用传统的顺坡耕作或斜坡耕作，降水易形成径流而带走大量的土壤和肥料。即使在平坦的川地、原地、梯田和坝地上，也普遍存在连年浅耕而缺少深耕，至于深松、少（免）耕、物理覆盖、化学覆盖、秸秆覆盖等保护性耕作技术应用面积更为有限，土壤用养失调，土壤有机质不足 1%，蓄水保水和抗旱能力弱。可见，通过改进耕作管理和施肥技术来提高水分利用效率的潜力是很大的。

三、区域集水农业发展思路和模式形成历程

针对黄土高原旱地农业发展的制约因素和降水资源利用中存在的主要问题，在发展思路和模式探索上，始终以水为主线，增加可用水数量，以水抗旱、以科技抗旱、以结构抗旱，提高水的利用效率和效益。自 20 世纪 70 年代初，开始探索以提高降水利用率、土壤水分蓄保效率和作物水分利用效率为核心的降水高效利用技术，经过 40 余年的探索与发展，形成了包括集水、蓄水保水、用水和节水五大技术为主的黄土高原集水高效农业模式。

（一）旱作集水农业发展思路

在以自然降水为唯一来源的黄土高原地区，旱作农业的中心问题是如何增水和高效用水，技术策略是对降水径流最大限度的拦蓄和水土资源环境的保护，提高降水的利用率和利用效率，其实质是提高降水的资源化利用程度，注重非耕地降水资源化及非耕地径流向农田的富集，注重农田区域降水资源化及就地富集叠加，增加作物水分满足率和土地生产力，解决以水为中心的旱作农业可持续发展问题（图 1-2）。

集水的总体思路：土壤水库扩容—田间微集水—非耕地集雨，最终目标是增加作物可利用的水分数量，实质上是解决降水径流在不同尺度上的调控和土壤水分入渗调控的科学与技术问题。土壤水库增容在于研究如何增加土壤水分入渗，强化土壤入渗能力，补充“土壤水库”中的水量，以供作物根系吸收利用，需要解决的科学问题在于搞清强化土壤入渗能力的机理，特别是提高降水高峰季节土壤水分的蓄保效率，而技术经济问题，一是

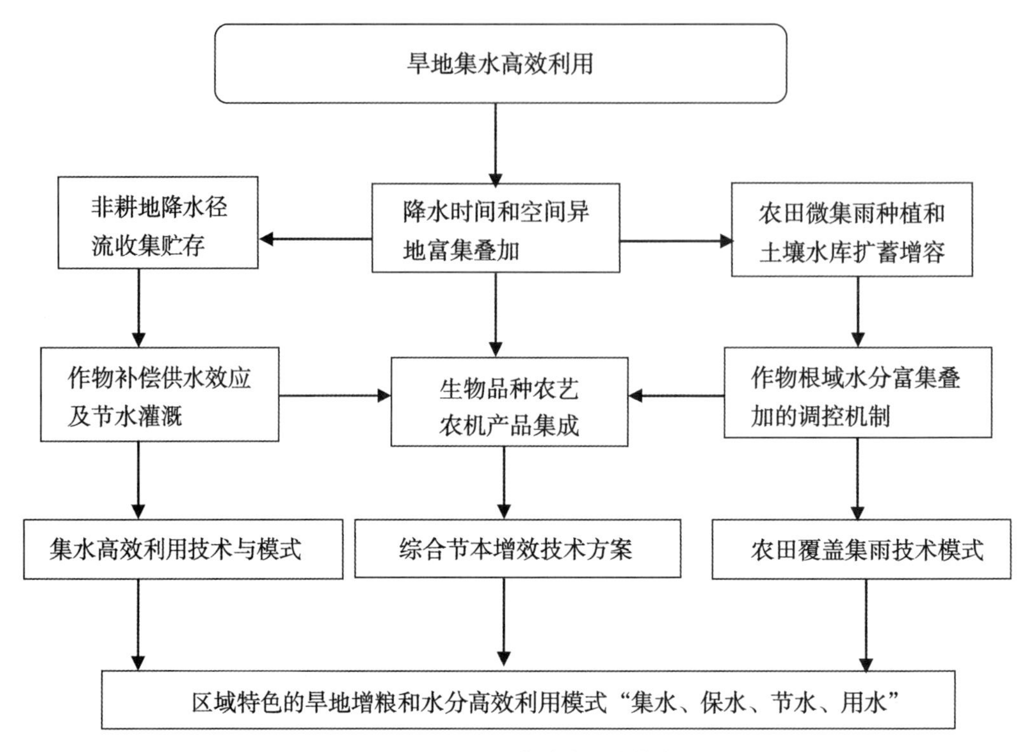

图 1-2 旱作区集雨高效农业的基本思路

如何实现强化水分入渗的方法和技术，以便获得较大的入渗量，二是如何减少地表径流和抑制已入渗到土壤中水分的蒸发量。田间微集水在于通过微地形改变，在田间形成明显的集水区与种植区，交替排列，使降水在田间再分配，种植区水分显著增加，重点解决生育期小雨量的资源化利用问题。集雨节灌在于将非耕地径流集蓄起来，在作物需水关键期或干旱缺水期进行补充灌溉，提高有限贮水的利用效益。

蓄水和保水的总体思路：保护性耕作和土壤肥力提升、地面覆盖抑制蒸发和化学制剂调控，把降水最大限度地保留在土壤中，核心是研究提高土壤蓄纳雨水能力和降低土壤水分蒸发损失的技术。通过深耕、深松、少耕和增施有机肥及秸秆还田等保护性耕作技术，打破土壤犁地层，增加土壤有机质，改善土壤结构，提高土壤的蓄水、保水和供水能力。通过休闲期、作物生育期以地膜覆盖为主技术的应用，显著减少土壤表面的无效蒸发损失。

节水的总体思路：生物及品种—节水结构—生理节水，实质在于通过生物及品种选择提高有限贮水和降水的利用效率，其核心在于挖掘生物种群高效用水的遗传潜力，增加生物多样性建立高效用水和适水型种植结构，从品种、生物、种植结构 3 个层面提高水分利用效率。按照降水规律，压夏（小麦）扩秋（玉米、马铃薯），建立与降水规律相匹配的种植结构，可实现高效用水的目的。

用水的总体思路：优化栽培—有限补灌—水肥一体化，调整播期，使生育期耗水与降水相耦合，提高作物对降水的有效利用。充分利用生态学的时空设计原理进行作物品种搭配，做到高矮秆、深浅根作物间作；在时间设计上利用种群嵌合，种群密植等形式，提高农田水分利用率。在作物需水关键期或干旱缺水期补充灌溉，发挥少量水分的补偿或超补偿效应，利用土壤低效水，提高水分利用效率。

总之，围绕提高降水利用率和作物水分利用效率（WUE）的科技需求和生产问题，紧扣“集水—保水—节水”三大环节，借助地膜覆盖方式改变研究开发降水就地富集叠加利用的关键技术，实现无效降水资源化利用，解决旱地实质性增水分的问题，通过高水分效率品种筛选与评价利用，充分发挥生物及品种高效用水的遗传潜力和复合种群高效用水潜力，解决高效用水的问题，建立集覆盖、生物、农艺、种植结构优化为一体的集雨覆盖旱作节水农业模式（图 1-3）。

（二）旱作集水农业模式发展的历程

近半个世纪，黄土高原旱作农业的研究与发展可以粗略分为 4 个阶段。第一个阶段是前 20 年，主要是总结推广旱作农业耕作经验，通过技术组合，提高土壤的蓄水保墒能力，确立相应的旱农耕作制度。第二个阶段是 20 世纪 70—80 年代，以平田整地为目标修筑梯田，拦蓄径流，随后又提出小流域综合治理。在这些工作中始终贯穿的一个基本思想就是接纳尽可能多的天然降水使之就地入渗，以此来提高天然降水的利用率和作物生产力。非目标性输出为核心，营造土壤水库，提高土壤水库的保蓄率，这两个阶段概括为“水土保持型农业”。第三个阶段是 20 世纪 90 年代，以控制径流为主的集水农业阶段。第四个阶段是进入 21 世纪，以农田覆盖集水保墒和集雨种植为重点，提升旱作农田覆盖集雨的机械化作业水平，大幅度提高旱地粮食产量和水分利用效率。

1. 传统旱作农业阶段

土地由集体经营，绝大部分为旱坡地，采用传统的旱地耕作技术，如实施等高种植、增施少量有机肥、采用抗逆性强但低产的农家品种，延续传统的轮作制和休闲制等，粮食产量维持在较低的生产水平。粮食增产的途径主要靠开垦荒地，扩大种植面积。在这一发展阶段，坡耕地水土流失严重，产量低而不稳是其主要特征。

2. 兴修基本农田阶段

坡耕地改造为梯田后水土流失得到了基本控制，由于采取了深耕、增施有机肥等措施，农田土壤蓄水明显增加，产量有所提高。据测定，在连续降雨 120mm 的情况下，高质量的水平梯田可以全部拦蓄。在这一阶段，有限降水资源虽得到了较好保持，但未实现有效利用。

3. 增施化肥、更新品种阶段

我国旱地农业作物产量在这一阶段取得了突破，主要受益于化肥和品种更新，北方旱农地区增产约一倍，其中化肥的作用占到 50% 以上。由此可见，在旱作栽培条件下作物产量只能达到通常所说的中产水平，要进一步提高产量，则必须寻求新的途径。

4. 覆盖集水农业阶段

正常土壤供水已不能满足作物进一步增产的需求，解决的途径有两条：一是通过雨水集流技术发展集雨补灌农业，二是广泛推广地膜覆盖技术，特别是以农田作物膜侧种植、秋覆膜春播、全膜双垄沟集雨种植、全膜覆土穴播等为主的农田覆膜集雨技术，实现了农艺农机融合，显著提升了旱地覆盖集水农业的生产水平和科技进步。

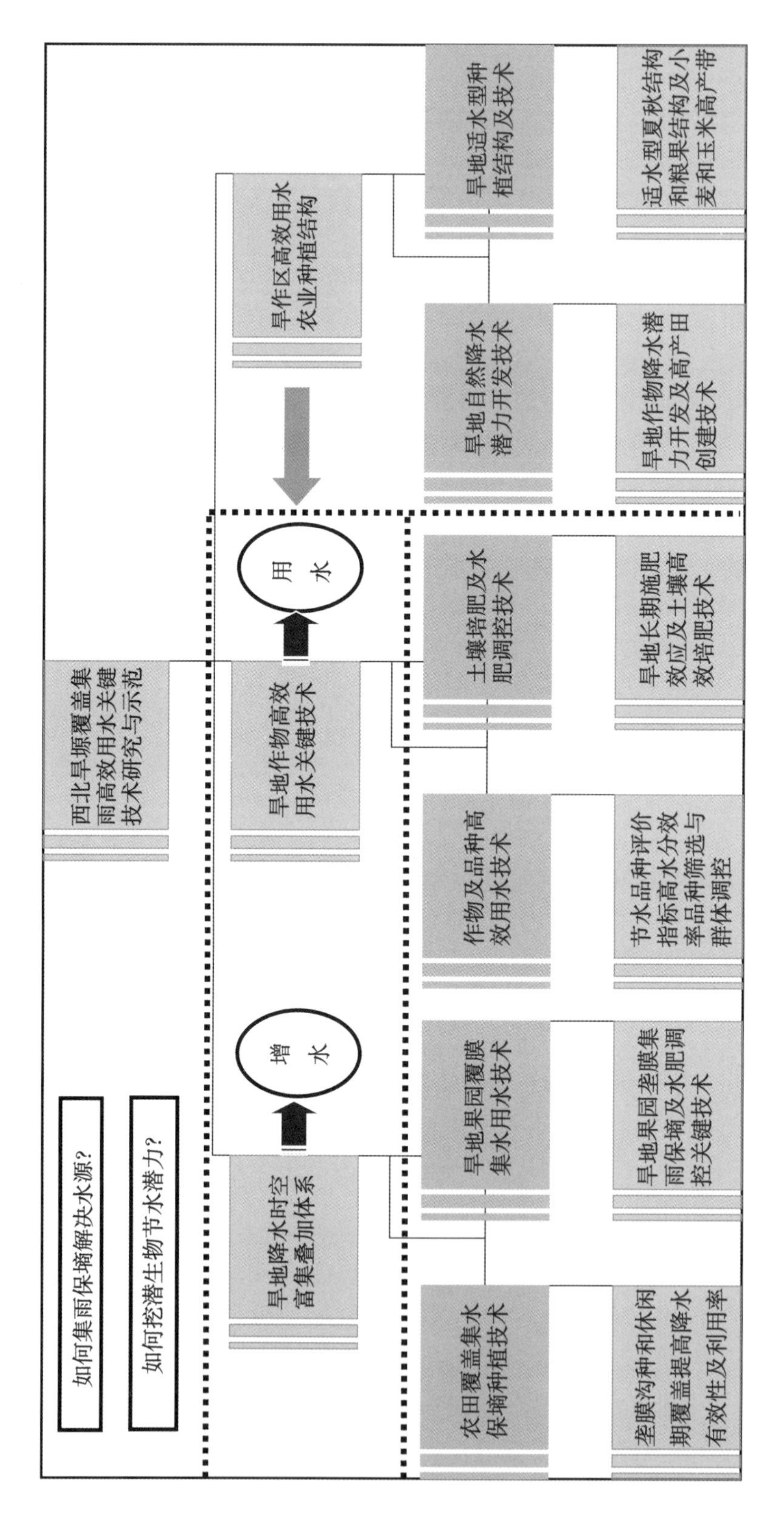

图1-3　旱地覆盖集雨高效用水模式及关键技术框架

四、集雨高效利用模式

黄土高原集雨高效农业其实质是在不同尺度上对径流拦蓄和水土环境保护，提高降水利用率和利用效率（效益）。它一方面是控制径流非目标性输出和汇聚非耕地径流，另一方面是对汇聚径流资源加以充分、高效利用。

（一）小流域雨水资源网络化利用模式

一个小流域就是一个完整的集水单元，黄土高原以小流域为主的集水单元其地形复杂多样。在一个集水单元中环境梯度差异明显，不同生物种群占据不同的现实生态位，不同生态位上的生物种群对雨水的需求和利用方式也不相同，表现出各不相同的生产力和功能，各种生物种群对整个小流域生态系统的协调运转具有不可替代的作用。小流域雨水资源网络化利用实质上是在不同生态位的生物种群之间合理规划和分配雨水资源，以持续发展为指导思想，优化生态环境建设及农业等行业用水。

根据黄土高原的景观结构与生态功能特点，从防止水土流失和集蓄径流角度考虑，可将一个小流域集水单元划分为 4 类生态经济带，即远山荒坡径流富集植被恢复水保—经济带，植被稀少，水土流失严重，一般为径流产出区，应以生态效益为主，不断增加经济开发的力度，做到生态环境的改善与经济发展的统一；降水就地入渗基本农田带，作物季节性覆盖比较明显，所种植的作物是经过人们定向培育和选择的，种群结构相对单一，重点为坡耕地改造和集水基础设施建设，应用先进的旱作农艺节水技术；村庄、道路径流收集水分高效转化经济带，是径流高效产出区和高价经济林果生产区，同时也是沟道冲刷切割的重要水源和策源地，雨水利用的方向是发展庭院经济林果、设施蔬菜、人畜饮水；沟道和川坝地高效经济带，水沙资源自然相对富集区，充分利用水沙资源发展坝系高效农业。从人类对这 4 类生态经济带的调控能力来看，雨水资源的网络化利用实质上是对雨水资源在不同利用层次上的干预，干预能力越强，系统生产力越高。

（二）非耕地集雨补灌高效农业模式

黄土高原集雨工程主要集中在庭院和道路等非耕地集水区，由于集水面积和集水数量的有限性及水窖布局远离农田的客观现实，应重点发展特色农业产业及产品，尤其是发展具有黄土高原地域特色的干鲜果及特产，组建雨水资源富集型精细特色农业产业。

1. 峁顶光头式水窖配置生态保护型干果产业

黄土高原的丘陵沟壑区，地面被冲蚀成一个个孤立的山峁，农田主要分布在峁坡、梁、沟掌中，靠天吃饭，没有灌溉条件。梁峁中部的水保—经济带以发展经济果树为主，特别是由于黄土高原所处的区位自然条件特点，应该以发展干果为主，如大扁杏、扁桃、改良阿月浑子等。针对这一具体情况，榆林市水利水土保持局在本市的余兴庄乡实施了“峁顶光头式”水窖配置模式，即山顶水窖戴帽，山坡梯田果树缠腰，果树微灌供水的产业模式。这种配置模式，首先选择离村庄较近，基本农田和经济作物比较集中的山峁，将山顶推平，然后开挖窖体，窖体呈“十”字形，窖的容积为 300～800m^3。窖顶集雨面为混凝土现浇防渗地坪，面积 300～800m^2。地坪形状随地形而异，一般为圆形和长方形，四周向中心倾斜，以利雨水汇集。汇集的雨水经两级沉沙池过滤将泥沙污物沉淀，清水流入窑窖储存，供灌溉和人畜饮水之用。这种窑窖工程量大，每立方米容积的材料费约108元。在窑窖的受益面积内，多为梯田栽大扁杏，种植密度为0.075株/m^2，即每亩栽种50株。如果每株果树设计灌水定额为0.05m^3，则一窖存水一次可灌果树0.53~1.42亩，每亩大扁杏年收入1 200元。

2. 路旁葡萄串式水窖配置果品产业

高原旱作农区降水量少，蒸发量大，作物水分满足率低，只要供水就能获得一定的产量，但要显著提高径流水的水分利用效益，应按供水原则和基本依据确定补灌关键技术，用供水效率（增加单位供水量的产量增量）衡量水分利用的程度。葡萄串式水窖配置，是指沿公路（石子路面）两侧农田中各农户分别开挖水窖（瓶窖或长方体水窖），收集路面径流，浇灌作物。这是在黄土高原出现最多的一种水窖配置模式。

甘肃省镇原县上肖乡坐落在屯子塬上，二级公路横穿村镇，路面为沥青质，有较大的比降。每逢降雨，来自屋顶、场院、道路的径流顺路而下，冲刷道路和公路两侧农田，雨水白白流掉。该乡为庆阳市旱塬集雨补灌试点乡镇，在公路两侧果园内像葡萄串似的开挖水窖，水窖容积一般为30~50m^3，采用滴灌、微喷、雾喷等微灌技术，浇灌果园，改变了过去千年旱塬靠天务果的局面。国家镇原试验区在果树萌动期、新梢迅速生长期、生理落果期、果实膨大期4个补灌时期，采用地下加压滴灌技术产果量和供水效率最高，平均单株产量16.0kg，比对照增产39.1%，比穴灌处理单株产量14.3kg，增产11.9%，比树盘漫灌处理平均单株产量12.7kg，增产26.0%；穴灌处理又比树盘漫灌处理平均单株产量增加12.6%。果树每株滴灌60kg水的单株产量（16.1kg）与穴播100kg水的产量（15.9kg）相当，说明滴灌每株省水40kg。利用沥青路面集蓄雨水，集流效率高达90%~95%，由于雨水径流被分段拦蓄，减轻了径流对路面和路旁排水沟及农田的冲刷。

国家定西试验区在地膜覆盖栽培条件下，以径流集蓄水为水源，5年生的3个梨树优良品种为指示作物，以旱作或树下地表供水为对照，旱地梨树根层有限补充供水具有极显著的增产效果，增产率为31.4%~78.7%，滴灌或地孔灌增产幅度最大，较地表供水增产率提高1.5倍左右；滴灌供水效率平均210kg/(m^3·亩)，地孔灌190kg/(m^3·亩)，而地表供水近70kg/(m^3·亩)，前两种供水方法的供水效率较后者提高1.7~2.0倍。另外，供水后不同梨树品种之间的增产幅度和供水效率差异较大，选择高效用水生物及品种是提高用水效益的关键。

3. 场、院、凹地单点式水窖配置园艺产业

水窖单点式配置模式，是指在居民点的院内、打谷场边、山坡集水凹地、温室旁边等地方开挖水窖，以收集屋面、打谷场上、凹地、温室棚面上的径流，供人畜饮用或为庭院经济（果园、大棚蔬菜）、农田、植树造林提供灌溉水源。

黄土高原这种水窖配置模式分布最广，历史最为悠久。根据观察，甘肃省定西县多年平均降水量为425.1mm，容积为20m^3的水窖，一年可蓄水2.5次，亦即一年可蓄水50m^3。定西试验区研究表明，利用庭院和道路集水发展设施蔬菜可大幅度提高水的利用效益。采用庭院窖水补灌梨树，在地下滴灌供水75m^3的条件下，旱地梨园供水效率实现8.0~10.0kg/(mm·亩)，平均每毫米补灌水生产5kg鲜果，增产率达到57.3%~166.7%，实现纯收入5 000~8 000元/亩；定西县高泉村农民李鹏，利用庭院硬地面集聚雨水，

1991 年修建薄壁水泥水窖 2 眼，容积 $30m^3$，每年积蓄径流 $80m^3$，对 300 多株梨树灌溉，1992 年收入 2 000多元，1993 年收入 2 500元，最大的梨单果重 0.7kg，品质优良，零售价高出当地市场价格 20%~30%。在镇原的研究与示范结果是，1994 年底农户马社郎 3 亩果园配套安装地下加压滴灌设施和贮水窖，1995 年、1996 年、1997 年连续 3 年共收集村道径流 $135m^3$，占果园总供水的 61%，较对照平均亩增产 40.8%，增收 36.3%。定西团结乡寒树村农民姚庆丰，从 1992 年修建了 6 眼水窖和 1 座 $300m^2$ 的日光温室，当年生产反季节黄瓜，收入 4 000多元，1996 年他又建成 2 眼水窖和 1 座日光温室及 1 座塑料大棚，当年仅靠种植设施蔬菜一项年收入 1 万余元，人均蔬菜收入达到 2 000元以上。

4. 温室棚面集雨水分半自给型设施蔬菜高效用水模式

利用集雨贮水发展设施蔬菜，其水分利用效果无疑是十分显著的，但仅靠庭院和道路集水仍然无法满足设施条件下蔬菜周年生产对水分的大量需求，如果没有外来水源补给，仅靠集雨贮水发展旱地设施蔬菜的规模还是十分有限的。为了更进一步提高集雨贮水对蔬菜需水的满足程度，国家“九五”区域农业重点科技攻关镇原专题针对陇东旱塬自然集水面有限的实际，研究提出了日光温室棚面集水半自供型设施园艺高效用水模式。该模式的核心是以温室棚面为高效集水面，棚面接地处铺设防渗渠，根据棚面面积大小配套修建容积 $30\sim50m^3$的水泥薄壁水窖，棚内设计安装膜下水肥农药加压滴灌联供设施，实现棚面集水、水窖贮水、设施供水的联体沟通。通过在 5 个农户中连续 3 年的实践，取得了面积 $289m^2$ 的棚面年平均集水 $51.8m^3$，对日光温室年生产周期果菜和叶菜实际水分需求的自给率为 52.5%，每吨水产值平均达到了 42.6 元。棚面集水可以称为是旱作区雨水资源富集叠加和就地利用的一种有效形式，是切实可行的，效果也是相当明显的。

5. 集雨补灌种苗产业

优质种子苗木繁育和动植物生产具有很高的经济效益和生态效益。由于缺水，有些特色产业很难在仅依靠自然降雨的旱农区发展。国家定西高科技农业示范园区在这方面进行了大胆尝试，取得了突破性进展。该园区以集雨工程、设施农业工程和微灌工程及特色动植物生产为核心，规划修建了网室马铃薯脱毒种薯繁育、日光温室食用菌栽培、日光温室苗木和花卉育苗及栽培等园区，配套修建了 1 110眼 $50m^3$水窖，6.8 万 m^2 水泥硬化集流场，硬化道路 11.6km，建成 398 座集雨型日光温室。目前，集水补灌型马铃薯脱毒种薯生产和花卉苗木栽培取得了显著的经济效益，低耗水高产出的金针菇、白灵芝等食用菌呈现出良好的发展势头，以订单形式生产。

（三）农田覆盖集雨高效用水种植模式

黄土高原广大地区虽然降水少，但我们只利用了这少量降水中的一部分，而大部分被流失或蒸发掉了，这是造成黄土高原地区旱作农田生产力不高的重要原因。过去“蓄住天上水、保住地中墒”的“一块地对一块天”式的传统蓄水保墒技术，大面积农田降水利用率和夏休闲期降雨保蓄率 30%~40%，作物水分利用效率 $6kg/(mm \cdot hm^2)$ 左右，再提高的难度很大。在没有外来水源输入的条件下，要实现农田雨水资源的高效利用，必须有效解决两个“60%”的水分损失问题，即夏休闲期降雨的 60%以上通过蒸发损失和麦田耗水量组成中棵间蒸发损失占 60%以上。20 世纪 90 年代以来，我国旱地农业研究取得了密植作物地膜覆盖和非耕地集雨补灌两大技术突破，应对这两项成果耦合创新，以覆盖集水保墒为核心，从“集水—保水—节水”3个方面入手，通过以起垄覆膜和垄沟比改变为主的农田土壤水库建设工程与技术，可使作物生育期微效降雨就地利用，使休闲期雨季集中性降雨贮存于土壤水库，大幅度增加土壤有效贮水库容，对旱地农田这是一个实质性的增水过程，将成为解决大面积旱地水分不足问题技术突破。

第五节　覆膜集雨对旱地农业的贡献

在我国半干旱旱作农业区，通过农田微集水种植技术，在田间构筑沟垄相间的微地形，并人工辅助以地膜集水保水结合，最大限度地降低农田内的蒸发面积，将有限的降水尽量保留和集中到沟内种植区，可使作物供水状况得到显著改善，达到提高降水资源利用率和农田水分利用效率的目的。

地膜是继种子、化肥、农药之后的第四大农业生产资料，覆膜集雨因增温保墒、防病抗虫和抑制杂草等功能使作物增产20%~50%，带动了农业生产力的显著提高和生产方式的改变，对保障食物安全供给做出了重大贡献，并且覆膜集雨向果蔬生产延伸和扩大，农业生产对地膜的依赖性越来越强，地膜覆盖集雨种植“装满了米袋子、丰富了菜篮子”，是农业生产的革命性技术，被誉为“白色革命”。采用全膜双垄沟集雨种植技术突破了旱地玉米种植的降水量界限和海拔高度限制，扩大了种植区域范围与面积。一是玉米生育期地温增加2.4~3.5℃，积温增加250~300℃，保证了早熟品种在高海拔地区正常成熟，种植海拔由1 800m增加到2 300m。二是提高了旱地玉米需水关键期水分的满足程度，使年降水量500~600mm地区成为地膜稳定高产区，400~500mm产量不稳定区变成稳定增产区，以前很少种玉米的300~400mm半干旱偏旱区扩种玉米成为现实。2010年以来，甘肃省全膜双垄沟播玉米年播种面积超过了1 000万亩，2015年达到了1 500万亩，以占全省36%的粮食播种面积生产了粮食增产的78.2%。三是保障了粮食安全，是贫困地区“温饱工程”。地膜覆盖使玉米、棉花单产大幅度提升，贡献了相当于全国玉米产量的8%，全国棉花产量20%~30%，全膜双垄沟集雨种植较半膜平铺盖种植平均增产20%以上。四是应对干旱低温和水资源短缺，覆膜集雨种植成为不可替代的防灾减灾节水重大技术，每亩保水100m^3，使旱地玉米水分利用效率达到2.5kg/(mm·亩)。五是支撑了农业种植结构调整和粮食生产向旱作区转移战略的实施，成为旱作区藏粮于水的“压仓石”技术。

总之，在我国干旱半干旱地区以降水资源化与高效利用为突破口，覆膜集雨已成为旱作农业的重大技术选择，为旱作区粮食产生和种植结构调整做出了突出贡献，是今后相当长时期内无法替代的技术。可以预见，随着现代科学技术的进步、研究方法的改进和交叉学科的发展，覆膜集水种植将不断深入，其模式向环境友好型可持续方向发展。

参考文献

程序，曾晓光，王尔大．1997. 可持续农业导论［M］. 北京：中国农业出版社．

樊廷录，王勇等．1999. 旱地冬小麦周年地膜覆盖栽培的增产机理及关键技术研究

[J]. 干旱地区农业研究，17（2）：1-7.
韩思明. 2002. 黄土高原旱作农田降水资源高效利用的技术途径[J]. 干旱地区农业研究，1（1）：4-9.
李凤民. 2000. 半干旱黄土高原地区以集水为基础的农牧混合型生态农业[J]. 生态农业研究，8（4）：1-5.
马天恩，高世铭. 1997. 集水高效农业[M]. 兰州：甘肃科学技术出版社.
美国国家科学院编. 1979. 干旱地区集水保水技术[M]. 北京：中国农业出版社.
杨封科，高世铭. 2002. 甘肃半干旱区集水农业用水模式及深化研究的思考[J]. 干旱地区农业研究，21（4）：122-127.
赵松岭. 1996. 集水农业引论[M]. 西安：陕西科学技术出版社. 228-232.
Boers T M, Ben-Asher J. 1982. A review of rainwater harvesting [J]. *Agric. Water Manage.*, 5: 145-158.
Boers T M, De Groaf M, Feddes R A, et al. 1986. A linear regression model combined with a soil water balance model to design micro-catchments for water harvesting in arid zones [J]. *Agric. Water Manage.*, 11: 187-206.
Critchley W, Siegert K. 1991. Water Harvesting [R]. Rome: FAO. 133.
Evenari, et al. 1968. "Runoff Farming" in the desert I. Experimental layout [J]. *Agronomy Journal*, 60: 29-32.
Frasier G W, Cooley K R, Griggs J R. 1979. Performance evaluation of water harvesting catchments [J]. *J. Range Manage*, 36: 453-456.
Frasier G W. 1975. Water harvesting: a source of livestock water [J]. *J. Range Manage*, 28: 429-434.
Geddes H J. 1963. Water harvesting [J]. *Proc. ASCE J. Irrig. Drain Div.*, 104: 43-58.
Hillel D. 1967. Runoff inducement in arid lands [R]. Final tech. Rep. USDA Project A, 10-SWC-36, Israel.
Hollick M. 1982. Water harvesting in arid lands [J]. *Scientific Reviews on Arid Zone Researcg*, 1: 173-247.
Myers L E. 1964. Harvesting Precipitation [J]. *Interntl. Assoc. For Sci. Hydrol Pub.*, 65: 343-351.
Myers L E. 1967. Recent advance in water harvesting [J]. *J. Soil Water Conserv.*, 22: 95-97.
Oweis T, Hachum A, Kijne J. 1999. Water harvesting and supplementary irrigation for improved water use efficiency in dry arieas [M]. Colombo, Sri Lanka: International Water Management Institute.
Pacey A, Cullis A. 1986. Rainwater harvesting: the collection of rainfall and runoff in rural areas [M]. London: IT Publication.
Prinz D. 2000. Water Harvesting in crop production [R]. Rome: FAO Training Corrse.
Reij C, Mulder P, Begeman L. 1988. Water harvesting for plant production [R]. Wash-

ington D C，USA：World Bank Technial Paper. 91.

Tabor J A. 1995. Improving crop yield in the sahel by means of water－harevesting［J］. *Journal of Arid Environments*，30：83－106.

Young M D B，Gowing J W，Wyseure G C L. 2002. Parched－thirst：development and validation of a processbaswed model of rainwater harvesting［R］. *Agricultural Water Management*，55：121－140.

第二章　黄土高原降水资源化潜力与集雨农业类型区划分

发展径流农业的首要条件是有径流可集蓄，降水特征直接影响径流集蓄效果。黄土高原降水虽少，但降水相对集中、雨季降水强度大等特点使径流集蓄成为可能。但并不是所有的黄土高原地区都具备径流集蓄的适宜条件。径流集蓄还受地貌、土地利用等因素制约。为使黄土高原径流农业更科学更健康地发展，本章在分析地貌，地表组成物质等因素对径流集蓄作用影响的基础上，提出径流集蓄的适宜类型区，从而为确定径流集蓄有效区、径流集蓄工程规模及布局提供理论依据，促进径流农业发展。

第一节　黄土高原的黄土地貌类型及分区特征

黄土高原位于我国地势的第二阶地，地处太行山以西，日月山—贺兰山以东，秦岭以北，长城以南，是一种地貌组合类型，北和西北高、东和东南较低，呈现出由西北向东南倾斜之势，形成了地表径流向东南、盆地、沿江的汇聚，最具特色的是黄土地貌。在此范围内，除宁夏沿黄冲积平原、内蒙古河套平原、汾渭河谷平原和毛乌素沙漠外，其余主要是黄土丘陵、高原沟壑以及部分土石山地，即通常所说的黄土高原水土流失区，面积约36万 km^2，图2-1把黄土高原大概分为西部、中部、东部3个区（杨文治等，2000），黄土塬、梁、峁是基本的地貌类型。

一、黄土高原东部区域（Ⅲ）

黄土高原东部区域位于子午岭、太行山之间，是黄土高原的东半壁，包括陕西北部与山西西部，主要为山地，即由太行山、吕梁山、中条山、太岳山、云中山等山系组成。山间盆地位居其间，如汾河平原与沿秦岭向西延伸的关中平原相接，亦称汾渭平原。山间盆地地部宽阔平坦，海拔400~500m。盆地边缘近山处常见麓洪积高地。

该区域包括晋陕丘陵和晋陕残塬两个亚区，总面积11.6万 km^2。晋陕丘陵亚区含陕北（9个县）和晋西偏北（6个县）的部分地域，总面积5.9万 km^2，大部分地域为半湿润气候，北部局部为半干旱气候。年均温度4~11℃，多年平均降水量410~565mm。地貌类型分梁涧丘陵、峁状丘陵、山间盆地类型。晋陕残塬区涉及陕西北山北部和晋西偏南的15个县，总面积5.7万 km^2，属半湿润地带，年均气温8.6~12.3℃，多年平均降水量520~630mm，这种气候在黄土高原属良好，对农业生产比较有利。

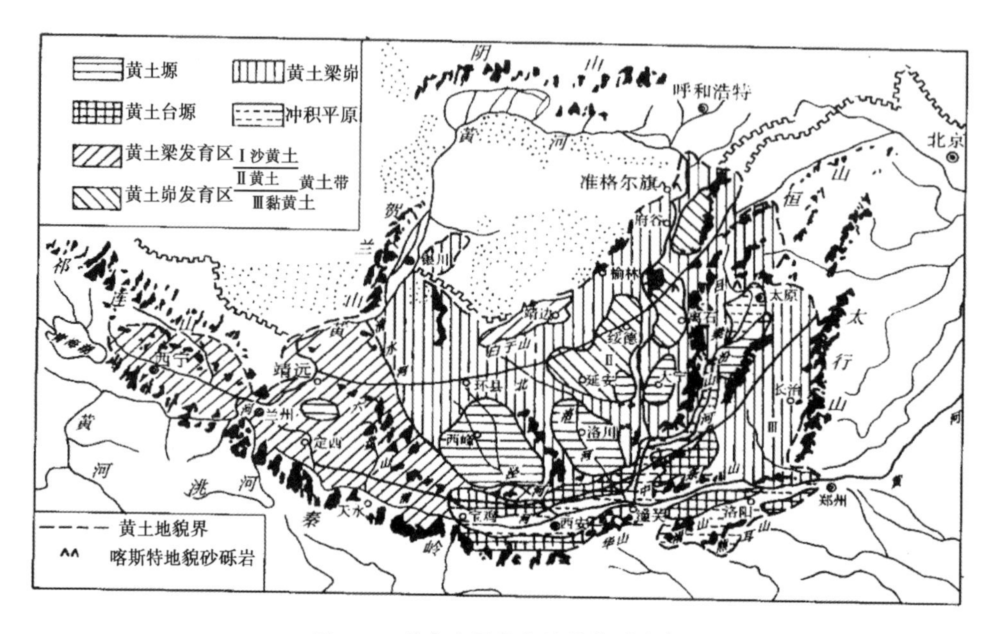

图 2-1　黄土高原黄土地貌类型分布

资料来源：杨文治，《黄土高原土壤水分研究》

二、黄土高原中部区域（Ⅱ）

黄土高原中部区域也称陇东宁南区，位于子午岭与六盘山之间，南起渭河台塬谷地，北至长城沿线，跨宁夏、甘肃和陕西 3 省（区），总面积约 17.5 万 km^2，是黄土高原的少水区，径流深 30~80mm。该区域包括长城沿线以北、泾河中上游和渭河谷地 3 个亚区。

长城沿线以北亚区的东段为长城沿线以北，西段为环江上游—施唐岭—南华山一线以北，北与毛乌素沙地相接，总面积约 6 万 km^2。为重干旱气候带，受风蚀和水蚀双重危害，年降水量 300~400mm，水热条件东西分异明显，年均温度 5.5~8.6℃。地貌类型分沙地和覆沙黄土丘陵。

泾河中上游亚区东西分别以子午岭和六盘山为屏障，北至毛乌素沙地西南缘，南邻渭河北岸台塬，以甘肃陇东为主体，含宁夏南部和陕西省彬（县）长（武）塬，总面积 6 万余 km^2。气候属半湿润—半干旱过渡地带，年均气温 5.1~10℃，多年平均降水量 403~638mm，大致从东南向西北递减。疏松的土壤和倾斜的地势，经流水汇集成泾河、蒲河、马莲河及其若干支流，形成了东、西、北三面向东南倾斜的地势，和千沟万壑与塬、梁、峁镶嵌的黄土地貌景观。地貌类型主要为塬、梁茆与河谷，是黄土旱塬和台塬的主要分布区。塬地主要分布于子午岭两侧，黄土丘陵区主要分布在塬区以北，部分位于其东部和西部临近山地的地带。黄土塬和台塬可分为：①宽阔的缓倾斜平原；②河流高阶地；③断陷盆地两侧梯形抬升的台地；④顶部宽缓的丘陵。该亚区地貌分高原沟壑、丘陵沟壑和子午岭山地 3 种类型。黄土旱塬主要分布在甘肃庆阳和平凉地区，其中尤以保存较为完整且国内最大旱塬董志塬为代表，另外还有陕西省的洛川塬。陕西省渭北旱塬主要以台阶地为主，塬面耕地约 880 万亩。黄土残塬或破碎塬主要分布于晋西南的大宁县—隰县、陕西省的长武县、彬县，以及甘肃省平凉市、庆阳市等地。由于该区塬与梁坡度平缓，尤其是高原沟壑区地面坡度小于5°的地面占46.4%，小于15°的平缓地面占70.8%，有利于发展种植业，素有“油盆粮仓”之美称。

渭河谷地亚区东起潼关西至宝鸡的狭长地带，南起秦岭北麓台塬，北止渭北台塬，是黄土高原的南缘。东西长360km，南北最宽达百余公里，总面积5.5万km^2，习惯称“八百里秦川”。年均降水量530~680mm，年均气温11.5~14℃，属半湿润气候区，水热资源丰富，滩地和一级、二级阶地坡度小于5°的地面占绝对优势（平均占72.4%），小于15°的平缓地面占82.4%，是黄土高原农业气候条件最好的区域。

三、黄土高原西部区域（Ⅰ）

黄土高原西部区域即六盘山、陇山以西的黄土丘陵区（也称陇中地区），是黄土梁的典型代表，总面积7.1万km^2。区内黄土丘陵在外部形态上与中部黄土丘陵有所不同，一般起伏较平缓。该区以祖历河与葫芦河的分水岭为界，分北部和南部两个亚区，北部有屈吴山脉与宁夏北部低平原，中部为兴隆山和马街山隆起，西南为兰州、临夏、临洮间地形平坦的冲积洪积多级阶地。

陇中北部亚区属黄土高原最西部，南接华家岭，东北是南华山和月亮山，总面积3.5万km^2。年均气温6~8.8℃，大部分地区年降水量400mm以下，气候属重半干旱地带，地貌主体类型是黄土丘陵，坡度组成中小于5°和25°的地面定西市占1.6%和67.3%。

陇中南部亚区地处黄土高原西南隅，几乎四周环山，行政区划含天水、定西地区大部分和临夏州局部，总面积3.6万km^2，年均气温5~10℃，年均降水量440~575mm，山地多为雨带，气候由半湿润向半干旱过度，主要地貌是黄土梁峁与沟谷。

基于黄土高原三大区域水热条件、地貌与地表物质的空间组合、农业生产方式等条件，可把黄土高原划分为覆沙黄土丘陵沟壑区、黄土丘陵沟壑区、黄土塬区、黄河峡谷区4类生态经济区（蒋定生等，1997）。

（1）覆沙黄土丘陵沟壑区：主要分布在晋西北、陕北北部、宁夏中部、甘肃东北部，大致相当于沙黄土分布的地区。年平均温度6~12℃，多年平均降水量300~450mm；植被覆盖率低，且以农田植被和零星分布的灌草地与疏林草地、河谷人工林植被为主；境内水土流失与风蚀沙化交织，形成典型的风、水两相侵蚀带，是黄土高原水土流失较为严重的地区；种植业和畜牧业有一定比例。区内景观格局呈明显的覆沙低丘陵与宽河谷平原交织分布的特点。

（2）黄土丘陵沟壑区：是黄土高原的主体，主要分布在山西省太行山以西、陕西省黄龙山以北，宁夏南部、甘肃省董志塬周围的大部分黄土分布区，青海省湟水谷地以北部分黄土分布区，大致相当于典型的黄土分布区，包括土石丘陵；年平均温度10~14℃，多年平均水量350~550mm；植被覆盖率较高，但以农田植被为主，森林植被多呈零星的岛状山地分布，人工灌草地多分布在河谷的陡坡地段；境内水土流失严重，且以构造侵蚀河谷陡坡重力侵蚀（如滑坡）为主；农业以种植业为主，兼有一定的畜牧业。区内景观格局呈明显的梁峁地与沟间地交织分布的特点。

（3）黄土塬区：是黄土高原中的高平原，主要由分布在陕北的延安市（洛川塬）和甘肃省的庆阳市（董志塬），以及渭河谷地以北、汾河谷地两侧的多级阶地形成的台原所组成，多年平均气温10~14℃，年降水量450~600mm。地势平坦，土质肥沃，除受降水不稳定影响、时而出现干旱外，一直是黄土丘陵区重要的农业生产基地。近年以优质水果种植为中心，成为我国重要的温带鲜果生产基地。

（4）黄河峡谷区：北起内蒙古托克托，南至山西省禹门口，长逾400km，涉及山西省、陕西省、内蒙古的24个县旗。由于受黄河的下切作用，黄河峡谷两岸均为基岩裸露的石质山地和丘陵，仅在一些短小河流两侧的阶地上呈现间断分布的平地。这一地带地势起伏不平、坡地较陡，成为重力侵蚀和沟谷侵蚀的主要地区；亦是黄河粗沙的主要来源区。这一带是著名的晋陕红枣分布区，亦是黄土高原极为贫困的地带，人均地少，土地质量差。地表多为裸岩分布，相对低洼处为黄土覆盖区，水土流失亦严重，被视为黄土高原区最难治理、脱贫致富任务最艰巨的地区。

第二节　黄土高原降水特征及降水资源转化利用

降水资源是地球上水资源的源头水，地表水、地下水、土壤水可互相转化并同出于降水。因此，在我国水资源的评价中，仅从工程的角度计入了地表水与地下水，其所谓的全国水资源总量28 170.8亿 m^3，是一个不完整的水资源总量的概念。实际上，农业水资源降水已在作物生长中被利用，只是未纳入地表水与地下水资源的计算而已。应当强调指出，降水资源总量才是水资源总量，地表水与地下水由其转化而来，属于降水资源的派生资源。因此，应以降水资源总量作为区域水资源总量的概念，全面评价水资源的利用与开发，首先应该是评价降水的多少及降水的时空分布特征，然后分析“降水、径流、土壤、作物”之间水分转化关系及利用现状，这是北方旱区尤其是黄土高原旱作农业发展的一个重要方面。

一、黄土高原的降水特征

黄土高原旱作地区径流集蓄与降水量及分布特征有密切的关系，分析降水的时空分布特征，对径流集蓄适宜类型区划分具有重要的意义。

（一）降水的空间分布特征

黄土高原多年平均降水量基本呈东北西南走向，多年平均年降水量由东南部的600mm左右逐渐减少到西北部的250mm。年降雨日数的分布与年降水量的分布走向基本相似，80个雨日的等值线在东部和中部地区大致和550mm等值线吻合，但在西部已接近于400mm和500mm等雨量线；75个雨日的等值线大致与450mm等雨量线吻合；70个雨日的等值线大致与400mm等雨量线走向接近；60个雨日等值线大致与350mm等雨量线走向接近；50个雨日等值线大致与250mm等雨量线走向一致。

年不小于10mm的400mm等雨量线主要分布在晋东南、豫西地区，北洛河中游的铜川、黄陵、洛川及渭河中上游的宝鸡一带；年不小于10mm的300mm等雨量线走向大致同年降水量400~450mm等雨量线接近；年不小于10mm的200mm等雨量线大致同年降水量300mm等雨量线相近。

（二）降水的时间分布特征

1. 降水的年内分布

黄土高原降水集中在7—9月。但各区最大降水量出现月份有所不同，南部个别地区多出现在7月和9月；东部地区出现在7月，可占年降水量的23%左右；中部地区7月和8月的雨量差不多，分别占年降水量的22%左右；西部和北部地区，8月降水量相对最多，占年降水量的25%左右。

黄土高原主要台站年降水量的季节分配比例是：夏季降水集中，6—8月降水量占年降水量的50%~60%，其中北部地区占年降水量的63%左右，中西部地区占年降水量的55%左右，南部地区约占年降水量的45%。秋季（9—11月）降水量占年水量的20%~30%，其中北部地区占年水量的20%，西部地区占23%，南部地区占28%。冬季（12月至翌年2月）降水量仅占年水量的1.5%~3.0%，其中西北地区在2%以下，东南部地区在2.5%~3.5%；春季（3—5月）降水量占年水量的13%~20%。

2. 降水的年际变化

黄土高原的降水不仅年内分配不均，而且年际变化也很大。就整个黄土高原来说，降水的年际变幅表现为西北部大于东南部，而且降水越少的地区其降水量年际变化愈大。最大年降水量一般为多年平均年降水量的1.5~2.0倍，其中东南部地区为1.5倍左右，西北部在2.0倍左右；最大年降水量一般为最小年降水量的2.5~7.0倍，东南部在2.5~3.0倍，西北部差异较大，在3.0~7.0倍。

3. 降水的时间集中度

黄土高原降水时间集中度呈东南西北向变化。大部分地区不小于5mm的降水量占年降水量80%以上，西北部地区较东南部地区偏少7%左右；不小于10mm的降水量可占年降水量的55%~70%，西北部地区较东南部地区偏少10%；不小于15mm降水量占年降水量的40%~55%，西北地区较东南部地区偏少15%左右；不小于20mm的降水量可占年降水量的25%~40%，西北地区较东南部地区偏少18%；不小于30mm的降水量可占年降水量的15%~30%，西北地区较东南部地区偏少20%；不小于50mm的降水量仅占年降水量的5%~15%。

黄土高原最大1h降水量可占年降水量的5%左右，最大6h降水量可占年降水量的7%~12%，最大12h降水量可占年降水量的9%~15%，最大24h降水量可占年降水量的10%~18%。最大7日降水量可占年降水量的16%~24%，最大15日降水量可占年降水量的23%~30%，最大30日降水量可占年降水量的30%~45%。

二、黄土高原降水资源的转化与利用

降水到达地面之后，转化为地表径流、地下水、土壤水3种物理形态的水资源，表2-1可以看出，土壤水资源最多，其次为河川径流，最后是降水补给地下水。全国年降水资源61 889亿m^3，其中33 718亿m^3转化为土壤水资源，占年降水资源量的54.5%，河川径流27 115亿m^3，占年降水资源量的43.7%，年降水补给地下水1 055.8亿m^3，占年降水资源量的1.7%。地表水与地下水的重力作用富集之和为28 170.8亿 m^3，形成了水利工程开发的主要对象，这就是一般概念上的全国淡水资源总量（包括地表水和地下水），占降水资源总量的45.52%，可谓为全国降水资源化系数，也即降水资源的二次转化系数（表2-2）。再从三次水的转化来看（降水转化为地下水的数量），全国的转化系数仅为13.39%。

表2-1　黄土高原与全国降水量、径流量、降水补给地下水的比较

地　域	面　积（万 km^2）	降水资源总量（亿 m^3）	地表径流量（亿 m^3）	地表径流量		土壤水资源（亿 m^3）	年均产水模数（万 m^3/km^2）
				河川径流（亿 m^3）	年降水补给地下水（亿 m^3）		
黄土高原	62.34	2 757	555.7	443.7	112.0	2 201.3	8.91
全　国	954.53	61 889	28 170.8	27 115	1 055.8	33 718	29.51

资料来源：《黄土高原地区水资源问题及其对策》

表2-2　黄土高原与全国降水资源的梯次转化关系

水资源类　型	全　国		黄土高原	
	总量（亿 m^3）	转化关系（%）	总量（亿 m^3）	转化关系（%）
一次水	61 889.0	100.0	2 757	100.0
二次水	28 170.8	45.52	555.7	20.16
三次水	8 288.0	13.39	223.9	8.12

注：一次水为自然降水，二次水为地表径流，三次水为地下水

黄土高原地区年降水资源2 757亿 m^3（中国科学院，1990），其中2 201.3亿 m^3转化为土壤水资源，占年降水资源量的79.8%，地表径流443.7亿 m^3，占年降水资源量的16.1%，年降水补给地下水112.0亿 m^3，占年降水资源量的4.7%。降水资源化系数（二次转化系数）只有20.16%，不到全国的一半。降水的三次转化系数8.12%，同样低于全国。黄土高原年均产水模数8.91万 m^3/km^2，仅为全国的30%。总之，在单位面积降水资源总量和径流量严重不足的黄土高原地区，降水资源化系数即降水的二次、三次转化系数均很低，只有转化为土壤水资源的比重较高。因此，充分利用好土壤水资源是黄土高原农业发展的重要基础，而加强地表径流的利用与集蓄应是高原农业发展的一个重要方面。

根据水分循环规律，进入土壤中的降水还要经过再循环转化，至少有一半以上的水分通过蒸发损失掉了。研究结果表明，黄土高原地区降水在下垫面上经再分配后蒸发占54%~56%，植物蒸腾占26%~34%，径流占12%~18%。据中国农业科学院侯向阳研究，我国北方旱农地区降雨利用率只有30%~40%，水分生产效率0.4kg/(mm·亩）左右。梅旭荣的研究（2006）表明，我国旱地农业区农田对自然降水的利用率只有一半左右，这“一半”揭示了以往的旱作农业技术对自然降水的低效利用。

由此可见，控制地表径流和土壤物理蒸发等水分非目标性输出，成为解决高原农业水

资源短缺的主要途径或成为高原农业可持续发展的基础。

第三节　黄土高原地面坡度分析

表2-3的土地和耕地坡度分级数据表明（中国科学院黄土队，1989），黄土高原地区总共有土地92 962.85万亩，其中地面坡度分级数据中<3°的地面占37.70%，3°~7°占6.81%，7°~15°占16.31%，15°~25°占21.53%，>25°占17.65%。

表2-3　黄土高原地区地面坡度分级数据

项目		黄土高原地区总计		陇东陕北区面积（万亩）			陇中宁南区面积（万亩）		
		面积（万亩）	占比（%）	总面积	甘肃省	陕西省	总面积	宁夏	甘肃省
		92 962.7	100.0	8 035.3	5 188.4	2 846.9	8 026.4	2 521.6	5 504.8
耕地坡度分级	总面积	23 505.9	100.0	1 862.7	1 327.7	535.0	3 352.5	1 035.1	2 317.4
	梯、条田	3 907.2	16.6	635.9	459.6	176.3	747.7	65.8	681.9
	<3°	9 419.0	40.1	549.3	407.5	141.8	594.2	253.1	341.1
	3°~7°	2 260.7	9.6	84.9	54.5	30.4	216.5	117.8	98.7
	7°~15°	3 610.4	15.4	220.8	135.1	85.8	901.9	376.4	525.6
	15°~25°	3 175.4	13.5	237.1	162.3	74.7	740.7	206.8	533.9
	>25°	1 133.2	4.8	134.7	108.7	25.9	151.5	15.3	136.2
地面坡度分级	<3°	35 045.7	37.7	1 507.5	1 062.8	444.7	1 087.6	382.9	704.8
	3°~7°	6 335.2	6.8	190.5	115.4	75.1	429.2	228.2	201.0
	7°~15°	15 160.4	16.3	966.8	656.8	309.9	2 710.3	793.9	1 916.4
	15°~25°	20 012.7	21.5	2 879.3	1 879.3	999.9	2 516.2	804.8	1 711.4
	>25°	16 408.9	17.67	2 491.2	1 474.1	1 017.1	1 283.0	311.8	971.2

资料来源：《中国黄土高原地区地面坡地分级数据集》

平地少，坡地多。全区<3°以下坡度的平地面积约27 738.38万亩，占全区土地面积29.8%，其中耕地面积9 419.1万亩，占全区总耕地面积的40.7%。黄土丘陵是黄土高原的主体，土地总面积37 066.7万亩，主要分布在甘肃省、陕西省和山西省，占黄土高原水土流失区面积88.2%，占黄土高原总面积的39.9%，其中坡耕地面积最大，约31 046.1万亩，占黄土丘陵区土地面积83.8%。高原的坡耕地依照坡度可以划分为4类，即3°~7°平坡地，7°~15°缓坡地，15°~25°斜坡地，大于25°陡坡地。

平坡地。黄土高原丘陵区总共有平坡地6 020.4万亩，占黄土高原同类坡度总面积的95%。主要分布在山西、内蒙古、宁夏、甘肃和陕西5个省区，分别占35.8%、23.2%、13.3%、12.2%和10.4%。由于地面坡度较缓，利用与修筑水平梯田可用机械作业，实施以坡改梯为主的径流农业工程比较容易。

缓坡地。黄土高原丘陵区总共有缓坡地 10 136. 04万亩，约占黄土高原同类坡度总面积的 67%。主要分布在甘肃、陕西、山西和宁夏 4 个省区，分别占 36. 9%、22. 6%、16. 4%和 11. 9%。为坡地农田的主要分布区域，修筑水平梯田工程量大，不适宜实施机械作业，适合农林牧综合利用。

斜坡地。黄土高原丘陵区有斜坡地 12 246. 6万亩，约占黄土高原同类坡度总面积的 61%。以陕西省和甘肃省居多，分别占 39. 9%和 38. 3%。地面破碎，地块较小，零散分布，大部分地应逐渐退耕还林还草。

陡坡地。黄土高原丘陵区总共有陡坡地 8 663. 7万亩，约占黄土高原同类坡度总面积 53%。主要分布于陕西省（49. 1%）和甘肃省（34. 5%）。地面破碎，耕种困难，难以实施坡改梯，应尽快退耕还林还草。

第四节　黄土高原旱作地区径流集蓄利用基础

干旱缺水与水土流失严重是制约黄土高原旱作地区农业发展的两大障碍因子，降雨季节性不均衡，以及雨季降水强度大，径流产出量高是径流集蓄的前提。除此而外，径流集蓄利用还与地貌学、土地利用方式等有关。

一、气候学基础

黄土高原降水图谱是季风气候的产物，由于夏秋暖湿气团从东南向西北推进，最后又在西北干燥大陆气团下回退，雨季自然是东南长于西北，所以从东南向西北形成两大特征：降水量逐渐减少和愈加集中的特点（赵松岭等，1996）。作者对甘肃庆阳地区镇原县 45 年降水资料的统计分析表明（图 2-2），年均降水 547. 8mm，有 40 年即 88. 9%的年份降水量以当地平均降水量为轴心，变动于±21. 2%之间，只有 5 年即 11. 1%的年份出现极

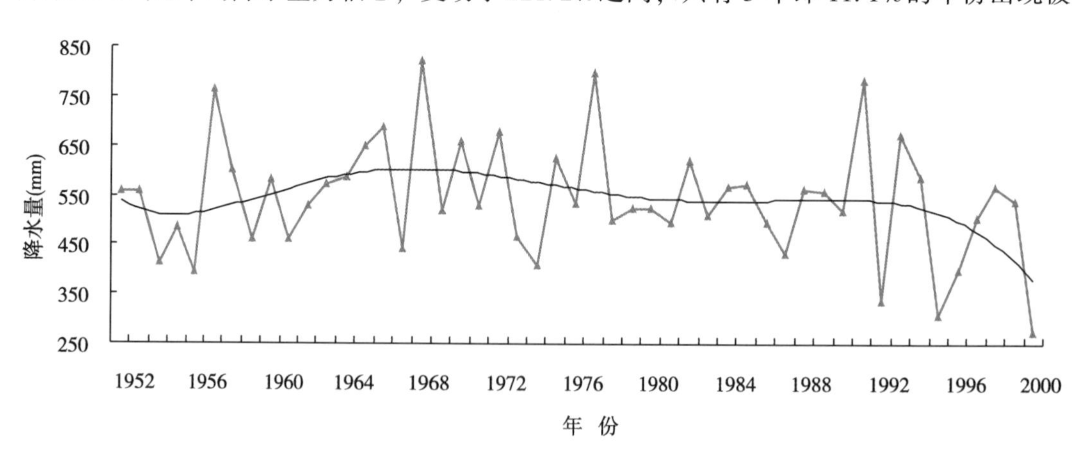

图 2-2　镇原试验区年降水量变化趋势

端值。谷茂对榆林地区 30 年降水资料也进行了统计分析表明，年降水量具有正态分布特征，尽管由于受季风环流的影响，我国半干旱区年降水量在年际间有差异，甚至有明显差

异；尽管年内的降水量分布在月际、旬际间表现不很规律，但在一定降水量区间内，年降水量表现相对稳定，如榆林地区年降水量>300mm的年份出现概率为81.6%。这种相对稳定的降水资源是径流集蓄的前提（樊廷录等，1999）。

黄土高原降水时空变化特征的分析表明，该区年降水量地域分布差异明显，降水量由东南向西北递减，多数地区降水相对集中于7—9月，形成了一个雨量较充沛的丰水季。黄土高原旱作地区的陇东旱塬丰水季持续100天，降水352.4mm，占全年降水量的61.4%，而且降水量较大，>25mm的暴雨日（5~8d）降水占全年降水的23%左右，雨势猛，多以径流形式出现。再从降水—土壤水分循环特征来看，5—6月降水出现低值槽，之后土壤水分达到低谷，这个时期正好是夏收作物的关键需水期和秋收作物的抗旱保苗期，若以集蓄的径流水进行补偿灌溉，将有效缓解水分短缺造成的产量损失（赵松岭，1996）。因此，从气候学角度上来看，该区发展径流集蓄农业是完全可行的。

二、地貌学基础

径流集蓄还受地貌、地表组成物质、土地利用等因素制约。作为自然环境组成要素之一，地貌类型及其组合状况对径流有重要影响。在不同地貌条件下降水形成径流的特征、空间分布以及产流能力存在极大差异，而降水—径流资源及时空分布规律则是径流集蓄的关键。

本章已对黄土高原地面坡度进行了分析，黄土丘陵区沟谷切割严重，地表起伏大，有利于径流产生和径流汇集。在陕北、陇东、陇西的黄土丘陵区中，山地丘陵占总面积的78.62%，尤其是15°以上的坡耕地和荒山荒坡为径流集蓄提供了广阔的空间。

降水在地表重新分配很大程度上受地貌条件制约。坡面径流可用Wischmeier水土流失通用方程（USLE）表示，当降水因素一定时，坡度与坡长是决定坡面径流量及径流特征的重要地貌因素。尽管地貌对径流影响比较复杂，但是坡度、坡长及坡向的作用是最基本的，且有规律可循。

（一）坡度对径流产出的影响

坡度是地貌形态组成要素，对坡度与径流的关系存在不同的理解。王百田、蒋定生认为地面坡度与径流关系不密切。Rodier等认为集水区坡度对径流产出时间、汇流时间及径流持续时间、累计径流量、峰值均有显著影响。Miki等认为只要不是平的地形就可产流，径流与坡度无关。陈永宗、赵存兴等人发现在同样降雨条件下，不同坡度坡面上产流量有所不同。径流量随坡度增加而增大，增加量又随最大30min雨强（I_{30}）增大而增大，且这一规律在I_{30}>8mm时才比较明显。当I_{30}≤8mm时，径流量会出现随坡度先增大后减小的现象，但这种现象在年径流总量中所占比例一般不超过9%。朱兴平（1996）等人对定西县高泉沟流域地形坡度与径流量关系的研究结果表明，不同雨量时坡度对径流量影响不同，当降水量>30mm时影响显著，降水量小于或等于30mm时影响较小。

径流产出是降水、坡度、土壤、植被等多种因素共同作用的结果。只有降水强度超过土壤下渗速度时才可能产生径流。如果降水强度较大、历时较短，水分来不及下渗就形成径流。当降水强度大、历时较长时，随坡度增大径流量也增大。有一定坡度的地形易于径流形成和汇集，集水效果比平坦地形好。

（二）坡长对径流产出的影响

坡度相同而坡长不同时，坡长则受雨面积大，接纳降水多，径流量有增大的趋势，但同时水流流程增加，水流渗入总量可能增大，坡面径流有减少趋势。坡长对径流的影响主要取决于降雨与产流之间的对比关系。一般是在特大及较大暴雨时，坡面越长，单位面积径流量越大。黎四龙等人认为，降雨强度较小时，径流随坡长增大不明显，径流量与坡长不是直线关系，而降雨强度大时，径流量可用坡长与径流的乘积代替。当降雨强度较小或降雨强度虽大但持续时间很短时，坡长与径流量呈负相关。当一次降水量过少时，坡面很长的坡地一般不产流。

（三）坡向对径流产出的影响

迎风坡降水量一般多于背风坡，有利于径流产生，而背风坡往往形成雨影区，降水少。受东南季风影响，阳坡降水多而阴坡少，但阳坡日照充足，蒸发较强，土壤水分损失量较大。相同降雨条件下阴坡土壤水分高于阳坡，在降水量不大时阴坡较阳坡易产流，有时在一次降雨过程中阴坡产流而阳坡不产流。在降雨较大时，则阳坡较阴坡易产流。因而集水时应考虑坡地方位。

（四）坡地下垫面对径流产出的影响

坡地下垫面植被状况对降水径流的影响也十分显著，在同样的降雨条件下，荒坡杂草地和农作物坡耕地的径流次数比林地要多，荒坡杂草地和农作物坡耕地的径流量分别是森林地的 9.8 倍和 16.1 倍。

坡地下垫面植被覆盖度对降雨产流过程也有显著影响。据研究，植被覆盖度与产流量之间呈极显著负相关，就是说植被覆盖度越大，降雨截留量和土壤入渗量越大，形成的地表径流量就越小。因而良好的植被状况能使较多的雨水渗入土壤，从而有效减少地表径流。有草皮的坡面径流系数比相同条件下的裸土地面小得多。小雨强时，草地基本没有产流；大雨强时，草地虽也产流，但其径流系数比同等条件下的裸土地面减少 30%～60%。

据以上分析可知，黄土高原半干旱区内的丘陵地，地势起伏大，坡地多，植被覆盖度低有利于径流形成和汇集。

三、土地利用基础

土地利用状况反映了人地关系的协调程度和土地资源潜力的发挥程度，不同土地利用类型接纳的降水及径流特征也各不相同。甘肃省、宁夏、陕西省黄土丘陵区中，土地资源主要特点是坡地多、平地少。平坡地面积约 298.9 万 hm^2，只占土地总面积的 17.84%，山地丘陵和土石山地则占到 81.84%。土地利用中，种植业比重偏大，土地利用不尽合理，土地利用率高但利用水平低，农业属于粗放经营，大部分地区垦殖系数在 25%～45%，而陕北的米脂县、绥德县、甘肃省定西市，通常高达 45%～60%。土地开垦程度高但质量较差，优等耕地少，坡耕地多，广种薄收现象普遍，条件差的地方粮食甚至难以自给。开垦的耕地多为坡耕地，扩耕则主要是开垦草地、林地，对本已脆弱的生态环境造成极大破坏，加剧了水土流失。

因此，存在大量难以用作农地的荒山荒坡，这是很好的径流产出区。从这个意义上说，垦殖系数小，荒山荒坡面积广，对径流集蓄更有利。

第五节　黄土高原旱作地区降水资源化潜力研究

20 世纪 80—90 年代，我国西北黄土高原地区以径流集蓄工程及补灌为主的径流高效农业发展很快，生产实践取得了较大效益，有人称之为黄土高原旱地农业技术的一次革命。但是，降水径流的利用不仅仅局限于收集利用雨水，更重要的是，它是人们对传统水资源的概念及其理论有了重新的认识。通过对降水径流的利用，人们开始深刻地认识到降水实为水资源的根本，降水是其水资源的根本来源。对于一个闭合的径流集蓄单元（小流域）而言，降水就是它的水资源。本书第一章已提出降水资源总量才是水资源总量这一概念，并在第二章对其转化关系进行了分析。

为了保证黄土高原经济和社会可持续发展，保证降水径流资源能够持续和高效开发利用，必须考虑生活用水、农业用水和生态用水，不能单纯强调农业和生活用水，而忽视生态用水，尤其是随着国家西部大开发步伐的推进，黄土高原地区要进行大规模的生态环境建设工程，生态需水将会急剧增加。因此，这就需要从降水资源化潜力的程度，对水资源的数量以及可开发量进行重新认识，在小流域尺度上研究流域降水资源的可开发量，这对径流高效利用和保证流域生态环境建设具有重要意义。

一、降水资源化潜力计算与评价

水资源不同于水源，并不是所有的水源都是水资源，水资源 = 部分水源+技术（刘汉利，1986），例如，人们通过各种工程和技术，把造成水土流失的有害径流转化为满足人们生活和生产及其生态环境需要的物质资料时，它就成为水资源。所谓降水资源化，就是指把降水转化为可利用资源的过程。一般情况下，降水资源化指人们通过对降水在下垫面的时空调控，使其有更多部分形成可利用资源的过程。降水资源化有两种途径：一种是降水的自然资源化过程，其含义是降水通过入渗进入土壤，增加土壤水库贮水量，直接供给植物生长；另一种是降水的人工资源化过程，主要含义是经过人为干预，使降水变为降水资源，发展农业生产或解决人畜饮水。

（一）降水资源化潜力的计算公式

小流域是黄土高原地区主要地貌单元，它是指一个完整径流集蓄单元。所谓小流域降水资源化就是在降水、降水资源和降水资源化的内容中赋予了一定的空间属性。降水资源化程度的高低与降水特征和地表下垫面具有直接的关系（张富，2001）。对小流域降水资源化潜力计算可分 3 个层次（冯浩和吴普特，2001）：一是降水资源化理论潜力，二是降水资源化可实现集蓄量，三是降水资源化现实集蓄量。

1. 降水资源化理论潜力

由于大气降水是陆地上各种形态水资源总的补给源，是一个流域或封闭地区当地水资源量的最大值。因此，小流域降水资源理论潜力应为该流域的降水总量，其计算方法为：

$$Rt = P \times A \times 10^3$$

式中，Rt 为小流域降水资源化理论潜力（m^3）；P 为小流域降水量（mm）；A 为小流域的面积（km^2）。

2. 降水资源化可实现集蓄量

现阶段，小流域降水资源化理论潜力是难以实现的。现实可利用的最大降水资源量，我们称为降水资源化可实现集蓄量。参考联合国粮农组织（FAO）提出的有效降水量概念，我们将黄土高原的降水资源化可实现集蓄量定义为：在一定自然和技术经济条件下，通过优化降水利用方式和技术，降水资源中可以为人类开发利用的最大量。对于农业生产及生态环境需水来讲，降水资源转变为土壤水，即可认为转变为现实可以利用的水资源。一定区域的可实现集蓄量与区域的降水特性、地形、土壤特性、土壤含水量、作物种类及生育阶段、耕作措施等因素密切相关，同时，也与社会科学技术、经济水平有关。

依据对降水资源化可实现集蓄量的认识，构建如下表达式：

$$Ra = \lambda_R \times P \times A \times 10^3$$

$$\text{或} \quad Ra = P - (1 - \lambda_{1R})R - (1 - \lambda_{2R})E_0$$

式中，Ra 为降水资源化可实现集蓄量（m^3），P 为降水量（mm），A 为流域面积（km^2），R 为地表径流量，E_0 为蒸发量，λ_R为可以实现的最大降水调控系数，$\lambda_R \times P$ 是指最大可以调控的降水资源量。λ_{1R}为地表径流最大调控系数，（$1-\lambda_{1R}$）R 是指难以调控的最小地表径流量。λ_{2R}为蒸发最大调控系数，（$1-\lambda_{2R}$）E_0 是指难以调控的最小蒸发损失量。

3. 降水资源化现实集蓄量

指在当前降水利用方式和技术下已经实现的将水资源量。现实集蓄量 Rr 与可实现集蓄量 Ra 的计算公式形式基本一致，但现实集蓄量计算公式中的 λ_r代表流域降水调控能力的现实水平。

$$Rr = \lambda_r \times P \times A \times 10^3$$

$$\text{或} \quad Rr = P - (1 - \lambda_{1r})R - (1 - \lambda_{2r})E_0$$

式中，Rr 为降水资源现实集蓄量（m^3），P 降水量（mm），A 流域面积（km^2），R 地表径流量，λ_r流域降水调控能力的现实水平，λ_{1r}径流调控系数，（$1-\lambda_{1r}$）R 指难以调控的地表径流量。λ_{2r}蒸发调控系数，（$1-\lambda_{2r}$）E_0 指难以调控的蒸发损失量。λ_r、λ_{1r}、λ_{2r}与流域内技术、经济水平有关。

从理论上讲，λ_{1R}、$\lambda_{2R} \to 1$，$Ra \to Rt$，并且随着径流控制和蒸发抑制技术的改进，$\lambda_{1r} \to \lambda_{1R}$、$\lambda_{2r} \to \lambda_{2R}$，$Rr \to Ra$。即随着流域内技术进步和经济发展，降水资源化的可实现集蓄量和现实集蓄量不断提高。

（二）降水资源化潜力评价方法

对于一个特定小流域，如果掌握了这个流域的降水、入渗、地形、土壤资料，以及现有的降水利用方式和面积，只需通过一定的降水径流试验，就可计算降水资源化潜力。再结合小流域的需水情况，对降水资源的开发利用进行评价。

WD_{max}降水资源化理论潜力开发度：WD_{max}（%）＝（Ra/Rt）×100

WD_{real1}降水资源化集蓄量现实开发度：WD_{real1}（%）＝（Rr/Rt）×100

WD_{real2}降水资源可实现集蓄量开发度：WD_{real2}（%）=（Rr/Ra）×100

Wd 实际需水程度：Wd（%）=（Rd/Rt）×100

Rd——实际需水量

降水资源的开发必须坚持可持续利用和可持续发展的原则。一方面，降水资源的开发要满足一定区域内的需水需求，另一方面，并不能无限制的开发降水资源，制定的开发规模要与降水资源存在状况相适应，决不能超过降水资源的承载力。

一般情况下，流域降水资源开发会出现以下几种情况。

$WD_{max}>Wd>WD_{real1}$，表明小流域所制定的降水资源开发规模较符合实际，尽管对降水资源的开发利用还不能满足区域需水的要求，但可以通过增加径流集蓄工程或其他措施，提高潜力开发程度。

$Wd>WD_{max}>WD_{real1}$，表明小流域所制定的降水利用规模已超出降水资源最大开发程度，须减少开发规模，优化各业用水，否则将导致环境恶化，干旱加剧。

$WD_{max}>WD_{real1}>Wd$，表明小流域所制定的降水利用规模对降水资源的利用还不很充分，为发挥降水资源潜力，应调整各业用水比例或适当扩大降水利用规模。

$WD_{max}=Wd=WD_{real1}$，表明流域所制定的降水开发利用规模已达到降水资源的最大开发潜力，而且实际的开发能力也能符合所要求的开发规模，就真正实现了降水资源的高效利用，现实中，这样的机会很少能出现。

WD_{real2}总是大于WD_{real1}，WD_{real2}越大，表示对降水资源可实现潜力的开发程度越高，所采取的一切径流蓄保工程和用水技术越先进。

以黄土高原11个试验区为例，综合考虑小流域的人畜饮水、农业生产及林草植被生态的需水要求，计算小流域当前的需水量（Rd）与降水资源理论潜力（Rt）的比值即Wd的结果是：当降水设计频率为50%、75%、90%时，11个试验区小流域的需水量与理论供水量之比依次为55%~96%，平均66%、65%~122%，平均78%、81%~173%，平均101%。可以看出，这11个试验区小流域的需水量与流域的降水资源化理论潜力相比已经达到相当高的比例。当遇到中等干旱年份（降雨设计频率75%）时，计划用水量几乎占到降水资源化理论潜力的80%。这种现象反映了目前黄土高原高度治理下的小流域制定的用水计划不合理，应选择一个较高保证率的用水规划。

二、黄土高原典型地区非耕地的降水资源化潜力

年降水量400mm以上的黄土丘陵沟壑区为发展径流农业的适宜区域，在这一区域大规模兴起的集水工程和集水补灌农业，推动了径流农业发展。然而，径流场建设和贮水窖布局主要集中在以庭院、公路和道路等非耕地区域，从目前及将来发展的现实看，靠这些现有径流面能集蓄多少水，能补灌多少农田，需要在理论上给以回答，以便推动其健康发展。本章选择甘肃黄土高原即陇西黄土高原半干旱丘陵沟壑区和陇东黄土高原半湿润偏旱残塬沟壑区为代表，估算不同径流收集效率下的降水资源化潜力。

（一）研究区域基本情况

甘肃黄土高原地处黄土高原中西部、甘肃省中东部，跨7个地州市48个县（市、

区），面积约 11.3 万 km^2 以上，占全省总土地面积的 24.9%。

六盘山以东为陇东黄土高原残塬沟壑区，包括庆阳地区的 8 县市区和平凉地区东部的 5 县市区，共 13 个县市区，南部为典型的塬、梁、峁、丘陵相间，是高原沟壑地形，北部属丘陵沟壑地形。六盘山以西为陇西黄土丘陵沟壑区，包括兰州市（8 县区）、白银市（5 县区）、天水市大部（北部 5 县）及定西地区（7 县）、临夏州（8 县市）、平凉地区的静宁县与庄浪县，共 35 个县市区，地形特点为黄土包围的石质山岭，地势起伏较大、沟壑纵横，由于受水力的长期侵蚀、切割，被分割成无数个大小不等的塬、梁、峁、丘陵和纵横深切的沟壑等地形。

甘肃黄土高原丘陵区的北部（兰州—会宁—平凉—庆阳一线以北）属温带半干旱区，年均气温 6~9℃，年均降水量 200~500mm；南部属温带半湿润区，年均气温 6~10℃，年均降水量 500~600mm。全区降水量由南向北迅速减少，且降水变率大。全区属黄河流域，除个别地区（临夏南部、马衔山、陇山一带等）年径流深可达 100~200mm 外，大多数地区年径流深多在 50mm 以下，庄浪河以东和兰州—靖远一线以北不足 5mm，几乎完全不产生径流。

根据自然气候生态区划，研究区域的 48 个县市区可分为 6 个农业生态亚区（表 2-4），即北部半干旱农林牧区，中部半干旱农林牧区，西北部半干旱农林牧区，中部半湿润农林牧区，西部二阴山地农牧区，中南部残原沟壑区。

表 2-4 研究区域划分及范围

区 域	区域范围
北部半干旱农林牧区	东乡县、永靖县、榆中县、永登县、皋兰县、靖远县、白银区、兰州市 5 区，共 12 个县市区
中部半干旱农林牧区	庄浪县、静宁县、秦安县、甘谷县、武山县 5 个县
西北部半农半牧区	环县、华池县 2 个县
中部半湿润农林牧区	庄浪县、静宁县、秦安县、甘谷县、武山县 5 个县
西部二阴山地农牧区	渭源县、康乐县、临夏市、临夏县、广河县、和政县、漳县 7 个县市
中南部残原沟壑区	平凉市、泾川县、灵台县、崇信县、华亭县、西峰市、庆阳县、合水县、正宁县、宁县、镇原县、共 11 个县市

（二）黄土高原典型地区非耕地径流集蓄量估算

1. 径流集蓄估算所需的资料

本文收集甘肃省 1996 年研究区域各县的土壤普查和土地利用资料（甘肃省农业资源区划办公室，1998），以及 1950—1990 年的旬平均降水量资料，并根据计算要求资料汇总整理见表 2-5 与表 2-6。

（1）土地利用资料：统计研究区域各县的土地面积，农用地、耕地、非耕地面积。为了明确反映非耕地降水资源化及非耕地径流向农田的富集，本章统计的耕地面积特指农田面积，非耕地面积不包括荒山荒坡面积，特指农村居民点（即宅基地和庭院）、公路、农村道路等占用地，因为这些非耕地是目前主要的径流场。

表 2-5　研究区域各县土地利用构成　（单位：万亩）

地域		土地面积	农用地面积	耕地面积	非耕地面积	非耕地			
						城镇面积	农村居民点面积	公路面积	农村道路面积
陇东黄土高原残原沟壑区	平凉市	289.2	201.8	119.0	16.4	1.2	12.3	0.4	2.5
	泾川县	220.1	157.6	99.2	15.6	0.4	13.2	0.4	1.6
	灵台县	297.2	254.1	107.7	14.2	0.2	11.5	0.6	1.9
	崇信县	127.9	106.4	48.2	4.9	0.1	4.1	0.3	0.4
	华亭县	177.3	151.5	58.3	5.2	0.4	3.3	0.5	1.0
	西峰市	149.6	123.6	62.1	16.5	0.7	14.6	0.2	0.9
	庆阳县	403.7	342.1	126.7	20.8	0.7	17.8	0.7	1.6
	合水县	441.3	421.4	65.0	7.7	0.1	6.6	0.4	0.6
	正宁县	197.0	171.2	61.7	10.4	0.3	9.1	0.4	0.5
	宁　县	398.1	321.6	148.4	25.1	0.6	23.3	0.4	0.8
	镇原县	525.2	422.5	206.8	40.2	0.4	30.1	2.7	7.1
	环　县	1 387.4	1 275.0	307.9	26.6	0.4	19.0	1.2	6.1
	华池县	580.7	524.6	100.8	8.4	0.2	5.5	0.9	1.8
陇西黄土高原丘陵沟壑区	庄浪县	238.7	193.8	117.0	11.0	0.4	8.2	0.5	1.8
	静宁县	329.1	261.7	182.6	16.5	0.5	10.1	0.7	5.1
	秦安县	239.9	172.1	140.4	14.0	0.3	11.1	0.5	2.0
	甘谷县	237.6	176.6	128.6	10.4	0.6	7.5	0.7	1.6
	武山县	298.3	235.0	124.6	11.8	0.3	6.5	0.6	3.4
	会宁县	847.2	655.8	304.2	26.8	0.3	21.5	1.2	2.9
	定西县	545.9	349.5	259.9	21.1	0.8	12.3	1.2	5.1
	通渭县	436.9	282.4	259.5	19.8	0.3	14.4	1.2	3.6
	临洮县	428.0	281.2	163.8	15.6	0.4	10.5	0.7	3.4
	陇西县	361.7	284.6	182.4	15.8	0.8	9.5	0.5	3.3
	渭源县	309.6	244.0	121.5	7.0	0.3	3.8	1.0	1.6
	康乐县	149.0	123.3	50.7	5.0	0.1	3.4	0.1	1.3
	临夏市	13.8	9.5	8.2	2.6	0.9	1.3	0.1	0.1
	临夏县	182.5	142.0	69.6	7.7	0.0	5.7	0.5	1.3
	广河县	80.7	65.0	32.8	4.1	0.2	2.8	0.2	0.7
	和政县	144.5	124.8	38.3	4.1	0.1	2.9	0.3	0.7
	漳　县	325.0	296.4	128.4	6.9	0.3	10.5	0.7	3.0
	东乡县	226.6	167.5	60.1	9.5	0.1	7.2	0.4	1.3
	永靖县	284.0	154.1	56.2	6.5	0.5	4.3	0.4	0.8
	榆中县	495.1	409.3	146.3	19.8	0.3	11.0	0.8	1.6
	永登县	858.6	776.1	186.1	23.4	0.5	13.2	0.5	2.6
	皋兰县	373.1	323.9	60.6	10.7	0.2	4.6	0.3	2.3
	靖远县	855.5	633.3	184.6	25.2	0.5	16.2	0.8	4.3
	白银区	492.8	395.1	71.4	25.0	8.4	6.5	0.6	2.0
	兰州 5 区	238.6	114.3	47.1	29.7	1.4	5.9	0.7	1.7

表 2-6　研究区域各县月降水量　（单位：mm）

地　域		月降水量												年降水量
		1月	2月	3月	4月	5月	6月	7月	8月	9月	10月	11月	12月	
陇东黄土高原残原沟壑区	平凉市	2.6	3.9	13.4	32.8	48.1	55.6	114.7	103.6	80.2	40.5	13.5	2.2	511.1
	泾川县	3.2	4.9	15.8	37.4	48.5	43.8	116.3	103.2	105.8	47.5	20	3.5	549.9
	灵台县	5.5	8.9	21.4	47.2	61.9	46	120.7	114.9	120.5	61.9	24.2	4.6	637.6
	崇信县	3.5	4.8	17	39.9	44.7	43.7	119.7	102	111.7	41	14.9	3.6	546.4
	华亭县	4	5.7	17	42.6	56.9	51.9	123.1	117.2	113.3	51.4	20	3.5	606.6
	西峰市	3.7	7.3	16.2	39.8	55.8	55.1	119.4	103.8	92.6	44.2	19.3	4.3	561.5
	庆阳县	3	5.8	16.2	33.7	46.5	47	113.7	109.1	95.4	44	19.4	3.2	537.1
	合水县	4.2	8.9	16.2	35.9	49.1	55.4	112.8	116.5	98.4	47.1	20.1	4.1	568.4
	正宁县	4.8	9	20.5	45.2	58.5	52.8	119.1	117.3	109.4	57.9	24.1	4.8	623.5
	宁　县	4.5	7.9	20.7	43.8	56.9	45.8	107.8	101.2	103.7	52.1	23.4	4.4	572.1
	镇原县	4	5.8	14	31.2	48.5	43.1	109.7	107	85.1	36.9	15	4	504.0
	环　县	2.5	4.7	12.2	20.5	36.1	30.8	86.8	105.1	63.8	30.4	12.1	2.6	407.3
	华池县	3.2	5.3	14	33	36.3	47.1	114.8	119	80.8	31.9	13.8	2.6	501.7
陇西黄土高原丘陵沟壑区	庄浪县	3	4.6	11.7	41.1	45.4	55.5	117.1	113.3	92.5	45.3	15.3	2.8	547.8
	静宁县	1.9	4.1	11	30	40.6	48	104	105.6	83.3	37.5	11.7	1.7	479.3
	秦安县	4.1	5.4	12.6	37.6	46	58.2	102.3	93.8	81.7	48	14.9	2.9	507.3
	甘谷县	3.8	4.5	13.3	35.5	48.7	53.4	97.3	85.9	71.6	45.7	11.2	2.2	473.1
	武山县	2.6	4.1	13.2	35.4	55.3	57.4	100.3	78.3	76.8	45.4	9.6	2.2	480.6
	会宁县	3.6	5.2	12.2	25.9	44.2	53	90	90.5	65.2	34	10.1	1.8	435.4
	定西县	2.3	4.4	11.7	29.7	46.4	50.3	87.6	82.7	65.8	33.8	9.2	1.3	425.1
	通渭县	3	3.8	10.3	29.1	46.6	51.7	85.2	92.3	71.4	35.5	9.6	1.8	440.1
	临洮县	3.6	5	14.8	33.7	65.3	65.3	115.4	124.4	84.7	40.7	10.4	2.2	565.2
	陇西县	2.8	3.4	11.2	30.1	52.5	55.5	80.1	87.1	75	37.7	8.7	1.6	445.8
	渭源县	3.3	5	14	33.6	60.8	63.7	98.2	108.8	86.6	40.1	9.9	1.6	525.7
	康乐县	3.8	6.8	15.9	37.9	61.8	60.8	108.5	136.9	81.6	36.3	12	1.5	564.0
	临夏市	2.5	4.3	11.2	30.1	61.5	52.9	99.5	111.7	82.2	37	7.1	1.5	501.7
	临夏县	3	7.5	16.6	39.7	71.6	74.6	128.9	134.7	95.5	43.3	13	2.5	630.6
	广河县	3.2	5.4	13	28.7	51.9	57	100.2	123.3	74.5	30.5	9.2	1.4	498.5
	和政县	3.5	7.1	19.3	39.8	78.9	67.4	113.7	131.3	103.2	47.9	14.2	1.8	628.1
	漳　县	3.1	4	15.5	31.8	57	66.1	84.3	91.3	71.9	31.1	7.9	2	465.4
	东乡县	4.3	7.9	15.7	31.5	59.4	52.9	112.8	133.7	80.5	34.8	9.2	1.9	544.6
	永靖县	0.7	2.5	4	18.3	48.3	31	59.4	82.5	40.7	15.2	3	0.3	306
	榆中县	2.5	2.9	10.5	25.3	47.3	45.9	82.5	90.9	61.7	29.7	6.4	1.5	406.6
	永登县	1.5	2.5	6.5	16.5	30.6	31.9	60	70.2	43.5	21.6	4.7	1.1	290.2
	皋兰县	0.5	1.3	4.3	14.2	27.9	31.9	59.1	67.2	36.4	16.3	3.8	0.4	263.5
	靖远县	1.3	2.4	5.6	13.7	24.4	23.2	51	59.4	34.6	19.2	4.3	0.9	239.8
	白银区	0.9	1.2	3.2	9.3	18.6	21.2	47.6	57.1	30.4	12.9	1.8	0.3	204.3
	兰州市	1.3	2.3	8.4	17.4	36.1	32.5	63.8	85.3	49.1	24.7	5.4	1.3	327.7

（2）降水资料：统计研究区域各县 40 年的月、旬降水资料和年均降水量。用年均降水量乘土地面积、农用地面积、非耕地面积，计算不同区的降水资源量（万 m^3）。

2. 径流集蓄量的估算方法

黄土高原径流集蓄主要在降水较多的丰雨季节进行。因此，径流集蓄量估算中，降水量采用 6 月下旬到 10 月上旬的降水之和进行计算。有关概念和系数界定如下。

（1）非耕地降水资源化理论潜力：本章特指农村居民点、公路、农村道路区域年降水量的总和。

（2）非耕地径流向耕地的理论潜力富集量：指居民点、公路、农村道路等非耕地区域降水资源化理论潜力量向耕地的最大转移量，用非耕地降水资源化理论潜力与耕地面积的商表示（m^3/亩）。特别要说明的是，居民点降水资源化理论潜力量的 80%用于人畜饮水，20%可向农田富集。因此，在计算非耕地径流向农田富集的理论量中，居民点径流集蓄量按 20%计入。

（3）非耕地降水资源化可集蓄量：指居民点、公路、农村道路等非耕地区域降水集中季节（6 月下旬至 10 月上旬）降水资源化可实现集蓄量。按实际可能径流集蓄情况，农村居民点径流场面积按农村居民点占地面积的 70%计，雨季径流收集效率 63%；公路径流场面积按 80%计，雨季径流收集效率 60%；农村道路径流场面积按 50%计，雨季径流收集效率 30%。农村居民点径流集蓄量的 20%计入总量。非耕地径流向耕地可实现潜力富集量用非耕地降水资源化可实现集蓄量与耕地面积商表示（m^3/亩）。

（4）非耕地降水资源化现实集蓄量：指居民点、公路、农村道路等非耕地区域丰雨季（6 月下旬至 10 月上旬）的降水资源化现实集蓄量。按目前实际产流集蓄情况，农村居民点径流场面积按 50%计，雨季径流收集效率 50%；公路径流场面积按 30%计，雨季径流收集效率 40%；农村道路径流场面积按 15%计，雨季径流收集效率 20%。农村居民点径流集蓄量的 20%计入总量。非耕地径流向耕地现实富集量用非耕地降水资源化现实集蓄量与耕地面积的商表示（m^3/亩）。

3. 径流集蓄量的估算与评价

按本章所界定方法，对甘肃黄土高原 48 个县市区非耕地区域降水资源化潜力及向耕地富集量的计算结果（表 2-7）表明以下结论。

（1）在目前以非耕地为主的径流集蓄中，农村居民点即庭院、屋面和场面是径流场建设的重点区域，在陇西黄土高原丘陵沟壑区、陇东黄土高原残塬沟壑区中，农村居民点面积占非耕地区径流面积的百分比分别为 74.1%和 82.7%，丰雨季节农村居民点径流向耕地可实现的潜力富集量占非耕地径流向耕地可实现潜力富集总量的百分比分别为 84.5%和 90.2%。公路和农村道路在非耕地径流蓄积面积中所占比例为 20%~30%，向耕地可实现的潜力富集量占非耕地径流向耕地可实现潜力富集总量的 10%~15%。因此，在西北地区兴起的径流集蓄工程是以农村居民点为核心区域的。

（2）非耕地径流向耕地的理论潜力富集量、可实现潜力富集量、现实富集量差异较大。陇西黄土高原半干旱丘陵沟壑区非耕地径流向耕地可实现潜力富集量平均 2.2m^3/亩，占理论潜力富集量的 18.5%，现实富集量 0.9m^3/亩，占可实现潜力富集量的 40.9%；陇东黄土高原半湿润残塬沟壑区非耕地径流向耕地可实现潜力富集量平均3.6m^3/亩，占理

表 2-7 研究区域各县非耕地径流向耕地的富集量

地域		非耕地径流可实现的集蓄量（万 m^3）				非耕地径流向耕地的富集量（m^3/亩）		
		农村居民点	公路	农村道路	总和	理论潜力富集量（*Rt*）	可实现潜力富集量（*Ra*）	现实富集量（*Rr*）
陇东黄土高原残原沟壑区	平凉市	250. 1	44. 3	85. 5	379. 9	15. 2	3. 2	1. 4
	泾川县	285. 92	49	58. 1	393. 02	17. 2	4. 0	1. 9
	灵台县	276. 12	72. 7	78. 2	427. 02	18. 9	4. 0	1. 8
	崇信县	89. 94	33. 9	16. 2	140. 04	11. 6	2. 9	1. 3
	华亭县	77. 26	64. 2	38. 8	180. 26	14. 7	3. 1	1. 2
	西峰市	312. 52	17. 8	34. 1	364. 42	24. 3	5. 9	3. 1
	庆阳县	379. 38	86. 9	56. 5	522. 78	16. 6	4. 1	2. 0
	合水县	145. 96	49. 8	21. 4	217. 16	13. 4	3. 3	1. 5
	正宁县	213. 1	48. 7	20. 7	282. 5	18. 4	4. 6	2. 2
	宁　县	486. 22	43. 8	27. 2	557. 22	15. 0	3. 8	2. 0
	镇原县	603. 22	293. 1	241. 4	1 137. 72	25. 6	5. 5	2. 3
	环　县	320. 5	109. 9	174. 6	605	9. 8	2. 0	0. 8
	华池县	115. 38	98. 8	64. 9	279. 08	12. 5	2. 8	1. 0
陇西黄土丘陵沟壑区	庄浪县	179. 3	62. 4	66. 3	308	12. 4	2. 63	1. 12
	静宁县	197. 28	70	168. 3	435. 58	13. 6	2. 39	0. 90
	秦安县	211. 62	49	65. 3	325. 92	11. 3	2. 32	1. 04
	甘谷县	131. 78	68. 4	47. 8	247. 98	9. 3	1. 93	0. 79
	武山县	113. 18	57. 1	101. 3	271. 58	13. 6	2. 18	0. 80
	会宁县	322. 96	95. 5	73. 5	491. 96	8. 0	1. 62	0. 73
	定西县	175. 34	90. 1	124. 6	390. 04	9. 6	1. 50	0. 57
	通渭县	216. 52	97. 7	92. 4	406. 62	8. 7	1. 57	0. 64
	临洮县	205. 32	78. 2	113. 7	397. 22	14. 4	2. 43	0. 97
	陇西县	138. 98	42	82. 8	263. 78	9. 4	1. 45	0. 58
	渭源县	84. 04	127. 6	61. 9	273. 54	9. 9	2. 25	0. 76
	康乐县	83. 34	19. 7	53. 5	156. 54	15. 8	3. 09	1. 24
	临夏市	28. 12	6. 8	5. 3	40. 22	18. 4	4. 88	2. 28
	临夏县	157. 8	70. 5	58. 7	287	17. 4	4. 12	1. 71
	广河县	61. 64	29	25. 2	115. 84	15. 0	3. 53	1. 45
	和政县	76. 98	40. 7	30. 3	147. 98	16. 9	3. 86	1. 57
	漳　县	82. 84	46. 4	62. 8	192. 04	12. 0	2. 35	0. 87
	东乡县	120. 66	38. 5	37. 5	196. 66	19. 2	3. 27	1. 43
	永靖县	40. 64	19. 7	13. 3	73. 64	7. 5	1. 31	0. 55
	榆中县	130. 64	54. 5	31. 8	216. 94	8. 6	1. 48	0. 65
	永登县	73. 66	15. 3	24. 7	113. 66	6. 0	0. 61	0. 27
	皋兰县	23. 9	9. 7	33. 7	67. 3	10. 2	1. 11	0. 38
	靖远县	74. 9	19. 3	33. 7	127. 9	7. 2	0. 69	0. 29
	白银区	29. 3	13. 9	15. 1	58. 3	7. 3	0. 82	0. 32
	兰州 5 区	39. 02	26. 7	19. 3	85. 02	16. 8	1. 80	0. 70

论潜力富集量的21.1%，现实富集量1.6m^3/亩，占可实现潜力富集量的44.4%。如果在作物关键需水期或干旱期以补灌25m^3/亩计，则应建造集水补灌水窖150万眼，可实现潜力富集量、现实富集量每年分别能使488万亩、209万亩粮田得到补灌，这个估算数据是相当可观的，这就是非耕地降水资源化开发的潜力所在。

然而值得注意的是，实际补灌面积并没有这样大，其原因一是只有集中在农村居民点、公路和农村道路径流收集区附近的耕地才便于补灌，而这部分耕地不到总耕地面积的10%，二是所修建水窖的85%以上分布在农村居民点附近，主要解决人畜饮水问题，公路和农村道路径流场附近的水窖很少，并且有相当一部分公路远离农田，大多数农村道路路面窄、尚未硬化，产流效率低，径流含泥沙量大。因此，应当加强径流面建设工作，合理规划和布局水窖，使种植区与径流收集区和贮水容器相配套。

（3）不同农业生态亚区非耕地径流向耕地富集的评价。甘肃黄土高原可分为6个农业生态区，通过对各亚区降水资料、径流面积比（即非耕地径流区与耕地面积之比）、非耕地径流向耕地富集量的计算分析，结论如下。

甘肃黄土高原6个农业生态亚区之间，年降水、丰水季降雨、径流面积比、非耕地径流向耕地富集量均有明显差异，径流富集量受降水量和径流面积比的双重影响，降水量是影响径流富集量的主导因素。各亚区非耕地径流向耕地的现实富集量大小依次为表2-8所示：中南部残塬沟壑区（1.88m^3/亩）>西部二阴山地农牧区（1.41m^3/亩）>中部半湿润农林牧区（0.93m^3/亩）>西北部半农半牧区（0.90m^3/亩）>中部半干旱农林牧区（0.70m^3/亩）>北部半干旱农林牧区（0.57m^3/亩）。相比较而言，中南部残塬沟壑区（陇东11个塬区县）、西部二阴山地农牧区（高寒阴湿区）年降水量450~550mm，非耕地径流向耕地富集量显著高于其他亚区，径流集蓄相对容易；北部半干旱农林牧区（东乡县、永靖县、榆中县、永登县、皋兰县、靖远县、白银区、兰州市5区）年均降水量320mm左右，非耕地径流向耕地富集量很低，发展径流补灌农田需建设较大的径流场。因此，从干旱和需水的迫切性来看，半干旱地区最需要发展径流农业，但要建设较大的径流场，径流集蓄成本较高；半湿润区尤其是高寒阴湿区和陇东旱塬区，降水相对较多，农田缺水程度要低于半干旱区，但干旱缺水仍然是农业生产的主要问题，径流集蓄比较容易，是径流农业的适宜发展区。

根据降水资源化潜力评价指标与计算方法，甘肃黄土高原不同生态亚区非耕地径流向耕地富集量的理论潜力开发度13%~23%（表2-9），可实现富集量的潜力开发度37%~47%，尚有60%左右的潜力尚未开发，而现实集蓄量的开发度只有5%~10%。由此看来，集蓄量潜力开发度与农业生态类型区密切相关，降水越少，开发度越低，在现有地形地貌、土地利用结构和农业技术条件下，对非耕地降水资源化可现实富集量潜力的开发还不到一半，对理论富集量潜力的开发更低，有待通过技术进步提高潜力开发程度。

表 2-8 研究区域不同农业生态亚区非耕地径流向耕地富集量的比较

区 域	所包括县（市、区）数	年降水量（mm）	丰水季降水量（mm）	径流面积比	非耕地径流向耕地富集（m^3/亩）		
					理论富集量（*Rt*）	可实现潜力富集量（*Ra*）	现实富集量（*Rr*）
北部半干旱农林牧区	12	322.8	137.4	0.120	10.35	1.39	0.57
中部半干旱农林牧区	5	462.3	267.1	0.078	10.02	1.71	0.70
西北部半农半牧区	2	454.5	322.3	0.083	11.15	2.40	0.90
中部半湿润农林牧区	5	497.6	325.0	0.087	12.04	2.29	0.93
西部二阴山地农牧区	7	544.9	398.3	0.104	15.04	3.44	1.41
中南部残塬沟壑区	11	565.3	372.0	0.149	17.35	4.04	1.88

表 2-9 研究区域不同农业生态亚区非耕地径流向耕地富集量的潜力开发度 （单位：%）

区 域	理论富集量开发度（*Ra*/*Rt*）	现实富集量开发度（*Rr*/*Rt*）	可实现富集量开发度（*Rr*/*Ra*）
北部半干旱农林牧区	13.4	5.5	41.0
中部半干旱农林牧区	17.1	7.0	40.9
西北部半农半牧区	21.5	8.1	37.5
中部半湿润农林牧区	19.1	7.7	40.6
西部二阴山地农牧区	22.9	9.4	41.0
中南部残塬沟壑区	23.3	10.8	46.5

三、黄土高原典型地区农田降水资源化潜力的初步估算

农田是黄土高原农业生产的主要区域。农田水资源短缺突出表现在作物生育期和休闲土壤水分的物理蒸发损失，控制农田水分非目标性输出是径流农业技术长期致力于研究和解决的重大问题。本节以位于黄土高原的陕北和渭北为研究区域，分析和评价农田降水资源化潜力。

（一）研究区域基本情况

陕西省的关中及其以北的两北地区（渭北和陕北）处于黄土高原核心地带，面积约 10 万 km^2，包括陕北的黄土丘陵沟壑区（风沙区除外）、渭北的黄土高原沟壑区，年降水量 400~730mm，处于半干旱区。陕北黄土高原丘陵沟壑区：北起长城风沙区，南至渭北高原，包括 20 个县市，面积 4.76 万 km^2，年降水量 500mm 左右，作物一年一熟。渭北高原沟壑区：包括宝鸡市、咸阳市、渭南市 3 个地区的 12 个县，以及铜川市和耀县，面积 1.80 万 km^2，年降水量 580mm 左右。

（二）农田物理蒸发耗损量的初步估计

陕西省的两北地区农地约 110 万 hm^2，降水资源在时空的不均匀分布和总量的严重不足，导致了农作物的需水与供水脱节和严重亏缺，既存在巨大的棵间蒸发耗损，也有巨大的休闲期蒸发，这同时反映了黄土高原的农田水文特征。因此黄土高原降水资源化在农业上，就是降低农田无效耗水过程。

按下列公式估算农田物理蒸发耗损量。

$$Q1 = Rrs \cdot C1 \cdot S1$$

$$Q2 = Ry \cdot C2 \cdot S2$$

$$Q3 = Ry \cdot (1 - C3) \cdot C4 \cdot S1$$

$$Q4 = Ry \cdot (1 - C2) \cdot C4 \cdot S2$$

式中：$Q1$ 为小麦休闲期蒸发；$Q2$ 为秋粮休闲期蒸发；$Q3$ 为小麦地生育期棵间蒸发；$Q4$ 为秋粮棵间蒸发，Rrs 为雨季降水量；Ry 为年降水量；$S1$ 为小麦面积；$S2$ 为秋粮面积；$C1$ 为小麦休闲期蒸发系数；$C2$ 为秋粮休闲期降水率，$C3$ 为小麦休闲期降水占年降水之比，$C4$ 为棵间蒸发系数（穆兴民等，2000）。

根据上述公式，估算的农田物理蒸发耗损量见表 2-10。陕北、渭北粮田的总无效耗水达（33×10^8）m^3，如果这部分水被有效利用，降水显著提高粮食产量，如果采取以覆盖为主的微集水保墒措施，年可减少蒸发损失（6.4×10^8）m^3，按 $1kg/m^3$ 计算，可使粮食总产增加 25%。因此，农田降雨资源化潜力是很大的，但如何应用，仍要努力解决，这将在本书第六章进行深入研究。

表 2-10　黄土高原陕西两北地区农田降水物理损耗量计算　（单位：亿 m^3）

区　域	小麦休闲期蒸发系数	秋粮休闲期降水系数	秋粮休闲期蒸发系数	作物棵间蒸发系数	小麦休闲期蒸发量	小麦生育期棵间蒸发	秋粮休闲期蒸发量	秋粮生育期棵间蒸发
陕　北	0.8	0.25	1	0.55	6.675	4.590	1.65	2.70
渭　北	0.7	0.25	1	0.55	2.250	1.50	5.45	8.10
合　计					8.925	6.09	7.10	10.80

资料来源：穆兴民等著《黄土高原生态水文研究》

第六节　黄土高原集雨农业类型区划分

一、划分原则及依据

径流集蓄类型区是根据自然地理环境因素对径流集蓄适宜程度进行分类的结果，不同的类型区具有不同的径流产出量。在类型划分时应必须遵循一定原则。

（一）划分原则

1. 综合性原则

降水在地表再分配所形成的径流受气候、下垫面等因素影响，自然环境特征的区域差异使不同区域径流集蓄效果不同。因此，径流集蓄类型区划分不能仅依据某一要素，必须全面分析影响产流的各自然因素及其相互作用的差异。

2. 主导因子原则

决定径流集蓄地域类型特征和性质的主导因子是气候和地貌。降水时空分布是实施径流蓄积的前提，地貌则对径流集蓄区的产流量和径流集蓄效率施加影响。

3. 类同性与差异性原则

自然条件组合差异必然使同一径流蓄积类型区内部具有相对一致性，不同类型之间差异性最大。

4. 服务于生产原则

划分径流集蓄类型区的目的是为生产服务，不仅应具有理论上的意义，而且更应具有实践意义。

（二）划分依据

1. 降水量

径流集蓄类型区须按一定指标划分。黄土丘陵区属大陆性季风气候区，其中年降水量小于 250mm 的地区，降水过少，属于干旱地区，作物常年处于水分亏缺状态，没有灌溉就无农业，仅仅依靠就地集蓄径流无法满足作物需水要求，实施非耕地径流向耕地汇聚，虽然能使本区旱作农田有一定的产量收成，但必须建设很大的径流场，径流水的投资成本太高，补灌效益很不理想。

年降水量 250~400mm 的地区，为旱作农业下限区，气候由干旱向半干旱过度，作物水分亏缺量已超过降水量，发展径流集蓄也需要扩大径流场面积或将多年集蓄的径流水量用于一年，少量补灌作物的增产效果并不理想，且扩大径流场面积投资大，收益小，径流水在作物补灌上的意义不明显。

年降水量 400~550mm 的地区，气候由半干旱向半湿润偏旱过度，为旱作农业产量稳定性相对较好区，作物水分亏缺也严重影响产量，但降水有一定保证，用集蓄的径流水对作物有限补灌能显著提高其产量，增产和供水效果明显。年降水量超过 550mm 的地区，农业生产具有较高稳定性，作物只在个别生育阶段存在水分亏缺，集蓄径流的补灌效果亦不明显。

可以认为，年降水量应作为径流集蓄类型区划分的主导因素。

2. 地貌类型

黄土高原的地貌类型主要有塬、梁、峁及各类沟谷，构成了连绵起伏，千沟万壑的复杂地表形态。由于地貌类型的区域差异明显，因之与地貌形态密切相关的径流产出量也有很大差异。

地貌决定了降水在地表的重新分配，不同地貌类型产流量不同。地表越破碎、起伏大、坡度陡有利于径流产生和汇集。地貌条件的复杂性影响径流特征差异，直接制约径流集蓄难易和产流效率高低，故地貌亦应是径流集蓄类型区划分的主导因子之一。沟谷切割程度、地面坡度及地势起伏，不仅表示地貌形态特征，而且也是气候、地貌、岩性、植被等因素的综合反映，因此采用切割密度和地面裂度作为径流集蓄类型区划分的地貌指标。坡度是地貌形态的主要组成要素，理应成为径流集蓄类型区划分的指标。沟谷深度决定了地表起伏程度，可用相对高差来表示。

3. 地表组成物质

地表组成物质对径流有重要影响。降水强度大于表土渗透率时才可能形成径流，入渗率越大则径流量越小。在同样降水条件下，黄土粉沙地面可产生径流，而粗沙地面却不一定形成径流。地表组成物质包括土壤和成土母质。黄土土层深厚、结构疏松、孔隙度大、渗透力很强，有时可接纳一次降水的全部水量，且黄土稳定入渗率随沙粒含量增加而增大，故土壤稳渗速度从东南向西北增加。还有许多山麓面、干滩，地表组成物质以砂砾为主，其入渗率很大，也不宜作径流场。另一方面，在地面坡度较陡或降水强度过大时，降水来不及过多下渗就形成径流。雨季时土壤含水量较高，一般降雨均可形成径流。石质山地岩石裸露，上覆疏松薄层风化残积物，降水下渗损失量小，加之山地降水较多，有利于径流产生且水量大，为径流集蓄提供了良好条件。

据以上分析，地表组成物质也应作为径流集蓄类型区划分的重要指标。

4. 垦殖指数

垦殖系数反映了土地利用的程度。黄土高原半干旱区农业生产历史悠久，土地开发利用程度高，垦殖系数相当大。径流集蓄类型区划分应当考虑耕地分布状况。在耕地分布集中，垦殖系数高的地区缺乏足够的径流场，因而不可能大规模构建径流场。垦殖系数也应作为径流集蓄类型区划分的指标之一。此外，选用径流系数作为定量指标之一（王静等，1999），则可反映各类型区产流能力的差异。

二、黄土高原径流集蓄类型区的初步划分

将降水量、地貌类型、地面物质组成、垦殖系数作为划分黄土高原径流集蓄地域类型区的主导指标（表2-11），并参考切割密度和径流系数等指标，初步将黄土高原径流集蓄划分为3个类型区。

（一）径流集蓄适宜类型区（Ⅰ）

这类区域主要位于黄土高原西部的宁南、陇中丘陵沟壑强度侵蚀区，南部的高原沟壑较强水土流失区，中部的黄土丘陵沟壑严重水土流失区3个大地貌类型区，年降水量400~550mm，年降雨日数70~80d，与我国半干旱到半湿润偏气候类型区基本吻合，是径

流集蓄高效农业区，并且较高雨量区是技术效能高效区，较低雨量区是技术的强需求区。划分为 6 个径流集蓄亚区（图 2-3）。

表 2-11　黄土高原径流集蓄类型区划分指标

指　标	适宜区		次适宜区	不适宜区
	黄土丘陵 石质山地	黄土低山	黄土丘陵 宽谷低地	黄土沙地、 台地、干滩
切割密度	>3km/km^2	3.5～4.5km/km^2	2.5～3.5km/km^2	<2.5km/km^2
地面裂度	>35%	25%～35%	15%～25%	<15%
地面坡度	>15°	15°～25°	7°～15°	<7°
相对高差	>100m	150～300m	50～150m	<50m
地表组成物质	黄土	黄土	沙土	沙土
降水量	450～550mm	400～450mm	250～400mm	<250mm
垦殖系数	<25%	25%～35%	35%～45%	>45%
径流系数	>0.2	0.1～0.2	0.05～0.1	<0.05
植　被	灌丛草原	草原	草原与荒漠	裸露荒地

I_1　黄土梁峁丘陵黑垆土、黄绵土

I_2　石质山地

I_3　黄土梁麻黑垆土、黄绵土

I_4　黄土峁黄绵土、黑垆土

I_5　黄土梁塬、残塬、阶地焦黑垆土、黄绵土

I_6　岭梁状黄土低山丘陵黄绵土、红土

宁南山区和陇中地区地貌类型以长梁、缓坡丘陵为主，沟谷较宽，沟坡较缓。除六盘山区植被较好外，大部分地方植被稀少。该区的南部亚区人口密度较大，坡面大部分为坡地，径流产出量多；北部亚区人口密度较小，沟谷丘陵较平缓，有轻度风蚀。

中部水土流失严重区包括子午岭以北，环县以东的晋、陕丘陵沟壑区，地貌类型主要是峁状或梁状丘陵沟壑，沟谷狭窄，相对高差在 150～200m，地形破碎，沟壑密度大。东部少部分地方属石山区，其余大部分地区均属丘陵沟坡，以农田为主。

（二）径流集蓄次适宜类型区（Ⅱ）

该区主要指中部黄土高原丘陵沟壑严重水土流失区、西部宁南陇中丘陵区中分布的宽谷地带和低地，南界大体沿长城沿线，经偏关、神木、榆林、靖边、环县、固原北部一带，年降水量 250～400mm，与我国干旱向半干旱气候过度类型区基本吻合。本区作物一年一熟，产量低而不稳，人畜饮水在干旱年份相当困难，径流集蓄的主要任务是解决生活用水。

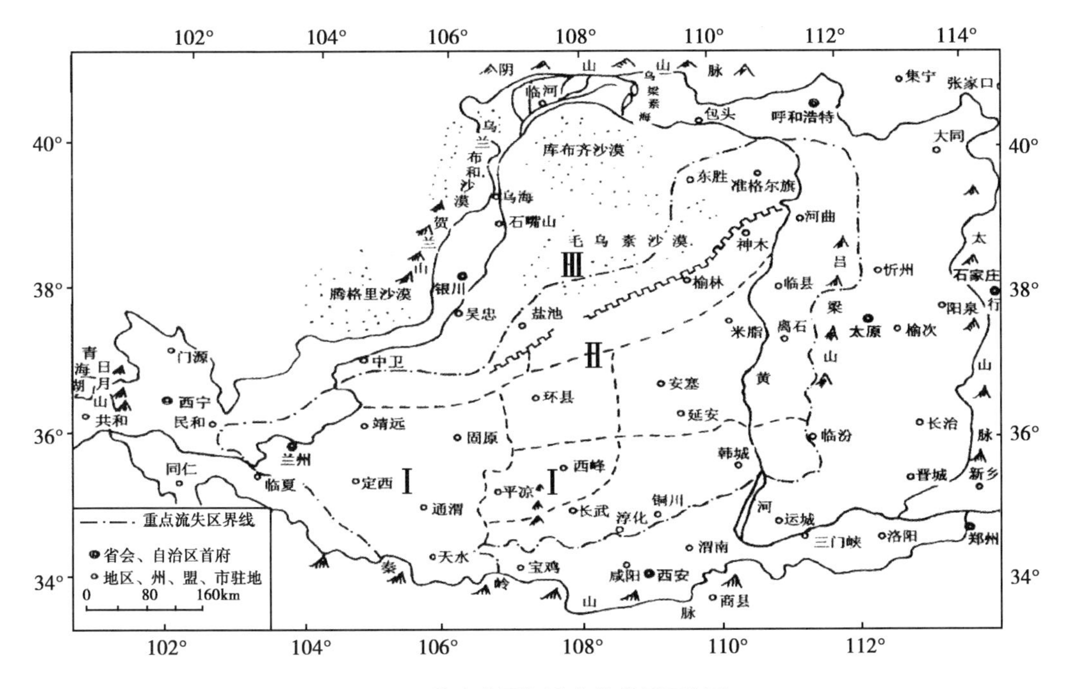

图 2-3　黄土高原径流集蓄类型区划分

（三）径流集蓄不适宜类型区（Ⅲ）

这类区域主要指长城沿线风沙滩地水蚀风蚀交错区，即古长城沿线区，属黄土高原丘陵沟壑地带向鄂尔多斯高原和腾格里沙漠、毛乌素沙漠的过渡地带，年降水量<250mm，年降雨日数 50 天，属无灌溉就无农业的地区，年径流深 10mm。地貌类型既有浩瀚的沙漠、宽阔平坦的滩地和较平坦的原区台地，也有沟壑密度小、相对高差较小的黄土丘陵。沙地面积大，多为荒漠草原，滩地和台地大多为农田，丘陵区多为半农半牧区。该区暂不适宜发展径流集蓄农业。

黄土高原自然条件存在明显的地域差异性，不同类型区应建立和发展不同的径流集蓄模式。近年来有些地方出现了造好水窖却无水可收集，或一次洪水使上千个水窖完全充塞的情况。本章对不同径流集蓄类型区和适宜程度进行了粗略划分与评价，为确定径流集蓄有效区、径流集蓄工程规模和布局提供了理论依据。然而由于缺乏各亚区的系统资料，尚未进行深入研究和说明，有待进一步完善。

然而，事情总是一分为二的，径流集蓄利用的适宜、次适宜、不适宜 3 个类型区并不是绝对的，它的划分是根据水分可能的供给与社会和生产对水分的需求而确定。由于经济发展和社会进步使水资源社会需求量增大，不可避免的导致水资源的日益紧缺，为了生存和发展，也可用高技术和高投资在径流集蓄的次适宜区和不适宜区进行径流场建设，以色列在干旱沙漠地带的成功经验值得仿效。

另外还值得说明的是，半湿润易旱区的某些丘陵山地，尽管降水较多，但因季节分配不均，作物季节性缺水严重，又不具备发展灌溉条件，作物产量低，径流集蓄补灌收效显著，不失为补充水分不足和发展经济的有效途径之一。同样，在南方湿润地区的丘陵山地，降水量大，径流产出多，但由于降水的季节变率大，形成明显的干湿季交替，造成季节性干旱，且石漠化问题突出，土壤水库调蓄能差，也可适当发展径流农业。

参考文献

樊廷录，宋尚有，罗俊杰 . 1999. 陇东旱塬集雨节灌高效农业研究［J］. 干旱地区农业研究，16（1）：18-23.

冯浩，吴普特 . 2001. 流域雨水资源开发潜力计算原理与办法初探［J］. 自然资源学报，16（2）：140-145.

甘肃省农业资源区划办公室.1998. 甘肃省土地资源开发利用调查与评价［R］. 兰州 .

蒋定生 . 1997. 黄土高原水土流失与治理模式［M］. 北京：中国水利水电出版社 .

刘汉利 . 1986. 自然资源学概论［M］. 西安：陕西科技出版社 .

梅旭荣，罗远培 . 2006. 缺水与我国粮食生产：问题、潜力与对策［J］. 科技导报（6）：31-34.

穆兴民，叙学选，等 . 2001. 黄土高原生态水文研究［M］. 北京：中国林业出版社 .

王静，丁其涛，伍光和 . 1999. 黄土高原半干旱区集水农业的自然基础及最适宜集水类型的划分［J］. 中国沙漠，19（4）：384-389.

杨文治，邵明安 . 2000. 黄土高原水分研究［M］. 北京：科学出版社 .

张富等 . 2001. 半干旱地区雨水资源化研究［M］//全国雨水利用学术讨论会及国际研讨会论文集 . 兰州 .

赵松岭，魏虹，伍光和 . 1996. 黄土高原半干旱区集水农业的气候学初探［J］. 干旱区资源与环境，10（1）：64-70.

赵松岭 . 1996. 集水农业引论［M］. 西安：陕西科学技术出版社 .

中国科学院 . 1990. 黄土高原地区水资源状况［内部资料］//黄土高原综合治理 .

中国科学院黄土队 . 1989. 中国黄土高原地区地面坡地分级数据集［内部资料］.

朱兴平 . 1997. 定西黄土丘陵沟壑区降雨因子对坡面产流、产沙影响的灰色关联分析［J］. 农业系统科学与综合研究，13（2）：127-130.

第三章　旱作农区非耕地径流高效利用的理论与技术

黄土高原旱作农区径流集蓄潜力很大。径流集蓄工程是发展径流补灌农业的基础，同大型输水工程相比，它是小工程，因而工程集蓄的水量是有限的，用水技术措施也与灌溉农田不同。这就需要通过设计和建设好以设施和措施为主的高效用水系统，提高蓄积径流水的利用效率和水分效益，这是非耕地径流集蓄高效利用技术研究的核心问题。

第一节　非耕地径流高效利用的原则

一、资源经济学原则

人类能够利用的资源具有一定的物质属性，由资源开发形成的产品具有商品属性，资源的开发利用要按经济学和生态学相结合的原则进行。鉴于非耕地径流工程富集的降水资源是属于高原旱作农区的稀缺资源，因此应依据单位水资源经济产出量的大小，确定资源在产出间的优先分配顺序，即资源高效利用的比较经济学原则，并充分考虑水资源要素投入成本和边际产出，把边际经济产出和边际水分利用效率结合起来，即兼顾经济效益和生态效益的相互统一，确定高效用水分配方案，应是工程集蓄径流水高效利用的经济学基本原则。

二、土壤水分阈值原则

非耕地径流水向农田的富集利用包括两个方面：一是径流场产生的径流直接向农田富集，关键是要在不同降水量条件下，根据作物需水量、径流场产流系数等因素，设计径流场面积与种植面积之比例，让更多的径流流向种植区，提高作物产量；二是通过贮水容器暂时把径流场产流贮存起来，到干旱或作物需水临界期再补给，本章主要研究后者。

由于径流集蓄工程储存的水量十分有限，补给量不可能达到作物特定生长发育阶段所要求的生理需水量。从作物本身的生长来看，径流水的补给效果主要取决于作物的生长状况和土壤水分基础。因此，径流水补给应建立在一定底墒基础和苗期不受严重损伤的基础之上，否则需水临界期或生育关键期的补灌将起不到预期的效果，有限补灌存在着水分阈值，作物不同生育期的水分阈值不同。

三、覆盖抑蒸原则

旱农地区的土壤蒸发量很大，有限水分的补给只有与覆盖措施尤其是地膜覆盖结合起来，才能达到高效用水的目的。大田作物补灌往往在晴天进行，边补灌边蒸发的问题比较突出，覆盖就显得特别重要。

四、有限补灌原则

旱作农田补灌是径流时空叠加的主要形式之一，补灌应充分体现大株稀植作物的抗旱播种保苗、干旱期或关键需水期的有限补灌原则。充分灌溉地区要进行灌溉制度优化节水，而旱农地区的径流水补灌还谈不上补灌制度问题，重要的是强调少量水分的补灌技术。因此，径流水补灌的灌水次数原则上以 1~2 次为主，不强调多次供水，补灌量应体现少量水分的旱后补偿效应和超补偿效应（李凤民等，1995，1999；高世铭等，1995）。

作物旱后补偿效应是建立在水分亏缺条件下实施补偿供水措施的基础上，即在作物经历一定时期和一定程度水分亏缺后，供水后所表现的生产力（籽粒产量）显著提高的超常效应，称之为作物旱后补偿或超补偿效应。高世铭提出按供水生产效率（WSE）和水分生产效率（WUE）来度量补偿效应，若 WSE/WUE>1，为超补偿效应；WSE/WUE≈1，等量补偿；WSE/WUE<1，低补偿；WSE/WUE≥0. 1~0. 99，部分补偿。

第二节　非耕地径流高效利用的依据

一、生物性节水是径流高效利用的基础

所谓生物性节水，是指利用和开发生物体自身的生理和基因潜力，在同等水供应条件下能够获得更多的农业产出。物种资源在长期的进化演变中存在着一系列的对水分亏缺的适应机制，可用来增加或抵抗作物在遭受干旱逆境时的定植、生长、发育和生产能力。这种机制表现为干旱时的避旱和耐旱作用。避旱是指在土壤有效水分耗尽前，提前成熟或需水临界期避开干旱；耐旱是指可增加对逆境耐性的适应能力，如延长脱水和增加耐脱水能力（杨改河，1990）。

水分生理学研究表明，受水分胁迫的许多作物都表现了脯铵酸（PRO）和脱落酸（ABA）的积累。PRO 增加对于渗透调节具有重要作用，通过渗透调节，能使细胞内渗透势大于周围环境的渗透势，以便维持细胞内一定膨压，有利于保持水分和各种代谢过程的进行及抗渗透胁迫能力的增强。ABA 的积累对气孔关闭有某种作用并作为水分胁迫信号，从而减少和调节蒸腾强度，有利于作物保持一定水分，ABA 的浓度随干旱程度的发展而提高。这种生理适应能力随作物种类和品种不同有较大差异，可对作物的抗旱性增加和延迟胁迫的适应机制做出解释和揭示，有利于高效用水作物品种、种类的分析和选择。

不同作物和品种对水分的亏缺敏感反应不同，集中表现在其水分利用效率上，是一个可遗传的性状，如作物种间 WUE 存在的差异通常可达到 2~5 倍（山仑等，1993）。据邱国雄的测定（1992），C_3 植物的蒸腾比（蒸腾量与 CO_2 同化量之比）平均为（1 052+225），而 C_4 植物为（494+45），二者相差 1 倍以上，玉米、高粱、粟子、糜子的水利用效率就比稻麦高得多。同是燕麦，不同品种的蒸腾比在 300~650，也可相差数倍。而作物品种间 WUE 差异较小，但常常很显著，如不同品种的小麦的 WUE 相差可达 40%，即达

到相同产量的不同品种小麦，耗水量可相差40%，现代栽培品种WUE最高与最低相差约1倍（山仑，张岁岐，1999；陈亚新等，2000）。在有限供水条件下，不同作物与品种所能实现的生产力及其条件控制的难易程度有很大差别，半干旱区农田在有限供水条件下，作物具有普遍的补偿效应，甚至超补偿效应；但作物间（甚至品种间）具有补偿强度的差别，在可控性的难易程度上也显著不同，这为适宜于径流水高效利用的作物及其品种选择提供了方向。

二、黄土高原低土壤湿度具有较高的有效性

根据在黄土高原地区所进行的土壤水分物理学研究和作物水肥效应田间试验，发现土壤水对作物的有效性并不是随土壤湿度降低而成线性降低的，其水分特征曲线在接近pF处，水分有效性很快下降，而在40%～80% pF的范围内，土壤水分为作物利用的有效性下降非常缓慢，有一变缓平台。在此范围以内的土壤水分对作物吸收影响，几乎同等有效。这类土壤从田间持水量的70%降到50%时，其叶水势并不明显降低。而当叶片渗透势和含水量降到40%以下时，才与70%的供水植株的叶片表现有明显差异。因此，土壤导水率随土壤湿度减少而急剧下降这一性质并不能完全说明有效性的大小变化（希勒尔·D.，1988；高世铭，马天恩，1998）。土壤水分的有效性与植物根系吸水率有关，保持低含水量水平，不会使作物遭受明显干旱而大幅度减产，特别是粮食作物生育后期一定程度的土壤低湿度反而有利于增加产量，小麦丰产往往是在灌浆期处于中等或低等土壤湿度条件下获得的，少量补充供水，仍可获得较好的产量（位东斌，王铭伦，1999）。

三、作物产量与耗水量的关系

作物产量与农田耗水量的关系众说不一，有直线、抛物线及对数型等关系。一般认为产量与耗水量成抛物线关系，在抛物线最高点之前，随着耗水量的增加，产量提高，抛物线最高点之后，耗水量增加，产量降低。在旱作农田，作物产量一般与耗水量成线性增加关系。

本研究表明，作物产量与耗水量的关系为图3-1所示的旋回曲线，并有以下5个特点。

（1）当$ET_a \leq a$时，$Y_W=0$，作物因干旱导致绝收，a为作物临界耗水量。

（2）曲线的拐点出现在a、b值之间，当$ET_a \leq b$时，产量与耗水量成直线增加关系，水分利用效率WUE（可用曲线上的点与原点联系直线的斜率表示）随ET_a的增长而增大，并在$ET_a=b$处WUE达最大；

（3）当$ET_a>b$时，随ET_a的增大，WUE逐渐减小，但产量仍在继续增大。

（4）当$ET_a=c=ET_m$时，作物产量达到最大值，$Y_W=Y_T$；

（5）当$ET_a>ET_m$时，Y_W与WUE均随着ET_a的增大而减少。

由此可以得出3个重要结论：一是寻找合理的供水技术，使作物耗水量控制在（b，ET_m）区间内，这样作物的产量和WUE都能达到一个较高的水平；二是通过技术改进寻找作物适宜产量的需水量下限ET_b，依此作为衡量节水补灌的指标；三是在旱地农业生产中，通常以公式概算的作物需水量来衡量水分盈亏的方法值得商榷（Haiso T C，1988），

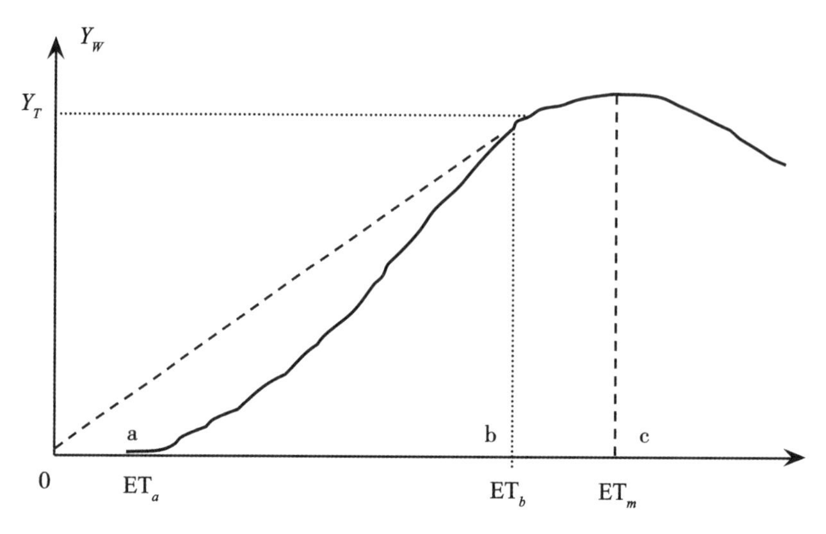

图 3-1　作物产量与耗水量的关系

因为旱地作物实际耗水量常无法接近作物需水量，而产量和 WUE 并不低于充分供水条件下的值，通过作物不同生育时期有限补灌与覆盖措施的结合，可改变水分消耗的方式，在总耗水量变化不大的情况下，增加作物的有效耗水量，产量和水分利用效率将明显提高。

四、作物的有限缺水效应

（一）作物的有限缺水效应

水分亏缺并不总是降低产量，关键在于水分亏缺的时间及允许程度（王俊儒，李生秀，2000）。一定时期的有限水分亏缺可能对节水和增产都有利，只要不超过适应范围的缺水，往往在复水后，可产生生理上水分利用和生长上的“补偿”效应，对形成最终产量有利或无害。

作者于 1998—1999 年在甘肃镇原进行的地膜冬小麦控制供水的盆栽模拟试验结果表明，拔节期土壤干旱持续时间对小麦产量的影响要远远大于抽穗期。拔节期 8.3%、9.5%、10.7%、12.0%的土壤水分供给控制持续 10d 后，补偿供水使土壤水分恢复到 17.3%的水平，收获的籽粒产量较未进行干旱处理的对照（土壤水分保持在 17.3%左右）分别降低 30.3%、30.8%、30.1%、14.1%；拔节期上述处理的土壤水分持续 20d 后各处理恢复供水达到 17.3%，8.3%土壤水分处理的产量降低 90.8%，9.5%土壤水分处理产量降低 65.1%，补偿供水效果均很差，10.7%土壤水分处理产量降低 31.9%，12.0%土壤水分处理产量降低 17.4%，同土壤水分持续 10d 供水的效果相近，补偿供水效果明显；拔节期这些处理土壤水分保持 30d 后再恢复供水达到 17.3%，只有 10.7%、12.0%土壤水分处理的产量可恢复到正常供水（17.3%）产量的 61.3%、75.9%，8.3%、9.5%土壤水分处理的产量是正常供水产量的 6.2%、20.1%，供水作用不大。因此，地膜冬小麦拔节期土壤水分降为 10.7%后 10d 恢复供水，产量能恢复到正常水平的 70%，土壤水分降为 12%后 20d 恢复供水，产量恢复到正常水平的 83%。

国内已有的、零散的作物补灌试验表明，作物的有限缺水效应在作物之间存在差异，已确认营养生长与生殖生长在时间上相对分离的作物类型多数具有超补偿效应，如玉米、高粱、谷子等作物的蹲苗措施，即苗期干旱锻炼有积极作用。禾谷类作物营养生长与生殖生长相对重叠，拔节期是需水临界期。冬小麦苗期供水虽然生物量明显增加，而籽粒无显著提高，表明苗期对生物学产量来说为水分补偿有效期，但对经济学产量来说却是迟钝期，这主要是因为苗期是营养生长阶段，水分主要用于苗体营养生长；拔节期对缺水极为敏感，供水后生物学产量和经济学产量显著增加，为水分补偿有效期和水分高效期；灌浆期对生物学产量来说为水分补偿迟钝期，但对经济学产量则为补偿有效期。

（二）水分亏缺对光合和蒸腾作用的影响程度

作物产量的形成过程也即是光合作用的形成过程。其物质产量等于光合作用形成量减去呼吸消耗量，因此光合作用的强弱及有效性，对作物产量形成有很大影响，产量可以看成是纯 CO_2 同化作用的结果。只有当水分亏缺降低了单位面积上的同化作用，改变了同化物的分配比例时，才使产量降低。因此，一定程度（如轻度）亏水虽也会影响叶片扩张生长，但并不影响叶片气孔开放，也就不会对光合作用速率产生明显影响，最终仍不会影响产量。在水分亏缺条件下，作物蒸腾量将显著减少，但水分亏缺对蒸腾作用却超前于光合作用的下降，即使在中等水分亏缺时气孔开度减少，蒸腾作用大幅度下降，但光合作用仍不会显著降低，最终并一定造成产量降低。所以，物质运输与光合较之于生长与蒸腾，其对水分亏缺的反应较为迟缓和轻微，在一定条件下，作物生育前期对水分亏缺敏感，生育后期水分亏缺不会对作物最终经济产量造成影响，且可提高水分利用效率。

五、作物缺水的“滞后作用”和缺水消除后的“水分补偿效应”

作物缺水（单阶段或多阶段）的生理抗逆过程是一个受逆境影响的连续过程，某阶段缺水不仅影响本生育阶段，还会对以后阶段的生长发育和干物质积累产生“后遗性”影响，称滞后效应。由于作物生命活动具有一定的补偿生长能力，经过短期适度水分亏缺后的补灌补救，在以后一段时期又会获得较快补偿生长。当然这种补偿生长对后遗影响的挽救能力大小要视水分亏缺发生阶段、亏缺程度大小及延续时间长短而不同，也视相邻阶段的生理关联性而有所不同。

第三节　非耕地径流补灌关键技术

高原旱作农区降水量少，蒸发量大，作物水分满足率低，只要供水就能获得一定的产量，但要显著提高径流水的水分利用效益，应按上文提出的供水原则和基本依据确定补灌关键技术，用供水效率（增加单位供水量的产量增量）衡量水分利用的程度。

一、旱地果园补灌技术的水分效益

（一）苹果树

镇原试验区在果树萌动期、新梢迅速生长期、生理落果期、果实膨大期 4 个补灌时期，分别采用滴灌、穴灌和树盘漫灌4种供水方式，于1994年对7年生红元帅苹果树的补偿供水结果表明（表3-1）：采用地下加压滴灌技术产果量和供水效率最高，平均单株产量16.0kg，比对照增产39.1%，比穴灌处理单株产量14.3kg，增产11.9%，比树盘漫灌处理平均单株产量12.7kg，增产26.0%；穴灌处理又比树盘漫灌处理平均单株产量增加12.6%。无论何种补灌方式，果品产量总是随着供水量的增加而提高，提高幅度以地下滴灌最高，其次是穴灌，树盘漫灌最低。果树每株滴灌60kg水的单株产量（16.1kg）与穴播100kg水的产量（15.9kg）相当，说明滴灌每株省水40kg。

表3-1　补灌方式对旱地苹果产量的影响

项　目	CK	不同滴灌量的影响			不同穴灌量的影响			不同树盘漫灌量的影响		
		30 kg/株	60 kg/株	100 kg/株	30 kg/株	60 kg/株	100 kg/株	30 kg/株	60 kg/株	100 kg/株
产量（kg/株）	11.5	14.5	16.1	17.4	12.9	14.1	15.9	12.3	12.6	13.5
产量增加（%）	—	26.1	40.4	51.3	12.2	22.6	38.3	7.0	9.6	14.8
供水效率[kg/(m^3·亩)]		100	76.7	59.0	46.7	43.3	44.0	26.7	18.3	18.0
平均产量（kg/株）	11.5		16.0			14.3			12.7	
产量增加（%）	—		39.1			24.3			10.4	
供水效率[kg/(m^3·亩)]			71.0			44.2			18.9	

从供水效率的变化来看，无论采取哪一种供水方式，随着供水量的增加供水效率降低，但不同供水方式之间供水效率差异很大，滴灌39.1kg/(m^3·亩)，穴灌24.3kg/(m^3·亩)，漫灌只有18.9kg/(m^3·亩)，前者较后两者提高60.9%和106.9%。

（二）梨　树

定西试验区在地膜覆盖栽培条件下，以径流集蓄水为水源（用水窖储存雨水），5年生的3个梨树优良品种为指示作物，开展了根层供水效果试验。试验分简易滴灌（塑料桶盛水，安装滴水管于地下40cm处）、地孔供水（打孔40cm深，直径20cm，充填小麦秸秆）两种方法，将水直接供到土壤40cm深的根层，在果树生长期分4次供水，每株每次15kg，每株总供水60kg。每个处理3株为一小区，重复3次。以旱作或树下地表供水为对照。结果表明（表3-2），旱地梨树根层有限补充供水具有极显著的增产效果，增产率为31.44%~78.66%，滴灌或地孔灌增产幅度最大，较地表供水增产率提高1.5倍左右；滴灌供水效率平均210kg/(m^3·亩)，地孔灌190kg/(m^3·亩)，而地表供水近70kg/(m^3·亩)，前两种供水方法的供水效率较后者提高1.7~2.0倍。另外，供水后，不同梨树品种之间的增产幅度和供水效率存在较大差异，表明选择高效用水的生物及品种是提高用水效益的一个重要方面。

表 3-2　3 个梨树品种有限补充供水的效果

项　目		品　种			平　均
		早　酥	锦　丰	朝鲜洋梨	
产量（kg/株）	简易滴灌	26.15	34.4	23.60	28.05
	地孔供水	29.70	23.35	27.80	26.95
	地表供水	19.25	19.25	20.60	19.70
	旱作	16.63	18.83	11.65	15.70
株增果品（kg/株）	简易滴灌	9.52	15.57	11.95	12.35
	地孔供水	13.07	4.52	16.15	11.25
	地表供水	2.63	0.42	8.95	4.00
供水效率 [kg/(m^3·亩)]	简易滴灌	160	260	200	210
	地孔供水	220	80	270	190
	地表供水	40	10	150	70
增产率（%）	简易滴灌	57.25	82.69	102.58	78.66
	地孔供水	27.60	24.00	138.63	71.66
	地表供水	15.75	2.23	76.82	31.44

资料来源：马天恩、高世铭编著《集水高效农业》

二、旱地日光温室蔬菜补灌的水分效益

镇原国家旱农试验区以温室棚面为高效集水面，棚面接地处铺设防渗渠，根据棚面面积大小配套修建容积 30~50m^3 的水泥薄壁水窖，棚内设计安装膜下水肥农药加压滴灌联供设施，实现集水、贮水、供水的联体沟通。1996 年塑料温棚棚面径流收集棚内辣子管道加压滴灌的效果是，随着滴灌量增加，鲜辣辣椒产量增加，每供 1m^3 水，产量增加 10.28kg/亩，供水 104.7m^3、120.3m^3、143.7m^3、173.3m^3 时，面积 240m^2 的棚内鲜辣子产量依次为 434.7kg、509.3kg、664.7kg、749kg，水分利用效率为 11.9kg/(m^3·亩)、12.9kg/(m^3·亩)、11.8kg/(m^3·亩)、11.5kg/(m^3·亩)。1997 年供水 57.4m^3、114.7m^3、172.1m^3时，224m^2 的棚内鲜辣子产量为 335.9kg、457.8kg、604.9kg。

1996 年试验区建立了面积 247~304m^2 的 7 个钢木结构拱圆型二代节能日光温室，分别配套修建容积 40m^3集水窖和加压滴灌管道，以及棚内 15~18m^3水肥农药自压联供水池，采取膜下管道滴灌供水技术，较漫灌节约用水 42%（表 3-3），棚内湿度 74%，较漫灌的 90%降低 16%（表 3-4），病害少而轻，农药投资减少 150 元/亩左右。按一个日光温室年生产周期滴灌需水 125m^3计，连续 3 年的试验示范结果（表 3-5）表明，棚面平均集水 55.4m^3，对日光温室年生产周期果菜和叶菜的水分自给率为 52.8%，3 年平均日光温室蔬菜生产产值 4 314元，每立方米水产值 41.4 元，1997 年、1998 年、1999 年，棚面实际集水 46m^3、77.6m^3、39.8m^3，水分自给率 41.5%、69.9%、45.8%，产值 4 567.2元、4 734

元、3 472.5元，每立方米水产值40.6元、42.6元、40.1元，有效提高了旱塬地区雨水资源的利用效益和商品价值。这项技术是集水面不足的旱塬地区建立和发展集水高效利用的模式之一，具有良好的应用前景。

表3-3 日光温室蔬菜滴灌与沟灌的节水效果

处 理	面积（m^2）	灌水次数（次）	总灌水量（m^3）	灌水量（m^3/m^2）	节水率（%）
滴 灌	266	18	58	0.22	42
沟 灌	38	18	14.4	0.38	—

表3-4 日光温室不同灌水方式对棚内相对湿度的影响 （单位:%）

灌水方式	灌水前相对湿度	灌水后不同天数后的相对湿度				平均相对湿度	病 害
		1d	2d	3d	4d		
滴 灌	66	71	73	74	74	74	少、轻
沟 灌	64	91	90	90	89	90	多、重

表3-5 旱原棚面集水水分半自给日光温室蔬菜生产效益

户 主	灌水面积（m^2）	产值（元）	棚面集水（m^3）	补充水（m^3）	灌水合计（m^3）	水分自给率（%）	水分产值（元/m^3）
王建林	285	4 210.6	45.6	48.1	93.7	48.7	44.9
王伟峰	304	4 349.0	56.3	44.3	100.6	55.9	43.2
王东峰	285	4 136.0	53.2	45.0	98.2	54.2	42.1
王永峰	285	4 069.0	51.9	49.5	101.4	51.2	40.1
平 均	283	4 314.0	55.4	49.5	104.9	52.8	41.4

为进一步提高补灌效益，须选择适宜的种植模式。茬口模式以冬春茬为主，搭配秋冬茬。冬春茬果菜育苗正处温度最低，日照最差季节，搞好前期保温措施很关键，可在温室内采用酿热温床或压地热线育苗，并增加小拱棚提高温度，定植后能基本上度过严冬季节。秋冬茬生长周期短，可与冬春茬轮作种植。越冬茬又称一大茬，生长周期长，产量效益高，更需要加强肥水管理、病虫害防治，实行精细管理，才能取得高产高效。

三、旱地粮食作物地膜覆盖补灌技术的水分效益

（一）旱地冬小麦

旱地地膜冬小麦的保水增产效果和播前底墒的显著效果是完全肯定的，然而其产量在一定程度上也取决于关键需水时期降水量。1996年、1997年、1998年小麦生育期降水量分别为175mm、212mm、379.9mm，有限补偿供水均有明显的效果，由于是非充分灌溉，产量均随供水量增加而显著提高（表3-6）。3年连续田间试验的平均结果是，冬小麦以

拔节期补灌效果最明显，增产幅度最大，增产率 27.7%，供水效率 3.3kg/m^3，其次是孕穗、起身、抽穗期，增产率分别为 18.5%、16.5%、14.7%，供水有随生育期后推而效果减少的趋势。1996 年、1997 年、1998 年拔节期供水的平均产量和供水效率分别是 206.7kg/亩和 3.62kg/m^3、323.0kg/亩和 4.65kg/m^3、359.2kg/亩和 1.65kg/m^3，其产量较相应年份的对照增加 57.1%、29.2%、9.0%。拔节期一次供水 8m^3、16m^3、24m^3、32m^3 时，干旱年份冬小麦产量分别较对照增加 18.2%、47.9%、62.1%、99.9%，平水年份提高 20.0%、27.1%、43.3%、48.4%，丰水年份提高 2.6%、9.7%、13.1%、17.6%。随着降水量的增加增产幅度降低，表明一定量的水分在旱地冬小麦拔节期具有较高的用水效果。

尽管冬小麦拔节期一次有限节灌的效果是相当明显的，但其效果也受供水量大小的限制，供水量太小效果仍然不明显。当拔节期一次供水量为 4m^3 时，1997 年增产 7.6%，1998 年增产 1.8%，两年平均较对照增产 4.1%。同时，当拔节期一次供水 24m^3 时，干旱年供水增产量 81.7kg/亩，较同期 8m^3、16m^3 一次供水增产量之和仅减少 5.4kg/亩，平水年、丰水年减少 9.5kg/亩、2.7kg/亩，减产均不显著。因此，8m^3、16m^3 的低量供水显得尤其重要，考虑到径流水的有限性和低量供水的高效性，一定量的供水应以增加供水面积为主，力争一定面积上的明显增产，提高总产，而不求小面积上的高产，这一点对提高径流水的利用效率具有重要的意义。

表 3-6　旱地地膜冬小麦补灌的产量

供水时期		不同供水量下的产量（kg/亩）						增产率（%）
		0m^3/亩	4m^3/亩	8m^3/亩	16m^3/亩	24m^3/亩	32m^3/亩	
1996 年（生育期降水量 175mm，干旱年）	返　青	131.6	—	144.0	154.7	182.2	224.9	34.1
	拔　节	131.6	—	155.6	194.7	213.3	263.1	57.1
	孕　穗	131.6	—	139.0	159.1	179.0	188.7	26.5
	抽　穗	131.6	—	135.4	147.6	168.3	184.5	20.8
1997 年（生育期降水量 212mm，平水年）	返　青	250.0	251.6	264.2	280.9	300.0	360.0	18.9
	拔　节	250.0	268.0	300.0	317.7	358.2	371.0	29.2
	孕　穗	250.0	267.1	276.0	293.6	335.7	368.9	23.3
	抽　穗	250.0	259.1	266.7	303.3	340.0	351.4	2.6
1998 年（生育期降水量 380mm，丰水年）	返　青	329.6	330.9	336.6	338.4	340.9	358.3	3.5
	拔　节	329.6	335.6	338.1	361.8	372.9	387.7	9.0
	孕　穗	329.6	336.9	339.4	356.6	365.8	370.6	7.3
	抽　穗	329.6	332.6	338.4	339.1	341.8	345.6	3.0

（二）旱地地膜春玉米

玉米是 C_4 作物，主要生长发育阶段与生育期降水规律基本吻合，产量较高。镇原试验区连续8年的试验研究（表3-7）表明，生育期降雨（x_2）和播前土壤贮水（x_1）与产量（y）之间的关系是：

$$y=-2\,070.56+4.95x_1+7.88x_2-0.002\,3x_1^2-0.005\,2x_2^2-0.007\,9x_1x_2 \quad R^2=0.81$$

方程中x_1和x_2的线型项决定了y变异的53.4%，达到极显著水平，从一次项系数大小来看，生育期降雨对产量的影响大于播前底墒，另据研究生育期降雨对玉米产量的方差贡献为63.8%，即玉米产量的近2/3由生育期降雨决定，因此，关键生育期供水显得特别重要，供水效果明显。

表3-7　播前底墒、生育期降水对地膜玉米产量的影响

年　份	播前贮水（mm）	生育期降水（mm）	生产年度降水（mm）	产 量（kg/亩）
1990	387.4	555.3	640.0	638.2
1991	424.7	282.0	549.0	448.8
1992	364.4	467.8	603.6	533.0
1993	446.5	416.0	555.8	556.8
1994	443.2	333.0	495.2	610.9
1995	438.3	251.9	346.0	436.6
1996	212.6	432.6	498.3	594.6
1997	343.1	208.9	383.4	182.0
1998	369.5	321.7	414.6	609.4

1996年、1997年和1998年地膜玉米生育期降雨433mm、209mm和507mm，播前土壤贮水212.6mm、343.1mm和368mm，1996年较1997年生育期降雨增加1倍，底墒却减少130.5mm（减少38%），1998年底墒和生育期降雨均较多。玉米产量与补灌技术密切相关（表3-8），从总体上来看，玉米的供水效果有随生育期后推而增加的趋势，大喇叭口期达到最大，3年平均增产42.5%，拔节期、苗期、播前供水分别增产37.6%、27.2%、24.6%。旱年（1997年）、平水年（1996年）、丰水年（1998年）大喇叭口期供水平均较对照增产95.7%、26.2%、15.3%，供水效率达到13.2kg/m^3、10.8kg/m^3、7.4kg/m^3，旱年虽然产量绝对值较低，但供水表现出几乎近一倍的增产幅度。随着生育期降水量的增加供水效果降低，但随着供水量的增加供水效果提高。1996年在玉米大喇叭口期供水8m^3、16m^3、24m^3时，产量为718.3kg/亩、729.8kg/亩、803.4kg/亩，增产20.8%、28.1%、31.7%；1997年同期供同等量水时，产量327.0kg/亩、363.8kg/亩、425.5kg/亩，增产79.7%、99.9%、133.8%；1998年产量722.2kg/亩、751.8kg/亩、800.3kg/亩，增产11.4%、16.0%、23.5%。然而引人注意的是，1997年严重旱灾年份，大喇叭口期供水4m^3，产量高达308.7kg/亩，增产69.6%，供水效率高达31.8kg/m^3。

表 3-8　旱地地膜玉米补灌的产量

供水时期		不同供水量下的产量（m^3/亩）					增产率（%）
		$0m^3$	$4m^3$	$8m^3$	$16m^3$	$24m^3$	
1996 年（生育期降雨 433mm，偏旱年）	播　前	594.6	—	674.4	727.1	806.6	23.8
	苗　期	594.6	—	648.2	715.5	787.2	20.6
	拔　节	594.6	—	681.7	709.8	803.4	23.0
	大喇叭口	594.6	—	718.3	729.8	803.4	26.2
1997 年（生育期降雨 209mm，特旱年）	播　前	182.0	186.8	232.7	296.0	329.1	43.5
	苗　期	182.0	206.7	251.3	291.0	328.3	48.0
	拔　节	182.0	254.7	299.3	334.0	395.7	76.3
	大喇叭口	182.0	308.7	327.0	363.8	425.5	95.3
1998 年（生育期降雨 507mm，丰水年）	播　前	648.1	658.9	678.5	700.0	724.0	6.5
	苗　期	648.1	699.3	703.3	738.5	790.1	13.1
	拔　节	648.1	704.4	713.7	749.3	748.8	13.5
	大喇叭口	648.1	713.3	722.2	751.8	800.7	15.3

根据上述小麦和玉米不同时期、不同补灌量的田间试验结果，通过增产量和供水效率的变化分析，确定冬小麦以拔节期、玉米以大喇叭口期为有限补灌的最佳时期，供水以 8~16m^3为宜。根据供水效率大小，有限水分应优先安排在在玉米上，以达到高效用水的目的。

黄土高原定西试验区的研究结果表明，补灌使粮食作物的水分生产效率由 0.4~0.6kg/(mm·亩)，增加到 0.8~1.2kg/(mm·亩)。田间试验上已达到 2~4kg/(mm·亩)，其中，地膜小麦的供水效率达到 2.7~3.4kg/(m^3·亩)，露地小麦达到 1.62kg/(m^3·亩)；通过品种、地膜、微灌的技术集成，使玉米从不能完全成熟成为高产高效，供水效率达到 3.1~5.7kg/(m^3·亩)；使高产优质、含油率高的油葵引种获得成功，可望取代胡麻成为当地当家油料作物品种，与胡麻比，单产提高了 3~4 倍；地膜糜谷的供水效率达到 1.5kg/(m^3·亩）以上，更显抗旱增产的高效性。

（三）旱地冬小麦玉米套作

在半湿润偏旱区，构建冬小麦套玉米复合群体，同样将有效提高有限降水的利用率，然而两种作物共生水分亏缺却较大，尤其是套种玉米水分缺口更大。镇原旱农试验区的补灌研究表明，供水量增加，套种玉米籽粒产量提高；随灌水时间后移，玉米产量和供水效率相应增加。6 月 10 日供水 3kg/株、6kg/株时，产量达 208.4kg/亩、225.3kg/亩，比不供水提高 12.3%、21.4%，供水效率分别为 3.39kg/(m^3·亩)、3.0kg/(m^3·亩)；6 月 20 日分别补偿同等水量，玉米产量较对照（不供水）增加 13.5%、18.9%，供水效率为 3.8kg/(m^3·亩)、3.0kg/(m^3·亩)；7 月 20 日供水增产 15.1%、34.4%，供水效率为

4.2kg/(m^3·亩)、4.8kg/(m^3·亩)。补灌使得任何组分都具有增产优势，但玉米组分优势大于小麦的优势。试验中小麦拔节期（1/5）和玉米大喇叭口期（1/7）分别补灌16.7m^3，复合群体中灌水处理产量显著高于其他任何处理，同单作间相比产量差异已达极显著水平，相同带型的灌水处理与未灌水处理产量差异显著，而单作中二者间差异不显著。从供水效率角度分析，套作带型6∶3配置、6∶2配置以及单作小麦和玉米分别为4.82kg/(m^3·亩)、2.51kg/(m^3·亩)、1.41kg/(m^3·亩)、1.19kg/(m^3·亩)，体现了旱地间套种植在利用水分方面的优势。

（四）小　结

综上所述，黄土高原旱作地区作物补灌均具有显著的水分效益，供水技术和供水对象明显影响水分效益的高低。就本研究结果而言，采用微灌供水技术的水分效益最大，果树和蔬菜补灌的水分效益显著高于禾谷类作物，玉米补灌的水分效益高于小麦。

由于高原旱作地区降水和热量等气候条件的差异，形成了黄土高原地区作物秋播夏熟与春播秋熟两种明显的种植模式。在这两种种植模式中，作物生长发育阶段降水与降水季节分配存在明显不同，由此决定了在水分利用方式上的差异，可概括为：①土壤底墒作用的差异，秋播夏熟作物生育期长，苗期能充分利用雨季集中在土壤中的水分，到次年春季干旱时，根系已延伸到深层土壤，利用深层土壤贮水，因而对底墒依赖程度大于春播秋熟作物；②生育期降水作用的差异，春播秋熟作物生育前期处于降水稀少的干旱期和春夏土壤水分低谷期，生长发育与降水密切相关，而秋播夏熟作物苗期处于雨季后期和冬春季少雨季，拔节以前基本不缺水，缺水发生在生育后期；③供水效益的差别，春播秋熟作物生育前期和需水临界期供水有显著的水分效益，秋播夏熟作物供水高效期一般在降水较少的需水临界期。上述这些差异是实施径流补灌技术的规律所在。

四、非耕地径流补灌效益分析

黄土高原旱作农区，耕地缺水和作物缺水是一个普遍问题，实施径流水的空间富集并用限量补灌，将有助于高原旱作农区农业的可持续发展。非耕地径流集蓄工程集贮的径流水分是有限的，径流集聚的投资成本不算低，需要按照资源经济学原理和水分高效利用原则，进行效益判断，确定高效利用方式。

（一）补灌成本

高原旱作农区径流集蓄工程集存的径流是一种稀缺水资源，它的利用必须进行资源要素投入与产出的经济效益核算，技术上可行，经济上高效，才能可持续发展。补灌成本包括径流场构建、径流水导引设施、贮水窖及附属设施、补灌手段等。

（1）径流场构建成本：目前使用的主要径流场有沥青路面、屋面、庭院、塑料棚膜、土路等，其中沥青路面和屋面是产流效率较高的现成径流场，庭院要进行混凝土防渗处理，庭院和屋面径流场产流主要用于人畜饮水。以农田补灌为目的径流场主要是沥青路面、部分混凝土硬化场面、塑料棚面和土路等。1m^2混凝土硬化径流场成本1.4元，1m^2塑料棚膜径流场成本2元。在年降水量400mm地区，年降水保证率为75%时，混凝土径流场的年产流效率78%，则年产流深度312mm，100m^2混凝土硬化径流场可集水31.2m^3。

即在年降水 400mm 地区，容器 $30m^3$、$40m^3$、$50m^3$ 水窖的对应混凝土径流场面积为 $100m^2$、$130m^2$、$160m^2$，相应的径流场构建成本为 140 元、182 元、224 元，如果径流场使用寿命按 20 年计，则年成本 7 元、9. 1 元、11 元。年降水量 500mm 地区，容器 $30m^3$、$40m^3$、$50m^3$ 水窖的对应混凝土径流场面积为 $75m^2$、$100m^2$、$130m^2$，相应的构建成本是 105 元、140 元、182 元，如果使用寿命按 20 年计，则年成本 5. 75 元、7 元、9. 1 元。

（2）集贮雨水成本：黄土高原的工程集流主要通过水窖来存贮，目前的水窖是水泥防渗薄壁水窖。水窖建造预算成本包括钢筋、水泥、石子、沙子、挖土方、人工等项目。各地水窖修建成本差异较大，主要是由于有些地方石子和沙子少，运输成本高，一般 $1m^3$ 沙石成本至少 40 元，有些偏远山区高达 80 元。表 3-9 是陇东地区不同容积水窖建造成本，容积 $30m^3$、$40m^3$、$50m^3$ 水窖的修建成本分别为 939 元、1 090元、1 313元（表 3-9）。如果水窖使用年限以 20 年计，则年成本 47 元、55 元、66 元。如果水窖复蓄率按 1. 2 计算，则每立方米水造价依次为 1. 31 元、1. 15 元、1. 1 元。

表 3-9　陇东地区不同容积水窖的修建成本估算

材料及用工		$50m^3$ 水窖		$40m^3$ 水窖		$30m^3$ 水窖	
预算项目	单价	用量	总费用	用量	总费用	用量	总费用
钢　筋	4. 0 元/kg	35. 0kg	144 元	30. 0kg	120 元	20. 0kg	80 元
水　泥	18 元/袋	23. 0 袋	414 元	20. 0 袋	360 元	18. 0 袋	324 元
石　子	40 元/m^3	2. 5m^3	100 元	1. 8m^3	72 元	1. 5m^3	60 元
沙　子	40 元/m^3	2. 0m^3	80 元	1. 5m^3	60 元	1. 5m^3	60 元
挖　土	5 元/m^3	50m^3	250 元	40m^3	200 元	30m^3	150 元
人　工	15 元/个	15. 0 个	225 元	13. 0 个	180 元	11. 0 个	165. 0 元
其　他			100 元		100 元		100 元
合　计			1 313 元		1 090 元		939 元

（3）补灌设施成本：按各种补灌设施的实际可操作性，工程集蓄的径流水在大田作物上应用以抗旱保苗为主，只需简单的点浇器具，如在作物关键需水期补灌（采用微喷灌），需投入抽水泵和微喷设施 573 元/亩，使用寿命按 7 年计，年投入约 82 元/亩。在果园和温室蔬菜上的应用，须采用微灌设施，果园和日光温室需分别安装 690 元/亩和 1 260 元/亩的滴灌管网，使用寿命分别按 10 年、7 年计算，折合成本 69 元/年、180 元/年。

（二）补灌水的边际效益

边际分析方法是经济学中研究资源投入是否合理的一个重要内容，其基本意义在考察资源变量间的关系，对边际经济产值进行比较和选择，从各种选择用途的稀缺资源中找到最有效的配置方案。边际产量（MPP）指投入要素（X）递增变化的产出（Y）变化，可用下式表示：

$$\mathrm{MPP} = \frac{\Delta Y}{\Delta X}$$

据此，引入边际水分利用效率（MWUE）和边际水分利用产值（MWUP）概念，评价径流水利用产出效果，MWUE、MWUP 指有限补灌量（X）递增变化的水分利用效率（WUE）变化、经济产值（WUP）变化，因果树和大田作物试验均在自然降水条件下进行，不补灌为对照，补灌量就等于补灌增量，即 $X = \Delta X$ ，而日光温室蔬菜是以灌溉为主的环境控制农业，靠径流水补灌仅能解决温室蔬菜的部分需水问题，为了能正确评价径流补灌的作用，认为在温室蔬菜生产中径流水和其他水同等有效，用补灌的径流水占温室总用水的比例（λ）乘以温室产出表示径流补灌水的作用，这样补灌量 $X = \Delta X$ 。因此，MWUE、MWUP 表示为：

$$\mathrm{MWUE}=\frac{\Delta Y_1}{\Delta X}=\frac{\Delta Y_1}{X} \qquad \mathrm{MWUP}=\frac{\Delta Y_2}{\Delta X}=\frac{\Delta Y_2}{X}$$

表 3-10 的试验计算结果表明，温室蔬菜的边际水分利用效率最大［平均 16.8kg/(m^3·亩)］，果树次之［14.9kg/(m^3·亩)］，玉米第三［6.9kg/(m^3·亩)］，小麦最差［3.9kg/(m^3·亩)］，边际水分利用产值也是同样的顺序，大小依次为 21.79 元/(m^3·亩)，17.82 元/(m^3·亩)，7.12 元/(m^3·亩)，3.51 元/(m^3·亩)。因此，受现实条件和农产品价格效益低限制，按资源高效性和经济学原理，有限径流水应优限安排在设施蔬菜和果树上。

表 3-10　径流水补灌的边际水分利用效率（MWUE）和边际产值（MWUP）

项　目	地膜小麦		地膜春玉米		果　树		温室蔬菜	
	定西	陇东	定西	陇东	定西	陇东	定西	陇东
MWUE［kg/(m^3·亩)］	4.47	3.32	3.23	10.55	15.0	14.7	11.89	21.75
MWUP［元/(m^3·亩)］	4.02	2.99	3.36	10.88	18.0	17.64	14.22	29.36

注：在果树项目计算中，定西为早酥梨，陇东为苹果；温室蔬菜中，定西为塑料大棚黄瓜，陇东为温室各类蔬菜总计；地膜小麦中，定西为春小麦，陇东为冬小麦

（三）补灌的投资效益

为了更加科学合理地分析补灌的投资效益，本研究将径流场构建、径流水导引设施、贮水窖及附属设施、补灌手段等归为补灌成本，作为新技术投入，小麦、玉米的亩增产值指地上部收获的生物产量乘以现行价格。亩增产值计算中的增产量以田间试验多年平均增产量为准，价格为目前现行价。

表 3-11 的计算结果表明，作物之间径流补灌的产投比差异较大，以日光温室设施蔬菜最高，为 21.94 元/元，其次是果树，为 3.22 元/元，玉米第三，为 1.07 元/元，小麦最差，为 0.59 元/元。

综上所述，非耕地径流集蓄补灌的投资成本是较高的，集蓄和存贮 1m^3水至少要投资 2.5 元，在有些边远山区高达 3~4 元。因此，工程所集蓄的径流水在农业上，应重点安排在设施蔬菜和果园上，供水技术采取以滴灌、渗灌、管灌等为主的设施微灌技术，其次是大株作物以点浇点种、坐水种、地膜穴灌等为主的简易供水技术，不提倡用稀缺的工程贮水和高投入的微灌设施补灌低值大田粮食作物。前几年有些省份过分强调径流灌溉农业，

在径流场防渗材料和径流场面积尚未得到很好解决的情况下，优先加快微灌设施配套，补灌粮田，径流场、水窖、设施、农田无法配套，结果成了“奢侈农业”，在生产实践中造成了不良影响，这些研究将有助于该项事业的健康发展。

表 3-11　集雨补灌投资效益的估算

成本预算	小　麦			玉　米			果树（苹果）			日光温室蔬菜		
	成本（元）	亩增产值（元）	产投比率（元/元）	成本（元）	亩增产值（元）	产投比率（元/元）	成本（元）	亩增产值（元）	产投比率（元/元）	成本（元）	亩增产值（元）	产投比率（元/元）
水窖成本	47			47			55			55		
径流场材料	0	76.5	0.59	0	138	1.07	9.0	432	3.22	9.0	5 353	21.94
补灌设施	82			82			69			180		

附图　旱作区集雨补灌高效农业典型模式

参考文献

陈亚新，等．2000. 农业节水灌溉的理论和学科前沿进展［M］//农业高效用水与水土环境保护．西安：陕西科学技术出版社．108-113.

高世铭，等．1995. 半干旱区春小麦水分亏缺补偿效应研究［J］. 西北植物学报，15（8）：32-39.

李凤民，等 . 1995. 黄土高原半干旱地区春小麦农田有限灌溉对策初探［J］. 应用生态学报，6（3）：259-264.

李凤民，等 . 1999. 半干旱黄土高原集水高效农业的发展［J］. 生态学报，19（2）：152-157.

马天恩，高世铭 . 1998. 集雨高效农业研究［M］. 兰州：甘肃科技出版社 .

山仑，等 . 1993. 黄土高原旱地农业的理论与实践［M］. 北京：科技出版社 .

山仑，张岁岐 . 1999. 节水农业及其生物学基础［J］. 水土保持研究，6（1）：2-6.

邵明安，等 . 1987. 黄土区土壤水分有效性的数学模型研究［J］. 土壤学报（4）：295-305.

王俊儒，李生秀 . 2000. 不同生育时期水分有限亏缺对冬小麦产量及其构成因素的影响［J］. 西北植物学，20（2）：193-200.

位东斌，王铭伦 . 1999. 旱作农业理论与实践［M］. 北京：中国农业科技出版社 .

希勒尔 · D. 1988. 土壤物理学概论［M］. 尉庆峰，译 . 西安：陕西人民出版社 .

杨改河 . 1990. 旱农学讲义［内部资料］. 杨凌：西北农业大学 .

Haiso T C. 1988. Limits to crop productivity imposed by water deficits［M］//Abstract of the International Congress of plant physiology. New Delhi. , 2.

第四章　旱地土壤水分变化特征及平衡规律

旱地农业的首要限制因子是水分，降雨通过土壤调节而供给植物利用。掌握土壤水分变化规律，对指导农业生产以及合理耕作栽培，非常必要。旱地土壤水分变化规律有裸地和农田两部分，本研究以甘肃黄土高原为例。甘肃省黑垆土面积 186.4hm^2，主要分布在东起子午岭，西至乌鞘岭，北部自环山大巴嘴源到南部的邵寨源范围内地势平坦、侵蚀较轻的黄土塬面。其中 35.5 万 hm^2 分布在定西、庆阳、平凉雨养农业区，占甘肃省黑垆土总面积的 55.8%，是全省干旱、半干旱地主要农业土壤。旱塬塬面几乎被覆盖黑垆土占据，虽然部分田块由于平整土地而使覆盖黑垆土剖面出现了扰动和残缺，但是还保留了黑垆土剖面的基本特征，因为一般扰动不会达到垆土层。土壤水分特征曲线受土壤质地、结构、温度等多种因素的影响，但对黄土高原区主要农业土壤持水特性的影响因素，至今还不十分明确。因此，在了解黄土高原区 4 种主要农业土壤［$0\sim(15\times10^{-5})$ Pa］有效水范围持水特性的基础上，进一步阐明旱地土壤持水特征与土壤理化性质的关系，为旱地农田土壤水资源的评价和利用提供依据。

第一节　覆盖黑垆土的持水特性及抗旱性

土壤水含有不同数量和形式的能。由于水在土壤中的运动很慢，土壤水的动能一般可以忽略不计，而土壤水的势能（土水势）则在决定土壤水的状态和运动上极为重要。一般土水势由压力势、溶质势和基质势 3 项分势之和构成；总水势除上述 3 项分势外，还应加上重力势，由 4 项分势之和构成。在非饱和的非盐土壤中，基质势近似等于土水势。土壤水分特征曲线一般也叫做土壤特征曲线或土壤 pF 曲线，它表述了土壤水势（土壤水吸力）和土壤水分含量之间的关系，可反映不同土壤的持水和释水特性，也可从中了解给定土类的一些土壤水分常数和特征指标。土壤水分特征曲线反映的是土壤基质势（或基质吸力）和土壤含水量之间的关系。曲线的斜率倒数称为比水容量，是用扩散理论求解水分运动时的重要参数。曲线的拐点可反映相应含水量下的土壤水分状态，如当吸力趋于 0 时，土壤接近饱和，水分状态以毛管重力水为主；吸力稍有增加，含水量急剧减少时，用负压水头表示的吸力值约相当于支持毛管水的上升高度；吸力增加而含水量减少微弱时，以土壤中的毛管悬着水为主，含水量接近于田间持水量；饱和含水量和田间持水量间的差值，可反映土壤给水度等。故土壤水分特征曲线是研究土壤水分运动、调节利用土壤水、进行土壤改良等方面的最重要和最基本的工具。在农学研究上，由于作物忍受干旱能力有限，所以一般到 15bar 的压力时，也就默认当作最大值了，此时土壤已经极为干燥了（庄季屏等，1989）。

在一定条件（如土壤类型、结构等）下，土壤中某一类型的水分含量是相对稳定的。土壤水分类型和性质的这种数量特征称“土壤水分常数”，如凋萎湿度、田间持水量等。土壤水分对植物的有效程度最终取决于土水势的高低而不是自身的含水量。如果测得土壤的含水量，可根据土壤水分特征曲线查得基质势值，从而可判断该土壤含水量对植物的有效程度。土壤水分特征曲线受质地，结构等多种因素的影响，其中质地的影响最明显。一般土壤黏粒含量越高，同一水势条件下土壤的含水率越大，曲线的斜率也越缓和。

一、试验材料和方法

土样采自甘肃省镇原县上肖乡梧桐村，其剖面层次划分及特征列于表 4-1。按所划分的剖面层次分层采样。每层用环刀采 3 个原状土样，将土壤风干，过 2mm 筛，按容重 1.3g/cm^3装入环刀管，待吸水饱和后用日立公司 SCR20 型高速离心机于不同吸力（0.1×10^5 Pa、0.3×10^5 Pa、0.7×10^5 Pa、1.0×10^5 Pa、1.5×10^5 Pa、3.0×10^5 Pa、7.0×10^5 Pa、15.0×10^5 Pa）下离心，使其达到湿度平衡，最后取土在 105℃下烘干，计算不同吸力下的土壤含水量。

转速为 n_i（r/min）时土壤基质吸力 S_i（Pa）= $1.12\times10^{-3}\times r\times n_i^2$（$r$ 为离心半径，单位 cm）。

土壤基质吸力为 S_i 时土壤重量含水量 Q_i（g/kg）=（S_i 时土样湿重−烘干土样重）/烘干土样重×100。

烘干土样重为所有离心结束后土样烘干后的称重结果。基质吸力测定范围（5×10^3）~（15×10^5）Pa。

表 4-1　覆盖黑垆土剖面部分理化性状和机械组成

发生层次	采样层次	采样深度（cm）	部分理化性状				机械组成(g/kg)			
			有机质（g/kg）	$CaCO_3$（g/kg）	容重（g/cm^3）	孔隙度（%）	0.02~0.2（mm）	0.002~0.02(mm)	<0.002mm	质地
覆盖层	耕作层	0~10	10.6	92	1.33	49.81	410	390	200	黏壤土
	耕作层	10~20	10.6	92	1.27	52.08	410	390	200	黏壤土
	犁底层	20~30	8.6	77	1.45	45.3	410	380	210	黏壤土
	犁底层	30~40	8.6	77	1.43	46.06	410	380	210	黏壤土
垆土层	垆土层	40~100	10.3	91	1.29	51.28	357	380	263	壤质黏土
过渡层	过渡层	100~140	6.3	144	1.26	52.48	360	390	250	壤质黏土
母质层	母质层	140~160	3.9	134	1.25	52.80	416	371	213	黏壤土
	母质层	160~200	3.5	124	1.26	52.47	550	275	175	黏壤土

二、主要结果

（一）水分特征曲线及其与土壤性质关系

土壤持水性即土壤吸持水分的能力，通常用土壤水分特征曲线—土壤水分的能量指标（基质吸力）和数量指标（含水量）之间的关系曲线来表征（张航等，1994）。土壤持水曲线由于存在滞后现象，在同样吸力下，土壤脱水过程比吸水过程的含水量要高。实践中一般以脱水过程表示土壤的持水性。

西北农林科技大学对塿土、黄绵土、黑垆土和风沙土的土壤脱水过程水分特征曲线（pF—w%）研究表明（王咏莉，2002），在（0.1～15）×10^5 Pa 有效范围内，4 种土壤水分（W，g/kg）与吸力（S，×10^5 Pa）之间符合 Garden（$W=AS^{-B}$）关系。

塿土：$W=210.9S^{-0.262}$，$R^2=0.990$

黑垆土：$W=181.1S^{-0.277}$，$R^2=0.982$

黄绵土：$W=120.1S^{-0.311}$，$R^2=0.986$

风沙土：$W=79.9S^{-0.386}$，$R^2=0.889$

土壤基质吸力随含水量增加而逐渐递减，并无明显的拐点或平台出现，但其关系因土壤而异。风沙土和黄绵土下降较快，黑垆土和塿土则较慢。同一含水量对应的水吸力塿土>黑垆土>黄绵土>风沙土。同一吸力下的含水量也为塿土>黑垆土>黄绵土>风沙土。这说明土壤质地越黏重，其吸持水的能力越强，质地越砂或越轻，吸持力则较弱。

利用土壤水分特征曲线不仅可进行土壤水吸力和含水量之间的互算，而且可以对土壤水分状态进行分类研究。目前，习惯将 0.3×10^5 Pa（田间持水量）至 15.0×10^5 Pa（凋萎湿度）的土壤水视为对作物的有效水，其中（0.3～6.0）×10^5 Pa 的为速效水，（6.0～15.0）×10^5 Pa 之间为迟效水。表 4-2 列出了四种土壤的几种水分常数（朱咏莉，2002），可以看出，同一吸力下，不同土壤保持水分的数量是风沙土<黄绵土<黑垆土<塿土。质地越黏重，持水能力越高，但无效水含量也随之增高。因而对作物有效的土壤水含量是黑垆土>塿土>黄绵土>风沙土，以中壤土最高。

表 4-2　土壤几种水分含量及水分常数　（单位：g/kg）

土壤类别	重力流出水<0.3×10^5 Pa	有效水			无效水>15.0×10^5 Pa	田间持水量 0.3×10^5 Pa
		全有效水（3.0～15.0）×10^5 Pa	速效水（0.3～6.0）×10^5 Pa	迟效水（6.0～15.0）×10^5 Pa		
塿　土	>131	165.8	140.3	25.5	93.9	259.2
黑垆土	>163	167.4	142.7	24.7	85.8	252.9
黄绵土	>168	123.0	105.9	17.1	51.7	174.7
风沙土	>183	99.0	87.1	11.9	38.1	127.1

资料来源：王咏莉博士论文，2002

对同一吸力下的土壤含水量与土壤性质进行相关分析表明，土壤持水量与有机质、

CEC、比表面、黏粒含量和物理性黏粒含量基本呈正相关，而与0.05~1mm粒径含量呈显著负相关。这充分地说明，以上几种土壤的质地性状是影响土壤持水性能的关键因子。

土壤孔性是土壤的一项重要的物理性质，它对土壤肥力有多方面的影响。因此，了解土壤的孔性及其孔径分布有十分重要的意义。目前，虽然对土壤孔径的分级尚无一致的看法，但大多数情况下均以孔隙中水分被土壤吸持的力（土壤水吸力）的大小来划分。水吸力$<0.3\times10^5$ Pa、$(3.0\sim15.0)\times10^5$ Pa和$>15.0\times10^5$ Pa范围所对应的当量孔径分别为通气孔（>0.01mm）、毛管孔（0.000 2~0.01mm）和非活性孔（<0.000 2mm）。其中，对毛管孔还可进行更细一步的划分，土壤当量孔径的分布状况可以看出，风沙土、黄绵土、黑垆土、塿土通气孔隙依次减少，而非活性孔隙依次增多。毛管孔隙所占比例为黑垆土和塿土大于风沙土和黄绵土。

（二）覆盖黑垆土剖面各层土壤持水特性曲线

黄土旱塬覆盖黑垆土分为耕作层、犁底层、垆土层和母质层，土壤水分W与土壤基质吸力S之间同样符合Gardler提出的$W=AS^{-B}$。黑垆土0~10cm、20~30cm、40~100cm、140~200cm土层土壤水分与基质吸力之间的关系如图4-1。

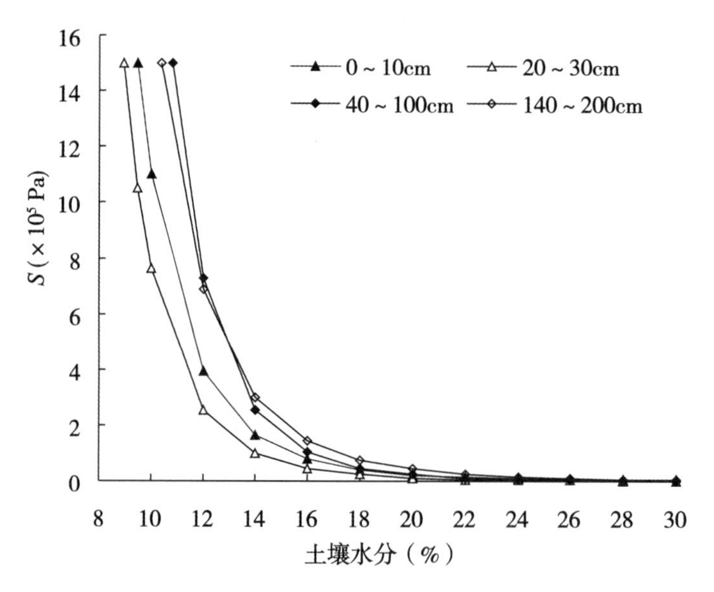

图4-1 陇东黑垆土土壤水分特征曲线

在土壤水分特征曲线上$S>6\times10^5$ Pa时，各层持水能力大小顺序为犁底层<耕作层<母质层<垆土层；1×10^5 Pa$<S<6\times10^5$ Pa时，各层持水能力大小顺序为犁底层<耕作层<垆土层<母质层；$S<1\times10^5$ Pa的情况下，各层持水能力随S的变化较大。据研究，土壤的持水能力与土壤有机质含量、黏粒含量、比表面及孔性等性质有密切关系（沈思渊等，1990）。耕层与犁底层相比，<0.002mm颗粒含量接近，但耕层有机质含量较犁底层高23.2%，孔隙度高11.53%，故在任何吸力条件下耕层持水能力均大于犁底层。由于成土过程中的黏化作用和淋溶作用，垆土层黏粒含量和有机质含量均高于犁底层和母质层，其有机质含量与耕层接近。垆土层持水能力在$(6\times10^5)\sim(15\times10^5)$ Pa范围内高于其余各

层主要原因是黏粒含量和有机质含量高，因中高吸力段土壤持水能力与土壤粘粒含量和有机质含量关系密切。垆土层持水能力在（1×10^5）~（6×10^5）Pa时小于母质层可能是由于黏化作用堵塞了一部分毛管孔隙所致，土壤基质吸力 $S=6\times10^5$ Pa时当量孔径为0.005mm，黏粒可在水作用下顺利进入孔隙。

将测定结果按上述公式进行拟合，结果列于表4-3。可以看出，公式与测定值之间拟合得很好。有了上述公式的关系，就可以通过测定土壤含水量 W 而求出各层在释水条件下的基质吸力 S，根据 S 的大小可划分土壤水分的有效性，推断土壤水分的运移方向。公式亦是进行土壤水分理论研究的基础。

表4-3　覆盖黑垆土剖面各层土壤水分特征曲线和释水曲线拟合参数

采样层次	采样深度（cm）	参数 A	参数 B	$A\cdot B$	$B+1$	相关系数 r	样本数 n
耕作层	0~10	15.297	0.177	2.708	1.177	-0.998 3	8
耕作层	10~20	15.109	0.177	2.674	1.177	-0.995 8	15
犁底层	20~30	14.035	0.163	2.288	1.163	-0.999 6	8
犁底层	30~40	13.543	0.168	2.275	1.168	-0.991 0	16
垆土层	40~100	16.061	0.147	2.361	1.147	-0.995 2	16
过渡层	100~140	17.290	0.161	2.784	1.161	-0.992 2	8
母质层	140~160	17.273	0.181	3.126	1.181	-0.993 0	8
母质层	160~200	17.107	0.184	3.148	1.184	-0.995 0	8

（三）覆盖黑垆土剖面各层土壤释水特性及抗旱性

土壤的比水容量是指土壤吸力变化一个单位时土壤含水量的变化值，是土壤释水能力的量化指标。对 $W=AS^{-B}$ 公式进行微分，就可求出覆盖黑垆土各层的比水容量 C_w。$C_\theta=d_w/ds=A\cdot B\ S^{-(B+1)}$。

土壤的比水容量可作为土壤抗旱性的指标，一般认为，比水容量 10^{-2} 级的出现标志着土壤水已处于难效水范围，可根据比水容量 10^{-2} 级出现的吸力值大小对覆盖黑垆土各层土壤的释水能力和抗旱能力进 行评价。在不同基质吸力条件下，覆盖黑垆土各层比水容量变化范围均较大，土壤基质吸力为 0.1×10^5 Pa时，各层土壤的释水能力是 1×10^5 Pa时的15倍左右，是 15×10^5 Pa的350倍左右。土壤基质吸力 0.3×10^5 Pa时，耕层和母质层土壤蓄水属于易效水范围，而犁底层和垆土层的土壤蓄水已属难效水范围，且此时母质层含水量（213.4g/kg）高于垆土层（191.7g/kg），充分说明母质层具有蓄水量大、释水容易的特点，其抗旱性较好。而垆土层由黏粒含量高，其保持的水分大部分为难效水和无效水，不易释放，抗旱性较差。耕层和垆土层相比，在 0.3×10^5 Pa时持水量虽小（189.3g/kg），但释水能力大，表明其蓄水大部分是易被作物利用的易效水，抗旱性较好，对作物苗期抗旱意义大。

（四）覆盖黑垆土各层孔隙分布和水分参数

覆盖黑垆土剖面各层当量孔径分布特点如下。

（1）黄土旱塬黑垆土 0~20cm、140~200cm 各级当量孔径较 20~140cm 土层各级当量孔径分布多，呈上下松、中间紧特征。

（2）耕作使犁底层> 0.03mm 粗孔隙和 0.01~0.03mm 孔隙明显少于耕作层，为加强雨季的蓄水保墒，应在伏耕时打破犁底层。

（3）由于黏化作用，垆土层> 0.03mm 粗孔隙较其他各层少，不利于雨水下渗。

表 4-4 为覆盖黑垆土剖面各层的主要水分参数，田间持水量范围内的土壤水分几乎一半是无效水，垆土层无效水占田间持水量的 56.28%，母质层占 48.97%。有效水中 80%左右为速效水，20%左右为迟效水（武天云等，1995）。母质层的田间持水量最大。覆盖黑垆土各层持水、释水能力大小顺序和孔隙度分布，有利于雨季时雨水下渗和旱季时减少土壤水分的上移损失。在春季和夏季干旱条件下，覆盖黑庐土耕层土壤含水量常常接近萎蔫系数，可供作物吸收利用的水分很少。冬小麦根系在拔节时可下扎到 160cm，夏季抽穗时可达 210cm 左右，春夏干旱季节冬小麦吸收的水分主要是土壤深层蓄水，覆盖黑垆土母质层有持水量大、释水容易、土层深厚疏松之特点，是覆盖黑垆土的“蓄水库”。

表 4-4　覆盖黑垆土各层水分参数

采样层次	采样深度（cm）	重力流出水 <0.3×10^5Pa	有效水			无效水（萎蔫系数）>15 ×10^5Pa	田间持水量 >0.3 ×10^5Pa
			全有效水（0.3~15）×10^5Pa	速效水（0.3~6.0）×10^5Pa	迟效水（6.0~15.0）×10^5Pa		
耕作层	0~10	332.10	94.58	77.90	16.68	94.72	189.30
耕作层	10~20	328.00	93.42	76.95	16.47	93.56	186.98
犁底层	20~30	263.37	80.52	65.98	14.54	90.26	170.78
犁底层	30~40	267.91	79.86	65.56	14.30	85.93	165.79
垆土层	40~100	252.99	83.81	68.29	15.52	107.9	191.71
过渡层	100~140	317.60	98.08	80.31	17.77	111.80	209.88
母质层	140~160	390.49	108.99	89.90	19.09	105.80	214.79
母质层	160~200	398.56	109.55	90.46	19.09	103.94	213.49

因此，黄土高原覆盖黑垆土各层土壤持水特征曲线与 Gardler 提出的 $W=AS^{-B}$ 关系拟合很好。在 $S>6\times10^5$Pa 时，各层持水能力大小顺序为犁底层<耕作层<母质层<垆土层。在 $1\times10^5\text{Pa}<S<6\times10^5$Pa 时，各层持水能力大小顺序为犁底层<耕作层<母质层<垆土层。耕作层持水能力虽小，但释水能力大，有利于雨水下渗和作物苗期水分吸收。垆土层持水能力强，但释水能力差，抗旱性较差。母质层具有持水能力强、释水能力亦强的特点，是覆盖黑垆土的真正“蓄水库”。犁底层>0.03mm 粗孔隙和 0.01~0.03mm 中孔隙的孔隙度均小于上下相邻的土层，伏耕时应设法耕至 40cm，以利雨季蓄水保墒。

第二节　旱作农田降水和土壤贮水与作物产量的关系

黄土高原旱作地区农田土质疏松，蓄水保墒能力强。由于受水热条件的限制，多采用一年一熟制或两年三熟的填闲复种制。根据作物耗水特征的关系，黄土高原旱作地区粮食作物可分为秋播夏熟与春播秋熟或夏熟3种类型。降水特征和土壤水分变化规律是研究农田降水就地富集叠加的基础。

一、农田土壤水分补给与降水的关系

降水是高原旱作农田的唯一水源，降水量及分配特征直接影响农田土壤水分变化。甘肃陇东旱原的研究结果是，正常年份，7月降水可渗透到40~60cm土层，降水补给量20~40mm；8月降水可渗透到80~120cm土层，降水补给量50~60mm；9月至10月上旬降水可渗透到150~200cm或以下土层，降水补给量30~55mm，2m土层土壤水库总贮水量可达到370~500mm。在多雨年份，雨季降水多而集中，到8月上旬或9月上旬降水就可下渗到200cm土层或更深一些，降水补给量达116~136mm，0~200cm土层贮水量可恢复到450mm以上，占年最高贮水量的83.2%~87.6%。干旱年份，雨季降水或月降水量比常年偏少50%~60%，土壤中水分不仅得不到补充，而且还会因蒸发而消耗一部分土壤原贮存的水分。雨季气温高，土壤蒸发失水多，降水补给土壤的水分中有很大一部分被消耗掉，降水补给率比较低。

陇东1989—1992年雨季降水量266.2~278.5mm，雨季降水补给量（0~200cm土层）平均102.7~121.2mm，雨季降水补给率38.6%~45.5%，而同期夏闲农田所得降水的60%因蒸发损失了（表4-5）。当雨季降水量比常年平均降水量减少45%以上时，降水补给量与土壤失水量基本平衡，降水难以补给土壤水分损耗，甚至出现负值。因此，夏休闲期降雨的60%以上通过蒸发损失掉了。

陕西农科院在蒲城连续13年的测定结果表明（表4-6），夏季休闲期降水补给量为65.1~260.1mm，平均147.8mm，保蓄率为21.9%~49.8%，平均39.3%。有些年份夏季休闲期的降水量很接近，但对土壤水分的补给量却相差较大，其主要原因是夏季休闲期各月的降水量对土壤水分的补充作用不同。夏季休闲期6月、7月、8月和9月每毫米降水对土壤水分的补给量分别为0.309mm、0.196mm、0.420mm和0.608mm，以9月最高。则夏季休闲期各月降水对土壤水分的补给量分别为17.8mm、23.8mm、42.5mm和68.1mm，分别占夏季休闲期降水补充量的11.7%、15.6%、27.9%和44.7%。

从表4-6可以看出，在夏季休闲期各月降雨中，9月降水对麦田土壤水分恢复的贡献最大，补充量为68.1mm，占夏季休闲期降水补充量总量的44.7%。其次为8月，为42.5mm和27.9%，6月、7月降水的贡献相对较小。6—7月的降水量为179.3mm，占夏季休闲期降水总量的46.9%，而对土壤水分的补给量仅占总补充量的27.3%。8—9月的降水量为203.1mm，占夏季休闲期降水量的53.1%，对土壤水分的补充量却占总补充量的72.7%。另外土壤水分补给与降水特征和下垫面状况有关（邓振镛，2000）。在过程降水量≥5mm的情况下，随着降水量的增加，土壤渗透深度增加，降水量每增加10mm，渗透深度可加深9.2cm；当降水量30~50mm时，渗透深度为22.6~33.8cm；降水量为80~

100mm 时，渗透深度为 50. 2~60. 9cm。在无植被截留的情况下，10mm 的阵性降水，只能渗透土层 5. 3mm。

表 4-5　陇东雨季降水对旱地麦田土壤水分的补给

测定地点	测定年份	雨季降水（mm）	雨季前土壤贮水（mm）	雨季末土壤贮水（mm）	雨季降水补给量（mm）	雨季降水补给率（%）
泾川县	1989	303. 0	277. 1	448. 7	171. 6	56. 6
	1990	320. 8	434. 8	581. 8	147. 0	45. 8
	1991	127. 3	452. 0	448. 8	-3. 2	-2. 5
	1992	313. 8	328. 5	497. 8	169. 3	54. 0
	平均	266. 2	373. 1	494. 3	121. 2	45. 5
西峰区	1989	228. 5	239. 1	397. 1	158. 0	69. 1
	1990	338. 7	383. 2	505. 7	122. 5	36. 2
	1991	150. 9	409. 0	400. 9	-8. 1	-5. 4
	1992	395. 8	306. 2	513. 6	207. 4	52. 4
	平均	278. 5	334. 4	454. 3	119. 9	43. 1
镇原县	1989	258. 4	250. 2	300. 7	50. 5	19. 5
	1990	344. 3	271. 4	474. 2	202. 8	58. 9
	1991	112. 1	256. 7	275. 3	19. 0	16. 9
	1992	340. 4	294. 3	433. 3	138. 4	40. 7
	平均	266. 3	268. 3	371. 0	102. 7	38. 6

表 4-6　夏季休闲期各月降水量对土壤水分的补给量

项　目	6 月	7 月	8 月	9 月	6—9 月
降水量（mm）	57. 7	121. 6	101. 1	102. 0	382. 4
补充量（mm）	17. 8	23. 8	42. 5	68. 1	152. 2
占总补充量的（%）	11. 7	15. 6	27. 9	44. 7	99. 9
降水保蓄率（%）	30. 8	19. 6	42. 0	66. 8	39. 8

资料来源：希耀国，《渭北旱塬耕作技术研究》

二、高原旱作地区作物需水量分析

小麦是黄土高原地区主要的夏粮作物，它既是水分亏缺最严重的一种作物，同时也是黄土高原地区生产力最稳定的作物之一。在此，本节重点阐述播种面积较大的冬（春）小麦的需水量和需水规律。

（一）冬小麦的需水规律及其变化

黄土高原陇东、陇中地区冬小麦一般在9月中旬至10月上旬播种，翌年6月下旬至7月上旬收获。播种时间一般由北向南延迟，收获期则由北向南提前。整个生育期250~300d。

由于气候条件不同，不同地区及同一地区不同年份的小麦需水量也不一样。随着纬度和日照时数增加，生育期增长，小麦需水量也增大。甘肃省环县、西峰区、秦安县3地多年平均全生育期需水量分别为459.0mm、457.2mm和371.0mm（表4-7）。在同一地区，由于各年降水不同，需水量也有差异。一般干旱年份需水量偏大，但总的来说，各年需水量的变化并不剧烈。

表4-7　冬小麦各生育期需水量的变化

地　点		播种出苗	出苗分蘖	分蘖越冬	越冬期	返青拔节	拔节抽穗	抽穗成熟	全生育期
环　县	需水量（mm）	9.8	14.2	27.5	40.7	85.5	132.9	148.4	459.0
	日需水量（mm/d）	0.98	1.09	0.59	0.34	2.09	4.29	3.71	1.69
西峰区	需水量（mm）	9.0	13.4	27.0	34.1	73.9	119.3	180.6	457.2
	日需水量（mm/d）	0.90	0.79	0.65	0.33	1.80	3.98	4.40	1.58
秦安县	需水量（mm）	3.6	11.1	20.4	28.0	65.2	107.1	135.7	371.0
	日需水量（mm/d）	0.72	0.70	0.50	0.31	1.59	3.57	3.31	1.40

资料来源：赵松岭，《集水农业引论》

从各生育阶段的需水量来看，抽穗—成熟和拔节—抽穗这两个阶段需水量最大，两者需水量占全生育期需水量的60%以上。其次是返青—拔节期需水量也相对较多，占20%左右。播种—越冬这一阶段需水量最少，占不到全生育期需水总量的20%。冬前小麦处于苗期，叶面积小，对地面的覆盖度低，此时棵间蒸发大于叶面蒸腾，小麦对水分需求量小。返青后，随着小麦的生长发育，植物体长大，叶面蒸腾量逐渐增大，需水量增加，进入拔节—抽穗期后，小麦进入花器官形成时期，叶面积指数也达到最大值，此时对水分的需求量急剧增加，对水分反应极为敏感。此时段为小麦水分的需水关键期，如果水分条件不满足，对产量构成因素影响极大，直接导致最后产量的下降。抽穗—成熟期前期对水分要求仍较高。随着成熟期的到来，植株逐渐老化，需水量相对下降。

从冬小麦的需水量分析，这种随生育阶段的变化而引起的需水量变化趋势更为明显。冬前日需水量一般低于1mm/d，越冬期只有0.3mm/d，返青后增加到1.59~2.09mm/d。这种增加趋势一直延续下去，到抽穗期达到最大，接近4mm/d。进入成熟期，日需水量又呈现下降趋势。从环县、秦安区、西峰县3地的日需水量变化来看，地点不同、气候条件差异导致了需水量的差异。

（二）春小麦的需水规律及其变化

春小麦是初春（3月中旬）播种，当年7月收获，生长期130天左右。由于生长期短，春季需水量明显小于冬小麦。春小麦需水量也随地点及年份的不同而变化。甘肃省皋兰县、兰州市、定西市3地的全生育期需水量分别为401.5mm、399.7mm和357.2mm。从南往北，年降水量逐渐减少，气候类型从半干旱向干旱过度，需水量相应增加。春小麦年际间需水量的变异程度也不大。

春小麦各生育阶段需水量的变化规律与冬小麦相似。苗期需水量较少，播种—分蘖期需水量只占全生育期的百分之十几。随着小麦的生长发育，需水量逐渐增大，拔节—抽穗期对十分要求最高，需水量达到最大，这个时期需水量占全生育期需水量的1/3多。抽穗开花后，春小麦对水分需求量又趋于下降。

比较冬、春小麦的需水量和需水变化特点，可以看出春小麦对水分的要求高于冬小麦，春小麦对水分的敏感性强于冬小麦，因而水分条件的变异对春小麦的影响更大，这也是黄土高原半干旱区春小麦产量往往低于冬小麦的一个原因。冬小麦、春小麦的需水关键期一般在拔节—抽穗期。由于各地小麦生育期内降水量的时空分布及需水量的不同，因而造成了小麦水分盈亏量的地域差异。

三、高原旱作地区作物水分供需分析

旱作地区作物生长所需水分来源于自然降水，农田土壤水分主要由降水补给，土壤水分的变化在很大程度上依赖于降水的变化。在降水丰歉不同的年份，降水量在作物耗水中所占比重不同。丰水年份或者降水与作物需水之间耦合程度较高的年份或地区，农田生产力一般较高；欠水年份或者降水与作物需水之间严重“错位”的年份或地区，农田生产力一般都很低。

（一）冬小麦的水分供求特征

冬小麦一般在雨季后播种，次年雨季来临前收获，整个生育期恰好处于一个年中的少雨时期。生育期内降水不仅量少，而且年际变化大，反映了冬小麦不同生长发育阶段水分供应的稳定性低，这是导致产量不稳的原因之一。

研究表明，冬小麦除播种—越冬始期水分有盈余外，其余各生育阶段均发生水分亏缺。从全生育期看，水分错位和水分亏缺最严重的时期是拔节—抽穗期，这一时期正处于5—6月的降水低谷期，而需水量却达到峰值，供需不协调造成水分亏缺成为一种常见现象。抽穗成熟期由于雨季到来，供水条件改善，同时作物对水分的需求量也开始降低，水分亏缺现象有所缓解。

（二）春小麦的水分供求特征

春小麦在降水较少的春季播种，当年7月上中旬收获。由于生育期短，其全生育期需水量小于冬小麦全生育期需水量，对水分的敏感性强于冬小麦，生育期内降水的不稳定性对春小麦生长发育影响明显。

由于需水和供水条件不吻合，春小麦各生育阶段均发生水分亏缺现象。与冬小麦相同，水分亏缺最严重的也是在拔节—抽穗期。据李峰瑞研究，皋兰县、兰州市、定西市3

地这个时期水分亏缺量分别为 116.4mm、109.8mm 和 94.4mm，占全生育期水分亏缺量的40%左右。

（三）玉米的水分供求特征

玉米为春播作物，在甘肃陇东地区一般 4 月中下旬播种，9 月中下旬收获。整个生育期可划分为 4 个主要阶段，即播种—拔节期，拔节—抽穗期，抽穗—乳熟期，乳熟—成熟期。

与冬小麦相比，玉米无论在全生育期还是各生育阶段所接纳的有效降水量均比冬小麦要多，这说明玉米的降水时间效率（生育期降水量占全年降水量的百分数）高于冬小麦，同时也证明玉米的降水供给条件要优于冬小麦。各生育阶段有效降水的变异特征与冬小麦相比也有差异。玉米 4 个主要生育阶段的降水分布稳定指数变化在 0.392~0.598，平均 0.479，高于冬小麦（0.380）。玉米生育期内的降水情况虽优于冬小麦，但水分亏缺依然严重。在玉米的 4 个主要生育阶段中，除乳熟—成熟期水分供需平衡为正值外，其余各生育阶段均为负值。在水分平衡呈现负值的几个生育阶段中，水分亏缺的程度相差也很大。由于苗期生长过程持续时间较长，加之此期正处于干旱少雨的春季，因而这一生长阶段表现出较严重的水分亏缺，平均亏缺量高达 80.4mm，占同期作物需水量（189.8mm）的42.6%。其余各生育阶段水分亏缺程度则均较轻。玉米各生育阶段水分亏缺数量特征因降水年型的不同而呈现出较大差异。

四、旱地冬小麦的耗水量

耗水量和需水量一样，它也是由作物蒸腾量和棵间蒸发两部分组成，棵间土壤蒸发所占比例因生育阶段而异。渭北旱塬的陕西省永寿县，冬小麦全生育期棵间土壤蒸发量占全生育期耗水量的 58.6%~72.5%，平均 66%；返青以前，棵间土壤蒸发量占同期耗水量的68.7%~97.0%；返青—抽穗期间，棵间蒸发占同期耗水量的 19.3%~47.5%；抽穗—成熟阶段，棵间蒸发占同期耗水量的 52.5%~86.7%。

旱地麦田耗水量可用简化的农田水分平衡方程表示：$\mathrm{ET}a=P-\Delta W$

式中，P 为降水量（mm），ETa 为耗水量（mm），ΔW 为土壤贮水量变化。

据多年多点结果（表 4-8），黄土高原冬小麦全生育期耗水量 325.0~472.1mm，其中生育期降水 181.5~302.9mm，土壤供水 118.1~174.1mm，分别占全生育期耗水量52.4%~68.4%和 31.6%~47.6%。

五、土壤贮水对旱塬冬小麦产量的贡献

黄土高原旱作农田夏休闲期正值雨季，一般夏休闲期降水量 300~380mm，占年降水总量的 55%~70%，从南向北，年降水量逐渐减少，但夏闲期降水所占比例愈高。各类秋粮作物休闲期降水（80~160mm）约占年降水的 20%~30%，从南向北，休闲期降水占年降水比例逐渐减少。穆兴民研究表明，冬小麦夏休闲期仅有二到三成左右降水贮存于土壤，而秋粮作物休闲期降水几乎全部为土壤蒸发所消耗。因此，控制休闲期农田土壤水分非目标性输出是保证农田供水的重要途径，抑制休闲期土壤水分损失，就是增加土壤贮水，因土壤贮水与作物产量密切相关。

表 4-8 旱地冬小麦的耗水量及其组成

试验地点	试验年份	全生育期耗水量（mm）	耗水量组成			
			生育期降水		土壤供水	
			降水量（mm）	占比（%）	供水量（mm）	占比（%）
洛川县	1977—1980	389.6	232.4	59.7	157.2	40.3
合阳县	1987—1990	354.4	236.3	66.7	118.1	33.3
	1992—1995	346.3	181.5	52.4	164.7	47.6
长武县	1977—1980	399.6	230.9	57.8	168.7	42.2
	1987—1989	470.6	296.5	63.0	174.1	37.0
永寿县	1981—1985	472.1	316.9	67.1	155.2	32.9
乾　县	1987—1990	402.7	259.1	64.3	143.7	35.7
镇原县	1984—1986	390.4	252.6	64.7	137.8	35.3
	1991—1993	443.0	302.9	68.4	140.1	31.6

镇原试验区连续 8 年同一肥料水平下的小区定位试验结果及 SAS 统计分析表明，冬小麦播前 2m 土层贮水（X_1）、生育期降水（X_2）同籽粒产量（Y_1）有下列拟合关系：

$$Y_1=-1\,307.6+6.076X_1+1.767X_2-0.011\,8X_1X_2-0.002\,5X_{12}+0.005\,1X_{22} \quad R^2=0.952^{**}$$

其中一次项、交互项的 R^2 为 0.818、0.118，达到极显著水平，平方项的 R^2 为 0.017，不显著，说明播前底墒、生育期降雨及二者的耦合对旱地冬小麦产量有明显影响。从方程中一次项系数的大小看，底墒的系数（6.076）远大于生育期降雨的系数（1.767），即底墒的作用大于生育期降雨的作用。分析表明，播前底墒贮量对冬小麦产量的方差贡献率为 38.6%，即冬小麦产量的近 40% 由播前底墒决定，根据当年底墒可预测次年产量。另外，从试验结果的表观数据可以得出：生产年度降水量≤400mm 时，产量低于 2 250kg/hm^2；播前有效底墒不足 100mm 和生育期降雨低于多年平均值，即二者之和≤350mm 时，产量不足 1 500kg/hm^2；播前有效底墒 150mm、生育期降水量 250mm，即二者之和 400mm 时，产量可达到 3 750kg/hm^2；播前有效底墒≥200mm、生育期降水量达到 250mm（多年均值）时，即二者之和≥450mm 时，产量在 4 500kg/hm^2 以上。

为了进一步研究底墒的作用，镇原旱农试验区于 1997 年、1998 年、1999 年连续 3 年在夏休闲期采用棚膜遮雨和播前滴灌创造不同底墒的方法，设计了底墒、氮肥、磷肥 3 因素的地膜小麦田间试验。1997 年生育期降水量 195.6mm，较多年平均值少 50mm；1998 年降水量 379.8mm，较多年平均值多 130mm，但生育后期的 6 月两次大暴雨 176mm，利用率不高；1999 年生育期降水量 254.5mm，降水总量达到多年平均值，但小麦播种后的 10 月下旬到 4 月上旬的 160 多天无有效降雨。

利用 3 年试验的平均结果（表 4-9），建立籽粒产量（Y_2，kg/亩）与播前 2m 土层平均含水率（W,%）、纯氮量（N，kg/亩）、P_2O_5量（P，kg/亩）的回归方程：

$$Y_2=-549.79+87.68W+33.374N-49.07P-1.416WN+2.616WP-2.237W^2-0.168N^2 \quad R^2=0.993^{**}$$

从 Y_2 方程可以看出，播前底墒和肥料是影响冬小麦产量高低的两个主要因素，底墒、氮肥、磷肥 3 因素一次项对方程的方差贡献率达到 92%，可用一次项系数大小来对试验因素重要性进行排序，即 W（87.68）>N（33.37）>P（-49.07）。说明播前底墒的作用最大，即在不同施肥水平条件下，随着播前 2m 土层土壤含水率增加，冬小麦产量增加。

在生育期降雨为多年平均值和肥料不成为限制因素的条件下，根据方程 Y_1、Y_2 确定的不同底墒水平下冬小麦产量见表 4-10，随着底墒的提高，产量明显增加。计算结果表明，在黄土旱塬传统的保墒耕作制下，正常降水年型塬地旱作冬小麦保证 200kg/亩产量水平的播前 2m 土壤贮水量至少要大于 320mm，土壤含水率下限为 12.31%，或播前有效贮水与正常年份生育期降水量之和大于 400mm；保证 250kg/亩产量水平的播前 2m 土壤平均含水率下限要达到 13.85%（360mm），或播前有效贮水与正常年份生育期降雨之和≥440mm，这一条件在半湿润偏旱的冬麦种植区基本可以达到，但要进一步增产，即产量要达到 250kg/亩以上，必须提高夏休闲期土壤水分蓄保效率。

表 4-9　播前不同底墒和施肥条件下地膜冬小麦的产量　（单位：kg/亩）

年份	播前2米土层土壤水分（%）	无肥		中肥		高肥		超高肥	
		试验值	方程值	试验值	方程值	试验值	方程值	试验值	方程值
1997	12.85	239.7	236.8	240.8	238.9	236.7	239.2	228.2	230.2
	15.09	316.2	320.5	324.2	322.2	334.6	331.6	331.2	327.0
	18.97	408.9	407.2	421.2	420.4	433.2	433.1	434.9	436.5
1998	9.70	139.9	127.2	158.6	152.7	127.3	138.0	114.6	122.3
	13.20	234.3	252.2	273.7	279.8	289.4	280.9	293.9	278.1
	20.60	256.1	251.0	282.8	282.6	319.2	316.9	333.8	341.6
1999	12.95	191.1	198.6	285.0	279.5	289.2	295.8	320.3	311.7
	16.38	254.2	238.2	304.0	308.6	319.2	323.8	330.0	336.9
	20.32	274.4	282.8	340.3	341.3	366.3	355.2	363.1	365.0
1997—1999	11.83	182.1	188.8	218.4	223.8	210.1	223.9	209.7	220.4
	14.89	248.2	269.9	300.6	304.6	314.4	312.4	318.4	314.9
	19.96	313.1	313.3	348.1	348.3	372.9	368.6	377.3	381.3

表 4-10　不同底墒条件下的旱地冬小麦产量

播前 2 米土层底墒		预测产量（kg/亩）			对应的土壤贮水效率（%）	每增加 1mm 底墒的增产量（kg/亩）
土壤贮水量（mm）	土壤含水率（%）	Y_1	Y_2	平　均		
250	9.62	78.1	118.3	98.2	2.6	—
320	12.31	206.7	197.2	201.9	20.7	1.48
360	13.85	259.9	254.3	257.1	34.5	1.44
400	15.38	302.4	303.3	302.9	48.0	1.36
450	17.31	341.1	353.4	347.3	65.6	1.25

通过上述研究可得出：黄土旱塬区麦田微集水技术要解决两个“60%”的水分非目标输出问题，一是麦田耗水量组成中棵间蒸发占 60%以上，二是休闲期降雨的 60%以上通过蒸发损失掉了，如果通过微集水技术将两个 60%降到 40%，则至少为冬小麦提供 100mm 的可利用水分，也就是说，农田微集水技术的实施有可能多增加 100mm 的土壤水库贮水，这就是潜力。

在半干旱春小麦种植区，无论何种降水年型，供水均感不足，与镇原县相邻的固原市春小麦水分亏缺 35.7~202.3mm，干旱年尤为突出（李育中，1999）。由于降水总量不足，土壤水库水分循环为年周期非补偿性，在春小麦耗水量中，土壤供水较少，总耗水量中土壤供水所占比例：宁夏的固原市为 10.5%，内蒙古的武川县为 2.6%，甘肃省的定西市为 11.42%（冷石林，1996）。在春玉米种植区，玉米的需水高峰期与降雨季节基本吻合，无论耗水多少，耗水来源皆以生育期间的降水为主。晋东南地区，春玉米全生育期耗水量 410~450mm，其中 90%以上来源于生育期间的降水；渭北旱塬春玉米耗水 250~350mm，70%以上为生育期间降雨（陶士珩，1998）。因此，春播作物对生育期降雨较秋播作物依赖性更大，通过生育期内微集水技术，可大幅度提高降雨对作物有效性和水分满足率。

第三节　黄土高原旱地苹果园土壤水分动态及调控

黄土高原旱塬区是我国苹果种植适宜区之一。近年来，随着产业结的调整，苹果成为黄土高原区支柱型产业。黄土高原面积广阔，气候、地形、土壤性质复杂，水分是黄土高原植被恢复和苹果产业发展的主要限制因子（杨文治，田均良，2004；程立平，刘文兆，2011），因此，黄土高原的土壤水环境备受关注。土壤干燥化会直接导致生产力显著降低、生长衰败和生态环境恶化（郝明德，党廷辉，2003）；杨永东等（2008）在研究黄土高原土壤水分动态时认为，不同深度平均含水量存在明显差异，随着土壤深度的增加，平均含水量显著增加，为增长型；胡小宁等（2008）研究了刺槐细根生长与土壤水分的耦合关系，刺槐根系生长仅利用了一部分土壤水分，不会造成研究区域刺槐林地土壤的干燥化。然而多数学者认为黄土高原丘陵沟壑区人工林土壤深层干燥化现象严重（程积民等，2003；王力等，2004）。一些学者对果园深层土壤水分变化特征进行了研究（杜娟，赵景波，2007；樊军等，2004；高利峰等，2007），但多为不同年限和不同区域一年的数据，缺乏逐年变化趋势的研究。因此，立足黄土旱塬区果园发展现状，系统研究同一果园不同年份和季节的土壤水分变化特征，探讨 0~500cm 土层土壤含水量变化规律，为黄土高原地区果园的可持续发展提供理论保障。

一、研究区域与研究方法

（一）研究区域概况

研究区域为甘肃省陇东地区，位于我国黄土高原西北部，隶属于北方典型的半湿润偏旱农业区。陇东高原包括甘肃省庆阳和平凉两地区，土地面积 40.30 万 km^2，耕地面积 85.33 万 hm^2，人口近 400 万；区内有 25 条平坦旱塬，占耕地面积的 1/3 左右，大部分为土层深厚的黑垆土和黄绵土。该区常年平均降水量 540mm，年蒸发量 1 400mm，干燥度 1.5，属稳定单向缺水农业区。试验在镇原县上肖乡（35°30′N，107°29′E）进行，土壤为黑垆土，耕层土壤有机质含量 10.62g/kg，全氮 0.94g/kg，碱解氮 89mg/kg，速效磷 12mg/kg，速效钾 231mg/kg，肥力中等。

该区苹果生长季节主要在 3 月中下旬至 10 月中下旬，5 月为苹果生长水分临界期，11 月至翌年 3 月上旬主要为根系生长期，地上部分停止生长。试验地选取盛果期果园，树龄为 20 年，品种为富士，栽培密度为 3m×4m，果园树势整齐，胸径均匀整齐，无病害。

（二）研究方法

调查苹果园标准地理（当地政府主导推广技术建设的标准果园，管理相对当地农户较为规范）位置，按常规调查法进行各株树胸径、树高等指标的测定，并对同一果园不同树龄进行记载。

在标准地内用土钻法进行取样，测定苹果园的土壤水分含量，取样深度为 500cm。分别于 2009—2013 年苹果水分临界期前后（6 月 7 日、4 月 3 日、5 月 24 日、4 月 26 日和 5 月 29 日）、果实膨大期（7 月 25 日、6 月 28 日、7 月 17 日、6 月 24 日和 9 月 7 日）、收获后（10 月 16 日、10 月 15 日、10 月 14 日、10 月 15 日和 10 月 19 日）进行取样，各年份取样时间变化主要根据果树生长期的变化和降水等因素，2009 和 2010 年在水分关键期各加取 1 次。土壤水分含量的测定用烘干法（105℃），以 20cm 为一个层次，共 25 个层次。土壤容重选取 0~500cm 的平均值，为 1.3g/cm^3。相关指标计算公式：

土壤质量含水量（%）=（湿土质量-干土质量）/干土质量×100

土壤贮水量（mm）= 土壤质量含水量（%）×土壤容重（g/cm^3）×土层厚度（cm）×10

变异系数 CV（%）= 标准差/平均值×100

二、主要结果

2009—2013 年全年降水量分别为 325.9mm、466.8mm、564.3mm、517.6mm 和

619.3mm，较10年平均值（478.5mm）相比，2009年和2010年降水量分别减少31.9%和2.5%，2011年、2012年、2013年分别增加17.9%、8.2%和29.4%。苹果主要生育期（4—10月）逐月降水量如表4-11所示，降水主要集中在7—9月。4—6月平均降水分别为18.8mm、50.3mm和46.4mm，此时苹果树处于花期和萌芽期，降水不能满足生长需求，主要依靠土壤蓄水供给；果实膨大期需水量最大，此时恰好与降水同步，在满足果树高度耗水的同时，多余降水可以蓄积在土壤中；11月至翌年3月，平均降水40.4mm，苹果树耗水减小，降水主要蓄积于深层。

表4-11　不同年份逐月降水量　（单位：mm）

年　份	降水量							
	4月	5月	6月	7月	8月	9月	10月	11月至翌年3月
2009	6.0	41.1	12.8	80.8	89.5	29.3	9.3	49.3
2010	34.7	21.5	30.1	136.0	136.0	70.1	12.4	29.7
2011	0.0	35.2	56.4	108.1	100.0	141.0	55.4	76.8
2012	24.0	88.5	56.3	97.1	86.2	127.4	7.2	5.6
2013	29.3	65.4	76.5	248.5	56.6	127.4	10.4	—

（一）不同降水年型果园土壤含水量与降水量之间的关系

黄土高原区主要为雨养农业区，地下水位低，不同降水年型对土壤水分的影响较大。在苹果采收后的10月中旬测定了0~500cm土层土壤含水量，分析了2009—2013年0~500cm土壤平均含水量与年降水量之间的关系（图4-2），结果表明，降水量与土壤含水量呈显著正相关关系（$P<0.05$）。2009—2013年0~500cm土层土壤贮水量分别为792.3mm、938.7mm、1 105.1mm、992.8mm和1 031.1mm，5年降水量分别为325.9mm、466.8mm、564.3mm、517.6mm和619.3mm；2010年降水比2009年多142.4mm，0~500cm土壤贮水量增加146.4mm，2011年、2012年和2013年分别较上年多蓄水166.4mm、-112.3mm和38.4mm，2012年降水较上年减少46.7mm，土壤贮水量迅速下降112.3mm。2009年和2010年为干旱年份，2010年降水占贮水量增加值的97.3%；2011年和2012年为平水年，降水占贮水量增加值的58.0%和41.5%；2013年为丰水年，降水量增加值远大于贮水量增加值，为265.1%，这可能受到降水时间、降水量等因素的影响，地表来不及入渗，蒸发损失较大所至。由此可以看出，0~500cm土壤含水量与全年降水量之间存在密切关系，在干旱年和平水年0~500cm土层需水量可以直接通过全年降水量来反映。

（二）果园0~500cm土壤水分变化趋势

1. 土壤平均含水量变异

选取2009—2013年苹果采收后10月中旬的土壤含水量，逐层计算不同年份土壤水分变异系数，变异系数值越大，表明土壤含水量变化越剧烈；变异系数值越小，土壤含水量

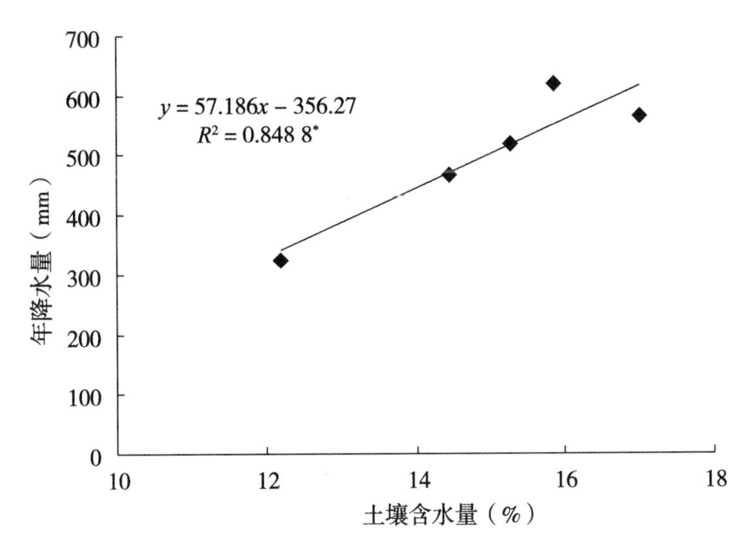

图 4-2 旱塬苹果园 0~500cm 土壤水分与年降水量的关系

越稳定。结果显示，0~100cm 土层每年含水量变化趋势较缓慢，100~360cm 土层变化量较大，变幅在 9.8%~26.4%，360~500cm 土壤含水量又恢复到稳定状态，所以 2009—2013 年 0~500cm 土壤含水量变化为“缓慢—快速—缓慢”的过程。苹果采收后恰逢雨季结束，0~100cm 土壤含水量年际间变化较小，主要是因为进入秋末—冬季缓慢失墒期，加之果树开始落叶，蒸腾迅速减小，所以根际区土壤含水量逐渐稳定；100~360cm 土壤含水量受雨季降水量的影响较大，下层水分通过土壤毛细管上移，果树根系在秋冬季下扎，所以不同年份之间含水量差异明显；360~480cm 土层，在特殊年份受到降水的影响，含水量年度之间有差异，但差异不大；500cm 处土壤含水量基本稳定，不受降水量的影响（图 4-3）。因此，根据雨季后土壤含水量的变化情况，可以简单地将 0~500cm 土层划分为 3 个层次：0~100cm 为第一层变化层，100~360cm 为第二层迅速变化层，360~500cm 为第三层稳定层。由此可见，300cm 以下土壤含水量变化较小，不同降年型，低含水层降水补充较难，同时果树对该层水分吸收较少。

2. 土壤含水量季节性变异

4—6 月为春夏干旱期，蒸发量大、降水少是该季主要的气候特点，苹果树此时恰逢水分临界期，处在开花期和春稍生长期，耗水量开始慢慢增大，土壤含水量开始逐渐消耗，达到一个相对稳定时期；随着雨季的到来，深层土壤水分开始逐渐恢复，至 10 月苹果采收后开始落叶，耗水量逐渐减小，土壤含水量也增加到一个相对稳定的值，并逐渐向更深层土壤蓄集。试验结果（表 4-12）显示，0~60cm 土壤含水量变异系数 4—6 月明显高于 10 月；60~120cm 逐渐平稳，季节性变化不显著，春夏干旱时果树耗水主要在该层，年际间基本一致；2009 年 120~200cm 土壤含水量旱季和雨季后变异系数最大，200cm 以下随着土层加深，变异系数逐渐减小，土层越深，含水量受降水量等外界条件的影响越小；2010—2013 年 200~300cm 土壤含水量不论在春夏干旱季节还是雨季后变异系数都最大，300~500cm 同样随着土层加深，含水量趋于稳定，说明在平水年和丰水年土壤含水

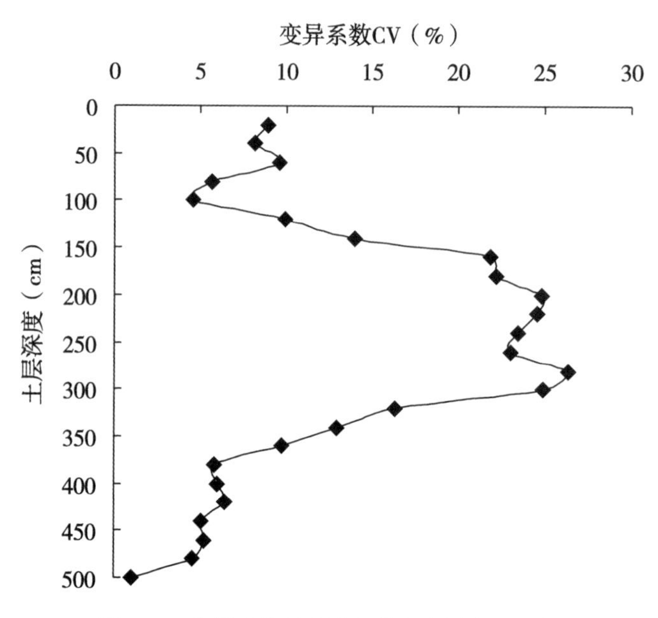

图 4-3　苹果采收后土壤平均含水量变异系数

量受降水、蒸发等外界因素及果树蒸腾耗水双因素影响最大的土层为 200~300cm，对下层水分影响较小。从 0~500cm 土壤含水量平均变异系数总体来看，春夏干旱期含水量变化均小于 10 月。

表 4-12　0~500cm 土壤含水量变异系数季节性变化

土层深度 (cm)	含水量变异系数（%）									
	2009 年		2010 年		2011 年		2012 年		2013 年	
	6 月	10 月	4 月	10 月	5 月	10 月	4 月	10 月	5 月	10 月
0~60	8.3	5.5	5.5	4.8	8.6	9.8	1.3	4.6	22.6	3.1
60~120	0.6	3.6	2.8	3.0	4.6	3.1	4.2	4.8	2.5	1.2
120~200	9.1	16.6	8.1	10.0	4.0	1.7	2.2	2.7	3.5	2.6
200~300	4.1	7.4	9.9	17.2	9.8	8.9	5.0	7.8	11.4	13.6
300~400	8.2	4.9	4.6	4.9	4.4	7.8	2.1	4.0	5.5	1.8
400~500	1.6	3.0	3.4	3.5	2.6	4.1	0.5	1.8	2.5	3.6
0~500	5.3	6.8	5.7	7.2	5.7	5.9	2.5	4.3	8.0	4.3

（三）苹果园土壤水分垂直变化

1. 土壤水分垂直变化

同一果园雨季结束后连续 5 年的监测结果（图 4-4）表明，0~300cm 土壤含水量年际间变化较大，300~500cm 含水量趋于稳定，但均低于 12.8%（为田间最大持水量的 60%），常年出现旱情，形成低湿层。严重干旱的 2009 年果园耗水深度达 480cm。在 2010—2013 年连续 4 年的平水年和丰水年，2010 年 300~480cm 含水量得到明显缓解，300cm 左右土层依然在低湿层，320cm 以下含水量恢复至常年水平；2011 年入渗深度达 360cm，300cm 左右低湿层得到缓解，但 360cm 以下含水量依然较低，降水并没有影响该层土壤；2012 年和 2013 年降水多而集中，多以蒸发损失，入渗受到限制，300cm 以下土壤含水量不变。说明在平水年降水主要影响 0~300cm 土壤含水量，丰水年达 360cm，但是当降水以大到暴雨出现时，大部分以径流和蒸发形式损失，对深层土壤含水量影响较小。干旱年份降水不能满足果树生长需求时，根系会逐渐吸收更深层土壤水分，平水年和丰水年根系吸水在 0~300cm，随着土层加深，土壤含水量受苹果根系和外界条件影响减小。因此，根据 0~500cm 土壤含水量变化情况，从上到下依次分为 0~300cm 雨水蓄积变化层和 300~500cm 稳定低湿层。表明在盛果期果园深层土壤出现稳定低湿层，其并没有随着年限的增加而增加，长期栽培苹果对深层土壤含水量的影响很小。

2. 不同季节土壤水分的垂直变化

连续 5 年 0~500cm 土壤含水量随季节变化如图 4-4 所示，春夏干旱季节含水量 11.7%~15.7%，其中 2012 年 4 月 26 日 17.9%，主要原因是 2011 年为丰水年，经过冬春季土壤缓慢蒸发期，土壤水分蒸发损耗较少，在春季严重干旱期土壤含水量较高。6 月底到 7 月初雨季到来时，土壤含水量达到低谷，2009—2012 年土壤含水量 9.7%~13.7%，严重干旱年份 0~500cm 都在 10%左右。2012 年由于上一年雨季土壤水分蓄积，在降水低谷期和苹果耗水期过后，0~300cm 土壤含水量平均 14.3%。9 月初到 10 月中旬，雨季结束 0~500cm 含水量均得到不同程度恢复，干旱年平均含水量 11.8%，低于田间最大持水量的 60%，2010 年 14.4%，2011—2013 年 16.0%~17.0%，平水年和丰水年 0~500cm 含水量高于田间最大持水量的 60%。总之，根据不同季节 0~500cm 土壤含水量变化况，可将果园划分为 3 个时期：第一个时期，4 月初至 6 月底土壤迅速耗水期，这个时期主要受果树生长需水与大气干旱等因素影响，降水较少，无法补给深层土壤水分，如果发生严重干旱，容易形成水分亏缺，如果水分长期亏缺，可导致低湿层形成；第二个时期，7 月初至 10 月中旬土壤水分恢复期，该时期果树水分消耗较大，但降水能够及时补给，当降水较多时会向深层土壤蓄积，缓解低湿层，但无法消除；第三个时期，10 月底至翌年 3 月底为土壤缓慢消耗期，果树开始休眠，冬季土壤封冻，蒸腾与蒸发同时减小，降雪入渗深度有限，低湿层土壤水分基本保持不变。

（四）旱地苹果园、农田和草地土壤耗水特征比较

不同植被土壤水环境变化是西北旱塬环境友好型农业结构建立和种植结构调整的基础。在旱塬地选取了 15 年、20 年、28 年生苜蓿草地和 13 年、16 年、26 年树龄的果园测定土壤水分状况，同时以高产麦田土壤水分为对照。

高产农田（冬小麦）在作物收获时，基本消耗尽了 0~200cm 土层的土壤有效水分，0~100cm 土层土壤水分下降到 6%~7%，达到凋萎湿度，100~200cm 深土壤坡面水分在 9.4%，达到无效水含量。而 200~300cm 土壤水分在 10%~12%，300~500cm 土壤水分在

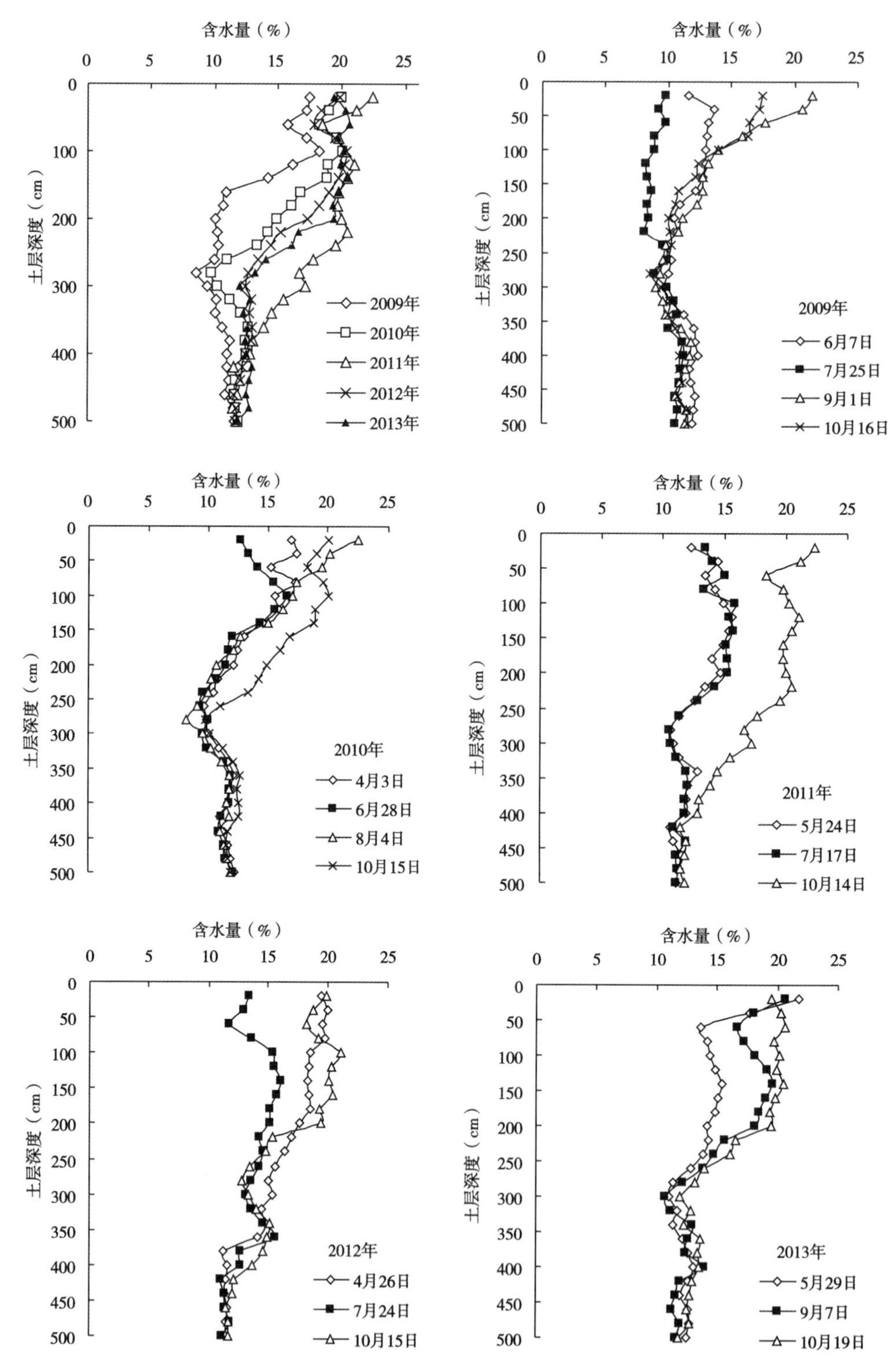

图 4-4　2009—2013 年 0~500cm 土壤含水量平均变化及季节性变化趋势

14%~16%，与播前0~200cm土层土壤水分差异不大。经过7—9月雨季降水补充，0~200cm土层土壤水分得到恢复，土壤干层消除。因此，旱地农田形成的土壤干层是暂时的，通过降水补充可以解除，尚未对粮食生产造成明显影响。

果园、苜蓿地土壤水分消耗利用明显不同与农田，果园又不同于草地，苜蓿地土壤水分消耗强度与深度要大于果园。2007年11月（苹果收获）、2008年7月（苹果旺盛生长期）土壤水分测定表明（图4-5），耕种16年果园土壤水分在260~300cm形成了约40cm厚土壤干层（土壤含水量9.6%左右）；耕种20年时干层出现在240cm土层，向下延伸到380cm，厚度达到140cm，平均含水量9.4%；耕种26年时干层出现在180cm，180~500cm土层土壤水分平均8.8%，干层厚度达到了220cm，整个深层土壤是一个干土层。16年和26年树龄果园0~200cm土层雨季后（2007年10月）土壤水分平均为16.45%和16.83%，较雨季前（2007年5月）的14.33%和12.39%提高了2.12个百分点和4.44个百分点，但200~500cm土层雨季前平均土壤水分为11.67%和9.97%，雨季后依然为11.17%和10.59%。2008年7月苜蓿草地水分测定，种植15年的紫花苜蓿草地120~300cm有一个明显的干层，土层土壤水分平均9.1%；种植年限增加到20年时，干层范围达到120~520cm，下降了200cm左右；种植年限增加到28年时，干层范围扩大到120~680cm，又下降了160cm。

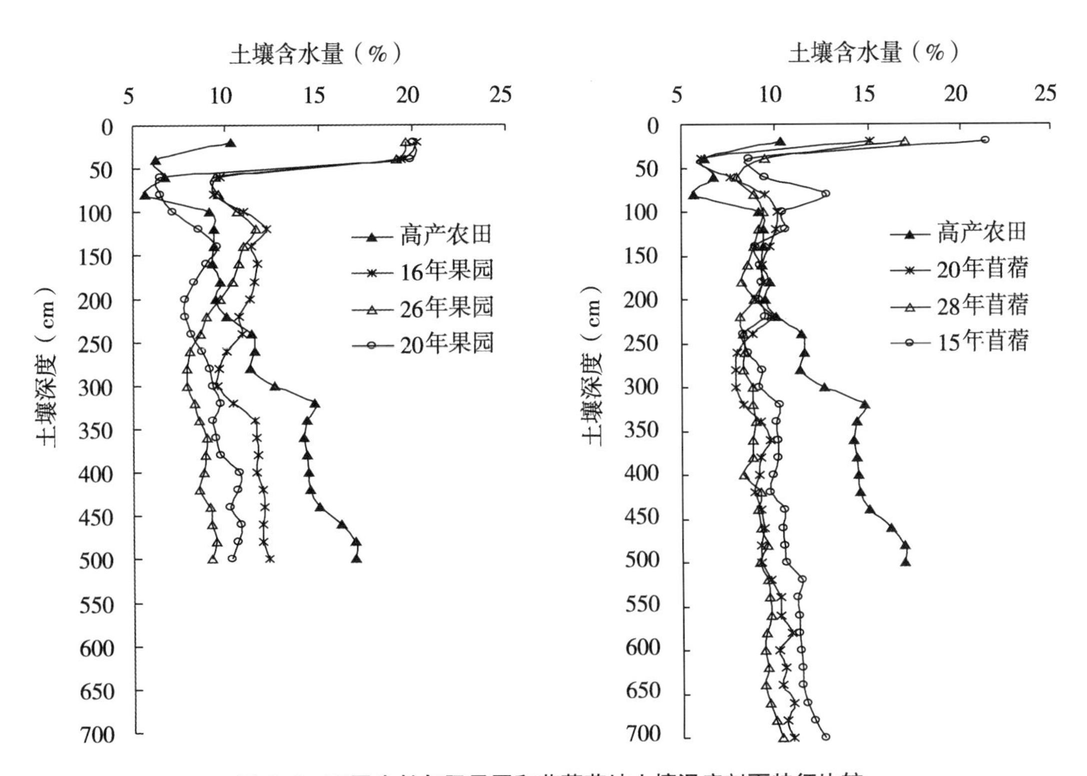

图4-5　不同生长年限果园和苜蓿草地土壤湿度剖面特征比较

不同降水年型，苹果园的蒸散耗水量明显大于农田，5—8月恰好是苹果园耗水量最大的时段，有效降水及0~500cm土层供水难以满足其需水要求，果树亏缺的水量只能靠根系吸收深层水分来补充。不同树龄果园对土壤水分的利用程度又不一样，树龄越长对深层土壤水分的利用越多。2008 年干旱，全年降雨 322mm，经过果树一年对土壤水分的消耗，树龄 16 年苹果园 220~340cm 土层土壤水分从 2007 年 10 月的 10.1%~11.6%降到2008 年 8 月的 8.9%~9.9%，树龄 26 年的苹果园 340~440cm 土层土壤水分从 10.4%~11.2%降低到 9.6%~9.9%。到 2008 年 11 月时，340~500cm 土层土壤水分 16 年树龄为 10.5%~11.3%，而 26 年树龄 7.2%~9.9%。2008 年和 2009 年，16 年树龄果园耗水量分别为 385.3mm 和 320.1mm，26 年树龄为 399.7mm 和 325.9mm（表 4-13），而同一年玉米耗水量分别为 322.0mm 和 237.9mm，小麦耗水为 354.1mm 和 225.8mm。

表 4-13　不同树龄苹果树全年耗水量（2007 年 10 月—2009 年 9 月）

时　间	树龄（年）	0~5m 土壤贮水（mm）		土壤供水量（mm）	降水量（mm）	总耗水量（mm）
		首次测定	末次测定			
2007 年 10 月至 2008 年 9 月	16	763.5	692.7	70.8	314.5	385.3
	26	850.8	765.6	85.2	314.5	399.7
2008 年 10 月至 2009 年 9 月	16	701.8	688.2	13.6	306.5	320.1
	26	744	724.6	19.4	306.5	325.9

注：2007 年 10 月至 2008 年 9 月，0~5m 土壤贮水量的首次测定时间为 2007 年 10 月，末次测定时间为 2008 年 9 月；2008 年 10 月至 2009 年 9 月，0~5m 贮水量的首次测定时间为 2008 年 10 月，末次测定时间为 2009 年 9 月

（五）黄土高原土壤水分利用的认识及建议

黄土高原果园土壤水分的循环是“降水入渗—地表蒸发—植物蒸腾”比较单纯的过程，反映在剖面上的土壤水分变异和动态表现出一定的层次性。李玉山等（1983）研究表明干层与植物根系延伸性一致；所以苹果根际区普遍水分亏缺（王延平等，2012）随着苹果园栽培年限的增加，干燥化程度越来越严重（何福红，2003）。同龄果园相比，生产力高的果园对深层土壤水利用增强，从而降低了土壤贮水量，进一步加剧了土壤干燥化程度（张义，2009）。李瑜琴（2007）在苹果林地研究发现，春季西安附近苹果林地 2~4m 土层含水量在 8%~10%，说明该地有弱的干层发育。然而，邹养军等（2011）研究表明，苹果园在 0~2m 处，土壤含水量随着种植年限的增加变化较大，在 2m 以下，苹果种植年限对果园深层含水量影响不大。前人对苹果园土壤水分研究存在分歧，本研究对同一苹果园连续 5 年监测结果显示，0~500cm 土壤含水量季节性变化较大，4—6 月为水分快速消耗期，该期为苹果水分临界期，雨季还没有出现，苹果生长主要依靠毛管水拉升深层土壤贮水；7—9 月为水分恢复期，苹果根系主要集中在土壤 60~80cm 深，水分利用优先吸收该层，当陇东旱塬雨季来临之后，不被利用的土壤贮水通过重力水向下蓄积，土壤含水量差异主要在水分恢复期形成；10 月至翌年 3 月为稳定期，这与赵磊磊（2012）研究一致。0~300cm，300~500cm 土壤含水量 5 个年份分别为 10.9%、12.0%、12.8%、12.3%和

12.6%，为土壤水分基本稳定层在严重干旱年型的陇东旱塬苹果树耗水深度达到了480cm，干旱越严重，为了保证果树的正常生长，根系开始对深层土壤水分吸收，耗水增大，这与李玉山等（2001）研究一致，300～480cm处土层含水量通过水分运动逐渐恢复至稳定含水量。

黄土高原地区土壤干层的形成，是该区植物资源特性、下垫面性质、生态气候带等综合作用导致土壤水分循环出现负平衡的结果（刘贤兆等，2004）。黄土高原区土壤水分的循环特征而产生土壤干燥化（李玉山等，2002；张晨成等，2012），土壤干层在一定程度上人工植被类型选择不当（杨维西，1996；侯庆春等，1999）、群落密度过大以及生产力过高等会影响深层土壤的干燥化进程。黄土高原地区土壤含水量的变化与雨季降水和大气干燥程度等密切相关（陈宝群等，2009），随着土壤含水率的提高，苹果树可利用深度逐渐增加（孟青倩等，2012），在长期栽培根系较深的苹果园，降水在雨季入渗深度主要取决于降水的强度和降水时长，陇东旱塬多年平均降水量为540mm，大于500mm降水区均适合于苹果栽培；近20年平均降水量为486.1mm，其中小于400mm只有4年，且没有持续出现；0～500cm土壤含水量与降水量呈显著正相关关系，所以在陇东旱塬区苹果园出现干层的临界降水量为400mm，当降水量小于400mm时，土壤深层水分会严重亏缺，当长期处在水分亏缺状态时，低湿层会加厚。在20年树龄果园存在稳定低湿层，引起这一现象的原因可能是长期的大气干旱与连续严重干旱年型导致，是否与果园栽培模式和果园年限有关还需要进一步研究。

因此，旱地较长树龄果园深层土壤水分存在明显的"低湿层"，3m以下土壤水分达到了田间凋萎湿度，而农田3m以下土层含水量接近田间最大持水量。即较大树龄苹果园地的土壤水分循环水平和深度明显小于农田，入渗降雨补给地下水这一转化途径被隔断，影响地下水的形成、转化和数量；从蒸腾耗水角度看，苹果树强烈蒸腾耗水作用不仅消耗掉每年降雨入渗量，而且还不断利用深层土壤有效储水。

旱塬区土壤水分补偿有两个显著特点：一是依靠"土壤水库"中下层水分上移输送补充表层土壤消耗的水分，二是伏秋降水对土壤上层水分的补偿。前者在农田中表现明显，塬区冬小麦耗水量的1/3以上是由土壤贮水提供的。果园、苜蓿的种植对土壤深层水分消耗产生了明显影响，随着种植年限延长，土壤水分消耗逐渐向深层延伸，形成了明显的生物利用型干层，特别是200cm以下的土壤干层受降水影响较少，不会随降水的补给而消失，难以恢复。旱塬苹果园水分环境效应导致土壤蓄水量降低，"土壤水库"的调节作用减弱，果树生长和产量形成所消耗的水分转而依靠自然降水，果树产量不可避免地随年际降水量的多寡而波动。

甘肃陇东旱塬苹果地的水分环境效应是黄土旱塬区的一个典型缩影，其特点表现为高入渗、低产流率和强烈的蒸腾耗水作用，促进深层土壤向干燥过程发展。从长远的观点看，旱塬苹果种植面积扩大甚至覆盖整个塬面的趋势将不可避免地影响区域的水量转化，加强大气—土壤—植物的水分小循环，削弱降水转化为地表水和地下水的比例，有可能影响区域水资源的数量和果业的可持续发展。黄土旱塬种植业由传统粮食转为大面积栽种果树，势必加重区域水资源的供需矛盾，导致水分生态的新态势。所以，建议旱塬种植业结构调整必须以水资源为约束，建立适宜的粮果种植结构与规模，发展矮化密植果园，建立与水资源承载力相适应的树体负载量。

（六）旱地苹果园土壤水肥变化特征及调控技术

黄土旱塬已发展成为我国第一大商品化苹果生产基地，果品品质好。但由于大量施肥、干旱缺水和精细管理，果园土壤水肥环境发生了明显变化。甘肃陇东黄土旱塬 19 个苹果园果品的产品理化品质测试分析表明，苹果中硝酸盐和亚硝酸盐检出率 15.7%，检出量分别为 0.091mg/kg、0.034mg/kg，显著低于<400mg/kg 和<4mg/kg 的国家标准，可溶性固形物和有机酸含量为 133.1g/kg 和 3.1g/kg，均符合国家行业标准（NY/T 1075—2006）>130g/kg 和<4g/kg 的要求。果品还原性糖含量、总糖含量和糖酸比分别为 96.8g/kg、124.0g/kg 和 39.2：1，均在相关指标允许范围之内。

1. 苹果园施肥与土壤养分现状

经过对农户调查，目前西北旱塬苹果园施肥不科学，施肥不能满足苹果生长的实际需要。苹果园化肥使用水平为 N 32.1kg/亩、P_2O_5 20.4kg/亩、K_2O 14.0kg/亩，氮肥、磷肥施用量大，钾肥施用量不足。氮肥施用量比国外推荐（美国等）标准（10kg 左右）超出 200%以上，比国内（农业部）推荐标准（纯氮 20kg）高出 60%；磷肥用量亦比推荐的 10~15kg 高出 36%~104%；而钾肥施用量比推荐标准 20~25kg 低 43%~79%。另外，果农施用的化肥，单质化肥占主导地位，以碳酸氢铵、尿素、普通过磷酸钙为主，而复合肥、果树专用肥等配方肥料施用比例不足 10%，钙、硼、铁、锌等中微量元素和氨基酸、腐殖酸类叶面肥施用不多，造成果实生理病害较大范围发生，同时影响其他肥料的吸收利用。

针对旱塬苹果园施肥现状，对甘肃镇原、泾川、崆峒、灵台、静宁等地的连片果园进行了土壤采样，共采集 135 个果园土壤样品 355 份，利用 ASI 法测定了土壤有机质、有效氨态氮、有效磷、有效钾、铁、锰等土壤营养指标。结果表明（表 4-14），西北旱塬果园土壤有机质平均 1.28%，最高值（2.09%）与最小值（0.88%）相差 2.4 倍，变异系数 26.6%，40%的苹果园有机质大于 1.50%，23%的果园小于 1%。旱地苹果园土壤铵态氮含量 14.01mg/L，最高值（44.5mg/L）与最小值（3.5mg/L）相差约 13 倍，变异系数 58.4%；土壤有效磷含量 31.33mg/L，最高值（71.9mg/L）与最小值（7.1mg/L）相差 10 倍，变异系数 62.7%；土壤有效钾含量 234.5mg/L，最高值（444.4mg/L）与最小值（80.7mg/L）相差 5.5 倍，变异系数 40.8%。总体来看，果园有机质含量偏低、土壤全氮适宜、钾富余、有效磷出现明显积累。

2. 旱地果园土壤 N 素分布特征

为了明确投入的肥料在土壤中的分布情况，测定了 0~200cm 土层土壤全 N、有机 N、氨态 N、硝态 N 的分布情况。结果表明（表 4-15），随着土层深度增加土壤全 N 减少，全 N 主要集中在 0~80cm 土层，氨态 N 在 20~60cm 土层，有机 N 在 0~40cm 土层。硝态 N 变化与全 N、氨态 N 和有机 N 变化不同，随着土层深度增加硝态 N 向土壤深层富集。N 在土壤中分布不同生长年限果园之间差异很大，随着果园生长年限增加，硝态 N 向土壤深层累积。这些积累在深层的氮素被再利用可能性小，降低了肥料利用率，会造成潜在环境问题，因此减少 N 肥用量，控制和降低果园土壤中的硝态氮累积量。

表 4-14 不同树龄苹果园土壤养分

	各个果树生长年限土壤养分			
	5~10 年	11~15 年	16~20 年	20 年以上
有机质（%）	1.15	1.15	1.28	1.30
有效氨态氮（mg/L）	18.70	16.29	14.01	9.01
有效磷（mg/L）	28.43	31.89	28.18	29.68
有效钾（mg/L）	209.55	211.68	209.07	276.01
有效钙（mg/L）	661.11	660.10	638.53	395.98
有效镁（mg/L）	164.13	132.03	101.54	149.87
有效硫（mg/L）	19.11	16.50	13.51	25.04
有效铁（mg/L）	5.97	5.86	5.78	4.57
有效铜（mg/L）	1.03	1.03	1.09	0.68
有效锰（mg/L）	7.07	6.84	6.10	5.12
有效锌（mg/L）	0.23	0.44	0.14	1.49
有效硼（mg/L）	11.84	10.78	11.57	14.05
pH	8.17	8.24	8.19	8.00

表 4-15 旱地苹果园土壤 N 在 0~200cm 土层中的分布

土层（m）	各果树生长年限全 N 含量（g/kg）				各果树生长年限硝态 N 含量（mg/kg）				各果树生长年限铵态 N 含量（mg/kg）				各果树生长年限有机 N 含量（g/kg）			
	9 年	15 年	21 年	平均	9 年	15 年	21 年	平均	9 年	15 年	21 年	平均	9 年	15 年	21 年	平均
0~0.2	1.50	0.92	1.04	1.15	355.6	4.9	13.4	124.6	17.52	3.48	5.81	8.94	0.95	0.75	0.99	0.90
0.2~0.4	1.75	1.40	0.95	1.37	355.6	5.5	16.1	125.7	34.62	5.58	7.46	15.89	1.42	0.67	0.89	0.99
0.4~0.6	0.89	1.06	0.94	0.96	353.1	7.7	66.8	142.5	54.52	2.98	5.99	21.16	0.71	0.59	0.83	0.71
0.6~0.8	1.00	1.04	0.81	0.95	256.4	28.7	123.0	136.0	5.20	5.49	5.76	5.48	0.52	0.85	0.71	0.69
0.8~1.0	0.69	0.53	0.79	0.67	341.3	33.0	131.2	168.5	2.30	2.62	3.64	2.85	0.65	0.41	0.64	0.57
1.0~1.5	0.69	0.55	0.60	0.61	286.9	36.2	175.6	166.2	4.37	5.66	4.49	4.84	0.39	0.42	0.57	0.46
1.5~2.0	0.71	0.68	0.45	0.61	153.4	51.0	219.4	141.2	1.33	4.92	4.61	3.62	0.70	0.60	0.44	0.58

为进一步明确不同年龄果园土壤养分分布特征，测定了不同年龄果园 0~100cm 土层硝态 N 的分布特征。随着果园耕种年限的增加，硝态 N 不断在土壤中富集并向下层移动。耕种 5 年的果园，0~20cm 土壤硝态 N 为 99.5mg/L，60~80cm 为 21.7mg/L，80~100cm 为 17.3mg/L；耕种 10~15 年的果园，0~20cm 为 35~47mg/L，60~80cm 为 40mg/L，80~

100cm 上升到 60~80mg/L；耕种 20 年的果园，0~20cm 为 23.7mg/L，40~60cm 上升为 72mg/L，60~100cm 上升到 100mg/L。

3. 黄土旱塬苹果的品质现状

对甘肃陇东黄土旱塬 19 个苹果园果品的产品理化品质测试分析结果表明（表 4-16），苹果中硝酸盐和亚硝酸盐检出率 15.7%，检出量分别为 0.091mg/kg、0.034mg/kg，分别显著低于<400mg/kg、<4mg/kg 的国家标准，可溶性固形物和有机酸含量平均分别为 133.1g/kg 和 3.1g/kg，均符合 NY/T 1075—2006《红富士苹果》可溶性固形物与有机酸含量分别>130g/kg 和<4g/kg 的要求，73%以上的果园果品可溶性固形物含量在标准之内。果品还原性糖、总糖和糖酸比 96.8g/kg、124.0g/kg 和 39.2：1，均在相关指标允许范围之内。因此，旱塬苹果理化品质达到国家产品质量要求，是国家优质苹果主产区。

表 4-16　旱塬苹果理化品质指标测试结果

果园编号	硝酸盐（mg/kg）	亚硝酸盐（mg/kg）	可溶性固形物（g/kg）	还原糖（g/kg）	总　糖（g/kg）	有机酸（g/kg）	糖酸比
1	1.72	0.10	136.2	105.7	121.6	3.18	38.2：1
2	1.13	0.22	136.2	94.4	118.2	4.12	28.2：1
3	1.92	0.33	126.2	88.4	115.0	4.59	25.1：1
4	未检出	未检出	125.0	88.4	113.5	3.12	36.4：1
5	未检出	未检出	135.0	88.8	126.8	3.48	36.4：1
6	未检出	未检出	125.0	86.2	117.5	3.12	37.7：1
7	未检出	未检出	140.0	100.4	128.3	3.86	33.2：1
8	未检出	未检出	135.0	116.2	127.7	2.84	45.0：1
9	未检出	未检出	135.0	98.6	125.0	2.96	42.2：1
10	未检出	未检出	145.0	88.8	140.4	3.12	44.9：1
11	未检出	未检出	135.0	96.5	122.5	3.00	45.2：1
12	未检出	未检出	135.0	92.4	128.6	3.00	42.9：1
13	未检出	未检出	135.0	98.2	123.3	2.90	42.5：1
14	未检出	未检出	135.0	110.9	122.9	3.42	35.9：1
15	未检出	未检出	130.0	103.2	119.9	3.09	38.8：1
16	未检出	未检出	125.0	92.4	118.8	2.91	40.8：1
17	未检出	未检出	135.0	109.6	125.0	2.58	48.4：1
18	未检出	未检出	125.0	82.2	113.8	2.64	43.1：1
19	未检出	未检出	135.0	95.4	129.6	3.23	40.1：1
平　均	0.091	0.034	133.1	96.7	123.1	3.22	39.2：1
标　准	<400	<4	>130			<4	

4. 旱地苹果园水分调控高效利用技术

黄土高原地区4—10月的降水量占全年降水的80%以上（400~450mm），不覆盖果园同期降水保蓄率在40%~50%，一半以上的降水以无效蒸发形式损失。该技术重点是早春4—10月果园起垄地膜条带覆盖集雨保墒，有效解决苹果需水和降水高峰期深层土壤水库水分的恢复问题，降水保蓄率达到80%以上，为旱地果园多提供100mm以上的水分，并且降雨高峰期水分集中向土壤深层入渗，打破200~300cm的干土层。

（1）果园起垄覆膜集雨保墒。早春以树干为中心起垄覆膜，垄沟集雨，沟内可覆盖秸秆即保水又增加有机质。起垄覆膜后春季果园5~15cm土壤温度提高1.54℃，0~70cm土壤含水量增加23.2%，促进了树体茎液流加大，新稍粗度增加0.14cm，果实单果重增加22.4g，产量提高32.3%。旱地果园早春覆盖麦草和玉米秸秆，0~70cm土壤含水量比对照平均高21.4%，新稍粗度增加0.17cm，果实单果重增加25.2g，产量提高36.5%。

同时把“覆盖抑蒸、膜面集雨、水分深层入渗”有机地融为一体，可实现雨水富集叠加、就地深层入渗于果树根系密集区、增加土壤水分含量的目的，最大限度地提高自然降水利用率，有效改善果园土壤深层水分状况，缓解果园土壤干燥化加重的趋势，保证果树正常生长发育对水分的需求。在苹果成熟时（雨季后），该技术比果园常规管理措施60~200cm土壤含水量高5个百分点，产量提高22.4%，降水利用率达80%以上。

苹果不同生育期采用地膜覆盖和集雨或补水技术，0~3m土层土壤水处理之间差异很大，3~5m土壤含水率基本相同。3m左右土壤湿度较低，随着深度加深，土壤含水量逐渐回复并稳定在11%左右。果实膨大期高温高蒸腾，苹果需水较大，土壤水分消耗多，2.0~2.4m土壤含水量降到8%左右。在春稍生长期，不同处理间0~1m土壤水分差异较大，“集雨深层入渗+补灌”处理含水量为11%，低于对照，“黑宽膜覆盖”处理和“集雨深层入渗+黑宽膜覆盖”处理总体变化趋势一致，含水量明显高于其他处理，其中，“集雨深层入渗+黑宽膜覆盖”处理最高，含水量在16%以上，比对照高3个百分点；随着土层深度增加，各处理变化趋势基本一致。而在3m左右形成土壤干层，“集雨深层入渗”处理含水量较其他处理高，但是含水量仍在10%以下。果实膨大期果树需水量较大，4m以上土壤含水量都低于10%。成熟期已经进入雨季，土壤含水率明显增高，20cm土壤水分高于20%，随着土壤深度增加土壤含水率减小；在60~160cm，3个集雨深层入渗处理土壤含水率明显高于其他处理，较对照高1%~5.22%；收获后，60cm以上土壤含水量基本一致，60~200cm覆膜集雨深层入渗的含水量高明显高于其他处理，这是由于进入雨季，降雨较多，集雨深层入渗技术有利于储存降雨，增加降雨下渗深度，消除土壤干土层。

在成熟期测各处理百叶重，并于果实成熟后（10月3日）整树采收，称取单株产量并将其分级，分级时将直径为75mm以上的果型定为优质果型。结果表明（表4-17），各处理百叶重之间差异很大，其中百叶重最高的为“黑宽膜覆盖”处理，比对照高出16.66g，其次为“普通灌水”处理。3个集雨深层入渗处理百叶重都低于对照，集雨深层入渗处理能够有效调节果树冠层比例，减少叶片蒸腾。各处理之间平均单果重差异不明显，单果重都在 0.17~0.20g。集雨深层入渗+补灌处理最高，为 0.20g，较对照高出 0.02g。从优果率来看，“集雨深层入渗+黑宽膜覆盖”和“集雨深层入渗+补灌”处理最高，达到53%左右，比对照高约 20 个百分点。果树单株产量在 39.9~49.5kg，其中“集雨深层入渗+黑宽膜覆盖”“集雨深层入渗+补灌”和“普通灌水”处理，较不灌水分别增产 17.6%、24.0%和 14.1%。

表 4-17　覆膜集雨对旱地苹果产量和单果重的影响

处　理	百叶重（g）	单果重（kg）	单株产量（kg）	优果率（%）	增产（%）
窄膜覆盖	75.31	0.18	40.48	43.50	1.3
宽膜覆盖	85.82	0.17	40.02	42.86	0.2
覆盖微集水入渗	72.31	0.18	41.23	43.00	3.2
宽膜+微集水入渗	76.34	0.19	47.01	53.00	17.6
集雨深层补灌	67.31	0.20	49.54	52.74	24.0
地表补灌	76.73	0.19	45.60	45.79	14.1
对　照	69.16	0.17	39.96	30.67	—

（2）增施肥料以肥调水。增施农家肥或氮磷化肥影响苹果园土壤水分变化（图4-6）。施农家肥后 50~80cm 土层土壤水分稳定在 13.30%~13.76%，100~120cm 土层土壤含水量高达 15.41%，200~320cm 形成了干土层，土壤水分最低达到 10.05%。不论是增施农家肥还是化肥，350~500cm 土层土壤水分在 11%~12%。即苹果根系入土较深，全生育期主要吸水范围集中在 200~320cm 土层。

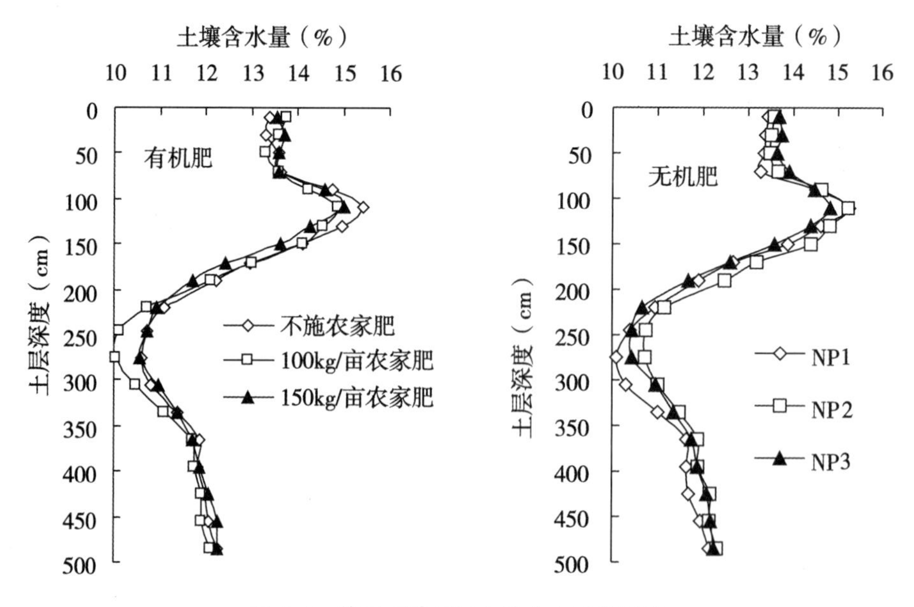

图 4-6　施肥对苹果园土壤含水量的影响

旱地苹果树不同生育时期的土壤水分测定表明（图 4-7），增施农家肥处理苹果萌芽

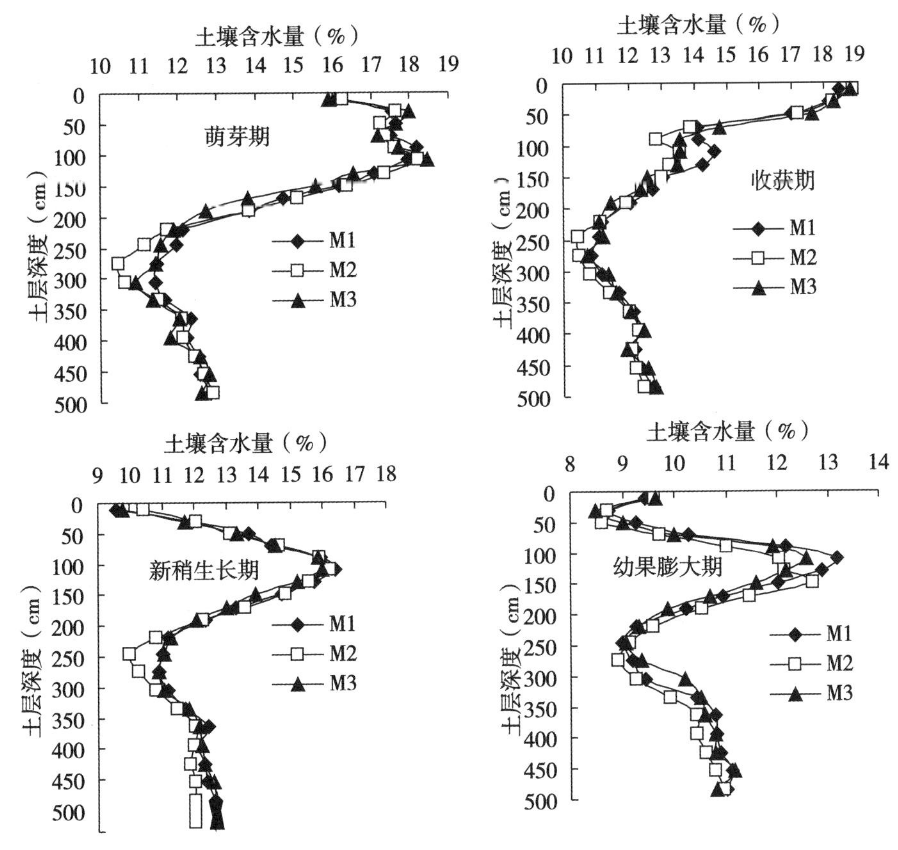

图 4-7　苹果不同生育时期农家肥对土壤含水量的影响

期和收获期在 0~150cm 土层土壤含水量均较高，为 16.09%~18.93%，150~320cm 土层较低，320cm 土层以下随着土层深度的增加，土壤含水量逐渐增加。新稍生长期和幼果膨大期 0~80cm 土层土壤含水量较低，80~150cm 土层较高，150~320cm 土层土壤含水量在 10.47%~12.12%。随着苹果生育进程的进行，对土壤深层水分的利用增加，到果实膨大期正是降雨较少的季节，250~300cm 土层土壤水分降到了 9%以下，300cm 以下土层土壤水分降到 11%以下。

施无机肥对苹果园土壤水分的影响同施有机肥基本一致（图 4-8）。随着苹果树生育进程的推进，在 200~300m 形成了干土层，到果实膨大期干土层土壤水分降到了 9%左右，300cm 以下土壤水分在 9%~11%。

（3）有机无机结合品质调优。不同施肥处理苹果果实内在品质发生了明显变化（表 4-18），M100 N0.5 P0.3 处理可溶性糖含量、蔗糖含量、可溶性固形物含量均最高，硬度较大，可溶性糖含量较其他处理高出 7.0%~39.3%，蔗糖含量高出 19.44%~290.91%，可溶性固形物含量高出 4.35%~25.98%。M150 N1.0 P0.6 处理硝酸盐含量、亚硝酸盐含量、全酸含量最高。说明，高肥（M150 N1.0 P0.6）降低了苹果果实品质，中肥（M100 N0.5 P0.3）提高苹果的理化品质。不论施肥结构如何，苹果各项理化指标都符合国家规定的标准，尽管果品中硝酸盐和亚硝酸盐含量，但都在安全范

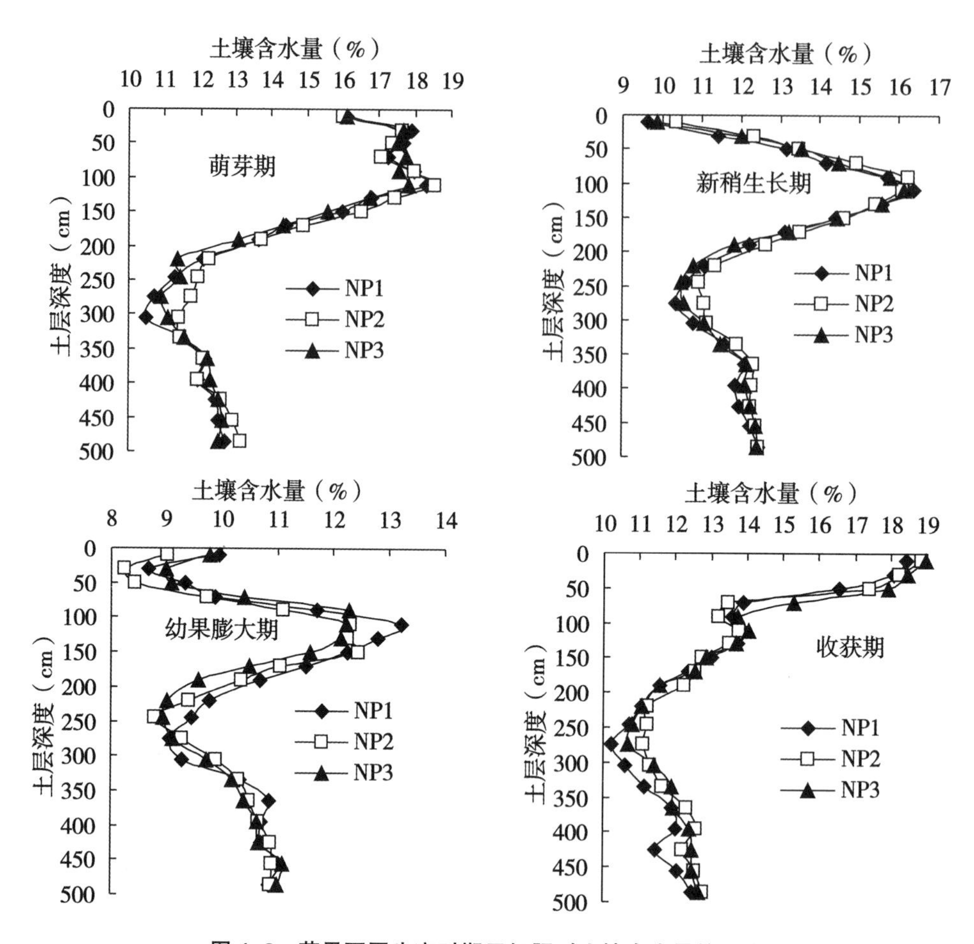

图 4-8 苹果不同生育时期无机肥对土壤含水量的影响

围之内，不同施肥结构对检出量有明显影响，推行配方施肥、控制化肥投入对苹果质量安全十分必要。

5. 水肥资源高效利用树形修剪技术

针对黄土高原旱地苹果园树体郁闭、生物产量高、水肥消耗大等突出问题，确定了光水肥高效利用树形结构，显著减少了树体无效枝条对水分的过度消耗，提高了水分的商品效益。

黄土旱塬富士苹果成龄树乔砧密植果树水肥资源高效利用的树体结构优化与修剪指标、参数为：果园果树覆盖率75%左右，每亩枝条总量7万~9万条，其中长枝比例8%~10%，最高不超过12%，短枝比例60%~70%。树高不超过行距的2/3；干高 > 0.8m，中心干直立挺拔、生长健壮。主枝基角65°~85°，腰角70°~85°，梢角60°；结果枝组小型，直径2cm左右，呈“珠帘”状，骨干枝3~5个。

高纺锤形。砧木与品种组合：矮化砧或矮化中间砧—普通型品种，乔化砧木—矮化品种，矮化砧或矮化中间砧—矮化品种。栽培模式：株距小，一般1.5~2.5m；行距大，一般3.5~5m。主枝展度：主枝基部水平，中稍部下垂20°~30°，适合株距极小模式；主枝呈水平状或稍部15°抬起，适合株距较大模式。干枝粗度比：主干与主枝粗度比为4：1；主干上无主枝而直接着生结果枝组的主干与结果枝组粗度比为（5~6）：1。主枝与结果枝组粗度比（3~5）：1。主枝数量：在主干上均匀轮生18~24个主枝；在主干上均匀轮生30~36个结果枝组。

表4-18　不同施肥处理对苹果果实品质的影响

处　理	可溶性糖（%）	蔗糖（%）	还原糖（%）	可溶性固形物（%）	硝酸盐（mg/kg）	亚硝酸盐（mg/kg）	全酸（%）	硬度
M0 N0 P0	10.70	1.28	10.53	12.18	61.06	0.42	0.14	9.99
M0 N0.5 P0.3	10.82	1.58	9.24	11.43	77.11	0.44	0.22	9.92
M0 N1.0 P0.6	12.06	1.80	10.26	11.93	86.27	0.48	0.18	10.69
M100 N0 P0	9.26	0.98	8.28	12.38	93.06	2.11	0.20	9.17
M100 N0.5 P0.3	12.90	2.15	9.97	14.40	112.66	2.21	0.25	9.82
M100 N1.0 P0.6	10.72	0.56	10.61	13.8	171.59	2.72	0.27	9.64
M150 N0 P0	10.56	1.57	8.98	12.84	219.43	2.64	0.24	10.00
M150 N0.5 P0.3	10.78	0.55	10.23	12.49	271.23	2.71	0.30	9.83
M150 N1.0 P0.6	11.42	1.02	10.41	13.71	324.01	3.20	0.32	9.64

改良纺锤形。该树形是甘肃省生产期苹果树的主要树形，占生产期苹果总面积的90%以上。砧木与品种组合：矮化中间砧—普通型品种，乔化砧木—矮化品种，乔化砧木—普通型品种占总面积80%以上。栽培模式：株距2~3m；行距4~5m。主枝展度：主枝基部水平，稍部上抬15°~20°；或主枝呈水平状。干枝粗度比：主干与主枝粗度比(3~4)：1。主枝与结果枝组粗度比（2~5）：1。乔砧普通型品种组合要求主枝上结果枝全部呈下垂状；其他组合主枝上结果枝若长势强可拉下垂。主枝数量：在主干上均匀轮生5~7个主枝。

主干开心形。砧木与品种组合：矮化中间砧、乔化砧木—普通型品种，乔化砧木—矮化品种。栽培模式：密闭果园通过间伐改形后，株距一般在3m以上，行距一般在4m以上。主枝展度：主枝呈水平状，稍部上抬15°~20°。干枝粗度比：主干与主枝粗度比为（2~4）：1。主枝与结果枝组粗度比为（2~5）：1，主枝上无较大侧枝，直接着生结果枝组。乔砧普通型品种组合要求主枝上结果枝全部呈下垂状；其他组合主枝上结果枝若长势强可拉下垂。主枝数量：主干上均匀轮生2~4个主枝。

附图 旱地果园覆盖集雨保墒水分调控技术

参考文献

陈宝群，赵景波，李艳花. 2009. 黄土高原土壤干燥化原因 [J]. 地理与地理信息科学，25 (5)：85-89.

程积民，万惠娥，雍绍萍，等. 2003. 黄土高原丘陵沟壑区人工林土壤水分动态 [J]. 西北植物学报，23 (8)：1 352-1 356.

程立平，刘文兆. 2011. 黄土台塬地深层土壤水分分布及对土地利用的影响 [J]. 农业工程学报，27（9）：203-207.
邓振镛 . 2000. 陇东气候与农业开发［M］. 兰州：甘肃科技出版社 .
杜娟，赵景波. 2007. 陕西人工林土壤干层的水分季节性变化［J］. 地理科学，27（1）：98-103.
樊军，邵明安，郝明德，等. 2004. 陕西渭北旱塬果园土壤硝态氮积累与土壤干燥化［J］. 应用生态学报 15（4）：1 213-1 216.
高利峰，赵先贵，韦良焕. 2007. 陕西铜川旱地果园土壤水分变化的研究［J］. 干旱地区农业研究，25（3）：120-124.
郝明德，党廷辉 . 2003. 黄土高原丘陵沟壑区生态环境重建和农业可持续发展［J］. 西北林学院学报，18（1）：67-70.
何福红，黄明斌，党廷辉. 2003. 黄土丘陵区王东沟流域土壤干土层分布特征［J］. 自然资源学报，18（1）：30-36.
侯庆春，韩蕊莲，韩仕峰. 1999. 黄土高原农业种植中土壤趋于干旱化［J］. 中国水土保持（5）：11-14.
胡小宁，赵忠，袁志发，等. 2010. 刺槐细根生长与土壤水分的耦合关系［J］. 林业科学，46（12）：30-35.
冷石林，等 . 1996. 中国北方旱地作物节水增产理论与技术［M］. 北京：中国农业科技出版社，91-95.
李瑜琴，赵景波. 2007. 陕西多雨年份南部果园土壤水分条件及干土层变化［J］. 中国生态农业学报，15（4）：75-77.
李玉山. 1983. 陆地水循环特征对黄土高原水循环的影响［J］. 生态学报，3（2）：91-101.
李玉山. 2001. 植树造林对黄土高原土壤水分循环的影响［J］. 自然资源学报，16（5）：427-432.
李玉山 . 2002. 苜蓿草地生产力动态变化对土壤水分的影响［J］. 土壤学报 . 39（3）：404-411.
李育中，程延年 . 1999. 抑蒸抗旱技术［M］. 北京：气象出版社 . 75-79.
刘贤赵，衣华鹏，李世泰. 2004. 陕北渭北台塬种植果树对土壤水分的影响［J］. 应用生态学报，15（11）：2 055-2 060.
孟秦倩，王健，吴发启，等. 2012. 黄土高原土壤水分利用的深度［J］. 农业工程学报，28（15）：65-71.
沈思渊，席承藩 . 1990. 淮北主要土壤持水性能及其与颗粒组成的关系［J］. 土壤学报，27（1）：34-42.
陶士珩 . 1998. 径流农业主要类型农田水分机理及生产力的研究［D］. 杨凌：西北农业大学 .
王力，邵明安，李裕元. 2004. 陕北人工林植被生长与土壤干燥化［J］. 林业科学，40（1）：84-91.
王延平，韩玉明，张林森，等. 2012. 陕西洛川果园土壤水分变化特征［J］. 应用生态学报，23（3）：731-738.
武天云，邓娟珍，等.1995. 覆盖黑垆土的持水特性及抗旱性研究［J］. 干旱地区农业研究，13（3）：33-37.
杨维西. 1996. 中国北部人工林土壤干燥化的讨论［J］. 林业科学，32（1）：78-84.
杨文治，田均良.2004. 黄土高原土壤干燥化研究［J］. 土壤学报，41（1）：1-6.
杨永东，张建生，蔡国军，等.2008. 黄土高原丘陵沟壑区不同植被下土壤水分动态变化［J］. 水土保持研究，15（4）：149-156.
张晨成，邵明安，王云强. 2012. 黄土高原不同植被下干土层的空间变化［J］. 农业工程学报，28（17）：102-108.
张航，徐明岗，张富仓，等.1994. 陕西农业土壤持水性能与土壤性质的关系［J］. 干旱地区农业研究，12（2）：32-37.
张义，谢永生，郝明德，等. 2009. 果园生产力调控对果园生态系统功能的影响［J］. 生态学报，29（12）：6 811-6 817.
赵磊磊，朱清科，聂立水，等. 2012. 陕北陡坡底土壤水分变化模式［J］. 生态环境学报，21（2）：253-259.
朱咏莉.2002. 黄土高原地区土壤水分动态变化过程与强度对土壤养分有效性的影响［D］. 杨凌：西北农林科技大学.
庄季屏，等.1989. 土壤低吸力段持水性能及其早期土壤抗旱的关系研究［J］. 土壤学报，23（4）：306-313.
邹养军，陈金星，马峰旺，等. 2011. 陕西渭北旱塬不同种植年限果园土壤水分变化［J］. 干旱地区农业研究，29（1）：41-44.

第五章 旱地农田作物覆盖集雨种植研究

旱区农业生产的主要水分来源就是降水，但我国广大旱区或者年降水量有限，或者降水季节分布不均，多大雨、暴雨。加之地形错综复杂，长期盛行传统耕作法，致使宝贵的降水资源大部分化为径流，形成非目标性输出。由于培肥措施不当等原因，贮存在土壤里的水分通过蒸发大量损失，使种植的作物种群大多数用水效率低下。因此，旱区农田水分管理的基本目标就是提高降水资源利用效率。

第一节 旱作区农田水分管理的基本原理

一、最大限度增加土壤贮水

土壤水是农业水资源转化为生物用水的必要介质，而土壤水生物转化效率是实现高效用水的前提，两者是用好土壤水的关键，应是旱区节水农业发展的关键。我国是农业大国，农业用水量占全国总用量的80%左右，是头号用水“大户”，其中90%的种植业用水都需经过土壤水的转化而被植物吸收利用，但目前我国农业水资源严重短缺，土壤水储量极为有限，且因耕作、管理等水分利用效率低，已成为限制我国种植业产量和效益提高的“颈瓶”。当前的紧迫任务是如何充分利用土壤水分，大面积提高土壤水高效利用的综合农艺措施。从长远考虑，建设良好的土壤贮水功能、完善土壤水高效利用技术和建立可持续的节水型农业技术体系和科学用水管理模式，是促成农业用水可持续发展的关键环节之一。

大量研究与实践表明，在我国旱作农业典型区域—黄土丘陵区，黄土层深厚，质地疏松且持水孔隙率高，具有很强的蓄存和调节水分的“土壤水库”功能，是农田水分循环的重要影响因素。以生物利用层2mm计算，黄土土壤可蓄存500~600mm水分。但是，目前对这些水分利用很不充分，作物收获后农田还剩余36%~65%的可利用储水量。

因此，土壤水库对旱区农业持续抗旱和稳定增产具用十分重要的作用，旱地节水种植的中心任务就是扩大土壤蓄水库容与保水能力，最大限度增加土壤贮水。通过耕作措施提高土壤水分的保蓄率、增加土壤有效贮水库容是问题的关键。

二、减少土壤水分的非目标输出

在黄土高原62万km^2的土地资源中，坡度<3°（平地）、3°~7°（平坡地）、7°~15°（缓坡地）、15°~25°（斜坡地）和>25°（陡坡地）的面积占全区面积的29.6%、6.77%、

16.2%、21.39%和17.54%，年均降水443mm，总量2 757亿 m^3，其中径流损失占12%~18%，蒸发损失占50%左右，这两部分水资源是集雨农业应着力考虑的重点，开发潜力较大。一般情况下，夏季次数不多的暴雨时间短、强度大，土壤来不及下渗，坡耕地农田径流频繁发生，往往导致农田水分不足。因此，减少土壤水分的非目标输出是旱作农田土壤水分管理的核心，是人类向蒸发夺取水资源的一次革命，抑蒸对农田土壤水分和作物需水的有效调控更具有广泛而现实的意义。

三、非耕地径流的富集叠加

旱作农业水分管理的一个重要方面是对径流的拦蓄和利用，提高降水的利用率和利用效率。利用非耕地（如道路、公路、荒坡地等）有利地形，对降水形成的地表径流，通过渠道导引向农田富集，以补农田水分不足，可显著提高作物水分的满足程度，发挥旱后补偿或超补偿效应，增加水分利用效率。这种径流资源的空间富集模式为“集水面→种植区”，即几公顷非耕地降水用于1hm² 用耕地的径流时空集蓄利用技术，其核心是将较大范围内的降水以径流形式聚集到较小面积的田块中，或者将雨季降雨暂时贮存在贮水容器中，以备作物播种或生长季节抗旱之需，是农田水分管理的重要方面。

四、结构和产业节水

旱地农业生物的多样性是提高降水利用率和利用效益的关键，通过产业结构优化，建立区域性节水农作制度，是区域性农田水分管理和解决结构性缺水的核心。根据降雨时空分布特征，合理调整作物布局，增加作物需水与降水耦合性好的作物和耐旱、水分利用率高的作物品种，以充分利用当地水资源；调整作物熟制，使之与水分条件相适宜；调整播期，使作物生育期耗水与降水相耦合，提高作物对降水的有效利用，避免干旱的影响。如在黄土高原地区，全年降水的60%分布在7—9月，调减夏粮面积，扩大以玉米、马铃薯等为主的秋作物面积，建立与降水规律相适应的适水型种植结构，将显著提高降水利用率；在黄淮豫东平原，春夏播种作物需水和降水的耦合关系较好，生长期降水量占年降水量的60%以上，尤以棉花最高，其次是春播花生、红薯和高粱等。因地制宜选用节水高产基因型，合理安排作物布局与品种搭配是作物节水高产高效的重要环节。

旱区的作物布局必须与水分资源存在状况相适应。根据旱区的降水分布、干旱发生规律和作物水分特性，因地制宜压缩需水量大易旱的作物，扩大雨热同步作物，选择耗水少而水分利用效率高的作物。通过调整作物布局，建立适应型高效种植制度，可使农田整体水分利用效率提高1.5~2.25kg/(mm·hm^2)，增产15%~30%。

我国旱作地区农业结构单一化，农业结构性高耗水情况普遍存在。从农田水分利用效率分析，西部旱作地区的一个基本事实是粮食作物生产的水分利用效率高，而农业用水经济效益低，即节水农业处于一个生产性低耗水而结构性高耗水的状况，产业结构单一化使农业水资源的经济型短缺问题更加突出。应根据不同区域的自然和经济特点、作物耗水结构和水资源分布情况，建立起节水高效型的农业产业结构。应围绕农业优质高效和农民增收，压缩高耗水粮食作物生产，发展节水型的优质农产品生产，以草食畜、优质水果和杂粮等为重点，培育一批旱作节水特色农业产业，把节水农业发展和农业结构调整结合起来，在节水的同时提高农业生产的效益。

第二节　旱地微集雨种植类型及水分调控机理

一、旱地农田微集雨种植的类型

农田微集水种植技术是一种田间集水农业技术，它适用于缺乏径流源或远离产流区的旱平地和缓坡旱地。其基本原理是通过在田间修筑沟垄，垄面覆膜，实现降水由垄面（集水区）向沟内（种植区）的汇集，以改善作物水分满足状况，提高产量。实践表明，该技术是增进旱作农田水分生产潜力的有效途径，在旱区推广应用的前景十分广阔。

在不同的旱农地区，农田微集水种植技术的开发和设计因集水时间、种植模式、覆盖措施、技术组合方式等的不同而呈现多样化形式。近年来各地出现的与农田微集水种植有关的技术可作如下分类。

（1）按集水时间不同，分为休闲期集水保墒技术和作物生育期集水保墒技术。

（2）按种植模式不同，分为微集水单作和微集水间作套种技术。

（3）按覆盖方式不同，分为一元覆盖和二元覆盖微集水种植技术。

（4）按技术组合形式不同，分为微集水种植单一技术和组合技术。

上述技术虽形式各异，但本质相同，均可概括为通过以集雨、蓄水、保墒为核心内容的农田水分时空调控，实现作物稳产高产的田间集水农业技术。

二、旱地降雨就地富集叠加微集水区的构建

旱作农田降水就地富集的核心是降水的再分配和种植区水分的显著增加，微集水区构建是实现这一目的的关键。实施农田内部的降水再分配，所构建的产流区和聚流作物种植区，两者相间排列，实质上仍然是“径流场→种植区”的径流农业原理，谓之微集水区。

旱作农田微集水区有两种主要类型（樊廷录，2002）：一是作物生育期内的微集水区，一般产流区要起微垄，表面要搞紧实，或用塑料薄膜覆盖，以产生较多的径流直接补充种植区水分，边富集边利用，称农田内径流的空间富集，产流区与种植区的宽度根据降水而定；二是夏闲期的微集水区，历史上农田休闲的作用是水分和养分的富集过程，在休闲期通过产流区（硬化或覆盖）与径流入渗区的交替构建，将土壤水分的均匀入渗改变为非均匀入渗，使入渗区水量增加，并向土壤深层入渗，创建水分富集型土壤水库，到播种时作物可种植在产流区，也可种植在入渗区，水分富集过程与作物用水阶段相对分开，称农田内径流的时间富集。

微集水区设计的基本目的是，通过优化产生径流的面积与接受径流的面积之比，提高作物生产的水分满足率。平地上微集水区构建按耕作方向划分，坡地上按等高线划分。同非耕地径流场构建相比，这种微集水区结构建设技术简单、投资少，短时间阵雨可产生径流，径流系数高达50%。

三、沟垄系统与微集水种植农田的水分调控

微集水种植的沟垄相间排列，垄上覆膜集雨，沟内种植作物，“沟”与“垄”相互联系，相互作用，构成微集水种植作物的水分环境系统，称为“沟垄系统”（王立祥等，2009）。这是农田微集水种植特有的水分调控方式，亦是其增进水分生产潜力的关键所在（图 5-1）。“沟”“垄”两要素相互联系、相互作用的方式，即为沟垄系统的结构；而这种联系方式对作物生活环境的改变或影响即为沟垄系统的功能。

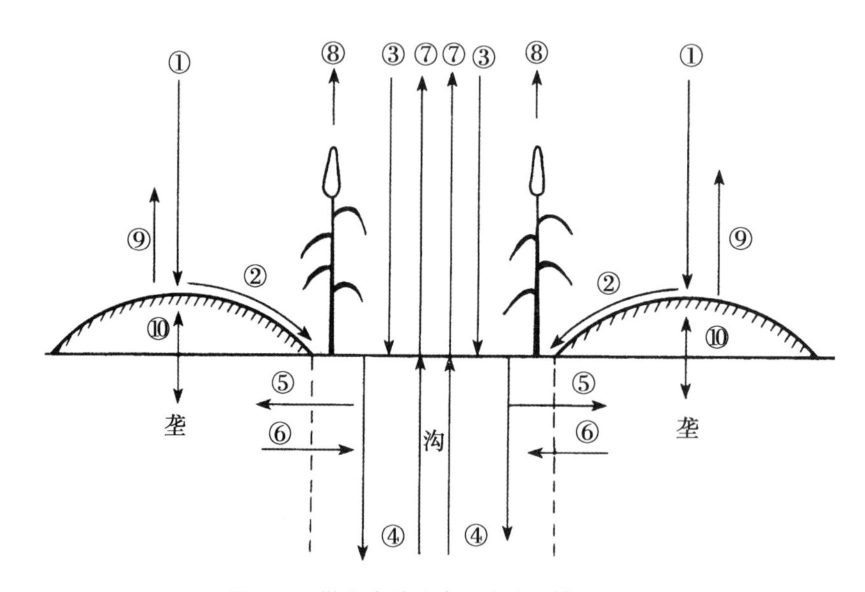

图 5-1　微集水种植农田水分调控图示

说明：1. 降落在垄面的雨水①除了少部分留在垄面外，多数形成径流②汇集到沟内，连同沟内降雨③共同入渗，其主要部分形成下渗流④，另有相当可观的一部分形成侧渗流⑤，因为土壤物理因素及作物根系因素，垄中的水分可以形成逆流⑥反补到沟内。

2. 棵间土壤蒸发⑦、作物蒸腾⑧及垄面残留雨水的蒸发⑨共同构成了微集水种植农田水分的支出；同时，因垄面覆膜，侧渗至垄下的土壤水分蒸发受到抑制⑩。

（一）沟垄系统结构描述

沟垄系统的结构是指与其农田水分调控密切相关的沟垄间的水分及几何关系。沟垄间的水分关系与几何关系两者同等重要，不可分割。相对而言，沟垄间的水分关系较为抽象，它是沟垄系统发挥水分调控作用的根本原因；而几何关系则相对具体，其参数的人工控制是实现预期水分调控效果的必需措施。

1. *沟垄间的水分关系*

沟垄间的水分关系是指用水势高低表征的“垄水”和“沟水”之间的关系，这种关系决定了降水、土壤水在沟垄间运移、分布的态势。

微集水种植田间的水分按运动特性的不同可分为自然降水和土壤水两种。自然降水流

动的方向是由重力势较高的地方流向重力势较低的地方，遵从该规律，降落到垄面上的雨水汇集成流，聚到沟内，实现“雨量增值”。土壤水势差是土壤水运动的原动力，土壤水在田间由土水势较高的位点向土水势较低的位点运动，但其方向不定，具体情况如下。

（1）“沟水”补给“垄水”，这种情况经常发生，特别是在降雨入渗过程中，沟中“多余”的水分会向垄中侧渗，并因地膜覆盖而存贮起来。

（2）“垄水”反补“沟水”，即垄下土壤水分通过水体运动或根系转移，补充沟内水分的不足，同前种情形一样，这种反补作用对作物生长具有积极意义。反补作用存在的依据有二：其一，土壤物理因素，即土壤水由土水势高处向低处运动的规律使然。在一定时期内，垄中土壤水势较沟内高是可能的，如作物苗期连遇干旱，沟内土壤水分因蒸发强烈而大量散失，但垄中则因地膜覆盖而水分保持良好。根据土壤水分运动规律，此时，垄下土壤水分通过水体运动补给沟内。但依相关研究试验，这种补给作用相对较弱。其二，作物根系因素。作物的根系能从处于湿润区域的土壤中吸取水分，并把水分转移到处于干燥区域的根部然后释放到干土中，这种现象叫水分倒流。水分倒流的原动力仍是土壤水势差。如作物生育期内连遇干旱，沟内土壤日趋“干化”而垄中水分则保持良好，那么“水分倒流”现象就很可能发生。

微集水种植田间，由于作物根系多密集于沟内，肥料也多集中施于此，“水分倒流”可以避免处在沟内干土层的根干枯死亡，这样在下次降水湿润沟土后能迅速利用水分，而且也有利于利用沟内干土层中的养分，这对增强作物的抗旱性，稳定产量尤为重要。因此，在探讨微集水种植农田水分调控及增产机理时，沟垄间这种特殊的水分关系应予以重视。

2. 沟垄间的几何关系

沟垄间的几何关系是指沟垄间的比例、宽窄及高度等空间状态的差异。沟垄比值、宽窄不同，则其农田水分调控效果也不同。沟垄间几何关系参数的优化调控是实现微集水种植农田最优水分调控效果的必需措施，也是其带型优化设计的主要内容。

（二）沟垄系统功能解析

人工构筑沟垄的目的在于依据沟垄间的水分关系，通过控制沟垄间的几何关系参数，实现农田水分的优化调控，为最大限度集聚、贮蓄、保持旱农地区宝贵的降水资源，提高作物水分利用率，实现稳产高产提供保障。因而，沟垄系统的功能在于其农田水分调控效果，具体表现在集雨、蓄水、保墒 3 个方面。

1. 集雨效果

指沟垄系统具有使降落在垄面上的雨水以径流形式汇集到沟内，实现沟内雨量增值的功能。沟垄系统的集雨效果可用集水率表示，它在数值上为沟内增加的雨量占降水量的百分比。沟内增加的雨量即垄上的集水量，其值为垄面降水量与径流系数的乘积。地膜垄面的径流系数 $\alpha=83.2\%$。

设微集水种植田间，沟宽为 l，垄宽为 m，$k=\frac{m}{l}$，集水率为 β，则：

$$\beta=\frac{m}{l}\cdot\alpha\times100\%=k\cdot\alpha\times100\%$$

2. 蓄水效果

沟垄系统的蓄水效果是指通过强化降水在沟内垂直下渗及“沟水”向垄中的水平侧渗等途径，沟垄系统所具有的将自然降水转化为利于保持状态的土壤水分的功能。

3. 保墒效果

沟垄系统蓄水功效使降水在沟垄间转化有利于保持状态的土壤水分，故保墒可看作是蓄水的结果。沟垄系统一方面通过垄上覆膜抑制垄中土壤水分蒸发以减少农田总蒸发面积；另一方面，因雨量叠加效应，单位蒸发面积（沟内）可蒸发的水量激增，致使农田局部蒸发强度加大。故沟垄系统的保墒功效为上述两种因素共同使用的结果，其大小与沟垄系统的蓄水功效密切相关，并受沟垄间几何关系参数制约。

四、农田微集水种植水分调控机理

农田微集水种植条件下的降水生产潜力特指微集水种植农田（其面积为集水区和种植区面积之和）在精良农作条件下，肥力不成为制约因素时，农田土壤在最适的地膜、秸秆等覆盖状态下，自然降水应能实现的最大生产力（Y_W'）。微集水种植农田因具有特殊的水分调控方式及良好的水分调控效果，其降水生产潜力 Y_W' 较未经物理、化学覆盖处理的传统旱作农田自然降水应能实现的降水生产潜力 Y_W 有所增进；又因其对自然降雨的时空调控和利用能力有限，难以做到得心应手地支配水分，故其降水生产潜力较灌溉农田热量条件下应能实现的最大生产力 Y_T 尚有一定差距。因而 Y_W' 通常介于 Y_W 和 Y_T 之间。

（一）微集水种植农田的作物水分满足率

为简化问题，做如下与微集水种植农田水分平衡相关的假定：①沟垄系统的覆盖方法为：膜盖垄，不盖沟，沟内种作物；②地膜对其下垄水蒸发的抑制率为 100%；③休闲期蓄墒、作物生育期降水皆得以充分利用。

设微集水种植田间的垄宽（微集水区）为 m，沟宽（种植区）为 l，则垄沟比 $k = m/l$，依据集水技术及农田水分平衡原理，微集水种植农田种植区内作物单位面积上实际耗水量 ETa 为：

$$\mathrm{ET}_a = \left(\frac{m\alpha + l}{l}\right)R_1 + \left(\frac{m + l}{l}\right)\gamma R_2 = (k\alpha + 1)R_1 + (k + 1)\gamma R_2$$

式中，α 为垄面径流系数；γ 为休闲期蓄墒率；R_1、R_2 分别为作物生育期、休闲期降水量（mm）。

作物水分供应满足率 x 为其实际耗水量 ET_a 与需水量 ET_m 的比值，即：

$$x = \mathrm{ET}_a/\mathrm{ET}_m = \frac{(1 + k\alpha)R_1 + (1 + k)\gamma R_2}{\mathrm{ET}_m} = \frac{R_1 + \gamma R_2}{\mathrm{ET}_m} + \frac{\alpha R_1 + \gamma R_2}{\mathrm{ET}_m} \cdot k = A+Bk$$

上式中，A 即为平作不采取微集水措施条件下的传统旱作农田的作物水分满足率；Bk 则是采取微集水措施条件下作物水分满足率的增值，或者说表示微集水措施改善作物水分满足率效应的大小。在具体年型、作物、土壤和覆膜条件下，R_1、R_2、γ、α、ET_m 皆为定值，则 A、B 亦为定值。

可见，x 与 k 为线性关系，也就是说，微集水种植农田的作物水分满足率 x 可表示为垄沟比 k 的一元线性函数，其值随垄沟比的增加而提高。

（二）微集水种植农田的降水生产潜力

旱地作物降水生产潜力 Y_W 通常表示成：

$$Y_w = f(W) \cdot Y_T$$

式中，$f(W)$ 为作物水分供应订正函数；Y_T 为作物光温生产潜力（kg/hm^2）。

水分供应订正函数的传统模型有线性模型、线性—对数模型及二次曲线模型等，采用韦伯函数形式。设 x 为作物水分供应满足率，a 为临界水分满足率，J 为校正系数（为使 $f(x)|_{x=1}=1$ 而设），则水分供应订正函数 $f(x)$ 可表示为：

$$f(x) = J \cdot \frac{M}{N}\left(\frac{x-a}{N}\right)^{M-1} \cdot e^{-\left(\frac{x-a}{N}\right)^M}$$

该函数的图形如图 5-2 所示，其几何意义为（陶士珩，1996）：①当 $x \leqslant a$ 时，$f(x)=0$，作物因严重干旱导致绝收，a 为作物的临界水分满足率；②曲线的拐点出现在 a、b 之间，当 $x \leqslant b$ 时，WUE（曲线上点与原点连线的斜率）随 x 的增加而增大，并在 $x=b$ 处取得最大值；当 $x>b$ 时，随着 x 的增大，WUE 逐渐减小，但 $f(x)$ 值仍在继续增大；③当 $x=1$ 时，$f(x)$ 取得最大值；④当 $x>1$ 时，$f(x)$、WUE 随 x 的增大而减小。

于是，微集水种植农田种植区内作物的降水生产潜力 $G_k(x)$（相当于 Y_w）与水分供应满足率 x 之间的关系可描述为：

$$G_k(x) = f(x) \cdot Y_T = J \cdot \frac{M}{N}\left(\frac{x-a}{N}\right)^{M-1} \cdot e^{-\left(\frac{x-a}{N}\right)^M} \cdot Y_T$$

则微集水种植农田的整体降水生产潜力 $H_k(x)$（即 Y_w'）可表示为：

$$H_k(x) = \frac{l}{m+l} \cdot G_k(x) = \left(\frac{1}{1+k}\right) \cdot G_k(x) = C \cdot G_k(x)$$

式中，$G_k(x)$ 项表示种植区内“增效”了的降水资源投入与作物产品输出之间的函数关系；C 项则是因保证前者而付出的有效播种面积减小代价的大小。

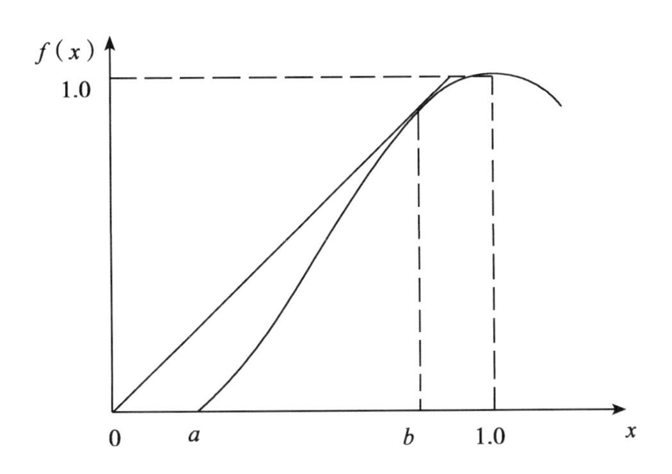

图 5-2　水分供应订正函数图形

因为 C<1，且种植区内作物降水生产潜力 $G_k(x)$ 的最大值为 Y_T，故微集水种植农田的降水生产潜力 $H_k(x)$，即 Y_w' 要小于 Y_T。特定降水年型下 $H_k(x)$ 与 k 之间的关系及 Y_w、Y_w'、Y_T 之间的关系如图 5-3 所示。图中竖虚线部分 A 所示微集水种植农田降水生产潜力 Y_w' 与热量生产潜力 Y_T 之间的差距。

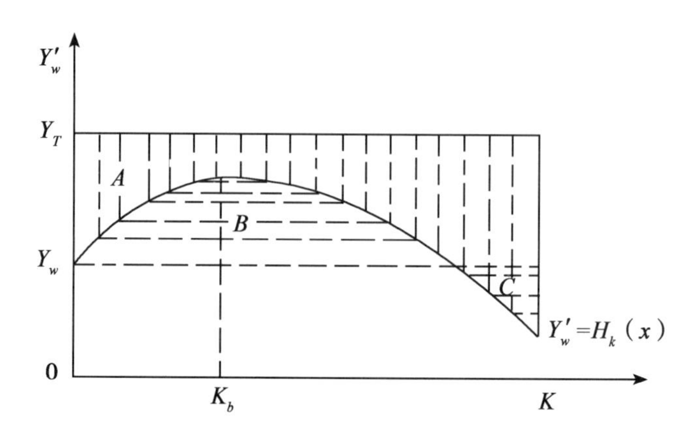

图 5-3　Y_w、Y_w'、Y_T关系

横虚线 B 部分所示适当的垄沟比值 k 下，Y_w' 较 Y_w 增进的产量潜力；交线部分 C 为不当的垄沟比值下，Y_w' 较 Y_w 减少的产量潜力。从中不难得出，特定降水年型下，Y_w、Y_w'、Y_T 三者之间的关系因 k 值的不同而改变，因此，在农田微集水种植技术的开发、设计中，必须寻求适当的垄沟比值，以求 Y_w' 最大，这也正是垄沟比值优化设计的最终目的。

对 $H_k'(x)=0$，有：

$$\frac{d[H_k(x)]}{dk}=\frac{d[H_k(A+Bk)]}{dk}=\frac{d[\frac{G_k(A+Bk)}{1+k}]}{dk}$$

$$=\frac{G_k'(A+Bk)(1+k)-G_k(A+Bk)(1+k)'}{(1+k)^2}$$

$$=\frac{G_k'(A+Bk)(1+k)-G_k(A+Bk)}{(1+k)^2}=0$$

则　$G_k(A+Bk)=G_k'(A+Bk)(1+k)$

$$\frac{G_k(A+Bk)}{1+k}=G_k'(A+Bk)$$

即　$H_k(A+Bk)=G_k'(A+Bk)$

此式表明，当微集水种植农田整体降水生产潜力 $H_k(A+Bk)$ 与其种植区内的边际产量 $G_k'(A+Bk)$ 相等时，微集水种植农田整体降水生产潜力获得最大值，此时的垄沟比 k 定义为 k_b。依农田微集水种植技术开发与研究实践，当 $k=0$，即未采用微集水措施时，$H_k(x)=Y_W$；当 $0<k<k_b$ 时，$H_k(x)$ 与之俱增；当 $k=k_b$ 时，$H_k(x)$ 取得最大值，此时 $H_k'(x)=0$；当 $k>k_b$ 时，$H_k(x)$ 随着 k 的增大而减小。可见，各地在开发微集水种植技术时，垄沟比的优化值为 k_b。

第三节　旱地垄膜微集雨种植的水分生产潜力开发

微集水区构建是实施农田降水就地时空富集的关键。通过垄膜集雨保墒可使降水在农田上就地富集，提高降水资源化程度，显著改善土壤水分状况，增加作物的水分满足率，增进降水资源开发潜力。

一、作物生育期起垄覆膜微集水的水分生产潜力增进机理

对于无灌溉条件的旱平地，通过构筑沟垄，实施垄膜沟种，使垄面膜上自然降雨向沟内富集，改善作物根区土壤水分环境，是提高农田降水资源化程度和水分满足率的有效途径。

（一）起垄覆膜技术对作物水分满足率的影响

旱作农田起垄覆膜微集水的形式如图 5-4 所示。D 为设计垄宽（微集水区），F 为设计沟宽（水分入渗区或作物种植带），H 为设计垄高。

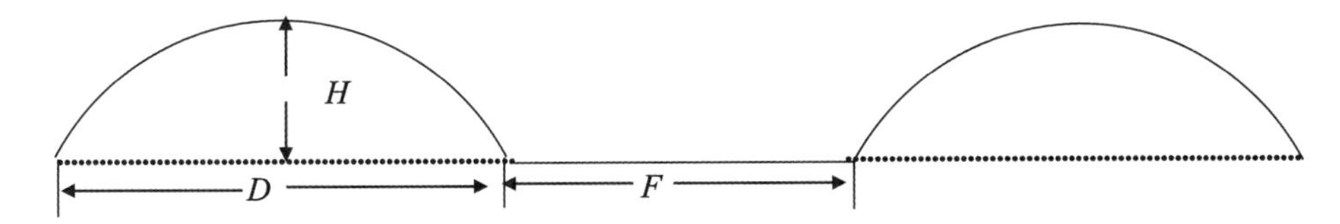

图 5-4　旱地农田沟垄微集水种植示意

当采用微垄覆膜技术后，直接降落在沟内的雨量为 FR，降落在垄上并以径流形式汇聚到沟内的雨量为 $DR\beta$，则作物生长季节单位面积上实际获得的水分 W 为：

$$W=\frac{FR+DR\beta}{F+D}=\frac{(F+D\beta)\cdot R}{F+D}$$

式中，β 为垄面径流系数，R 为降水量。

设旱平地未覆膜种植时作物需水量 ET_m。垄上覆膜，可堵绝蒸发损失，仅沟内存在蒸发和蒸腾损耗。设作物需水量与蒸散面积成正比（陶士珩，1998），采用起垄覆膜后作物需水量 ET'_m 为：

$$ET'_m=\frac{F}{F+D}\cdot ET_m$$

假设覆膜在播种前进行，则平旱地未覆膜和起垄覆膜种植时作物水分满足率 x 、x' 可用下式表示；

$$x=\frac{R}{ET_m}\qquad x'=\frac{W}{ET'_m}=\frac{(F+D\beta)\cdot R}{F\cdot ET_m}$$

则作物水分满足率的相对增量为：

$$\frac{x'-x}{x}=\frac{(F+D\beta)}{F}-1=\frac{D}{F}\cdot\beta=K\beta$$

式中，K 为垄宽与沟宽之比。

这样起垄覆膜后的作物水分满足率可表示为 K 的线性函数：

$$x' = x(1 + K\beta) = x(1 + 0.85K)$$

所以，起垄覆膜后作物水分满足率随着垄沟比的增加而提高，当垄沟比为 0.5，即农田由 1/3 的垄膜产流区和 2/3 的聚流种植区构成相间排列的微集水区时，作物水分满足率可提高 42.5%。

(二) 起垄覆膜技术对作物水分利用效率的影响

研究表明，在肥力不受限制时，作物的水分利用效率随作物实际水分满足率的提高而提高，在实际水分满足率较低的阶段，水分利用效率随实际水分满足率提高的速度很快，当实际水分满足率达到逐渐满足的阶段，水分利用效率提高的速度大为减缓。采用起垄覆膜技术，其目的就是通过农田空间的水分再分配，使水分满足率提高到水分利用效率最大值，以期获得增产效应。

设：Y_w ——平作耕地的作物降水生产潜力，$Y_w = f(w) \cdot Y_T$；

Y'_w ——起垄覆膜农田的降水生产潜力，$Y'_w = f(w) \cdot Y'_T$；

Y_T、Y'_T ——平作耕地、起垄覆膜农田的作物光温生产潜力。

则 Y'_T 可表达为：$Y'_T = \frac{F}{F + D} Y_T = \frac{Y_T}{1 + K}$

对 $Y_w = f(w) \cdot Y_T$ 式取对数后微分得：

$$\frac{dY_w}{Y_w} = \frac{df(x)}{f(x)} + \frac{dY_T}{Y_T}$$

在作物临界水分满足率 α 和水分满足率为 1 之间，作物水分供应订正系数与水分满足率的关系可近似地视为一直线关系，可简化处理，设：

$$f(x) = \frac{x - \alpha}{1 - \alpha}$$

将 $f(x)$ 代入微分方程并取差分得：

$$\frac{\Delta Y_w}{Y_w} = \frac{x' - x}{x - \alpha} - \frac{D}{F + D} = k\left(\frac{x\beta}{x - \alpha} - \frac{1}{1 + k}\right)$$

由于 $\alpha \leq x < 1$ 及 $0 < k \leq 1$ 和 $0 < \beta \leq 1$，故有 $\Delta Y_w = Y'_w - Y_w > 0$。

因此，采用农田内微集水技术后，只要膜垄产流效果好，并且将水分满足率提高到（α，1）的一个合适范围内，作物降水生产潜力就会得到增进。X 愈接近临界水分满足率 α 值，潜力增加愈明显；干旱年份平作耕地当 x 值小于 α 的情况下，实施起垄覆膜农业技术，不致绝收。适当提高垄沟比或增加垄面径流系数，可明显增进水分生产潜力。

(三) 起垄覆膜垄沟比的确定

由 $x' = x(1 + K\beta)$ 推导出垄沟比为：

$$K = \left(\frac{x'}{x} - 1\right) \cdot \frac{1}{\beta}$$

根据文献报道（白清俊，1999），x' 取 0.8 左右，虽不能将水分生产潜力增进至光温生产潜力，但可以大幅度提高，并且水分利用效率达到最大值附近。垄面径流系数 β 取

0.85。一旦 x' 接近或超过 1，则潜在水分利用效率下降，沟垄种植的增产作用大为减少。

二、农田夏休闲期起垄覆膜微集水水分生产潜力开发

对于无灌溉条件的旱平地，除实施作物生育期内起垄覆膜微集水技术外，也可在夏闲期用类似的起垄覆膜技术进行微集水，但休闲期微集水的目的是最大限度增加土壤水分入渗能力，减少雨季高强度的水分非目标性输出，增加土壤深层贮水，奠定持续提高农田生产力的水分基础。

（一）夏闲期降雨最大限度就地富集入渗的沟垄比

平旱地夏闲期微垄覆膜的形式与图 5-4 类同，D 为设计垄宽（cm），F 为设计沟宽（cm），β 为垄面平均径流系数，R 为 12 小时的降水量（mm），K 为垄沟比。当采用垄覆膜技术后，在 F 宽度（入渗区）耕地上夏闲期直接降落在沟内的雨量为 FR，降落在垄上以径流形式汇聚到沟内的雨量为 $DR\beta$，则沟内单位面积实际获得的水分 W 为：

$$W=\frac{FR+D\beta R}{F}=\left(1+\frac{D\beta}{F}\right)R=(1+K\beta)R$$

高原夏闲期多为降雨高峰期，不同于生育期的起垄覆膜，如果覆膜技术不当会引起农田径流发生。因此，必须单独考虑入渗区的水分平衡问题。

在土壤物理学中，描述土壤水分入渗的数学模型较多，但最为普遍的是 A. H. Koctgkob 双曲线和 R. E. Horton 逆指数方程。根据大多数学者研究，逆指数方程与黄土高原的实测资料有较好的吻合性，Horton 土壤水分入渗方程可表示为：

$$f(t)=f_c+(f_o-f_c)e^{-k_lt}$$

式中，f_o 为土壤初始入渗率（mm/min），f_c 为稳渗率，k_l 为衰减系数。

将 $f(t)$ 积分得降雨期间土壤累计入渗量。夏闲期起垄覆膜后，沟内入渗区接受到更多降雨，这时农田水分平衡方程为：

$$W(t)=f_ct+\frac{f_o-f_c}{k}(1-e^{-k_lt})$$

$$R_s(t)=W-W(t)-\left(1+\frac{D\beta}{F}\right)R-f_ct-\frac{f_o-f_c}{k_1}(1-e^{-k_lt})$$

只有当 $R_s(t)\leqslant 0$ 时，即沟内富集的水分小于土壤入渗量时，农田不发生径流，降雨达到最大限度的就地入渗，则垄沟比（D/F）可表示为：

$$\frac{D}{F}\leqslant\frac{f_ct}{R\beta}+\frac{f_o-f_c}{Rk_1\beta}(1-e^{-k_lt})$$

因此，夏闲期塬面农田起垄覆膜降雨就地入渗且不发生径流的垄沟比上限值主要受降雨强度和土壤入渗参数的影响。

根据已有的参考文献，垄面径流系数 $\beta=0.9$，最大入渗率 1.4（mm/min），稳渗率 $f_c=0.35$（mm/min），$k_1=0.024\,5$，$R=$ 50mm/720min、100mm/720min、150mm/720min 时，则依据推导的垄沟比公式计算所得对应的 D/F 值是：6.6∶1、3.3∶1、2.2∶1，即农田起垄覆膜覆盖面积依次为 86.8%、76.7%和 68.8%。

考虑到沟内水分富集区以垂直入渗为主，同时向膜内侧向扩散，为了使膜内土壤不出

现干土层，田间地膜覆盖宽度以不超过 100cm 为界，假定 12 小时雨强为 50mm、100mm、150mm，则对应垄沟比上限值依次为 100：13.2、100：23.3、100：31.2；若采用 80cm 宽地膜，田间实际覆膜宽度为 60cm，则对应降水量下垄沟比上限值是 60：8、60：14、60：19。鉴于田间起垄覆膜的可操作性，建议垄宽以 100cm 和垄沟比小于或等于 4：1 为宜。

（二）夏闲期起垄覆膜对作物水分满足率的影响

设旱平地作物水分满足率为：

$$x = \frac{\alpha R_1 + R_2}{\mathrm{ET}_m}$$

式中，x 为平旱地的作物水分满足率；R_1 为夏闲期降水量（mm）；α 为夏闲期蓄水率；R_2 为作物生育期降水量（mm）。

又设：β_1 为休闲期起垄覆膜后垄上的平均降水产流系数；α' 为采用起垄覆膜技术后因减少蒸发面积而增大的休闲期蓄水效率。

起垄覆膜在 $D+F$ 宽度耕地上，整个休闲期内单位面积实际获得并保存的蓄水量 W_1 可表示为：

$$W_1 = \frac{FR_1 + D\beta_1 R_1}{D + F}\alpha'$$

由于垄上覆膜减少了实际蒸发面积，因此 α' 大于 α。设旱平地夏闲期土壤失水率为 $1-\alpha$，起垄覆膜后，因在 $F+D$ 宽度上只有 F 宽度蒸发失水，故其失水率可表示为：

$$\frac{F}{F + D} \cdot (1 - \alpha)$$

则起垄覆膜后的蓄水率 α' 应为：

$$\alpha' = 1 - \frac{F}{F + D} \cdot (1 - \alpha) = \frac{D + \alpha F}{F + D}$$

W_1 因此可表示为：

$$W_1 = \frac{(D + \alpha F) \cdot (FR_1 + D\beta_1 R_1)}{(F + D)^2}$$

如果考虑将作物播种在覆膜产流区，则可认为生育期降水量为生长季节实际得到的水分。因此，全生产年度（夏闲期+生育期）覆膜微集水保墒后作物可得到水分为：

$$W = \frac{(D + \alpha F) \cdot (FR_1 + D\beta_1 R_1)}{(F + D)^2} + R_2$$

作物水分供应满足率 x' 为：

$$x' = \frac{W}{\mathrm{ET}'_m} \approx \frac{(D + \alpha F) \cdot (FR_1 + D\beta_1 R_1)}{(F + D)^2} \cdot \frac{1}{\mathrm{ET}_m} + \frac{R_2}{\mathrm{ET}_m}$$

作物水分满足率的相对增量为：

$$\frac{x' - x}{x} = \frac{(D + \alpha F) \cdot (FR_1 + D\beta_1 R_1)}{(F + D)^2 \cdot (\alpha R_1 + R_2)} + \frac{R_2}{\alpha R_1 + R_2} = \frac{(K + \alpha) \cdot (R_1 + K\beta_1 R_1)}{(1 + K)^2 \cdot (\alpha R_1 + R_2)} + \frac{R_2}{\alpha R_1 + R_2}$$

当 $\alpha=0.35$，$\beta_1=0.9$，$R_1=280\text{mm}$，$R_2=220\text{mm}$ 时，上式为：

$$\frac{x'-x}{x}=\frac{(K+0.35)(K+1.11)}{318\ (1+K)^2}+0.69>0.69$$

因此，夏闲期起垄覆膜降水就地富集及全生育期微集水种植后，大幅度提高全年作物水分满足率。

综上所述，农田全生育期起垄覆膜微集水对水分生产潜力增进效益相当明显，由此得出如下结论。

1. 两种不同时期的微集水所开发利用的水分在数量上有着较大的差异

全生育期起垄覆膜微集水开发利用的对象是生育期内的散见性降雨，是将农田的微效降雨资源化，发挥小雨量的叠加增值效应，谓之田内降水空间富集，集水与用水基本上同时进行；夏闲期起垄覆膜微集水开发利用的对象是降雨高峰期的集中性降雨，旨在最大限度提高土壤水库的有效集贮量，增加深层贮水，发挥土壤水库对作物生长后期的水分调节作用，谓之田内降水时间富集，集水与用水分相对分开。

2. 这两种技术在不同降水地区的应用有一定差异

年降水量 400mm 以下的半干旱或半干旱偏旱区，作物产量就很低，为了能有产量或不绝收，可通过加大起垄覆膜宽度产生更多径流达到这一目的。但年降水量 400mm 以上的半干旱或半湿润易旱区，作物生产的降水保证率随降水增加逐渐提高，正常年份有一定的产量水平，增加起垄覆膜宽度，固然显著提高了产流量和种植区水分，种植区作物生产力提高幅度大，然而产流区面积的增加引起了种植区面积的相对减少，结果因种植密度减少带来产量降低超过了水分富集带来的增产，因而整体产量不高，所以要科学构建微集水区结构，即垄宽与沟宽的比例，一般要求起垄覆膜产流宽度小于种植区宽度。小麦膜侧种植，看起来个体发育和边行优势很明显，但因群体密度上不去，还是整体产量不高。

3. 覆膜集雨种植以最大限度集雨和不产生田外径流为核心

夏闲期起垄覆膜微集水，注重产流、土壤水库集贮、保墒三者的结合，微集水区构建的原则是保证不发生田外径流和田内长时间水层出现，最大限度提高土壤深层贮水，同时要防止覆膜微集水区出现干土层，播种时作物直接在覆膜产流区播种，因而要求覆膜产流区宽度（种植区）大于水分入渗区宽度。

因此，无论是哪种微集水方式，微集水的膜垄具有产流和较好控制农田土壤水分蒸发的双重作用，在水量增值的同时，使无谓的物理蒸发化为有效的生物蒸腾，有效抑制农田水分的非目标性输出。

第四节　旱地全膜双垄沟种植的集雨效率及高效用水机制

天然降水是旱作区农田可利用的主要水资源，但 70%～80%以径流及土壤无效蒸发形式损失，作物生产潜力由于水分的限制衰减了 67%～75%。因此，如何采取有效的耕作方法和蓄水保墒措施，增加土壤水库有效蓄水量，提高作物生产力，一直是旱作农业研究的重点内容。国内外经验证明，覆膜集雨农业在我国北方地区尤其是西北旱作区等迅速兴起，覆膜集雨种植可改变降雨的时空分布，协调土壤水分和养分的关系，显著提高降水利用率，特别是小雨的利用率，有效提高作物产量。甘肃省农业科技工作者提出的全膜双垄沟播技术使降水利用率平均达到70.1%，玉米WUE平均达到33.0kg/(mm·hm^2)，增产37.1%，有力地促进了甘肃旱作区的粮食增产，但目前对该技术的增产机理尚缺乏深入的研究。本试验针对西北半湿润偏旱区（甘肃镇原）降雨特点，以垄上覆膜作为集水面改变降雨的空间分布（不仅可以收集暴雨，还可以收集小雨），沟内接纳垄上径流并作为种植区的研究思路，以传统露地平播为对照，比较全膜双垄沟播、半膜双垄沟播、垄盖膜际播种3种覆膜集雨种植方式下玉米功能叶片光合、生长发育、产量和水分利用效率等指标的差异，为该区农田水分高效利用提供科学依据。

一、试验概况

（一）试验地概况

试验于2007—2012年在农业部①甘肃镇原黄土旱塬生态环境重点野外科学观测站（35°30′N，107°29′E）进行，该区海拔1 254 m，年平均温度8.3℃，年日照时数2 449.2h，≥0℃年积温3 435℃，≥10℃年积温2 722℃，无霜期165d，属完全依靠自然降水的西北半湿润偏旱区。据1950—2012年降水资料分析，该区年平均降水量530mm，降水主要分布在7—9月。土壤为黑垆土，有机质含量11.3g/kg，全氮0.94g/kg，碱解氮89mg/kg，速效磷12mg/kg，速效钾231mg/kg，肥力中等。春玉米为当地的主要作物之一，种植制度为一年一熟。

（二）试验设计

供试玉米品种为沈单16号，地膜为天水天宝塑业有限责任公司生产的0.008mm聚乙烯吹塑农用地膜。试验采用随机区组设计，共设4个处理：①露地平播，简称露地（NM）：播前整地后，不覆盖地膜，采用宽窄行播种方式，宽行80cm，窄行40cm，株距28cm；②双垄面全膜覆盖沟播，简称全膜双垄沟播（FFDRF）：带宽120cm，每带起底宽40cm、高15~20cm的小垄，以及底宽80cm、高10~15cm的大垄，两垄中间为播种沟，选用140cm宽的地膜，边起垄边覆膜，膜与膜之间不留空隙，相接处用土压住地膜，每隔200cm压土腰带，按株距为28cm在垄沟膜内播种；③双垄面半膜覆盖沟播，简称半膜双沟播（HFDRF）：覆膜同全膜双垄种植方式，但膜与膜之间留20cm的空隙；④垄盖膜际播种，简称膜际（FS）：起底宽70cm、高10cm的垄，用80cm宽的地膜覆盖垄面，每隔200cm压土腰带，玉米播种于膜侧5cm处，株距28cm。各处理3次重复，小区面积为48m^2（6m×8m）。覆膜前结合整地基施尿素300kg/hm^2、普通过磷酸钙938kg/hm^2，玉米拔节期追施尿素195kg/hm^2，其他栽培管理同大田生产。2007—2012年6个年度试验在同一地块不同位置进行。

（三）测定指标及方法

1. 叶绿素荧光参数测定

采用德国Walz公司MINI-PAM光合量子分析仪，对吐丝期玉米单叶的F_o、F_m、F_v/

① 中华人民共和国农业部，全书简称农业部

F_m、F、F_m'、$\varphi_{PSⅡ}$、ETR、q_P、q_N等参数进行活体测定，各参数都是由仪器自动计算得出。每小区选 10 株具有代表性的植株，测定部位为穗位叶的中上部，避开中脉。在晴天 7：00—19：00 每隔 2h 测定 1 次，连续测定 3d，试验数据为 3d 测定的平均值。为消除环境条件变化造成的影响，采用往返取样测定。

2. 光合速率测定

旗叶光合参数用美国 LI-COR 公司生产的 LI-6400 便携式光合测定系统，于玉米拔节期测定净光合速率（P_n）。测定时间为 7：00—19：00 每 2 小时测定一次。每处理选取生长一致且受光方向相同的叶片的植株 5 株，每株个体重复 3 次，往返取样测定。

3. 生育期调查及生物学指标测定

主要调查玉米出苗期、拔节期、大喇叭口期、抽雄期、成熟期。定期用直尺测定玉米株高、叶面积，用烘干法测定植株干重。出苗率计算方法：出苗率（%）= 出苗数/点播种籽粒数×100。

4. 土壤温度测定

玉米苗期和灌浆期气温稳定时，选择晴天各处理小区中间沿玉米种植行测任意两株之间 15cm 处地温昼夜 24h 变化，每隔 2h 观测 1 次，每处理测 3 次重复，连续测 3d 取其平均值。

5. 土壤水分测定和 WUE 计算方法

播种前和收获时分别用土钻法测定沿玉米种植行任意两株之间 2m 土层（每 20cm 为一个层次）土壤含水率。生育期降水量通过 MM-950 自动气象站获得。利用土壤水分平衡方程计算每小区作物耗水量（ET）。成熟后，随机取样 20 株考种，按每小区实收计产，计算作物水分利用效率（WUE）。

计算公式为：耗水量 ET（mm）= 播前 2m 土壤贮水量-收获时 2m 土壤贮水量+生育期降水量

作物水分利用效率［WUE，kg/(mm · hm^2)］= 玉米籽粒产量/耗水量

二、试验结果与分析

（一）试验年份玉米生育期降水量

从表 5-1 可知，2007—2012 年度玉米生育期降水量分别为 344mm、192mm、239mm、417mm、359mm 和 397mm，为同期多年平均降水量的 99.7%、55.7%、69.3%、120.9%、104.1%和 115.1%，降雨年型分别属于平水年、干旱年、干旱年、丰水年、平水年、丰水年，玉米生长旺盛的 7 月、8 月降水量分别为多年同期平均降水量的 170%和 61%、59%和 59%、64%和 100%、136%和 128%、108%和 94%、97%和 81%。可见，旱作区季节降水分布不均和年际间降水变率大限制了玉米生产，覆盖集雨保墒解决农田土壤水分不足与作物需水之间的矛盾。

（二）全膜双垄沟播集雨效率测定

在全膜双垄沟种植系统下，不同降水量级别沟里收集的雨水量差异很大（表 5-2），一次 5~10mm 降水的收集效果最高，达到 80%~92%，一次<5mm 降水的收集率 65%~80%，一次 10~15mm 降水的收集率为 45%~80%。

表 5-1 2007—2012 年玉米生育期降水量

年 份	降水量（mm）							占多年平均降水量的比例（%）	降水年型
	4 月下旬	5 月	6 月	7 月	8 月	9 月上旬	总计		
2007	0	11	48	170	65	50	344	99.7	平水年
2008	5	11	52	59	63	2	192	55.7	特旱年
2009	5	41	13	64	107	9	239	69.3	干旱年
2010	27	40	30	136	136	48	417	120.9	丰水年
2011	0	38	56	108	100	57	359	104.1	平水年
2012	7	74	56	97	86	77	397	115.1	丰水年
1998—2012	10	46	43	100	106	40	345	—	—

表 5-2 全膜双垄沟种植技术的田间集雨效果测定

一次降水量（mm）	收集面积（m^2）	雨水收集（kg）	收集率（%）
1.3	0.175	0.15	65.9
2.1	0.175	0.26	70.8
3.5	0.175	0.46	75.1
4.7	0.175	0.68	82.7
5.3	0.175	0.86	92.7
5.8	0.175	0.93	91.8
7.4	0.175	1.18	91.1
10.9	0.175	1.54	80.7
15.3	0.175	2.01	75.2
11.7	0.175	1.00	48.9

（三）全膜双垄沟种植系统水分倍增效应

全膜双垄沟种植系统中，降水（R_1）对作物需水（ET_m）满足系数（X）定义为：

$$X = (R_1/ET_m) \times (1 + \alpha k)$$

式中，α为垄面径流系数，k 为垄与沟之比。上述田间径流监测表明，垄膜沟种显著提高了垄面径流系数，一次<1mm 降雨径流系数为 31.2%，1~5mm 为 83.3%，5~10mm 为 86.6%，>10mm 为 88%~90%。降雨由垄向沟内的富集量随垄与沟宽之比增大和径流系数增加而增多。

半干旱区全膜双垄（70cm）沟（40cm）播实现了垄沟系统降雨集、蓄、保效果的最大化，理论上可使 1mm 和 5mm 无效降雨在沟内富集量达到 1.5mm 和 12.3mm，10mm 微效降雨达到 25.2mm，实现了作物根域土壤水分数量的成倍增加（表 5-3）。

表 5-3　全膜双垄沟种植系统中沟中蓄积的水分

垄沟比（*k*）	沟内水分蓄积量（mm）		
	降水量 1mm/次	降水量 5mm/次	降水量 10mm/次
60∶60（1∶1）	1.3	9.2	18.7
60∶40（1.5∶1）	1.5	11.3	23.0
70∶40（1.75∶1）	1.6	12.3	25.1
60∶30（2∶1）	1.6	13.3	27.3

（四）垄沟覆膜集雨对玉米生长发育的影响

1. 出苗率

2007 年，试验播种时 0~20cm 的土壤含水量较低，平均为 8.7%，采用点浇抗旱法种植，每穴浇水约 0.5kg，玉米出苗前一直未下雨。由表 5-4 可知，全膜双垄沟和半膜双垄沟出苗率差异不显著，但与其他处理间出苗率差异达到极显著水平。全膜双垄沟和半膜双垄沟出苗率分别为 98.7%和 98.3%，比膜侧分别高出 33.2 个百分点和 32.8 个百分点；比露地分别高出 39.3 个百分点和 38.9 个百分点。2008 年，播种时 0~20cm 的土壤含水量较高，平均为 16.1%，不同处理玉米出苗率达 97%以上，且差异不显著。由此可见，在玉米播前严重干旱的情况下，全膜双垄沟和半膜双垄沟能显著提高玉米出苗率，是有效的抗旱保苗种植方式。

表 5-4　不同覆膜处理的玉米出苗率　　（单位：%）

年　份	出苗率			
	露地	全膜双垄沟	半膜双垄沟	膜侧
2007	59.4C	98.7A	98.3A	65.5B
2008	97.6A	99.5A	99.9A	97.1A

2. 生育进程

由表 5-5 可以看出，不同覆膜处理对玉米的生育期进程影响不同。2007 年，全膜双垄沟生育期分别为 132d，与其他处理相比，提前 6~17d 成熟，明显加快了玉米生育进程。其中，全膜双垄沟比露地、半膜双垄沟、膜侧玉米的生育期分别缩短了 17d、6d 和 12d；2008 年全膜双垄沟生育期分别为 122d，比其他处理提前成熟 3~16d，其中，全膜双垄沟比露地、半膜双垄沟、膜侧玉米的生育期分别缩短了 16d、3d 和 9d。生育期缩短一方面有利于在当地种植晚熟丰产玉米品种，另一方面能提前回茬冬小麦播种时间，在不增加种植面积的情况下提高粮食产量。

表 5-5　不同覆膜处理下玉米的生育时期

年　份	处　理	播种期（月/日）	出苗期（月/日）	拔节期（月/日）	抽雄期（月/日）	成熟期（月/日）	生育期（d）
2007	露地	4/22	5/10	6/26	7/28	9/18	149
	全膜双垄沟	4/22	5/4	6/8	7/9	9/1	132
	半膜双垄沟	4/22	5/4	6/9	7/12	9/7	138
	膜侧	4/22	5/8	6/18	7/20	9/13	144
2008	露地	4/15	5/1	6/24	7/19	9/15	138
	全膜双垄沟	4/15	4/26	6/8	7/8	8/26	122
	半膜双垄沟	4/15	4/29	6/12	7/13	9/1	125
	膜侧	4/15	4/30	6/14	7/16	9/7	131

3. 株　高

由图 5-5 可知，不同覆膜处理对玉米株高有一定的影响。和露地相比，地膜覆盖均能提高玉米株高，其中，全膜双垄沟显著高于其他处理，尤其是玉米营养生长期（拔节期）和生殖生长期（孕穗—抽雄期）较为明显，分别较露地提高 15.6%和 18.5%。到抽雄—成熟期，各处理株高差异不显著。

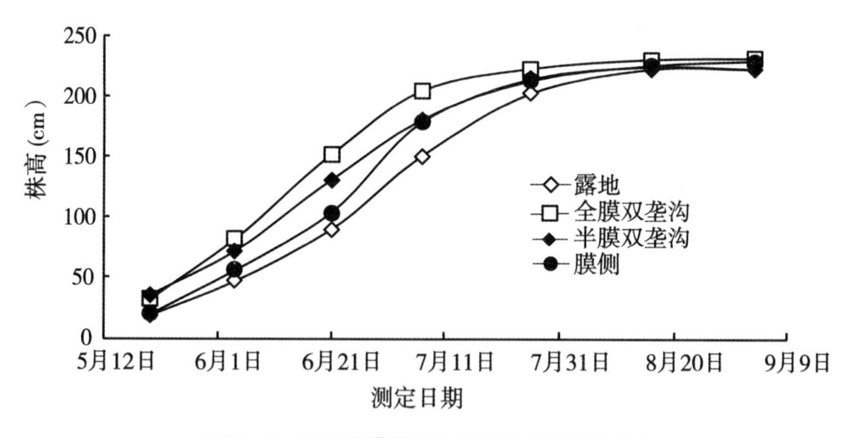

图 5-5　不同垄膜沟种处理下玉米株高变化

4. 叶面积指数

图 5-6 表明，从 6 月 1 日到抽雄前（7 月 11 日），叶面积增长速度最快，除露地外，抽雄后叶面积增长速度逐渐减慢，到 7 月 31 日（灌浆期）叶面积逐渐减小，减小幅度最大的处理为全平膜。玉米生长前期全膜双垄沟处理叶面积增长最快，到 7 月 11 日左右到达最大值 5.0，比同期半膜双垄沟、膜侧、露地栽培的叶面积指数分别大 0.59、0.95 和 1.06。整个生育期全膜双垄沟叶面积指数始终大于其他处理，这对玉米生长积累更多干物质提供了保障。

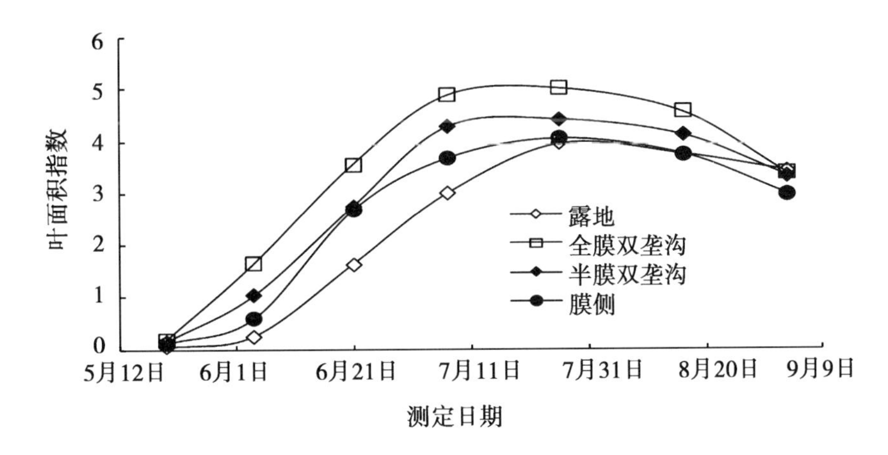

图 5-6　不同垄膜沟种处理玉米叶面积指数变化

5. 地上部干物质积累量

从图 5-7 分析得出，不同形式的覆膜种植玉米其干物质积累动态的变化大致相似，而覆膜处理玉米干物质在不同生育期的累积量均显著高于露地，其中，全膜双垄沟处理干物质积累量最高，整个生育期均高于其他处理，到玉米成熟时，全膜双垄沟处理干物质积累量比半膜双垄沟、膜侧、露地栽培分别高 1.27%、28.82%和 36.18%。说明全膜双垄沟能促进玉米生长，增加干物质的积累。

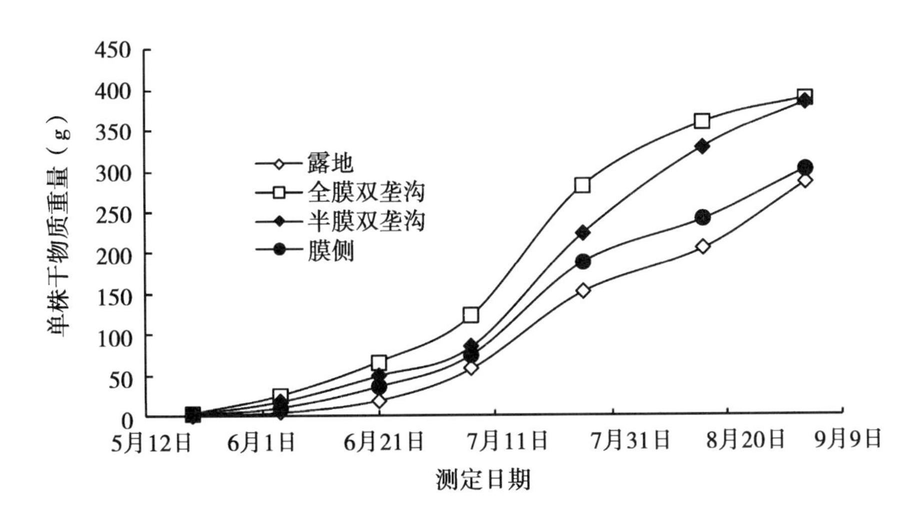

图 5-7　不同垄膜沟种处理玉米干物质积累量

（五）垄沟覆膜集雨对玉米光合作用的影响

1. 荧光参数

（1）F_o、F_m、F、F_m'日变化。F_o是暗适应下光系统Ⅱ（$PS_{Ⅱ}$）反应中心处于完全开放时的荧光产量，与色素含量和 $PS_{Ⅱ}$的受损状况有关，$PS_{Ⅱ}$受到损伤，F_o会明显升高，色素含量降低，F_o降低。在 13：00 时，各处理 F_o比早上和下午显著升高，表明 PS_{II}在强光下发生了明显的可逆损伤，但处理间存在显著差异（$P<0.05$），半膜双垄沟播、膜际处理 F_o高于全膜双垄沟播，露地处理也低于全膜双垄沟，这可能是叶绿素含量降低导致 F_o降低和 PS_{II}受到损伤导致 F_o升高综合作用的结果（图 5-8）。F_m是暗适应下 PS_{II}反应中心处于完全关闭时的荧光产量，F 是在光适应状态下 PS_{II}反应中心完全开放时的荧光强度，$F_{m'}$是在光适应状态下 PS_{II}反应中心完全关闭时的荧光强度，这些荧光参数都直接或间接地反映叶片吸收和传递光能的能力。从图 5-8 可以看出，全膜双垄沟一天中各测量时间点的值最高，其次为半膜双垄沟播和膜际处理，露地显著低于覆膜处理，尤其在 13：00 左右差异显著（$P<0.05$），全膜双垄沟播 F_m较半膜双垄沟、膜际和露地分别增加 11.8%、25.4%和 56.8%，F 分别增加 1.1%、0.6%和 10.7%，$F_{m'}$分别增加 11.4%、14.6%和 36.3%。即全膜双垄沟播显著提高玉米叶片捕获和传递到 PS_{II}反应中心的光能。

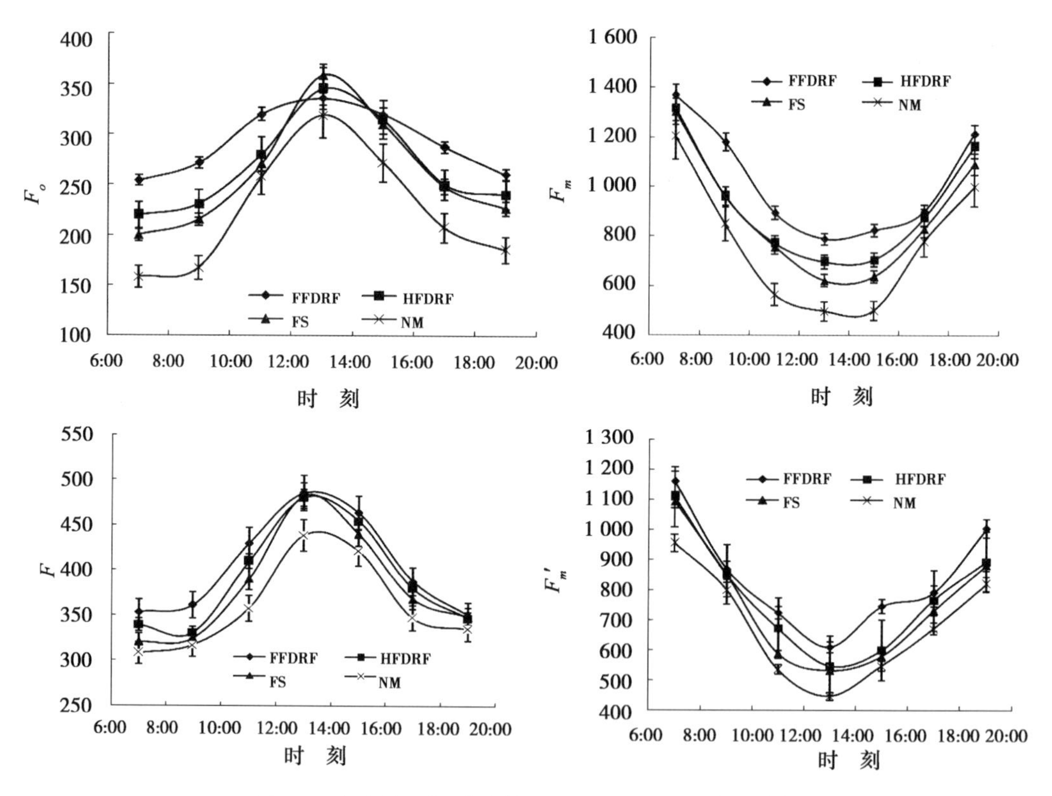

图 5-8　不同处理玉米叶片 F_o、F_m、F、F'_m的日变化

注：FFDRF 为全膜双垄，HFDRF 为半膜双垄，FS 为膜际，NM 为露地

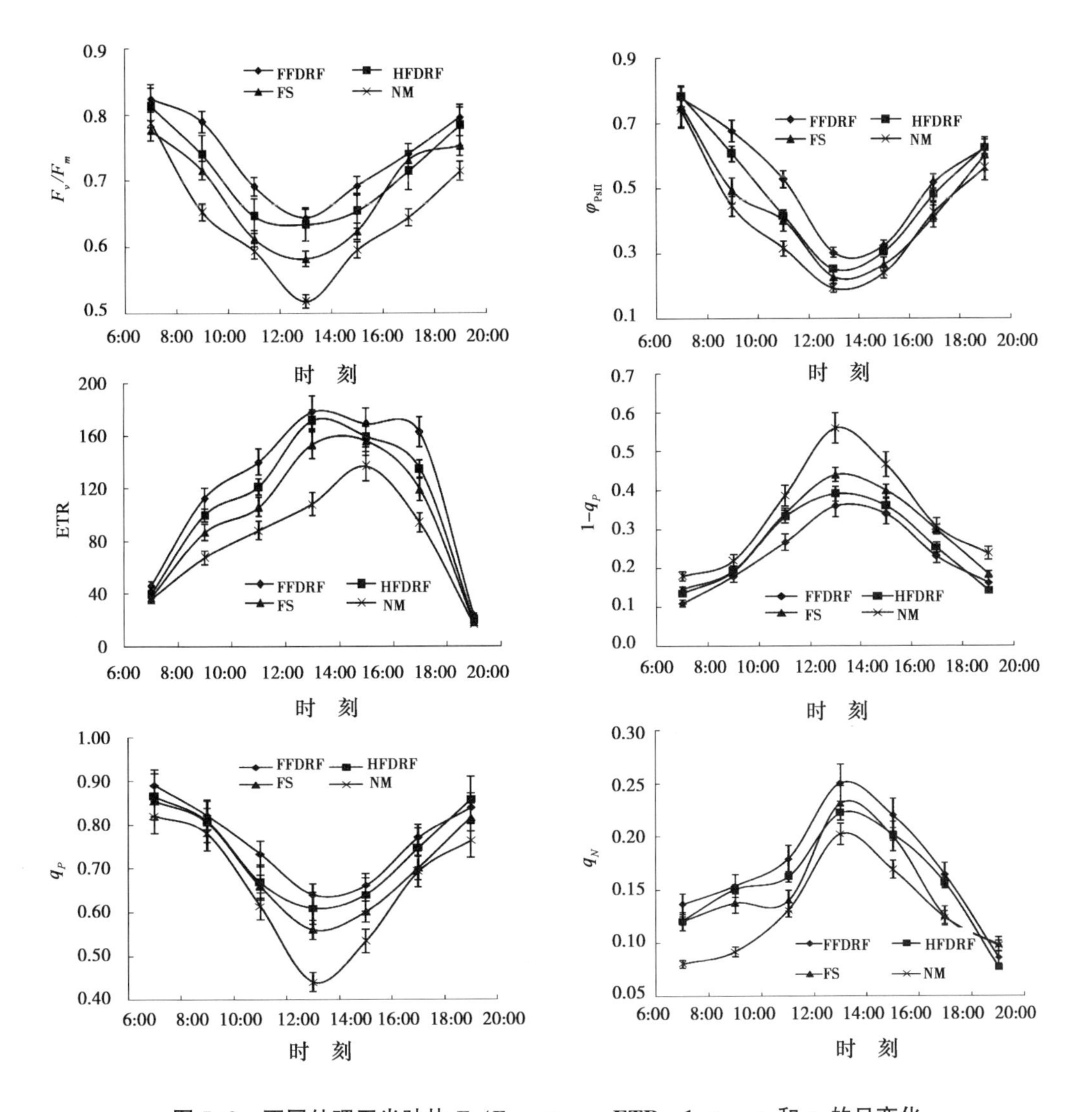

图 5-9　不同处理玉米叶片 F_v/F_m、$\varphi_{PS\,II}$、ETR、$1-q_P$、q_P 和 q_N 的日变化

（2）F_v/F_m 和 $\varphi_{PS\,II}$ 日变化。F_v/F_m 和 $\varphi_{PS\,II}$ 反映了 PS_{II} 反应中心利用所捕获激发能的情况。从图 5-9 可以看出，F_v/F_m 和 $\varphi_{PS\,II}$ 日变化均呈"V"形曲线，13：00 左右达到最小值，且均极显著小于 7：00 和 19：00 的数值（$P<0.01$），表明玉米叶片光合作用暂时受到抑制，且处理间存在显著差异（$P<0.05$），在 13：00 时，全膜双垄沟播 F_v/F_m 较半膜双垄沟播、膜际和露地分别增加了 0.9%、9.9%和 23.6%，$\varphi_{PS\,II}$ 增加 20.2%、33.3%和 56.7%。表明，全膜双垄沟播明显减缓了玉米叶片的光抑制，提高了光能转化效率。

（3）ETR 和 $1-q_P$ 日变化。不同处理间玉米叶片的光合电子传递速率（ETR）和 PQ 库还原程度（$1-q_P$）日变化趋势一致，呈现先升高后降低的趋势，其值在 13：00 左右达到最大（图 5-9）。在测量时段内，ETR 表现为全膜双垄沟播>半膜双垄沟播>膜际>露地，$1-q_P$ 表现为露地>膜际>半膜双垄沟播>全膜双垄沟播。在 13：00 时，不同处理间存在极显著差异（$P<0.01$），全膜双垄沟播 ETR 较半膜双垄沟播、膜际和露地分别增加了 3.7%、16.0%和 64.4%，$1-q_P$分别减少了 8.6%、22.2%和 55.6%。表明全膜双垄沟播能显著提高玉米叶片的光合电子传递能力。

（4）q_P和 q_N日变化。玉米叶片叶绿素荧光光化学猝灭（q_P）的日变化表现为“V”形曲线，13：00 左右达到最小值。在 13：00 时，不同处理间 q_P存在极显著差异（$P<0.01$），全膜双垄沟播 q_P较半膜双垄沟播、膜际和露地分别增加了 5.1%、14.3%和 45.5%，其他测量时段仅降低 1.4%~3.1%、1.7%~9.8%、5.1%~23.6%，表明在强光下，全膜双垄沟播有较多的激发能用于光化学反应。各处理玉米叶片叶绿素荧光非光化学猝灭（q_N）在 13：00 上升到最大值，且存在显著差异（$P<0.05$），全膜双垄沟播较半膜双垄沟播、膜际和露地分别增加了 12.5%、8.1%和 23.6%（图 5-9）。表明在强光下，全膜双垄沟播玉米叶片充分启动了耗散过剩激发能的机制，以避免光合机构受到伤害。

2. 光合速率

2008 年玉米拔节期光合速率日变化表明（图 5-10），覆膜处理光合速率日变化呈单峰曲线，从 7：00 开始上升，在 9：00—14：30，玉米处于持续的高光合状态，14：30 逐渐下降；露地种植玉米光合速率日变化呈双峰曲线，双峰出现在 11：00 和 15：00 左右，且第二个高峰明显低于第一个高峰，是因为对照土壤水分低，随着气温升高，作物叶片失水速度加快，土壤供水速度低于植株失水速度，为防止水分过度亏缺，玉米进行自我调节。全膜双垄沟玉米日平均光合速率 13.54μmol $CO_2/(m^2 \cdot s)$，较露地种植提高 70.11%，半膜双垄沟播为 12.61μmol $CO_2/(m^2 \cdot s)$，提高 58.43%。

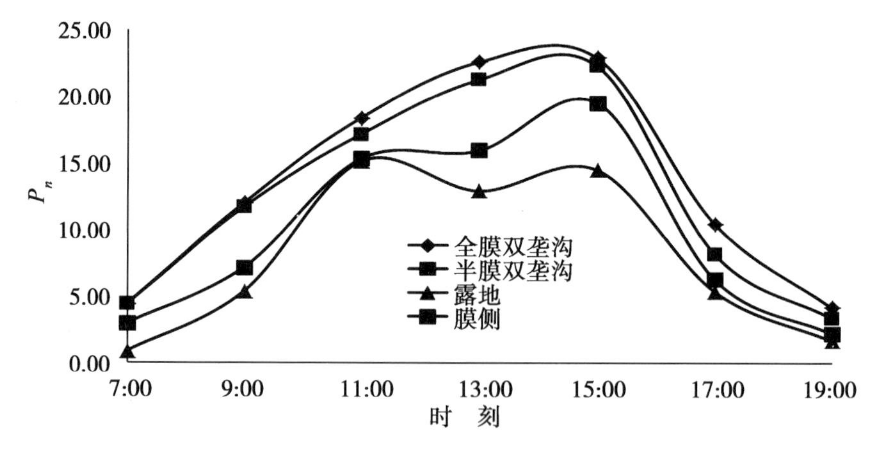

图 5-10　不同处理玉米叶片 P_n 的日变化

（六）垄沟覆膜集雨种植玉米的土壤水分效应

1. 玉米生育时期农田耗水特征分析

由表 5-6 可知，不同覆膜方式下，玉米全生育期耗水量和平均耗水强度与不覆盖差异不显著。但生育期阶段耗水量和耗水强度受覆膜方式影响较大。平水年（2007 年）玉米生育阶段耗水量为前期少、中期多、后期略少，而干旱年份（2008 年）则呈前期多、中期少、后期多变化趋势。不管是干旱年还是平水年，各覆膜处理玉米生育阶段耗水强度则表现为前期低，中期高，后期低变化规律，即拔节至抽雄期是玉米的耗水高峰期。在玉米播种—拔节和拔节—抽雄时期，全膜双垄沟耗水强度均最大，2007 年分别为 2.1mm/d 和 5.9mm/d，比半膜双垄沟、膜侧及露地高 24% 和 16%、91% 和 23%、75% 和 31%；2008 年分别为 2.1mm/d 和 3.7mm/d，比半膜双垄沟、膜侧及露地高 17%和 37%、24%和 37%、31%和 32%。这是因为全膜双垄沟改善了土壤水温条件，玉米生长旺盛和叶面积迅速扩展，蒸腾加剧，从而导致耗水强度增加。

表 5-6　玉米不同覆膜处理耗水量与耗水特征

年　份	处　理	播种—拔节		拔节—抽雄		抽雄—成熟		总耗水量（mm）	全生育期平均耗水强度（mm/d）
		耗水量（mm）	耗水强度（mm/d）	耗水量（mm）	耗水强度（mm/d）	耗水量（mm）	耗水强度（mm/d）		
2007	露地	79	1.2	153	4.5	145	3.0	377	2.5
	全膜双垄沟	97	2.1	181	5.9	110	2.0	388	2.9
	半膜双垄沟	80	1.7	167	5.1	135	2.4	382	2.8
	膜侧	63	1.1	157	4.8	149	2.8	369	2.5
2008	露地	98	1.6	82	2.8	121	2.1	301	2.0
	全膜双垄沟	113	2.1	106	3.7	95	1.9	314	2.3
	半膜双垄沟	100	1.8	84	2.7	120	2.3	304	2.2
	膜侧	92	1.7	85	2.7	118	2.0	295	2.0

2. 0~2m 土层土壤含水量随玉米生育时期的动态变化

图 5-11 为不同覆膜方式下 0~2m 土层土壤水分的动态变化。在 4 月 15 日覆膜，并沿玉米种植行每隔 30cm 打渗水小孔（直径约为 3mm），到 4 月 22 日播种时，降水量为 3.4mm，只有全膜双垄沟和半膜双垄沟 2 个处理土壤含水量增加，其他处理则有不同程度地下降，说明垄膜沟播（包括全膜双垄沟和半膜双垄沟，以下相同）能把小于 5mm 的无效降水蓄积起来，转化为有效降水。

从播种（4 月 22 日）到拔节期（6 月中旬），各处理 0~2m 土层土壤含水量急剧下降到全生育期的最低点，这主要是由以下原因造成：①该时期玉米正处于苗期，在扎根过程中需要大量水分；②该时期降水量为 33.4mm，且都为小于 5mm 的无效降水，降水量严重不足；③该时期玉米地表层土壤裸露，水分消耗以蒸发散失为主。据测定，该时期 0~2m 土层土壤含水量表现为全膜双垄沟>半膜双垄沟>膜侧>露地，说明各种覆膜处理都可减少表层土壤水分的蒸发，但垄膜沟播表现更佳，该技术充分接纳了该时段内小于 5mm 的降水，最大限度地集蓄了降水。

从拔节期（6 月中旬）到灌浆期（7 月下旬），不同处理 0~2m 土层土壤含水量都呈现出增加趋势，主要是降水量都集中在这段时间。这期间，各处理下的土壤含水量表现为：膜侧>半膜双垄沟>全膜双垄沟>露地。表明各种覆膜处理都有利于提高土壤含水量。

垄膜沟播和全平膜这阶段土壤含水量比其他覆膜处理低的主要原因是玉米生长旺盛，蒸腾剧烈，从而导致耗水量增加。

进入 8 月（灌浆期）以后，降水量相对减少，使这一时期各处理 0~2m 土层土壤含水量有所减少，到玉米成熟时，各处理土壤含水量差异不显著。

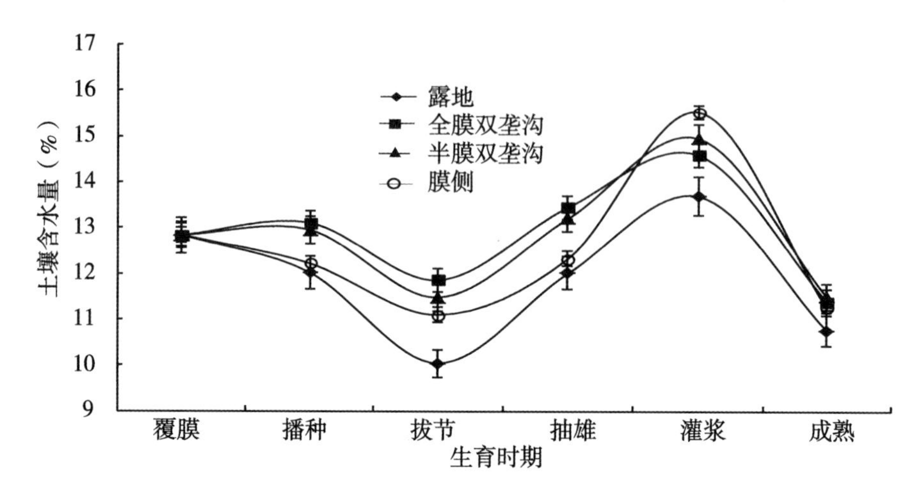

图 5-11　0~2m 土层土壤水分含量随生育时期的变化

（七）垄沟覆膜集雨种植玉米的土壤温度效应

不同处理昼夜 24h 耕层温度变化表明，玉米苗期（图 5-12），玉米种植区耕层温度依

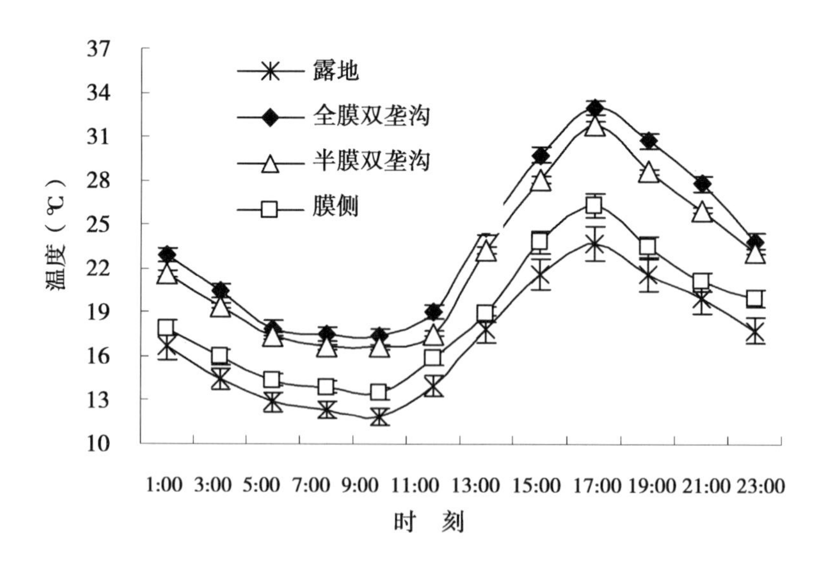

图 5-12　苗期不同覆膜方式地温变化

次为：全膜双垄沟>半膜双垄沟>膜侧>露地。即苗期垄膜沟播可以有效地提高地温，促进玉米生长发育。在玉米灌浆期（图 5-13），玉米种植区昼夜 24h 平均耕层温度大小依次为：膜侧>露地>全膜双垄沟>半膜双垄沟。可见，垄膜沟播在玉米灌浆期昼夜 24h 平均耕

层温度较低，有利于延长灌浆时间，为玉米高产奠定基础。整个生育期，垄膜沟播耕层昼夜24h平均地温比露地高2.4℃，明显提高了土壤温度。

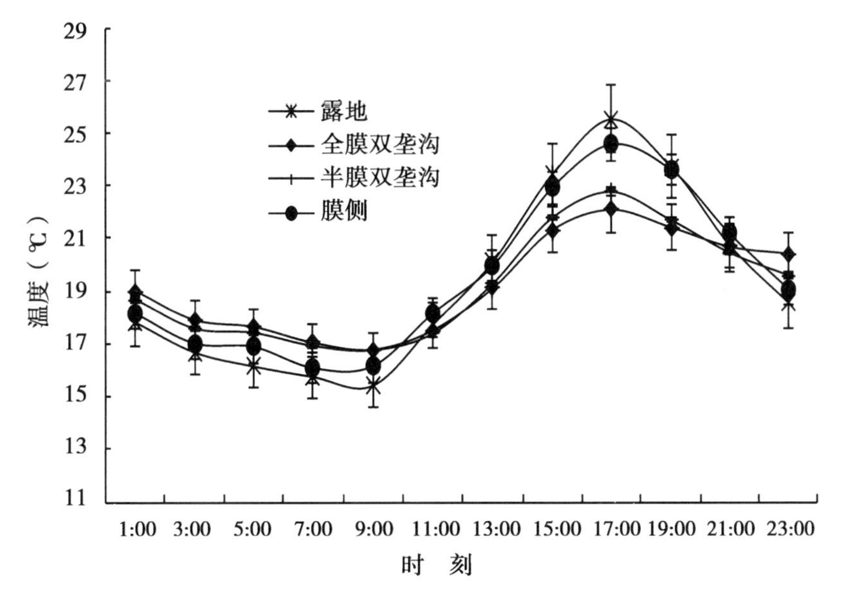

图5-13 灌浆期不同覆膜方式地温变化

（八）垄沟覆膜集雨种植对玉米产量的影响

方差分析结果表明（表5-7），不同覆膜方式下玉米产量差异极显著（$P<0.01$）。2008年是特旱年型，半膜双垄沟播产量最高，平均产量为11 869kg/hm^2，较对照（露地）增产34%，但与全膜双垄沟播产量差异不显著，显著高于膜际；2009年是干旱年型，全膜双垄沟播产量为12 165kg/hm^2，较半膜双垄沟播、膜际和露地分别提高5%、32%和76%；2007年是平水年型，全膜双垄沟播产量显著高于其他处理，比半膜双垄沟播、膜际和露地分别提高9%、21%和91%；2011年玉米灌浆初期遭遇严重的冰雹灾害，全膜双垄沟播产量最高，为9 131kg/hm^2，较对照增产144%；2010年和2012年属于丰水年型，全膜双垄沟播产量最高，分别为14 579kg/hm^{2}和14 318kg/hm^2，但与半膜双垄沟播差异不显著，较对照分别增产21%和58%。考种结果表明，垄膜沟播增产的主要原因是增加了百粒重和穗粒数。2007—2012年，全膜双垄沟播百粒重和穗粒数比对照分别增加8.4g和179.1粒/穗、7.8g和44.5粒/穗、12g和112.2粒/穗、2.4g和73.5粒/穗、13.1g和151.1粒/穗、4.8g和97.7粒/穗。从产量结果分析来看，不论在干旱、平水、丰水年份，还是冰雹灾害年份，全膜双垄沟播产量最高；而在特旱年份，半膜双垄沟播产量最高，但与全膜双垄沟播差异不显著。6年全膜双垄沟播平均产量最高（$P<0.01$），为12 650kg/hm^2，较膜侧对照提高24.0%。可见全膜双垄沟播是旱作区高产田创建的有效途径。

表 5-7 不同种植方式下的玉米产量及农艺性状

年份	处理	百粒重(g)	穗粒数(粒)	秃顶长(cm)	穗粗(cm)	穗长(cm)	株高(cm)	产量(kg/hm^2)
2007	全膜双垄沟	37.8	697.4	1.1	5.5	23.1	246.1	14 335A
	半膜双垄沟	36.2	645.0	1.6	5.4	22.6	237.7	13 105B
	膜侧	33.5	618.7	2.2	5.4	22.9	235.2	11 810C
	露地	29.4	518.3	2.4	5.0	20.9	222.8	75 06D
2008	全膜双垄沟	36.1	538.7	2.7	5.7	22.7	216.0	11 370A
	半膜双垄沟	36.9	546.3	2.5	5.6	22.1	211.9	11 869A
	膜侧	33.3	507.4	3.7	5.3	22.5	215.9	9 671B
	露地	29.1	501.8	3.9	5.2	22.2	221.9	8 861C
2009	全膜双垄沟	35.8	614.4	2.5	5.8	23.2	216.0	12 165A
	半膜双垄沟	33.8	595.7	4.4	5.3	22.5	208.9	11 580B
	膜侧	25.5	544.2	5.2	5.2	22.1	200.1	9 195C
	露地	23.8	502.2	5.3	5.0	22.2	186.1	6 885D
2010	全膜双垄沟	39.9	609.7	1.6	5.5	23.9	267.0	14 579A
	半膜双垄沟	39.6	597.5	1.9	5.3	22.5	271.7	14 177A
	膜侧	39.4	562.7	2.4	5.1	22.2	230.3	13 410B
	露地	37.5	536.2	2.7	5.1	20.2	227.0	12 059C
2011	全膜双垄沟	33.5	459.6	5.1	5.3	17.2	257.2	9 131A
	半膜双垄沟	31.9	399.4	5.9	5.1	16.3	255.9	7 434B
	膜侧	24.2	334.8	6.1	5.1	16.8	256.8	4 817C
	露地	20.4	308.5	7.3	4.9	15.9	245.4	3 749D
2012	全膜双垄沟	39.6	621.5	1.3	5.6	23.1	298.4	14 318A
	半膜双垄沟	38.1	608.1	2.5	5.3	22.9	287.5	13 978A
	膜侧	37.9	557.1	3.0	5.2	21.5	275.9	12 294B
	露地	34.8	523.8	3.4	5.2	20.8	271.2	9 047C
平均	全膜双垄沟	37.1	590.2	2.4	5.6	22.2	250.1	12 650A
	半膜双垄沟	36.1	565.3	3.1	5.3	21.5	245.6	12 024B
	膜侧	32.3	520.8	3.8	5.2	21.3	235.7	10 200C
	露地	29.2	481.8	4.2	5.1	20.4	229.1	8 018D

（九）垄沟覆膜集雨种植对玉米水分利用效率的影响

由表 5-8 可知，由于 6 年试验底墒不同，降雨年型不同，年际间水分消耗量和 WUE 差异明显（$P<0.01$）。不同处理间 WUE 差异达极显著水平（$P<0.01$），2008 年特旱年份，半膜双垄沟播 WUE 最高，为 39.0kg/(mm·hm^2)，比对照提高 32.7%，但与全膜双垄沟播差异不显著。其余年份 WUE 均以全膜双垄沟播最高，2007 年、2009 年、2010 年、2011 年和 2012 年全膜双垄沟播 WUE 分别为 36.9kg/(mm·hm^2)、54.6kg/(mm·hm^2)、51.9kg/(mm·hm^2)、27.5 kg/(mm·hm^2) 和 35.5kg/(mm·hm^2)，较对照提高 85.4%、107.6%、24.5%、154.6%和 63.6%。6 年全膜双垄沟播平均 WUE 最高，为 40.4kg/(mm·

表 5-8　不同种植方式下的玉米水分利用效率

年　份	处　理	播前 0~2m 土层贮水（mm）	收获后 0~2m 土层贮水（mm）	生育期降水量（mm）	耗水量（mm）	籽粒产量（kg/hm²）	WUE［kg/（mm·hm²）］
2007	全膜双垄沟	340	296	344	388	14 335	36.9
	半膜双垄沟	337	299	344	382	13 105	34.3
	膜侧	318	293	344	369	11 810	32.0
	露地	313	280	344	377	7 506	19.9
2008	全膜双垄沟	366	244	192	314	11 370	36.2
	半膜双垄沟	366	254	192	304	11 869	39.0
	膜侧	366	263	192	295	9 671	32.8
	露地	366	257	192	301	8 861	29.4
2009	全膜双垄沟	311	327	239	223	12 165	54.6
	半膜双垄沟	311	315	239	235	11 580	49.3
	膜侧	311	310	239	240	9 195	38.3
	露地	311	288	239	262	6 885	26.3
2010	全膜双垄沟	293	429	417	281	14 579	51.9
	半膜双垄沟	293	442	417	268	14 177	52.9
	膜侧	293	424	417	286	13 410	46.9
	露地	293	421	417	289	12 059	41.7
2011	全膜双垄沟	431	458	359	332	9 131	27.5
	半膜双垄沟	431	449	359	341	7 434	21.8
	膜侧	431	452	359	338	4 817	14.3
	露地	431	442	359	348	3 749	10.8
2012	全膜双垄沟	469	463	397	403	14 318	35.5
	半膜双垄沟	469	458	397	408	13 978	34.3
	膜侧	469	450	397	416	12 294	29.6
	露地	469	449	397	417	9 047	21.7
平　均	全膜双垄沟	368	370	325	324	12 650	40.4
	半膜双垄沟	368	370	325	323	12 024	38.6
	膜侧	365	365	325	324	10 200	32.3
	露地	364	356	325	332	8 018	25.0

hm^2），比对照提高 61.6%。另外，2007 年 4 月 15 日铺膜至 4 月 22 日播种期间降水量为 3.4mm，播前不同处理玉米种植区 0~2m 土壤含水量有不同程度的增加，全膜双垄沟播较对照增加量最多，为 27mm，增加 8.6%，说明全膜双垄沟播能把小于 5mm 的无效降水蓄积起来，转化为有效降水。可见全膜双垄沟播由于集雨保墒效果显著，明显提高了土壤水分利用效率。

三、结论与讨论

（一）垄沟覆膜集雨种植对玉米生长发育的影响

全膜双垄沟在春旱严重（2007 年）的情况下显著提高了玉米出苗率和出苗速度，较露地平播（CK）出苗率提高 39.3 个百分点，在播前土壤水分较好情况下（2008 年），不同覆膜处理玉米出苗率超过 97%，且差异不显著。全膜双垄沟玉米株高在营养生长期（拔节期）和生殖生长期（孕穗—抽雄期）生长较快，分别较露地提高 15.6% 和 18.5%，整个生育期叶面积指数和干物质积累始终大于其他处理。同时，全膜双垄沟可使玉米提前成熟 3~17d，加快玉米生育进程，有利于在当地种植晚熟丰产玉米品种和扩大玉米播种面积，有利于提早冬小麦播种时间，从而提高粮食单产和总产量。

（二）垄沟覆膜集雨种植对玉米叶片光合特征的影响

植物叶绿素荧光参数是灵敏、无机械损伤研究和评价逆境条件下植物光合系统的重要参考指标（温国胜等，2006），比净光合速率（P_n）更能反映光合作用的真实行为（任小龙等，2008）。不同栽培方式对作物叶片叶绿素荧光有显著的影响，在 230mm 和 340mm 降水量下，集雨处理的最大荧光（F_m）、可变荧光（F_v）、PS_{II}最大光化学量子产量（F_v/F_m）、PS_{II}的潜在活性（F_v/F_o）和化学猝灭系数（q_P）均较对照显著增加，垄作条件下，小麦旗叶叶绿素荧光参数 F_v/F_m、F_v/F_o、F_v、F_m均高于平作（岳俊芹等，2012），沟播和大小行种植均能显著提高小麦 F_o，增加 F_m和 F_v/F_m（刘岩等，2011）。张石锐等（2011）研究证明土壤水分与水稻叶片的激光诱导叶绿素荧光之间存在相关性，在测量条件相同的情况下，叶绿素荧光的强度随水分胁迫的加剧而降低。本研究表明，在 13：00 时，全膜双垄沟播 F_o、F_m、F、F_m、F_v/F_m、φ_{PSII}、ETR、q_P和 q_N显著高于对照（露地），$1-q_P$值（PQ 库还原程度）显著低于对照。全膜双垄沟玉米日平均光合速率 13.54μmol CO_2/(m^2·s)，较露地种植提高 70.11%。已有研究表明，全膜双垄沟播能将大面积接纳的降水集中渗入到植物根系直接利用的小区域（播种孔下土层），单位承渗面渗入量较露地平作分别增加 52.60~229.77 倍，水分下渗较深，显著改善旱作区作物生长的水分环境（Wang Q 等，2008；李来祥，2009；岳德成等，2011），从而缓解了旱地玉米的水分亏缺，提高了光能转化效率。

（三）不同覆膜方式的土壤温度效应

地膜覆盖跟露地相比，能有效地增加生育期积温，尤其在作物生育前期有明显的增温效果。冬小麦地膜覆盖的增温效应主要表现在冬前，尤以播后一段时间最为明显，此后随着时间的推移，则逐渐缩小。冬前垄膜沟播和平膜穴播可增加积温约 80℃和 160℃（温晓霞等，2003；张正茂，王虎全，2003）。玉米地膜覆盖在低温期具有保温和增温作用，0~

20cm 土层土壤平均温度比无覆盖时高 3~5℃（夏志强等，1997），播种出苗和营养生长期间，地膜覆盖可增加积温 180℃左右（王琦等，2006）。但玉米不同覆膜方式和不同生育阶段地膜覆盖的增温效果研究并不一致。杨祁峰等（2008）研究表明，玉米田不同生育时期的地温均是垄膜沟播>窄平膜>不覆膜，这与樊向阳等（2001）的研究结果相似。而杜社妮和白岗栓（2007）研究发现，地膜覆盖在玉米生育初期有明显的增温效果，5~25cm 土层的土壤日平均温度可比露地提高 2.2~3.0℃，在高温季节（6—7 月）可降低土壤温度 1.1~0.5℃。张德奇等（2005）研究表明，平膜在谷子苗期有较好的增温效果，垄膜沟播的增温效果次之。这可能与土壤含水量、地膜覆盖度及气候条件等有关，尚缺乏直接数据证明。本试验结果表明，在玉米苗期，垄膜沟播耕层昼夜 24h 平均温度比宽平膜和窄平膜高，昼夜温差比全平膜、宽平膜和窄平膜变化幅度小，有防止白天耕层土壤温度过度上升和晚上温度过度下降的功能。这有利于玉米苗期的稳定、持续生长、加快发育速度，不因白天过高的温度或夜间过低的温度而停止生长；有利于提高玉米出苗率、达到出苗整齐、苗全苗壮。在玉米灌浆期，垄膜沟播昼夜 24h 平均耕层温度比平膜低，这有利于延长灌浆时间，为玉米高产奠定基础。

（四）不同覆盖方式玉米的耗水规律

作物的耗水量由作物整个生育期内的叶面蒸腾量和棵间蒸发量两部分构成，并与气象因素、土壤湿度、作物生长状况等密切相关，而且其值具有时空变异性（张德琪等，2005；石岩等，1997）。不同覆盖方式下，玉米的耗水规律与不覆盖处理没有大的差异，玉米生育阶段耗水强度则表现为前期低，中期高，后期低的变化规律，即拔节至抽雄期是玉米的耗水高峰期；全生育期耗水量和平均耗水强度差异不显著，这与李志军等（2006）研究结果一致。垄膜沟播可调控作物耗水强度（樊向阳等，2001），本研究结果表明，在不同覆膜方式下，玉米不同生育阶段耗水强度有明显的差异。在播种—拔节和拔节—抽雄时期，全膜双垄沟耗水强度高于其他处理。主要原因是全膜双垄沟较好改善了土壤水温条件，玉米生长旺盛，叶面积迅速扩展，作物蒸腾加剧，从而导致耗水强度增加。

（五）不同覆膜集雨方式对玉米产量及水分利用效率的影响

地膜覆盖技术由于有增温、保墒、调水等效果，可大幅度提高作物的经济产量，即使在作物受干旱和早霜冻的情况下，仍可获得较好的产量。其中垄膜沟播使垄面膜上自然降雨向沟内富集，有效地集蓄自然降水，特别是提高了小于 10mm 农田降水资源化程度，改善玉米根际土壤水温状况，在干旱、正常年份均能提高玉米产量及水分利用效率。近年来，甘肃省农业科技工作者研究提出的全膜双垄沟播技术在甘肃省年降水量为 300~400mm 的区域，产量在 6 000~9 000kg/hm^2，高产可达 10 500kg/hm^2，年降水量为 400~600mm 的区域，产量在 9 000~12 000kg/hm^2，最高达 15 000kg/hm^2，本研究在多年平均年降水量为 530mm 的地区（甘肃镇原县上肖乡）进行，不管在干旱、平水、丰水年份，还是冰雹灾害年份，全膜双垄沟播产量和水分利用效率较高。2007—2012 年全膜双垄沟播平均产量和水分利用效率极显著高于其他处理，分别为 12 650kg/hm^2 和 40.4kg/(mm·hm^2)，比不覆盖对照提高 57.8%和 61.6%。可见，全膜双垄沟播技术显著提升了旱作区玉米的生产能力，是进一步挖掘降水潜力和高产田创建的有效途径（樊向阳等，2001；张雷等，1997；白秀梅等，2005；曹玉琴等，1994；宋秉海，2006；肖继兵，2006）。任小龙等（2008）研究表明，沟垄集雨种植玉米适宜的雨量上限可能在全生育期 440mm 左右，在本试验中，玉米全生育期不同降水量（2007 年玉米全生育期降水量为 344mm，2008 年为 192mm）条件下，全膜双垄沟和半膜双垄沟增产效应表现出较大的差异，2007 年全膜双垄沟玉米增产效果最佳，而 2008 年半膜双垄沟增产效果较好。因此，对全膜双垄沟和半膜双垄沟适宜的降水临界值有待进一步研究。

目前已经研制出了开沟起垄、覆膜、施肥于一体的机械，并和手推式轮式播种施肥器相配，大幅度减轻了田间作业劳动强度。我国现有旱作耕地面积 10.1 亿亩，适宜全膜双垄沟播技术应用的面积占到 30%以上。如果在这些地区推广该技术，将对旱作农业的发展产生较大的推动作用。不仅可以解决旱作区粮食安全问题，而且为发展畜牧业提供大量饲草饲料，显著提高旱作区农业的综合生产能力，对实现旱作区经济快速发展具有重要作用。

第五节　覆膜方式、密度和品种对旱地玉米产量和水分利用的影响

甘肃省大面积应用的玉米全膜双垄沟播技术抗旱增产效果十分显著。随着旱地玉米生产条件的改善，如何通过选择适应品种、增加密度来提高玉米生产力成为亟待解决的问题。为进一步探索旱地玉米高产潜力和持续增产途径，分类指导生产实践，本研究采用玉米品种、种植密度、覆膜方式 3 因素试验，在甘肃省镇原县、定西市和临夏市，宁夏彭阳县对旱地春玉米群体特征、产量及水分利用效率进行研究，为建立旱地春玉米合理的群体结构，实现高产稳产提供依据。

一、试验概况

（一）试验区概况

1. 甘肃省镇原县

试验在甘肃省农业科学院镇原试验站（35°30′N，107°29′E）实施，该地区海拔 1 254m，年平均温度 8.3℃，年日照时数 2 449.2h，≥0℃年积温 3 435℃，≥10℃年积温 2 722℃，无霜期 165d。多年平均年降水量 532mm，主要分布在 7—9 月。土壤为黑垆土，有机质含量 10.9g/kg，全氮 0.81g/kg，碱解氮 91.4mg/kg，速效磷 10.9mg/kg，速效钾 203.4mg/kg，肥力中等。

2. 甘肃省临夏市

试验设在临夏县北塬乡松树村（35.609 624°N，103.184 967°E），海拔 2 010m，年均气温 6.8℃，年无霜期 150d，5—9 月年均降水 399.4mm，年日照时数 1 110.0h，年均蒸发量 1 300mm，≥10℃年有效积温 2 450℃。土壤为川地灰垆土，有机质 1.33%~1.76%，全氮 0.117%~0.128%，全磷 0.093%~0.182%，全钾 1.94%~2.6%，碱解氮 55.2~93mg/kg，速效磷（P_2O_5）70.2~73.3mg/kg，速效钾（K_2O）117~205.4mg/kg，pH 值 7.8~8.45。

3. 甘肃省定西市

试验设在甘肃农科院定西试验站（35°35′N，104°36′E），年降水量 415.2mm，海拔 1 992m，年平均气温 6.3℃，年无霜期 140d，≥10℃年积温仅为 2 075℃，年蒸发量 1 500 mm，6—9 月降水占全年的 68%。土壤为黄绵土，有机质含量 7.3g/kg，全氮 0.69g/kg，碱解氮 43.3mg/kg，速效磷 14.3mg/kg，速效钾 206.7mg/kg。0～30cm 土层容重 1.25g/cm^3，田间持水量为 21.2%，永久凋萎系数为 7.2%。

4. 宁夏彭阳县

试验设在彭阳县，海拔 1 833m，年平均气温 8.0℃，年日照时数 2 518h，≥10℃年积温 2 600℃，年无霜期 154d，年降水量 450mm，7—9 月降水量占全年降水量的 65%以上。土壤类型为黄绵土，田间持水量为 24%。耕作层有机质 10.96g/kg、土壤全氮 0.85g/kg、全磷 1.41g/kg、全钾 5.57g/kg，碱解氮 69.93mg/kg、速效磷 16.59mg/kg、速效钾 126.84mg/kg，土壤肥力中等。

（二）材料与设计

供试玉米品种为酒单 4 号、吉祥 1 号、先玉 335。地膜为 0.01mm 聚乙烯吹塑农用地面覆盖薄膜。

试验采用三因素裂区设计，主区为覆膜方式 A（A1 全膜双垄沟覆盖；A2 窄膜覆盖，宽窄行播种，宽行 70cm，窄行 40cm）；副区为品种 B（B1 吉祥 1 号；B2 酒单 4 号；B3 先玉 335）；副副区为种植密度 C（C1 4.5 万株/hm^2；C2 6.75 万株/hm^2；C3 9.0 万株/hm^2）。3 次重复，小区面积为 44m^2（5.5m×8.0m）。覆膜前结合整地基施尿素 300kg/hm^2、普通过磷酸钙 938kg/hm^2，玉米拔节期追施尿素 195kg/hm^2，其他栽培管理同大田生产。3 个年度试验在同一地块同一位置进行。

（三）测定项目与方法

1. 群体质量性状的测定

株高、叶面积的测定，每小区选 10 株有代表性、长势一致植株进行挂牌标记，出苗后每隔 30d 测定一次株高并同步测定叶面积，叶面积测定方法采用系数法，即单叶面积=叶片中脉长度（cm）×叶片最大宽度（cm）×系数（0.75）。

2. 植株地上部干重测定

每小区选 5 株有代表性、长势一致植株，出苗后每隔 30d 取样，105℃杀青 30min，然后在 80℃条件下烘干至恒重称重。

二、试验结果与分析

（一）不同种植模式对玉米群体质量性状的影响

1. 株　高

由表 5-9 可知，不同覆盖方式对玉米株高有显著的影响（$P<0.01$），但随着生育进程的推进，对株高的影响逐渐减小，覆膜后 30d、60d、90d 和 120d，全膜双垄沟株高分别平均为 58.9cm、194.7cm、255.5cm 和 258.0cm，较窄膜平铺分别增加 93.8%、36.7%、4.1%和 3.8%，说明全膜双垄沟播能促进玉米生长。玉米播种后 30d 植株生长量小，不同

表 5-9　不同处理下玉米株高变化

试验因子			株高（cm）			
A	B	C	播种后 30d	播种后 60d	播种后 90d	播种后 120d
全膜双垄沟播	吉祥 1 号	4.5	59.6	185.3	240.7	242.0
		6.75	58.0	185.8	242.3	245.7
		9.0	64.1	189.8	242.7	247.3
	酒单 4 号	4.5	63.1	197.6	255.0	257.3
		6.75	65.1	202.5	253.0	258.3
		9.0	65.8	205.4	256.7	259.0
	先玉 335	4.5	50.3	191.8	270.3	269.7
		6.75	55.9	196.7	268.0	270.7
		9.0	57.2	197.8	271.0	272.0
窄膜平铺	吉祥 1 号	4.5	31.3	141.7	239.3	241.7
		6.75	28.1	141.4	240.3	241.3
		9.0	34.9	142.0	239.0	242.3
	酒单 4 号	4.5	31.3	149.9	231.0	238.7
		6.75	36.2	153.9	232.7	235.0
		9.0	32.2	160.8	239.3	239.3
	先玉 335	4.5	25.8	125.4	260.0	263.0
		6.75	27.6	126.9	263.3	267.7
		9.0	26.2	139.8	264.3	268.3
显著性（P 值）	A		**	**	**	**
	B		*	**	**	**
显著性（P 值）	C		NS	NS	NS	NS
	A×B		NS	*	**	**
	A×C		NS	NS	NS	NS
	B×C		NS	NS	NS	NS
	A×B×C		NS	*	*	*

注：* 表示 $\alpha=0.05$ 水平上差异显著，** 表示 $\alpha=0.01$ 水平上差异显著，NS 表示差异不显著，下同

种植密度间株高差异不明显，无明显变化规律。播种后 60d，随着密度的增加，各品种株高呈增加趋势，但株高在密度间差异未达到显著水平。不同品种间株高存在差异，播种后 30d，差异达显著水平（$P<0.05$），播后 60d，差异达极显著水平（$P<0.01$），在播种 60d

以前，酒单 4 号株高最高，播后 30d 和 60d 株高平均分别为 47.5cm 和 178.4cm，较先玉 335 和吉祥 1 号增加 26.4%和 3.2%、15.4%和 8.5%，在播种 90d 后，先玉 335 株高最高，播后 90d 和 120d，株高依次为 255.8cm 和 259.2cm，较吉祥 1 号和酒单 4 号分别增加 6.3%和 4.6%，6.5%和 4.5%。覆膜方式和密度、品种和密度互作差异不显著，播后 60d，覆膜方式和品种两两互作，覆盖方式、品种和密度三因素互作差异达显著水平。

2. 叶面积指数

由表 5-10 可知，播种 90d 前，不同覆盖方式 LAI 差异达显著水平（$P<0.05$），播后

表 5-10　不同处理下叶面积指数的变化

试验因子			叶面积指数			
A	B	C	播种后 30d	播种后 60d	播种后 90d	播种后 120d
全膜双垄沟播	吉祥 1 号	4.5	1.03	2.87	3.21	2.68
		6.75	1.29	3.79	4.72	3.25
		9.0	1.95	5.06	5.51	3.48
	酒单 4 号	4.5	0.89	2.45	2.27	0.21
		6.75	1.28	3.30	3.12	0.29
		9.0	1.37	3.77	3.73	0.33
	先玉 335	4.5	0.88	2.71	3.10	2.36
		6.75	1.32	3.85	4.26	3.16
		9.0	1.63	4.53	5.45	3.32
窄膜平铺	吉祥 1 号	4.5	0.40	2.01	3.12	2.63
		6.75	0.41	2.38	4.25	3.37
		9.0	0.82	3.59	5.32	3.96
	酒单 4 号	4.5	0.32	1.83	2.31	0.25
		6.75	0.64	2.65	3.13	0.68
		9.0	0.67	2.75	3.09	0.55
	先玉 335	4.5	0.19	1.52	2.50	2.28
		6.75	0.47	2.46	3.99	3.56
		9.0	0.44	2.49	4.15	3.59
显著性（P 值）	A		**	**	*	NS
	B	*		**	**	**
	C		**	**	**	NS
	A×B		*	*	*	NS
	A×C		*	*	*	NS
	B×C		*	*	*	NS
	A×B×C		*	**	*	NS

30d、60d、90d 全膜双垄 LAI 分别为 1.29、3.59 和 3.93，较窄膜平铺提高 167.0%、49.1%和 11.0%，而在播后 120d，全膜双垄沟 LAI 为 2.12，较半膜平铺降低 8.6%，但 LAI 差异未达显著水平。除播后 30d 外，3 个品种 LAI 差异达显著水平（$P<0.01$），LAI 大小顺序为吉祥 1 号>先玉 335>酒单 4 号。不同种植密度 LAI 的总体变化基本一致。LAI 均呈单峰曲线变化，即 LAI 随生育进程推进呈先增大后下降趋势，各测定时期 LAI 均随种植密度的增加而增大，播后 90d 前，不同种植密度下 LAI 差异达显著水平（$P<0.01$），播后 120d，LAI 差异未达显著水平。在各测定时间点上，4.5 株/hm^2、6.75 株/hm^2 和 9.0 株/hm^2种植密度下吉祥 1 号平均叶面积指数均大于先玉 335 和酒单 4 号。播后 90d 前，品种、密度、种植方式两两互作和三因素互作均差异显。

3. 干物质积累量

表 5-11 可知，不同覆盖方式之间玉米干物质积累量差异达显著水平（$P<0.05$），播后 30d、60d、90d 和 120d，全膜双垄沟播处理玉米干物质积累量分别为 39.4kg/hm^2、4 131.3kg/hm^2、15 060.7kg/hm^2 和 21 629.2kg/hm^2，较窄膜平铺增加 96.0%、143.8%、20.1%和 15.6%。不同品种之间生物产量积累量也存在差异，播后 120d，品种之间差异达极显著水平（$P<0.01$），生物产量由大到小依次为：先玉 335>吉祥 1 号>酒单 4 号。干物质积累量随密度的增加呈显著上升趋势（$P<0.05$）。覆膜方式与品种、密度两两互作和三因素互作均对干物质积累存在显著的影响。播种 90d 后，品种和密度差异达显著水平。

（二）不同种植模式对玉米主要农艺性状的影响

对玉米主要农艺性状分析表明（表 5-12），3 个品种的百粒重、穗粒数、穗粗、穗长、径粗随着密度的增加逐渐下降，秃尖长、穗位高则呈现上升的趋势，其中穗位高差异未达显著水平，2 个年度变化趋势基本一致。2012 年度，不同覆膜方式之间百粒重、穗粒数、秃尖长、穗粗、穗长、径粗差异达显著水平（$P<0.05$），穗位高差异不显著，全膜双垄沟处理分别为 31.2g、590.6 粒、1.6cm、5.2cm、19.6cm、2.6cm 和 111.3cm，较窄膜平铺提高 4.2%、19.5%、-27.5%、4.2%、8.1%、13.3%和 12.6%。2013 年度，全膜双垄沟播处理百粒重、穗粒数、秃尖长、穗粗、穗长、径粗、穗位高分别为 34.7g、552.5 粒、1.8cm、5.2cm、18.7cm、2.7cm 和 96.7cm，较窄膜平铺提高 16.3%、13.2%、-17.8%、6.1%、13.2%、13.0%和 4.4%，其中穗位高差异不显著。3 种间百粒重、穗粒数、秃尖长、穗粗、穗长、穗位高、径粗差异达显著水平（$P<0.05$）。2012 年度，百粒重表现为先玉 335>吉祥 1 号>酒单 4 号，2013 年度为吉祥 1 号>先玉 335>酒单 4 号，穗粒数 2 个年度表现均为先玉 335>吉祥 1 号>酒单 4 号，穗位高和径粗 2 个年度表现也一致，穗位高为先玉 335<吉祥 1 号<酒单 4 号，径粗表现为先玉 335>吉祥 1 号>酒单 4 号。覆膜方式、品种、密度两两互作和三因素互作均对百粒重、穗粒数、穗长、茎粗存在显著的影响，对秃尖长和穗位高影响差异不显著。覆膜方式、品种、密度三因素互作对穗粗有显著的影响。可见，覆膜方式、品种、密度均对玉米农艺性状和产量构成因子有调控作用，但穗位高与品种有关，覆膜方式和密度对其影响较小。

表 5-11　不同处理下干物质积累的变化

试验因子			干物质积累量（kg/hm²）			
A	B	C	播种后 30d	播种后 60d	播种后 90d	播种后 120d
全膜双垄沟播	吉祥 1 号	4.5	31.0	3 121.5	14 520.0	21 015.0
		6.75	39.1	5 044.5	14 702.4	25 126.9
		9.0	50.7	5 031.0	17 028.0	24 193.1
	酒单 4 号	4.5	20.4	3 397.5	9 873.6	14 169.0
		6.75	35.2	4 351.5	14 193.0	16 483.5
		9.0	42.2	4 617.0	17 767.2	21 660.0
	先玉 335	4.5	34.0	2 947.5	14 536.8	21 290.2
		6.75	49.7	4 623.8	17 649.0	26 311.5
		9.0	52.3	4 047.0	15 276.0	24 414.0
半膜平铺	吉祥 1 号	4.5	15.2	1 377.0	10 212.0	17 640.0
		6.75	16.6	1 282.5	12 783.6	20 965.5
		9.0	27.0	1 449.0	15 208.8	20 880.0
	酒单 4 号	4.5	10.0	880.5	9 730.8	12 368.1
		6.75	18.4	1 809.0	12 763.8	13 985.9
		9.0	19.5	2 412.0	14 248.8	21 030.0
	先玉 335	4.5	8.9	1 315.5	9 498.0	18 570.6
		6.75	31.2	2 184.8	12 477.6	20 997.3
		9.0	36.1	2 538.0	15 984.0	21 959.5
显著性（*P* 值）	A		**	**	*	**
	B		NS	NS	NS	**
	C		**	*	*	**
	A×B		*	*	*	*
	A×C		*	*	*	*
	B×C		NS	NS	*	**
	A×B×C		*	*	*	**

表 5-12　不同处理下农艺性状的变化

试验因子			2012 年							2013 年						
A	B	C	百粒重 (g)	穗粒数 (粒)	秃尖长 (cm)	穗粗 (cm)	穗长 (cm)	穗位高 (cm)	茎粗 (cm)	百粒重 (g)	穗粒数 (粒)	秃尖长 (cm)	穗粗 (cm)	穗长 (cm)	穗位高 (cm)	茎粗 (cm)
全膜双垄沟播	吉祥 1 号	4. 5	33. 8	614. 6	0. 8	5. 6	20. 4	102. 7	3. 15	39. 9	605. 9	0. 4	5. 7	19. 6	94. 3	3. 21
		6. 75	30. 7	552. 9	1. 0	5. 2	18. 1	105. 9	2. 84	39. 3	579. 8	0. 7	5. 4	19. 0	104. 2	2. 92
		9. 0	25. 2	530. 5	1. 2	5. 0	17. 3	107. 8	2. 27	35. 6	508. 6	0. 8	5. 3	17. 2	109. 5	2. 32
	酒单 4 号	4. 5	30. 7	707. 9	1. 6	5. 1	21. 7	118. 9	2. 68	29. 7	574. 3	2. 4	4. 9	18. 9	99. 3	2. 79
		6. 75	28. 9	556. 3	2. 1	5. 0	20. 0	130. 5	2. 35	29. 2	503. 5	2. 9	4. 8	17. 0	111. 9	2. 43
		9. 0	27. 9	525. 5	2. 5	4. 9	18. 3	134. 9	2. 02	28. 0	473. 2	3. 0	4. 9	16. 9	100. 9	2. 11
	先玉 335	4. 5	35. 7	739. 5	1. 1	5. 6	21. 7	95. 5	3. 26	39. 5	650. 7	1. 2	5. 5	21. 5	81. 1	3. 23
		6. 75	34. 2	572. 9	1. 8	5. 3	19. 4	100. 9	2. 71	36. 7	623. 3	2. 3	5. 4	20. 8	85. 7	2. 74
		9. 0	33. 3	514. 9	2. 4	5. 2	19. 2	104. 5	2. 41	34. 7	453. 3	2. 9	5. 0	17. 4	83. 5	2. 44
半膜平铺	吉祥 1 号	4. 5	33. 5	537. 2	0. 9	5. 2	19. 1	93. 0	2. 75	33. 5	590. 0	0. 5	5. 2	20. 0	90. 1	2. 81
		6. 75	31. 8	511. 5	1. 2	5. 1	18. 1	101. 2	2. 54	32. 0	553. 2	0. 9	5. 0	19. 4	95. 2	2. 58
		9. 0	27. 9	487. 7	2. 0	5. 0	17. 9	103. 4	2. 03	30. 1	485. 2	1. 2	4. 8	17. 1	96. 0	2. 20
	酒单 4 号	4. 5	30. 7	453. 6	2. 1	5. 0	17. 4	102. 1	2. 48	27. 6	605. 7	2. 1	4. 7	19. 5	89. 3	2. 49
		6. 75	29. 2	375. 7	2. 5	4. 5	16. 3	107. 5	2. 29	26. 8	583. 8	3. 0	4. 7	17. 7	99. 3	2. 33
		9. 0	26. 4	328. 5	3. 2	4. 4	15. 0	114. 4	1. 82	26. 4	547. 4	4. 2	4. 7	16. 7	113. 4	1. 81
	先玉 335	4. 5	31. 8	649. 4	2. 6	5. 4	21. 3	75. 0	2. 60	33. 3	714. 2	2. 4	5. 3	23. 1	81. 9	2. 63
		6. 75	30. 0	602. 6	2. 7	5. 3	19. 4	94. 6	2. 31	30. 0	628. 6	2. 7	5. 1	21. 8	79. 3	2. 43
		9. 0	27. 9	503. 1	2. 8	5. 1	18. 4	98. 6	2. 09	29. 0	477. 2	3. 2	4. 7	17. 8	88. 9	2. 13
显著性 (P)	A		*	**	*	*	**	NS	**	**	*	*	**	**	NS	**
	B		*	**	**	*	**	**	**	**	*	**	**	**	*	**
	C		**	**	*	**	**	NS	**	**	**	*	**	**	NS	**
	A×B		*	**	NS	*	**	NS	*	**	*	NS	**	*	NS	*
	A×C		*	*	NS	*	*	NS	*	*	*	NS	NS	*	NS	*
	B×C		*	*	NS	NS	*	NS	*	**	*	NS	**	**	NS	*
	A×B×C		*	*	NS	*	*	NS	*	*	*	NS	*	*	NS	*

（三）不同种植模式对玉米耗水量、产量及水分利用效率的影响

从图 5-14 可以看出，不同覆盖方式之间玉米产量差异达极显著水平（$P<0.05$），镇原县、定西市、彭阳县和临夏市 2012—2014 年全膜双垄沟平均产量分别为 806.2kg/亩、733.5kg/亩、760.6 kg/亩和 820.4kg/亩，较半膜平铺增产 16.2%、14.5%、13.9% 和 19.7%，可见，全膜双垄沟播在高寒阴湿区（临夏市）增产幅度最大，其次为半湿润偏旱区（镇原县），半干旱区（定西市、彭阳县）增产幅度最小。不同品种之间产量也达到极显著水平（$P<0.05$），在半干旱、半湿润偏旱区的定西市、彭阳县和镇原县，先玉 335 产量最高，分别为 732.7kg/亩、769.8kg/亩和 829.6kg/亩，分别较吉祥 1 号和酒单 4 号增产 7.1%和 17.3%，5.0%和 24.1%，4.7%和 38.0%；在高寒阴湿区（临夏市）吉祥 1 号产量最高，为 804.7kg/亩，分别较先玉 335 和酒单 4 号增产 8.5%和 15.9%。不同种植密度之间产量达到极显著水平（$P<0.01$），镇原县、定西市、彭阳县和临夏市 2012—2014 年 6 000株/亩产量最高，分别平均为 822.3kg/亩、733.0kg/亩、802.6kg/亩和 887.6kg/亩，依次较 4 500株/亩增产 4.9%、6.0%、10.4%和 16.0%，较 3 000株/亩增产 24.7%、15.5%、25.1%和 34.1%。可见，密度对产量也有显著的影响。不同地域之间、不同组合对产量影响不一致，在半干旱、半湿润偏旱区，选择全膜双垄沟播+先玉 335+播种密度 6 000株/亩的技术模式能有效地提高产量，平均产量达 933.7kg/亩，较全膜双垄沟播+酒单 4 号+播种密度 3 000株/亩的现行农户技术模式增产 62.8%；在高寒阴湿区选择全膜双垄沟播+吉祥 1 号+播种密度 6 000株/亩的技术模式能有效地提高产量，平均产量达 1 065.3kg/亩，较现行农户技术模式增产 86.0%。

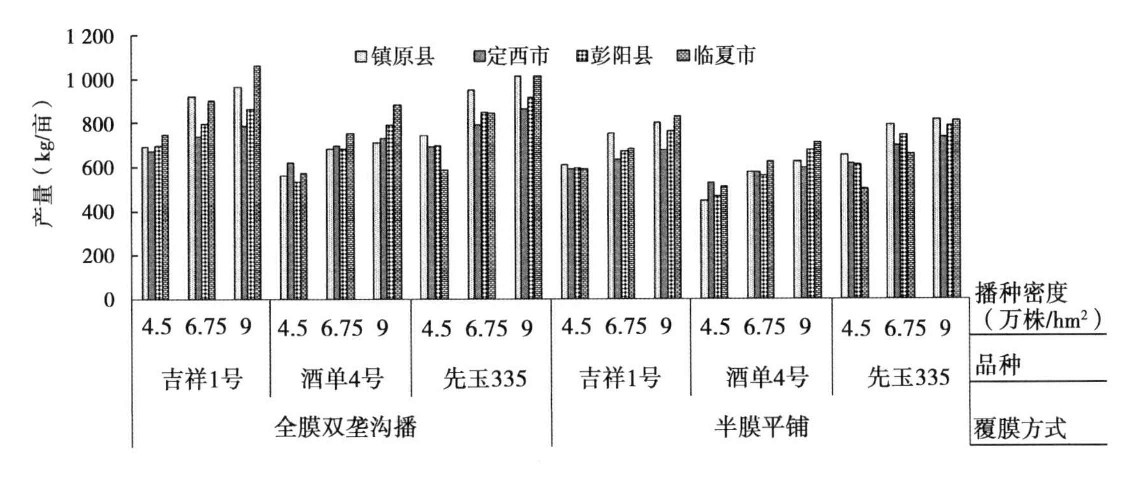

图 5-14　不同种植模式对玉米产量的影响（2012—2014 年）

（四）结论与讨论

全膜双垄沟玉米产量始终高于半膜平铺，产量和水分利用效率均随密度增加而提高，密度随降水量增加呈现递增趋势，耐密品种密植增产和水分利用效果更加明显（表 5-13）。

从试验所涉及增产因素来看，全膜双垄沟覆盖较半膜平铺平均增产 16.4%，水分

利用效率增加 0. 27kg/(mm・亩)，地点之间增产差异在 14. 2%~22. 1%，高寒阴湿区(临夏市)增产幅度最大，半湿润偏旱区次之，半干旱区最低；品种之间平均增产幅度 19. 2%，水分利用效率增加 0. 25kg/(mm・亩)；密度之间增产和水分利用效果最大，随着密度增加产量和水分效率明显增加，密度每增加 1 000株/亩产量平均增加 98. 4kg/亩，密度在 3 000株/亩基础上增加 1 500株/亩，达到 4 500株/亩时增产 23. 2%，水分利用效率增加 0. 29kg/(mm・亩)，再增加 1 500株/亩，达到 6 000株/亩时产量又增加 17. 7%，水分利用效率增加 0. 15kg/(mm・亩)。因此，选择耐密品种、增密是抗逆增产关键。

表 5-13　四个点地膜双垄沟覆盖玉米增产要素效应

处　理		产量（kg/亩）	耗水量（mm）	水分利用效率［kg/(mm・亩)］
覆盖方式	全膜双垄沟	785. 3	458. 2	1. 72
	半膜平铺	674. 4	470. 1	1. 45
品　种	酒单 4 号	696. 4	444. 2	1. 57
	吉祥 1 号	829. 6	459. 9	1. 82
	先玉 335	830. 0	470. 5	1. 78
密度（株/亩）	3 000	656. 4	449. 1	1. 48
	4 500	808. 7	460. 2	1. 77
	6 000	951. 6	465. 5	1. 92
地　点	定西市	728. 3	466. 4	1. 56
	镇原县	767. 2	442. 3	1. 72
	彭阳县	822. 4	448. 5	1. 83
	临夏市	823. 5	455. 7	1. 81

全膜双垄沟播在高寒阴湿区（临夏市）增产幅度最大，其次为半湿润偏旱区（镇原县），半干旱区（定西市、彭阳县）增产幅度最小（表 5-14）。不同密度之间产量显著差异，镇原县、定西市、彭阳县和临夏市 2012—2014 年 6 000株/亩产量最高，分别为 822. 3kg/亩、733. 0kg/亩、802. 6kg/亩和 887. 6kg/亩，依次较 4 500株/亩增产 4. 9%、6. 0%、10. 4%和 16. 0%。

表 5-14　不同区域全膜双垄沟玉米产量和水分利用效率 WUE

密度（株/亩）	半干旱区		半湿润易旱区		高寒阴湿区	
	产量（kg/亩）	WUE［kg/(mm・亩)］	产量（kg/亩）	WUE［kg/(mm・亩)］	产量（kg/亩）	WUE［kg/(mm・亩)］
3 000	648. 9	1. 49	671. 4	1. 59	629. 2	1. 39
4 500	759. 1	1. 69	858. 7	1. 99	811. 8	1. 81
6 000	832. 2	1. 84	909. 5	2. 04	970. 3	2. 07

第六节　旱作地膜玉米密植增产用水效应及土壤水分时空变化

玉米已成为黄土高原旱作区粮食增产的主体，但受干旱缺水制约，产量水平一直较低，高效蓄保降水和提高水分利用效率无疑是旱作玉米长期研究的重大问题（Hatfield J L 等，2001），对确保粮食生产具有十分重要的意义。国内外长期关注旱作区农田水分的利用（David C N 等，2005；韩思明，2002；Li F M 等，1999；Fan T L 等，2005]，尤以美国大平原秸秆覆盖与少免耕（杨学明等，2004）、印度和以色列微集水种植著称（Yang X M 等，2004）。近 20 年来，中国农田垄沟覆膜集雨种植研究与应用取得了重大突破，特别是全膜双垄沟集雨种植实现了农田垄面集流、覆膜抑蒸、沟垄种植集水保水用水的一体化（Ren X L 等，2010），旱作玉米产量提高 30%（杨祁峰等，2010）。垄膜沟种在改善旱作农田土壤水分环境和增粮节水中扮演着非常重要的角色（任小龙等，2010）。玉米生产是群体条件下的生产，密度是影响其籽粒产量的重要因素之一，选择紧凑型耐密品种来增大群体密度是获得高产的关键措施（刘化涛等，2010；王小林等，2013；张冬梅等，2104；Tollenaar M，Lee E A，2002）。当玉米种植密度呈等差级数增加时，穗粒数呈等比级数下降（Sundaresan V，2005），粒重随密度增加呈直线下降（佟屏亚，程延年，1995）。在充分灌溉或补充条件下密度与籽粒产量、水分利用效率呈二次曲线关系（Sangoi L 等，2002；王楷等，2012；仲爽，赵玖香，2009；刘文兆，1998）。增加玉米密度群体蒸腾耗水增加（刘镜波，2011），加剧对土壤水分消耗，增加密度提高了耗水量。不论什么降水年型，密度从 6.0 万株/hm^2 增加到 10.5 万株/hm^2 时，旱作玉米生育期总耗水量差异不明显（张冬梅等，2014）。然而，黄土高原旱作玉米持续高产可能引起深层土壤水分过耗和土壤干燥化（李世清等，2003；莫非等，2013），长期应用全膜双垄沟技术会导致土壤水分负平衡和作物早衰，产量增幅降低。目前，关于旱作玉米全膜双垄沟种植的研究集中在土壤水温效应与增产方面，增加密度与耗水量、水分利用效率的研究仍然不充分，连续多年的定位研究并不多见（白翔斌等，2015），难以回答全膜双垄沟平均的增产效应和高强度用水对土壤水分盈亏的影响。本研究通过旱作覆膜玉米连作定位试验，系统研究全膜双垄沟种植农田土壤水分蓄保和循环利用特征、增密高产与水分利用等问题，为探明旱作农田水分持续高效利用机理、制定玉米稳定增产技术提供参考依据。

一、材料与方法

（一）试验设计

试验在黄土丘陵沟壑区宁夏彭阳县白阳镇喽岘村进行（35°41′~36°17′N，106°32′~106°58′E）。试验所在地海拔 1 700m，年均降水量 460mm，主要集中在 7 月、8 月和 9 月，季节和年际间降水分配不均，年均蒸发量 1 100mm，年均气温 7.4℃，≥0℃ 年积温 2 600~3 700℃，年无霜期 140~160d，属典型温带半干旱大陆性季风气候，黄绵土，肥力中等。根据玉米生育期（4—9 月）降水量与对应期间降水分析，2012 年为正常年，2013 年为丰水年，2014 年和 2015 年为干旱年（表 5-15），其中，2015 年夏秋连旱。特别是 2014 年 5 月、6 月和 7 月降水量明显偏少，2014 年和 2015 年 7 月正值玉米授粉灌浆前期，降水量仅是多年同期平均值的 31.7%和 36.5%，玉米严重受旱；2013 年 7 月 17 日、2014 年 9 月 18 日一日降水依次为 190mm 和 141.5mm，形成径流损失，利用率不高（图 5-15）。

表 5-15 2012—2015 年试验期间降水量

年 份	玉米生育期月降水量（mm）						生育期（4—9 月）降水量（mm）	年降水量（mm）	降水年型[①]
	4 月	5 月	6 月	7 月	8 月	9 月			
2012	30.2	48.0	86.0	59.8	117.8	73.0	414.8	457.2	正常年
2013	29.5	91.9	54.4	267.3	42.1	108.9	594.1	653.5	丰水年
2014	88.7	8.3	28.6	28.0	65.3	193.9	412.8	476.7	干旱年
2015	56.5	45.3	53.4	32.2	57.8	81.1	326.3	390.4	干旱年
多年平均	23.8	48.9	53.3	88.2	100.2	71.8	386.1	461.9	

注：①（生育期降水-对应期间多年平均降水）/对应期间多年平均降水，>25%为丰水年、<-25%为干旱年、-10%~10%为正常年

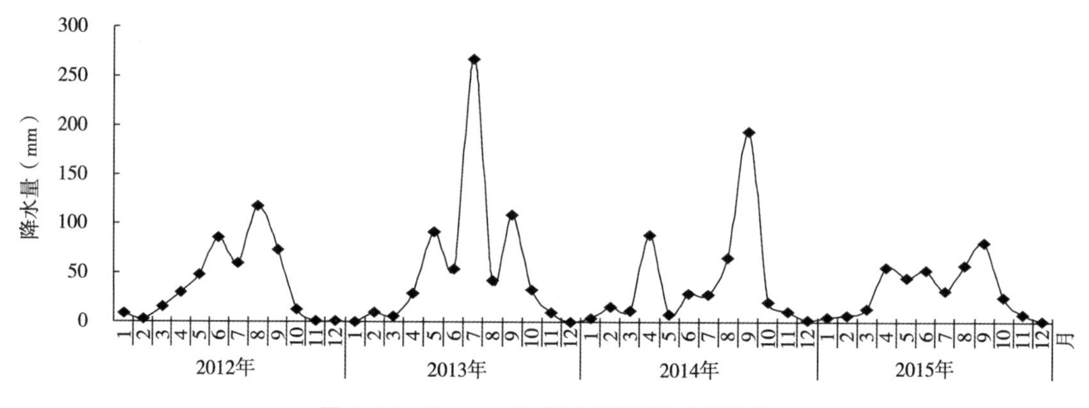

图 5-15 2012—2015 年试验期间降水量变化

试验以覆膜方式为主处理，玉米品种为副处理，密度再裂区，随机区组设计。主处理 P 为全膜双垄沟覆盖（P_1，FPRF）和半膜平铺盖（P_2，HPFC）2 种，P_1 大垄宽 70cm 垄高 10cm、小垄宽 40cm 垄高 15cm，大小垄交替排列，玉米种在小垄沟内，P_2 田间地膜宽 60cm，地膜与裸地（50cm 宽）交替排列，玉米种在地膜上；副处理 H 为 3 个杂交种，吉祥 1 号（JX1，耐密中等中晚熟）、酒单 4 号（JD4，耐密性弱早熟）和先玉 335（XY335，耐密性强中晚熟）；再裂区 D 为 3 个密度，D_1、D_2 和 D_3 分别为 4.5 万株/hm^2、6.75 万株/hm^2、9.0 万株/hm^2，当地生产平均密度 5.3 万株/hm^2。试验处理 18 个，重复 3 次，共 54 个小区，小区面积长×宽=6.5m×3.3m=21.45m^2，行距 55cm，密度依株距调整。

试验每年 4 月 15 日播种，先玉 335 和吉祥 1 号同期收获，2012 年 10 月 10 日、2013 年 10 月 13 日、2014 年 10 月 18 日、2015 年 10 月 11 日，酒单 4 号早 10d 收获。每公顷施尿素 525kg、(其中 300kg 播前 20 d 撒施翻耕整地覆膜，225kg 拔节期按株追施)，覆膜前

每公顷基施过磷酸钙750kg，5~6叶期去除分蘖定苗。当年玉米收获后留茬留膜保墒，翌年3月下旬揭膜整地重新覆膜施氮肥。田间管理同大田，玉米生长期不灌溉。

（二）土壤水分及贮水量的测定

在播前、苗期、灌浆和收获时每20cm为一个土层单位，用土钻采集0~200cm土样，烘干法测定土壤水分。各测定时期土壤贮水量（mm）$SW=h\times d\times w\times 100\%$，式中$h$上层深度（mm），$d$土壤容重（g/cm），$w$为土壤重量含水量（%）。

（三）耗水量及作物水分利用效率的测定

旱作农田作物耗水量ET（Evapotranspiration）由水分平衡方程计算，ET（mm）=（SW_2-SW_1）+SR，式中SW_2和SW_1为收获和播种时0~200cm土壤贮水量，SR为生育期降水量。作物水分利用效率WUE（Water use efficiency）［kg/(mm·hm^2)］=GY/ET，式中GY为含水量14%时玉米籽粒产量。

（四）叶片水分测定

在玉米6~8叶期选择一个晴朗天气，剪取玉米顶部完整叶片，每个试验处理取3株顶部叶片，迅速装入塑料袋密封蔽光，在温湿度相对稳定的实验室内称取初始叶重后（W_0，g），将叶片置于纱网上自然失水2h、4h、6h、8h、10h、12h、14h后称每次失水后叶鲜重（W_i，g），最后在80℃条件下烘干称其干重（W_d，g）。叶片失水速率（RWL）指单位时间间隔内（T_0-T_i）散失的水量，RWL〔g/(100g·h)〕=［（W_0-W_i）/（W_i-W_d）×（T_0-T_i）］×100。

（五）数据分析

以试验年份（2012年、2013年、2014年和2015年）Y（4水平）、覆膜方式P（2水平）、品种H（3水平）、密度D（3水平）为4个因素，用SAS V8.1进行方差分析（ANVOA），利用LSD法多重比较（$\alpha=0.05$和0.01），检验4个处理因素对产量、耗水量和水分利用效率平均值的差异，并分析交互作用。

依据4个试验年份玉米不同时期0~200cm土层剖面水分实测值，利用Surfer软件绘制土壤水分等值线图，揭示试验期间土壤剖面水分的时空变化特征。

二、试验结果与分析

（一）旱作地膜玉米籽粒产量的变化

连续4年玉米产量的综合分析表明，降水年型（$P<0.0001$）、地膜覆盖方式（$P<0.0001$）、品种类型（$P<0.0001$）和种植密度（$P<0.0001$）对旱作玉米产量（GY）的影响达到极显著水平（表5-16和表5-17）。在地膜覆盖条件下，各因素对玉米产量的影响顺序为降水年型>密度>覆膜方式>品种。随着降水年型从干旱（2015年和2014年）、正常（2012年）、丰水（2013年）年的变化，GY由7.72t/hm^{2}和8.79t/hm^{2}增加到11.86t/hm^{2}和11.15t/hm^2，正常年较干旱年增产34.92%~53.36%，较丰水年增产6.38%（与2013年7月份大暴雨造成的部分倒伏有关）。密度从4.75万株/hm^2、6.0万株/hm^{2}增加到9.0万株/hm^2，产量依次达到8.34t/hm^2、10.06t/hm^{2}和11.27t/hm^2，低密度到中密度产量提高20.62%、中密度到高密度产量提高12.03%。覆膜方式由半膜平铺盖到全膜双垄沟，产量从 9.16t/hm^2 增加到 10.60t/hm^2，提高 15.72%；品种耐密性由弱（酒单 4 号）到中（吉祥 1 号）产量增加 15.46%，由中到强（先玉 335）增加 7.79%。

除覆膜方式×年份对产量交互作用不显著外，其余两因素交互作用均显著或极显著。品种×密度×覆膜、年型×覆膜×密度及四因素交互作用对产量影响不显著，而品种×密度×年份、品种×覆膜方式×年份三因素交互作用达显著水平。这与年际间降水变异大有关。

（二）旱作地膜玉米水分利用效率的变化

在地膜覆盖前提下，与玉米籽粒产量变化一样，各因素同样极显著地影响水分利用效率的大小（表 5-16 和表 5-17），顺序依然是降水年型>密度>覆膜方式>品种。4 个降水年型中，玉米 WUE 最高值并不在降水较多的年份，正常年型 WUE 最高［28.4kg/(mm·hm^2)］，较夏秋连旱的 2015 年提高 51.22%、夏季干旱的 2014 年提高 22.89%，降水较多的 2013 年 WUE 却与 2014 年相当。玉米 WUE 随着密度的增加而提高，密度由低到中增加 2.25 万株/hm^2 时 WUE 提高 17.35%，再由中到高增加同等数量的密度 WUE 提高 12.73%。全膜双垄沟较半膜平铺种植 WUE 提高 21.08%。随着玉米品种耐密性的提高 WUE 增加，吉祥 1 号较酒单 4 号增加 13.35%，先玉 335 较吉祥 1 号增加 1.98%。

表 5-16　品种、密度、覆膜方式和年份对玉米产量、耗水量和水分利用效率（WUE）平均值的多重比较

处理		籽粒产量 Y（t/hm^2）			耗水量 ET（mm）			WUE［kg/(mm·hm^2)］		
		平均值	P=0.05	P=0.01	平均值	P=0.05	P=0.01	平均值	P=0.05	P=0.01
品种 H	先玉 335（XY335）	10.79	a	A	436.3	a	A	24.25	a	A
	吉祥 1 号（JX1）	10.01	b	B	431.9	a	A	23.78	b	B
	酒单 4 号（JD4）	8.67	c	C	413.3	b	B	20.98	c	C
密度 D	9.0 万株/hm^2	11.27	a	A	429.1	a	A	26.30	a	A
	6.75 万株/hm^2	10.06	b	B	431.5	a	A	23.33	b	B
	4.5 万株/hm^2	8.34	c	C	420.9	b	B	19.88	c	C
覆膜方式 P	全膜双垄沟（FPRF）	10.60	a	A	426.1	a	A	25.38	a	A
	半膜平覆盖（HPFC）	9.16	b	B	434.3	a	A	20.96	b	B
年份 Y	2012（正常年）	11.86	a	A	417.6	b	B	28.40	a	A
	2013（丰水年）	11.15	b	B	480.3	a	A	23.22	b	B
	2014（干旱年）	8.79	c	C	380.6	d	D	23.11	b	B
	2015（干旱年）	7.72	d	D	409.7	c	C	18.78	c	C

注：表中同列数据后对应的大、小写字母分别表示在 P=1%和 P=5%水平由 LSD 法比较的差异显著性

表 5-17 品种（H）、密度（D）、覆膜方式（P）和年份（Y）对玉米籽粒产量（GY）、耗水量（ET）和水分利用效率（WUE）的方差分析

变异来源	籽粒产量 GY			耗水量 ET			水分利用效率 WUE		
	自由度 *df*	*F* 值	*P* 值	自由度 *df*	*F* 值	*P* 值	自由度 *df*	*F* 值	*P* 值
年份 Years（Y）	3	647.62***	<0.000 1	3	1 605.12***	<0.000 1	3	632.30***	<0.000 1
密度 Density（D）	2	589.14***	<0.000 1	2	40.09***	<0.000 1	2	713.45***	<0.000 1
覆膜方式 Plastic cover（P）	1	447.26***	<0.000 1	1	0.66	0.417 6	1	705.60***	<0.000 1
品种 Hybrids（H）	2	330.78***	<0.000 1	2	56.29***	<0.000 1	2	419.31***	<0.000 1
品种×密度 H×D	4	6.78***	<0.000 1	4	1.23	0.301 3	4	19.94***	<0.000 1
品种×覆膜方式 H×P	2	3.32*	0.04	2	1.72	0.184 0	2	4.15*	0.018 3
密度×覆膜方式 D×P	2	7.74***	0.000 7	2	0.75	0.472 6	2	6.89**	0.001 5
品种×年份 H×Y	6	5.01**	0.001	6	37.03***	<0.000 1	6	35.91***	<0.000 1
密度×年份 D×Y	6	7.22***	<0.000 1	6	11.89***	<0.000 1	6	11.04***	<0.000 1
覆膜方式×年份 P×Y	3	0.3	0.744 2	3	10.85***	<0.000 1	3	6.64**	0.001 9
品种×密度×覆膜方式 H×D×P	4	0.56	0.693 4	4	6.21***	0.000 2	4	3.98**	0.004 7
品种×密度×年份 H×D×Y	12	3.68***	0.000 8	12	4.58***	<0.000 1	12	4.54**	0.002 1
品种×覆膜方式×年份 H×P×Y	6	6.39***	0.000 1	6	5.77***	0.000 3	6	10.09***	<0.000 1
密度×覆膜方式×年份 D×P×Y	6	1.65	0.166 3	6	3.49*	0.010 1	6	0.92	0.457 6
品种×密度×覆膜方式×年份 H×D×P×Y	12	1.30	0.252 3	12	4.11***	0.000 3	12	3.86***	0.000 5

注：*、**、*** 分别表示差异达到 5%、1%、0.1%显著水平

旱作玉米 WUE 除受降水年型、密度、覆膜方式、品种单一因素的显著影响外，其两因素、三因素、四因素的互作效应同样达到极显著水平，但密度×覆膜方式×年份的互作效应不显著。

（三）旱作地膜玉米田间耗水量的变化

旱作玉米地膜覆盖种植下，各因素对田间耗水量 ET 变化的影响，同产量、WUE 变化有相似的地方，但也有不同之处。降水年型、密度、品种对 ET 的影响达到极显著水平（$P<0.0001$），大小顺序为降水年型>品种>密度。田间耗水量随降水量的增加而增加，而覆膜方式对 ET 影响不显著（$P=0.4176$），全膜双垄沟 ET 426.1mm，半膜平覆盖 434.3mm，即旱作玉米田间耗水量（包括作物蒸腾耗水与棵间蒸发）与地膜覆盖方式关系并不密切，增加地膜覆盖面积主要是减少了土壤水分无效蒸发损失，提高了蒸腾耗水比例，降水量多少、品种水分利用能力、群体大小是旱作玉米耗水增产的主要驱动因子。然而，密度由低到中 ET 增加 10.6mm，达到极显著水平，中密度与高密度之间 ET 差异不显著。中晚熟耐密品种先玉 335 与吉祥 1 号之间 ET 无明显差异，而较早熟耐密性弱的酒单 4 号 ET 增加 18.6~23.0mm，差异极显著。

就各因素对 ET 的互作而言，降水年型、密度、覆膜方式、品种三要素之间互作效应和四要素互作效应，以及降水年型与品种、密度、覆膜方式二因素之间的互作效应，均达到显著或极显著水平，这与年际间降水变异大有关。但品种、密度、覆膜方式二因素之间的互作效应不显著。

（四）降水、密度、品种对玉米产量和水分效率的协同影响

旱作玉米地膜覆盖下的单因素主效应和多因素互作效应分析表明，全膜双垄沟较半膜平铺种植以相近的田间耗水量显著提高了产量和 WUE，选择耐密品种和增加密度是协同提高产量与 WUE 的关键。无论是正常年份、湿润年份还是干旱年份，全膜双垄沟种植下 3 个玉米品种产量、WUE、耗水量均随密度的增加而提高（图 5-16）（2013 年先玉 335 高密度下 ET 例外），不同密度之间 ET 增加幅度显著小于产量、WUE 增幅，WUE 与产量的变化趋势一致，即地膜覆盖条件下增密是旱作玉米增产节水农艺措施调控的关键。旱作玉米产量和 WUE 与降水量有关，但与生育期降雨的季节分配更密切，2013 年为丰水年，生育期降水最多（594.1mm），较 2012 年正常年增加 179.3mm，但不同密度、不同品种下的 WUE 值 2013 年低于 2012 年，主要是 2013 年 7—8 月高强度降雨利用率低；尽管 2014 年生育期降水量与 2012 年相近（410mm 左右），但 2014 年是干旱年份，4 月和 9 月降水量占生育期降水量的 68.5%，而 5—6 月苗期、7 月需水关键期降水量仅是多年平均值的 36.3%和 31.7%，导致产量和 WUE 明显降低；2015 年生育期降水量最少且夏秋连旱，在 4 个试验年份中产量和 WUE 均最低。

先玉 335 和吉祥 1 号耐密中晚熟，生育期较耐密性弱的酒单 4 号长 7~10d，不论降水年型如何，随着品种耐密性增强和密度增加，产量和 WUE 同步提高，品种与密度对产量和 WUE 协同作用丰水年份和正常年份大于干旱年份，但随着降水量的减少品种与密度的协同效应降低（图 5-16）。

（五）旱作地膜玉米生育期土壤水分变化及其垂直分布

从试验开始的 2012 年 4 月到试验结束的 2015 年 10 月，玉米主要生育时期 0~200cm

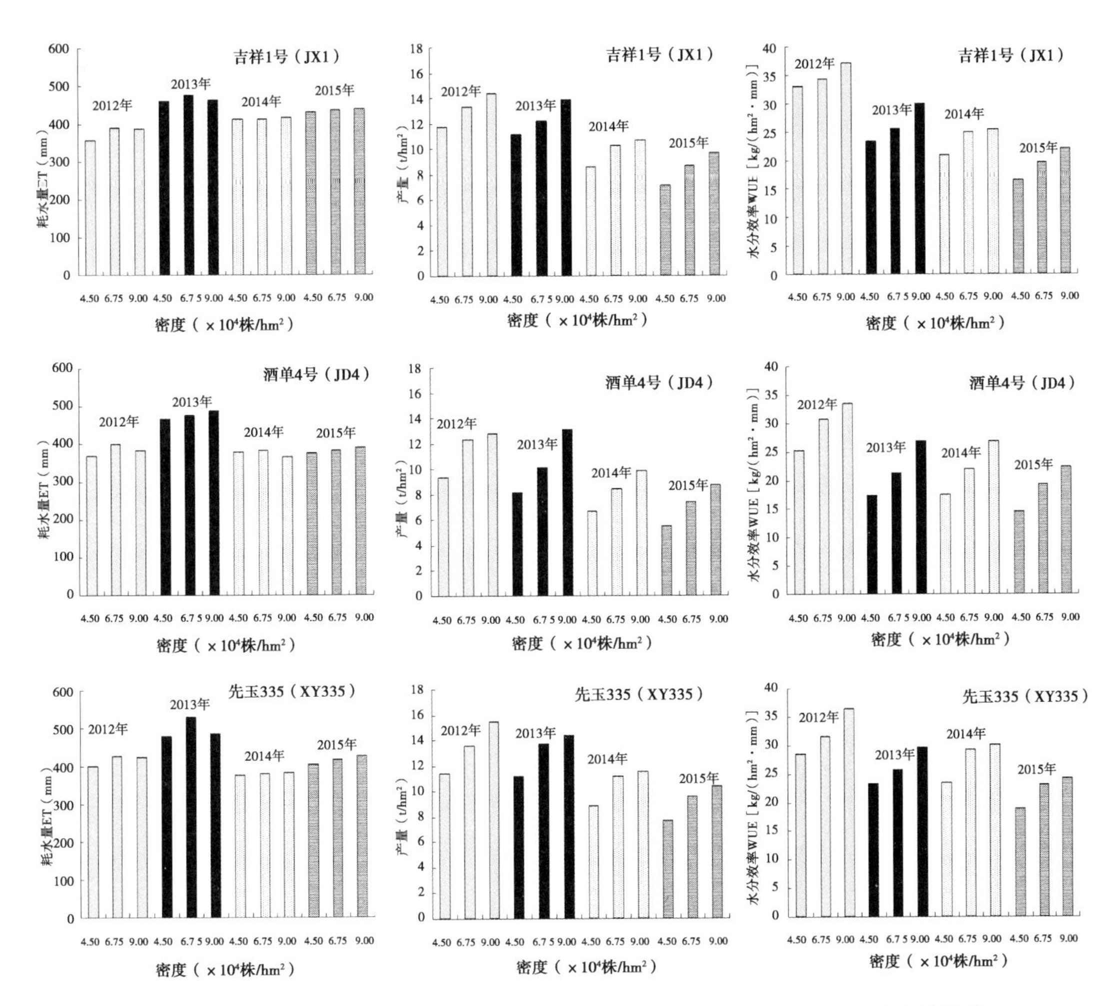

图 5-16　不同降水年型密度对全膜双垄沟玉米耗水量、产量和水分利用效率的影响

土壤水分测定的平均结果表明（图 5-17），不论降水年型如何，旱作农田全膜双垄沟集雨种植（FPRF）土壤水分始终高于半膜平铺盖种植（HPFC）。无论全膜双垄沟还是半膜铺盖，土壤中保蓄水分的多少（图 5-17）与季节性降水量高低基本一致（图 5-15），2013 年丰水年保蓄的土壤水分高于 2012 年正常年，正常年高于 2014 年和 2015 年的干旱年。特别是试验进行到 2014 年和 2015 年时，玉米整个生育期降水减少，7—8 月共降水 90mm 左右，是多年同期平均降水量的 47.9%，大约是 2012 年同期降水的 50% 和 2013 年的 30%。2014 年 8 月 4 日和 8 月 20 日 FPRF 处理土壤平均水分达到了 12.50% 和 12.37%，较 HPFC 处理增加 2.66 个百分点和 1.98 个百分点，2015 年 7 月 30 日和 8 月 30 日同样处理的土壤水分为 15.66% 和 13.55%，较 HPFC 处理增加 3.49 个百分点和 3.39 个百分点，即全膜双垄沟种植在玉米灌浆期 0~200cm 土层多蓄积了 50~90mm 的土壤水分，在严重伏旱年份发挥了明显的抗旱增产作用。

同半膜平铺盖相比，试验期间全膜双垄沟玉米不同生育期土壤贮水量也明显增加。2012 年、2013 年、2014 年、2015 年早春播前 0~200cm 土层贮水量 FPRF 处理较 HPFC 处理分别

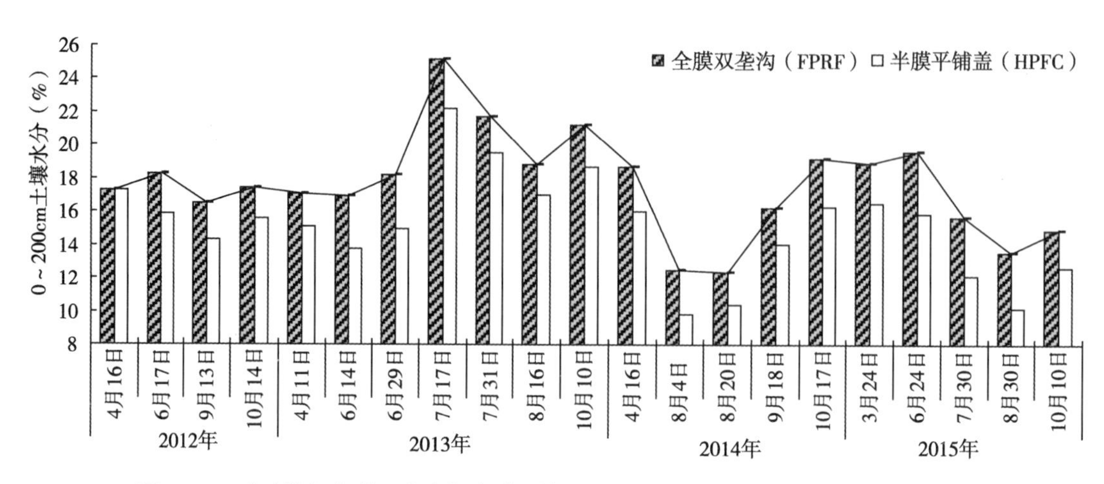

图 5-17　试验期间全膜双垄沟与半膜平铺盖种植 0～200cm 土层平均土壤水分变化

增加 68. 7mm、56. 3mm、77. 8mm 和 63. 2mm，苗期干旱季节分别增加 66. 0mm、103. 6mm、78. 5mm 和 95. 68mm，到玉米收获后仍然增加 47. 8mm、64. 5mm、74. 6mm 和 58. 0mm。

经过连续 4 年玉米耗水与降水补给的消长，全膜双垄沟集雨种植 0～200cm 剖面土壤水分垂直分布发生了明显变化（图 5-18）。在 4 年试验期间，FPRF 处理 0～200cm 土壤剖面水分始终高于 HPFC 处理，随着土层深度的增加或玉米生育进程的推进，两种覆膜种植方式之间土壤水分趋势性接近，但这种变化趋势在不同气候年份间不尽一致。正常年份 2012 年和丰水年份 2013 年土壤水分剖面分布特征基本相似，7—8 月降水量是多年平均值的 1～3 倍，土壤水分得到恢复补偿，到玉米灌浆后期 100cm 以下两种覆膜种植方式土壤水分趋于一致，两年收获时土壤水分都维持在相对较高的水平，2012 年 14%～15%、2013 年 18%～20%；但在干旱的 2014 年和 2015 年明显不一样，特别是 2014 年玉米苗期（6 月 4 日）半膜平覆盖 0～140cm 土壤剖面水分已降低到 8. 31%～9. 20%，全膜双垄沟种植 10. 4%～14. 3%，到灌浆后期（9 月 18 日）100～180cm 土层土壤含水率全膜覆盖和半膜覆盖平均为 12%和 10. 6%，特别是 100～140cm 土壤水分半膜覆盖下降到 8. 2%，较全膜覆盖的 11. 7%低 3. 5 个百分点，接近土壤萎蔫湿度，而 160～200cm 土层两种覆膜方式土壤水分接近。夏秋连旱的 2015 年，9 月 15 日整个剖面土壤水分全膜双垄沟覆盖较半膜平覆盖平均高 4. 1 个百分点，40～180cm 土层土壤水分高 3. 03～6. 34 个百分点。因此，无论降雨年型如何，全膜双垄沟种植均能有效保蓄生育期降水，使土壤剖面水分高于半膜平覆盖，干旱年份蓄水保水效果尤其明显。

（六）旱作地膜玉米农田土壤水分利用恢复的时空变化特征

在 2012—2015 年，玉米生育期遇到了 1 个正常年份、1 个丰水年份和 2 个干旱年份，覆膜农田水分不仅在土壤垂直剖面空间上明显不同，而且在试验期间形成了鲜明的时空差异特征。四年期间，全膜双垄沟覆盖与半膜平覆盖 0～200cm 土层土壤剖面水分等值线图形成了鲜明的对照（图 5-19 和图 5-20），半膜平覆盖种植下农田土壤剖面水分均明显降低，特别是干旱年份（2014 年和 2015 年）形成了土壤水分的低湿层，并且低湿层厚度加深，持续时间延长。在半膜平覆盖种植中，2012 年 9 月中旬 80～120cm 土壤水分降低到

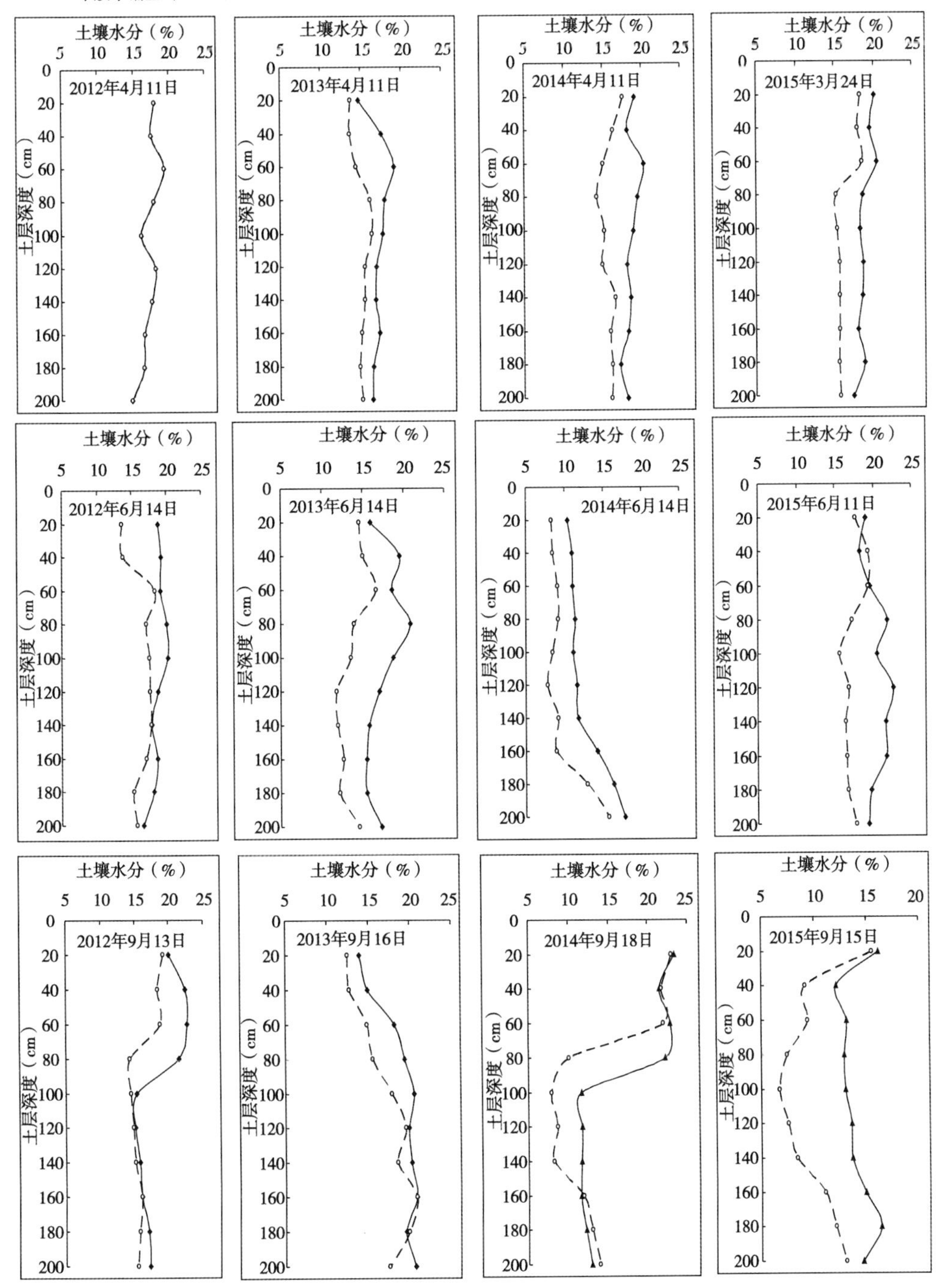

图 5-18　玉米生长期间 0~200cm 土层土壤水分的垂直分布

11.1%~12.5%，2013年6月上旬120~140cm下降到11.8%~12.7%，2014年9月中旬100~140cm土层降低到7.9%~8.7%，2015年同时期40~140cm土层土壤水分下降到6.7%~9.5%，干旱年形成了一个土壤水分<8%的干土层，并且随着时间推移干土层厚度增加、范围扩大。因此，不同降雨年份全膜双垄沟集雨种植产量的增加，并没有多消耗土壤水分，也未在土壤深层形成水分低湿层，尚未观察到对土壤剖面水分循环负面影响。

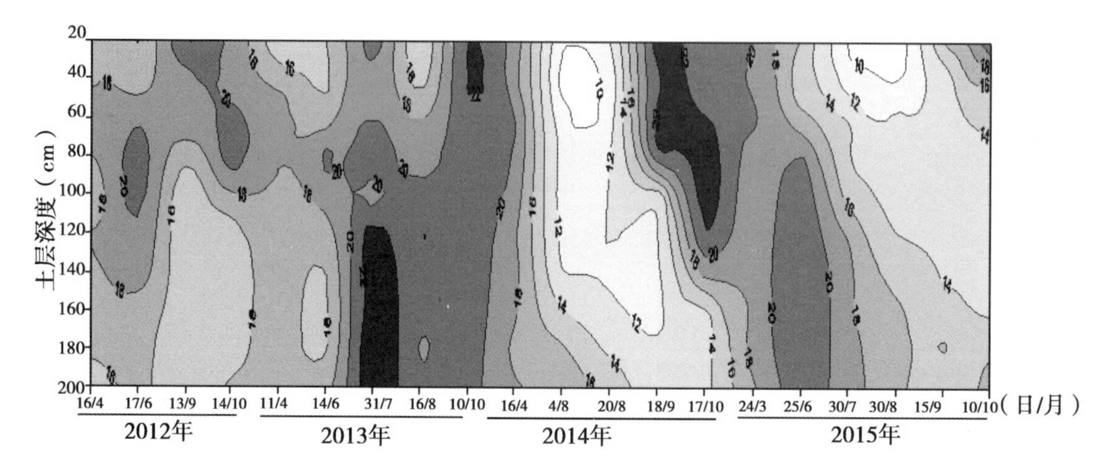

图5-19　旱作全膜双垄沟集雨种植玉米农田土壤水分时空分布

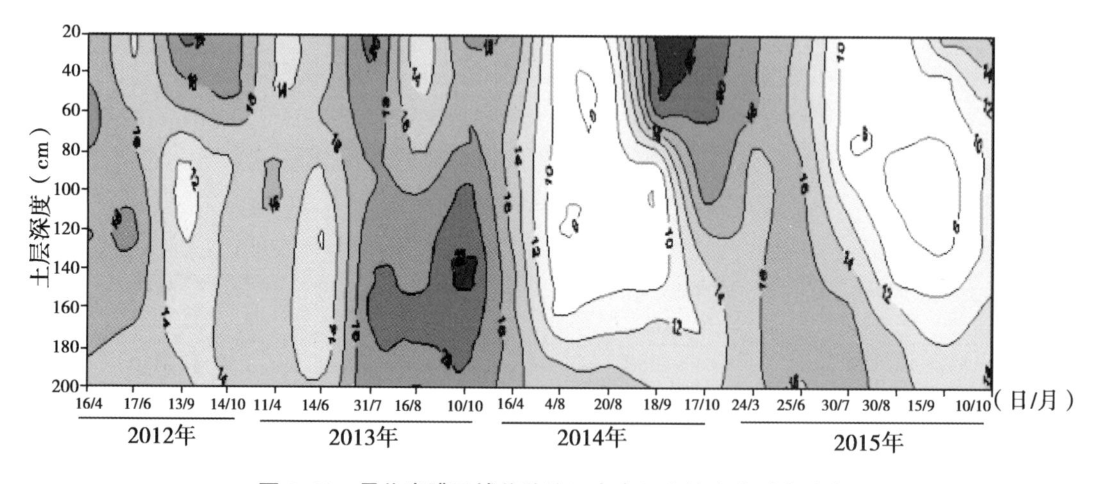

图5-20　旱作半膜平铺盖种植玉米农田土壤水分时空分布

从农田水分平衡来看，4年全膜覆盖连作玉米总耗水（1 680.2mm）比半膜覆盖（1 737.1mm）减少56.9mm，而玉米生育期间（2012年4月—2015年9月）和生产年度（2012年1月—2015年12月）总降水1 748mm和1 920mm。因此，在年均降水450mm以上地区，连作4年的旱作玉米全膜双垄沟播、半膜覆盖种植降雨利用率达到87.5%和90.5%（4年总耗水/4年生产年度总降水），前者WUE 25.38kg/(mm·hm^2)，后者WUE20.96kg/(mm·hm^2)，即全膜双垄沟集雨种植降低了土壤水分的非生产性消耗，将土壤蒸发耗水转化为玉米蒸腾耗水，提高了水分利用效率。

（七）玉米苗期叶片失水速率的差异

旱地玉米生育期间消耗水分的绝大部分主要通过叶片表面散失到大气中。通常以离体叶片的失水速率（RWL）来表示玉米叶片保水力的高低，较低的 RWL 与作物抗旱性有关。全膜双垄沟种植下玉米苗期叶片失水速率 RWL 在品种之间差异较大，并且因降雨年型不同而迥然不同。旱地玉米苗期（6 月上旬）随着离体叶片失水时间的延长、失水速率减低。正常年份（2012 年）、丰水年份（2013 年）先玉 335 苗期叶片失水速率显著低于吉祥 1 号和酒单 4 号，即先玉 335 苗期抗旱性强、能充分利用有限的降水，干旱年份（2015 年）也是如此，但叶片失水速率显著低于丰水年份和正常年份，品种之间叶片失水速率差异相对较小（图 5-21）。因此，选择苗期抗旱性强的品种是覆膜密植节水的一个重要方面。

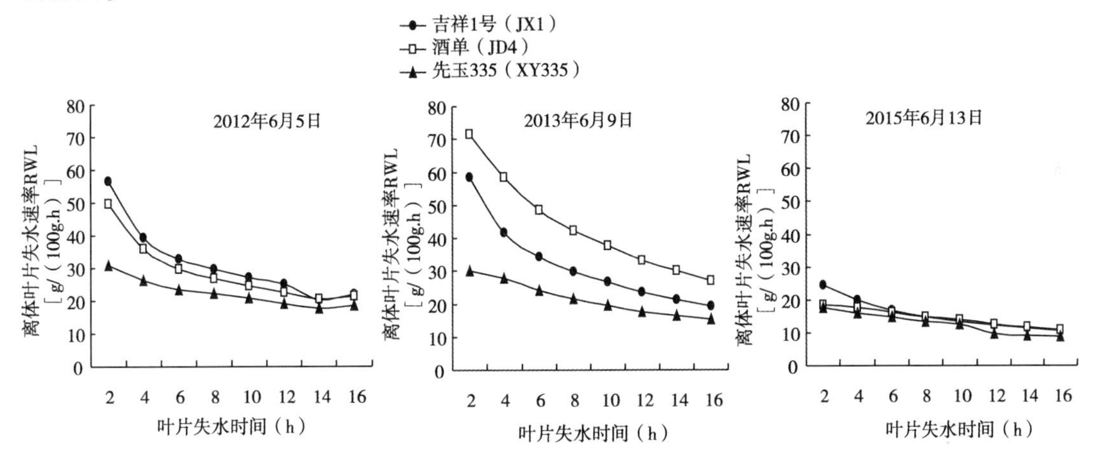

图 5-21　不同降雨年份全膜双垄沟种植玉米品种之间苗期离体叶片失水速率的差异

三、讨　论

目前，国内所有旱作农田集雨种植研究中，垄膜沟种能最大限度蓄保降雨和提高作物水分利用效率的结论是毋庸置疑的（Ren X L 等，2010；杨祁峰等，2010；任小龙等，2010），但产量和 WUE 增加幅度区域间差异很大。本研究 4 年连作玉米试验，全膜双垄沟播较半膜平铺盖种植平均增产 15.72%、WUE 提高 4.42kg/(mm · hm^2)，其产量和 WUE 提高幅度首先与降水直接有关，其次是种植密度和品种耐密特性。在 4.5 万~9.0 万株/hm^2 密度范围内，随着密度增加旱作覆膜玉米产量、耗水量、WUE 同步增加，主要是增加密度提高了玉米群体叶面积和蒸腾耗水量（刘化涛等，2010），但耗水量增加幅度远小于产量和 WUE 提高幅度，当密度超过 6.75 万株/hm^2 后，耗水量却变化较小而产量和 WUE 仍然增加，即使严重干旱的 2014 年和 2015 年，产量和 WUE 也是如此。在山西中部同样降水量的旱作区，在密度 6.0 万~10.5 万株/hm^2 范围内，受干旱影响玉米产量随密度先增加后减少，呈现抛物线形（张冬梅等，2014；Tollenaar M，Lee E A，2002），这可能与本研究密度范围设定上限偏低有关。在旱作农田增加玉米种植密度必然加剧种内竞争，却对耗水量影响不大，并且受土壤可供水量有限的影响，不同密度玉米总耗水量无差异，极差值仅 4.1mm（张冬梅等，2014），旱作玉米合理密度应根据土壤底墒情况及降水进行预测。4年平均，全膜双垄沟与半膜平辅盖玉米耗水量也无明显差异，这与年降水400mm黄土高原半干旱地区同类试验耗水量增加6.8%~12.1%，尤其是灌浆期耗水增加237.3%结论不一致（王红丽等，2011），也有研究证实玉米耗水量在一定产量水平和一定地区内是相对稳定，由叶面蒸腾量与棵间蒸发量两部分组成，栽培措施仅改变棵间蒸发量与叶面蒸腾量比例（王小林等，2013；程维新，欧阳竹，2008）。

作物高产导致旱作农田土壤干层化（董翠云等，2000），特别是玉米全膜双垄沟种植可能过度消耗土壤水分，技术的可持续性和密植高产受到质疑（李世清等，2003）。本研究结果却不然，全膜双垄沟种植在4.5万株/hm^2基础上增加2.25万株/hm^2玉米产量提高20.62%、再增加同等数量密度继续增产12.03%，4个不同降水年型期间全膜双垄沟播土壤水分始终高于半膜平覆盖种植，增密增产后并没有导致土壤剖面形成干土层，这与白翔斌等（2015）在陕西渭北旱塬全膜双垄沟高产栽培玉米整个生育期不仅没有导致土壤剖面土壤水分降低、在0~200cm土层未形成干土层的研究结论一致，但干旱年份半膜覆盖玉米灌浆期土壤水分降低到了凋萎含水量以下，出现了明显的干土层。因此，年降水450mm以上半干旱区，全膜双垄沟播增密种植不会加剧土壤剖面水分的过度消耗，反而有利于持续增产和土壤水分蓄保利用。

四、结　论

在完全依靠有限降雨的黄土高原旱作覆膜集雨种植系统中，全膜双垄沟集雨保墒种植是旱作玉米增密增产和提高水分利用效率的前提，选择耐密品种是增大群体持续增产的关键。半干旱区旱作玉米全膜双垄沟种植较半膜平铺盖平均增产15.72%和WUE提高21.09%。在一定密度范围内，产量、耗水量、WUE与密度同步增加，但耗水量增加幅度较小，密度超过一定值后，产量和WUE提高并不多消耗土壤水分，增密增产节水效果显著。不论降雨年型如何，全膜双垄沟种植总能高效蓄保降水，4年期间农田土壤剖面水分始终高于半膜平铺盖种植，增密高产后土壤深层没有形成干土层，而干旱年份半膜平铺盖土壤深层形成了明显干土层。在目前生产密度5.3万株/hm^2基础上，“全膜双垄沟+耐密品种+密度增加1.5万株/hm^2”是旱作玉米持续增产和高效用水的关键。

第七节　夏休闲期覆盖耕作对麦田土壤水分与周年生产力的影响

覆盖栽培在改变农田下垫面的性质和能量平衡、调节土壤温度和改善土壤水分状况方面具有显著的作用，也有较好的生态效应和经济效益，已成为当前的研究热点，但研究多集中于单一耕作方式下麦田土壤水分时空变化规律、水分利用效率及土壤水分对产量的影响等方面。夏季覆盖和裸田休闲作为两种主要的夏闲方式，在我国北方地区广泛存在。但对于夏休闲不同耕作方式下麦田土壤水分状况及其周年生产力的比较研究尚不多见。另外，目前覆盖物质主要有沙砾、秸秆、作物残茬、地膜等，未见在夏休闲期种植油菜作为覆盖物质的报道。本章根据西北半湿润偏旱区（甘肃省镇原县）全年降雨集中在冬小麦收后夏休闲期（7—9月）、土壤水分蒸发强烈、农田产量低而不稳等特点，以冬小麦为研究对象，夏休闲传统耕作对照，设计比较了夏休闲地膜覆盖、夏休闲高留茬翻耕+绿色覆盖（播种油菜）、夏休闲高留茬少耕+绿色覆盖和夏休闲高留茬少耕4种覆盖方式对冬小麦播前土壤储水量、土壤水分入渗规律、降水高效利用、农田周年生产力、杂草发生和养分归还量的影响，分析旱地冬小麦夏休闲覆盖栽培增产机理和适宜的覆盖材料，最大限度地提高自然降水的利用效率，为该地区粮食丰产提供科学的技术和理论依据。

一、试验概况

（一）试验区概况

试验于2007—2008年度和2008—2009年度在农业部甘肃镇原黄土旱原生态环境重点野外科学观测站（35°30′N，107°29′E）进行，海拔1 254m，年均降水量540mm，降水主要分布在7—9月，年平均温度8.3℃，属完全依靠自然降水的西北半湿润偏旱区。土壤为黑垆土，有机质含量11.1g/kg，碱解氮88mg/kg，速效磷12mg/kg，速效钾236mg/kg，肥力中等。长期盛行以冬小麦为主的一年一熟制或填闲复种的两年三熟轮作制。

（二）材料与设计

供试品种为陇鉴386；绿色覆盖品种为天油1号；地膜厚度为0.008mm，宽为1.4m。

试验采取随机区组设计，共设5个处理：分别为：夏休闲传统耕作（对照），简称传统耕作；夏休闲地膜覆盖，简称夏覆膜；夏休闲高留茬少耕，简称少耕；夏休闲高留茬翻耕+绿色覆盖，简称深翻绿盖；夏休闲高留茬少耕+绿色覆盖，简称少耕绿盖。传统耕作：麦收后留茬5~10cm，秸秆和麦穗全带走，于7月中旬深耕，8月下旬浅耕耙耱保墒；夏覆膜：在7月中旬深耕后遇雨施肥覆膜，膜面宽1.2m，膜间0.2m；少耕：麦收后留茬25~30cm，9月10日深翻还田并同时耙耱；深翻绿盖：7月中旬深耕，8月5日播种油菜，其余同少耕；少耕绿盖：8月5日在麦茬行间播种油菜，其余同少耕。

各处理3次重复，小区面积30m^2（6m×5m）。结合播前整地基施普通过磷酸钙875kg/hm^2，尿素235kg/hm^2，返青后撒播追施尿素156kg/hm^2。夏休闲地膜覆盖处理尿素一次基施391kg/hm^2，整个生育期不追肥。试验管理按常规措施进行。2个年度中，试验在同一地块进行。夏覆膜处理于9月26日用单行地膜小麦穴播机播种，51.45万穴/hm^2，7~9粒/穴。其余处理均于9月18日人工开沟撒播，行距0.2m，基本苗为375万株/hm^2。

（三）测定指标及分析方法

植株全氮、全磷、全钾的测定：夏闲地翻耕前，对油菜和留茬秸秆分别取样，进行全氮、全磷和全钾的测定。

油菜和杂草生长量测定：休闲末麦田翻耕前，在每小区设置5个1m^{2}样方，将油菜和杂草连根拔起，洗净、杀青、烘干，测定油菜和杂草干物质量。

土壤水分测定和水分利用效率（WUE）计算：播种前和收获时分别用土钻法测定每个小区2m土层（每20cm为一个层次）的土壤含水率，转化为以毫米为单位的播前和收获时的土壤贮水量。生育期降水量通过MM-950自动气象站获得。利用土壤水分平衡方程计算每个小区作物耗水量（ET）。

小区产量：成熟时，按每个小区实收计产，同时测定其生物产量。

耗水量 ET（mm）= 播前 2m 土壤贮水量-收获时 2m 土壤贮水量+生育期降水量。

水分利用效率 WUE［kg/(mm·hm^2)］=产量/耗水量。

土壤蓄水率（%）=［（休闲末 0~2m 土壤储水量-休闲开始 0~2m 土壤储水量）/夏休闲降水量］×100。

二、试验结果与分析

（一）冬小麦试验年份降水分析

试验年度降水量与过去 10 年的平均降雨情况见表 5-18，试验期间，降水量在不同年际间分布变异较大。2007—2008 年试验年度降水量为 464. 4mm，较历年平均 511. 6mm 少 47. 2mm，2008—2009 年试验年度降水量为 296. 9mm，较历年平均少 214. 7mm，分别为正常年份和干旱年份。2007—2008 年度和 2008—2009 年度夏休闲期降水量分别为 202. 7mm 和 147. 1mm，分别较历年平均 258. 2mm 少 55. 5mm 和 111. 1mm。2007—2008 年冬小麦生育期降水量为 261. 7mm，比历年同期平均 253. 4mm 多 8. 3mm，2008—2009 年降水量为 149. 8mm，比历年同期平均少 103. 6mm。因此，夏休闲期和生育期降水 2007—2008 年度好于 2008—2009 年度。

表 5-18　冬小麦试验年份降水比较

年　份	休闲期各月降水量（mm）		生育期各月降水量（mm）										总　计（mm）
	7月	8月	9月上中旬	9月下旬	10月	11月	12月	1月	2月	3月	4月	5月	6月	
2007—2008	153. 3	49. 4	0	69. 1	72. 3	3. 5	5. 6	19. 8	5. 8	11. 3	10. 8	11. 1	52. 4	464. 4
2008—2009	58. 7	63. 4	25. 0	47. 9	12. 3	3. 8	0	0. 9	12. 7	12. 3	6	41. 1	12. 8	296. 9
历年平均（1998—2008））	110. 3	90. 4	57. 5	35. 4	47. 9	7. 1	2. 0	5. 7	5. 6	15. 4	24. 1	51	59. 2	511. 6

（二）夏休闲不同耕作方式对小麦播前土壤贮水量的影响

从表 5-19 可以看出，各耕作方式无论是在干旱年，还是在平水年，都能使夏休闲麦田土体贮水状况得到不同程度的改善。2007 年、2008 年和 2009 年夏休闲期降雨 202. 7mm、152. 3mm 和 200. 6mm 后，深翻绿盖、少耕绿盖、少耕、夏覆膜及传统耕作 3 年（2007 年、2008 年和 2009 年）平均蓄水率为 46. 2%、38. 8%、38. 2%、78. 9% 和 46. 5%，与夏休闲开始 0~2m 土壤储水量相比，3 年 0~2m 土壤平均储水量依次增加 87. 1mm、72. 6mm、71. 2mm、147. 1mm 和 87. 5mm。休闲期地膜覆盖处理有很好的蓄水和保水效果，对底墒的恢复作用最好。夏闲末 0~2m 土层比传统耕作（对照）多蓄降水 61. 5mm，蓄水率提高 32. 4 个百分点；其次为深翻绿盖，夏闲末比对照少蓄降水仅 2. 4mm，蓄水率降低 0. 3 个百分点，表明夏闲地翻耕播种油菜作为覆盖作物可使降水边蓄边用，用又不影响蓄，减少了土壤水分的非生产性消耗，提高了有限降水的利用效率；少耕最差，夏闲末比对照少蓄降水 16. 7mm，蓄水率降低 8. 3 个百分点。

表 5-19　冬小麦播种时不同耕作方式 0~2m 土层土壤蓄水量比较

耕作方式	2007年				2008年				2009年			
	夏休闲初土壤储水量（mm）	夏休闲末土壤储水量（mm）	夏休闲降水量（mm）	土壤蓄水率（%）	夏休闲初土壤储水量（mm）	夏休闲末土壤储水量（mm）	夏休闲降水量（mm）	土壤蓄水率（%）	夏休闲初土壤储水量（mm）	夏休闲末土壤储水量（mm）	夏休闲降水量（mm）	土壤蓄水率（%）
深翻绿盖	237.1	324.5	202.7	43.1	254.5	308.8	152.3	35.7	237.2	356.9	200.6	59.7
少耕绿盖	237.1	308.1	202.7	35.0	237.6	289.7	152.3	34.2	239.7	334.5	200.6	47.3
少　耕	237.1	313.3	202.7	37.6	241.2	295.4	152.3	35.6	241.2	324.3	200.6	41.4
夏覆膜	237.1	391.2	202.7	76.0	244.6	355.2	152.3	72.6	244.6	421.1	200.6	88
传统耕作	237.1	329.5	202.7	45.6	241.8	299.5	152.3	37.9	241.8	354.2	200.6	56

（三）夏休闲不同耕作方式对小麦播前 0~2m 土层土壤水分分布的影响

由图 5-22 可以看出，夏休闲不同耕作方式在垂直方向上表现出不同的水分分布状

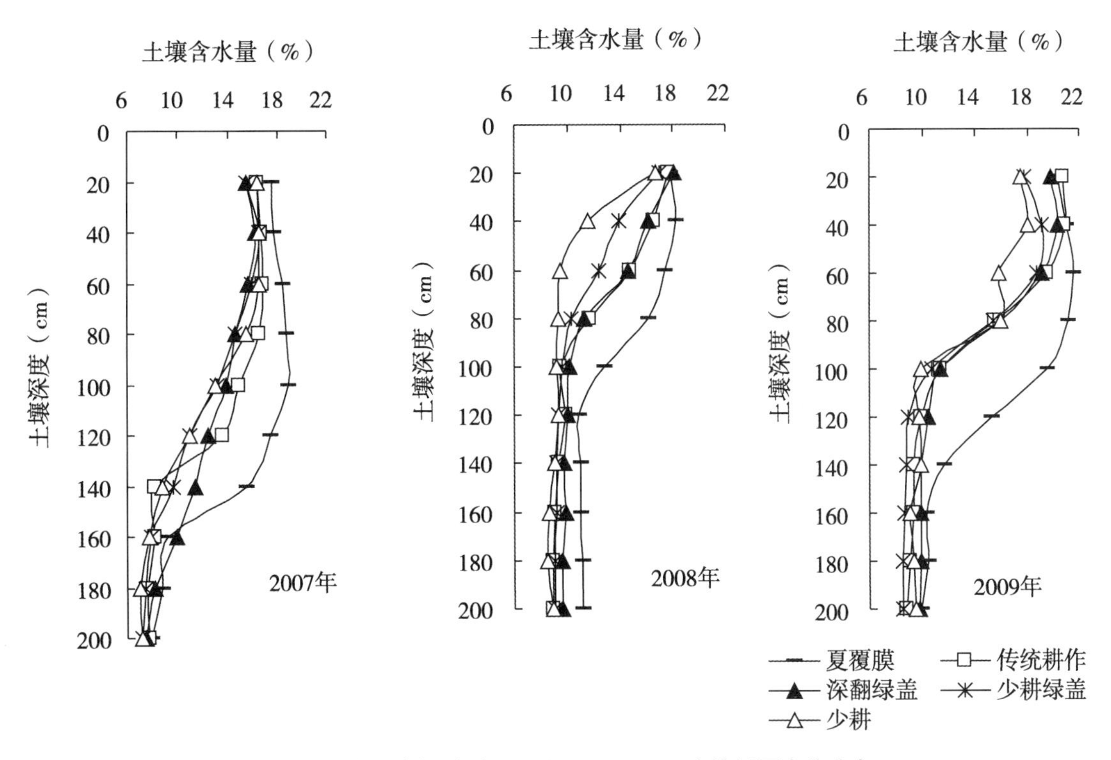

图 5-22　冬小麦播种时不同处理 0~200cm 土壤剖面水分分布

况。在 2007 和 2009 年夏休闲降水较多的年份，土壤水分得到降雨的补给，土壤含水量相对较高。0~140cm 土层不同耕作处理之间土壤含水量差异较大，在 140~200cm 土层，随深度增加，处理间的土壤水分差异逐渐缩小。在 2008 年夏休闲降水较少的年份，土壤含

水量明显较低，0~100cm 土层不同耕作处理之间土壤含水量差异较大，100~200cm 土层，随深度的增加，处理间的土壤水分差异逐渐缩小，即差异随土层深度的增加而递减。无论在夏休闲期降雨多少，不同处理间 0~160cm 土层剖面夏覆膜处理水分含量显著高于其他处理，表明地膜覆盖能强化降水入渗；深翻绿盖 0~120cm 土层剖面水分与传统耕作无差异，但高于少耕绿盖和少耕，120~200cm 土层剖面土壤水分高于传统耕作，说明夏休闲翻耕播种油菜也能强化降水向土壤深层入渗，增加土壤水分有效性。

（四）夏休闲不同耕作方式对降水利用效率的影响

各耕作方式中，籽粒产量和生物学产量的水分利用效率差异极显著，表明耕作方式显著影响土壤水分利用效率（表 5-20）。2007—2008 年（正常年型），深翻绿盖年水分利用效率显著高于其他处理，为 60.30kg/(mm · hm^2)，较传统耕作（对照）增加 74.8%，少耕绿盖和少耕年水分利用效率为 50.10kg/(mm · hm^2) 和 33.15kg/(mm · hm^2)，夏覆膜处理年水分利用效率最低，为 30.65kg/(mm · hm^2)，较对照减少 11.2%，这可能与该年度小麦倒伏有关。2008—2009 年度（干旱年型），深翻绿盖年水分利用效率也显著高于其他处理，为 47.85kg/(mm · hm^2)，较对照增加 132.8%，少耕绿盖和夏覆膜处理年水分利用效率分别为 31.20kg/(mm · hm^2) 和 25.35kg/(mm · hm^2)，少耕年水分利用效率最低，为 15.60kg/(mm · hm^2)，比对照减少 24.1%。深翻绿盖处理显著提高年水分利用效率的主要原因，是在不影响后作冬小麦籽粒产量和秸秆生物产量水分利用效率的条件下，用夏休闲期播种油菜覆盖裸地的方法，把裸地无效蒸发的一部分降水转化为油菜生物产量，提高了水分利用效率。

表 5-20 不同耕作方式的水分利用率 [单位：kg/(mm · hm^2)]

耕作方式	籽粒产量水分利用率		油菜生物学产量水分利用率		秸秆生物学产量水分利用率		年水分利用效率	
	2007—2008 年	2008—2009 年	2007—2008 年	2008—2009 年	2007—2008 年	2008—2009 年	2007—2008 年	2008—2009 年
深翻绿盖	16.65 A	9.45 A	21.00 A	28.50 A	22.65 A	9.90 BC	60.30 A	47.85 A
少耕绿盖	15.75 A	7.95 B	13.35 B	12.45 B	21.00 A	10.80 BC	50.10 B	31.20 B
少　耕	14.40 B	6.75 C	0	0	18.75 B	8.85 C	33.15 C	15.60 D
夏覆膜	12.00 C	10.50 A	0	0	18.65 B	14.85 A	30.65C	25.35 C
传统耕作	15.15AB	9.00 AB	0	0	19.35 AB	11.55 B	34.50 C	20.55 D

注：年水分利用效率=籽粒产量水分利用效率+油菜生物学产量水分利用效率+秸秆生物学产量水分利用效率

（五）夏休闲不同耕作方式对麦田周年生产力的影响

由表 5-21 可见，2007—2008 年度（正常降雨年型），深翻绿盖年产量显著高于其他处理，为 14 916.0kg/hm^2，较传统耕作（对照）增加 26.6%，少耕绿盖和夏覆膜分别为 13 704.0kg/hm^2 和 1 2280.5kg/hm^2，比对照增加 16.3%和 4.2%，少耕最低，为 10 791.0 kg/hm^2，比对照减少 8.4%。2008—2009 年（干旱年型），夏覆膜年产量最高，为

6 813.0kg/hm²，比对照增加51.8%，但和深翻绿盖（6 895.8kg/hm²）差异不显著，少耕绿盖和少耕年产量分别为5 109.0kg/hm²和3 618.0kg/hm²，分别较对照增加和减少17.6%和16.7%。进一步分析表明，深翻绿盖处理显著提高年产量的主要原因是在不影响后作冬小麦籽粒产量和秸秆生物产量的条件下，用夏休闲期播种油菜覆盖裸地的方法，把裸地无效蒸发的一部分降水转化为油菜生物产量。

表 5-21　不同耕作方式的周年生产力　（单位：kg/hm²）

年　份	耕作方式	籽粒产量	油菜生物学产量	秸秆生物学产量	年产量
2007—2008	深翻绿盖	5 332.5 A	2 350.5 A	7 233.0 A	14 916.0 A
	少耕绿盖	5 127.0 A	1 762.5 B	6 814.5 AB	13 704.0 B
	少耕	4 692.0 B	0	6 099.0 B	10 791.0 D
	夏覆膜	4 792.5 B	0	7 488.0 A	12 280.5 C
	传统耕作	5 169.0 A	0	6 615.0 AB	11 784.0 CD
2008—2009	深翻绿盖	1 785.3 B	2 848.5 A	2 262.0 BC	6 895.8 A
	少耕绿盖	1 654.5 B	1 213.5 B	2 241.0 BC	5 109.0 B
	少耕	1 638.0 B	0	1 980.0 C	3 618.0 D
	夏覆膜	2 832.0 A	0	3 981.0 A	6 813.0 A
	传统耕作	1 741.8 B	0	2 602.5 B	4 344.3 C

注：年产量=籽粒产量+油菜生物学产量+秸秆生物学产量

（六）不同耕作方式对麦田养分归还量的影响

表5-22可知深翻绿盖在小麦播前归还农田的生物总量显著高于其他处理，为5 169.0kg/hm²，比传统耕作（对照）增加326.5%，少耕绿盖和少耕为3 781.5kg/hm²和2 574.0kg/hm²，较对照增加212.0%和112.4%。夏覆膜处理和对照归还量相同，为1 212.0kg/hm²。深翻绿盖处理归还农田的全氮、全磷和全钾也显著高于其他处理，分别为88.2kg/hm²、16.0kg/hm²和75.3kg/hm²，比对照高716.7%、300.0%和829.6%；少

表 5-22　不同耕作方式麦田有机物质和养分归还量　（单位：kg/hm²）

耕作方式	养分归还形式	归还总生物量	养分归还量		
			全氮	全磷	全钾
深翻绿盖	油菜+秸秆	5 169.0 A	88.2 A	16.0 A	75.3 A
少耕绿盖	油菜+秸秆	3 781.5 B	51.9 B	11.6 B	43.2 B
少　耕	秸秆	2 574.0 C	20.6 C	7.7 C	15.4 C
夏覆膜	秸秆	1 212.0 D	10.8 D	4.0 D	8.1 D
传统耕作	秸秆	1 212.0 D	10.8 D	4.0 D	8.1 D

耕绿盖和少耕归还农田的全氮、全磷、全钾分别为51.9kg/hm^{2}和20.6kg/hm^2、11.6kg/hm^{2}和7.7kg/hm^2、43.2kg/hm^{2}和15.4kg/hm^2，比对照增加380.6%和90.7%、190%和92.5%、433.3%和90.1%；夏覆膜处理和对照全氮、全磷和全钾归还量相同，分别为10.8kg/hm^2、4.0kg/hm^{2}和8.1kg/hm^2。可见，深翻绿盖、少耕绿盖和少耕处理可增加土壤有机物质投入，显著加强了麦田系统的物质循环，有效的培肥地力，实现了耕地的用养结合。

（七）不同耕作方式对夏休闲麦田杂草生长量的影响

深翻绿盖和夏覆膜能有效抑制夏闲期农田杂草生长，其杂草量显著小于传统耕作（对照），分别为300.0kg/hm^{2}和168.0kg/hm^2，为对照的41.4%和23.2%。少耕处理杂草量最高，为3 300.0kg/hm^2，较对照高355.5%，其次为少耕绿盖，为1 851.0kg/hm^2，较对照高155.5%。经过叶色对比发现，覆盖处理与对照处理相比，杂草叶色偏黄。夏覆膜抑制杂草主要是利用膜内高温杀死杂草，而深翻绿盖是种植油菜的生长势优于杂草，抑制了杂草生长。

三、结论与讨论

夏休闲期地膜覆盖处理有很好的蓄水和保水效果，对底墒的恢复作用最好，地膜覆盖夏闲末0~2m土层比传统耕作（对照）多蓄降水61.5mm，0~2m土层土壤蓄水率达70%以上；深翻绿盖夏闲末比对照少蓄降水仅为2.4mm，蓄水率降低0.3个百分点，表明夏闲地翻耕播种油菜作为覆盖作物可使降水边蓄边用，用又不影响蓄；少耕处理夏休闲蓄水保水效果最差，比对照少蓄降水16.7mm，蓄水率降低8.3个百分点，这与少耕处理土壤紧实，不利于夏休闲期集中降水入渗有关。

深翻绿盖小麦周年周年产量和水分利用效率较对照分别提高35.2%和96.7%，其主要原因是深翻绿盖在不影响后作冬小麦籽粒产量和秸秆生物产量的条件下，夏休闲期播种油菜覆盖裸地把裸地无效蒸发的一部分降水转化为油菜生物产量，提高了有限降水的利用效率。少耕处理的周年产量和水分利用效率最低，分别为7 205.5kg/hm^{2}和24.38kg/(mm·hm^2)，依次比对照减少11.9%和12.9%。因此，麦地夏闲期种植油菜压青，是提高旱地生产能力和降水利用效率的一项行之有效的措施。

深翻绿盖处理归还农田的总生物量、全氮、全磷和全钾也显著高于其他处理，分别为5 169.0kg/hm^2、88.2kg/hm^2、16.0kg/hm^{2}和75.3kg/hm^2，比对照高326.5%、716.7%、300.0%和829.6%，显著加强了麦田系统的物质循环，既可培肥地力、提高麦田系统生产力，又能提高麦田系统的碳蓄积能力，实现了耕地的用养结合。

深翻绿盖和夏覆膜能有效抑制夏闲期农田杂草生长，其杂草量显著小于对照，分别为对照的41.4%和23.2%。经过叶色对比发现，覆盖处理与对照处理相比，杂草叶色偏黄。夏覆膜抑制杂草主要是利用膜内高温杀死杂草，而深翻绿盖是种植油菜的遮阴作用，制约了杂草的生长。

第八节　旱地玉米地膜秸秆耦合覆盖的技术效应研究

地膜覆盖使土壤有机物过量分解，土壤有机质含量下降，土壤物化性质变坏，地力下降，形成土壤利用的恶性循环。本研究通过大田试验，研究将秸秆还田纳入地膜玉米种植体系的可行性，从而找出一条既能提高作物产量又能维持地力的可持续利用途径。

一、试验概况

（一）试验区概况

试验于 2014—2015 年度在甘肃省农科院镇原试验站（35°30′N，107°29′E）进行，海拔 1 254m，年均降水量 540mm，降水主要分布在 7—9 月，年平均温度 8.3℃。土壤为黑垆土，有机质 12.2g/kg，碱解氮 89mg/kg，速效磷 11mg/kg，速效钾 241mg/kg，肥力中等。

（二）试验设计

供试品种为先玉 335；地膜为普通聚乙烯农膜，厚度为 0.01mm，宽为 1.2m。

采用裂—裂区设计，主区为秋季翻耕和春季翻耕还田 2 个处理；裂区为全膜双垄沟和宽膜平铺 2 种覆膜方式；裂—裂区为 0kg/hm^2、4 500kg/hm^2、9 000kg/hm^2、13 500kg/hm^2 4 个秸秆还田量。采用普通大田高产施肥管理：覆膜前结合整地基施尿素 300kg/hm^2、普通过磷酸钙 938kg/hm^2，玉米拔节期追施尿素 195kg/hm^2，其他栽培管理同大田生产。2 个年度试验在同一地块同一位置进行。

（三）测定指标及分析方法

玉米播种前和收获时分别用土钻法沿玉米种植行任意两株之间每个小区 2m 土层（每 20cm 为一个层次）测定土壤含水率。计算每作物耗水量（ET）。成熟后，随机取样 20 株考种，按每小区实收计产，计算作物 WUE。耗水量 ET（mm）= 播前 2m 土壤贮水量-收获时 2m 土壤贮水量+生育期降水量。WUE［kg/(mm · hm^2)］=籽粒产量/耗水量。

试验数据采用 SPSS11.5 软件进行处理。

二、试验结果与分析

（一）秸秆粉碎翻耕还田对玉米产量及水分利用效率的影响

不同秸秆还田模式 2 年平均产量方差分析表明（表 5-23），秋覆膜和春覆膜产量差异达极显著水平（$P<0.01$）。秋覆膜平均产量为 13 850.9kg/hm^2，较春覆膜增产 4.9%，增产主要原因是秋覆膜有效保蓄了冬春闲期降水，显著提高玉米播前土壤水分，秋覆膜播前 0~2m 土壤平均贮水量为 514.2mm，较春覆膜提高 7.7%。不同覆盖方式产量差异也达到显著水平（$P<0.01$），全膜双垄沟平均产量为 13 934.2kg/hm^2，较半膜平铺增产 6.2%，

差异达极显著水平。不同秸秆还田量产量差异达显著水平（$P<0.05$），秸秆还田 9 000kg/hm² 产量最高，其次为 13 500kg/hm² 还田量处理，两者差异不显著，但显著高于显著高于 4 500kg/hm²、0kg/hm² 和露地 3 个处理。9 000kg/hm² 秸秆还田产量较无秸秆还田和露地产量分别增加 5.4%和 55.1%。同时，秸秆还田为土壤增蓄扩容创造了良好的条件，播前 13 500kg/hm²、9 000kg/hm²、4 500kg/hm² 还田量 0~200cm 土壤储水分别为 525.8mm、515.9mm、498.4mm，较无秸秆还田增加 10.0%、7.9%和 4.2%。秸秆还田配合全膜双垄沟，蓄水效果更加好，秸秆还田全膜双垄沟 13 500kg/hm²、9 000kg/hm²、4 500kg/hm² 和 0kg/hm² 还田量播前分别贮水 534.8mm、523.6mm、506.8mm 和 481.5mm，较相应秸秆还

表 5-23　秸秆粉碎翻耕还田玉米的产量和水分利用效率

年　份	覆盖时间	覆盖方式	秸秆还田（kg/hm²）	播前贮水（mm）	收获贮水（mm）	生育期降水量（mm）	耗水量（mm）	籽粒产量（kg/hm²）	WUE［kg/（hm²·mm）］
2014	秋　盖	双垄沟	13 500	572.0	323.6	244.4	492.8	15 519.0a	31.5
			9 000	562.0	317.5	244.4	488.8	15 667.5a	32.1
			4 500	543.8	317.0	244.4	471.1	15 529.5a	33.0
			0	539.5	315.8	244.4	468.1	14 538.0ab	31.1
			露地	514.8	359.7	244.4	399.5	9 556.5c	23.9
		平铺	13 500	559.3	352.5	244.4	451.2	14 098.5a	31.2
			9 000	550.2	350.2	244.4	444.4	14 361.0a	32.3
			4 500	539.6	341.7	244.4	442.2	13 738.5a	31.1
			0	529.1	351.8	244.4	421.7	13 645.5a	32.4
			露地	508.6	354.6	244.4	398.4	9 844.5b	24.7
	春　盖	双垄沟	13 500	525.1	329.9	244.4	439.5	15 376.5a	35.0
			9 000	510.3	333.2	244.4	421.5	15 537.0a	36.9
			4 500	503.2	347.0	244.4	400.6	14 305.5ab	35.7
			0	458.8	343.6	244.4	359.6	14 130.0ab	39.3
			露地	457.5	331.4	244.4	370.5	8 662.5c	23.4
		平铺	13 500	492.1	321.4	244.4	415.1	12 762.0a	30.7
			9 000	488.6	310.6	244.4	422.3	12 852.0a	30.4
			4 500	461.8	310.1	244.4	396.1	12 150.0a	30.7
			0	458.8	316.7	244.4	386.5	12 064.5ab	31.2
			露地	458.8	327.6	244.4	375.6	8 848.5c	23.6

（续表）

年　份	覆盖时间	覆盖方式	秸秆还田 (kg/hm²)	播前贮水 (mm)	收获贮水 (mm)	生育期降水量 (mm)	耗水量 (mm)	籽粒产量 (kg/hm²)	WUE [kg/(hm²·mm)]
2015	秋　盖	双垄沟	13 500	525.0	296.3	275.9	504.6	15 651.3a	31.0
			9 000	511.8	301.6	275.9	486.1	15 359.3a	31.6
			4 500	492.8	306.2	275.9	462.6	14 940.8ab	32.3
			0	485.1	297.5	275.9	463.5	14 297.8b	30.8
			露地	440.2	313.4	275.9	402.7	10 144.5c	25.2
		平铺	13 500	511.1	286.0	275.9	501.0	15 050.5a	30.0
			9 000	503.6	293.2	275.9	486.3	15 381.5a	31.6
			4 500	481.8	289.1	275.9	468.6	14 814.8a	31.6
			0	475.5	282.8	275.9	468.6	14 966.0a	31.9
			露地	438.6	316.2	275.9	398.3	9 912.0b	24.9
	春　盖	双垄沟	13 500	516.9	300.9	275.9	491.9	14 897.3a	30.3
			9 000	510.4	288.3	275.9	498.0	15 224.3a	30.6
			4 500	487.5	291.5	275.9	472.0	14 872.8a	31.5
			0	442.4	276.5	275.9	441.8	14 763.5a	33.4
			露地	429.9	325.1	275.9	380.7	9 709.5b	25.5
		平铺	13 500	505.1	294.7	275.9	486.3	14 973.0a	30.8
			9 000	490.5	293.1	275.9	473.4	14 388.3a	30.4
			4 500	476.5	281.5	275.9	470.9	14 462.8a	30.7
			0	436.2	285.4	275.9	426.6	14 320.8a	33.6
			露地	436.8	310.8	275.9	401.9	9 885.5b	24.6
2年平均	秋　盖	双垄沟	13 500	548.5	310.0	260.2	498.7	15 585.2 a	31.3
			9 000	536.9	309.6	260.2	487.5	15 513.4 a	31.9
			4 500	518.3	311.6	260.2	466.9	15 235.2 a	32.7
			0	512.3	306.7	260.2	465.8	14 417.9 b	31.0
			露地	477.5	336.6	260.2	401.1	9 850.5 c	24.6
		平铺	13 500	535.2	319.3	260.2	476.1	14 574.5 a	30.6
			9 000	526.9	321.7	260.2	465.4	14 871.3 a	32.0
			4 500	510.7	315.4	260.2	455.4	14 276.7 a	31.4
			0	502.3	317.3	260.2	445.2	14 305.8a	32.2
			露地	473.6	335.4	260.2	398.4	9 878.3 b	24.8
	春　盖	双垄沟	13 500	521.0	315.4	260.2	465.7	15 136.9ab	32.7
			9 000	510.4	310.8	260.2	459.8	15 380.7a	33.8
			4 500	495.4	319.3	260.2	436.3	14 589.2ab	33.6
			0	450.6	310.1	260.2	400.7	14 446.8b	36.4
			露地	443.7	328.3	260.2	375.6	9 186.0c	24.5
		平铺	13 500	498.6	308.1	260.2	450.7	13 867.5 a	30.8
			9 000	489.6	301.9	260.2	447.9	13 620.2 a	30.4
			4 500	469.2	295.8	260.2	433.5	13 306.4 a	30.7
			0	447.5	301.1	260.2	406.6	13 192.7a	32.4
			露地	447.8	319.2	260.2	388.8	9 367.0 b	24.1

田量地膜平铺增加 3.5%、3.0%、3.4%和 1.4%。在各产量组合中，秋覆膜+全膜双垄沟+13 500kg/hm² 秸秆还田量产量最高，为 15 585.2kg/hm²，较春覆全膜双垄沟（对照）增产 7.9%，差异达显著水平，较秋覆膜+全膜双垄沟 +9 000kg/hm² 秸秆还田量和秋覆膜+全膜双垄沟 +4 500kg/hm² 秸秆还田量增产 0.5%和 2.3%，差异不显著。

实践操作表明，秸秆还田大于 9 000kg/hm² 时，土壤耕作与覆膜田间操作难度加大，因此现有机械条件下，秸秆还田量不宜大于 9 000kg/hm²。玉米成熟时观测表明，经过一年的物理化学反应，还田秸秆基本腐解，腐解率达 98.0%，成为土壤有机碳的主要组成部分，长期来看，秸秆还田+地膜覆盖对提高土壤质量和增产具有十分重要的意义。

（二）秸秆粉碎翻耕还田对玉米农艺性状的影响

由表 5-24 可知，不同覆膜时间玉米农艺性状表现出一定的差异，秋覆膜处理百粒重、穗粒数、秃顶长、穗粗、穗长、株高、穗位高平均依次为 32.1g、565.8 粒、2.3cm、5.0cm、19.3cm、307.2cm 和 125.4cm，较春覆膜提高 1.9%、4.1%、-1.7%、1.4%、1.2%、1.6%和-1.0%。不同覆盖方式农艺性状也存在差异，双垄沟处理百粒重、穗粒数、秃顶长、穗粗、穗长、株高、穗位高平均分别为 32.3g、562.5 粒、2.1cm、5.0cm、19.2cm、310.9cm 和 128.4cm，较平铺产量提高 3.1%、2.9%、-16.7%、1.4%、-0.4%、4.1%和 3.8%。秸秆还田处理农艺性状优于未还田和对照，其中产量构成因子

表 5-24　秸秆粉碎翻耕还田玉米的农艺性状表现

年　份	覆盖时间	覆盖方式	秸秆还田量（kg/hm²）	百粒重（g）	穗粒数（粒）	秃顶长（cm）	穗粗（cm）	穗长（cm）	株高（cm）	穗位高（cm）
2014	秋覆盖	双垄沟	13 500	33.2	641.4	1.5	5.1	19.7	326.3	134.7
			9 000	33.8	659.3	1.7	5.0	19.7	312.5	127.5
			4 500	33.6	661.3	1.2	5.0	20.1	313.1	127.6
			0	32.6	640.2	1.7	4.9	18.7	324.8	136.5
			露地	26.8	439.6	2.8	4.8	18.2	285.1	119.9
		平铺	13 500	33.3	594.8	1.9	5.1	18.9	295.8	116.3
			9 000	33.1	632.7	1.6	5.0	19.7	297.5	120.5
			4 500	33.3	585.6	2.0	4.9	18.4	309.3	129.4
			0	32.5	584.6	2.3	4.9	18.1	293.5	114.7
			露地	27.0	543.3	3.2	4.9	18.8	281.5	118.7
	春覆盖	双垄沟	13 500	33.1	606.6	1.6	5.0	19.3	326.1	139.9
			9 000	33.7	649.1	1.5	5.0	19.2	317.6	161.4
			4 500	32.5	622.7	2.0	5.1	19.4	318.8	133.5
			0	32.7	619.4	1.5	4.9	18.9	320.3	142.0
			露地	29.9	510.4	3.4	4.6	17.9	262.9	107.8
		平铺	13 500	30.9	632.2	1.2	4.9	19.6	301.3	124.6
			9 000	31.4	588.9	2.1	4.9	18.3	296.7	127.7
			4 500	30.5	573.4	2.3	4.8	18.5	286.1	116.9
			0	30.4	570.0	2.3	4.7	18.3	288.3	120.3
			露地	27.1	515.6	3.2	4.7	18.0	263.3	109.9

（续表）

年　份	覆盖时间	覆盖方式	秸秆还田量（kg/hm^2）	百粒重（g）	穗粒数（粒）	秃顶长（cm）	穗粗（cm）	穗长（cm）	株高（cm）	穗位高（cm）
2015	秋覆盖	双垄沟	13 500	34.6	561.3	1.1	5.3	19.4	321.4	131.9
			9 000	33.8	583.7	1.8	5.1	18.5	316.0	121.5
			4 500	34.9	518.9	1.5	5.2	19.1	324.5	128.7
			0	32.8	518.6	1.6	5.1	19.2	308.9	125.6
			露地	26.3	511.7	4.6	4.7	19.5	294.4	111.2
		平铺	13 500	33.6	526.8	3.8	5.1	20.5	305.4	133.7
			9 000	33.6	529.1	2.0	5.3	20.3	311.1	134.7
			4 500	32.3	501.2	2.4	5.1	19.6	311.8	128.3
			0	33.1	499.9	1.9	5.1	19.8	312.9	128.1
			露地	26.7	511.7	4.5	4.7	20.0	295.0	118.0
	春覆盖	双垄沟	13 500	33.2	503.5	1.3	5.1	19.0	311.6	123.1
			9 000	34.2	561.1	1.9	5.2	18.4	320.5	131.3
			4 500	33.8	508.9	2.0	5.1	18.5	312.0	127.5
			0	33.6	473.9	2.1	5.2	19.2	314.4	124.7
			露地	25.2	388.1	4.5	4.8	21.1	282.3	111.4
		平铺	13 500	33.0	612.5	2.1	5.1	19.6	317.0	133.7
			9 000	32.4	609.3	1.9	5.1	19.6	314.6	131.6
			4 500	33.3	455.8	2.4	5.0	19.8	308.8	131.6
			0	32.3	480.5	2.1	5.1	19.1	303.4	118.8
			露地	25.5	387.1	4.6	4.7	20.0	280.3	115.6
平　均	秋覆盖	双垄沟	13 500	33.9	601.4	1.3	5.2	19.6	325.4	133.3
			9 000	33.8	621.5	1.8	5.1	19.1	314.3	124.5
			4 500	34.3	590.1	1.4	5.1	19.6	318.8	128.2
			0	32.7	579.4	1.7	5.0	19.0	316.9	131.1
			露地	26.6	475.7	3.7	4.8	18.9	289.8	115.6
		平铺	13 500	33.5	560.8	2.9	5.1	19.7	300.6	125.0
			9 000	33.4	580.9	1.8	5.2	20.0	304.3	127.6
			4 500	32.8	543.4	2.2	5.0	19.0	310.6	128.9
			0	32.8	542.3	2.1	5.0	19.0	303.2	121.4
			露地	26.9	527.5	3.9	4.8	19.4	288.3	118.4
	春覆盖	双垄沟	13 500	33.2	555.1	1.5	5.1	19.2	318.9	131.5
			9 000	34.0	605.1	1.7	5.1	18.8	319.1	146.4
			4 500	33.2	565.8	2.0	5.1	19.0	315.4	130.5
			0	33.2	546.7	1.8	5.1	19.1	317.4	133.4
			露地	27.6	449.3	4.0	4.7	19.5	272.6	109.6
		平铺	13 500	32.0	622.4	1.7	5.0	19.6	309.2	129.2
			9 000	31.9	599.1	2.0	5.0	19.0	305.7	129.7
			4 500	31.9	514.6	2.4	4.9	19.2	297.5	124.3
			0	31.4	525.3	2.2	4.9	18.7	295.9	119.6
			露地	26.3	451.4	3.9	4.7	19.0	271.8	112.8

影响较明显，13 500kg/hm^2、9 000kg/hm^2、4 500kg/hm^2 还田量下，百粒重分别为 33.2g、33.3g、33.1g，较未还田和露地分别增加 2.0% 和 2.4%、1.7% 和 23.2%、23.7% 和 22.9%；穗粒数分别为 584.9 粒、601.7 粒、553.5 粒，较未还田和露地分别增加 36.5 粒和 53.3 粒、5.1 粒和 108.9 粒、125.7 粒和 77.5 粒。可见秸秆还田配套秋覆膜双垄沟能更好地协调玉米各农艺性状之间的互相关系，提高玉米产量。

三、结论与讨论

秸秆还田配套秋覆膜双垄沟能更好地协调玉米各农艺性状之间的互相关系，提高玉米产量，秋覆膜+全膜双垄沟 +13 500kg/hm^2 秸秆还田量产量最高，为 15 585.2kg/hm^2，较春覆全膜双垄沟（对照）增产 7.9%，差异达显著水平，较秋覆膜+全膜双垄沟 +9 000 kg/hm^{2}秸秆还田量和秋覆膜+全膜双垄沟 +4 500kg/hm^2 秸秆还田量增产 0.5% 和 2.3%，差异不显著。实践操作表明，秸秆还田大于 9 000kg/hm^2 时，土壤耕作与覆膜田间操作难度加大，因此现有机械条件下，秸秆还田量不宜大于 9 000kg/hm^2。玉米成熟时观测表明，经过一年的物理化学反应，还田秸秆基本腐解，腐解率达 98.0%，成为土壤有机碳的主要组成部分，长期来看，秸秆还田+地膜覆盖对提高土壤质量和增产具有十分重要的意义。

第九节　旱地小麦地膜覆盖穴播种植技术及产量水分效应

我国地膜小麦的研究、示范工作，大体上可分为 3 个阶段。一是 1980—1986 年地膜小麦栽培技术的探索阶段，主要在河北、山东、山西、河南等省进行了从冬小麦播种到第二年春季返青期用地膜覆盖麦苗的研究工作，以达到安全越冬、增产增收的目的，一般增产 20%~40%，1984 年全国达到 2 万多亩。甘肃省农业科学院 1983—1986 年先后探索了春小麦播后盖膜、出苗后不同时期揭摸或出苗后用刀片开口放苗的办法，也取得了良好效果，证明在春小麦上随着揭膜时间的推迟，增产幅度增大，全生育期盖膜的增产幅度更大。二是 1987—1996 年穴播地膜小麦栽培技术（即全生育期覆膜穴播栽培技术）的成功研究和提出，由于原有的地膜小麦其铺膜、揭膜完全依靠人工进行，费时费力，缺乏适用性和可操作性，炼苗和揭膜时间稍有不慎，就会发生烧苗现象，并且地膜的增温、节水、增产效果得不到充分发挥，于是甘肃省农业科学院在前期工作的基础上，首先在河西灌区研究提出了春小麦全生育期地膜覆盖穴播栽培技术，实现了小麦的全生育期地膜覆盖技术，而且解决了铺膜和穴播的机械化操作问题，1997 年全国示范推广 20 万 hm^2，其中甘肃 11.92 万 hm^2。三是 1996—2010 年地膜小麦栽培技术的继续完善阶段，由于穴播地膜小麦苗与孔错位、旱农地区覆膜后降雨入渗和播前土壤墒情不足等诸多因素的限制，山西、甘肃、陕西、宁夏等省区研究提出了小麦膜侧沟播技术、夏休闲期覆膜秋播技术、秋覆膜春播技术、覆膜沟穴播技术，重点解决了地膜小麦苗与孔错位以及地膜覆盖对降水高效蓄保和小麦的稳定丰产等问题，其研究和示范工作取得了重大进展和突破。四是 2011—2015 年甘肃探索全膜覆土穴播栽培技术，有些解决了苗穴错位、防草和后期高温胁迫问题，生产应用效果显著。

一、小麦地膜覆盖技术不断完善及进展

旱地小麦主要分布在北方的半干旱和半湿润偏旱区，其中冬小麦主要种植在黄淮平原以西、长城以南年降水量400~600mm的大陆性暖温带半湿润类型区，以黄土高原为主体；春小麦主要种植在东北三省的半湿润偏旱区和北部半干旱区。从全国旱地不同生态区域的研究和应用来看，各地根据不同的气候条件和生产发展要求，研究和筛选出了不同形式的小麦地膜覆盖技术，均有益于当地资源的高效利用和产量的稳定增加。从覆膜阶段来看，小麦地膜覆盖由全生育期覆膜发展到全生产年度（或周年或全程）覆膜；从播种方式来看，由膜上穴播发展到膜侧沟条播和膜上沟穴播；从覆膜时间来看，冬小麦种植区的秋季覆膜延伸到夏休闲期覆膜，春小麦种植区的春季覆膜延伸到秋季覆膜。

（一）小麦全生育期地膜覆盖技术

这项技术的核心是小麦（包括冬小麦和春小麦）播种和覆膜一次完成，地膜覆盖时间一直延续到小麦收获为止，其核心是通过覆膜最大限度的抑制作物生长期间土壤水分的无效蒸发损失，并对同期降雨有效蓄保利用，增加地积温。全生育期地膜覆盖技术可分为膜上穴播、膜上沟穴播技术和膜侧沟播技术。

1. 膜上穴播技术

这项技术由甘肃省农业科学院研究提出。机械平作覆膜和膜上穴播一体完成。一般情况下，提倡随铺膜随播种。但旱作农田铺膜时间根据土壤墒情决定，正茬小麦播前若遇墒情不足，应提前7~10d铺膜提墒，也可播前遇雨后趁墒覆膜，到适宜播期时再播种，秋作物收后需种植的晚播冬小麦，应在整地施肥后，立即铺膜播种，田间地膜覆盖宽度60~100cm，两幅地膜中间不铺膜的地方以20~30cm为宜，地膜覆盖面积70%~80%。为了防止地膜被风刮起，应在地膜上每隔4~6m压一土腰带。行距15cm，每公顷穴数49.5万~52.5万。其优点是地膜覆盖面积大，增温保墒作用强，不足之处是苗与孔错位比较严重，如遇播前土壤墒情不足，覆膜和穴播一次完成后影响出苗，在底墒严重亏缺年份不但不增产，反而减产。

2. 膜侧沟播技术

这项技术由山西省农业科学院研制提出。机械覆膜、膜两侧沟播、镇压一次完成。覆膜后地膜在田间垄沟相间排列，垄、沟宽各25cm，地膜覆盖垄面（微集水面），垄高10~15cm，沟内贴近每一个膜边种植一行小麦（即每一垄沟内种两行小麦），地膜覆盖面积50%。其主要优点是覆膜和播种一次完成，生产效率高，不存在苗与孔错位问题，并且通过地膜微集水面能将生育期降雨汇聚到作物根部，达到雨量增值效应，缺点是地膜的增温保墒作用不如膜上穴播的强，如果垄、沟比过大，单株生产力高，群体密度偏低，增产效果不明显。

3. 膜上沟播技术

这项技术由甘肃天水地区农科所研究提出，是对膜上穴播技术的改进和提高。技术要点是播前机械开沟和铺膜一次完成，播种时在膜上沟内机械穴播，主要特点是将小沟垄集雨和覆膜穴播结合在一起。机械作业时，将农田开成深6~8cm、行距16~18cm的小沟，采用80cm宽地膜覆盖沟和垄，并通过覆土压膜，使地膜紧贴沟面，在每一个地膜带上就

形成4垄3沟，每一个沟内穴播一行小麦，膜两边各穴播一行，膜上雨水汇聚于沟内，沿穴播孔入渗，地膜起到了集水和保墒的作用，两幅膜间距以25~30cm为宜。其优点是生育期内降雨利用率较前两种都高，抗旱增产效果明显，但田间操作比较费工，生产效率不高，穴播机穴播时易拉破地膜或使沟变形，苗与孔错位问题比较严重。

4. 全膜覆土穴播技术

该技术为全地面覆盖地膜+膜上覆土+穴播种植，由甘肃省农业科学院研发提出，改传统露地小麦为全地面地膜覆盖，改传统地膜小麦膜上不覆土为膜上覆1cm左右的土，改传统条播小麦大播量播种为精量穴播，破解了小麦等密植作物生育期缺水的难题，使旱地小麦平均亩产达到368.3kg，较对照（露地条播）增产58.4%。使小麦耕层土壤温度提高1~4℃，播期推迟10~15d，早返青5~10d，生育期提前5~7d。有效解决了传统地膜小麦存在的技术问题。膜上覆土有效解决了传统地膜小麦苗穴错位、出苗率低、人工放苗劳动强度大的问题；生长后期高温逼熟的问题；有效抑制杂草生长，预防田间草害。

（二）小麦全生产年度地膜覆盖技术

该项技术是在应用小麦全生育期地膜覆盖技术的基础上，将全生育期覆膜和休闲期覆膜有机结合起来，重点解决旱地小麦缺水问题和地膜小麦丰产增效问题。小麦全生产年度地膜覆盖可分为夏休闲期覆膜秋播技术和秋覆膜春播技术。

1. 旱地夏休闲期覆膜秋穴播冬小麦技术

这项技术也称周年覆膜小麦，由国家“九五”甘肃镇原旱农攻关试验区研究提出。核心技术是在冬小麦收后的夏休闲期遇雨深耕，在降第二次雨后整地施肥，用120cm宽地膜按4：1垄与沟之比在垄上机械覆膜，垄宽100cm，垄高10cm，不覆膜的沟宽25cm，秋播种时不揭膜直接在膜上机械穴播，覆膜时间较全生育期覆膜穴播冬小麦提前60d左右。其技术优点，一是在减少全生育期土壤水分蒸发损失的同时，最大限度蓄保全生产年度降雨，冬小麦播前土壤多贮水675~750m^3/hm^2，有效解决了地膜冬小麦抗旱播种的表墒和稳定丰产的底墒问题；二是经过夏休闲期降雨对地膜的敲打，地膜紧贴地表，播种时地膜不易拉动，大大减少了穴播小麦苗与孔错位问题；三是夏休闲期土壤耕层内形成了高温高湿环境，有效抑制了农田杂草和土传根病的发生。但不足之处是覆膜和播种分两次作业，生产效率不如覆膜、穴播一次完成的高。

2. 旱地冬小麦全程地膜覆盖超高产栽培技术

这项技术同夏休闲期覆膜秋播技术类似，由国家“九五”西北农林科技大学乾县黄土高原试验区研究提出。关键技术是夏休闲期地膜和麦草垄沟两元覆盖聚水保墒，地膜覆盖垄，麦草覆盖沟，垄、沟各宽60cm，垄高15cm，沟内每隔2~3m修一土档，以防径流损失，临播前揭掉地膜和麦草整地施足底肥，然后再覆膜穴播。同夏休闲期覆膜秋穴播冬小麦技术比较，其技术优点是夏休闲期降雨保蓄率高，但操作烦琐费工。

3. 旱地秋覆膜春穴播春小麦技术

这项技术由国家“九五”西北农林科技大学宁夏海原旱农攻关试验区、甘肃定西农技中心等单位先后研究提出。该项技术主要是针对半干旱地区春季常干旱少雨和土壤墒情差不能适时铺膜播种而延误农时，或覆膜播种后因干旱缺水造成出苗不齐等问题提出的，主要技术是秋季（前一年10月上中旬）整地施肥后，采用120cm宽地膜机械覆膜，其中地膜田间采光面100cm，两幅膜之间相距20~30cm，到次年播种时不揭膜在膜上直接穴播。其主要优点是最大限度地保蓄伏秋降雨和增加土壤温度，能有效解决春旱适期播种问题，不足之处是苗与孔错位，播种前或播后地膜内由于温度较高可能杂草生长较快，顶起地膜或提前大量消耗土壤水分，覆膜前在土壤表面应喷施除草剂。

二、地膜覆盖在小麦增产和高效用水上取得的技术突破

（一）小麦地膜覆盖技术适宜发展区域的划分

各地不同生态区的研究表明，地膜穴播小麦产量增幅的变化是：高寒阴湿区>半湿润偏旱区>半干旱区>干旱区>川水区，并且同一地区随着海拔高度的增加，产量和增产率呈上升趋势，如甘肃陇南地区礼县海拔从1 600m上升到1 900m时，地膜覆盖穴播冬小麦产量由972kg/hm^{2}上升到2 029.5kg/hm^2，增产率由28.3%提高到57.3%。不同生态区地膜覆盖解决的主要限制因素是不同的，高寒阴湿或二阴地区重点解决增温问题，干旱、半干旱及半湿润偏旱区主要抑制土壤蒸发损失，川水区关键是节水。

小麦地膜覆盖适宜发展区，是指年际之间种植地膜小麦基本上能保证实现显著增产增收的区域。从甘肃省多年实践看，小麦地膜覆盖适宜发展区主要有4类地区：一是年降水量小于350mm的不保灌地区，主要指河西走廊祁连山沿线一带不保灌地区，中部沿黄高扬程不保灌区及陇东、天水的部分小流域小井电不保灌区；二是年降水量大于450mm的半干旱雨养旱作农业区，主要指中东部晚播冬麦区，条件较好的川塬地、梯田、条田及二阴浅山台地和部分缓坡地；三是海拔在1 800m以上，年平均气温7℃以下的高寒阴湿区和高纬度冷凉地区；四是小麦与其他作物间作套种的中东部川水地和中西部灌溉农业区。次适宜区是指年际之间种植地膜小麦不能获得稳定增产增收的区域，主要在年降水量400mm以下的干旱半干旱区，既陇中地区和陇东的部分地区。

（二）小麦全生育期地膜覆盖穴播的增产节水效果

甘肃省多年多点的研究与示范结果表明，小麦全生育期地膜覆盖穴播技术具有显著的增产节水效果，在整个北方麦区有着广泛的适应性和推广应用前景。

1. 冬小麦地膜覆盖穴播的增幅大于春小麦

据1994—1995年多点示范，冬小麦地膜穴播增产1 965~2 062.5kg/hm^2，增幅64.6%~82.0%，春小麦地膜穴播平均增产1 876.5~2 077.5kg/hm^2，增幅43.1%~46.7%。

2. 旱地小麦地膜覆盖穴播的增幅大于水浇地小麦

在1994—1995年的多点示范中，旱地小麦地膜覆盖穴播平均增产1 897.3~2 106 kg/hm^2，增幅59.9%~88.0%，水浇地小麦地膜覆盖穴播平均增产1 747.8~1 818kg/hm^2，增幅32.2%~38.9%。

3. 干旱年份穴播地膜小麦的增幅大于雨水较好年份

雨水较好的1993年，甘肃省示范种植的53hm^{2}穴播地膜小麦平增产1 398kg/hm^2，增幅20.9%；中度干旱的1994年，甘肃省示范种植的33hm^{2}穴播地膜小麦平均增产2 172 kg/hm^2，增幅47.0%；严重干旱的1995年，甘肃省示范种植的720hm^{2}穴播地膜小麦平均增产2 107.5kg/hm^2，增幅55.8%；风调雨顺的1996年，甘肃省种植的2.92万hm^{2}穴

播地膜小麦平均单产4 185.0kg/hm^2，增产89.3kg/hm^2，增幅27.1%。

4. 高寒阴湿地区穴播地膜小麦增幅大于平川区

甘肃省高寒阴湿地区穴播地膜小麦平均增产2 976kg/hm^2，增幅53.9%，而平川地区增产1 800kg/hm^2，增幅34.7%。

5. 节水效果明显

地膜覆盖可有效抑制小麦棵间蒸发损失，灌溉农田可少浇1~2次水，节水1 050~1 500m^3/hm^2，旱作农田水分生产效率提高20%以上。

（三）旱塬冬小麦覆盖保墒高效用水种植技术

1. 旱塬夏休闲期覆膜秋播冬小麦技术

该技术解决了旱地冬小麦稳产高产的降水蓄保和覆膜穴播苗穴错位问题。连续15年（表5-25）在夏休闲期平均降雨134.6mm条件下，地膜条带覆盖52天小麦播前0~200cm土层多贮水60.9mm，相当于每亩多蓄水40.6m^3，同期降雨的保蓄率达到72%，较夏休闲

表5-25　夏休闲期覆膜对降水蓄保和秋穴播小麦产量和水分效率的影响

年份	休闲期覆膜降水蓄保			耗水量（mm）			产量（kg/亩）			WUE［kg/(mm·亩)］		
	降水量（mm）	0~2m土壤贮水增量（mm）	降水蓄保率增量（%）	夏覆膜秋穴播	露地条播（CK）	增加（%）	夏覆膜秋穴播	露地（CK）	增加（%）	夏覆膜秋穴播	露地（CK）	增加（%）
1997	228.0	85.8	37.6	394.5	338.9	14.1	386.2	229.0	40.7	0.979	0.794	18.9
1998	134.5	82.1	37.1	478.5	435.9	8.9	335.9	218.0	35.1	0.721	0.523	27.5
1999	169.8	62.8	41.3	418.4	380.7	9.0	377.4	205.7	45.5	0.902	0.688	23.7
2000	35.4	43.5	38.2	373.8	321.5	14.0	212.8	170.0	20.1	0.658	0.574	12.8
2001	197.2	71.0	36.1	436.5	337.4	22.7	306.0	147.8	51.7	0.703	0.534	24.0
2002	226.5	27.4	12.1	412.6	365.2	11.5	333.0	125.5	62.3	0.807	0.441	45.4
2003	85.7	65.0	41.6	319.8	287.2	10.2	262.2	187.5	28.5	0.82	0.781	4.8
2004	124.6	74.0	36.4	375.3	227.4	39.4	299.6	223.5	25.4	0.798	0.781	2.1
2005	83.4	63.2	36.4	257.5	197.5	23.3	221.5	135.6	38.8	0.86	0.753	12.4
2006	83.0	46.3	33.0	355.0	321.3	9.5	303.9	153.2	49.6	0.856	0.543	36.6
2007	174.4	66.8	37.4	351.5	265.0	24.6	274.5	87.6	68.1	0.781	0.509	34.8
2008	71.4	61.7	30.4	400.4	331.5	17.2	344.6	317.4	7.9	0.861	0.792	8.0
2009	61.0	55.7	34.7	269.8	245.2	9.1	195.9	86.8	55.7	0.726	0.416	42.7
2010	200.6	43.9	31.9	395.0	262.3	33.6	380.0	228.0	40.0	0.962	0.570	40.7
2011	142.3	62.9	35.7	349.2	323.4	8.0	315.7	275.7	14.5	0.904	0.850	6.4
平均	134.6	60.9	34.6	374.2	309.5	17.7	303.3	214.8	41.2	0.823	0.660	24.7

裸露地提高 92.1%。15 年平均旱地冬小麦产量 303.3kg/亩，水分利用效率 0.823kg/(mm·亩)，较露地条播小麦产量依次提高 41.2%和 24.7%。尤其是 1999 年度，冬小麦播种后的 160 多天无降雨，旱灾十分严重，春季部分露地麦田翻耕改种，而这项技术的抗旱效果特别明显，大区试验单产 5 661kg/hm^2，较露地条播增加 1 770kg/hm^2，较秋覆膜穴播增加 961kg/hm^2，6.67hm^2 中示田单产 5 326.5kg/hm^2，较大田对照增产 2 250kg。更引人关注的是 2000 年，我国北方遇到了百年未见的特大旱灾，镇原试验区 1999 年 7 月到 2000 年 5 月总共降水不到 280mm，较多年同期平均降水量减少 45%，大面积露地条播小麦不足 900kg/hm^2，秋覆膜穴播冬小麦不足 1 500kg/hm^2，而 20hm^2 周年覆膜冬小麦产量 2 400kg/hm^2，试验小区产量 3 180kg/hm^2，抗旱增产效果特别突出。陕西乾县黄土高原试验区 1997 年的试验结果是，夏休闲期覆膜后 2 米土壤多贮水 117mm，降雨保蓄率达到 63.9%，全程覆膜冬小麦产量 9 231kg/hm^2，比秋覆膜穴播、露地条播依次增产 36.2%和 54.3%，水分利用效率高达 18kg/(mm·hm^2)，而露地条播、秋覆膜穴播仅为 13.5kg/(mm·hm^2) 和 15kg/(mm·hm^2)。2000 年示范的 1.3hm^2 该项技术，产量 4 500kg/hm^2，比露地条播小麦增产 50%以上。可见，半湿润偏旱区冬小麦全生产年度地膜覆盖的保墒和增产效果是相当明显的。

该项技术的实施将旱地冬小麦产量提高了 40%以上，产量水平达到 300kg/亩，水分利用效率达到 0.82kg/(mm·亩)，在旱地小麦增产和高效用水上实现了关键技术突破。

2. 旱地秋覆膜春穴播春小麦

国家“九五”西北农林科技大学宁夏海原旱农试验区研究结果表明，在 1997 年严重春、夏连旱的条件下，半干旱地区秋覆膜春穴播春小麦平均亩产 3 130.5kg/hm^2，较露地条播、春覆膜穴播增产 51.6%和 16.1%，水分利用效率达到 14.1kg/(mm·hm^2)，增加 5.1kg/(mm·hm^2) 和 2.7kg/(mm·hm^2)。1999 年的严重干旱使宁南春小麦无法播种或绝收，但秋覆膜后播种的小麦达到 1 800kg/hm^2。甘肃定西农技中心 1998 年研究该项技术，较露地条播、春覆膜穴播增产 56.1%和 13.4%。因此，半干旱区春小麦秋覆膜春播增产和节水效果也是相当明显的。

3. 夏休闲期生物覆盖保墒培肥技术

地面裸露、频繁耕作是造成夏休闲期土壤水分损失的主要原因，地膜覆盖虽然抑蒸效果明显，但应用还有一定难度。小麦收获后夏休闲期（8 月上旬）翻耕种植油菜，冬小麦播前（9 月上旬）深翻油菜还田种植冬小麦。该项技术在不影响冬小麦籽粒产量的条件下，把夏休闲期裸地无效蒸发的一部分降水转化为油菜生物产量，减少了土壤水分的非生产性消耗，提高了有限降水的利用效率，且有效的抑制夏闲期杂草生长，增加土壤有机物质投入，显著加强了麦田系统的物质循环，实现了耕地的用养结合，是提高旱地生产能力和降水利用效率的一项有效措施。

（1）适宜复种的油菜品种选择。小麦收获后复种 10 个油菜品种，三年平均油菜品种之间干物质与养分归还量、后作小麦产量和水分效率有一定差异。传统耕作条件下复种油菜，2008—2010 年每年平均冬小麦产量和水分利用效率分别为 244.8kg/亩和 0.89kg/(mm·亩)，比耕翻但不种油菜的小麦产量提高 4.7%和 8.5%。高留茬覆盖条件下复种油菜，后作冬小麦产量和水分利用效率分别为 230. 9kg/亩和 0. 85kg/(mm·亩)，比高留茬不种油菜分别增加 2. 4%和 3. 7%。无论是传统翻耕还是小麦高留茬，油菜归还的干物质 10 个品种平均 133. 3kg/亩，归还的全氮 3. 51kg/亩、全磷 0. 44kg/亩和全钾 3. 07kg/亩。因此，选择前期生长发育快的品种是增加培肥的一个重要方面。

（2）适宜复种的油菜播期选择。为解决地面覆盖减少蒸发损失与土壤培肥相结合的问题，以夏休闲期覆盖油菜翻压还田为切入点，研究了覆盖作物油菜的适宜播期。2007—2009 年小麦收后 7 月 5 日到 8 月 25 日期间，选择延油 2 号每间隔 10 天播种一次，播种期越早土壤水分消耗越多，只有 8 月 5 日到 8 月 25 日期间播种油菜的降水保蓄率 44. 8%~45. 3%，高于同期高留茬免耕（38. 9%），较 7 月 5 日播种提高 1 倍。不同时期播种油菜翻压还田并增施氮肥对后作小麦产量及 WUE 有显著影响，中等施氮肥下小麦产量较高，低氮和高氮肥产量降低，但各施肥之间差异不显著。中氮肥时，8 月 5 日播种油菜的小麦产量最高，3 年平均 224. 4kg/亩，水分利用效率 0. 74kg/(mm·亩)，分别较高留茬播种小麦增加 11. 7%和 15. 6%。因此，基于油菜生长消耗与抑制土壤水分、控制杂草生长、提高产量等综合分析，麦收后夏休闲期覆盖作物油菜播种的适宜播期为 8 月上旬，小麦播种前翻压油菜还田，平均归还干物质 79. 3kg/亩，归还全氮、全磷、全钾平均为 2. 06kg/亩、0. 26kg/亩和 1. 83kg/亩（表 5-26），起到培肥作用。

表 5-26 夏休闲期不同播期油菜地上部生物量及翻耕后养分归还量 （单位：kg/亩）

播 期	2007—2008 年				2008—2009 年			
	油菜干重	养分归还量			油菜干重	养分归还量		
		全氮	全磷	全钾		全氮	全磷	全钾
7 月 15 日	221. 66	5. 76	0. 71	5. 10	98. 51	2. 56	0. 32	2. 27
7 月 25 日	162. 71	4. 23	0. 52	3. 74	76. 85	2. 00	0. 25	1. 77
8 月 5 日	101. 60	2. 64	0. 33	2. 34	56. 93	1. 48	0. 18	1. 31
8 月 15 日	45. 72	1. 19	0. 15	1. 05	11. 91	0. 31	0. 04	0. 27
8 月 25 日	23. 13	0. 60	0. 07	0. 53	2. 33	0. 06	0. 01	0. 05
平 均	135. 97	3. 54	0. 44	3. 13	58. 65	1. 52	0. 19	1. 35

（3）夏休闲复种油菜提高了降水利用效率。深翻复种油菜、高留茬复种油菜、高留茬、传统深耕（对照）4 种耕作方式无论是在干旱年，还是在平水年，都能使夏休闲麦田土体贮水状况得到不同程度的改善。2007 年、2008 年和 2009 年夏休闲期降雨 202. 7mm、152. 3mm 和 200. 6mm 后，翻耕复种油菜、高留茬复种油菜、高留茬、传统深耕 3 年平均蓄水率为 46. 2%、38. 8%、38. 2%和 46. 5%。翻耕复种油菜夏闲末比对照少蓄降水仅 2. 4mm，蓄水率降低 0. 3 个百分点。表明夏休闲期用油菜覆盖裸地，可使降水边蓄边用，用又不影响蓄，把裸地无效蒸发的一部分降水转化为油菜生物产量，减少了土壤水分的非生产性消耗，提高了有限降水的利用效率，周年水分利用效率（籽粒产量水分利用效率+油菜和秸秆生物学产量水分利用效率）较对照提高 96. 7%，籽粒产量和周年产量（籽粒

产量+油菜和秸秆生物学产量）较对照提高 3.0%和 35.2%。

（四）旱地小麦其他地膜覆盖形式的增产效果

1. 膜侧沟播技术

山西省农业科学院于 1996—1998 年对旱地冬小麦全生育期不同地膜覆盖种植方式的增产节水效果进行了对比研究，在正常年份增产顺序为地膜穴播（增产 21.1%）>膜侧沟播（增产 13.4%）> 露地条播（CK），产量水平依次是 4 084.5kg/hm^2> 3 825kg/hm^2> 3 373.5kg/hm^2。甘肃省定西市在春小麦上的试验结果是：地膜穴播（产量 2 479.6kg/hm^2）>膜侧沟播（产量 2 420.8kg/hm^2）> 露地条播（产量 1 884.8kg/hm^2），膜上穴播与膜侧沟播产量相当。但在播前表墒或底墒不足的条件下，无论冬小麦还是春小麦，采取膜侧沟播可充分利用播种后的降雨，增产和用水效果是十分明显的。从各地的试验示范结果来看，膜侧沟播技术发展较快，其主要原因是这项技术的机械化程度高，无苗与孔错位问题，便于管理。

2. 膜上沟穴播技术

甘肃省天水市连续 3 个干旱年份（1996—1998 年）的试验示范结果表明，在生育期降雨较多年平均值减少 187mm 的严重干旱条件下，覆膜沟穴播产量 4 363.1kg/hm^2，较露地条播（产量 3 021.8kg/hm^2）、覆膜穴播（产量 3 612.5kg/hm^2），分别增产 44.4%和 20.8%，效果明显。

三、旱地小麦地膜覆盖增产关键技术研究

（一）旱地小麦适宜覆膜的水分条件研究

镇原试验区连续 8 年同一肥料水平下的小区定位试验结果，冬小麦播前 2m 土层贮水（X_1，mm）、生育期降水（X_2，mm）同籽粒产量（Y_1，kg/hm^2）有下列拟合关系：

$$Y_1 = -19\,614+91.14X_1+26.51X_2-0.177X_1X_2-0.037\,5X_1{}^2+0.076\,5X_2{}^2 \quad R^2=0.952^{**}$$

其中，一次项、交互项的 R^2 为 0.818、0.118，达到极显著水平，平方项的 R^2 为 0.017，不显著，说明播前底墒、生育期降雨及二者的合理配比对旱地冬小麦产量有明显的影响。从方程中一次项系数的大小看，底墒的系数（6.076）远大于生育期降雨的系数（1.767），即底墒的作用大于生育期降雨的作用。生产年度降水量≤400mm 时，产量低于 2 250kg/hm^2；播前有效底墒不足 100mm 和生育期降雨低于多年平均值，即二者之和≤350mm 时，产量不足 1 500kg/hm^2；播前有效底墒 150mm、生育期降水量 250mm，即二者之和 ≥400mm 时，产量可达到 3 750kg/hm^2；播前有效底墒≥200mm、生育期降水量达到 250mm 时，即二者之和≥450mm 时，产量在 4 500kg/hm^2 以上。

在目前陇东传统的保墒耕作制下，正常年旱塬冬小麦露地条播产量 3 000kg/hm^2，保证这一产量水平（也就是说地膜小麦产量至少要达到这一水平）的播前 2m 土壤贮水量≥320mm（折合土壤含水率 12.31%），或播前有效贮水与正常年份生育期降雨之和 ≥400mm，即覆膜增产的播前土壤水分下限值。半干旱偏旱的宁夏海原试验区通过田间与抗旱池控水相结合的方法，得出旱地春小麦产量与底墒贮量之间呈线型增加关系，地膜覆盖增产增收的水分条件是：播前 2m 土层贮水量与生育期降水量之和≥420mm，当生育期降雨

$R\geqslant130$mm、70mm<R≤130mm、$R<70$mm 时，覆膜的临界土壤墒情（2m）分别为 290mm（折合 2m 土壤水分 12.1%）、350~290mm（折合 2m 土壤水分 14.6%~12.1%）、350mm（折合 2m 土层含水率 14.6%）。因此，冬小麦区和春小麦区适宜覆膜的播前土壤水分条件基本一致，当 2m 土层土壤含水率达到 12%~14%时即可覆膜种植小麦。

（二）旱地小麦地膜覆盖的保墒和微集水效应

1. 有效保蓄土壤水分，减少棵间蒸发损失，提高水分利用效率

据对地膜覆盖冬小麦不同土层土壤水分的测定，冬前停止生长期至返青期 0~30cm 土层中的土壤含水量，覆膜比露地多 15.9g~50.2g/kg，拔节至抽穗期高 0.5~19g/kg，即地膜冬小麦拔节以前的保墒效果更加明显。这一时段正值我国北方地区的冬春干旱季节，地膜小麦的地墒提高将可大大缓解干旱所造成的威胁。从不同层次的土壤含水量变化情况看，冬季停止生长至返青期地膜覆盖对表层（0~30cm）土壤含水量的增加较多，对深层（30~50cm）土壤含水量增加相对较少。这和地膜覆盖的提墒作用有关。这一特点对满足冬小麦前期生长发育十分有利；拔节至抽穗期地膜覆盖对深层（30~50cm）土壤含水量增加较多，对表层（0~30cm）土壤含水量的增加相对较少。从对地膜春小麦不同年份 0~20cm 的土壤含水量测定结果来看，出苗至拔节期 0~20cm 土壤含水量覆膜比露地多 1.45~2.75 个百分点，抽穗至灌浆期 0~20cm 土壤含水量覆膜比露地多 1.12~5.29 个百分点。从不同气候年型上看，干旱的 1995 年，分蘖期（10 月 26 日）测定 0~20cm、20~40cm 土壤重量含水量覆膜为 15.52%和 13.51%，分别较不覆膜麦田高出 2.83 个百分点和 0.82 个百分点，越冬前高出 0.59 个百分点和 0.98 个百分点，返青时 1m 土层贮水量高出 10~20mm，小麦灌浆期降雨后第三天（1997 年 6 月 18 日）测定耕层 0~40cm 土壤贮水状况，覆膜较露地高出 10.9~22.7mm，接纳雨水与保水相结合。雨水较多的 1996 年，覆膜比露地 0~20cm 土壤含水量增加 1.12~3.23 个百分点。说明干旱年份地膜小麦的保墒效果更加明显。由于农田生态环境的综合改善，促进了小麦的生长发育和产量的提高，因而地膜小麦的水分利用率明显提高。而且在一定范围内，随着施肥水平的提高水分利用率也明显增加。据测定，地膜小麦的水分利用率较露地提高 47.7%~137.9%，地膜覆盖条件下的高肥处理较不施肥处理的水分利用率提高 63.2%，而露地条件下的高肥处理只比不施肥处理的水分利用率提高 1.29%。说明地膜覆盖与增施肥料相结合，对提高水分利用率是有利的。从 1997 年度麦田蒸腾耗水比例来看，以全生育期覆膜不种小麦为对照，覆膜穴播小麦为处理，地膜穴播小麦全生育期实际蒸散量 333.1mm，其中蒸腾耗水占 177.5mm，所占比例 53.3%；以全生育期裸地为对照，不覆膜条播小麦为处理，条播小麦全生育期实际蒸散量 344.1mm，其中蒸腾耗水 151.8mm，占比为 44%。因此，覆膜小麦蒸腾耗水和水分利用率提高。

2. 农田垄沟覆膜微集水和保墒结合，提高降雨保蓄和利用率

旱农地区 7—9 月夏休闲期耕作技术的核心是“伏天深耕敞口大晒垡”，这只抓住了晒地，而丢失了“保墒”，同期降雨的保蓄率仅 30%左右，若将此值稳定提高到 60%以上，对提高旱地小麦产量具有决定性的作用。为了研究夏休闲期降雨高峰时段农田地膜覆盖的集雨保墒效果，镇原试验区从 1996 年开始，连续四年在冬小麦收获后的夏休闲期微起垄覆膜集水，垄宽 60cm，垄高 10cm，沟宽 20cm，测定其集水保水性能。四年结果表

明（表5-27），在夏休闲期降雨251.4mm，较多年平均值294.6mm少43.2mm，覆膜后降雨141.9mm的条件下，2m土层平均土壤含水率14.68%，较不覆盖的12.37%增加2.51个百分点，相当于65.3mm的降雨，覆膜期间的蓄水保墒率4年平均69.98%，而对照仅33.63%，增加1.08倍。1996年、1997年麦收后0~200cm土层平均含水量已分别下降到11.4%和7.29%，经雨季降雨228mm和221mm的补给后，夏休闲期覆膜农田2m土层平均土壤含水量分别达到17.8%和13.79%，降雨的保蓄率为73.0%和76.5%，而未覆膜的晒垡麦田土壤水分仅14.5%和10.64%，降雨的保蓄率为35.35%和39.41%。从土壤水分入渗来看，1996年覆膜后连续13d降雨141.1mm，土壤水分入渗到180cm土层，成为深层底墒；1997年覆膜前2m土层含水率低于萎蔫含水量，覆膜后连续降雨112.6mm，土壤水分入渗到120cm土层。1999年夏休闲期间共降雨187mm，覆膜后降雨35.4mm，地膜覆盖对同期降雨的蓄保效率65.2%，不覆膜对照仅27.3%。陕西乾县黄土高原试验区在夏休闲期采用垄盖膜沟盖草的聚水保墒试验，丰水年份播前2m土壤平均含水率高达20.4%，贮水量564.9mm，蓄水效率63.7%，较不覆盖的裸地对照依次增加4.1%、117.1mm、33.6%，其中100~200cm土层内多蓄积的水约占2m土层内多蓄积水的80%以上。因此，夏休闲期间地膜覆盖起到了集水和保墒的双重作用，扩大了土壤有效贮水库容，可以预见这一技术将成为提高冬小麦生产水平及水分利用效率的突破。

表5-27　夏休闲期农田模拟起垄覆膜蘖入渗对不同土层土壤含水率的影响　（单位:%）

年份	处理	不同土层深度土壤含水率										平均土壤含水率
		20cm	40cm	60cm	80cm	100cm	120cm	140cm	160cm	180cm	200cm	
1996	基础	15.17	14.05	11.83	8.97	8.33	9.54	10.77	11.31	11.88	12.18	11.4
	裸地	16.74	16.55	17.44	18.1	15.94	13.98	11.99	11.34	11.23	12.15	14.5
	覆膜	17.42	20.53	18.24	18.8	18.92	17.77	18.93	18.73	15.46	13.45	17.8
1997	基础	4.66	4.99	4.97	6.0	7.45	9.16	9.22	8.94	9.05	8.48	7.29
	裸地	7.22	16.79	13.68	8.09	8.61	8.44	8.01	8.35	8.17	8.51	10.64
	覆膜	19.48	20.73	18.72	15.9	12.3	10.47	9.83	9.94	9.66	9.81	13.79
1998	基础	15.36	11.71	8.40	7.55	8.25	8.01	8.25	8.59	8.99	8.10	9.32
	裸地	18.73	18.23	14.68	8.19	8.64	8.04	8.51	8.75	8.77	8.81	11.35
	覆膜	21.14	19.77	18.84	17.0	10.18	9.12	9.76	9.12	10.58	10.54	13.61
1999	基础	10.06	11.50	10.98	14.82	15.47	13.44	13.05	12.32	12.23	12.37	12.62
	裸地	10.68	11.45	14.51	14.70	13.91	13.10	12.48	12.16	11.18	11.00	13.01
	覆膜	14.13	13.97	15.21	14.85	14.16	13.42	12.89	12.62	12.10	11.80	13.52

膜侧沟播栽培的保墒效果是通过抑制土壤水分蒸发和降水集流两个方面来实现的。据甘肃省定西县1999年试验结果，膜侧春小麦全生育期0~60cm土层平均土壤含水量为151.2 g/kg，而露地对照为132.2g/kg，相差19.0g/kg，提高14.4%；甘肃省陇西县测定，

0~50cm 土层土壤含水量为 192.6g/kg，而露地对照为 154.0g/kg，增加 31.6g/kg，提高 24.7%。说明膜侧沟播接纳雨水和保墒效果优于露地对照。采用膜侧沟播后地表 50%为地膜覆盖，降水从垄面向沟内集中，显著提高了水分利用率，达到抗旱的目的。

（三）旱地小麦地膜覆盖的增温效应

地膜覆盖穴播冬小麦出苗至成熟逐日地温测定结果（表 5-28）表明，地膜冬小麦全生育期 0~5cm 土层≥0℃地积温 2 294.6℃，较露地条播小麦相同土层地积温 2 025.7℃增加 268.9℃，提高 13.3%；10cm、15cm 和 20cm 土层地积温增加量依次为 94.9℃、179.5℃和 234.0℃，并且 10~20cm 土层内随着土层深度的增加，日均温和地积温增加。从出苗到成熟不同土层地温日增量变化曲线（图 5-23）来看，冬小麦地膜覆盖后的日平均地温均高于露地条播，如 0~5cm 土层≥0℃的地积温增加量出苗—越冬、越冬—返青、返青—拔节、拔节—成熟依次为 109.73℃、50.84℃、82.68℃和 25.70℃，各阶段日平均地温增加 1.770℃、0.571℃、1.292℃和 0.514℃。由此看来，地膜覆盖穴播冬小麦耕层地温变化有两个高峰期：一是出苗—越冬地积温和日均温增加最多，冬前分蘖增加，有利于形成壮苗壮蘖；二是返青—拔节地积温和日均温增加较多，穗分化时间提前，二棱期和穗分化时间延长，小穗数和穗粒数增加。

表 5-28　旱地冬小麦地膜覆盖较露地条播≥0℃土层温度增加量　（单位：℃）

生育阶段	5cm 土层		10cm 土层		15cm 土层		20cm 土层	
	温度累计增加量	日均温增加量	温度累计增加量	日均温增加量	温度累计增加量	日均温增加量	温度累计增加量	日均温增加量
出苗—越冬	109.73	1.770	52.86	0.850	77.55	1.251	88.05	1.420
越冬—返青	50.84	0.571	26.23	0.295	34.32	0.386	72.06	0.810
返青—拔节	82.68	1.292	19.12	0.299	50.12	0.783	60.34	0.943
拔节—成熟	25.70	0.514	-3.09	-0.062	17.48	0.350	13.59	0.272
合　计	268.95	1.015	94.93	0.350	179.48	0.677	234.04	0.883

甘肃陇南地区农技站对小麦越冬期的调查表明，地膜小麦地表温度较露地高 3.7℃，5cm 和 10cm 土层分别较露地相应土层高 2.8℃和 3.1℃，冬季地膜小麦因增温效应产生的积温达 290~400℃。冬季增温缩短了冬小麦出苗时间，利于培根促蘖和有效降低小麦越冬死亡，地膜冬小麦的适宜播期也较露地推迟了 7~10d，这对冬小麦区部分回茬晚播小麦冬季形成壮苗从而实现高产具有十分重要的意义，同时初春产生的增温效应使冬麦返青和拔节期提前，又显著延长了穗分化和灌浆的时间，加快了中后期小麦生育过程，使小麦成熟期较露地小麦提早了 5~7d，这为下茬夏种作物又争得了宝贵时间。总之，无论春小麦还是冬小麦，应用地膜覆盖穴播栽培技术，土壤产生的增温效应对解决小麦生产高海拔低积温矛盾十分有利。

春小麦上的试验结果表明，地膜穴播栽培从播种到出苗 0~10cm 土层地温比露地小麦增加 2~3℃，0~20cm 土层地温可增加大约 4℃，抽穗前 5~20cm 土壤温度提高 2~3℃。

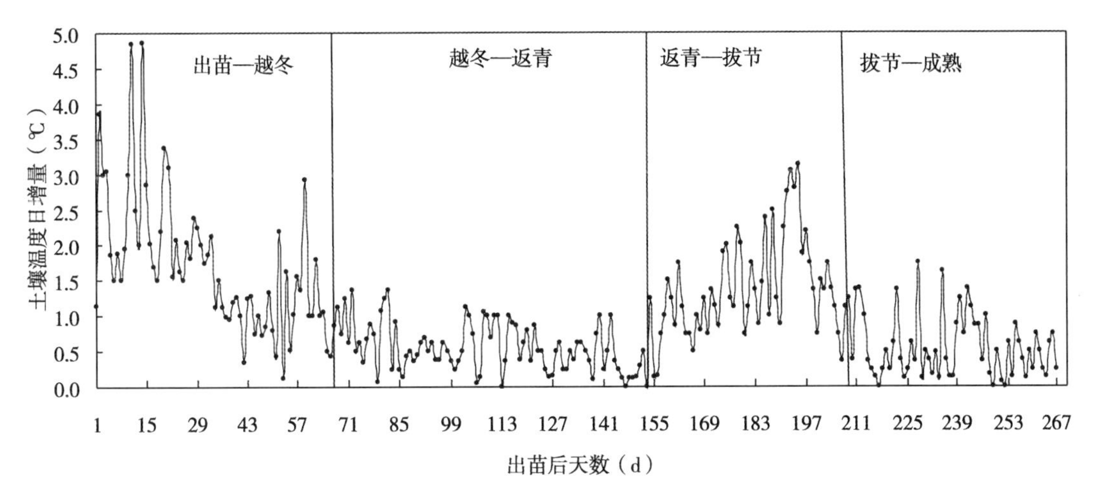

图 5-23　旱地冬小麦地膜覆盖穴播较露地条播出苗后 0~5cm 土层土壤温度日增量变化

土壤温度的增加使春小麦地膜穴播栽培的适宜播期比露地提前 7~10d，从而延长了春小麦幼穗分化的时间和灌浆时间，对形成大穗多粒提高粒重十分有利。新疆春小麦地膜覆盖穴播的增温效应研究表明，膜上穴播对 5~20cm 土层增温效应结束时的气温值，随着土层的加深而由高变低，土层平均每加深 5cm，气温值降低 1.7℃。就 5~20cm 土层平均来看，当气温升至 31.3℃时，地膜增温效应开始消失。增温效应最强时的气温 15.5~17.0℃，这时各层土壤增温值均能达 2.1℃。

（四）小麦地膜覆盖的有关水分生理研究

地膜覆盖有助于生育后期对深层土壤水分利用（表 5-29）。从定期观测 0~200cm 土层贮水、作物耗水看，生育前期（拔节之前），覆盖小麦主要消耗0~100cm土层水分，

表 5-29　旱地冬小麦地膜覆盖对不同层次土壤水分的利用及阶段耗水

项　目	生育期	地膜穴播		膜侧条播		露地条播	
		0~100cm	100~200cm	0~100cm	100~200cm	0~100cm	100~200cm
土层贮水（mm）	播　前	247.9	134.2	265.7	163.8	241.9	153.1
	冬　前	246.9	134.6	244.4	147.8	230.1	141.6
	拔　节	164.0	157.2	175.6	154.8	160.9	124.0
	成　熟	89.7	87.9	73.9	102.8	72.6	100.8
作物耗水（mm）	全生育期	158.2	46.3	191.8	61.0	169.3	52.3
	播前—冬前	1.0	-0.4	21.3	16.0	11.8	11.5
	冬前—拔节	82.9	-22.6	68.8	-7.0	69.2	17.6
	拔节—成熟	74.3	69.3	101.7	52.0	88.3	23.2

露地条播小麦可多消耗 100~200cm 土层水分 17.6mm。从冬前至拔节阶段耗水看，地膜穴播对 0~100cm 土层水分消耗最大为 82.9mm，露地条播和膜侧条播接近，这正与各处理的成穗率呈正相关，说明拔节期是覆膜小麦分蘖成穗的需水关键期。再从播前至冬前耗水情况看，地膜穴播对 100cm 土层水分仅消耗 1.0mm，膜侧条播为 21.3mm，露地条播为 11.8mm，出现膜侧条播耗水量大的原因是膜际温度高而膜际又末覆盖。再从拔节至成熟阶段 100~200cm 土层耗水看，地膜穴播为 69.9mm，膜侧条播为 52.0mm，露地条播为 23.2mm。地膜覆盖穴播、膜侧条播、露地条播的水分利用效率分别为 11.2kg/(mm·hm^2)、8.96kg/(mm·hm^2)、8.85kg/(mm·hm^2)，前者较后两者增加 2.4kg/(mm·hm^2)左右。因此，地膜穴播使小麦在生长中后期有效利用了深层水，提高了水分利用效率。

地膜覆盖有利于促进小麦根系向深层下扎。旱地冬小麦根系与产量有明显的相关性，根系在土壤中有趋水性和趋肥性的特点。干旱年冬小麦收获后根系重量分布测定（表 5-30）表明，覆膜穴播对冬小麦深层根系重量增加更为明显。收获期耕层 0~40cm 根重覆膜与露地差异较小，根系重量分布的差异主要在 40~100cm 土层中，此层内随肥力水平提高覆膜穴播较露地条播根重增加，在中肥、高肥、超高肥时覆膜小麦根重较露地条播小麦增加 5.5%、9.0%和 46.4%，80~100cm 土层根重增加 43.3%、21.7%和 52%。表明冬小麦覆膜有利于根重增加和根系向土壤深层下扎，吸收利用下层水分，以根调水。

表 5-30　收获时不同处理冬小麦根系在土层中的重量分布

深　度（cm）	覆膜处理冬小麦根系在各土层中的重量（g）				露地处理冬小麦根系在各土层中的重量（g）			
	无肥	中肥	高肥	超高肥	无肥	中肥	高肥	超高肥
0~20	14.69	22.60	21.78	22.50	16.38	20.48	20.65	19.58
20~40	5.70	4.21	4.49	4.30	6.11	6.01	6.18	5.22
40~60	4.72	2.89	3.34	2.93	2.40	3.20	3.06	2.06
60~80	3.53	2.06	2.50	2.40	1.46	2.03	2.49	1.61
80~100	1.89	2.15	2.02	1.14	1.17	1.50	1.66	0.75

注：表中数据为（0.30×0.48×0.20）m^3土柱的实测值

地膜覆盖使小麦叶片气孔阻力减小，光合速率提高。在冬小麦叶片气孔阻力日变化中，覆膜小麦除 12：00—14：00 时与露地小麦相差较小外，其余时间覆膜小麦均表现出气孔阻力较小，日平均气孔阻力覆膜较露地小麦低 0.39s/cm，最大气孔阻力较露地低 1.05s/cm，且气孔阻力随小麦生育进程渐进而增大，前期较小，拔节期达到 1.52~1.76s/cm，灌浆期 4.60~5.62s/cm。在不同施肥水平下叶片的光合速率（pH）覆膜均明显高于露地，在无肥、中肥、高肥和超高肥时，pH 分别较露地小麦的 17.9μmol CO_2/(m^2·s)、21.2μmol CO_2/(m^2·s)、24.5μmol CO_2/(m_2·s) 和 24.8μmol CO_2/(m^2·s)，提高 46.9%、36.6%、25.3% 和 29.8%。覆膜后随施肥水平提高群体（60cm×90cm）pH 显著增大，各施肥处理的 pH 平均值覆膜较露地提高 86.3%，水分利用效率提高 15.7%。

（五）地膜覆盖小麦的生长发育进程及灌浆特性研究

地膜覆盖小麦幼穗分化起始早，节间伸长速度快。幼穗分化进程观察表明，地膜冬小麦幼穗分化伸长期为 3 月 11 日，较露地小麦提前 5d 左右，植株外部形态表现出覆膜小麦展开叶片数较露地小麦多 0.4 片，主茎高出 2.9cm；单棱期分化始日为 3 月 16 日，较露地小麦 3 月 22 日提前 6d；二棱期始日期为 3 月 28 日，提前 4d。以单棱期到二棱期的持续时间来看，覆膜小麦较露地小麦延长 2~3d，因而使小穗数和穗粒数增加，护颖分化期提前 2~3d。

节间伸长速度：冬小麦节间的伸长自下而上依次渐进，自起身后节间开始伸长，穗分化进入小花分化期。从起身到拔节第二节间平均伸长速度覆膜小麦为 0.81cm/d，露地小麦 0.19cm/d，至孕穗期伸长速度加快；在拔节时第三节间亦开始伸长，覆膜小麦伸长始日期为 4 月 12 日，到孕穗期的平均伸长速率为 3.17cm/d，露地小麦伸长始日较覆膜小麦推迟 3d，平均伸长速率为 1.89cm/d，至孕穗期（5 月 6 日）第四、第五节间的平均伸长速度覆膜为 3.86cm/d 和 2.05cm/d，露地小麦为 3.32cm/d 和 2.01cm/d。第二、第三节间地膜覆盖冬小麦的伸长速度明显大于露地条播冬小麦，田间表现为显著的株高差异，第三节间以后节间的伸长速率覆膜与露地基本接近。因此，地膜覆盖冬小麦返青后早发快长，亦正是水肥促控的关键期。

LAI 变化：冬小麦覆膜穴播光合面积高，单株最大叶面积均出现在孕穗前后，其最大叶面积系数（LAI）覆膜 5.07，较露地 4.05 高 1.02，起身、拔节、抽穗、成熟期分别高 1.27、1.61、1.57 和 0.21。返青后单株叶面积与植株生长天数之间关系式为：

覆膜　$Y=-2\,976.3+28.36x-0.065x^2$　　$R=0.886^*$

露地　$Y=-2\,525.2+23.33x-0.052x^2$　　$R=0.844^*$

即最大叶面积出现天数覆膜为播种后 218d，露地 224d，最大叶面积 117.2cm^2/株、91.57cm^2/株。

地膜小麦花后各器官干物质运转加快。小麦开花后单茎干物质变化符合 S 曲线关系：

覆膜　$Y=3.865/(1+0.634e^{-0.071\,3x})$　　$R=0.845\,3^{**}$

露地　$Y=3.665/(1+0.776e^{-0.054\,2x})$　　$R=0.941\,1^{**}$

在干物质运转方面，覆膜小麦表现出较高的转换率和较大的移动量。覆膜小麦单茎总移动量较露地小麦（195.3mg）高 102.2mg，转换率提高 2.72 个百分点（露地小麦转换率为 21.99%）。以单茎干物质组成来看，地膜小麦绿叶移动量为 127.5mg，转换率为 10.61%，较露地高 34.7mg 和 0.16 个百分点；茎秆的移动量较露地 57.6mg 增加 46.7mg，转换率较露地 6.55%提高 2.13 个百分点；鞘干重移动量覆膜 45.1mg，较露地 3.09mg 提高 14.2mg，转换率较露地 3.48%增加 0.27 个百分点；颖壳与穗轴覆膜移动量 20mg，较露地提高 6mg，转换率覆膜较露地 1.58%提高 0.09 个百分点。因此，覆膜小麦不同器官干物质向穗部籽粒的转移量均大于露地小麦。

四、小麦地膜覆盖的关键栽培技术研究

（一）适宜品种选择

旱地小麦覆膜栽培技术以明显的保墒增温生态效应和突出的增粒增重生物学效应，使

旱地小麦获得较大幅度增产。但推广应用覆膜技术尚存在一个大家公认的问题，就是缺乏配套品种。生产上所利用的品种多是秆易倒，后期早衰而影响覆膜栽培效益的提高。所以，筛选和培育适合旱地小麦覆膜的最佳品种是栽培技术的关键。

各地不同区域不同小麦品种地膜覆盖栽培研究表明，地膜覆盖有利于品种穗粒数和千粒重的增加，不同品种平均穗粒数增加3~11粒，千粒重增加2~6g。甘肃省陇东地区是我国北方冬小麦旱寒一熟生态区的边缘地带，经过1997—1999年的品种比较试验，株高在80~100cm的所有品种，均未发生倒伏现象，凡是株高超过100cm的其他供试品种，在土壤水分条件较好或供水后的处理，5月后均发生不同程度倒伏，产量大幅度降低，尤其是1998年西峰20号等株高105cm以上的品种，5—6月降雨后连续倒伏，产量大减，而筛选的兰天4号（产量5 448kg/hm^2）、清农4号（产量5 127kg/hm^2）、长武134（产量4 996kg/hm^2）、陇源934（产量4 602kg/hm^2）4个地膜覆盖品种，较当地对照品种陇鉴127、西峰20号增产高达22.6%。山西省农业科学院通过地膜覆盖条件下旱地冬小麦品种南种北引试验，山西南部麦区的大多数半冬性小麦在晋中地区能够安全越冬，植株高度普遍降低25cm以上，大穗、大粒等性状也能保持，筛选出的晋麦47号，比对照晋麦51号增产22.2%~34.0%。

地膜覆盖后不同生态型品种产量存在明显差异。水旱生态型产量差异：旱地型（3个品种平均）>扩浇型>水地型；冬春生态型产量差异：冬型冬性>冬型半冬性（3个品种平均）>冬型强冬性；穗部性状生态型产量差异：中穗型>大穗型>小穗型。不同生态型小麦品种的水分生产效率旱地型>扩浇型>水地型。虽然水地型品种的耗水量大于旱地型和扩浇型，但水分生产效率却最低。

旱地型品种播前至拔节的耗水量明显小于拔节至成熟的耗水量，扩浇型及水地型品种也具有同样趋势，但不像旱地型品种具有前期节水的特点。从拔节期贮水量看，旱地型品种（晋麦47号、乡麦3号）贮水量高于扩浇型及水浇型品种，这是旱地型品种较扩浇型品种分蘖成穗率高的水分生态条件基础。从成熟期土壤贮水量看，旱地型品种水分贮量最低，其次为扩浇型品种，再次为水浇型品种。这表明，旱地型品种对土壤水分利用程度高。从全生育期耗水量看，水地型品种>旱地型品种>扩浇型品种。

由此说明，地膜覆盖穴播在有效改善土壤水分生态环境的同时，地膜穴播小麦品种配套仍然要求抗旱性是第一位的。应选用旱地型、冬型冬性、中穗型品种，植株高度要适当降低；从产量构成因素看，冬性增强群体增大，但穗粒数与千粒重降低。典型强冬性、水浇型、小穗型品种晋麦18号虽有足够的群体，但穗粒数和千粒重太低影响了产量。

（二）适宜播种期确定

小麦地膜覆盖存在着地积温对气温的明显补偿作用，由此决定了地膜小麦适宜播期不同与露地小麦的特点。甘肃省陇东地区中南部冬小麦露地栽培的最佳播种期为9月15日，由于地膜覆盖的土壤增温作用，地积温增加，前期生育进程加快，播期应较露地条播适当推后。1996年、1997年和1998年的试验结果表明，地膜冬小麦产量（Y，kg/hm^2）与播种期（X）成二次曲线关系：

$$Y = 1\ 793.25 + 179.445X - 3.681X^2 \quad R^2 = 0.901$$

由方程得地膜小麦播期9月24日，较露地条播推后9d，这是由于地膜冬小麦在适期晚播时，地膜的增温效果弥补了露地晚播时较低土温对苗期生长的不利影响，冬前形成壮苗，不易形成旺苗。1996 年和 1997 年两个干旱年份地膜小麦 9 月 25 日播种平均产量 4 066.5kg/hm^2，较露地同期条播增产 42.8%（1996 年增产 122.8%），较露地 9 月 15 日条播增产 25.5%（1996 年增产 73.5%）。1996 年为底墒不足，播种期推后到 10 月 5 日，其产量比 9 月 15 日露地条播还要增加 3.3%，1997 年底墒较好，播种期推后到 10 月 5 日，其产量比 9 月 15 日条播减产 11.9%。因此，陇东旱塬中南部地膜冬小麦的最佳播期为 9 月 24 日，晚播应不迟于 10 月 5 日，早播应不早于 9 月 20 日，否则早播冬前旺长，群体过大，大量消耗土壤水分、养分，拔节后脱水脱肥早衰，产量反而下降，不如露地条播，如 1997 年 9 月 10 日、15 日和 20 日播种的地膜小麦产量较露地条播（9 月 15 日）减产 22.6%、12.1%和 2.8%，较露地同期播种减产 19.2%、12.1%和 1.3%。

春小麦种植区的试验表明，地膜覆盖小麦适期早播可以延长小麦生长发育时间，甘肃中部春麦区较露地条播适宜播期提前 7d 左右。

（三）半精量播种

甘肃省 61 个点上的 75 项试验结果表明，在单位面积穴数一定的情况下，地膜小麦每穴播种的粒数决定着成穗数的高低，在产量构成三因素中，增加每穴粒数，小麦成穗数虽然增加，但穗粒数和千粒重却逐渐下降，穴粒数对产量的影响呈抛物线变化关系。说明在一定范围内，随着穴播粒数增加，群体和个体先是逐渐趋于协调，产量也逐渐提高，但当超过某一阀值继续增加穴粒数，则群体增加的同时个体发育减弱，产量就呈下降趋势。在穴距固定，覆膜幅度和每穴粒数一定的情况下，膜上种植行数决定着总穴数和成穗数，增加行数，基本苗、茎数、穗数随之增加，但穗粒数、千粒重呈下降趋势，各地不同区域的试验结果是，不管是冬麦还是春麦，水地还是旱地，以目前生产上大量运用的机具穴距而言，幅宽为 140cm 的地膜，膜上种 8 行小麦产量表现最高，幅宽为 80cm 的地膜，膜上以种 5 行小麦最为适宜。

镇原试验区 1997—1998 年的试验结果表明，冬小麦地膜覆盖每穴种 6 粒产量最高，平均 5 038.5kg/hm^2，较每穴种 3 粒、9 粒的产量增加 10%以上，每穴种 3 粒（4 554kg/hm^2）虽则产量也相对较高，但大田难以操作和掌握，每穴种 9 粒的产量（4 531.5kg/hm^2）同每穴种 3 粒的产量相当，每穴种 6 粒以后，随穴播量增加，产量降低，每穴种 18~21 粒，产量仅 4 033.5~3 883.5kg/hm^2。之所以出现这种差异，其主要原因一方面是地膜冬小麦分蘖成穗能力增加，1997 年每穴种 3 粒、6 粒、9 粒、12 粒、15 粒、18 粒和 21 粒时，分蘖成穗率依次为 53.6%、48.7%、44.5%、41.8%、34.6%、26.1%和 2.7%，前 4 个穴播量的有效成穗数中分蘖成穗占 40%~50%，分蘖成穗与主茎成穗并重，另一方面穴播量过大，分蘖成穗率下降，前期营养生长过旺，群体大，大量消耗土壤水分、养分，使大多数分蘖成无效分蘖，在这种情况下，以主茎成穗为主，甚至有些主茎也无法成穗。因此，旱地冬小麦地膜覆盖种植的最佳穴播量为 6 粒，如果采用 80cm 幅宽地膜覆盖宜种 5 行，每公顷 49.5 万穴，照此播种，若千粒重以 35g 计，则最佳播种粒数为 297 万粒，相当于每公顷用种 89.1kg，较目前生产上地膜冬小麦每穴种 10 粒节省种子 84.9 kg/hm^2，节省用种 48.7%。另外，不同穴播量对小麦产量结构因素和分蘖成穗均有不同的影响。每穴播量较少的处理在基本苗和冬前分蘖绝对量较少的情况下，成穗数最终却逐渐与每穴播量较大的处理接近；每穴播量 3 粒、6 粒和 9 粒，穗粒数、结实小穗数、千粒重等性状明显高于其他处理。因此，适当降低密度，冬小麦个体生长发育好，群体竞争减弱，整体生产水平提高。

综合试验内容及结果，并考虑品种、地力、播种质量等因素，密度对产量影响的试验结论，甘肃省提出：①河西灌区及中部沿黄灌区地膜春小麦以 140cm 宽地膜每幅种 8 行小麦，每穴 10 粒，行距 16cm，膜间距 20cm，穴数 45 万穴/hm^2，基本苗 540 万株/hm^2，成穗数 600 万穗/hm^2 为宜；②中部干旱地区地膜春小麦以 80cm 宽地膜每幅种小麦 5 行（地力条件差时种 4 行），每穴下籽 8 粒，行距 15cm，膜间距 20cm，穴数 49.5 万穴/hm^2，基本苗 495 万株/hm^2，成穗数 540 万穗/hm^2 为宜；③陇东及天水冬麦区地膜冬小麦以 80cm 宽地膜每幅膜种 5 行，每穴种 6 粒，行距 15cm，膜间距 20cm，穴数 49.5 万穴/hm^2，基本苗达到 405 万穗/hm^2，成穗数 510 万~630 万穗/hm^2 为宜；④高寒阴湿区地膜小麦以 80cm 宽地膜每幅种 5 行，每穴 12 粒，穴数 49.5 万穴/hm^2，基本苗 525 万穗/hm^2，成穗 540 万穗/hm^2 为宜。

五、小麦全膜覆土穴播小麦增产增效机理研究

该技术集成覆盖抑蒸、膜面播种穴集雨、覆土保膜、精量穴播等技术于一体，解决了传统不覆土地膜小麦苗穴错位、出苗率低、人工放苗劳动强度大及后期高温逼熟的问题，在旱地小麦等密植作物农田降水高效利用关键技术研究方面取得了突破。

（一）全膜覆土穴播技术的土壤水分效应

在甘肃省中东部旱作区的甘谷、静宁、庄浪、镇原、张家川、清水 6 个县（区），分别代表年降水 350mm、400mm、450mm、500mm、550mm 和 600mm 的区域，研究了小麦不同覆膜模式土壤水分效应。

1. 显著提高小麦各生育期土壤水分含量

多点研究表明，播前→苗期→返青期→拔节期→孕穗期→灌浆期，小麦不同层次土壤含水量均表现为全膜覆土穴播>全膜不覆土穴播>膜侧沟播>露地条播，且上层土壤含水量差异大于下层，尤其以拔节→孕穗期 0~20cm 土壤含水量差异最为明显。表现在：拔节→孕穗期全膜覆土穴播土壤含水量较露地条播提高 3.6~5.0 个百分点；全膜不覆土穴播土壤含水量较露地条播提高 3.3~4.6 个百分点；膜侧沟播土壤含水量较露地条播也有所增加，但增幅小，提高 2.2~2.3 个百分点，但由于播期相同播前没有增加。表明，全膜覆土穴播和全膜不覆土穴播能明显增加小麦各生育期土壤水分含量，从而有效解决了旱地冬小麦生长期缺水的问题（表 5-31）。

由于覆盖地膜有效阻止了土壤水分蒸发，全膜覆土穴播土壤平均日蒸发量明显小于露地条播冬小麦（在甘谷县测定，全膜覆土和露地冬小麦的土壤平均日蒸发量分别为 0.3mm 和 0.73mm），使得全膜覆土穴播冬小麦 0~100cm 土层的土壤含水量比露地冬小麦显著提高。全膜不覆土穴播小麦由于播种穴密封不严，跑墒漏墒，失墒严重；加之地膜增温明显，使得小麦土壤耗水量较多，导致土壤水分含量小于全膜覆土穴播小麦。膜侧沟播小麦由于播种沟裸露，土壤水分蒸发损失较全膜覆土穴播小麦多，土壤含水量较露地条播也有所增加，但增幅最小。孕穗后期→灌浆期，由于全膜覆土穴播、全

膜不覆土穴播、膜侧沟播生长旺盛，对土壤水分耗竭加快，土壤水分含量均低于露地条播小麦。

表 5-31　不同覆膜模式小麦各生育期 0~100cm 土壤水分含量

覆膜方式	土　层（mm）	土壤水分含量（%）						
		播种期	苗期	返青期	拔节期	孕穗期	灌浆期	收获期
全膜覆土	0~20	21.3	21.4	20.8	19.9	16.9	12.7	13.5
	20~40	21.0	21.1	20.4	19.3	16.6	12.6	12.4
	40~60	20.8	20.7	19.6	18.5	15.8	12.3	11.2
	60~80	20.2	20.0	19.2	18.2	15.2	12.2	10.4
	80~100	19.5	19.4	19.0	17.9	14.8	12.1	9.8
全膜平铺	0~20	21.3	21.3	20.4	19.5	16.6	12.5	13.7
	20~40	21.0	21.0	19.9	19.0	16.3	12.4	12.6
	40~60	20.8	20.3	19.6	18.3	15.5	12.1	11.3
	60~80	20.2	19.8	19.4	18.0	14.9	11.9	10.6
	80~100	19.5	19.3	19.0	17.7	14.4	12.0	9.9
膜侧沟播	0~20	20.6	20.4	19.4	17.2	15.5	11.6	14.0
	20~40	20.3	19.9	19.0	16.7	14.6	11.2	13.3
	40~60	20.0	19.6	18.5	16.6	14.1	11.2	11.4
	60~80	19.6	19.4	18.3	16.5	14.0	11.5	10.5
	80~100	19.0	18.9	17.6	16.0	14.1	11.5	10.2
露地条播	0~20	20.6	19.6	17.6	14.9	13.3	10.5	14.6
	20~40	20.3	19.5	18.0	15.0	13.3	10.5	14.2
	40~60	20.0	19.0	17.9	15.2	13.3	10.8	12.1
	60~80	19.6	19.0	17.3	15.3	13.3	10.9	10.9
	80~100	19.0	18.3	17.1	14.8	13.2	11.3	10.6

2. 显著提高小麦各生育期土壤贮水量

播前→苗期→返青期→拔节期→孕穗期→灌浆期，全膜覆土穴播、全膜不覆土穴播、膜侧沟播 1m 土壤贮水量显著地高于对照（露地条播），特别是返青期→拔节期→孕穗期增加最为显著。表现在：全膜覆土穴播 1m 土壤贮水量比露地条播平均增加 29.0~48.0mm，相当于亩增加 19.3~32.0m^3水；全膜不覆土穴播 1m 土壤贮水比露地条播增加 27.8~45.0mm，相当于亩增加 18.5~30.0m^3水；膜侧沟播 1m 土壤贮水量比露地条播平均增加 12.8~20.4mm，相当于亩增加 8.5~13.6m^3水，但增幅较小，且播种时 1m 土壤贮水量与露地条播无差异。到成熟期，全膜覆土穴播、全膜不覆土穴播、膜侧沟播 1m 土壤贮水量小于露地条播。可以得出，正是由于全膜覆土穴播相对较高的土壤贮水量，为小麦各生育期提供了充足水分储备。

3. 大幅度提高降水利用率和作物水分利用效率

全膜覆土穴播农田降水利用率最高74.1%，平均71.0%，较露地条播提高6.0个百分点；全膜不覆土穴播73.2%，平均69.7%；膜侧沟播66.9%，平均66.1%（表5-32）。这是由于全膜覆土能最大限度地抑制土壤水分蒸发，加之全膜覆土穴播小麦叶面积增大，

表5-32 不同覆膜方式降水利用率与水分利用效率

试验点	覆膜方式	耗水量（mm）	产量（kg/亩）	年降水量（mm）	降水利用率（%）	WUE［kg/（mm·亩）］
甘谷县	全膜覆土穴播	270.1	352.5	364.5	74.1	1.31
	全膜不覆土穴播	264.4	328.8	364.5	72.5	1.24
	膜侧沟播	246.8	268.4	364.5	67.7	1.09
	露地条播	241.7	188.5	364.5	66.3	0.78
静宁县	全膜覆土穴播	301.8	380.7	410.7	73.5	1.26
	全膜不覆土穴播	300.5	365.8	410.7	73.2	1.22
	膜侧沟播	274.7	293.0	410.7	66.9	1.07
	露地条播	263.0	201.9	410.7	64.0	0.77
庄浪县	全膜覆土穴播	326.8	406.7	453.5	72.1	1.24
	全膜不覆土穴播	321.7	387.9	453.5	70.9	1.21
	膜侧沟播	302.6	328.7	453.5	66.7	1.09
	露地条播	297.6	225.8	453.5	65.6	0.76
镇原县	全膜覆土穴播	357.1	433.3	506.1	70.6	1.21
	全膜不覆土穴播	339.9	417.8	506.1	67.2	1.23
	膜侧沟播	328.4	342.3	506.1	64.9	1.04
	露地条播	326.0	244.5	506.1	64.4	0.75
张家川回族自治县	全膜覆土穴播	381.5	451.4	548.2	69.6	1.18
	全膜不覆土穴播	377.1	434.6	548.2	68.8	1.15
	膜侧沟播	359.1	362.5	548.2	65.5	1.01
	露地条播	356.0	265.6	548.2	64.9	0.75
清水县	全膜覆土穴播	412.9	480.7	604.7	68.3	1.16
	全膜不覆土穴播	407.8	467.3	604.7	67.4	1.15
	膜侧沟播	396.1	386.8	604.7	65.5	0.98
	露地条播	392.0	290.0	604.7	64.8	0.74
平　均	全膜覆土穴播	341.7	417.5	481.3	71.0	1.22
	全膜不覆土穴播	335.2	400.4	481.3	69.7	1.19
	膜侧沟播	317.9	330.3	481.3	66.1	1.04
	露地条播	312.7	236.0	481.3	65.0	0.75

蒸腾量增加，总耗水中蒸腾耗水所占比例明显提高，从而大幅度提高了小麦农田降水利用率。全膜覆土穴播小麦水分利用效率最高达到 1. 31kg/(mm·亩)，平均 1. 22kg/(mm·亩)，对照露地条播平均为 0. 75kg/(mm·亩)，较对照增加 0. 47kg/(mm·亩)，增长 62. 7%；全膜不覆土穴播 1. 24kg/(mm·亩)，平均 1. 19kg/(mm·亩)；膜侧沟播 1. 09kg/(mm·亩)，平均 1. 04kg/(mm·亩)。

(二) 全膜覆土穴播技术的土壤温度效应

在我省中东部旱作农业区的甘谷、张家川、清水、通渭、庄浪、静宁、镇原 7 个县测定了全膜覆土穴播、全膜不覆土穴播、膜侧沟播、露地条播小麦不同生育时期 5cm、10cm、15cm、20cm 不同土层地温，研究其小麦生育进程和主要经济性状。

1. 提高地温，促进生长

全膜覆土穴播栽培促进小麦早出苗、苗全、苗壮。冬小麦全膜覆土穴播栽培播种至出苗 0~10cm 地温比露地栽培增加 1~2℃，出苗至分蘖期增加 1~3℃，返青至孕穗增加 2~4℃，抽穗以后差异缩小，小麦生育后期差异不明显。全膜覆土穴播全生育期 0~10cm 土层>0℃的积温为 2 269. 9℃，较露地栽培增加 213. 8℃，提高 10. 4%；10~20cm 土层>0℃年积温 2 235℃，较露地增加 182. 9℃，提高 8. 9%。从不同生育阶段来看，出苗—越冬、越冬—返青、返青—拔节、拔节—成熟，0~5cm 土层>0℃的地积温较露地条播分别增加 81. 03℃、47. 45℃、43. 45℃和 23. 76℃。全膜覆土穴播的增温效应以出苗—返青—拔节—孕穗期最为明显，从而可促使小麦比同期播种的露地小麦早出苗 2~3d，出苗率提高 5%~10%，且有利于形成壮苗和越冬保苗。

2. 生育进程加快

全膜覆土穴播小麦出苗早 2~3d，从而加快了生育进程，而成熟期提前 6~8d，延长了光合作用的干物质积累的时间，有利于增加小穗数和穗粒数。生育进程加快主要是全膜覆土提高了地温，使小麦冬前停止生长期推迟，而返青期又提前，促进了后期的发育。返青期一般提前 7~10d，返青后全膜覆土穴播小麦的生育进程明显加快，小麦拔节期提早 6~8d，使穗分化延长 5~7d，有利于穗粒数增加，灌浆期增加 5~7d，促进了千粒重的提高。

3. 增加干物质积累

全膜覆土穴播小麦各个生育阶段的生物量均高于露地小麦。7 个点连续两年测定表明，全膜覆土穴播小麦平均株高为 93. 3cm，露地条播小麦平均株高为 78. 3cm，较露地增加 15. 0cm；全膜覆土穴播小麦单株分蘖数为 1. 5 个，而露地小麦单株分蘖数为 0. 9 个，单株分蘖增加 0. 6 个。光合速率的测定结果表明，在中高肥力条件下，全膜覆土穴播小麦的光合速率分别较相同肥力条件下的露地小麦提高 36. 6%和 25. 3%。叶面积的增大和光合速率的提高，使得全膜覆土小麦能够积累更多的干物质，到成熟期，全膜覆土穴播小麦的干物质积累比露地冬小麦多 391g/m^2。

4. 产量构成因素明显改善

全膜覆土穴播对小麦产量的影响最终是优化了小麦产量构成因素，即增加了成穗数、穗粒数，提高了千粒重。据测定，全膜覆土穴播小麦平均亩穗数 32. 6 万穗，露地小麦平均亩穗数 27. 9 万穗，亩穗数平均增加 4. 7 万穗；全膜覆土穴播小麦平均穗粒数 33. 3 万粒，露地小麦平均穗粒数 26. 7 万粒，平均穗粒数增加 6. 6 粒；全膜覆土穴播小麦平均千粒重39.1g，露地小麦平均千粒重35.4g，千粒重提高3.7g。全膜覆土穴播整个生育期提前，提早进入灌浆期，减少了小麦成熟期干热风为害的几率和损失，千粒重一般提高2~4g，高的可达5~7g，为早熟高产创造了条件。

（三）全膜覆土穴播技术的相关机理

1. 全膜覆土穴播技术能显著提高小麦肥料利用率

在安定（年降水量360mm）、通渭（年降水量420mm）、庄浪（年降水量480mm）3个县（区）开展了不同覆膜模式小麦肥料利用率试验研究。全膜覆土穴播技术较露地条播能显著提高小麦氮、磷、钾肥料利用率。3个试验点全膜覆土穴播小麦氮肥利用率最高为46.4%，平均为44.2%，较露地条播增加12.5个百分点，增长39.2%；小麦磷肥利用率最高为21.2%，平均为19.9%，较露地条播增加5.9个百分点，增长42.4%；小麦钾肥利用率最高为34.0%，平均为30.6%，较露地条播增加5.4个百分点，增长21.3%（表5-33）。小麦氮、磷、钾肥料利用率增加20%以上，特别是磷肥利用率增幅最高。这是由于全膜覆土穴播小麦土壤水分含量高、增温效果好，使得小麦地上部植株生长旺盛、地下部根系发达，对土壤养分吸收量增加、肥料利用率显著提高。

从不同区域看，随降水量增加，全膜覆土穴播小麦氮、磷、钾肥料利用率增加。其中，氮肥利用率平均增加5.0个百分点，磷肥利用率增加2.7个百分点，钾肥利用率增加6.6个百分点。这是由于降水量增加，土壤水分含量增加，水肥耦合效应促进了小麦对土壤养分的吸收利用效率。

表5-33　不同覆膜模式小麦肥料利用率

覆膜模式		施肥量（kg/亩）			产量（kg/亩）				肥料利用效率（%）		
		N	P	K	$N_1P_1K_1$	$N_0P_1K_1$	$N_1P_0K_1$	$N_1P_1K_0$	N	P	K
安定区	全膜覆土穴播	10.0	8.0	3.0	264.1	125.9	114.3	235.7	41.4	18.5	27.4
	露地条播	10.0	8.0	3.0	197.1	98.2	99.8	173.4	29.7	12.0	22.9
通渭县	全膜覆土穴播	8.0	5.6	1.6	304.9	185.6	191.4	288.2	44.7	20.1	30.3
	露地条播	8.0	5.6	1.6	215.6	128.9	133.0	201.5	32.5	14.6	25.5
庄浪县	全膜覆土穴播	9.4	4.5	1.5	298.3	153.1	202.1	280.7	46.4	21.2	34.0
	露地条播	10.7	6.0	1.0	207.8	90.7	114.2	198.5	33.0	15.4	27.2
平　均	全膜覆土穴播	9.1	6.0	2.0	289.1	154.9	169.3	268.2	44.2	19.9	30.6
	露地条播	9.6	6.5	1.9	206.8	105.9	115.7	191.1	31.7	14.0	25.2

2. 全膜覆土穴播促进小麦土壤养分吸收

六个试验点全膜覆土穴播小麦平均最佳施肥量为：施氮量9.7kg/亩、施磷量6.6kg/亩、施钾量3.6kg/亩；平均最高施肥量为：施氮量10.6kg/亩、施磷量7.6kg/亩、施钾量3.9kg/亩。各试验点小麦氮、磷、钾最佳和最高施用量均比当地露地小麦增加（特别是氮亩增加2.0kg左右）20%以上。这是由于全膜覆土穴播小麦的水温效应，使得小麦植株生长旺盛、根系发达，促进了小麦对土壤养分的吸收量。

另外，从不同区域看，随降水量由低到高增加，全膜覆土穴播小麦氮、磷、钾施肥量增加。其中，最佳施氮量增加 5.2kg/亩，最佳施磷量增加 4.5kg/亩，最佳施钾量增加 3.0kg/亩。这也是由于降水量增加，土壤水分含量增加，水肥互促效应促进了小麦对土壤养分的吸收利用。

3. 全膜覆土穴播技术的光合效应

根据在庄浪、张家川、清水 3 个县测定结果，小麦各生育期叶面积均表现为全膜覆土穴播≥全膜不覆土穴播>膜侧沟播>露地条播，各处理拔节期、抽穗期、灌浆期小麦单株叶面积平均值分别为：1 881.9mm²/株、1 822.7mm²/株、1 451.4mm²/株和 1 150.7mm²/株，分别较露地增加 731.2mm²/株、672.0mm²/株和 300.7mm²/株，分别增长 63.5%、58.4%和 26.1%。说明 3 种覆膜模式均能较露地条播显著增加小麦植株光合效能，特别是全膜覆土穴播小麦与全膜不覆土穴播小麦。另外，全膜覆土穴播小麦与全膜不覆土穴播小麦各生育期叶面积差异不显著，这是由于这两种栽培模式土壤的水热条件差异不显著造成的，说明全膜不覆土穴播小麦光合效能也很好。全膜覆土穴播小麦叶片特别是旗叶明显比露地小麦宽，且叶色浓绿，叶面积指数高于露地小麦。

全膜覆土穴播可明显提高小麦日灌浆速率，推迟灌浆速率峰值，延长灌浆时间；明显改善小麦叶片的光合特性，增加叶片的光合能力，促进光合产物的积累，有利于提高小麦干物质积累。

4. 全膜覆土穴播技术的根系生长机理

根据在静宁、庄浪、张家川 3 个县的试验结果，小麦不同生育期单株次生根均表现为全膜覆土穴播>全膜不覆土穴播>膜侧沟播>露地条播，以全膜覆土穴播小麦单株次生根数最多，露地条播小麦单株次生根数最少，且小麦生育前期差异较小，中后期差异加大，尤其以拔节→孕穗期这种差异最为明显。分蘖期→返青期→拔节期，全膜覆土穴播小麦单株次生根为 2.9~8.4 条，而露地条播小麦单株次生根为 0.7~5.0 条，较露地条播小麦增加 2.2~3.4 条；而孕穗期→灌浆期→成熟期，全膜覆土穴播小麦单株次生根为 19.5~24.8 条，而露地条播小麦单株次生根为 8.5~12.1 条，较露地条播小麦增加 11.0~12.7 条。可见，随着生长发育进行，小麦次生根数量增加，特别是生育中后期全膜覆土穴播小麦次生根数量显著高于露地条播，为全膜覆土穴播小麦吸收水分和养分奠定了基础。

根据在庄浪、张家川、清水 3 个县测定，全膜覆土穴播小麦 100cm 土层内根系较对照增加 28.5%~38.6%。0~20cm 土层单株根干重 0.22g，比对照增加 45.6%。另外，研究还显示，全膜覆土穴播小麦 60%根系干重分布在 0~20cm 土层中，对产量形成有十分重要的作用。发达的根系，促进小麦吸收水分和养分，有利安全越冬、健壮生长、增强抗旱能力。因此，在水分逆境条件下，全膜覆土穴播小麦增产效果更加显著。

（四）不同区域小麦全膜覆土穴播技术增产效果

1. 半干旱偏旱旱作农业区

在年降水 250~350mm 的半干旱偏旱区靖远、永靖、会宁、安定、甘谷 5 个县（区）的试验结果表明（表 5-34），3 种覆膜模式较对照均能大幅度增产，以全膜覆土穴播小麦增产效果最好，平均亩产 309.9kg，比对照亩增产 140.6kg，增产 83.0%；全膜不覆土穴播增产效果次之，比对照亩增产 120. 2kg，增产 71. 0%；膜侧沟播亩增产 82. 7kg，增产 48. 8%。说明在半干旱偏旱区，全膜覆土穴播小麦增产效果最好，该区域露地小麦亩产只有 160kg 左右，全膜覆土穴播小麦平均亩产可以达到 300kg 以上；小麦膜侧沟播技术增产效果较好、操作简单，但基本苗不够，增产潜力小，推广价值不大；全膜不覆土穴播由于人工放苗劳动强度大，不宜推广。

表 5-34　半干旱偏旱区不同模式试验小麦产量

处　理	产量（kg/亩）						亩增产量（kg）	增产率（%）
	靖远县	永靖县	会宁县	安定区	甘谷县	平均		
全膜覆土穴播	249. 8	293. 6	315. 4	338. 3	352. 5	309. 9	140. 6	83. 0
全膜不覆土穴播	235. 4	284. 9	274. 5	324. 3	328. 8	289. 6	120. 2	71. 0
膜侧沟播	186. 3	286. 6	228. 5	290. 4	268. 4	252. 0	82. 7	48. 8
露地条播	125. 0	178. 0	180. 7	174. 6	188. 5	169. 4	—	—

2. 半干旱旱作农业区

在年降水 350~500mm 的半干旱区通渭、静宁、庄浪、秦安、镇原 5 个县试验结果表明（表 5-35），3 种覆膜方式较对照均能大幅度增产，但增产幅度小于半干旱偏旱区。3 种覆膜方式也以全膜覆土穴播小麦产量最高，平均亩产 365. 5kg，比对照亩增产 132. 2kg，增产 56. 6%；全膜不覆土穴播增产效果次之，比对照亩增产 106. 0kg，增产 45. 4%；膜侧沟播亩增产 71. 7kg，增产 30. 7%。

表 5-35　半干旱区不同模式试验小麦产量

处　理	产量（kg/亩）						亩增产量（kg）	增产率（%）
	通渭县	静宁县	庄浪县	秦安县	镇原县	平均		
全膜覆土穴播	271. 8	380. 7	406. 7	315. 0	453. 3	365. 5	132. 2	56. 6
全膜不覆土穴播	220. 2	365. 8	387. 9	285. 2	437. 8	339. 4	106. 0	45. 4
膜侧沟播	189. 6	313. 0	348. 7	281. 5	392. 3	305. 0	71. 7	30. 7
露地条播	129. 1	245. 9	273. 8	239. 4	278. 5	233. 3	—	—

3. 半湿润偏旱旱作农业区

在年降水 500~600mm 的半湿润偏旱区秦州、张家川、清水、泾川、灵台 5 个县（区）试验结果表明（表 5-36），3 种覆膜方式较对照均能明显增产，但增产幅度也小于半干旱区，其中以全膜覆土穴播、全膜不覆土穴播增产幅度较大，膜侧沟播小麦增产不明显。3 种覆膜方式也以全膜覆土穴播小麦产量最高，平均亩产 446. 9kg，比对照亩增产 136. 9kg，增产 44. 2%；全膜不覆土穴播增产效果次之，比对照亩增产 126. 0kg，增产 40. 7%；膜侧沟播亩增产 52. 3kg，增产 16. 9%。膜侧沟播小麦增产不明显，说明在半湿润偏旱区不宜推广小麦膜侧沟播技术。

表 5-36　半湿润偏旱区不同模式试验小麦产量

处　理	产量（kg/亩）						亩增产量（kg）	增产率（%）
	秦州县	张家川回族自治县	清水县	泾川县	灵台县	平均		
全膜覆土穴播	439.0	421.4	470.7	448.0	455.2	446.9	136.9	44.2
全膜不覆土穴播	443.3	404.6	447.3	436.9	449.1	436.2	126.3	40.7
膜侧沟播	389.8	342.5	386.8	334.2	357.8	362.2	52.3	16.9
露地条播	309.0	296.6	312.0	295.5	336.7	310.0	—	—

小麦全膜覆土穴播技术在 3 个旱作农业区域都具有极其显著的增产效果和推广应用价值。在年降水 250~350mm 的半干旱偏旱区，全膜覆土穴播小麦增产幅度最大，基本可以实现旱地小麦单产翻番。从半干旱偏旱区→半干旱区→半湿润偏旱区，随年降水量增加，全膜覆土穴播小麦增产幅度虽然降低，但可以实现旱地高产稳产，亩产量达到 400kg 以上，最高达到 500kg 以上。

六、小麦地膜覆盖配套农机具的研究与改进

小麦地膜覆盖栽培技术能否应用于生产并推广，与小麦覆膜机的研究成功和不断改进有重要关系。从目前推广的全生育期地膜覆盖穴播和膜侧沟播，以及近年新研究的全生产年度地膜覆盖等技术来看，地膜覆盖机械不断完善，但还需继续改进提高。

（一）地膜覆盖穴播机的发展

1. 人推式单行小麦穴播机的产生

小麦是密植作物，要实现全生育期覆盖，必须采取稀播作物的种植形式，要按行、株距采用穴播。20 世纪 80 年代后期小麦地膜覆盖均用人工穴播，每天只能种 20~30m^2，费时费工，这一技术停留在试验种植阶段。1992 年在农机部门配合下，研究出了第一代人推式穴播机，使地膜小麦进入生产试验和多点示范阶段。

2. 小麦穴播机的发展

第一代机具存在着播量不能调整和工作效率较低等不足，经过农机和农业科研部门的反复研究，于 1995 年研制出了播量可调的人推式多行穴播机，接着覆膜、穴播一次完成的动力机具相继研究成功，推动了地膜穴播小麦的迅速发展。然而覆膜穴播机的应用也存在着 3 个突出的问题，一是苗与孔错位问题，幼苗被压在膜下，人工掏苗费时费工，农民难以接受，主要原因首先是穴播机采用鸭嘴滚筒式，运动轨迹为曲摆型，其次是覆膜机覆膜时将膜拉长，播种后膜回缩；二是下籽量不均匀，虽然目前的穴播机可调整播量，但无法保证各个充种器（鸭嘴）下籽均匀，有的一穴多达几十粒，有的只有两三粒，甚至空穴，需人工补播，造成群体生长不一致，影响产量；播种深度和穴距、行距不能调整，无法适应旱地多变的土壤水分状况。

（二）起垄覆膜膜侧沟播机的应用

为了进一步解决小麦覆膜穴播技术应用过程中存在的苗与孔错位、雨水利用及残膜

捡拾等技术问题，山西等地提出了小麦全生育期覆膜膜侧沟播技术，研制出了起垄覆膜膜侧沟播机，推动了小麦覆膜技术的迅速发展。甘肃、陕西、宁夏等地相继引进应用，取得了显著的效果，但刚研制的这种机械存在着性能差、重量大、操作不便，覆膜和播种质量不高等问题。近年，又成功研制出了施肥、起垄、覆膜、播种、覆土、镇压等工序一次完成的多功能覆膜播种机，起到了微集水保温提高肥料利用率和生产效率、增产显著效果。

（三）小麦覆膜栽培中农机与农艺结合需解决的几个关键技术

目前大面积应用的小麦覆膜播种机均是按全生育期覆膜栽培技术要求设计的，还尚未涉及到全生产年度覆膜技术的要求，需要农艺与农机部门配合进行，重点解决覆膜与播种分开的农业机械配套问题：农艺部门要尽快研究夏休闲期集雨保墒的适宜膜宽与水分入渗区的比例、起垄覆膜高度；农机部门要研制覆膜和播种分次作业的组装型多功能机械，达到起垄、施肥、覆膜一次完成，播种一次完成。

第十节　旱地全膜双垄沟玉米产量—水分关系及持续增产技术研究

针对黄土旱塬一年一熟或两年三熟复种轮作制冬春休闲期土壤水分蒸发损失严重、生育期<10mm 降水日数多和散见性降雨所占比例大但有效性差等生产实际和科技需求，于1998 年开始探索秋覆膜保墒与秋季集中施肥技术，经过 10 多年完善，不断完善了全膜双垄沟覆盖集雨种植、秋覆膜春播为核心的两项关键技术，并与高产品种筛选与评价、增密、合理施用 N 肥等技术相配套，形成了旱地农田集雨保墒玉米节水丰产技术体系，大幅度提高了旱地农田降水利用率和玉米水分利用效率。在甘肃省陇东地区全膜双垄沟集雨种植玉米平均增产 25%，农田降水利用率 77.8%，玉米水分利用效率 2.68kg/（mm·亩）。

一、试验设计与方法

1998—2000 年：试验分秋覆膜（AF）、春覆膜（SF）和不同覆盖度，共设 7 个处理：① AFT1，带幅 1.0m，普通膜覆膜宽度 0.5m（覆盖度 50%）；② SFT1，带幅 1.0m，普通膜覆膜宽度 0.5m（覆盖度 50%）；③ AFT2，带幅 1.5m，普通膜覆膜宽度 1.2m（覆盖度 80%）；④ SFT2，带幅 1.5m，普通膜覆膜宽度 1.2m（覆盖度 80%）；⑤ AFT3，带幅 1.5m，渗水膜覆膜宽度 1.2m（覆盖度 80%）；⑥ SFT3，带幅 1.5m，渗水膜覆膜宽度 1.2m（覆盖度 80%）；⑦ T4，露地对照。

试验采用随机区组设计，3 次重复，小区面积 T1、T4 处理 24.0m^2（8.0m×3.0m），T2、T3 处理为 60.0m^2（8.0m ×7.5m）。指示玉米品种为中单 2 号，保苗密度 66 660 株/hm^2。1.0m 带幅膜上种植 2 行，行距 50cm，株距 30cm；1.5m 带幅膜上种植 4 行，行距 30cm，株距 40cm。施肥量各处理按施纯氮 300.0kg/hm^2、五氧化二磷 112.5kg/hm^2 计，在覆膜前按氮肥总量的 50%和磷肥全部集中分带施入，其余氮肥的 50%在玉米拔节期追施。试验用普通膜厚 0.005mm、宽 70cm，渗水膜厚 0.005mm、宽 140cm。

1998—2000 年春玉米生育期降水量分别为 507.0mm、321.7mm 和 294.3mm，较历年平均降水量（344.0mm）分别增加 47.4%、-6.5%和-14.4%，分别属丰水、平水和欠水年份。同时，平水年份玉米生育前期降水与历年基本持平，虽灌浆后期降水较历年减少 79.4%，但对籽粒产量影响不大；欠水年份春覆膜玉米因降水少，抽雄与吐丝期严重错位，致使授粉不良。

1999—2009 年：监测不同覆膜形式土壤水分变化及配套栽培技术效应。

2010—2015 年：耐密机收玉米品种筛选及关键环节农艺农机融合技术研发。

二、试验结果与分析

（一）不同覆膜处理对土壤水分、蓄水效率及产量的影响

旱地秋覆膜显著增加冬春休闲期土壤水分的保蓄。在欠水年份秋覆膜后对播前（4 月中旬）2.0m 土层各层的土壤水分变化情况的测定结果表明，秋覆膜后，播前 1.0m 和 2.0m 土层的土壤平均含水量分别为 134.52g/kg 和 119.86g/kg，较同期裸地土壤含水量分别提高 2.18g/kg 和 17.52g/kg。同时，秋覆膜的田间保水效果随着田间覆膜面积的增大而提高。当覆盖度为 50%时，播前 1.0m 土层的平均含水量较裸地（102.34 g/kg）提高 25.42g/kg；田间覆盖度增加到 80%后，1.0m 土层含水量提高 38.94g/kg。平水年份秋覆膜后，播前 1.0m 和 2.0m 土层的土壤平均含水量分别为 150.30g/kg 和 146.55g/kg，较同期裸地处理分别提高 12.70g/kg 和 4.45g/kg。当覆盖度为 50%和 80%时，播前 1.0m 土层的平均含水量较裸地（137.60g/kg）分别提高 11.90g/kg 和 13.50g/kg，表现为秋覆膜后田间保水效果随着田间覆膜面积的增大而提高。总之，不同年份秋覆膜具有明显的保水效果，但均以 1.0m 土层保墒为主，这对春旱条件下适期播种、减灾增收具有重要意义。

对不同生育时期秋、春覆膜 2.0m 土层的贮水量变化的测定结果（表 5-37）表明，在基础土壤水分一致的前提下，通过秋施肥、覆膜可使冬闲期及玉米整个生育期土壤贮水量明显提高，尤其是冬、春休闲期覆盖保水效果更为显著。秋覆膜区春播种时 0~60cm 土层土壤含水量平均 152.60g/kg，有效解决了春旱造成的难以适时播种问题。同时，从播种后秋覆膜与春覆膜贮水量差异来看秋覆膜玉米由于水分条件的改善，生理代谢旺盛，蒸腾蒸散量增大，但随着生育进程渐进，至收获期秋覆膜和春覆膜土壤水分基本接近。

表 5-37　旱地玉米秋覆膜与春覆膜各生育时期土壤贮水量比较　（单位：mm）

处　理	秋覆膜前	冬闲期	播　种	拔节期	大喇叭口	灌浆期	收获期
AF	290.5	314.1	326.8	353.1	270.1	246.5	231.9
SF	290.5	252.4	273.5	323.0	240.3	235.1	222.1
AF-SF	0	61.7	53.3	30.1	29.8	11.4	9.8

平水年冬、春休闲期降水量为 49.1mm，覆膜前 2.0m 土层土壤平均含水量为 132.9 g/kg，播前测定其膜内、膜外的土壤水分含量，50%覆盖度的普通膜其膜内较膜

外贮水量提高 10.32mm，平均蓄水效率 71.83%，较对照（48.45%）提高 23.38 个百分点；80%覆盖度的普通膜其膜内外贮水量差值为 12.77mm，其平均蓄水效率较对照提高 26.9 个百分点。欠水年在此期降水 48.9mm，覆膜前 2.0m 土层土壤平均含水量为 111.7g/kg，普通膜 80%覆盖度较 50%覆盖度蓄水效率提高近 3 倍，尤其是播前裸地处理的 2.0m 土层含水量较冬前降低 17.0mm，表明在多风干旱的冬、春休闲期若对裸地不采取覆盖措施，不但降水难以蓄保，而且还造成土壤水分的大量散失。从 2 年平均蓄水效率来看，80%的覆盖度较 50%的覆盖度蓄水效率提高 1 倍，且秋覆膜较裸地蓄水效率提高 7~10 倍。

不同降水年份，秋覆膜较春覆膜处理在产量及株高、果穗性状上具有较为明显的差异。平水年秋覆膜各处理产量平均较春覆膜提高 7.9%，较露地提高 3.2%；欠水年秋覆膜各处理产量平均较春覆膜提高 49.9%，较露地提高 103.6%；2 年平均分别提高 21.2%和 45.8%。株高在平水年、欠水年秋覆膜各处理较春覆膜平均增加 4cm 和 24cm，在抽雄前株高表现尤为明显；穗粒数和千粒重秋覆膜较春覆膜在平水年分别增加 32.9 粒、15.8g；在欠水年增加 162.0 粒、24.0g；WUE 秋覆膜较春覆膜提高 4.88kg/(mm·hm^2)，其中平水年、欠水年分别提高 3.80、5.97kg/(mm·hm^2)。同时，无论秋覆膜或春覆膜，田间覆盖度 80%的处理较覆盖度 50%处理的 WUE 2 年平均增加 1.32kg/(mm·hm^2) 和 2.48kg/(mm·hm^2)。就覆膜材料来说，普通膜优于渗水膜，但差异不大。

（二）秋覆膜对土壤水分和玉米产量的影响

冬小麦—复种（糜子）→春播玉米、油菜+复种（蔬菜、大豆等）→春播玉米是西北半湿润偏旱区的主要轮作模式，模式中春玉米播前 160 多天土壤休闲裸露，土壤水分严重损失，有效抑制冬春休闲期土壤水分蒸发损失和抗旱播种抓全苗是解决的关键技术。

连续 11 年（1999—2009 年）秋覆膜试验结果表明（表 5-38），玉米播前 0~2m 土壤多贮水 25.5mm，每亩约增加 17m^3土壤有效水分。增加的这些水分十分宝贵，增强了对不均匀降水的时空调配利用，有效解决了长期因春季干旱少雨而使玉米无法如期播种或播种后难以保全苗的生产实际问题，奠定了玉米抗旱增产和充分利用后期集中性降雨的基础。秋覆盖春播玉米产量 721.1kg/亩，提高 14.4%，水分利用效率 1.93kg/(mm·亩)，提高 18.4%，2009 年最高达到了 2.98kg/(mm·亩)。特别是 2000 年历史大旱之年，玉米无法播种，加之关键需水期持续高温，春覆盖玉米仅 318.0kg/亩，但秋覆盖产量达到 550.7kg/亩，增产 73.2%，抗旱增产效果十分显著。

2009 年玉米生育期降水量只有 239mm，是常年的 73%，灌浆期前只有 110mm，是常年的 27%，春季干旱，冬闲期覆盖保水蓄水的特点尤为明显（表 5-39）。秋季全地面平膜覆盖（100%覆盖）、宽膜（80%覆盖）覆盖较春季播前覆膜产量分别提高 8.5%、3.3%，较窄膜平覆盖（50%覆盖）和膜侧（50%覆盖）相应提高 15.1%、-3.3%。这与地膜覆盖度低有关，也与生育期降雨少有关。

表 5-38　秋覆膜对旱地玉米产量和水分利用效率的影响

年　份	播前 0~2m 土壤贮水（mm）			籽粒产量			WUE		
	秋覆膜	春覆膜	增加量	秋覆膜（kg/亩）	春覆膜（kg/亩）	增加（%）	秋覆膜 [kg/（mm·亩）]	春覆膜 [kg/（mm·亩）]	增加（%）
1999	382.5	369.3	13.2	833.3	778.7	7.0	2.14	1.81	18.0
2000	334.6	273.3	61.3	550.7	318.0	73.2	1.53	1.01	51.3
2001	389.7	367.9	21.8	388.7	224.7	73.0	1.05	0.61	71.7
2002	462.8	431.1	31.7	895.3	861.3	3.9	1.89	1.73	9.2
2003	439.4	420.4	19.0	773.9	671.4	15.3	1.62	1.43	13.0
2004	389.0	364.0	25.0	883.1	818.1	7.9	2.19	1.80	21.9
2005	396.8	361.1	35.7	738.9	700.3	5.5	1.90	1.40	35.7
2006	399.6	384.8	14.8	758.2	670.5	13.1	1.87	1.58	18.6
2007	415.2	400.8	14.4	675.2	584.0	15.6	1.83	1.58	16.0
2008	405.0	389.1	15.9	691.5	585.4	18.1	2.24	2.00	12.0
2009	338.4	310.9	27.5	742.9	718.0	3.5	2.98	2.72	9.4
平　均	395.7	370.2	25.5	721.1	630.0	14.4	1.93	1.63	18.4

表 5-39　不同覆膜处理玉米产量和水分利用效率（2009 年）

覆膜时间	处　理	耗水量（mm）	籽粒产量（kg/亩）	水分利用效率 [kg/（mm·亩）]
春季覆膜	露地	262.3	459	1.75
	宽平膜	240.3	718	2.99
	窄平膜	223.5	577	2.58
	全平膜	221.2	727	3.29
	膜侧	239.9	613	2.56
秋覆膜	露地	262.3	459	1.75
	宽平膜	248.7	742	2.98
	窄平膜	243.9	664	2.72
	全平膜	272.8	789	2.89
	膜侧	246.1	593	2.41

（三）旱地地膜玉米产量—耗水量的关系

连续 4 年土壤水分消耗利用的测定与农田水分平衡估算，以冬闲期覆盖春播、春覆盖春播、露地播种 3 种种植方式下的农田耗水量与籽粒产量数据为基础，通过方式拟合，建立了 3 种方式下产量—耗水量的平均直线关系如图 5-24 所示。拟合方程的斜率表示每增加或者多消耗 1 个单位水分的增产量，每增加 100mm 的水分产出 303. 8kg 籽粒的玉米，但在冬闲期覆盖春播、春覆盖春播条件下，依次达到 344. 5kg、342. 9kg，显著高于露地条播的 227. 6kg，前两种覆盖方式的单位水分产出值大小基本相当。这一点与全生产年度或全生育期覆盖在小麦上的结果明显不同，这是因为小麦的主要生长阶段和大量需水期处于降雨较少的旱季，对土壤贮水依赖性强，而玉米的生长恰好相反，冬闲期覆盖重点解决了玉米抗旱播种或建立壮苗的水分基础，有利于充分利用后期的季节性降雨，这一点可以从产量—水分关系得到进一步的说明，在同等耗水量下覆盖尤其是冬闲期覆盖产量明显提高，然而玉米产量的高低还在很大程度上取决于后期降雨的状况。

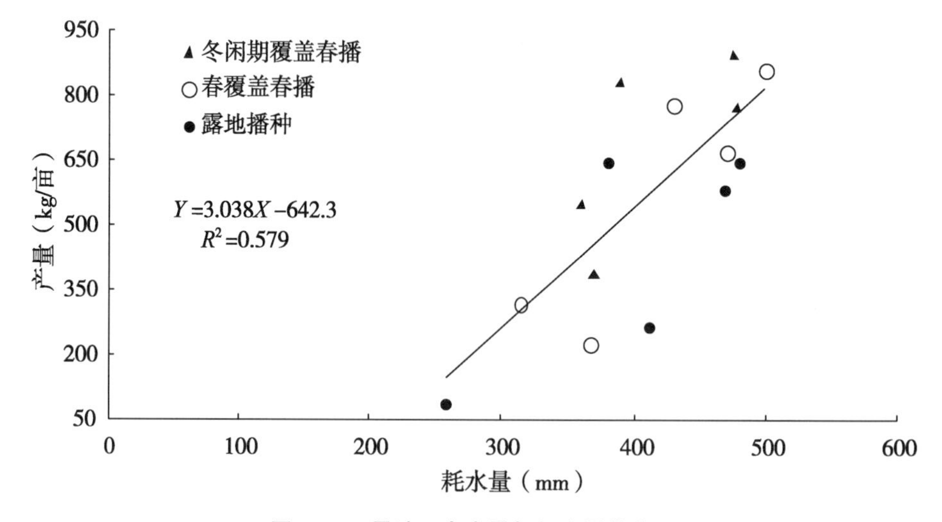

图 5-24　旱地玉米产量与耗水量的关系

在旱地水分始终成为限制因素的条件下，玉米产量总是随耗水量的增加而显著提高，不过生育期降雨分布规律明显影响这种关系，特别是玉米授粉期、灌浆前期干旱程度的影响最为明显。如 2000 年（严重缺水年份）为历史上罕见的春旱，春播玉米无法播种，致使播期推后 20d 左右，加之需水关键期持续高温干旱的影响，春季 70cm 地膜覆盖的玉米产量 318. 0kg/hm^2，而秋季对应膜宽覆盖的春播玉米产量为 550. 7kg/hm^2，较春覆盖增产 73. 2%，抗旱效果明显。2001 年（较重缺水年份）：春玉米生育期降水 188. 9mm，较历年同期降水量减少 44. 5%。尤其是玉米拔节前后 5 月降水仅占历年同期的 6. 3%，7 月降水量是历年同期的 1/3，8 月份较同期减少近 1/3，抽雄期因异常干旱胁迫使玉米未正常抽雄、吐丝，造成雌雄花期不育，大多数玉米田因无授粉果穗而青收喂畜。但秋覆膜后种植的玉米产量 388. 7kg/hm^2，较春覆膜提高 72. 9%。

从图 5-24 可以看出，旱地玉米绝收（减产 100%）的耗水量约 210mm，减产 50%的耗水量 330mm，减产 25%的耗水量 390mm，保证 720kg/亩产量的耗水量 448mm。

(四) 旱地玉米地膜双垄沟覆盖集雨种植增产与水分效应

1. 增产与水分利用效率

玉米生育期<5mm 降水占年降水总量的 1/5 左右，降雨日数占年总降雨日数的 2/3，这部分降水有效性差、难以利用。该技术解决了农田降雨就地富集利用的科学问题和生育期小雨量高效利用的生产关键技术。甘肃陇东黄土旱塬年降水量 500mm 条件下，连续 10 年的研究结果表明（表 5-40），增加地面覆盖度显著减少了土壤水分的蒸发损失，增加地面微集水面积大幅度提高降水的有效性和利用率，全膜双垄沟玉米产量 679.7kg/亩，较传统的窄膜平作种植分别增产 24.7%。全膜双垄沟覆盖微集水种植无疑是大幅度提高降水利用率的关键技术。

表 5-40　全膜双垄沟覆盖种植玉米的增产效果（1999—2009 年）

种植方式	产量（kg/亩）											增　产（%）
	1999 年	2000 年	2001 年	2002 年	2003 年	2004 年	2005 年	2007 年	2008 年	2009 年	平均	
全膜垄沟	507.7	512.6	486.5	653.4	681.0	665.2	765.8	955.8	758.0	811.0	679.7	24.6
窄膜平作	403.0	412.8	396.3	579.1	596.2	555.6	613.4	681.0	638.7	577.0	545.3	—

2007 年前期严重干旱，玉米播种时 0～20cm 土壤含水量为 8.7%，播种无法出苗，覆盖播种后每穴浇水约 0.5kg，出苗前无降雨，全地面地膜覆盖双垄沟出苗率为 98.7%，较窄膜覆盖高 25.9 个百分点。另外，播前 8d 双垄沟覆膜后并每隔 30cm 打小孔，期间降水量为 3.4mm，播种时沟内 0～200cm 土层含水率 12.65%，提高 0.35 个百分点（相当于 9mm 降水），与点浇播种灌水量相当，即垄沟成为富集降水的主要方式。

2007—2009 年试验，2007 年全膜双垄沟覆盖种植玉米产量和 WUE 最高（表 5-41），分别为 955.7kg/亩和 2.46kg/(mm・亩)，高于宽膜平作覆盖［836.0kg/亩、2.2kg/(mm・亩)］、窄膜平作覆盖［681.0kg/亩、1.79kg/(mm・亩)］和露地［500.4kg/亩、1.33kg/(mm・亩)］的种植方式。

与多数年份不同的是 2008 年半膜（覆盖度 80%）沟垄覆盖种植玉米的产量和水分利用效率最高，分别为 791.3kg/亩和 2.60kg/(mm・亩)，产量比宽膜平作、窄膜平作和露地种植增加 10.6%、23.9%和 34.0%，水分利用效率提高 12.1%、21.0%和 32.3%。主要原因是 2008 年玉米春旱和抽雄期无降水，同 2007 年相比生育期降水减少 43.8%，全膜覆盖沟垄种植减产 26.1%，半膜覆盖沟垄种植减产 10.4%。2009 年全膜双垄沟种植玉米耗水量只有 222.8mm，籽粒产量却高达 811.0kg/亩，WUE 为 3.64kg/(mm・亩)，创旱地玉米 WUE 最高纪录，其次是半膜双垄沟 772.0kg/亩和 3.29kg/(mm・亩)。三年平均产量和 WUE 均以全膜双垄沟最高，为 841.6kg/亩和 2.68kg/(mm・亩)，农田降水利用率平均 77.8%。

表 5-41　地膜不同覆盖和种植方式对玉米产量和水分利用效率的影响

年　份	覆盖方式	生产年度降水（mm）	生育期降雨（mm）	耗水量（mm）	产　量（kg/亩）	WUE［kg/（mm·亩）］	降水利用率（%）
2007	露地	440	344	376. 7	500. 4	1. 33	85. 6
	全膜双垄沟			388. 5	955. 7	2. 46	88. 3
	半膜双垄沟			381. 9	873. 7	2. 29	86. 8
	宽膜覆盖			380. 7	836. 0	2. 20	86. 5
	半膜覆盖			380. 9	681. 0	1. 79	86. 6
	全地面覆盖			400. 4	899. 7	2. 25	91. 0
	膜侧			368. 9	787. 3	2. 13	83. 8
2008	露地	491	193	300. 6	590. 7	1. 96	61. 2
	全膜双垄沟			328. 4	758. 0	2. 31	66. 9
	半膜双垄沟			304. 4	791. 3	2. 60	62. 0
	宽膜覆盖			308. 3	715. 3	2. 32	62. 8
	半膜覆盖			297. 2	638. 7	2. 15	60. 5
	全地面覆盖			302. 5	749. 3	2. 48	61. 6
	膜侧			295. 3	644. 7	2. 18	60. 1
2009	露地	284	239	262. 3	459. 0	1. 75	92. 4
	全膜双垄沟			222. 6	811. 0	3. 64	78. 4
	半膜双垄沟			234. 7	772. 0	3. 29	82. 6
	宽膜覆盖			240. 3	718. 0	2. 99	84. 6
	半膜覆盖			223. 5	577. 0	2. 58	78. 7
	全地面覆盖			221. 2	727. 0	3. 29	77. 9
	膜侧			239. 9	613. 0	2. 56	84. 5
2010	露地	475	417	289. 3	803. 9	2. 78	60. 9
	全膜双垄沟			281. 1	971. 9	3. 46	59. 2
	半膜双垄沟			268. 4	945. 1	3. 52	56. 5
	宽膜覆盖			255. 8	912. 8	3. 57	53. 9
	半膜覆盖			265. 5	864. 0	3. 25	55. 9
	全地面覆盖			243. 9	924. 0	3. 79	51. 3
	膜侧			286. 1	894. 0	3. 12	60. 2

2. 耗水强度

不同覆膜方式下，玉米全生育期耗水量和平均耗水强度有明显差异（表5-42）。平水年（2007年）玉米生育阶段耗水量为前期少、中期多、后期略少，干旱年份（2008年）则呈前期多、中期少、后期多的变化趋势。不管是干旱年还是平水年，各覆膜处理玉米生育阶段耗水强度则表现为前期低、中期高、后期低的变化规律，即拔节至抽雄期是玉米耗水高峰期。玉米播种—拔节和拔—抽雄期，全膜双垄沟耗水强度均最大，2007年分别为2.1mm/d和5.9mm/d，比半膜双垄沟、窄平膜、宽平膜、膜侧、全平膜及露地高24%和16%、50%和23%、31%和4%、91%和23%、24%和7%、75%和31%；2008年分别为2.1mm/d和3.7mm/d，增加17%和37%、31%和16%、17%和12%、24%和37%、11%和12%、31%和32%。这是因为全膜双垄沟改善了土壤水温条件，玉米生长旺盛，作物蒸腾加剧，从而导致耗水强度增加，水分利用率提高。

表5-42　玉米不同覆膜处理耗水量与耗水强度

年　份	处　理	播种—拔节		拔节—抽雄		抽雄—成熟		耗水量（mm）	耗水强度（mm/d）
		耗水量（mm）	耗水强度（mm/d）	耗水量（mm）	耗水强度（mm/d）	耗水量（mm）	耗水强度（mm/d）		
2007	露地	79	1.2	153	4.5	145	3.0	377	2.5
	全膜双垄沟	97	2.1	181	5.9	110	2.0	388	2.9
	半膜双垄沟	80	1.7	167	5.1	135	2.4	382	2.8
	宽平膜	81	1.6	166	5.7	133	2.3	380	2.7
	窄平膜	75	1.4	155	4.8	151	2.8	381	2.7
	全平膜	85	1.7	175	5.5	141	2.6	401	2.9
	膜侧	63	1.1	157	4.8	149	2.8	369	2.5
2008	露地	98	1.6	82	2.8	121	2.1	301	2.0
	全膜双垄沟	113	2.1	106	3.7	95	1.9	314	2.3
	半膜双垄沟	100	1.8	84	2.7	120	2.3	304	2.2
	宽平膜	109	1.8	92	3.3	107	2.1	308	2.2
	窄平膜	91	1.6	89	3.2	118	2.0	298	2.1
	全平膜	107	1.9	102	3.3	103	2.1	312	2.3
	膜侧	92	1.7	85	2.7	118	2.0	295	2.0

（五）旱地玉米全膜双垄沟集雨种植的降水阈值研究

在大田条件下，研究了生育期不同供水量对全膜双垄沟和半膜平铺两种种植方式玉米（先玉335）产量、农艺性状和水分利用影响。随着生育期供水（包括98.1mm降水）由288.1mm、278.1mm、348.1mm、408.1mm、488.1mm的增加，无论是全膜双垄沟还是半膜平铺，玉米产量、耗水量均随供水量增加而增加，同等水分供给量全膜双垄沟玉米产量和水分利用效率始终显著高于半膜平铺种植（表5-43），水分供给量越低全膜双垄沟玉米产量和水分利用效率增幅越大，随着水分供给量增加增幅变小，覆膜垄沟集雨种植在低雨量时增产和水分利用效果更加明显，但单位水分消耗的产量增加要低于半膜平覆（图5-25）。因此，随着降水量增多全膜双垄沟增产效果降低。

表5-43　生育期供水对全膜双垄沟和半膜平覆盖玉米产量与水分利用的影响

处理	供水(mm)	耗水量（mm）				籽粒产量（kg/亩）				WUE［kg/(mm·亩)］			
		Ⅰ	Ⅱ	Ⅲ	平均	Ⅰ	Ⅱ	Ⅲ	平均	Ⅰ	Ⅱ	Ⅲ	平均
全膜双垄沟	488.1	567.7	583.6	573.0	574.7	691.0	698.4	816.4	735.3	1.217	1.197	1.425	1.280
	408.1	497.1	467.6	504.7	489.8	535.4	753.0	766.2	684.9	1.077	1.610	1.518	1.402
	348.1	435.0	433.6	440.1	436.2	478.8	705.4	736.6	640.3	1.101	1.627	1.674	1.467
	278.1	380.2	380.1	380.4	380.2	453.6	521.6	676.9	550.7	1.193	1.372	1.780	1.448
	228.1	307.5	329.0	325.7	320.7	267.4	497.0	487.4	417.3	0.870	1.511	1.496	1.292
半膜种植	488.1	556.3	566.9	574.8	566.0	550.6	694.8	709.2	651.5	0.990	1.226	1.234	1.150
	408.1	474.8	486.7	470.0	477.2	606.4	504.2	522.0	544.2	1.277	1.036	1.111	1.141
	348.1	426.1	415.5	433.3	425.0	406.8	452.0	472.0	443.6	0.955	1.088	1.089	1.044
	278.1	363.0	378.1	362.2	367.8	308.2	302.3	445.0	351.8	0.849	0.800	1.228	0.959
	228.1	312.0	307.4	307.6	309.0	187.2	214.0	233.2	211.5	0.600	0.696	0.758	0.685

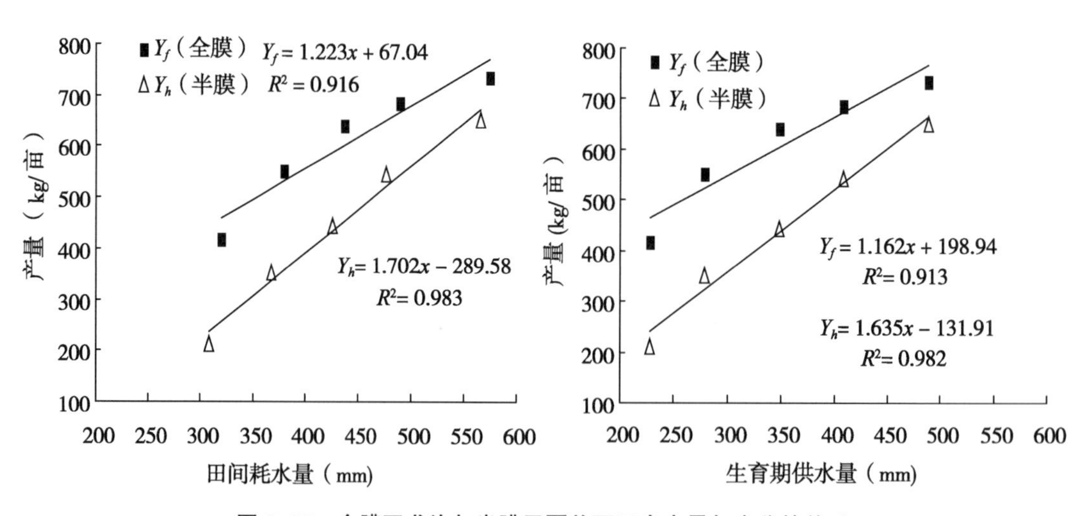

图5-25　全膜双垄沟与半膜平覆盖下玉米产量与水分的关系

在抗旱棚遮雨旱池条件下的试验同样表明，随着生育期供水量（包括降水和灌水）由200mm到415mm的增加，全膜双垄沟和不覆盖种植玉米产量、耗水量同样随供水量增加而提高（图5-26），同等水分供给量全膜双垄沟玉米产量和水分利用效率始终高于不覆盖种植，并且随着水分供给量增加全膜双垄沟增产效果越加显著（表5-44），即全膜垄沟种植能更加充分的利用有限的降雨。相对于不覆盖种植，在同等供水条件下，全膜双垄沟种植在提高生物产量和籽粒产量的同时，提高了收获指数，低耗水时收获指数提高约 10 个百分点，中等到高耗水时提高 3~7 个百分点，即随着水分条件的改善，全膜双垄沟增强了玉米干物质向籽粒中的转移，同时增加了 0~60cm 土层根重，提高了对水分的利用。全膜双垄沟提高产量的关键是显著增加了穗粒数和穗粒重。

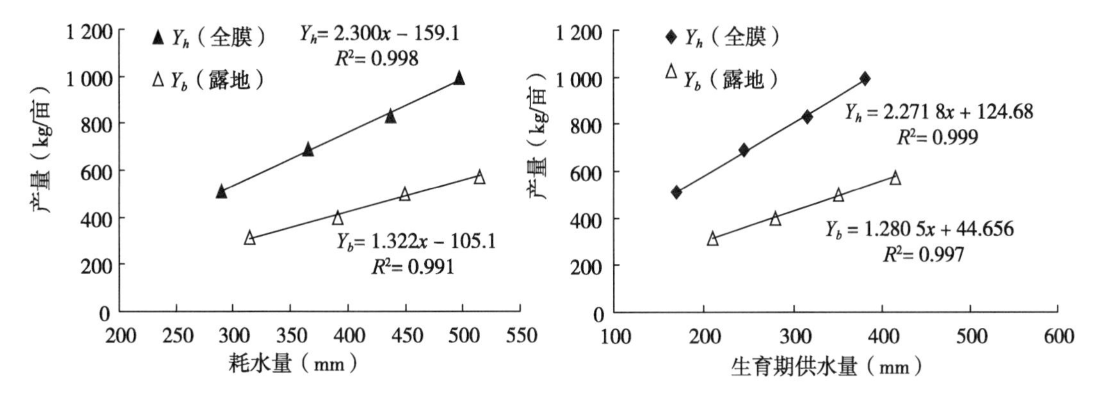

图 5-26　旱池条件下全膜双垄沟与不覆盖玉米产量与水分利用的关系

表 5-44　旱池条件下供水对全膜双垄沟和不覆盖玉米产量与水分利用的影响

处理	田间耗水及其组成（mm）				产量（kg/亩）		WUE [kg/(mm·亩)]	收获指数（%）	0~60cm 土层根重（g）	穗粒数（粒）	穗粒重（g）
	总耗水量	土壤耗水	灌水	降水	生物产量	籽粒产量					
全膜双垄沟	496.7	116.7	245	135	1 953.6	990.4	1.994	50.7	183.1	586	167.7
	437.0	122.0	180	135	1 785.6	832.6	1.905	46.6	164.1	566	160.1
	365.7	120.7	110	135	1 511.3	689.3	1.885	45.6	130.8	494	132.8
	290.3	120.3	35	135	1 213.1	508.1	1.750	41.9	123.8	378	97.5
露地穴平播	515.1	100.1	245	170	1 216.7	571.4	1.109	47.0	159.7	392	116.41
	449.1	99.1	180	170	1 276.1	501.6	1.117	39.3	117.2	355	110.85
	390.9	110.9	110	170	1 110.1	399.4	1.022	36.0	85.3	322	105.76
	314.2	104.2	35	170	984.5	313.3	0.997	31.8	75.2	306	95.95

从大田、旱池控水的研究结果表明，玉米耗水量大约 300mm 是玉米生产和覆膜增产的低限，生育期供水（包括自然降水和灌水）200mm 是满足玉米自身生产和覆膜增产的降水量阈值，低于该阈值玉米生产受干旱缺水大幅度减产或绝收风险增大。

连续 4 年在甘肃陇东全膜双垄沟播玉米对不同降雨年型的响应研究表明（表 5-40），2008 年生育期降水量 193mm，严重干旱，全膜双垄沟产量（758.0kg/亩）低于半膜双垄沟，但与半膜双垄沟（791.3kg/亩）、宽膜覆盖（715.3kg/亩）、全地面覆盖（749.3kg/亩）产量无明显差异，主要是因 2008 年玉米生长期春夏连旱，全膜双垄沟玉米生长旺盛耗水多，生殖生长期土壤水分严重亏缺，授粉不良，产量下降。2007 年、2009 年生育期降水量 344mm、239mm，全膜双垄沟显著提高玉米产量和水分利用效率。2010 年生育期降水量 417.1mm，全膜双垄沟产量最高（971.9kg/亩），但同半膜双垄沟（945.1kg/亩）、宽膜覆盖（912.8kg/亩）、全地面平铺（924.0kg/亩）产量差异也不显著，增产幅度小。说明玉米生育期雨量较大时，以集雨为主的覆膜方式已经不是影响玉米生长的最主要因素，或者说此时平作玉米水分条件已处于或者满足了玉米生长的水分条件。

进一步分析得出，不同年型全膜双垄沟玉米增产量与生育期降水量呈明显的抛物线变化关系（图 5-27），即同半膜双垄沟、半膜平铺相比较，要使全膜双垄沟稳定增产存在有一个降水量阈值范围。陇东旱塬条件下，全膜双垄沟播玉米相对于半膜双垄沟、半膜平铺种植增产的生育期降水量范围依次为 210~442mm、135~452mm；要使全膜双垄沟较半膜双垄沟增产 50kg/亩以上，生育期降水量应满足 248~402mm，较半膜平铺增产 100kg/亩

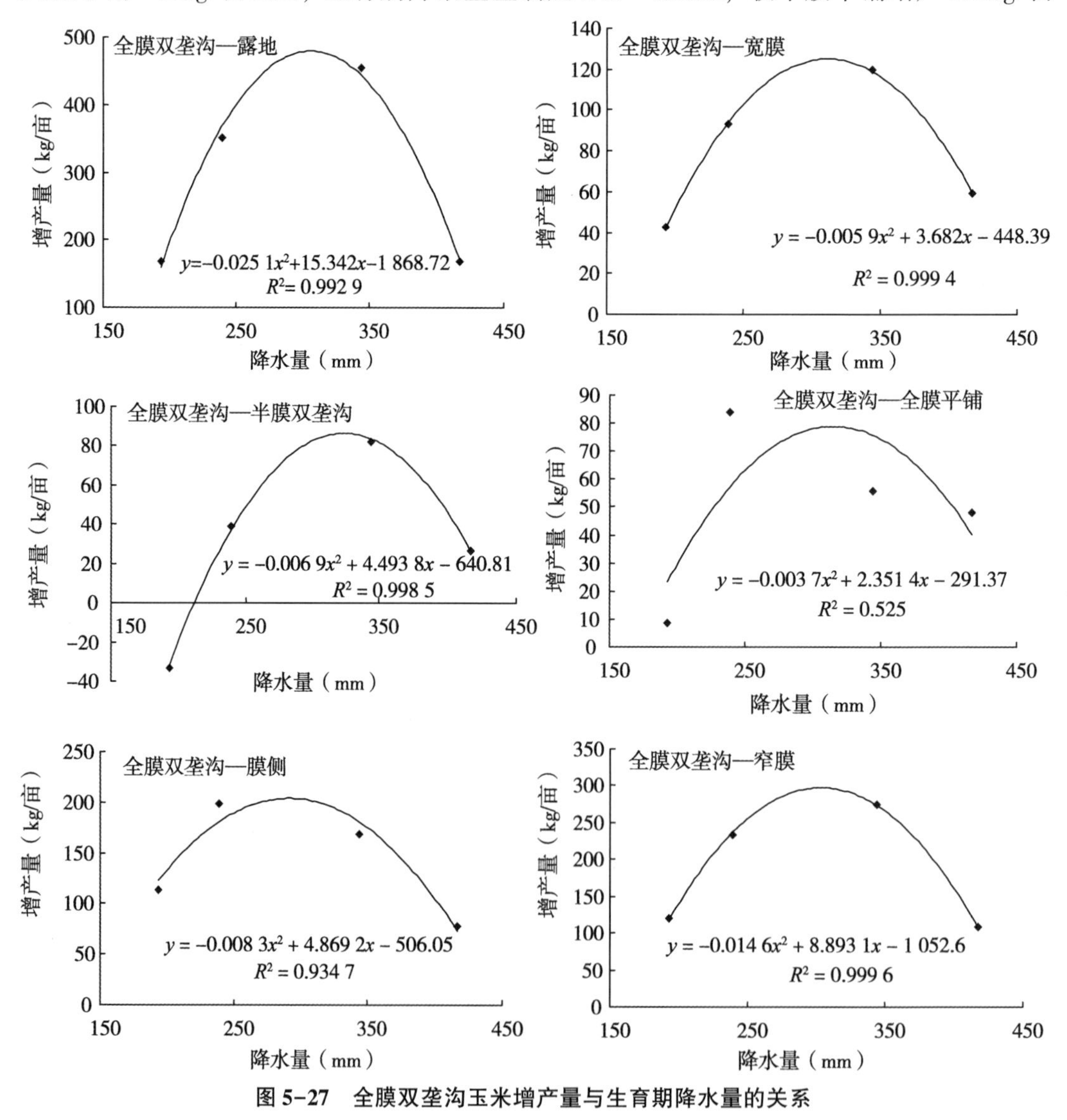

图 5-27　全膜双垄沟玉米增产量与生育期降水量的关系

以上，生育期降水量应满足187~442mm。即在一定范围内，随着降水量增多全膜双垄沟增产效果降低，但210~325mm（年降水250~430mm）是增产幅度最大，即半干旱地区是全膜双垄作最适宜种植区。

（六）玉米耐密机收品种筛选及丰产配套技术研究

垄膜沟种解决了旱地农田玉米生产所需的水分和增温问题，而选择耐密品种、增密、合理施用氮肥等是提高产量和水分利用效率的关键。

1. 玉米耐密性研究进展

美国等先进国家的玉米育种经验表明种植密度是一个重要的限制因素。由于耐密性、耐旱性、抗病性，以及捕获和利用光热资源效率等性状的改良，使现代玉米杂交种具有更高的生产力。提高筛选密度和培育耐密性品种已经成为大多数育种家的共识。了解和借鉴这方面的研究进展，以期对国的玉米育种和栽培研究起到促进作用。

（1）遗传改良。多年来，由于适应种植密度持续增加而获得的产量遗传增益是十分显著的，玉米育种对作物产量的改良，主要通过提高品种的耐逆性和对投入的反应能力，而不是提高单株产量潜力。Russell（1984）研究了代表不同时代的28个单交种对3种密度的反应，结果显示籽粒产量的增益主要是由于新杂交种在较高的密度下所表现出的优势。Sangoi（2002）发现，巴西在20世纪70—90年代发放的3个杂交种的最适密度分别为7.1株/m^2、7.9株/m^2和8.5株/m^2，并认为由于在广泛试验区域对高密度下最高产量杂交种的选择，使得耐密性在世界范围内得到增强。新杂交种对高密度的耐性，使种植密度成为过去60年来改变最大的农艺管理措施。Duvick（2005）评估了1934—1991年发放的36个杂交种在7.9株/m^2、5.4株/m^2和3.0株/m^2的密度下，籽粒产量的年增益分别为110kg/hm^2、88kg/hm^2和39kg/hm^2。可见，新杂交种相对于老杂交种的产量优势，很大程度上归因于它们对较高密度的忍受能力和利用能力。Tollenaar的研究结果显示，20世纪30—90年代美国玉米杂交种产量的提高，应主要归因于遗传和栽培互作上的改进。玉米的作物产量与种植密度的变化关系呈一条曲线，在最适密度下产量最高。现代杂交种的最适种植密度高于老杂交种，且不同杂交种的最适密度存在着差异。由于对高密度的耐性，使得最大作物产量的最佳种植密度有所增加。高密度增加了各种生物和非生物逆境的不利影响，因此对提高耐逆性的遗传改良提出了更高的要求。Duvick（2005）曾指出，如果把产量潜力定义为一个杂交种生长在没有任何明显胁迫的环境下所能获得的产量，那么有证据显示玉米的产量潜力并没有提高。对高密度的耐性，以及对其他生物、非生物逆境的耐性和资源利用效率的改进，是提高生产力的决定性因素。

一个杂交种通常种植在培育它的密度下产量最高，因此在育种进程中采用高密度进行自交系的筛选和杂交种的鉴定就显得非常重要。Sergio（2006）发现，高密度下的玉米小区鉴定试验可以使性状表现的差异幅度增加，从而使得对产量、茎折和穗柄折断的选择更容易。对于比较不同杂交种的产量、茎折和根倒的条带试验，高密度可以减少1/2以上的面积。高密度下不仅可以帮助淘汰生长势差，植株弱小，以及因抽丝延迟而不能受粉的植株，使受粉的效果得到改善，还能使收获期间的一些淘汰性状充分表现，如空秆、瘪粒等，因为在高密度下空秆、瘪粒导致低产的遗传力大于正常密度下籽粒产量的遗传力。

Troyer（2007）在选种圃中通常使用当地生产上种植密度的2倍作为选系密度，杂交种的鉴定则采用超过平均密度的20%，而产量试验中的最高密度要超过至少30%。同时提出高密度下鉴定自交系的表型选择方法，能提供多次观察的机会，通过选择较大的穗子从而选择耐密性较好的穗行。

（2）耐密性影响因素。玉米的耐密性受杂交种的生育期、株型和生理反应，以及生长环境和栽培条件等很多因素的影响。Tollenaar（2006）发现，与玉米籽粒产量遗传改良直接相关的生理反应是在高密度下粒数的增加，抽丝后生物量的合成和向生殖器官转运的加强。新杂交种在高密度下产量的改进部分归因于最大的太阳辐射截获量和把截获的辐射能变成干物质的转化效率的提高，同时，部分归因于地上部的干物质向雌穗中分配比例，即收获指数维持一定的比例。Vega（2001）的研究结果表明，当玉米成熟期的单株地上部总生物量为中等时，其收获指数高而稳定，而当植株非常小和非常大时，收获指数降低。生物量较高的同时同化物再分配比例较高的杂交种的最适种植密度，一般比同化物再分配比例较低的杂交种要低，因为前者在低密度下生殖生长的库限制较弱。植株籽粒产量的增加对其总生物量增加的响应能力，可作为同化物再分配的一个指标。增加种植密度，造成总干物质生产增加和收获指数下降，而最适种植密度则是2种效应平衡的结果。尝试使用与生物量可塑性及同化物的再分配有关的一些参数，来解释和预测杂交种对密度的反应，并发现生物量与密度，以及生物量与籽粒产量的关系与最适密度有关。在所有杂交种中，提高密度均增加了单位面积的生物量，然而，只有可塑性最小的杂交种，其收获指数随密度的提高而增大。最适密度最低的杂交种，表现出最大的生物量可塑性和同化物再分配。可见，分别研究生物量和收获指数，比仅仅研究籽粒产量，能更好分析和解释基因型对密度的影响。

在影响玉米耐密性的诸多因素中，生育期和株型是相对重要的性状。早熟杂交种的最适密度通常比晚熟杂交种高，这是由于早熟杂交种单株叶面积的可塑性较小，以及生长时间较短，要达到相同的辐射截获量，需要更多的植株。与晚熟高秆杂交种相比，早熟矮秆的杂交种遭遇较少的逆境，它们的茎折、根倒、穗柄折断、花丝延迟和空秆也较少，因此能在更高的密度下获得它们的最高产量。排除生育期和植株大小等因素，遗传上对种植密度的反应也是存在的，如对光照、水分和肥力不足的忍耐能力。单位面积的理想株数取决于土壤肥力、水分有效性、杂交种的成熟期和行距等因素。在栽培措施上增加种植密度和采用窄行距，可以使矮小植株整个群体和单个个体截获的光照增加，以补偿它们植株矮小的不足。多穗杂交种比单穗杂交种能更好地适应高密度等不利的环境条件。多穗杂交种的干物质和籽粒产量对密度的反应大多呈直线关系，而单穗杂交种呈二次曲线的关系，因此，多穗基因型产生补偿的可能性更大。

（3）高密度对产量不利性影响。现代杂交种所要求的高密度和较低的单株产量潜力，造成了它们对高密度的依赖性。高密度增加了株间差异，并降低了资源利用效率和单位面积的籽粒产量。由于缺株、株间差异和败育增加可直接导致产量损失，因此，对高密度的依赖性是影响产量稳定性的一个不利因素。随着密度的增加，吐丝天数、单株籽粒产量、单株籽粒、百粒重等性状的CV值显著高，而且在较高的密度下，植株干重的CV值随着时间的推移而增加。籽粒产量、地上总干物质、单株产量和干物质的CV与密度之间存在显著互作。较低密度下，同时播种和分期播种处理在叶面积指数、地上总干物质和籽粒产量方面都没有差异，这些性状在株间也没有差异。在较高的密度下，株间差异程度较高，同时，不整齐植株的产量低于整齐一致的植株，显示出株间差异与单位面积籽粒产量之间呈负相关性。可见，植株整齐度是高产的必要条件。对于新杂交种，由于株间竞争加剧而导致植株整齐度降低的程度较弱，但这种影响依然存在，这意味着对耐密性的改进并没有消除株间差异及其对最终单位面积籽粒产量的负面影响。

较高密度下，散粉吐丝间隔增加是导致败育，并最终影响籽粒产量的关键因素。尽管高密度没有影响穗原基分化的起始时间，但降低了受精时有效穗粒数。灌浆过程中，受精穗粒数在所有密度下都会下降，但在较高的密度下，以及在灌浆的后半阶段，下降更加明显。粒数减少说明在较高的密度下，吐丝延迟的果穗受精不足，同时一些受精的籽粒随后发生败育。密度对散粉所需的时间并没有显著影响。然而，随着密度提高，从播种到吐丝的时间显著增加，穗粒数显著降低，不孕率显著提高。花丝延迟和单株籽粒数之间存在负相关，说明雌雄穗花序较好的同步性是改善籽粒建成所必需的。在较高的密度下，同化物供给减少造成籽粒败育，特别是果穗顶部的籽粒，并使总的籽粒产量降低。即使对耐密的杂交种，高密度也会引起不孕的发生，尤其在各种逆境下，如高温、干旱、缺肥、寡照等，由于花丝延迟，花粉缺乏，受精受阻，或者由于穗基部早形成的受精胚对穗顶部晚形成受精胚的竞争优势而导致的籽粒早期败育，都会在开花不同步的情况下，使单穗上的籽粒形成受到限制。

由于遗传改良和种植习惯改变，玉米种植密度有不断增加的趋势，但最适种植密度在不同地区、不同栽培水平和不同杂交种之间存在差异，超过了最适密度会给玉米生长和最终产量造成不利的影响。因此确定每个玉米品种的适宜密度是种子公司在推广品种时的首要任务，也是种植者在田间播种时的中心环节。在高密度下，高产性和稳定性的统一是现代优良杂交种的必备条件。

（4）国外玉米密度变化研究进展。近半个世纪以来，美国和加拿大玉米的平均产量大约翻了三番。这主要是得益于品种的改良，精准的栽培方式，更好的病虫害防治等。其中，遗传改良对玉米产量的贡献最大，平均每年增加 1.0~1.5 蒲式耳/英亩[①]。育种家选育了很多抗旱、抗病、稳产的品种。最为重要的是，选育了很多耐密品种。

美国各大洲农民种植品种的密度发生了巨大变化。仅仅 10 年，北美玉米种植密度大于 3 万株/英亩的面积从 1997 年的 25%（占总玉米面积）到 2007 年的 55%。在衣阿华和明尼苏达州，有 80%的玉米面积种植密度大于 3 万株/英亩。整个玉米种植带，种植密度仍然在不断攀升。实际上，2007 年衣阿华和明尼苏达州分别有 1/4 和 1/3 的玉米面积种植密度大于 3.3 万株/英亩。

2. 抗旱耐密玉米品种筛选与评价

2010—2015 年，先后引进不同类型玉米杂交种沈单 16、先玉 335、瑞普 908、农华 101、陕单 609、郑单 958、CX712、陇单 9 号、真金 8 号、JF308、长试 1307、陕单 618、泰玉 1028、正德 304、宁玉 524、KWS2564、金穗 4 号、平玉 8 号、吉祥 1 号、豫玉 22、

① 1 蒲式耳（美）= 35.238L，1 英亩 = 4 046.8m^2，全书同

新引 M751、新引 M753、甘鑫 2818、敦玉 46、陇单 5 号、银玉 934、中种 8 号 27 个品种，评价产量和水分效率大小。

（1）玉米品种产量与生育期的关系。供试品种平均生育期为 120d，收获时籽粒平均含水率为 25.9%，平均产量为 15 436.5kg/hm²。采用生育期与产量和收获籽粒含水率与产量双向平均值分析方法分析表明（图 5-28、图 5-29），筛选出产量高于供试品种平均值，且生育期天数低于平均值的品种有 7 个，农华 101、陇单 9 号、KWS2564、平玉 8 号、新引 M753、甘鑫 2818、银玉 934；筛选出产量高于供试品种平均值，且收获时含水率低于平均值的品种有 8 个，普瑞 908、农华 101、陕单 609、CX712、JF308、新引 M753、甘鑫 2818、银玉 934。可见生育期和收获籽粒含水率低于平均值，产量高于平均值的品种有 4 个：农华 101、新引 M753、甘鑫 2818、银玉 934。

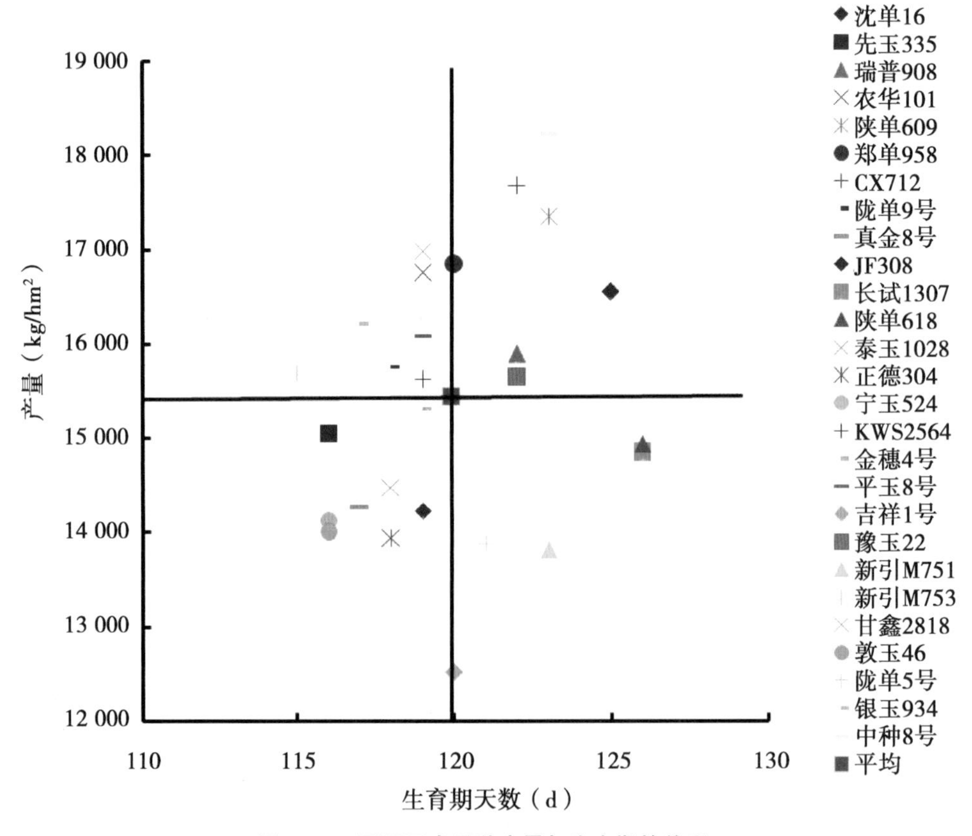

图 5-28　不同玉米品种产量与生育期的关系

（2）不同玉米品种产量和水分利用效率。对筛选的农华 101、新引 M753、甘鑫 2818、银玉 934 这 4 个玉米品种产量和水分利用效率分析表明（表 5-45），农华 101、新引 M753、甘鑫 2818、银玉 934 的产量分别为 16 750.5kg/hm²、15 705.0kg/hm²、16 989.0kg/hm²、16 210.5kg/hm²，较对照（沈单 16）增产 11.4%、4.5%、13.0%、7.8%，水分利用效率为 34.1kg/(mm · hm²)、31.7kg/(mm · hm²)、35.3kg/(mm · hm²) 和 33.5kg/(mm · hm²)，提高 13.1%、5.3%、17.0%和 10.9%。

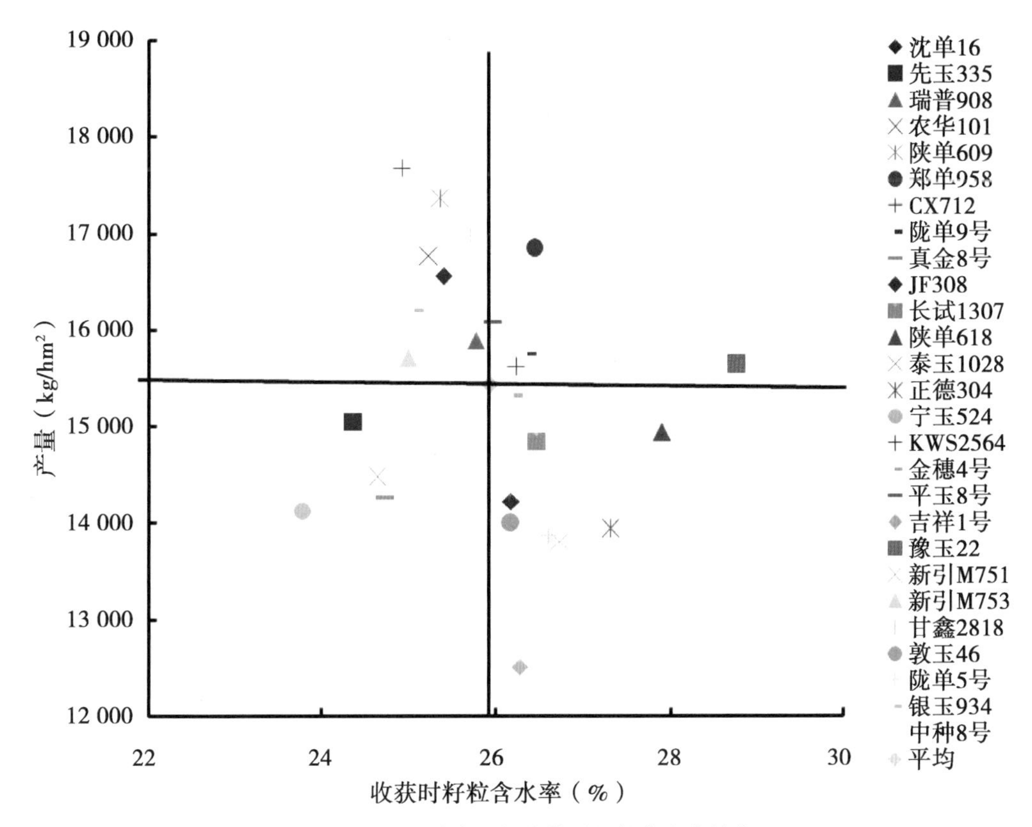

图 5-29　不同品种产量与收获时籽粒含水率的关系

表 5-45　不同玉米品种产量和水分利用效率

品　种	播前 0~2m 土层贮水量（mm）	收获后 0~2m 土层贮水量（mm）	生育期降水量（mm）	耗水量（mm）	籽粒产量（kg/hm^2）	WUE［kg/（mm · hm^2）］
沈单 16	554.0	282.6	227.5	498.9	15 034.5c	30.1c
农华 101	554.0	290.1	227.5	491.3	16 750.5a	34.1a
新引 M753	554.0	286.7	227.5	494.8	15 705.0ab	31.7bc
甘鑫 2818	554.0	299.7	227.5	481.8	16 989.0a	35.3a
银玉 934	554.0	296.9	227.5	484.6	16 210.5ab	33.5ab

（3）不同密度对玉米群体产量及光能利用的影响。在 4 500株/亩和 6 000株/亩全膜双垄沟条件下，监测评价了国内主栽玉米品种先玉 335、瑞普 908、农华 101、陕单 609、郑单 958、CX712、陇单 9 号、真金 8 号、JF308、长试 1307 和陕单 618 的耐密性，综合考虑产量、抗病性、植株性状及对双密度响应，陇单 9 号、CX712、真金 8 号和农华 101 和瑞普 908 在双密度性均能高产。

不同群体透光率。随着密度增加，群体透光率逐渐减小，群体内各层透光率与产量呈二次抛物线关系。密度由 3 000株/亩、4 000株/亩、5 000株/亩、6 000株/亩的增加，尽管顶部和底部群体透光率明显下降（表 5-46），穗长缩短，但玉米产量却提高，稀植大穗型品种（中玉 9 号、陇单 4 号）适宜密度为 4 000株/亩，耐密性品种（吉祥 1 号、郑单 958、先玉 335）为 5 000株/亩；尽管随着密度增加产量提高，但密度之间田间耗水量无明显差异，水分利用效率显著提高。透光率低于适宜值时群体内产量与透光率正相关，但超过这一值时由于叶片消耗性呼吸，产量逐渐降低。因此，维持群体内透光率为一适宜状态是高产的根本途径，只有群体内各层叶片的光能分配达到最优比例时，玉米产量才能提高。灌浆期透光率存在适宜值，不同的品种表现出一定的差异，陇单 4 号棒三叶部位和底层透光率分别为 15. 3% 和 5. 4%，郑单 958 为 18. 9% 和 5. 4%，先玉 335 为 12. 5% 和 4. 2%，吉祥 1 号为 15. 0%和 4. 6%，中玉 9 号为 7. 1%和 2. 6%。

表 5-46　不同基因型玉米耐密性筛选及产量潜力

品　种	密　度（株/亩）	耗水量（mm）	产　量（kg/亩）	WUE [kg/（mm·亩）]	穗　长（cm）	秃　顶（cm）	穗粒数（粒）	棒三叶透光率（%）	底部透光率（%）	光能利用率（%）
吉祥 1 号	3 000	380. 6	682. 4	1. 79	20. 0	0. 5	626. 1	42. 37	15. 25	1. 14
	4 000	371. 8	798. 9	2. 15	20. 1	0. 2	611. 5	31. 35	12. 18	1. 34
	5 000	386. 4	918. 6	2. 38	19. 5	0. 5	616. 3	18. 68	5. 76	1. 54
	6 000	365. 4	833. 2	2. 28	18. 8	0. 5	580. 4	15. 45	5. 59	1. 39
中玉 9 号	3 000	385. 4	820. 4	2. 13	24. 1	1. 7	643. 2	26. 31	11. 20	1. 37
	4 000	374. 9	895. 1	2. 39	23. 4	2. 0	564. 8	24. 92	10. 90	1. 50
	5 000	380. 0	890. 9	2. 34	20. 8	2. 2	482. 6	22. 78	9. 19	1. 49
	6 000	387. 2	836. 5	2. 16	20. 5	2. 2	529. 4	22. 74	7. 87	1. 40
陇单 4 号	3 000	367. 5	680. 2	1. 85	22. 6	1. 7	571. 2	39. 57	13. 62	1. 14
	4 000	383. 7	857. 9	2. 24	21. 8	2. 3	628. 9	34. 57	9. 86	1. 43
	5 000	380. 0	793. 9	2. 09	21. 1	2. 3	600. 0	16. 99	4. 52	1. 33
	6 000	376. 9	755. 5	2. 00	19. 8	2. 3	523. 3	13. 28	4. 47	1. 26
郑单 958	3 000	349. 7	640. 4	1. 83	18. 9	0. 6	554. 0	34. 63	12. 42	1. 07
	4 000	387. 0	841. 9	2. 18	18. 7	0. 8	567. 7	28. 58	11. 25	1. 41
	5 000	388. 6	873. 1	2. 25	18. 3	0. 8	577. 8	22. 00	4. 87	1. 46
	6 000	393. 3	846. 4	2. 15	18. 0	0. 6	570. 9	21. 71	2. 69	1. 42
先玉 335	3 000	386. 8	739. 7	1. 91	20. 5	1. 2	649. 4	30. 77	17. 34	1. 24
	4 000	389. 6	843. 0	2. 16	20. 5	0. 9	666. 4	28. 09	10. 86	1. 41
	5 000	390. 5	1 003. 3	2. 57	19. 9	1. 8	632. 9	26. 87	8. 43	1. 68
	6 000	403. 1	931. 1	2. 31	19. 6	2. 0	539. 5	21. 94	7. 47	1. 56

不同群体干物质积累量。抽雄期之前各品种不同密度间群体干物质积累量呈现出一致的变化趋势，随生育期的推进和密度的升高而增加，抽雄期之后各品种不同密度间的群体

干物质积累量呈现不同的变化趋势。先玉 335、吉祥 1 号、中玉 9 号、陇单 4 号、郑单 958 在抽雄前群体干物质积累量大小顺序均为 6 000株/亩 > 5 000株/亩 > 4 000株/亩 > 3 000株/亩，抽雄后干物质变化先玉 335、中玉 9 号和陇单 4 号 5 000株/亩 > 4 000株/亩 > 6 000株/亩 > 3 000株/亩，吉祥 1 号为 5 000株/亩 > 6 000株/亩 > 4 000株/亩 > 3 000株/亩，郑单 958 为 6 000株/亩 > 5 000株/亩 > 4 000株/亩 > 3 000株/亩。可见，适宜密度是提高玉米穗粒期群体同化产物积累的关键，但不同品种间表现出一定的差异，玉米籽粒产量与灌浆期生物产量极显著相关，产量潜力发挥主要增加灌浆期干物质积累量。

不同群体的 NDVI。灌浆期 NDVI 值均随着密度增加而增加，密度与 NDVI 极显著正相关，相关系数为 0.74，生物量与 NDVI 极显著正相关，相关系数为 0.56。可见，NDVI 能反映玉米冠层空间上的分布和干物质积累情况。

不同密度群体与产量和水分利用效率的关系。不论哪个基因型玉米，籽粒产量、水分利用效率与密度呈二次抛物线关系，说明群体大小与产量和水分利用效率有一定的协调关系，这种关系因基因型不同而异。密度之间的差异远远大于品种之间的差异。随着密度增加，群体压力增大，穗长、穗粒数、百粒重减小，秃顶长度增加，玉米个体库器官的发育受到的不良影响也越来越大。合理的玉米群体密度应该是密度增加的群体效应要大于或等于个体库的减少总量。2013 年，陇单 4 号、郑单 958、先玉 335、中玉 9 号密度在 5 000株/亩时产量最高，分别为 813.2kg/亩、927.1kg/亩、997.8kg/亩和 910.2kg/亩，吉祥 1 号在 4 000株/亩时产量最高，为 953.2kg/亩。5 个品种 4 000株/亩、5 000株/亩、6 000株/亩之间产量差异不显著，但密度超过 5 000株/亩倒伏风险加大，且产量有下降趋势。2014 年，平展型玉米品种陇单 4 号和中玉 9 号在 4 000株/亩播种密度下产量显著高于其他处理，产量分别为 857.9kg/亩、895.1kg/亩，紧凑型玉米品种先玉 335、吉祥 1 号在 5 000株/亩播种密度下产量显著高于其他处理，依次为 1 003.3kg/亩、918.6kg/亩，郑单 958 在 5 000株/亩播种密度下产量最高，为 873.1kg/亩，但与 4 000株/亩、6 000株/亩差异不显著。这与 2013 年研究结果不一致，这可能与 2014 年 6 月底到 8 月初严重干旱，导致土壤水分承载力下降有关。

因此，旱地玉米合理的群体结构应为亩保苗 4 000~5 000株。另外，考虑到达到最大产量与最高水分利用效率的对应密度不一致，这种不一致在品种之间有较大的差异，应在二者最大值的密度对应区间上选择合理的密度范围，以优化光合产物转化与水分高效利用的协调关系。

3. 国内外玉米籽粒脱水速率研究进展

玉米籽粒完全成熟收获时的最适含水量为 23%~24%，而我国北方春播玉米区玉米成熟时籽粒含水量在 30%~40%，导致收获后堆积晾晒过程中籽粒霉变，直接影响籽粒商用品质。另外，籽粒含水量过高不利于机械化采收，给籽粒干燥、储藏等后续工作也带来一定难度。据估计，将玉米籽粒含水量降低 17 个百分点至安全含水量所消耗的能量高于生产等量玉米所需能量。因此，选育生理成熟且收获时含水率均低的品种，按照市场需求能够及时采收，使商用品质得以提高，并有效降低贮藏及加工所消耗成本，是现阶段育种工作者所面临的严峻问题。

（1）玉米籽粒自然脱水速率与籽粒发育时期的关系。玉米籽粒自受精至成熟共分为 3

个时期，即分裂繁殖期、蜡熟期和脱水干燥期。授粉后 0~16d 是分裂繁殖期，此时期细胞透明，籽粒体积和鲜重增加很快，干物重积累较少，此期的含水率为 80%~90%；授粉后 16~40d 是蜡熟期，即淀粉累积时期，籽粒体积和鲜重迅速增加，干物重占最终干物重含量的 70%~80%，含水率为 40%~80%；授粉后 40~55d 是脱水干燥期，籽粒从顶部开始干燥，水分开始回流，乳线从顶部向下移动，此期含水率在 25%~40%。当籽粒上的乳线消失，黑色层（黑胚）出现时，即生理成熟期。生理成熟后的籽粒脱水速率快慢不一。已研究表明在生理成熟后，籽粒的自然脱水速率与灌浆速率成正比，即灌浆历时越短，后期籽粒脱水越快；若灌浆速度慢，灌浆历时长，则籽粒脱水慢。因此，在选择育种时，应选择双高效基因型（灌浆速率快，脱水速率也快的基因型），这样既能使品种高产、又能降低含水量，还可缩短籽粒干燥时间。

（2）玉米籽粒自然脱水速率与农艺性状的相关性。自 20 世纪 50 年代以来，众多科研人员倾注于研究与玉米籽粒脱水速率相关的农艺性状，并对这些性状利用数理统计方法进行了多种分析。对不同熟期的 600 余份玉米材料进行成熟期籽粒含水量测定，结果表明：随着穗粗和轴粗的增加，籽粒含水量增加；籽粒偏硬或中间型、长籽粒、出籽率高的品种含水量低。选用相同熟期的 14 份玉米杂交种及 22 份亲本自交系，通过杂交种与其亲本籽粒脱水速度的相关分析，结果表明：杂交种的穗行数越多，即穗越粗，籽粒脱水越慢；苞叶数越多，籽粒脱水越慢；根系越发达，植株含水率越高，籽粒脱水越慢；且杂交种籽粒的脱水速率与母本脱水速率正相关显著，籽粒脱水速率存在母本效应。

高树仁等对国内外玉米收获时降低含水量的玉米育种进行了相关文献调研，最终对 9 个数量性状与籽粒含水率的相关性得出结论，正相关性状为：苞叶长度及质量、穗粗及轴粗、种皮厚度、籽粒长及籽粒厚；负相关性状为苞叶松紧度。选用黑龙江省第一积温带的 10 份玉米自交系及其所组配的 90 个杂交组合，于收获期对籽粒含水量的配合力进行分析，结果表明：一般配合力和特殊配合力的效应均达到极显著差异，但一般配合力方差与特殊配合力的方差之比为 9.515，说明在玉米收获期含水量的遗传中加性效应占主要地位，这说明收获期籽粒含水量受遗传控制较大，可进行早代选择，试验中同时得出玉米收获期含水量正交与反交效应间差异极显著，存在母本效应，这与闫淑琴和李德新（1994）的研究结果相一致。

以不完全双列杂交组配的 20 个杂交组合及其亲本自交系为试材，对植株性状、穗部性状与果穗脱水速率的相关性进行了研究，结果表明：田间果穗脱水速率主要受植株性状的影响，株高偏低、穗位较高、开花期绿叶数较多、茎秆含水量较高，叶含水量较低的基因型有助于果穗快速脱水；同时，果穗脱水速率与穗粗、穗行数呈极显著负相关，穗粗与穗行数呈极显著正相关，即穗行数越少，穗越细的果穗更利于籽粒脱水。

对 9 份玉米自交系及所配杂交组合进行试验，此次试验重点集中于穗部性状，通过相关与通径分析，结果表明：苞叶脱水速率、穗轴脱水速率与籽粒脱水速率正相关；苞叶数目多，面积大，含水量高，则籽粒脱水速率慢；大穗、穗行粒数多、籽粒体积大，灌浆时间长，则籽粒脱水速率慢；且最直接影响籽粒脱水速率的性状是苞叶，籽粒含水量下降的决定性因素是苞叶含水量和苞叶脱水速率。谭福忠等（2008）对黑龙江省 5 个极早熟玉米品种籽粒脱水特性的初步研究，结果表明：株高、叶面积指数、灌浆期绿叶数、穗长、单穗产量与收获时籽粒含水率均呈显著正相关，苞叶数与收获时籽粒含水量呈显著负相关。李凤海等（2012）以 3 个不同熟期玉米杂交种及亲本自交系为试材，对籽粒脱水速率、籽粒含水率和植株相关性状进行测定比较，结果表明：籽粒自然脱水速率与穗轴脱水速率呈极显著正相关，与穗长、穗粗、行粒数、粒长、穗位高、株高均呈显著负相关，这与前人研究结果相一致。

综上所述，前人研究结果归纳如下：①与籽粒脱水速率呈正相关性状：母本脱水速率、穗轴脱水速率、苞叶脱水速率；②负相关性状：株高、穗位、植株含水率，茎秆含水率、苞叶含水量、叶面积指数、灌浆期绿叶数、灌浆持续期、苞叶松紧度、苞叶数目、苞叶宽、苞叶面积、穗长、穗粗、穗行数、行粒数、根干重、根比；③玉米籽粒收获期含水量存在母本效应，苞叶脱水速率和穗轴脱水速率决定籽粒的脱水速率。

（3）玉米脱水速率快的主要特征。农艺性状包括：①苞叶：应选择窄苞叶、长度适中，层数少、面积小的自交系和杂交种；②果穗：应选择穗行数及行粒数相对少、籽粒长度及宽度适中、种皮较薄、穗轴较细、果穗较短、百粒重较高的品种；③株型：应选择株高较低、叶片含水率高、穗位较低、开花期绿叶数少及茎秆含水率低的品种；④籽粒类型：有些人认为偏硬或中间型籽粒含水量高，而另一些人则认为马齿型品种含水量高。品质性状主要指为选育收获期低含水率品种，应选育籽粒中淀粉和支链淀粉含量高，脂肪和谷蛋白含量少、籽粒胚占体积小的品种，同时协调好以上 5 项指标之间的相互关系，不应单一考虑某一指标对生理成熟后籽粒脱水速率的影响，并注重选育低含油量品种。

采用探针技术，对整个果穗、苞叶、籽粒及穗轴的含水量进行了定期测量，苞叶含水量对籽粒含水量的测量影响不显著，而穗轴含水量则对籽粒含水量的测量存在两种情况：当籽粒含水量达到某一范围时（20%～60%），此时穗轴对籽粒含水量的影响相对偏大，当籽粒含水量低于 20%或大于 60%，穗轴的影响相对较小。而北方春玉米收获时籽粒含水量多在 20%～40%，这说明在利用探针技术时，可忽略苞叶的含水量，但不可忽略穗轴含水量对籽粒含水量的测定。

4. 适宜机械化作业对玉米品种的要求

（1）机械化播种对品种的要求。目前，我国大部分玉米产区的玉米播种方式为点播或条播，不但用种量大，行距和播种深度难以控制，而且效率低下，劳动强度大。机械化精密播种技术可以节约用种，减轻劳动强度，行间距均匀一致，使得种粒分布均匀，营养面积合理，保证了苗全、齐、匀、壮，为高产创造了有利条件。实践证明，一般机械化精密播种生产效率是人工作业的 50 倍，比普通条播玉米增产 6%～25%，每公顷节本增效 750 元以上。但是机械化播种对玉米品种提出了更高的要求。对品种特性而言，一般角质型的种子出苗快，拱土能力强，发芽率、发芽势易保持，而粉质型的种子拱土能力弱，机械化播种容易出现缺苗断垄；母本种籽粒型以偏圆形为佳，更易保证机械化精密播种的实现；另外，品种如果具有耐低温、抗寒能力强的特性，将会大大提高田间的出苗率；有些品种的遗传特性使种子出苗不利，如叶鞘开裂，往往造成田间有效株数的减少。对品种种子质量而言，一般要求种子发芽率和纯度不低于 98%，种子饱满、大小均匀一致，种子活力强，水分小于 13%；同时选择合适的杀虫剂和杀菌剂包衣，也是实现玉米机械化播种的条件之一。

（2）机械化田间管理对玉米品种的要求。玉米的田间管理主要包括苗期间苗、定苗、基肥和追肥的施用、灌水、除草以及病虫害的防治等。机械化精播技术在一定程度上保证了苗齐、苗壮和施足底肥，灌溉也可以通过机械化得以实现。目前，机械化田间管理涉及的主要问题就是玉米植株的抗倒折性。玉米田的中耕、追肥、病虫害的防控等机械化完成的作业都不可避免地和玉米植株发生机械性的接触，因此，玉米茎秆的韧性强度关系着机械化操作的程度，韧性差、刚性强的品种容易造成机械性倒折，从而造成减产。韧性太强的品种收获时也会带来很大的麻烦，如秸秆不易粉碎、收获速度慢。因此，在选育适合机械化田间管理的玉米品种时，应注重品种抗倒折性，同时也要把前期抗病虫害作为重要的选择目标，减少机械化操作，从而避免不必要的减产。

（3）机械化收获对品种的要求。机械化收获是玉米生产全程机械化中最关键的一环，它可实现机械自动化掰玉米穗和秸秆粉碎还田一次完成，一方面解决了收获问题，另一方面又通过秸秆还田提高了地力，一举两得。机械化收获的生产效率是人工作业的 40 倍，损失率低于 3%。目前，我国玉米的机械化收获程度比较低，大部分地区还是传统的收获方式，费时费力，效率低下，收获成本高。有些地方收获后直接焚烧秸秆，不但不能提高地力，反而污染了环境。再加上农村青壮年劳动力大量转型，靠人力畜力作业已难以满足农忙时节的抢收要求。即使在机械化程度比较高的山东省，机收面积也不足 50%，远远低于小麦和水稻。因此，玉米机械收获已成为制约农业机械化发展的瓶颈。造成目前玉米难以大面积实现机械化收获的主要原因在于品种参差不齐，大部分品种存在不抗玉米螟、倒伏严重、整齐度差、生育期不协调等问题，因此，未来推广的品种在选育时应考虑到品种的抗病虫性、抗倒伏性、整齐度、脱水及生育期等，以适应玉米收获的机械化。

抗病性。各种病虫害也是影响机械化收获的限制性因素，其中影响比较大的为青枯病和玉米螟。青枯病也叫茎基腐病，是目前我国玉米田广泛流行的病害之一，主要发生于玉米乳熟期，这一时期植株对病菌的抗性下降，遇到适宜的发病条件即大量发病。发病初期，植株的叶片突起，出现青灰色干枯，似霜害；根系和茎基部呈现出水渍状腐烂。进一步发展，叶片逐渐变黄，根和茎基部逐渐变褐色，髓部维管束变色，茎基部中空并软化，致使整株倒伏，发病轻的果穗下垂，粒质量下降。青枯病不但造成产量下降，而且倒伏的植株也会在机械化收获时存在机收不彻底的现象。玉米螟具有发生范围广、面积大、危害日趋严重的特点，幼虫经常侵蚀整个植株，蛀食茎秆、穗柄、穗轴后形成隧道，破坏植株内水分、养分的输送，使茎秆倒折和果穗脱落率增加，严重影响玉米机械化收获，致使机收不彻底，田间损失大。

要想提高机械化收获的质量，解决玉米抗青枯病和抗玉米螟十分关键，这就要求新的育种目标要以选育抗青枯病和抗玉米螟的品种为主，一方面通过对骨干自交系及其衍生系以及外引种质资源进行青枯病和玉米螟抗性鉴定，从中筛选出抗性较好的育种材料和自交系，进而选育出抗性较好的玉米新品种；另一方面通过基因枪或农杆菌介导等转基因技术将 Bt 毒蛋白基因和抗青枯病基因导入优良玉米自交系中，针对其抗性进行筛选。

抗倒伏性。由于目前的机械不能收获倒伏的玉米，品种的抗倒性也是制约机械化收获的限制性因素。品种的抗倒折性是仅次于产量的重要指标之一，目前我国还缺乏高抗倒伏的优良种质资源，选育出的玉米品种抗倒性差，2009 年河南省玉米大面积倒伏不但造成了严重的损失，而且给玉米机械收获带来了诸多不便。玉米茎秆纤细、柔韧性差、根系不发达以及株高、穗位偏高是造成倒伏的主要原因。解决倒伏的问题，一是通过高密度种植筛选抗倒性强的材料；二是筛选矮秆自交系或通过改良降低株高和穗位高；三是筛选茎秆韧性好、根系发达的材料。因此，在选育适应机械化收获的玉米品种时，一定要把植株根系、茎秆韧性、茎基部节间、穗位高等性状作为选择的主要目标。选择玉米品种时，一定要把植株根系、茎秆韧性、茎基部节间、穗位高等性状作为选择的主要目标。

果穗一致、苞叶适中。要提高机械化收获的速度和质量，品种要有很好的整齐度。随着种植密度的增加，植株难免会出现长势强弱、果穗大小的分离情况。株高、穗位高相差太大，不利于机械抓穗，容易造成大量漏收，果穗大小不一致，在收获时会对调整脱皮辊间隙造成不便，穗大的容易将籽粒挤碎，穗小的容易掉下；另外，果穗苞叶、穗柄强度以及籽粒在穗轴上连接的紧密度和强度也是影响机械化收获的因素，果穗苞叶多，不利于剥收；苞叶包裹太紧，脱皮辊不易将苞叶从果穗上脱下，而且籽粒脱水慢，不利于晾晒；穗柄强度高，不易脱落，强度差，容易落穗漏收；籽粒在穗轴上要有一定的紧密度和强度，避免造成不必要的损失。因此，选育适应机械化收获的品种，要求整齐度好，穗位适中，苞叶少但包裹性好，果柄和籽粒附着强度适中，同时还应该注意品种抗轴腐病等问题，最大限度地减少机械收获中的损失。

生育期。我国玉米品种的生育期普遍偏长，很多人还认为延长生育期有助于提高玉米产量和质量，这种想法使得培育的玉米品种在后期灌浆速度和脱水比较慢，只能通过延迟收获来提高产量，导致收获的时间短，而且很容易造成收获的玉米含水量高、品种质量下降。事实上，中早熟的品种如郑单 958，生育期比农大 108 早 7d，其产量和品质都有所提高，但比起国外的玉米品种，郑单 958 的生育期也相对长一些。因此，培育杂交种应首先考虑玉米的生育期问题，针对不同地区重点培育中早熟品种，东华北地区春播玉米生育期以短于 125d 为宜，黄淮海地区夏播玉米应短于 100d。生育期偏长的品种在收获时穗轴和籽粒的含水量大，大部分为 30%以上，收获时不能直接脱粒，采用机械收获时籽粒破碎严重，造成减产，影响农民机收的积极性，这也是我国机械化收获程度低的主要原因。美国先锋公司的先玉 335 由于其灌浆速度快、脱水快等特点在我国推广面积迅速扩大，给我国玉米育种家们提供了有益的借鉴。在农业机械化的今天，玉米的机械化收获也要求玉米育种家尽快培育出后期灌浆快、成熟快和容易脱水的品种，籽粒成熟时的含水率一定要降至 20%左右，这样才能在采用果穗机收方式时减少摘穗和剥皮过程中籽粒的损伤和损失，保持玉米良好的品相。

（4）机械化去雄对玉米母本自交系的要求。去雄不但能降低玉米植株高度，减少养分的消耗，促进吐丝一致，减少遮阴，还可有效地防止母本散粉，提高制种质量和产量。在玉米杂交种制种中，去雄过程最关键且最难掌握，为了保证种子纯度和质量，所有母本行的雄穗必须在散粉或抽丝前去掉，要风雨无阻，并达到超前、干净、彻底的要求。去雄一般包括人工去雄、细胞质雄性不育法和机械去雄等方法。人工去雄不但劳动强度大，而且费时费力，去雄的效果也不理想。细胞质雄性不育制种虽然不用去雄，但很难找到强效恢复系，在应用上也存在一定的问题。机械化去雄快捷、方便、省时省力，也是农业机械化发展的趋势，但机械化去雄的有效程度主要取决于母本的特性：一是玉米上部节间。适应机械化去雄的母本上部节间要长，尤其是雄穗轴长，方便去雄，而且去雄后不易伤到顶部叶片，避免了养分的不必要损耗。二是顶部叶片。顶叶要短而小，一方面有利于通风透光，另一方面，在去雄时即使不小心去掉顶叶也不会过多地损失养分。三是雄穗。作为制种的母本，其雄穗存在的价值不大，没必要像父本雄穗一样大、分枝多、花粉量大，为了既能满足自交需要，又能适应机械化去雄，选系时应该选择雄穗偏小、分枝较少自交系。四是抽雄散粉期。为保证去雄干净、彻底及去雄效率，选系时要注意选择抽雄一致，并且雄花抽出后散粉较迟的自交系作母本，可以最大限度地满足机械化的要求，达到较高的成本—效益比。

（5）适宜机械化收割杂交种选育目标。一是选育耐密性品种。雄穗分枝少、植株清秀、开叶距、叶片窄上冲、茎秆节间长、秆率低、根系发达的耐密品种能提高光合作用效率，从而在一定程度上增加玉米产量。目前，美国通过增加种植密度有效促进玉米大面积高产。但密植在玉米生产上也出现一些问题，如倒伏减产，损失 5%～10%。近年来，通过培育矮秆抗倒品种，基本解决了倒伏问题。预计随着高产耐密品种的进一步推广应用、施肥量的增加及各项农业技术的改进和提高，玉米种植密度还会进一步增加。随着种植密度的增加，加大了农民收获时的劳动强度，自然而然他们也就愿意采用机械收获。二是选育中早熟品种。熟期要适中偏早，比 335 早 5～7d。适当缩短生育期，成熟时包叶薄、松、脱水快。为防止机收过程籽粒破损，要求玉米品种穗轴细、硬度高、籽粒深、穗位整齐、穗直立、大小适中、下垂率小于 5%、出籽率高，以便适应机械化收获。吉农糯 7 号籽粒硬度高，果穗大小适中，熟期较早，是适合机械收获的优良品种。为了占有国内市场，与跨国公司的玉米品种竞争，不能仅仅局限于培育高产的玉米品种，必须提高国内玉米品种的竞争力，逐步培育出耐密植、熟期早、脱水快、适应机收的种质材料，否则当大量国外优良品种进入中国市场，而国内却没有与之相抗衡的优良品种，国内玉米品种的市场将受到严重的冲击。三是选育抗逆强的品种。培育抗倒伏、稳产、适应性广、抗旱春低温、果穗类型中—中小、果穗穗位一致的新品种。晚熟品种不利于机械收获，现在农民需要的已经不仅仅是机械摘穗，而是直接脱籽粒。晚熟品种满足不了农民利益，也削弱了企业的竞争力，加强热带外来种质的研究与利用，降低灾害风险。黄淮海地区玉米育种需要使用热带种质解决抗病性难题。热带、亚热带种质具有丰富的遗传变异性和特殊的抗逆性、抗病虫性、广适性，叶色深绿、持绿期长、根系发达、茎秆强韧，将其导入温带种质，可以拓宽遗传基础，提高抗逆性，创造新型种质，建立新的杂种优势模式，并开始组配新杂交种。这些杂交种既具有温带地区的适应性，又具有热带、亚热带种质的抗逆性，生态适应能力强，稳产性高，改进农艺性状，获得强优势组合。茎秆坚韧，根系发达，倒伏折率小于 5%，熟后茎秆不倒。

5. 适宜机械化收割玉米品种筛选评价

（1）玉米杂交种双密度效应。在地膜双垄沟密度 4 500株/亩和 6 000株/亩条件下，比较先玉 335、瑞普 908、农华 101、陕单 609、郑单 958、CX712、陇单 9 号、真金 8 号、JF308、长试 1307、陕单 618 等品种的耐密性。参试品种株型均为半紧凑型或紧凑型，株高范围在 253. 8～296. 8cm，郑单 958 密度 4 500株/亩株高最低为 253. 8cm，农华 101 密度 6 000株/亩株高最高为 296. 8cm，穗位高范围在 77. 8～123. 4cm，CX712 密度 4 500株/亩穗位最低为77.8cm，JF308密度6 000株/亩穗位最高为123.4cm，各品种未倒伏、倒折，未见空秆。各品种不同程度出现大斑病，其中CX712、真金8号感病级别较高。各品种未见粗缩病、瘤黑粉病、茎腐病、丝黑穗病、青枯病。

籽粒含水量在23.99%~27.56%，含水量14%的百粒重在29.78~38.59g。出籽率在84.13%~90.08%，各品种密度间出籽率变化不大。产量在741.01~1 119.07kg/亩，品种间密度对产量的影响差异较大（表5-47）。品种密度间干物质积累及经济系数变化无规律，瑞普908、农华101、陕单609、郑单958、真金8号在6 000株/亩经济系数比4 500株/亩高（表5-48）。综合各参试品种的产量、性状、抗病性及双密度产量关联分析，筛选出陇单9号、CX712、真金8号、农华101和瑞普908，这些品种在两个密度下均具有较高产量水平（图5-30）。

表5-47　双密度下玉米产量及果穗性状

品　种	穗　长（cm）	穗　粗（cm）	秃　顶（cm）	亩穗数（株）	穗行数（行）	行粒数（粒）	穗粒数（粒）	穗粒重（g）	籽粒水分（%）	出籽率（%）	百粒重（g）	产　量（kg/亩）
先玉335	19.3	5.0	1.7	4 500	16	38	615	204.98	24.57	88.92	33.13	907.04
先玉335	18.4	4.8	2.2	6 000	16	35	557	163.87	23.99	88.12	30.15	963.75
瑞普908	18.1	5.1	1.6	4 500	18	36	640	194.29	25.68	88.85	34.12	865.51
瑞普908	18.7	5.2	1.4	6 000	18	35	615	188.51	25.43	88.67	32.60	1 114.39
农华101	18.3	5.4	1.8	4 500	18	33	597	193.56	25.47	84.89	35.10	860.15
农华101	18.1	5.4	2.4	6 000	18	30	548	186.81	24.72	87.89	34.99	1 116.68
陕单609	17.8	5.1	1.1	4 500	18	36	654	167.00	25.21	88.12	33.40	741.01
陕单609	17.8	5.1	0.9	6 000	18	35	639	175.16	24.90	87.81	30.47	1 047.39
郑单958	17.3	5.4	1.0	4 500	16	35	565	185.67	25.31	88.62	37.24	838.93
郑单958	17.3	5.3	0.8	6 000	16	34	545	177.02	26.16	90.05	33.13	1 050.16
CX712	20.2	5.2	1.3	4 500	18	39	710	214.39	25.14	90.08	33.74	948.66
CX712	18.6	4.9	1.6	6 000	18	36	650	185.37	24.60	89.24	31.09	1 106.63
陇单9号	18.7	5.6	0.7	4 500	18	35	625	219.73	27.56	86.01	37.59	997.76
陇单9号	17.6	5.5	1.2	6 000	18	32	590	180.28	26.17	85.43	34.54	1 095.64
真金8号	19.8	5.2	1.5	4 500	16	39	647	208.77	24.48	86.76	34.35	929.29
真金8号	19.5	5.1	1.3	6 000	16	39	621	187.54	24.39	87.00	32.30	1 119.07
JF308	19.8	5.2	1.6	4 500	16	36	576	203.06	25.34	87.15	34.89	902.54
JF308	19.0	4.9	1.4	6 000	16	34	539	169.52	25.64	85.70	33.61	1 002.29
长试1307	17.9	5.1	0.8	4 500	16	33	535	177.39	26.84	86.20	38.59	787.95
长试1307	17.7	5.0	0.9	6 000	16	35	544	166.62	26.09	84.13	34.89	996.88
陕单618	19.3	5.3	2.2	4 500	18	37	670	182.57	27.21	86.08	29.78	821.21
陕单618	18.6	5.4	2.8	6 000	18	35	648	167.94	26.41	85.73	30.14	1 001.44

表 5-48　双密度下玉米干物质积累和经济系数

品　种	开花期		收获期			经济系数
	叶片（g/株）	茎鞘（g/株）	叶片（g/株）	茎鞘（g/株）	籽粒（g/株）	
先玉 335	48.93	133.60	42.67	124.53	194.20	0.54
先玉 335	39.23	92.77	34.73	112.53	168.13	0.53
瑞普 908	43.27	101.57	41.33	198.57	184.30	0.43
瑞普 908	43.03	96.43	41.53	111.23	191.50	0.56
农华 101	50.73	152.07	39.50	161.90	182.27	0.48
农华 101	39.70	117.37	33.77	85.03	132.63	0.53
陕单 609	50.77	154.47	43.40	161.07	189.83	0.48
陕单 609	47.97	127.13	37.23	110.73	152.93	0.51
郑单 958	43.13	107.63	45.93	126.73	200.87	0.54
郑单 958	41.87	109.93	34.63	83.97	145.43	0.55
CX712	40.57	110.90	32.20	85.07	147.93	0.56
CX712	30.13	85.40	28.83	82.93	129.33	0.54
陇单 9 号	49.73	130.23	44.67	151.40	195.30	0.50
陇单 9 号	42.60	99.43	27.87	81.83	108.83	0.50
真金 8 号	44.13	134.53	31.20	90.23	134.80	0.53
真金 8 号	36.10	96.73	26.20	86.83	138.50	0.55
JF308	46.93	111.43	44.33	118.63	175.90	0.52
JF308	46.40	102.50	38.83	183.20	153.83	0.41
长试 1307	47.03	111.20	33.77	98.77	129.27	0.49
长试 1307	45.00	99.07	38.10	112.00	122.43	0.45
陕单 618	51.43	147.40	40.20	129.83	181.03	0.52
陕单 618	48.57	113.77	36.90	100.07	137.33	0.50

（2）适宜机械化收割品种评价。在甘肃陇东旱地地膜覆盖条件下，选择先玉 335、泰玉 1028、KWS3376、KWS2564、陕单 609、新玉 29、新玉 54、新引 M751、新引 M753 等 9 个不同熟期品种，通过植株性状及群体整齐度、籽粒脱水速率等指标，评价其机收性能。

玉米田间株高、穗位高等相关性状整齐度（Uniformity，U）的计算如下：

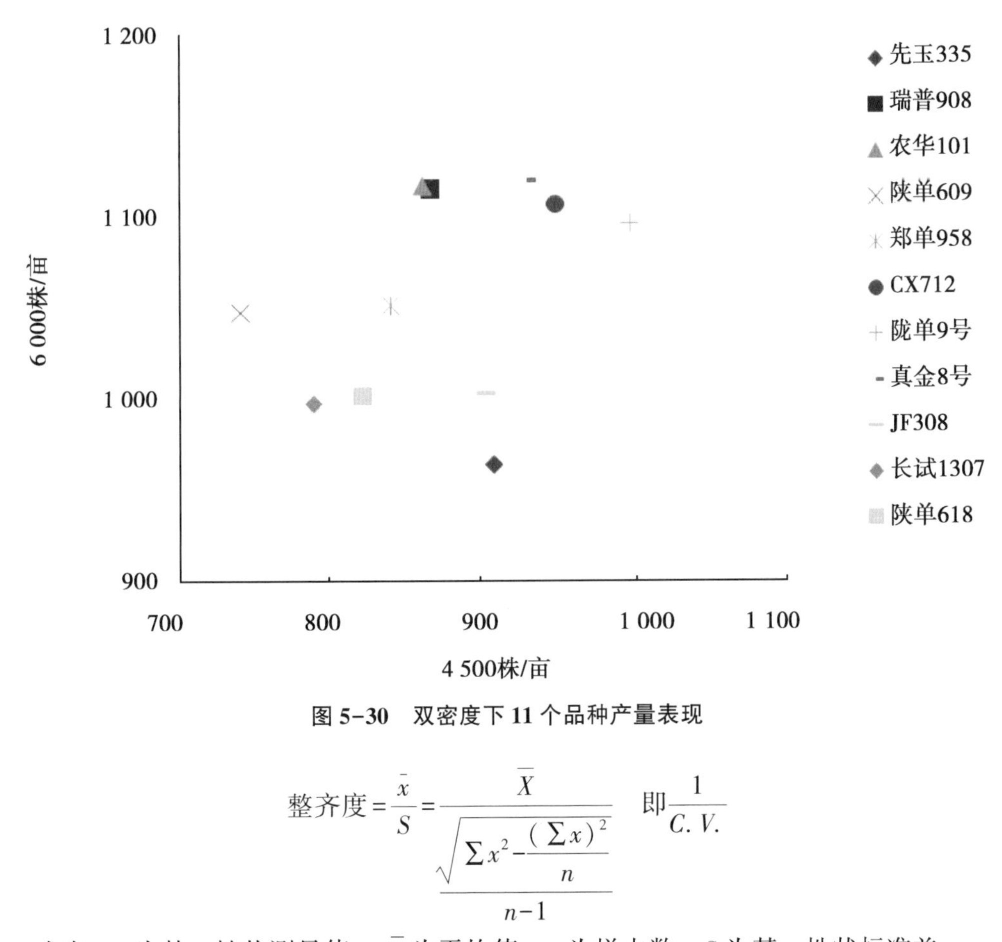

图 5-30　双密度下 11 个品种产量表现

$$整齐度=\frac{\bar{x}}{S}=\frac{\bar{X}}{\sqrt{\frac{\sum x^2-\frac{(\sum x)^2}{n}}{n-1}}}\quad 即\frac{1}{C.V.}$$

式中，x 为某一性状测量值，$\bar{x}$ 为平均值，n 为样本数，S 为某一性状标准差。

各品种均 4 月 26 日播种，生长期 85~123d，新玉 29 最短 85d，新引 M751 最长 123d，出苗整齐度新玉 29 最好。品种均为半紧凑型或紧凑型，株高 219. 8~298. 3cm，新玉 29 为 219. 8cm，先玉 335 为 298. 3cm，穗位高 76. 1 ~ 122. 5cm，KWS3376 最低 76. 1cm，陕单 609 最高 122. 5cm。各品种之间株高及穗位高整齐度差异显著，新玉 54、陕单 609、先玉 335 株高最整齐，其次为新玉 29、KWS2564，其余品种株高不整齐，整齐度较差；新玉 54 和先玉 335 穗位高整齐，其次为新玉 29、KWS3376，其余品种穗位高整齐度较差（表 5-49）。各品种未倒伏、倒折，未见空秆。

不同品种脱水速率、产量及机收损失率变化很大。授粉 35 以后，随着灌浆天数的增加，所有品种籽粒含水率下降（表 5-50、图 5-31）。对于生育期 85~100d 的早熟品种新玉 54、新玉 29 和 KWS3376，授粉后 35d 时，籽粒水分在 40%~48%，授粉后 60d 时，这些早熟品种籽粒水分下降到 21%~27%；而生育期 110~123d 的中熟品种，授粉后 32d 时，籽粒水分在 50%~60%，授粉后 60d 时，籽粒水分仍然在 32%~36%。但就籽粒平均脱水速率（生育期每增加 1d，减少的籽粒水分，图 5-30 中方程的斜率）来看，KWS3376、KWS2564、新引 M751 和先玉 335 脱水速率在 0. 88%~0. 98%/d，显著高于其他品种，泰玉 1028、陕单 609、新玉 54 脱水速率最低，在 0. 60%~0. 66%/d。因此，早熟品种不一定脱水速率就高，中晚熟品种也不一定脱水速率就低。

表 5-49　玉米杂交种田间整齐度评价

品　种	株　高		穗位高		5 叶期田间整齐度	生育期（d）	成熟期（月/日）	籽粒水分（%）	产　量（kg/亩）	机收损失率（%）
	高度（cm）	整齐度	高度（cm）	整齐度						
先玉 335	298.3	14.33	102.9	8.01	5.67	116	9/1	23.73	606.9	4.22
泰玉 1028	283.1	22.92	118.2	9.57	5.79	115	9/1	24.47	743.2	5.68
KWS3376	267.5	24.41	76.1	9.06	5.72	95	8/11	20.73	770.9	0.23
KWS2564	265.4	18.40	105.9	10.45	5.37	118	9/3	24.20	833.0	2.59
陕单 609	266.2	15.39	122.5	18.36	5.92	120	9/4	24.97	900.5	2.98
新玉 29	219.8	18.73	81.3	8.61	6.13	85	8/1	20.97	555.3	0.48
新玉 54	254.5	11.12	98.9	5.69	5.87	100	8/15	21.97	792.2	1.29
新引 M751	285.6	29.49	116.5	10.23	5.44	123	9/8	25.17	823.0	1.10
新引 M753	287.2	25.98	108.7	10.59	5.57	113	8/30	23.13	826.4	6.06

表 5-50　玉米杂交种灌浆期籽粒水分变化及平均脱水速率

品　种	不同灌浆天数的籽粒水分（%）					生育期（d）	脱水速率（%/d）	产　量（kg/亩）	机收损失率（%）
	35d	40d	45d	50d	60d				
先玉 335	55.72	47.98	42.85	39.32	32.72	116	0.887 2	607.0	4.22
泰玉 1028	51.65	45.87	42.55	41.11	33.85	115	0.669 3	743.3	5.68
KWS3376	47.62	38.30	32.76	31.80	21.38	95	0.972 6	770.9	0.23
KWS2564	56.01	54.35	46.23	43.37	32.27	118	0.981 7	833.0	2.59
陕单 609	48.15	46.61	43.82	41.71	33.03	120	0.605 1	900.6	2.98
新玉 29	41.47	38.52	29.33	25.32	24.14	85	0.749 7	555.3	0.48
新玉 54	44.71	41.68	38.42	36.27	27.92	100	0.660 3	792.2	1.29
新引 M751	59.74	54.62	50.84	42.28	36.74	123	0.952 0	823.1	1.10
新引 M753	53.76	50.75	45.84	42.38	34.83	113	0.768 9	826.4	6.06

从机收损失率来看，KWS3376 最低，新引 M753 最高，损失率从小到大为 KWS3376<新玉 29<新引 M751<新玉 54<KWS2564<陕单 609<先玉 335<泰玉 1028<新引 M753。

因此，综合籽粒产量、籽粒水分、脱水速率、穗位整齐度和机收损失率等各项指标，先玉 335、KWS3376、新玉 54 为适宜机收品种。

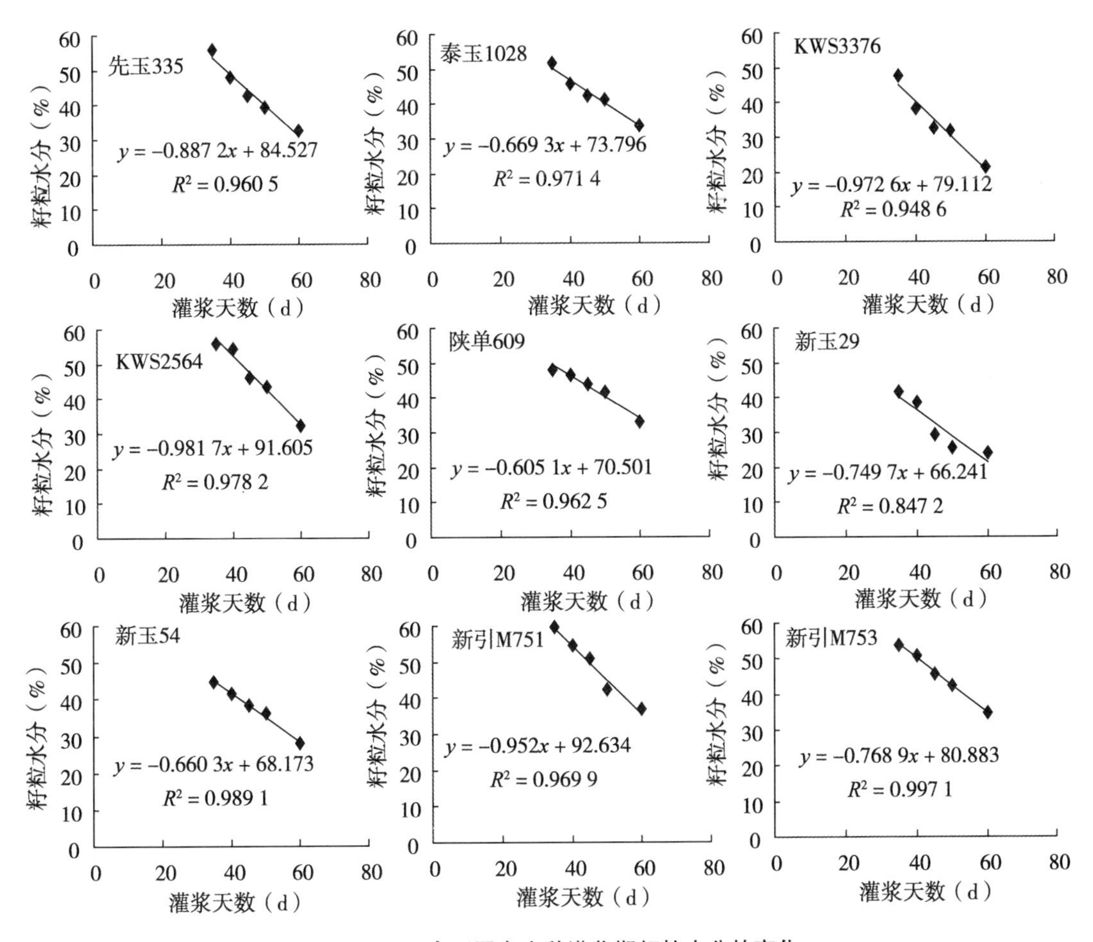

图 5-31　玉米不同杂交种灌浆期籽粒水分的变化

6. 不同耐密性玉米品种籽粒直收评价

为进一步加快耐密机收玉米品种的应用，在穗收和穗茎兼收性能评价基础上，筛选评价品种籽粒直收性能，是推进玉米全程机械化十分关键的环节。2016 年，引进国内 24 个品种，每个品种按 1 亩面积示范，采用雷沃谷神玉米联合收获机实收测产，根据籽粒水分、生育期、籽粒产量、收获损失率和破籽率等指标进行综合评价（表 5-51）。

品种籽粒直收性能差异很大，4 月 15 日播种，10 月 3 日收获时，24 个品种果穗平均籽粒水分 25.52%，变异系数 10.5%，最高值与最低值相差 12 个百分点；折合 14%含水量籽粒产量 758.8kg/亩，变异系数 15.8%，品种之间最大相差 541kg/亩；机收破籽率 7.62%，变异系数 40.6%，品种间最大相差 11 个百分点；机收损失率平均 1.54%，变异系数 97.7%，品种间相差 6 个百分点。因此，籽粒直收破籽率和产量田间损失率品种之间差异很大，选择低破籽率和低损失率品种是关键。

表 5-51　旱地地膜玉米品种籽粒机械现场直收性能评价

品　种	籽粒水分（%）	产　量（kg/亩）	破　籽（%）	杂　质（%）	落　穗（穗/亩）	穗　重（kg/亩）	落穗损失（%）	落　粒（粒/m^2）	落粒重（kg/亩）	落粒损失（%）	损失率（%）
陕单 636	25.90	728.1	8.35	1.49	25.8	5.2	0.72	5.8	1.1	0.16	0.88
陕单 609	26.80	661.0	6.75	1.67	45.5	10.5	1.58	15.3	3.5	0.53	2.11
大丰 30	25.40	861.2	6.36	1.25	24.2	5.4	0.62	4.7	1.0	0.11	0.74
瑞普 908	25.50	770.2	10.44	2.12	24.2	5.8	0.76	5.0	1.1	0.15	0.90
五谷 704	22.70	668.6	5.62	1.11	21.2	4.5	0.68	3.7	0.8	0.12	0.80
郑单 958	27.90	904.9	4.61	1.82	37.9	8.0	0.88	5.7	1.3	0.14	1.02
新引 M753	24.50	802.2	3.88	0.48	22.7	5.0	0.62	9.3	1.8	0.22	0.84
迪卡 519	26.30	836.7	3.66	2.66	40.9	8.6	1.03	10.7	2.4	0.28	1.31
新引 M751	27.20	925.4	9.98	1.44	25.8	5.1	0.56	3.2	0.7	0.07	0.63
新玉 47	27.00	942.5	8.49	0.97	16.7	3.4	0.36	9.6	1.9	0.20	0.56
敦玉 328	30.00	869.4	14.72	3.17	34.8	8.0	0.91	6.1	1.4	0.16	1.07
新玉 41	25.60	690.7	6.40	0.58	254.5	44.4	6.44	0.3	0.1	0.01	6.45
KWS3376	18.40	644.1	13.71	0.43	36.4	6.6	1.02	8.3	1.8	0.28	1.29
京科 968	26.40	825.0	6.77	4.47	53.0	10.5	1.27	3.0	0.6	0.07	1.34
新玉 80	21.10	401.2	5.96	0.47	57.6	8.4	2.10	1.6	0.3	0.07	2.17
敦玉 13	27.20	729.6	5.95	1.25	112.1	21.5	2.95	1.8	0.3	0.04	3.00
KWS2564	24.00	652.7	5.32	0.92	18.2	3.8	0.58	5.7	1.1	0.17	0.75
陇单 10 号	26.63	668.3	13.36	1.71	43.9	7.7	1.15	1.1	0.2	0.03	1.18
敦玉 15	28.10	766.4	7.32	2.73	28.8	5.7	0.75	4.5	0.9	0.12	0.87
西蒙 6 号	22.70	751.2	5.42	0.80	15.2	3.1	0.41	1.0	0.2	0.03	0.44
豫玉 22	30.50	716.7	10.84	1.47	251.5	39.2	5.46	1.0	0.2	0.02	5.49
先玉 335	24.30	816.7	8.30	1.23	19.7	4.0	0.50	2.1	0.4	0.05	0.55
陇单 9 号	23.27	630.8	6.04	1.15	16.7	3.2	0.50	2.0	0.4	0.06	0.57
吉祥 1 号	25.17	804.0	4.66	0.83	78.0	14.5	1.81	6.5	1.4	0.18	1.99
平　均	25.50	752.8	7.62	1.51	54.4	10.1	1.40	4.9	1.0	0.14	1.54

豫玉 22、瑞普 908、陇单 10 号、敦玉 328、KWS3376 这 5 个品种机收破籽率超过了 10%，不宜籽粒直收。破籽率与果穗籽粒水分呈二次曲线关系（图 5-32），当籽粒水分降到 24.2%时，破籽率最低；水分超过 24.2%，随着水分的增加破籽率增加；水分在 20%~25%，破籽率变化不大。因此，籽粒直收并不是水分含量越低越好，适宜机收的水分只要低于 25%就可以了。

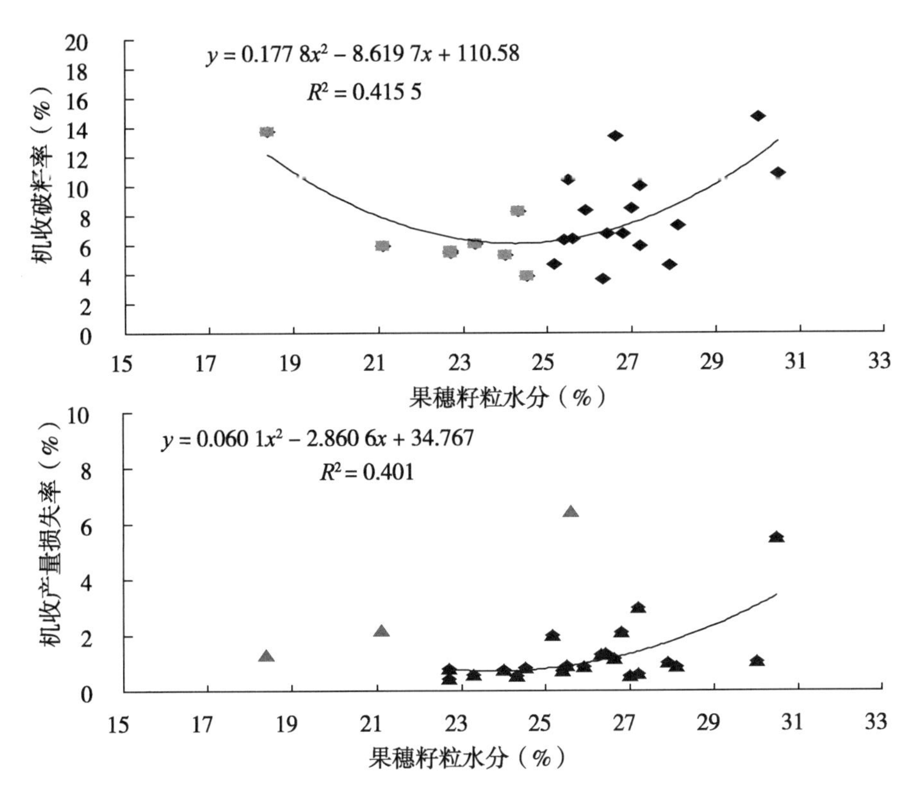

图 5-32　玉米籽粒机收破籽率、机收产量损失率与水分含量的关系

注：不同图例分别代表各个不同品种

机收损失率（包括田间机械收割过程中的落穗和落粒损失）是评价品种籽粒直收与否的一个重要因素，落穗是机收损失的主要部分。新玉 41 因早熟产量低，收获时秆子支撑力弱，落穗损失率高达 6.44%，豫玉 22 因茎腐病严重倒伏，收获时落穗损失率 5.46%，新玉 80 尽管破籽率不高，但极早熟产量很低，KWS3376 虽然籽粒水分只有 18.4%、机收产量损失率 1.29%，但破籽率很高（13.7%）。综合分析，籽粒水分在 23%～25%收获的破碎率（<6.5%）和产量损失率最低（<0.7%），为籽粒直收的标准。

通过综合分析，筛选出熟期适中、灌浆后期籽粒脱水快、耐密抗倒的先玉 335、陕单 636、新玉 47、KWS2564、西蒙 6 号、大丰 30 等玉米品种，适宜籽粒直收。

7. 旱地地膜玉米株行距配置及缩株增密技术

（1）不同株行距配置对玉米产量和水分利用效率的影响。连续 5 年的试验结果表明（表 5-52），在密度 5 000株/亩条件下，先玉 335 行距 55cm、75cm、95cm 下平均产量 970.9kg/亩、979.3kg/亩和 965.7kg/亩，玉豫 22 为 886.5kg/亩、933.2kg/亩和 943.0kg/亩，同样密度行距大小对产量影响不大。行距 55cm 和 75cm 条件下，密度 4 000株/亩、5 000株/亩、6 000株/亩、7 000株/亩范围内，产量随株距缩小呈增加趋势，高密度 7 000株/亩时行距 55cm 和 75cm 产量均较高（1 059.5kg/亩和 1 107.6kg/亩），显著高于低密度（4 000株/亩）产量，但与密度 5 000株/亩、6 000株/亩差异不显著。

表 5-52　株行距配置对玉米产量的影响

品　种	处　理		玉米产量（kg/亩）					
	行距（cm）	株距（cm）	2011 年	2012 年	2013 年	2014 年	2015 年	平均
先玉 335	55.0	24.2	619.4	999.2	1 094.1	976.3	1 165.4	970.9
	75.0	17.8	638.8	964.1	1 001.1	1 083.1	1 209.6	979.3
	95.0	14.0	663.8	932.9	987.8	985.9	1 258.3	965.7
豫玉 22	55.0	24.2	601.8	856.8	948.9	930.8	1 094.0	886.5
	75.0	17.8	628.7	874.9	950.5	1 034.6	1 177.5	933.2
	95.0	14.0	661.1	830.5	937.3	1 068.0	1 218.2	943.0

2013—2014 年，不同株行距和密度条件下产量方差分析表明，密度间产量达极显著差异（$P=0.0099$），行距与密度互作对产量影响差异不显著（$P=0.9750$），2013 年 55cm 和 75cm 行距对玉米产量影响差异不显著（$P=0.8509$），而 2014 年对玉米产量影响达显著水平（$P=0.0366$），75cm 行距平均产量为 15 879.0kg/hm^2，较 55cm 行距增产 14.3%，可能与 6 月底到 8 月初干旱有关，75cm 行距集雨面积较大，使有限降水较 55cm 行距更加集中利用，较好改善了玉米生长区土壤水分条件，进而提高玉米产量。不同行距下密度（x）与产量（y）二次曲线关系（图 5-33）。

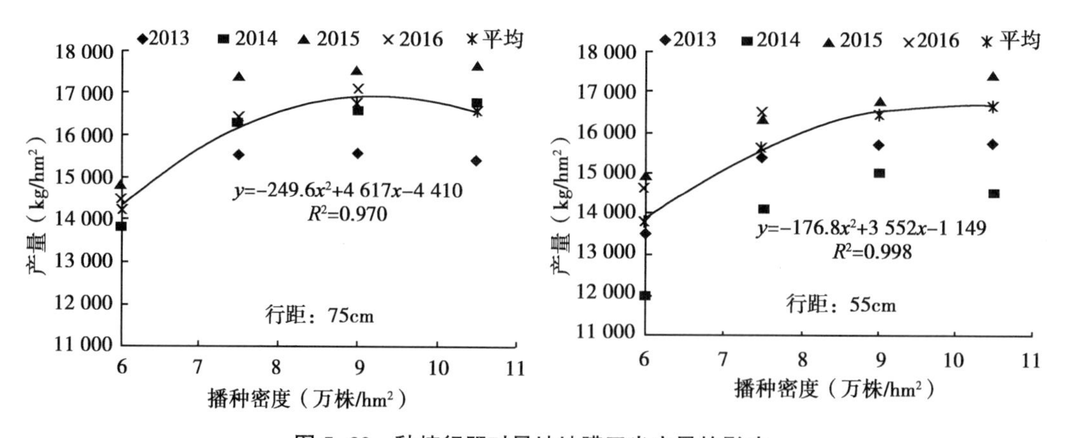

图 5-33　种植行距对旱地地膜玉米产量的影响

55cm 和 75cm 行距下，密度 6.0 万株/hm^2 增加到 7.5 万株/hm^2 时，产量和水分利用效率随密度提高显著增加，超过 7.5 万株/hm^2 增至 10.5 万株/hm^2 时增幅较小，且有减小趋势。同时，密度超过 7.5 万株/hm^2 时倒伏风险增大。因此，在年降水 500mm 地区旱地地膜玉米产量和 WUE 同步提高的合理群体结构为公顷保苗 7.5 万株，即现有生产条件下（密度 5.3 万~6.0 万株/hm^2）增加种植密度可显著提高产量及水分利用效率。在现有种植密度基础上每公顷增加 1.5 万~2.2 万株，可增产 12%以上，行距变换对玉米产量影响差异不显著。

（2）不同株行距配置对玉米农艺性状的影响。表 5-51 可知，不论在那种行距下，随密度的增加株高、穗位高、秃顶长大体呈上升趋势，百粒重、穗粒数、穗粗、穗长呈下降趋势。2013 年，在 75cm 行距条件下，密度与株高、穗位高、秃顶呈正相关，相关系数依次为 0.58、0.9* 和 0.8，与百粒重、穗粒数、穗粗、穗长呈负相关，相关系数为-0.95*、-0.97**、-0.89*、0.90*（* 表示 0.05 显著水平，** 表示 0.01 显著水平，全书同）10.5 万株/hm^2 较 6.0 万株/hm^2，株高、穗位高、秃顶长增加 1.0%、3.8%和 94.7%，百粒重、穗粒数、穗粗、穗长减小 5.7%、22.6%、3.7%和 11.4%。在 55 行距条件下，密度与株高、穗位高、秃顶呈正相关，相关系数依次为 0.1、0.97** 和 0.94*，与百粒重、穗粒数、穗粗、穗长呈负相关，相关系数为-0.99**、-0.94*、-0.89*、0.96**，10.5 万株/hm^2 较 6.0 万株/hm^2，株高、穗位高、秃顶长增加 1.4%、25.8%和 60%，百粒重、穗粒数、穗粗、穗长减小 10.3%、25.6%、3.7%和 20.0%。2014 年，在 75 行距条件下，密度与秃顶长正相关，相关系数为 0.97**，与百粒重、穗粒数、穗粗、穗长呈负相关，相关系数分别为-0.79*、-0.97**、-0.9**、-0.92**，10.5 万株/hm^2 较 6.0 万株/hm^2，秃顶长增加 100.0%，百粒重、穗粒数、穗粗、穗长减小 20.4%、15.0%、3.9%和 10.9%；

表 5-53　不同株行距配置对旱地全膜双垄沟玉米水分效率和穗部现状的影响

年份	行距（cm）	株距（cm）	密度（万株/hm^2）	百粒重（g）	穗粒数（粒）	秃顶长（cm）	穗粗（cm）	穗长（cm）	株高（cm）	穗位高（cm）	耗水量（mm）	产量（kg/hm^2）	WUE [kg/(mm·hm^2)]
2013	75	22.2	6.0	36.7	628.3	1.9	5.4	20.9	273.4	83.7	448.6	13 756.5b	30.7b
	75	17.8	7.5	36.5	584.8	3.6	5.4	20.5	274.7	83.5	449.8	15 526.5a	34.5a
	75	14.8	9.0	35.0	498.7	3.5	5.2	18.2	273.0	86.5	469.5	15 589.5a	33.2a
	75	12.7	10.5	34.6	486.1	3.7	5.2	18.5	276.0	86.3	461.1	15 463.5a	33.5a
	55	30.3	6.0	37.8	668.3	2.0	5.4	21.5	281.2	78.2	438.7	13 540.5b	30.9b
	55	24.2	7.5	36.0	637.6	2.3	5.4	20.6	282.6	85.9	444.8	15 439.5a	34.7a
	55	20.2	9.0	34.8	509.9	3.2	5.2	17.7	278.7	96.8	454.5	15 687.0a	34.5a
	55	17.3	10.5	33.9	497.1	3.2	5.2	17.2	285.0	98.4	461.0	15 759.0a	34.2a
2014	75	22.2	6.0	38.7	617.8	1.3	5.1	20.2	289.8	97.2	496.4	13 837.5b	27.9b
	75	17.8	7.5	37.4	607.4	1.5	5.2	20.0	293.9	104.1	494.4	16 282.5a	32.9a
	75	14.8	9.0	33.9	562.1	2.0	5.0	18.7	295.6	109.2	501.5	16 585.5a	33.1a
	75	12.7	10.5	30.8	524.9	2.6	4.9	18.0	302.3	109.8	484.8	16 810.5a	34.7a
	55	30.3	6.0	34.3	634.1	1.2	5.2	19.6	289.6	94.2	469.0	11 943.0b	25.5b
	55	24.2	7.5	33.3	606.8	1.8	5.1	19.2	295.5	100.4	479.7	14 121.0a	29.4a
	55	20.2	9.0	31.8	541.1	2.3	5.0	18.2	292.1	105.1	479.3	14 982.0a	31.3a
	55	17.3	10.5	31.4	521.6	2.4	4.9	17.5	294.7	107.7	492.2	14 536.5a	29.5a

在55行距条件下，密度与秃顶长正相关，相关系数为0.96**，与百粒重、穗粒数、穗粗、穗长呈负相关，相关系数分别为，-0.98**、-0.98**、-0.99**、-0.99**，10.5万株/hm^{2}较6.0万株/hm^2，秃顶长增加100.0%，百粒重、穗粒数、穗粗、穗长减小8.4%、17.7%、5.8%和10.4%。可见，增加种植密度各植株性状的发展趋势均不利于单株产量形成，但群体产量随密度增加显著增大，即适当增加种植密度群体优势大于单株植株性状的综合劣势，适当增加种植密度是实现高产的关键因素。

（3）不同株行距配置对玉米叶面积指数的影响。不同株行距配置条件下，群体叶面积指数生育期间变化基本一致，抽雄前随着生育进程的推进而增加，抽雄期出现最大值后，叶面积指数随着生育进程的推进而减小（图5-35）。湿润年份（2013年），75cm行距条件下，玉米成熟时6.0万株/hm^2、7.5万株/hm^2、9.0万株/hm^2、10.5万株/hm^{2}叶面积指数依次为：2.78、3.55、3.47和2.96，较抽雄期下降27.1%、23.4%、36.3%和42.5%，生育期平均叶面积指数大小的密度顺序依次为：9.0万株/hm^2>10.5万株/hm^2>7.5万株/hm^2>6.0万株/hm^2。55cm行距条件下，玉米成熟时6.0万株/hm^2、7.5万株/hm^2、9.0万株/hm^2、10.5万株/hm^{2}叶面积指数依次为：3.07、3.57、3.59和3.74，较抽雄期下降20.7%、24.4%、31.0%和39.5%，生育期平均叶面积指数大小顺序依次为：10.5万株/hm^2>9.0万株/hm^2>7.5万株/hm^2>6.0万株/hm^2。且在55cm行距下，玉米平均叶面积指数为3.58，较75cm行距增加8.2%。干旱年份（2014年），75cm行距下，种植密度6.0万株/hm^2、7.5万株/hm^2、9.0万株/hm^2、10.5万株/hm^{2}的平均叶面积指数分别为4.02、5.23、5.38、6.48，叶面积平均日减少量依次为0.009、0.028、0.029和0.042；55cm行距下，平均叶面积指数分别为4.03、5.09、5.51和6.45，平均日减少量依次为0.031、0.035、0.043和0.041。可见，不同株行距配置下，随着密度增加，叶片间相互重叠遮挡加重，后期植株间竞争加剧，叶片衰老加快。

抽雄期叶面积指数与产量回归关系（图5-34）表明，2013年，55cm行距下叶面积指数与产量的回归方程为：$y=-50.57x^2+571.6x-551.3$（$R^2=0.990$），最适宜LAI为5.65。75cm行距下叶面积指数与产量的回归方程为：$y=-78.97x^2+801x-987.4$（$R^2=0.976$）最适宜LAI为5.07。2014年，75cm行距下叶面积指数与产量回归方程为：$y=-46.623x^2+570.6x-618.89$（$R^2=0.9985$），最适叶面积指数为6.12，产量达16 903.5kg/hm^2，55cm行距下叶面积指数与产量回归方程：$y=-58.742x^2+689.71x-1\,032.7$（$R^2=0.982$），最适叶面积指数5.87，产量达14 877.0kg/hm^2。可知，2013年，55cm行距能有效调节叶片合理分布和伸展，增加叶面积指数，利于植株生长。而2014年，75cm行距效果较好。可能与2014年6月底到8月初干旱有关，较大覆膜行距产生和集蓄利用更多水分，改善玉米生长区土壤水分条件。

（4）不同株行距配置对玉米干物质积累的影响。由图5-35可知，不同生育时期群体干物质积累量随着生育期的推进，呈逐渐增加趋势。行距75cm条件下，最大干物质重排序为：10.5万株/hm^2>9.0万株/hm^2>7.5万株/hm^2>6.0万株/hm^2；行距55cm条件下，为7.5万株/hm^2>10.5万株/hm^2>9.0万株/hm^2>6.0万株/hm^2，但6.0万株/hm^{2}较其他密度处理存在显著差异，10.5万株/hm^2、9.0万株/hm^2、7.5万株/hm^{2}处理差异不显著。完熟期，同密度下行距55cm干物质高于行距75cm，行距55cm平均最大干物质积累量为

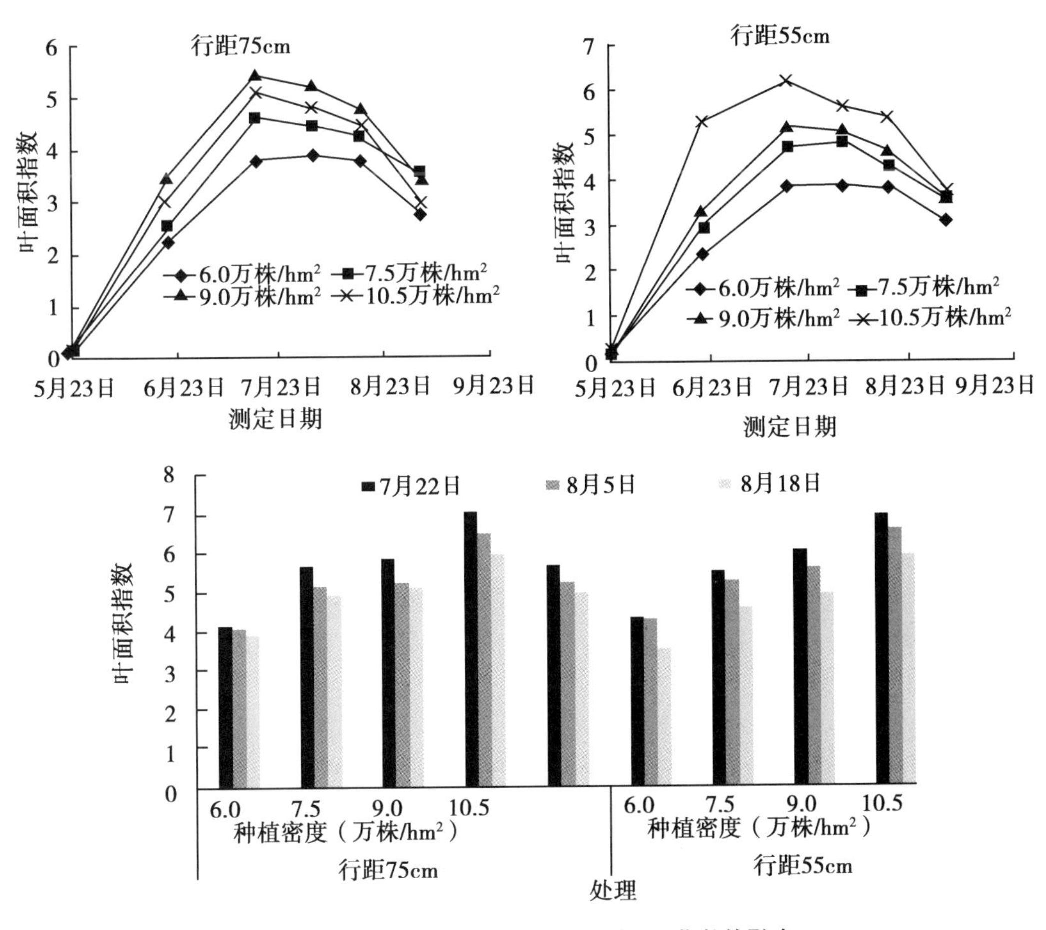

图 5-34　不同株行距配置对玉米叶面积指数的影响

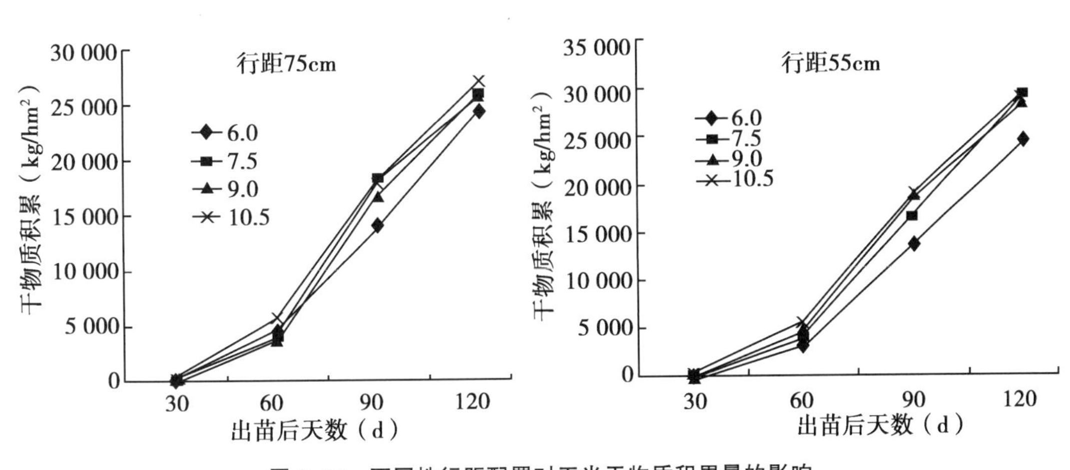

图 5-35　不同株行距配置对玉米干物质积累量的影响

27 747.0kg/hm²，较 75cm 行距增加 7.5%。可见，干物质积累量随着密度的增加而增加，但当密度超过适宜密度时增加幅度减小，行距 55cm 不同群体在干物质生产上的自动调节能力较强，使得最终干物质高于75cm行距群体。因此，适宜株行距配置时，干物质生产及转运能力较强，群体生产力较高。总之，适当提高种植密度的群体优势弥补了单株各植株性状的衰减，显著提高了玉米群体产量。

（5）旱地玉米密度与产量和水分利用效率的协调关系。国内外玉米生产的实践表明，玉米产量在一定范围内随种植密度增加而提高，当种植密度达到一定程度后，产量随着种植密度的增加反而下降，密度越高，产量变幅越大，产量稳定性越差，因此，确定玉米最适种植密度是玉米栽培技术研究的关键问题。但在完全依靠雨养的旱作区，种植密度大小还受降雨和土壤水分条件的限制，高密度群体会消耗大量的土壤水分，同时高密度也提高了春玉米群体冠层结构，减少了春玉米群体棵间蒸发，最终表现为不同密度下春玉米总的耗水量无显著差异；适当提高种植密度能显著提高春玉米群体冠层结构，增加对光能辐射的截获和利用，减少农田春玉米棵间水分蒸发，提高春玉米对光能和水分的利用。无论在旱地还是灌溉地，玉米产量与水分利用效率始终呈正相关，但耗水量与产量、水分利用效率的关系变化较大，灌溉条件下呈二次曲线关系，而在旱地条件下一般呈直线关系。

不同降雨地区密度与产量结果的分析同样表明，不同地区因降水量不同玉米种植密度明显不一样，随着降水量增加种植密度相应提高，各地区最高产量对应的最高密度也不一样。在年均降水500mm左右陇东旱塬多年的研究结果证明，旱地地膜玉米耗水量随密度增加而提高，种植密度与籽粒产量、水分利用效率（WUE）总体上也呈二次曲线关系（图5-36），但最高产与最大WUE的密度并不一致，高产密度较最高WUE密度多1 000株。因此，考虑到旱地玉米产量与水分环境的关系，适宜密度不应以最高产量而定，而应以WUE最大来确定，以平衡群体耗水与增产的关系，防止过密倒伏、过度消耗水分以及增产不增效。

陇东黄土高原连续4年旱地全膜双垄沟玉米不同密度效应分析表明（图5-37），田间耗水量随着密度的增加而显著提高，耗水量增加1mm，密度增加110株/亩，相当于每亩密度增加1 000株耗水量增加9mm。在甘肃不同降雨地区密度与产量结果的分析同样表明（图5-38），不同地区因降水量不同玉米种植密度明显不一样，随着降水量增加种植密度相应提高，降水量增加1mm，密度增加9.7株/亩，也就是说300mm、400mm和500mm地区玉米适宜种植密度约3 000株/亩、4 000株/亩和5 000株/亩，即旱地地膜玉米降水的密度承载力按1mm降水种植10株来核定。

（6）旱地地膜玉米播种方式。不同播种方式对玉米保苗率有显著的差异。2013年，保苗率由高到低顺利依次为：半距一粒播种、三粒播种、2～3粒间隔播种、双粒播种、一粒播种。其中，半距一粒播种、三粒播种、2～3粒间隔播种保苗率较对照提高10.7个百分点、2.7个百分点和1.4个百分点。2014年，保苗率由高到低顺利依次为：半距一粒播种、双粒播种、三粒播种、2～3粒间隔播种、一粒播种。其中，半距一粒播种保苗率较对照提高2.7个百分点，三粒播种在减少播种量的条件下获得了较高的苗数。半距一粒播种和三粒播种方式在没有增加播种量的情况下提高了玉米保苗率，是较好的玉米播种保苗方式。

不同播种方式产量和水分利用效率差异达显著水平。2013年，半距一粒播种、三粒播种两种播种方式产量和水分利用效率分别较对照提高6.9%和12.8%、6.0%和8.5%。

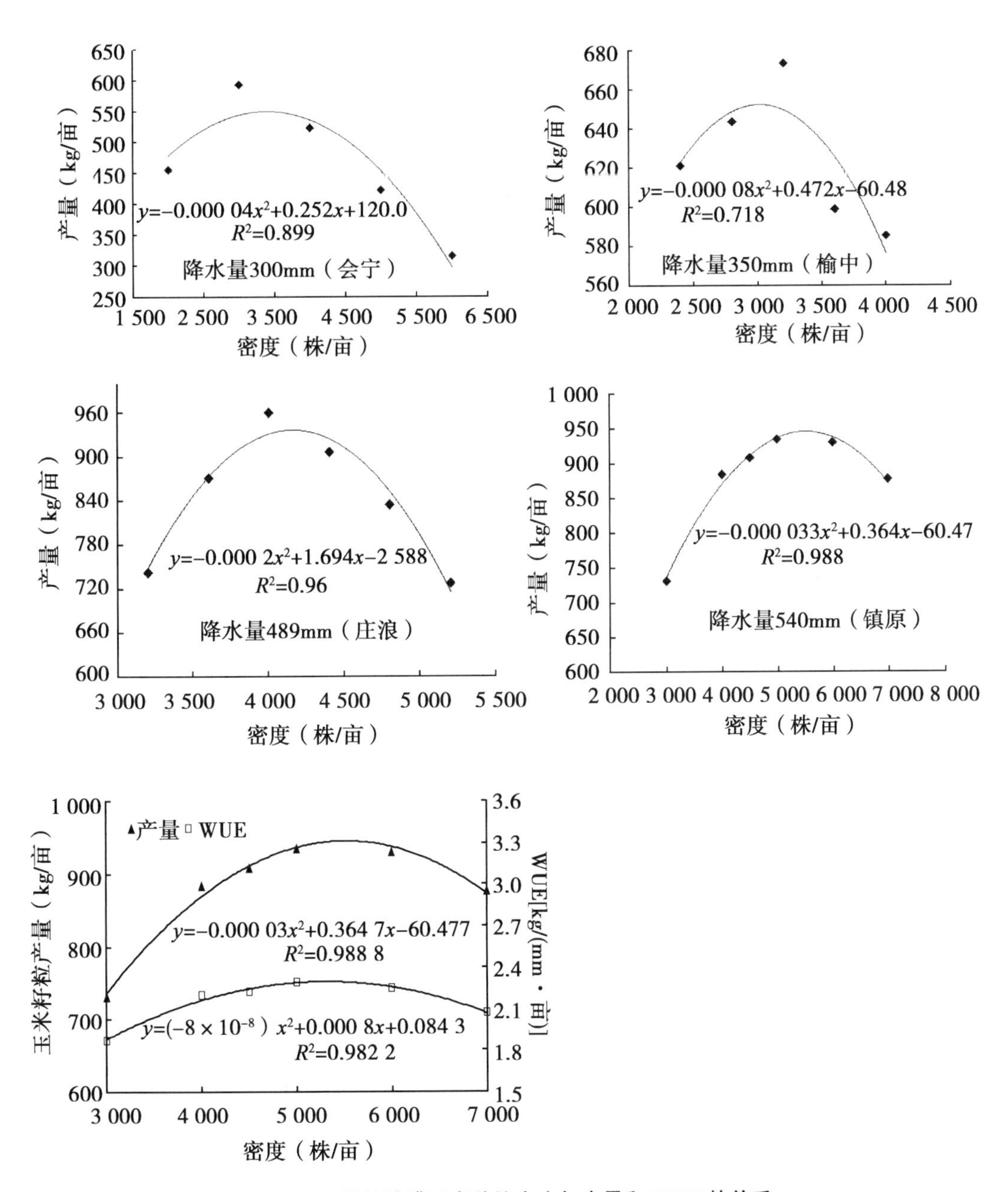

图 5-36　旱地地膜玉米种植密度与产量和 WUE 的关系

2014 年，一粒播种、半距一粒播种、三粒播种、2~3 粒间隔播种产量分别为 14 386.5 kg/hm^2、14 530.5 kg/hm^2、14 721.0 kg/hm^2、14 217.0 kg/hm^2，较对照依次提高 -1.2%、-0.2%、1.1%、-2.4%。一粒播种、三粒播种、2~3 粒间隔播种均是在减少播种量的条件下获得的产量，且三粒播种、2~3 粒间隔播种也减少了人工播种强度。因此，三粒播种、2~3 粒间隔播种是人工播种较好的方式，一粒播种是机械化播种较好的播种方式。

不同播种方式对玉米农艺性状差异不明显。2013 年，不同播种方式之间百粒重、穗

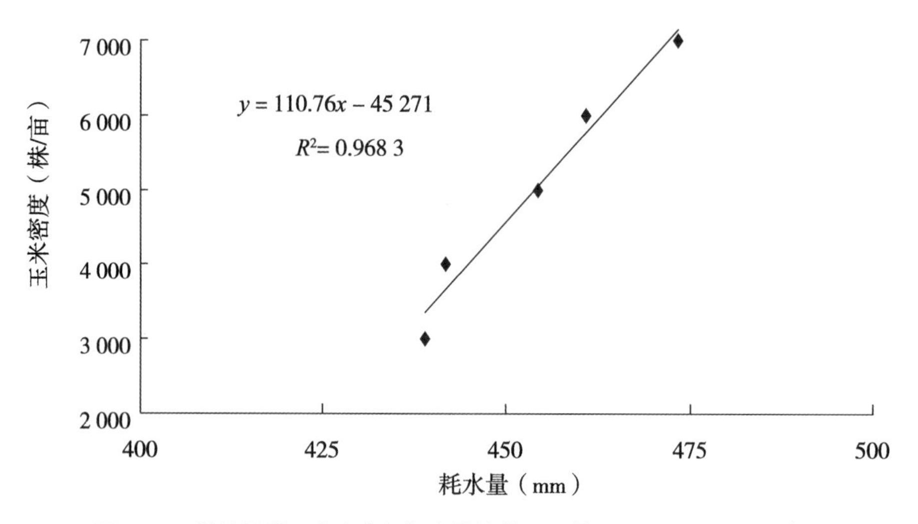

图 5-37　旱地地膜玉米密度与耗水量的关系（镇原县，2012—2015 年）

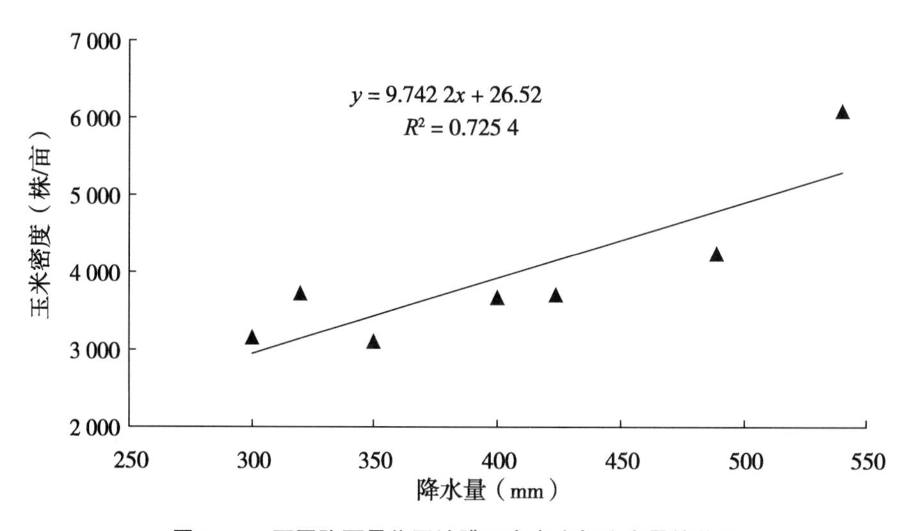

图 5-38　不同降雨旱作区地膜玉米密度与降水量的关系

粒数、秃顶长、穗粗、穗长、株高、穗位高变异系数分别为 0.8%、1.4%、7.0%、2.2%、4.4%、0.8%、4.4%。2014 年，一粒播种、半距一粒播种、三粒播种、2~3 粒间隔播种百粒重依次为 34.9g、34.8g、35.1g 和 34.2g，较对照提高 3.3%、3.0%、3.8%和 1.2%，穗粒数三粒播种处理为 633.4 粒，较对照提高 4.6%，其余处理穗粒数均低于对照。不同处理秃顶长、穗粗、穗长、株高、穗位高等农艺性状均未达到显著水平。

（7）旱地全膜双垄沟玉米膜上穴播机研制。旱地玉米全膜双垄沟播模式是甘肃省在传统地膜覆盖技术基础上，将地膜覆盖与垄沟种植相结合的一项集雨、保墒、抗旱新技术。但膜上播种主要靠传统的滚轮式穴播器和手持式点播枪，效率低下，劳动强度大，同时普遍存在撕膜、挑膜和膜孔错位的现象，成为制约该项技术应用的关键。实现机械化精量播种是大面积推广全膜双垄沟播技术的关键。为此，设计一种能够实现成穴器投种控制与定点强制开启，满足玉米全膜双垄沟播作业农艺技术要求的直插式精量穴播机。

集成应用国内现有滚轮式穴播器技术优势，根据全膜双垄沟集雨种植技术农艺要求，经过连续几年改装完善，研制出了自主研发出 2BT-2 型电动精量穴播机，作业速度 1.8km/h，作业效率 0.2hm²/h，空穴率<2%，代替手工点播，提高了玉米生产效率。

第十一节　气候变化对旱地玉米生产影响及减灾技术策略

我国西北旱作农业区完全依赖自然降水，是气候变化的敏感区和农业生产脆弱区，未来气候变化对该区的影响是不可忽视的。对农业生产影响而言，气候变化将引起作物生长和发育外在条件变化，即光照、热量和水分分配等因素变化，进而影响作物产量和质量、种植制度及农业布局的相应改变。作物物候期作为重要的农业生态系统特征，是农业生产、田间管理、计划决策等的重要依据，也是作物模拟模型的重要参数。作物物候对气候变化响应的研究有其广泛的实际意义，正在成为一个新的热点研究领域。气候变化对农业物候的影响主要体现为春季物候期提前，秋季物候期推迟，作物生长季相对延长，而作物生育期却缩短。物候变化一方面可以产生积极影响，提高单位面积粮食生产能力和增加农作物种植面积的潜力，但从另一方面来看，干旱和冷害等农业气象灾害发生风险却在显著增加。所以，准确分析气候变化条件下物候的变化趋势，分析作物的适应机制，对于合理的从气候变化中获益是非常重要的。

一、气候变化对玉米生产影响的研究进展

（一）气候变化及其主要特征

气候变化是气候平均状态出现统计意义上的显著变化或者持续较长一段时间的变动，具体指气候平均值和离差值两者中的一个或两者同时随时间出现了统计意义上的显著变化。气候变化是 20 世纪 80 年代发展起来的全球变化研究的核心问题。气候变化的主要特征表现为平均温度明显上升、降水出现季节性和区域性不平衡和极端天气现象增多。

IPCC 在第四次评估报告中指出：与 1980—1999 年相比，21 世纪末全球地表温度可能会升高 1.1~6.4℃。秦大河等研究指出：我国气候将继续变暖，到 2100 年，升温将达到 3.9~6.0℃，年平均降水量可能增加 11%~17%。郭志梅等研究了中国北方地区（东北、华北和西北）的平均气温、日最高气温、日最低气温（1951—2000 年）的变化趋势，认为在全球气候变暖的前景下，中国北方地区近 50 年来增温态势明显，东北地区的增温大于西北、华北，日最低气温的增温比平均气温和日最高气温更加显著，冬季增温比夏季显著。我国 20 世纪 80 年代中后期发生了一次显著的变暖突变，90 年代以来北方地区的气温明显偏高；东北平原在全球变暖的背景下出现了持续而显著的增温现象；与 60—70 年代相比，80—90 年代的平均气温已上升了 1.0~2.5℃。东北地区增温幅度居全国各农区之首，预计这种增温趋势在未来几十年或更长的时间内还将继续。

现有预测表明，未来 50~100 年全球气候将继续向变暖方向发展，但是不同季节、不同区域气温的多年变化特征并不完全相同，具有各自的特殊性。气候变暖后的 20 年比变

暖前的 26 年气温平均升高了 1.2℃。21 世纪的前 7 年间的气温比气候均值（1971—2000 年）上升了 0.92℃，比 20 世纪 60 年代的平均气温增加了 1.65℃。

根据黄土高原现有 50 个气象站点的结果表明，1980 年以前，黄土高原各区域的气温无明显变化。自 1980 年，该地区 5 个研究区域的气温均显著上升。各研究区域的最低气温增长速率均高于最高温。平均气温的升高速率从南到北呈呈递增趋势，分别为：南部 0.52℃/10 年，中部 0.55℃/10 年，北部 0.67℃/10 年；此外，东部升温速率显著高于西部，分别为 0.54℃/10 年和 0.45℃/10 年，主要因为西部海拔较高且多为山区。1980 年以前，各区域年均日照时数略有起伏，1980 年以后东部和北部日照时数均显著下降。此外，各区域降水量年季波动较大，呈下降趋势。

（二）气候变化对农业生产的影响

气候变化对农业的生态系统和农业生产活动的影响较大，主要表现在以下几个方面。

1. 气候变化对农业生态系统的影响

（1）对农业资源的影响。光、热、水等是农作物生长发育所需能量和物质的提供者，它们的不同组合构成不同农业生产环境。中国近 100 年来年平均地表气温上升明显，升温幅度在 0.5~0.8℃，增温速率比同期全球平均略高，预计到 21 世纪末全球平均气温将升高 1.1~6.4℃。中国年降水量没有明显的趋势性变化，但秋季降水量略有减少，春季降水量略有增加，但是气候的持续增温会增加降水的不确定性。气候变化将加剧水资源的不稳定性与供需矛盾，气温每上升 1℃，农业灌溉用水量将增加 6%~10%。

（2）对作物的影响。作物的生长发育都需要一定的有效积温，因此作物在特定的生育时期要求的积温条件是相对稳定的。中国年平均气温增加 1℃时，≥10℃积温的持续日数平均可延长 15d 左右，适宜作物种植和多熟种植的北界将北移。较寒冷的高纬度地区作物生长期延长，产量相应增加。但是如果温度上升，那么达到一定积温的时间就相应缩短，作物的某一生育时期乃至整个生育期也会相应缩短。作物生育期缩短使得农作物有机物质积累时间减少，有机质积累量随之下降，从而造成产量、品质下降。在东北地区，20 世纪 80 年代以来春季提前、生长季延长、生长季内总积温增加，玉米和水稻晚熟品种的种植范围北移和东扩；但 90 年代中后期水热匹配状况发生变化，开始出现暖干化趋势，西部和南部比较明显，农业产量受到影响。

（3）对农业灾害的影响。增温会使极端天气的发生几率增加，极端气候事件频频发生、地表蒸发量加大、地下水位下降、旱情趋于严重；低纬度地区高温天气和伏旱加剧，为了应对这些对农业生产可能造成的不良影响，应加强对高温天气的预警。此外，气候变暖将会使害虫的发育速度加快，增加病虫害发生、流行的几率。

2. 气候变化对农业生产活动的影响

在全球气候变暖大背景下，热量资源的改变与温度带界线的动态变化将会影响到干旱区天然植被的生长与分布，而农业气候资源的变化将对干旱区农业生产的布局与种植制度的调整产生深刻影响。研究表明：气候的明显增温使东北地区玉米晚熟品种的种植面积不断扩大，有利于农业生产。但如果未来气候继续变暖，降水也发生新的变化，必然对农业生产造成深远影响，例如，随着生长季平均温度的升高，玉米带北移。气温升高不仅影响玉米产量，也影响种植制度、适宜种植区，降水量不确定性的增加也会给玉米种植制度带来严重影响。

3. 气候变化对玉米生产的影响

气候变化首当其冲影响的是农业，作为农业主体之一的玉米产业将会受到严重影响。例如，美国玉米带随着生长季平均温度的升高，玉米生长临界积温等值线北移，玉米生长临界土壤等值线东移。但是，增温会使极端天气的发生几率增加、地表蒸发量加大、地下水位下降、旱情趋于严重；低纬度地区高温天气和伏旱加剧，如果不采取应对措施会使种植业生产能力在总体水平上下降5%~10%，到21世纪后半期玉米等主要粮食作物产量最多可下降37%。

由于玉米生产对于粮食安全的重要性，世界上许多国家，如南非、尼日利亚、加拿大、智利、美国、喀麦隆、尼泊尔、中国及其他一些国家和地区，先后开展了气候变化对玉米生产影响的研究。气温升高不仅影响玉米的产量，也影响种植制度、适宜种植区，甚至是品质；降水量不确定性的增加会给玉米种植带来很大的不确定性。

辽宁49年玉米生长季气候变化特征及其对产量影响的研究表明，玉米生长季各个时期平均气温均呈上升趋势，营养生长和生殖生长期增温明显；降水在播种期变化不大，在营养生长和生殖生长期呈减少趋势；日照在整个生长季均呈减少趋势。无论在哪个生长时期，气温的升高对玉米产量的增加都起到了一定的促进作用。在内蒙古大兴安岭东南部，气候变暖有利于作物产量的提高，作物生长期延长8~15d，可引种中、晚熟品种，作物种植区域扩大，种植北界北移，上界海拔升高400m，但干旱发生概率也增加，加重了干旱程度，农作物害虫增加，异常天气增加，农业生产不稳定性增加。

河西走廊绿洲灌区玉米的研究结果表明：随着全球气候变暖，河西走廊灌区不同区域积温变化均呈明显上升趋势；玉米生育期内≥10℃的活动积温与产量关系最为密切，是影响当地玉米产量的关键气象因子，玉米产量随≥10℃积温的增加而提高；灌区气候变暖后玉米气候产量比变暖前明显增加，自西向东分别增加124%、186%和301%。

气候变化对黄土高原玉米生长期有效积温的影响。与升温趋势相似，1960年以来各地点逐年玉米生长季（4—9月）的有效积温（>10℃），1980年以前无明显变化，1980年以后显著升高，升高速率从南到北逐渐增大，分别为南部9.01℃/年、9.41℃/年、10.98℃/年；而东部和西部基本相同，分别为8.78℃/年和8.83℃/年。近30年各区有效积温平均升高260~330℃，有效积温升高幅度从南到北逐渐增大，分别为南部270℃、中部282℃、北部330℃；西部低温少雨区与东部温暖多雨区基本相同，分别为265℃和263℃。

气候变化对黄土高原玉米生育期的影响。有效积温升高直接导致玉米生育期改变。若各区域不更换玉米品种，1980年后各区域玉米生育周期均显著缩短。近30年玉米生育周期平均缩短9~19d。总生育期的缩短幅度南部大于北部，分别为11d和9d；东部大于西部，分别为19d和14d。营养生长期（出苗—吐丝）平均缩短4~9d，南部缩短幅度大于北部，分别为6d和4d；西部大于东部，分别为9d和5d。而生殖生长期平均缩短5~14d，南部和北部缩短5d和6d；东部大于西部，分别为14d和6d。

4. 未来变化情景下气候变化对玉米产量的影响

全球气候变暖可能会大幅度提高我国各地区的有效积温，延长无霜期。根据全球社会经济情景IS92a与7个未来气候情景GCM的合成模型预测，到2050年中国的温度可能上升1.4℃，降水可能增加4.2%，在这种气候变化情景下，中国作物的种植制度将可能发生变化。据估算，一熟种植面积将下降，二熟种植面积、三熟种植面积增加，两熟制北移到目前一熟制地区的中部，目前大部分的两熟制地区将被不同组合的三熟制取代，三熟制地区的北界由长城流域北移到黄河流域。我国高纬度地区将扩大玉米等喜温作物的种植面积，也可能增加多熟种植制度。

二、甘肃旱作区农业资源变化特征

（一）热量资源变化特征

热量是农作物生活必需的环境因子，也是一个地区最主要的气候资源。通常用温度的高低、积温的多少、界限温度及无霜期长短等来衡量某地区热量资源的多少。热量资源季节变化与空间分布影响一个地区的生态环境、植被分布、农作物种类、农业种植方式以及作物品种、熟制类型等，其年际变化是引起产品产量变化和气象灾害发生的重要因素。

1. 平均气温变化

1960—2007 年，22 个气象站的年平均气温介于 5.9~10.1℃，各站点平均气温均明显升高，气候变暖显著，升温率介于 0.09~0.48℃/10 年（图 5-39）。年平均气温每 10 年升高 0.31℃，其中定西地区、平凉地区、庆阳地区的升温率分别为 0.26℃/10 年、0.30℃/10 年和 0.36℃/10 年。甘肃省农业科学院镇原试验站监测结果也是同样的增温趋势（图 5-40），每 10 年年均温增加 0.49℃。

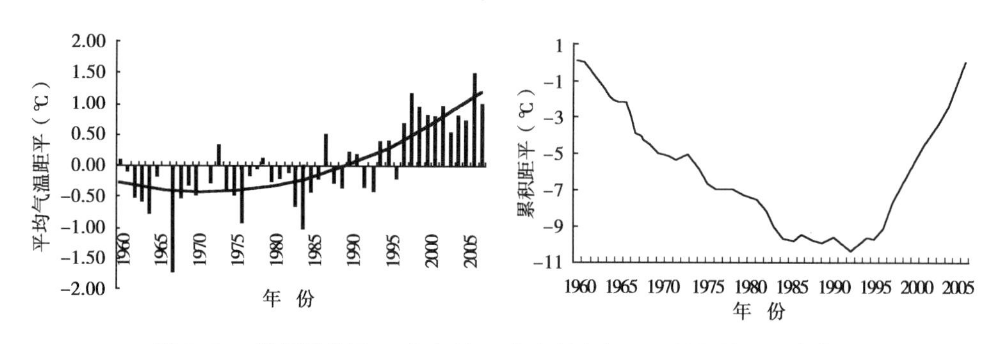

图 5-39 甘肃旱作区 22 气象站 48 年年均气温距平及累计距平变化

近 48 年平均气温最低、最高值分别出现在 1967 年和 2006 年。同全国和北方地区变化趋势一致，20 世纪 60—80 年代气温上升趋势缓慢，90 年代后气温显著升高。2000 年以来平均气温比 20 世纪 60 年代升高了 0.6~2.2℃。四季平均气温也表现为显著升高趋势，春季、夏季、秋季和冬季升温率分别为 0.31℃/10 年、0.21℃/10 年、0.28℃/10 年以及 0.48℃/10 年。可见，冬季平均气温升幅最大，这与全国冬季平均气温升高趋势最明显的研究结果相吻合，即冬季平均气温的显著升高对年平均气温升温贡献最大，其次是春季气温的贡献。

2. 平均最低气温变化

近 48 年，甘肃省旱作区年平均最低气温介于 0.3~4.9℃，各地年平均最低气温均呈现明显升高趋势，升温率为 0.11~0.65℃/10 年。年平均最低气温每 10 年升高 0.33℃。20 世纪 60—80 年代中期年平均最低气温上升趋势缓慢，80 年代中期之后气温显著上升，

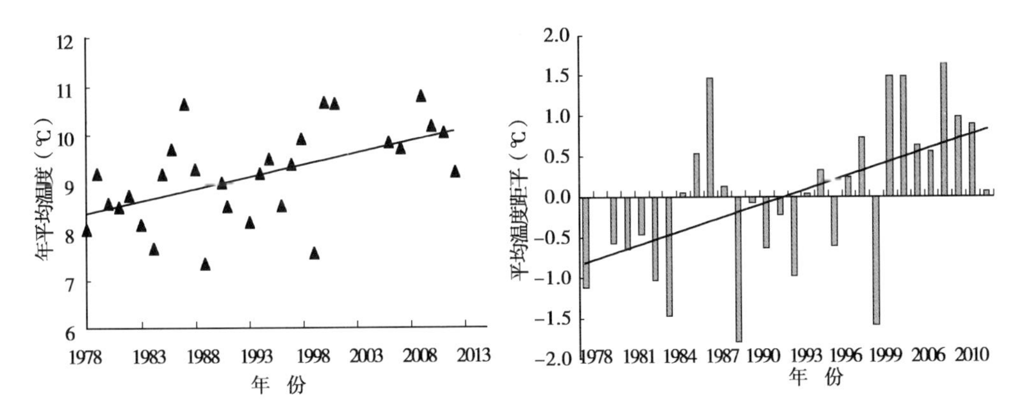

图 5-40　甘肃农业科学院镇原试验站年均气温及其距平变化

2000 年以来最低气温比 20 世纪 60 年代升高了 0.5~2.5℃。四季平均最低气温也表现为显著升高趋势，春季、夏季、秋季和冬季升温率分别为 0.20℃/10 年、0.37℃/10 年、0.22℃/10 年以及 0.48℃/10 年。可见，冬季最低气温的显著升高对年平均最低气温升高贡献最大，其次是夏季气温的贡献。

从空间变化来看，年平均气温升温幅度大体由西南向东北方向递增。庆阳地区升温幅度最大，除华池、庆城两地外，升温均超过 0.35℃/10 年。渭源、临洮、华亭增温小于 0.25℃/10 年。春季平均气温的空间变化与年平均气温变化基本一致，增温最显著的仍是庆阳地区，平均增幅为 0.44℃/10 年；升幅最小值出现在定西地区的渭源、岷县两地，升幅小于 0.15℃/10 年。夏季平均气温整体升幅不大，渭源、庄浪、华亭升幅不到 0.15℃/10 年，环县，镇原、灵台、定西等地升幅相对较大，超过 0.25℃/10 年，其他绝大多数地方升幅介于 0.15~0.25℃/10 年。秋季平均气温升幅最大的地区是环县、镇原、西峰、正宁以及灵台等地，升幅在 0.35℃/10 年以上，升温低值中心为华亭，升幅仅为 0.07℃/10 年。冬季平均气温升温幅度最大，除华亭、渭源两地升幅小于 0.35℃/10 年外，其他区域升幅均超过 0.35℃/10 年，其中整个庆阳地区，以及漳县、定西、静宁、灵台等地升温非常显著，升幅介于 0.45~0.55℃/10 年。

3. 平均最高温度变化

年平均最高气温介于 12.3~17.0℃，各地年平均最高气温均出现升高趋势，升温率介于 0.02~0.88℃/10 年。年平均最高气温每 10 年升高 0.34℃。48 年来年平均最高气温变化趋势与年平均气温相似，20 世纪 60—80 年代增暖缓慢，90 年代初年平均最高气温显著升高。2000 年以来年平均最高气温比 20 世纪 60 年代升高了 0.3~4.5℃。

四季平均最高气温也表现为显著升高趋势，升幅由大到小依次为秋季、冬季、春季和夏季，升温率分别为 0.41℃/10 年、0.38℃/10 年、0.36℃/10 年和 0.16℃/10 年。可见秋季、冬季和春季最高气温的显著升高对年最高气温均贡献较大。从空间变化来看，年平均最高气温升温高值区主要集中在平凉、崇信、灵台一线以东，升幅大多介于 0.35~0.55℃/10 年，但西峰、庆阳、泾川等地升幅不到 0.25℃/10 年；其他地区升幅介于0.15~0.35℃/10 年。春季最高气温升幅较大，表现为明显的西南向东北方向递增趋势，其中岷县升幅最小，不到 0.15℃/10 年，镇原、灵台、宁县一带升幅最大，超过 0.45℃/10 年。夏季最高气温升幅最小，庆阳、西峰、泾川、正宁一带，静宁、庄浪、华亭一线，以及渭源地区为 3 个升温低值区，升幅均小于 0.15℃/10 年；除镇原、灵台两地升温大于 0.35℃/10 年，其他地区升温介于 0.15~0.35℃/10 年。秋季最高气温升温最显著，空间上基本呈西南向东北方向递增趋势，灵台、镇原两地升幅最大，分别为 0.93℃/10 年和 0.82℃/10 年；升温低值区有 3 个，位于陇西、漳县、岷县一带，华池、庆阳一带，以及华亭地区，升温率小于 0.35℃/10 年，其中华亭升幅仅为 0.13℃/10 年。冬季最高气温普遍升高，升温幅度空间上由西向东依次递增，定西地区升幅最小，介于 0.25~0.35℃，其他地区升幅均超过 0.35℃/10 年，其中镇原、宁县、灵台等地升幅超过 0.55℃/10 年。

4. 各界限温度积温、初日、终日和持续日数变化

不同的作物或同一作物的不同发育时期，对热量条件的要求有明显差异。根据不同品种农作物和不同生育期生长发育的下限温度与适宜温度，常把日平均气温 0℃、5℃、10℃等具有明确农业意义的温度，称之为农业界限温度。农业界限温度的出现日期，持续日数及其相应时段的积温，是鉴定一地区农业生产热量资源的重要指标，也是引种和改革耕作制度的主要依据。

（1）≥0℃的积温、初日、终日和持续日数变化。早春日平均气温稳定通过 0℃时，土壤开始解冻，冬小麦开始返青，春播作物开始播种，果木和牧草开始萌动。而晚秋日平均气温稳定低于 0℃时，土壤冻结，冬小麦和果木、牧草停止生长。所以，日平均气温≥0℃的初终日之间的持续日数，可以用来评定一个地区农事季节的长短，而>0℃积温则是这个地区农事季节的总热量。

甘肃旱作区热量资源丰富。≥0℃期间年积温呈东多西少的分布趋势，与海拔高度呈显著的负相关，泾川、崇信、镇原、庆阳一带积温最多，介于 3 837~3 993℃。而岷县、渭源积温最少，不足 2 800℃。可见，海拔最低的泾河谷地与海拔最高的岷县≥0℃期间积温相差 1 343℃。48 年来，≥0℃积温整体呈显著增加趋势，增幅介于 41~124℃/10 年，≥0℃积温最低值和最高值分别出现在 1976 年和 2006 年，两者相差约 703℃，即≥0℃积温年际间变异性很大。

以 20 世纪 60 年代≥0℃积温为基值，分别计算出 70 年代、80 年代、90 年代和 2000 年后各个年代≥0℃积温的变化幅度（图 5-41）：70 年代≥0℃积温为东增西减趋势，庆阳地区增加约 20~275℃，而定西地区大部≥0℃积温减少 5~61℃；80 年代研究区≥0℃积温普遍减少，西部减幅较小，在-40℃以下，中东部减幅较大，其中华亭减少 223℃；90 年代研究区普遍升温，热量增加显著，≥0℃积温增幅介于 105~275℃，增温高值区仍在中东部，其中静宁、正宁两地为高值中心；2000 年至今≥0℃积温仍然显著增加，但增幅较 90 年代放缓，高值中心转移至平凉、灵台两地。

稳定通过 0℃的初日最早出现在 2002 年 2 月 14 日，最迟出现在 1962 年 3 月 23 日，2002 年比 1962 年提前了 38 天。稳定通过 0℃初日平均每 10 年提前 1.1 天。东部庆阳地区初日提前最多，其中西峰、崇信每 10 年提前 3 天。终日最早出现在 1976 年 11 月 9 日，最迟出现在 1998 年 12 月 11 日，1998 年比 976 年推迟了 32 天。稳定通过 0℃终日平均每 10 年推迟 1.1 天。中东部庆阳、平凉两地稳定通过 0℃终日推迟显著，其中西峰、正宁、

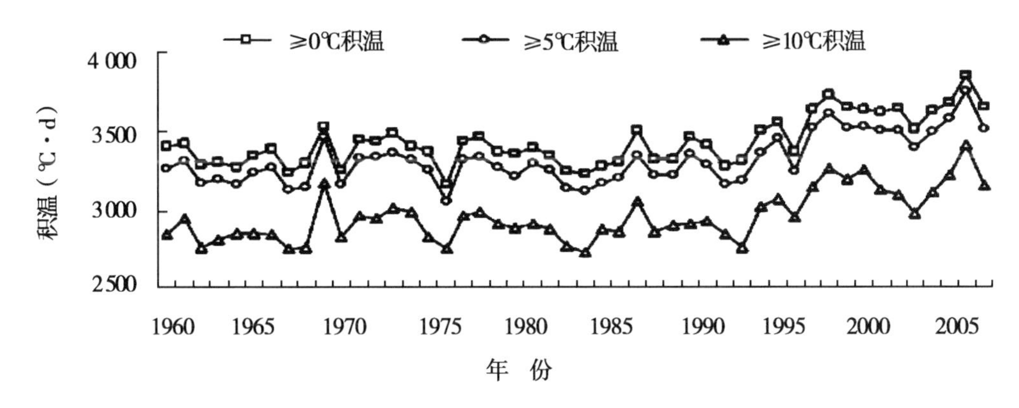

图 5-41　甘肃旱作区≥0℃、≥5℃、≥10℃积温的年际变化

合水延迟 3d/10 年。稳定通过 0℃的持续日数显著增多，增幅约为 2. 2d/10 年，各地区变化趋势与终日相似。

（2）≥10℃的积温、初日、终日和持续日数变化。日平均气温稳定通过 10℃初日，在春季是喜温作物开始播种和生长、喜凉越冬作物进入活跃生长期的日期；秋季稳定通过10℃的终日是喜温作物停止生长的日期。日平均气温≥10℃的持续日数是喜温作物生长期和喜凉作物活跃生长期。≥10℃积温可评价热量资源对喜温作物的满足程度。

≥10℃期间积温与海拔高度呈显著的负相关，分布趋势东多西少，泾川、崇信、环县、宁县等地积温最多，介于 3 374～3 540℃。岷县、渭源积温最少，不足 2 300℃。近48 年≥10℃积温显著增加，增幅介于 15～132℃/10 年。≥10℃积温最低值和最高值分别出现在 1984 年和 2006 年，两者相差 687℃，即≥10℃积温年际间变异性很大。

（二）降水资源变化特征

降水是这一地区重要的自然资源，水分资源数量的多寡，在时间和空间的变化，与光热资源的配合等情况，决定着作物种类配置，种植制度、灌溉制度及产量稳定性等。

近 48 年年平均降水量整体呈现减少趋势，降水倾向率为-14. 39mm/10 年，存在着明显的阶段性变化和地域分布特征。1950—2015 年的 60 多年期间，甘肃省农业科学院镇原试验站每 10 年降水量减少 11. 7mm（图 5-42）。20 世纪 60 年代为降水偏多期，近 48 年来 1964 年降水量最多，达到 733. 0mm；1970—1990 年为波动期，降水量年际变化较大；20 世纪 90 年代以后降水多为负距平，呈现显著减少趋势，其中 1997 年为历年降水量最少的年份。研究区春季、夏季、秋季和冬季的降水倾向率分别为-3. 46mm/10 年、-0. 59mm/10 年、-10. 19mm/10 年、0. 94mm/10 年。说明研究区春季、夏季和秋季降水量均有所减少，但夏季的变化趋势很微弱，而冬季降水量增加趋势不显著，因此秋季降水量的显著减少对年降水量减少的贡献最大。

三、气候变化背景下旱地玉米干旱灾害评估技术

作物干旱灾害是作物播种前一段时间开始到作物成熟期间内，由于阶段性供水不足，导致作物苗情和生长发育受到影响，并且所受影响不能得到弥补、或不能全部得到弥补，

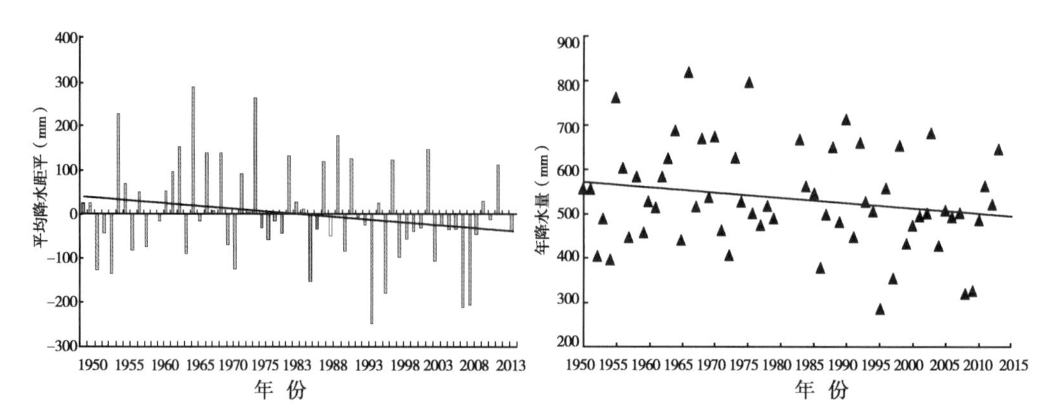

图 5-42 甘肃省农业科学院镇原试验站年均降水量及其距平变化

最终造成产量降低及品质变化的农业气象灾害。干旱是甘肃春玉米生产的重要农业气象灾害之一，春季干旱和夏秋干旱对玉米产量影响较大，干旱年份一般可造成减产 20%以上，甚至达到 40%~50%。

（一）玉米生长季和关键需水期干旱气象生物指数 DI 的划分

利用灾害年中由干旱造成的减产率（相对气象减产率），生长季降水总量和生长季 DI（春玉米干旱气象生物指数，既考虑了降水、热量的中长期影响，也考虑了发育期降水和需水的关系，具有气象和生物学意义，尤其在营养生长期）累积指标的关系及相对气象减产率，拔节—吐丝期降水总量，拔节—吐丝期 DI 累积指标的关系确定玉米生长季和拔节—吐丝期 DI 指标（表 5-54），划分出玉米生长季 DI 指数的 4 个等级（表 5-55），分别代表灾害程度轻（减产 15%以下）、中（减产 15%~25%）、重（减产 25%~35%）、特重（减产 35%以上）。

表 5-54 春玉米拔节—吐丝期 DI 指数干旱等级划分

干旱等级	干旱指数 DI	指数表述
中　旱	0.3≤DI<0.6	80mm≤降水量 P<140mm 且-40%≤相对气象产量 R<-20%
重　旱	0.1≤DI<0.3	40mm≤降水量 P<80mm 且-55%≤相对气象产量 R≤-40%
特　旱	DI<0.1	降水量 P<40mm 且相对气象产量 R<-55%

（二）干旱影响时段及对玉米生长影响分析

作物生长季受干旱灾害影响时由主要发育期灾害所致，主要发育阶段 DI 指数影响以下时段和产量构成参数。

（1）播种—出苗期。评价干旱影响的参数主要为出苗率。甘肃平均播种时间为 4 月中旬，5 月上旬出苗，一般可持续 20 多天，一定程度轻旱影响不大，中到重度旱情影响营养吸收和光合，苗弱，延迟发育，对苗情有影响。播种期当干土层达到 5cm 以上将会推迟播种，土壤湿度占田间持水量在40%以下对出苗和苗期的生长不利，造成苗不齐，密度低，植株矮小细弱，根系发育受阻，甚至造成叶片凋萎植株死亡，最终影响产量。

表5-55　春玉米生长季DI指数的干旱等级划分（4月11日—9月30日）

干旱等级	干旱指数DI	指数表述
轻　旱	DI≥1.4	生育期降水量≥525mm，减产率≤15%
中　旱	1≤DI<1.4	400mm≤生育期降水量 $P<525$mm 且 -27.5%≤相对气象产量 $R<-15.0$%；15%<减产率≤25%
重　旱	0.6≤DI<1.0	250mm≤生育期降水量 $P<400$mm 且 -40.0%≤相对气象产量 $R\leq-27.5$%；25%<减产率≤35%
特　旱	DI<0.6	生育期降水量 $P<250$mm 且相对气象产量 $R<-40.0$%；减产率>35%

（2）出苗—拔节期。评价干旱影响的参数主要为长势参数。出苗—拔节期5月中旬到5月底，大约有20d，此期比较耐旱，轻度干旱影响不大，一定程度的轻旱会起到蹲苗、控上促下作用，对保证壮苗有一定好处。中到重度旱情影响发育，对玉米拔节、孕穗不利，最终影响产量。玉米苗期需水量较少，在旱作区有一定时间段的表层土壤水分供应不足，将有利于玉米的扎根“蹲苗”及后期的正常生长。

（3）拔节—抽雄期。6月上旬至7月中旬，一般可持续1个月左右，是玉米的主要生长期。拔节后植株进入旺盛生长阶段，对水分要求迫切。抽雄（7月上中旬）前10d处于穗分化即孕穗期，是第一水分临界期，此时正是伏旱易发期，如果干旱持续半个月会造成玉米的“卡脖旱”，使幼穗发育不好，果穗小，籽粒少，最终影响穗长、籽粒数和产量。

（4）抽雄—开花期。7月下旬，一般可持续10d左右，抽雄后20d左右（7月下旬）为开花期，即第二水分临界期，此时正是伏秋连旱易发期，干旱影响扬花、授粉，增加突尖长度，减少有效穗长，甚至造成空秆，对有效株数和单株籽粒数有影响。如果吐丝期（7月下旬至8月上旬）供水不能满足玉米需求，将造成花期不遇、授粉不良、穗粒少；雄穗和雌穗抽不出来，雌穗部分不育甚至空秆，对产量影响很大。干旱导致玉米散粉与吐丝期（ASI）间隔加大，致使花期不遇。

（5）开花—乳熟期。7月下旬至9月中旬，一般可持续2个月。花期土壤湿度占田间持水百分率小于60%开始受旱，小于40%严重受旱造成花粉死亡，花丝干枯，不能受粉。此阶段需水量虽然逐渐减少，但干旱缺水会影响灌浆，减少结实率和成熟度，降低百粒重，最终产量下降。

从对生育进程的影响来看，营养生长期水分胁迫可以延缓植株的生育进程，即苗期、拔节期、大喇叭口期干旱均可以延缓其后期的生育进程，只是由于水分胁迫所处的发育期和持续时间不同而显示出差异；生殖生长期水分胁迫可以通过加速形态指标的衰老速率、生理的变化，从而加速玉米衰老速率，使成熟期提前，特别是抽穗期缺水影响很大，该期干旱是加速玉米早熟（或早衰）的因素之一，要延长春玉米灌浆期的时间而实现高产，就必须保证此时期充足的水分供应。单从生育阶段敏感性来说，玉米对水分胁迫的敏感性为抽穗期>大喇叭口期>灌浆期>拔节期。

（三）玉米穗期高温干旱症状

近年来，西北黄土高原春玉米在7月中旬至8月中旬的吐丝授粉和灌浆期，降雨明显减少，持续高温干旱导致玉米生长发育异常，严重影响抽雄散粉，受害程度随温度的升高和持续时间延长而加剧，具体表现为：雄穗分枝减少，不能开花；花药瘦小不开裂；花粉量小、活力低；雌穗吐丝困难，造成花期不育，结实不良，出现秃尖或形成“半边脸”果穗。灌浆初期干旱对玉米籽粒灌浆和生长的影响见图5-43。

（1）玉米果穗高温旱害症状。调研发现，玉米吐丝受粉期高温旱害影响果穗的结实性，造成果穗不同程度的缺粒，同时受同期降雨稀少影响，高温旱害果穗缺粒主要表现为以下几种情形：一是侧面不实，即果穗一侧自基部到顶部整行没有籽粒，穗型多向缺粒一侧弯曲；二是整个果穗结粒较少，在果穗上呈散乱分布；三是果穗基部不实，即果穗的下部有一部分不结实。

图5-43　灌浆初期干旱对玉米籽粒灌浆和生长的影响（2016年，甘肃会宁）

（2）不同杂交种之间受旱程度差异较大。经调查统计，不同品种间生育期长的品种受影响较大，如郑单958、豫玉22号等品种，生育期120d左右的品种抽雄吐丝期早、灌浆早且快的品种影响较小，如先玉335、元华5号、新玉54等品种。雄穗分枝较少的品种花粉量小，受旱后果穗秃尖严重。调查发现，缺粒部位位于果穗的下部的较多，这是由于这部分花丝抽出较晚，干旱高温影响了花粉和花丝的生命力，最终影响结实率。

四、应对气候变化的旱地玉米生产策略及调控技术

黄土高原旱作区气候干暖化及极端气候事件频繁已成为玉米生产的主要影响因素，未来气候变化将使玉米生产布局和种植模式发生改变、生产成本和投资成本增加。因此，应从抗逆性品种选择及布局、播期调整和栽培措施优化等方面着手，积极应对气候变化，协调作物生长与环境资源的耦合，提高资源利用效率。

（一）加强中早熟品种筛选与布局

随着气候不断变暖，黄土高原旱作区热量资源发生了显著变化，玉米作为喜温作物随温度波动生育期也发生了明显变化。一方面，玉米生育期随温度上升而缩短，当年均温升

高 1℃，玉米生育期就缩短 3~5d；另一方面，气候变化使适宜种植的玉米品种熟型由早熟向晚熟过渡，以前早熟品种种植区可种中晚熟品种，不同品种的种植界限向高海拔冷凉地区和黄土高原北移西扩。然而，降水趋势性减少，特别是灌浆期降雨变率增加、干旱频发，导致春玉米缺水呈现增加趋势，玉米遭遇早霜冻和干旱缺水的风险加大，又为种植区域扩大带来了一定风险。因此，气候变化背景下，黄土高原玉米熟期布局既要考虑增温带来的有利因素，更要考虑干旱高温带来的不利因素，才是有效应对气候变化的策略。

鉴于眼下黄土高原旱作地区玉米生长期（4 月 10 日到 9 月 30 日）有效积温（GDD，>10℃）在 1 000~1 400℃，覆膜能够增加有效积温 150~200℃，即地膜覆盖种植下，该区玉米生长的有效积温为 1 100~1 500℃，因此，应根据黄土高原不同地区和海拔高度实际，品种布局以中早熟和中熟品种为主（有效积温需求为 1 200~1 400℃），相当于生育期<125 天。但现行审定和大面积应用品种是以生育期>140 天、所需生育期有效积温要>1 450℃的晚熟或中晚熟品种为主，这些品种尽管产量相对较高，但因生育期长，吐丝授粉期和灌浆前期经常遭遇严重缺水的影响，加之后期籽粒脱水慢，一遇干旱导致绝收或大幅度减产（2015 年、2016 年和 2017 年干旱中东部玉米灌浆期大旱，玉米减产 30%以上）。因此，要加强中早熟抗旱品种的选育与应用，避开关键需水期干旱胁迫的危害，提高品种自身的抗旱减灾能力与应对气候变化能力，这也是机械化收割的必然要求。

（二）优化播期调控

1. 黄土旱塬地膜玉米不同播期试验期间水温状况

试验于 2013—2014 年在甘肃省农业科学院镇原试验站进行，选择先玉 335 和吉祥 1 号两个品种，全膜双垄沟种植，密度 7 500株/亩，在 3 月 26 日、3 月 31 日、4 月 5 日、4 月 10 日、4 月 15 日、4 月 20 日、4 月 25 日、4 月 30 日、5 月 5 日、5 月 10 日、5 月 15 日、5 月 20 日 12 个播期水平下，研究了播期对玉米生育进程、生育阶段积温、干物质积累、光合势、水分利用及减灾效应等的影响。

（1）玉米生长季内温度变化（表 5-56）。玉米生长季 3 月下旬最低气温、最高气温和平均气温两年均高于多年均值，早春转暖明显，2013 年最低气温、最高气温和平均气温高于 2014 年。

4 月上旬，2013 年最低气温、最高气温、平均气温均显著低于 2014 年，低于同期平均值，2014 年高于多年同期均值。中旬，最低气温两年高于多年平均，最高气温和平均气温 2013 年高于多年平均，2014 年低于多年平均，2013 年气温变化波动较大，2014 年气温变化波动较小。下旬，最低气温、最高气温和平均气温 2013 年均高于多年平均，2014 年均低于多年平均。2013 年 4 月上旬及 2014 年 4 月下旬均发生低温降雪天气，持续 2~3d 对苗期生长产生了影响。

5 月上旬，最低气温 2013 年高于平均，2014 年低于平均，最高气温和平均气温 2013 年、2014 年均低于平均。中旬，最低气温、最高气温和平均气温，2013 年均高于平均，2014 年低于平均。下旬，最低气温和平均气温，2013 年、2014 年均高于平均，最高气温 2013 年低于平均，2014 年高于平均。2013 年上、中旬气温高于 2014 年，2014 年下旬气温上升迅速高于 2013 年。

表 5-56　2013—2014 年玉米生育期温度参数变化　（单位：℃）

月份	旬	最低气温			最高气温			平均气温		
		2013 年	2014 年	多年均值	2013 年	2014 年	多年均值	2013 年	2014 年	多年均值
3 月	下旬	5.5	4.4	3.9	18.8	17.5	16.2	11.9	10.9	10.0
4 月	上旬	2.6	5.7	3.8	14.8	17.2	15.4	8.2	11.3	9.6
	中旬	6.8	9.3	6.7	21.4	14.2	17.5	14.6	11.2	12.1
	下旬	7.8	5.3	6.9	20.9	18.0	20.3	14.2	11.6	13.7
	平均	5.7	6.8	5.8	19.0	16.5	17.7	12.3	11.4	11.8
5 月	上旬	10.4	7.1	10.0	20.4	19.8	21.5	15.3	13.6	15.7
	中旬	11.2	8.2	8.9	24.7	21.7	22.1	18.1	14.9	15.7
	下旬	12.7	12.7	11.6	23.3	25.0	23.4	17.7	19.0	17.4
	平均	11.4	9.3	10.2	22.8	22.2	22.3	17.0	15.8	16.2
6 月	上旬	13.8	13.6	12.8	26.8	25.9	25.6	20.5	19.6	19.2
	中旬	16.0	14.4	14.6	24.9	26.0	26.5	20.5	20.1	20.4
	下旬	16.5	14.8	15.9	28.4	25.9	27.1	22.5	20.7	21.4
	平均	15.4	14.3	14.4	26.7	25.9	26.4	21.2	20.1	20.4
7 月	上旬	18.9	16.2	17.0	27.3	27.6	27.1	22.6	21.5	21.8
	中旬	17.2	16.6	17.4	24.5	30.8	28.3	20.5	24.0	22.6
	下旬	17.5	17.7	18.0	25.7	31.1	27.5	20.9	24.5	22.4
	平均	17.9	16.8	17.5	25.8	29.8	27.6	21.3	23.3	22.2
8 月	上旬	16.9	16.1	17.4	28.7	26.0	27.9	22.4	20.7	22.2
	中旬	18.5	13.7	17.4	29.6	26.4	25.9	23.8	19.6	21.2
	下旬	16.7	14.8	14.9	26.5	25.6	24.1	21.2	19.8	19.0
	平均	17.4	14.9	16.6	28.3	26.0	26.0	22.5	20.0	20.8
9 月	上旬	12.8	13.7	13.1	19.8	22.4	20.7	15.9	17.8	16.6
	中旬	13.0	12.8	11.3	23.7	18.1	19.1	18.2	14.8	14.8
	平均	12.9	13.3	12.2	21.8	20.3	19.9	17.1	16.3	15.7

6 月上旬，2013 年、2014 年最低气温、最高气温和平均气温均高于平均，2013 年高于 2014 年同期气温。中旬，最低气温、平均气温 2013 年高于平均，2014 年低于平均，最高气温 2013 年、2014 年均低于平均。下旬，最低气温、最高气温和平均气温 2013 年均高于平均，2014 年均低于平均。

7 月上旬，最低气温、最高气温和平均气温 2013 年均高于平均，2014 年最低气温和平均气温低于平均，最高气温高于平均。中旬，最低气温、最高气温和平均气温 2013 年均低于平均，2014 年最低气温低于平均，最高气温和平均气温高于平均。下旬，最低气温、最高气温和平均气温 2013 年均低于平均，2014 年最低气温低于平均，最高气温和平均气温高于平均。7 月高温天气增多，最低气温较其他月份增加，有利于加快植株生长，但早播玉米植株在 7 月上旬进入抽雄、吐丝期，此时的高温天气对玉米果穗生长有不利影响。

8 月上旬，最低气温 2013 年、2014 年低于平均，最高气温和平均气温 2013 年高于平均，2014 年低于平均。中旬，最低气温、最高气温和平均气温 2013 年均高于平均，最低气温、平均气温 2014 年低于平均，最高气温高于平均。下旬，最低气温、最高气温和平均气温 2013 年均高于平均，2014 年最低气温与多年平均相近，最高气温、平均气温高于平均。

9 月上旬，最低气温、最高气温和平均气温 2013 年均低于多年平均，2014 年均高于多年平均。中旬，最低气温 2013 年、2014 年均高于多年平均，最高气温、平均气温 2013 年高于多年平均，2014 年最高气温低于多年平均，平均气温与多年平均持平。9 月气温较 6 月、7 月、8 月下降幅度较大，天气转冷不利于玉米灌浆和产量形成，对晚播玉米产量有不利影响。

（2）玉米生长季内降水（表 5-57）。2013 年、2014 年 3 月下旬至 9 月中旬生育期降水较多年增加 39. 2%和 4. 7%。3 月下旬，2014 年降水高于 2013 年和多年平均，2013 年 3 月下旬无降水。

4 月上旬，2013 年、2014 年降水基本持平，高于平均。中旬，2014 年降水显著高于 2013 年和平均，2013 年降水低于平均。下旬，2013 年、2014 年降水高于平均，4 月降水 2013 年低于平均，2014 年显著高于平均，过高的降水和低温会对种子萌发产生不利影响。

5 月上旬，两年降水均低于平均，2013 年无降水，2014 年平均减少 27. 7%。中旬，2013 年高于平均，2014 年无降水。下旬，2013 年降水高于平均，2014 年低于平均。

6 月上旬及中旬，两年降水均高于平均。下旬，2013 年低于平均，2014 年高于平均。两年 6 月降水分别比平均增加 53. 6%和 28. 7%。

7 月，2013 年降水较平均显著增加，上旬、中旬、下旬分别增加 177. 8%、200. 9%和 73. 1%，影响了早期播种玉米的授粉。2014 年上旬降水为平均的 45. 7%，中旬降水仅 2. 5mm，为平均的 8. 8%，下旬无降水，发生严重干旱，对各播期玉米植株发育及产量的形成都造成不利影响。

8 月上旬，两年降水均较平均不同程度增加。8 月中旬，2013 年无降水，2014 年比平均减少 76. 5%。8 月下旬，两年降水较平均增加 50. 4%和 39. 2%，但 8 月较平均降水减少 36. 9%和 8. 8%。

9 月上旬，两年降水较平均分别减少 31. 1%和 44. 2%。中旬，两年较平均分别增加 48. 8%和 185. 5%，过多的降水和气温的降低，对晚播玉米的成熟度有一定的影响。

2. 播期对玉米生长及气候调控效应

（1）播期对玉米生长季内水热资源分配的影响。随着播期的调整，玉米生长季热量资源与降水资源重新分配，各播期间有较为显著的变化。出苗至抽雄阶段，两个试验年度≥10℃积温均随播期的推迟呈递增趋势，各播期 2014 年均略高于 2013 年（表 5-58）。2014 年平均气温自 5 月 5 日播期开始高于 2013 年同期外，3 月 26 日至 4 月 30 日各期均低于或等于 2013 年同期，阶段温差变化趋势与平均气温变化趋势相反，2014 年 3 月 26 日至 4 月 30 日各期高于 2013 年同期，5 月 5 日至 5 月 20 日播期则低于 2013 年同期。降水量年季变化差异显著，3 月 26 日和 3 月 31 日播期 2014 年降水量高于 2013 年同期，自 4

月 5 日播期开始 2014 年降水量较 2013 年逐渐减少。抽雄至成熟阶段，两个试验年度≥10℃积温均随播期的推迟呈先增加后减少趋势，2013 年高于 2014 年同期。平均气温 2014 年除 4 月 20 日播期较 2013 年同期高 0.2℃，其余各期均低于或等于 2013 年同期，阶段温差 2014 年均高于 2013 年同期。降水量除 5 月 15 日和 5 月 20 日播期 2014 年略高于 2013 年同期，其余各期均 2014 年低于 2013 年。

表 5-57　2013—2014 年玉米生育期降水量

月　份	旬	降水量（mm）		
		2013 年	2014 年	多年均值
3 月	下旬	0.0	14.9	5.6
4 月	上旬	5.8	4.5	3.4
	中旬	10.7	71.0	17.7
	下旬	12.8	23.1	8.6
	合计	29.3	98.6	29.7
5 月	上旬	0.0	12.4	17.1
	中旬	29.6	0.0	11.8
	下旬	35.8	9.3	14.7
	合计	65.4	21.7	43.6
6 月	上旬	13.2	20.6	10.7
	中旬	43.3	17.1	16.6
	下旬	20.0	26.4	22.5
	合计	76.5	64.1	49.8
7 月	上旬	74.7	12.3	26.9
	中旬	85.6	2.5	28.4
	下旬	88.2	0.0	51.0
	合计	248.5	14.8	106.3
8 月	上旬	20.5	37.5	18.9
	中旬	0.0	11.0	46.9
	下旬	36.1	33.4	24.0
	合计	56.6	81.9	89.8
9 月	上旬	27.0	21.9	39.2
	中旬	52.0	99.8	35.0
	合计	79.0	121.7	74.2
总　计		555.3	417.7	399.0

表 5-58　不同播期玉米生长期热量和降水资源分配变化　（单位：℃）

播　期	生育阶段	2013 年				2014 年			
		≥10℃积温	平均气温	阶段温差	降水量	≥10℃积温	平均气温	阶段温差	降水量
3 月 26 日	出苗—抽雄	1 401.3	17.6	19.5	165.4	1 531.0	16.8	20.9	192.2
	抽雄—成熟	1 172.4	22.2	9.2	269.0	1 028.7	21.9	12.3	52.1
3 月 31 日	出苗—抽雄	1 441.1	17.9	19.5	165.4	1 227.7	17.3	20.9	180.2
	抽雄—成熟	1 215.1	22.1	9.2	296.7	1 026.4	21.8	12.3	52.1
4 月 5 日	出苗—抽雄	1 423.1	18.2	19.5	166.0	1 499.1	17.7	20.9	139.7
	抽雄—成熟	1 211.2	22.0	9.2	296.7	1 113.4	21.4	12.3	88.7
4 月 10 日	出苗—抽雄	1 390.1	18.3	19.5	166.0	1 512.1	18.3	21.1	121.2
	抽雄—成熟	1 346.0	21.4	11.8	330.9	1 105.1	21.3	12.3	88.7
4 月 15 日	出苗—抽雄	1 365.6	19.2	13.9	151.6	1 488.6	18.7	16.6	98.1
	抽雄—成熟	1 344.8	21.1	11.8	331.5	1 159.4	21.1	12.3	106.3
4 月 20 日	出苗—抽雄	1 333.4	19.3	14.2	151.6	1 430.9	18.9	16.6	98.1
	抽雄—成熟	1 405.5	20.7	11.8	331.5	1 194.1	20.9	12.3	106.3
4 月 25 日	出苗—抽雄	1 371.7	19.5	13.0	197.3	1 407.5	19.4	16.6	98.1
	抽雄—成熟	1 381.9	20.6	11.3	311.5	1 217.8	20.6	13.0	146.3
4 月 30 日	出苗—抽雄	1 317.9	19.9	12.9	223.7	1 393.1	19.7	16.6	98.1
	抽雄—成熟	1 347.0	20.7	11.3	250.3	1 207.3	20.1	15.3	206.1
5 月 5 日	出苗—抽雄	1 296.8	20.3	12.9	239.8	1 390.1	20.4	11.8	88.2
	抽雄—成熟	1 300.1	20.6	11.3	242.2	1 172.2	19.9	15.3	203.6
5 月 10 日	出苗—抽雄	1 299.7	20.2	12.9	302.2	1 415.9	20.8	9.2	88.2
	抽雄—成熟	1 259.3	20.5	11.3	256.2	1 127.8	19.4	15.3	203.6
5 月 15 日	出苗—抽雄	1 175.7	20.6	12.7	272.6	1 359.9	20.9	9.2	88.2
	抽雄—成熟	1 238.8	20.4	11.3	193.8	1 143.9	19.3	15.3	203.6
5 月 20 日	出苗—抽雄	1 209.3	20.8	12.7	309.3	1 374.9	21.5	10.7	78.9
	抽雄—成熟	1 134.7	20.4	11.3	157.4	1 072.1	19.1	15.3	203.6

推迟播期出苗至成熟≥10℃积温 2013 年变幅在 10%以内，最大减少 8.9%，最大增加 7.0%，2014 年变幅在 5%以内，最大减少 4.4%，最大增加 3.4%，阶段内变化显著，出苗至抽雄 2013 年最大减少 16.1%，最大增加 2.8%，2014 年最大减少 11.2%，最大增加

1.7%，抽雄至成熟 2013 年最大减少 3.2%，最大增加 19.9%，2014 年最大减少 0.2%，最大增加 18.4%。平均气温和阶段温差也有较大变化（表 5-59），出苗至抽雄 2013 年和 2014 年平均气温随播期推迟逐渐增加，2013 年和 2014 年 5 月 20 日播期较 3 月 26 日增加幅度均最大，分别达 3.2℃和 4.7℃，阶段温差随播期推迟 2013 年和 2014 年 3 月 31 日至 4 月 10 日呈逐渐减小趋势，在 4 月 15 日阶段温差大幅度减小而后 2013 年随播期推迟逐渐减小，2014 年 4 月 15 日至 4 月 30 日呈逐渐减小趋势，在 5 月 5 日开始又产生大幅度减小变化而后随播期推迟逐渐变化，抽雄至成熟随着播期推迟平均气温呈逐渐减小趋势，2013 年和 2014 年 5 月 20 日播期减小幅度最大，分别达 1.8℃和 2.8℃，阶段温差随播期推迟而增加，阶段温差 2013 年和 2014 年最大增加分别为 2.6℃和 3.0℃。降水量变化 2013 年和 2014 年不同，出苗至抽雄 2013 年随播期推迟呈增加趋势，2014 年呈减少趋势，抽雄至成熟 2013 年呈先增加后减少变化，2014 年则随播期推迟而增加，玉米出苗至成熟降水 2013 年显著高于 2014 年，相同播期下 2014 年降水仅为 2013 年的 42.2%～64.2%。虽然播期推迟减少了生育前期降水量，但由于播种前降水和地膜覆盖蓄水保墒的作用土壤中水分充足，当玉米播种后，气温升高土壤温度也相应增高，使种子萌发期和玉米生育前期能够快速萌发和生长。

表 5-59　玉米播期与生育期内热量资源的相关性

年　份	生育阶段	平均气温	最低气温	最高气温	抽雄前后 10d 干燥度	干燥度	日照时数	活动积温	有效积温
2013	出苗—抽雄	0.99**	1.00**	0.97**	-0.85**	-0.91**	-0.89**	-0.92**	-0.13
	抽雄—成熟	-0.89**	-0.96**	-0.82**	-0.85**	0.86**	0.11	-0.02	-0.38
2014	出苗—抽雄	1.00**	0.99**	0.99**	0.55	0.89**	0.89**	-0.93**	0.83**
	抽雄—成熟	-0.99**	-0.95**	-0.99**	0.55	-0.94**	-0.99**	0.42	-0.34

注：* 代表 $P<0.05$，** 代表 $P<0.01$，下同

抽雄前后气候条件影响玉米授粉情况，进而对籽粒灌浆、产量形成产生影响。对抽雄前后 10d≥30℃日数、干燥度及播期进行分析发现，两个试验年不同气候条件下气候条件相关性不同。抽雄前后 10d≥30℃日数与播期 2013 年呈显著负相关（表 5-60），随着播期推迟≥30℃日数呈减少趋势，2014 年呈显著正相关，随着播期推迟≥30℃日数呈增加趋势。抽雄前后 10d 干燥度与播期 2013 年呈显著负相关，随播期推迟干燥度呈减小趋势，2014 年呈显著正相关，随播期推迟干燥度呈增加趋势。抽雄前后 10d 干燥度与≥30℃日数两个试验年均呈显著正相关，随着≥30℃日数增加干燥度呈增大趋势。由上可见，抽雄前后 10d≥30℃日数是影响抽雄前后 10d 干燥度的重要因素，抽雄前后 10d 干燥度越高越不利于玉米抽雄期授粉及产量形成。正常年份随播期推迟降水增多抽雄前后 10d 干燥度下降，有利于玉米扬花授粉，而降水增多伴随着多阴雨天气授粉不利，干旱年份随播期推迟降水减少抽雄前后 10d 干燥度升高，易产生高温热害，对花粉活力产生不利影响。

表 5-60　播期调整下产量与抽雄前后高温持续日数的相关性

项　目	2013 年		2014 年	
	播期	L	播期	L
L	-0.73**	—	0.63*	—
G	-0.69**	0.91**	0.67*	0.92**

注：L 表示抽雄前后 10d≥30℃日数，G 表示籽粒产量

（2）播期调控对玉米出苗速率的影响。随播期推迟，玉米出苗天数呈缩短趋势、出苗速率呈增快趋势（表 5-61）。2013 年两个品种出苗速率呈先加快后波动变化，先玉 335 播期 4 月 25 日、5 月 10 日出苗速率最高为 0.20，用时 5d，出苗速率最低播期为 3 月 26 日，出苗速率 0.067，用时 15d，是最快速率的 33.3%；吉祥 1 号 4 月 25 日、5 月 10 日、5 月 25 日播期出苗速率最高为 0.167，用时 6d，出苗速率最低播期为 3 月 26 日，出苗速率 0.071，用时 14d，是最快速率的 42.9%。由于两年气候条件不同，2014 年出苗速率与 2013 年不同，出苗天数均呈现随播期推迟而逐渐减少趋势，先玉 335 与吉祥 1 号出苗天数与出苗速率同播期间无差异，3 月 26 日、3 月 31 日、4 月 5 日、4 月 10 日播期出苗速率最低为 0.071，出苗天数 14d，5 月 15 日、5 月 20 日播期出苗速率最高为 0.143，出苗天数 7d。

表 5-61　播期对玉米出苗日期的影响

品种	年份	播期（月/日）	3/26	3/31	4/5	4/10	4/15	4/20	4/25	4/30	5/5	5/10	5/15	5/20
先玉 335	2013	出苗时间（月/日）	4/10	4/11	4/15	4/18	4/25	4/28	4/30	5/7	5/13	5/15	5/23	5/27
		出苗天数（d）	15	11	10	8	10	8	5	7	8	5	8	7
		出苗速率	0.067	0.091	0.10	0.125	0.10	0.125	0.20	0.143	0.125	0.20	0.125	0.143
	2014	出苗时间（月/日）	4/9	4/14	4/19	4/24	4/28	5/2	5/6	5/10	5/15	5/19	5/22	5/27
		出苗天数（d）	14	14	14	14	13	12	11	10	10	9	7	7
		出苗速率	0.071	0.071	0.071	0.071	0.077	0.083	0.091	0.100	0.100	0.111	0.143	0.143
吉祥 1 号	2013	出苗时间（月/日）	4/9	4/12	4/15	4/17	4/26	4/27	5/1	5/8	5/14	5/16	5/24	5/26
		出苗天数（d）	14	12	10	7	9	7	6	8	9	6	9	6
		出苗速率	0.071	0.083	0.10	0.143	0.111	0.143	0.167	0.125	0.111	0.167	0.111	0.167
	2014	出苗时间（月/日）	4/9	4/14	4/19	4/24	4/28	5/2	5/6	5/10	5/15	5/19	5/22	5/27
		出苗天数（d）	14	14	14	14	13	12	11	10	10	9	7	7
		出苗速率	0.071	0.071	0.071	0.071	0.077	0.083	0.091	0.100	0.100	0.111	0.143	0.143

单位温度变化对玉米出苗速率影响不同，出苗期低温抑制出苗速率。随着气温升高出苗速率呈加快趋势。从气温影响水平来看，平均气温和平均最高气温对出苗速率影响较大，相关系数分别为0.682和0.779，平均最低气温与出苗速率相关性较小，相关系数为0.360（图5-44）。

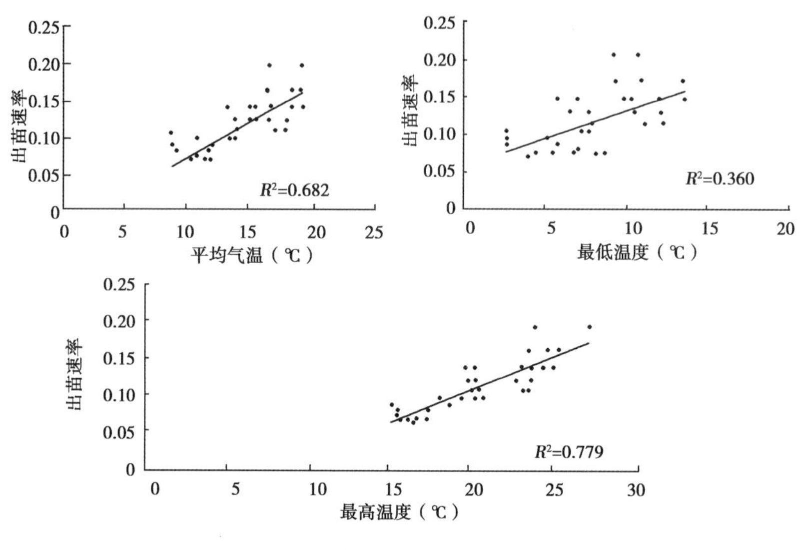

图5-44　玉米出苗速率与气温的关系

（3）播期对地膜玉米生长进程及积温的影响。出苗—抽雄期（图5-45）：2013年先玉335有效积温与活动积温为605.7～671.6℃、1 175.7～1 441.1℃，吉祥1号520.2～635.6℃、1 158.6～1 285.1℃；2014年先玉335为607.7～734.9℃、1 227.7～1 531.0℃，吉祥1号622.2～712.0℃、1 316.0～1 474.9℃。≥10℃有效积温与生长天数相关系数，2013年、2014年先玉335为0.345、0.676，吉祥1号0.642、0.591，活动积温与生长天数相关系数先玉335依次为0.915、0.924，吉祥1号0.723、0.762。

抽雄—成熟期（图5-46）：2013年，有效积温与活动积温先玉335为584.0～725.5℃、1 134.7～1 405.5℃，吉祥1号605.0～760.1℃和1 175.9～1 456.6℃；2014年先玉335为502.1～627.8℃和1 026.4～1 217.8℃，吉祥1号534.1～654.8℃和1 013.2～1 240.7℃。≥10℃有效积温与生长天数相关系数，2013年、2014年先玉335为0.674和0.039，吉祥1号0.392和0.068，活动积温与生长天数相关系数先玉335为0.833和0.829，吉祥1号0.626和0.769。

（4）播期对地膜玉米群体结构的影响。干物质积累及群体生长率对播期的响应。通过调整播期与气候条件分析，单株干物质积累与播期、生育期内气候参数的相关性年份之间差异很大（表5-62）。只有2013年出苗—抽雄期干物质积累与播期显著正相关。出苗至抽雄单株干物质积累速率与活动积累呈极显著负相关，2013年还与干燥度、日照时数呈显著负相关，与平均温度、最高温度呈弱正相关。抽雄—成熟期单株干物质积累速率，2013年与平均气温呈显著正相关。说明随着播期推迟抽雄前气温升高，尤其是最低气温升高缩短了春玉米植株生育进程，促进了干物质积累，抽雄后受阴雨

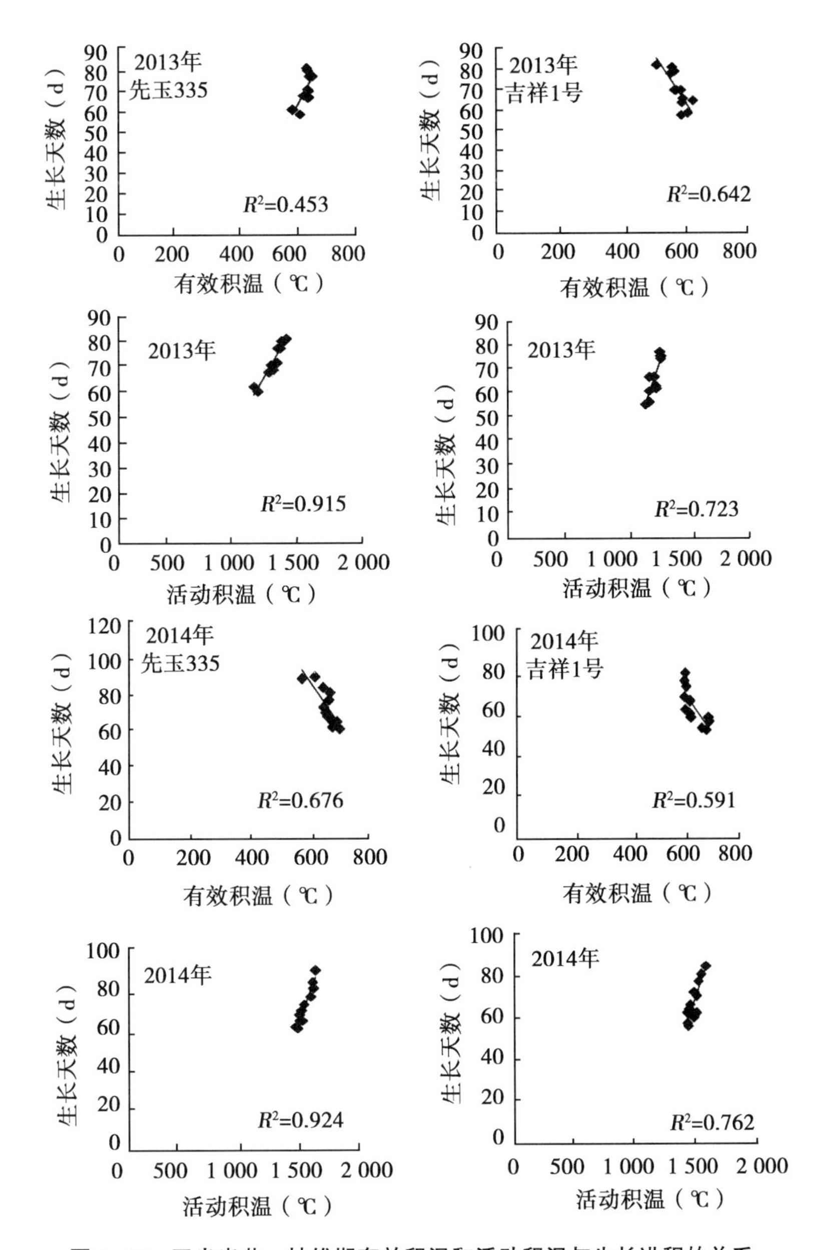

图 5-45　玉米出苗—抽雄期有效积温和活动积温与生长进程的关系

寡照或高温热害影响，干物质积累变化受播期影响不同年份变化不一致。播期推迟后正常年份受 8 月、9 月阴雨寡照低温天气影响，不利于干物质积累，干旱年份在土壤水分充足时，高温天气在一定程度上可以促进干物质积累，土壤水分缺乏时，高温天气抑制干物质积累。

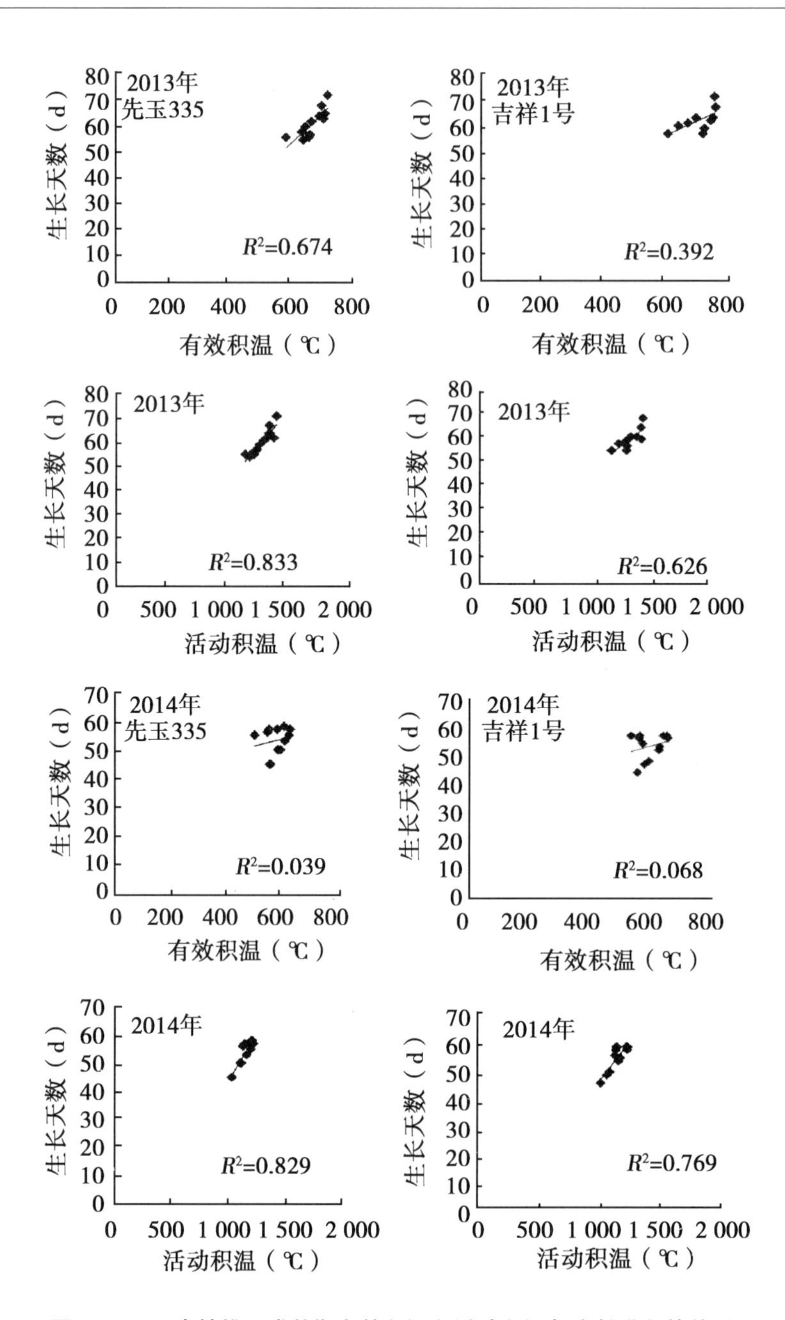

图 5-46　玉米抽雄—成熟期有效积温和活动积温与生长进程的关系

群体生长速率 CGR（表 5-63）、干物质积累与播期及生育期内温度参数的关系基本相似。出苗至抽雄 CGR 与平均温度、最高温度和最低温度显著正相关，与活动积温显著负相关，与其他指标的关系随气候年份的不同差异很大。到抽雄—成熟期，CGR 与温度参数显著负相关。因此，CGR 对气候变化响应敏感，不同播期调整使玉米生长发育阶段与气候条件吻合度发生了变化，植株发育前期随播期推迟 CGR 呈增加趋势，植株发育后期 CGR 增加需要降水与气温多因素共同作用，遇到 7—8 月干旱年份推迟播期种植的玉米

CGR 增加。植株发育前期气温提升对 CGR 有显著促进作用，后期气温升高对 CGR 有负效应，干旱不利于 CGR 增加。

表 5-62　单株干物质积累与播期调整的关系

年　份	生育阶段	播　期	平均气温	最低气温	最高气温	干燥度	日照时数	活动积温	有效积温
2013	出苗—抽雄	0.79**	0.77**	0.79**	0.77**	-0.73**	-0.67*	-0.63*	0.12
	抽雄—成熟	-0.55	0.56*	0.52	0.52	-0.28	0.2	-0.26	-0.06
2014	出苗—抽雄	0.51	0.46	0.47	0.45	0.33	0.31	-0.62*	0.19
	抽雄—成熟	0.41	-0.38	-0.31	-0.43	-0.55	-0.41	0.53	0.21

表 5-63　群体生长率 CGR 对播期的响应

年　份	生育阶段	播　期	平均气温	最低气温	最高气温	干燥度	日照时数	活动积温	有效积温
2013	出苗—抽雄	0.71**	0.99**	0.99**	0.97**	-0.91**	-0.89**	-0.92**	-0.13
	抽雄—成熟	-0.47	-0.89**	-0.96**	-0.82**	0.86**	0.11	-0.02	-0.38
2014	出苗—抽雄	0.51	0.99*	0.99**	0.99**	0.89**	0.89**	-0.93**	0.83**
	抽雄—成熟	0.41	-0.99**	-0.95**	-0.99**	-0.94**	-0.99**	0.42	-0.34

叶面积指数变化及光合势对播期的响应。出苗至抽雄期，LAI 日变化量与播期、温度指标呈极显著正相关，但与活动积温显著负相关（表 5-64）；抽穗至成熟期，播期及气象条件对 LAI 日变化影响不大。出苗至抽雄期，群体光合势 LAD 与播期、温度显著负相关，与活动积温显著正相关；抽雄至成熟期，LAD 与最低气温、有效积温、活动积温显著正相关，与大气干燥度负相关。即 LAI 日变化量与 LAD 受气候变化影响相反，推迟播种期可增加出苗至抽雄前期 LAI 日变化量，灌浆期温度是影响 LAD 最直接的因素。

表 5-64　LAI 日变化量及 LAD 对播期的响应

	生育阶段	播　期	平均温度	最低气温	最高气温	干燥度	日照时数	活动积温	有效积温
LAI	出苗—抽雄	0.78**	0.83**	0.86**	0.72**	-0.1	-0.27	-0.85**	-0.11
	抽雄—成熟	-0.19	-0.05	-0.32	0.14	0.34	0.06	-0.32	-0.32
LAD	出苗—抽雄	-0.84**	-0.80**	-0.81**	-0.75**	-0.06	-0.01	0.52**	-0.21
	抽雄—成熟	-0.07	0.2	0.67**	-0.14	-0.62**	-0.14	0.84**	0.85**

（5）播期对旱地玉米产量及农艺性状的影响。播期对旱地地膜玉米产量有明显的调控作用，总体上来看，播期与产量呈现先增加后减少的二次曲线关系（图 5-47），曲线弯曲程度受年际之间气候变化影响差异很大，就两年平均值而言，通过方程模拟，4 月 26 日为最适宜播期，产量最高。播期变化对先玉 335 穗长影响不大，对穗粒数和千粒重影响较大，播期过早或过晚均易造成玉米灌浆期遭遇干旱，使玉米籽粒高温逼熟，降低玉米粒

重（表5-65）。

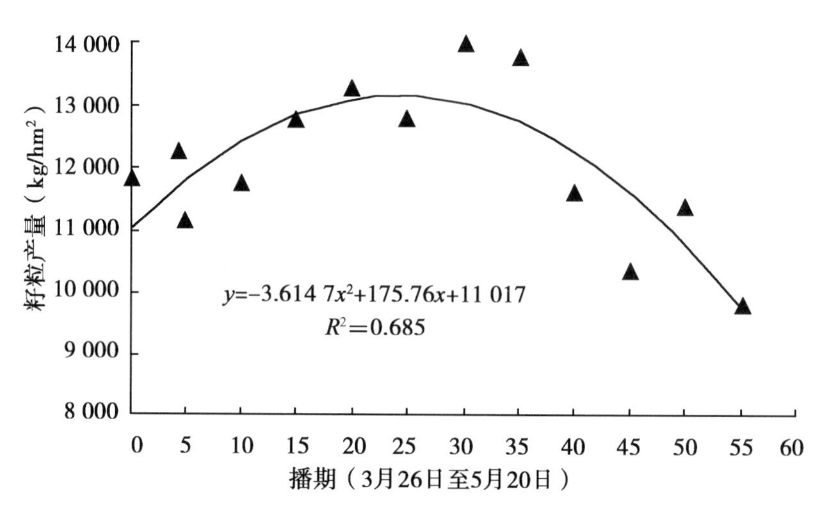

图 5-47　旱地地膜玉米产量与播期的关系

表 5-65　不同播期旱地玉米农艺性状的影响

播　期	2013 年				2014 年			
	穗粒数（粒）	秃顶（cm）	穗长（cm）	千粒重（g）	穗粒数（粒）	秃顶（cm）	穗长（cm）	千粒重（g）
3 月 26 日	542	2.0	17.0	316.3	603	2.3	18.9	294.8
3 月 31 日	539	2.4	17.2	348.3	577	2.6	18.2	302.5
4 月 5 日	496	2.8	16.6	318.5	556	2.6	18.8	315.1
4 月 10 日	562	1.6	17.0	351.8	628	1.8	19.5	318.5
4 月 15 日	528	2.3	17.3	351.3	581	2.3	19.3	317.7
4 月 20 日	585	2.3	19.3	358.9	562	2.0	18.6	321.4
4 月 25 日	579	2.6	19.1	358.4	621	2.5	19.9	321.7
4 月 30 日	602	1.7	19.8	346.2	600	2.3	19.4	322.0
5 月 5 日	570	1.9	18.6	338.5	536	2.4	18.5	302.7
5 月 10 日	603	1.5	19.1	325.2	573	2.7	18.5	284.0
5 月 15 日	614	1.9	19.7	312.2	598	2.8	19.5	287.0
5 月 20 日	645	1.8	19.8	304.9	573	2.1	17.4	258.5

（6）播期调控下生育期水热资源与对玉米产量的协调性。2013—2014 年的平均结果表明，不同播期下玉米营养生长阶段和生殖生长阶段降水、≥10℃积温均发生了明显变化（图 5-46）。随着播期推移，生育期有缩短趋势，与适宜播期（4 月 25 日）相比较，早播（3 月 26 日）30d 生育期提前延长 7~8d，晚播（5 月 20 日）25d 生育期缩短 10d，但无论晚播还

是早播，试验期间生育期降水量呈增加趋势，说明早播成熟期提前、晚播成熟期推迟，适当延迟播种使生育期处于降雨季节，但这与产量无相关性，产量变化趋势与生育期≥10℃活动积温（$R^2=0.71$）、生育期≥10℃有效积温（$R^2=0.65$）显著正相关，积温增加10℃产量依次提高109.4kg/hm²、240.0kg/hm²，特别是抽穗—成熟期积温对产量增加的贡献更大，有效积温增加10℃产量提高309.0kg/hm²，而该时段有效积温增加10℃产量仅提高140.9kg/hm²。然而，产量与出苗—抽穗期≥10℃有效积温、活动积温无相关性。

从玉米生育期内热量资源分配状况来看（图5-48），不同播期改变了玉米生育阶段与降水的协调程度，特别是提高了玉米耗水高峰期与降水的吻合程度，不同播期调控下营养生长阶段（出苗—抽雄）降水、生育期总降水对产量影响不大，而生殖生长阶段（抽穗—成熟）降水与产量关系密切，降水增加10mm产量提高273.4kg/hm²。不同播期同样改变了玉米生育阶段与热量资源的配合程度，无论播期如何调控，玉米产量与生育期≥10℃有效积温、活动积温均显著正相关，即玉米是喜温作物，对温度要求比较敏感。但出苗—抽穗期活动积温与产量并没有相关性，而3月26日至4月30日播种的玉米，生育期有效积温却与产量显著正相关，4月30日以后播种的玉米生育期有效积温与产量无关，说明播期对玉米生长发育和产量形成的调控是有限的，在陇东旱塬播期推到5月1日后，玉米生育期内热量资源无法满足先玉335的生长需求。相对于出苗—抽穗阶段而言，抽穗—成熟阶段的积温对产量影响更大。因此，气候变化背景下播期调控要根据品种熟期和对热量需求程度进行，核心是要确保灌浆期热量资源的供给，中晚熟品种要适期早播，早熟品种要适期晚播。

考虑到雨养旱地玉米生产受制于温度与降水不确定性的双重制约，应对气候变化播期调控总体上要适期早播，争取主动，提高水热资源的利用率。

（三）优化水分管理措施

水资源短缺是旱地农业生产的主要限制因素，更是雨养旱作农田实现高产所要解决的首要问题。分析表明（图5-49），当玉米生育期内降水量大于480mm时能够消除水分胁迫的限制，满足实现玉米光温生产潜力的最低水分需求；当春玉米营养生长阶段降水大于180mm，且生殖生长阶段降水大于200mm情况下（图5-50），水分满足率即可达到100%，即满足实现光温潜力的水分要求，但黄土高原只有年降水量大于500mm地区基本满足各条件，其他大部分地区满足不了这个水分条件，生长期内水分胁迫是经常性问题，优化旱地雨养春玉米农田保水措施，减少地表无效蒸发，提高土壤水分有效性和利用效率成为缓解干旱胁迫的关键。

大量研究和生产实践表明，覆盖措施能够显著降低土壤水分的无效蒸发，提高土壤含水量和水分利用率，其中以地膜覆盖为主的覆盖集雨保墒效果最好的技术之一。有研究表明，地膜覆盖能够减少春玉米营养生长阶段的水分蒸散量10~21mm，基本消除春玉米生长早期的水分胁迫。

目前，以全膜双垄沟、秋覆膜等为主的覆膜集雨种植技术能够减少80%~90%的无效蒸发，是目前西北旱地农业生产中最佳的保水增产措施，应不断完善长期坚持应用。但地膜覆盖的增温保墒效果应有一个安全使用期，玉米授粉以后灌浆期与热量富集和降水集中期逐渐吻合，地膜覆盖作用逐渐减弱，该时期地膜覆盖容易引起植株倒伏或早衰，建议加

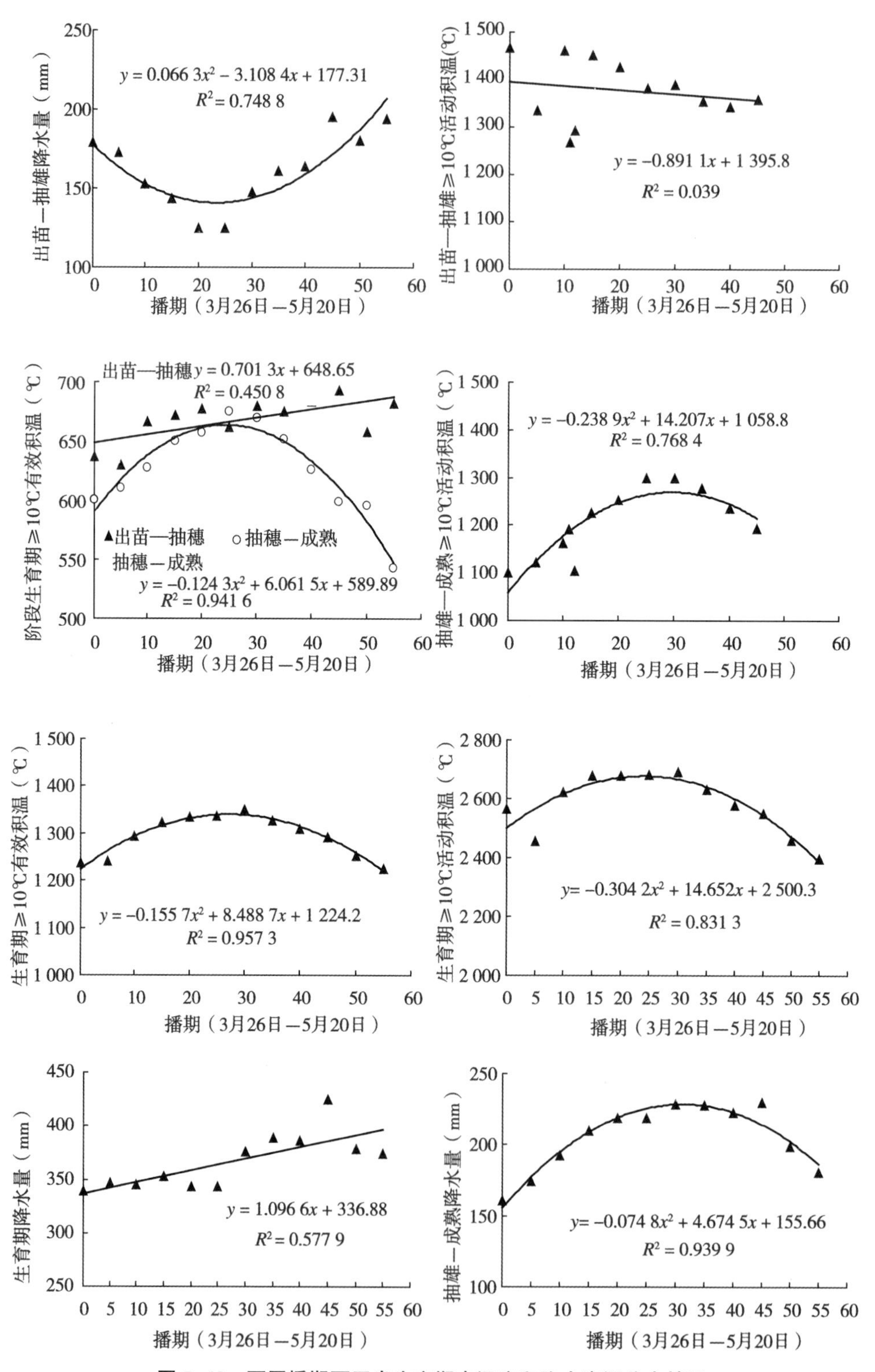

图 5-48　不同播期下玉米生育期内温度和降水资源分布情况

强功能性降解地膜研究与应用。

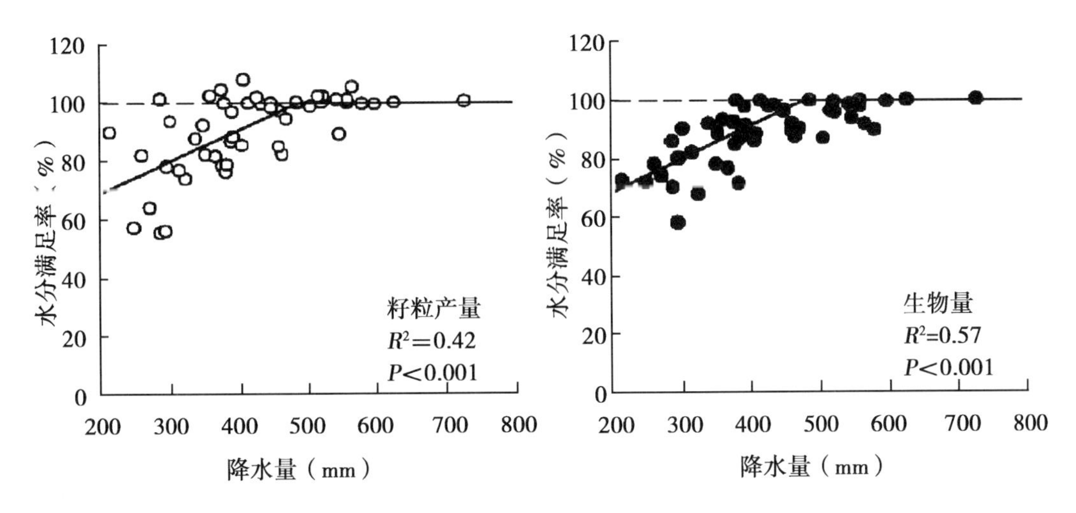

图 5-49　玉米水分满足率与生育期降水量的关系

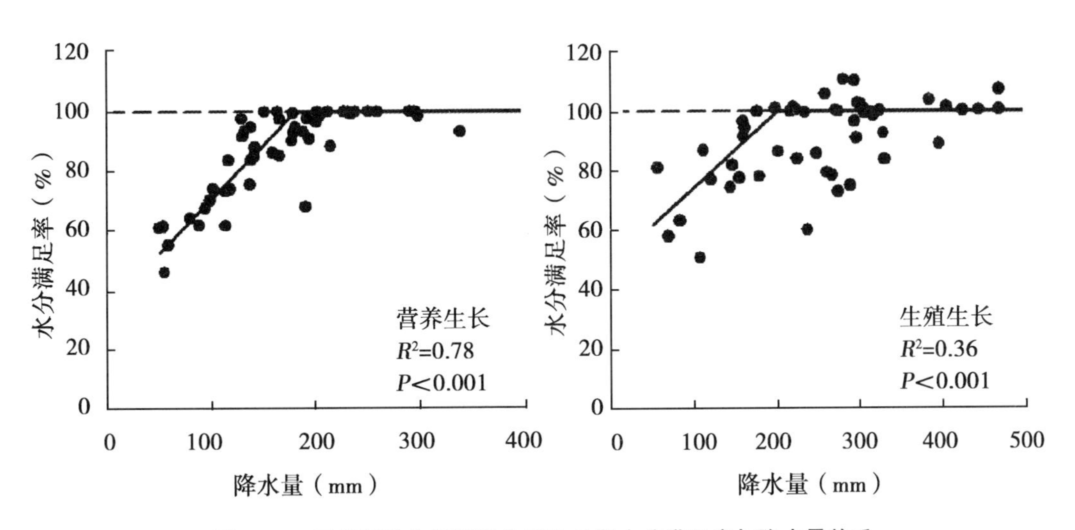

图 5-50　玉米营养生长期和生殖生长期水分满足率与降水量关系

第十二节　旱地留膜留茬少免耕的土壤水温及产量效应

陇东旱塬是甘肃旱作玉米主产区，由于其降雨分布特点，冬春两季干旱少雨，土壤裸露，播前干土层深厚，土壤含水量低，降雨与玉米播种、出苗需水错位，常常造成出苗不全，严重影响玉米产量。旱地一膜两年用免耕栽培由于地膜周年覆盖地面，减少了冬春水分的无效耗散，提高了土壤含水量，为玉米保全苗提供了水分保障。该技术是在前茬地膜玉米收获后的农闲期，不再耕翻土地，而是在原地膜上种植两茬或多茬作物的栽培技术，其在陇东旱作农业区主要的栽培模式有：地膜玉米收获后直播冬小麦或冬油菜，或者地膜玉米不揭膜第两年直播春玉米等，此栽培模式已得到农民的认可和广泛应用。本章研究了一膜二年用和春翻耕覆新膜对旱地春玉米耕层土壤温度、水分、干物质生产及产量的影响，对实现旱地玉米生产的节本增效具有指导意义。

一、试验研究概况

试验于2014年4—9月在甘肃镇原县（35°29′42″N，107°29′36″E）的农业部西北植物营养与施肥科学观测试验站进行。土壤为覆盖黑垆土。该区多年年均降水量540mm，其中7—9月占60%，年蒸发量1 532mm，年均气温8.3℃，无霜期170d，海拔1 279m，为暖温带半湿润偏旱大陆性季风气候，属典型的旱作雨养农业区。其中2014年玉米生育期内降雨304.2mm，主要集中在8—9月，占生育期降水量66.9%（图5-51）。

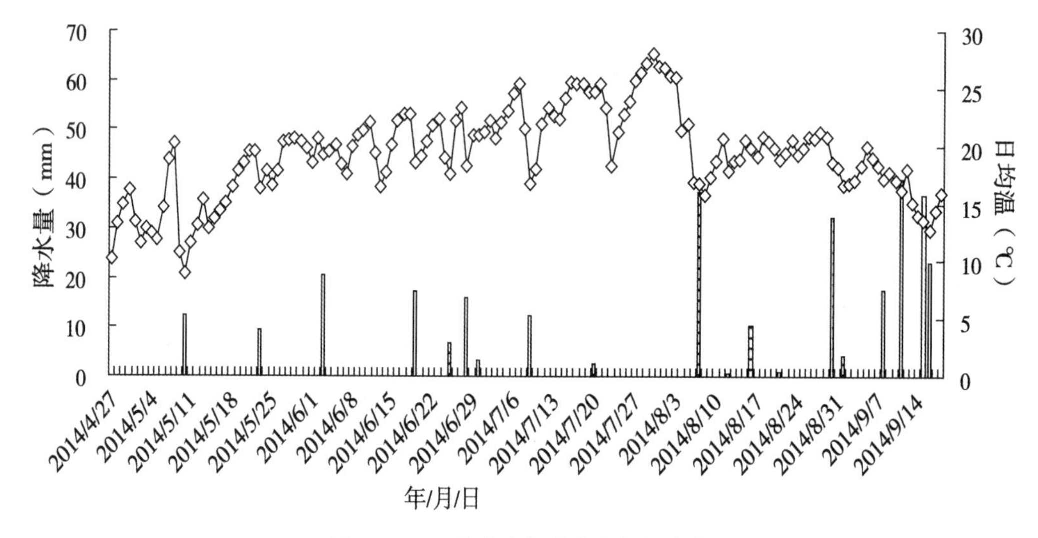

图5-51 玉米生育期降水和气温变化

试验采用随机区组设计，设2个处理，分别为：①一膜两年用，当年玉米收获后，旧膜留至翌年，直接播种（T1）；②当年玉米收后，旧膜留至翌年，播前收除旧膜并覆盖新膜播种（T2）。3次重复，小区面积6.6m×5m=33m^2，品种为先玉335，密度7.5×10^{4}株/hm^2，施纯N（尿素N 46%）225kg/hm^2，T1、T2处理全部氮肥采用拔节期人工穴施。不施磷钾肥，其他管理措施同大田。

试验期间利用烘干法测定水分利用效率（WUE），从玉米播种至出苗期，用曲管地温仪连续在各处理小区中间沿玉米种植行在8：00、13：00和18：00这3个特定时刻测定不同土层温度，每处理重复3次，测定时间段为4月25日至5月14日，取其平均值。土壤积温根据每天测定的3个特定时刻土壤温度平均值累积得出。成熟时每小区按整行逐株取20株测产，采用PM-8188A谷物水分测定仪测定含水量，然后换算成标准含水量（14%）对应的产量。

二、主要研究结果

（一）不同耕作方式土壤温度剖面变化特征

从图5-52可以看出，不同耕作方式在不同测定时间点土壤温度在垂直方向的变化规律不一致。即在早晨 8：00，由表层向下，随着土层深度的增加，土壤温度依次增加，为 25cm>20cm>15cm>10cm>5cm；而在 13：00 和 18：00 土壤温度随土层深度的增加而减少，为 5cm>10cm>15cm>20cm>25cm。不同深度土层温度的变化是地表散热和吸热之间动态变化的结果，表层的热量散失和吸热向地下传递有一个过程，所以表层土壤温度比各深度土壤温度的变化更大一些。因此，沿土层深度方向，深度增加则土壤温度变化趋于平缓。

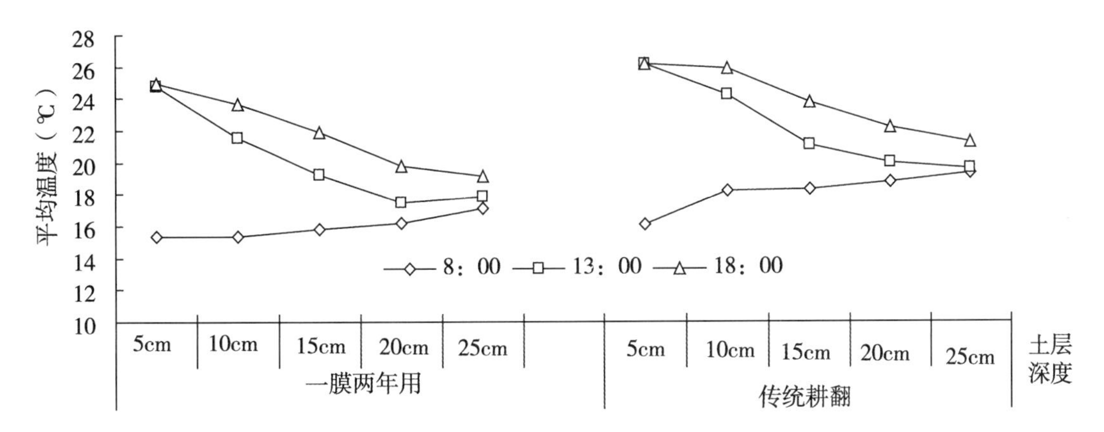

图 5-52 土壤剖面温度变化

不同耕作方式土壤在不同测定时间点积温变化与垂直变化基本一致（图 5-53），表现为在 8：00 时，由表层向下，随着土层深度的增加，土壤温度依次增加，为 25cm>20cm>15cm>10cm>5cm；而在 13：00 和 18：00 土壤温度随土层深度增加而减少，为 5cm>10cm>15cm>20cm>25cm。

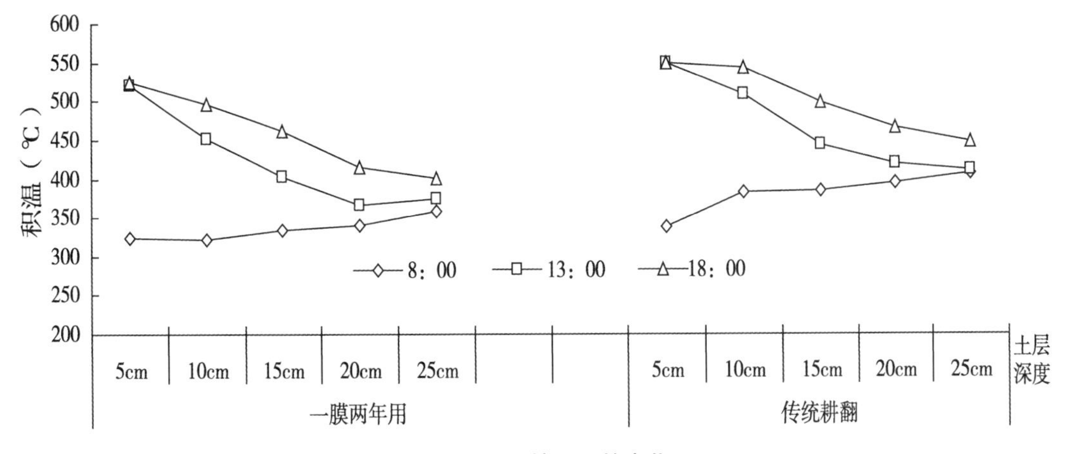

图 5-53 土壤积温的变化

（二）不同耕作方式土壤温度日变化特征

从图 5-54 可以看出，在 5cm 土层，随着时间的推移，土壤温度呈先增加后降低的变化趋势，在 13：00 温度达最高值。不同耕作方式温度变化趋势相同，而春翻耕覆新膜土壤温度明显高于一膜两年用，二者温度变化均高于大气温度。这说明大气温度升高对春翻耕覆新膜处理土壤温度的升高有明显促进作用，这种变化主要是由于不同耕作方式下土壤结构、容重和含水量差异引起土壤热容量和热传导率的不同。与春翻耕覆新膜相比，一膜两年用在播种时土壤表层水分含量大，容重大，土壤温度的变化比较缓慢。

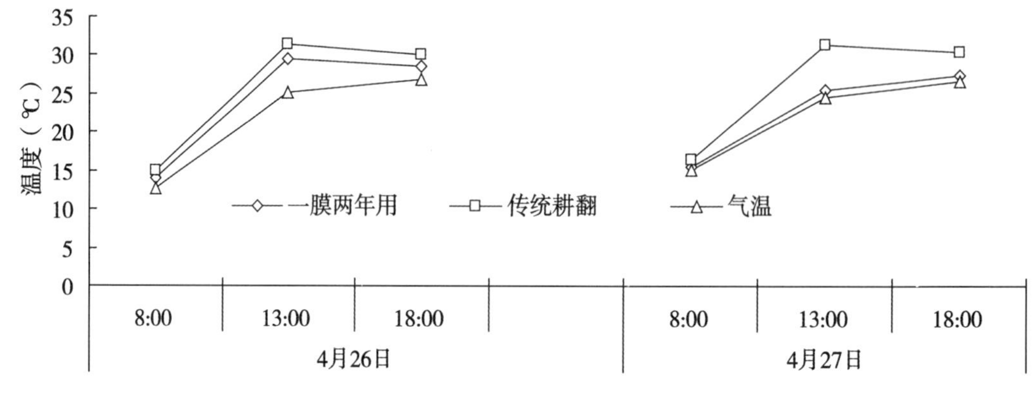

图 5-54　0~5cm 土层温度的日变化

图 5-55 显示，在 10cm 土层土壤温度变化趋势与 5cm 土层变化趋势基本一致。随时间的推移，仍然以春翻耕覆新膜土壤温度高于一膜两年用和大气温度，而一膜两年用土壤温度低于大气温度。

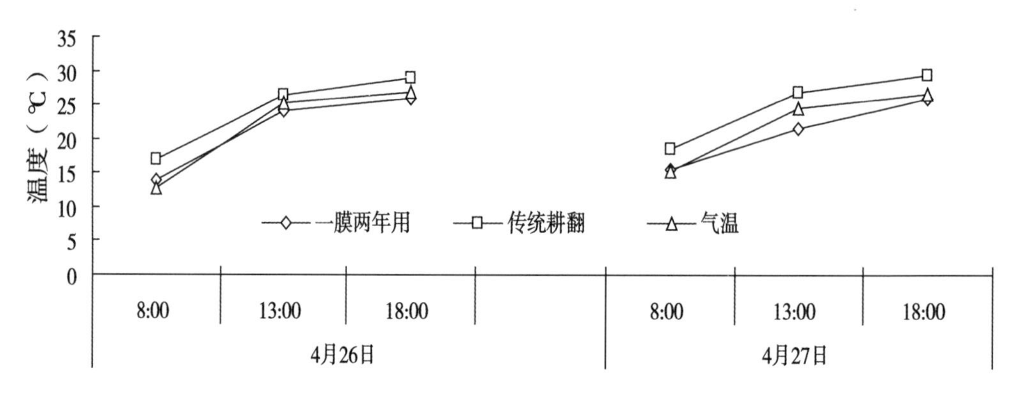

图 5-55　0~10cm 土层温度的日变化

从图 5-56 可以看出，在 15cm 土层，随时间的推移，不同耕作方式土壤温度均表现为上升。在 8：00 春翻耕覆新膜和一膜两年用不同耕作方式土壤温度均高于大气温度，而到测定时间点 13：00 和 18：00，大气温度均高于春翻耕覆新膜和一膜两年用土壤温度。

从图 5-57 和图 5-58 可以看出，在 20~25cm 土层，早晨 8：00 不同耕作方式土壤温度均高于大气温度，而随时间的推移，大气温度高于春翻耕覆新膜和一膜两年用土壤温度，而此时 20cm 土层不同耕作方式土壤温度增加明显变小，25cm 土层土壤温度趋于稳定。因此，可以得出大气温度对土壤温度的影响主要集中于 0~15cm 土层，对 20~25cm 土层温度的影响很小，而耕作方式间春翻耕覆新膜土壤温度在 0~25cm 土层均高于一膜两年用。

（三）不同耕作方式玉米收获期土壤含水量变化

图 5-59 为不同耕作栽培方式下玉米收获期 0~200cm 土壤水分的垂直分布图。从图5-59

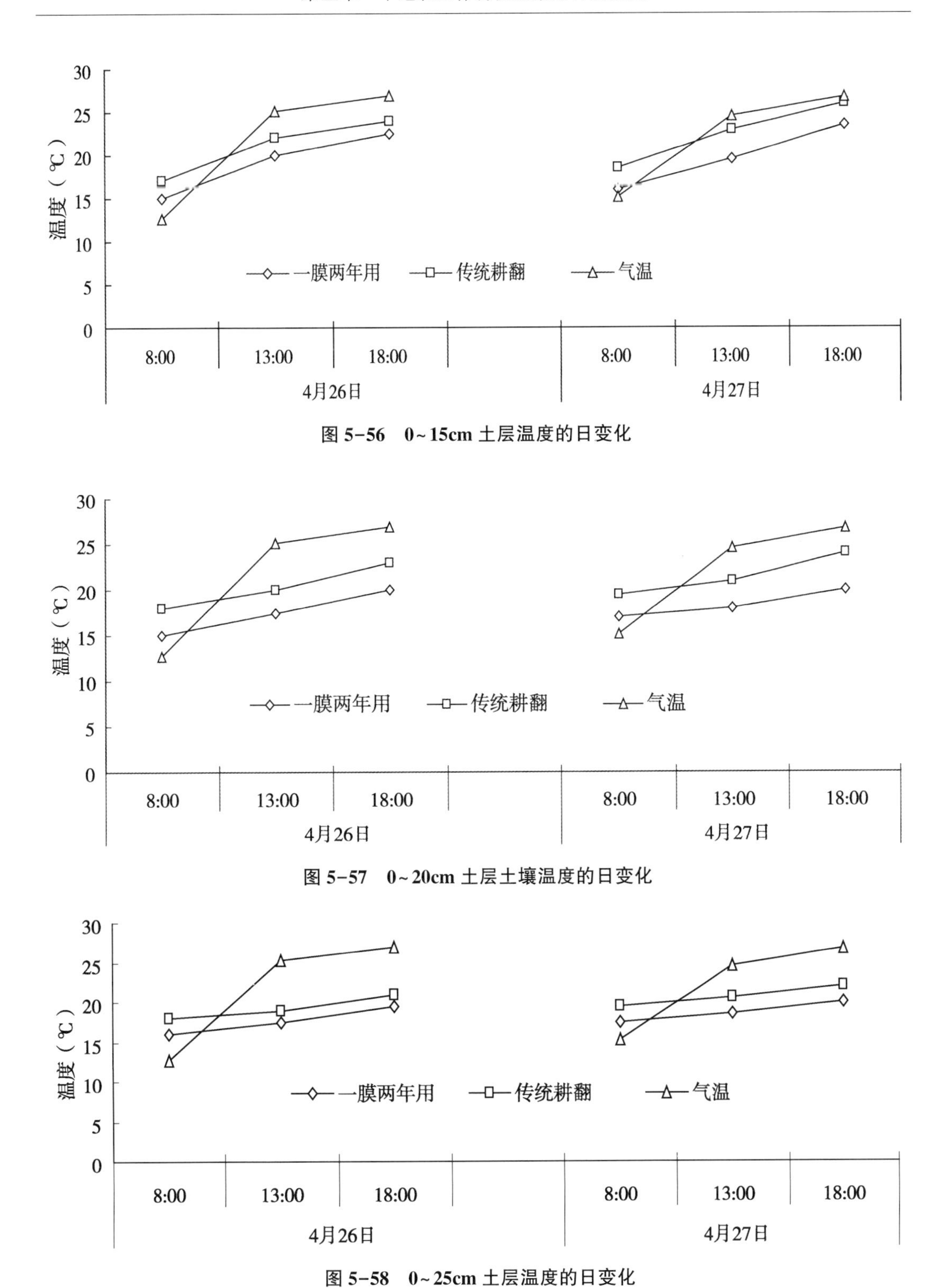

图 5-56　0～15cm 土层温度的日变化

图 5-57　0～20cm 土层土壤温度的日变化

图 5-58　0～25cm 土层温度的日变化

中可以看出，不同耕作方式下土壤水分垂直分布表现出相似的变化趋势，即先降低后升高，主要体现在0~60cm随土层深度的增加土壤含水量降低，60~140cm土层含水量增加，140cm以下土层土壤含水量趋于稳定，60cm处为土壤含水量变化的拐点。其中玉米收获期在0~140cm土层一膜两年用平均含水量低于春翻耕覆新膜7.32%，原因在于一膜两年用地膜在生育后期破损较多，再加上田间郁闭，通风性差，使土壤水分的蒸腾蒸散速率增加所致。

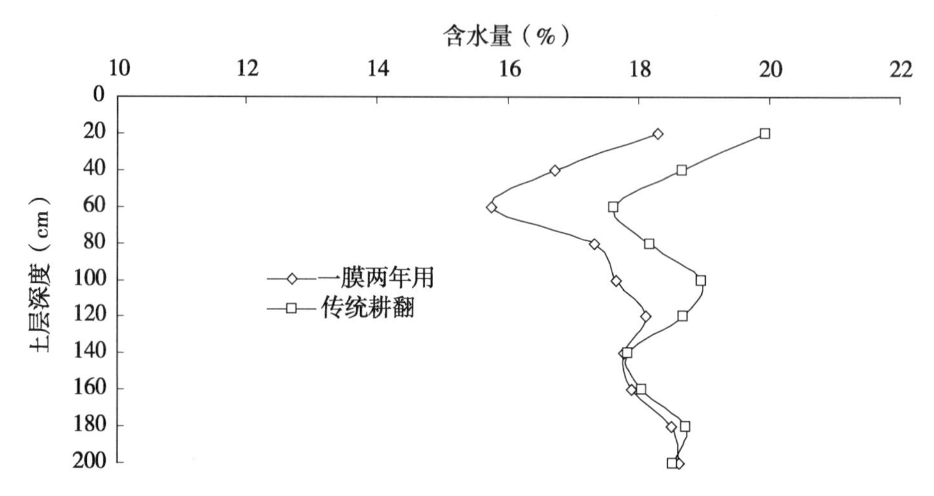

图5-59 不同耕作方式下玉米收获期0~200cm土层土壤水分的变化

（四）不同耕作方式玉米产量及农艺性状变化

随着玉米生育进程的推进，不同耕作方式玉米干物质积累表现为逐渐增加，但不同生育时期干物质的积累及其增长趋势对耕作栽培方式的响应不同，主要体现在抽雄前不同耕作方式间干物质积累不明显，抽雄后迅速增加。其中春翻耕覆新膜干物质积累在整个生育时期高于一膜两年用，收获期春翻耕覆新膜较一膜两年用干物质积累增加了9.36%。

如表5-66所示：耕作方式间产量差异达极显著水平（$P<0.01$），其中春翻耕覆新膜产量最高，达15 763.1kg/hm^2，一膜两年用次之，产量14 149.9kg/hm^2，春翻耕覆新膜较一膜两年用产量增加11.4%；水分利用效率差异也达极显著水平（$P<0.01$），春翻耕覆新膜较一膜两年用增加15.8%，而耗水量为一膜两年用高于春翻耕覆新膜，耗水量增加了3.86%，原因在于一膜两年用生育后期地膜破损较多，随着气温的升高和田间通透性的降低，增加了土壤水分的蒸腾蒸散速率所致。从不同耕作方式玉米农艺性状变化来看，株高和穗长差异达显著水平（$P<0.05$），春翻耕覆新膜较一膜两年用分别增加了7.22%和

表5-66 不同覆膜耕作方式玉米产量和农艺性状的影响

覆膜方式	产量（kg/hm^2）	耗水量（mm）	水分效率（kg/mm）	农艺性状					
				株高（cm）	穗位高（cm）	穗长（cm）	穗行数（行）	行粒数（粒）	百粒重（g）
一膜两年用	14 149.9bB	398.2	35.5bB	275.8b	120.4a	20.4b	15.6a	34.4a	33.2bA
春翻耕覆新膜	15 763.1aA	383.4	41.1aA	295.7a	122.7a	22.5a	16.8a	35.2a	36.0aB

10.29%，百粒重差异达极显著水平（$P<0.01$），春翻耕覆新膜较一膜两年用增加了8.4%，即春翻耕覆新膜较一膜两年用产量的增加主要是通过百粒重增加来实现的。

（五）不同耕作方式经济效益分析

一膜两年用和春季翻耕覆新膜在施氮量为225kg/hm^2 时纯收益分别为22 125元/hm^{2}和21 240元/hm^2，一膜两年用较春翻耕覆新膜经济效益增加885元/hm^2，增加了4.17%。一膜两年用虽然产量低，但一膜两年用节省了1年的地膜、土壤耕翻及部分劳力投入约4 200元/hm^2，使纯收益增加，而春季翻耕覆新膜虽然产量高，但产量增加部分不能抵消生产成本投入增加的部分。另外，一般情况是投入和产出呈正相关，投入多产出多，但从这两种栽培模式投产比来看，投入产出呈负相关。一膜两年用栽培模式在这两种栽培模式中居第一，投产比为1∶4.60，而春翻耕覆新膜投产比为1∶3.05，一膜两年用较春翻耕覆新膜投产比提高了50.8%。因此，从经济效益和环境保护的角度来说，一膜两年用只要氮肥施用合理，不但经济效益高，而且还降低残膜对农田生态环境的污染，是一项节本增效环境友好的免耕栽培技术。

三、主要结论

耕作栽培方式间春翻耕覆膜土壤温度在0~25cm土层均高于一膜两年用，且沿土层深度方向，深度增加则土壤温度变化趋于平缓；大气温度对土壤温度的影响主要集中在0~15cm土层，对20~25cm土层温度影响很小。春翻耕覆膜产量较一膜两年用增加了11.4%，差异极显著，水分利用效率变化与产量一致。春翻耕覆膜优化了玉米农艺性状，干物质积累增加，尤其是产量构成因素中的百粒重显著增加。耗水量一膜两年用高于春翻耕覆新膜，收获期0~140cm平均含水量低7.32%。虽然一膜两年用较春翻耕覆膜产量差异显著，但一膜两年用投入低，经济效益相比春翻耕覆膜提高了885元/hm^2，增加了4.17%，投产比是春翻耕覆新膜的1.5倍。因此，从经济效益和环境保护的角度来说，一膜两年用耕作栽培模式投入少，省工省劳，是旱作区一种节本增效模式。

附图5-1　1999年两院院士黄土高原考察团视察镇原试验区夏休闲期覆膜秋穴播冬小麦技术

附图 5-2　旱地冬小麦全膜覆土穴播抗旱增产技术

附图 5-3　旱地玉米全膜双垄沟集雨种植技术及抗旱效果

附图 5-4　旱作玉米艺机一体化节本增效关键技术（耐密品种+膜上机械播种+增密+机械收获）

附图 5-5　黄土高原留膜留茬覆盖和秸秆覆盖少免耕保护性耕作技术

参考文献

白清俊 . 1999. 流域坡面综合产流数学模型研究［J］. 土壤侵蚀与水土保持学报，4（3）：56-62.

白翔斌，岳善超，李世清，等 . 2015. 不同栽培模式旱作春玉米农田土壤水分时空动态和产量效应［J］. 干旱作区农业研究，33（3）：164-170.

白秀梅，卫正新，郭汉清，等 . 2005. 晋北旱地玉米微集水种植技术的土壤水分动态研究［J］. 山西农业大学学报，25（3）：289-308.

曹玉琴，刘彦明，王梅春，等 . 1994. 旱作农田沟垄覆盖集水栽培技术的试验研究［J］. 干旱地区农业研究，12（1）：74-78.

程维新，欧阳竹 . 2008. 关于单株玉米耗水量的探讨［J］. 自然资源学报，23（5）：

929–935.
董翠云，黄明斌，李玉山 . 2000. 黄土塬区旱作农田高生产力的水分环境效应与产量波动性［J］. 土壤与环境，9（3）：204–206.
杜社妮，白岗栓 . 2007. 玉米地膜覆盖的土壤环境效应［J］. 旱地区农业研究，25（5）：56–59.
樊廷录 . 2002. 黄土高原旱作地区径流农业的研究［D］. 杨凌：西北农林科技大学 .
樊廷录 . 2003. 旱地农田微集水种植的水分生产潜力增进机理研究［J］. 水土保持研究，10（1）：98–100.
樊向阳，齐学斌，等 . 2001. 晋中地区春玉米田集雨覆盖试验研究［J］. 灌溉排水，20（2）：29–32.
韩思明 . 2002. 黄土高原旱作农田降水资源高效利用的技术途径［J］. 干旱作区农业研究，20（1）：1–9.
胡伟，陈豫 . 2013. 黄土高原半干旱区旱作农田土壤干燥化研究［J］. 河南农业科学，42（4）：75–79.
李来祥，刘广才，杨祁峰，等. 2009. 旱地全膜双垄沟集雨种植技术的研究与发展［J］. 旱地区农业研究，27（1）：114–118.
李世清，李东方，李凤民 . 2003. 半干旱农田生态系统地膜覆盖的土壤生态效应［J］. 西北农林科技大学学报，31（5）：21–29.
李志军，赵爱萍，丁晖兵，等 . 2006. 旱地玉米垄沟周年覆膜栽培增产效应研究［J］. 干旱地区农业研究，24（2）：12–17.
刘化涛，黄学芳，黄明镜，等 . 2010. 不同品种与种植密度对旱作玉米产量及水分利用效率的影响［J］. 山西农业科学，38（9）：32–34.
刘镜波 . 2011. 不同栽培模式对旱作春玉米根系生长与水分利用的影响［D］. 杨凌：西北农林科技大学 .
刘文兆 . 1998. 作物生产、水分消耗与水分利用效率之间的动态关系［J］. 自然资源学报，13（1）：23–26.
刘岩，等 . 2011. 种植方式和灌溉对冬小麦产量和荧光参数的影响［J］. 作物杂志，11（1）：38–41.
莫非，周宏，王建永 . 2013. 田间微集雨技术研究及应用［J］. 农业工程学报，29（8）：1–17.
任小龙，贾志宽，陈小莉，等 . 2008. 垄沟集雨种植对旱地玉米光合特征和产量的影响［J］. 作物学报，34（5）：838–845.
任小龙，贾志宽，陈小莉，等 . 2008. 模拟不同雨量下沟垄雨种植对春玉米生产力的影响［J］. 生态学报，28（3）：1 006–1 014.
任小龙，贾志宽，丁瑞霞 . 2010. 我国旱区作物根域微集水种植技术研究进展及展望［J］. 干旱作区农业研究，28（3）：83–89.
石岩，林琪，位东斌，等 . 1997. 土壤水分胁迫对冬小麦耗水规律及产量的影响［J］. 华北农学报，12（2）：76–81.

宋秉海 . 2006. 旱地地膜玉米“贫水富集”种植模式研究［J］. 中国生态农业学报，14（3）：93-95.

陶士珩，王立祥，杜世平 . 1996. 起垄覆膜技术对降水生产潜力的增进机理研［M］//李育中，程延军 . 抑蒸抗旱技术 . 北京：气象出版社 . 173-179.

陶士珩 . 1998. 径流农业主要类型农田水分机理及生产力的研究［D］. 西北农业大学.

佟屏亚，程延年 . 1995. 玉米密度与产量因素关系的研究［J］. 北京农业科学，13（1）：23-25.

王红丽，张绪成，宋尚有 . 2011. 旱作全膜双垄沟播玉米的土壤水热效应及其对产量的影响［J］. 应用生态学报，22（10）：2 069-2 614.

王楷，王克如，王永宏，等 . 2012. 密度对玉米产量（>1 500kg/hm^{-2}）及其产量构成因子的影响［J］. 中国农业科学，45（16）：3 437-3 445.

王立祥，等 . 2009. 中国旱区农业［M］. 南京：江苏凤凰科学技术出版社 .

王琪，马树庆，郭建平，等 . 2006. 地膜覆盖下玉米田土壤水热生态效应试验研究［J］. 中国农业气象，27（3）：249-251.

王小林，张岁岐，王淑庆 . 2013. 不同密度下品种间作对玉米水分平衡的影响［J］. 中国生态农业学报，21（2）：171-178.

温国胜，田海涛，张明如，等 . 2006. 叶绿素荧光分析在果树栽培中的应用［J］. 应用生态学报，17（10）：1 973-1 977.

温晓霞，韩思明，赵风霞，等 . 2003. 旱作小麦地膜覆盖生态效应研究［J］. 中国生态农业学报，11（2）：93-95.

夏自强，蒋洪庚，李琼芳，等 . 1997. 地膜覆盖对土壤温度、水分的影响及节水效益［J］. 河海大学学报，25（2）：39-44.

肖继兵 . 2006. 辽西地区旱作农田微型集雨种植试验研究［J］. 陕西农业科学，（2）：18-20.

杨祁峰，刘广才，熊春蓉 . 2010. 旱作玉米全膜双垄沟播技术的水分高效利用机理研究［J］. 农业现代化研究，31（1）：45-51.

杨祁峰，岳云，熊春蓉，等 . 2008. 不同覆膜方式对陇东旱塬玉米田土壤温度的影响［J］. 干旱地区农业研究，26（6）：29-33.

杨学明，张晓平，方华俊 . 2004. 北美保护性耕作及对中国的意义［J］. 应用生态学报，15（2）：335-340.

岳德成，等. 2011. 全膜双垄沟种植系统中雨水的再分配［J］. 灌溉排水学报，30（4）：48-52.

岳俊芹，邵运辉，郑飞，等 . 2012. 垄作对小麦旗叶光合参数和叶绿素荧光参数的影响［J］. 麦类作物学报，32（2）：289-292.

张德奇，廖允成，贾志宽，等 . 2005. 宁南旱区谷子地膜覆盖的土壤水温效应［J］. 中国农业科学，38（10）：2 069-2 075.

张冬梅，张伟，陈琼，等 . 2014. 种植密度对旱作玉米植株性状及耗水特性的影响

[J]. 玉米科学，22（4）：102-108.
张雷，牛建彪，赵凡 . 2006. 旱作玉米提高降水利用率的覆膜模式研究［J］. 干旱地区农业研究，24（2）：8-11，17.
张石锐，等 . 2012. 农田土壤水分的荧光光谱特征［J］. 光谱学与光谱分析，32（10）：2 623-2 627.
张正茂，王虎全 . 2003. 渭北地膜覆盖小麦最佳种植模式及微生境效应研究［J］. 干旱地区农业研究，21（3）：55-60.
仲爽，赵玖香 . 2009. 玉米产量和水分利用效率与耗水量的关系［J］. 齐齐哈尔工程学院学报（4）：28-30.
Boers T M，Ben-asher J. 1982. A review of rainwater harvesting［J］. *Agricultural Water Management*. 5（2）：145-158.
David C N，Paul W U，Miller P R. 2005. Efficient water use in dryland cropping systems in the Great Plains［J］. *Agronomy Journal*，97（2）：364-372.
Duvick D N. 2005. The contribution of breeding to yield advances in maize（Zea mays L.）［J］. *Maydica*，50：193-202.
Fan T L，Stewart B A，Payne W A，et al. 2005. Supplemental irrigation and water-yield relationships for plasticulture crops in the Loess Plateau of China［J］. *Agronomy Journal*，97（1）：177-188.
Hatfield J L，Sauer T J，Pruceger J H. 2001. Managing soils to achieve greater water use efficiency：A review［J］. *Agronomy Journal*，93（2）：271-280.
Li F M，Guo A H，Wei H. 1999. Effects of clear plastic film mulch on yield of spring wheat［J］. *Field Crops Research*，63（1）：79-86.
Ren X L，Chen X L，Jia Z K. 2010. Effect of rainfall collecting with ridge and furrow on soil moisture and root growth of corn in Semiarid Northwest China［J］. *Journal of Agronomy & Crop Science*，196（2）：109-122.
RUSSELL W A. 1984. Agronomic performance of maize cultivars representing different eras of maize breeding［J］. *Maydica*，29：375-390.
Sangoi L，Gracietti M A，Rampazzo C，et al. 2002. Response of Brazilian maize hybrids from different ears to changes in plant density［J］. *Field Crops Research*，79（1）：39-51.
Sangoi L，Gracietti M A，Rampazzoc，et al. 2002. Response of Brazilian maize hybrids from different eras to changes in plant population［J］. *Field Crops Res*，79：39-51.
Sergio F，Lyque A，Alfredo G，et al. 2006. Genetic gains in grains yield and related phy siological attributes in Argentine maize hybrids［J］. *Field Crops Res*，95：383-397.
Sundaresan V. 2005. Control of seed size in plants［J］. *Proceedings of the National Academy of Sciences of the United States of America*，102（50）：17 887-17 888.
Tollenaar M，Lee E A . 2006. Dissection of physiological processes underlying grain yied in maize by examining genetic improvement and heterosis［J］. *Maydica*，51：399-408.

Tollenaar M, Lee E A. 2002. Yield potential, yield stability and stress tolerance in maize [J]. *Field Crops Research*, 75 (2): 161-169.

Troyer A F. 2007. Phenotypic selection and evaluation of maize inbreds for adaptedness [J]. *Plant Breeding Reviews*, 28 (4): 101-123.

Vega C R, Andradef H, Sadras V O. 2001. Reproductive partitioning and seed set efficiency in soybean, sunflower and maize [J]. *Field Crops Res*, 72: 163-175.

Wang Q, Zhang EH, Li FM *et al*. 2008. Runoff efficiency and the technique of micro-water harvesting with ridges and furrows for potato production in semi-arid areas [J]. *Water Resource Management*, 22: 1 431-1 443.

第六章　旱地农田土壤肥力演变及施肥效应研究

国以民为本，民以食为天，粮以地为基。耕地质量是维系粮食生产能力和质量的重要基础与保障。我国基础地力对粮食产量的贡献率仅50%左右，而欧美国家70%~80%。长期以来，我国施肥结构不合理，过量施用化肥，耕地高强度利用及重用轻养，土壤环境质量恶化已对我国农产品安全构成了严重威胁。全面提升耕地质量，提高粮食单产水平、保证耕地持续生产能力，是守住谷物基本自给、口粮绝对安全的底线，是增强防灾减灾能力，实现“藏粮于地”“藏粮于技”重大战略的关键。

第一节　长期施肥下旱地作物产量和肥料贡献率的变化

黑垆土类（Cumulic Haplustoll，USDA分类）是在半干旱、半湿润气候条件的草原或森林草原植被下，经过长时期的成土过程，在我国黄土高原地区形成的主要地带性耕作土壤之一，主要分布在陕西北部、宁夏南部、甘肃东部三省的交界地区，是黄土高原肥力较高的一种土壤和旱作高产农田，为中国黄土高原地区主要土类之一。

黑垆土集中在黄土旱塬区，其中以侵蚀较轻的甘肃董志塬、早胜塬及陕西洛川塬、长武塬等塬区，以及渭河谷地以北、汾河谷地两侧的多级阶地形成的台原所组成，是镶嵌在黄土高原丘陵区内的“明珠”，多年平均气温8~12℃，年降水量450~550mm。该区域地势平坦，适宜于机械旱作，土层深厚，土质肥沃，塬地占耕地面积比例较高，是黄土高原粮果生产核心区域。近年来，黄土旱塬已发展成国家第二大优质苹果基地，有小麦亩产半吨粮和玉米亩产超吨粮的高产纪录。因此，旱塬是黄土高原重要的农业生产和优质农产品基地，曾有“油盆粮仓”之称，在旱作农业发展和区域粮食安全中具有重要地位。

黑垆土是发育在黄土母质上古老耕种土壤，耕种历史悠久，具有良好农业生产性状。①蓄水保肥性强。塬区黑垆土降雨入渗深度1.6~2m，2m土壤贮水量400~500mm，可供当年或翌年旱季作物生长期间利用。垆土层深达1m，土壤代换吸收容量比上层大，孔隙多，蓄水和保肥能力强，表层养分随水流到垆土层后常被贮藏起来，供作物应用，肥劲足而长。②适耕性好。黑垆土结构良好，耕作层是团块状、粒状结构，质地轻壤—中壤，不砂不黏，土酥绵软，耕性好，耕作省力，适耕期长。

黑垆土区盛行一年一熟和两年三熟的种植制度，多以冬小麦和玉米为主，以油料和豆类为主的养地作物面积较小。近年来，随着农业种植结构的调整，果树、蔬菜面积扩大，成为国家优质苹果基地。但由于长期拖拉机翻耕，农田土壤耕层变浅，普遍存在7~10cm

厚比较紧实的犁底层，影响水分下渗和根系下扎；农业生产水平伴随化肥用量和地膜覆盖面积的增加而持续提高，但土壤重用轻养，有机质含量不高，大多数农田属旱薄地，土壤生产力持续提高、地力培育与粮食安全、农田有机碳与全球气候变化等普遍受到关注，成为土壤学领域研究的重大科学与生产问题。

一、试验材料和方法

（一）试验基地情况及试验设计

试验地点位于甘肃省平凉市泾川县高平镇境内（107°30′E，35°16′N）的旱塬区，属黄土高原半湿润偏旱区，土地平坦，海拔 1 150 m，年均气温 8℃，≥10℃积温 2 800 ℃，持续期 180d，年降水量 540mm，其中 60%集中在 7—9 月，年蒸发量 1 380 mm，年无霜期约 170d。光、热资源丰富，水热同季，适宜于冬小麦、玉米、果树、杂粮杂豆等生长。试验地为旱地覆盖黑垆土，黄绵土母质，土体深厚疏松，利于植物根系伸展下扎，富含碳酸钙，腐殖质累积主要来自土粪堆垫。

试验共设 6 个处理：①不施肥（CK）；②氮（N）（N 90kg/hm^2）；③氮磷（NP）（N 90kg/hm^2+P_2O_5kg/hm^2）；④秸秆加氮磷肥（SNP）（S 3 750kg/hm^2+N 90kg/hm^2+每两年施 P_2O_5 75kg/hm^2 一次）；⑤农肥（M）（M 75t/hm^2）；⑥氮磷农肥（MNP）（M 75t/hm^2+N 90kg/hm^2+P_2O_5 75kg/hm^2）。试验基本上按 4 年冬小麦→2 年玉米的一年一熟轮作制进行，按大区顺序排列，每个大区为一个肥料处理，占地面积 666. 7m^2（19. 4m×34. 4m），大区划分为 3 个顺序排列的重复（假重复），每个小区约 220m^2。农家肥和磷肥在作物播前全部基施，磷肥用过磷酸钙，氮肥用尿素，其用量的 60%做基肥，40%做追肥。

试验开始时 1978 年秋季施肥前的耕层土壤基本理化性质见表 6-1，1979 年试验开始的第一季作物为玉米，不覆膜穴播，密度 5. 25 万株/hm^2，小麦机械条播，播量 187. 5kg/hm^2。试验用氮肥为尿素，磷肥过磷酸钙，有机肥为土粪（25%的牛粪尿与 75%的黄土混合而成）。磷肥和有机肥在播前一次施入。秸秆处理中，秸秆切碎于播前随整地埋入土壤，每年 3 750kg/hm^2 秸秆（当季种植小麦就归还小麦秸秆、种植玉米就归还玉米秸秆）相当于 1 600kg/hm^2 碳。而其他处理地上部分全部收获，小麦仅留离地面 10cm 残茬归还农田。在农肥处理中，由于未测定每年土粪养分含量，因而无法确定施入的 N、P、K 数量，但在 1979 年试验开始时测定的农家肥有机质 1. 5%、N 1. 7g/kg、P 6. 8g/kg 和 K 28g/kg。农家肥养分调查结果，施入土壤有机肥的有机质 1. 92%、氮 0. 158%、磷 0. 16%、钾 1. 482%。截至 2014 年，试验连续进行了 36 年，其中 22 年为旱地冬小麦（1981—1990 年小麦品种 80 平 8、1993—1994 年庆选 8271、1995—1996 年 15-0-36、1997 年 95 平 1、1998 年陇原 935、2001 年 93-2、2002—2003 年 85108、2004 年陇麦 108、2007—2010 年和 2013—2014 年为平凉 44），10 年为旱地玉米（1979—1992 年为中单 2 号、2005 年为沈单 16、2006 年中单 2 号、2011—2012 年为先玉 335），2 年为大豆（1999 年）和高粱（2000 年）。

表 6-1　试验前土壤基本理化性状（1978 年秋）

处　理	有机质(g/kg)	全氮(g/kg)	全磷(g/kg)	碱解氮(mg/kg)	有效磷(mg/kg)	速效钾(mg/kg)
CK	10.5	0.95	0.57	60	7.2	165
N	10.4	0.95	0.59	72	7.5	168
NP	10.9	0.94	0.56	68	6.6	162
SN	11.1	0.97	0.57	78	5.8	164
M	10.8	0.95	0.58	65	6.5	160
MNP	10.8	0.94	0.57	74	7.0	160

（二）测定指标与分析方法

产量。玉米每个处理收获 40m²，小麦收获 20m²，自然风干后，在 70℃烘干，每个处理单独计产。

作物耗水量（ET）和作物水分利用效率（WUE）的估算。一般而言，每季作物的蒸散量（ET）由生育期的降水量（GSP）和土壤耗水量组成。本长期定位试验，大多数年份由于未测定每季作物播前和收获时的土壤水分，因而土壤耗水和作物耗水难以计算。但根据国内外大量的研究结果表明，在半干旱雨养农区，土壤水分有限，每季作物基本上利用完了贮存在土壤中的有效水分，各肥料处理之间作物耗水量无统计上的显著差异。因而 ET 可以通过假定休闲期的休闲效率 FE（Fallow Efficiency，休闲期贮存在土壤中的水分占同期降水量之比）进行估算（Tinglu Fan 等，2005），ET=（FE×休闲期降雨）+GSP。水分利用效率 WUE=作物籽粒产量/ET。

采用作物水分胁迫指数（CWSI=1-ET/PET）和干旱指数（DI）（信乃全等，2001），来评价产量—水分关系和干旱胁迫程度对施肥效应的影响。试验中的月降水量和潜在蒸散量（PET）从当地气象站获得。CWSI=1，为严重水分胁迫；CWSI=0，为无水分胁迫。$DI=(CWSI_i-\overline{CWSI})/\sigma$，$CWSI_i$ 和 $\overline{CWSI}$ 分别是每一季作物的水分胁迫指数和小麦（或玉米）水分胁迫指数的平均值。当 $0.5<DI<2$、$-0.5 \leq DI \leq <0.5$、$-2<DI<-0.5$ 时，依次对应于干旱、正常、湿润年份（表 6-2）。

表 6-2　长期试验各年份降水量和各年度种植作物及籽粒产量

作　物	年　份	年降水量(mm)	生长季降水量(mm)	籽粒产量（t/hm²）						降水年型
				CK	N	NP	SNP	M	MNP	
冬小麦	1981	351	191	0.91	1.30	1.47	1.97	1.72	2.10	干旱
	1982	389	170	1.61	2.40	5.14	5.46	4.78	5.77	正常
	1983	319	412	2.06	4.53	5.62	5.79	5.23	6.34	湿润
	1984	432	364	1.88	4.09	5.32	6.00	5.68	7.14	湿润

（续表）

作　物	年　份	年降水量（mm）	生长季降水量（mm）	籽粒产量（t/hm²）						降水年型
				CK	N	NP	SNP	M	MNP	
冬小麦	1987	602	316	2.36	2.81	6.15	5.81	5.27	7.07	正常
	1988	536	367	2.53	3.30	4.27	4.17	4.13	5.00	湿润
	1989	584	267	3.20	4.61	4.90	4.75	4.89	5.95	湿润
	1990	570	324	2.88	4.24	5.36	4.80	4.52	5.89	湿润
	1993	502	380	1.43	2.23	5.23	4.64	3.15	4.76	正常
	1994	614	290	1.11	1.84	2.86	2.89	2.41	3.34	正常
	1995	573	206	0.29	0.37	2.76	3.41	2.52	3.52	干旱
	1996	711	297	1.35	1.84	3.96	3.60	3.39	4.57	正常
	1997	778	197	1.28	1.93	3.19	4.30	3.30	4.45	正常
	1998	689	270	1.33	1.37	2.54	3.88	2.99	4.54	正常
	2001	736	282	0.87	0.44	1.85	2.31	1.08	1.90	干旱
	2002	716	289	1.53	1.52	4.92	4.32	3.53	5.05	湿润
	2003	679	193	2.19	1.54	3.46	4.04	3.74	4.00	正常
	2004	425	179	0.62	0.52	2.27	2.48	2.09	2.45	干旱
	2007	500	268	1.02	2.26	3.24	3.74	2.46	3.97	干旱
	2008	322	262	1.73	2.27	5.59	5.27	3.49	5.62	正常
	2009	351	150	1.23	1.71	3.51	3.60	3.35	3.23	干旱
	2010	487	190	1.28	0.99	3.21	2.60	3.68	3.83	干旱
	2013	644	206	0.69	1.05	3.18	3.29	4.32	5.46	干旱
	2014	512	283	1.21	1.06	2.86	3.45	4.47	6.33	正常
春玉米	1979	427	380	4.70	3.86	5.95	4.86	4.99	6.10	正常
	1980	628	553	3.96	4.10	6.99	5.69	5.80	7.83	湿润
	1985	557	465	3.20	5.84	7.39	9.08	8.12	10.49	湿润
	1986	370	309	3.10	5.32	7.42	9.60	8.42	10.79	干旱
	1991	515	340	1.58	2.11	4.08	4.41	3.27	4.02	正常
	1992	537	354	1.21	1.43	3.15	3.51	3.08	3.53	干旱
	2005	505	384	5.20	4.23	7.15	7.50	7.74	8.05	正常
	2006	497	407	4.28	5	7.91	9.53	9.29	10.49	正常
	2011	564	370	4.51	5.05	11.72	12.03	12.12	13.39	正常
	2012	520	329	4.29	6.63	9.66	10.99	10.82	12.63	干旱

二、试验结果与分析

（一）作物产量变化及对长期施肥的响应

1. 试验期间的降水条件评价

长期定位试验中年降水和作物生育期间降水量均有较大差异（表6-2）。24年冬小麦年平均降水、生育期降水分别为542.6mm、264.7mm，年际之间的变异系数依次为25.04%和26.9%；10年春玉米年降水、生育期降水分别为512mm、389.1mm，年际之间的变异系数相应为13.3%和17.6%。降水量数据趋势变化分析可知，从1979—2014年，年降水量每年增加1.86mm，其中24年小麦生长年度每年增加2.36mm，10年玉米生产年度每年增加0.7mm；而作物生育期降水量每年减少1.44mm，小麦生育期降水量每年减少2.9mm，达到了显著水平（$\alpha=0.05$），玉米生育期降水量每年减少2.2mm。表明，试验期间玉米生长的水分条件要好于小麦。

2. 作物产量变化趋势

在长期试验中，年度之间产量的变化主要受制于气候特别是降雨的影响，同一年份内作物产量的变化肥料影响最大（表6-3）。小麦产量的年际变异系数肥料处理之间差异很大，不施肥46.2%，单施氮肥59.1%，单施农家肥、氮磷配合、有机无机结合在27.8%~33.7%；而玉米产量的年际变异系数32.8%~39.2%，肥料处理之间的差异没有小麦的大。平均而言，肥料对小麦产量的影响顺序为MNP>SNP>NP>M>N>CK，对玉米产量的影响顺序为MNP>SNP>M>NP>N>CK，在MNP处理中M、NP的增产贡献率依次为49.2%、50.8%。说明在黄土高原雨养旱作地区气候变化对小麦产量的影响要大于玉米，但小麦、玉米产量对施肥的响应均十分显著（樊廷录等，2004）。

表6-3　长期定位试验中作物产量的变化趋势

处理	小麦				玉米			
	平均产量（t/hm^2）	变异系数（%）	年变化率（t/年）	R^2	平均产量（t/hm^2）	变异系数（%）	年变化率（t/年）	R^2
CK	1.52	46.2	−0.030 7	0.188	3.60	34.9	0.034 8	0.111
N	2.09	59.1	−0.073 8	0.353**	4.36	34.8	0.042 5	0.113
NP	3.87	33.7	−0.048 7	0.138	7.14	32.8	0.113 8	0.343
SNP	4.02	27.8	−0.049 3	0.192	7.72	36.4	0.147 2	0.399*
M	3.59	32.2	−0.032 5	0.078	7.36	39.2	0.160 8	0.451*
MNP	4.68	30.7	−0.035 1	0.059	8.73	37.1	0.142 8	0.383*

3. 作物产量变化

本试验中，各处理CK、N、M、SNP、NP、MNP小麦的平均产量依次为1.52t/hm^2、2.09t/hm^2、3.59t/hm^2、4.02t/hm^2、3.87t/hm^2、4.68t/hm^2，玉米的平均产量依次为3.60t/hm^2、4.36t/hm^2、7.36t/hm^2、7.72t/hm^2、7.14t/hm^2、8.73t/hm^2（表6-3）。随着

试验年限延长，各肥料处理的小麦产量趋势性下降（图 6-1），N、M、MNP 处理产量降低达到显著水平，每年降低 59.6～77.4kg/hm²，这些减少的产量占产量总变异的 20%～30%。但不同的是，在试验期限内所有肥料处理玉米产量呈趋势性增加（图 6-1），M、SNP、MNP 处理增加达显著水平，每年增加 142.8～160.8kg/hm²，这些增加的产量占产量总变异的 38%～45%。表明虽然不施肥处理的小麦、玉米产量没有下降，但年际之间产量的变异系数很高，说明在黄土高原农田自然生态系统中，如果长期没有外界养分的输入，作物只靠黄土母质分解释放养分和大气养分沉降维持较低的产量，小麦、玉米平均单产 1.5t/hm²、3.5t/hm² 左右，年际产量在低水平上与降雨同步波动。SNP、NP 处理之间的小麦产量，NP、SNP、M 处理之间的玉米产量比较接近，即秸秆还田、农肥在确保增产方面具有重要的作用。

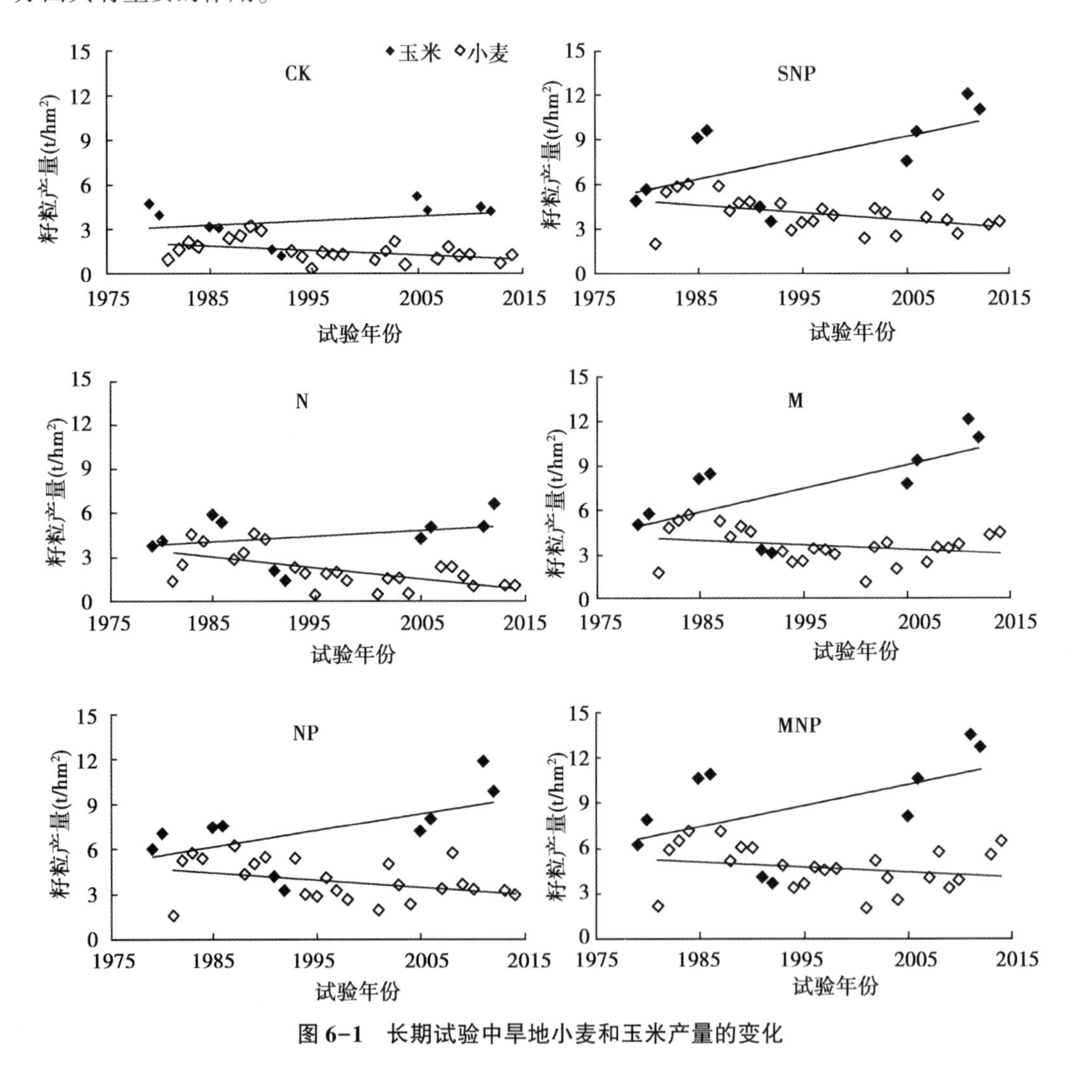

图 6-1　长期试验中旱地小麦和玉米产量的变化

4. 施肥对作物产量的影响

统计分析结果（表 6-4）表明，小麦产量和玉米产量除受肥料的显著影响外，还受降水及降水与肥料交互作用的影响。按降水年型将各种作物产量相加求得不同年型各肥料处理对应的平均产量。尽管降水年型不同，不同肥料处理之间作物产量水平有较大差异，但产量大小及增产趋势是基本一致的。干旱年份和平水年份小麦产量大小及增产顺序均为MNP>SNP>NP>M>N>CK，而丰水年份为MNP>NP>SNP>M>N>CK；干旱年份和平水年份玉米产量大小及增产顺序均为MNP>SNP>M>NP>N>CK，丰水年份为MNP>SNP>NP>M>N>CK。这反映出有机无机相结合产量最高，增幅最大以及旱地农田长期施用有机肥可增产稳产的基本规律。

表 6-4　长期定位试验中作物产量和水分效率的方差分析及显著性检验

作　物	处　理	产　量			水分利用效率		
		平均（t/hm²）	变化（t/年）	R^2	平均（kg/mm）	变化（kg/年）	R^2
小　麦	Ck	1.52	-0.030 7	0.188	4.22	-0.041	0.073
	N	2.09	-0.073 8	0.353	5.65	-0.125	0.249
	NP	3.87	-0.048 7	0.138	10.99	0.006 7	0.000 5
	SNP	4.02	-0.049 3	0.192	11.56	0.004 2	0.000 2
	M	3.59	-0.032 5	0.078	10.32	0.055 3	0.027 6
	MNP	4.68	-0.035 1	0.059	13.38	0.074 9	0.036 4
玉　米	Ck	3.6	0.034 8	0.111	7.81	0.085 0	0.134 6
	N	4.36	0.042 5	0.113	9.56	0.096 0	0.092 4
	NP	7.14	0.113 8	0.343	15.49	0.234 5	0.334 0
	SNP	7.72	0.147 2	0.399	16.99	0.295 0	0.277 9
	M	7.36	0.160 8	0.451	16.11	0.328 8	0.367 3
	MNP	8.73	0.142 8	0.383	19.11	0.291 2	0.210 1

作　物	项　目	方差分析					
		产量			水分利用效率		
		自由度	*F* 值	概率(*P*>*F*)	自由度	*F* 值	概率(*P*>*F*)
小　麦	年份	23	31.78	<0.000 1	23	6.59	<0.000 1
	处　理	5	111.52	<0.000 1	5	123.36	<0.000 1
	年份×处理	115	24.94	<0.000 1	115	19.73	<0.000 1
玉　米	年份	9	58.01	<0.000 1	9	19.31	<0.000 1
	处　理	5	40.46	<0.000 1	5	64.55	<0.000 1
	年份×处理	45	13.74	<0.000 1	45	8.43	<0.000 1

在干旱、正常、丰水年型中，MNP 处理的小麦较不施肥 CK 增产率分别为 306.3%、

223.1%、150.6%（表6-5）。SNP处理的产量虽低于MNP，是MNP产量的85.9%，干旱年份和平水年份SNP的产量是MNP产量的88.2%和85.9%，较NP提高8.6%和5.6%，而丰水年份却较NP下降2%，表明秸秆还田配施氮肥和隔年增施磷肥在旱地农业生产中具有显著的抗旱稳产增产效果。单施N虽较CK增产，但产量低于其他所有处理，干旱年份表现比较明显。玉米产量的变化也是如此（表6-6），干旱、正常、丰水年型MNP的产量，较CK增产212.9%、107.7%、155.9%，SNP处理较CK增产179.8%、89.4%、106.4%。

表6-5 不同降水年型长期施肥对小麦产量的影响

处理	干旱年份（CWSI=0.78）			正常年份（CWSI=0.60）			丰水年份（CWSI=0.43）		
	平均产量（t/hm²）	增产（%）	变异系数（%）	平均产量（t/hm²）	增产（%）	变异系数（%）	平均产量（t/hm²）	增产（%）	变异系数（%）
MNP	3.31	306.3	33.02	5.04	223.1	21.3	5.89	150.6	12.5
SNP	2.92	239.5	21.27	4.33	177.6	20.8	4.97	111.5	13.9
NP	2.69	212.8	25.84	4.1	162.8	30.5	5.07	115.7	8.6
M	2.65	208.1	37.8	3.7	137.2	22.6	4.66	98.3	15.2
N	1.08	25.6	57.34	1.93	23.7	25.6	3.72	58.3	28.8
CK	0.86	—	35.64	1.56	—	25.5	2.35	—	24.6

表6-6 不同降水年型长期施肥对玉米产量的影响

处理	干旱年份（CWSI=0.64）			正常年份（CWSI=0.55）			丰水年份（CWSI=0.43）		
	平均产量（t/hm²）	增产（%）	变异系数（%）	平均产量（t/hm²）	增产（%）	变异系数（%）	平均产量（t/hm²）	增产（%）	变异系数（%）
MNP	8.98	212.9	43.7	8.41	107.7	39	9.16	155.9	14.5
SNP	8.03	179.8	40.5	7.67	89.4	37.4	7.39	106.4	22.9
NP	6.74	134.8	40.3	7.36	81.7	34.4	7.19	100.8	2.8
M	7.44	159.2	43.5	7.48	84.7	41.8	6.96	94.4	16.7
N	4.46	55.4	49.5	4.05	0.0	26.4	4.97	38.8	17.6
CK	2.87	—	44.2	4.05	—	31	3.58	—	10.6

另外，从产量的变异系数来看，无论是小麦还是玉米，随着降水条件的恶化（丰水年→正常年→干旱年），产量的变异系数显著增大，不施肥或单施N则更加剧了产量的波动，但增施肥料尤其是有机无机肥料配合施用，能有效地减缓产量的波动。

以正常年型与干旱年型各肥料对应处理的平均产量为基础，比较降水丰缺对产量的影响，干旱缺水年不同处理的小麦比正常年对应处理的产量下降28.4%~44.9%。以长期单施N肥和不施肥处理的减产幅度较大，分别达到44%和44.9%；长期单施农家肥处理减产幅度最小，为28.4%。以干旱年份对应肥料处理为基础，丰水年单施N肥增产幅度最高，增产率达244%，其次是不施肥和无机NP配施处理；而长期有机无机结合、单施农家肥和秸秆还田增产幅度却相对较小，MNP、M 和 SNP 处理增产 77.9%、75.8% 和 70.2%。因此，在旱地小麦生产中，降水对肥料特别是对化肥的增产效果有明显影响，SNP、M 和 MNP 处理的产量受降水多寡影响较小。与小麦产量的情况有所不同，同一施肥处理在不同年份的玉米产量差异明显没有小麦的大，说明，降水对小麦的影响要大于玉米。尽管从降水量来看，干旱、正常、丰水年份的降水数量有明显差异，但不同年型之间玉米产量的差异相对较小，主要是玉米生长的关键需水期与降水季节基本吻合，关键生育期降水对玉米产量的影响要大于总降水的作用。

本试验中，随试验年限的延长，所有肥料处理的小麦产量趋势性下降，各处理小麦产量每年降低 30.7~73.8kg/hm^2，各肥料处理中 M、MNP 产量降低幅度较小，单施化肥 N 产量降低的数量最大。表明气候干旱化趋势固然加剧，增施农肥有助于减少产量的降低。虽然不施肥处理的产量下降较少，但年际之间产量的变异系数高达 46.2%，而 SNP、MNP 处理的产量变异系数为 30%左右。说明在黄土高原旱地农田生态系统中，如果长期没有人工养分的输入，作物产量在低水平上与降雨同步波动，这与南方的红壤土明显不同。在 NP 和 SNP 处理中，小麦产量每年以 48.7kg/hm^2 和 49.3kg/hm^2 的幅度下降，这些减少的产量约占产量总变异的 20%，但 SNP 处理的平均产量却较 NP 高 5%。单施 N 和单施 M 的小麦产量每年以 73.8kg/hm^2 和 32.5kg/hm^2 的速度下降。尽管这些产量的降低比较相似，但单施 N 处理产量年际之间的变异系数在所用肥料处理中最高，高达 59%，而单施 M 的仅 32.2%，与 NPM 处理的接近（32.7%）。由此表明，农家肥在保持产量稳定性方面具有重要作用。

对于玉米而言，与小麦产量变化不同的是，随着试验年限的延长，所有处理的玉米产量提高。小麦、玉米产量的不同变化趋势清楚地表明，气候对旱地冬小麦生产的不利影响在加大，并显著高于玉米，进一步说明了压缩小麦播种面积、扩大玉米种植面积，建立适水型种植结构的重要性，同时也预示加强小麦抗旱增产技术研究的困难性。

然而，小麦和玉米产量的趋势性变化是气候逐渐干旱化和土壤肥力变化共同作用的结果。不管怎样，SNP 与 NP 两个处理比较，前者小麦平均产量较后者提高 0.15t/hm^2，玉米产量提高 0.58t/hm^2。农肥 M 处理的小麦产量和玉米产量显著高于 N 肥处理的产量。这些结果再一次表明了有机肥料（秸秆和土粪）在黄土高原旱地作物生产中的积极作用。

（二）肥料增产贡献率和相对产量的变化

1. 不同降水年型对肥料增产贡献率的影响

肥料增产贡献率是分别将化肥和有机肥中各单一肥料增产量与化肥或有机肥各肥料增产量之和的比值的百分数（刘振兴等，1994）。肥料的增产贡献率（%）= 某种肥料增产量/各肥料增产量之和。

采用差减法计算的肥料增产贡献率（表 6-7）表明，在肥料增产中，化肥（NP）对小麦和玉米的平均贡献率分别为 53.17%和 48.49%，有机肥（M）46.83%和 51.51%，这与我国化肥网化肥增产贡献率 53%的结果一致。在干旱、正常、丰水年型中，化肥 NP 的小麦和玉米增产贡献率依次是 50.55%、54.27%、54.08%和 45.85%、49.11%、51.65%，有机肥 49.45%、45.73%、45.92%和 54.15%、50.89%、48.35%。化肥（NP）增产中，单施 N 的贡献率小麦平均为 19.52%、玉米平均为 17.67%，P 对小麦和玉米的增产贡献率为75.74%和78.53%，在干旱、正常、丰水年型中单施N对小麦和玉米的增产贡献率依次为10.73%、12.71%、33.5%和29.12%、0.0%、27.8%，而磷肥的贡献率为87.98%、85.43%、49.63%和58.91%、100%、61.5%。

表6-7 长期施肥中肥料的贡献率

作物	处理	干旱年份		正常年份		湿润年份		平均	
		增产（t/hm²）	贡献率（%）	增产（t/hm²）	贡献率（%）	增产（t/hm²）	贡献率（%）	增产（t/hm²）	贡献率（%）
小麦	M	1.79	49.45	2.14	45.73	2.31	45.92	2.07	46.83
	NP	1.83	50.55	2.54	54.27	2.72	54.08	2.35	53.17
	N	0.22	10.73	0.37	12.71	1.37	33.50	0.57	19.52
	NP-N	1.61	87.98	2.17	85.43	1.35	49.63	1.78	75.74
	SNP-NP	0.23	11.17	0.23	8.30	-0.1	-3.82	0.15	6.02
	SNP	2.06	—	2.77	—	2.62	—	2.49	—
	MNP	2.45	—	3.48	—	3.54	—	3.16	—
	MNP-M	0.66	21.22	1.34	27.80	1.23	25.79	1.09	25.65
	M	1.79	73.06	2.14	61.49	2.31	65.25	2.07	65.51
玉米	M	4.57	54.15	3.43	50.89	3.38	48.35	3.76	51.51
	NP	3.87	45.85	3.31	49.11	3.61	51.65	3.54	48.49
	N	1.59	29.12	0	0.00	1.39	27.80	0.76	17.67
	NP-N	2.28	58.91	3.31	100.00	2.22	61.50	2.78	78.53
	SNP-NP	1.29	25.00	0.31	8.56	0.2	5.25	0.58	14.08
	SNP	5.16	—	3.62	—	3.81	—	4.12	—
	MNP	6.11	—	4.36	—	5.58	—	5.13	—
	MNP-M	1.54	20.13	0.93	17.58	2.19	28.19	1.37	21.08
	M	4.57	74.80	3.43	78.67	3.38	60.68	3.76	73.29

在施用有机肥基础上配施NP时，NP的增产贡献率在不同降水年型接近，小麦平均25.65%、玉米21.08%，较不施有机肥时NP的贡献率明显下降，这可能与化肥氮磷的增产作用或多或少地被有机肥携入的氮磷所代替有关。另外，秸秆还田加N和隔年施磷处理中，无论降水如何，秸秆还田对产量贡献率约10%。在干旱、正常、丰水年份，秸秆加N和隔年施磷（SNP）的小麦和玉米增产量为MNP增产量的84.1%、79.6%、74.01%和84.5%、83.03%、68.3%。秸秆还田对旱地作物稳定增产具有重要作用。

在黄土高原旱作地区不论降水年型如何，作物增产中有机肥和化肥均十分重要。磷肥增产作用随降水减少而提高，氮肥作用随降水增加而提高。

2. 相对产量的趋势性变化

不同降水年份肥料的增产贡献率从总体上反映了肥料在作物增产中所占份额的平均大小，而相对产量的变化主要反映地力贡献率，也可反映不同施肥处理之间产量的变化。农田基本生产力的高低是土壤肥力水平的综合反映。本研究以未施肥（CK）时小麦产量占施肥MNP产量的百分率（即相对产量,%）作为土壤基本生产力（供肥能力或地力贡献率)，表明作物对肥料的依赖性。

结果（图6-2）表明，长期定位试验中，地力对旱地小麦产量的贡献率平均为33%，即小麦产量的1/3来自地力基础，合理施肥产量将增加2/3。随着试验年限的延长，长期

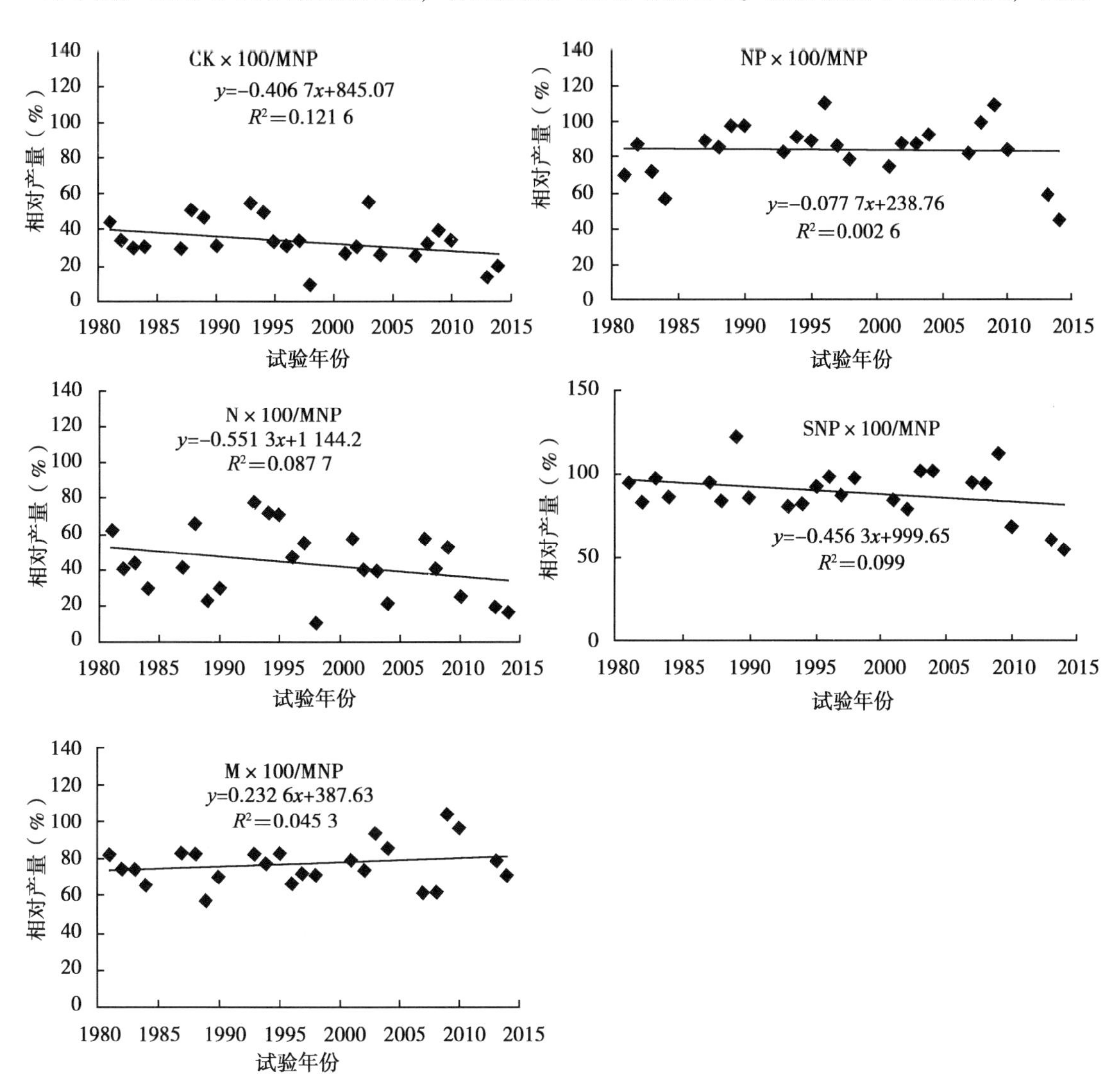

图6-2 旱地长期肥料试验小麦相对产量的趋势性变化（1979—2014年）

不施肥地力贡献率趋势性降低，从1981年的41%下降到2014年的19.1%。单施N肥处理，小麦相对产量（N/MNP）随试验年限的延长而明显下降，单施N从试验开始的约60%下降到2014年的16.7%，即长期单一施N加剧了地力衰竭，导致土壤养分元素严重失调，相对产量下降幅度较大，年均降低1.88个百分点；长期施用无机NP和秸秆还田配施无机NP相对产量也缓慢下降；只有长期单施农家肥处理随着试验年限的延长，小麦相对产量呈缓慢增加趋势，增施农家肥对旱地稳产增产具有很重要的作用。

第二节　长期施肥下旱地作物产量—水分关系

在雨养旱地农农田生态系统中，大多数研究认为作物产量、水分利用效率随着耗水量的增加而增加，三者之间关系密切，但对其关系的长期定位研究并不系统，需要加强。

一、旱地作物耗水量—产量关系

长期试验 ET 估算结果表明（表 6-8、图 6-3 和图 6-4），旱地冬小麦、玉米产量均随着耗水量的增加而增加，小麦生育期平均耗水量 356mm，变异系数达 25.6%，耗水量较玉米生育期耗水量减少 109mm，变异系数 19.0%。相对于玉米而言，小麦产量与其耗水量有更强的依赖性，即水分减少对其影响较大。

表 6-8　旱塬长期施肥作物生育期降水量（GSP）、潜在蒸散量（PET）、作物耗水量（ET）和作物水分胁迫指数（CWSI=1-ET/PET）

作　物	试验年份	GSP（mm）	ET（mm）	PET（mm）	CWSI	干旱指数	干旱年型
小　麦	1981	191	191	1 096	0.83	1.47	干旱
	1982	170	405	966	0.58	-0.27	正常
	1983	412	553	804	0.31	-2.15	湿润
	1984	364	502	810	0.38	-1.67	湿润
	1987	316	316	965	0.67	0.35	正常
	1988	367	431	887	0.51	-0.76	湿润
	1989	267	436	746	0.42	-1.39	湿润
	1990	324	472	843	0.44	-1.25	湿润
	1993	380	380	862	0.56	-0.41	正常
	1994	290	397	980	0.59	-0.20	正常
	1995	206	249	1 190	0.79	1.19	干旱
	1996	297	369	932	0.60	-0.13	正常
	1997	197	339	941	0.64	0.15	正常
	1998	270	397	899	0.56	-0.41	正常
	2001	282	282	1 006	0.72	0.70	干旱
	2002	289	433	917	0.53	-0.62	湿润
	2003	193	317	837	0.62	0.01	正常
	2004	179	231	1 023	0.77	1.05	干旱
	2007	268	268	1 069	0.75	0.91	干旱
	2008	247	388	872	0.56	-0.41	正常
	2009	146	234	1 375	0.83	1.47	干旱
	2010	266	338	1 251	0.73	0.77	干旱
	2013	206	206	1 406	0.85	1.61	干旱
	2014	283	410	1 093	0.62	0.01	正常

（续表）

作　物	试验年份	GSP（mm）	ET（mm）	PET（mm）	CWSI	干旱指数	干旱年型
玉　米	1979	380	494	1 075	0.54	-0.21	正常
	1980	553	569	1 000	0.43	-1.60	湿润
	1985	465	550	967	0.43	-1.60	湿润
	1986	309	333	1 099	0.70	1.80	干旱
	1991	340	444	1 011	0.56	0.04	正常
	1992	354	374	935	0.60	0.54	干旱
	2005	384	420	1 001	0.58	0.29	正常
	2006	408	444	1 020	0.56	0.04	正常
	2011	370	588	1 191	0.53	-0.34	正常
	2012	329	429	1 178	0.64	1.05	干旱

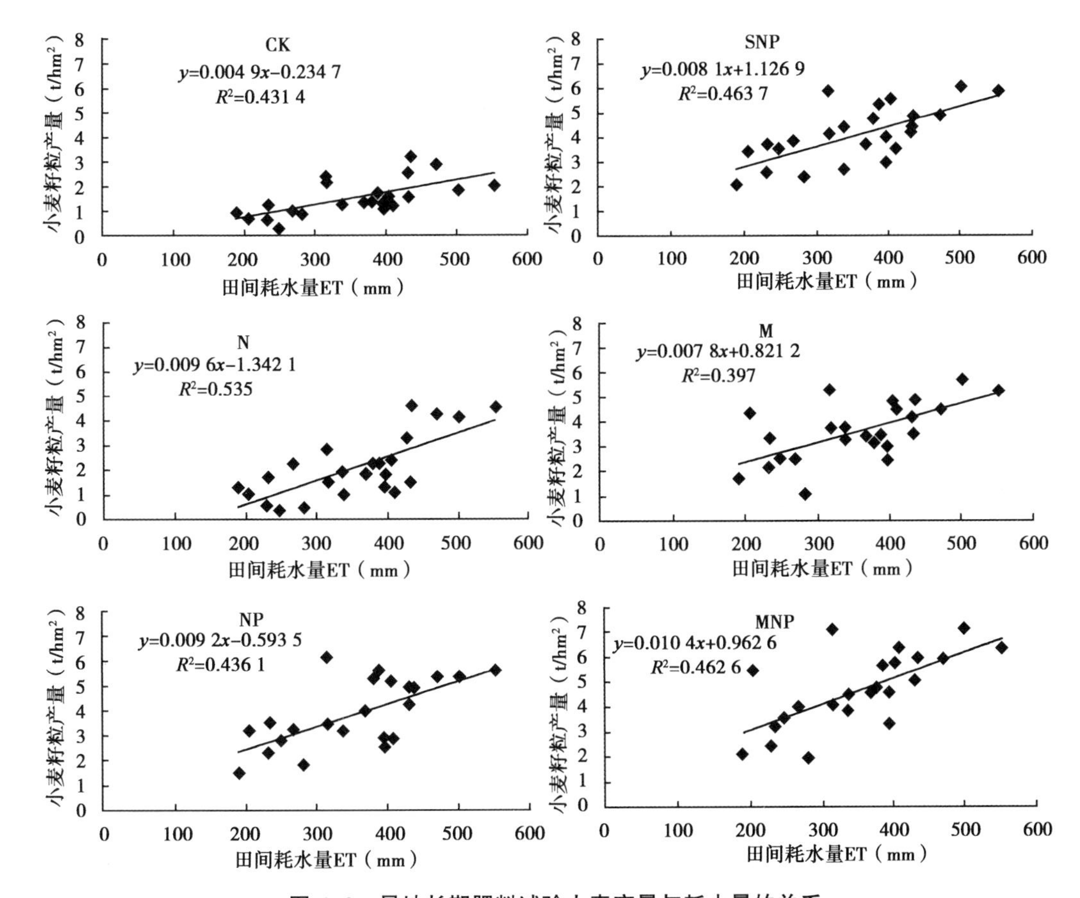

图 6-3　旱地长期肥料试验小麦产量与耗水量的关系

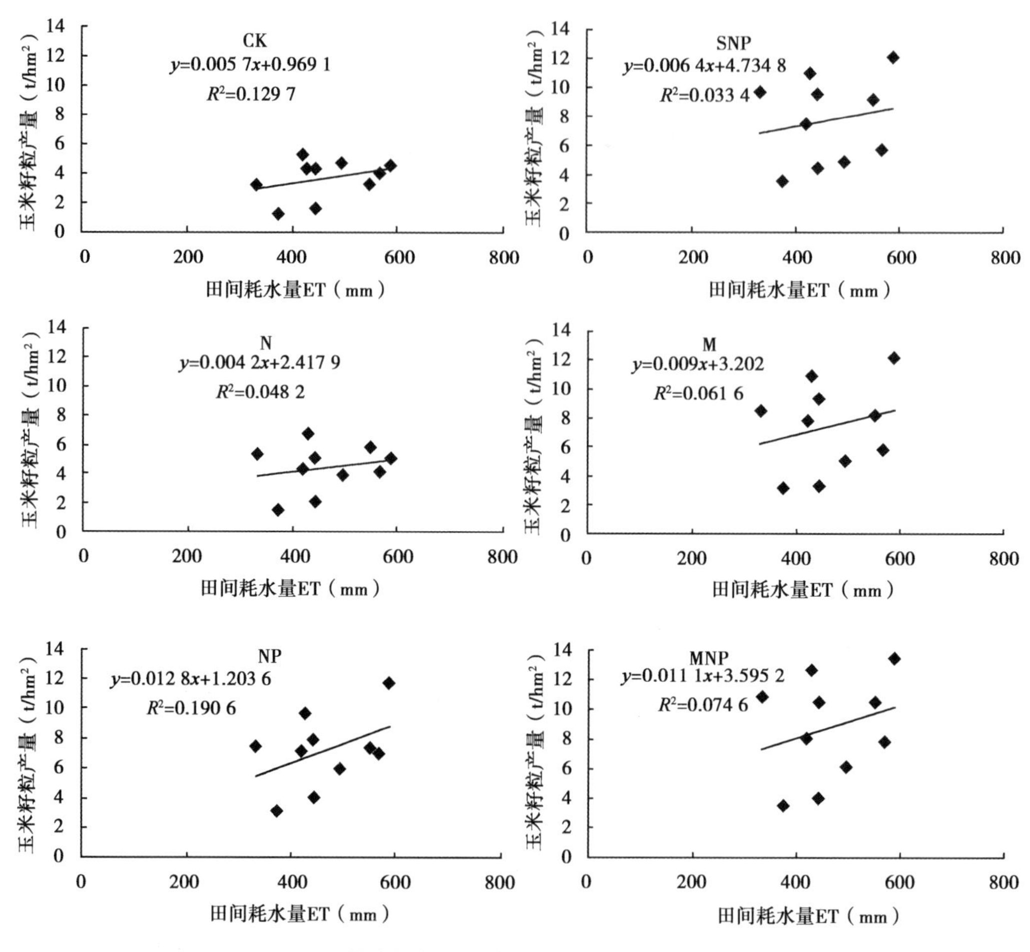

图 6-4　旱地长期肥料试验玉米产量与耗水量的关系

二、水分胁迫对作物产量的影响

在长期定位施肥试验中，小麦和玉米产量与作物水分胁迫指数 CWSI 呈显著的负相关（图 6-5 和图 6-6）。CWSI 每增加 0.1 个单位（即水分胁迫加剧），小麦产量降低 359.3～693.7kg/hm^2，玉米 84.7～324.9kg/hm^2。在试验期间，CWSI 的值由 0.31 增加到 0.85，小麦和玉米产量固然随 CWSI 的增加而下降，但产量下降的幅度在不同肥料处理之间差异很大。不施肥处理中，作物产量主要受养分不足的限制，增加水分供给并不能使水分得到有效利用。从图 6-3 可知，即使在最干旱的条件下，有机无机结合的小麦产量仍然近 2t/hm^2、玉米产量 3.53t/hm^2，但不施肥时仅 0.67t/hm^2、1.20t/hm^2，单施 N 时为 0.41t/hm^2 和 0.79t/hm^2。在同等水分胁迫条件下，增加养分供应能明显提高产量。同样可以看出，小麦产量受水分胁迫的影响明显大于玉米。这证明了干旱环境中增加土壤养分供给的重要性，同时也说明越是干旱更应注意平衡施肥，否则干旱环境中单施化肥的负效应不可避免。从另外一个侧面说明，气候变化更适宜玉米种植面积扩大和产量增加。

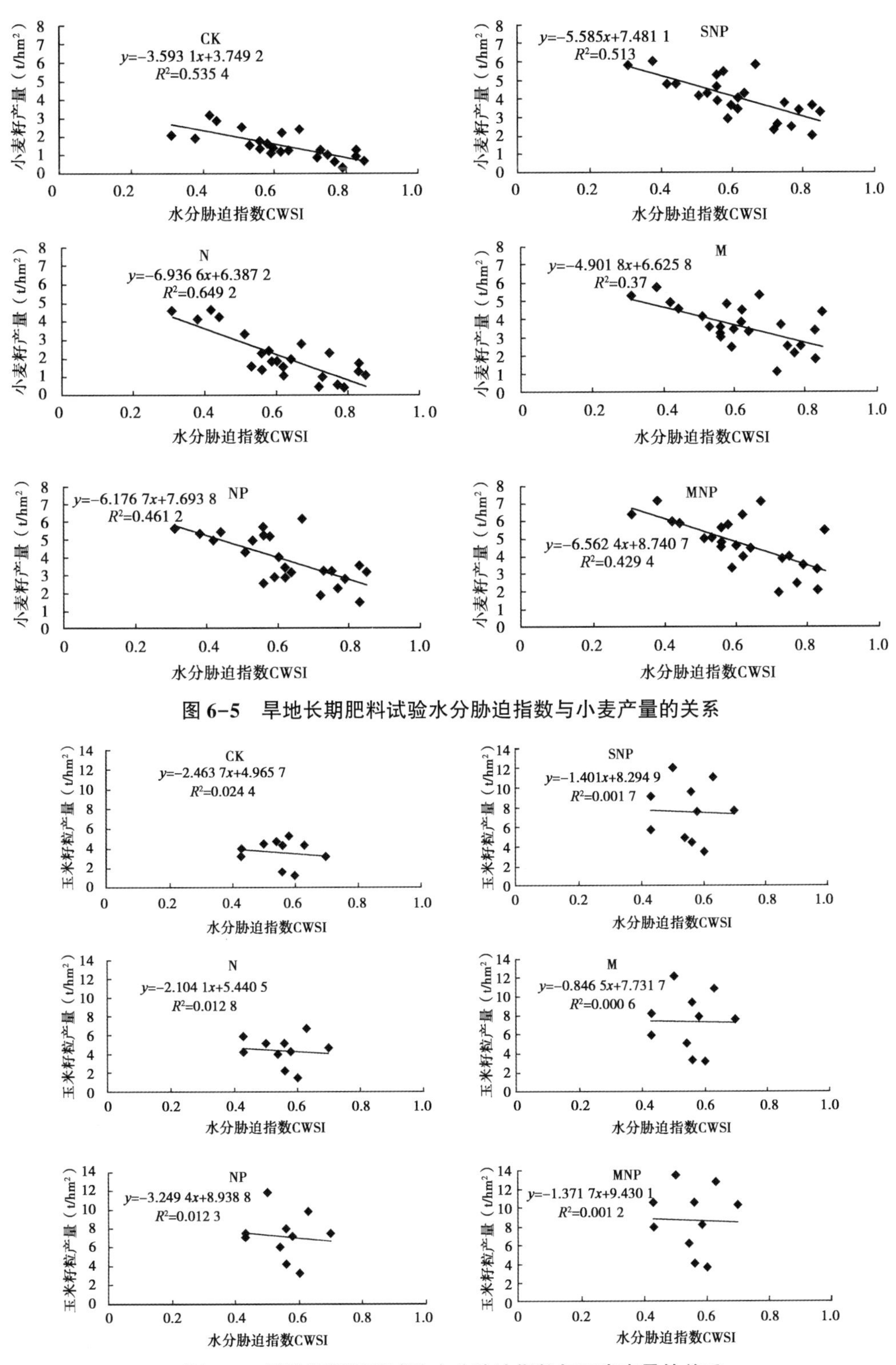

图 6-5　旱地长期肥料试验水分胁迫指数与小麦产量的关系

图 6-6　旱地长期肥料试验水分胁迫指数与玉米产量的关系

三、长期施肥对作物水分利用效率的影响

在长期定位试验中，无论哪种肥料处理，小麦和玉米产量与估算的各自耗水量有显著的线形回归关系（图6-3、图6-4）。在回归方程中，长期不施肥处理的小麦和玉米由于营养缺乏胜过水分不足的限制，其回归系数（增加单位耗水量引起的产量增量，既边际水分效率）在所有处理中最低，为0.49kg/m^3和0.57kg/m^3，其余肥料处理的回归系数小麦从0.81kg/m^3提高到1.04kg/m^3，玉米从0.42kg/m^3提高到1.28kg/m^3，即肥料在提高水分生产力作用明显。试验得出的小麦和玉米的边际水分利用效率与Musick和Tolk在美国大平原上的研究结果（小麦1.22kg/m^3，玉米1.53~2.05kg/m^3）接近。

不同肥料处理之间作物水分利用效率差异很大。干旱年型不施肥小麦的WUE为0.12~0.53kg/m^3、平均0.35kg/m^3，而MNP处理在0.67~2.65kg/m^3，平均1.36kg/m^3，是长期不施肥处理的近4倍；正常年型长期不施肥处理小麦的WUE在0.28~0.75kg/m^3、平均0.43kg/m^3，而MNP处理在0.84~2.24kg/m^3，平均1.37kg/m^3，是长期不施肥处理的3.2倍；丰水年份长期不施肥处理小麦的WUE在0.35~0.73kg/m^3、平均0.51kg/m^3，而MNP处理在1.15~1.42kg/m^3，平均1.25kg/m^3，是长期不施肥处理的2.5倍。玉米WUE的变化与小麦WUE的变化相类似，旱年CK处理的WUE在0.32~1.0kg/m^3、平均0.75kg/m^3，MNP处理在0.94~3.24kg/m^3、平均2.38kg/m^3，是CK处理的3.2倍；平水年份CK处理的WUE在0.36~1.24kg/m^3，平均0.86kg/m^3，MNP处理在0.91~2.36kg/m^3，平均1.74kg/m^3，是CK处理的2倍；丰水年份CK处理的WUE平均0.64kg/m^3，MNP处理平均1.64kg/m^3，是CK处理的2.6倍；水分利用效率的这些变化也可从表3的方差分析结果进一步证实。

肥料对WUE的影响与对产量的影响一致。在所有试验年份，MNP处理的WUE总是最高，CK处理一直最低。对于小麦而言，CK、N、M、NP、SNP、MNP处理平均WUE依次为0.42kg/m^3、0.57kg/m^3、1.03kg/m^3、1.1kg/m^3、1.16kg/m^3、1.34kg/m^3。对于玉米而言，相应肥料处理WUE为0.78kg/m^3、0.96kg/m^3、1.61kg/m^3、1.55kg/m^3、1.70kg/m^3、1.91kg/m^3。无论怎样，SNP和MNP处理的WUE总是高于其他处理，即有机无机结合提高了旱地作物的水分利用效率。

四、长期施肥下水分利用效率的时序变化

同小麦和玉米产量变化相比较，肥料处理的WUE年际间变异系数始终低于产量的年际变异系数，说明WUE在年际之间相对稳定。长期不施肥和单施氮肥处理小麦WUE同产量的趋势性变化一样，随着试验年限的延长，WUE同样趋势性下降，但NP、SNP、M、MNP处理小麦WUE和所有处理玉米WUE都呈不同程度的提高趋势（图6-7、图6-8）。对小麦而言，NP、SNP、M、MNP处理都能提高WUE但提高幅度差异很大，长期农家肥和NP配合施用WUE每年提高0.074 9kg/mm，是长期单施化肥NP的11倍。尽管小麦、玉米产量变化趋势清楚地表明气候对旱地冬小麦生产的不利影响在加大，但NP、SNP、M、MNP处理小麦WUE在逐年提高，即增施有机肥和平衡施肥不断提高旱区有限降水的水分生产力。

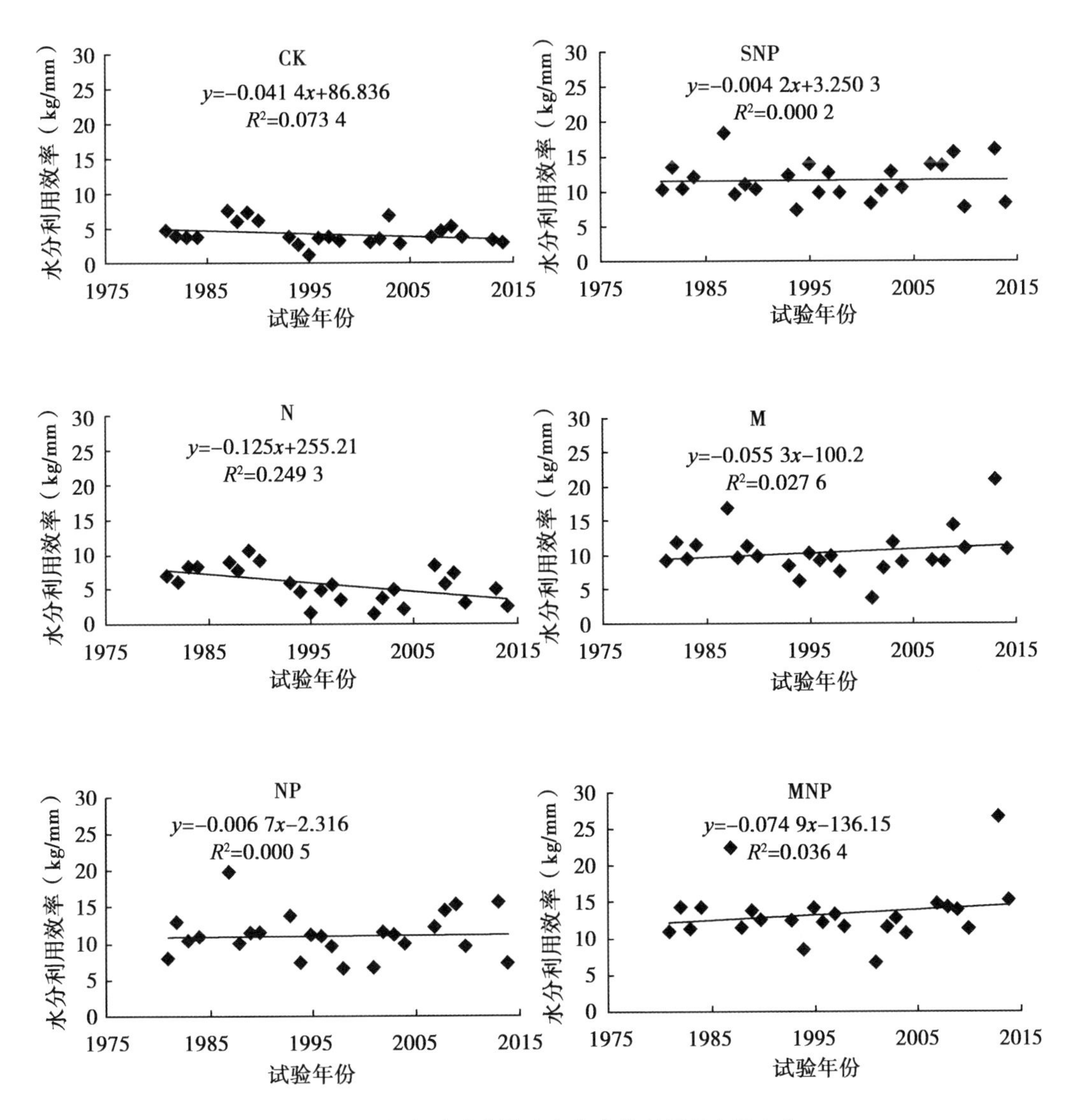

图 6-7　长期试验中旱地小麦水分利用效率的变化

玉米水分利用效率变化趋势与产量变化趋势一致，随试验年限延长而提高，但提高幅度差异较大，长期不施肥和单施氮肥处理玉米 WUE 每年提高 0. 085kg/mm 和 0. 096kg/mm，而长期单施农家肥、长期农家肥和 NP 配合施用以及秸秆还田配施 NP 处理玉米 WUE 年提高速率分别达 0. 329kg/mm、0. 291kg/mm 和 0. 295kg/mm，是长期不施肥和单施氮肥处理的 3 倍多。试验结果进一步说明压缩小麦播种面积、扩大玉米种植面积，建立适水型种植结构的重要性；同时也进一步表明有机肥料（秸秆和土粪）在黄土高原旱地作物生产中具有稳产增产、提高有限降水资源生产力的积极作用，因此旱区农业生产中增施有机肥和平衡施肥是非常有效的抗旱增产措施。

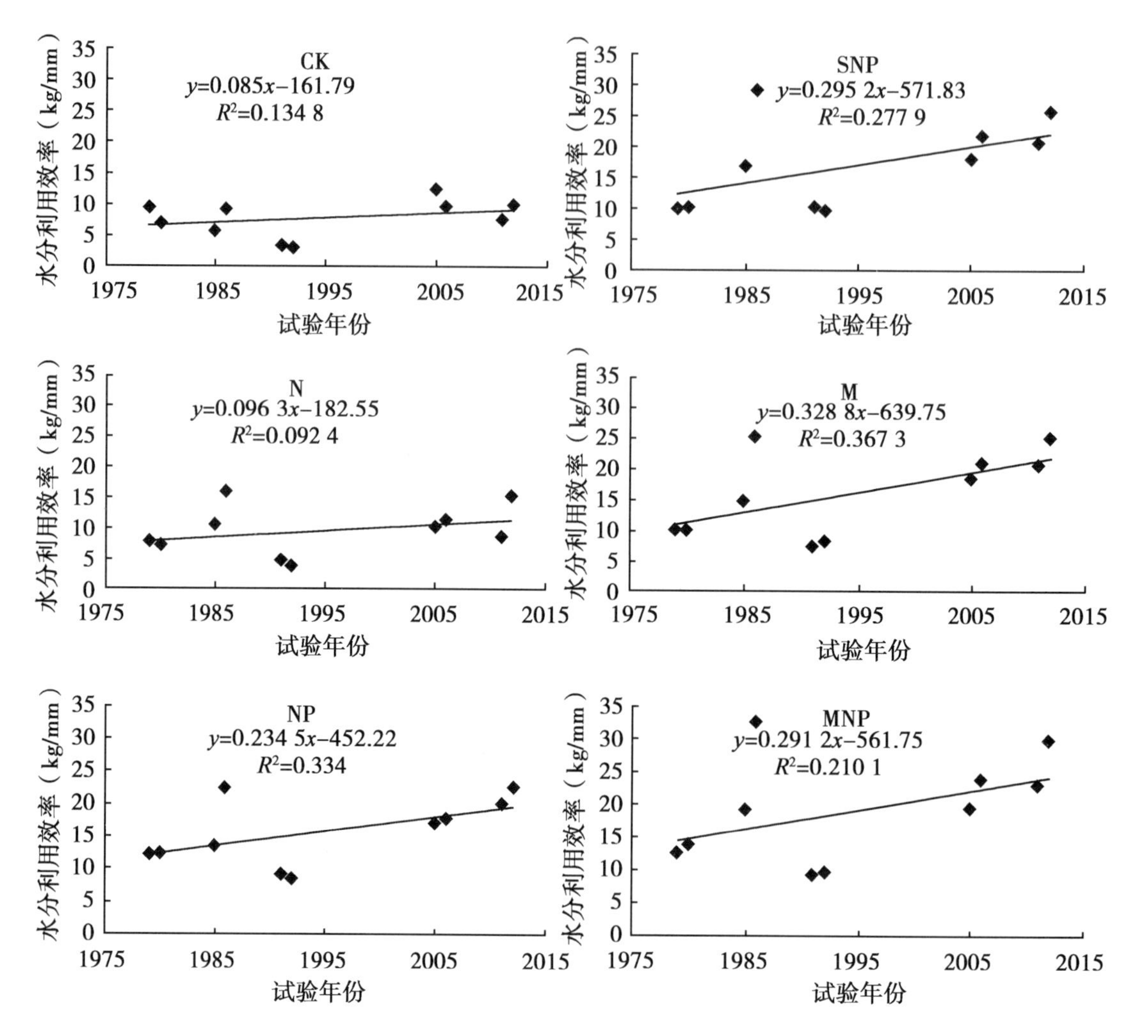

图 6-8　长期试验中旱地玉米水分利用效率的变化

第三节　长期施肥下黑垆土有机碳变化特征及碳库组分差异

土壤有机碳（SOC）是指通过微生物作用所形成的腐殖质、动植物残体和微生物体中所含的碳，是土壤养分循环及肥力供应的核心物质（Balabane M，Plante A F，2004），影响着土壤肥力大小，决定着作物产量高低。SOC 的时序变化总体上可反映管理措施的差异，但由于土壤颗粒有机碳组分存在本质特性上的不同，对表征因土壤管理措施引起的 SOC 质量改变和固存的影响，因而从 SOC 变化特征和碳库组分两方面研究就显得十分重要（佟小刚等，2008）。许多学者通过长期试验研究了 SOC 变化规律，估算了固碳速率（West T O，Post W M，2002）。北美大平原休耕地土壤固碳速率 0.3～0.6t C/年（Angela Y 等，2005），施肥后增加 0.05～0.15t C/hm^2，中国农田土壤为 0.5～1.0 t C/hm^2（潘根兴，赵其国，2005）。土壤中约有 50%～100%的 SOC 与土壤颗粒结合（Schulten H R，

Leinweber P，1991)，土壤有机碳组分往往与土壤颗粒联系在一起（Christensen B T，2001；Leinweber P，Reuter G，1992)。增施有机肥显著提高颗粒级有机碳含量，尤其是增加了沙粒级和粉粒级中有机碳的分布比例，施化肥则影响较小（Wu T Y 等，2005)。多数研究却认为 SOC 主要集中于黏粒上，特别是粗黏粒上（Diekow J，2005；Anderson D W，1981)，但也有研究报道细粉粒有机碳所占比例最高（Tiessen H，Stewart J B，1983)。一般认为沙粒与有机碳结合弱，功能上属于活性有机碳库，称为颗粒有机碳（Particulate organic carbon，POC）（Cambardella C A，Elliott E T，1992)，而与粉粒和黏粒结合的有机碳为惰性矿物结合态有机碳（MOC）（于建光等，2006)，是有机物的最终分解产物，具有很高的稳定性，为土壤固持有机碳的重要碳库（Hassink J，1997)。可见，SOC 变化及碳库组分差异、固碳机制是研究的热点。目前，国内对农田 SOC 演变规律及碳库组分的研究主要集中在施肥对 SOC 变化和颗粒有机碳差异的影响上（Tinglu Fan 等，2008；刘骅等，2010)，对 SOC 演变的特征参数与碳库组分差异的结合研究还鲜见报道。借助黄土旱塬黑垆土长期试验（1979— ）SOC 时序资料和土壤颗粒分组及有机碳含量测定，揭示旱地农田 SOC 变化特征和固碳机制，为黑垆土土壤肥力提升和固碳技术选择提供参考。

一、测定指标及方法

（一）土壤养分及有机碳

每季作物收获后（冬小麦 6 月下旬收获，春玉米 9 月下旬收获）按 3 点法采集每个处理 0~20cm 土层土样 3 个，均匀混合后风干，采用重铬酸钾容量法测定土壤有机碳。植物全氮用凯氏定氮法测定。

土壤有机碳贮量（SOC_{stock}）通过计算土壤碳密度（$SOC_{density}$）求得。$SOC_{density}=SOC\times\theta\times D/100$，$SOC_{stock}=S\times SOC_{density}$，式中 SOC 为土壤有机碳含量（g/kg），$D$ 为土层厚度（20cm），θ 为土壤容重（0~20cm 土层取 1.35g/cm^3），S 为计算面积（取 1hm^2），计算过程中未考虑土壤中直径>2mm 的沙粒含量。

固碳率为试验进行到某年时较试验开始（1979 年）时 0~20cm 土层增加的 SOC 贮量占总投入碳的比重（%）。土壤年固碳速率为有机碳贮量与试验年份回归方程中的斜率。

（二）土壤颗粒分级及其有机碳组分测定

用武天云和 Anderson 描述的土壤颗粒离心分组法，称取 10g 风干土样于 250mL 烧杯，加水 100mL，在超声波发生器清洗槽中超声分散 30min，然后将分散悬浮液冲洗过 53μm 筛，直至洗出液变清亮为止。在筛上得到的是 53~2 000μm 的沙粒和部分植物残体。通过不同的离心速度和离心时间分离得到粗粉粒（5~53μm)、细粉粒（2~5μm)、粗黏粒（0.2~2μm）和细黏粒（<0.2μm)。其中细粉粒和细黏粒悬液采用 0.2mol/L $CaCl_2$ 絮凝，再离心收集。以上沙粒、粉粒及黏粒的分级基本以美国农业部制为准。各组分转移至铝盒后，先在水浴锅上蒸干，然后置于烘箱内，60℃ 下 12h 烘干。烘干后各组分磨细过 0.25mm 筛。各粒级中有机碳含量用 EA3000 全自动元素分析仪测定。

土壤团聚体分级及其有机碳组分测定。采用 Six 等（1998）设计的湿筛分离和比重分组方法。取100g风干土样（>8mm）通过3个系列筛网湿筛（分别为2 000μm、250μm和53μm孔径）。通过筛子的分别代表直径>2 000μm，250~2 000μm和53~2 500μm的团聚体，将这些团聚体清洗后装盘，在60℃下烘干12h。取5g蒸干后的团聚体样用1.85g/mL的聚乙烯钨酸盐溶液处理，可收集到游离的含轻组有机碳（LFOC）的土壤，用六偏磷酸盐把含重组有机碳部分的大团聚体分散成微团聚体。用上述同样湿筛法可得到含250~2 000μm，53~250μm和<53μm的微团聚体有机碳（iPOC）的土壤。将所有的含大团聚体和小团聚体有机碳的土壤，以及含游离的轻组有机碳土壤均在60土壤下蒸干。重组部分用偏磷酸盐处理，将其中大团聚体分散为微团聚体，然后用上面同样湿筛方法得到不同微粒大小（250~2 000μm、53~250μm和<53μm）微团聚体及其中的有机碳。团聚体有机碳用EA3000元素分析仪测定。

（三）土壤微生物碳氮测定

土壤微生物量碳、氮的测定采用氯仿熏蒸提取法，其含量计算利用熏蒸和未熏蒸样品碳氮含量之差除以回收系数，KC=0.38，KN=0.54。

（四）土壤活性有机碳测定方法

土壤高活性有机质、中活性有机质和活性有机质分别用浓度为33mmol/L、167mmol/L和333mmol/L $KMnO_4$ 常温氧化—比色法测定。

（五）有机碳模型建立

土壤有机质矿化率采用氮通量法测算，即年有机氮矿化率为不施肥区植物地上部分和根系年吸收的氮量与上一年作物收获后0~20cm土层土壤全氮量之比。根据土壤有机氮与有机碳同步矿化原则，可将有机氮矿化率看作有机碳矿化率。Jenny-C模型：$SOC_t=SOC_e+(SOC_0-SOC_e)e^{-Kmt}$，$SOC_0$、$SOC_t$分别为试验开始、试验进行到$t$年时SOC含量，SOCe为达到平衡时的有机碳含量，km为有机质的矿化率。

二、研究结果与分析

（一）土壤有机碳的变化特征

1. 土壤碳投入变化

通过每年收获地上部产量、测定有关年份根系生物量及籽粒、秸秆、根系碳含量，估算各处理碳投入量。结果表明（表6-9），经过30多年的施肥与种植，各施肥处理旱地作物根茬、秸秆、有机物料投入碳的数量差异很大。36年的长期试验中，秸秆还田处理SNP投入的碳是不施肥CK处理的8.3倍。截至2014年，CK、N、NP、SNP、M、MNP各处理累计投入土壤的C依次为9.44t C/hm^2、14.28t C/hm^2、20.04t C/hm^2、78.36t C/hm^2、45.14t C/hm^2、51.36t C/hm^2。施化肥由于增加了地上部生物量而增加了根茬C的投入，单施N肥根茬投入C最少，仅占SNP、MNP根茬投入C的63.69%、54.63%，但较不施肥CK增加51.27%。SNP处理中秸秆还田投入的C占71.39%，MNP、M处理中农家肥投入的C占49.1%、55.87%。

2. 施肥对耕层土壤有机碳贮量的影响

秸秆还田、增施农家肥显著提高了土壤SOC含量。试验开始时（1979年）土壤耕层

SOC 贮量平均 10.32t C/hm^2，到 2014 年 CK、N、NP、SNP、M、MNP 处理的 SOC 分别为 15.29t C/hm^2、13.83t C/hm^2、14.61t C/hm^2、17.30t C/hm^2、21.41t C/hm^2、23.30t C/hm^2，处理之间最大相差 1.68 倍。同仅施 N、NP 的处理比较，连续每公顷 3.75t 秸秆还田与 NP 配合的处理 SOC 分别增加 25.09%、18.41%。在 6 个肥料处理中，长期秸秆还田的 SNP 处理投入 C 最多，但与有机肥处理的 M、MNP 比较，高投入的 C 并没有显著增加土壤 SOC，这可能是有机肥与秸秆所含碳的质量有关。长期不施肥并没有导致黄土高原旱地农田土壤 SOC 的下降，而是靠少量根茬维持较低的生产力水平。

表 6-9　长期试验中碳投入及碳向土壤有机碳的转化与固定

处理	C 投入（t C/hm^2）			C 总投入[t C/hm^2)]	耕层 SOC 贮量（t C/hm^2）		有机碳固定率（%）[d]	土壤固碳率[t C/(hm^{2}a)][e]
	根茬 C[a]	农家肥 M[b]	秸秆 S[c]		1979 年	2014 年		
CK	9.44	0	0	9.44	10.32	15.29	52.65	0.099 2*
N	14.28	0	0	14.28	10.32	13.83	24.58	0.094 6**
NP	20.04	0	0	20.04	10.32	14.61	21.47	0.142 9**
SNP	22.42	0	55.94	78.36	10.32	17.30	8.91	0.213 5***
M	19.92	25.22	0	45.14	10.32	21.41	24.57	0.312 5***
MNP	26.14	25.22	0	51.36	10.32	23.30	25.27	0.346 0***

注：[a]根茬 C=籽粒产量×根茬/籽粒（平均按 0.3 计算）×0.45（实测根茬中 C 含量）；[b]农家肥 C=农家肥量（折干重）×1.137%（实测农家肥中 C 含量）；[c]秸秆投入 C=秸秆施如量×0.45（Bremer 等，1995）；[d]输入 C 转化（%）= 2014 年较 1979 年 SOC 增量/总投入 C；[e]SOC 固碳速率=有机碳与试验年限回归方程中的斜率（图 9），*、**、*** 分别表示在 0.05、0.01、0.001 的显著水平

3. 土壤有机碳的固定和演变规律

黄土高原旱地农田长期施肥后，由于不同肥料投入土壤 C 源不同，导致输入 C 向土壤 SOC 的转化率明显不同。以 2014 年较 1979 年 SOC 的增加量占投入 C 的比率为输入 C 转化为土壤 SOC 的衡量指标（表 6-9），即输入 C 以 SOC 形式固定在 0~20cm 耕层土壤中的数量，在 SNP、M、MNP 处理中，输入 C 转化率依此为 8.91%、24.57%、25.27%，N、NP 处理中为 24.58%、21.47%，长期不施肥 52.65%。因此，秸秆还田输入 C 的转化率最低，不施肥根茬 C 的转化率最高，其余化肥、有机肥投入 C 的转化在 20% ~ 25%。Jacinthe 等（2002）在美国俄亥俄州中部和 Campbell 等（2000）在加拿大半干旱区根茬投入 C 转化为土壤有机碳的比例为 32% 和 29%；Angela 等人（2005）、Horner 等人（1960）在美国加州、华盛顿长期定位试验中的研究结果为 7.6%、8.7%，Rasmussen 和 Smiley（1997）在美国俄勒冈州地区结果是 14.8%；Rasmussen 和 Collins（1991）认为，每投入土壤 1t C/hm^2（作物残茬），其转化为土壤 SOC 的比例在 14%~21%。

随着年限增加，CK、N、NP、M、SNP、MNP 处理的 SOC 呈现增加趋势，达到显著或极显著水平（图 6-9）。在 SOC 与试验年限一元线性方程中，斜率（回归系数）代表年固 C 速率，其含义是投入土壤中的 C 腐解与土壤 C 矿化达到平衡后土壤年净固定的 SOC

数量，可以作为SOC演变的一个特征参数。SNP、M、MNP处理的SOC固定速率分别为0.213 5t C/(hm^2·a)、0.312 5t C/(hm^2·a)、0.346 0t C/(hm^2·a)。长期增施NP肥增加了SOC，但固碳速率仅0.142 9t C/(hm^2·a)，是有机物料投入处理的40%~67%。单施N处理也增加土壤固碳量，固定速率0.094 6t C/(hm^2·a)，长期不施肥处理固定速率0.099 2t C/(hm^2·a)，即长期不施肥靠根茬还田维持农田碳的投入，也具有土壤固碳作用。这些土壤固碳速率数据与La（2002）在尼日利亚西部［0.30t C/(hm^2·a)］、Jenkinson（1991）在洛桑试验站157年的研究结果［0.30t C/(hm^2·a)］一致。

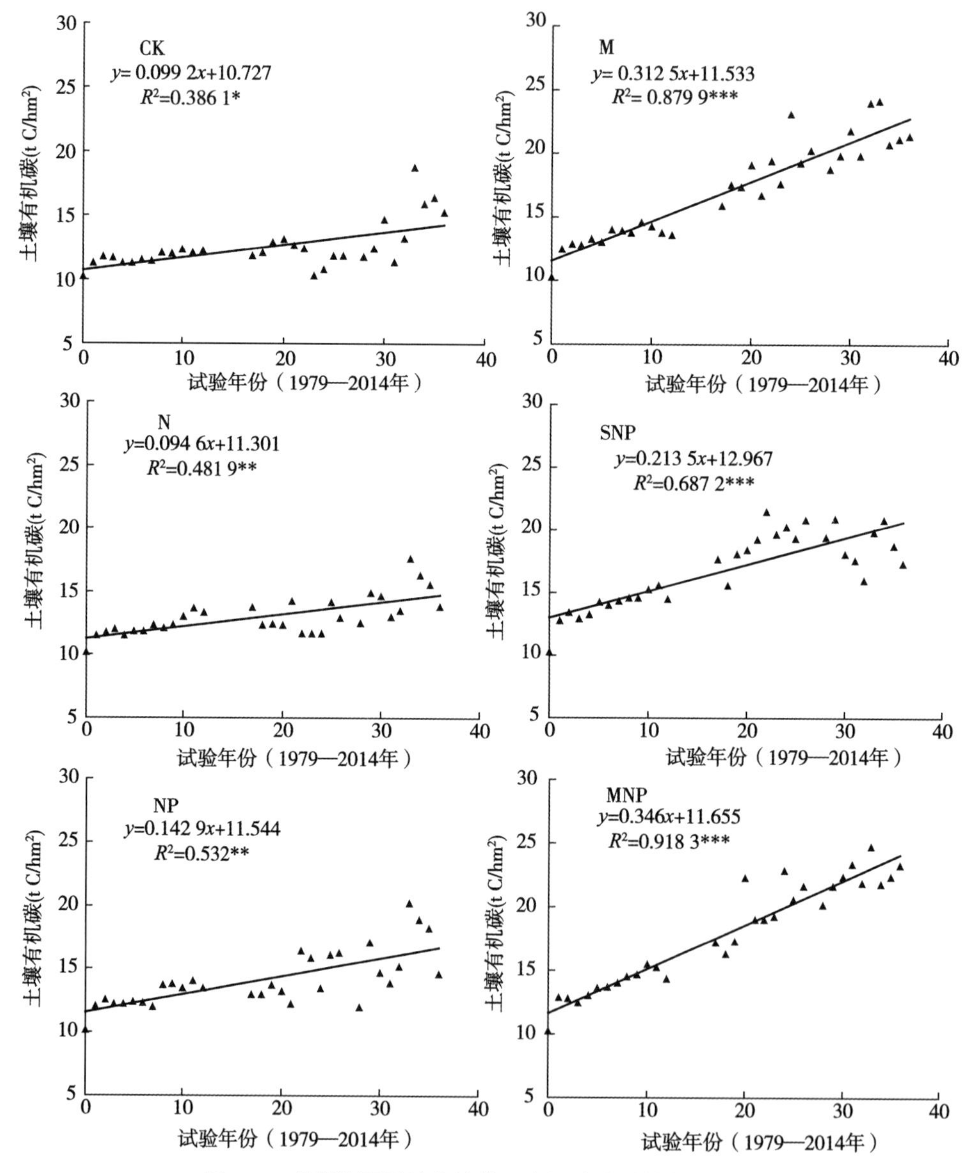

图6-9　长期施肥旱地土壤耕层有机碳贮量的变化特征

本研究旱地农田土壤有机碳固定速率同现有文献报道一致（盘根兴，赵启国，2005）。有机无机结合特别是增加有机物料的固碳作用十分明显，将促进大气中碳向农田土壤中转移并固定在土壤中。

（二）长期施肥土壤有机碳组分的差异

1. 土壤颗粒机械组成及其有机碳含量的变化

长期施肥对黄土旱塬土壤颗粒机械组成有明显的影响（表 6-10）。施肥大幅度提高了黑垆土土壤颗粒机械组成中沙粒所占比例，MNP、SNP 处理的土壤颗粒中>53μm 沙粒所占比例为 1.96%、2.50%，而单施化肥为 1.25%~1.29%，其余颗粒所占比例肥料处理之间无明显不同。即长期增施有机肥、秸秆还田并未提高旱塬黑垆土中黏粒颗粒所占比例。

表 6-10　黄土旱塬长期施肥对土壤颗粒组成的影响

处　理	沙粒+OM（>53μm）（%）	粗粉沙粒（5~53μm）（%）	细粉沙粒（2~5μm）（%）	粗黏粒（0.2~2μm）（%）	细黏粒（<0.2μm）（%）
CK	1.09	69.78	9.46	15.44	4.23
N	1.29	68.77	9.88	15.87	4.19
NP	1.25	68.93	9.83	15.77	4.22
M	1.74	69.44	9.63	15.59	3.60
SNP	1.96	68.72	9.66	15.58	4.08
MNP	2.50	68.47	9.99	15.23	3.81

长期施肥后全土中各粒级土壤颗粒所含有机碳数量也差异显著（表 6-11），特别是增施有机肥、秸秆还田后，各粒级土壤颗粒 SOC 含量均较不施肥、单施化肥明显增加。尽管在土壤机械组成中 6 个肥料处理之间 5~53μm、2~5μm、0.2~2μm、<0.2μm 粒级的土壤颗粒所占比重变化不大，但沙粒级、粗粉沙粒级、细粉沙粒级所含有机碳随有机肥、秸秆还田的加入而增加。在全土有机碳中，单施氮肥处理沙粒级（>53μm）有机碳含量较低，只有 0.75g/kg，施有机肥、秸秆还田处理为 1.38~1.81g/kg，是不施肥处理的 2.94~3.85 倍，是单施氮处理的 1.84~2.41 倍。同不施肥相比，长期增施肥料也提高了粗粉沙粒级和细粉沙粒级中有机碳含量。与全土中总有机碳变化相比，施肥后沙粒级有机碳增加幅度更加明显，如 MNP 较不施肥 CK、化肥 NP 处理总土有机碳分别增加 32.50%、18.10%，沙粒级有机碳却分别提高 285.10%、105.70%；单施 N、NP 较 CK 总土有机碳分别增加 7.50%、12.20%，沙粒级有机碳分别提高 59.60%、87.20%。

再从总土有机碳中不同粒级有机碳含量分布比例来看（表 6-12），各处理之间有机碳分布差异仍然以沙粒+OM（>53μm）颗粒为主，从不施肥处理的 5.40%增加到单施 N、NP 的 8.02%、9.02%，M、SNP、MNP 处理的 12.35%、14.23%、15.70%，增施有机肥、秸秆还田处理有机碳所占比例是不施肥的 2.29~2.91 倍。尽管分布在沙粒中的有机碳所占比例较小，显著低于粗粉沙粒、细粉沙粒、粗黏粒颗粒有机碳所占比例，但受不同肥料处理的影响最大。因此，长期增施有机物料旱地农田土壤增加的 SOC 主要固定在>53μm 的沙粒+OM 中，长期单施化肥固定在沙粒中的有机碳含量是有机无机配施的 1/2 左右。

在黄土旱塬黑垆中，沙粒占土壤颗粒机械组成的 1.1%～2.5%，固定了总有机碳的 5.4%～5.7%，粗粉沙粒占 69.7%，固定了 20.0%～25.0%总有机碳。即不同颗粒有机碳组分以沙粒级有机碳对施肥最敏感，可作为表征土壤有机碳响应土壤管理措施变化指标。

表 6-11　在总土有机碳中各肥料处理土壤颗粒有机碳的含量

处　理	全　土 (g/kg)	沙粒+OM (g/kg)	粗粉沙粒 (g/kg)	细粉沙粒 (g/kg)	粗黏粒 (g/kg)	细黏粒 (g/kg)
CK	8.70	0.47	1.95	1.99	3.56	0.73
N	9.35	0.75	2.14	2.10	3.54	0.82
NP	9.76	0.88	2.34	2.19	3.61	0.74
M	11.17	1.59	2.41	2.57	3.83	0.77
SNP	11.17	1.38	2.78	2.41	3.82	0.78
MNP	11.53	1.81	2.49	2.88	3.53	0.82

表 6-12　颗粒有机碳在总土有机碳中的分布比例

处　理	沙粒+OM (>53μm) (%)	粗粉沙粒 (5～53μm) (%)	细粉沙粒 (2～5μm) (%)	粗黏粒 (0.2～2μm) (%)	细黏粒 (<0.2μm) (%)
CK	5.40	22.41	22.88	40.92	8.39
N	8.02	22.89	22.46	37.86	8.77
NP	9.02	23.98	22.43	36.99	7.58
M	12.35	24.89	21.58	34.20	6.98
SNP	14.23	21.58	23.01	34.29	6.89
MNP	15.70	21.60	24.98	30.61	7.11

2. 长期施肥对 POC 与 MOC 比值 W 的影响。

土壤中活性有机碳 POC（与沙粒胶结）主要由植物细根片断和其他有机残余组成，易被土壤微生物利用，是土壤有机碳碳库中活性较大的碳库，相反与惰性矿物结合有机碳 MOC（与粉粒和黏粒结合）大多被限于土壤矿物表面，是土壤中稳定且周转期长的有机碳。W 值提高预示着 MOC 相应降低，土壤有机碳活性显著提高，土壤有机碳质量得到明显提升。W（POC/MOC）值大，表明土壤有机碳较易矿化、周转期较短或活性高，值小则土壤有机碳较稳定，不易被生物所利用。施肥尽管尚未明显增加 MOC 的含量，6 个处理之间 MOC 为 8.60～9.72g/kg，但与 CK 相比（5.47%），不同施肥处理均增加土壤 W 值（图 6-10），MNP、M、SNP 理的 W 值达到了 18.62%、16.24%、14.41%，单施 N、NP 处理的仅 9.11%、9.99%。

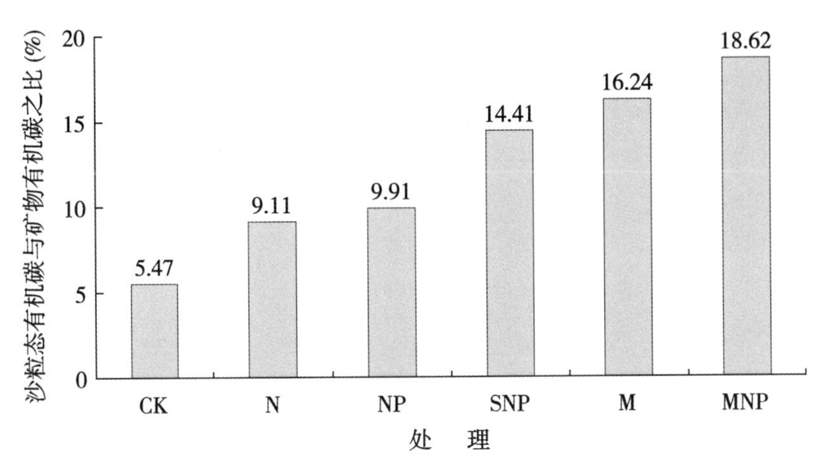

图 6-10 长期施肥土壤沙粒有机碳（POC）与矿物结合态有机碳含量（MOC）比值的变化

3. 长期施肥对土壤团聚体有机碳的影响

土壤团聚体因多孔性和水稳性特点而成为土壤肥沃的标志之一，大团聚体（>250μm）含量是维持土壤结构稳定的基础，与大团聚体相联系的有机碳比微团聚体中的有机碳更易矿化。结果表明（表 6-13），长期施肥显著增加了黑垆土耕层土壤大团聚体和微团聚体有机碳氮含量，团聚体含碳量随团聚体粒径的增加而增加，不施肥处理土壤大团聚体（>250μm）碳浓度是微团聚体（<53μm）碳浓度的 9. 14 倍，施肥后提高到 15. 83 ~ 23. 84 倍。长期增施有机物料提高了大团聚中容易矿化的 SOC 和 N 含量，秸秆还田、单施有机肥大团聚体有机碳含量达到 176. 30g/kg、150. 80g/kg，较单施化肥 NP 处理增加 26. 30%、8. 00%，是不施肥的 2. 50~3. 00 倍；大团聚体含 N 量 M、MNP 处理为 8. 00g/kg、9. 38g/kg，较单施 N 处理增加 64. 30%、92. 60%，是不施肥的 2. 90~3. 00。长期施有机肥、秸秆还田也提高了团聚体内 C、N 的含量。另外，大团聚体中土壤 C/N 比明显高于微团聚体，施肥对大团聚体中土壤 C/N 比有明显影响，而对微团聚体 C/N 影响不大。

表 6-13 长期不同施肥的团聚体有机碳和氮含量 （单位：g/kg）

处 理	大团聚体（>250μm）		团聚体间（53~250μm）		团聚体内（53~250μm）		微团聚体（<53μm）	
	C	N	C	N	C	N	C	N
CK	60. 33	2. 80	322. 20	10. 59	27. 64	1. 83	6. 61	0. 77
N	92. 42	4. 87	312. 90	14. 98	24. 63	2. 19	5. 82	0. 67
NP	139. 60	6. 19	340. 40	11. 48	37. 90	2. 86	6. 80	0. 76
M	150. 80	8. 00	296. 10	14. 38	48. 40	3. 90	8. 23	0. 93
SNP	176. 31	6. 18	343. 40	12. 33	52. 82	4. 03	7. 42	0. 85
MNP	145. 74	9. 38	266. 90	15. 16	42. 11	3. 23	9. 24	0. 91

不同大小团聚体有机碳含量与其含 N 量有显著的线性增加关系：

大团聚体：N = 0.041SOC+0.103，R^2 = 0.573

团聚体内：N = 0.077SOC−0.001，R^2 = 0.947

微团聚体：N = 0.076SOC+0.026，R^2 = 0.866

因此，黄土旱塬黑垆土>250μm 大团聚体是土壤有机 C、N 主要贮藏库，大团聚体 SOC 显著高于微团聚体，长期增施肥料均显著提高了大团聚体和微团聚体中 C、N 含量。

4. 黄土旱塬黑垆土土壤有机碳的固定机制

土壤中有机碳的保持机制是阐明土壤对大气 CO_2 的固定作用及其去向的基础问题，它对于寻找促进土壤有机碳储存而巩固陆地系统碳汇具有重要的参考意义。土壤学上传统的有机无机复合理论指出，有机碳在土壤中普遍地与无机胶体物质相结合，有机物质与土壤矿物质或黏粒的结合而形成复合体是土壤形成过程的必然产物。根据这一理论，土壤有机碳与结合有机碳的细颗粒含量密切相关。可以看出，不同颗粒组成中有机碳含量（X）与土壤有机碳（SOC）存在密切的关系：

沙粒+OM（>53μm）：SOC = 0.330 4X−1.657 8，R^2 = 0.683

细粉沙粒（2~5μm）：SOC = 0.278 8X+6.280 8，R^2 = 0.307

黏粒（<2μm）：SOC = −0.191 7X+21.492，R^2 = 0.455

说明，沙粒+OM、细粉沙粒含量增加有利于旱地土壤有机碳提高，高含量正荷黏粒增加不利于有机碳增加。因此，旱地土壤有机碳保持不能简单地用黏粒结合理论来解释，需要深入分析。

固碳速率与团聚体有机碳氮含量的关系，土壤团聚体的形成主要依赖于有机形态的胶结物质，土壤碳的固定和养分保持功能主要以团聚体为载体。分析结果表明，土壤年固碳速率同大团聚体（>250μm）、微团聚体（<53μm）中的有机碳含量、氮含量呈显著的线性增加关系，即随着团聚体中碳、氮含量的增加，土壤固碳速率提高（图 6−11）。虽然大团聚体比微团聚体贮藏更多的碳氮养分，但土壤团聚体有机碳碳含量与年固碳速率的一元一次线性回归分析显示，每增加 1 个单位微团聚体碳含量的土壤年固碳率（0.791t C/hm^2）显著高于大团聚体（0.029t C/hm^2），同样，增加 1 个单位微团聚体含氮量的土壤固碳率（11.507t C/hm^2）远大于大团聚体（0.417t C/hm^2）。考虑到大团聚体和微团聚体固碳对土壤固碳的综合影响，土壤年固碳速率（Y）与大团聚体碳（X_1）和微团聚体碳（X_2）含量的关系为：$Y = -0.569 + 0.011X_1 + 0.854X_2$（$R^2$ = 0.937），方程中 X_1、X_2 的标准化回归系数（用来比较两个变量的重要程度）为 0.321、0.743。因此，长期施肥后黄土旱塬黑垆土碳固定速率有随土壤团聚体粒径增大而减小的趋势，微团聚体对土壤有机碳的贡献是大团聚体的 2 倍多，对土壤有机碳的稳定与保持有重要影响。

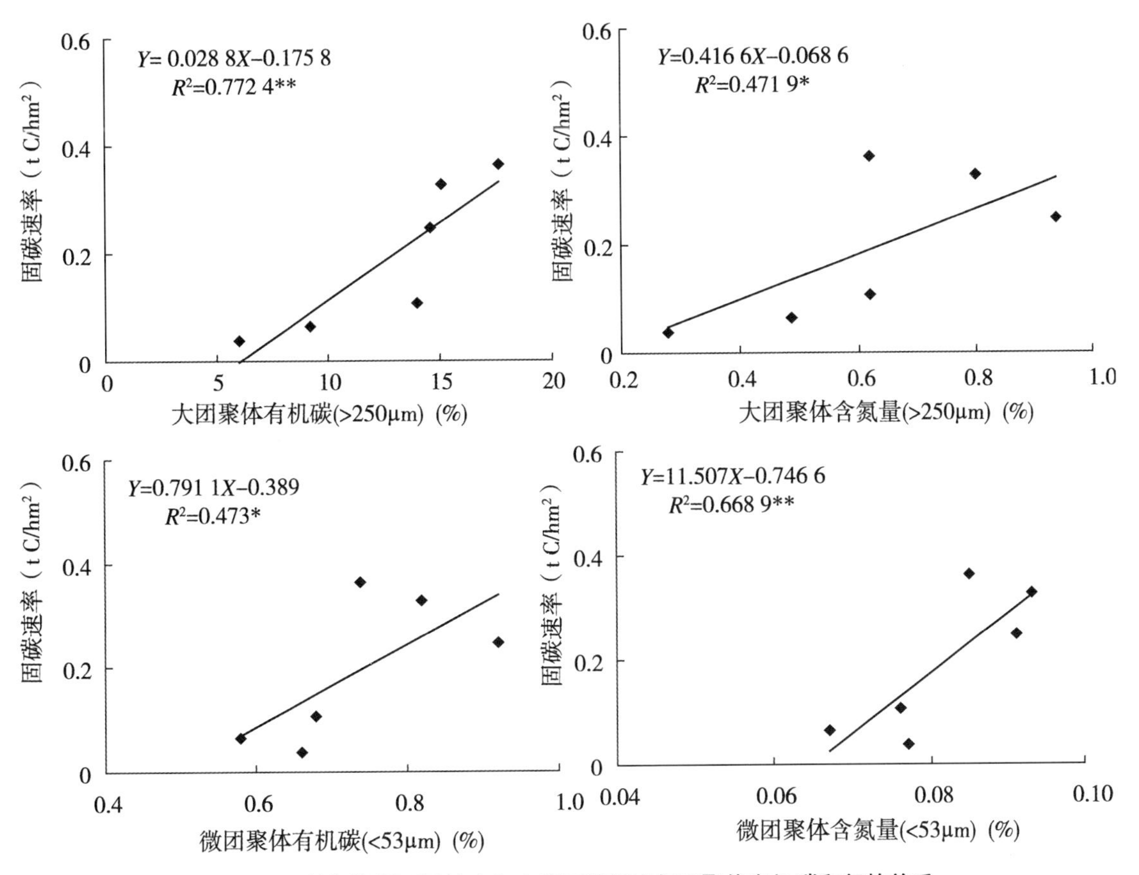

图 6-11　长期施肥下黑垆土年土壤固碳速率与团聚体有机碳和氮的关系

（三）长期施肥下土壤有机碳活性的变化

1. 土壤活性有机碳的变化

长期施肥后黄土旱塬黑垆土土壤活性有机碳 3 个组成部分存在着很大差异（表 6-14）。长期增施肥有机肥、秸秆还田后，相对于总有机碳的变化而言，活性有机碳对施肥是相当敏感的，虽然总有机碳也在增加，但总活性有机碳（能被 333mmol/L $KMnO_4$ 氧化的有机碳）提高的幅度更大，2006 年玉米、2010 年小麦收获后 MNP 处理土壤的总活性有机碳达到 1.887g/kg、1.865g/kg，较对应年份单施化肥 NP 处理增加 7.6%、51.3%，较不施肥提高 23.0%、68.9%。在增加的活性有机碳中，长期施肥主要是提高了中活性有机碳（能被 167mmol/L $KMnO_4$ 氧化的有机碳）的比例，MNP 处理中活性有机碳占到总活性有机碳的比例 2006 年为 66.3%、2010 年为 89.6%，而单施化肥 NP 仅占 43.9%、55.1%。

2. 土壤微生物碳氮的变化

土壤微生物量作为土壤养分转化的活性库或源，可部分反映土壤养分转化快慢，同时也反映了土壤同化和矿化能力的大小，土壤微生物量碳是土壤总有机碳变化的一个快速敏

表 6-14　长期不同施肥的黄土旱塬黑垆土活性有机碳含量　　（单位：g/kg）

土　样	处　理	总有机碳	33mmol/L $KMnO_4$ 氧化的有机碳	167mmol/L $KMnO_4$ 氧化的有机碳	333mmol/L $KMnO_4$ 氧化的有机碳
2010 年土样（小麦茬）	CK	6.79	0.466	0.564	1.104
	N	6.94	0.426	0.598	1.192
	NP	7.80	0.533	0.679	1.233
	M	12.33	0.669	1.610	1.792
	SNP	8.72	0.609	1.093	1.527
	MNP	11.23	0.682	1.671	1.865
2006 年土样（玉米茬）	CK	6.02	0.432	0.521	1.534
	N	6.43	0.557	0.605	1.799
	NP	6.16	0.706	0.771	1.754
	M	9.62	0.886	0.991	1.787
	SNP	9.95	0.941	1.070	1.889
	MNP	10.34	1.053	1.252	1.887

感指标。长期施肥都不同程度地提高耕层土壤微生物量碳（表 6-15），提高幅度介于 5.93%~133%，各处理微生物量碳大小顺序为：MNP>SNP>M>NP>N>CK。单施农家肥、秸秆还田结合 NP 配施和农家肥结合 NP 配施都极显著的提高了土壤微生量碳，提高幅度分别达到 83.15%、93.5%和 133%，虽然长期无机 NP 配施对于土壤微生量碳的增加达不到显著水平，但 27.35%的增加幅度远大于长期单施无机氮肥 5.93%的增加幅度。土壤微生物量碳占土壤有机碳含量的百分比（SMB-C/SOC—qMB）称为微生物商，更能有效的反应土壤质量的变化，微生物商值越大，土壤有机碳周转越快。施肥处理的土壤 qMB 都高于 CK，SNP 处理土壤 qMB 最大，其次是 MNP、M、NP 和 N，提高幅度依次为 56.9%、52.7%、15.9%、23.1%和 5.9%，主要因为施肥可以增加生物产量，改善土壤环境，提高微生物活性。M 和 NP 处理间 qMB 差异不显著，长期 NP 配施提高土壤 qMB 的效果优于长期单施 N。SNP 处理 qMB 最高，可能因为秸秆有机碳被土壤微生物分解转化，土壤微生物营养增加，使土壤微生物繁殖及活性增强，不仅提高了土壤有机碳的积累，而且更大幅度提高了土壤微生物量碳。因此，有机物料投入的增加可促进土壤有机碳矿化周转。

土壤微生物量氮（SMB-N）是植物有效氮的重要储备，微生物氮量的大小是土壤氮素矿化势的重要组成部分，土壤矿化氮的绝大部分来自于微生物量氮。长期不同施肥方式微生物量氮顺序为 MNP>M>SNP>NP>N>CK（表 6-15），施肥处理的微生物量氮都高于长期不施肥处理，提高幅度依次为 216.97%、147.65%、120.2%、88.02%和 13.61%。农家肥和秸秆等有机物料的投入能极大地提高土壤微生物量氮，提高氮的植物有效性。微生物量氮与土壤全氮的比值（SMB-N/TN）大小可以反映土壤氮素的植物有效性，SMB-N/TN 值高表明土壤氮的作物供应能力强。长期不同施肥方式下 SMB-N/TN 变化趋势与土壤微生物量氮基本相似，顺序为 MNP > M > SNP > NP > CK > N，较 CK 依次提高 146.7%、98.9%、84.1%、64.3%和 9.9%。长期有机无机结合（MNP，SNP）和长期单施农家肥有利于提高黄土旱塬黑垆土氮的作物供应能力。

表 6-15　长期不同施肥下的土壤微生物碳氮含量（2009 年）

处　理	微生物碳 SMB-C（mg/kg）	微生物氮 SMB-N（mg/kg）	微生物商 SMB-C/SOC（%）	SMB-N/TN（%）	微生物碳氮比 SMB-C/SMB-N
CK	139.74	17.75	1.86	1.82	7.87
N	148.03	20.17	1.97	2.00	7.34
NP	177.96	33.37	2.36	2.99	5.33
SNP	270.39	39.09	2.92	3.35	6.92
M	255.92	43.96	2.29	3.62	5.82
MNP	325.66	56.26	2.84	4.49	5.79

3. 土壤基础呼吸和酶活性的变化

土壤呼吸是指土壤释放 CO_2 过程，是农田生态系统碳循环的一个重要方面，也是土壤碳库主要输出途径，一定程度上反映了微生物的整体活性，通常作为土壤生物活性、土壤肥力乃至透气性的指标。长期不同施肥方式下旱地土壤基础呼吸量差异明显（表 6-16），施肥都能不同程度地增强土壤微生物活性，提高土壤基础呼吸量，提高幅度在 1.88~50.54%。长期农家肥与化肥 NP 配施处理的土壤呼吸量最高，比长期不施肥对照增加 2.02μg CO_2-C/(g · d)，增幅达 50.54%，其次为长期单施农家肥处理，比对照增加 1.33μg CO_2-C/(g · d)，增幅 33.25%，再次为秸秆还田结合隔年配施化肥 NP 处理，比对照增加 1.07μg CO_2-C/(g · d)，增幅 26.61%。而长期单施无机氮肥土壤基础呼吸量与不施肥差异不显著，仅增长 1.88%。

表 6-16　长期不同施肥的土壤基础呼吸（2009 年）

处　理	CK	N	M	NP	SNP	MNP
基础呼吸 [μg CO_2-C/(g · d)]	3.99	4.07	5.32	4.74	5.06	6.01
较 CK±（%）	—	1.88	33.25	18.77	26.61	50.54

土壤酶活性是土壤生物活性的一部分，其活性的增强能促进土壤的物质代谢，从而使土壤养分的形态发生变化，提高土壤养分的有效性。长期有机无机配合（MNP、SNP）和单施农家肥（M）在提高旱地土壤蔗糖酶、脲酶、磷酸酶、蛋白酶和过氧化物脱氢酶活性方面要优于其他处理（表 6-17）。与 CK 比较，32 年 MNP、SNP 和 M 处理蔗糖酶活性提高 35.51%、32.48%、29.64%，脲酶活性提高 11.18%、9.68%、30.72%，磷酸酶活性增加 196.5%、60.98%、163.79%，蛋白酶活性提高 50.52%、12.43%、33.84%，过氧化物

酶活性提高 34.87%、54.45%、24.46%。不同处理土壤多酚氧化酶活性顺序为 NP>N>SNP>CK>MNP>M，长期施用化肥 N、NP 土壤多酚氧化酶活性较不施肥对照增加 138.46%、161.54%，SNP 增加 38.46%，MNP、M 土壤多酚氧化酶活性降低 84.6%、7.69%，说明小麦秸秆和农家肥的投入能够有效降低土壤多酚氧化酶活性，促进土壤有机质的代谢，缓解土壤中过氧化物对作物的胁迫和秸秆、作物根茬转化物醌对植物的毒害作用，改善农田土壤生态环境。土壤蔗糖酶、脲酶、蛋白酶、磷酸酶催化土壤 C、N、P 素物质的转化，其活性的增强加速了土壤 C、N、P 素物质的代谢循环。蔗糖酶活性增强可加速土壤中蔗糖水解成为植物和微生物的营养碳源，蛋白酶与脲酶活性增强有利于土壤中含氮有机化合物的转化，提高土壤氮素的作物有效性，磷酸酶活性增强可加速土壤有机磷类化合物水解为作物能吸收利用的无机磷。本研究中，不同处理耕层土壤蔗糖酶、脲酶、蛋白酶和磷酸酶活性的变化与土壤微生量碳、活性有机碳、微生物量氮、碱解氮和有效磷含量的变化是基本一致的。

表 6-17　长期不同施肥土壤酶活性响（2009 年）

处　理	脱氢酶 [mg TPF/(kg·24h)]	磷酸酶 [mg PNP/(kg·h)]	葡萄糖苷酶 [mg PNP/(kg·h)]	脲　酶 [mg PNP/(kg·h)]
CK	55.87	250.09	173.93	3.96
N	60.72	211.08	189.36	4.24
NP	70.46	281.13	194.55	7.25
SNP	72.14	289.42	221.29	9.42
M	83.33	282.14	253.92	7.62
MNP	89.48	333.95	267.86	7.93

（四）土壤有机质矿化系数估算及 Jenny-C 模型建立

土壤有机质作为土壤 C 库，调节着土壤养分循环，与土壤肥力水平密切相关，在一定条件下，有机质的多少，标志着土壤肥力水平的高低。土壤有机质处于不断分解和积累的动态变化过程中，一方面由于动植物残体（包括其死亡个体、脱落物、分泌物等）的不断输入及有机物的施入，使得土壤中有机质不断积累；同时，在微生物作用下，土壤有机质又不断被分解，当单位时间内积累量与分解量相等时，土壤有机质达到收支平衡，这是一个动态平衡。总的说来，无论土壤有机质含量上升或下降，最终都会从一个平衡态到达另一个平衡态，而该平衡点的高低对土壤肥力、土壤质量等状况产生重大影响。

1. 土壤有机质矿化率（Km）估算

由于土壤有机质矿化的氮供作物吸收，因而各季作物不施肥区收获作物从土壤吸收的氮量，可视为土壤氮素表观年矿化量。土壤有机质年矿化率是指有机质在一年内的矿化量占初始量的百分比。鉴于有机质矿化率与土壤有机氮矿化率同步，有机质的矿化系数通常采用氮通量法测算，即年有机氮矿化率为不施肥区地上部分和根系年吸收的 N 量与上年作物收获后 0~20cm 土层土壤全 N 量之比。根据土壤有机氮与有机碳同步矿化的原则，可将有机氮矿化率看作有机碳矿化率。尽管这一假设与许多文献关于 Km 的定义不同，但它在某种程度上反映了外源物质加入对有机碳的影响。

但事实上，完全无肥区与施肥区有机氮矿化率不同，即有机质矿化率不同，施肥区高于无肥区。这是因为，施 N 肥后促进土壤有机质矿化。许多研究表明，外源物质加入土壤促进了原有机 C 或原有有机 N 的矿化，特别是外源物的加入改变了土壤有机 C 的矿化速率，产生正激发效应。一般认为 C 的激发效应产生的大小与外源物的生化组成、C/N、施肥数量以及土壤性质等有关。旱地施无机 N 促进了土壤原有 C 的矿化；增加矿质态 N 肥，由于降低了 C/N 比而加速了土壤有机 C 的矿化，或作为能量来源而产生正激发效应。因此，增施外源物质（包括化学肥料 N、秸秆、根系、有机肥等）后，都加快了土壤有机 C 的矿化，提高了矿化率。

本研究中，不同施肥处理土壤有机质矿化率（Km）估算结果表明，不同处理之间作物和根系吸收的 N 量、土壤全 N 含量、有机碳矿化率明显不同（表 6-18、表 6-19），由于外加有机质及外加氮促进了有机质矿化与激发效应，长期增施肥料加快有机质的矿化，提高矿化系数，但由于土壤有机质矿化受气候因素影响 Km 值在年份之间差异很大。长期施肥土壤有机质矿化系数只有 1.75%，增加 N 源、C 源（秸秆、有机肥），使矿化系数成倍增加，MNP 处理 Km 值达到 4.31%。

表 6-18　长期试验中作物吸收 N 和土壤耕层 N 的计算

处　理	1990 年（小麦）		1991 年（玉米）		1997 年（小麦）		1998 年（小麦）		2007 年（小麦）	
	A	B	A	B	A	B	A	B	A	B
Ck	4.98	154.1	2.67	157.6	1.64	142.0	1.69	149.0	1.92	127.2
N	6.91	155.9	3.70	161.1	3.96	176.7	3.10	145.5	4.64	125.9
NP	6.59	169.7	6.73	171.5	6.31	171.5	3.27	188.8	7.07	114.4
SNP	8.09	206.1	7.73	209.6	7.61	204.4	6.04	211.3	6.68	140.3
M	6.97	195.7	4.68	195.7	5.33	183.6	4.54	209.6	3.93	143.8
MNP	9.08	206.1	6.26	209.6	8.83	180.1	9.59	199.2	9.32	171.5

注：A 为地上和地下吸收全 N 量（kg/亩），B 为前一作物收获后耕层 20cm 土层全 N 量（kg/亩）。A 由实测地上部籽粒、秸秆、地下根系干物质量与各自测定的含 N 量求得

表 6-19　长期试验中土壤有机质矿化率（Km）估算　（单位：%）

处　理	各试验年份的 Km					平均 Km
	1990 年	1991 年	1997 年	1998 年	2007 年	
CK	3.23	1.70	1.16	1.13	1.51	1.75
N	4.43	2.30	2.24	2.13	3.69	2.96
NP	3.88	3.92	3.68	1.73	3.18	3.28
SNP	3.93	3.69	3.72	2.86	4.76	3.79
M	3.56	2.39	2.90	2.17	2.73	2.75
MNP	4.41	2.99	4.90	4.81	4.44	4.31

2. Jenny-C 模型建立

Jenny 模型是土壤有机质变化最简单模型（穆琳，张宏，1998；Jenny H，1949），描述了土壤碳的聚积与损失。土壤有机碳变化可表达为 $SOC_t = SOC_e + (SOC_0 - SOC_e)\ e^{-Kmt}$，其中 SOC_0、SOC_t、SOC_e分别代表试验初始、某年、土壤有机碳达到平衡时间的有机碳含量，Km 为土壤有机质矿化系数，t 为时间（年）。长期不施肥的黄土旱塬农田，地上部生物量很低，小麦籽粒产量 70~80kg/亩，玉米产量 250kg/亩，由于根系和根茬返还，维持着较低生产力和 SOC 含量，57 年后土壤有机碳达到平衡（饱和），平衡点为 11.62g/kg（表 6-20）。单施化肥（N、NP）增加了根系和根茬还田量，需要 30~33 年达到平衡，平衡点为 10.09g/kg、12.19g/kg。秸秆还田加 NP 后，平衡点为 12.96g/kg。增施农家肥土壤有机碳平衡点大于单施化肥和秸秆还田。通过 Jenny C 模型预测，所有处理 SOC 都增加，长期增加有机物料土壤有机碳均显著提高，达到一定程度后增加幅度减缓。长期单施化肥有机碳增加幅度显著低于有机无机配合。因此，从目前土壤有机碳实测结果来看，黄土旱塬黑垆土经过 30 多年长期耕作和施肥，土壤有机碳还未达到饱和点，还有较大固碳潜力。

表 6-20　土壤 Jenny C 模型及土壤有机碳饱和值（t、SOCe）

处　理	Jenny C 模型	达到饱和时土壤 SOCe（g/kg）	达到平衡需要时间 $1/k$（年）	2014 年 SOC（g/kg）
CK	$SOC_t = 11.62 - 5.65e^{-0.0175t}$	11.62	57.1	7.84
N	$SOC_t = 10.09 - 3.94e^{-0.0296t}$	10.09	33.8	7.07
NP	$SOC_t = 12.19 - 6.27e^{-0.0328t}$	12.19	30.5	7.49
SNP	$SOC_t = 12.96 - 6.58e^{-0.0379t}$	12.96	26.4	8.87
M	$SOC_t = 14.54 - 8.45e^{-0.0275t}$	14.54	36.4	10.98
MNP	$SOC_t = 13.36 - 7.33e^{-0.0431t}$	13.36	23.2	11.95

本研究 Jenny 模型的主要结论和预测图形与吴金水等人（2004）利用 SCNC 模型在陕西长武长期试验中的应用结果（图 6-12）十分类似。说明，Jenny 模型能精确模拟和预测黄土高原耕作土壤有机碳的长期变化。

（五）长期施肥黄土旱塬黑垆土土壤有机碳贮量及垂直分布

为了反映长期施肥对土壤有机碳在土壤坡面垂直分布及 1m 土层碳贮量的影响，测定了 1m 深土壤各层容重和 SOC 变化。不同施肥结构对不同土层容重无明显影响（表 6-21、表 6-22），却对 SOC 影响显著。0~60cm 土层内，随着土壤深度增加 SOC 减少，到 60cm 达到最低，60cm 以下土层，SOC 含量变化不大，趋于稳定，但处理之间有差异。与试验开始的 1978 年相比较，耕作 28 年后各施肥处理 20cm 土层容重均降低，但 20cm、40cm 土层容重差异不大，犁地层由试验开始时的 30~40cm 下移到 60cm。SOC 在土壤剖面上分布格局与作物残留物在土层中分布密切相关，SOC 主要来源于土壤中作物残体分解与合成所形成的有机质，农作物残留物主要集中在土体 0~60cm 土层内，随深度

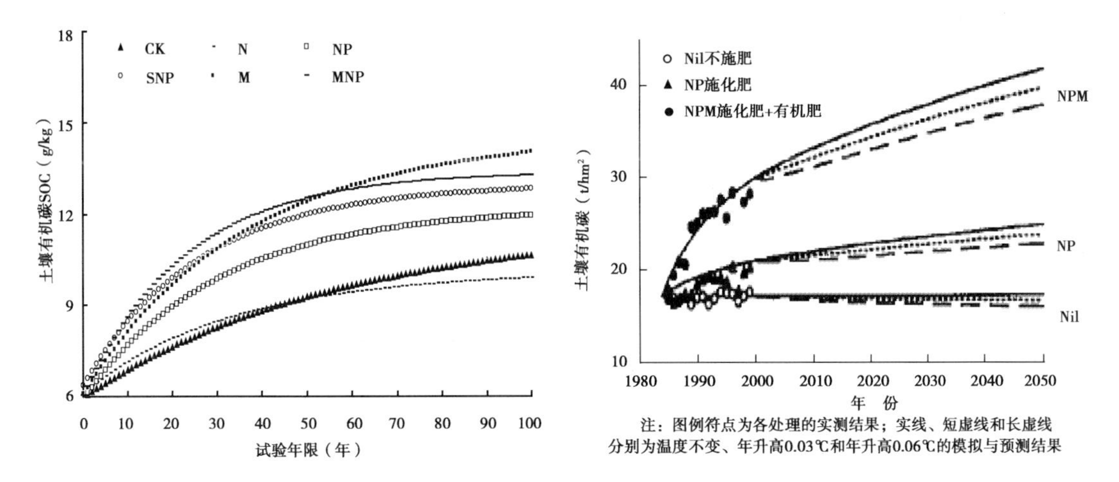

图 6-12　长期施肥土壤有机碳变化预测（左图：平凉，右图：长武；吴金水等，2004）

增加而减少。

表 6-21　长期施肥对土壤容重的影响　（单位：g/cm³）

处　理	各土层土壤容重				
	20cm	40cm	60cm	80cm	100cm
CK	1.23	1.28	1.42	1.31	1.32
N	1.28	1.22	1.44	1.30	1.33
NP	1.31	1.22	1.49	1.32	1.32
M	1.29	1.32	1.46	1.28	1.35
SNP	1.22	1.28	1.41	1.33	1.34
MNP	1.26	1.32	1.46	1.31	1.37

表 6-22　长期施肥对不同土壤层次 SOC 含量的影响　（单位：g/kg）

处　理	各土层土壤有机碳 SOC				
	20cm	40cm	60cm	80cm	100cm
CK	6.02	6.21	4.80	6.21	6.13
N	6.43	6.29	5.05	6.43	6.16
NP	6.16	6.75	4.91	5.90	6.31
M	9.62	6.77	5.09	6.33	6.31
SNP	9.95	6.95	4.99	6.59	6.53
MNP	10.34	6.76	5.16	6.35	6.37

土壤碳密度或碳贮量已成为评价和衡量土壤中有机碳量的一个极其重要的指标。计算结果表明（表 6-23），长期不施肥或单施化肥后，旱地 1m 深土壤有机碳贮量为 76~80t C/hm^2，有机无机结合后增加到 90~93t C/hm^2，提高 18%~20%。长期增施有机物料后，增加的这些 SOC 贮量主要分布在 0~40cm 的土层，占 1m 土层 SOC 贮量的 47%左右，而不施肥或单施化肥时仅占 40%。因此，长期增施农家肥、秸秆还田显著增加了 0~40cm 土壤有机碳贮量，只要采取合理的土壤管理措施，黄土高原旱地土壤是一个明显的碳汇，在碳固定和碳循环中起着明显的作用，增加作物秸秆还田对营造旱地土壤碳库和减缓温室气体效有很大潜能，即旱地土壤碳管理对全球 CO_2 减排具有明显影响。

表 6-23　长期施肥对土壤 SOC 贮量的影响　（单位：t C/hm）

处　理	SOC 贮量					1m 土壤 SOC 贮量
	20cm	40cm	60cm	80cm	100cm	
CK	14.80	15.89	13.64	16.27	16.19	76.80
N	16.46	15.34	14.54	16.72	16.38	79.44
NP	16.15	16.46	14.62	15.57	16.65	79.46
M	24.81	17.87	14.85	16.20	17.04	90.77
SNP	24.28	17.80	14.08	17.52	17.50	91.18
MNP	26.06	17.86	15.08	16.64	17.46	93.10

第四节　长期施肥下旱塬黑垆土氮磷钾的变化特征

黄土旱塬农田土壤经过 30 多年施肥与耕作，作物产量和土壤理化性状发生了明显变化，土壤氮磷钾肥力指标的变化可揭示土壤质量与作物生产力变化的原因。

一、旱塬黑垆土土壤氮磷钾养分的平均变化

（一）不同施肥方式对土壤氮磷全量养分的影响

同试验开始相比，增施肥料均显著提高了旱地农田土壤氮磷钾养分的平均值（表6-24），土壤养分均出现不同程度的富集。长期增施有机肥和秸秆还田土壤全氮、全磷含量提高，表明土壤氮磷的总贮量和供应能力逐渐增强。2014 年秋同 1978 年秋相比，MNP 处理全氮、全磷增加 42.7%、32.2%，MNP 较不施肥土壤全氮提高 69.1%、全磷提高 30%。单施化肥（N、NP）对土壤全氮变化影响不大，而单施化肥 N 土壤全磷下降 6.9%，不施肥土壤全氮下降 14.7%、全磷基本稳定。长期有机物料的投入增加旱塬农田耕层土壤氮磷的总贮量，长期不施肥情况下由于土壤没有肥料的施入，作物生物量小、残茬归还土壤的养分不抵作物吸收带出的养分量，这与其他定位试验中的结果一致。

（二）不同施肥方式对土壤有效养分的影响

同土壤全量养分变化相类似，长期施肥同样提高了氮磷钾速效养分含量、提高了养分的

作物有效性，但速效养分增加幅度要显著高于全量养分，尤其是有效磷、速效钾在土壤中明显富集。同试验前比较，MNP 处理土壤有效磷增加 5.4 倍、速效钾提高 96.9%；试验进行到 2014 年时，MNP 处理较不施肥处理有效磷增加 12.2 倍、速效钾提高 103%。长期单施化肥加剧了土壤有效磷、速效钾的过度消耗，N 处理有效磷含量仅 3.3g/kg，较试验前降低 52.86%，仅是 MNP 处理的 6.6%，N 处理速效钾在所有处理中最低，为 52.4mg/kg，较试验前降低 7.6%，是 MNP 处理的 48.4%。长期有机物料投入尤其是农家肥的施用，显著增加黄土旱塬农田耕层土壤氮磷钾速效养分含量，提高了土壤养分供应能力。

长期有机物料的投入增加了农田耕层土壤氮的总贮量和氮素养分的供应能力，尤其是有机肥的施用能显著增加土壤氮库、提高氮素养分的作物有效性，而单施化肥只能维持土壤氮素肥力，偏施氮肥使土壤氮素的作物有效性降低，长期不施肥作物生物量小，残茬归还土壤的氮不抵作物吸收带出的氮量，土壤全氮含量越来越低、氮库减小。

表 6-24　长期施肥旱地土壤氮磷钾养分的平均变化

处　理	全 N（g/kg）		全 P（g/kg）		碱解 N（mg/kg）		有效 P（mg/kg）		速效 K（mg/kg）	
	1978 年	2014 年	1978 年	2014 年	1978 年	2014 年	1978 年	2014 年	1978 年	2014 年
CK	0.95	0.81	0.57	0.60	58.00	53.9	6.80	3.8	165.0	155.3
N	0.92	0.92	0.58	0.54	54.00	53.3	7.00	3.3	165.0	152.4
NP	0.93	0.98	0.57	0.66	55.00	57.2	7.20	12.0	165.0	154.5
SNP	0.97	1.08	0.60	0.59	55.00	68.5	6.40	14.5	168.0	181.0
M	0.94	1.26	0.58	0.68	55.00	72.3	7.00	19.8	165.0	360.2
MNP	0.96	1.37	0.59	0.78	56.00	88.9	7.80	50.0	160.0	315.2

二、土壤氮磷钾养分的变化趋势

土壤 N、P、K 养分变化的平均值可以反映长期施肥对土壤肥力的总体影响，但尚看不出施肥后土壤养分变化的时序动态。1979—2014 年土壤 N、P、K 养分的时间序列变化过程清楚地表明，不同施肥措施对土壤养分变化过程的影响差异很大。

（一）土壤全氮和碱解氮的变化

随着试验年限的延长，长期 NP 配施、单施农家肥和农家肥配施 NP 处理土壤全氮呈增加趋势，而长期不施肥、单施氮肥、秸秆还田配施氮肥和隔年施磷处理土壤全氮呈降低趋势（图 6-13）。农家肥配施 NP 处理耕层土壤全氮每年提高 5.6mg/kg，是 NP 处理土壤全氮年增加量的 28 倍，长期单施农家肥土壤全氮每年提高 3.5mg/kg，是 NP 处理土壤全氮年增加量的 17.5 倍。

碱解氮与全氮的变化不同（图 6-14），随着试验年限的延长，所有处理土壤碱解氮均呈下降趋势，长期不施肥、单施 N 肥、NP 配施和秸秆还田配施 NP 的土壤速效氮下降幅度更大，每年依次下降 0.66mg/kg、0.75mg/kg、0.53mg/kg 和 0.51mg/kg。土壤碱解氮的趋势性下降可能与每年作物产出带走氮多、投入土壤化学氮（只有 90kg/hm^2）与农家肥

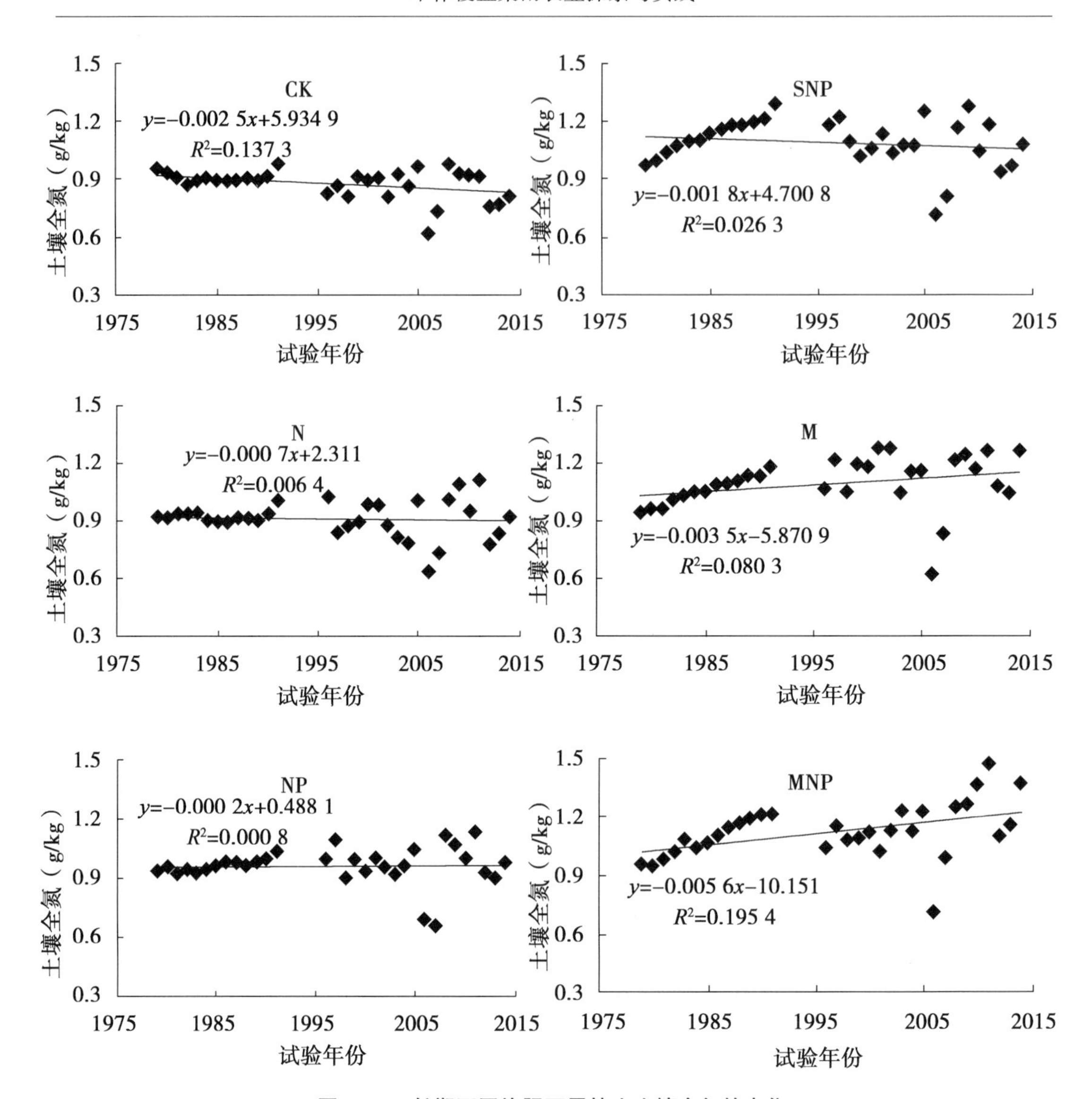

图 6-13　长期不同施肥下黑垆土土壤全氮的变化

含氮量低等有关，加剧了土壤速效氮素养分的逐渐耗竭。但土壤速效氮趋势性下降与 SOC 趋势性增加存在不一致性，有待进一步分析。

（二）土壤总磷和有效磷的变化

长期不施肥、单施 N 处理的土壤总磷平均值有所降低，NP、SNP、M、MNP 处理的土壤总磷平均值却有所增加，特别是 N、SNP 处理在试验进行到一定时期后土壤总磷似乎开始下降，这与长期不施磷、隔年施磷导致土壤磷不足有关。总体来看（图 6-15），N、SNP 处理耕层土壤总磷呈现递减趋势，而其他处理呈现递增趋势。

土壤有效磷的变化与总磷明显不同，长期不施肥有效磷保持稳定，长期单施 N 导致有效磷含量降低，增施有机肥、秸秆还田、单施化肥 NP 土壤有效磷呈现明显的逐年富集趋势（图 6-16），NP、SNP、M、MNP 处理有效磷每年增加 0.408mg/kg、0.329mg/kg、

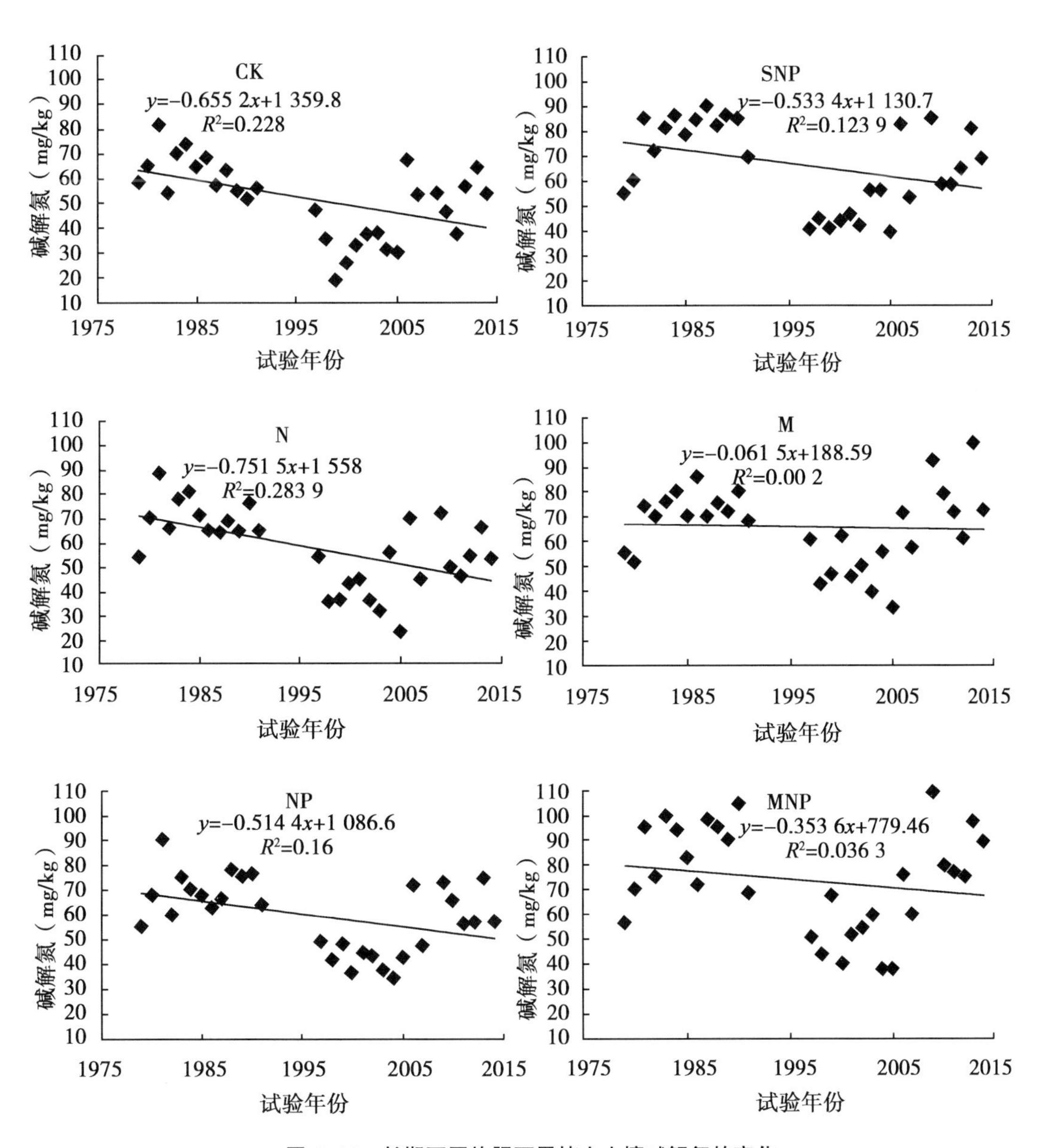

图 6-14　长期不同施肥下黑垆土土壤碱解氮的变化

0.452mg/kg、0.964mg/kg。当试验进行到第 20 年（1999 年）时，MNP 处理总磷含量较 M 处理增加 14%，但速效磷含量增加 89%，第 36 年（2014 年）时，MNP 处理总磷含量较 M 处理增加 13.4%，速效磷含量增加 152.6%。这清楚地表明，长期有机无机肥料结合土壤 P 超过了作物的实际需要，导致了土壤中 P 的富集。

（三）土壤速效钾的变化

同速效钾平均值变化相一致，长期不施农肥处理土壤速效钾趋势性降低（图 6-17）。CK、N、NP、SNP 处理土壤速效钾每年依次以 0.76mg/kg、0.78mg/kg、0.63mg/kg、

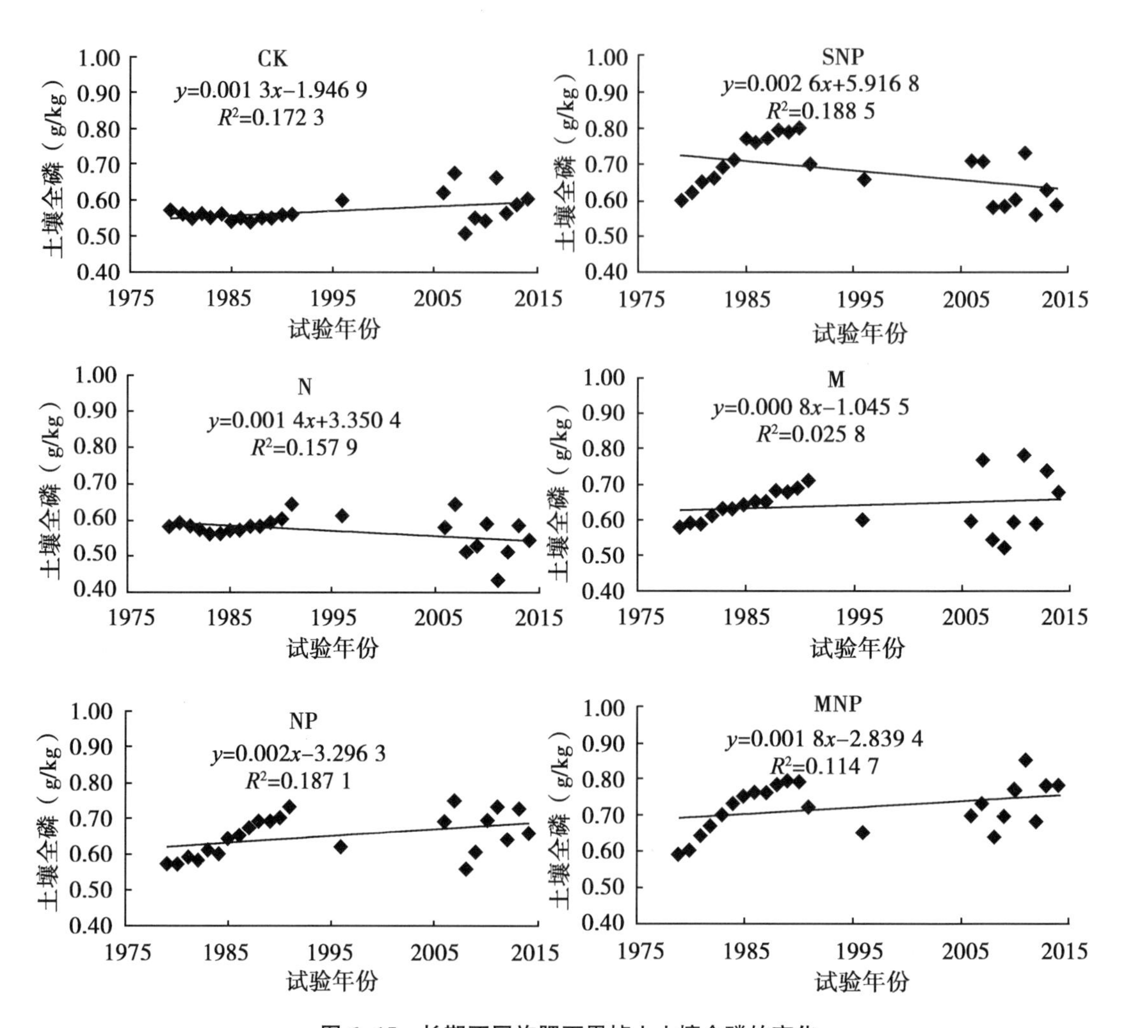

图 6-15　长期不同施肥下黑垆土土壤全磷的变化

0.86mg/kg 的速度下降，这似乎与黄土高原土壤富钾和土壤钾很少成为限制因素的一般认识不一致。当每年增施有机肥时，M、MNP 处理的土壤速效钾每年以 4.75mg/kg、4.60mg/kg 的速度增加，与有效磷一样，土壤速效钾呈现逐年富集。大量增施化肥后土地生产力日益提高，黄土高原旱地农田土壤钾的带走也不断增加，土壤速效钾含量势必下降。因此，在黄土高原以小麦、玉米为主的禾谷类轮作和以化肥为主的施肥制中，速效钾的下降应引起足够的重视，因为长期以来农民一直认为土壤 K 含量高，粮食生产很少施用化学钾肥，没有意识到大量增施 NP 后土壤钾的逐年亏损问题。

三、长期施肥对旱塬黑垆土铵态氮和硝态氮的影响

（一）长期施肥对土壤剖面硝态氮和铵态氮含量的影响

1. 土壤剖面硝态氮含量的变化

不同施肥措施对黄土旱塬土壤剖面硝态氮含量产生了显著的影响（表 6-25）。经

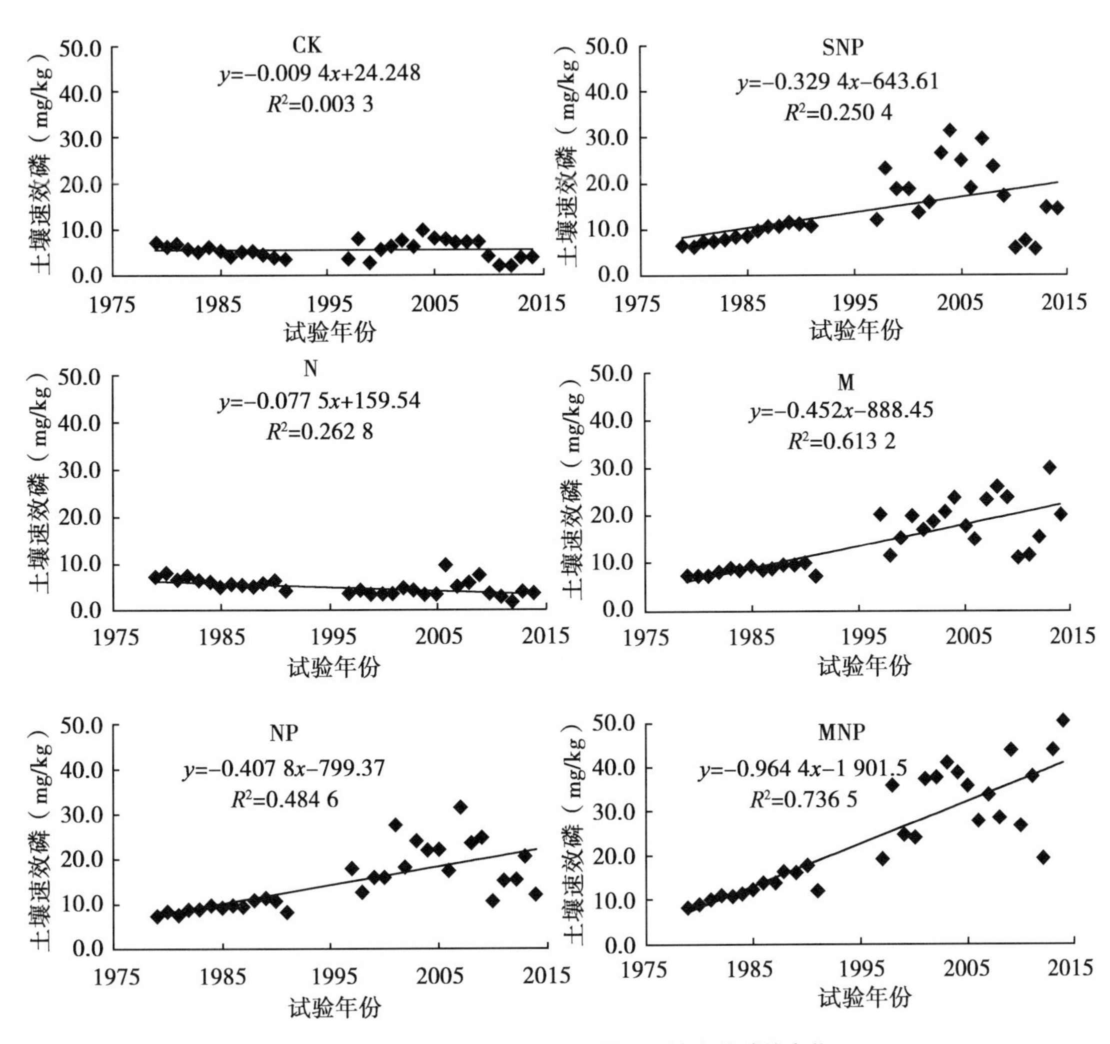

图 6-16　长期不同施肥下黑垆土土壤有效磷的变化

过 30 多年不同施肥处理与雨水的淋溶，NO_3^--N 的分布发生了显著变化，各处理 0~20cm 耕层中 NO_3^--N 含量最高。长期不施肥和单施化肥 0~20cm 土层 NO_3^--N 含量显著减少，约为 MNP 处理的 38%；长期不施肥时土壤本身矿化的硝态氮也通过降水向土壤深层移动，但移动数量较少，长期单施氮肥（N）增加了 NO_3^--N 向深层运移的数量，在 80~100cm 处形成了明显的积累层，在该层 N 处理的硝态氮含量达到 7.589mg/kg，是 NP 处理的近 7 倍。长期施用有机肥和秸秆还田可大幅度提高 0~20cm 耕层的硝态氮含量，降低 NO_3^--N 向深层的转移，80~100cm 土层 NO_3^--N 含量不足 0.5mg/kg。M、MNP 和 SNP 与 CK、N 和 NP 处理之间 0~20cm、80~100cm 耕层土壤 NO_3^--N 含量差异达极显著水平。

2. 土壤剖面铵态氮含量的变化

不同施肥处理对土壤剖面铵态氮含量的影响显著（表 6-25），各处理 0~20cm 耕层中

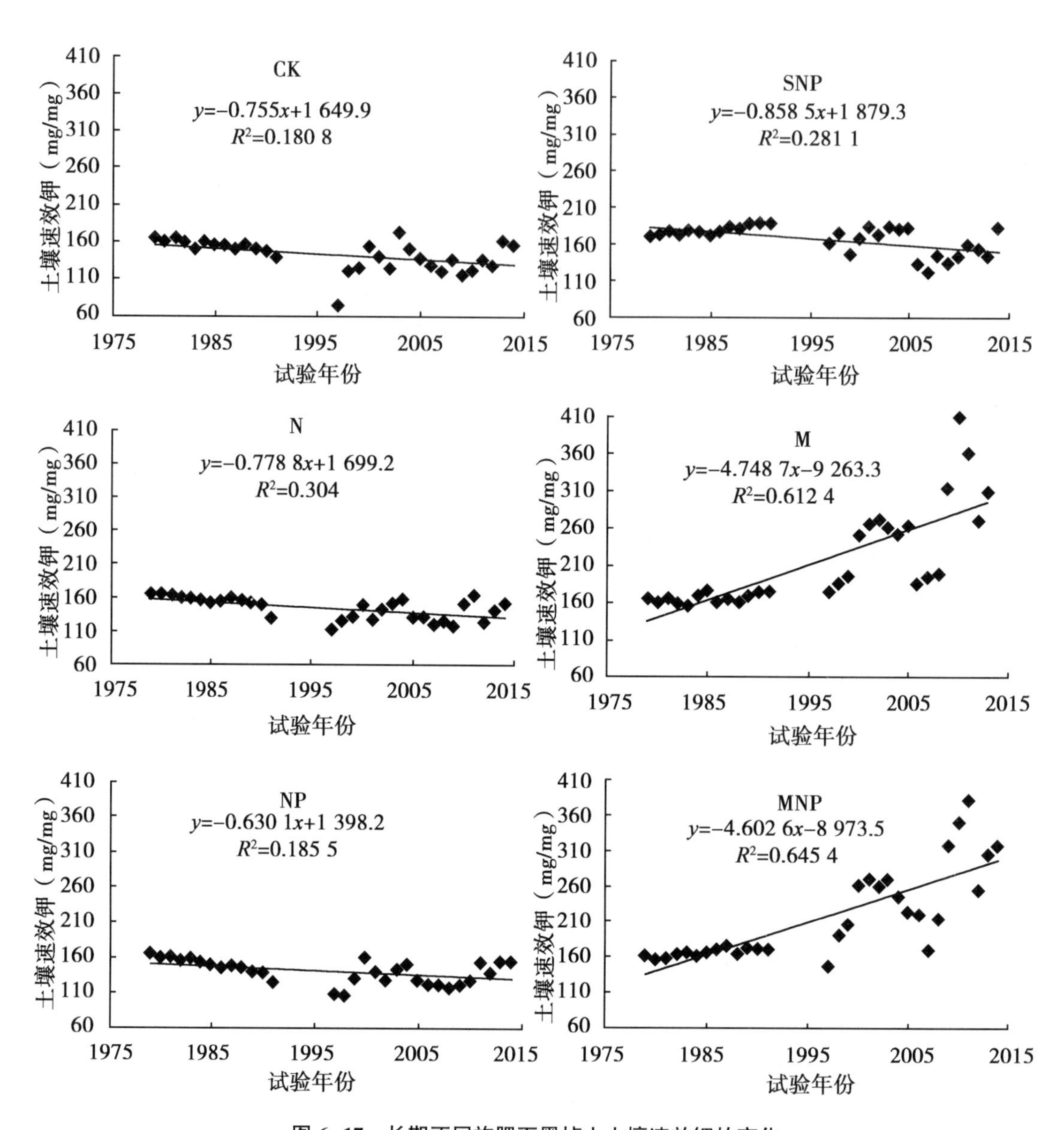

图 6-17　长期不同施肥下黑垆土土壤速效钾的变化

NH_4^+-N 含量最高，从表层到底层基本依次降低。长期单施氮肥处理 0~100cm 剖面各层土壤 NH_4^+-N 含量分别均高于其他处理，其次为不施肥处理，MNP 处理 0~100cm 剖面各层次土壤中 NH_4^+-N 含量也相对较高；NP 处理的耕层和 60cm 以下土壤中 NH_4^+-N 含量均低于其他处理，0~40cm 土层 NH_4^+-N 含量不足 N 处理的 50%，60cm 以下土壤中 NH_4^+-N 含量不到 N 处理的 10%。CK、N 和 MNP 处理与其他 3 个剩余处理之间耕层土壤 NH_4^+-N 含量差异达极显著水平。

表 6-25　长期施肥下土壤剖面硝态氮和铵态氮含量（2012 年）　（单位：mg/kg）

项　目	土层深度（cm）	不同处理硝态氮和铵态氮的含量					
		CK	N	NP	SNP	M	MNP
NO_3^--N	0~20	15.99dD	16.24 dCD	14.91dCD	20.99cBC	24.93bB	38.93aA
	20~40	6.96cC	5.52dD	4.62eE	4.49eE	8.22bB	9.47aA
	40~60	0.15dD	2.52bB	1.75cC	0.37dD	2.30bB	5.95aA
	60~80	0.47dD	4.39aA	0.82cC	1.42bB	0.77cC	1.40bB
	80~100	1.05bB	7.59aA	1.10bB	0.05dD	0.40cC	0.15dD
NH_4^+-N	0~20	15.92aA	15.98aA	7.30cD	11.96bBC	8.89cCD	15.28aAB
	20~40	3.44cC	5.91aA	2.32dD	1.75eE	1.07fF	3.97bB
	40~60	3.57dC	4.54aA	1.28fE	3.86cBC	4.14bB	1.75eD
	60~80	2.42dD	3.52bAB	0.25eE	3.90aA	3.05cC	3.47bBC
	80~100	0.90eE	2.97aA	0.25fF	1.75bB	1.32cC	1.10dD

注：同列数据后不同大、小写字母分别表示处理间差异达 5%和 1%显著水平

（二）长期施肥对土壤剖面硝态氮和铵态氮积累及其分布的影响

1. 土壤剖面硝态氮的积累及其分布

不同施肥处理对 0~100cm 剖面中硝态氮的积累也有显著影响（表 6-26）。经过 30 多年的定位施肥和耕作，0~100cm 土层中硝态氮积累总量和在各层中的分布差异明显，CK、N 和 NP 处理 0~20cm 耕层积累的硝态氮量接近，但 N 处理耕层硝态氮积累量只占 0~100cm 土层总量的 42.78%，远低于其他处理，而 60cm 以下土层中硝态氮积累量和比例远高于其他处理，尤其是 80~100cm 土层的硝态氮比例达 22.18%，是 CK 和 NP 处理的近 5 倍、SNP 处理的 21 倍；在 80~100cm 土层中硝态氮含量达到 23.98kg/hm^2，是 NP 处理的近 7 倍、MNP 处理的 51 倍；长期施有机肥和秸秆还田 0~100cm 土层的硝态氮 60%以上分布在 0~20cm 的耕层土壤中、83%以上分布在 0~40cm 土层中、SNP 处理最高达 92.6%。长期施用有机肥和秸秆还田与不施肥、单施化肥处理间耕层土壤硝态氮积累量差异达极显著水平，长期单施氮肥与其他 5 个处理间 80~100cm 土层的硝态氮积累量差异也均达极显著水平。

2. 土壤剖面铵态氮的积累及其分布

长期不同施肥对黄土旱塬农田土壤 0~100cm 剖面中铵态氮的积累和分布的影响也很大（表 6-26）。经过长期定位施肥和耕作，0~100cm 土层中铵态氮的积累总量和在各层中的分布差异较大，0~100cm 土层中铵态氮积累总量的高低顺序为 N>CK>MNP>SNP>M>NP。CK 和 N 处理 0~20cm 耕层积累的铵态氮量接近，但 N 处理 0~20cm 耕层积累的铵态氮只占 0~100cm 土层铵态氮总量的 46.7%、略高于单施农家肥（M）处理，而 20~100cm 各层中铵态氮积累量和比例均高于其他处理，尤其是 80~100cm 土层的铵态氮比例接近 10%、分别是 CK 和 NP 处理的 2.7 倍和 4.3 倍。CK 和 N 与其他 4 个处理间耕层土壤

NH_4^+-N 积累量差异达极显著水平。

表 6-26 长期施肥下土壤剖面硝态氮和铵态氮的积累分布（2012）（单位：kg/hm^2）

	土层深度（cm）	不同处理硝态氮和铵态氮的积累量					
		CK	N	NP	SNP	M	MNP
NO_3^--N	0~20	41.57eC	46.25dC	40.70eC	57.74cB	62.58bB	90.71aA
	20~40	20.87bB	16.05cC	13.18dC	12.84dC	22.95bB	28.03aA
	40~60	0.45eD	7.97bB	4.90dC	1.14eD	7.07cB	18.79aA
	60~80	1.43dC	13.87aA	2.31cC	4.33bB	2.38cC	4.42bB
	80~100	3.16bB	23.98aA	3.08bB	0.15cBCb	1.23cC	0.47cBC
	0~100	67.48eE	108.12bB	64.17eE	76.2dD	96.21cC	142.42aA
NH_4^+-N	0~20	41.39Ab	45.54Aa	19.94dC	32.89cB	22.30dC	35.60cB
	20~40	10.32Bc	17.21Aa	6.62dC	4.99fD	2.99eC	11.76bB
	40~60	10.78Bb	14.36Aa	3.57cC	11.75bAB	12.76abAB	5.53cC
	60~80	7.31Cc	11.11Aa	0.70dD	11.85aA	9.39bB	10.97aA
	80~100	2.72De	9.39Aa	0.70fE	5.31bB	4.08cC	3.47dC
	0~100	72.52Bb	97.61Aa	31.53eE	66.79cC	51.52dD	67.33cC

注：同列数据后不同大、小写字母分别表示处理间差异达 5%和 1%显著水平

NO_3^--N 和 NH_4^+-N 是土壤中主要的矿质氮，通过硝化作用和反硝化作用相互转换，旱地土壤中的硝化作用强于反硝化作用，大量研究表明旱地土壤中的硝化作用受土壤水分、通气条件、温度、pH 值、施入肥料的种类和数量、耕作制度和植物根系等多种因素的影响。本研究中长期不施肥、单施化肥处理的 0~20cm 耕层土壤 NO_3^--N 显著减少，尤其是单施无机氮肥，即长期不平衡施肥导致土壤养分失衡、特别是有效磷的亏缺，导致作物对NO_3^--N 吸收利用减少，在施氮量 90kg/hm^2 条件下耕层 NO_3^--N 也超过作物需求，同时由于长期偏施无机氮肥导致土壤结构变差，耕层土壤的 NO_3^--N 蓄保能力降低，富余 NO_3^--N 淋移到下层，使 80~100cm 土层中 NO_3^--N 大量积累、氮素的利用率降低；相反施有机肥、秸秆还田和化肥配施使土壤中更多的 NO_3^--N 保留在耕层，减少了 NO_3^--N 向土壤深层的淋移和累积，这与樊军、党廷辉和郝明德等在陕西长武定的研究结果基本一致。

长期单施氮肥 0~100cm 剖面各层土壤 NH_4^+-N 含量分别均高于其他处理，说明尽管投入土壤化学氮只有 90kg/hm^2，但长期单施氮肥导致的土壤养分失衡已成为作物吸收利用矿质氮的障碍，使矿质氮富余、NO_3^--N 随雨水下渗向下淋移、NH_4^+-N挥发损失和残存于土壤中，同时也说明长期偏施无机氮肥导致土壤板结、蓄水通气性能降低，NH_4^+-N 转化为 NO_3^--N 的硝化作用降低。研究认为硝化活性随土壤 pH 值的升高而增强，平凉定位试验已有研究结果表明 30 多年单施氮肥导致土壤 pH 值下降 0.56 个单

位，从而也引起土壤 NH_4^+-N 转化为 NO_3^--N 的硝化活性降低。本研究耕层土壤 NH_4^+-N 含量在 7.3~15.98mg/kg，而 NO_3^--N 含量却相对较低，与樊军、郭胜利等在陕西长武定位试验中的结果有一定差异，有待于进一步深入研究 NO_3^--N 和 NH_4^+-N 转化相关的土壤生物活性。考虑到本试验为旱作雨养区大田试验、无机氮肥投入量较少，因此 NO_3-N 和 NH_4^+-N 的测定只进行了 0~100cm 土层，有些处理 NO_3^--N 分布积累峰值可能在 100cm 土层以下，NO_3^--N 分布积累的研究有必要扩充到更深土层。

长期不施肥、单施化肥时 0~20cm 表层 NO_3^--N 显著减少，即肥料失衡导致土壤结构变差，使氮素在土壤中的存在形态不稳定，易淋移到下层甚至损失掉，相反增施有机肥和秸秆还田改善了土壤结构，使氮素在土壤中的存在形态比较稳定，难以淋移到下层。土壤有机质含量的高低对土壤肥力有着不容忽视的作用，作物所吸收的氮素大约 2/3 是靠土壤有机质分解提供的。通过相关分析可知，各处理耕层有机碳含量与 NO_3^--N 含量成一次线性正相关（$y=3.615\,4SOC-8.613\,7$，$R^2=0.868$），说明有机质对土壤中 NO_3^--N 有保持和供应的作用。因此，在黄土旱地农田增施农家肥、秸秆还田土壤中更多的 NO_3^--N 保留在耕层，减少了向土壤深层累积，环境风险小，肥料利用率高，是一种环境友好型施肥措施。

第五节　长期施肥下旱地农田系统养分循环与平衡

长期施肥后土壤养分变化与作物养分吸收利用发生了明显变化，由此影响着农田养分投入产出状况和肥料利用率，关系到土壤环境质量、施肥效益和土壤持续供肥能力。

一、农田肥料养分投入产出表观平衡状况

长期试验中，肥料投入项包括化肥及农家肥和秸秆 N、P（P_2O_5）和 K（K_2O）施入量，产出包括作物地上部秸秆和籽粒携带量。作物根茬吸收量和归还量、降水沉降、种子带入量尚未考虑。从试验作物养分累计投入产出平衡值来看，不同施肥处理 N、P、K 养分盈亏量及盈亏率[（投入-产出)/产出］差异很大。

（一）氮素养分盈亏状况

长期不施肥、NP、SNP 处理的 N 素投入量小于作物携带量，土壤 N 素为负平衡（表 6-27），说明长期不施肥尽管作物产量水平始终很低，但每年很低的作物生产自然加剧了土壤 N 素的耗竭，每公顷仅施 90kg 化肥 N 也无法满足旱地小麦玉米一年一熟产量增加的需求，N 的亏损率分别为 100%、10.84%、6.67%，偏施 N 处理由于磷素限制养分投入大于作物携带量，土壤氮素出现盈余，盈余率 7.87%。M、MNP 处理 N 素投入量大于其他任何处理，投入量大于携带量，土壤氮素盈余，盈余率 33.45%、52.95%。因而，长期增施农家肥对持续提高土壤供氮能力有积极作用。

表 6-27　长期施肥 N 素投入产出平衡及表观回收率和利用率

项　目		CK	N	NP	SNP	M	MNP
投入 N（t/hm²）	化肥 N	0	2.88	2.88	2.88	0	2.88
	有机物 N	0	0	0	0.48	3.79	3.79
	合计 N	0	2.88	2.88	3.36	3.79	6.67
产出 N（t/hm²）		1.48	2.67	3.23	3.60	2.84	4.36
N 平衡盈亏量（t/hm²）		-1.48	0.21	-0.35	-0.24	0.95	2.31
N 平衡盈亏率（%）		-100	7.87	-10.84	-6.67	33.45	52.98
N 表观回收率（%）		—	41.2	60.8	63.1	35.8	43.2
N 肥农学利用率（kg/kg）		—	7.27	30.39	28.66	21.19	17.55
N 肥生理利用率（kg/kg）		—	16.65	49.98	45.43	59.15	40.65

（二）磷素养分盈亏状况

从磷素投入产出平衡值来看（表 6-28），施磷处理养分投入量大于作物携带量，土壤磷素库收支为明显正平衡，这与土壤有效 P 不断富集趋势一致，NP、SNP、M、MNP 处理平衡盈余率依次为 233.3%、70.7%、357.1%和 488.7%，隔年施磷 SNP 盈余率最低，特别是增施有机肥、有机肥与化肥配施，土壤磷大幅度盈余。有机肥与化肥配施，磷投入量是二者单施之和，总平衡大于二者分别施用之和，即增加了土壤磷素富集。长期不施肥、单施化肥无磷素投入，作物不断消耗土壤潜在磷库导致磷素不断亏损。磷是不可再生资源，应充分利用有机肥中的磷，适当减少化肥磷素投入量。

表 6-28　长期施肥 P 素投入产出平衡及表观回收率和利用率

项　目		CK	N	NP	SNP	M	MNP
投入 P（t/hm²）	化肥 P	0	0	2.40	1.20	0	2.40
	有机物 P	0	0	0	0.08	3.84	3.84
	合计 P	0	0	2.4	1.28	3.84	6.24
产出 P（t/hm²）		0.43	0.46	0.72	0.75	0.84	1.06
P 平衡盈亏量（t/hm²）		-0.43	-0.46	1.68	0.53	3.00	5.18
P 平衡盈亏率（%）		-100	-100	233.30	70.70	357.1	488.70
P 表观回收率（%）		—	—	11.8	24.9	10.5	10.0
P 肥农学利用率（kg/kg）		—	—	36.47	75.05	20.91	18.76
P 肥生理利用率（kg/kg）		—	608.66	303.37	296.76	196.75	

（三）钾素养分盈亏状况

长期单施化肥无钾素投入，黄土高原农田作物生产全部靠消耗土壤钾素，每年消耗土壤母质钾素 46~60kg/hm^2，钾素投入量始终不低作物携带量，土壤钾长期处于负平衡状态，亏损程度与施钾途径及投入量有密切关系。本地区一直没有施用化学钾肥的习惯，长期以来依赖农家肥归还土壤钾素。长期不施肥、单施化肥（NP、N）处理钾素亏损率100%，在施化肥基础上增加秸秆还田后钾素亏损率仍然在 50.7%。增施农家肥由于其富含钾素（农家肥鲜重 K_2O 含量 1.482%），农田钾素投入量明显大于作物携带量，钾素盈余率达到 1 311.5%（表 6-29），这与土壤速效钾逐年增加的趋势是一致的。因此，农家肥在维持和提升黄土高原旱地农田供钾能力方面意义重大。

表 6-29　长期施肥 K 素投入产出平衡及表观回收率和利用率

项　目		CK	N	NP	SNP	M	MNP
投入 K（t/hm^2）	化肥 K	0	0	0	0	0	0
	有机物 K	0	0	0	1.03	35.57	35.57
	合计 K	0	0	0	1.03	35.57	35.57
产出 K（t/hm^2）		1.48	1.95	1.70	2.07	2.52	2.52
K 平衡盈亏量（t /hm^2）		-1.48	-1.95	-1.70	-1.05	33.05	33.05
K 平衡盈亏率（%）		-100	-100	-100	-50.70	1 311.5	1 311.5
K 肥生理利用率（kg/kg）		—	44.85	401.07	162.70	77.15	112.39

二、长期不同施肥的肥料表观回收率

以往大量短期研究结果表明，我国农田氮肥当季利用率 30%~40%、磷肥 10%~25%、钾肥 45%左右，这不仅造成了严重的资源浪费，还会引发农田及水环境的污染问题。长期定位施肥试验经过了较长的时间尺度，经历了不同气候年份、不同作物品种，因而可以减少试验误差，较准确地评估肥料利用状况。肥料表观利用率（%）=（施肥区吸收养分量-无肥区作物养分吸收量）×100/施肥量实际上是一个累计利用量的概念，能较完整地反映施入土壤中肥料利用的宏观问题。

（一）氮素表观利用率的变化

在旱地小麦与玉米的一年一熟轮作制中，N 素表观利用率平均值在 35%~63%（表 6-27），但不同施肥处理之间差异很大。长期单施化肥氮肥的 N 素表观利用率平均 41.2%，施化肥 NP、秸秆还田与 NP 结合提高到 60.8%、63.2%，明显高于氮肥的当季利用率，即氮素化肥连续使用时间越长，其累计利用率不断增加，可达到 60%以上，化肥氮磷配合较单施氮使 N 素表观利用率提高近 50%，显著减少投入农田化肥氮的损失。单施有机肥处理氮投入较单施化肥处理增加约 30%，N 素表观利用率减少，平均只有 35.8%，有机肥与化肥 NP 配合氮投入是化肥 NP 处理的 2.32 倍，N 素表观利用率 43.2%，同样较 NP 处理减少，但较单施有机肥处理增加 7.4 个百分点。有机肥与化肥配施时，N 素累计利用率大致等于二者分别单施的代数之和，并无明显交互作用。大量研究表明，投入农田土壤中化肥 N 的平均损失率 33%、有机肥 N 平均损失率 26%，说明有机肥与化肥配施投入 N 与作物携带的 N 都增加了，但累计利用率要比单施化肥氮的利用率降低，单施 NP 化肥时投入的 N 素 60%以上通过作物携带移出农田、1/3 挥发损失掉，残留在土壤中的很少，难以起到培肥土壤的作用，而有机肥与化肥配施投入 N 素的近 45%是通过作物生产移出土壤、约 1/4 损失掉了，剩余的约 30%残留在农田土壤中，持续培肥土壤和增加作物氮素供应。因此，有机肥无机结合是旱地长期坚持的施肥培肥措施，为了提高氮素表观利用率可适当减少氮素化肥用量。

（二）磷素表观利用率的变化

从长期试验中 P 素的表观利用率来看（表 6-28），各处理 P 的利用率在10.0%~24.9%。有机肥投入的 P 素有相当一部分是迟效性磷，单施有机肥 M 处理的 P 素利用率平均为 10.5%，化肥 NP 处理中 P 素的利用率 11.8%，有机肥与化肥配施磷投入量是二者分别单独的代数和，但作物携带的磷量 MNP 处理只有 M、NP 单施之和的 67.9%，P 素利用率（10.0%）与 NP、M 处理的基本相当，即有机肥 P 与化肥 P 配施并未提高投入总磷的累计利用率，大部分磷残留在土壤中。这与磷肥有较长的后效，施入土体后淋失、挥发的可能性不大，利用率不高有关。但在秸秆还田与隔年施磷的 SNP 处理中，化肥 P 投入量减少了 50%，P 素利用率提高到 24.9%，是其他施 P 处理的 2 倍多。这些结果与王旭东等人的研究结果基本一致，C/P 小的粪肥磷素回收率与化肥磷相当。旱地农田土壤较低的磷素表观利用率与土壤有效磷逐年高度富集相对应，说明每年施磷肥或过量施磷肥是没有必要的，隔年施磷应是坚持的一条原则。

三、长期不同施肥的肥料农学效率和生理利用效率

（一）不同施肥制度下肥料的农学效率

农学效率也称农学利用率[（施肥区产量-不施肥区产量）/施肥量]，表示每千克 N、P、K 增产的粮食。NP、SNP 处理的 N 肥农学效率高到 30.39kg/kg、28.66kg/kg，P 肥农学效率 36.47kg/kg、75.05kg/kg，在所有处理中均较高；单施有机肥 M 的 N、P 肥农学效率次之，约为 20~21kg/kg，特别是 MNP 处理产量尽管最高，但其农学效率相对较低，约为 17~18kg/kg；单施 N 的农学效率最低（7.14kg/kg），这与其产量较低有关。

（二）不同施肥制度下肥料的生理利用率

肥料生理利用率[（施肥区产量-不施肥区产量）/（施肥区作物养分吸收量-不施肥区作物养分吸收量）] 是反映作物所吸收肥料转化为经济产量的能力。就 N 肥的生理利用率而言，单施农家肥最高，为 59.2kg/kg，MNP、NP、SNP 处理在 40~50kg/kg，单施 N 最低，为 16.65kg/kg，这可能由于磷的限制，吸收的养分较多地积累在秸秆和叶片等非产量器官中，增施农家肥后 N 肥有较高的经济转化能力。增施化学 N 促进了土壤潜在磷和施入磷的利用与经济转化，显著提高了磷的经济转化能力，单施氮肥处理 P 的生理利用率高达 608.7kg/kg，NP 处理 303.4kg/kg，SNP 处理 296.7kg/kg，M、MNP 处理在 186~196kg/kg。化学氮磷配施明显促进了土壤中 K 的消耗和经济产出，NP 处理土壤钾生理利用率 401.1kg/kg，秸秆还田、农家肥与 NP 结合降低了 K 的生理利用率，为 162.7kg/kg、112.4kg/kg，单施农家肥 M 与 MNP 处理投入农田 K 的数量、作物携带量基本一样，但前者 K 的生理利用

率较后者减少 31.4%，这是由于 MNP 处理作物籽粒产量较高的缘故。单施 N 肥固然也提高了土壤潜在 K 的消耗与经济利用，土壤 K 的生理利用率 44.8kg/kg，仅是土壤 P 生理利用率的 7.4%，说明长期单施化肥 N 作物携带 K 的数量显著高于携带 P 的数量，K 的经济转化能力显著低于 P，从另一个侧面证实单施化肥 N 加剧了土壤潜在 K 素的消耗。

总之，黑垆土是我国黄土高原典型的土壤类型，主要分布在粮果集中的黄土旱塬区，其不同施肥措施下土壤肥力演变规律和施肥培肥技术模式研究，对区域粮食持续增产能力提升具有十分重要的意义。通过旱地小麦玉米一年一熟制下长期施肥研究及数据挖掘，取得了以下 5 个方面的结论。

1. 降水和施肥是影响旱地黑垆土作物产量的主导因素，降水趋势性减少是作物产量降低的主要原因，但肥料的增产作物仍十分明显，应坚持有机无机结合的施肥原则

在长期试验期间，小麦生长年度降水、生育期降水明显减少，玉米生产度降水、生育期降水增减不明显，小麦生长水分胁迫逐渐加剧，玉米生长的水分条件要好于小麦，由此致使小麦产量趋势性下降，玉米产量趋势性增加。每年玉米的增产量及其占产量变异的比例显著高于小麦的减产量及其占产量变异的大小，这为压夏（麦）扩秋（玉米）、调整种植结构提供了依据。但无论气候如何变化，施肥显著增产，施肥对小麦产量的影响为 MNP>SNP>NP>M>N>CK，玉米产量为 MNP>SNP>M>NP>N>CK。在 MNP 施肥结构中化肥、有机肥的增产贡献率为 52.2%、47.8%，即有机无机结合是旱地粮食增产应长期坚持的基本原则。然而，长期不施肥小麦（1.5t/hm^2）、玉米产量（3.5t/hm^2）基本稳定，年际之间产量的变异系数却较高，说明在黄土高原农田自然生态系统中，如果长期没有外界养分的投入，作物只靠黄土母质分解释放养分和大气养分沉降维持低产，产量在低水平上与降雨同步波动。SNP、NP 处理之间的小麦产量，NP、SNP、M 处理之间的玉米产量比较接近，即秸秆还田、农肥在确保增产方面具有重要的作用。

2. 长期增施有机肥、秸秆还田显著增加了黑垆土土壤碳的固定与积累，提高了活性有机碳的比例，固碳增量主要分布在沙粒和大团聚体中，但微团聚体对土壤固碳作用显著大于大团聚体，对土壤碳的固定于保持具有重要作用

长期施肥有效促进了黑垆土耕层有机碳的固定与累积，长期不施肥仅靠根茬投入碳提高土壤有机碳水平，其余所有肥料处理 SOC 均随试验年限的延长而显著增加，特别是施用有机肥、秸秆还田土壤年固碳速率达到了 0.241~0.358t C/hm^2。不同的施肥结构投入农田土壤的碳数量和质量影响其转化率，作物根茬投入 C 的转化率最高，在 44%~60%，其次是有机肥投入 C 的转化率，约 24%，秸秆还田输入 C 的转化率最低，接近 14%。长期增施有机肥料和秸秆还田后，旱地农田土壤增加的 SOC 主要固定在>53μm 的沙粒+OM 中，长期单施化肥固定在沙粒中的有机碳含量是有机无机配施的 1/2 左右，黑垆土中沙粒占土壤颗粒机械组成 1.1%~2.5%，固定了总有机碳的 5.4%~5.7%，粗粉沙粒占 69.7%，固定了 20.0%~25.0%总有机碳，即施肥对沙粒级有机碳变化影响最大，沙粒级有机碳增幅显著大于总土有机碳增幅，对施肥最敏感，可作为表征土壤有机碳响应土壤管理措施变化的指标。长期增施有机肥、秸秆还田提高了土壤活性有机碳含量及土壤颗粒有机碳（POC）与矿物结合态有机碳（MOC）的比率，提高了土壤有机碳活性，改善了土壤有机碳质量。土壤碳的固定和养分保持功能主要以团聚体为载体，施肥显著增加了团聚体有机

碳氮含量，土壤年固碳速率同大团聚体（>250μm）、微团聚体（<53μm）中的有机碳含量、氮含量呈显著的增加关系。虽然增施有机肥、秸秆还田后大团聚体比微团聚体贮藏更多的碳氮养分，但每增加 1 个单位微团聚体碳含量的土壤固碳率显著高于大团聚体，同样，增加 1 个单位微团聚体含氮量的土壤固碳率远大于大团聚体，微团聚体对土壤有机碳的贡献是大团聚体的 2 倍多，这预示着微团聚对土壤有机碳的保护至关重要。

3. 施肥同步提高了有机质的腐殖化与矿化，但腐殖化系数显著大于矿化系数，使土壤有机碳逐年增加并符合 Jenny-C 模型变化规律

有机质是土壤可持续利用最重要的物质基础，土壤有机质的腐殖化（C 的截取）与矿化（C 的消耗）是碳循环两个同等重要的相反过程，决定着土壤有机质的积累与消耗。长期施肥增加了作物光合作用固定 CO_2 并转化成相当数量的植物残体和分泌物，一方面提高了土壤有机碳的固定率（腐殖化系数），另一方面增加了土壤微生物碳氮含量，提高了土壤微生物商、氮的植物有效性、土壤基础呼吸和土壤酶活性，加快了土壤有机碳的分解（矿化系数），从而使土壤养分的形态发生变化，提高土壤养分的有效性。研究结果表明，施肥同步增加了有机质的腐殖化系数与矿化系数，但投入土壤有机碳的腐殖化系数在 14%~60%，远远高于 1. 75%~4. 31%的矿化系数，使得土壤有机碳逐年积累。长期不施肥通过土壤根茬归还投入 C，腐殖化系数高达 60. 23%，矿化系数只有 1. 75%；增施有机肥后腐殖化系数 24%左右，矿化系数 2. 75%~4. 31%。长期增加 N 源、C 源（秸秆、有机肥）促进了有机质矿化与激发效应，矿化系数成倍增加，MNP 处理达到 4. 31%。旱地黑垆土土壤有机碳的增加符合 $SOC_t=SOC_e+(SOC_0-SOC_e)\ e^{-kmt}$ 的 Jenny-C 模型，即长期增加有机物料土壤有机碳均显著提高，达到一定程度后增加幅度减缓，逐渐达到平衡点。单施化肥增加了根系和根茬还田量，土壤有机碳平衡点为 10~12g/kg，秸秆还田加 NP、有机无机结合后提高到 13~14. 5g/kg（相当于土壤有机质 2. 2%~2. 5%）。因此，从目前土壤有机碳的实测结果来看，黄土旱塬黑垆土经过 30 多年的长期耕作和施肥，土壤有机碳还未达到饱和点，还有较大的固碳潜力。

四、长期施肥改变了土壤养分变化特征，为合理施肥提供了依据

不同施肥方式明显影响土壤氮磷全量养分和有效养分平均值的变化，土壤养分出现不同程度的富集。长期增施有机肥和秸秆还田提高了土壤全氮、全磷含量，单施化肥（N、NP）对土壤全氮变化影响不大。氮磷钾速效养分同土壤全量养分的变化相类似，但速效养分增加幅度要显著高于全量养分的增加，尤其是有效磷、速效钾在土壤中明显富集。长期单施化肥加剧了土壤有效磷、速效钾的过度消耗。与全氮变化不同的是，随着试验年限的延长，土壤速效氮均呈现下降趋势，这可能与每年作物产出带走氮多、投入土壤化学氮（只有 90kg/hm^2）与农家肥含氮量低等有关。土壤耕层有机碳与 NO_3^--N 含量成显著正相关，有机质的提高对土壤中 NO_3^--N 的保持和供应具有重要作用，长期增施肥有机肥和有机无机结合使更多的 NO_3^--N 保留在耕层，减少了向土壤深层累积，环境风险小。总磷的变化未呈现规律性增减关系，而有效磷的变化与总磷明显不同，长期不施肥有效磷保持稳定，单施 N 导致有效磷含量明显降低，增施有机肥后有效磷呈现明显富集趋势，土壤 P 超过了作物的实际需要。长期不施肥或单施化肥，导致土壤速效钾趋势性下降，这似乎与

黄土高原土壤富钾和土壤钾很少成为限制因素的一般认识不一致，只有增加有机肥后土壤速效钾逐年提高，因此，在以小麦、玉米为主的黄土高原禾谷类旱地轮作和以化肥为主的施肥制中，应重视化学钾肥的施用。

五．合理施肥维持了旱地农田系统养分的良性循环与表观平衡，提高了肥料利用率，为土壤培肥和粮食生产提供了支撑

旱地不同施肥措施明显改变了农田土壤养分变化与作物养分吸收利用状况，对农田系统养分循环及表观平衡和肥料利用产生了深刻影响。长期不施肥或单施 NP 投入农田的氮、钾不低作物携带量，土壤氮、土壤钾呈现负平衡，偏施化学 N 除土壤 N 有盈余外，加剧了土壤 P、K 的负平衡，尤其是土壤 K 的消耗大于 P 的消耗，增施有机肥后土壤养分出现明显的正平衡，其盈余程度 K>P>N。同以往肥料当季利用率相比较，长期施肥提高了表观利用率，施化学肥料 NP 的 N 素表观利用率超过了 60%、P 肥表观利用率接近 12%，单施化肥 N 和有机肥无机结合 N、P 表观利用率依次为 40%~45%、10%，隔年施磷的 P 表观利用率接近 25%，有机肥中 N 的表观利用率约 36%。由此可见，单施化肥 NP 具有增产和提高肥料利用率及农学、生理效率的作用，但起不到培肥作用，增施有机肥虽然肥料利用率偏低但增产和土壤培肥作用明显，是一项可持续的施肥培肥增产技术模式。有机无机配施时化学肥料应减量施用，以提高肥料利用率；秸秆还田后归还土壤大量碳及养分，降低土壤养分负平衡，缓慢提高土壤肥力水平，肥料表观利用率和农学及生理利用率相对较高，应大力倡导小麦、玉米机械化还田技术，提高秸秆还田量，维持养分平衡，提高地力水平，藏粮于地，增强旱地粮食生产能力。

第六节　旱作农田施肥原则及关键技术

干旱缺水，降水有效性差及年内季节分配不均，降水与作物需水错位是导致旱地农田生产力低和施肥难以奏效的主要原因。尤其是近十多年来，环境旱化趋势明显，更加剧了旱地施肥问题的复杂性，应把握一些施肥的基本原则与关键技术。

一、坚持有机无机肥结合旱地基本的施肥制度

新中国成立以来，我国西北旱作农业生产中的肥料结构发生了明显变化。20 世纪 80 年代以前旱地农田主要靠施用有机肥料、种植绿肥以提供作物所需养分和维持土壤肥力，这种有机旱作农业的主要特征是农田作物生产力提高缓慢，年际间波动性较大。随着人增地减矛盾的日趋尖锐，有机旱作农业难以满足人口日益增长对农产品的需求，80 年代以来，化肥工业迅速发展，人们对化肥的增产作用得以认识，农田化肥用量增大，形成了有机无机肥配合施用的局面，农田生产力得到较大幅度提高。目前在肥料施用结构上，化肥用量仍在不断上升，有机肥绝对用量变化不大，相对比例有所下降。化肥已成为农田产量提高的主导肥力因素。但旱地农田生产力的持续提高仍然要重视有机无机肥的有效结合。

（一）有机无机结合有利于营养比例协调

施用有机肥料既供应了作物需要的各种养分，也改变了土壤养分的供应状况，特别是

各种营养元素的比例。因此，施用化学肥料必须考虑有机肥料的施用状况及养分供应特点。据我们在甘肃镇原测定，垫土的猪圈粪含氮 1.8g/kg，含 P_2O_5 2.4g/kg，有效氮 210mg/kg，有效磷 315mg/kg。从作物吸收营养元素的比例来看，养分完全，但磷多氮少，比例不适。猪圈肥也是如此，堆肥和畜圈粪中养分不协调的情况更为严重。3 年的研究结果表明，单施有机肥小麦产量 3 097.5kg/hm^2，氮磷有机肥配合施用的小麦产量 4 377kg/hm^2。甘肃平凉长期试验结果表明，受降水时空分布不均的影响，化肥的肥效在年际间波动较大，丰水年每 1kg 氮素增产小麦 8~10kg，缺水年则不足 2kg，有些年甚至减产。平水年（6 年）的作物产量变化趋势为土粪+NP>NP>秸秆+N>土粪>N>不施肥；丰水年（6 年）为土粪+NP>秸秆+N>NP>土粪>N>不施肥；缺水年（6 年）为非粪+NP>秸秆+N>NP>土粪>N>不施肥。有机肥和无机肥配合产量最高，在不同降水的 3 个年段中增产率分别为 128.7%、158.8%、239.7%，单施氮肥仅高于不施肥而低于其他所有处理。从化肥和有机肥对产量的贡献来看，在平水年、丰水年、缺水年度化肥的贡献分别为 54.1%、58.2%、49.5%，有机肥为 45.9%、41.8%、50.5%；化肥增产中单施氮肥的贡献为 322%、52.7%、18.9%，磷肥的贡献为 67.8%、47.3%、81.1%。化肥和有机肥在旱地增产中具有同等重要的作用，有机无机结合是旱地施肥的基本原则。

（二）有机无机肥结合有利于持续增加旱地农业生产力

一般来说，施用化肥是供给作物养分，而不是以改变土壤性质为目的。而施用有机肥料除了供给作物养分外，主要是改变土壤理化性状、提高土壤肥力。作物在生长过程中，吸收土壤氮素往往比肥料氮素多。从养分平衡角度看，如果要维持土壤氮素肥力，施入的肥料最低限度在经过作物吸收以后，其转变为地力留于土壤的与土壤中释放的氮素应大体平衡，使土壤保持一定的氮素水平。陇东旱塬连续 3 年多点定位试验结果表明，以土壤物理性状、有机质及养分含量和作物产量水平为土壤培肥效果的综合指标衡量时，单施有机肥对增加土壤有机质含量和改善土壤物理性状都有一定好处，但养分供应不足、产量水平较低。单施氮肥易造成土壤磷亏缺，单施磷肥易造成土壤氮亏缺，虽然第一季的增产效果都很显著，但培肥的效果不佳。特别是单施磷肥处理不仅不能培肥土壤，甚至难以保持原有肥力水平，第二年出现肥效下降，第三年出现减产。有机无机肥配合施用，既可增加土壤有机质含量，又可为作物提供充足而平衡的养分、保持高产稳产。平凉的长期定位试验表明：①不同肥料处理对土壤肥力有显著的影响。长期不施肥，土壤有机质和氮磷钾都较试验前下降，单施氮肥时土壤氮磷钾也成下降趋势，氮磷化肥配合施用，土壤有效磷略有增加，土壤氮钾养分下降，尤以速效钾下降幅度最大。但施用有机肥料或者有机无机肥配合时，土壤有机质和氮磷钾养分都有不土同程度的提高。②长期施肥所产生的重组有机质与黏粒结合形成有机无机复合体的能力存在着显著差异，单施氮肥处理低于 30%，NP 配合也小于 50%，而施用有机肥或有机无机配合时，可以达到 65%~80%。有机无机结合，土壤松结态腐殖质含量高于单施、磷施处理，并且使腐殖质组分中“新鲜”的有机质增多，加快了腐殖质的更新，保持了地力常新。

二、高度重视肥料—水分的平衡管理

肥料施用效果与土壤供水有着密切的关系。旱地施肥量少时，难以发挥土壤有效水分的作用，用量多时，造成肥料浪费。因此，按降水—土壤水分存在状况，确定合理的肥料（主要指化肥）用量是旱地农田应长期遵循的一个基本原则。

（一）以土壤贮水确定产量水平和施肥量

旱地农田土壤的供水状况直接影响着肥料的施用效果，肥料用量和供水量之间有着密切关系。要较为准确地估计施肥量，必须以土壤有效水量为依据，根据水分生产效益计算产量，再根据土壤养分丰缺度或当前产量水平，计算达到估计产量的施肥量（主要是施N量）。土壤可利用的水量等于作物播种时的土壤有效贮水加上作物生长期间的有效降水量。水分生产效益指单位面积每毫米有效水分所产生的收获物千克数。同时，可根据施肥量与水分利用效益的函数方程，确定以水分效益最大的优化施肥量。对于以冬小麦为主的越冬作物，底墒在作物产量和耗水量中占相当大的比重，而底墒的形成则是以7—9月的降水量为基础的。黄土高原旱作农田夏休闲期正值雨季，一般夏休闲期降水量300~380mm，占年降水总量的55%~70%，从南向北，年降水量逐渐减少，但夏闲期降水所占比例愈高。穆兴民研究表明，冬小麦夏休闲期仅有2~3成左右降水贮存于土壤。陇东旱塬定位研究结果表明，播前底墒贮量对冬小麦的作用大于生育期降水的作用，小麦产量的40%由播前底墒决定。

我们在陇东旱塬利用人工控水试验建立了冬小麦籽粒产量（Y_2，kg）与播前2m土层平均含水率（W,%）、纯氮施用量（N，kg）、P_2O_5施用量（P，kg）的回归方程：$Y_2=-549.79+87.68W+33.37N-49.07P-1.42WN+2.62WP-2.24W^2-0.17N^2$，$R^2=0.993^{**}$。从方程可以看出，播前底墒和肥料是影响冬小麦产量高低的两个主要因素，底墒、氮肥、磷肥三因素一次项对方程的方差贡献率达到92%，可用一次项系数大小来对试验因素重要性进行排序，即W（87.68）>N（33.37）>P（-49.07）。说明播前底墒的作用最大，即在不同施肥水平条件下，随着播前2m土层土壤含水率增加，冬小麦产量增加。因此，以底墒为基础确定施肥量就显得十分重要。在生育期降雨为多年平均值和肥料不成为限制因素的条件下，确定不同底墒水平下冬小麦产量。计算结果表明，在黄土旱塬传统的保墒耕作制度下，正常降水年型塬地旱作冬小麦产量可达到保证3 000kg/hm^{2}产量水平的播前2m土壤贮水量至少要大于320mm，土壤含水率下限为12.31%，或播前有效贮水与正常年份生育期降水量之和大于400mm；保证3 750kg/hm^{2}产量水平的播前2m土壤平均含水率下限要达到13.85%（360mm），土壤贮水效率达到34.5%以上，或播前有效贮水与正常年份生育期降水量之和≥440mm。因此，旱地农田施肥的前提是必须提高夏休闲期土壤水分的蓄保效率，提高土壤贮水量。

（二）按土壤肥力等级平衡施肥提高水分利用效率

虽然土壤剖面可利用水分的多少是决定肥料利用率水平的关键因素，但养分平衡供给则是提高水肥效率的核心。研究结果表明，不施肥的作物几乎同施肥的作物一样，以同样速度消耗土壤水分，但产量却相当低。营养平衡供给有效地增加了作物蒸腾耗水比例，水分利用率提高，其主要原因是施肥促进了作物根系早而快速的生长，使根系能较快地扎入深层土壤中，更加有效地吸取贮存在深层土壤中的水分。有关研究表明，不施肥小麦根系深度为1.4m，氮磷营养平衡供给的为2.3m，小麦收获时测定，不施肥区140~200cm土层水分平均为17.4%，氮磷配合区的为13%，小麦产量分别为2 661kg/hm^2、5 991kg/hm^2。在陇东旱塬的研究结果也表明，不施肥麦田100~200cm土层土壤供水占总耗水的8%~12%，氮磷农肥配合区为18.5%~24.2%。

三、充分利用肥料后效提高肥料利用率

旱地施肥存在着相当明显的后效，充分重视肥料后效对提高肥料利用率和肥料的经济合理运筹具有重要意义。3年定位试验结果表明，氮肥后效的大小及持续时间受施N量高低和第二季作物施N与否的影响，尤以后者为甚。施N量高，后效大且时间长。第二季施用N肥更能提高第二季作物对第一季所施肥料N的利用率。其原因可能在于第二季所施N肥有利于第一季被固持N的矿化及再利用，也反映出供试土壤进行着较强的生物交换作用。由于农业生产实际中绝大多数作物都是季季施用N肥的，因此仅根据一季作物吸收的氮量估计氮肥利用率是不够全面的。在各项施肥技术中，氮肥用量对氮肥利用率有较大影响。随着氮肥用量的提高，作物吸收的肥料N也在增高，但氮肥利用率则在降低。因此，确定合理施N量是提高肥料利用率的重要措施之一。仅从提高肥料利用率的角度看，玉米的施N量以225kg/hm^{2}为宜，小麦的施N量在150~225kg/hm^2。

在旱地不同的轮作制中，磷肥并不是对每季作物都必须施用。这是因为当季作物只能吸收利用施入磷肥的一少部分，而大部分磷素仍遗留在土壤中，对以后几茬作物都具有后效。一般施磷量大的，后效长；难溶性、弱酸溶性磷肥比之水溶性磷肥的后效长。所以利用磷肥的后效，应考虑到这些因素，以便最大限度地发挥其增产作用。1993~1994年两季冬小麦定位试验证明，施用磷肥可提高土壤有效磷含量，促进小麦的根系发育，增强对土壤水分及养分的吸收利用，提高氮肥利用率及水分利用率。施P_2O_5 75kg/hm^2、150kg/hm^{2}和300kg/hm^{2}时，小麦的增产百分率基本随用量增加而增加（34.3%、44.7%和44.0%），但单位重量P_2O_5的增产和磷肥利用率均随磷肥用量的增加而降低，1kg P_2O_5的增产率依次为246kg、160.5kg和79.5kg，磷肥利用率依次为12.0%、6.2%和4.3%。磷肥不仅当季增产显著，而且有明显后效。第一季磷肥在第二季的增产率依次为41.8%、51.8%和48.2%，1kg P_2O_5依次增产166.5kg，114kg和48kg小麦，分别相当于第一季直接效果的67.7%、71.2%和60.4%。第一季磷肥的后效在很大程度上可代替第二季小麦对新施磷肥的需求，因此，第二季继续施磷时，肥效明显降低。充分利用后效是提高磷肥利用率和经济效益的重要措施。施5kg/亩P_2O_5至少可满足第二季小麦需要，150~300kg/亩P_2O_5可满足更多季作物的需要。鉴此，第一季作物施用磷肥较多时，第二季作物即可减少施磷量或者不施磷肥，如果每季都施，其用量不超过75kg/hm^2 P_2O_5磷为宜。

在有豆科绿肥或豆科作物的轮作制中，磷肥应优先用于需磷较多，吸收磷能力较强的豆科绿肥或豆科作物上。如小麦、豆科绿肥轮作时，对豆科绿肥作物应重点施以弱酸溶性或难溶性磷肥，以充分利用其对难溶性磷肥吸收利用能力强的生理特点，促进根瘤菌的固氮作用，以生产更多的绿色体，实现“以磷增氮”，为后作提供较为丰富的氮素营养。同时，这也是一项“以无机促有机”的重要技术措施。

四、重视旱地施肥技术的改进提高肥料利用率

（一）以底肥为基础、追肥为辅，提高肥料的增产效率

旱作农业区，由于散见性干旱的影响，作物在生长过程中经常遇到“干”和“湿”的交接，施肥效应经常随土壤水分状况而发生变化。有机肥料作底肥，不仅可以满足作物后期需要，也可满足作物生长前期对养分的需要，供给作物终生需要的养分。有机肥在土壤中经过长时间的矿化，提供作物容易吸收利用的速效养分，并且有机肥底施使其处在水分条件较好的土层，可充分发挥有机肥的作用。水分胁迫是旱地农业的主要矛盾，而土壤表层干燥又是旱地农业的基本特征，把有机肥作底肥施，则可提高土壤持水容量，更多地接纳夏季休闲期间的降水，也可使耕层容重下降，孔隙增大，蒸发减少，从而使土壤水分得以增加。无机氮肥仍然以底肥为主，追肥为辅。基肥比例越大，冬小麦对肥料 N 的吸收积累越多，氮肥利用率也越高。同样，磷肥也应以底肥为主，因为它在土壤中积累时间长，肥效也慢。

（二）旱地肥料深施有助于其利用率的提高

肥料深施，即把肥料与较深的土层混合，不但满足作物幼苗需要的养分，也可满足作物整个生长期所需的养分。耕作土壤的特点是表层有效养分含量高，越向深处有效养分越低。旱地作物根系又多集中在水分条件较好而养分条件较差的深层。以磷肥为例，深施不但使小麦根系和分蘖增多，而且也使千粒重和穗粒数增加。氮肥深施可减少其挥发损失，使处在水分条件较好的氮素易被作物吸收利用。李生秀等人研究结果表明，表施氮肥挥发氮损失 79.5%，深施 5cm，损失 15.7%，深施 10cm，仅损失 5.8%。

（三）旱地施肥应提倡早施争取主动

旱地早施肥料可满足作物营养临界期对养分的需要。旱地要充分发挥肥料的增产作用，只有在土壤水分条件良好或在降雨后施用肥料。不管在哪种情况下，均易失误时机，起不到应有的作用。同时，降雨时期并不一定是需肥的高效时期，即使是高效时期，雨后施肥，发挥作用的时间已经偏晚。干旱地区常见的现象是由于水分限制，肥料施入后难以及时发挥作用，只有当土壤的水分条件改善时，肥料的作用才能充分发挥出来，因此肥效有因缺水发生效应“滞后”现象。早施肥料，可争取主动，使肥料及时发挥作用或获得降水后发挥作用。这种“早施晚用”的措施，保证了作物整个生育时期及需肥最多时期的养分要求。在这种情况下，肥料有获得降水在关键时期以及整个生育时期发挥作用的较大概率。

五、推广绿肥插入轮作制化肥氮减施技术

西北地区一季有余、两季不足，除了冬闲田外，还有大量的秋闲田，适合麦后复种绿肥及麦田套作绿肥方式。利用麦类作物收获的两个多月时间种植绿肥作物，是充分利用西北地区雨热资源、涵养耕地的重要手段。绿肥刈青养畜、根茬还田的地块，可减施化肥氮 10%。全部翻压作绿肥的地块，后茬作物的施肥可以减施氮 20%~30%。

栽培豆科绿肥，利用根瘤菌固定空气中氮素，可以增加土壤氮素含量。绿肥含养分的

多少决定于它的种类，年龄和产草量，以1吨鲜重计，一般为：N 4~6kg、$P_2O_5$4~0.5kg、K_2O 3~4kg，非豆科绿肥不增加土壤中的氮。此外，绿肥还能提供大量的有机质，可以改良土壤结构。种植绿肥在夏季生长期吸收土壤中的NO^{3-}→N，可防止NO^{3-}→N的淋失和反硝化作用，起到保氮作用。在黄土高原一年一熟地区，只要在降水量在500毫米以下，年平均气温7~8℃以上，利用夏闲地种植绿肥是有广阔前景的。

麦收后夏闲地复种绿肥，一般在7月上旬播种，播种量随绿肥种类不同而异，—般采用沟播或撒播。翻压期为8月下旬至9月中旬，冬麦区必须在后作小麦播前40天左右翻压，春麦区可迟至9月下旬翻压。以机翻较好，也可用山地犁、步犁翻压。先耱倒，顺耱的方向翻压，也可先刹割地上部分，饲养牲畜，翻压灭茬。旱地主要栽培的豆科绿肥有：箭舌豌豆、乌江豆、太阳麻和家豌豆等。一年生白花草木樨和二年生白花草木樨，宜在春季播种，秋季亩产鲜草500~1 000kg；次年亩产鲜草2 500~3 000kg，作为麦田绿肥或利用茬地可增产30%~50%，也有成倍增产的，肥效能维持2~3茬作物。

但麦茬复种不同品种绿肥，由于生物学特性不同，对土壤的耗水量也不一样，但只妥选择适宜的绿肥品种，控制一定的草量，麦茬复种短期，并不会影响后作小麦正常生育对水分的要求，相反改善了土壤物理性状，提高了土壤蓄水保墒性能，增加了土壤有效养分，更有利于小麦的生长发育。

第七节　旱地磷肥不同分配方式的肥效、残效及利用率研究

磷肥施入土壤后，由于土壤对磷的固定作用和磷在土壤中的移动性差等原因，使磷肥的当季利用率不高，一般在5%~20%，未被利用的部分以不同形态，残留于土壤中，并不断积累起来。这部分残留磷对后作的作用和利用情况及对有效磷库的影响是大家所关注的问题。如大量残留于土壤中磷的后效作用大小、对土壤速效磷含量的影响。磷肥的残效具有叠加作用，有的年份其残效高于当季施磷肥效。科学施用磷肥，使磷资源利用率达到最大化。

一、材料与方法

试验设在甘肃省镇原县上肖乡北庄村的旱农地上。试验地土壤为覆盖黑垆土，耕性好，蓄水保墒能力较强，但土壤养分含量较低，试验播种前0~20cm土地耕层养分状况测定结果如表6-30。

表6-30　供试土壤耕层养分状况

处　理	有机质（g/kg）	全氮（g/kg）	全磷（g/kg）	速效氮（g/kg）	速效磷（mg/kg）	速效钾（mg/kg）
①	11.70	0.76	0.68	61.0	11.5	158.0
②	11.85	0.73	0.69	52.5	10.5	158.0
③	11.30	0.74	0.69	61.0	11.0	163.0
④	12.30	0.74	0.69	55.5	10.0	153.0

试验 4 年内 P_2O_5 的总用量分别为 0kg/hm²、75kg/hm²、150kg/hm²、225kg/hm²、300kg/hm²、375kg/hm²、450kg/hm²、600kg/hm²，第一季冬小麦施磷水平为：①不施磷肥（P_0）；②施 P_2O_5 75kg/hm²（P_{75}）；③施 P_2O_5 150kg/hm²（P_{150}）；④施 P_2O_5 300kg/hm²（P_{300}）。小区面积 67m²，随机排列，重复 3 次。试验地不施有机肥料，施尿素 225kg/hm²，折纯氮 103.5kg/hm²。磷肥（普通过磷酸钙，含 $P_2O_5$11%）作基肥按设计处理于播种前结合耕地一次施入，氮肥 70%作基肥，30%作返青期追肥，试验播种量 187.5kg/hm²，均为人工手锄开沟溜种。第二季播种时将原有小区均裂为 4 个亚小区，并按表 6-31 施用磷肥，其余操作与第一季小麦相同。每年小麦成熟时取样考种并分析植株 N、P、K 含量，收获后取 0~20cm 土样分析土壤速效磷含量，管理同大田。

表 6-31　磷肥分配方式　　（单位：kg/hm²）

编　号	第一季	第二季	第三季	第四季	合　计
1	0	0	0	0	0
2	0	75	0	0	75
3	0	150	0	0	150
4	0	300	0	0	300
5	75	0	0	0	75
6	75	75	150	0	300
7	75	150	0	0	225
8	75	300	0	0	375
9	150	0	0	0	150
10	150	75	0	0	225
11	150	150	0	0	300
12	150	300	0	0	450
13	300	0	0	0	300
14	300	75	0	0	375
15	300	150	0	0	450
16	300	300	0	0	600

二、试验结果与分析

（一）磷肥当季的增产效果

试验结果表明，在旱塬土壤条件下，不同用量磷肥均有明显增产效果（表 6-32）。第一季施 P_2O_5 为 75kg/hm²、150kg/hm²、300kg/hm² 的处理，小麦当季分别增产 34.3%、44.7%、44.0%，1kg P_2O_5分别增产小麦 16.4kg、10.7kg、5.3kg。如果第一季不施，由于

表 6-32　磷肥不同用量及分配方式对冬小麦产量的影响

第一季			第二季			第三季			第四季			合　计		
用量 (kg/hm^2)	产量 (kg/hm^2)	增产 (%)	用量 (kg/hm^2)	产量 (kg/hm^2)	增产 (%)	用量 (kg/hm^2)	产量 (kg/hm^2)	增产 (%)	用量 (kg/hm^2)	产量 (kg/hm^2)	增产 (%)	用量 (kg/hm^2)	产量 (kg/hm^2)	增产 (%)
0	3 592. 5		0	1 993. 5	—	0	1 182. 0	—	0	706. 5	—	0	7 474. 5	—
			75	3 234. 0	62. 2	0	1 624. 5	37. 3	0	1 047. 0	48. 2	75	9 498. 0	27. 1
			150	3 580. 5	79. 6	0	1 500. 0	26. 9	0	1 401. 0	98. 3	150	10 074. 0	34. 8
			300	3 646. 5	87. 9	0	2 484. 0	110. 2	0	1 554. 0	120. 0	300	11 277. 0	50. 9
75	4 824. 0	34. 3	0	2 826. 0	—	0	1 639. 5	—	0	1 087. 5	—	75	10 377. 0	38. 8
			75	2 953. 5	4. 5	150	2 604. 0	58. 8	0	1 360. 5	25. 1	300	11 742. 0	57. 1
			150	3 540. 0	25. 3	0	2 062. 5	25. 8	0	1 327. 5	22. 1	225	11 754. 0	57. 3
			300	3 193. 5	13. 0	0	2 289. 0	39. 6	0	1 327. 5	22. 1	375	11 634. 0	55. 6
150	5 197. 5	44. 7	0	3 120. 0	—	0	1 809. 0	—	0	1 161. 0	—	150	10 888. 5	51. 1
			75	3 207. 0	2. 7	0	2 382. 0	31. 7	0	1 327. 5	14. 3	225	12 114. 0	62. 1
			150	3 859. 5	23. 5	0	2 235. 0	23. 5	0	1 447. 5	24. 7	300	12 739. 5	70. 4
			300	3 406. 5	9. 0	0	2 463. 0	36. 2	0	1 300. 5	12. 0	450	12 367. 5	65. 5
300	5 173. 5	44. 0	0	2 953. 5	—	0	2 350. 5	—	0	1 480. 5	—	300	11 958. 0	60. 0
			75	3 207. 0	8. 6	0	2 356. 5	0. 3	0	1 267. 5	-14. 4	375	12 004. 5	60. 6
			150	3 306. 0	12. 0	0	2 230. 5	-5. 1	0	1 540. 5	4. 1	450	12 250. 5	63. 9
			300	3 199. 5	8. 3	0	2 316. 0	-1. 5	0	1 576. 5	6. 5	600	12 265. 5	64. 1

经历了 1 年的消耗，第二季所施磷肥的相对效果更高，3 个用量的增产率依次达到 62.2%、79.6%、82.9%。虽然第二季干旱严重，小麦普遍减产，但 1kg P_2O_5的增产效果仍不低于产量水平高的第一季。产量结果还看出，第一季施用磷肥之后，第二季继续施用磷肥的效果则明显降低，例如，在第一季 3 个用量的基础上，第二季继续施入相应量的磷肥时，增产率分别为 4.5%~25.3%、9.0%~23.5%、8.3%~12.0%，1kg P_2O_5增产小麦分别只有 1.2~4.8kg、0.9~4.9kg、0.8~3.4kg。可见，随着第一季施磷量增加，第二季施入磷肥的增产效果随着用量增加而肥效降低，同时施磷量过高，导致养分供应比例失调，使肥效降低。合理施用磷肥对提高磷肥经济效益有重要意义。

（二）磷肥不同用量及分配方式的残效

磷肥施入土壤后，第一季作物常常只能吸收利用一小部分，其余的大部分仍残留在土壤中。表 6-33 结果表明，这部分残留磷对后作仍有明显的增产效果，表现出一定的残效。试验第一季施 $P_2O_5$75kg/hm^2、150kg/hm^2、300kg/hm^2 的处理，3 年残效分别累计增产小麦1 671.0kg/hm^2、2 214.0kg/hm^2、2 902.5kg/hm^2，分别是施磷当季肥效的 1.36 倍、1.38 倍、1.84 倍，1kg P_2O_5的增产量依次为 22.3kg、14.8kg、9.8kg；3 个用量的磷肥施于第二季时，2 年残效累计增产 783.0~2 149.5kg/hm^2，是当季肥效的 0.63~1.30 倍，1kg P_2O_5增产小麦 10.4~7.1kg，同量磷肥分配方式不同时，其总效果显著不同，例如在第一季施 $P_2O_5$75kg/hm^2、150kg/hm^2、300kg/hm^2 基础上，第二季继续增加相同用量磷肥，即总用量增至 225kg/hm^2、375kg/hm^2、450kg/hm^2、600kg/hm^2 时，不管施肥年份如何分配，残效的增产幅度都比一次性施磷的低，个别处理出现了不增产的情况。进一步分析还可看出，一次性施 $P_2O_5$75~300kg/hm^2，往后几年产量仍大于对照区，表明一次性施 $P_2O_5$75kg/hm^2、150kg/hm^2、300kg/hm^2 至少保持在 3 季冬小麦上有后效；一次性施 P_2O_5 300kg/hm^2 往后几年产量均大 150kg/hm^2 和 75kg/hm^2 处理的产量，说明磷肥用量越大，后效也越大。这里主要说明的是由于对照长期不施磷，作物产量从第一季的 3 592.5kg/hm^2 下降至第四季的 706.5kg/hm^2（表 6-33），由此而使施磷处理残效的增产效果十分显著，其增产率也远比施磷当年的高（如 75kg/hm^2 残效增产率为 41.8%~53.9%，150kg/hm^2 为 56.8%~64.0%，300kg/hm^2 为 48.2%~109.6%）；但从绝对产量来看，残效产量则在逐个下降，一次性施 $P_2O_5$75~300kg/hm^2，当季产量为 4 824.0~5 173.5kg/hm^2，残效产权分别为 2 826.0~1 087.5kg/hm^2、2 953.5~1 480.5kg/hm^2。由此看出，尽管磷肥有较长的肥效，但随年限的延长残效则逐年下降。因此，对磷肥施用既要考虑其增产效果，也要考虑磷肥在前作中的残效，才能科学合理地施用磷肥，使之发挥最大经济效益。

（三）磷肥不同用量及分配方式的利用率

从表 6-34 小麦不同处理吸磷量及磷肥利用率结果可以看出，单位面积作物吸收磷量基本随施磷量增加而增加，只是在干旱少雨年份（1994—1996 年），由于小麦受旱严重，吸磷量明显低于丰雨年份（1992—1993 年），磷肥利用率变化趋势恰好相反，而且施磷越多，利用率越低，当季利用率低，累计利用率高，一次施 $P_2O_5$75kg/ hm^2、150kg/ hm^2、300kg/hm^2 的处理，经种植 4 季小麦之后，累计利用率分别为 25.0%、14.3%、12.4%，分别是当季利用率的 2.1 倍、2.3 倍和 2.9 倍，而第一季不施磷，第二季施同量磷肥的处

表 6-33　磷肥不同用量及不同分配方式的残效

处　理 ($kg\ P_2O_5 hm^2$)	第一季		第二季		第三季		第四季		合　计	
	增产 (kg/hm^2)	1kg P_2O_5 增产（kg）	增产 (kg/hm^2)	1kg P_2O_5 增产（kg）	增产 (kg/hm^2)	1kg P_2O_5 增产（kg）	增产 (kg/hm^2)	1kg P_2O_5 增产（kg）	增产 (kg/hm^2)	1kg P_2O_5 增产（kg）
$P_{75}-P_0-P_0-P_0$	1 231. 5	16. 4	832. 5	11. 1	457. 5	6. 1	381. 0	5. 1	1 671. 0	22. 3
$P_{150}-P_0-P_0-P_0$	1 606. 5	10. 7	1 132. 5	7. 6	627. 0	4. 2	454. 5	3. 0	2 214. 0	14. 8
$P_{300}-P_0-P_0-P_0$	1 581. 0	5. 3	960. 0	3. 2	1 168. 5	4. 0	774. 0	2. 6	2 902. 5	9. 8
$P_0-P_{75}\ P_0-P_0$	—	—	1 240. 5	16. 5	442. 5	5. 9	340. 5	4. 5	783. 0	10. 4
$P_0-P_{150}-P_0-P_0$	—	—	1 587. 0	10. 6	318. 0	2. 1	694. 5	4. 6	1 012. 5	6. 7
$P_0-P_{300}-P_0-P_0$	—	—	1 653. 0	5. 5	1 302. 0	4. 3	847. 5	2. 8	2 149. 5	7. 1
$P_{75}-P_{150}-P_0-P_0$	1 231. 5	16. 4	714. 0	4. 8	432. 0	1. 9	240. 0	1. 1	663. 0	3. 0
$P_{150}-P_{75}-P_0-P_0$	1 606. 5	10. 7	381. 0	5. 1	573. 0	2. 5	621. 0	2. 8	1 191. 0	5. 3
$P_{75}-P_{300}-P_0-P_0$	1 231. 5	16. 4	367. 5	1. 2	649. 5	1. 7	240. 0	0. 6	889. 5	2. 3
$P_{300}-P_{75}-P_0-P_0$	1 581. 0	5. 3	253. 5	3. 4	6. 0	0	0	0	6. 0	0
$P_{150}-P_{300}-P_0-P_0$	1 606. 5	10. 7	280. 5	0. 9	654. 0	1. 5	139. 5	0. 3	793. 5	1. 8
$P_{300}-P_{150}-P_0-P_0$	1 581. 0	5. 3	352. 5	2. 4		0	60. 0	0. 1	60. 0	0. 1
$P_{300}-P_{300}-P_0-P_0$	1 581. 0	5. 3	246. 0	0. 8	0	0	96. 0	0. 2	96. 0	0. 2

注：合计数不包括施磷当季的结果

表 6-34 不同季节作物磷肥吸收量及不同分配方式的利用率

处理（kg P_2O_5/hm^2）	第一季		第二季		第三季		第四季		累 计	
	吸磷量（kg/hm^2）	利用率（%）	吸磷量（kg/hm^2）	利用率（%）	吸磷量（kg/hm^2）	利用率（%）	吸磷量（kg/hm^2）	利用率（%）	吸磷量（kg/hm^2）	利用率（%）
$P_{75}-P_0-P_0-P_0$	33.0	12.0	18.90	4.4	10.65	5.0	9.45	3.6	72.0	25.0
$P_{150}-P_0-P_0-P_0$	33.6	6.2	19.90	5.3	10.05	1.5	8.70	1.3	73.5	14.3
$P_{300}-P_0-P_0-P_0$	37.1	4.3	23.25	3.7	16.50	2.9	11.40	1.5	88.5	12.4
P_0-P_{75} P_0-P_0	24.2	—	18.00	9.6	10.35	3.4	8.40	2.2	61.5	15.2
$P_0-P_{150}-P_0-P_0$	24.2	—	22.95	8.1	10.95	2.1	9.60	1.9	67.5	12.1
$P_0-P_{300}-P_0-P_0$	24.2	—	21.45	3.6	16.50	2.9	12.45	1.9	75.0	8.4
$P_{75}-P_{150}-P_0-P_0$	33.0	12.0	18.90	3.1	12.60	0.5	9.75	0.1	75.0	15.7
$P_{150}-P_{75}-P_0-P_0$	33.6	6.2	20.85	2.8	14.10	1.8	10.80	0.9	79.5	11.7
$P_{75}-P_{300}-P_0-P_0$	33.0	12.0	23.25	3.0	14.70	0.8	10.35	0.2	81.0	16.0
$P_{300}-P_{75}-P_0-P_0$	37.1	4.3	22.95	1.6	15.15	0	10.05	0	85.5	5.9
$P_{150}-P_{300}-P_0-P_0$	33.6	6.2	24.45	1.9	15.30	1.2	10.35	0.4	84.0	9.7
$P_{300}-P_{150}-P_0-P_0$	37.1	4.3	23.40	1.1	14.70	0	11.40	0	87.0	5.4
$P_{300}-P_{300}-P_0-P_0$	37.1	4.3	23.70	0.7	14.10	0	13.35	0.3	88.5	5.3

理，累计利用率也分别达到施磷当季的 1.6 倍、1.5 倍和 2.4 倍。等量磷肥在不同分配条件下，对磷肥利用率影响较大，凡是第一季施磷量较低的，利用率均高；第一季用量较高的，利用率则均低，如以总量 225kg/hm^2、375kg/hm^2、450kg/hm^2 为例，第一季施 75kg/hm^2，第 2 季施 150kg/hm^2，累计利用率为 15.7%，反之为 11.7%，第一季施 75kg/hm^2，第二季施 300kg/hm^2，利用率为 16.0%，反之为 5.9%，第一季施 150kg/hm^2，第二季施 300kg/hm^2，利用率为 9.7%，反之则为 5.4%。当磷肥用量从 225kg/hm^2 增至 600kg/hm^2 时，年度间磷肥残效利用率都很低，部分处理的利用率甚至为零，这与前述残效产量结果一致。因此，要提高磷肥利用率必须掌握适宜用量，并充分利用其后效。

（四）磷肥对冬小麦根系生长的影响

盆栽试验证明，磷肥对小麦根系的生长发育有着十分明显的促进作用。表 6-35 结果看出，施 P_2O_5 75kg/hm^2、150kg/hm^2、300kg/hm^2 处理拔节期每盆的根重平均为 1.80g、11.12g、12.64g，分别比无磷处理增加 86.0%、111.0%、139.8%。成熟期每盆的根重平均为 9.62g、10.92g、14.32g，分别比无磷处理增加 48.0%、68.0%、120.3%。由于根系是作物从土壤中吸收水分及养分的重要器官，根系增加反映出根的吸收面积增大，对水分及养分的吸收能力也必然会增强，这对旱地作物的生长发育有着重要的意义。

表 6-35　磷肥对冬小麦根系生长的影响

P_2O_5用量（kg/hm^2）	拔节期（g/盆）					成熟期（g/盆）				
	Ⅰ	Ⅱ	Ⅲ	平均	与无磷处理的比值（%）	Ⅰ	Ⅱ	Ⅲ	平均	与无磷处理的比值（%）
0	5.91	4.59	5.32	5.27	100.0	8.12	6.10	5.27	6.50	100.0
75	10.18	9.93	9.29	9.80	186.0	11.20	10.82	6.85	9.62	148.0
150	12.59	10.34	10.42	11.12	211.0	13.00	11.65	8.11	10.92	168.0
300	11.68	15.93	12.64	12.64	239.8	11.58	16.08	15.29	14.32	220.3

（五）磷肥对冬小麦水分利用效率的影响

磷肥促进很系生长发育的作用不仅有利于作物对养分的吸收利用，而且有利于对水分的吸收利用。试验结果（表 6-36）表明，不同用量的磷肥，不管施肥条件如何变化，对麦田耗水量的影响不大，但对水分利用效率则有显著影响，无论当季肥效，还是残效，水分利用效率均随磷肥用量的增加而提高。一次性施 P_2O_5 量为 75kg/hm^2、150kg/hm^2、300kg/hm^2，水分利用效率为 6.68~8.13kg/(mm・hm^2)，平均为 7.20kg/(mm・hm^2)，比不施磷处理水分利用效率提高 37.7%。磷肥分配方式不同，当施磷总量达到 225~600kg/hm^2 时，水分利用效率为 7.4~7.8kg/(mm・hm^2)，平均为 7.62kg/(mm・hm^2)，比不施磷处理水分利用效率提高 45.7%。因此，旱地施用磷肥具有以肥促根、以根调水的积极作用，旱塬土层深厚，深层贮水稳定，增施磷肥有利于对深层水分利用，增强作物抗旱能力，是提高水分利用效率的重要措施之一。

表 6-36　磷肥对冬小麦水分利用的影响

处　理 ($kg\ P_2O_5/hm^2$)	第一季		第二季		第三季		第四季		平　均	
	耗水量 (mm)	WUE [kg/(mm·hm^2)]	耗水量 (mm)	WUE [kg/(mm·hm^2)]	耗水量 (mm)	WUE [kg/(mm·hm^2)]	耗水量 (mm)	WUE [kg/(mm·hm^2)]	耗水量 (mm)	WUE [kg/(mm·hm^2)]
$P_{75}-P_0-P_0-P_0$	521.6	9.3	413.7	6.9	279.0	6.0	247.5	4.5	365.5	6.68
$P_{150}-P_0-P_0-P_0$	531.9	9.8	443.5	7.1	257.4	6.0	285.0	4.1	379.5	6.75
$P_{300}-P_0-P_0-P_0$	526.0	9.9	407.9	7.2	256.8	9.8	267.2	5.6	364.5	8.13
$P_0-P_{75}P_0-P_0$	483.6	7.5	405.8	8.0	241.4	6.8	277.4	3.8	352.1	6.53
$P_0-P_{150}-P_0-P_0$	483.6	7.5	435.6	8.3	261.2	6.9	286.5	5.0	361.7	6.93
$P_0-P_{300}-P_0-P_0$	483.6	7.5	424.7	8.6	290.4	8.1	288.3	5.4	334.8	7.40
$P_{75}-P_{150}-P_0-P_0$	521.6	9.3	432.0	8.3	287.9	7.2	273.2	4.8	378.2	7.40
$P_{75}-P_{300}-P_0-P_0$	521.6	9.3	393.2	8.1	290.6	8.0	293.2	4.5	374.8	7.48
$P_{150}-P_{300}-P_0-P_0$	531.6	9.8	416.3	8.3	286.5	8.6	286.5	4.5	380.3	7.80
$P_{300}-P_{300}-P_0-P_0$	526.0	9.9	380.9	8.4	318.8	7.2	285.5	5.6	377.8	7.80
$P_0-P_0-P_0-P_0$	483.6	7.5	386.5	5.1	220.0	5.4	252.1	2.9	335.6	5.23

（六）土壤速效磷含量变化

表 6-37 是不同用量的磷肥施入土壤后耕层速效磷（P）含量变化情况。试验 1992 年播前因无施磷干扰，土壤速效磷都很接近，为 10～15mg/kg，按不同用量施用磷肥并种植4季小麦之后，P_2O_5零处理只有消耗而无补充，故速效磷含量下降为4.2mg/kg，比原有

表 6-37　耕作层土壤速效磷含量变化

P_2O_5总用量 (kg/hm^2)	速效磷含量（mg/kg）				
	基础水平	第一季收后	第二季收后	第三季收后	第四季收后
0	11.5	8.0	7.0	6.0	4.2
75	10.5	10.0	8.0	7.0	5.4
150	11.0	14.0	10.0	8.0	7.0
300	10.0	18.0	13.0	10.0	11.0
375	—	—	—	12.5	14.5
450	—	—	—	12.5	16.5
600	—	—	—	21.5	20.0

水平降低了 7.3mg/kg，P_2O_5 75kg/hm^2 和 P_2O_5 150kg/hm^2 处理也比原有水平下降低了 5.1mg/kg 和 4.0mg/kg，只有 P_2O_5 300kg/hm^2 处理经 4 季作物吸收利用后仍保持原有水平，但施磷量增加到 375kg/hm^2、450kg/hm^2、600kg/hm^2 时，速效磷含量依次为 14.5mg/kg、16.5mg/kg、20.0mg/kg，远远高于基础土壤含磷水平。结合 4 年产量，正常年景下，施 P_2O_5 300kg/hm^2 可满足 4 季小麦需要。

因此，黄土旱塬区农田一次性施 $P_2O_5$75kg/hm^2、150kg/hm^2、300kg/hm^2 至少能保持 4 季作物有残效，用量增加残效提高，但从绝对产量来看，随着年限延长，残效逐年下降。在分配施磷条件下，残效基本随施磷量增加而降低。施 P_2O_5 300kg/hm^2 可基本满足 4 季冬小麦对磷的需求，用量增加可满足更多季作物的需磷量。磷肥利用率随用量增加而降低，单季利用率 12.0%～4.3%，累计利用率 25.0%～12.4%，是首季利用率的 2.1～2.9 倍。利用磷肥残效时，既要考虑它的增产效果，更要看对作物产量的影响程度。

第八节　施肥对旱地冬小麦水肥效率研究

水分不足和土壤贫瘠是限制旱地农业高效发展的两大关键因素，如何提高现有水肥资源的利用效率，在节约资源的同时提高作物产量一直是人们研究的热点。

一、试验概况及设计

试验于 1993—1996 年设在陇东黄土高原镇原县上肖乡，海拔 1 297 m，年均气温 8.3℃，年均降水量 500mm 左右，年均蒸发量 1 638.3mm，无霜期 160d 左右。

试验前 0～20cm 土壤有机质 10.97g/kg、全氮 0.89g/kg、碱解氮 62mg/kg、速效磷 84mg/kg、速效钾 247.5mg/kg。共设 8 个处理：对照（CK）、磷肥（P）、氮肥（N）、磷肥+氮肥（NP）、有机肥（M）、有机肥+磷肥（MP）、有机肥+氮肥（MN）、有机肥+磷肥+氮肥（MPN），布置 2 个试验点、每点重复 2 次。施肥量：普通有机肥 60 000kg/hm^2，N 120kg/hm^2（施尿素），P_2O_5 90kg/hm^2（普通过磷酸钙）。施肥方法：有机肥和磷肥每年播种前分区基施，氮肥 70%作底肥、30%作追肥（返青期）。小区面积（4m×6.67m）= 26.6m^2，供试冬小麦品种为陇鉴 46，播种方法均采用人工手锄开沟溜种。

二、试验结果与分析

（一）不同处理对冬小麦产量的影响

试验研究结果（表 6-38）表明，不同肥料处理的增产效果不一样，增产率顺序为 MNP>NP>MN>N>M>MP>P>CK，比对照分别增产 167.6%、156.0%、101.8%、59.0%、44.0%、35.4% 和 5.8%。其中 MNP 处理产量最高，为 3 449.3 kg/hm^2，比对照增产 2 160.4kg/hm^2，单施磷处理产量最低，仅 1 363.7kg/hm^2，比对照增产 74.3kg/hm^2。从 1kg 养分的增产效益来看，NP 配施增产 9.58kg，比单施 N、P 分别提高 3.24kg 和 8.75kg；在施有机肥基础上，配施磷肥、氮肥和氮磷肥时，1kg 养分增产效果均比单施磷肥、氮肥和氮磷肥的高，表明在本试验土壤条件下，化肥单施不如配施，尤其是磷肥不宜长期单施。化肥与有机肥配合 MNP 处理比 NP 处理增产 149.4kg/hm^2，增产率 4.5%，MN 处理比单施 N 处理增产 552.2kg/hm^2，增产率为 26.9%，MP 处理比单施 P 处理增产 382.1kg/hm^2，增产率 28.0%。

根据陈伦寿等人主编《农田施肥原理与实践》一书中介绍的方法，计算肥料交互作用，其结果如下。

（1）氮肥与磷肥的交互作用：N×P 的连应值＝NP－N－P＝（3 300.4－1 289.4）－（2 050.2－1 289.4）－（1 363.7－1 289.4）＝1 175.9kg/hm^2，NP/N+P 之比为 2.41。

（2）氮肥与有机肥的交互作用：N×M 连应值＝NM－N－M＝（3 906.6－1 289.4）－（2 050.2－1 289.4）－（1 856.4－1 289.4）＝1 289.4kg/hm^2，NM/N+M 之比为 1.97。

（3）磷肥与有机肥的交互作用：P×M 的连应值＝PM－P－M＝（3 220.1－1 289.4）－（1 363.7－1 289.4）－（1 856.4－1 289.4）＝1 289.4kg/ hm^2，PM/P+M 之比为 3.01。

（4）氮肥、磷肥与有机肥的交互作用：N×P×M 的连应值＝NPM－N－P－M＝（3 449.8－1 289.4）－（2 050.2－1 289.4）－（1 363.7－1 289.4）－（1 856.4－1 289.4）－（1 856.4－1 289.4）＝758.3kg/ hm^2，NPM/N+P+M 之比为 1.54。

在 N、P 俱缺的旱塬土壤上，一般施肥效果较为明显，肥料间的交互作用也较强，且均为正值。

表 6-38　不同处理对冬小麦产量的影响

年份	CK 产量（kg/hm^2）	P		N		NP		M		MP		MN		MNP	
		产量（kg/hm^2）	增产（%）	产量（kg/hm^2）	增产（%）	产量（kg/hm^2）	增产（%）	产量（kg/hm^2）	增产（%）	产量（kg/hm^2）	增产（%）	产量（kg/hm^2）	增产（%）	产量（kg/hm^2）	增产（%）
1993	1 320.0	1 406.0	6.5	2 972.5	125.2	5 762.5	336.6	1 875.0	42.0	2 025.0	53.4	3 689.0	179.5	5 977.5	352.8
1994	1 302.5	1 354.0	4.0	2 484.0	90.7	4 061.5	211.8	1 925.0	47.8	1 642.5	26.1	3 454.0	165.2	4 208.6	223.1
1995	1 462.5	1 585.0	8.4	1 604.3	9.7	1 987.5	35.9	2 187.0	49.5	2 072.5	41.7	1 750.0	19.7	2 006.0	37.2
1996	1 072.5	1 109.6	3.5	1 140.0	6.3	1 390.0	29.6	1 438.5	34.1	1 243.0	15.9	1 516.5	41.4	1 607.2	49.9
平　均	1 289.4	1 363.7	5.8	2 050.2	59.0	3 300.4	156.0	1 856.4	44.0	1 745.8	35.4	2 602.4	101.8	3 449.8	167.6

（二）不同处理对冬小麦水分利用效率的影响

从表 6-39 看出，有机肥与氮磷肥配合施用的处理（MNP）使耗水系数降低 51.0%，水分利用率提高 165.6%，效果最好；无机氮磷化肥配合施用的处理（NP）耗水系数降低 49.7%，水分利用率提高 158.4%，效果次之；其余处理的顺序为 MN>MP>M>N>P，依次降低耗水系数 37.6%、26.7%、19.2%、16.1% 和 2.1%，提高水分利用率 80.9%、33.7%、27.1%、23.6%和 9.7%。反映出 MNP 配施效果优于 MN 和 MP；NP 配施效果优于单施 N 和单施 P。从旱塬地区土壤施肥培肥、提高降水利用率乃至提高作物产量考虑，有机无机肥配合施用是一项行之有效的措施。

表 6-39 不同处理对冬小麦水分利用率的影响

处 理	平均产量 (kg/hm²)	耗水量 (mm)	水分利用率 [kg/(mm · hm²)]					水分利用率增加 (%)
			1993 年	1994 年	1995 年	1996 年	平均	
CK	1 289.4	324.4	2.85	3.18	5.4	3.29	3.68	—
P	1 363.7	314.1	3.17	3.71	5.4	3.87	4.04	9.7
N	2 050.2	333.6	3.99	4.62	6.0	3.59	4.55	23.6
NP	3 300.4	347.9	9.69	10.05	9.6	8.70	9.51	158.4
M	1 856.4	328.8	3.98	3.60	6.9	4.23	4.68	27.1
MP	1 745.8	330.0	4.58	3.65	7.1	4.53	4.92	33.7
MN	2 602.4	324.4	6.57	6.15	7.7	6.21	6.66	80.9
MNP	3 449.8	348.8	9.95	9.93	10.1	9.11	9.77	165.6

（三）不同处理对肥料利用率的影响

从表 6-40 看出，在不施有机肥的条件下，单施氮肥和磷肥其利用率为 41.3%、7.0%；氮磷配合施用时，氮、磷利用率分别为 46.5% 和 27.4%，后者比前者分别提高 5.2 个百分点和 20.4 个百分点；在施有机肥基础上，增施氮肥，氮肥利用率为 42.1%，增施磷肥，磷肥利用率为 12.7%，增施氮肥时，其氮磷肥利用率为 54.8% 和 33.4%，后者比前者高 12.7 个百分点和 20.7 个百分点，而 MNP 配合，N、P 肥利用率又比 NP 利用率高 8.3 个百分点和 6.0 个百分点，说明氮磷配合或有机无机肥结合的重要作用。

表 6-40 不同处理的肥料利用率

处 理	氮 肥		磷 肥	
	吸 N 量 (kg/hm²)	利用率 (%)	吸 P 量 (kg/hm²)	利用率 (%)
CK	33.5	—	15.5	—
P	28.2	—	21.8	7.0
N	83.1	41.3	21.3	—
NP	89.3	46.5	40.2	27.4
M	36.3	—	18.9	—
MP	38.9	—	26.9	12.7
MN	84.0	42.1	29.3	—
MNP	99.3	54.8	45.6	33.4

（四）不同处理对耕层土壤养分含量的影响

1. 土壤有机质含量

土壤有机质含量变化直接反映出土壤肥力的高低。表 6-41 结果表明：连续施肥 4 年后，无肥区或单施某种化肥处理，有机质变化不明显，单施氮或磷比无肥区有机质增加0.5g/kg和0.7g/kg，增长率为4.6%和6.5%。试验前后相比较，无肥区略有减少，磷或氮处理略有提高，前者减少0.2g/kg，后者提高0.3~0.4g/kg。氮磷配施，有机质比试验前增加0.6g/kg，增长率为5.4%，化肥与有机肥配合施用，土壤有机质明显高于试验前和化肥处理，比试验前提高1.0~1.9g/kg，比化肥处理提高0.5~1.0g/kg。说明有机与无机肥配合施用，作物产量提高而残留于土壤中的有机物较多，进而提高了土壤有机质含量。因此，在干旱、瘠薄的旱塬土壤上，长期施用有机肥的培肥作用不可忽视。

2. 土壤全氮、碱解氮含量

土壤含氮量的变化趋势基本上与有机质相同。对照和单施磷处理土壤氮有明显消耗，和试验前比较，种植4年小麦的土壤全氮含量分别减少了0.06g/kg和0.03g/kg，碱解氮含量分别减少了12.1mg/kg和10.7mg/kg。凡有氮素投入的处理，土壤氮含量均明显增加，无机氮肥单施或与磷肥配施，土壤全氮含量分别增加了0.02mg/kg和0.06mg/kg；碱解氮含量分别增加了27.5mg/kg和25.4mg/kg，有机肥与无机氮肥或无机氮磷肥配施时，全氮、碱解氮含量分别增加了0.08mg/kg、0.05mg/kg和21.0mg/kg、21.3mg/kg。由此表明，施用无机氮肥或有机无机肥相结合对提高土壤氮素均有一定作用，尤其对提高土壤碱解氮含量具有明显作用。

3. 土壤速效磷、速效钾含量

不管施用有机肥与否，凡施用无机磷肥者，速效磷含量都有大幅度提高（表6-41）。如P、NP、MP、MNP4处理试验前土壤速效磷含量分别为7.7mg/kg、9.1mg/kg、8.0mg/kg和8.6mg/kg，试验后分别达到32.5mg/kg、22.5mg/kg、47.0mg/kg和25.4mg/kg，依次提高了322.1%、147.3%、487.5%和195.3%。而不施磷肥者土壤磷消耗较多。如CK、N、M和MN4处理速效磷含量则分别较试验前减少了17.4%、43.2%、15.4%和17.5%。

表6-41　不同处理耕层土壤（0~20cm）有机质及养分含量

处　理	有机质(g/kg)		全氮(g/kg)		碱解氮(mg/kg)		速效磷(mg/kg)		速效钾(mg/kg)	
	试验前	试验后	试验前	试验后	试验前	试验后	试验前	试验后	试验前	试验后
CK	11.0	10.8	0.89	0.83	66.0	53.9	9.2	7.6	242	180
P	11.2	11.5	0.90	0.87	60.4	49.7	7.7	32.5	255	200
N	10.9	11.3	0.87	0.89	63.5	91.0	8.8	5.0	245	190
NP	11.2	11.8	0.90	0.96	57.6	83.0	9.1	22.5	258	190
M	10.8	12.1	0.86	0.90	63.7	52.5	7.8	6.6	247	255
MP	10.8	11.8	0.90	0.96	63.0	63.7	8.0	47.0	245	275
MN	10.8	12.4	0.84	0.92	63.0	84.0	8.0	6.6	245	260
MNP	10.9	12.8	0.92	0.97	58.5	79.8	8.6	25.4	243	277

连续施用有机肥对提高土壤速效钾含量有较大作用，不施有机肥4个处理（CK、N、

P、NP），土壤速效钾含量分别降到了180mg/kg、190mg/kg、200mg/kg和190mg/kg，比试验前降低了25.6%~26.4%。而施用有机肥的4个处理（M、MN、MP、MNP）则提高到了255mg/kg、260mg/kg、275mg/kg和277mg/kg，比试验前提高了3.2%~14.0%。前者平均190mg/kg，后者平均266.8mg/kg，比前者高40.4%。施用有机肥提高了土壤速效钾含量，主要与当地土粪中含钾量较高（1 241mg/kg）有关。

第九节　有机肥对旱塬黑垆土磷素形态转化及有效性的影响

合理的土壤管理措施可以改善土壤磷素肥力水平。磷的固持和固定对于磷肥施用的效果影响很大，通常磷肥当季利用率在10%~20%，包括后效在内也超不过25%。因此，磷在土壤中的积累及其形态转化一直是土壤磷的研究热点。近年来，随着我国农业生产方式的转变，有机肥资源总量不断增长，而农田有机肥的施用比例却明显下降，导致我国丰富的有机肥资源未能充分利用。已有研究表明：施用有机肥能够增加土壤中有效磷含量，从而提高土壤磷的生物有效性，但过量施用有机肥能够增加磷的移动性。Jager P认为长期施用有机肥的土壤，土壤磷素流失明显增加。但已有关于有机肥对土壤中磷活化作用的研究中，并没有考虑到土壤中磷的不同形态，而是笼统的把它们归为一类，未能明确有机肥对不同形态磷活化作用的大小。众所周知，土壤中的无机磷可分为Ca-P、Al-P、Fe-P和O-P。就Ca-P而言，还有Ca_2-P、Ca_8-P、Ca_{10}-P型之分，而有机肥对这些不同形态无机磷肥的活化作用存在较大差异。然而不同地区由于土壤性质、土壤磷水平、磷肥用量、磷肥种类（化学磷肥或有机肥）对土壤各形态磷的影响不一致，结论不一。

目前，诸多研究是基于施用无机磷肥基础上增施有机肥显著改善磷的有效性，但在不施无机磷条件下，探索增施有机肥能否提高土壤磷素有效性，减少磷在土壤中的固定，有助于无机磷肥减施增效。在目前集约化种植体系下，利用有机肥部分替代化肥磷，减少无机磷肥施用，能否维持土壤磷素的肥力水平，维持和促进作物生产力方面的研究尚少。本节旨在通过施用不同数量有机肥对土壤中不同形态磷的活化作用，以揭示有机肥活化土壤中磷的一些内在机制，同时对无机磷各组分与土壤化学性状的关系及作物对磷素的吸收动态进行分析，研究无机P各组分的有效性，为有机肥的合理施用提供理论依据。

一、试验设计与方法

试验在位于甘肃省庆阳市镇原县（35°29′42″N，107°29′36″E）的农业部西北植物营养与施肥科学观测试验站进行（2013年4—9月），该区多年平均降水量540mm，降雨季节短且分配不均，54%以上的降雨集中在7—9月，地下水埋深60~100m，不参加生物水循环，属典型的旱作雨养农业区。供试土壤为覆盖黑垆土，其基本性状见表6-42。

表6-42　供试土壤基本性状

有机质(g/kg)	pH	全磷(g/kg)	有效磷(mg/kg)	全氮(g/kg)	碱解氮(mg/kg)	Ca_2-P(mg/kg)	Ca_8-P(mg/kg)	Ca_{10}-P(mg/kg)	AL-P(mg/kg)	Fe-P(mg/kg)	Olsen-P(mg/kg)
8.75	7.4	5.52	86.32	0.94	41.87	9.0	47.65	302.18	9.09	26.54	5.36

试验采用随机区组设计，设 5 个水平（表 6-43），分别为：①不施肥（CK）；②N（T1）；③N+农家肥 30 000kg/hm^2（T2）；④N+农家肥 60 000kg/hm^2（T3）；⑤N+农家肥 90 000kg/hm^2（T4）；小区面积 5.5m×8m=44m^2，3 次重复。除无肥处理外，其他各处理 N 用量相等，施肥前测定有机肥中全量 N、P 和水分含量，依用量计算由各自提供的 N 素总量，最后分别用化肥补充调节到上述施肥量。有机肥为腐熟的农家牛马粪（粪土比为 4∶1），有机质 116.4g/kg，全氮 0.34g/kg，全磷 0.33g/kg。氮肥为尿素（纯 N 12%），一次性做基肥施入。供试玉米品种先玉 335，保苗 7.5×10^4 株/hm^2，其他管理措施按高产农田实施。

表 6-43　试验养分投入量　（单位：kg/hm^2）

处　理	有机肥		化　肥		总　量	
	N	P_2O_5	N	P_2O_5	N	P_2O_5
CK	—	—	—	—	—	—
T1	—	—	180	—	180	—
T2	9.9	10.2	170.1	—	180	10.2
T3	19.8	20.4	160.2	—	180	20.4
T4	29.7	30.6	150.3	—	180	30.6

表 6-44　不同施肥处理对土壤不同形态无机磷含量的影响　（单位：mg/kg）

处　理	Ca_2-P	Ca_8-P	Ca_{10}-P	Al-P	Fe-P	P-O
CK	9.18cC	51.08cB	355.23cC	14.14aA	35.75aA	3.17eE
T1	8.24dD	45.52dC	363.59bB	5.19dD	17.96eE	3.66dD
T2	10.35bB	54.88aA	235.20eE	8.71cC	27.96bB	8.67aA
T3	14.44aA	52.4bB	297.47dD	10.10bB	25.93cC	8.01bB
T4	14.83aA	43.18eD	424.24aA	10.32bB	23.98dD	6.38cC

植物样品采集与测定：分别于苗期、拔节期、抽雄期、灌浆中期、成熟期（茎秆和籽粒）在每个小区取代表性植株 3 株，在 105℃ 杀青 30min，65℃ 烘干至恒重后测定干物重。留小样粉碎后，用钒钼黄比色法测定植株中的全磷含量。

土壤样品采集与测定：玉米收获后按照 S 形多点混合采集耕层 0~20cm 土样，风干、研磨过筛。有机质采用重铬酸钾容量—外加热法测定；全氮采用凯氏法消解—凯氏定氮仪测定；全磷采用 $HClO_4$-H_2SO_4 消解—钼锑抗比色法测定；碱解氮采用碱解扩散法测定；有效磷采用 0.5mol/L $NaHCO_3$ 浸提—钼锑抗比色法测定；pH 值采用 2.5 水土比电位法测定。无机磷形态分级采用蒋柏藩—顾益初分级法测定。

二、试验结果与分析

（一）土壤无机 P 各组分相对含量的变化特征

土壤 Ca_{10}-P 多少主要受成土母质的影响，黄土高原成土母质含 P 矿物较多，Ca_{10}-P 含量高。从表 6-42 可以看出，陇东旱塬覆盖黑垆土的无机 P 组成以极难溶解的 Ca_{10}-P 为主，约占无机 P 总量的 75.6%；其次为 Ca_8-P，占 11.9%，A1-P 和 Fe-P 分别占 2.3% 和 6.6%，O-P 占 1.3%，而溶解度较大的 Ca_2-P 只占 2.3%。

（二）不同施肥处理对土壤全磷及有效磷含量的影响

从图 6-18 可以看出，与 CK（不施肥）相比，玉米收获后各施肥处理 0~20cm 土层全磷含量都有一定程度的增加，增幅最大的是 T4，增加了 1.43g/kg；增幅最小的是 T1，增加了 0.1g/kg，其他各施肥处理介于这两个处理之间，说明施肥能有效增加土壤表层的全磷含量，有机肥增加效果尤为明显。除 T4 外，CK、T1、T2、T3 全磷含量较播前的 5.52g/kg 分别下降了 15.6%、13.8%、13.6%、13.2%，差异不显著。原因在于磷是限制生物量的主要因素，CK 处理中作物带走的 P 较 T1、T2、T3 处理的少而残留在土壤中的较多，因而在 0~20cm 土层全磷含量 4 个处理差异不显著。对有机肥处理来说，在 0~20cm 土层各处理土壤全磷含量均表现出随有机肥施用量的增加而增加的趋势，其中 T4 全磷含量最高，为 6.09g/kg，与 CK、T1 相比分别增加了 30.7%和 27.9%，差异显著（$P<0.05$）；此外，T4 全磷含量与 T2、T3 相比分别增加了 27.7%和 27.1%，差异显著（$P<0.05$），而 CK、T1、T2、T3 之间全磷含量差异均不显著。可见在本试验条件下，当有机肥施用量超过 $90t/hm^2$ 时，施肥当季 0~20cm 土层全磷会产生一定程度的累积，这与刘树堂有机肥处理的耕层土壤全磷含量都会有所提高，并随有机肥投入比例的增加而上升幅度增加的研究结论基本一致。

从图 6-18 可以看出，与 CK 相比，其他处理 0~20cm 土层有效磷含量都有一定程度的累积，差异显著。其中 T4 处理 0~20cm 土层有效磷含量最高，达到了 191.02mg/kg，比 CK 增加了 229.1%，增幅最小的是 T1，其含量为 69.24mg/kg，比 CK 增加了 19.3%，其他处理介于二者之间。这说明施有机肥能有效增加土壤有效磷，而有效磷是可以被作物直接吸收利用的磷素。因此，有效磷含量的增加程度对于作物生长至关重要。CK 与 T1 处理的有效磷含量接近，因为不施磷使得土壤中的有效磷消耗增加，只能依靠土壤中其他的磷素形态通过相互转化，转变为可供作物吸收利用的有效磷，故这两个处理的有效磷含量远低于其他处理。对于施有机肥的 T2、T3 和 T4 来说，有效磷随有机肥用量的增加而提高，且处理间差异显著，但其变化并不像有机肥的施用量而成倍增加，而是表现为 T2、T3 接近一致，T4 变化较大，T4 较 T2、T3 分别增加了 77.0%和 62.0%。

（三）不同施肥处理对土壤无机磷组分的影响

（1）Ca_2-P。如表 6-44 所示，各处理 Ca_2-P 含量间差异达极显著水平（$P<0.01$）。与 CK 和播前相比，所有施有机肥处理在 0~20cm 土层 Ca_2-P 都有不同程度的增加，其中增幅最大的为 T4，分别增加了 61.5%和 64.8%，增幅最小的为 T2，分别增加了 12.7%和 15.0%，这说明在施用 N 肥的基础上增施有机肥后造成土壤表层 Ca_2-P 含量

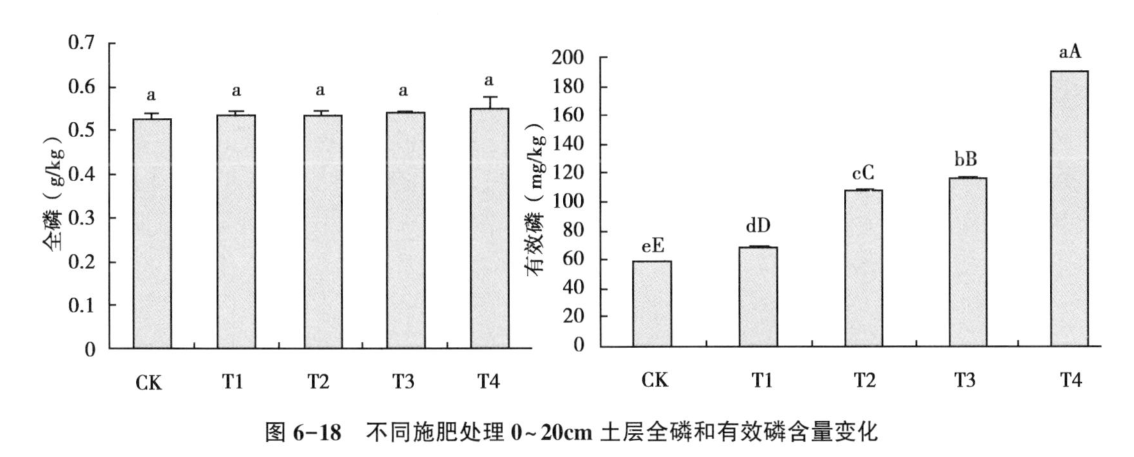

图 6-18　不同施肥处理 0~20cm 土层全磷和有效磷含量变化

的富集，原因在于有机肥矿化腐解释放出磷；并通过其他途径降低土壤中磷的吸附，从而导致土壤中 Ca_2-P 含量的增加。而 T1 处理 Ca_2-P 含量表现为减少，低于 CK 和播前，分别减少了 8.4%和 10.2%，原因在于其表层的 Ca_2-P 被作物消耗后只能从其他形态的磷素得到补充。总体而言，高量有机肥的 T4 土壤无机磷各组分之和较不施磷的 T1 增加了 19.8%，而 T2、T3 减少了 20.9%和 11.4%，可见大量施用有机肥对土壤无机磷组分含量的影响贡献很大。

（2）Ca_8-P。各处理间 Ca_8-P 含量差异达极显著水平（$P<0.01$）。与 CK 和播前相比，T1 由于不施磷，Ca_8-P 含量分别下降了 10.9%和 4.5%；对于施有机肥处理来说，与 Ca_2-P 不同的是，高量有机肥的 T4 处理 Ca_8-P 含量较 CK 极显著下降，较 CK 和播前分别下降了 15.5%和 9.4%，这可能与 T4 处理 Ca_2-P 含量高有关，同时高量有机肥的施用有助于 Ca_8-P 向更有效的磷源 Ca_2-P 方向转化。

（3）Ca_{10}-P。Ca_{10}-P 是无效的（难溶性的）磷，其在土壤中的富集不利于磷利用率的增加。如表 6-44 所示：CK 和 T1 处理 Ca_{10}-P 含量较播前分别增加了 17.6%和 20.3%，说明陇东旱塬覆盖黑垆土磷的增量很容易形成 Ca_{10}-P，这与裴瑞娜研究结果一致。而对于有机肥处理来说，虽然各处理土壤中 Ca_{10}-P 含量差异显著，但 T4 处理 Ca_{10}-P 含量较 T3、T2 分别增加了 42.6%和 80.4%，说明低量有机肥有利于 Ca_{10}-P 转化为其他形态的磷，而过量施用有机肥 Ca_{10}-P 出现富集，这说明当有效磷源与缓效磷源积累到一定程度时，这些无机磷也可缓慢向 Ca_{10}-P 方向转化积累。以上 Ca_{10}-P 转化积累结果也表明：残余无机磷肥比有机肥更易转化为 Ca_{10}-P，因而有效性保持的时间较短，这也是有机肥肥效较为长久的原因之一。

（4）Al-P。Al-P 是植物的另一种有效磷源，有人认为其与 Ca_2-P 作用相当。各处理 Al-P 含量间差异达到了极显著水平（$P<0.01$），含量范围为 5.19~14.14mg/kg（表 6-44），各处理大小顺序与 Ca_2-P 基本一致。对于不施磷的 T1，Al-P 含量较 CK 和播前分别降低了 63.3%和 42.9%；而对有机肥处理来说，土壤中 Al-P 含量随有机肥用量的增加而提高，但均低于对照 CK，其中 T2、T3、T4 处理 0~20cm 土层较 CK 分别下降了 38.4%、28.6%、27.0%，表明适量施用有机肥能够有效促进作物对 Al-P 的吸收。

（5）Fe-P。各处理间 Fe-P 含量差异达到了极显著水平（$P<0.01$），含量范围为 17.96~35.75mg/kg（表 6-44）。与 CK 相比，各施肥处理的 Fe-P 含量均有不同程度的下降，下降幅度最大的是 T1，下降了 49.8%，最小的是 T4，下降了 32.9%。对于施氮的 T1 处理 Fe-P 含量不仅低于 CK，也低于播前，说明由于没有化学磷肥的施入，导致由于作物吸收而消耗的 Fe - P 无法得到转化。对于施有机肥的 T2、T3、T4 来说，P-Fe 含量随有机肥施用量的增加而减少，且与播前持平或低于播前，表明施用有机肥可以活化土壤中残留的 Fe-P 而供作物利用。

（6）Olsen-P。各处理 P-O 含量间差异达到了极显著水平（$P<0.01$），含量范围为 3.17~8.67mg/kg（表 6-44）。与 CK 相比，各施肥处理的 P-O 含量均有不同程度的提高，其中增幅最大的是 T2，较 CK 增加了 173.5%，最小的是 T1，增加了 15.5%。不施肥或只施氮肥，土壤中 P-O 含量低于播前，其中 CK、T1 处理较播前分别下降了 40.9% 和 31.8%，而有机肥比例的提高显著减少 P-O 的含量，与 T1 相比，T2、T3、T4 处理 0~20cm 土层P-O 含量分别增加了 136.9%、118.9%、74.3%。说明有机肥施用量的增加减少了 P-O 形态的固定，促进磷在土壤中的移动，其效果为 T4>T3>T2。

从各形态无机磷占土壤全磷的比例来看，与试验前相比，CK 处理除 P-O 外，其他各处理无机磷组分比例均上升。仅施氮肥，Ca_2-P、Ca_8-P、Ca_{10}-P、Al-P、Fe-P 占全磷比例均降低，P-O 所占比例增加。从不同有机肥处理来看，与 CK 相比，T2、T3 处理均降低了 Fe-P、Al-P、Ca_{10}-P 比例，而 Ca_8-P、P-O 比例增加；高量有机肥的 T4 处理 Ca_2-P、Ca_{10}-P、P-O 比例分别增加了 61.5%、19.4%和 101.3%，Ca_8-P、Al-P、Fe-P 比例分别降低了 15.5%、27.0%和 32.9%，其中 T3、T4 处理有效态的 Ca_2-P 含量随有机肥施用量的增加而增加，差异不显著，而难溶性的 Ca_{10}-P 含量也增加，差异达极显著水平。

（四）土壤无机磷各组分及其与土壤基本农化性状的相关性

对土壤无机磷形态之间与土壤农化性状指标间进行相关分析，以探讨它们之间的关系。从表 6-45 可见，Ca_2-P 与有机质呈显著正相关关系，说明土壤有机质含量的变化可以降低土壤对磷的吸附作用，原因可能是施入土壤中的有机肥在增加土壤有机质的同时，也增加了土壤的磷素水平，同时有机肥分解产生的有机酸可以活化土壤本身的磷素，减少了肥料磷转化为土壤缓效磷源 Ca_8-P、Al-P、Fe-P 及难溶性磷酸盐 P-O、Ca_{10}-P 的比重，从而导致土壤中活性较高的 Ca_2-P 含量增加。Ca_2-P 与有效磷含量显著正相关，表明 Ca_2-P 为陇东黄土旱塬的有效磷源。Ca_2-P 与 pH 极显著负相关，pH 随有机肥用量的增加而降低（数据未列出），原因在于有机肥腐解产生一定的有机酸化物，降低了 pH 值，这与赵晓齐有机肥活化土壤磷的作用大小主要受有机肥本身所含有机酸量的研究结论基本一致，这也证明了本研究结果随有机肥用量的增加活性较高的 Ca_2-P 呈增加趋势的研究结论。同时在土壤基本理化性状方面，土壤有机质、全磷、全氮、碱解氮与有效磷间相关性达显著或极显著水平，这与 Boriel F 等研究结果一致。

表 6-45　不同施肥处理土壤基本性状相关性　（单位：mg/kg）

处　理	Ca_2-P	Ca_8-P	Ca_{10}-P	P-Al	P-Fe	P-O	OM	T-P	T-N	A-N	PH	Olsen-P
Ca_2-P	1.00	-0.16	0.19	0.22	-0.07	0.60	0.81*	0.66	0.86*	0.68	-0.94**	0.86*
Ca_8-P		1.00	-0.92**	0.27	0.56	0.46	-0.63	-0.70	-0.29	-0.70	0.30	-0.41
Ca_{10}-P			1.00	0.11	-0.22	-0.61	0.61	0.66	0.38	0.61	-0.25	0.33
P-Al				1.00	0.92**	-0.11	0.10	0.05	0.45	-0.07	0.04	0.01
P-Fe					1.00	-0.07	-0.24	-0.26	0.16	-0.37	0.35	-0.25
P-O						1.00	0.26	0.15	0.40	0.22	-0.51	0.54
OM							1.00	0.97**	0.90*	0.97**	-0.76	0.95**
T-P								1.00	0.84*	0.99**	-0.59	0.91**
T-N									1.00	0.81*	-0.68	0.89*
A-N										1.00	-0.65	0.93**
pH											1.00	-0.78
Olsen-P												1

注：OM 指有机质；T-P 指全磷；T-N 指全氮；A-N 指碱解氮；Olsen-P 指有效磷

（五）不同施肥处理作物对磷素吸收动态的影响

从图 6-19 可以看出，不同施肥处理玉米植株磷素阶段性积累量在全生育阶段均存在先增加再降低的现象，但总磷素的积累表现为随有机肥施用量的增加而明显增加，最大值出现在灌浆中期，不同施肥处理间存在明显差异，表现为 T1 和 CK 处理植株对磷的吸收量较少，有机肥处理随施用量的增加，植株磷含量逐渐增加，这与宇万太有机肥处理通过提高产量使磷携出量增加，从而加速了植株全磷含量下降的研究结论不一致。同时，施用有机肥通过增加植株体内的含磷量，进而促进营养器官中磷向籽粒的转运，增加了完熟期籽粒中磷的分配比例，提高了磷肥利用效率，是实现春玉米高产和磷高效的有效调控途径。

三、主要结论与讨论

农业生产中，施用有机肥通常基于作物对氮素需求而计算，而有机肥含有的氮、磷比值一般小于作物对氮、磷的需求比例，极易导致磷素在土壤中的累积。王婷婷等研究认为，施肥尤其是有机肥能够大幅提高土壤中全磷、有机磷和无机磷含量，并且能够有效促进无效磷向有效磷的转化。本研究结果表明：施肥能够增加土壤全磷含量，有机肥增加效果更为明显。原因在于有机肥本身含有大量的有效磷，另一方面有机肥分解的有机酸可以显著活化土壤磷，减少土壤对磷的吸附。而在本试验条件下当有机肥施用量超过 90t/hm^2 时，土壤中 0~20cm 土层全磷极显著高于处理 CK 和 T1、T2、T3 处理。表明在旱作雨养农业区，如果大量施用有机肥会造成磷素在土壤表层的富集，磷素的累积一方面造成磷素

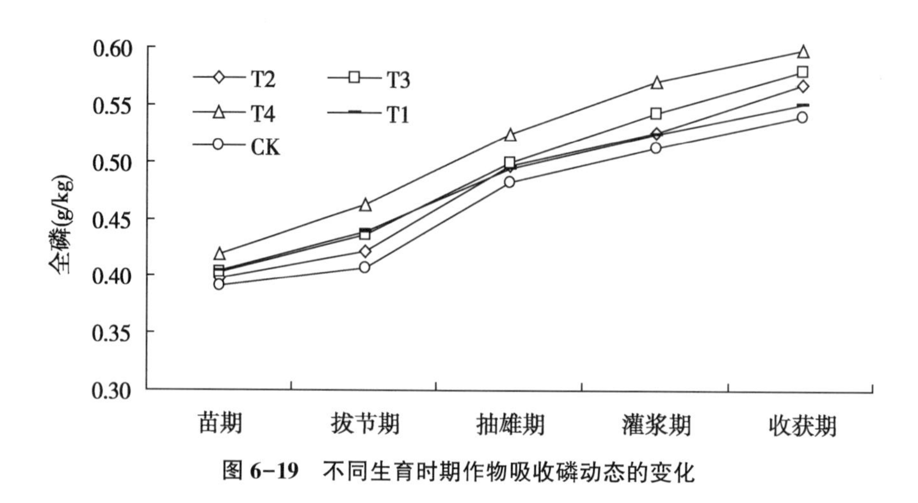

图 6-19　不同生育时期作物吸收磷动态的变化

资源的浪费，同时积累的磷素能够进入水体，对农业生态环境产生威胁。因此，农业生产中有机肥的施用量应根据土壤磷素消耗情况而合理制定，不可盲目大量投入，进而导致土壤磷素过量累积。

有效磷是植物体吸收磷素的直接来源，土壤有效磷水平是评价土壤磷素供应水平的重要指标，它的动态变化除了受土壤自身的理化性质和自然因素等影响外，更是与施肥量和作物吸磷量有很大关系。裴瑞娜等认为在一年一熟轮作制度下，不施磷（CK、N）土壤中有效磷呈下降趋势或持平，施用磷肥或有机肥的处理（NP、M、NPM）土壤有效磷均呈逐年上升趋势。刘建玲等研究认为施用有机肥能够增加土壤中有效磷，从而提高土壤磷的生物有效性。本研究结果表明：施肥能够明显增加土壤中的有效磷含量，并且与单一的化肥处理相比，有机肥与 N 肥混合施用能显著增加土壤中有效磷含量，且与有机肥的施用量极显著相关。

不同类型的土壤施用有机肥后，无机磷的增加大部分以有效性较高的 Ca_2-P、Ca_8-P 和 Fe-P、Al-P 为主。束良佐等认为：无磷素投入的 N、CK 区，Ca_{10}-P 含量下降了约 25%，而 Olsen-P 下降了 11.6%~30.0%。本研究结果显示：无磷肥输入的氮肥处理区，活性较强的 Ca_2-P、Ca_8-P、Al-P 和 Fe-P 含量都有所降低，而较稳定态的 Olsen-P 和 Ca_{10}-P 含量则有所提高，这与谢林花等的研究结果基本一致。原因可能是因为单施氮植物生长主要的养分限制因子是磷，土壤氮素供应充足，促进作物对磷的吸收利用，使土壤磷素严重耗竭，导致有效磷向无效磷转化。有机肥可以减少土壤对化肥磷的固定，为作物提供有效磷源。韩晓日等、张作新等、党廷辉等研究均表明：增施有机肥有利于土壤无机磷向有效态磷转化。随有机肥施用量的增加，Ca_2-P、Ca_{10}-P、Al-P 含量增加，而 Ca_8-P、Fe-P、Olsen-P 则相反，这是有机肥活化土壤磷和减缓磷吸附、固定的结果。

因此，从有效态的 Ca_2-P 和难溶性的 Ca_{10}-P 含量变化来看，在施等量氮的基础上配施农家肥 60 000kg/hm^2 更有利于活化土壤磷和减缓磷吸附，从而提高磷素的有效性。

第十节　密度与氮肥运筹对旱地全膜双垄沟播玉米产量及生理指标影响

近年来，随着全膜双垄沟播技术及耐密玉米品种在甘肃旱作区的大面积推广应用，土壤水肥条件发生了深刻变化，如何在不影响产量的前提下，选择适宜的栽培密度，将氮肥总用量降至最适水平是密植后氮肥管理的重要措施。氮肥分期施用为甘肃旱地玉米持续增产做出了重要贡献，其施用技术不仅涉及施用量的问题，而且还应注意恰当的施用时期及比例，以及与水分的良好耦合，才能使作物群体生理达到最佳状态，从而获得较高产量。杨吉顺认为在玉米最需要氮素的时期追施可以显著提高玉米产量，比如在玉米出苗几周之后追肥，而农民习惯采用“一炮轰”过量施氮不但没有增加玉米产量，还降低了氮肥利用率。目前普遍认为，氮肥分次施用可以提高玉米产量，但所报道的氮肥施用时期和比例不一，且主要集中在夏玉米上，对春玉米尤其是雨养区春玉米方面的研究涉及甚少。

另外，增加密度也是旱地玉米产量提高的重要途径；采用 82 500株/hm^2高密度结合氮肥调控创造了旱地春玉米 18.7t/hm^2 的高产纪录，而当地农民大田玉米种植密度维持在45 000株/hm^2 左右；美国玉米杂交种单株生产力没有明显的增加，产量的提高主要是增强了品种的耐密性。可见选用耐密品种，提高种植密度是玉米增产的主要途径之一。

然而，当前陇东旱作玉米沿用稀植品种在宽膜平铺条件下的施肥经验，对耐密品种在全膜双垄沟播种植条件下的种植密度和氮肥运筹方式的研究未见报道，特别是在追肥时期和比例方面存在着很大的盲目性，严重影响春玉米产量的持续增加，过量施氮产生烧苗现象。因此，笔者通过 3 年的田间试验，研究种植密度、氮肥总量、基追比例及时期对陇东雨养农业区春玉米产量及群体生育指标的影响，以期为全膜双垄沟播玉米适宜种植密度及氮素优化管理提供理论依据。

一、材料与方法

试验于 2012—2014 年在农业部西北植物营养与施肥科学观测试验站（N 35°29′42″，E 107°29′36″）进行。2012 年玉米生育期降水量 340.3mm，主要集中在 5 月、7 月和 8 月，占生育期降水量的 80.4%；2013 年玉米生育期降水量 483.1 mm，主要集中在 7—8 月，占生育期降水量的 63.2%；2014 年玉米生育期内降水量 304.2 mm，主要集中在 8—9 月，占生育期降水量的 66.9%（图 6-20）。

试验采用裂裂区设计，主处理为氮肥，包括 2 个氮肥用量，分别为 150kg/hm^2（A1）和 225kg/hm^2（A2），裂区为密度，包括 2 个密度，分别为 6×10^4株/hm^2（B1）和 7.5×10^4株/hm^2（B2），裂裂区为氮肥追施时期及比例，设 5 个追施时期及比例，分别为：①底肥 100%（C1）；②拔节期追施 100%（C2）；③底肥 50%和拔节期 50%（C3）；④底肥 50%和拔节期 30%和抽雄期 20%（C4）；⑤底肥 50%和拔节期 10%和抽雄期 40%（C5）。全膜双垄沟播种植，3 次重复，小区面积 $6.6m\times5m=33m^2$，玉米品种 3 年均为先玉 335。各处理基施过磷酸钙（P_2O_5，12%）750kg/hm^2。其他管理措施同大田。

试验测定作物水分利用效率、净光合速率（Pn）等光合参数、叶绿素相对含量

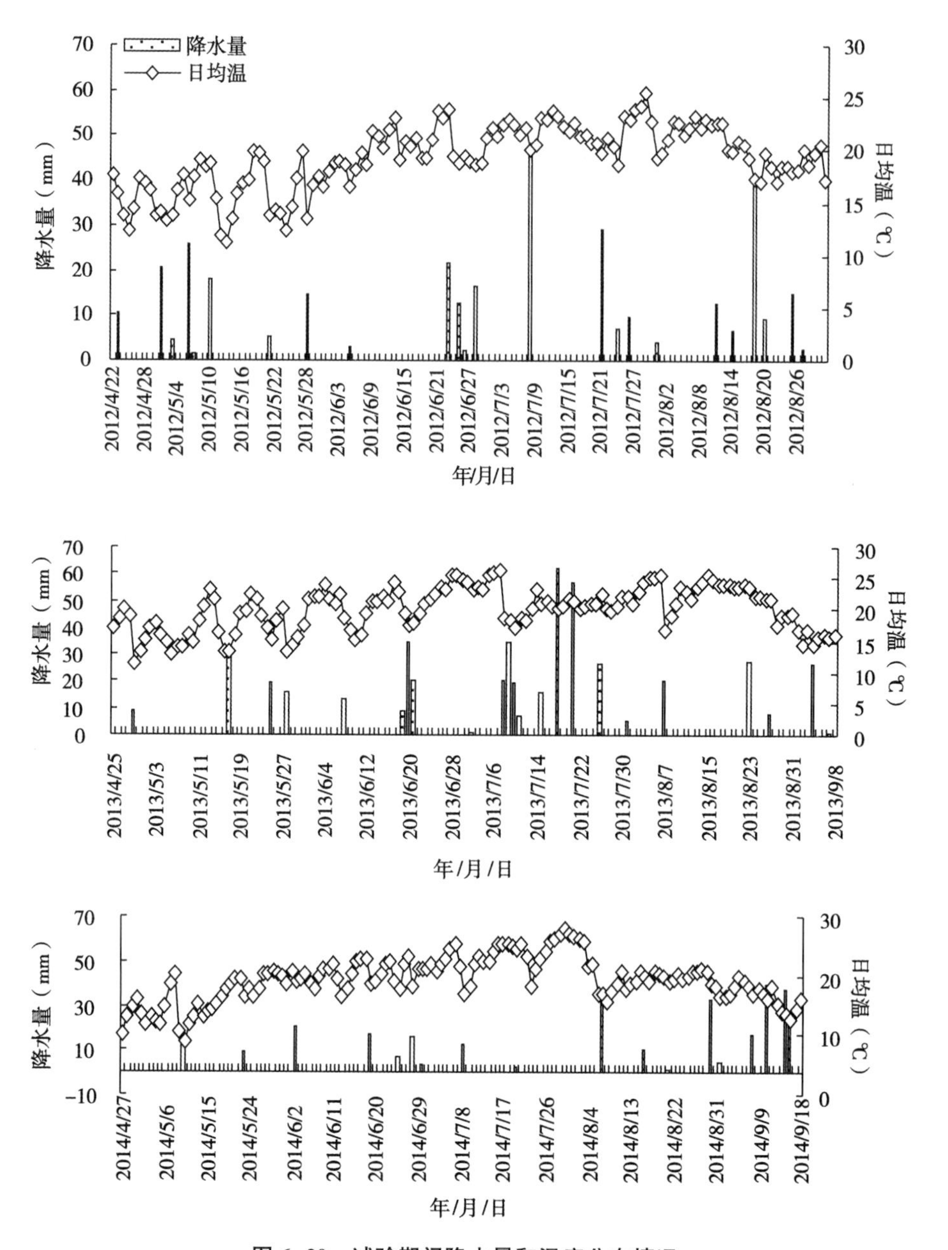

图 6-20　试验期间降水量和温度分布情况

(SPAD)。成熟时每小区按整行逐株取 20 株测产，采用 PM-8188A 谷物水分测定仪测定含水量，换算成含水量 14%下产量。

二、主要结果与分析

（一）不同处理玉米产量和水分利用效率变化

通过对连续 3 年的产量结果（表 6-46）进行方差分析表明（表 6-47、表 6-48）：不同年份玉米产量差异极显著，其与玉米生育期降水量及分布有关，其中 2012 年玉米需水关键期的 7—9 月降水量仅占整个生育期降水量 53. 9%，而 2013 年和 2014 年分别占到 68. 7%和 71. 8%。陇东旱塬 7—9 月玉米正处于抽雄吐丝至灌浆阶段，此时适时适量的降水有利于促进玉米植株生长，促进干物质向籽粒转运。但是，不同年份的降水时期和降水量显著影响玉米籽粒的灌浆进程，如 2012 年 7—8 月降水量仅占全生育期降水量的 53. 9%，在玉米抽雄吐丝期至灌浆阶段长时间干旱，加之持续高温，造成玉米吐丝与扬花期错位，灌浆时间变短，高温逼熟，生育期提前，严重影响产量。不同氮肥施用量间产量差异不显著（$P>0.05$），密度及氮肥施用时期间产量差异极显著（$P<0.01$），不同年份各农艺措施交互作用下，产量差异均不显著（$P>0.05$），说明各农艺措施交互作用对玉米产量影响不大。在施氮肥总量和种植密度相同的情况下，氮肥运筹方式不同，旱作玉米的产

表 6-46　不同处理玉米产量及水分利用效率变化（2012—2014 年）

处理	产量（kg/hm^2）			水分利用效率［kg/（mm·hm^2）］			产量构成因素		
	2012 年	2013 年	2014 年	2012 年	2013 年	2014 年	百粒重（g）	穗行数（行）	行粒数（粒）
A1B1C1	12 332. 3	14 935. 2	14 515. 2	29. 4	34. 7	31. 7	35. 6±3. 4	16. 5±0. 8	37. 4±3. 9
A1B1C2	12 790. 0	14 569. 6	14 757. 8	32. 3	33. 8	32. 2	36. 2±2. 3	16. 3±0. 6	40. 0±0. 8
A1B1C3	13 299. 5	15 009. 6	15 535. 4	30. 2	36. 2	33. 4	36. 6±2. 2	16. 3±0. 5	39. 6±1. 6
A1B1C4	12 377. 0	14 778. 4	14 932. 2	29. 6	34. 7	32. 3	37. 0±2. 0	16. 3±0. 3	39. 3±2. 4
A1B1C5	12 475. 0	14 164. 0	14 053. 2	30. 3	33. 8	31. 6	35. 7±2. 1	16. 7±1. 1	38. 6±0. 6
A1B2C1	14 002. 1	16 005. 0	15 895. 4	33. 9	38. 4	36. 3	34. 1±2. 0	16. 9±0. 4	36. 7±1. 8
A1B2C2	14 073. 8	16 335. 0	15 617. 3	38. 4	38. 4	37. 8	34. 9±0. 8	16. 1±0. 4	36. 8±2. 2
A1B2C3	14 281. 3	16 418. 0	16 580. 2	34. 2	37. 1	37. 9	34. 7±1. 5	16. 7±0. 5	37. 9±1. 9
A1B2C4	13 870. 7	16 329. 0	16 012. 5	34. 7	36. 9	36. 8	34. 6±1. 4	16. 8±0. 3	36. 3±1. 7
A1B2C5	14 126. 7	15 823. 0	15 261. 0	34. 5	36. 5	34. 0	34. 4±2. 2	16. 8±0. 7	35. 6±0. 5
A2B1C1	12 582. 3	14 662. 4	14 658. 9	32. 4	36. 5	33. 5	35. 8±1. 5	16. 8±0. 4	38. 6±2. 5
A2B1C2	13 167. 8	14 721. 6	15 477. 1	33. 0	36. 5	36. 4	36. 7±1. 6	17. 0±0. 2	38. 1±1. 8
A2B1C3	13 254. 7	15 116. 0	15 536. 6	30. 2	36. 9	34. 6	36. 6±2. 4	16. 7±0. 3	39. 7±0. 9
A2B1C4	13 150. 0	14 538. 4	14 306. 1	31. 4	36. 2	31. 0	37. 0±2. 4	16. 7±0. 3	39. 6±1. 6
A2B1C5	13 039. 0	12 377. 6	14 945. 7	33. 0	31. 7	33. 6	36. 3±1. 9	17. 3±0. 1	40. 5±1. 4
A2B2C1	14 207. 5	16 772. 0	15 666. 0	34. 7	42. 3	36. 1	34. 8±2. 0	16. 3±0. 3	37. 7±1. 9
A2B2C2	14 226. 3	15 634. 0	15 703. 0	39. 3	40. 2	35. 5	34. 9±2. 1	16. 2±0. 6	37. 6±2. 5
A2B2C3	15 818. 8	17 061. 0	16 650. 6	35. 0	43. 5	37. 1	34. 9±1. 5	16. 6±1. 0	38. 5±2. 1
A2B2C4	14 883. 3	16 690. 0	15 560. 6	38. 1	42. 6	34. 6	35. 0±1. 2	16. 4±0. 4	38. 8±1. 4
A2B2C5	14 206. 5	16 774. 0	16 287. 0	39. 3	43. 7	37. 2	35. 3±2. 0	16. 7±0. 4	38. 1±1. 8

表 6-47　不同处理玉米产量构成方差分析（*P* 值）

变异来源	产量构成因素 *P* 值								
	2012 年			2013 年			2014 年		
	百粒重	穗行数	行粒数	百粒重	穗行数	行粒数	百粒重	穗行数	行粒数
A	0.040 6*	0.780 4	0.03*	0.781 6	0.587	0.45	0.28	0.006 3**	0.844
B	0.097 2	0.180 9	0.00**	0.020 2*	0.460 9	0.23	0.00**	0.001 8**	0.866
C	0.001 8**	0.912 29	0.00**	0.440 64	0.884 73	0.88	0.35	0.474 87	0.247
A×B	0.159	0.032 3*	0.93	0.087 3	0.159 9	0.17	0.34	0.306 2	0.247
A×C	0.263 76	0.066 71	0.40	0.953 42	0.418 43	0.20	0.83	0.339 39	0.193
B×C	0.673 38	0.084 32	0.38	0.116 99	0.734 82	0.08	0.75	0.323 86	0.16
A×B×C	0.044 82*	0.405 85	0.94	0.957 39	0.841 71	0.04*	0.65	0.937 92	0.829

注：** 和 * 分别代表 1%和 5%的差异显著水平，下同

表 6-48　不同处理玉米产量方差分析（*P* 值）（2012—2014 年）

变异来源	平方和	自由度	均方	F 值	显著水平
区组	32 349.26	2	16 174.63	3.622 1	0.029 74*
Y	581 589.3	2	290 794.6	65.119 62	0.00**
A	9 446.4	1	9 446.4	2.115 4	0.148 48
B	444 278.8	1	444 278.8	99.490 37	0.00**
C	74 489.99	4	18 622.5	4.170 26	0.003 4**
Y×A	8 386.502	2	4 193.251	0.939 02	0.393 91
Y×B	23 924.93	2	11 962.46	2.678 84	0.072 82
Y×C	19 045.34	8	2 380.668	0.533 12	0.829 56
A×B	4 499.048	1	4 499.048	1.007 5	0.317 56
A×C	2 096.562	4	524.140 6	0.117 37	0.976 12
B×C	15 924.05	4	3 981.013	0.891 5	0.471 41
Y×A×B	7 522.957	2	3 761.479	0.842 33	0.433 28
Y×A×C	25 548.81	8	3 193.601	0.715 16	0.677 73
Y×B×C	14 760.43	8	1 845.054	0.413 18	0.911 09
A×B×C	11 975.73	4	2 993.933	0.670 45	0.613 75
Y×A×B×C	20 636.22	8	2 579.528	0.577 65	0.794 54

量亦不同，变现为不同年份均以底肥 50%和拔节期追肥 50%处理产量最高，其中处理 A1B1C3 较 A1B1C1、A1B1C2 分别增加了 4.9%和 4.1%，A1B2C3 较 A1B2C1、A1B2C2 分别增加了 3.0% 和 2.7%，A2B1C3 较 A2B1C1、A2B1C2 分别增加了 4.8% 和 1.2%，A2B2C3 较 A2B2C1、A2B2C2 分别增加了 6.2%和 8.7%。相同施氮量条件下高密度产量高于低密度，而在相同密度条件下，高氮量产量高于低氮量，水分利用效率与产量变化一致。不同年份氮肥用量、密度及氮肥运筹对产量构成因素影响不尽一致，其中 2012 年氮肥用量对百粒重和行粒数影响显著，密度对行粒数影响极显著，氮肥运筹对产量构成三因素有极显著影响，其互作对产量构成影响不显著。2013 年仅密度对百粒重影响显著，2014 年氮肥对穗行数影响极显著，密度对百粒重、穗行数影响极显著，其互作对产量构成影响不显著，其中在氮肥总量和密度相同的基础上，不同年份以底肥 50%和拔节期追肥 50%处理增产主要依靠行粒数的增加实现的。

（二）不同处理对玉米干物质积累的影响

玉米的生长过程，实际上是干物质不断积累的过程，而干物质生产又是籽粒产量的物质基础。不同处理玉米干物质积累动态符合 S 型曲线（图 6-21），表现为干物质积累随生

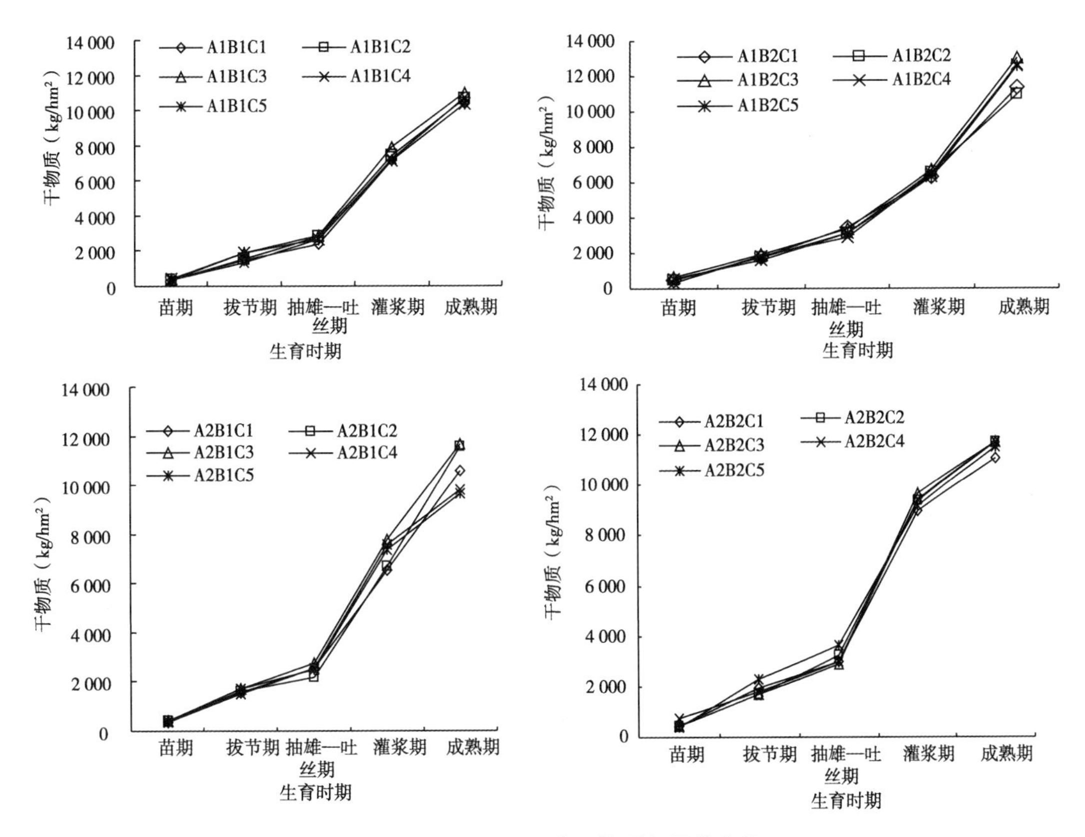

图 6-21　不同处理玉米干物质积累的变化

育进程的推进而逐步增加，在抽雄—吐丝之前各处理干物重差异较小。此后氮肥在底施 50%的基础上，拔节期追施 50%，既保证了植株前期不受氮素威胁，又促进后期干物质的

快速增长，而基施 100%和拔节期追施 100%由于受前期及后期植株生长状况的影响，干物质积累也受到影响；底施 50%和拔节期 30%和抽雄期 20%处理由于追肥比例及追肥时期的差异，植株前期氮素供应不足，导致追肥效果不明显；底施 50%和拔节期 10%和抽雄期 40%由于追肥时间过晚且后期追肥量较大，玉米根系活力降低，不利于植株对氮素养分的吸收。其中抽雄—吐丝后干物质积累 A1B1C3 较 A1B1C1、A1B1C2 分别增加 4.4%和 9.3%，A1B2C3 较 A1B2C2、A1B2C1 分别增加 12.2%和 9.6%，A2B1C3 较 A2B1C2、A2B1C1 分别增加了 8.8%和 13.0%，A2B2C3 较 A2B2C2、A2B2C1 分别增加了 0.03%和 5.2%。说明不同氮肥施用量和密度条件下均以底肥 50%和拔节期追施 50%的氮肥运筹方式干物质积累速率在不同生育时期均最高，原因在于基肥施肥量较大，并且基肥与追肥时期相隔不大，能够满足需肥关键期的氮素供应，所以后期干物质积累速率较快。

（三）不同处理玉米叶片 SPAD 变化

通过对不同处理下的玉米叶片 SPAD 值进行方差分析表明（表 6-49）：氮肥用量、密度及氮肥运筹对 SPAD 值影响显著或极显著，而其互作对 SPAD 值影响不显著。

表 6-49　不同处理玉米光合特性方差分析（*P* 值）

变异来源	叶绿素相对含量	光合速率	气孔导度	蒸腾速率
A	0.018 2*	0.244	0.823 8	0.073 8
B	0.0**	0.424 3	0.014 1*	0.779 2
C	0.0**	0.000 72**	0.000 07**	0.0**
A×B	0.347 5	0.622 7	0.007 2**	0.009 5**
A×C	0.249 94	0.956 33	0.221 64	0.897 15
B×C	0.630 68	0.964 94	0.996 45	0.943 07
A×B×C	0.779 19	0.569 18	0.398 5	0.035 85*

从图 6-22 可以看出，在氮肥总量一定的条件下，随着密度增加，SPAD 值降低，但不同氮肥施用时期以底肥 50%和拔节期追肥 50%处理 SPAD 值最高，其中处理 A1B1C3 较 A1B1C1、A1B1C2 分别增加了 6.9%和 2.4%，A1B2C3 较 A1B2C1、A1B2C2 分别增加了 8.0%和 7.7%，A2B1C3 较 A2B1C1、A2B1C2 分别增加了 5.7%和 2.2%，A2B2C3 较 A2B2C1、A2B2C2 分别增加了 2.0%和 1.9%，说明与播前和拔节期一次性施肥相比，以底肥 50%和拔节期追肥 50%叶绿素相对含量最高，表明适宜的肥密配比及氮肥施用时期更有利于促进叶片叶绿素含量的增加，延缓生育后期叶绿素含量的下降，使叶片功能期延长，光合效率提高，从而使玉米产量增加。

（四）不同处理玉米光合特性变化

通过对不同农艺措施处理下的玉米叶片光合参数进行方差分析表明（表 6-49）：密度对气孔导度存在显著影响；而氮肥运筹对光合速率、气孔导度及蒸腾速率均存在极显著影响，而氮肥施用量、密度及氮肥运筹互作对光合参数影响不显著。

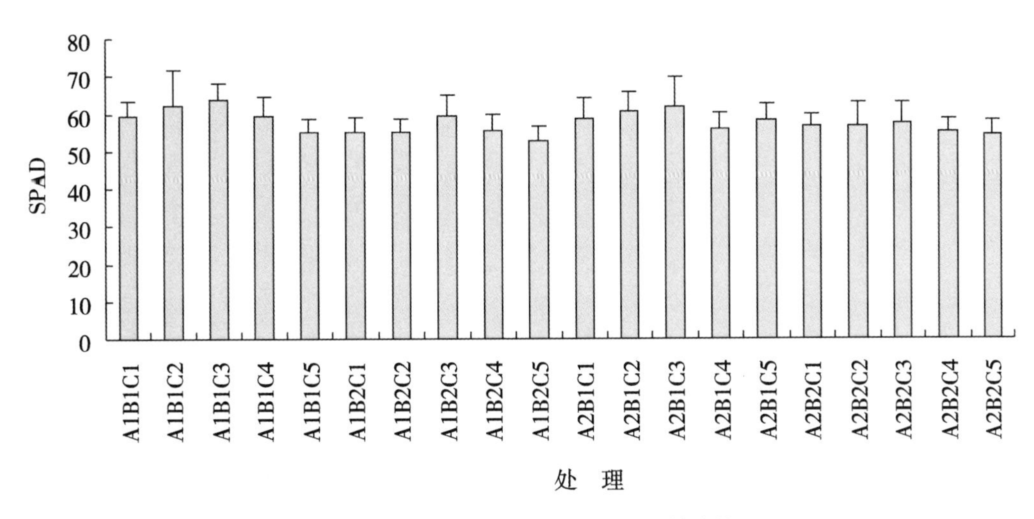

图 6-22　不同处理玉米叶片 SPAD 的变化

在本试验条件下，在氮肥总量一定的基础上，随着密度增加，玉米叶片 Pn、Tr、Gs 均减少，而在密度一定的条件下，氮肥施用量增加，Pn 增加，Gs、Tr 均减少（图 6-23 和图 6-24）。在相同施氮量和密度的基础上，氮肥以底肥 50%和拔节期追肥 50%处理 Pn、Gs、Tr 均最高，与播前和拔节期一次性施肥相比，处理 A1B1C3 较 A1B1C1、A1B1C2 处理 Pn、Gs、Tr 分别增加了 9.5%、5.9%，25.2%、17.9%，22.7%、15.8%；A1B2C3 较 A1B2C1、A1B2C2 处理 Pn、Gs、Tr 分别增加了 9.1%、1.8%，26.8%、18.8%，16.6%、10.9%；A2B1C3 较 A2B1C1、A2B1C2 处理 Pn、Gs、Tr 分别增加了 8.0%、3.9%，11.8%、3.1%，9.7%、3.1%；A2B2C3 较 A2B2C1、A2B2C2 处理 Pn、Gs、Tr 分别增加了 10.6%、5.6%，14.2%、6.5%，23.5%、14.7%。这充分说明在适宜施氮量和种植密度的情况下，优化氮肥施用时期及比例能极显著改善玉米叶片光合性能，有利于光合产物的形成，同时叶片蒸腾速率的增大，加速了玉米养分物质的运输和传导，对于玉米向籽粒进行营养物质转运具有很好的促进作用。

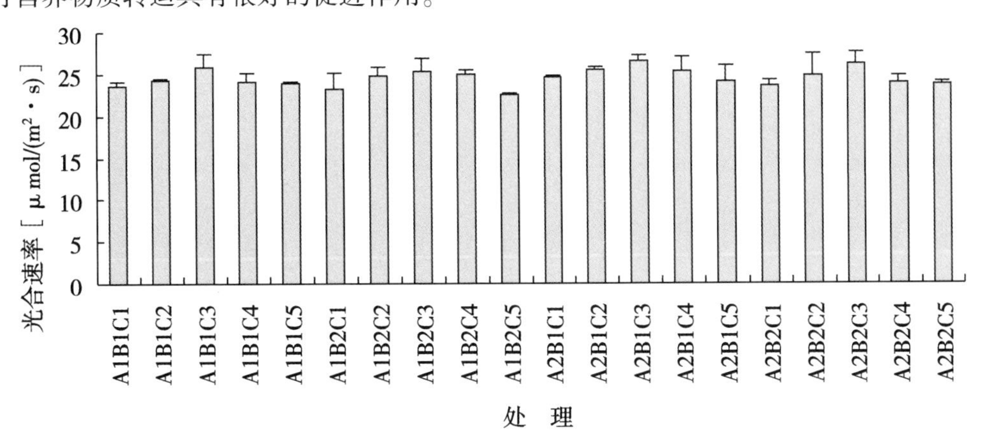

图 6-23　不同处理玉米叶片光合速率的变化

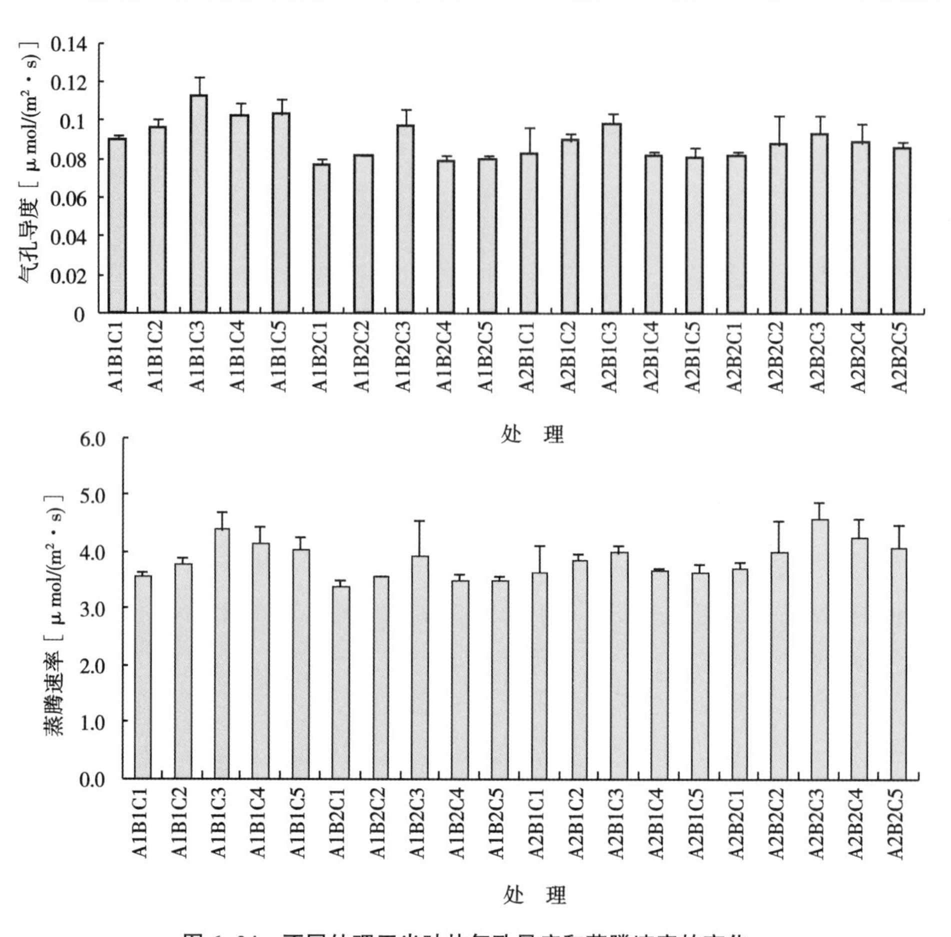

图 6-24 不同处理玉米叶片气孔导度和蒸腾速率的变化

三、主要结论

与一次性基施或拔节期追施相比，氮肥分次施用有利于延缓玉米生育后期叶片叶绿素含量的下降，增加光合物质生产量，优化产量构成，最终实现高产和高水分利用效率。因此，在本试验研究范围内，采用密度 7.5×10^4株/hm^2、施氮量 150kg/hm^2 及基肥 50%和拔节期追肥 50%的氮肥运筹方式在保证产量不减的前提下，可以实现与群体生育指标的同步提高，是一种高产、节氮、增效的栽培模式。

第十一节　耕作与施肥对旱地小麦/玉米轮作系统土壤养分与产量影响

黄土高原半干旱雨养农业区常年以传统耕作方式对土壤进行翻耕、耙耱，作物秸秆大量移出后常常导致表土暴露和土壤结构的破坏，特别是加速了土壤有机质的分解，增加了土壤侵蚀和养分流失，使得耕地质量日趋下降。因此，如何有效利用有限的资源，提高水分、养分的利用效率已成为农业工作者共同关注的焦点问题。研究表明，以免耕为代表的各种保护性耕作措施在增加土壤有机质，改善土壤结构，增加土壤持水性能、抗蚀性和通透性等方面具有明显效果，而传统耕翻在不施有机肥料或补充不足的条件下，易加剧有机质矿化，不利于土壤肥力的维持。采用适宜的土壤耕作施肥方式不仅可以改善土壤特性，还可以提高田间水分利用效率，达到保水增产的目的。60 多年来，国内外有关耕作方式对作物生长发育和土壤肥力的影响已有较多报道。通过 7 年的冬小麦和 3 年玉米的长期定位试验，研究了黄土旱塬不同耕作方式与施肥处理对作物产量、水分利用效率和土壤肥力变化的影响，旨在为陇东黄土旱塬区土壤合理耕作和施肥方式提供理论依据。

一、试验材料与方法

试验于 2005 年开始，在甘肃省农业科学院镇原试验站（35°29′42″N，107°29′36″E）进行。供试土壤为发育良好的覆盖黑垆土，0～40cm 土壤有机质含量 11.75g/kg，全氮 1.11g/kg，全钾 28.22g/kg，全磷 0.77g/kg，碱解氮 78.66mg/kg，速效钾 150.43g/kg，速效磷 13.94mg/kg。

试验采用裂区设计，以不同耕作方式处理（A）为主区，设 2 个水平，分别为传统耕作——作物收获后及播前结合施肥耕翻，以及免耕——常年不耕翻，仅留根茬；以不同基肥处理（B）为副区，设 CK（CK）、纯 N 150kg/hm^2（N）、纯 P_2O_5 105 kg/hm^2（P）、农家肥 M　22 500 kg/hm^2，按照腐熟的干牛粪干物质含量 18.52%，有机质 14.74%，N 0.27%，P_2O_5 0.25% 来折算（M）、纯 N 150kg/hm^2 + 纯 P_2O_5 105kg/hm^2（NP）、纯 N 150kg/hm^2+纯 P_2O_5 105kg/hm^2+农家肥 M　22 500kg/hm^2（NMP）共 6 个施肥水平，农家肥和化肥每年都施，传统耕作采用撒施，免耕结合播种条施，3 次重复，36 个小区，小区面积 72m^2（8m×9m），供试品种为自育冬小麦陇鉴 301，玉米品种为沈单 16，其他管理措施按常规要求实施。

冬小麦生育期 2005—2006 年降水量 149.4mm，2006—2007 年降水量 174.5mm，2007—2008 年降水量 207.0mm，与试验站冬小麦生育期多年平均降水量 260.0mm 相比，3 年降水量较正常年份分别减少了 42.5%、32.9%和 20.4%，均属于干旱年份。

每年冬小麦收获后进行土样采集、分析，每区采样按照 S 形多点混合，采耕作层 0～40cm 土样，风干、研磨过筛，用于土壤养分含量的测定。土壤含水量采用烘干称重法。

二、试验结果与分析

（一）耕作方式对作物产量变化的影响

传统耕作 9 年产量结果表明（表 6-50）：产量差异达显著或极显著水平。各施肥处理不同年份产量均以 NMP 处理最高，6 年平均小麦产量为 3 544.3kg/hm^2，较 NP 配施增产 8.87%，较 N、P、M 单施分别增产 79.44%、54.89%、43.40%，其次为 NP，平均产量为 3 255.6kg/hm^2，较 N、P 单施分别增产 64.82%、42.27%。在肥料单施中，有机肥单施的增产效果最好，6 年平均产量为 2 471.6kg/hm^2，较 CK 增产 27.32%，不施肥产量最低，6 年平均为 1 941.3kg/hm^2，连续 6 年单施 N 产量均低于单施 P，减产 13.7%，因此，不同耕作方式不同施肥处理对小麦增产作用不一，肥料合理配施优于单施，这与前人研究结果相似。不同年份间产量差异较大，与生育期降水量多寡有关，这表明作物产量除受肥料的影响外，还受降水和降水与肥料交互作用的影响，降水年型不同，不同施肥处理之间作物产量虽然差异较大，但不同年型之间产量大小及增产趋势基本是一致的，即传统耕翻与有机无机配合产量最高。

免耕6年产量结果统计分析表明（表6-50）：产量差异达显著或极显著水平。其中以NMP处理6年平均小麦产量最高，为3 103.8kg/hm^2，较NP配施增产10.38%，较N、P、M单施分别增产84.79%、74.55%、38.26%，其次为NP，平均产量为2 811.8kg/hm^2，较N、P单施分别增产67.41%、58.13%。在肥料单施中，有机肥单施的增产效果最好，6年平均产量为2 244.9kg/hm^2，较CK增产25.77%，不施肥产量最低，6年平均为1 784.9kg/hm^2，连续6年单施N平均产量低于单施P，减产5.54%。

相同施肥处理以传统耕作产量高于免耕，CK、N、P、M、NP、NMP处理6年平均产量传统耕作较免耕分别增产8.8%、17.6%、28.7%、10.1%、15.8%、14.2%。不论是传统耕作还是免耕，从6年的冬小麦产量结果来看，产量变化均为NMP>NP>M>P>N>CK。因此，不同耕作方式有机无机肥配施持续提高土壤肥力，抗逆减灾有效的措施之一。

从表6-50可知，传统耕作不同施肥处理玉米3年平均产量以NMP、NP处理均表现为增产，较CK分别增加了3.7%和11.9%，而肥料单施的N、P、M处理较CK均表现为减产，但产量仍以处理NMP最高，3年平均为73 171.6kg/ hm^2，其次为NP，第三位为CK，第四位为M，第五为N，第六为P。

免耕不同施肥产量差异显著，但产量仍以NMP最高，其次为NP处理，免耕较传统耕作减产的主要原因在于连续5年不进行土壤耕翻，杂草丛生，土壤板结严重，土壤施肥难度加大，耕地退化严重。

总之，不同耕作方式产量变化来看，无论是冬小麦还是春玉米均以有机无机配施产量最好，其次为无机肥配施，有机无机肥单施产量表现较差。对于冬小麦来说P单施优于N单施，而春玉米在相反。

（二）耕作方式和施肥对冬小麦水分利用效率的影响

旱地施肥在提高作物产量的同时，也会提高水分利用效率，起到以肥调水的作用，且不同肥料的增产效果不同，对水分利用率的影响也不同。传统耕作方式不同施肥处理水分利用效率变化结果表明（表6-51），冬小麦水分利用效率与施肥方式密切相关，7年平均以NMP水分利用效率最高，为8.53kg/(mm·hm^2)，其次为NP，为7.84kg/(mm·hm^2)；处理NMP较NP、M、P、N、CK水分利用效率分别提高8.89%、40.63%、53.23%、83.41%、84.16%。不同施肥处理对冬小麦水分利用效率的影响依次为NMP>NP>M>P>N>CK，与产量变化趋势一致，表明处理NMP能显著提高冬小麦水分利用效率。

免耕方式不同施肥处理水分利用效率变化结果表明（表6-51）：水分利用效率以NMP最高，7年平均为7.84kg/(mm·hm^2)，其次为NP，为6.97kg/(mm·hm^2)；处理NMP较NP、M、P、N、CK水分利用效率分别提高12.48%、38.65%、56.33%、81.88%、81.0%。不同施肥处理对冬小麦水分利用效率的影响依次为NMP>NP>M>P>CK>N，与产量变化趋势一致，表明免耕方式以处理NMP水分利用效率高，也就是说有机无机配施能明显增加作物对水分的利用，减小无效蒸腾蒸散。

表 6-50　耕作方式及施肥对作物产量的影响

耕作方式	处理	冬小麦产量（kg/hm）								冬小麦产量	春玉米产量（kg/hm^2）				春玉米产量
		2006 年	2007 年	2008 年	2010 年	2011 年	2012 年	2014 年	平均	增加（%）	2005 年	2009 年	2013 年	平均	增加（%）
传统耕作	CK	1 596.0bD	2 254.5aA	2 764.5bA	467.0bB	1 785.1dDE	3 537.0cC	1 185.0b	1 941.3	—	8 543.6a	4 032.0bcBC	7 513.9cdB	65 382.4	—
	N	1 612.5cdB	2 314.5aA	2 944.5abA	524.0bB	1 650.6dE	3 547.5cC	1 233.0b	1 975.2	1.75	7 649.3a	4 080.0bcBC	7 689.9cB	61 209.5	-6.4
	P	1 704.0cdB	2 332.5aA	3 159.0abA	815.3bB	2 644.8cC	4 018.5cC	1 344.0b	2 288.3	17.87	8 415.9a	3 145.5dD	6 211.4dB	59 877.5	-8.4
	M	2 184.0bcAB	2 631.0aA	3 342.0abA	645.0bB	2 332.7cCD	4 762.5bB	1 404.0b	2 471.6	27.32	8 282.6a	3 733.5cCD	9 651.0bA	63 297.3	-3.2
	NP	2 583.0abA	2 668.5aA	3 780.0aA	1 872.3aA	3 301.0bB	5 712.0aA	2 872.5a	3 255.6	67.70	8 321.4a	4 503.0abAB	10 965.6abA	67 777.2	3.7
	MNP	2 814.0aA	2 833.5aA	3 828.0abA	2 189.0aA	3 860.7aA	6 168.0aA	3 117.0a	3 544.3	82.57	9 076.8a	4 807.5aA	11 250.2aA	73 171.6	11.9
免　耕	CK	1 848.9bAB	1 782.0bB	1 806.0bcB	340.4cB	2 460.9bB	2 471.0dC	772.5d	1 784.9	—	8 026.5abA	1 953.0bC	5 720.8cD	51 804.4	—
	N	1 711.4bB	2 004.0abB	2 023.5bB	380.3cB	2 231.4bB	2 793.1dC	613.5d	1 679.6	-5.90	8 788.5aA	3 132.0aAB	8 152.5bC	62 320.0	20.3
	P	1 803.0abB	2 473.5aA	1 602.0cB	584.4cB	2 572.7bB	2 331.4dC	1 080.0c	1 778.1	-0.38	6 238.5cB	1 596.0bC	5 958.1cD	41 158.5	-20.6
	M	2 046.8abAB	2 485.5aA	1 975.5bcB	750.9bB	2 245.5bB	3 965.2cB	1 531.5b	2 244.9	25.77	7 705.5abAB	2 229.0bBC	9 252.4bBC	52 756.6	1.8
	NP	2 462.4aA	2 511.0aA	3 027.0aA	1 565.9aA	2 559.7bB	4 744.8bAB	2 878.5a	2 811.8	57.54	7 260.0bcAB	3 183.0aAB	10 724.3aAB	55 789.8	7.7
	MNP	2 467.7aA	2 580.0aA	2 764.5bA	1 839.8aA	3 503.1aA	5 514.4aA	3 057.0a	2 669.0	73.89	7 644.0bAB	3 475.5aA	11 024.2aA	59 272.2	14.4

表 6-51　耕作方式及施肥对作物水分利用效率的影响

耕作方式	处理	冬小麦水分利用效率 [kg/(mm · hm²)]									春玉米 [kg/(mm · hm²)]				
		2006 年	2007 年	2008 年	2010 年	2011 年	2012 年	2014 年	平均	增加量	2005 年	2009 年	2013 年	平均	增加量
传统耕作	CK	4.7	5.4	5.9	2.1	5.3	6.3	2.9	4.63	—	20.4	15.6	31.9	22.63	—
	N	4.4	5.7	6	2.0	5.1	6.5	3.0	4.65	0.41	16.5	15.8	28.2	20.14	-10.99
	P	4.2	7.1	6.6	3.0	7.4	7.5	3.3	5.57	20.19	18.0	12.2	25.3	18.49	-18.30
	M	5.4	8.3	6.6	2.7	6.9	8.8	3.8	6.07	30.95	18.5	14.4	31.9	21.58	-4.65
	NP	6.6	9.0	7.5	6.5	9.3	9.8	6.2	7.84	69.12	17.9	17.4	37.0	24.09	6.43
	MNP	7.9	8.7	7.7	7.7	10.7	10.7	6.4	8.53	84.16	21.3	18.6	41.7	27.18	20.12
免耕	CK	5.3	5.7	3.5	1.5	7.4	5.1	2.0	4.33	—	17.9	7.5	25.6	16.98	—
	N	4.4	6.3	4.5	1.8	6.5	5.3	1.5	4.31	-0.48	21.2	12.2	33.4	22.24	30.99
	P	4.8	9.5	3.5	2.6	7.7	4.5	2.7	5.02	15.78	15.3	6.3	25.5	15.69	-7.59
	M	5.4	9.2	4.8	3.2	6.3	7.2	3.6	5.66	30.54	18.9	8.7	41.2	22.93	35.07
	NP	5.7	8.6	6.0	6.5	7.8	8.2	6.1	6.97	60.92	17.9	12.3	43.3	24.47	44.14
	MNP	6.0	9.3	6.2	6.8	10.5	9.7	6.5	7.84	81.00	16.8	13.5	44.0	24.78	45.92

不同耕作方式以 NMP 处理水分利用效率最高（表 6-51），其次为 NP 处理，其变化与产量变化趋势基本一致，表明有机无机配施有利于提高作物产量和水分利用效率，而肥料单施产量和水分效率较低。

总之，无论是传统耕作还是免耕，从 6 年冬小麦和 3 年春玉米试验结果来看，不管是干旱还是湿润年份，水分利用效率变化均为有机无机配施高于无机配施或有机肥和无机肥单施，原因在于有机无机肥配施能够疏松土壤结构，增加土壤孔隙度，增强土壤的蓄水保水性能，使无效水分转换为作物的有效蒸腾和水分生产效率的提高上。

（三）耕作方式对土壤肥力的影响

1. 对土壤物理性质的影响

土壤容重测定结果（表 6-52 和表 6-53）：不同耕作方式不同施肥处理随着耕作年限的增加，土壤容重呈逐年增大的变化趋势。一方面虽然传统耕作在作物收后和播前每年都进行土壤耕翻，但长期单一或配合施用氮磷化肥，土壤的酸碱度过大或过小，腐殖质不能得到及时补充，引起土壤板结，另一方面常年传统连续翻耕作业引起土壤压实，下层土壤密度增大，土壤容重呈逐年增大的趋势。免耕由于不进行土壤耕作，在土壤自身重力作用以及降雨等外界因素的影响下土壤容重也呈逐年增大的趋势。经过 9 年耕作，不论是传统耕作还是少免耕，各处理收获后（0~20cm）土壤容重较播前均有不同程度的增加，有机无机配施处理容重较低，而相同施肥处理 0~40cm 土壤容重少免耕大于传统耕作。

表 6-52　耕作方式对不同年份作物收获期土壤（0~20cm）容重的影响

耕作方式	处　理	土壤容重（g/cm^3）									
		试验前	2006 年	2007 年	2008 年	2009 年	2010 年	2011 年	2012 年	2013 年	2014 年
传统耕作	CK	1.23	1.26	1.36	1.4	1.15	1.26	1.29	1.32	1.35	1.33
	N	1.23	1.26	1.34	1.37	1.24	1.23	1.21	1.25	1.31	1.35
	P	1.23	1.24	1.27	1.35	1.21	1.23	1.23	1.24	1.32	1.35
	M	1.12	1.19	1.21	1.28	1.15	1.19	1.23	1.25	1.25	1.42
	NP	1.2	1.33	1.36	1.44	1.17	1.22	1.26	1.26	1.32	1.43
	MNP	1.12	1.2	1.22	1.24	1.13	1.22	1.24	1.23	1.34	1.35
免　耕	CK	1.27	1.34	1.38	1.44	1.23	1.32	1.34	1.36	1.37	1.43
	N	1.23	1.33	1.35	1.38	1.28	1.30	1.29	1.37	1.41	1.43
	P	1.25	1.26	1.34	1.37	1.23	1.33	1.27	1.36	1.41	1.39
	M	1.19	1.24	1.28	1.33	1.2	1.36	1.36	1.24	1.40	1.35
	NP	1.26	1.35	1.39	1.45	1.3	1.27	1.34	1.35	1.34	1.44
	MNP	1.24	1.28	1.35	1.38	1.24	1.27	1.26	1.31	1.29	1.38

表 6-53　耕作方式对收获期（20~40cm）土壤容重的影响

耕作方式	处 理	土壤容重（g/cm³）									
		试验前	2006 年	2007 年	2008 年	2009 年	2010 年	2011 年	2012 年	2013 年	2014 年
传统耕作	CK	1.44	1.42	1.49	1.53	1.43	1.52	1.51	1.62	1.40	1.42
	N	1.44	1.49	1.5	1.49	1.42	1.51	1.47	1.45	1.44	1.45
	P	1.34	1.48	1.47	1.39	1.51	1.48	1.45	1.55	1.40	1.52
	M	1.46	1.51	1.46	1.46	1.47	1.48	1.45	1.50	1.39	1.48
	NP	1.39	1.52	1.49	1.4	1.05	1.41	1.39	1.40	1.42	1.50
	MNP	1.51	1.5	1.47	1.43	1.44	1.40	1.43	1.39	1.46	1.46
免　耕	CK	1.35	1.37	1.46	1.54	1.4	1.42	1.40	1.47	1.45	1.47
	N	1.38	1.51	1.5	1.55	1.5	1.38	1.42	1.44	1.43	1.38
	P	1.37	1.55	1.54	1.52	1.46	1.42	1.40	1.44	1.43	1.43
	M	1.6	1.55	1.54	1.55	1.41	1.36	1.40	1.43	1.48	1.43
	NP	1.37	1.56	1.57	1.58	1.42	1.38	1.34	1.42	1.36	1.43
	MNP	1.41	1.45	1.49	1.59	1.44	1.28	1.44	1.40	1.42	1.40

2. 耕作方式对土壤养分含量的影响

有机质含量是土壤肥力高低的重要指标之一。在一定条件下，土壤有机质含量越高，标志着土壤肥力越好；土壤有机质含量越低，标志着土壤肥力越差。

传统耕作土壤养分含量测定结果表明（表 6-54）：经过 8 年耕作，2014 年各处理收获土壤速效磷较播前增加，碱解氮含量减少，其余养分含量有增有减，其中 NMP 处理土壤有机质从试验前的 11.81g/kg 提高到 12.33g/kg，全氮从 0.96g/kg 增加到 0.97g/kg，速效磷从 8.62mg/kg 提高到 21.64mg/kg，速效钾从 148.69 mg/kg 增加到 152.21mg/kg，分别提高了 4.0%、1.0%、151.1%、2.0%；全钾从 44.68g/kg 减少到 23.95g/kg，全磷从 0.71g/kg 减少到 0.63g/kg，碱解氮从 75.78 mg/kg 减少到 58.69mg/kg，分别减少了 46.4%、10.8%、22.6%。传统耕作下有机无机肥结合提高土壤有机质，改善了土壤结构和水热状况，同时培肥土壤。

表 6-54　传统耕作收获期 0~40cm 土层土壤养分含量的变化

年　份	处　理	有机质（g/kg）	全　氮（g/kg）	全　钾（g/kg）	全　磷（g/kg）	碱解氮（mg/kg）	速效钾（mg/kg）	速效磷（mg/kg）
试验前	CK	11.61bC	0.88bB	39.80bA	0.65cBC	68.37cCD	130.53cCD	1.11dD
	N	12.29aA	0.98bAB	27.87dB	0.68bAB	71.80bBC	128.72cD	5.46cC
	P	12.20aA	1.27aA	32.67cB	0.68bAB	65.75cD	128.63cD	15.31aA
	M	12.15aAB	0.98bAB	29.45cdB	0.62cC	67.72cCD	136.63bBC	1.39dD
	NP	12.13aAB	0.95bAB	43.97abA	0.69abA	78.61aA	141.01bB	8.01bB
	MNP	11.81bBC	0.96bAB	44.68aA	0.71aA	75.78aAB	148.69aA	8.62bB

（续表）

年　份	处　理	有机质 (g/kg)	全　氮 (g/kg)	全　钾 (g/kg)	全　磷 (g/kg)	碱解氮 (mg/kg)	速效钾 (mg/kg)	速效磷 (mg/kg)
2006	CK	11. 75aA	0. 94bC	26. 28cD	0. 60cC	74. 62aA	106. 82eE	4. 74dDE
	N	13. 27bB	0. 91bC	37. 59aA	0. 64bcBC	67. 82bB	133. 03cC	13. 54aA
	P	12. 24cB	0. 98bBC	32. 73bB	0. 65bABC	56. 52dD	127. 01dD	4. 92dD
	M	13. 14bA	0. 94bC	27. 48cCD	0. 60cC	63. 09cC	140. 86bB	3. 02eE
	NP	12. 25cB	1. 09aAB	31. 91bBC	0. 68abAB	64. 46cC	134. 90cC	11. 62bB
	MNP	12. 21cB	1. 16aA	32. 31bB	0. 71aA	69. 23bB	147. 03aA	7. 83cC
2007	CK	11. 50cdBC	0. 98bcAB	28. 22dD	0. 65cC	67. 43bB	136. 72bB	7. 54dB
	N	12. 67aA	0. 94cB	29. 33cdCD	0. 65cC	75. 89aA	128. 09cC	8. 76cdB
	P	11. 66dC	1. 06aA	35. 25aA	0. 69bB	68. 52bB	131. 90cBC	14. 50bA
	M	12. 26bAB	0. 97bcAB	33. 08bB	0. 64cC	69. 64bAB	138. 59bB	7. 44dB
	NP	11. 91cdBC	0. 99abcAB	30. 07cC	0. 69bB	68. 91bAB	130. 02cC	9. 30cB
	MNP	12. 11bcBC	1. 03abAB	26. 55eE	0. 74aA	70. 54bAB	154. 25aA	16. 27aA
2008	CK	10. 97cD	0. 80bBC	23. 75aA	0. 62bB	54. 65bB	109. 26cBC	8. 74dD
	N	11. 1cCD	0. 69cCD	22. 97aA	0. 69bB	52. 41bB	101. 23dD	6. 88eE
	P	12. 03bB	0. 87abAB	20. 98bB	0. 76bB	56. 04bB	102. 93dCD	19. 76bB
	M	11. 8bBC	0. 94aA	21. 04bB	0. 68bB	64. 46aA	114. 63bB	7. 49deD
	NP	11. 5bcBCD	0. 92aA	23. 33aA	0. 67bB	56. 65bAB	109. 26cBC	15. 40cC
	MNP	13. 0aA	0. 58dD	23. 22aA	1. 03aA	58. 12bAB	125. 67aA	26. 63aA
2009	CK	12. 55	1. 31	22. 18	0. 61	39. 16	135. 55	2. 66
	N	11. 41	0. 99	22. 39	0. 59	35. 77	143. 67	11. 84
	P	11. 28	1. 38	21. 57	0. 62	45. 29	142. 49	9. 24
	M	11. 33	1. 04	22. 27	0. 57	48. 00	145. 63	9. 40
	NP	12. 51	1. 19	22. 52	0. 63	44. 61	146. 67	14. 21
	MNP	13. 57	1. 39	21. 01	0. 66	41. 79	159. 56	19. 81
2010	CK	12. 17	0. 81	22. 98	0. 58	45. 65	127. 12	1. 75
	N	12. 32	0. 86	19. 71	0. 06	50. 75	127. 46	2. 28
	P	15. 15	0. 94	20. 48	0. 27	53. 20	139. 29	13. 29
	M	13. 51	0. 89	22. 08	0. 00	51. 91	155. 87	3. 14
	NP	12. 38	0. 89	22. 10	0. 60	52. 65	129. 47	12. 28
	MNP	13. 88	0. 96	20. 97	0. 00	64. 41	139. 51	17. 45

（续表）

年　份	处　理	有机质 (g/kg)	全　氮 (g/kg)	全　钾 (g/kg)	全　磷 (g/kg)	碱解氮 (mg/kg)	速效钾 (mg/kg)	速效磷 (mg/kg)
2011	CK	10.95	0.93	23.98	0.64	52.71	123.75	7.13
	N	12.58	0.95	23.56	0.66	52.80	126.03	8.18
	P	12.11	0.94	23.16	0.73	52.92	123.12	19.64
	M	12.23	0.94	24.37	0.64	53.05	142.29	6.80
	NP	12.02	0.94	24.67	0.76	59.43	128.18	19.87
	MNP	12.33	0.97	23.95	0.63	58.69	152.21	21.64
2012	CK	9.51	0.80	23.57	0.26	40.35	113.69	4.05
	N	9.45	0.84	22.72	0.43	41.91	102.33	4.47
	P	10.05	0.87	21.49	0.52	40.22	108.62	18.93
	M	10.49	0.91	25.28	0.48	40.45	133.54	8.37
	NP	9.72	0.88	23.19	0.50	47.69	109.82	17.51
	MNP	10.80	0.94	23.63	0.44	43.2	149.60	22.56
2013	CK	12.22	0.76	26.58	0.13	33.76	155.75	1.88
	N	12.68	0.77	26.68	0.28	33.42	168.90	1.81
	P	13.32	0.75	28.89	0.35	34.43	162.52	6.58
	M	13.26	0.81	29.93	0.32	21.96	197.21	2.46
	NP	13.31	0.83	25.36	0.36	39.25	156.62	12.04
	MNP	13.69	0.85	29.65	0.32	35.52	201.57	11.94
2014	CK	11.78	0.79	9.39	0.19	63.65	109.50	3.17
	N	13.54	0.92	9.98	0.69	54.47	101.50	3.55
	P	15.58	0.99	9.94	0.81	65.66	101.80	15.43
	M	16.38	0.96	10.84	0.61	71.26	141.80	7.09
	NP	14.47	0.87	10.86	0.81	70.39	109.69	7.83
	MNP	15.42	0.97	10.33	0.83	73.65	137.63	23.29

免耕土壤养分测定结果表明（表6-55）：不同施肥处理土壤养分含量变化不同，全氮、碱解氮含量较试验前降低。其中NMP处理有机质从试验前的11.80g/kg提高到14.97g/kg，全磷从0.64g/kg增加到0.84g/kg，全钾从24.2 g/kg增加到26.0g/kg，速效磷从13.9mg/kg提高到34.1mg/kg，速效钾从156.5mg/kg提高到187.0mg/kg分别提高了26.9%、7.4%、31.3%、145.7%、19.5%。全氮从试验前的1.09g/kg减少到1.08g/kg，碱解氮从68.1mg/kg减少到67.6mg/kg，分别减少了0.9%、0.76%。

表 6-55　免耕收获期 0~40cm 土层土壤养分含量的变化

年　份	处　理	有机质(g/kg)	全　氮(g/kg)	全　钾(g/kg)	全　磷(g/kg)	碱解氮(mg/kg)	速效钾(mg/kg)	速效磷(mg/kg)
试验前	CK	11.99abA	1.06abcAB	47.57aA	0.66bBC	77.01abcAB	138.74dD	5.91cC
	N	12.06aA	0.99cB	34.98bB	0.68abAB	80.50aA	136.53dD	4.91cdCD
	P	12.02aA	1.14aA	27.86cdBC	0.68aAB	73.98cB	128.70eE	4.55cdCD
	M	11.38cB	1.00bcB	28.45cdBC	0.69aA	74.94bcAB	163.69aA	3.40dD
	NP	11.72bAB	1.04bcAB	33.38bcB	0.62cD	78.26abAB	146.33cC	10.86bB
	MNP	11.80abA	1.09abAB	24.22dC	0.64cC	68.12dC	156.47bB	13.86aA
2006	CK	12.13cC	0.96bB	24.70dD	0.65bB	68.64abA	99.06dCD	5.11cC
	N	12.50cBC	0.96bB	31.92aA	0.65bB	74.69aA	100.93dD	4.20cC
	P	12.24cBC	1.18aA	32.67aA	0.68abAB	70.01abA	92.85eD	13.25aA
	M	12.69bcBC	0.92cC	28.26bB	0.65bB	65.90bA	120.72bB	8.98bB
	NP	13.40bAB	0.98bB	25.88cC	0.72aA	71.09abA	112.84cC	11.99aAB
	MNP	14.55aA	0.98bB	29.20bB	0.64bAB	74.24aA	127.34aA	11.75aAB
2007	CK	12.20bB	0.95bcBC	40.09aA	0.68bcBC	65.71aA	130.19eD	4.81cC
	N	12.58abAB	0.94cBCD	33.02cB	0.66cCD	62.67bAB	134.77dD	8.63bB
	P	12.94aA	0.88dD	28.65dC	0.82aA	60.42bcBC	140.51cC	8.79bB
	M	12.40bAB	0.99bB	35.21bB	0.63dD	55.35dD	183.34aA	5.42cC
	NP	12.93aA	0.91cdCD	33.81bcB	0.70bB	58.60cCD	142.53cC	11.14aA
	MNP	13.02aA	1.07aA	29.81dC	0.68bcBC	62.88bAB	158.57bB	5.64cC
2008	CK	11.77deC	0.99aA	22.74abAB	0.63bC	57.01bB	102.80dD	5.21eE
	N	12.93bB	0.81bB	20.46dC	0.71aA	79.51aA	101.38deD	6.10eDE
	P	11.62eC	0.87bB	22.58abcAB	0.71aA	58.47bB	99.44eE	17.28bB
	M	12.63cB	0.79bB	21.61bcdABC	0.69aAB	63.15bB	133.83aA	8.74dD
	NP	11.99dC	0.81bB	21.36cdBC	0.71aA	60.10bB	111.22cC	13.58cC
	MNP	13.93aA	0.88bAB	23.31aA	0.68bBC	57.49bB	122.69bB	26.53aA
2009	CK	10.88	1.17	23.42	0.58	43.87	140.27	1.76
	N	11.98	0.96	23.15	0.57	45.19	134.34	5.17
	P	11.50	0.94	22.26	0.62	45.24	135.28	10.17
	M	12.27	1.30	23.38	0.57	47.18	156.48	1.54
	NP	13.21	1.08	23.56	0.65	48.21	140.40	15.96
	MNP	12.34	1.15	22.87	0.60	50.03	150.76	13.19

（续表）

年份	处理	有机质（g/kg）	全氮（g/kg）	全钾（g/kg）	全磷（g/kg）	碱解氮（mg/kg）	速效钾（mg/kg）	速效磷（mg/kg）
2010	CK	22.99	0.84	22.99	0.70	47.00	123.17	0.70
	N	21.82	0.91	21.82	0.91	50.76	115.25	0.91
	P	22.03	0.89	22.03	0.00	50.17	119.18	0.45
	M	20.53	0.87	20.53	0.16	51.84	147.39	0.16
	NP	23.47	0.91	23.47	0.76	57.06	135.45	0.76
	MNP	22.23	0.92	22.23	0.71	55.65	143.50	0.71
2011	CK	11.37	1.03	22.95	0.62	57.68	127.70	5.75
	N	10.38	0.96	22.74	0.56	62.35	127.98	9.56
	P	12.91	0.91	24.80	0.74	58.81	135.68	22.85
	M	13.60	0.98	25.64	0.70	62.39	196.05	13.28
	NP	13.31	0.96	25.77	0.77	64.96	140.79	19.40
	MNP	14.97	1.08	26.01	0.84	67.60	187.00	34.06
2012	CK	7.37	0.86	24.23	0.47	41.01	109.69	5.85
	N	10.99	0.98	23.61	0.27	42.01	105.78	5.88
	P	9.25	0.88	23.97	0.28	41.82	113.39	11.08
	M	9.76	0.89	25.14	0.31	51.93	153.64	6.50
	NP	10.61	0.84	24.08	0.41	50.54	103.71	13.78
	MNP	11.37	0.81	25.09	0.36	51.88	141.74	13.91
2013	CK	12.64	0.78	19.35	0.26	39.99	157.56	2.22
	N	13.94	0.86	28.15	0.32	41.43	167.54	1.57
	P	14.56	0.87	26.98	0.40	44.68	167.58	15.99
	M	15.21	0.89	23.04	0.34	45.73	207.79	4.61
	NP	13.80	0.85	23.39	0.32	43.31	159.76	7.17
	MNP	16.69	0.97	25.91	0.42	50.46	212.49	15.62
2014	CK	13.00	0.88	9.70	0.69	62.76	109.76	1.59
	N	13.12	1.04	9.48	0.58	80.05	109.57	4.28
	P	14.63	0.96	10.62	0.87	68.45	109.66	16.99
	M	14.37	1.00	9.77	0.66	79.52	170.08	5.79
	NP	13.79	0.92	9.27	0.78	65.06	101.80	8.90
	MNP	12.77	1.06	10.33	0.88	77.49	146.29	19.11

耕作6年后NMP处理少免耕较传统耕作有机质、全氮、全钾、全磷和速效氮、速效钾、速效磷含量分别提高了21.4%、11.3%、8.6%、33.3%、15.2%、22.9%、57.4%。免耕相比于传统耕作，由于其土壤管理方式的改变，使得土壤有机质达到了一个新的、更高一级的平衡状态，这样土壤有机质含量水平可大大提高，究其原因既为免耕避免了对土壤的扰动，因而降低了土壤有机碳的矿化作用。翻耕处理的土壤温度较高，透气性条件好，微生物活动比较强烈，增加了有机质的氧化速率，免耕处理则由于土壤扰动小，温度较低，有机质分解慢，有机质含量得到稳定增加。也有研究表明：在土壤表层（0~30cm）有机碳初始含量3.6g/hm^{2}的情况下，一年内传统耕作可以矿化掉0.95g/hm^2，而免耕仅矿化掉0.45g/hm^2；耕翻处理中，植物残体以及连年施入的有机肥则随机械耕翻而均匀地分布于0~20cm耕层中，由于稀释效应使0~5cm土层有机碳含量降低。耕作扰动改变了分解作用的条件，加快了呼吸速率，从而导致土壤有机质含量下降；而且耕作扰动也破坏了土壤团聚体，使得被稳定吸附的有机质暴露而加速其分解。

三、结论与讨论

（1）深耕是传统的耕作方式，在保证小麦高产和高水分利用效率方面仍然存在一定的优势，连续免耕会造成冬小麦减产；不同年份各施肥产量、水分效率差异虽然较大，但影响趋势为NMP>NP>M>P>N>CK；长期单施氮肥、磷肥或有机肥增产作用较小，而有机无机肥配施则产量有逐年递增的趋势。

（2）与免耕相比，传统耕作下不同施肥处理土壤有机质和全氮含量均有不同程度的增加，主要原因一方面是耕种过程中，耕作扰动了耕层土壤，加速土壤有机质矿化，造成土壤有机质含量下降。同时传统耕作会使潜在生物有机碳库裸露，活泼的有机碳不断被矿化而损失，而土壤全氮含量的减少与有机碳含量的降低有直接关系；另一方面免耕不扰动土壤，使得植物残体以及连年施入的有机肥主要积累在表土层，结果造成有机质和氮素营养的表层富集。免耕可以提高土壤速效磷含量，降低碱解氮含量。

（3）随着耕作年限的增加，不同耕作方式各施肥处理土壤容重总体呈增大的趋势；免耕各施肥处理土壤容重增幅高于传统耕作，原因在于免耕不进行土壤耕作，在土壤自身重力及降雨等外界因素的作用下，各施肥处理其土壤容重要高于传统耕作。说明免耕更易加剧土壤物理性能的恶化。

（4）增施有机肥是培肥土壤，提高土壤肥力的基本途径。目前增施有机肥的常见做法是施用农家肥、种植绿肥作物、秸秆还田。从本试验结果来看，随着耕作年限的增加，传统耕翻配施有机无机肥不同程度地提高了土壤有机质含量，增加了全磷和速效磷含量，提高了土壤持续供肥能力，缓解作物吸肥高峰期对土壤速效养分的吸收压力，有利于改善冬小麦产量性状，增加产量、提高水分利用效率。因此，传统耕翻配施有机无机肥是目前黄土旱塬培肥土壤的行之有效的措施。

第十二节　控释氮肥对旱地地膜玉米生长发育及氮利用率的影响

氮肥分期施用显著提高了玉米产量和效益，西北旱地地膜玉米需 1 次基肥、1~2 次追肥，但这种施肥方式造成追肥难度加大、成本高，且追肥损坏地膜，加剧了土壤水分的蒸散。同时由于追肥环节烦琐，农民不易掌握追肥技术要点及追肥关键期，常存在肥料运筹不当、养分配比科学性较差等问题，导致养分流失严重，既污染了生态环境，又增加了生产成本，同时还引起玉米早衰或贪青、倒伏等现象的发生。

缓/控释尿素作为一种新型肥料，具有养分释放与作物吸收同步的特点，一次性施肥能够满足作物整个生长期的需要，且具有一次大量施用不会造成“烧苗”，可减少施肥次数，节省劳动力，提高肥料的利用效率。现阶段有关缓/控释肥的研究主要涉及以下 3 个方面，第一是控释材料的筛选，第二是控释肥的养分释放动态与评价方法，第三是控释肥养分利用率的研究。目前，国内控释肥在水稻上的应用研究较多，而在玉米尤其在旱地玉米上的研究报道更少。本研究在大田条件下，比较了控释尿素一次性基施和普通尿素不同基追比对旱地春玉米光合特性、产量及水分利用效率的影响，旨在揭示控释尿素提高旱地春玉米产量的机理，为解决旱地春玉米化肥减量增效施肥技术应用提供依据。

一、试验设计与方法

试验采用随机区组设计，设 7 个氮肥处理（表 6-56），3 次重复，小区面积 5.5m×5m=27.5m^2。普通尿素含 N 46%，按基追比 5：5 施入，追肥于拔节期施入。控释尿素为 ESN 树脂包膜型，含 N 34%，由加拿大加阳公司（Agrium）生产提供，播前一次性基施。各处理基肥均施磷肥和钾肥，用量分别为过磷酸钙（P_2O_5，12%）750kg/hm^2，氯化钾（K_2O，60%）150kg/hm^2。玉米品种先玉 335，保苗 75 000株/hm^2，其他管理措施同大田。试验测定了个处理水分利用、光合速率和产量。

表 6-56　各处理肥料用量和施用方式

处　理	播前施基肥（kg/hm^2）	大喇叭口期追肥（kg/hm^2）
N0	—	—
N120	尿素 105.0	尿素 156.0
N180	尿素 156.0	尿素 235.5
N180C	控释尿素 403.5	—
N240	尿素 208.5	尿素 313.5
N240C	控释尿素 537.0	—
N300	尿素 261.0	尿素 391.5

二、试验结果与分析

（一）不同施肥处理产量及水分利用效率变化

从2年试验结果可以看出（表6-57），与不施肥处理相比，施氮处理的籽粒产量显著提高，且差异达显著水平（P<0.05）。与施普通尿素相比，施控释尿素产量均增加，但不同施用量的控释尿素与普通尿素间产量差异不显著。其中以施控释尿素240kg/hm² 产量2年均最高，分别为15 717.0kg/hm² 和17 292.0kg/hm²，较N0分别增产22.8%和41.1%，较施同量普通尿素处理分别增产2.98%和8.63%，其次为以施控释尿素180kg/hm²，产量分别为14 854.5kg/hm² 和16 470.0kg/hm²，较N0增产16.0%和34.4%，较施同量普通尿素的处理增产0.9%和7.1%。2013年的产量变化趋势与2012年基本一致。从产量构成因素来看，控释尿素处理的穗行数、行粒数、百粒重与普通尿素处理差异不显著，但百粒重和行粒数较大，是产量提高的基础。说明控释尿素养分的均衡释放满足了玉米生长发育对养分的需求，而普通尿素在生长发育的关键期追施一次氮肥很好地保证了产量的形成。

水分利用效率的变化与产量变化趋势一致，以施等氮量的控释尿素较普通尿素水分利用效率高，但差异不显著，2年均以N240C水分利用效率最高，分别为34.05kg/(mm·hm²）和37.95kg/(mm·hm²)，其次为N180C，分别为33.45kg/(mm·hm²）和35.7kg/(mm·hm²)，其中N240C水分利用效率较N240分别增加5.1%和9.5%，N180C较N180分别增加6.7%和4.8%。

表6-57　不同施肥处理产量和水分利用效率变化

处理	产量（kg/hm²）		产量构成						水分利用效率[kg/(mm·hm²)]	
			2012年			2013年				
	2012年	2013年	穗行数（行）	行粒数（粒）	百粒重（g）	穗行数（行）	行粒数（粒）	百粒重（g）	2012年	2013年
N0	12 802.5b	12 259.0c	17.0a	35.9b	31.9b	14.6a	30.4a	32.11b	27.45b	27.3c
N120	14 137.5ab	15 900.0b	17.0a	37.0ab	32.9ab	15.6a	35.8a	35.25a	30.45ab	34.95ab
N180	14 719.5ab	15 376.0b	16.9a	36.3ab	32.7ab	14.8a	37.8a	36.04a	31.35ab	34.05b
N180C	14 854.5ab	16 470.0ab	16.9a	36.8ab	33.2ab	15.6a	38.6a	36.16a	33.45a	35.7ab
N240	15 262.5a	15 918.0ab	16.3，a	37.6a	32.5b	15.2a	40.8a	36.00a	32.40a	34.65b
N240C	15 717.0a	17 292.0a	17.1a	37.9a	33.1ab	15.6a	41.8a	36.26a	34.05a	37.95a
N300	15 480.0a	16 084.0ab	16.5a	37.4ab	34.3a	15.6a	37.8a	35.65a	32.85a	35.85ab

在陇东旱塬地膜玉米种植条件下，不论是尿素还是控施氮肥，玉米产量与肥料用量呈二次曲线关系，连续3年的平均结果表明（2013—2015年），在施尿素氮250.3kg/hm² 时玉米产量最高（15 918.0kg/hm²），控释尿素218.3kg/hm² 玉米产量达到最大（16 589.0 kg/hm²），即达到尿素对应最高产量时，控释尿素只施137.0kg/hm² 就可以了，即减少N用量45.2%。并且从曲线达到最高点以前的陡度来看，同等数量氮肥，控释氮增产效果明显高于常规尿素，即提高了氮素利用率（图6-25）。

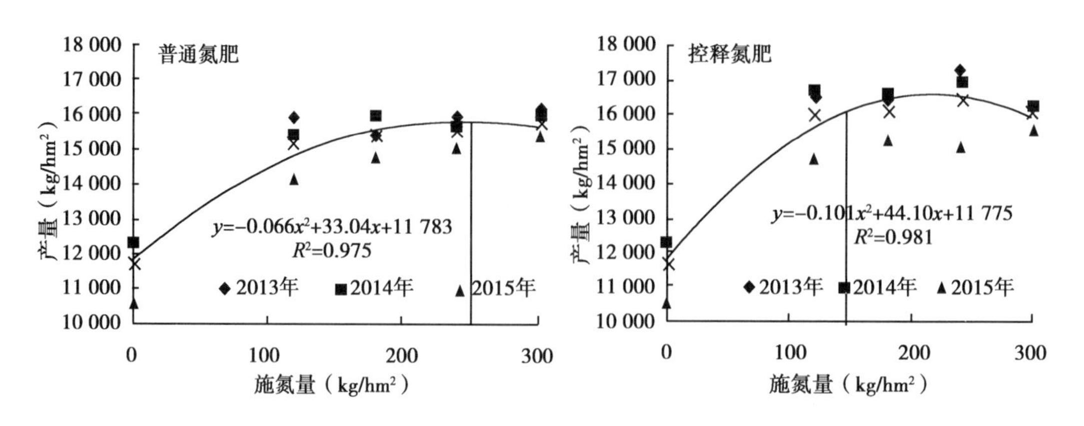

图 6-25 控释氮素对旱地地膜玉米增产及氮肥减量效果

（二）不同施肥处理玉米干物质积累

从图 6-26 可以看出，不同施肥处理以施控释尿素处理较施等量氮肥的普通尿素干物质积累快。在拔节期前（6 月 16 日）控释尿素与普通尿素干物质积累速率基本一致，拔节后控释尿素处理干物质积累速率明显加快，到抽雄期（7 月 16 日）处理 N180C 较 N180 干物质积累量增加 4.09%，较 N0 增加 16.2%，而处理 N240C 较 N240 干物质积累量增加 7.2%，较 N0 增加 25.6%，且干物质积累量随氮肥施用量的增加呈增加趋势。

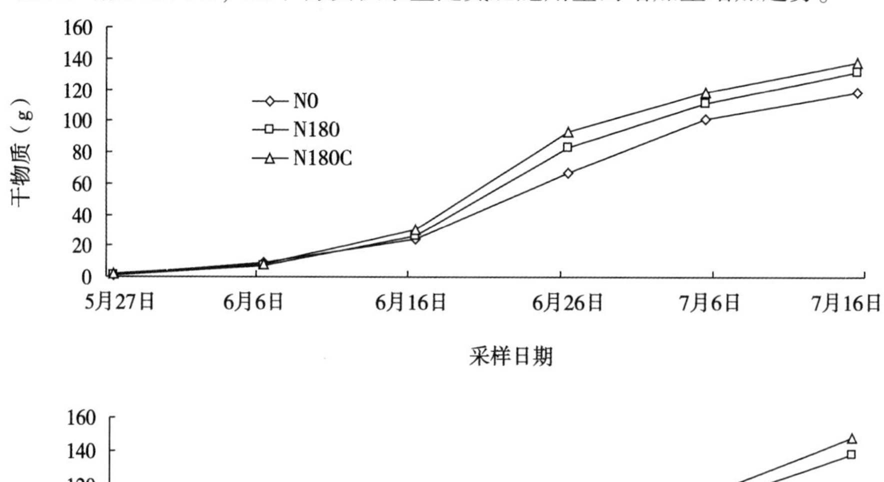

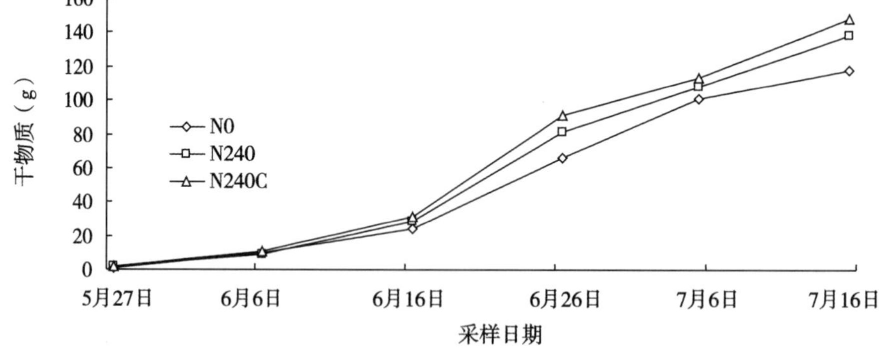

图 6-26 控释氮素和尿素氮对旱地玉米干物质积累的影响

（三）不同施肥处理玉米氮素利用效率变化

氮肥农学效率是单位施肥量对作物籽粒产量增加的反映。控释尿素中施氮量高的处理农学效率高（表6-58），同时也高于普通尿素处理，而等氮量的控释尿素的氮素吸收效率明显高于普通尿素处理，并随着施氮量的增加而减少，其中N240C和N180C处理的氮肥利用率分别为69.27%和39.46%，高于等氮量的普通尿素处理，并且氮素利用效率随着施氮量的增加呈下降趋势。同时控释尿素在减少施肥量的情况下氮素积累量也高于普通尿素，说明其肥料利用率较高。总体上，控释尿素的氮肥利用率高于我国氮肥利用率的平均值（30%~35%）。因此，使用控释尿素有利于氮素养分效应的提高。

表6-58　不同施肥处理玉米氮素利用效率的变化

处　理	籽粒产量（kg/hm^2）	总吸氮量（$kg\ N/hm^2$）	氮收获指数	氮肥农学效率（kg/kg N）	氮肥利用率（%）	氮素吸收效率（kg/kg）
N0	12 802.5	93.7	1.22	—	—	—
N120	14 137.5	122.3	1.32	11.13	23.79	0.38
N180	14 719.5	149.7	1.51	10.65	34.31	0.62
N180C	14 854.5	188.4	1.62	11.4	39.46	0.52
N240	15 262.5	200.8	1.76	10.25	59.49	0.55
N240C	15 717.0	218.4	2.05	12.14	69.27	0.69
N300	15 480.0	185.0	1.59	8.93	30.41	0.47

（四）不同施肥处理玉米光合特性的变化

从图6-27可以看出，控释尿素能显著提高玉米抽雄期光合速率，其中N240C较N240光合速率提高了4.37%，N180C较N180提高了6.61%，而气孔导度、蒸腾速率与光合速率变化趋势一致，这也是等量控释尿素较普通尿素高产的生理原因。

三、主要结论

等氮量的控释尿素与普通尿素相比，氮素利用效率提高5~10个百分点，达到普通N肥最高产量时，控释N肥用减少45%。在产量曲线达到最高点以前，同等数量氮肥，控释氮释放量大，增产效果明显高于常规尿素，即提高了氮素利用率。控释尿素能保持较高的光合速率和干物质积累量，保证籽粒对营养物质的需求。同时，缓释N肥一次基施，节本增效。

第十三节　旱地不同有机物料化肥氮替代技术效应研究

黄土旱塬传统农业中的养分由单施农家肥逐渐转向以化肥供应为主，但过量施用化肥、忽视土壤和环境本身养分供应能力以及作物目标产量对养分的需求，造成低资源利用率和高环境风险。有机肥中的有效氮包括有机肥自身所含的无机氮（$NH4^+$-N和$NO3^-$-N，前者占较大比例），以及能在作物生育期内矿化出来而被作物吸收利用的有机态氮，

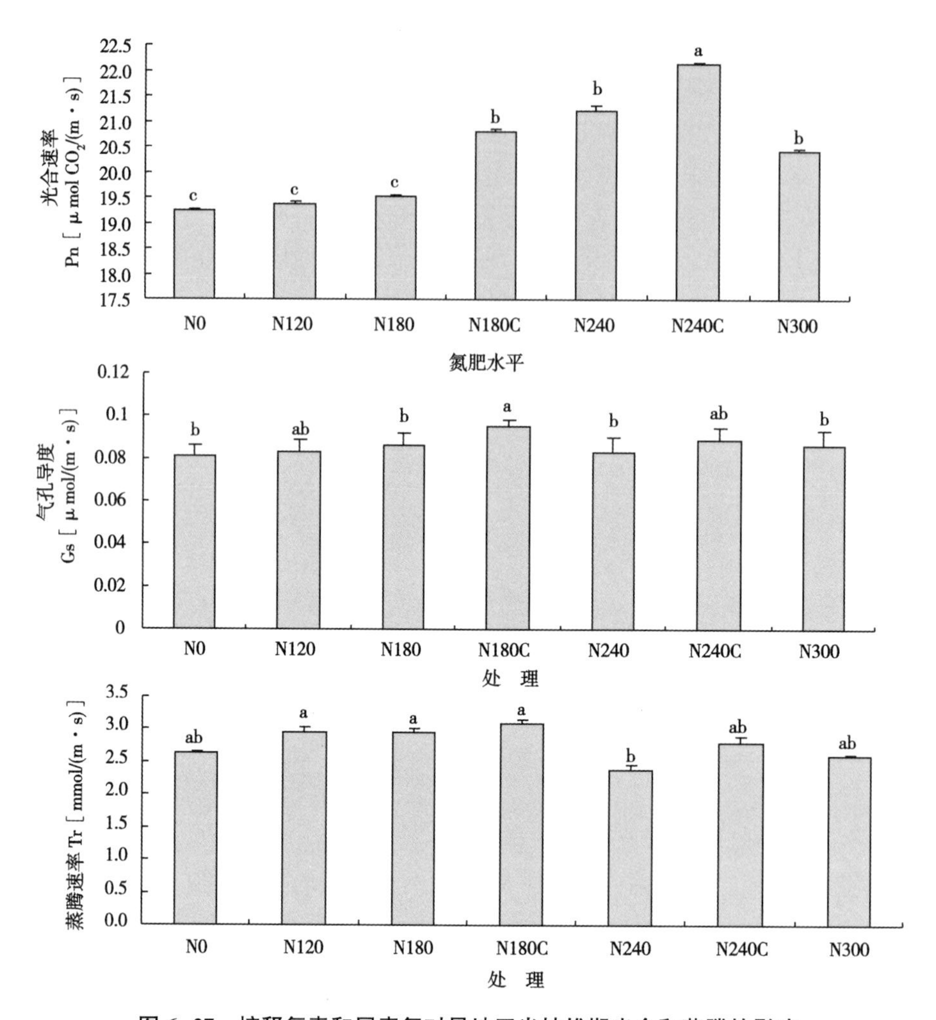

图 6-27　控释氮素和尿素氮对旱地玉米抽雄期光合和蒸腾的影响

其中有机态氮占有机肥总氮的比例超过 50%。有机肥氮素释放主要在施用后的第一季作物生育期内，有效性和替代化肥氮当量因供试有机肥自身理化性状与农田环境条件不同而异。有机肥与化肥各提供 50%作物所需氮与 100%化肥氮相比可提高作物产量和氮素效率。

本研究始于 2005 年，在甘肃省庆阳市镇原县上肖乡旱塬区覆盖黑垆土上进行，通过对已有 10 年系统资料的分析，旨在比较不同有机物料部分替代无机化肥的作用，明确其对陇东黄土旱塬农田生产力持续性的影响，所得结果可为确保黄土旱塬区粮食持续生产和肥料管理提供理论依据。

一、试验设计与方法

试验于 2005—2015 年在甘肃省庆阳市镇原县（35°29′42″N，107°29′36″E）的农业部西北植物营养与施肥科学观测试验站进行，土壤类型为发育良好的覆盖黑垆土。试验期年平均降水量 500. 9mm，生育期平均降水量 197. 3mm，2008—2010 年 2 个生产年降水量分别为 301. 9mm 和 363. 4mm，分别占试验期年平均降水量的 60. 3%和 72. 5%，生育期降水量分别为 117. 1mm 和 156. 1mm，分别占试验期年生育期平均降水量的 59. 4%和 79. 1%，属严重干旱年份。本章为了便于分析，采用“生产年”概念划分不同降水年型，即从上季小麦收获后的 7 月至翌年的 6 月为小麦生产年，以生产年平均降水量增减在 10%以内为常态年，减少 10%以上为干旱年，增加 10%以上为丰水年（表 6-59）。

表 6-59　试验年度的降水年型

项　目	次　数（次）	生产年度平均降水量（mm）	试验执行期平均降水量（mm）	生产年份
干旱年	2	332. 6（301. 9~363. 4）		2008—2009，2009—2010
平水年	5	488. 0（458. 9~541. 9）	500. 9	2005—2006，2006—2007，2007—2008，2010—2011，2012—2013
丰水年	3	634. 8（552. 9~699. 5）		2011—2012,2013—2014,2014—2015

试验采用随机区组设计，种植方式为冬小麦连作，小区面积 24m^2（4m×6m），3 次重复。连续多年设 1 个不施肥处理（CK1）和 4 个等量氮、磷养分处理（表 6-60），试验每年均施入氮磷化肥和有机物料。氮肥为尿素（N 46%），基肥：追肥为 7：3，追肥于返青期施入；磷肥为过磷酸钙（P_2O_5 12%），一次性基肥施入，不施钾肥；生物有机肥为酵素饼，由菜子饼发酵而成，含 N 5. 0%，P_2O_5 2. 5%，有机质含量≥50%，有益生物活性菌≥2 亿个/g，腐殖酸≥10%；普通农家肥为干土粪，多年测得的养分平均含量为：有机质 14. 7%、N 0. 27%、P_2O_5 0. 25%；小麦秸秆（含 N 0. 93%，P_2O_5 0. 36%）于夏休闲期结合土壤耕翻施入。有机肥施用量的确定主要依据是考虑当地实际情况和经济因素，所有有机物料做基肥播前一次性施入。供试冬小麦品种为“陇鉴 301”，播量 187. 5kg/hm^2，播期为 9 月中下旬，收获期为翌年 6 月下旬，其他栽培管理措施相同。

表 6-60　肥料种类及用量　（单位：kg/hm^2）

处　理	总　氮	总　磷	无机氮肥	无机磷肥	生物有机肥	普通农家肥	小麦秸秆
T1	180	105	120	75	1 200	—	—
T2	180	105	125. 5	83. 5	—	—	6 000
T3	180	105	72	5	—	40 000	—
CK2	180	105	180	105	—	—	—
CK1	—	—	—	—	—	—	—

在小麦生育期测定土壤水分和生理生态指标。生理指标包括：① 冠层温度，采用

国产 BAU-1 型手持式红外测温仪，分辨率为 0.1℃，响应时间为 2~3s，选择晴朗无云的天气于灌浆中后期测定各小区的 CT 值。② 叶绿素荧光，采用德国 Walz 公司生产的 MINI-PAM 光合量子分析仪于灌浆中后期测定。③ NDVI 值（Normalized difference vegetation index），采用地面遥感光谱仪 Greenseeker，在冬小麦灌浆中后期选择晴朗无阴雨的上午测定。④光合参数，采用美国 Li-6400 光合测定仪，选择晴好天气测定冬小麦灌浆中后期旗叶光合速率（Pn）、气孔导度（Gs）和蒸腾速率（Tr），重复 3 次。

二、试验结果与分析

（一）长期定位施肥冬小麦产量和水分利用效率的变化

不同施肥处理冬小麦产量随施肥年限的延长而变化。各施肥处理之间产量变化明显不同，不同年份不同肥料处理以 T1 产量最高，不施肥的 CK1 产量最低，且随施肥年限的延长，处理 T2、CK2 产量趋于接近，而处理 T1 与 T3 的增产效果越来越突出（表 6-61）。从平均产量变化来看，不同降水年型不同肥料处理产量变化表现为 T1>T3>T2>CK2>CK1，处理 T1 平均产量最高，为 3 804.7kg/hm^2，较 CK2、CK1 分别增加 25.4%和 88.9%，T3 次之，为 3 495.0kg/hm^2，较 CK2、CK1 分别增加 15.2%和 73.6%，而长期不施肥的 CK1 产量变幅为 1 221.2~3 827.4kg/hm^2，平均产量为 2 014.1kg/hm^2，处理 T2 产量略高于 CK2，增加了 2.6%。水分利用效率变化与产量变化一致，不同年份不同肥料处理以 T1 最高，CK1 最低，水分利用效率大小及变化顺序表现为 T1>T3>T2>CK2>CK1。从平均值来看，T1 最高，为 10.83kg/(mm·hm^2)，较 CK2、CK1 分别增加 27.4%和 77.8%，T3 次之，为 9.67kg/(mm·hm^2)，较 CK2、CK1 分别增加 13.8%和 58.8%。这反映出有机无机配合产量和水分利用效率高，增产幅度大的基本规律。

表 6-61　旱地长期施肥对冬小麦产量和水分利用效率的影响

年份	产量（kg/hm^2）					水分利用效率［kg/(mm·hm^2)］				
	T1	T2	T3	CK2	CK1	T1	T2	T3	CK2	CK1
2005—2006	3 055.5a	2 380.0b	2 653.5ab	2 299.5b	1 798.5c	7.7a	6.2bc	6.9ab	5.7cd	4.8d
2006—2007	4 083.0a	3 289.0b	3 393.8b	3 040.4b	2 369.6c	12.3a	9.8b	11.7ab	11.3ab	6.9c
2007—2008	4 589.1a	3 897.4b	4 314.1a	3 804.4b	2 409.0c	10.4a	8.7b	8.6b	8.4b	6.3c
2008—2009	2 642.3a	1 699.6b	1 752.8b	1 642.0b	1 543.1b	14.4a	10.1b	10.3b	10.4b	9.2c
2009—2010	3 690.2a	3 058.7b	3 151.4b	2 822.6b	1 565.4c	15.3a	12.6b	13.2ab	11.6b	7.8c
2010—2011	3 157.5a	2 490.0b	3 105.0a	1 804.5c	1 681.5c	9.9a	8.1b	9.3a	6.5bc	5.9c
2011—2012	6 805.1a	6 559.8a	6 694.2a	6 563.1a	3 827.4b	12.3a	10.8b	11.4ab	11.0ab	6.5c
2012—2013	2 110.1a	1 239.5b	2 015.4a	1 475.9b	1 221.2b	10.9a	5.5b	9.2a	6.0b	5.0b
2013—2014	3 284.6a	2 614.3c	3 248.2ab	2 860.4bc	2 069.0d	6.2a	4.8cd	5.9ab	5.1bc	4.4d
2014—2015	4 629.5a	3 898.4b	4 621.9a	4 036.4b	1 656.1c	8.9b	8.5b	10.2a	9.0b	4.1c
平均	3 804.7	3 112.7	3 495.0	3 034.9	2 014.1	10.83	8.51	9.67	8.5	6.09

（二）不同降水年型施肥对冬小麦产量的影响

按降水年型将不同年份不同肥料产量相加求得不同降水年型各肥料对应的平均产量。结果（表6-62）显示，不同降水年型不同肥料处理产量差异较大，即干旱年和平水年型，产量大小及增产顺序为T1>T3>T2>CK2>CK1，丰水年型为T1>T3>CK2>T2>CK1。即无论何种降雨年型T1和T3处理增产大小及顺序没有变化，这反映出有机无机配合的丰产性和稳产性高的基本规律。在干旱、平水、丰水年型中处理T1较CK1分别增产103.7%、79.3%和94.8%，T3较CK1分别增产57.8%、63.3%和92.9%，处理T2较CK1分别增产53.1%、40.3%和73.1%，从产量的变异系数来看，随降水量增加（干旱年→平水年→丰水年），变异系数明显增加，这与试验期间冬小麦生育期降水量多寡有关。不同肥料处理中以处理T1在不同降水年型变异系数最小，这更进一步说明处理T1冬小麦产量的稳产性。

在有机物料氮部分替代化肥氮的条件下，处理T1在干旱、平水、丰水年型产量较CK2分别增加了41.8%、36.8%和9.3%，即随降水量增加（干旱年→平水年→丰水年），产量增加量逐渐减少，而处理T3在干旱、平水、丰水年型产量较CK2分别增加了9.8%、24.6%和8.3%；而处理T2在干旱和平水年型产量高于CK2的6.6%和7.0%，而在丰水年型产量略低于CK2的2.9%，但差异均不显著。说明秸秆还田对旱地连作冬小麦的稳产性具有积极作用，但其作用因降水年型而异。

表6-62　不同降水年型长期施肥对冬小麦产量的影响

处　理	干旱年型				平水年型				丰水年型			
	平均产量（kg/hm^2）	CV（%）	增产（%）	增产（%）	平均产量（kg/hm^2）	CV（%）	增产（%）	增产（%）	平均产量（kg/hm^2）	CV（%）	增产（%）	增产（%）
T1	3 166.3aA	16.5	103.7	41.8	3 399.0aA	26.3	79.3	36.8	4 903.7aA	36.2	94.8	9.3
T2	2 379.2bB	28.6	53.1	6.6	2 659.2bcB	37.8	40.3	7.0	4 357.5aA	46.2	73.1	-2.9
T3	2 452.1bAB	28.5	57.8	9.8	3 096.4abAB	27.7	63.3	24.6	4 857.4aA	36.7	92.9	8.3
CK2	2 232.3bBC	26.4	43.6	—	2 484.9cB	37.9	31.1	—	4 486.6aA	42.2	78.2	—
CK1	1 554.3cC	17.0	—	—	1 896.0dC	28.4	—	—	2 517.5bB	45.8	—	—

（三）不同降水年型施肥对冬小麦水分利用效率的影响

水分利用效率变化与产量变化基本一致（表6-63），生物有机肥处理随降水量增加，水分利用效率呈减少趋势，且不同降水年型不同肥料以处理T1平均水分利用效率最高，在干旱、平水、丰水年型分别为14.9kg/（mm·hm^2）、10.2kg/（mm·hm^2）和9.1kg/（mm·hm^2）；CK1最低，分别为8.5kg/（mm·hm^2）、5.8kg/（mm·hm^2）和5.0kg/（mm·hm^2），其中干旱年、平水年、丰水年处理T1水分利用效率较CK1、CK2分别增加了75.3%、35.5%；75.9%、34.2%和82.0%、8.3%，处理T3较CK1、CK2分别增加了38.3%、7.3%；56.9%、19.7%和80.0%、7.1%。处理T2在干旱年、平水年、丰水年型较CK1增加幅度为34.1%、32.8%和60.0%，而较CK2在干旱年和平水年分别增加了3.6%和1.3%，丰水年减少了4.8%。

表 6-63　不同降水年型长期施肥对冬小麦 WUE 的影响

处　理	干旱年型				平水年型				丰水年型			
	WUE [kg/(mm·hm²)]	CV (%)	增加 (%)	增加 (%)	WUE [kg/(mm·hm²)]	CV (%)	增加 (%)	增加 (%)	WUE [kg/(mm·hm²)]	CV (%)	增加 (%)	增加 (%)
T1	14.9aA	3.0	75.3	35.5	10.2aA	16.4	75.9	34.2	9.1aA	33.5	82.0	8.3
T2	11.4bB	11.0	34.1	3.6	7.7bB	23.2	32.8	1.3	8.0aA	37.7	60.0	-4.8
T3	11.8bB	12.3	38.8	7.3	7.6bB	18.9	56.9	19.7	9.0aA	31.5	80.0	7.1
CK2	11.0bB	5.5	29.4	—	5.8cC	30.7	31.0	—	8.4aA	35.9	68.0	—
CK1	8.5cC	8.2	—	—	10.2aA	15.3	—	—	5.0bB	26.2	—	—

（四）不同降水年型施肥对冬小麦灌浆期生理生态指标的影响

不同肥料处理灌浆期生理生态指标变化如表 6-64 所示。冠层温度、植被归一化指数（NDVI）这 2 个指标与冬小麦的生长发育状况密切相关，不同肥料处理间这 2 个指标差异均显著，且均以处理 T1 最高，其中冠层温度处理 T1 较 CK1、CK2 分别增加了 2℃ 和 0.6℃，而植被归一化指数 T1 较 CK1、CK2 分别增加了 89.5%和 56.5%，而 2013—2014 生产年恰好为丰水年型，这与小麦群体密度较大（有效穗）的研究结果一致。叶绿素荧光主要反映叶片光合能力的“内在性”特征，从不同肥料处理光合参数变化来看，处理 T1 叶绿素荧光、光合速率、气孔导度和蒸腾速率均最高，较 CK1 和 CK2 分别提高了 34.9%、27.9%、63.6%、63.6%，以及 74.4%、65.9%、66.7%、56.3%。因此，叶绿素荧光参数和光合性能的差异表明，增施生物有机肥可以延缓冬小麦植株衰老，提高叶片光能利用率，这也反映了该处理冬小麦生长发育状况，与前述研究中处理 T1 具有的高产、高水分利用效率和产量构成优的研究结果基本一致。

表 6-64　不同降水年型长期施肥冬小麦灌浆末期生理指标的影响（2014 年）

处　理	冠层温度 (℃)	叶绿素荧光	植被归一化指数	光合速率 [μmol CO_2/(m²·s)]	气孔导度 [mmol/(m²·s)]	蒸腾速率 [mmol/(m²·s)]
T1	25.6a	831.3a	0.72a	7.2a	0.068a	2.5a
T2	24.2bc	721.0b	0.42b	6.4a	0.053ab	2.2ab
T3	24.1bc	806.3a	0.66a	6.5a	0.063a	2.4a
CK2	25.0ab	650.0c	0.46b	4.4b	0.041b	1.6bc
CK1	23.6c	616.3c	0.38b	4.4b	0.039b	1.5c

（五）不同施肥处理冬小麦产量与耗水量的变化关系

边际水分利用效率是指单位耗水量的增加所引起的产量增量。不同降水年型不同肥料处理冬小麦产量与各自耗水量均存在显著或极显著的线性相关关系（图6-28）。边际水分利用效率不同施肥处理分别是T1为1.03kg/m³，T2为0.85kg/m³，T3为0.95kg/m³，CK2为0.87kg/m³，CK1为0.59kg/m³，其中T1较CK2和CK1分别增加了18.4%和74.6%，其大小顺序为T1>T3>CK2>T2>CK1，即T1提高单位水分利用效率的作用最明显。

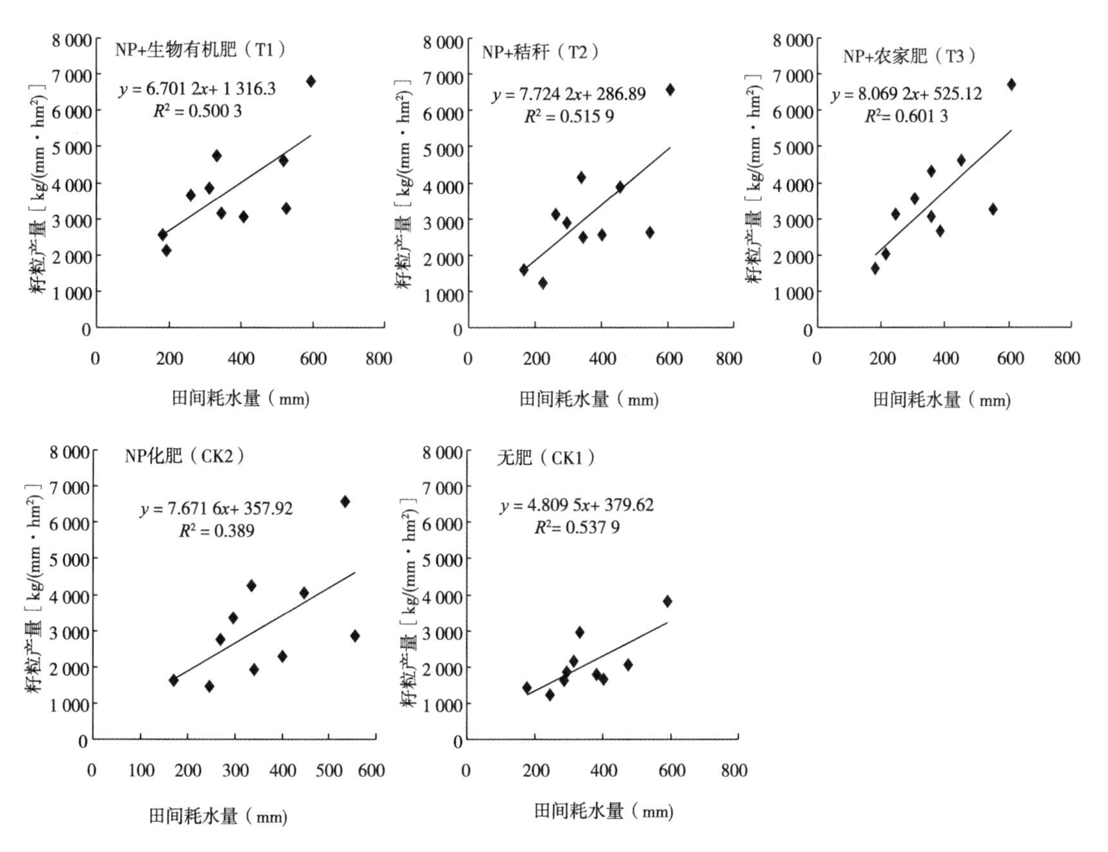

图6-28　旱地长期施肥下小麦产量与耗水量的关系

三、主要结论

在年降雨550mm的陇东半湿润偏旱雨养农业区，采用生物有机肥（T1）或农家肥替代30%或60%的无机氮肥可保证冬小麦正常生长发育所需养分，其在不同降水年型的平均产量较常规等量无机氮磷肥（CK2）增产25.3%和15.2%。另外，无论何种降雨年型，生物有机肥的水分利用率和边际水分利用效率均最高，分别为10.83kg/(mm·hm²)和1.03kg/m³。生物有机肥在不同有机物料中变异系数最小，在不同降水年型中具有稳产性和丰产性特征。

采用小麦秸秆替代30%的无机氮肥翻压还田，可保证冬小麦的丰产性和稳产性，但其作用因降雨年型而异，在干旱年和平水年型表现为增加的正向效应，而在丰水年型，表现为略微减少的负向效应。

附图　黄土旱塬黑垆土肥料长期定位试验（1978—　）

参考文献

樊廷录，周广业，王勇，等 . 2004. 甘肃省黄土高原旱地冬小麦—玉米轮作制长期定位施肥的增产效果［J］. 植物营养与肥料学报，10（2）：127-131.

刘骅，佟小刚，许咏梅，等 . 2010. 长期施肥下灰漠土有机碳组分含量及其演变特征［J］. 植物营养与肥料学报，16（4）：794-800.

刘振兴，杨振华，邱孝煊，等 . 1994. 肥料增产贡献率及其对土壤有机质的影响［J］. 植物营养与肥料学报，1（1）：19-26.

穆琳，张继宏 . 1998. 施肥与地膜覆盖对土壤有机质平衡的影响［J］. 农村生态环境，14（2）：20-23.

潘根兴，赵其国 . 2005. 我国农田土壤碳库演变研究：全球变化和国家粮食安全［J］. 地球科学进展，20（4）：384-392.

佟小刚，徐明岗，张文菊，等 . 2008. 长期施肥对红壤和潮土颗粒有机碳含量与分布的影响［J］. 中国农业科学，41（11）：3 664-3 671.

吴金水等 . 2004. 亚热带和黄土高原地区耕作土壤有机碳对全球气候变化的响应［J］. 地球科学进展，（1）：131-136.

信乃诠，张燕青，王立祥 . 2001. 中国北方旱地农业研究［M］. 北京：中国农业出版社.

于建光，李辉信，胡锋，等.2006. 施用秸秆及接种蚯蚓对土壤颗粒有机碳及矿物结合有机碳的影响［J］. 生态环境，15（3）：606-610.

Anderson D W，Saggar S，et al. 1981. Particle size fractions and their use in studies of soil organic matter I. The nature and distribution of forms of carbon，nitrogen and sulfur［J］. *Soil Science Society of America Journal*，45：767-772.

Angela Y，Johan Six，et al. 2005. The Relationship between Carbon Input，Aggregation，and Soil Organic Carbon Stabilization in Sustainable Cropping Systems［J］. *Soil Sci. Soc. Am. J*，69：1 078-1 085.

Angela Y. Y. Kong，Johan Six，et al. 2005. The relationship between carbon input，aggregation，and soil organic carbon stabilization in sustainable cropping systems［J］. *Soil Sci. Soc. Am. J.*，69：1 078-1 085.

Balabane M，Plante A F. 2004. Aggregatation and carbon storage in silty soil using physical fraction techniques［J］. *European Journal of Soil Science*，55：415-427.

Bremer E，Eller B H，Janzen H H. 1995. Total and light fraction carbon dynamics during four decades after cropping changes［J］. *Soil Science Society of American Journal*，59：1 398-1 403.

Cambardella C A，Elliott E T. 1992. Particulate soil organic-matter changes across a grassland cultivation sequence［J］. *Soil Science Society of America Journal*，56：777-783.

Campbell C A，R P Zentner，F Selles，et al. 2000. Quantifying short-term effects of crop rotations on soil organic carbon in southwestern Saskatchewan. Can［J］. *J. Soil. Sci.*，80，193-202.

Christensen B T. 2001. Physical fractionation of soil and structural and functional complexity in organic matter turnover［J］. *European Journal of Soil Science*，52：345-353.

Diekow J，Mielniczuk J，Knicker H，et al. 2005. Carbon and nitrogen stocks in physical fractions of a subtroptical Acrisol as influenced by long-term cropping systems and N fertilization［J］. *Plant and Soil*，268：319-328.

Hassink J. 1997. The capacity of soils to preserve organic C and N by their association with clay and silt particles［J］. *Plant and Soil*，191：77-87.

Horner G M，M M Oveson，G O Baker，et al. 1960. Effect of cropping practices on yield，soil organic matter and erosion in the Pacific Northwest wheat region. Bull. 1［M］. Washington，Oregon，and Idaho Agric. Exp. Stn.，USDA-ARS，Washington，DC.

Jacinthe P A，R Lal，J M Kimble. 2002. Effects of wheat residue fertilization on accumulation and biochemical attributes of organic carbon in a central Ohio Luvisol. 167（11）：750-758.

Jenkinson D S. 1991. TheRothamsted long-term experiments：Are they still of use?［J］. *Agron. J.*，83：2-10.

Jenny H. 1949. Comparative study of decomposition rates of organic matter in temperature and tropical regions [J]. *Soil Sic. Soc. Am. J.*, 41: 912-915.

Lal R, J M Kimnle, R F Follett, et al. 2002. The potential of US cropland to sequester carbon and mitigate the greenhouse effect [M]. Chelsea: Ann Arbor Press.

Leinweber P, Reuter G. 1992. The influence of different fertilization practices on concentrations of organic carbon and total nitrogen in particle-size fractions during 34 years of a soil formation experiment in loamy marl [J]. *Biology and Fertility of Soils*, 13: 119-124.

Rasmussen P E, H P Collins. 1991. Long-term impacts of tillage, fertilizer, and crop residue on soil organic matter in temperate semiarid regions [J]. *Adv. Agron.*, 45: 93-134.

Rasmussen P E, R. W. Smiley. 1997. Soil carbon and nitrogen change in long-term agricultural experiments at Pendleton, Oregon [M] //E. A. Paul et al. Soil organic matter in temperate agroecosystems—Long-term experiments in North America. CRC Press, New York.

Schulten H R, Leinweber P. 1991. Influence of long-term fertilization with farmyard manure on soil organic matter: Characteristics of particle-size fractions [J]. *Biology and Fertility of Soils*, 12: 81-88.

Six J, Elliott E T, Paustian K, *et al.* 1998. Aggregation and soil organic matter accumulation in cultivated and native grassland soils [J]. *Soil Sci. Soc. Am J.*, 62: 1 367-1 377.

Tiessen H, Stewart J W B. 1983. Particle-size fractions and their use in studies of soil organic matter. II. Cultivation effects on organic matter composition in size fractions [J]. *Soil Science Society of America Journal*, 47: 509-514.

Tinglu Fan, B A Stewart, William A. Payne, et al. 2005. Long-term fertilizer and water availability effects on cereal yield and soil chemical properties in Northwest China [J]. *Soil Science Society of America Journal*, (69): 842-855.

Tinglu Fan, Minggang Xu, et al. 2008. Trends in grain yields and soil organic C in a long-term fertilization experiment in the China Loess Plateau [J]. *J. Plant Nutr. Soil Sci.*, 171, 448-457.

West T O, Post W M. 2002. Soil organic carbon sequestration rates by tillage and crop rotation: A global data analysis [J]. *Soil Science Society of America Journal*, 66: 1 930-1 946.

Wu T Y, Schoenau J J, Li F M, et al. 2005. Influence of fertilization and organic amendments on organic-carbon fractions in Heilu soil on the loess plateau of China [J]. *Journal of Plant Nutrition and Soil Science*, 168: 100-107.

第七章　生物节水研究进展及高效用水品种评价

生物节水已被列入国家中长期科技发展规划的优先主题，加强生物节水技术的开发应用，将为干旱缺水地区带来一场农业节水的技术革命。我国北方地区干旱缺水，应进一步开拓生物节水研发，把生物节水作为农业节水和应对干旱胁迫的主攻方向，挖掘生物节水的遗传潜力，按照高产、优质、高效、生态和安全的要求，加快建立抗旱节水型农业结构，促进旱作区农业的可持续发展。

第一节　农业生物节水内涵及研究进展

干旱是人类面临的严重生态问题，“绿色革命”的发起人、诺贝尔和平奖获得者 Norman Borlaug 指出：“我们如何在有限的可利用水资源条件下，生产更多的食物来满足快速增长的人口需要，不可置疑的结论是：人类在 21 世纪需要开展蓝色革命——让每一滴水生产出更多的粮食。”通过生物节水、农艺节水、工程节水及管理节水等措施高效利用有限的水资源，促进节水农业的可持续发展，已经成为当前和未来的研究热点。其中，生物节水在节水农业发展中的重要性受到高度重视。在种植业领域，生物节水是指发掘和利用植物的抗旱节水遗传潜力，在获得相同产量的条件下消耗较少的水分，或者在消耗相同水分的条件下获得较高的产量。农业节水是一项系统工程，当水的流失、渗漏、蒸发得到有效控制，水的时空调节得到充分利用之后，生物节水——提高植物水分利用率和耐旱性以及挖掘植物自身的抗旱节水潜力就显得更为重要，可视为实现进一步节水增产的关键环节和潜力所在。一方面是利用生物的抗旱需水生理特性进行节水灌溉和调整农业布局，另一方面是利用各种生物技术培育抗旱节水高产品种。

一、农业生物节水的内涵

生物节水是一个广泛的概念，广义的生物节水是指利用森林和草原进行水土保持，产生更大的经济和生态效益，狭义的生物节水是通过遗传改良和生理调控途径，来提高植物水分利用效率和抗旱性，也就是挖掘作物自身的高效用水潜力（山仑，2005）。

生物节水主要系指提高了植物的水分利用效率（WUE）。水分利用效率可在单叶、植株、群体层次上分别表达。按照生理学概念，WUE 系指植物消耗单位水量产出的同化量，通常以净光合速率（Pn）与蒸腾速率之比（Pn/T）来表示。另外，一定生育期内干物质积累量与蒸腾量之比，也属于 WUE 的表示方法。近年来，基于$^{13}C/^{12}C$ 比率与细胞间 CO_2 浓度及 WUE 有一定数量关系的原理，以碳同位素辨别率作为 C_3 植物快速鉴别 WUE 高低的技术得到应用（李秧秧，2000）。广义概念，即在田间群体水平上，WUE 通常以地上部干物质（产量）与蒸腾蒸发量之比［$Dw_{(yd)}/ET$］来表示，多用水量平衡法测定。近年来出现了更具广泛意义的术语——降水利用效率，以单位面积产量与其周期内降水量之比来表示，很显然，为提高降水利用效率必须与有效控制无效蒸发和水土流失等相联系，属于一个系统研究过程。生物节水途径包括了生理调控、遗传改良和群体适应（作物互补）3个方面（张正斌，2003）。

二、生物节水研究进展

生物节水理论与技术是国内外节水农业研究的一个新亮点，是实现作物用水从耐旱稳产到抗旱丰产再向节水优质高产型方向转变的重要内容，已经受到国内外的高度重视。1998年和2001年，美国先后启动了国家科学基金项目“植物抗逆基因组学”及“植物水分利用效率基因组”项目，从基因组水平研究植物抗旱节水的遗传基础，分析与抗旱节水相关的重要基因。国际农业研究磋商小组（CGIAR）于2003年启动了“挑战计划”，其目标是应用先进的分子生物技术研究作物遗传资源的多样性，发掘利用优异基因，为发展中国家提供抗旱、抗病虫、营养高效的作物品种，其中提高抗旱性是最重要的研究目标。2005年欧洲和西非及北非国家联合启动了“利用生理和分子方法改良硬粒小麦水分利用效率和稳产性”的研究项目，欧洲和地中海地区启动了“提高地中海地区农业水分利用效率”的研究项目。1999年和2003年中国政府相继启动了国家重点基础研究发展计划（973）项目“作物抗逆性与水分、养分高效利用的生理及分子生物学基础”和“作物高效抗旱的分子生物学和遗传学基础”，2002年启动了“863”重大专项“现代节水农业技术体系及新产品研究与开发”，研究作物抗旱、节水的生理、遗传学基础及实用技术，为作物抗旱节水性状的遗传改良提供理论依据和应用技术。

（一）作物抗旱节水基础研究

现代节水农业的发展方向是以提高水的有效利用率为中心的可持续发展农业。发展生物节水的核心是在认识作物抗旱性及水分高效利用机制的基础上，改良作物的抗旱节水特性，并根据作物的需水用水特点，合理灌溉，最大限度地发挥作物的抗旱节水增产潜力。植物种类不同，抗旱节水机制也不同，表现在生理生化代谢、根系大小及活力、植株形态与结构等方面的差异，但其根本原因在于遗传基础的差异。植物的抗旱节水性状由多基因控制，也是多途径的。植物适应干旱的机制分为3类：避旱、御旱和耐旱，其中又把御旱性和耐旱性统称为抗旱性。植物适应干旱的机制有3种，即御旱、耐旱和高水分利用效率。御旱主要通过扩展根系和调节气孔来维持体内的高水势；耐旱的主要机制是渗透调节；高水分利用效率的作物能够在缺水条件下形成较高的产量。目前，关于抗旱节水的生理生化和分子机制研究已经取得了良好的进展，发现了一些重要的代谢途径及其相关基因，例如，植物抗旱性及水分利用效率与光合作用的关系、信号转导途径及其相关基因等。研究发现，植物在水分胁迫解除后，会表现出一定的补偿生长功能，一定程度的水分亏缺不仅不降低作物的产量，反而能增加产量、提高WUE。随着研究的深入，植物抗旱节水性状的代谢网络和遗传网络将被逐步揭秘，这些都将为植物抗旱节水性状的精准鉴定评价，新品种选育，以及发展基于生命需水信号和环境信息的作物高效用水生理调控技术建立和应用提供理论依据和物质基础。

(二) 作物抗旱节水的鉴定评价技术体系

科学、准确地鉴定评价作物品种及种质资源的抗旱性和水分利用效率是筛选并利用抗旱节水作物品种的基础。作物抗旱性是多基因控制的复杂数量性状，受环境条件影响较大。当前在抗旱育种过程中总体上不存在统一的评价作物抗旱性的生理指标，应提倡采用综合指标进行评价和筛选。在实际工作中，应根据作物抗旱节水特点及农业生产对作物抗旱节水性状的要求，采用相应的抗旱节水鉴定技术及评价标准。因此，在建立抗旱节水品种筛选鉴定方法与指标体系的过程中，从多个性状、全生育期、群体 3 个方面入手，对经济性状、形态学、生理生化和分子 4 个不同水平的研究结果进行系统、综合的分析。迄今为止，国际上仍然没有建立起一套科学、可靠、简便、可操作性强的作物抗旱节水品种筛选鉴定方法与指标体系。中国农业科学院在国家“863”节水农业重大专项资助下，已经初步建立了可操作性较强的作物抗旱节水鉴定评价技术指标体系。例如，需要鉴定的材料份数较多时，可以优先考虑使用人工模拟水分胁迫鉴定技术，或者使用苗期反复干旱鉴定技术初步筛选材料的抗旱性，然后根据研究目标进一步鉴定评价筛选出的材料在不同生育时期或全生育期的抗旱性。抗旱指数综合反映了作物在干旱条件下的绝对产量及其在水分较好条件下的产量潜力，在作物抗旱性鉴定工作中收到了良好的效果。作物水分利用效率（WUE）反映了作物耗水与光合作用、干物质生产的关系，是评价作物节水能力指标。

(三) 作物抗旱节水新品种选育

作物抗旱节水种质资源的发掘与创新是现代抗旱节水育种工作的物质基础。我国自 20 世纪 80 年代就开始了作物种质资源抗旱性的鉴定筛选工作，初步筛选出一批优良的抗旱种质资源，为种质创新和新品种选育奠定了较好的物质基础。与此同时，抗旱种质创新工作也得到了较大的发展，培育出了一批可供育种应用的中间材料。抗旱节水新品种选育是生物节水农业的重要内容。长期以来，常规育种技术在作物抗旱节水新品种选育工作中发挥了重要作用，选育出了大批的作物抗旱节水高产新品种，在农业生产中发挥了重要作用。例如，国际玉米小麦改良中心（CIMMYT）选育的矮秆小麦品种，在不增加耗水量的情况下，比老品种增产 2~3 倍。中国的旱地小麦品种也进行了 3~4 次更新换代，抗旱丰产性状得到改良，生产能力和水分利用效率显著提高。但是，由于作物抗旱节水性状的复杂性，以及农业生产对抗旱节水作物品种的要求不断提高，利用常规育种技术选育新品种预见性差、选择效率低、周期长的问题越来越突出。以基因定位与分子标记辅助选择、基因分离与转基因技术以及品种分子设计技术为核心的分子育种技术能够克服常规育种技术的局限性，打破物种界限，克服生殖障碍，进行优良基因的高效重组和聚合，实现抗旱节水植物新品种的定向选育。

WUE 是一个可遗传性状，高 WUE 是植物适应缺水环境、同时利于形成高生产力的重要机制之一。定向培育高 WUE 品种有其遗传基础并符合进化方向，是可能实现的。但确定控制作物 WUE 的主要形态和生理指标比较困难，这与 WUE 是一个复杂的综合性状有关。在常规育种方面，澳大利亚学者在这方面进行了较多的探索和研究（例如，选育幼苗早发以增大蒸腾/蒸发以及生育后期物质运转能力强以增大经济系数的新类型来提高对自然降水的利用效率；也曾尝试选育根系导管直径小以减少前期过多耗水的类型），取得有限的成功，但严格地讲尚未形成切实可行的选育高 WUE 品种的技术路线。作物抗旱性不但是多基因控制的，而且是通过多个途径实现的，同样是一个复杂性状，特别是耐旱性和丰产性之间往往存在矛盾，常规育种条件下，在现有重要的粮食和经济作物中耐旱性很少成为适应干旱的决定因子。鉴于此，从分子水平上，阐明作物抗旱性和高 WUE 的物质基础及其生理功能，从而通过基因工程手段进行基因重组，以创造节水耐旱与丰产兼备的新类型就成为解决这一难题的希望所在。

针对干旱、半干旱地区的实际，应更多重视高 WUE、耐脱水、中产性状，而不是强吸水，多耗水，高产性状。从技术入手和从机理入手并进，切实加强生物节水基础研究，如进一步深入研究植物耐旱机理，明确不同耐旱机制在增强植物整体抗性中所起作用大小，以寻求起关键作用的耐旱主效基因；从节水或增产两个方面，多途径研究提高 WUE 的机理与策略，以及进一步澄清 WUE、耐旱性、产量之间的关系，探讨影响 WUE 与耐旱性遗传因素和环境因素之间的关系等，为建立科学有效的选育路线和方法提供依据，同时也有助于开拓新的研究领域。

（四）作物高效用水生理调控

在传统灌溉理论基础上，节水灌溉理论的研究开始逐步由传统的丰水高产型转向节水优产型灌溉。康绍忠等指出，以前的许多节水灌溉，只考虑减少灌溉额度和次数，仅考虑在时间上的调亏或水量的优化分配，没有考虑作物根系功能和根区土壤湿润方式变化对提高作物 WUE 的作用。20 世纪 70 年代以来的大量研究结果表明，植物各个生理过程对水分亏缺的反应各不相同，而且水分胁迫可以改变光合产物的分配。植物在水分胁迫解除后，会表现出一定的补偿生长功能。因此，在特定的发育阶段，适量的水分亏缺不仅不降低作物的产量，反而能增加产量、提高 WUE。基于作物高效用水生理调控与非充分灌溉理论的灌溉技术可以明显提高作物和果树的水分利用效率和品质，这些技术通过时间（生育期）或空间（水平或垂直方向的不同根系区域）上的主动的水分调控，达到节水高效、高产优质和提高水分利用效率之目的。山仑等对作物抗旱节水生理和生物学基础方面的研究表明，在作物生长发育的某些阶段主动施加一定的水分胁迫，即人为地让作物经受适度的缺水锻炼，从而影响光合产物向不同组织器官的分配，以调节作物的生长进程，改善产品品质，达到在不影响作物产量的条件下提高 WUE 的目的。大量研究发现，根区土壤充分湿润的作物通常其叶片气孔开度较大，以至于其单位水分消耗所产生的 CO_2 同化物量较低。作物叶片的光合作用与蒸腾作用因气孔的反应不同，在一般条件下，光合速率随气孔开度增大而增加，但当气孔开度达到某一值时，光合增加不明显，即达到饱和状态，而蒸腾耗水则随气孔开度增大而线性增加。因此，在充分供水、气孔充分张开的条件下，即使出现气孔开度一定程度上的缩窄，其光合速率不下降或下降较小，但可减小大量奢侈的蒸腾耗水，达到以不牺牲光合产物积累而大量节水的目的。控制性作物根系分区交替灌溉节水新技术，强调交替控制部分区域根系干燥、部分区域根系湿润，以利于交替使不同区域的根系经受一定程度的水分胁迫锻炼，刺激根系吸收补偿功能，诱导作物部分根系处于水分胁迫时的木质部汁液 ABA 浓度的升高，以调节气孔保持最适宜开度，达到提高作物 WUE 的目的。

（五）生物节水中的补偿效应

作物都有其自身的需水规律，在不同的发育期对水的需求不同，干旱造成的影响程度也不同。有限水分亏缺下作物能够在营养生长、物质运输和产量形成等方面形成有效的补偿机制，利用和开发植株自身的生理和基因潜力，能够达到对水分的高效利用。

作物对水分亏缺存在明显的阶段差异。不同作物、品种、不同生育期对干旱的敏感性是不同的，耐旱极限也有所差异，特别是营养生长与生殖生长的不同阶段，干旱往往造成不同的影响。郭贤仕在谷子旱后补偿的研究中表明，前期干旱锻炼可以使水分利用效率大幅度的提高。植物对干旱生理的响应可能存在一个适应、伤害、修复、补偿的自我调节过程，与胁迫的强度和持续时间有关。植物对水分胁迫的响应是基因型和胁迫状况共同作用的结果。植物的生长发育受遗传信息及环境信息的调节调控，遗传基因规定个体发育的潜在模式，其实现很大程度上受控于环境信息。旱地生产中，可以利用环境因子控制作用及可变性，人为地改变或创造有利产量形成的小环境，从而提高作物水分利用效率（WUE），将节水和高产统一起来。

作物对缺水存在明显的滞后效应。作物对缺水的抗逆过程是一个受环境影响的连续系统，某阶段缺水不仅影响本生育阶段，还会对其后生长发育阶段和干物质积累产生“后遗性”影响，称滞后效应。在水分胁迫终止后，胁迫对作物所造成的某些效应可以持续一段时间，即存在一种“记忆”。作物对灌水后效果的反应也是一种延时滞后反应，即灌水后要隔一定时间水分供应才能对生理和生殖生长产生明显影响。水分亏缺对与产量密切相关的生理过程的顺序为：生长—蒸腾—光合-运输。如有限缺水虽然会影响到叶片的生长，但不一定影响叶片气孔的开放，因此不会对光合速率产生明显影响；水分亏缺条件下作物蒸腾量虽明显减少，但对蒸腾影响的程度小于对细胞扩张和生长影响程度。虽然水分亏缺对蒸腾的影响迟缓于生长，但在水分亏缺过程中蒸腾作用却比光合作用先下降，即使在中度水分亏缺条件下气孔开度减小、蒸腾速率大幅度下降，而光合速率下降仍不显著，不影响作物体内有机物质的积累，最终不一定造成减产同时，水分胁迫对叶面积的滞后影响大于对冠层生长的滞后影响，对冠层生长的滞后影响又大于对根系生长的滞后影响，表明对水分胁迫越敏感的作物生长过程，水分胁迫对它的影响也越大，生长早期的水分胁迫对作物生长的滞后影响相对较小。滞后效应因指标选择、环境、物种而异，与胁迫时间、强度等都有关系。水分变动与作物作出反应之间有间隔，不同的生理反应过程有先后，反应的程度也有所不同，但不同的过程相互影响牵制，在作物上却是反映了一种综合效果。

作物复水后的激发效应。激发效应是指由于某种资源少量补充而引起作物对系统中资源利用总量增加，产量和资源利用效率大幅度提高的现象。在农业方面，激发效应首先是由 Bingeman 等人（1953）在关于新鲜有机物对土壤有机质分解效应的论文中提出的，后来被用于描述土壤氮素与肥料氮素之间的关系。在干旱复水的环境下，有限的供水保证了作物生存，另外也增强了作物对养分和水分的吸收能力。作物在克服生产中限制因子的过程中往往产生激发效应，导致产量、资源利用效率和经济效益的大幅度提高。在生态上，高等植物对水分胁迫—复水的响应方式是在胁迫解除后存在短暂的快速增长，以部分补偿胁迫造成的损失。生长前期受到适度干旱的作物、灌水后其光合速率可高于一直处于供水充分的作物。作物旱后的激发生长应该是作物受到适应范围内（阈值）的水分胁迫压力后，在具有恢复因子和复水过程条件下所表现的生产力方面显著提高的超常效应。轻度干旱虽然对作物生长有抑制作用，但同时也加快了发育进程和籽粒灌浆速度，所以干旱并不总是降低产量，一定生育阶段控水干湿交替对产量更为有利。中度缺水促进了小麦灌浆进程，使初期灌浆速率加快，只有持续干旱才对物质运输起抑制作用。这种有限缺水效应将引起同化物从营养器官向生殖器官分配的增加，其结果可能有利于经济产量的形成或不明显减产。因此，可以创造干旱后复水激发效应产生的条件，人为诱导激发效应发生，增加产量，提高水分利用效率，从而达到节水的目的。

干旱—复水的补偿效应。植物对干旱逆境胁迫引起的损失具有弥补作用，在生理生态等功能得到一定程度的恢复，表现出一定的补偿效应，它是作物抵御外界短暂干旱环境的一种体内调节机制。作物在某一生育阶段受旱复水之后，增加了作物本身的渗透调节能力，渗透物质的积累调节又维持了一定的膨压，加强了作物对不利环境的适应性，并且能够在光合、生长、物质运输等生理过程产生有效的补偿机制，从而实现有限水分的高效利用。作物受旱后复水植株的补偿生长贯彻于整个生育期，补偿的程度因水分亏缺发生的时间、亏缺强度、持续时间、相临阶段的关联和敏感性而异。

第二节　作物抗旱节水评价指标及应用

从农业生产的目标考虑，作物的抗旱节水性最终要体现在产量上，各种生理生化指标和生态物候指标的正确与否最终需以作物产量结果做出判别，产量是最重要的综合抗旱性鉴定指标。产量潜力、抗旱性和水分利用效率这 3 个概念常常被误解混淆，从而导致在为干旱地区育种时作出错误的决策。虽然高产潜力通常是作物育种中的首要目标，但是它有可能与强抗旱性并不一致。另外，WUE 也常常被过于简单地等同于抗旱性，事实上 WUE 是一个比值，即蒸腾作用和光合作用两者之比，或是作物产量和作物耗水量之比。而作为一个比值，是非常敏感的，尤其当相比的两个成分的动态变化不清楚的时候。

人们在研究作物水分胁迫的历史中，曾采用多种不同的指标来评价农作物的抗旱性。科学家们也提出了许多鉴定技术，包括大田自然环境条件下的鉴定，遮雨棚或温室等人工控制环境条件下的鉴定，以及利用胁迫溶液等人工模拟干旱条件的鉴定等技术，分别通过形态、解剖以及生理生化等性状对作物种子萌发期、苗期或全生育期的抗旱性和 WUE 进行鉴定，提出了抗旱系数、抗旱指数和隶属函数等评价指标，这些技术和指标在作物抗旱节水鉴定评价中发挥了重要作用。基于产量提出了抗旱系数，即抗旱系数=胁迫下的平均产量/非胁迫下的产量。由于该方法不能提供基因型产量高低的信息，胡福顺又提出用抗旱指数 DRI 来衡量作物的抗旱性，DRI=抗旱系数×旱地产量/对照品种旱地产量的平均值，DRI 在作物抗旱鉴定工作中收到了较好效果。中国农业科学院作物科学研究所在研究总结作物抗旱性鉴定技术与评价指标的基础上，2007 年主持制定了“小麦抗旱性鉴定评价技术规范”，建立了小麦种子萌发期、苗期、水分临界期及全生育期的抗旱性鉴定技术和评价标准。

目前，世界上应用较多的作物抗旱性评价指标包括产量指标、生长发育指标、形态指标和生理生化指标。基于产量的量化指标主要有：胁迫敏感指数（Stress susceptiblility index，SSI），平均生产力（MP），耐受性（TOL），胁迫耐受指数（STI），几何平均生产力（GMP），产量指数（YI），以及产量稳定性指数（YSI）等。这些指标都是根据干旱胁迫和灌水条件下作物的籽粒产量计算而来，在作物抗旱节水鉴定评价中发挥了重要作用。除了这些常用的指标外，碳同位素分辨率、冠层温度、穗下节可溶性糖含量等生理指标，用水效率指数等应用在生产实践中。

一、形态学指标

干旱条件下，一些直观可以分辨的指标如早熟、叶片卷曲、蜡质、根系、芒及分蘖能力等，对于提高小麦抗旱节水性有重要贡献。

物候期（Phenological phmse）：物候期是反映生长发育速率和发育状态的主要指标，对干旱胁迫有明显响应的重要农艺性状。其中抽穗期是反映小麦早熟性特点最明显的性状之一，直接影响小麦的熟期、产量、抗病性以及抗旱等重要性状的表达。该性状易于鉴别，而且遗传力高。如果特定区域的水分缺乏状况可以预测，通过该性状的选择，避开水分缺乏的时期（即逃避干旱的策略），是一种提高抗旱性的有效方法。早熟的冬小麦品种，在后期干旱与热胁迫来临时，已经成熟，而且对有些病害的控制都有重要意义，因此是重要的抗旱性状。然而，通过物候期调节，逃避后期干旱，对于某些区域冬小麦抵御早春冻害也有不利影响。

根系（Root）：根系是植物感受土壤水分、养分变化的重要部位。研究小麦根系性状的遗传改良（包括根系分布、根系数量、根系质量和根系生长角度等），有利于理解小麦抗旱和高产的形成。张正斌（2002）研究认为，具有发达根系的幼苗，能缓解早期水分胁迫的影响，是抗旱小麦的典型特征。苗期干旱胁迫条件下，水地品种和旱地品种的根长、根粗差异明显。纵深发达的根系利于小麦充分吸收贮存在土壤中的水分。水分胁迫导致根系生长速率降低，根长、根数和根重明显减少，根系有效吸水面积减小，吸水速度减慢，总吸水量降低，根系分泌减少，同时无机盐类的吸收也受到抑制。但是一般抗旱性强的品种，根水势低，根系在膨压显著降低时仍能继续生长，这是不同于地上部分的主要优势，因此，抗旱品种一般具有发达的根系。目前对根系的研究比较广泛，研究发现次生根的生长角度、次生根发育速度、根数量、深根的比例等性状，存在广泛的遗传变异。然而对某些性状在丰水条件下，可能是不利的，一些区域内，深根及大的根系生物量可能由于根的沉余而造成养分、水分的浪费，不利于高产。

芒（Awns）：一般认为长芒有助于品种抗旱。长芒不仅增加了小麦的抗病能力，而且麦芒与叶片一样，可以进行蒸腾作用，作为后期重要光合器官的一部分。长芒增大了麦穗向大气蒸腾水分的面积，增加了蒸腾能力，其同化产物直接运往所着生的小穗，对籽粒充实起重要的作用，因此长芒增加产量和千粒重，对于小麦灌浆期抗旱具有重要贡献。

叶片蜡质（Leaf glaucousness）：叶片表皮外壁的角质层是植物水分蒸发的屏障，其主要功能是减少水分向大气散失，厚的角质层可提高植物的光反射，降低蒸腾，从而增强植物的抗旱性。表皮蜡质有助于提高干旱条件下硬粒小麦和普通小麦的产量，因此在干旱环境下，叶片蜡质保护高辐射、减少冠层温度、提高水分利用效率和改善小麦产量。然而，在某些环境下，可能降低蒸腾效率而影响产量。小麦叶片角质层蜡质含量受环境的影响很大，经胁迫处理后小麦叶片角质层蜡质含量明显增多，品种间增加幅度不同。因此叶片蜡质对抗旱性的影响必须在特定环境下评估。

叶片绒毛（Leaf pubescence）：在干旱条件下，小麦叶片表皮绒毛，使叶片周围形成一层较厚的空气层，叶片水分必须经过该层才能散失到外部环境，因此减少蒸腾损失，起到短期保护功能，而且可以对强光照射起到保护作用，也有研究发现对抵御寒冷具有一定作用。

叶片卷曲（Leaf rolling）：小麦品种间叶片卷曲度有明显差异，然而其对高产的贡献仍不明确。叶片卷曲与产量相关性小，对水分利用效率存在正效应，但对氮素利用效率为负效应，对产量和穗粒数有正效应。可以看出，不同研究得出叶片卷曲对产量贡献不一致。然而，干旱胁迫下叶片卷曲，减少了有效叶面积和蒸腾作用，有利于干物质积累，保护光系统功能免于干旱胁迫诱导的损害，因此其有助于小麦抵抗干旱等胁迫。

叶片衰老（Leaf senescence）：叶片衰老是一种程序化的自然过程，但缺水条件下，往往加速小麦的衰老，但是植株通过降低叶片的生长速率和使老叶脱落等途径来减少叶面积，有效地减少蒸腾失水，也是抵御不良环境的形式。一般从下部叶片向上逐步衰老，但某些小麦品种的部分主茎或分蘖（异常茎）具有旗叶比倒二叶先衰老的特征，旗叶先衰型小麦异常茎的叶绿素含量、蒸腾速率、净光合速率在结实期的一定阶段呈现倒二叶超越旗叶；异常茎上的根、茎、叶比正常茎发育的器官充分且较为发达，其灌浆速率也比正常茎快（张嵩午，王长发，1999）。因此叶片衰老，可能是后期干旱胁迫下有益的应对机制，但衰老的形式与产量关系可能因同时存在不同的机制而变得模糊。

生物量变化（Biomass）：土壤水分不足，植株各茎节间活动受抑，伸长迟缓，株高降低。随着水分亏缺程度的加剧，各位叶的长度及叶面积减少，且其长/宽比值也减小。因此，株高降低、叶片缩短等引起生物量的降低，是干旱胁迫的重要表现。同时叶面积指数发生显著下降。不同生育期冬小麦干物质积累速度随水分胁迫程度的增大而减小，不同水分条件下植被指数的增加与冬小麦产量的变化密切相关（丛建鸥等，2010）。干旱条件下单株干物重的大小与小麦品种的抗旱性具有密切联系，干旱条件下较多的单位面积有利于穗数形成，是干旱条件下小麦获得较高产量的重要因素。而持续的严重干旱往往造成小麦减少分蘖，或者减少分蘖成穗等，减少水分消耗而抵御干旱，从而保证种子延续性的有效办法，然而这不可避免会造成产量的降低，但抗旱型品种降低的幅度较小。

苗期活力（Seedling vigor）：小麦苗期生长活力主要表现为叶面积快速发展和地表覆盖生物量的大小，苗期活力相关的许多指标，均与抗旱节水密切相关。作物早期生物量快速积累，使地表提早覆盖，增大地表遮阴从而有效减少土壤水分蒸发，利于快速形成壮苗，能够弥补晚播对小麦的不利影响。小麦优良的苗期活力，增加营养吸收和生物量的积累，提高小麦抵抗水分胁迫的能力。同时，水分胁迫条件下，有活力幼苗能保持较低的蒸腾速率，也是实现节水的机制之一。最耐深播品种胚芽鞘最长，具有长胚芽鞘的高活力小麦，有利于雨养环境下小麦抢墒播种。干旱环境下，苗期生长势旺品种，籽粒产量平均提高 12%。高活力品种在水分限制环境下具有明显的节水增产效果。尽管有些研究认为，当苗期干旱的影响较小时，早期活力品种可能因为养分、水分的无效消耗而降低了产量。因此，针对苗期活力性状的研究，在干旱程度不同环境下，可能结论不同。

二、稳定同位素比值

通过应用稳定性同位素技术，来研究植物对环境的响应目前已成为有力的工具。重同位素（^{13}C）和轻同位素（^{12}C）两者之间的物理与化学特性的不同，从而会引起所谓的同位素效应。稳定性同位素在植物学上应用开始于19世纪中期，因为植物可以消耗空气中CO_2的^{13}C，后来研究发现C_4和CAM植物不同于C_3植物，可以区别^{13}C，并且在18世纪初期关于C_3光合作用过程中^{13}C的分配模式已经进行了详细描述。碳同位素分力（CID）与籽粒产量在干旱环境下的相关性在很多谷类作物中均有报道，其中包括小麦和大麦。但是在现有报道中，CID与产量间关系各不相同，它随着所分析的植物器官或组织不同，取样时间和生理阶段不同，以及植物生长环境不同而发生变化。

在植物光合作用吸收CO_2过程中，会对重同位素^{13}C产生排斥，导致光合产物中$^{13}C/^{12}C$比率比大气CO_2中的低。不同光合途径（C_3、C_4和CAM）因光合羧化酶和羧化时空上的差异对^{13}C有不同的识别和排斥，导致了不同光合途径的植物具有显著不同的$W^{13}C$值。C_3植物叶片中C稳定同位素判别（$\Delta^{13}C$），与叶片胞间CO_2和大气中CO_2浓度比值（Ci/Ca）相关。叶片胞间CO_2浓度和大气中CO_2浓度比值（Ci/Ca）反映了净同化速率（A）和气孔导度（g）的相对量，与CO_2的需求和供给相关。来自土壤表面的水蒸气与土壤中水分相比含有相对较低重同位素，这与大气中水蒸气的同位素组成、相对湿度、水分状态改变和扩散时的平衡分差和动力分差有关。当蒸腾是在同位素稳定状态下发生时，则蒸腾水蒸气同位素成分（WT）与植物利用的水分相同。相反，从土壤表面蒸发的水分却存在着重同位素的贫化。因此，从土壤蒸发的水蒸气与从植物蒸腾的水分通量存在着明显的同位素成分差别，利用稳定同位素技术可以把生态系统中总的蒸发蒸腾区分开来，这是其他微气象方法无法做到的。

植物叶片$\delta^{13}C$值的大小能够很好地反映与植物光合、蒸腾强度相关联的水分利用效率，叶片的$\delta^{13}C$值与其水分利用效率呈一程度的正相关，$\delta^{13}C$值越大，植物水分利用效率越高。玉米叶片光合同化物质往茎秆转移时没有发生碳同位素的分馏作用，玉米叶片在玉米的各生育期，叶片$\Delta^{13}C$、秸秆$\Delta^{13}C$和玉米WUE成负相关。不同类型小麦品种之间碳同位素分辨率$\Delta^{13}C$存在明显差异，与生物产量和籽粒产量正相关，与WUE负相关。用旗叶中$\delta^{13}C$间接方法评价作物WUE和用旗叶中C/N评价NUE（氮素利用率）比直接计算的方法更可靠。

三、冠层温度（Canopy temperature，CT）

作物主要通过蒸腾作用散失植株体内水分、带走热量，从而实现对植株体温（冠层温度Tc）的调节，冠层温度与作物的水分状况密切相关。作物冠层温度是指作物冠层不同高度茎、叶表面温度的平均值，与作物能量平衡状况和水分状况有密切相关。当植物在不缺水的环境下生长，通过蒸腾作用使得叶片表面温度下降；与此相反，当植物遭遇干旱胁迫，为了体内维持膨压而关闭气孔，蒸腾作用减少，从而导致叶片表面温度升高。冠层温度（CT）和冠气温差（CTD）与作物水分利用、蒸腾作用、水分胁迫以及生物体内部代谢密切相关联，是作物对环境胁迫反应的综合生理表现，与叶片的气孔导度、蒸腾作用、水分利用和品种抗旱性密切相关，不同生态型小麦 CTD 值与产量的遗传相关系数达到 0.8 以上。陈四龙等发现冬小麦各生育阶段不同供水处理下冠层温度（CT）受土壤水分影响明显。水分亏缺使冬小麦 CT 升高 1.5~2.0℃，水分胁迫与 CT 在中午表现出明显相关。其他一些研究认为作物冠层与冠层上部空气的温度差（冠气温差）与作物供水状况密切相关，一般由于中午时分蒸腾最强烈，冠气温差最大，这时的冠气温差最能反应作物的水分供应状态。因此，不同小麦品种（系）之间的 CT 差异可以用作其抗旱性的外在指示。目前，CT 是判断作物水分亏缺状况最敏感可靠指标之一，还被认为是干旱条件下预测产量的可靠指标，可作为作物品系早代和晚代抗旱性筛选的重要指标。

在冠层温度监测作物水分状况，樊廷录等（2005）发现，旱地冬小麦产量、水分利用效率与冠层温度均呈极显著的负相关；灌浆中后期的冠层温度在评价小麦产量和水分利用效率上具有较高的可靠性，可作为田间灌溉的参考指标。史宝成等则给出了更为明确的量的范围，认为冬小麦适宜水分处理的冠气温差阈值为 $-1.5℃ < \Delta T < 1.3℃$。韩亚东等发现水分胁迫条件下，水稻叶温高于气温，叶温越高，叶水势越低，而叶水势可以反映作物水分状况。目前，对冠层温度与作物水分状况关系的研究，已从单纯的研究冠层温度发展到了研究包括冠层温度在内的整个冠层微气象条件，其机理性和综合性都得到了增强。因此利用冠层温度监测作物水分状况已得到了较广泛的应用，采用红外测温仪不仅可监测小范围内作物群体的水分状况，而且可以从航空航天高度的遥感平台来大面积地监测作物水分状况，指导农业灌溉。

冠层温度能快速测定，不需要采取作物组织样品或在小区内来回践踏。从理论上讲，作物不同基因型之间存在着冠层温度的差异，抗旱性强的基因型，都表现出较低的冠层温度，冠层温度与作物水分利用相关，故用它来说明与之相关的冠层蒸发蒸腾作用具有价值。不同春小麦品种（系）之间的旗叶 $\delta^{13}C$ 值存在明显差异，干旱胁迫导致了所有品种（系）的旗叶 $\delta^{13}C$（WUE）增大，但每个品种（系）的增大量有所不同。因而把冠层温度用于作物基因型筛选中具有重要意义。目前，把冠层温度作为筛选一些作物抗旱性基因型的手段，已在一些作物上应用。冠层温度与气温差值（T_c-T_a）可作为筛选基因型更为精确的参数。冠层温度容量受小气候变化的影响，T_c-T_a 值可减少这种影响，且试验中 T_c-T_a 和品种的相关性与冠层温度和品种的相关性极为相似。

四、水肥利用效率

水和氮（N）是植物生存所必需的两种最重要的物质，它们与植物各种各样的生理活动密切相关。植物的水分利用效率（WUE）是植物的总干物质与其累计用水量的比值。同样的，植物的氮肥利用效率（NUE）是植物的总干物质与其累计用氮量的比值。无论是干旱地区还是湿润地区，培育水肥利用效率高和产量高的优异品种是小麦育种过程中的一致目标。由于对田间种植的大量植物在 WUE 和 NUE 上进行精细地测量计算操作起来极其困难，目前绝大部分关于 WUE 和 NUE 的研究还局限在对容器中栽培植物的研究。

第三节　旱地冬小麦灌浆期冠层温度与产量和水分利用效率的关系

生物节水是提高作物水分利用效率最具潜力的方面，作物抗旱节水品种快速诊断指标是生物节水研究的前沿领域。国内外从经济形状、形态学、生理生化和分子 4 个水平入手，对作物抗旱节水鉴定方法与筛选指标体系进行了大量研究。但迄今为止，可靠、简便、快速、可操作的方法与指标比较缺乏。冠层温度（CT）与小麦生育状况的关系一直受到人们的重视，在相同背景条件下，不同小麦基因型存在明显的冠层温度分异特性。冠层温度作为衡量作物缺水的重要指标，已被广泛地用来推断作物水分状况，近年来成为作物抗旱基因型选择的重要依据，与作物水分利用密切相关。国际小麦玉米改良中心将冠层温度作物抗旱性筛选的重要指标在早期时代应用，冠层温度与冬小麦产量的遗传相关系数在 0.8 以上（Reynolds 等，1997）。根据冠层温度特征，将灌浆结实期冠层温度持续偏低的小麦称为冷型小麦，反之，称为暖型小麦。朱云集等人（2004）研究了 6 个小麦品种灌浆期间冠层温度的差异，灌浆后期冠层温度与产量之间的相关系数达到 0.837。然而，国内有关小麦品种冠层温度与产量和水分利用效率直接关系的研究报道还较少。本试验利用手持式冠层测温仪，在甘肃陇东旱原研究不同基因型冬小麦灌浆期冠层温度的差异及其与产量和水分利用效率的关系，旨在为抗旱节水品种筛选提供依据。

一、试验材料与方法

试验于 2005—2006 年在甘肃农科院镇原试验站，田间试验材料来源于国家北方旱地冬小麦区域试验的 23 个品种（品系）：陇原 034，陇麦 977，陇育 215，晋农 318，9840-0-3-2-1，0052-1-3，陇原 031，静 2000-10，宁麦 5 号，0052-1-6-1，0052-17-2，9840-0-3-3-1-3，9840-2-3-15，9840-0-3-1-6，0052-1-4-1，沧核 038，临旱 5406，临旱 51241，长 6878，陇鉴 386，定鉴 3 号，陇鉴 385，洛川 9709。试验采取随机区组设计，两次重复，小区长 6.7m，宽 2m，小区面积 13.3m^2，每小区种 10 行，行距 0.2m，于 9 月 25 日按每公顷 375 万基本苗开沟撒播。每小区播前施磷二胺 0.29kg、尿素 0.19kg，返青追尿素 0.15kg。

2005 年 9 月至 2006 年 6 月小麦生育期降水 315.6mm，较多年平均值 250mm 增加 26.4%，但播前 2m 土层有效贮水 143mm，占田间最大有效贮水量的 57.8%。因此，本试验年份作物需水与供水属正常年份。

冠层温度 CT 的测定。采用国产 BAU-1 型手持式红外测温仪，于冬小麦灌浆初期（5 月 15 日）、灌浆中期（6 月 6 日）、灌浆中后期（6 月 11 日）测定各小区的 CT 值，每次测定时间为 13：30—15：30。为减少误差，每个小区重复测定 5 次，取其平均值作该次测定的 CT 值。

利用土壤水分平衡方程计算每个小区作物耗水量（ET）。耗水量 ET（mm）= 播前 2m 土壤贮水量-收获时 2m 土壤贮水量+生育期降水量。作物 WUE［kg/(mm · hm^2)］= 小麦籽粒产量/耗水量。

二、结果与分析

（一）不同基因型冬小麦冠层温度的变化

小麦冠层温度既受外界环境变化影响，也与品种本身的遗传特性密切相关。小麦灌浆期冠层温度 CT 的测定结果表明，23 个供试品种（系）之间、3 次测定时期之间 CT 平均值存在明显差异（表 7-1、表 7-2）。在灌浆初期（5 月 15 日）、灌浆中期（6 月 6 日）和灌浆中后期（6 月 11 日），所有品种（系）的 CT 平均值依次为 16.5℃、27.3℃和 31.7℃，相应的变异系数为 4.3%、5.2%和 6.3%，最高温度与最低温度依次相差 2.6℃、4.8℃和 8.0℃。说明随着小麦灌浆期的推后，冠层温度增加，这与灌浆初期到后期大气温度逐渐升高有关，也与品种本身对环境的反应有关。

表 7-1　不同基因型冬小麦的冠层温度、籽粒产量和水分利用效率

基因型	冠层温度（℃）			产　量（kg/hm²）	水分利用效率［kg/(mm·hm²)］	耗水量（mm）
	5 月 15 日	6 月 6 日	6 月 11 日			
陇育 215	16.0	27.4	30.5	5 230.0	12.3	425.2
临旱 51241	16.7	27.5	33.8	4 870.7	11.9	409.3
临旱 5406	17.5	28.5	32.3	4 819.1	11.8	408.4
陇鉴 385	16.9	27.8	33.0	4 145.3	10.2	406.4
长 6878	16.8	26.3	31.9	4 801.4	11.8	406.9
定鉴 3 号	16.2	25.7	29.1	5 675.1	13.3	426.7
陇原 034	17.0	28.0	33.8	4 309.5	10.3	418.4
洛川 9709	16.8	27.7	32.9	4 267.3	10.3	414.3
沧核 038	18.0	29.7	36.7	3 541.8	8.7	407.1
晋农 318	16.7	26.0	32.3	4 962.3	11.9	417.0
陇麦 977	16.3	26.6	31.3	4 988.4	12.0	415.7
陇鉴 386	15.6	29.2	33.0	4 524.3	11.0	411.3
陇原 031	17.5	27.7	33.0	4 121.8	10.1	408.1
静 2000-10	17.0	29.0	34.0	4 124.1	10.3	400.4
宁麦 5 号	17.0	28.1	33.2	5 174.8	12.6	410.7
9840-0-3-3-1-3	16.5	26.2	29.1	5 327.4	12.8	416.2
9840-0-3-2-1	14.3	24.9	29.6	5 935.7	14.4	412.2
0052-1-3	16.3	28.0	32.3	4 644.3	11.3	411.0
0052-17-2	14.9	26.2	30.9	5 284.5	12.7	416.1
9840-0-3-1-6	16.9	26.3	29.0	5 639.9	13.6	414.7
0052-1-4-1	16.8	27.3	29.9	5 160.7	12.1	426.5
9840-2-3-15	15.0	27.0	28.7	5 913.6	14.0	422.4
0052-1-6-1	16.3	26.0	29.3	5 694.3	13.6	418.7
平均值	16.5A	27.3B	31.7C	4 919.8	11.9	414.1
变异系数（%）	4.35	5.26	6.32	12.58	11.73	1.65

23个供试品种（系）之间CT值的差异有随灌浆过程进行而增大的趋势，如灌浆初期品种（系）之间CT值差异不显著（$P=0.067$），而在灌浆中期和中后期均达到了极显著水平（$P<0.001$），反映出不同基因型之间冠层温度在灌浆后期高度分异的现象，这与品种之间对土壤水分利用和叶片蒸腾降温的显著差异有关。进一步说明，在环境条件基本一致条件下，不同基因型之间CT值的这些差异可作为判别旱地小麦品种水分利用和对环境综合适应性的指标之一，正如本研究后面所述CT与作物水分利用密切相关。

基因型和测定时期及其交互作用的统计分析显示（表7-2），冠层温度不但受小麦基因型（$P<0.001$）、灌浆时期（$P<0.001$）的显著影响外，还受基因型与灌浆时期交互作用（$P<0.001$）的影响。说明品种之间冠层温度受环境条件的影响很大，特别是对大气温度的变化比较敏感。尽管如此，灌浆中期以后品种之间CT值的差异是十分明显的，这个时期可能是测定品种冠层温度的关键时期。

表7-2　旱地冬小麦基因型和小麦灌浆时期对其冠层温度影响的方差分析

变异来源		自由度DF	平方和SS	均方MS	F-值	概率值P
综合分析 Two-way ANOVA	基因型（G）	22	671.54	30.52	5.24	<0.001
	灌浆期（S）	2	2 301.34	1 150.67	197.7	<0.001
	基因型×灌浆期 G×S	44	256.09	5.82	4.19	<0.001
单因素分析 ANOVA	灌浆初期基因型	22	120.48	5.477	1.687	0.067
	灌浆中期基因型	22	97.837	4.447	42.266	<0.001
	灌浆中后期基因型	22	283.0	12.864	132.036	<0.001

小麦灌浆不同时期之间冠层温度存在明显的相关性。灌浆初期（5月15日）与灌浆中期（6月6日）、灌浆中后期（6月11日）冠层温度的相关系数分别为0.544^{***}、0.588^{***}，灌浆中期与灌浆中后期之间上升到0.777^{***}。这些明显的相关性清楚地表明，灌浆期间有些基因型的冬小麦冠层温度持续偏低，有些却始终较高，这与张嵩午等人（1999）关于小麦温型现象的报道一致。如9840-0-3-2-1、9840-2-3-15、定鉴3号、陇育215等旱地冬小麦品种（系），灌浆期CT的3次测定值持续低于其他品种，这些品种水分利用效率较高，因为冠层温度一直偏低的品种，在水分胁迫条件下能够从土壤中吸收利用更多的水分，保持较高的蒸腾速率。灌浆中期与中后期之间CT的高度相关性进一步说明，灌浆中期或后期可以作为测定小麦品种冠层温度的适宜时期。

（二）不同基因型冬小麦产量和水分利用效率的差异

同CT的变化相类似，不同基因型旱地冬小麦籽粒产量的差异达到显著水平（$P<0.05$）。23个冬小麦品种（系）产量平均为4 919.8kg/hm^2，最低3 541.8kg/hm^2（沧核038），最高5 935.7kg/hm^2（9840-0-3-2-1），相差近2 400kg/hm^2，产量变异系数为12.58%。与产量的变化相一致，品种之间水分利用效率的差异同样十分显著（$P<0.05$），所有供试品种的WUE平均为11.9kg/(mm·hm^2)，新品系9840-0-3-2-1最高，为14.4kg/(mm·hm^2)，品种沧核038最低，为8.7kg/(mm·hm^2)。不同基因型冬小麦之间WUE的变异系数为11.73%，与籽粒产量的变化相吻合，WUE的高值与低值相差5.7kg/

(mm·hm^2)。然而，不同品种之间田间耗水量的变化并未达到差异显著水平（$P=0.231$），耗水量的变异系数仅1.65%，显著低于品种之间产量、WUE的变异。即在完全依靠自然降水的旱作农业区，同一地点在同一年份的降水数量不变，而品种之间的产量、WUE却显著不同，WUE与产量（X）之间有显著的线性回归关系（$X=442.23WUE-329.79$，$R^2=0.988^{***}$），WUE每增加1kg/(mm·hm^2)，产量提高442.2kg/hm^2，这反映了不同基因型冬小麦在水分利用上的遗传差异。

（三）不同基因型小麦冠层温度与产量和水分利用效率的关系

不同基因型小麦之间产量和水分利用效率的显著差异，可以反映在灌浆期间冠层温度的明显不同上。23个旱地冬小麦品种（系）的籽粒产量、WUE分别与灌浆初期、中期和中后期测定的CT值呈极显著的线型递减关系（图7-1），随着冠层温度的增加，产量、WUE均相应降低。即冠层温度偏低的品种其产量和WUE高，而冠层温度偏高的品种其产量和WUE低。无论在小麦灌浆初期还是灌浆中期或后期，产量与CT的线型回归系数R^2在0.445~0.812，WUE与CT之间的R^2为0.446~0.772。随着灌浆期的推后，CT与产量、WUE的负相关性明显增强，灌浆中后期冠层温度较低的品种（系）有利于缓解高温和干旱的不利影响，增大灌浆强度、延缓衰老，从而提高产量。

在相同栽培条件下，低冠层温度品种较高冠层温度品种能够保持较强的蒸腾速率，更好地利用有限的土壤水分，抗旱性强。如新品系0052-1-6-1、9840-0-3-3-1-3、9840-2-3-15、9840-0-3-1-6、9840-0-3-2-1灌浆中后期的冠层温度CT在28.7~29.6℃，比23个供试品种（系）的平均CT值31.7℃低2~3℃，WUE值12.8~14.4kg/(mm·hm^2)，较所有供试品种的平均值11.9kg/(mm·hm^2)提高7%~21%。而同期冠层温度偏高的沧核038，CT值为36.7℃，WUE仅8.7kg/(mm·hm^2)，比上述低温品种的WUE降低32%~60%。

到灌浆中后期，小麦产量、WUE与CT的回归系数达到最大，冠层温度每升高1℃，小麦产量降低近280kg/hm^2，WUE下降约0.6kg/(mm·hm^2)。因此，灌浆中后期的冠层温度可作为筛选不同基因型小麦抗旱、高效用水和产量高低的重要指标，在田间应用。

三、主要结论与讨论

CT的变化可以反映作物受水分胁迫的程度，这已为许多国内外研究所证实，并应用到抗旱、抗热基因型作物的筛选中。国际小麦玉米改良中心将冠层温度和冠气温差作为选择小麦抗热性的重要指标。张嵩午等深入研究并讨论了小麦的温度型问题及冠层温度对小麦灌浆和衰老的影响。但前人的研究主要多集中在不同基因型小麦CT差异的比较，将CT与产量、WUE结合起来的研究较少。本研究选择了来自国家北方旱地冬麦区域试验的23个品种（系），研究了灌浆期冠层温度与产量、水分利用效率的关系。

研究结果表明：①同一环境下，小麦不同基因型之间冠层温度存在着高度的分异现象，其差异在灌浆中期和中后期达到了最大，这与不同基因型对土壤水分利用和叶片蒸腾降温的显著差异有关。本研究中，尽管小麦品种（系）之间耗水量变异系数较小，但不同基因型小麦田间耗水量与灌浆中期、中后期冠层温度呈显著的负相关性，相关系数依次

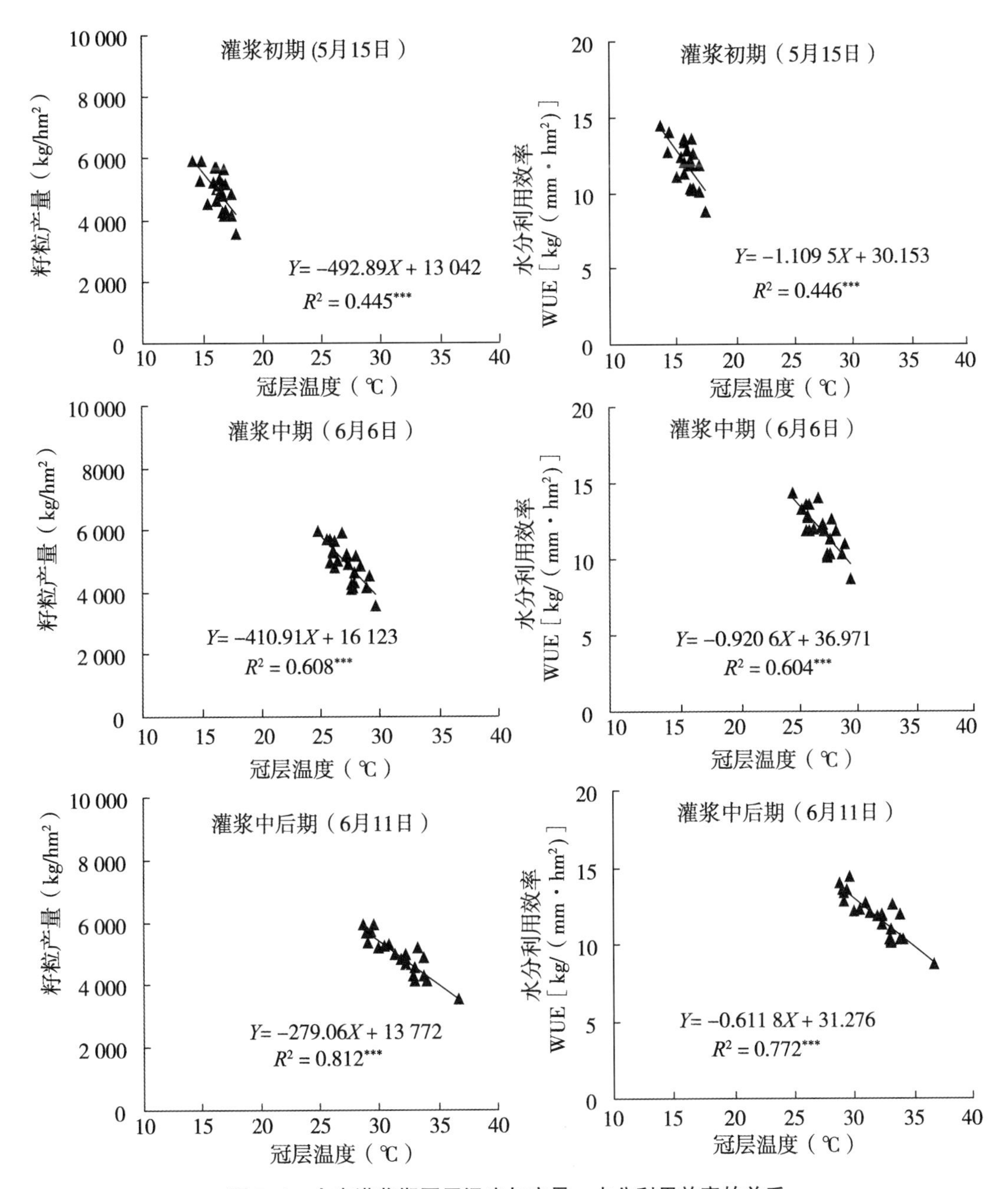

图 7-1　小麦灌浆期冠层温度与产量、水分利用效率的关系

为-0.474**、0.667***，这与理论上冠层温度越低，耗水越多的结论一致；耗水量与水分利用效率、籽粒产量显著正相关，相关系数依次为0.613***、0.524***，这与旱作地区土壤水分有限和作物耗水一直在理论需水量以下有关，只要增加少量供水或既是作物耗水量增加不多，产量、水分利用效率也明显提高。相对而言，冠层温度较低的品种要消耗更多的土壤水分来提高产量，但耗水增加的幅度显著低于产量增加的幅度，结果水分的利用效率大幅度提高，这是旱地农业生产所需要的。②小麦灌浆期冠层温度与籽粒产量、水分利用效率的显著负相关性，证明冠层温度偏低的小麦品种具有高产和高效用水性能，可作为筛选高产节水品种的重要指标，为育种工作者提供更为可靠直观的参考。张嵩午等研究表明，小麦冠层温度与一系列生物学性状呈显著负相关，优良的生物学性状和较低的冠层温度相联系，本研究灌浆期中期、中后期冠层温度同千粒重成显著的负相关，相关系数依次为0.445**、0.568***，随着冠层温度降低千粒重升高，由此推测在灌浆后期，冠层温度低的品种有利于缓解高温和干热风的不利影响，增大灌浆强度，延缓衰老，从而提高千粒重。③尽管小麦冠层温度受基因型和周围环境条件的共同影响，但灌浆中期、中后期小麦品种之间的冠层温度均差异极显著，并且这两个时期之间测定的冠层温度高度正相关，即灌浆期间有些基因型冬小麦冠层温度持续偏低，有些却始终较高，这些品种表现出高水分利用效率和高产量，这与张嵩午等人（1999）根据灌浆结实期冠层温度特征将小麦分为冷型和暖型结论一致。随着小麦灌浆期推后，CT与产量、WUE的负相关性明显增强，说明灌浆中后期测定的CT在评价产量和水分利用效率上具有较高可靠性。

第四节　雨养条件下不同基因型玉米冠层温度与水肥利用的关系

目前普遍应用的衡量作物抗旱性的指标有抗旱指数DI和干旱敏感指数DSI，但这两个指标的获得需要大量的田间灌溉和旱作试验。近年来，冠层温度（CT）作为衡量作物缺水重要指标，成为作物抗旱基因型选择的依据，不同基因型小麦材料冠层温度差异达4~8℃。根据灌浆结实期冠层温度的差异，国内学者把小麦分为冷型、暖型和中间型，冷型小麦代谢强，产量和水分利用效率高。作者科研团队经过多年研究，揭示了玉米冠层温度与其水肥利用的关系，用该指标评价了品种在水肥利用方面的差异。

一、试验材料与方法

冠层温度（CT）因其无损监测和快速方便，在评价作物水分利用方面具有明显的优势，但CT容易受测定时期风速、遮阴、降雨等气候条件的影响，数据稳定性差。而冠气温差（CTD）相对稳定，应用效果好，其主要原理是：CTD = $T_{大气}$（环境）－$T_{群体}$（生物），作物因蒸腾消耗土壤深层水、群体失水降低叶面温度，即CTD值高→群体温度低→蒸腾量大→抗旱性强和高效用水。国内现有仪器难以直接读取CTD值，在同一试验条件下环境的T值可以用所有测试基因型T的平均值来代表，那么CTD = $T_{测试基因型均值}$ − $T_{某个基因型测定值}$。2007年在地膜覆盖种植下，田间种植19个不同基因型玉米，利用国产BAU-1手持式红外测温仪，分辨率为0.1℃，在灌浆初期、灌浆中期、灌浆后期测定冠层温度，收获时测定植株和籽粒含氮量。N肥利用率=（施N区N收获量−无N区N收获量）/施N量×100%。

二、结果与分析

（一）不同基因型玉米和水分利用效率的差异

19个品种之间产量和水分利用效率都存在着明显差异（$P<0.001$），产量12 023.55

kg/hm²，变异系数 7.09%（表 7-3）。在完全依靠自然降水的旱作农业区，同一地点同一年份的降水数量基本不变，但品种之间的田间耗水量 ET 却差异不显著（P=0.497），品种之间 ET 的变异系数只有 3.16%，明显小于产量、WUE 的变异系数，即品种之间产量和用水能力存在明显的遗传差异。

表 7-3　不同基因型玉米产量、水分利用效率和耗水量

基因型	产量（kg/hm²）	WUE［kg/(mm·hm²)］	耗水量（mm）
金穗 7 号	12 587.25	43.14	291.75
金穗 1 号	12 007.13	39.95	300.57
晋单 60	12 328.88	41.29	298.56
登海 3672	10 549.5	35.54	296.86
登海 11 号	11 339.25	40.63	279.06
登海 9 号	12 280.13	42.85	286.58
东单 60	11 427	38.46	297.11
豫玉 22 号	11 149.13	39.03	285.67
中玉 9 号	12 796.88	42.43	301.58
鲁单 981	12 226.5	41.04	297.93
酒试 20	13 245.38	45.66	290.07
承 3359	12 533.63	43.71	286.77
承 20	9 803.63	32.24	304.13
中单 2 号	11 656.13	40.74	286.08
富农 1 号	12 606.75	40.89	308.32
乾泰 1 号	12 684.75	42.92	295.54
沈单 16	12 494.63	41.68	299.77
郑单 958	12 670.13	45.08	281.08
长城 9904	12 060.75	38.34	314.59
平均值	12 023.55	40.82	294.84
变异系数	7.10%	7.84%	3.16%

进一步分析，旱地玉米产量、耗水量、水分利用效率三者之间的关系，籽粒产量与 WUE 之间有显著的线性回归关系（$P<0.001$，$R^2=0.841$），WUE 每增加 1 kg/(mm·hm²)，产量平均提高 244.26kg/hm²。

（二）不同基因型之间玉米 CT 高度分异

不同基因型玉米之间产量和水分利用效率的显著差异，可以反映在灌浆期间冠层温度的明显不同上。不同基因型玉米之间 CT 同样存在着明显的差异（表 7-4、表 7-5、

图7-2)，2007年玉米灌浆初期（7月21日）、灌浆中期（7月26日）和灌浆中后期（8月7日），19个玉米品种的CT平均值依次为24.74℃、31.04℃和30.10℃，相应的变异系数为2.94%、4.82%和1.92%，最高温度与最低温度的差值依次为2.78℃、4.3℃和2.3℃。如7月26日测定，郑单958的CT值为28.48℃，而金穗7号为32.70℃，相差4.22℃。2008年玉米灌浆初期、灌浆中期和灌浆中后期，10个玉米品种的CT平均值依次为24.6℃、26.2℃和27.5℃，相应的变异系数为2.8%、4.3%和3.5%，最高温度与最低温度差值依次为1.9℃、3℃和3.3℃。2009年CT变化与2007年和2008年基本一致。

表7-4　旱作条件下灌浆期不同基因型玉米冠层温度　（单位:℃）

品　种	各测定日期玉米冠层温度					
	7月21日	7月24日	8月3日	8月7日	8月12日	8月15日
金穗7号	24.86	32.65	29.67	30.40	27.29	31.01
金穗1号	25.57	32.40	29.38	30.05	27.81	29.84
晋单60	24.37	32.53	29.37	30.07	27.4	30.28
登海3672	25.7	32.18	30.02	31.38	27.47	30.13
登海11号	25.28	33.15	31.04	31.17	27.61	29.01
登海9号	23.58	30.95	29.04	30.43	27.56	28.27
东单60	24.15	32.63	29.52	30.63	28.31	28.92
豫玉22号	25.65	32.91	30.42	30.3	27.94	27.91
中玉9号	24.28	29.65	29.50	28.95	27.18	27.57
鲁单981	24.23	30.45	27.95	29.77	27.3	27.89
酒试20	24.25	28.57	28.90	29.70	27.16	27.81
承3359	23.55	30.25	28.40	29.57	27.34	29.42
承20	25.35	32.03	29.28	30.48	27.13	28.31
中单2号	24.65	31.91	28.76	30.17	27.24	28.64
富农1号	24.63	29.07	27.57	29.52	27.72	27.96
乾泰1号	23.74	29.15	27.22	29.45	27.31	28.17
沈单16	24.17	30.20	27.23	29.62	26.52	26.53
郑单958	24.05	29.05	27.07	29.51	26.76	26.36
长城9904	25.10	29.67	27.17	29.54	27.67	25.92
平均值	24.58	31.02	28.81	30.03	27.40	28.41
变异系数（%）	2.49	4.82	3.35	1.92	3.20	2.58

从冠气温差（冠层温度离均差）来看（图7-2），19个品种中中玉9号、富农1号、郑单958等9个品种显著低于参试品种平均值，具有高效用水的遗传能力，即为冷型玉

米，水分利用效率在 40~45kg/(mm · hm^2)。

表 7-5　不同时期不同基因型玉米冠层温度方差分析

日期（月/日）	df	SS	MS	F	P（概率）
7/21	18	22.092	1.227 3	2.605	<0.001
7/24	18	110.817 8	6.156 5	8.928	<0.001
8/3	18	67.836 2	3.768 7	7.511	<0.001
8/7	18	22.220 8	1.325 4	2.372	<0.01
8/12	18	89.256 2	5.142	4.258	<0.001
8/15	18	82.169 6	4.565	9.339	<0.001

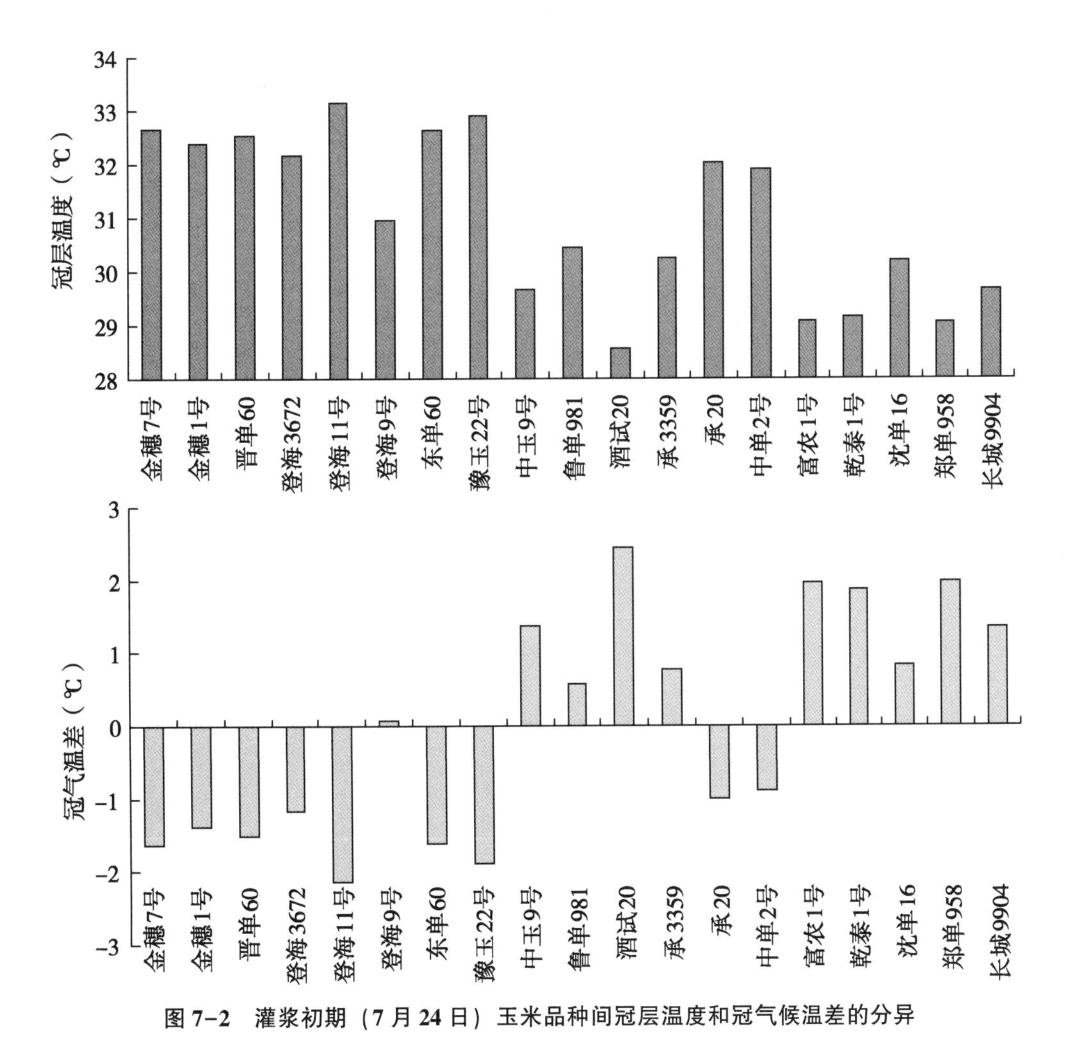

图 7-2　灌浆初期（7 月 24 日）玉米品种间冠层温度和冠气候温差的分异

不同时期的测定结果分析表明，不论玉米生长发育到哪个时期，中午测定的冠层温度与籽粒产量高度负相关，早上、下午测定的温度与产量无相关性，即 13：00 测定的温度能较好反映品种的产量能力与高效用水能力，可作为测定的最佳时间（表 7-6）。

表 7-6　不同时间不同基因型玉米冠层温度与产量回归系数

日　期	早上（8：00）	中午（13：00）	下午（17：00）
7 月 21 日	-0.008 0	-0.463 1***	-0.006 7
7 月 24 日	-0.067 6	-0.433 3***	-0.020 3
8 月 3 日	-0.025 3	-0.492 9***	-0.026 1
8 月 7 日	-0.088 5	-0.517 2***	-0.016 8
8 月 12 日	-0.062 9	-0.478 6***	-0.069 2
8 月 15 日	-0.056 3	-0.499 3***	-0.031 6

（三）不同基因型玉米氮肥利用存在明显差异

不同基因型玉米籽粒和秸秆 N 素养分含量的测定结果表明，品种之间 N 素养分百分含量差异很大（表 7-7）。19 个品种平均籽粒含 N 量 1.36%～1.41%，品种之间的变异系数为 11.6%～15.59%；秸秆含 N 为 0.88%，变异系数 11.26%～12.59%。进一步说明，不同基因型玉米对 N 素利用的差异主要表现在秸秆 N 向籽粒 N 转移量的多少，有些品种尽管籽粒含 N 量差异不大，而秸秆 N 却差别很大，秸秆中含 N 多，N 的经济有效利用率就低。从地上部籽粒和秸秆总的 N 产出来看，品种之间的差异同样十分明显。

由于氮素是玉米增产的基础，氮肥利用效率（NRE）是衡量 N 转化效率的一个重要指标。不同基因型玉米氮肥利用效率也存在着明显差异（$P<0.001$），遗传特性决定了其对氮素的吸收和运转的差异。19 个品种（系）NRE 的平均值为 26.4kg/kg，变异系数 40.12%，最大值鲁单 981 为 41.76kg/kg，最小值登海 11 号为 8.11kg/kg，最大值与最小值相差 34kg/kg。

（四）不同基因型玉米 CT 与产量和水分利用效率的关系

随着玉米灌浆的进行，冠层温度与产量、WUE 的相关性有逐渐增强的趋势，并且不同基因型玉米 CT 值与产量、WUE 呈负相关（图 7-3）。冠层温度偏低品种其 WUE 高，而 CT 偏高的品种其 WUE 低。WUE 较高的酒试 20、乾泰 1 号和郑单 958 品种，CT 值在各生育时期较平均 CT 低 0.35～0.65℃，其 WUE 分别为 45.66kg/(mm·hm^2)、42.92kg/(mm·hm^2) 和 45.08kg/(mm·hm^2)，19 个品种（系）平均值为 40.82kg/(mm·hm^2)，最低值承 20 为 32.24kg/(mm·hm^2)。随着冠气温差增加玉米产量提高（图 7-4），CTD 增加 1℃，玉米产量提高 355.41kg/hm^2，WUE 增加 0.92kg/(mm·hm^2)，如郑单 958、富农 1 号两个品种 CTD 接近 2.0℃、酒试 20 为 2.451℃，产量、WUE 都均高于其他品种，可作为筛选高效用水品种对照。

表 7-7　不同基因型玉米品种吸氮量与氮肥利用效率

基因型	养分 N 含量（%）		籽粒含氮量（kg/hm²）	植株总吸收氮（kg/hm²）	氮肥利用效率（%）
	籽粒	秸秆			
金穗 7 号	1.44	0.77	180.89	232.07	19.14
金穗 1 号	1.42	0.99	170.84	268.94	35.52
晋单 60	1.24	0.80	152.73	212.00	12.64
登海 3672	1.62	1.00	170.64	274.55	38.02
登海 11	1.19	0.93	135.43	207.26	24.11
登海 9 号	1.37	0.85	168.30	260.44	31.74
东单 60	1.19	0.83	136.49	234.84	20.37
豫玉 22	1.57	0.89	174.57	242.21	23.64
中玉 9 号	1.17	0.77	150.09	244.27	24.56
鲁单 981	1.32	1.05	161.56	282.98	41.76
酒试 20	1.55	0.74	205.15	244.02	24.45
承 3359	1.44	0.70	180.27	221.97	14.65
承 20	1.37	0.97	134.40	243.40	24.17
中单 2 号	1.61	0.90	187.17	256.30	29.90
富农 1 号	1.55	0.92	195.59	266.33	34.36
乾泰 1 号	1.22	0.86	155.10	269.79	35.90
沈单 16	1.29	0.90	161.24	245.19	24.97
郑单 958	1.35	0.98	171.05	244.55	24.68
长城 9904	1.27	0.95	153.57	263.48	33.10
沈单 16（无肥）	1.10	0.75	153.57	189.02	—
平均值	1.36	0.88	164.93	245.18	26.40
变异系数（%）	11.6%	11.26	11.73	9.87	40.12

（五）不同基因型玉米氮肥利用效率与水分利用效率关系

籽粒氮的测定与分析结果表明，不同基因型玉米籽粒氮产出与 WUE 有显著的正相关性（表 7-7），相关系数分别为 0.883、0.712。随着籽粒氮产量的增加，水分利用效率相应提高（图 7-5），说明了水、肥利用的高效耦合性，但随着秸秆氮产出了的减少，水分利用效率增加。每公顷玉米籽粒多利用 10kg 氮，水分利用效率增加 0.73~0.87kg/(mm·hm²)。即高水分利用效率品种有高的氮肥转化效率。同产量、WUE 的变化相类似，玉米灌浆期水分利用效率与籽粒吸收氮量也存在明显的正相关性（图 7-5）。水分利用效率、氮肥利用效率及优良的生物学性状与较低的冠层温度相关联，冠层温度的高低可作为反映不同基因型玉米在水肥资源利用效率上的差异。

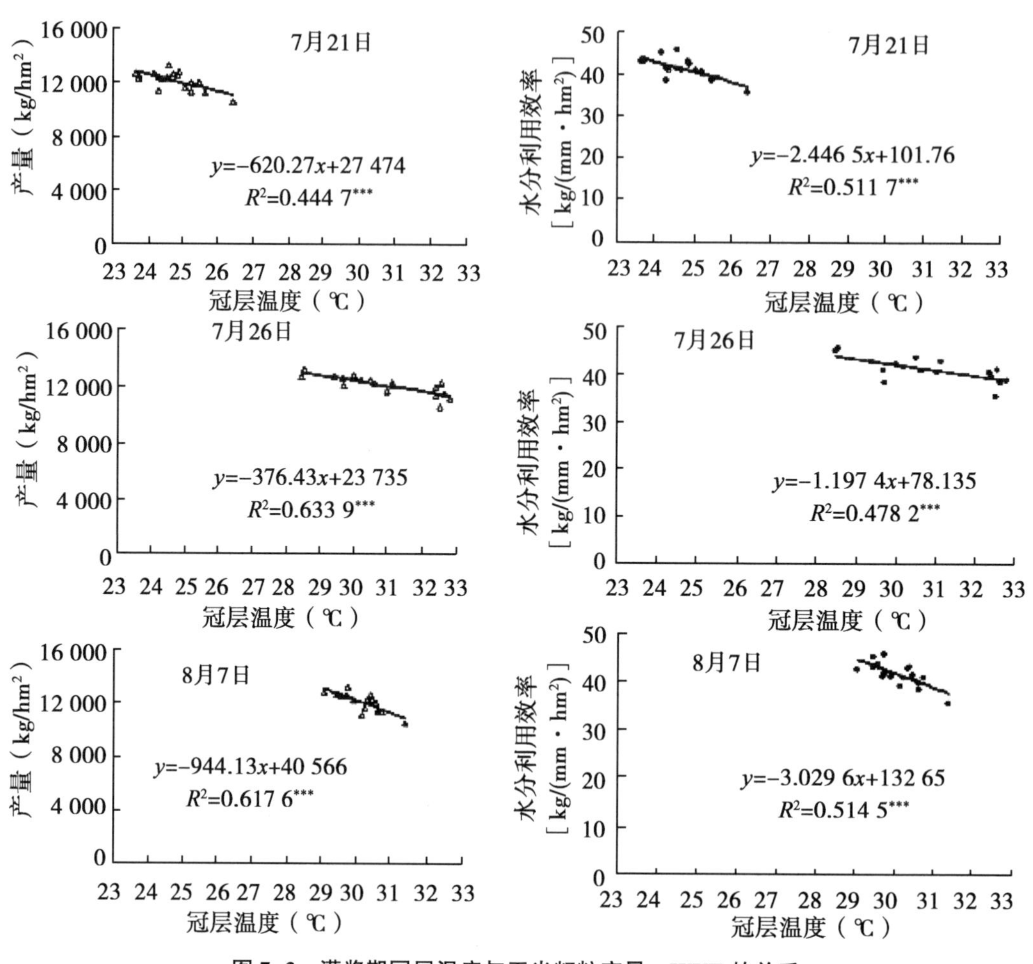

图 7-3　灌浆期冠层温度与玉米籽粒产量、WUE 的关系

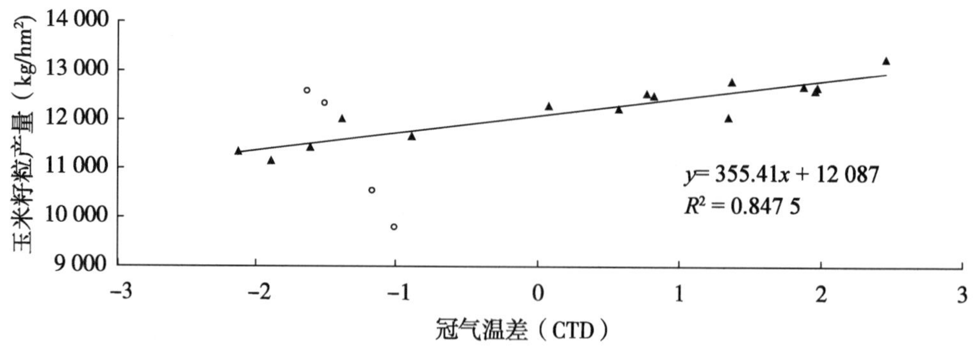

图 7-4　冠气温差（CTD，℃）与玉米籽粒产量的关系

三、主要结论

在甘肃陇东地区雨养旱作条件下，利用手持式冠层红外测温仪，以 19 个玉米品种

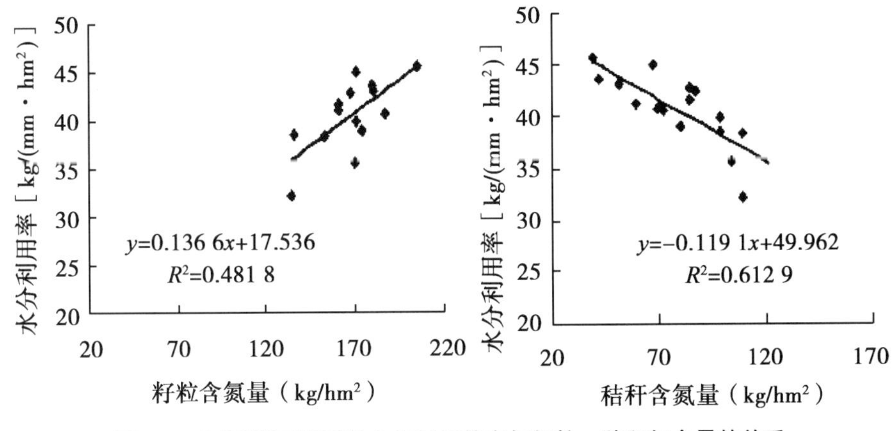

图 7-5　不同基因型玉米水分利用效率与籽粒、秸秆氮含量的关系

（品系）为供试材料，于 2007 年研究了玉米灌浆期冠层温度与产量、水分利用率及氮肥利用率之间关系，得出以下主要结论。

第一，旱作条件下，玉米产量、水分利用效率、灌浆期冠层温度、氮肥利用效率在 19 个不同基因型之间均达到极显著水平。不同基因型玉米田间耗水量差异不明显，籽粒产量与 WUE 之间有显著的线性回归关系，WUE 每增加 1kg/(mm·hm²)，产量提高 185.92~244.26kg/hm²。尽管水分利用效率高的品种要消耗较多土壤水分，但耗水增加幅度显著低于产量增加幅度，使其水分利用效率大幅度提高。

第二，不同基因型玉米品种在籽粒灌浆期存在着冠层温度高度分异的现象，其差异可反映在产量和水分利用效率的不同上。无论灌浆初期、中期或中后期，玉米产量、水分利用效率与冠层温度呈极显著的负相关性，并且随着灌浆进程的加快或生育期的推移，相关性增大。即随着 CT 的降低或随着冠气温差的最大，产量提高，CT 偏低的品种产量高，CT 低的品种产量低。灌浆中后期冠层温度每升高 1℃，产量降低 619.72kg/hm²、WUE 下降 1.98kg/(mm·hm²)。测定 CT 适宜时期为灌浆后期，13：00 为宜。

第三，不同基因型玉米籽粒和秸秆氮素养分含量也差异很大，不同基因型玉米对氮肥利用率的差异主要表现在秸秆氮向籽粒氮的转移方面。不同基因型玉米籽粒氮产出与 WUE 有显著的正相关性。随着籽粒氮产出量的增加，水分利用效率相应提高。灌浆结实期温度较低的品种具有较高的代谢生理活性，根系吸收氮能力强，籽粒中氮素积累量大。玉米灌浆期的冠层温度与产量、水分利用效率、氮肥利用均有较密切的关系，冠层温度可作为筛选抗旱节水和高氮肥利用效率品种的重要指标。

第五节　稳定碳同位素比值与小麦产量和水分利用效率的关系

面对水资源日益紧缺和干旱趋势的加剧，提高作物自身的水分利用效率（WUE）成为植物高效用水的关键和潜力所在（山仑，2003；Bacon，2004）。探索和寻求抗旱节水诊断指标，评估作物用水效率是节水农业研究的重要方面。目前，国内外从形态指标、生理指标、分子生物学等方面开展了大量作物抗旱性鉴定指标方面的研究，但迄今为止，可靠、简便、快速、可操作的筛选方法与指标不多。

最近几十年来，利用植物稳定碳同位素比值（$\delta^{13}C$）来研究植物光合型及植物水分利用效率引起科学家的极大兴趣。碳作为重要的生命元素，在自然界中存在两种稳定形态（丁明明等，2005）。由于^{13}C和^{12}C理化性质上的差异，使得植物在吸收同化CO_2的过程中发生了同位素分馏（Farquhar等，1989），因此即会发生物质反应前后稳定性同位素组成（$\delta^{13}C$）不同。由于自然界植物中$\delta^{13}C$值存在很大差异（Paneth，O'Leary，1985；易现峰等，2005），更重要的是植物$\delta^{13}C$值可综合植物长期的光合特性及多种生理和形态指标，通过分析长期积累于叶片中的碳代谢产物来评估叶片或植株生长过程中总的水分利用效率特性，加之稳定碳同位素技术具有简捷、快速、准确、高效等特点。因此，碳同位素比值（$\delta^{13}C$）在生态学、农学、全球变化等研究中得到广泛的应用（Damesin，Lelarge，2003；Scartazza等，2004）。

近年来，国外利用植物叶片$\delta^{13}C$值来指示水分利用效率的研究很多，并取得了一些重要结论。大量研究表明，$\delta^{13}C$值和作物水分利用效率（WUE）及产量存在着显著的相关性，可以用植物叶片$\delta^{13}C$值指示植物长期水分利用效率（Farquhar，Richards，1984；Hubick，Farquhar，1987；Saranga等，1999；McDowell等，2003；郑淑霞，上官周平，2005），并且有研究发现$\delta^{13}C$值具有遗传稳定性（Condon，Richards，1992）。我国在这方面的研究起步相对较晚，且大多集中在木本植物方面，在作物方面的研究也有报道（林植芳等，2001；许兴等，2007）。而对冬小麦不同基因型间$\delta^{13}C$值做比较研究，并在不同水分梯度下研究其与水分利用效率关系的报道尚不多见。本试验选用15个不同基因型冬小麦，在旱作和拔节期有限补灌两种不同的生态条件下，研究不同基因型间小麦旗叶$\delta^{13}C$值以及其与产量、水分利用效率的关系，旨在为抗旱节水品种筛选提供依据。

一、试验材料与方法

试验材料来源于我国北方旱地冬小麦区试12个品种（系）：陇鉴385、陇鉴196、陇鉴127、陇原061、陇育216、定鉴3号、西峰27、宁麦5号、太原10604、05旱鉴27、长6878、9550，以及美国德州3个冬小麦品系：1R2、1R8、1R17。15个供试材料的花期及熟期基本一致，保证了取样时期的一致性。1R2、1R8、1R17为国外品系，无法获得其遗传背景，其余12个供试材料的遗传背景见表7-8。

试验于2008—2009年在农业部镇原黄土旱塬生态环境重点野外科学观测站进行，2008年9月至2009年6月小麦生育期降水量157.9mm，较多年平均值250mm减少36.8%。因此，本试验年份作物生育期供水属严重偏少年份。试验采取随机区组设计，分别在旱作和有限补灌条件下进行，每个水分条件下有15个冬小麦品种（系）。补充灌溉在小麦拔节期（2009年4月20日上午）进行，该时期为冬小麦关键需水期，只补灌一次，每小区补灌量为100mm。每个品种重复3个，共90个小区。小区长5m，宽2m，面积$10m^2$，每小区种植10行，行距0.2m，于2008年9月17日按每公顷375万基本苗开沟撒播。播前施磷二铵$225kg/hm^2$，尿素$150kg/hm^2$，返青后撒播追施尿素$112.5kg/hm^2$，田间管理同大田。

表 7-8　不同基因型冬小麦遗传背景

品　种	遗传背景（母本×父本）
陇鉴 196	［64035×太原 89］×秦麦 4 号
陇鉴 127	［7402×吕 419］F_1×7415
陇鉴 385	贵农 22×陇鉴 29
陇育 216	陇东 3 号×［82（348）×9002-1-1］F_3
陇原 061	西峰 20×保丰 6 号
定鉴 3 号	84WR（21）×洛 8912
宁麦 5 号	XS117-0-29×庆农 3 号
西 峰 27	83183-1-3-1×CA837
太原 10604	太原 610×太原 851
05 旱鉴 27	京 411×鲁麦 12
长 6878	临旱 5175×晋麦 63
9550	长武 131×8672-26-1

在小麦籽粒灌浆初期（5 月 6 日）、中期（5 月 16 日）、中后期（5 月 31 日）和后期（6 月 10 日）分别取各小区小麦旗叶 15~20 片，将每个品种 3 个重复的取样混匀，作为该品种的一个样品。样品带回实验室后在 70℃下烘干至恒重，粉碎，过 200 目筛。根据修改过的 Boutton 等（1983）的方法，将处理过的样品 7~9mg 和 2g 氧化铜及 1~2 根 2cm 长的铂金丝封入真空玻璃管，550℃燃烧 2h，冷却后在真空管道线上收集结晶纯化的 CO_2，在中国科学院寒区旱区环境与工程研究所用 MAT-252 质谱仪测定植物样品的稳定碳同位素比值（$\delta^{13}C$）。标准物质采用目前国际普遍认可的 PDB（Pee Dee Belemnite，美国南卡罗来纳州的一种碳酸盐陨石），根据下面公式进行计算：

$$\delta^{13}C(‰)=[(^{13}C/^{12}C)_{sa}-(^{13}C/^{12}C)_{st}]/(^{13}C/^{12}C)_{st}\times 1\,000 \quad \text{(Farquhmr 等,1989)}$$

式中，$(^{13}C/^{12}C)_{sa}$和$(^{13}C/^{12}C)_{st}$分别是测试植物样品和 PDB 标样的 $\delta^{13}C$ 值。

水分利用效率 WUE［kg/(mm · hm²)］=小麦籽粒产量（kg · hm²）/耗水量（mm）

补偿供水效应 IR=IWUE/$WUE_{irrigation}$

$$IWUE[(kg/(mm\cdot hm^2)] = (Y_{irrigation}-Y_{dryland})/SW$$

其中，IWUE 为灌溉水水分利用效率，即单位供水用量的产量增加量；SW（mm）为补偿供水量，本试验为 100mm；$Y_{irrigation}$ 和 $Y_{dryland}$ 分别为灌溉和旱作条件下的籽粒产量；$WUE_{irrigation}$［kg/(mm · hm²)］为灌溉条件下的水分利用效率。当 $IR>1$ 时，供水有超补偿效应，$IR<1$ 时供水无补偿效应，$IR=1$ 时供水有等补偿效应。

二、结果与分析

（一）不同基因型冬小麦灌浆期旗叶 δ¹³C 值的差异

从表 7-9 和表 7-10 供试冬小麦旗叶 $\delta^{13}C$ 值的测定结果可以看出，不论是旱作还是拔节期有限补灌，15 个供试冬小麦品种（系）灌浆初期（5 月 6 日）、灌浆中期（5 月 16 日）、灌浆中后期（5 月 31 日）和灌浆后期（6 月 10 日）4 次测定时期的 $\delta^{13}C$ 值均出现品种（系）间高度分异的现象，方差分析结果得知，这种品种（系）之间 $\delta^{13}C$ 值的差异在 4 次测定时期都达到了极显著（$P<0.001$）。旱作条件下的测定结果显示（表 7-9），定鉴 3 号、陇原 061、宁麦 5 号、9550 和 1R17 品种（系）的 $\delta^{13}C$ 值在 4 次测定时期均排在 15 个供试材料的前列；1R8、05 旱鉴 27、陇鉴 196 和陇鉴 385 品种（系）的 $\delta^{13}C$ 值总是较其他品种（系）偏低。从拔节期有限补灌条件下的测定结果可得（表 7-10），定鉴 3 号、9550、1R17、宁麦 5 号和陇原 061 品种（系）的 $\delta^{13}C$ 值在 4 次测定时期一直较高；而 05 旱鉴 27、1R8 和陇鉴 127 品种（系）的 $\delta^{13}C$ 值在 4 次测定时期总是偏低。方差分析表明（表 7-11、表 7-12），不论是旱作还是补灌，$\delta^{13}C$ 值从灌浆初期（5 月 6 日）到灌浆后期（6 月 10 日）呈现持续偏高的变化趋势，4 次测定时期之间的 $\delta^{13}C$ 值差异显著（$P<0.05$）。但是这对 15 个供试冬小麦品种（系）$\delta^{13}C$ 值的大小排序并未带来太大影响。基因型和测定时期的互作效应对 $\delta^{13}C$ 值没有产生显著影响（$P>0.05$）。基因型间 $\delta^{13}C$ 差异大于不同测定时期间以及不同水分处理之间差异，间接说明冬小麦旗叶 $\delta^{13}C$ 值具有遗传稳定性。冬小麦籽粒灌浆期间旱作条件下旗叶 $\delta^{13}C$ 值较补灌条件下的偏正，不同水分条件间差异显著（$P<0.01$）。

表 7-9　旱作条件下不同基因型冬小麦旗叶 $\delta^{13}C$ 值、产量和水分利用效率

基因型	$\delta^{13}C$ 值（‰）				籽粒产量（kg/hm²）	水分利用效率［kg/（mm·hm²）］
	5 月 6 日	5 月 16 日	5 月 31 日	6 月 10 日		
陇鉴 196	-26.7±0.11	-26.6±0.13	-26.4±0.15	-26.2±0.17	2 495±103.37e	11.3±0.52d
陇鉴 127	-26.8±0.18	-26.3±0.21	-26.3±0.10	-26.0±0.19	1 826±110.18k	8.2±0.37j
陇鉴 385	-26.9±0.09	-26.8±0.14	-26.4±0.14	-26.1±0.11	2 110±89.03h	8.8±0.35i
陇育 216	-26.5±0.15	-25.9±0.11	-26.0±0.16	-25.9±0.15	2 480±97.41e	11.1±0.26e
陇原 061	-25.4±0.19	-24.9±0.09	-24.8±0.10	-24.8±0.13	2 786±124.26b	12.6±0.64b
定鉴 3 号	-25.0±0.11	-24.7±0.21	-24.7±0.12	-24.6±0.13	2 936±105.98a	12.8±0.33a
宁麦 5 号	-25.5±0.18	-25.5±0.19	-25.4±0.12	-25.2±0.05	2 645±78.34c	12.0±0.07c
西峰 27	-26.6±0.15	-26.4±0.09	-26.2±0.18	-26.2±0.15	2 191±83.90i	9.4±0.13h
太原 10604	-26.5±0.18	-26.4±0.13	-26.4±0.14	-26.4±0.09	2 451±93.33f	11.1±0.28e
05 旱鉴 27	-27.4±0.10	-26.8±0.12	-26.8±0.11	-26.4±0.19	2 240±79.56g	10.1±0.17g
长 6878	-26.6±0.08	-26.3±0.09	-26.1±0.13	-25.9±0.10	2 190±77.18j	9.5±0.30h
9550	-25.8±0.16	-25.5±0.12	-25.4±0.07	-25.4±0.21	2 551±100.60d	11.4±0.43d
1R2	-26.2±0.13	-26.1±0.08	-26.0±0.16	-25.7±0.11	2 285±81.23j	10.3±0.19f
1R8	-27.2±0.12	-26.9±0.20	-26.8±0.13	-26.2±0.07	2 110±79.47i	8.7±0.21i
1R17	-25.9±0.14	-25.5±0.15	-25.2±0.11	-25.0±0.14	2 600±62.56c	11.9±0.05c
平均值	-26.33	-26.04	-25.93	-25.73	2 393	10.6
CV（%）	2.61	2.64	2.59	2.30	12.24	13.73

表 7-10　有限补灌条件下不同基因型冬小麦旗叶 δ^{13}C 值、产量、水分利用效率（WUE）和补偿供水效率（*IR*）

基因型	δ^{13}C 值（‰）				籽粒产量（kg/hm^2）	水分利用效率［kg/(mm·hm^2)］	补偿供水效应（IWUE/WUE$_{irrigation}$）
	5 月 6 日	5 月 16 日	5 月 31 日	6 月 10 日			
陇鉴 196	-26.9±0.08	-26.6±0.12	-26.4±0.13	-26.2±0.10	4 251±79.07g	12.4±0.16e	1.41±0.08d
陇鉴 127	-27.0±0.13	-27.0±0.18	-26.7±0.13	-26.3±0.12	3 725±84.66k	10.5±0.03j	1.80±0.11a
陇鉴 385	-26.9±0.12	-26.8±0.11	-26.5±0.18	-26.2±0.08	4 315±90.30f	12.5±0.08de	1.77±0.05ab
陇育 216	-26.8±0.18	-26.7±0.13	-26.4±0.20	-26.4±0.13	4 101±93.75i	11.7±0.12g	1.38±0.07d
陇原 061	-26.1±0.09	-26.0±0.17	-25.6±0.14	-25.4±0.18	4 325±66.41ef	12.5±0.07de	1.23±0.05f
定鉴 3 号	-25.7±0.13	-25.7±0.09	-25.4±0.17	-25.0±0.11	4 551±72.07b	13.1±0.11b	1.23±0.09f
宁麦 5 号	-26.0±0.15	-26.0±0.13	-25.7±0.06	-25.4±0.17	4 180±70.28h	12.1±0.06f	1.27±0.08ef
西峰 27	-26.6±0.12	-26.5±0.11	-26.3±0.23	-26.3±0.09	4 260±82.23g	12.2±0.21f	1.70±0.06b
太原 10604	-26.7±0.10	-26.6±0.18	-26.3±0.17	-26.3±0.17	3 950±91.16j	11.6±0.06h	1.29±0.03e
05 旱鉴 27	-27.4±0.19	-27.1±0.17	-26.9±0.16	-26.6±0.14	3 171±97.40l	9.5±0.13k	0.99±0.05g
长 6878	-26.6±0.08	-26.6±0.08	-26.4±0.11	-26.1±0.12	4 395±69.53d	12.7±0.11c	1.74±0.04ab
9550	-25.9±0.16	-25.7±0.14	-25.3±0.18	-25.1±0.09	4 780±63.85a	13.5±0.09a	1.66±0.07bc
1R2	-26.4±0.11	-26.3±0.14	-26.1±0.07	-25.8±0.06	4 336±66.31e	12.6±0.08d	1.63±0.05c
1R8	-27.2±0.14	-27.1±0.21	-26.5±0.13	-26.4±0.11	3 936±87.26j	11.2±0.13i	1.64±0.04c
1R17	-26.0±0.14	-26.0±0.10	-25.4±0.13	-25.3±0.15	4 460±72.19c	13.1±0.09b	1.42±0.09d
平均值	-26.55	-26.45	-26.13	-25.92	4 182	12.1	1.48
CV（%）	1.93	1.80	1.96	2.06	9.13	8.72	16.65

表 7-11　旱作条件下冬小麦基因型和灌浆期对旗叶 δ^{13}C 值影响的方差分析

变异来源	平方和 SS	自由度 DF	均方 MS	*F* 值	*P* 值
基因型（G）	61.62	14	4.40	93.05	<0.001
灌浆期（S）	0.78	3	0.26	4.33	0.039
基因型×灌浆期（G×S）	2.94	42	0.07	1.78	0.108

表 7-12　有限补灌条件下冬小麦基因型和灌浆期对旗叶 δ^{13}C 值影响的方差分析

变异来源	平方和 SS	自由度 DF	均方 MS	*F* 值	*P* 值
基因型（G）	44.07	14	3.15	172.18	<0.001
灌浆期（S）	0.96	3	0.32	4.41	0.033
基因型×灌浆期（G×S）	0.46	42	0.11	2.02	0.097

（二）不同基因型冬小麦产量和水分利用效率的差异

旱作和有限补灌条件下 15 个供试品种（系）的产量平均值分别为 2 393kg/hm^2 和 4 182

kg/hm^2，相应的变异系数分别为 12.24%和 9.13%，差异显著性测验结果显示，旱作条件下除了陇鉴 196 与陇育 216、宁麦 5 号与 1R17、西峰 27 与 1R8、05 旱鉴 27 与 1R2 差异不显著外，其余的品种（系）之间产量差异达到了显著水平（$P<0.05$）；拔节期有限补灌条件下除了陇鉴 196 与西峰 27、陇鉴 385 与陇原 061、太原 10604 与 1R8、陇原 061 与陇鉴 385、1R2 差异不显著外，其他品种（系）之间产量差异显著（$P<0.05$）。15 个供试品种（系）间 WUE 的变化与产量基本一致，旱作和有限补灌条件下 15 个供试品种（系）的 WUE 平均值分别为 10.6kg/(mm·hm^2) 和 12.1kg/(mm·hm^2)，相应的变异系数分别为 13.73%和 8.72%，旱作条件下陇鉴 196 与 9550、陇鉴 385 与 1R8、陇育 216 与太原 10604、宁麦 5 号与 1R17、西峰 27 与长 6878 差异不显著，其他供试品种（系）之间 WUE 差异显著（$P<0.05$）；拔节期有限补灌条件下除了陇鉴 196 与陇鉴 385、陇原 061，陇鉴 385 与陇原 061、陇鉴 196、1R2，陇原 061 与陇鉴 196、陇鉴 385、1R2，定鉴 3 号与 1R17，宁麦 5 号与西峰 27 差异不显著外，其余供试品种（系）相互之间 WUE 差异显著（$P<0.05$）。

拔节期补灌 100mm 水分后，冬小麦均表现出明显的补水效应。15 个品种（系）的平均补偿供水效应 IR 为 1.48，除 05 旱鉴 27 品系 IR 值小于 1（IR=0.99）外，其余品种（系）都呈现出明显的超补偿效应（IR>1），陇鉴定 127、陇鉴 385、西峰 27、长 6867、IR2、IR8、9550 这 8 个品种 IR 超过了 1.5。在旱地小麦生产限制因素的环境下，不同基因型小麦消耗同等数量水分形成的产量有显著差异，并且对干旱期或关键需水期供水的反映明显不同，反映了不同基因型小麦在水分利用上的遗传差异。

旱作条件下 15 个供试冬小麦品种（系）的籽粒产量明显低于补灌处理。旱作区和补灌区籽粒产量平均相差 1 789kg/hm^2，其中差异最大的为品系 9550，该品系在旱作区和补灌区的产量相差 2 229kg/hm^2，而差异最小的为品种 05 旱鉴 27，该品种在旱作区和补灌区的产量相差 931kg/hm^2。以上结果说明，有些品种（系）在拔节期补灌后的增产效应十分明显，而有些品种在旱作区和补灌区的产量变化较稳定，这体现了不同品种（系）冬小麦对关键需水期供水的反应敏感程度不同，以及在抗旱性、丰产性、稳产性和水分利用上的差异。除了品种陇原 061 和 05 旱鉴 27 的 WUE 有限补灌条件下比旱作条件下的低外，其余 13 个供试材料的 WUE 补灌条件下均比旱作条件下要高。补灌区 WUE 平均比旱作区高 1.5kg/(mm·hm^2)，其中差异最大的品种陇鉴 385，旱作区 WUE 与补灌区相差 3.7kg/(mm·hm^2)，差异最小的为品种宁麦 5 号，旱作区 WUE 与补灌区相差 0.1kg/(mm·hm^2)。以上结果综合反映了不同品种（系）冬小麦在增产潜力和水分利用上的差异。此外，不论旱作还是有限补灌，15 个供试品种（系）产量与 WUE 均呈极显著线性正相关（R^2=0.963 2~0.975 9）。

（三）不同基因型冬小麦旗叶 δ13C 值与产量和水分利用效率的关系

试验结果分析表明，15 个供试冬小麦旗叶 $\delta^{13}C$ 值品种（系）间差异极显著，产量和水分利用效率也存在品种（系）间差异。而且不论旱作还是拔节期有限补灌，$\delta^{13}C$ 值高的品种（系）具有较高的产量和水分利用效率，反之，$\delta^{13}C$ 值低的品种（系）的产量和水分利用效率也相对较低。另外，植物 WUE 受叶片胞间 CO_2 和大气中 CO_2 浓度比值（C_i/C_a）影响，而植物叶片 $\delta^{13}C$ 值与（C_i/C_a）关系密切。这说明 $\delta^{13}C$ 值与产量和水分利用效率之间可能存在某种关系，通过分析 $\delta^{13}C$ 值与产量、WUE 的相关性，确定 $\delta^{13}C$ 值在表征 WUE 方面的可靠性。

图 7-6 和图 7-7 的相关分析显示，不论旱作还是有限补灌，不同灌浆时期冬小麦旗

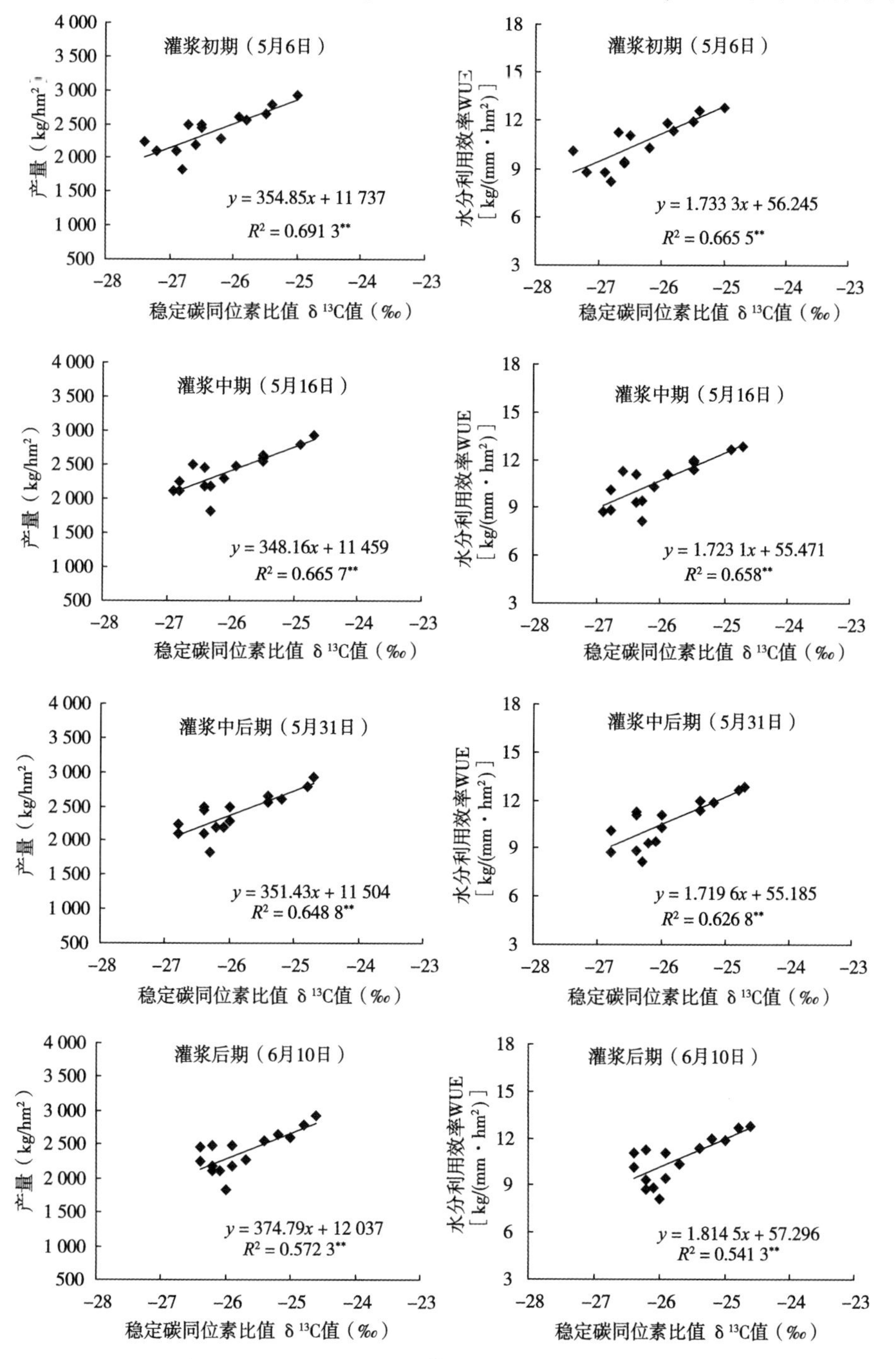

图 7-6　旱作条件下小麦灌浆期旗叶 $\delta^{13}C$ 值与籽粒产量、水分利用效率的关系

注：** 和 * 分别代表 1%和 5%的差异显著水平，下同

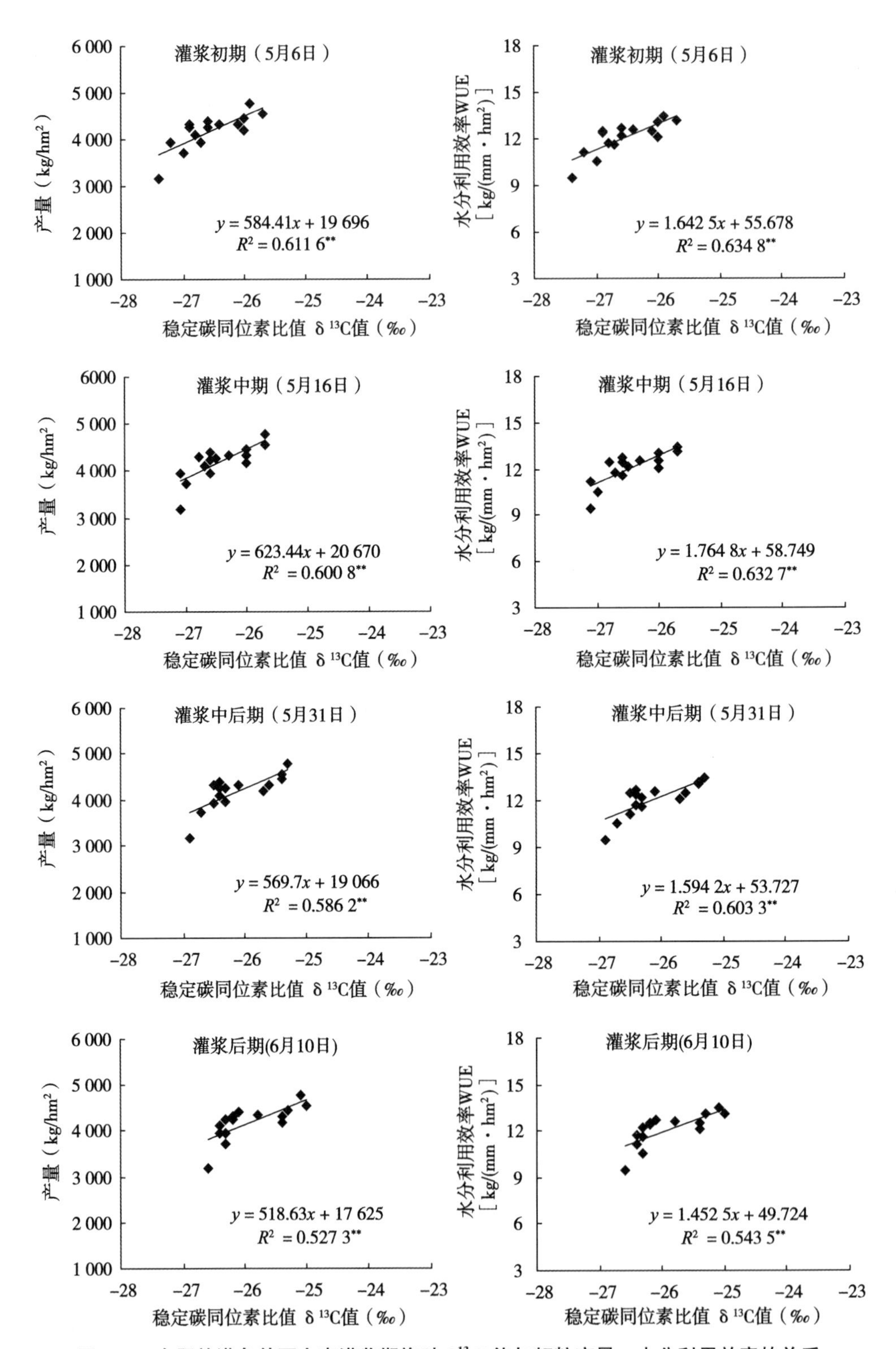

图 7-7　有限补灌条件下小麦灌浆期旗叶 $\delta^{13}C$ 值与籽粒产量、水分利用效率的关系

叶 $\delta^{13}C$ 值与籽粒产量、WUE 呈现不同程度的线性正相关关系（图 7-6、图 7-7），这说明冬小麦旗叶 $\delta^{13}C$ 值可以间接反映其水分利用效率的高低。$\delta^{13}C$ 值从灌浆初期到灌浆后期的 4 次测定时期呈现持续偏高的变化趋势，然而从图 7-6 和图 7-7 的相关分析结果来看，这种 $\delta^{13}C$ 值的变化并未影响对 $\delta^{13}C$ 值与籽粒产量、WUE 的线性关系，旱作和补灌条件下 4 次测定时期冬小麦旗叶 $\delta^{13}C$ 值与籽粒产量和 WUE 的线性正相关关系都达到了极显著（$P<0.01$）。说明可以利用冬小麦灌浆期的任何时期进行 $\delta^{13}C$ 值测量，都不会影响其与 WUE 和产量的相关关系。尽管旱作条件下 $\delta^{13}C$ 值与籽粒产量、WUE 相关分析的 R^2 值较相应补灌处理下的稍高，但是相关性均达到了极显著水平（$P<0.01$），说明以 $\delta^{13}C$ 值作为筛选指标进行抗旱节水品种筛选时，不受水分条件的限制。以上结果进一步说明 $\delta^{13}C$ 值在表征植物 WUE 方面具有高度的遗传稳定性，可以在大田中应用冬小麦旗叶 $\delta^{13}C$ 值进行抗旱节水品种选育。

三、结论与讨论

本试验以 15 个基因型不同的旱地冬小麦为供试材料，在甘肃陇东黄土旱塬研究了旱作和拔节期有限补灌两种不同生态条件下不同冬小麦品种（系）间籽粒产量、WUE、灌浆期旗叶 $\delta^{13}C$ 值的差异以及 $\delta^{13}C$ 值与籽粒产量和 WUE 的关系。不同冬小麦品种（系）籽粒产量和水分利用效率存在显著差异，补灌条件下的产量高于旱作处理下的，这与前人的研究结果基本一致（刘晓冰，李文雄，1996），另外，除了陇原 061 和 05 旱鉴 27 的 WUE 旱作条件下高于相应补灌条件下的外，其余 13 个供试品种（系）的 WUE 旱作条件下均明显小于相应补灌条件下的，这主要是由于本试验年份旱作条件下冬小麦生育期供水严重偏少，干旱胁迫程度过重，在南非多年生灌木的循环干旱胁迫后，随土壤干旱到中度水分含量过程中，水分利用效率提高，但当土壤含水量过低时，气孔导度最终变得保守、稳定，水分利用效率又开始下降。

本试验供试冬小麦旗叶 $\delta^{13}C$ 值在 4 次测定时期都存在品种（系）间极显著差异，前人的研究也已经证明，C_3、C_4 和 CAM 植物 $\delta^{13}C$ 值存在显著差异（Farquhmr 等，1989；陈拓等，2002；林植芳，1990），而且由于碳同位素分馏过程中 CO_2 的吸收与扩散阶段以及 CO_2 形成羧基的酶促反应阶段的协同作用，使得同一光合途径植物不同品种间也出现 $\delta^{13}C$ 值高度分异的现象。本试验 15 个供试材料为冬小麦，都属于 C_3 植物，而其旗叶 $\delta^{13}C$ 值在 4 次测定时期都存在品种（系）间极显著差异，以上理论便很好地解释了这一结果出现的原因。国外许多研究已证实，植物叶片 $\delta^{13}C$ 值与叶片胞间 CO_2 和大气中 CO_2 浓度比值（C_i/C_a）存在紧密关系，通常在冷湿环境中植物 $\delta^{13}C$ 值较低，在干燥条件下，由于气孔运动使得 C_i/C_a 减小，植物 $\delta^{13}C$ 值会增大（Ehleringer，1993；Pate，2001）。本研究结果表明，不论是旱作还是拔节期有限补灌，$\delta^{13}C$ 值在 4 次测定时期呈缓慢升高的趋势，这是因为植株在灌浆初期生长旺盛、光合作用强烈，进入植物叶肉细胞的 CO_2 增多，C_i/C_a 值增大，$\delta^{13}C$ 值偏负，到灌浆后期植株开始衰老，光合作用明显减弱，进入植株叶肉细胞的 CO_2 减少，此时植物的羧化酶来不及对 ^{13}C 分馏，直接合成了有机物，$\delta^{13}C$ 值偏正（Feng，Epstein，1995）。陈拓等人的研究也表明，水胁迫可诱导叶片气孔关闭、气孔导度降低，C_i下降，从而引起植物光合作用所固定碳的 $\delta^{13}C$ 值增大，反之，在高水分、养分条件下，植物的 $\delta^{13}C$ 值较低（陈拓等，2002；陈英华等，2004），本试验供试材料旱作条件下的 $\delta^{13}C$ 值较相应有限补灌条件下的偏正，这与陈拓等人的研究结果一致。本试验基因型间 $\delta^{13}C$ 的差异大于不同测定时期间以及不同水分处理之间的差异，间接说明冬小麦旗叶 $\delta^{13}C$ 值具有遗传稳定性。

本试验条件下，供试材料叶片 $\delta^{13}C$ 值与产量、WUE 呈极显著线性正相关关系，灌浆期 4 次测定时期 $\delta^{13}C$ 值与产量、WUE 的相关性均达到极显著，而且不同水分条件对 $\delta^{13}C$ 值与产量、WUE 的相关性也未带来影响，这与前人的大量研究结果一致（Condon 等，2004；林植芳等，2001），说明在应用 $\delta^{13}C$ 值指示冬小麦 WUE 时，可在灌浆期任何时期进行，而且在各种水分条件下均可进行。可以从 Farquhmr（1982）和 Condon 等（2004）推导出的 $\delta^{13}C$、WUE 的计算公式中得出植物 $\delta^{13}C$ 值与 WUE 呈线性正相关的理论基础，他们的研究表明，植物 $\delta^{13}C$ 值与 WUE 具有相同的影响因素 C_i/C_a 值。因此，可以通过测定植物的 $\delta^{13}C$ 值来推断植物水分利用效率。但是，也有报道显示 $\delta^{13}C$ 值与产量、WUE 呈负相关或无相关（Delucia，SCH Lesinger），这是由于水分状况、生长环境等方面与本试验有所差异。由此可知，水分胁迫程度可能对 $\delta^{13}C$ 值与产量、WUE 的相关性有影响。

正是由于 $\delta^{13}C$ 值与产量和 WUE 之间的相关性以及其高度的遗传稳定性，可以将 $\delta^{13}C$ 值作为选育水分利用效率高、抗旱性强的作物的筛选指标在今后的育种工作中应用。由于补灌处理的产量和 WUE 比旱作条件下的高，而 $\delta^{13}C$ 值却表现出相反的趋势，说明 $\delta^{13}C$ 值应用于抗旱节水品种筛选时仅在同一水分处理下有效。因此在研究 $\delta^{13}C$ 值与产量、WUE 关系以及应用 $\delta^{13}C$ 值作为抗旱节水品种筛选指标时，应注明作物生长环境的水分状况。另外，由于本试验的样本容量有限，试验结果可能存在一定误差，因此，为了提高试验结果的可靠性和科学性，作者将通过增加样本容量、增加水分梯度来做进一步的研究。

第六节　不同冬小麦品种穗下茎可溶性糖与产量和水分利用率的关系

探索和寻求衡量抗旱节水指标，评估作物用水效率是节水农业研究的重要方面。小麦植株体内光合产物的积累、分配和运转是决定小麦生物产量、经济系数和经济产量的关键。小麦籽粒灌浆所需的碳源主要来源于旗叶的光合产物和花前及花后贮存在茎秆中的可溶性碳水化合物。茎秆贮藏性碳水化合物与产量的关系，认为小麦茎中暂贮藏性同化物重新分配是籽粒灌浆的一个重要碳源，贮藏同化物是否能够有效地运转、分配至籽粒，对其产量形成和抗旱性起着重要作用。干旱胁迫下小麦灌浆期旗叶光合产物量无法满足冠层呼吸消耗和籽粒正常灌浆的需要，所以产量主要依赖于花前及花后贮存在茎秆中的可溶性碳水化合物，其贡献率高达 75% ~ 100%。由于作物在形态、抗旱性差异、解剖结构、CO_2 同化方式及气孔行为等方面的不同，不同基因型小麦茎节可溶性碳水化合物含量差异显著，在水分消耗、产量及水分利用效率方面也存在明显差异。因此，小麦茎秆可溶性碳水化合物含量可能与籽粒产量相关，但目前国内研究报道比较少，特别是在西北黄土高原雨养条件下，不同基因型小麦茎秆可溶性糖与籽粒产量、WUE关系的研究尚未见报道。试验选用12个冬小麦品种，研究灌浆期穗下节可溶性糖含量与产量、WUE的关系，旨在为抗旱节水品种筛选提供依据。

一、试验材料与方法

试验材料来源于中国北方旱地冬小麦区域试验的12个品种（系）：陇鉴385、陇鉴196、陇鉴127、陇原061、陇育216、定鉴3号、西峰27、宁麦5号、太原10604、05旱鉴27、长6878、9550（表7-13）。

表7-13　供试冬小麦品种主要生育日期及品种特性

品　种	生育期						品种特征特性			
	播种	拔节	抽穗	开花	灌浆	成熟	冬春性	株高(cm)	穗长(cm)	千粒重(g)
陇鉴196	9月17日	4月13日	4月28日	5月4日	5月6日	6月18日	W，MTA	94	7.8	33.22
陇鉴127	9月17日	4月13日	4月28日	5月4日	5月6日	6月18日	W，MTA	92	7.2	32.64
陇鉴385	9月17日	4月13日	4月28日	5月4日	5月6日	6月18日	W，MTA	90	8.6	37.82
陇育216	9月17日	4月14日	4月29日	5月5日	5月6日	6月19日	W，MTA	93	7.9	30.78
陇原061	9月17日	4月14日	4月30日	5月5日	5月7日	6月19日	W，MTA	81	7.5	30.76
定鉴3号	9月17日	4月13日	4月28日	5月5日	5月7日	6月18日	W，MTA	92	7.7	35.35
宁麦5号	9月17日	4月13日	4月29日	5月5日	5月6日	6月18日	W，MTA	95	7.8	31.76
西峰27	9月17日	4月14日	4月30日	5月5日	5月7日	6月19日	W，MTA	98	9.6	34.32
太原10604	9月17日	4月13日	4月28日	5月5日	5月6日	6月18日	W，MTA	75	6.8	40.90
05旱鉴27	9月17日	4月13日	4月28日	5月5日	5月6日	6月18日	W，MTA	60	6.7	41.78
长6878	9月17日	4月12日	4月28日	5月5日	5月6日	6月18日	W，MTA	72	8.4	36.58
9550	9月17日	4月14日	4月28日	5月5日	5月7日	6月18日	W，MTA	99	7.9	36.98

注：W和MTA分别代表冬性和分蘖力中等

2008年9月至2009年6月小麦生育期降水157.9mm，较多年平均值250mm减少36.8%，播前0~2m土壤总贮水量285.8mm，供作物可利用的贮水不足40mm。特别是拔节—开花、开花—成熟阶段降水量仅37.1mm、46.7mm，较多年同期降水量相应减少64.4%、41.9%。因此，本试验年份小麦生产年度降水及关键需水期降水严重不足，是一个非常干旱的年份。

试验采取随机区组设计，共12个抗旱性不同的冬小麦品种（系），在旱作条件下进行，但由于本试验年份冬小麦生育期降水严重缺乏，因此为了试验的顺利进行，在小麦拔节期进行了一次补灌，补灌量100mm。每个品种重复3次，共36个小区，小区面积10m^2（5m×2m），每个小区种植10行，行距0.2m，于2008年9月17日按每公顷375万基本苗开沟撒播。播前施磷酸二铵225kg/hm^2，尿素150kg/hm^2，返青后追施尿素112.5kg/hm^2。田间管理同大田。

在小麦籽粒灌浆初期（5月6日）、中期（5月16日）、中后期（5月31日）和后期

（6 月 10 日）分别取各小区小麦穗下节 15~20 株，将每个品种 3 个重复的取样混匀，作为该品种的一个样品，然后立即带回实验室置于 105℃烘箱杀青 15min，再调至 70℃烘干至恒重。

小麦穗下节可溶性总糖含量测定用蒽酮比色法。测定在农业部西北作物抗旱栽培与耕作重点开放实验室进行。小麦播前和收获时分别用土钻法测定每个小区 0~2m 土层（每 20cm 为一个层次）的土壤含水率，然后转化为以毫米为单位的播前和收获时的土壤贮水量。小麦生育期降水量通过自动气象站获得。利用土壤水分平衡方程计算每个小区作物耗水量（ET），然后计算 WUE。

二、结果与分析

（一）不同小麦品种籽粒灌浆期穗下节可溶性糖含量的差异

测定结果表明（表 7-14），12 个供试品种（系）之间 4 次测定时期之间小麦灌浆期穗下节可溶性糖含量均存在明显差异（表 7-15）。灌浆初期（5 月 6 日）、中期（5 月 16 日）、中后期（5 月 31 日）和后期（6 月 10 日），12 个供试冬小麦品种（系）穗下节可溶性总糖含量平均值依次为 109.52mg/g、131.41mg/g、191.26mg/g 和 111.79mg/g，相应的变异系数为 13.81%、11.91%、6.71%和 16.82%。

表 7-14　不同小麦品种穗下节可溶性糖、产量、耗水量和水分利用效率（WUE）

基因型	可溶性糖含量（mg/g）				籽粒产量（kg/hm^2）	耗水量（mm）	WUE（kg/mm）
	5 月 6 日	5 月 16 日	5 月 31 日	6 月 10 日			
陇鉴 196	113.48±1.78	126.89±1.45	184.84±1.01	104.09±1.70	4 250.5±79.07	342.2±0.25	12.42±0.16
陇鉴 127	95.72±2.79	127.27±1.45	184.34±0.44	83.90±2.35	3 725.3±84.66	353.5±0.31	10.54±0.03
陇鉴 385	104.40±1.09	124.09±1.29	184.23±1.07	111.70±1.09	4 315.1±90.30	345.8±0.42	12.48±0.08
陇育 216	94.78±1.40	110.66±0.28	170.17±1.87	109.91±2.01	4 100.8±93.75	349.6±0.55	11.73±0.12
陇原 061	104.99±4.38	136.54±3.43	193.36±2.35	151.99±0.25	4 325.2±66.41	345.5±0.06	12.52±0.07
定鉴 3 号	109.01±1.60	135.25±0.05	207.58±2.64	131.57±2.31	4 550.5±72.07	346.1±0.19	13.14±0.11
宁麦 5 号	116.59±2.44	148.90±0.80	208.14±0.99	110.83±3.45	4 180.3±70.28	345.3±0.27	12.10±0.06
西峰 27	99.05±0.66	115.74±1.23	181.07±0.63	105.32±2.44	4 260.4±82.23	349.5±0.36	12.19±0.21
太原 10604	121.16±2.15	132.53±0.06	188.60±2.75	94.71±0.97	3 950.1±91.16	340.6±0.48	11.60±0.06
05 旱鉴 27	86.75±0.41	109.61±1.64	180.55±0.15	90.92±1.83	3 170.6±97.40	335.3±0.56	9.45±0.13
长 6878	131.27±3.35	157.56±3.74	204.63±3.34	121.17±2.12	4 395.4±69.53	346.3±0.16	12.69±0.11
9550	137.07±0.36	151.92±0.27	207.57±2.23	125.41±1.51	4 780.4±63.85	355.5±0.08	13.45±0.09
平均值	109.52	131.41	191.26	111.79	4 167.05	346.27	12.03
CV（%）	13.81%	11.91%	6.71%	16.82%	9.91%	1.58%	9.20%

12 个不同冬小麦品种的穗下节可溶性总糖含量，从灌浆初期到灌浆后期均呈“低—高—低”的抛物线变化趋势。而且从表 7-14 可知，12 个冬小麦品种（系）穗下节可溶

性总糖含量的差异在灌浆初期、中期、中后期和后期 4 次测定时期均达到了极显著水平（$P<0.001$），反映出随着灌浆期干物质和碳水化合物的积累与转移，不同小麦品种之间穗下节可溶性糖含量在灌浆阶段呈现明显的差异。

另外，不同小麦品种和测定时期的互作效应（表 7-15）对穗下节可溶性糖含量也有显著影响（$P<0.001$），不同小麦品种之间穗下节可溶性糖含量受测定时期影响较大，确定适宜测定时期至关重要。

表 7-15　冬小麦品种和灌浆期对穗下节可溶性糖影响的方差分析

	变异来源	平方和 SS	自由度 DF	均方 MS	F 值	P 值
综合分析	品种（V）	22 938.89	11	2 085.35	411.44	<0.001
	生育期（S）	157 015.80	3	52 338.60	10 326.34	<0.001
	品种×生育期（V×S）	9 796.33	33	296.86	58.57	<0.001
单因素分析	灌浆初期品种	7 547.53	11	686.14	161.33	<0.001
	灌浆中期品种	8 084.72	11	734.97	332.28	<0.001
	灌浆中后期品种	5 428.43	11	493.49	72.98	<0.001
	灌浆后期品种	1 1674.54	11	1 061.32	148.50	<0.001

（二）不同小麦品种产量和水分利用效率的差异

与小麦穗下节可溶性糖含量变化相类似，不同基因型冬小麦籽粒产量差异达到了极显著水平（$P<0.001$）。12 个供试冬小麦平均产量 4 167.1kg/hm^2，最低 3 170.6kg/hm^2（05 早鉴 27），最高 4 780.4kg/hm^2（9550），相差 1 609.7kg/hm^2，变异系数 9.91%。品种（系）间 WUE 变化与产量相一致，差异也达到了极显著水平（$P<0.001$）。12 个供试冬小麦平均 WUE 为 12.03kg/(mm · hm^2)，其中品系 9550 最高［13.45kg/(mm · hm^2)］，品系 05 早鉴 27 最低［9.45kg/(mm · hm^2)］，最高值与最低值相差 4.00kg/(mm · hm^2)，变异系数为 9.20%。12 个供试品种（系）的产量与水分利用效率呈极显著线性正相关（$R^2=0.978$）。然而，冬小麦田间耗水量的变化与产量、WUE 的变化截然不同，不同小麦品种之间田间耗水量变化没有差异（$P=0.19$），品种之间耗水量的变异系数为 1.58%，均显著低于品种之间产量、WUE 的变异。

（三）不同小麦品种穗下节可溶性糖含量与产量和水分利用效率的关系

图 7-8 表明，不同灌浆期穗下节可溶性糖含量与产量、WUE 呈现不同程度的线性关系，并且随着灌浆过程推进，线形关系增强。12 个供试冬小麦品种（系）在灌浆初期、中期、中后期和后期穗下节可溶性糖含量均与产量、水分利用效率呈显著正相关（$R^2=0.346\,9\sim0.483\,1$），并且相关性在灌浆中后期和后期达到极显著（$P<0.01$）。说明灌浆中后期以后穗下节可溶性总糖含量高的品种具有较高的产量和水分利用效率。因此，灌浆中后期和后期穗下节可溶性总糖含量可作为筛选小麦品种高效用水和产量高低参考依据。

三、结论与讨论

随着灌浆进程的进行，12 个供试品种（系）穗下节可溶性糖含量均呈先增加后减少

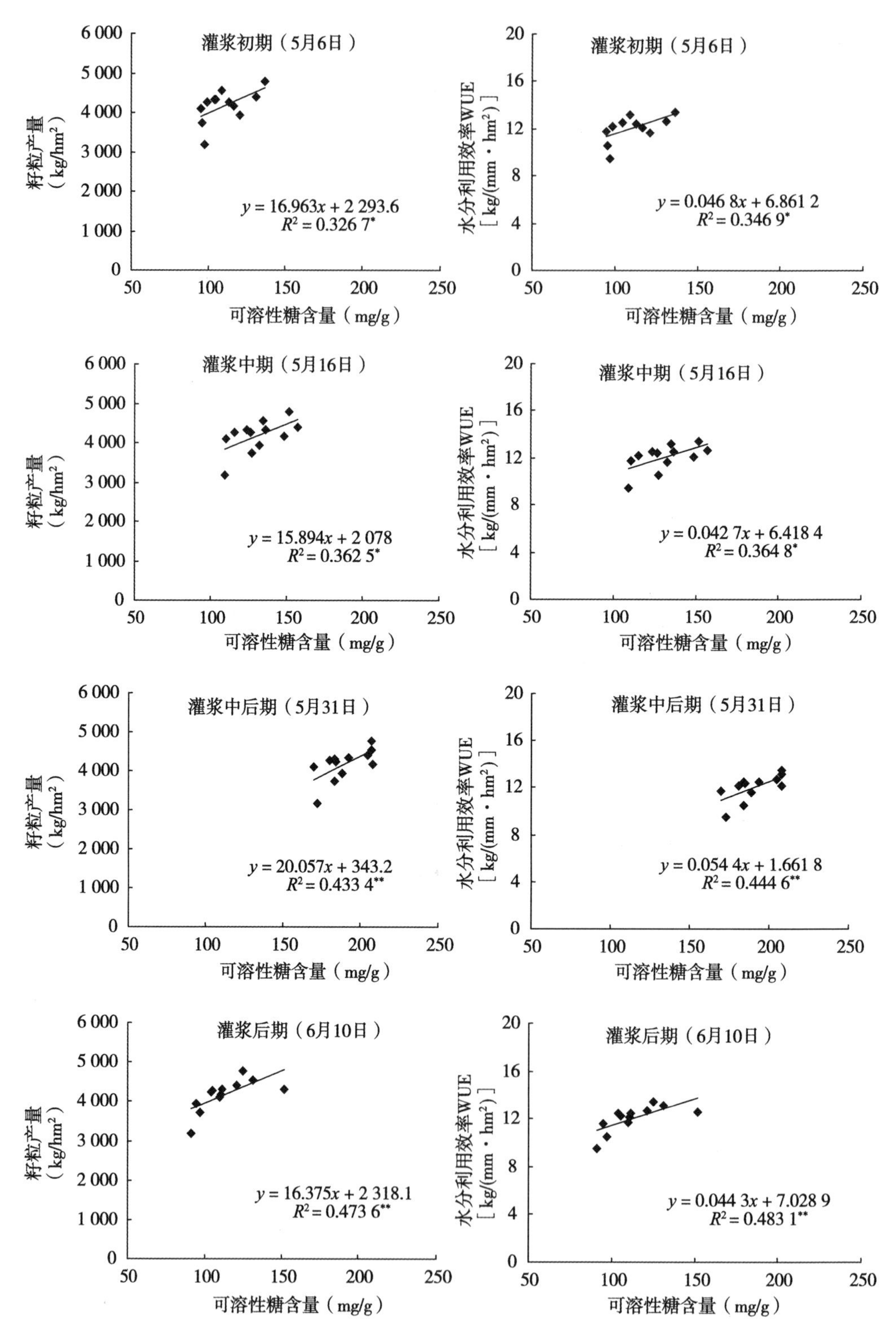

图 7-8　冬小麦灌浆期穗下节可溶性糖含量与籽粒产量、水分利用效率的关系

注：** 和 * 分别代表 1%和 5%的差异显著水平

的单峰曲线，不同小麦品种灌浆期表现出穗下节可溶性糖含量高度分异的现象，这与不同小麦品种的光合能力、干物质积累速率、茎节中可溶性糖向籽粒运转的速率和转移量以及可溶性糖转化为淀粉的速率不同有关。不同品种灌浆后期茎鞘碳水化合物含量与产量呈正相关，一是有些高产品种（系）如长6878、9550等后期茎鞘中可溶性糖含量也较高，说明这些品种贮藏物未被充分利用，仍滞留在茎秆中，二是茎鞘贮藏性碳水化合物向各组分糖转化，增加了可溶性糖含量，提高了茎鞘贮藏性糖对籽粒产量的贡献。

小麦灌浆前期和中期小麦穗下节可溶性糖含量与产量、WUE均呈显著正相关，而灌浆中后期和后期呈极显著正相关，这是因为穗下节可溶性糖含量是一种渗透调节物质和籽粒灌浆的重要碳源，籽粒灌浆同穗下节可溶性糖浓度密切正相关。灌浆中后期和后期的5月下旬和6月上旬往往是降水最少和土壤最干旱阶段，干旱加剧了小麦茎贮藏性碳水化合物运转及诱导了有关酶活性的上升，增强了茎鞘贮藏性糖向籽粒中的转移，在物质运输过程中往往伴随着水分的利用，相应也提高了WUE。

第七节　冬小麦抗旱种质资源遗传多样性研究

长期定向遗传改良，使育成品种的遗传相似性提高，遗传差异变小，遗传基础越来越狭窄，限制了品种的进一步改良。研究抗旱种质资源的遗传多样性对于发掘和合理利用小麦抗旱种质有重要的意义。

一、试验材料与方法

试验在农业部甘肃镇原黄土旱塬生态环境重点野外科学观测站进行，供试材料来源于国家北方旱地冬小麦区域试验和品种比较试验（表7-16）。采取随机区组设计，3次重复，小区面积13.3m^2，行距0.2m，于9月底按375万株/hm^2基本苗开沟撒播。

采用国产BAU-1型手持式红外测定仪，选择晴朗无云的天气，于冬小麦灌浆初期（5月22日）、灌浆中期（6月8日）、灌浆中后期（6月11日）测定各小区的CT值，每次测定时间午后13：30到15：30进行。计算田间耗水量和水分利用效率。

实验用随机通用引物（10 bp）购自上海生工生物工程技术服务有限公司。

1. 总DNA提取与纯化

采用改良的CTAB法提取小麦总DNA。具体步骤如下：① 取暗培养3天后的黄化苗叶片1g左右，在液氮冷冻下迅速研磨成粉末；② 将粉末放入1.5mL的离心管中，加入650μL 2×CTAB提取缓冲液，65℃水浴30min，期间取出2~3次上下颠倒以充分混匀；③ 自然冷却至室温后加入650μL抽提液（氯仿：异戊醇=24：1），轻摇10min，12 000r/min离心10min，吸取上清液550μL；④ 加入550μL抽提液，轻摇10min，12 000r/min离心10min，吸取上清液450μL；⑤ 加300μL预冷的异丙醇于450μL上清液中，上下颠倒以充分混匀，室温静置30min，12 000r/min离心10min，弃上清液；⑥ 先后两次都加800μL 75%乙醇洗涤沉淀；⑦ 洗涤后的沉淀置于超净工作台内，自然风干，加50μL ddH_2O溶解，超低温冰箱保存、备用。

表 7-16　试验材料及来源

编　号	材　料	来　源	编　号	材　料	来　源
1	R_8	美国得克萨斯	22	R_{27}	美国得克萨斯
2	R_{14}	美国得克萨斯	23	R_{25}	美国得克萨斯
3	R_{20}	美国得克萨斯	24	R_{24}	美国得克萨斯
4	R_{19}	美国得克萨斯	25	R_{26}	美国得克萨斯
5	R_{17}	美国得克萨斯	26	9840-0-3-1-6	甘肃省农业科学院
6	R_{13}	美国得克萨斯	27	0052-1-4-1	甘肃省农业科学院
7	R_{11}	美国得克萨斯	28	9840-2-3-15	甘肃省农业科学院
8	R_4	美国得克萨斯	29	0052-1-6-1	甘肃省农业科学院
9	R_6	美国得克萨斯	30	长 6878	山西省农业科学院
10	R_5	美国得克萨斯	31	陇鉴 385	甘肃省农业科学院
11	R_2	美国得克萨斯	32	晋农 318	山西农业大学
12	R_1	美国得克萨斯	33	宁麦 5 号	宁县农技中心
13	9840-0-3-3-1-3	甘肃省农业科学院	34	陇麦 977	平凉农科所
14	9840-0-3-2-1	甘肃省农业科学院	35	临旱 5406	山西省农业科学院
15	0052-1-3	甘肃省农业科学院	36	陇原 034	兰州商学院
16	0052-17-2	甘肃省农业科学院	37	静 2000-10	静宁县种子公司
17	R_{40}	美国得克萨斯	38	陇鉴 386	甘肃省农业科学院
18	R_{39}	美国得克萨斯	39	洛川 9709	陕西洛川农科所
19	R_{38}	美国得克萨斯	40	沧核 038	河北沧州农科所
20	R_{35}	美国得克萨斯	41	临旱 5124	山西省农业科学院
21	R_{34}	美国得克萨斯	42	定鉴 3 号	甘肃定西旱农中心

2. 基因组 DNA 的测定

① DNA 纯度与浓度测定 用紫外分光光度计，分别测定各样品 DNA 在波长为 260nm、280nm 处的光密度值，根据 OD260/ OD280 比值确定样品 DNA 的纯度，一般 OD260/OD280 达到 1.8 左右，就可作为 RAPD 分子标记时的 PCR 模板。DNA 浓度（μg/μL）= OD260×0.05×样品稀释倍数。② DNA 完整性的测定 配制浓度为 0.7%的琼脂糖凝胶 100mL：称取 0.7g 琼脂糖于 250mL 三角烧瓶中，加 100mL 的 1×TAE 电泳缓冲液，混匀后于电炉上加热溶解，稍微冷却至 60℃左右，加入 2μL 浓度为 10μg/μL 的溴化乙啶（EB），混匀后，倒入凝胶板内，室温下放置 30min 左右。取 2~5μL 的 DNA 样品，在 0.7%的琼脂糖凝胶上进行电泳，稳压 120 V 条件下电泳 40min，在凝胶成像系统中观察、照相。从

电泳图谱中判断所提的基因组 DNA 的大小和完整性。

3. RAPD 反应

根据样品数量，取 0. 2mL 无菌 Eppendorf 管，依次加入表 7-17 中试剂。

表 7-17　PAPD 反应中加入的试剂

组　分	加入量	终浓度
25ng/μL 的模板	1μL	1ng/μL
20pmol/μL 引物	1μL	0. 8μmol/L
25mmol/L Mg2+	2μL	2mmol/L
10mmol/L dNTPs	0. 5μL	200μmol/L
10×Taq buffer（100mmol/L Tris-HCl（pH 8. 4），500mmol/L KCl）	2. 5μL	
5U/μL Taq DNA 聚合酶	0. 2μL	1 U
ddH_2O	17. 8μL	

PCR 扩增程序为：94℃预变性 5min；94℃变性 45s、36℃退火 45s、72℃延伸 1min，共 40 个循环；最后 72℃延伸 10min。

扩增完毕后，将样本取出，每管扩增产物加 5μL 浓度为 5%的溴酚蓝，用含溴化乙啶（EB）的 1. 0%琼脂糖凝胶电泳分离，凝胶成像仪上观察、照相、记录。

4. 引物筛选

选用 R14 和陇鉴 386 的 DNA 作模板，从 120 条引物中筛选出 39 条多态性较高且重复性好、DNA 带清晰可辨的引物（表 7-18）用于本实验。

表 7-18　筛选的引物及其序列

引物编号	引物序列（5′-3′）	引物编号	引物序列（5′-3′）	引物编号	引物序列（5′-3′）
S_{21}	CAGGCCCTTC	S_{181}	CTACTGCGCT	S_{1123}	AGCCAGGCTG
S_{32}	TCGGCGATAG	S_{184}	CACCCCCTTG	S_{1127}	TCGCTGCGGA
S_{40}	GTTGCGATCC	S_{187}	TCCGATGCTG	S_{1128}	AAGGCTGCTG
S_{130}	GGAAGCTTGC	S_{189}	TCCTGGTCCC	S_{1130}	CTGTGTGCTC
S_{151}	GAGTCTCAGG	S_{347}	CCTCTCGACA	S_{1131}	GTCCATGCAG
S_{153}	CCCGATTCGG	S_{423}	GGTACTCCCC	S_{1132}	AACGGCGGTC
S_{156}	GGTGACTGTG	S_{445}	CCCAGTCACT	S_{1134}	AGCCGGGTAA
S_{158}	GGACTCCAGA	S_{446}	CCACGGGAAG	S_{168}	TTTGCCCGGT
S_{160}	AACGGTGACC	S_{1102}	ACTTGACGGG	S_{1126}	GGGAACCCGT
S_{164}	CCGCCTAGTC	S_{1107}	AACCGCGGCA	S_{1135}	TGATGCCGCT
S_{171}	ACATGCCGTG	S_{1118}	ACGGGACTCT	S_{1136}	GTGTCGAGTC
S_{176}	TCTCCGCCCT	S_{1120}	ACCAACCAGG	S_{1139}	ACCACGCCTT
S_{180}	AAAGTGCGGC	S_{1121}	ACTTCACGTC	S_{1141}	AAGACGACGG

5. 聚类分析

将供试基因型农艺性状和抗旱生理指标数据经整理综合并正态标准化后，采用 DPS 数据分析软件计算品种间遗传距离，用非加权配对算术平均聚类法（UPGMA）对其进行系统聚类分析。

6. 多样性指数

采用 Shmnnon-weaver 方法计算多样性指数。多样性指数的划级方法如下：先计算参试材料总体平均数（X）和标准差（δ），然后划分为 10 级，从第一级［$Xi<(X-2\delta)$］到第十级［$Xi>(X+2\delta)$］，每 0.5δ 为一级，每一级的相对频率用于计算多样性指数。多样性指数公式为：

$$H' = -\sum Pi\ln Pi$$

式中，Pi 为某性状第 i 级别内材料份数占总份数百分比，ln 为自然对数。

二、试验结果与分析

（一）农艺性状和抗旱生理指标水平上冬小麦抗旱种质资源的遗传多样性分析

Shmnnon-weaver 多样性指数在生态学和遗传学研究中广泛应用，具有加权性，可以用来合并不同性状、位点或者不同地区材料的变异，能较好地比较某一作物或某一地区遗传变异性。

42 份材料的 6 个性状都存在较大的表型遗传变异（表 7-19），产量、株高、千粒重、穗粒数、小穗数、穗长的最大值与最小值相差分别为 2.72t/hm^2、41cm、14g、16 粒、7 个、3.1cm；性状的变异系数在 7.50%~11.87%范围内，其中穗粒数和小穗数的变异系数较大，分别为 11.43%、11.87%，千粒重和穗长的变异系数相对较小，分别为 7.50%、7.55%。6 个数量性状平均多样性指数 1.92，小穗数多样性指数最大，为 2.01，株高最小，为 1.84。综合 6 个农艺性状的统计参数和多样性指数，42 份材料穗粒数和小穗数的变异程度较大，千粒重和穗长的变异程度相对较小；参试材料在小穗数和产量性状上的类型较为丰富，而在株高、穗粒数和穗长方面的类型相对较少。

表 7-19　冬小麦抗旱种质资源 6 个农艺性状的统计参数和多样性指数

农艺性状	材料份数	最大值	最小值	平均值	标准差	变异系数	多样性指数
产　量	42 份	6.36kg/hm^2	3.64kg/hm^2	5.02kg/hm^2	0.55	10.96%	1.94
株　高	42 份	111.0cm	70.0cm	83.1cm	8.90	10.72%	1.84
千粒重	42 份	48.0g	34.0g	40.0g	3.00	7.50%	1.92
穗粒数	42 份	44.0 粒	28.0 粒	35.0 粒	4.00	11.43%	1.90
小穗数	42 份	19.0 个	12.0 个	15.0 个	1.78	11.87%	2.01
穗　长	42 份	9.8cm	6.7cm	9.8cm	0.60	7.55%	1.90
平　均							1.92

表 7-20 是 21 份国内和 21 份国外冬小麦抗旱种质资源 6 个农艺性状的变异系数和多

样性指数。21 份国内材料除穗长、千粒重外，其他 4 个农艺性状的变异程度均大于 21 份国外材料。所有材料千粒重、穗粒数、小穗数、穗长的变异程度均大于 21 份国外材料和 21 份国内材料的变异程度，产量、株高的变异程度大于 21 份国外材料、小于 21 份国内材料的变异程度。国内材料穗长、千粒重的变异程度远小于其他性状的变异程度；国外材料产量的变异程度大于其余 5 个性状的变异程度。所有材料穗长和千粒重的变异程度小于产量、株高、穗粒数和小穗数。总体而言，国外材料和国内材料不同性状的变异方向不一致，但千粒重的变异程度均最小，产量的变异程度均较大，6 个农艺性状的平均变异程度变化趋势为：国内材料>国外材料。但从多样性指数看，国外材料的类型较国内材料丰富，小穗数方面的变异类型无论是全部材料、国内材料还是国外材料范围内均是 6 个性状中最为丰富的。

表 7-20　冬小麦抗旱种质资源 6 个农艺性状的变异系数和多样性指数

农艺性状	变异系数（%）			多样性指数		
	国内材料	国外材料	全部材料	国内品种	国外品种	全部材料
产　量	11.56	10.57	10.96	1.78	1.75	1.94
株　高	14.47	5.92	10.72	1.83	1.94	1.84
千粒重	4.85	5.13	7.50	1.86	2.08	1.92
穗粒数	10.80	5.88	11.43	1.95	2.12	1.90
小穗数	11.25	6.67	11.87	2.05	2.06	2.01
穗　长	6.91	7.42	7.55	2.07	1.82	1.90
平均值	9.97	6.93	10.01	1.92	1.96	1.92

不同材料灌浆前期、中期、后期 CT 和 WUE 都存在较大的遗传变异（表 7-21），灌浆前期、中期、后期 CT 的最大值和最小值分别相差 10.52℃、8.09℃、7.99℃，WUE 最大值和最小值为 6.09kg/(mm·hm^2)；42 份材料 4 个指标的变异系数在 4.96%~13.18% 范围内，灌浆前期 CT、WUE 的变异系数较大，分别为 13.18%、11.55%，四个指标变异系数变化趋势为：灌浆前期 CT>WUE>灌浆中期 CT>灌浆后期 CT。4 个指标的平均多样性指数为 1.92，灌浆后期 CT 的多样性指数最大，为 2.03，WUE 的多样性指数最小，为 1.81。综合 4 个指标的统计参数和多样性指数，比较而言，42 份材料灌浆前期 CT 的变异

表 7-21　冬小麦抗旱种质资源抗旱生理指标的统计参数和多样性指数

抗旱生理指标	材料份数	最大值	最小值	平均值	标准差	变异系数	多样性指数
灌浆前期 CT	42 份	26.62℃	16.10℃	22.00℃	2.90	13.18%	1.96
灌浆中期 CT	42 份	31.26℃	23.17℃	27.44℃	2.39	8.71%	1.88
灌浆后期 CT	42 份	36.67℃	28.68℃	32.08℃	1.59	4.96%	2.03
WUE	42 份	14.78kg/(mm·hm^2)	8.69kg/(mm·hm^2)	12.12kg/(mm·hm^2)	1.40	11.55%	1.81
平均多样性指数							1.92

程度最大，灌浆后期 CT 的变异程度最小；参试材料灌浆后期 CT 的变异类型较为丰富，WUE 的变异类型相对较少。

表 7-22 是 21 份国内和 21 份国外冬小麦抗旱种质资源 4 个指标的变异系数和多样性指数。灌浆后期 CT 的变异程度趋势为：国外材料>国内材料>全部材料，CT 外，不论哪个群体范围内各指标的变异方向基本一致，即灌浆前期 CT 变异>WUE>灌浆中期 CT 变异>灌浆后期 CT 变异；4 个指标的平均变异程度变化趋势为：国内材料>国外材料>全部材料。从多样性指数来看，WUE 的变异类型在国内材料、国外材料范围内都是最为丰富的，但灌浆后期 CT 的变异类型是所有供试材料范围内 4 个指标中最丰富的，全部供试材料范围内 4 个指标的变异类型丰富程度为：灌浆后期 CT>灌浆前期 CT>灌浆中期 CT>WUE。其余 3 个指标的变异程度趋势为：国内材料>全部材料>国外材料。

表 7-22　冬小麦抗旱种质资源抗旱生理指标的变异系数和多样性指数

抗旱生理指标	变异系数（%）			多样性指数		
	国内材料	国外材料	全部材料	国内品种	国外品种	全部材料
灌浆前期 CT	14.43	11.65	13.18	1.68	1.20	1.96
灌浆中期 CT	9.04	7.07	8.71	1.89	1.14	1.88
灌浆后期 CT	6.59	10.07	4.96	1.83	0.92	2.03
WUE	12.22	10.91	11.55	1.91	1.97	1.81
平均值	10.57	9.93	9.60	1.83	1.31	1.92

表 7-23 为 6 个农艺性状、4 个抗旱生理指标数值计算的 42 份冬小麦抗旱种质资源间的 861 个欧氏遗传距离。参试材料在 6 个农艺性状、4 个抗旱生理指标水平上存在较大的变异（表 7-24）。不同基因型间平均遗传距离 4.27，沧核 038 与 R17 的遗传距离最大，为 8.70；R_{34}和 R_{38}的遗传距离最小，为 1.41。对 861 个遗传距离采用非加权配对算术平均聚类法（UPGMA）进行聚类，42 个冬小麦抗旱种质资源可分为 6 个类群（表 7-25、表 7-26）：第一类包括 14 份材料，其中国外材料 9 份、国内材料 5 份，不论 WUE、3 个时期的 CT，还是 6 个农艺性状数值，都趋于 42 份材料的平均值；第二类共 6 份材料，国外材料 5 份、国内材料 1 份，是三个时期 CT 均最高、产量为第四、WUE 最低的一类，千粒重、穗粒数和小穗数都比较低；晋农 318 独成第三类，其三个时期的 CT、WUE 都处于第三位，麦穗小，小穗数、穗粒数少，但千粒重较高，产量等于六类平均；第四类由洛川 9709，陇原 034，陇鉴 385，沧核 038 组成，是 WUE 和产量最低、而 3 个时期 CT 都较高的一类；第五类由 1 个国外材料和 7 个甘肃省农业科学院旱农所自育的高代组成，该类 WUE 和产量居第二位，3 个时期 CT 都最低，麦穗长，小穗数、穗粒数最多；第六类包括 6 份国外材料、3 份国内材料，是 WUE 和产量最高、3 个时期 CT 均较低的一类。

表 7-23　42 个冬小麦抗旱种质资源间的遗传距离

参试材料	0052-1-3	0052-1-4-1	0052-1-6-1	0052-17-2	R_1	R_{11}	R_{13}	R_{14}	R_{17}	R_{19}	R_2	R_{20}	R_{24}
0052-1-4-1	4.550												
0052-1-6-1	5.577	2.075											
0052-17-2	3.961	2.276	3.281										
R_1	4.134	5.767	5.767	5.767									
R_{11}	3.934	2.427	3.281	2.753	4.484								
R_{13}	3.715	3.524	4.963	3.651	3.409	2.048							
R_{14}	3.975	5.947	7.078	6.232	2.912	4.608	3.523						
R_{17}	6.707	5.221	6.095	5.276	4.837	3.845	3.941	6.314					
R_{19}	3.817	6.296	7.755	5.863	3.110	5.050	3.465	2.726	6.258				
R_2	5.200	4.052	4.436	5.027	4.563	2.665	3.458	4.318	4.154	5.604			
R_{20}	4.606	6.521	8.011	6.780	3.575	5.545	3.932	2.004	7.044	2.466	5.700		
R_{24}	2.909	5.738	7.147	5.392	2.489	4.502	3.204	2.459	6.169	2.117	5.347	2.611	
R_{25}	3.009	3.582	4.893	3.681	3.419	2.288	2.153	3.418	4.670	3.656	3.042	4.207	3.204
R_{26}	4.500	7.167	8.677	7.005	3.375	6.287	4.737	2.903	7.569	2.394	6.699	2.127	2.304
R_{27}	3.179	4.022	5.169	3.590	3.056	3.167	3.099	3.855	4.754	3.757	3.836	4.860	3.430
R_{34}	5.435	4.276	5.605	4.222	3.645	3.370	3.025	5.355	2.071	5.064	4.121	5.894	4.920
R_{35}	4.525	4.894	6.335	4.245	2.848	3.725	2.909	4.735	3.261	3.932	4.751	5.164	3.738
R_{38}	5.103	4.243	5.326	4.384	3.262	2.794	2.804	4.735	1.984	4.932	3.021	5.650	4.611
R_{39}	3.374	4.493	5.972	4.088	3.370	3.569	3.259	4.552	5.083	4.269	4.881	4.929	3.075
R_4	3.159	4.745	6.038	4.686	2.772	3.287	2.677	3.261	5.127	3.451	4.137	3.917	2.285
R_{40}	2.536	4.392	5.661	4.596	3.629	3.500	3.003	2.735	6.076	3.287	3.909	3.360	2.831
R_5	4.810	4.730	5.714	4.795	3.067	3.126	2.820	3.653	3.374	4.031	2.712	4.828	4.109
R_6	3.435	4.007	5.664	4.191	2.593	3.155	2.297	3.744	4.604	3.790	4.289	3.958	2.704
R_8	4.029	5.469	6.715	5.318	2.428	3.999	2.560	2.289	5.015	2.275	4.433	2.953	2.953
9840-0-3-1-6	5.367	1.861	2.737	2.273	6.485	3.336	4.380	7.133	5.440	7.124	5.320	7.624	6.459
9840-0-3-2-1	3.950	1.591	2.752	1.451	5.477	2.747	3.659	5.995	5.188	5.953	4.516	6.623	5.465
9840-0-3-3-1-3	4.751	2.769	2.964	2.729	5.885	2.442	4.093	6.473	4.522	6.596	3.709	7.453	6.135
9840-2-3-15	4.575	2.163	3.011	2.238	5.170	2.308	3.552	6.147	4.150	6.189	4.065	6.948	5.545

（续表）

参试材料	0052-1-3	0052-1-4-1	0052-1-6-1	0052-17-2	R_1	R_{11}	R_{13}	R_{14}	R_{17}	R_{19}	R_2	R_{20}	R_{24}
沧核038	4.379	6.839	8.306	6.857	5.450	6.458	5.419	4.610	8.704	4.829	7.391	3.768	3.701
长6878	2.804	5.026	6.417	4.424	2.354	3.798	2.821	3.274	5.023	2.150	4.565	3.816	2.288
定鉴3号	5.208	4.235	5.522	4.112	4.514	3.752	3.095	5.666	4.273	5.089	5.384	5.862	4.838
晋农318	4.842	6.021	7.692	5.606	2.881	4.922	3.498	4.698	4.872	3.797	6.102	4.384	3.056
静2000-10	2.432	5.327	6.809	5.135	5.135	4.544	3.355	2.567	6.711	2.110	5.322	2.405	1.644
临旱51241	3.382	4.576	6.025	3.608	3.535	3.431	2.343	4.054	4.696	3.015	4.969	4.270	2.912
临旱5406	3.284	4.972	6.421	4.216	3.412	3.694	2.598	4.190	4.733	3.073	5.012	4.327	2.991
陇鉴385	3.300	4.776	6.363	4.994	4.115	4.434	3.155	3.582	6.715	3.063	5.482	3.011	2.992
陇鉴386	3.357	4.452	6.097	4.425	3.740	3.698	2.032	3.499	5.620	2.881	5.057	3.010	2.672
陇麦977	5.651	4.261	5.652	5.002	4.995	4.182	3.253	5.343	5.181	5.608	5.456	5.176	5.059
陇原034	3.819	5.083	6.600	5.379	5.030	4.729	3.654	4.030	7.319	3.792	5.782	3.363	3.525
洛川9709	3.903	5.563	7.034	5.877	4.377	4.810	3.867	4.085	6.822	4.304	5.647	3.688	3.346
宁麦5号	5.373	5.047	6.469	4.555	4.471	4.767	4.051	5.398	5.390	4.879	6.026	5.543	4.513

参试材料	9840-0-3-3-1-3	9840-2-3-15	沧核038	长6878	定鉴3号	晋农318	静2000-10	临旱51241	临旱5406	陇鉴385	陇鉴386	陇麦977	陇原034	洛川9709
9840-2-3-15	2.037													
沧核038	7.884	7.522												
长6878	4.864	4.504	5.272											
定鉴3号	5.074	3.492	7.301	4.298										
晋农318	6.327	5.403	5.187	3.362	4.048									
静2000-10	5.971	5.588	3.252	2.376	5.259	4.008								
临旱51241	4.841	4.346	5.205	2.247	3.889	3.156	3.158							
临旱5406	4.810	4.679	5.006	2.137	4.426	2.933	3.120	1.753						
陇鉴385	5.923	5.290	4.052	3.343	4.450	4.351	2.106	3.869	3.750					
陇鉴386	5.459	4.892	3.966	3.003	3.921	3.313	2.370	2.554	2.458	1.930				
陇麦977	6.038	4.784	6.214	5.323	3.133	4.421	5.277	4.377	4.834	4.445	3.449			
陇原034	6.169	5.819	3.635	4.205	5.448	5.002	2.614	4.493	4.332	1.631	2.545	5.151		
洛川9709	6.127	5.970	3.004	4.218	5.949	4.160	3.031	4.595	3.744	3.057	2.912	5.294	2.648	
宁麦5号	6.069	4.605	6.802	4.307	3.502	4.297	4.976	3.539	4.968	5.179	4.622	4.429	5.929	6.627

表 7-24　冬小麦抗旱种质资源农艺性状及抗旱生理指标

参试材料	灌浆前 CT（℃）	灌浆中 CT（℃）	灌浆后 CT（℃）	产量（t/hm^2）	小穗数（个）	穗粒数（粒）	千粒重（g）	WUE[kg/（mm·hm^2）]	株高（cm）	穗长（cm）
0052-1-3	25.55	27.55	32.30	4.50	17	42	41	11.32	73.00	7.90
0052-1-4-1	17.45	24.71	29.93	5.12	18	40	42	12.68	95.50	8.60
0052-1-6-1	17.90	24.10	29.28	5.61	19	44	42	13.57	96.00	9.30
0052-17-2	18.98	23.22	30.85	5.44	19	41	41	12.67	85.50	7.70
R_1	23.22	29.76	31.52	4.89	12	33	38	11.87	73.00	7.90
R_{11}	20.97	26.36	31.42	5.75	17	37	42	13.28	86.50	8.60
R_{13}	23.02	26.95	32.45	5.29	16	33	41	12.63	89.50	8.10
R_{14}	25.67	31.02	34.84	4.78	14	34	38	10.86	80.00	8.80
R_{17}	18.86	24.83	29.35	6.36	14	28	40	14.78	80.50	8.20
R_{19}	26.62	29.76	34.25	4.63	16	31	37	10.87	76.50	7.50
R_2	20.18	28.68	31.20	5.60	16	34	40	13.74	81.00	9.80
R_{20}	25.82	30.80	35.50	4.26	14	31	39	9.79	87.00	8.20
R_{24}	25.57	29.83	34.45	4.69	14	36	40	11.24	77.00	7.50
R_{25}	20.73	28.73	32.49	5.02	17	35	42	12.31	76.00	8.40
R_{26}	26.19	30.89	35.39	4.06	13	34	36	10.02	81.00	7.40
R_{27}	20.07	27.85	31.73	5.09	16	38	36	12.59	73.50	8.00
R_{34}	18.53	24.84	29.81	5.59	14	31	38	13.68	82.50	7.80
R_{35}	20.77	25.18	31.39	5.34	14	32	38	13.17	74.50	7.30
R_{38}	19.18	26.63	30.41	5.72	14	32	39	14.06	78.00	8.30
R_{39}	19.38	29.13	32.14	5.01	15	37	44	12.35	72.50	7.30
R_4	22.58	31.26	32.60	5.14	15	36	43	12.38	76.50	7.80
R_{40}	22.68	29.60	33.25	4.54	17	36	42	10.86	75.50	8.60
R_5	20.50	28.08	32.45	5.59	15	32	36	13.62	76.50	8.60
R_6	20.76	28.58	31.35	4.88	14	35	43	11.79	82.50	7.70
R_8	25.67	28.44	33.88	5.19	14	33	36	12.07	84.00	8.00
9840-0-3-1-6	16.10	24.36	29.03	5.46	18	42	42	13.56	99.00	7.80
9840-0-3-2-1	18.64	23.17	29.64	5.02	18	41	40	12.76	87.00	8.20
9840-0-3-3-1-3	18.24	25.37	29.06	5.65	19	39	43	14.41	76.50	8.60
9840-2-3-15	17.78	25.76	28.68	5.61	17	40	41	14.00	86.50	8.00
沧核 038	24.69	28.51	36.67	3.64	14	38	46	8.69	82.00	7.70
长 6878	23.82	28.37	31.92	4.86	16	34	38	11.81	70.00	7.60
定鉴 3 号	22.66	26.42	29.13	5.61	15	35	38	13.25	101.0	7.10

（续表）

参试材料	灌浆前 CT（℃）	灌浆中 CT（℃）	灌浆后 CT（℃）	产量（t/hm^2）	小穗数（个）	穗粒数（粒）	千粒重（g）	WUE[kg/（mm·hm^2）]	株高（cm）	穗长（cm）
晋农 318	23.00	27.16	32.26	5.02	12	31	42	11.90	80.00	6.70
静 2000-10	24.78	29.55	34.02	4.24	16	36	40	10.26	78.00	7.80
临旱 51241	23.25	24.40	33.80	5.19	16	34	39	11.87	78.00	7.40
临旱 5406	25.01	25.01	32.26	4.98	16	32	42	11.76	72.00	7.50
陇鉴 385	25.00	30.05	31.94	4.24	17	35	41	10.19	93.00	7.70
陇鉴 386	25.15	26.74	33.03	4.61	16	33	42	10.95	91.00	7.70
陇麦 977	22.72	24.03	31.29	5.06	13	34	41	12.00	111.0	8.00
陇原 034	24.02	31.08	33.82	4.20	18	35	44	10.25	94.00	7.80
洛川 9709	24.47	30.00	32.94	4.29	15	34	48	10.33	82.00	8.00
宁麦 5 号	17.75	25.90	33.70	5.25	14	37	34	12.63	93.00	6.90
平均值	22.00	27.44	32.08	5.02	15	35	40	12.12	83.05	7.95

表 7-25 冬小麦抗旱种质资源 6 个数量性状、4 个抗旱生理指标的聚类类群组成

类群	材料份数	材料名称	国内材料占有率	国外材料占有率	类群特征特性
Ⅰ	14	R_4，R_6，R_{39}，R_{40}，R_{25}，R_{13}，R_{27}，R_8，R_1，临旱 5406，临旱 51241，陇鉴 386，长 6878，0052-1-3	35.7%	64.3%	农艺性状、抗旱生理指标数值都趋于平均，属中间型的一类
Ⅱ	6	R_{26}，R_{24}，R_{19}，R_{20}，R_{14}，静 2000-10	16.7%	83.3%	3 个时期 CT 都最高，产量、千粒重、穗粒数和小穗数都比较低，WUE 最低
Ⅲ	1	晋农 318	100%	0%	3 个时期 CT、WUE 和产量接近平均，麦穗小，小穗数与穗粒数少，千粒重较高
Ⅳ	4	洛川 9709，陇原 034，陇鉴 385，沧核 038	100%	0%	WUE 和产量最低、CT 都较高
Ⅴ	8	9840-0-3-1-6，9840-0-3-2-1，R_{24}，0052-1-4-1，9840-0-3-3-1-3，9840-2-3-15，0052-17-2 0052-1-6-1	87.5%	12.5%	WUE 和产量居第二位，3 个时期 CT 都最低，麦穗长，小穗数、穗粒数最多
Ⅵ	9	R_2，R_5，R_{35}，R_{38}，R_{34}，R_{17}，宁麦 5 号，陇麦 977，定鉴 3 号	33.3%	67.7%	WUE 和产量最高、3 个时期 CT 均较低

表 7-26　冬小麦抗旱种质资源各类群农艺性状和抗旱生理指标平均值

类群	灌浆前期 CT（℃）	灌浆中期 CT（℃）	灌浆后期 CT（℃）	产　量（t/hm²）	小穗数（个）	穗粒数（粒）	千粒重（g）	WUE [kg/(mm·hm²)]	株　高（cm）	穗　长（cm）
Ⅰ	23.0	28.0	32.8	4.86	15.4	35.4	41.1	11.7	78.5	7.7
Ⅱ	25.8	30.3	34.7	4.44	14.5	33.6	38.3	10.5	79.9	7.9
Ⅲ	23.0	27.2	32.3	5.02	12.0	31.0	42.0	11.9	80.0	6.7
Ⅳ	24.6	29.9	33.8	4.09	16.0	35.5	44.6	9.9	87.8	7.8
Ⅴ	18.8	25.1	30.1	5.33	17.8	40.4	41.4	13.1	87.9	8.2
Ⅵ	20.1	26.1	31.0	5.57	14.3	32.8	38.2	13.4	86.4	8.0
平均	22.0	27.4	32.1	5.02	15.0	35.0	40.0	12.1	83.1	8.0

（二）冬小麦抗旱种质资源遗传多样性的 RAPD 分析

1. DNA 扩增结果

用 39 个 RAPD 引物对 42 份样品的总 DNA 进行扩增（表 7-27），共扩增出 378 条带，每个引物扩增的 DNA 带数在 4~20 条，平均为 9.436 条。不同的引物各自得到不同的 RAPD 扩增图谱。谱带统计表明，不同引物扩增出的带数不同，同一引物，不同基因型之间扩增带数也不相同，反映了各材料之间的多态性。而所有引物在不同基因型上都具有主特征带，反映了同一物种内的基因组的同一性。

表 7-27　各引物扩增结果

引物编号	总位点数	多态性位点数	引物编号	总位点数	多态性位点数	引物编号	总位点数	多态性位点数
S_{21}	12	4	S_{181}	7	3	S_{1123}	4	1
S_{32}	11	2	S_{184}	7	4	S_{1127}	5	2
S_{40}	12	3	S_{187}	11	4	S_{1128}	11	4
S_{130}	14	5	S_{189}	13	5	S_{1130}	16	9
S_{151}	5	2	S_{347}	19	8	S_{1131}	7	2
S_{153}	9	4	S_{423}	7	2	S_{1132}	14	4
S_{156}	11	7	S_{445}	19	9	S_{1134}	16	8
S_{158}	5	4	S_{446}	11	3	S_{168}	9	5
S_{160}	6	3	S_{1102}	5	3	S_{1126}	14	6
S_{164}	6	4	S_{1107}	6	4	S_{1135}	5	2
S_{171}	5	3	S_{1118}	6	3	S_{1136}	5	2
S_{176}	6	4	S_{1120}	12	5	S_{1139}	8	4
S_{180}	20	8	S_{1121}	8	4	S_{1141}	11	6
合计	122	53		131	57		125	55
总扩增位点数		378	多态性位点数		165	多态性位点百分率		43.65%

在供试材料中，各个引物间扩增的位点数相差较大，不同引物扩增带数变幅从4~16条不等，其中扩增带数最多的引物S_{180}（图7-9），具16条扩增带，最少的引物S_{1123}，仅具4条扩增带，即不同引物与供试材料总基因组DNA部分区域的同源性具有较大的差异。从RAPD图谱及统计结果还可以看出，这39个引物间的检测效率相差较大，有的引物在42个品种间扩增的带多态性较高，能显示某些品种的特性，为某些品种的特征带，如引物S_{32}（图7-10）的扩增谱带。但是绝大多数引物对42份小麦材料的扩增只具有较低的多态性，这些谱带反映了小麦基因组DNA序列的保守性；小麦品种间的多态性反映了试材间在DNA序列上存在着一定的差异，也说明了RAPD技术可用于小麦遗传多样性的研究。在全部42个基因型378条DNA扩增带中，165条带具有多态性，占43.65%。

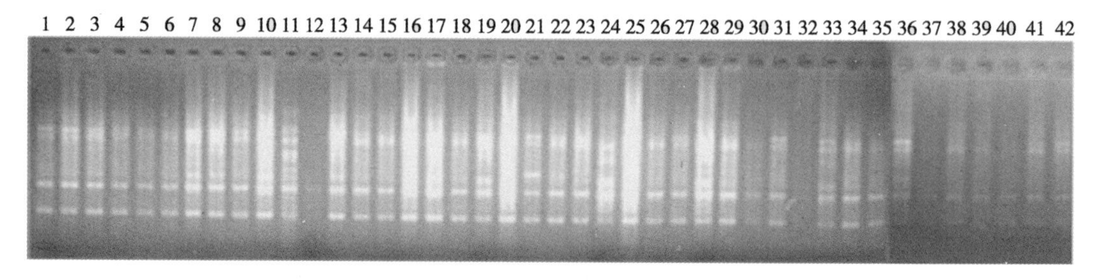

图7-9　S_{180}对42份冬小麦抗旱材料的RAPD电泳图谱

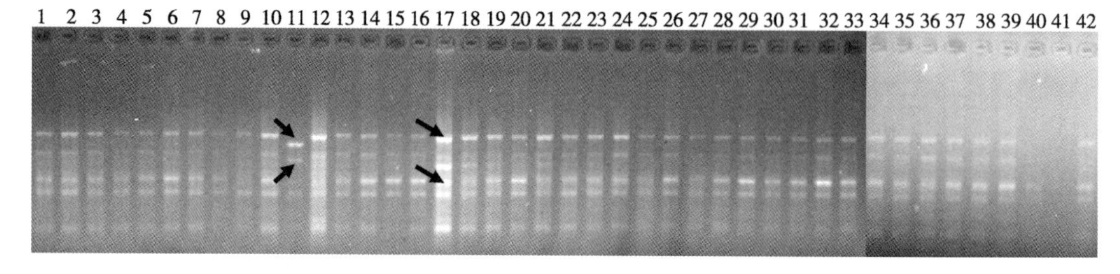

图7-10　S_{32}对42份冬小麦抗旱材料的RAPD电泳图谱

2. 供试材料的聚类分析

应用Popgene32分析软件对42份供试材料，根据遗传距离（表7-25），按不加权成对群算术平均数法（UPGMA-unweighted pair group method using arithmetic average）进行聚类分析。从各材料间RAPD标记的遗传距离可以看出，各材料间RAPD标记遗传距离0.097 2~0.592 6，平均为0.311 78，9840-2-3-15与R_8之间遗传距离（0.592 6）最大，洛川9709和陇鉴386之间遗传距离（0.097 2）最小。

42份材料明显分为5个类群（表7-28）。R_8独立构成第Ⅰ类，并最后与其余各类合并，与其他基因型的遗传距离分布在0.397 6~0.592 6，平均为0.475 01。第Ⅱ类共16份材料，分为5个组：Ⅱ-1组有R_{14}、R_{20}、R_4、R_{11}、R_6、R_{19}、R_{17}和R_1共计8个国外引进基因型；Ⅱ-2组有0052-1-4-1、0052-1-3、0052-17-2和0052-1-6-1四个甘肃农科院自育的高代材料，以及1个国外种质R_{40}；Ⅱ-3、Ⅱ-4和Ⅱ-5组都仅有1个品种，分别由国外种质R_5、R_{39}和R_{13}组成。第Ⅲ类共17份材料，可分为4个组，Ⅲ-1组由9840-0-

3-1-6及其3个姊妹系和长6878组成；Ⅲ-2组有陇鉴385、晋农318、宁麦5号和陇麦977；Ⅲ-3有临旱5406、静2000-10和陇原034；Ⅲ-4有陇鉴386、洛川9709、临旱51241、定鉴3号和沧核038，其中陇鉴386和洛川9709为最早聚合的两个基因型，遗传距离最小。第Ⅳ类共7份材料，全部由国外引进基因型组成，从聚类的树状图中可以看到该类材料聚合的顺序比较迟，说明材料间遗传距离相对较大；7个基因型可明显分为两组，Ⅳ-1有R_{38}，R_{35}，R_{34}和R_{27}，Ⅳ-2有R_{25}，R_{24}和R_{26}。第Ⅴ类仅有$R_2$1个基因型，与其他基因型的遗传距离分布在0.321 8~0.573 6，平均为0.444 46。第Ⅲ类群类内遗传距离最小，平均遗传距离为0.252 77，第Ⅳ类群类内遗传距离最大，平均遗传距离为0.350 68。

表7-28　冬小麦抗旱种质资源RAPD标记的聚类类群组成

类　群	材料份数	材料名称	类内遗传距离
Ⅰ	1	R_8	
Ⅱ	16	R_{14}，R_{20}，R_4，R_{11}，R_6，R_{19}，R_{17}，R_1，0052-1-4-1，0052-1-3，0052-17-2，0052-1-6-1，R_{40}，R_{39}，R_5，R_{13}	0.132 8~0.413 4 平均：0.270 63
Ⅲ	17	9840-0-3-1-6，9840-0-3-2-1，9840-2-3-15，9840-0-3-3-1-3，晋农318，临旱5406，宁麦5号，陇麦977，定鉴3号，临旱51241，陇鉴386，长6878，静2000-10，洛川9709，陇原034，陇鉴385，沧核038	0.097 2~0.325 4 平均：0.252 77
Ⅳ	7	R_{24}，R_{38}，R_{35}，R_{34}，R_{27}，R_{25}，R_{26}	0.214 6~-0.573 6 平均：0.350 68
Ⅴ	1	R_2	

3. 不同来源冬小麦抗旱种质资源遗传差异及多样性比较

从表7-29中可以看出国外材料间遗传距离大于国内材料，说明国外引进的21份抗旱种质资源在DNA水平上的差异大于国内的21份材料间的遗传差异、DNA水平上的遗传多样性相对丰富；国内与国外材料间遗传距离更大，差异更加明显，国外材料的引进拓宽了冬小麦抗旱种质资源的遗传基础、扩大了遗传差异，增加了种质资源的多样性。

表7-29　不同范围抗旱种质资源RAPD标记的遗传距离

遗传距离来源	材料份数	遗传距离分布范围	遗传距离个数	平均遗传距离
国内材料间	21	0.097 2~0.462 6	210	0.265 87
国外材料间	21	0.132 8~0.573 6	210	0.322 59
国内与国外材料间	42	0.157 2~0.592 6	441	0.328 26
全部材料间	42	0.097 2~0.592 6	861	0.311 78

（三）两种不同水平冬小麦抗旱种质资源遗传多样性比较

冬小麦抗旱种质资源在农艺性状、抗旱生理指标和RAPD标记方面都表现出了较好的遗传多样性。在农艺性状、抗旱生理指标方面，供试材料间CT、WUE、产量、株高、穗长、小穗数、穗粒数和千粒重的极差值、变异系数和多样性指数的差异都比较大，极差值为2.72~41，变异系数为4.96%~13.18%，多样性指数为1.81~2.03；欧氏遗传距离为1.405~8.704，平均4.270，其中国内材料间遗传距离1.405~7.568，平均3.658，国外材料间遗传距离1.450~8.305，平均4.457，国内材料和国外材料间的遗传距离1.644~8.704，平均4.498。供试材料间RAPD标记的遗传距离0.097 2~0.592 6，平均0.311 66，其中国内材料间遗传距离0.097 2~0.462 6，平均0.265 87，国外材料间遗传距离0.132 8~0.573 6，平均0.322 59，国内材料和国外材料间的遗传距离0.157 2~0.592 6，平均0.328 26。尽管两种不同研究水平冬小麦抗旱种质资源的聚类结果不尽相同，但材料间遗传差异的变化趋势是一致的，即：国外材料间>国内材料间。

三、结论与讨论

通过本试验分析取得以下3个重要结论：①在农艺性状、抗旱生理指标水平上，供试冬小麦抗旱种质资源间存在明显的分化和变异，灌浆前、后期冠层温度、小穗数和产量的多样性指数大，分别为1.96、2.03、2.01和1.94，变异类型丰富；灌浆前期冠层温度、水分利用效率、小穗数、穗粒数和产量的变异系数较大，分别为13.18、11.55、11.87、11.43和10.96，表型变异明显。国内材料和国外材料在农艺性状、抗旱生理指标上的分化更大，变异更加明显。国外材料间欧氏遗传距离（4.46）>国内材料间欧氏遗传距离（3.66）。②在DNA水平上，供试冬小麦抗旱种质资源间也存在较大的遗传变异。39条多态性引物共扩增出378条带，其中多态性带165条，多态性百分率达43.65%。尽管聚类结果与形态学水平上的聚类结果不尽相同，但材料间遗传变异（遗传距离）的总体趋势是一致的，即国外材料间>国内材料间。③农艺性状、抗旱生理指标水平上的聚类结果与RAPD标记的聚类结果不尽相同，但材料间遗传变异的趋势是相同的，农艺性状、抗旱生理指标的变异尽管不能完全反映真实的遗传变异，但在一定程度上体现了DNA水平上的遗传变异动态。④有些材料有自己的特征谱带，如引物S_{32}、S_{156}、S_{1134}和S_{1126}的扩增谱带中，基因型R_2都具有自己的特异谱带，另外9840-0-3-3-1-3、0052-17-2和R_{40}都出现了特异性扩增条带，这些特异性扩增条带体现了这些品种在分子水平上特异性。

本研究利用筛选的39个扩增多态性好的引物，在42个供试材料中共扩增出378条片段，就意味着对42个供试材料基因组的378个位点进行了检测，其中检测到多态性位点165个，据此计算了42个冬小麦抗旱种质资源不同基因型间的遗传距离。依遗传距离进行聚类分析，聚类图中亲缘关系较近的17份国内材料先聚为一类；甘肃省农业科学院自育的4个同一组合的高代材料与12份国外材料聚成一类，可能与这4个高代材料的两亲本都是国外引进材料有关；另外7份国外材料聚成一类，类内平均遗传距离是5个类群中最大的，其余 2 个国外材料 R_2 与 R_8 分别各成一类，R_2 与其他材料遗传距离较大。

作物 CT 和 WUE 是两个与作物抗旱节水性密切联系的生理指标，CT 与 WUE、产量均存在着显著的负相关关系，即产量和 WUE 高的类群的 CT 相对比较低，并且 CT 三个时期的变化趋势是一致的，但 CT 最低的材料并非是产量最高的。同时还发现小穗数、穗粒数和千粒重高的材料并不一定产量就高，有的材料因穗粒数较多或千粒重高而优秀，有的材料以单株穗数较多表现较高的产量。因此，将灌浆期 CT 低的生理特性与大穗、多小穗数和穗粒数，分蘖成穗数高等有机的组合于一个杂交后代中，使高光合性能与大的光合产物库容统一于一体，培育出丰产抗旱节水品种。

第八节　基于播前土壤贮水的冬小麦抗旱性研究

旱地冬小麦的抗旱性可用抗旱指数、抗旱系数、干旱敏感指数、产量因素降低指数等指标衡量。以往研究多以旱作产量与灌溉产量比较来反映上述指标，人工创造播前底墒条件来研究小麦抗旱性的研究未见报道。结合本地区多年降水特征，通过不同底墒处理研究评价不同冬小麦品种的抗旱性，弥补通过旱作产量与灌水产量来鉴定抗旱性的不足。

一、材料与方法

试验在甘肃省农业科学院镇原国家旱农试验基地进行。试验采用裂区设计，主处理 SW 为播前底墒，设 3 个水平：①湿润处理 SW1，土壤贮水量 511.7mm；②正常水分处理 SW2，土壤贮水量 410.8mm；③中度干旱胁迫处理 SW3，土壤贮水 300.3mm。副处理 WV 为 14 个不同生态型冬小麦品种，品种名称及来源见表 7-30。小区面积 $10m^2$，重复 3 次，基本苗 375 万/hm^2。磷肥（P_2O_5 90kg/hm^2）一次基施，氮肥（纯氮 150kg/hm^2）一半基施，一半拔节期追施，管理同大田。底墒处理在前茬冬小麦收获后用人工棚膜遮雨的方法进行，播前根据设计要求通过补充灌水创造不同的土壤水分条件。冬小麦关键生育期测定同位叶片光合速率，成熟后全区收获计产，并取植株样考种记载主要经济性状。

表 7-30　参试品种及来源

品　种	来　源
陇鉴 127、陇鉴 196、陇鉴 294、陇鉴 338	甘肃省农业科学院旱农所
西农 1043、西农 9622、西农 2911、西农 9614	西北农林科技大学
长治 6878、晋麦 47	山西省农业科学院
洛麦 9505、洛旱 2 号	洛阳市农业科学研究所
京 411	北京市农林科学院
西峰 20（CK2）	庆阳市农业科学研究所

二、结果与分析

（一）播前土壤储水对旱地冬小麦产量与水分利用效率的影响

由表7-31可知，主处理之间产量差异显著[（F0.01＝99.00）＞（FSW＝22.34）＞（F0.05＝ 19.00）]。处理SW1较SW2、SW3分别增产28.40%、70.43%。品种之间产量差异显著[（F0.01＝6.70）＞（FWV＝4.30）＞（F0.05＝3.80）]。陇鉴127产量最高（2 694.5kg/hm^2），其次是陇鉴338（2 438.9kg/hm^2）。陇鉴294（2 357.42kg/hm^2）、陇鉴196（2 272.2kg/hm^2）分列第三、第四位。较晋麦47、西峰20分别增产24.19%～47.27%、19.70%～41.95%。产量最低是洛麦9505（1 238.9kg/hm^2）。晋麦47、西峰20产量分别是1 829.6kg/hm^{2}和1 898.2kg/hm^2。表明播前底墒对旱地冬小麦产量有显著地影响，随着底墒的增加，冬小麦产量显著增加，相同水分条件下品种之间产量也有显著差异，不同生态型品种对播前底墒的反应明显不同。

表7-31　播前底墒对产量的效应　（单位：kg/hm^2）

品　种	各处理产量			平均产量		
	SW1	SW2	SW3			
陇鉴127	3 177.80	2 916.68	1 988.90	2 694.46	a	A
陇鉴338	2 633.35	2 627.79	2 055.57	2 438.90	ab	AB
陇鉴294	2 505.57	2 366.68	2 200.01	2 357.42	abc	AB
陇鉴196	2 627.79	2 533.35	1 655.56	2 272.23	abcd	AB
西峰20	2 933.35	1 700.01	1 061.12	1 898.16	bcde	ABC
京411	2 611.12	1 811.12	1 233.34	1 885.19	bcde	BC
晋麦47	2 438.90	1 633.34	1 416.67	1 829.64	cdef	BC
西农2911	2 588.90	1 533.34	1 116.67	1 746.31	def	BC
长治6878	2 127.79	1 594.45	1 300.01	1 674.08	def	BC
西农9614	1 940.01	1 733.34	1 313.34	1 662.23	ef	BC
西农9622	1 811.12	1 455.56	1 050.01	1 438.90	ef	C
洛旱2号	1 893.34	1 240.01	1 006.67	1 380.01	ef	C
西农1043	1 700.01	1 338.90	1 055.56	1 364.82	ef	C
洛麦9505	1 833.34	1 077.78	805.56	1 238.90	f	C
平　均	2 344.46aA	1 825.88bAB	1 375.64cB	1 848.66		

由表 7-32 可见，主处理之间 WUE 最高的是 SW1 [5.69kg/(mm · hm^2)]，其次是 SW2 [4.63kg/(mm · hm^2)]，SW3 最低 [3.25kg /(mm · hm^2)]。SW1 较 SW2、SW3 分别提高 22.94%和 75.1%。品种之间，陇鉴 127 的 WUE 最高 [6.43kg/(mm · hm^2)]，其次是陇鉴 338 [6.14kg/(mm · hm^2)]，陇鉴 294 [5.64kg/(mm · hm^2)]。陇鉴 196 [5.41kg/(mm · hm^2)] 分列第三、第四位，分别较晋麦 47、西峰 20 高出 22.95%～46.12%和 19.16%～41.61%。最低是洛麦 9505 [3.26kg/(mm · hm^2)]。晋麦 47、西峰 20 分别是 4.40kg/(mm · hm^2) 和 4.54kg/(mm · hm^2)。表明播前底墒对旱地冬小麦 WUE 有显著地影响，随着底墒的增加，冬小麦 WUE 显著提高，相同水分条件下品种之间 WUE 也有显著差异，不同生态型品种对底墒的反应明显不同。

表 7-32　播前底墒对水分利用效率的效应　[单位：kg/(mm · hm^2)]

品　种	各处理 WUE			平均 WUE
	SW1	SW2	SW3	
长治 6878	5.26	4.09	3.13	4.16
洛麦 9505	4.79	2.98	2.03	3.26
京 411	6.40	4.48	3.01	4.63
晋麦 47	5.70	4.03	3.46	4.40
陇鉴 127	7.43	7.19	4.67	6.43
陇鉴 196	6.39	6.08	3.75	5.41
陇鉴 294	6.19	5.72	5.00	5.64
陇鉴 338	6.53	7.30	4.59	6.14
西峰 20	7.09	4.13	2.40	4.54
西农 1043	4.28	3.29	2.61	3.40
西农 9622	4.49	3.84	2.51	3.62
西农 2911	6.47	3.99	2.60	4.35
西农 9614	4.43	4.45	3.29	4.06
洛旱 2 号	4.23	3.22	2.48	3.31
平　均	5.69	4.63	3.25	4.52

（二）不同生态类型旱地冬小麦的抗旱性

抗旱指数 DI（Drought-resistance index）是将旱地产量与抗旱系数结合在一起，既能反映品种的抗旱性，又能体现品种在旱地条件下的产量水平，可以作为品种抗旱性和产量鉴定较为可靠的指标。

$$DI = Y_d \times (Y_d/Y_p)/Y_{md} = (Y_d/Y_p) \times (Y_d/Y_{md})$$

式中，Y_d 为胁迫环境产量；Y_p 为非胁迫环境产量；Y_{md} 为所有参试品种于胁迫环境的平均产量。以 SW1 为非胁迫环境，SW3 为胁迫环境计算出的 DI 列于表 7-33。参试品种平均抗旱指数 0.62，变幅 0.26~1.40。本地（甘肃陇东）培育的陇鉴 294 和陇鉴 338 两个品种抗旱指数最高，均超过 1，抗旱性强。外引品种洛麦 9505、洛旱 2 号的抗旱指数（0.26、0.35）最低，抗旱性差。从品种来源地来看，陇东地区> 山西地区> 渭北旱塬>北京地区>黄淮地区。

表 7-33　参试品种抗旱指数

品　种	抗旱指数 DI	品　种	抗旱指数 DI
长治 6878	0.58	陇鉴 338	1.17
洛麦 9505	0.26	西峰 20	0.28
京 411	0.42	西农 1043	0.48
晋麦 47	0.60	西农 9622	0.44
陇鉴 127	0.90	西农 2911	0.35
陇鉴 196	0.76	西农 9614	0.65
陇鉴 294	1.40	洛旱 2 号	0.39

据研究，隶属函数分析法提供了一条在多指标测定基础上对材料特性进行综合评价的途径，利用多指标对品种进行综合评价，才有可能真正揭示品种对水分反应特性的实质，提高抗旱性鉴定的准确性。

隶属函数值计算公式：

$$R(X_i) = (X_i - X_{min}) / (X_{max} - X_{min})$$

式中，$R(X_i)$ 为隶属函数值，X_i 为指标测定值，X_{min}、X_{max} 为所有参试材料某一指标的最小值和最大值。如果某一指标与产量为负相关，则用反隶属函数进行转换，计算公式为：

$$R(X_i) = 1 - (X_i - X_{min}) / (X_{max} - X_{min})$$

应用以上两式可以计算出各品种在不同土壤贮水条件下的产量、WUE、主要经济性状（株高、穗长、成穗数、结实小穗数、穗粒数、千粒重）、光合速率（Pn）等指标的抗旱性隶属函数值，加权平均即得不同播前底墒条件下的隶属函数值（表 7-34）。干旱处理条件下参试品种隶属函数值 0.10~0.82。隶属函数值最大即抗旱性最强的品种是陇鉴 294（0.82），其次是陇鉴 338 和陇鉴 127（0.73），第 3 位是陇鉴 196（0.70）；抗旱性最差的品种是洛麦 9505（0.14）和洛旱 2 号（0.10）。从来源看：陇东地区>山西地区>北京地区>渭北旱塬> 黄淮地区。处理 SW1、SW2 的隶属函数值基本上也有一个反映抗旱性强弱的顺序，但不如干旱胁迫条件下（SW3）明显。

表 7-34　不同土壤贮水处理的隶属函数值

品　种	SW1	SW2	SW3
长治 6878	0. 49	0. 38	0. 47
洛麦 9505	0. 20	0. 08	0. 14
京 411	0. 56	0. 42	0. 44
晋麦 47	0. 42	0. 34	0. 41
陇鉴 127	0. 81	0. 91	0. 73
陇鉴 196	0. 66	0. 75	0. 70
陇鉴 294	0. 56	0. 63	0. 82
陇鉴 338	0. 60	0. 74	0. 73
西峰 20	0. 77	0. 45	0. 38
西农 1043	0. 29	0. 32	0. 35
西农 9622	0. 28	0. 22	0. 40
西农 2911	0. 56	0. 34	0. 37
西农 9614	0. 24	0. 34	0. 36
洛旱 2 号	0. 14	0. 10	0. 10

抗旱高产冬小麦品种的筛选鉴定，可以采用模糊综合评判法。其计算方法是加权平均法，计算方法如下：

$$S=\sum m_i P_i S_i$$

式中，S 是模糊综合评判值，P_i 表示第 i 个因素在评判中所占比重（权重）$\sum m_i P_i=1$；S_i 是评判品种 i 因素与对照品种相应因素评判值的比值；m 是因素总数。由于试验中设了两个对照品种，故将其平均值作为对照。据此，可以计算出各品种在不同土壤水分条件下的产量、WUE、主要经济形状（株高、穗长、成穗数、结实小穗数、穗粒数、千粒重）、光合速率（Pn）的模糊评判值，加权平均即得不同播前底墒条件下的 S 值（表 7-35）。

干旱处理条件下参试品种模糊评判值 0. 74~1. 49。模糊评判值最大即抗旱性最强的品种是陇鉴 294（1. 49），其次是陇鉴 338（1. 37），第 3 位是陇鉴 127（1. 34）；抗旱性最差的品种是洛麦 9505（0. 74）和洛旱 2 号（0. 75）。从来源来看：陇东地区>山西地区>北京地区>渭北旱塬>黄淮地区。由处理 SW1、SW2 的模糊评判值基本上也可看出抗旱性强弱的差异程度，但不如干旱胁迫条件下（SW3）明显，这也反映了土壤干旱胁迫对旱地冬小麦品种抗旱性鉴定的重要性。

表 7-35　不同土壤贮水处理的模糊评判值

品　种	SW1	SW2	SW3
长治 6878	0. 94	0. 98	1. 04
洛麦 9505	0. 78	0. 71	0. 74
京 411	0. 98	1. 07	1. 07
晋麦 47	0. 89	0. 95	1. 04
陇鉴 127	1. 11	1. 51	1. 34
陇鉴 196	1. 02	1. 37	1. 28
陇鉴 294	0. 98	1. 30	1. 49
陇鉴 338	0. 99	1. 39	1. 37
西峰 20	1. 11	1. 05	0. 96
西农 1043	0. 83	0. 90	0. 89
西农 9622	0. 82	0. 85	0. 97
西农 2911	0. 95	0. 93	0. 97
西农 9614	0. 81	1. 02	1. 00
洛旱 2 号	0. 80	0. 78	0. 75

三、小结与讨论

播前底墒对旱地不同品种冬小麦产量、WUE 有显著地影响。底墒由 300. 3mm 增加到 410. 8mm 和 511. 7mm 时，参试品种的平均产量分别提高 32. 73%、70. 43%，WUE 提高 39. 39%、72. 72%。3 个底墒条件下，品种之间产量的变异系数分别为 31. 6%、30. 7%、19. 6%，WUE 变异系数依次为 29. 1%、30. 3%、19. 3%，表明不同生态型冬小麦对播前底墒的反应差异较大。低底墒条件下，品种之间产量差异可以达到 3 倍，WUE 差异达到 1 倍以上，这些不同反映了品种抗旱性的差异；高底墒时，品种间产量差异不到 1 倍，WUE 差异约 0. 5 倍，这预示着品种潜力的高低。

抗旱指数法、隶属函数法、模糊综合评判法均能较好地评价小麦的抗旱性，其评价结果基本一致。参试品种抗旱性表现为：甘肃陇东品种>山西地区品种>北京地区品种>渭北旱塬品种>黄淮地区品种。试验当地（甘肃陇东）培育的“陇鉴 294”和“陇鉴 338”抗旱指数、隶属函数值、模糊评判值最高，抗旱性强；外引品种“洛麦 9505”和“洛旱 2 号”的抗旱指数、隶属函数值、模糊评判值最低，抗旱性差。抗旱指数高的品种，不仅抗旱性强，而且产量高，说明抗旱指数既能反映不同种植条件下品种的稳产性，又能体现品种在旱作条件下的产量水平，是鉴定小麦抗旱性较为可靠的指标。隶属函数法和模糊综合评判法提供了在多指标测定基础上进行抗旱性综合评价的途径，大大提高了抗旱性筛选的可靠性。在小麦生长发育过程中，不同品种耐旱机制可能不同。利用多指标对品种进行综合评价，才能真正揭示品种对水分反应特性的实质，提高抗旱鉴定的准确性。但正常和湿润水分处理条件下，水分供应比较充分，掩盖了品种间的差异，抗旱性鉴定不够理想，这也说明土壤干旱胁迫对抗旱性鉴定的重要性。

本试验 14 个品种平均抗旱指数 0.62，变化范围 0.26~1.40，甘肃陇东培育的陇鉴 294 和陇鉴 338 个品种抗旱指数最高，均超过 1，抗旱性强。外引品种洛麦 9505、洛旱 2 号的抗旱指数（0.26、0.35）最低，抗旱性差。在土壤贮水 300.3 mm 条件下，参试品种的抗旱隶属函数值为 0.10~0.82、模糊评判值 0.74~1.49，陇鉴 294 最高，分别为 0.82 和 1.49，陇鉴 338 次之，为 0.73 和 1.37，这两个品种抗旱性强；洛麦 9505、洛旱 2 号隶属函数值 0.14、0.10，模糊评判值 0.75、0.74，这两个品种抗旱性最差。

第九节　不同水分条件下中麦 175 的农艺和生理特性解析

广泛适应性是新品种大面积推广的基本前提，选育广适性品种是育种工作的基本目标。研究不同类型品种的农艺和生理特征，有助于理解品种适应环境的优势性状，为广适性品种选育提供依据。研究认为小麦幼苗早期活力、抽穗前光谱指数、灌浆期叶片衰老、冠层温度和茎秆可溶性糖等性状与产量和适应性有关。借助田间高通量数据采集手段，上述一些指标可用于高世代育种选择。国际玉米小麦改良中心在相关生理性状应用于小麦育种方面的研究已取得显著进展，出版了小麦生理育种的性状鉴定手册，但针对广适性品种的生理特征研究相对较少。通过比较不同类型品种在不同水分条件下的特征表现，明确中麦 175 高产、广适性的农艺和生理特征，为广适性品种选育提供理论依据。

一、材料与方法

（一）试验设计

试验于 2011—2012 年和 2012—2013 年在河北省高邑原种场（38.02°N、114.30°E）和位于北京市的中国农业科学院作物科学研究所中圃场（39.55°N、116.24°E）种植。参试品种中麦 175、京冬 8 号和矮抗 58 在北京和高邑两点种植，均能正常生长和越冬，基本可以排除品种间抗寒性差异对产量等性状的影响。试验以品种为主处理，水分胁迫和正常灌水两个水平为副处理，采取裂区设计，2 个重复，小区长 4m，行距 30cm，小区面积 $6m^2$。水分胁迫处理：仅播种前和越冬前各灌溉 1 次，保证出苗和安全越冬；正常灌溉处理：在播种前、越冬前、返青期、拔节期和灌浆期各灌溉 1 次，共灌 5 次，每次灌水量约 70mm。2011—2012 年小麦生育期内北京气温正常，灌浆期高邑点遭遇持续高温天气影响。2012—2013 年小麦生育前期温度均偏低，小麦生长发育在两个试验点都推迟一周。2012—2013 年北京春季有效降雨少，干旱严重，干旱处理小麦生长发育速度较快，生长抑制明显。由于小麦苗期没有水分处理，因此苗期植被覆盖度按照 4 个重复的平均值进行分析。灌浆中期叶绿素含量仅测定了2011—2012年北京试验点的2个水分处理下的数据；叶片卷曲度仅在干旱环境下测定。

（二）测定项目及方法

苗期植被覆盖度（GC）。春季返青期，利用佳能数码相机G12，在高度一致条件下，采用3万像素，垂直拍摄数码照片，然后依据肖永贵等提供的方法，用Photoshop软件扩展功能，计算平均灰度值和植被覆盖度：GC（%）=灰度值×100/255。

植被归一化指数（NDVI）。用便携式光谱仪GreenSeeker（Ntech Industries，USA），分别测定抽穗前归一化植被指数（NDVIv）和灌浆中期植被指数（NDVIg）。植株衰老速率（LSR）估算公式：LSR=（NDVIv-NDVIg）/NDVIv。

叶片衰老等级（LSS）。在灌浆中期，按照CIMMYT提供的田间小麦表型测定手册划定的0—10级标准记录数据，其中，0——无枯叶，1——10%枯叶，2——20%枯叶，3——30%枯叶，4——40%枯叶，5——50%枯叶，6——60%枯叶，7——70%枯叶，8——80%枯叶，9——90%枯叶，10——100%枯叶。

叶面积指数（LAI）。用植物冠层分析仪AccuPAR LP-80（Decagon，USA），分别测定抽穗前叶面积指数（LAIv）和灌浆中期叶面积指数（LAIg）。

叶绿素含量（SPAD）。用叶绿素含量仪，测定旗叶中部的SPAD值。每小区选取10片叶，取平均值。在抽穗前和灌浆中期测定相应的SPAD值，分别记为SPADv和SPADg。

叶片卷曲度（LRS）。依据O´toole等的方法，在灌浆中期晴天午后2点，按照5个等级对旗叶卷曲度进行评价，1—5级分别代表旗叶从无卷曲到完全卷曲。

水分敏感指数。按照Fischer的方法，水分敏感指数的函数表达式：WSI=（$1-X_i/Y_i$）/（$1-X_{ij}/Y_{ij}$），式中X_i为品种在干旱条件下的产量或生理性状，Y_i为品种在充分灌水条件下的产量或生理性状，X_{ij}为所有品种在干旱条件下产量或生理性状的均值；Y_{ij}为所有品种在充分灌水条件下产量或生理性状的均值。WSI<1表明品种对水分不敏感，WSI≥1表明品种对水分敏感。

二、结果与分析

穗粒数、灌浆中期叶面积指数和抽穗前叶绿素含量3个性状品种间差异不显著，其他性状差异显著（表7-36）。灌浆中期叶绿素含量品种、年份与处理间互作显著，其他性状年份、处理和品种互作均不显著。穗粒数和抽穗前叶面积指数在不同水分处理间差异不显著，而其他性状差异显著。

从表7-37可知，与干旱处理相比，充分灌水条件下，中麦175、京冬8号和矮抗58的籽粒产量分别增加1 072.6kg/hm^2、1 274kg/hm^{2}和991.7kg/hm^2，穗数增加104穗/m^2、15穗/m^2、47穗/m^2，千粒重增加0.9g、1.8g、1.7g，株高增加7.2cm、9cm、6.2cm，抽穗时间分别推迟3d、2d和3d。中麦175产量的水分敏感指数小于1，而京冬8号和矮抗58大于1，分别为1.13和1.03；中麦175千粒重和株高的水分敏感指数分别为0.64和0.94，低于京冬8号和矮抗58；而中麦175的水分敏感指数为1.67，高于京冬8号和矮抗58穗数的0.30和0.87。干旱环境下，中麦175籽粒产量比京冬8号和矮抗58增产

表 7-36　性状方差分析

性　状	环境数	处理间方差	年份间方差	品种间方差	重　复	品种×年份×处理	误　差
籽粒产量	8	79 544.3**	11 642.4	37 495.5**	2 249.5	5 570.2	3 518.7
穗　数	8	42 742.7**	37 807.5**	16 869.1*	2 675.9	2 049.3	3 151.4
穗粒数	8	22.3	1 023.8**	27.6	6.3	21.1	9.3
千粒重	8	24.2**	1 013.2**	65.7**	0.9	3.8	2.9
株　高	8	262.2**	49.4*	3 760.8**	0.8	14.2	6.9
抽　穗	8	382.4**	6 021.1**	19.2**	6.8*	1.2	1.5
植被覆盖度 GC	4	158.1**	13.4	19.3*	7.9	5.5	5.8
抽穗前 NDVIv	8	0.03**	0.15**	0.05**	0.004	0.002	0.002
灌浆中期 NDVIg	8	0.11**	0.095**	0.017**	0.003	0.004	0.002
抽穗前 LAIv	4	1.3	18.1**	1.43*	0.24	0.47	0.31
灌浆中期 LAIg	4	5.17**	0.004	0.51	0.005	0.21	0.44
抽穗前 SPADv	6	108.9**	0.03	2.1	2.4	10.1	16.7
灌浆中期 SPADg	2	122.7**		31.1**	0.26**	6.2**	0.016
叶片衰老速率 LSR	8	92.03*	738.4**	153.54**	31.36	51.72	10.36
叶片衰老等级 LSS	4	75.10**	1.33	47.10**	0.56	4.98	1.77
叶片卷曲度 LRS	3	1.33*	0.81	18.1**	0.51	0.22	1.25

表 7-37　不同水分条件下 3 个品种的产量及主要农艺性状的比较

品　种	处　理	籽粒产量 (kg/hm^2)	穗数 (穗/m^2)	千粒重 (g)	穗粒数 (粒)	株高 (cm)	抽穗天数 (d)
中麦 175	干旱	5 662.2	447.9	40.5	29.7	72.2	203.2
	灌水	6 734.8	551.8	41.4	29.2	79.4	206
	平均	6 198.5a	499.9a	41.0b	29.5	75.8b	204.6c
	WSI	0.86	1.67	0.64	2.3	0.94	1.08
京冬 8 号	干旱	4 813.5	423.6	43.7	30.5	85.2	204.8
	灌水	6 087.5	438.5	45.5	30.5	94.2	206.8
	平均	5 450.5b	431.1b	44.6a	30.5	89.7a	205.8b
	WSI	1.13	0.3	1.16	0.05	1	0.77
矮抗 58	干旱	4 237.3	438.2	40.3	32.5	53.6	205.3
	灌水	5 229.0	485.6	42.0	32.4	59.8	208.3
	平均	4 733.2c	461.9ab	41.2b	32.5	56.7c	206.8a
	WSI	1.03	0.87	1.19	0.72	1.08	1.15

848.7kg/hm^{2}和 1 424.9kg/hm^2，而在充分灌水环境下，增产 647.3kg/hm^{2}和 1 505.8kg/hm^2。中麦 175 穗数比京冬 8 号和矮抗 58 分别多 68.8 穗/m^2 和 38.0 穗/m^2；京冬 8 号千粒重显著高于中麦 175 和矮抗 58；3 个品种穗粒数差异不显著。株高从高到低，依次是京冬 8 号、中麦 175 和矮抗 58；中麦 175 抽穗最早，京冬 8 号其次，矮抗 58 最晚。因此，中麦 175 的显著特征是早熟、半矮秆、穗数多，其穗数对 水分敏感，而千粒重、株高和产量的水分敏感性较低。

从表 7-38 可知，与干旱处理相比，充分灌水条件下，所有品种的衰老速度明显减缓，其生理特征值 NDVI、SPAD 和 LAI 均增大。分析各项指标的水分敏感程度可知，中麦 175 的 NDVIv 和 NDVIg 水分敏感指数大于 1，显著高于京冬 8 号和矮抗 58，与其穗数的敏感性相一致，说明干旱对中麦 175 生物量有较大影响。然而，中麦 17 的 LAIv 水分敏感系数为 0.57，低于京冬 8 号和矮抗 58 的 1.43 和 0.87，对水分反应敏感性小。中麦 175 的 LSR 和 LSS 水分敏感指数都大于 1，且介于京冬 8 和矮抗 58 之间。品种间衰老速率的敏感性差异与株高有关，表现为株高越高，衰老速率的敏感性越小。

中麦 175 和京冬 8 号的春季苗期覆盖度显著大于矮抗 58，苗期繁茂性较好，在干旱环境下有利于抑制大气蒸腾。在抽穗前和灌浆中期，中麦 175 均保持最低的植被指数。中麦 175 和矮抗 58 的 LSR 显著低于京冬 8 号，灌浆中期中麦 175 叶片的 LSS 低于京冬 8 号，其衰老速率较慢。抽穗前中麦 175 和矮抗 58 的 LAI 差异不显著，但均显著低于高秆品种京冬 8 号；灌浆中期 LAI 品种间差异不显著，说明中麦 175 灌浆中后期的光合面积没有显著优势。抽穗前品种间 SPAD 差异不显著，但灌浆中期中麦 175 和矮抗 58 显著高于京冬 8 号，说明灌浆期中麦 175 的 SPAD 保持相对较高水平。灌浆中期中麦 175 SPAD 水分敏感系数仅为 0.61，表现为水分敏感性低。品种间 LRS 差异显著，在干旱环境下，中麦 175 叶片发生明显卷曲，与高产品种矮抗 58 表现一致，而节水型品种京冬 8 号的叶片轻微卷曲。

表 7-38　不同水分条件下 3 个品种的生理性状比较

品　种	处　理	植被覆盖度 GC	抽穗前 NDVIv	灌浆中期 NDVIg	抽穗前 LAIv	灌浆中期 SPADg	叶片衰老速率 LSR	叶片衰老等级 LSS	叶片卷曲度 LRS
中麦 175	干旱		0.60	0.44	2.88	56.20	19.10	7.5	4.0a
	灌水		0.68	0.66	3.21	56.80	9.10	3.5	
	平均	13.2a	0.64b	0.55b	3.05b	56.50a	14.10b	5.5b	
	WSI		1.48	1.17	0.57	0.61	1.09		
京冬 8	干旱		0.72	0.48	3.07	50.20	31.40	10	1.3b
	灌水		0.79	0.67	4.12	52.20	16.00	1.4	
	平均	13.0a	0.76a	0.58a	3.59a	51.20c	23.70a	6.2a	
	WSI		1.02	0.99	1.43	1.00	0.87		
矮抗 58	干旱		0.72	0.55	2.53	55.40	20.28	4.0	5.0a
	灌水		0.75	0.71	2.99	55.80	9.44	2.2	
	平均	11.2b	0.74a	0.63a	2.76b	55.60b	14.86b	3.1c	
	WSI		0.53	0.84	0.87	1.41	1.14		

三、结论与讨论

研究结果表明，广适性品种中麦 175 具有株型直立、叶片小、高产、穗数多、早熟、半矮秆、苗期繁茂性好及较慢的衰老速率等特点。干旱环境下，灌浆期叶片发生明显卷曲，但叶绿素含量较高，叶功能好。中麦 175 叶面积指数和叶绿素含量的水分敏感性低，抽穗后植被指数维持较低水平，株高和千粒重在不同水分条件下表现稳定，产量水分敏感性较低，穗数对水分反应敏感。对这些性状开展基因聚合与表型选择，有助于提高培育广适性品种的效率。

成熟期是决定品种对环境适应性的一个重要时期，直接或间接影响产量、抗病性及抗逆性。中麦 175 成熟期早，能够避免灌浆后期高温等不利环境的影响；同时其抽穗期对水分敏感，表现为干旱条件下抽穗早，充分供水条件下与京冬 8 号抽穗时间基本一致。这种生长发育速率受水分变化影响较大的特征，使中麦 175 在不同的水分环境都能正常成熟，从而适应更广的环境。具有高产潜力和水分不敏感的品种，在有限灌溉和充分供水条件下都能获得高产。中麦 175 不但在有限灌溉环境下和充分供水环境下都能高产，而且产量对水分敏感性较低。从产量三要素来看，中麦 175 穗数和穗粒数对水分敏感性较大，而千粒重敏感性较低。中麦 175 分蘖多、成穗率高，在有限灌水条件下，其穗数也多于一般品种（如本试验中京冬 8 号和矮抗 58），因此穗数多是中麦 175 高产的重要基础，而株型紧凑，叶片小又是穗数多不倒伏的重要保障。中麦 175 的千粒重较低，株高中等，但这两个指标的水分敏感指数都低于京冬 8 号和矮抗 58。因此，中麦 175 的高产和广适性主要表现为穗数多，株高和千粒重水分敏感性低，穗数水分敏感性较高，这些特征与前人对广适性品种的研究结果基本一致。中麦 175 的育成和推广也表明，培育水旱兼用的半矮秆品种是可行的，其关键指标是穗数多、株高适中，这与耐密性好的玉米品种产量高有相似之处。根据中麦 175 亲本来源，推测其分蘖力强、成穗率高的特性来自于父本京 411，抗病性来自于母本 BMP27，BMP27 是中国农业大学培育的抗条锈、抗白粉病亲本，因此中麦 175 兼具抗病与高产基因，是其广适性的重要遗传基础。

植被覆盖度与产量和千粒重呈正相关。苗期植被覆盖率高，植株竞争能力强，能提高小麦苗期抗逆能力。快速的地表覆盖能增大地表遮阴，从而有效减少土壤水分蒸发，同时增加营养吸收和生物量积累，提高小麦抵抗水分胁迫的能力，在水分限制环境下有明显的节水效果。中麦 175 尽管千粒重较低，但春季表现快速的植被覆盖度，之前研究表明该品种苗期最大根长、根鲜重具有明显优势，具有较高的肥料吸收效率，因此中麦 175 较好的苗期繁茂性可能对提高其肥料和水分利用效率有利，是适应不同环境的优势性状之一。

不同水分条件下 NDVI 的增加与冬小麦产量的变化密切相关。中麦 175 在抽穗前到灌浆中期，都保持相对低的 NDVI，且灌浆中期的叶面积指数没有优势（可能与其紧凑型株型有关），但中麦 175 仍然在不同环境下取得了高产。干旱条件下，耐旱性较强的品种叶绿素含量变化较小，且叶绿素含量高的品种表现出抗衰老的特征，中麦 175 在灌浆中期叶绿素含量显著高于京冬 8 号，有利于抵抗后期衰老。中麦 175 与矮抗 58 的后期叶片衰老速率都显著慢于京冬 8 号，这与广适性品种鲁麦 21 的特征有相似之处。因此，中麦 175 叶片叶绿素含量高，叶功能较好，可能是其发挥光合效率的优势性状之一，是获得高产的基础。中麦 175 叶绿素含量水分敏感性低，说明其群体光合能力比较稳定，能在水、旱环境下取得较高产量。叶片卷曲是植物水分胁迫适应性反应之一。尽管叶片卷曲的光合作用机制仍然不十分明确，但是干旱胁迫下小麦叶片卷曲，减少了有效叶面积和蒸腾作用，有利于节约水分，使光系统功能免受损害，对产量和穗粒数有正效应，因此叶片卷曲有助于小麦抵抗干旱等胁迫，提高品种适应性。中麦 175 在干旱环境下叶片发生明显卷曲，可能对其抗旱节水有重要贡献。中麦 175 表现出矮抗 58 叶片卷曲、衰老缓慢及京冬 8 号早熟、灌浆速率快等特点，并且其株型紧凑、半矮秆。控制这些性状的基因聚合在一起，可能对小麦抗旱节水与高产的结合有利，从而使品种表现广适性特征。培育广适性品种可借鉴中麦 175 的选育方法，在多个环境下进行熟期、株高、千粒重及生长发育相关特征的稳定性比较，注意穗数、灌浆期对干旱和耐热性等逆境的表现，借助生理性状开展辅助选择，可提高广适性品种选择效率和准确性。

第十节　水分胁迫下旱地冬小麦生理变化与抗旱性的关系

抗旱性是半干旱地区小麦育种的基本目标性状，快速、准确地鉴定抗旱性是选育小麦抗旱材料的基础。作物在干旱条件下形成产量的能力是鉴定抗旱性的重要指标（程建峰等，2005）。抗旱指数（DRI）能够兼顾抗旱基因型旱地产量高和抗旱系数大的双重标准，因而是评价作物抗旱性的综合指标（兰巨生等，1990；武仙山等，2008）。通过盆栽试验，研究 4 个旱地冬小麦品种在不同程度水分胁迫下的生理响应，了解品种耐重度干旱胁迫的能力和丰水条件下的丰产潜力，分析抗旱生理的变化与抗旱指数的相关性，发掘与抗旱性关系密切的生理指标，为小麦的早期抗旱性鉴定评价提供简便易行的方法和指标。

一、试验材料与方法

试验于 2009 年在甘肃省农业科学院旱地农业研究所抗旱棚进行，供试土壤先过筛（30 目），装入高 50cm、上内径 30cm 和下内径 24cm 的陶瓷盆，每盆装 8 280g 风干土，供试土壤为兰州灌淤土，pH 值为 8.2，田间持水量为 25%，盆施尿素 3g［w（N）= 15%］、磷肥 6g［w（P_2O_5）= 12%］，于播前一次性施入。参试品种为陇鉴 101、长 6878、陇鉴 386、陇鉴 301。设 3 水平水分处理，分别为：Tr2——严重干旱，维持饱和持水量的 40%；Tr1——中度干旱，维持饱和持水量的 60%；CK——正常供水，维持饱和持水量的 80%，每处理重复 6 次。提前 30d 育苗，置 0~4℃玻璃门冰箱进行春化处理，2009 年 3 月 15 日，移栽于盆中。每盆定苗 22 株，土壤含水量维持在饱和持水量的 70%左右，四叶期开始采用称量法控制水分，直到小麦 6 月 28 日开始收获。

于拔节期和抽穗期采功能叶片，液氮速冻并储于超低温冰箱中，用于测定可溶性总糖、丙二醛、脯氨酸含量。可溶性总糖含量测定采用蒽酮比色法；丙二醛含量测定采用 TBA 法；脯氨酸含量测定采用酸性水合茚三酮比色法。抗旱指数（DRI）采用兰巨生等提出的方法，DRI = Y_d×（抗旱系数）/Y_{md}，式中 Y_d 是某品种在干旱下的产量，Y_{md} 是所有参试品种在干旱下的平均产量。Y_w 是某品种在正常供水条件下的产量，抗旱系数 = Y_d/Y_w。

二、试验结果与分析

（一）水分胁迫对不同基因型旱地冬小麦可溶性糖和脯氨酸含量的影响

由表 7-39 可见，当土壤含水量为田间最大持水量的 60%时，功能叶可溶性糖含量达到最高，水分降为田间最大持水量的 40%时，可溶性糖含量有所下降，4 个参试品种拔节期和抽穗期变化趋势基本一致，但各品种不同时期变化幅度不同。土壤水分由田间最大持水量的 80%（CK）降为 60%时，可溶性糖含量迅速升高，拔节期增幅在 31.58%～87.38%，抽穗期增幅在 32.28%～44.04%，可溶性糖含量增加，细胞质浓度增大，可有效缓解细胞脱水胁迫伤害，保证光合等生理过程正常进行；当土壤含水量由田间最大持水量的 60%降为 40%时，即水分胁迫由中度变为重度时，功能叶可溶性糖含量下降，拔节期重度水分胁迫比正常供水高 23.44%～48.13%，抽穗期高 11.26%～24.31%，但重度水分胁迫下功能叶可溶性糖含量相对比中度水分胁迫下低，功能叶可溶性糖含量一方面反映品种在干旱胁迫下的渗透调节能力，同时也可反映其在干旱胁迫下的光合能力，可见，2 个时期重度水分胁迫都会影响作物光合强度。参试材料在不同水分条件下功能叶可溶性糖含量差异显著性分析表明，拔节期重度水分胁迫对陇鉴 101 光合强度的影响相对较小，抽穗期重度水分胁迫对陇鉴 101、陇鉴 386 光合强度的影响相对较小。

表 7-39　水分胁迫下功能叶可溶性糖（SS）和脯氨酸含量（Pro）

指　标	时　期	品　种	CK	Tr1		Tr2	
				含量	较 CK 增加（%）	含量	较 CK 增加（%）
可溶性糖（mg/g）	拔节期	陇鉴 101	2.57±0.09 cB	3.83±0.01 aA	49.03	3.30±0.08 bA	28.4
		陇鉴 386	2.14±0.006 cC	4.01±0.06 aA	87.38	3.17±0.06 bB	48.13
		陇鉴 301	2.09±0.09 cC	2.75±0.05 aA	31.58	2.58±0.02 bB	23.44
		长 6878	3.31±0.003 cC	5.56±0.08 aA	67.98	4.61±0.01 bB	39.27
	抽穗期	陇鉴 101	2.18±0.02 cB	3.14±0.04 aA	44.04	2.71±0.09 bAB	24.31
		陇鉴 386	2.54±0.03 bB	3.36±0.07 aA	32.28	2.89±0.01 bAB	13.78
		陇鉴 301	2.22±0.05 bB	3.05±0.11 aA	37.38	2.47±0.07 bB	11.26
		长 6878	2.96±0.09 cC	4.13±0.14 aA	39.53	3.51±0.01 bB	18.58
脯氨酸（μg/g）	拔节期	陇鉴 101	50.33±0.70 bB	59.62±2.5 bAB	18.46	77.98±2.3 aA	54.72
		陇鉴 386	86.22±1.2 cB	98.35±1.4 bB	14.07	136.44±2.9 aA	58.24
		陇鉴 301	25.67±0.7 cC	40.15±1.0 bB	56.41	55.30±1.3 aA	115.43
		长 6878	51.65±0.5 cC	69.04±0.70 bB	33.66	78.09±1.4 aA	51.19
	抽穗期	陇鉴 101	55.19±1.5 cB	61.26±1.3 bB	11.00	84.09±1.3 aA	52.36
		陇鉴 386	80.96±1.8 cC	93.90±2.1 bB	15.98	113.57±2.3 aA	40.28
		陇鉴 301	50.71±0.70 cC	62.97±1.2 bB	24.18	80.63±2.4 aA	42.18
		长 6878	60.37±1.4 cB	68.04±1.7 bB	12.70	78.17±1.5 aA	29.48

4 个品种拔节期、抽穗期脯氨酸含量均随土壤含水量降低而升高，相同的水分条件

下，同一材料抽穗期功能叶脯氨酸含量基本上高于拔节期，即脯氨酸含量也随水分胁迫时间的延长而升高。当土壤含水量达田间最大持水量的60%时，拔节期功能叶脯氨酸含量较正常供水处理增长 14.07%～56.41%，增长幅度为陇鉴 301>长 6878>陇鉴 101>陇鉴 386，抽穗期增长 11.0%～24.18%，增长幅度为陇鉴 301>陇鉴 386 >长 6878 >陇鉴 101；当土壤含水量降至田间最大持水量的 40%时，拔节期功能叶脯氨酸含量较正常供水处理增长 51.19%～115.43%，增长幅度为陇鉴 301>陇鉴 386>陇鉴 101>长 6878，抽穗期增长 29.48%～52.36%，增长幅度为陇鉴 101>陇鉴 301>陇鉴 386>长 6878。参试材料在不同水分条件下功能叶脯氨酸含量差异显著性分析说明，拔节期不同水分条件下陇鉴 101 变化相对较小，抽穗期正常供水与中度水分胁迫条件下陇鉴 301、陇鉴 386 功能叶脯氨酸含量的变化相对较小。

（二）水分胁迫对不同基因型旱地冬小麦丙二醛（MDA）含量的影响

由表 7-40 可见，参试材料丙二醛含量随土壤水分胁迫加剧而升高，相同的水分条件下，同一材料抽穗期功能叶丙二醛含量高于拔节期，即丙二醛含量也随水分胁迫时间的延长而升高。与正常供水条件相比，在中度水分胁迫下，长 6878 功能叶丙二醛含量 2 个时期增幅都最小；在重度水分胁迫下，拔节期陇鉴 386 丙二醛含量增幅最小，抽穗期长 6878 增幅最小。参试材料在不同水分条件下功能叶丙二醛含量差异显著性分析说明，陇鉴 301 在不同水分条件下丙二醛含量变化较大，干旱使陇鉴 301 膜系统伤害较重，长 6878 在不同水分条件下丙二醛含量变化较小，水分胁迫下长 6878 膜系统受伤害较轻。

表 7-40　水分胁迫下功能叶丙二醛含量

时　期	品　种	CK 叶丙二醛含量（μmol/g）	Tr1		Tr2	
			叶丙二醛含量（μmol/g）	较 CK 增加（%）	叶丙二醛含量（μmol/g）	较 CK 增加（%）
拔节期	陇鉴 101	3.72±0.06 bB	3.96±0.08 bAB	6.45	4.40±0.11 aA	18.28
	陇鉴 386	3.44±0.05 bA	3.78±0.04 abA	9.88	3.99±0.08 aA	15.99
	陇鉴 301	3.10±0.05 cC	3.60±0.08 bB	16.13	4.07±0.06 aA	31.29
	长 6878	4.12±0.06 bB	4.20±0.08 bB	1.94	5.01±0.10 aA	21.60
抽穗期	陇鉴 101	4.50±0.12 bB	5.23±0.11 aAB	16.22	5.47±0.14 aA	21.56
	陇鉴 386	4.66±0.11 bB	5.38±0.13 aA	15.45	5.67±0.16 aA	21.67
	陇鉴 301	3.61±0.10 bB	4.39±0.13 aA	21.61	4.58±0.13 aA	26.87
	长 6878	4.18±0.04 bA	4.28±0.10 bA	2.40	4.72±0.13 aA	12.92

（三）不同程度水分胁迫下不同基因型旱地冬小麦的抗旱指数

作物的抗旱性最终表现在产量上，各种抗旱生理生化指标的取舍仍需以产量为基础。抗旱指数高的品种抗旱性强，产量也高。同等程度水分胁迫下品种抗旱指数越高，其抗旱性越强。中度水分胁迫下陇鉴 386 抗旱指数最高（表 7-41），陇鉴 101 次之，说明中度干旱条件下陇鉴386是参试材料中抗旱性最强的品种，陇鉴101较强；严重水分胁迫下陇鉴101抗旱指数最高，长6878次之，即严重干旱条件下陇鉴101是参试材料中抗旱性最强的品种，长6878较强。综合来看，陇鉴101耐旱、抗旱性都较好，不论在干旱年份还是严重干旱年份丰产、稳产性较好，陇鉴386一般干旱年份丰产、稳产，但长6878严重干旱年份产量降低幅度较小，比较稳产，而陇鉴301不论在中度干旱还是严重干旱条件下抗旱性都较差。

表7-41　抗旱系数（DRC）与抗旱指数（DRI）

品　种	CK 每盆产量（g）	Tr1			Tr2		
		每盆产量（g）	抗旱系数	抗旱指数	每盆产量（g）	抗旱系数	抗旱指数
陇鉴101	29.37	22.73	0.77	0.85	14.06	0.48	0.55
陇鉴386	26.9	22.52	0.84	0.91	12.47	0.46	0.47
陇鉴301	24.79	18.51	0.75	0.67	10.03	0.40	0.33
长6878	22.05	19.03	0.86	0.79	12.26	0.56	0.56

（四）抗旱生理生化指标与抗旱指数相关性分析

由图7-11可见，参试材料拔节期、抽穗期丙二醛、脯氨酸含量在水分胁迫下的增加幅度与抗旱指数（DRI）成负相关，且脯氨酸含量与DRI的相关性大于丙二醛含量与DRI的相关性。即在干旱条件下，丙二醛、脯氨酸含量增加幅度越大的材料，其抗旱性越差，脯氨酸含量的变化对于抗旱性的指示作用强于丙二醛。拔节期、抽穗期功能叶可溶性糖含量在水分胁迫下的增加幅度与抗旱指数（DRI）成正相关，即在干旱条件下，功能叶可溶性糖含量增加幅度越大的材料，其抗旱性越强，可溶性糖含量的变化对于品种的抗旱性也有很好的指示作用。生理生化指标与抗旱指数的相关性分析说明，对于陇鉴101、陇鉴386、陇鉴301和长6878而言，叶片可溶性糖的渗透调节作用大于脯氨酸。

三、结论与讨论

不同水分条件下评价小麦抗旱性，便于筛选出丰水年份产量高干旱年份减产少的品种，为亲本组配等育种实践提供依据。半干旱地区种植的作物品种必须具有广泛的适应性、高产及稳产性，具有在水、肥等环境条件得到改善时，能获得更高产量的遗传潜力；卫云宗等进一步证明了通过水旱不同环境下交叉选择方法用于抗旱、高产型小麦新品种选育的有效性。因此，在不同水分条件下评价抗旱性对小麦抗旱高产育种具有重要意义。

大量研究表明，当植物遭受干旱胁迫时，由于多基因胁迫响应的活化作用，有许多基因参与的一系列防御反应受到诱导，相关代谢酶活性增强，一些代谢物会因响应干旱而被合成。本研究中相关性分析表明，水分胁迫下可溶性糖含量的增加幅度与抗旱指数（DRI）成正相关，抽穗期达显著正相关，即水分胁迫下可溶性糖含量增加幅度越大的品种，其抗旱性越强。中度干旱条件下可溶性糖含量增加，细胞质浓度增大，细胞渗透势降低，使其在低渗透生境中仍能吸收水分，保证了适度干旱条件下光合等生理过程的正常进

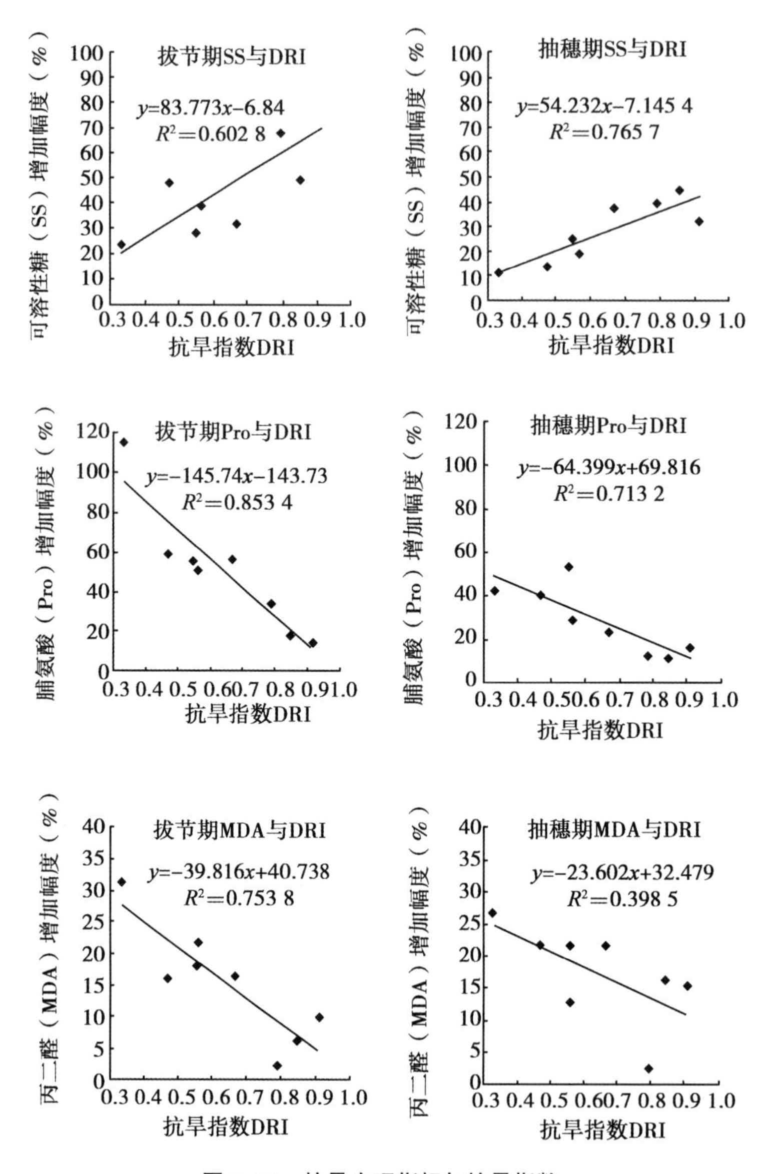

图 7-11　抗旱生理指标与抗旱指数

行，但在严重干旱条件下，植物细胞无法从渗透势很低的生境中继续吸收足够的水分来保证生理过程的正常进行，植物气孔导度降低，光合作用在一定程度上受到抑制，光合产物减少，形成可溶性糖的酶促反应底物减少，这与试验中严重干旱条件下叶片可溶性糖含量较中度干旱条件下降低的结果一致。脯氨酸是水溶性最大的氨基酸，脯氨酸的积累有利于植物抗性的提高。相关性分析结果显示，拔节期、抽穗期脯氨酸含量的增加幅度与抗旱指数（DRI）呈极显著、显著负相关，水分胁迫下脯氨酸含量增加幅度越大的品种，其抗旱性越差，这与许多研究认为脯氨酸积累与植物对干旱和盐胁迫适应性成正相关的结论相反，需进一步研究。丙二醛是膜脂过氧化产物，水分胁迫下丙二醛含量增加幅度越大，说明植物细胞膜系统伤害越重。本研究相关性分析表明丙二醛含量的增加幅度与抗旱指数

（DRI）成负相关，拔节期达显著相关，与前人研究结果一致。

功能叶可溶性糖可作为抽穗期抗旱性鉴定指标、丙二醛可作为拔节期抗旱性鉴定指标，而脯氨酸在旱地冬小麦拔节和抽穗期都可作为早期抗旱性鉴定指标，这与李友军等研究认为叶片脯氨酸不适宜单一作为抗旱鉴定指标的结论相悖，本研究结果是否与地区生态特点不同有关还有待进一步研究。综合来看，陇鉴101和长6878的耐旱、抗旱性都较好，不论在一般干旱年份还是严重干旱年份都比较稳产，陇鉴386在一般干旱年份稳产性可以，但严重干旱年份产量降低幅度大，陇鉴301不论在中度干旱还是严重干旱条件下抗旱性都较差，而陇鉴101与陇鉴386具有在水分条件较好时获得高产的丰产潜力，长6878在丰水条件下的丰产潜力较差。

第十一节　旱地作物高光效品种筛选指标及评价

光合作用提供了作物产量形成的物质基础，90%~95%的植物干重来自光合产物。20世纪60年代，矮秆直立叶株型育种使作物单产大幅度提高，实现了第一次“绿色革命”。此后，利用理想株型和杂种优势相结合，作物单产又获得进一步提高。目前作物的叶面积指数（LAI）和经济系数已难以继续增加，若想进一步提高作物产量就必须提高生物量，这使得提高作物光能利用率成为关键，有人将其称为“第二次绿色革命”。作物高光效是一个内涵和外延非常广的概念，涉及作物生命活动的全过程，与众多学科相联系，不同学科有着不同的理解。

一、作物的光能利用率

如何充分利用照射到地球表面的太阳辐射能进行光合作用，是农业生产中的一个根本性问题。作物对光能的利用是一个综合过程，涉及作物、气候、土壤、栽培和肥料等多个方面，因此也要从不同的水平上来分析。在叶绿体水平，从上面“光合作用的主要过程及关键调控位点”的分析可知，正常条件下的光能（以680nm波长计）转化效率是很高的，达24%（原初反应中光能转化效率90%×同化力形成中的光能转化效率33%×CO_2同化中能量转化效率80%）；这一水平上的限制因子是同化力的形成。在单叶水平，由于光合无效辐射、叶片不完全吸收（反射、透射）、非叶绿体组织吸收以及光、暗呼吸等其他若干难免的途径损失，使被叶片光合作用固定的能量约占太阳能的5%；影响这一水平的主要因素是叶片厚度、光合功能期和呼吸（含光呼吸）。在植株水平上，不同叶片存在叶龄、叶位和叶姿等差异，不可能每一片都处于功能期，且叶片彼此还会有遮蔽和重叠等，这将很大程度地影响植株一生对光能的利用率；在这一水平上，塑造良好株型和增加植株光合总面积应是很好的调控途径。对作物而言，在种植上是一个栽培群落，涉及作物生长初期的漏光损失和环境条件不适（如干旱、水涝、高温、低温、强光、缺CO_2、缺肥、盐渍和病虫草害等）造成的光合逆境，使光能利用率大为降低；再加上农业生产上通常以经济产量为最终衡量指标，这就涉及光合产物向经济器官的分配（常称经济系数或收获指数），进一步降低作物光能利用率，这也就是目前农业实际生产中光能利用率一般仅为0.5%~1.0%的原因。群体水平上的调控主要是栽培管理，涉及合理密植、适时封行、肥水调控和创建最适叶面积指数等。不同水平间的光能利用率，不是孤立的，而是紧密联系的、环环相扣和层层推进的，前一水平都是后一水平的来源和基础。但某一学科的研究者不可能同时关注所有水平，应该有所侧重，如植物生理学家应以叶绿体和单叶水平为重点，育种学家应在植物生理学家的基础上重视植株水平上的高光效育种，栽培学家应以高光效作物为材料进行群体高光效的调控，只有大家分工协作和系统综合，才能将作物光能利用率整体提高，否则就会顾此失彼，无法实现农业生产中的高效光能利用。

二、高光效作物的生理基础与形态特征

（一）高光效作物的生理基础

20 世纪 60 年代初，有人曾提出提高作物光合效率可使产量提高的设想（Bonner，1962）。同时，在高等植物中又发现了光呼吸和 C_4 途径，给人们以新的启迪，认识到提高光能利用率尚有巨大潜力（Hatch，1987）。20 世纪 70 年代以来，世界上一些国家把提高作物光合能力研究列为重点课题，美国十分重视筛选、利用和创造同化 CO_2 能力强、光合产物运输分配合适的作物品种（Zelitch，1975），英国研究了小麦净光合速率变化及 RuBP 羧化酶的基因定位（Peet M 等，1977）。我国也开展了改进作物光合功能的研究，并取得可喜的进展，如江苏省农业科学院培育的适应广幅光强的水稻新品系“02428”，广东省农业科学院培育的株型优良、剑叶后期光合速率高和高光合能力持续期长的水稻高光效种质“叶青伦”，广西农业科学院与中国科学院上海植物生理生化研究所合作用药用野生稻 DNA 导入栽培稻中铁 31 育成的“桂 D1 号”，山东农业大学以“粒/叶”比（库/源比）为指标培育出的小麦高产品种“辐 63”，黑龙江省农业科学院大豆研究所与中国科学院植物研究所合作培育的高光效大豆。随着转基因技术的发展与成熟，20 世纪 90 年代以来，Ku 等（1999）通过农杆菌介导系统，获得了高表达的高光合效率转 PEPCase 基因水稻；Jiao 等（2003）则进一步通过筛选鉴定，获得稳定的高 PEPCase 活性的转基因水稻第七代材料，并选择出株型良好的高光效恢复系和不育系。究竟哪些是高光效作物的生理基础与形态特征呢？目前，还没有系统准确定论。

1. 光能截获及转换效率

光是驱动光合作用的能量来源，光能的吸收直接影响着光合效率和光能利用率。以往研究很重视生殖生长期的叶面积指数，它标志着光能截获量的多少，常常通过增大群体最适叶面积指数来提高群体光合能力而增加产量。水稻抽穗灌浆期叶面积指数与产量关系密切，各个品种都有一个最适叶面积指数，达到和保持田间最适叶面积指数时产量最高。水稻、小麦抽穗期适宜叶面积指数通常为 6.0~8.0，在 8.0 以下时，当叶面积指数增加 1 时，光能利用率提高 0.24%。大豆开花结荚期最适叶面积指数应为 5.0~6.0。

光能的吸收、传递和转换在两个光系统中进行，由两个光系统所构成的光合单位的多少及光系统反应中心的活力将影响光能转换效率。一些研究指出，叶片净光合速率的增加随单位叶面积内光合单位数而增加，呈显著正相关。光合单位的密度增加，光系统 II 反应中心活力也增加，可形成较多的 ATP 和 NADPH，不仅为碳同化提供丰富的能量和还原能力，而且大大提高 RuBP 羧化酶活性，使被吸收的光能转换成化学能的能力达 46%，这

对 C_3 植物尤为重要，因为在高光强下，光合单位密度大的品种，由于叶绿体内反应中心复合体含量较多，并能有效地利用和转化激发能，可避免或减轻反应中心遭受损害。光合单位密度与光合速率、PSII 活性和 RuBP 羧化酶活性及产量密切相关。由此可见，光合作用对产量形成的限制与光合系统的容量和光能转换效率有着密切的关系。

Chla 是反应中心复合体主要成分，处于特殊状态的反应中心 Chla 分子是执行能量转化的光合色素；Chlb 是捕光色素蛋白复合体的重要组成部分，主要在于捕获和传递光能。王强等研究认为，高光效水稻具有相对较高的 Chla 含量，能够更有效地将太阳能转化为同化力，为碳同化提供更充足的能量来源，以维持光合作用的高效运转；同时，较高的 Chla/Chlb 比值也说明相对较低的 Chlb 含量，对于避免因吸收过量光能而导致光抑制具有重要意义。类胡萝卜素的提高可保护光合器官免受单线态氧的伤害，更能适应强光和高温，提高其抗光抑制能力。

植物活体内约 90% 的叶绿素 a 的室温荧光是从 PSII 发出的，其动力学变化能反应 PSII 的光化学反应。稻在自然条件下和遮阴后的植株叶片 *Fv/Fm* 日变化数值接近，在不同光强下都能保持较稳定的光合效率，维持较少的 PSII 功能下调，如超级稻培矮 64S/E32。研究表明，*Fv/Fo*（代表 PSII 活性）、ΦPSII（光下 PSII 的光化学效率）、*qP*（PSII 反应中心开放部分的比例，其值越高表示 PSII 反应中心光能转化效率越高）和 *qN*（代表各种光化学去激过程所消耗的能量，与 *qP* 相反）在不同大豆品种间差异显著，高光效大豆品种表现出高 *Fv/Fo*、ΦPSII、*qP* 和低 *qN*，即光能在两个光系统中的分配较为合理，且光能从捕光色素蛋白复合体向 PSII 反应中心的传递能力和 PSII 反应中心的原初光能转换效率较高。为了更好地综合衡量 PSII 反应中心的活性，Genty 等（1989）提出“光合电子链的电子传递速度”的概念，即 $qP \times Fv \times \Phi PSII$。

近些年研究已证明，植物通过叶绿素所捕获的光能超过正常光合作用所需的能量，其过剩光能得不到排散和 Calvin 循环运转受到障碍就造成对光合器官的伤害，发生光抑制及光氧化。光合作用光抑制和光氧化伤害的原初部位都在 PSII 上，PSII 伤害过程可分为功能 PSII→失活 PSII→无功能 PSII→丧失 Dl 蛋白的 PSII，当环境适合时 Dl 蛋白可重新合成形成功能的 PSII，故 PSII 反应中心 D1 蛋白合成能力强有助于被伤害的 PSII 修复。屠曾平等指出，光抑制程度轻的品种具有叶片较厚，RuBP 羧化酶和 PEP 羧化酶活性较高的特点；他们用光合作用饱和点高、光合速率高、光抑制程度轻的高光效品种与当地高产品种组配所得到的杂交稻，在光合生产能力上比两个亲本都有明显的改进。因此，设法提高植物自身对光抑制的保护性反应，避免或减轻光抑制和光氧化，已成为今后高光效育种的主要内容之一。

2. 光合碳同化

强光下，植物接受到的光能较多，光反应较快，此时影响光合速率的限制因子往往是光合碳同化跟不上，造成被吸收的光能白白地浪费。RuBP 羧化酶是光合碳同化的一个关键酶，其活性决定着光合碳同化的运转效率，常被认为是光合作用的限速酶。大量研究表明，RuBP 羧化酶活性和含量与光合效率呈正相关，甚至叶片中 RuBP 羧化酶含量与产量也密切相关，对产量的贡献也最大，这说明籽粒产量取决于光合碳同化的运转效率；但起作用的是 RuBP 羧化酶的活化量而不是总量。

C_4 途径关键酶不仅存在 C_4 植物中，且广泛地存在于 C_3 植物中，虽然这些酶在 C_3 植物中活性较低，但当内外条件发生变化时（如小麦或大豆在干旱条件下），PEP 羧化酶将显著提高，故在 C_3 植物中 C_4 途径的存在与否及其强弱应该是高光效的标志。C_4 途径的存在标志着细胞有可能通过“CO_2 泵”的方式提高光合碳循环的 CO_2 浓度，使 RuBP 羧化酶的催化方向朝有利于碳水化合物形成的方向运转，这一结果也启发我们有可能通过 PEP 羧化酶来筛选高光效种质。相关分析表明，光合碳同化酶活性与 PSII 光化学功能和光合速率互为明显的连锁相关，这也就是目前高光效基因工程主要集中在 C_4 途径碳同化关键酶的原因。湖南农业大学洪亚辉等采用花粉管通道法将密穗高粱总 DNA 导入籼稻，选育出具有高光效、高产和优质的新品系。安徽省农业科学院吴敬德等采用离子束介导法将玉米总 DNA 导入籼稻的种胚细胞，获得了带有典型玉米性状且能稳定遗传的水稻株系。美国华盛顿州立大学 Ku 等采用农杆菌介导法将玉米 C_4 途径的 3 个关键酶（PEPCase 基因、PPDK 基因和 NADP－ME）基因分别转入同一受体——日本的特早熟粳稻品种 Kitaake，并得到高表达。焦德茂等研究转 PEPCase 基因水稻后发现，转 PEPCase 基因水稻 PEPCase 活性比原种高 20 倍，光饱和速率比原种高 55%，羧化效率提高 50%，CO_2 补偿点降低 27%；在高光强（3h）或光氧化剂甲基紫精（MV）处理后，与原种相比，转 PEPCase 基因水稻的 PSII 光化学效率（Fv/Fm），光化学猝灭（qP）下降较少，即耐光抑制和耐光氧化能力增强。CO_2 补偿点是区分 C_3 和 C_4 植物的一个重要指标，前者较高，后者较低，CO_2 补偿点低的作物品种常常具有净光合速率高和产量高的特点，也常常被用作选育高光效品种的指标。

光呼吸导致已同化 CO_2 的碳素损失，故低光呼吸也是高光效作物的一个重要生理指标。水稻品系 02428 就是利用 C_3 作物水稻和 C_4 作物的“同室效应”筛选出的低光呼吸品系，后来在化杀杂种稻亚优 1 号及亚优 2 号中起了重要的作用。Rubisco 不仅是光合碳循环入口的钥匙，而且它的活性也控制着光呼吸，如何控制它的通道方向（卡尔文环或乙醇酸途径）已引起科学家的重视。有报导指出，可通过改变 RuBP 羧化酶动力学的性质或用化学方法改变 RuBP 羧化酶/RuBP 加氧酶的比率来减少 C_3 植物的光呼吸。也有人发现，C_3 植物 RuBP 羧化酶/RuBP 加氧酶的比率能发生遗传性变异，这暗示可通过遗传学手段改造 RuBP 羧化酶，使其羧化比率提高。

3. 单叶净光合速率

光合作用受诸多因素的影响（如作物生育阶段、体内光合生理生化过程和环境因素等）。关于单叶净光合速率与产量关系的研究存在不同的报道。围绕这个问题，通过多年的系统研究指出，单叶净光合速率与作物产量缺乏正相关或表现负相关是假象，正相关才是对两者本质关系的正确反映。然而，这种正相关常常被一些因素所掩盖。人们可以通过选择单叶净光合速率来进一步增加产量，但切莫认为只要单叶净光合速率提高就必定增产，这是因为它不是唯一考虑的参数，光合作用的光响应特征等其他指标也很重要。在选择高单叶净光合速率时，一些不利的变化（如叶片光合功能期的缩短、收获指数的下降及呼吸速率的增加等）应当避免。过去作物育种中，尽管育种学家没有把单叶净光合速率作为选择指标，但实现了产量与单叶净光合速率同步提高；高光效品种的育成也进一步验证，提高单叶净光合速率能提高产量。

4. 光合产物的积累与分配

通常光合能力高的品种往往产量也高，但有些品种尽管光合能力较强而产量并不一定高，究其原因除与作物本身的生长发育状态及环境因素有关外，还与光合产物的积累与分配有关。要积累更多的光合产物，除了提高前面涉及的光合作用的生理生化过程外，还得最大限度地减少光（暗）呼吸。蔗糖是高等植物光合产物向外运输的主要形式，也是协调植物源库关系的信号分子，调控其生物合成主要是 FBPase、SBPase 和 SPSase（蔗糖磷酸合成酶），它们活性的增强有利于光合产物的积累与分配。高光效大豆种质单株总糖含量随生育进程呈上升趋势，高光效种质的高光效主要体现在植株生长发育的中后期，此时不仅光合速率及光化学活性高，且光合产物明显增加，更重要的是这些光合产物大量地运往结实器官中。因此，对于高光效作物来说，不仅要通过高光合效率形成较多的光合产物，更要合理分配光合产物，才能使源（光合）—流（光合产物运转）—库（籽粒）协调而实现增益作用。

（二）高光效作物的形态特征

1. 叶　片

许多研究表明，大豆叶片大小与光合速率呈负相关，这可能是叶面积增加使光合器被“稀释”或因大豆叶片间严重遮阴而减少了光合容量所致。一些研究者指出，叶片厚度与光合速率呈正相关，而一些学者则认为叶片厚度与光合速率无相关性。叶片厚度的增加主要表现在栅栏组织的加厚，与栅栏细胞变长紧密相关。赵秀琴等发现，高光效植株叶片的气孔密度显著超亲和气孔乳突数目增多、发达且多覆盖在气孔表面，使得气孔导度提高；高光效品种叶绿体基粒片层明显地增多，高叶位叶绿体的基粒片层也多于低叶位。光合速率高低取决于叶肉组织和栅栏组织的厚度，与海绵组织厚度无关；单位叶面积内栅栏细胞数目也与光合速率呈正相关。不仅栅栏组织与光合速率极显著相关，且海绵组织厚度也与光合速率显著相关，问题是这两者必须协调增长使整个叶片加厚，才能提高整个叶片的光合能力。

2. 株　型

株型是指植株的形态特征、空间分布及性状间的相互关系，包括株高、分枝多少、长短和角度，叶片大小、形状、层次和调位性，叶柄长短和角度等。株型的受光态势影响着植物能否把所截获的光能均匀地分配到全部叶片中，故高效受光态势的株型是作物高光效的基础。从目前已培育的超级稻和具有超高产潜力的品种来看，它们都具有良好的株型，表现为叶片长而厚、挺直和稍卷曲，穗大，株高增加，茎秆粗壮，叶色深绿、分蘖较多、叶面积指数趋向饱和；近期高产小麦的旗叶、倒二叶的长/宽及叶片与茎秆夹角明显变小，变得相对宽、短、厚、挺；对创造高产纪录的大豆品种诱处 4 号研究发现，该品种株型紧凑、光合和抗光抑制能力强，具有良好的受光态势；这些说明通过育种手段获得理想株型和通过栽培措施改善植株外在形态，以提高植株的光能截获能力，从而提高外在光能转化效率，已被遗传学家所公认，成为育种工作普遍采用的技术手段。

（三）高光效作物的筛选与鉴定

在生产水平不断提高和最高产量徘徊不前的当前形势下，怎样突破产量潜力一直是国内外的主要研究领域之一，许多科学家把这一希望寄托于光合作用的改善。各种大幅度提高产量的措施都已发挥了最大作用，只有光合作用的潜力还有待于进一步挖掘。我国育种家们提出了“外在光能转化效率（合理株型）+内在光能转化效率（高光效）+杂种优势”的超高产育种技术路线，其本质就是把“光合效率”作为超高产育种的重要生理基础补充到已有的育种技术路线中。从目前的研究来看，实现高光效育种的难点就是确定切实有效的生理指标和简单易行的筛选与鉴定技术，且这些指标和技术还必须与传统的常规育种理论、方法和流程巧妙紧密地结合成一个完整的体系。多年来，人们通过在不同作物上的“高光效育种”实践，创造了许多产生变异的途径，并以产量潜力提高15%~20%为基础，从不同角度提出了一些筛选与鉴定高光效植株的性状和指标（表7-42）。过去，人们往往将高光效与高光合速率等同起来，且光合速率大多数都以抽穗期测定的瞬时光合速率定论；而现在，人们逐渐认识到高光效育种不单是抽穗期高光合速率的筛选，光合单位密度、气孔导度、光饱和点、CO_2 补偿点、光合功能期和光抑制等也是衡量高效利用光能的重要参数。这些都是单一指标，以此为基础衍生出一些综合指标，如光合电子链的电子传递速度（$qP \times Fv \times \Phi PSII$）、光合势（叶面积与光合时间的乘积）、叶源量（瞬时光合速率×光合功能期×叶面积）、高库容增量比（抽穗后35d与抽穗后30d间增加的平均单茎干重与平均穗重之比，鉴定光合与灌浆协调程度）等，但这些指标因其复杂性难以被育种家在选择时利用。

表7-42 高光效作物筛选与鉴定的性状和指标

光能利用过程	简要理论基础	植株性状	生理指标
光能截获	（1）减少植株消光系数 （2）增大植株叶面积	（1）株型渐趋紧凑，矮秆，叶片宽、短、厚、挺 （2）多叶、多分蘖	
光能吸收与转化	（1）改善叶片内在结构，形成较多同化力 （2）高效利用和转化激发能 （3）耐光抑制和光氧化	（1）高气孔密度、厚栅栏组织 （2）叶色浓绿，叶片寿命及光合功能期长 （3）叶片抗衰老	（1）高气孔导度，高叶绿体密度，多叶绿体基粒片层 （2）光合单位密度大，高Chl、Chla和Chla/Chlb （3）高 Fv/Fm（Fo）、ΦPSII和qP，低 qN，强PSII反应中心D1蛋白合成能力
光合碳同化	维持光合碳循环的高效运转，形成更多的光合产物	比叶面积小（比叶重大）	高RuBP羧化酶和 C_4 途径关键酶活性，低RuBPOase活性，高光饱和点，低 CO_2 补偿点，高净光合速率
光合产物的积累与分配	90%~95%植株干重来自光合产物	合适生育期，单株生物量大	低暗呼吸，高FBPase、SBPase和SPSase活性，单株糖含量
干物质运转与分配	光合产物是作物产量物质基础	高粒/叶，高鞘重/叶重，灌浆速度快，高经济系数（收获指数）	

高效光合作用是作物获得高产的物质基础，但须和作物的其他优良生理功能、经济性状和抗逆性配合才能充分发挥其作用，并且还得通过合适的栽培管理过程才能实现。作物产量的形成是在一定空间和一定时间范围内综合光合能力的体现，在考虑光合能力的改善时，除进行叶片生理机能和结构的改造外，还要从宏观上进行把握。空间上要注意与群体捕获光能能力有关的叶面积发展动；时间上要注意群体及单叶有效光合时期的长短，尤其是灌浆期的高效光合持续期。以产量提高为基础，将生态型和光合速率并重选择作为高光效育种程序和方法的重要内容是高光效育种成功的关键。今后培育的高产水稻应该具有新的群体结构和新的生理特性，即高光合能力、高截获光能能力和光合产物在籽粒中的高比例分配等。为了最大限度地提高水稻对光能的利用率，既有较强的光能捕获能力，又有较高的光能转化效率，才称为“整体光合能力”。理想的大豆光合生态型应该是在某一生态类型的基础上，具有较大光能截获能力、光能高速传递能力、高光能转化效率、高光合速率和高 RuBP 羧化酶及 C_4 途径酶活性，并具有光合产物在籽粒中高比例分配和持续较长光合时间等综合水平。因此，高光效作物是作物高效利用光能的综合体，具有“高光能截获、高光合能力和高光合产物在经济器官中的分配”的共性。

三、旱地作物高光效品种筛选指标及评价研究

（一）旱地冬小麦高光效品种评价指标

1. 冬小麦苗期活力与产量关系

在大田自然条件下，采用 67 个不同基因型冬小麦品种（系），监测分析了冬前苗期活力（GCw）、春季苗活力（GCs）、叶片衰老速率（LSR）、叶片衰老等级（LSS）、叶绿素相对含量（SPAD 值）、叶面积指数（LAI）、株高（PH）、穗数（NS）、穗粒数（KNS）、千粒重（TKW）与籽粒产量（GY）的相关性（表 7-43）：在灌溉条件下，GY 与 GCw、GCs 和 LAI 表现极显著正相关，在干旱条件下，GY 与 GCw、GCs、LAI、TKW 呈现极显著正相关，与 NS 为显著正相关。可见，不管在干旱还是灌溉条件下，GCw、GCs、LAI 三个指标与产量相关性强。

表 7-43　小麦产量与生理、农艺性状的相关分析

测定指标	GCw	GCs	LSR	LSS	SPAD	LAI	PH	NS	KNS	TKW	GY
GCw		0.45**	0.1	0.23*	−0.25**	0.29**	0.32**	0.19*	−0.26**	0.41**	0.56**
GCs	0.55**		0.39**	0.30**	−0.17	0.17	0.23**	0.16	−0.13	0.11	0.40**
LSR	0.31**	0.50**		0.68**	−0.23**	−0.13	0.09	0.04	−0.15	−0.08	−0.16
LSS	0.31**	0.43**	0.50**		−0.39**	−0.08	0.38**	0.11	−0.38**	0.12	−0.06
SPAD	−0.17	−0.16	−0.15	−0.20*		−0.02	−0.50**	0.1	0.25**	−0.28**	−0.09
LAI	0.34**	0.45**	0.26**	−0.03	−0.1		0.1	0.20*	−0.04	0.04	0.47**
PH	0.27**	0.30**	0.31**	0.52**	−0.32**	0.11		−0.19*	−0.34**	0.60**	0.14
NS	−0.03	0.08	0.03	−0.02	0.02	0.06	−0.31**		−0.36**	−0.22*	0.20*
KNS	−0.16	−0.19*	−0.13	−0.17	0.04	−0.13	−0.21*	−0.34**		−0.43**	−0.04
TKW	0.37**	0.24**	0.13	0.27**	−0.13	−0.01	0.59**	−0.40**	−0.37**		0.24**
GY	0.50**	0.45**	0.16	0.06	−0.05	0.27**	0.07	0.06	0.08	0.12	

冬苗期植被归一化指数（NDVIw）、春苗期植被归一化指数（NDVIs）、抽穗前植被归一化指数（NDVIbh）、灌浆中期植被归一化指数（NDVImf）、穗数（NS）、穗粒数（KNS）、千粒重（TKW）与产量（GY）也有很好的相关性（表 7-44），干旱条件下产量与 NDVIw、NDVIs、NDVIbh 极显著正相关，与 NDVImf 显著相关，灌水条件下，产量仅与 NDVIbh 显著相关。可见，干旱条件下，返青—抽穗前 NDVI 值与产量有很好的相关关系，可以在旱地小麦高光效品种筛选中应用。应用上述指标，初步筛选出了陇鉴 107、陇鉴 108 光能利用效率较高冬小麦新品种，产量分别为 343.0kg/亩、344.9kg/亩，较对照（西峰 27）增产 7.4%、8.0%。

表 7-44　小麦产量与 NDVI 值、农艺性状的相关分析

测定指标	NDVI-w	NDVI-s	NDVI-bh	NDVI-mf	NS	KNS	TKW	GY
NDVIw		0.58**	0.47**	0.20	0.18	-0.23	0.28	0.34*
NDVIs	0.63**		0.52**	0.12	0.17	-0.11	0.12	0.41**
NDVIbh	0.40**	0.41**		0.47**	0.23	-0.15	0.08	0.41**
NDVImf	-0.02	-0.06	0.37*		0.12	0.08	0.08	0.38*
NS	0.04	0.09	0.15	0.14		-0.36*	-0.22	0.21
KNS	-0.21	-0.19	-0.04	0.10	-0.34*		-0.43**	-0.03
TKW	0.33*	0.15	-0.08	-0.26	-0.4	-0.37		0.23
GY	0.23	0.26	0.29*	0.12	0.06	0.08	0.12	

注：** 表示 $P<0.001$，* 表示 $P<0.01$；右上角为干旱条件，左下角为灌水条件

NDVIw 和 GCw 之间的相关系数为 0.76~0.84（$P<0.001$），NDVIs 和 GCs 之间的相关系数为 0.84~0.82（$P<0.001$）（表 7-45）。也就是说，NDVI 与 GC 在两个幼苗期时期高度相关。因此这两个参数中的任何一个都能较好反映冬小麦幼苗活力。NDVIs与NDVIw

表 7-45　产量及千粒重与苗期性状（NDVI、GC）的相关系数

性　状	供水情况	GCw	NDVIs	GCs	GY	TKW
NDVIw	干旱	0.76**	0.51**	0.40**	0.38**	0.36**
	充分供水	0.84**	0.55**	0.59**	0.44**	0.36**
GCw	干旱		0.47**	0.45**	0.56**	0.41**
	充分供水		0.48**	0.55**	0.50**	0.37**
NDVIs	干旱			0.74**	0.42**	0.32**
	充分供水			0.82**	0.33**	0.15
GCs	干旱				0.40**	0.11
	充分供水				0.45**	0.24**

注：NDVIw——冬前植被归一化指数；NDVIs——春季起身期植被归一化指数；GCw——冬前地表覆盖度；GCs——春季返青期植被覆盖度；GY——籽粒产量；TKW——千粒重

之间的相关系数分别为0.51～0.55，而GCw和GCs之间为0.45～0.55，表明冬前幼苗活力与起身期幼苗活力存在关联，但也存在差异。总体上苗期活力性状在干旱和充分供水下均与产量存在显著的正相关，干旱下相关系数0.38～0.56，充分供水下相关系数0.33～0.50，表明在两种环境中选择幼苗活力可间接提高籽粒产量。其中GCw与产量和千粒重的相关系数较大。因此田间环境下对该指标选择，可能对产量选择有间接效应。

2. 冬小麦抽穗期衰老性状与产量关系

干旱条件下，NDVIv和LAIv与产量呈显著正相关，而且NDVIv和LAIv之间也显著相关（表7-46）。叶片衰老评分值LSS与灌浆初期叶片衰老速率LSR之间显著相关，充分供水条件下相关系数0.68大于干旱条件下的0.48。NDVIg与LSS和LRS显著相关，干旱条件下相关系数为-0.61和-0.7，充分供水条件下分别是-0.61和-0.55。抽穗期HT与LSS、LSR和NDVIg显著相关，在干旱条件下分别是-0.65，-0.46和0.43，而充分供水条件下分别是-0.49，-0.4和0.5。

表7-46　旱地冬小麦衰老性状及产量的相关系数

指　标	NDVIv	NDVIg	LAIv	LAIg	HT	LSR	LSS	GY
NDVIv		0.46**	0.47**	0.23**	-0.02	0.23**	0.07	0.43**
NDVIg	0.39**		0.39**	0.29**	0.43**	-0.7**	-0.61**	0.39**
LAIV	0.27**	0.22**		0.23**	-0.09	-0.06	-0.02	0.44**
LAIg	0.25**	0.21**	0.63**		-0.02	-0.17*	-0.13	0.29**
HT	0.09	0.5**	0.22**	0.22**		-0.46**	-0.65**	-0.1
LSR	0.43**	-0.55**	0.05	0.01	-0.4**		0.68**	-0.09
LSS	-0.07	-0.61**	-0.11	-0.13*	-0.49**	0.48**		-0.08
GY	0.35**	0.19**	0.15*	0.11	0.13	0.14	-0.03	

注：右上角为干旱环境下，左下角为充分供水环境下相关系数。*NDVIv*——抽穗前NDVI；*NDVIg*——灌浆中期NDVI；HT——抽穗期；LSS——叶片衰老评分；LAIv——叶面积指数；LSR——叶片衰老速率；LAIv——抽穗前LAI；LAIg——灌浆中期LAI。

3. 冬小麦株高与产量关系

干旱和充分供水条件下籽粒产量与NS、KNS、TKW表现显著正相关，而PH值只有在干旱下与产量相关显著，表明一定的株高在干旱环境下对产量重要贡献。PH值与TKW显著相关，在充分供水下（$r=0.76$）和干旱（$r=0.67$），表明株高降低，影响千粒重。同时产量三要素之间，显著负相关。干旱条件下，NS与产量相关系数最大（0.44），而充分供水条件下，TKW与产量相关系数最大（0.47），因此成穗数是干旱环境下主要限制因素，而充分供水条件下，千粒重是主要的产量限制因素。同时，PH值与TKW显著正相关，而与穗数和穗粒数存在负相关（表7-47）。

表 7-47　株高与产量及产量性状的相关性

指　标	PH 值	NS	KNS	TKW	GY
PH 值		-0. 26**	-0. 43**	0. 67**	0. 26**
NS	-0. 37**		-0. 49**	-0. 25**	0. 44**
KNS	-0. 48**	-0. 34**		-0. 45**	0. 30**
TKW	0. 76**	-0. 40**	-0. 41**		0. 26**
GY	0. 17	0. 32**	0. 36**	0. 47**	

4. 旱地冬小麦高光效品种筛选

2013—2016 年引进 22 个冬小麦品种（系），结合产量和光能利用率指标（表 7-48），2013 年筛选出陇鉴 107 和陇鉴 108 两个高产、高光效的品种。其中陇鉴 107 产量和光能利用率依次为 3 693. 0kg/hm^2 和 0. 42%，较对照提高 20. 9%和 20. 0%，陇鉴 108 产量和光能利用率分别为 3 081. 0kg/hm^2 和 0. 37%，较对照提高 0. 9%和 5. 7%。2014—2015 年，筛选出兰航选 122 和陇鉴 111 两个品种，2 年平均产量分别为 6 105. 0kg/hm^{2}和 5 988. 0kg/hm^2，较对照提高 9. 9%和 7. 7%，光能利用效率分别为 0. 7%和 0. 69%，较对照提高 0. 06 个百分点和 0. 05 个百分点。2016 年，筛选出兰天 134、陇鉴 114 和陇育 0825 三个品种，产量分别为 5 567. 1kg/hm^2、5 482. 5kg/hm^2 和 5 508. 6kg/hm^2，较对照提高 6. 2%、4. 5%和 5. 1%，光能利用率为 0. 54%，较对照提高 0. 03 个百分点。

表 7-48　不同冬小麦品种产量及光能利用率

年　份	品　种	产　量（kg/hm^2）	产量较对照增加（%）	光能利用率（%）	光能利用率较对照增加（%）
2013	西平 1 号	2 550. 0	-16. 5	0. 29	-17. 1
	陇原 04341	2 509. 5	-17. 8	0. 29	-17. 1
	陇鉴 107	3 693. 0	20. 9	0. 42	20. 0
	普冰 9946	2 721. 0	-10. 9	0. 31	-11. 4
	西峰 27（ck）	3 054. 0	—	0. 35	—
	陇鉴 108	3 081. 0	0. 9	0. 37	5. 7
	陇麦 079	2 842. 5	-6. 9	0. 32	-8. 6
2014	陇育 0526	6 283. 5	-3. 5	0. 73	-3. 9
	兰航选 122	7 371. 0	13. 2	0. 85	11. 8
	陇鉴 110	6 864. 0	5. 4	0. 80	5. 3
	陇鉴 111	7 140. 0	9. 7	0. 83	9. 2
	陇育 4 号（ck）	6 510. 0	—	0. 76	—
	灵选 5 号	7 060. 5	8. 5	0. 82	7. 9
	普冰 151	7 239. 0	11. 2	0. 84	10. 5

（续表）

年　份	品　种	产　量（kg/hm²）	产量较对照增加（%）	光能利用率（%）	光能利用率较对照增加（%）
2015	陇育 0526	4 419.0	0.0	0.50	-3.8
	兰航选 122	4 839.0	0.1	0.55	5.8
	陇鉴 110	4 732.5	0.0	0.54	3.8
	陇鉴 111	4 836.0	0.1	0.55	5.8
	陇育 4 号（ck）	4 605.0	—	0.52	—
	灵选 5 号	4 074.0	-0.1	0.46	-11.5
	普冰 151	4 128.0	-0.1	0.47	-9.6
2016	兰天 134	5 567.1	6.2	0.54	5.9
	陇育 0914	5 384.9	2.7	0.53	3.9
	陇麦 838	5 332.8	1.7	0.52	2.0
	陇鉴 113	5 022.9	-4.2	0.49	-3.9
	陇鉴 114	5 482.5	4.6	0.54	5.9
	兰天 722	4 970.1	-5.2	0.49	-3.9
	陇育 0825	5 508.6	5.1	0.54	5.9
	陇育 4 号（ck）	5 241.6	—	0.51	—
	宁麦 12 号	5 229.2	-0.2	0.51	0.0

（二）旱地春玉米高光效品种评价指标

在大田自然条件下，测试分析了引进的 11 个玉米品种产量（GY）、叶面积指数（LAI）、冠层温度（CT）、植被归一化指数（NDVI）、叶绿素相对含量（SPAD）、气孔导度（Gs）、出籽率（KR）、百粒重（HKW）、穗行数（RN）、行粒数（KNR）的相关性（表 7-49），GY 与 LAI 和 NDVI 表现极显著正相关，相关系数分别为 0.66 和 0.82，与 CT

表 7-49　玉米产量与生理、农艺性状的相关分析

测定指标	GY	LAI	CT	NDVI	SPAD	Gs	KR	HKW	RN	KNR
GY	1	0.66*	-0.71**	0.82**	0.52	0.5	0.24	0.71*	-0.06	0.06
LAI		1	-0.47	0.5	0.41	0.5	0.35	0.23	0.13	0.29
CT			1	-0.54	-0.37	-0.18	-0.04	-0.72**	-0.13	0.21
NDVI				1	0.66*	0.46	0.02	0.55	0.03	0.1
SPAD					1	0.82**	-0.06	0.38	-0.15	-0.12
Gs						1	0.1	0.27	-0.13	0.23
KR							1	-0.02	0.15	0.37
HKW								1	-0.34	-0.24
RN									1	-0.07
KNR										1

值为极显著负相关，相关系数为-0.71。GY 与 HKW 为显著正相关，相关系数为 0.71。可见，LAI、NDVI 和 CT 等指标与产量有较好的相关关系，可以作为辅助指标在高光效玉米品种筛选中应用。初步筛选出了先玉 335、陇单 9 号高光效玉米品种，产量分别为 1 055.9kg/亩和 1 077.6kg/亩，较对照（玉豫 22）增产 6.8%、9.0%。

（三）提高旱地玉米光能利用率的肥控技术研究

1. 控释氮肥全部基施对玉米光能利用的影响

（1）提高了玉米叶片光合速率。控释氮肥全部基施能显著提高抽雄期玉米叶片光合速率（Pn），随着施氮量的增加，叶片 Pn 呈现先增加后降低的趋势（图 7-12）。控释肥 12kg/hm^2 全部基施下，Pn 最高，较普通氮肥 12kg/hm^2（基施：追施=1：1）施用下 Pn 提高了 6.3%。控释肥 16kg/hm^2 全部基施下，较普通氮肥 16kg/hm^2（基施：追施=1：1）施用下 Pn 提高了 2.1%。施氮处理气孔导度（Gs）与对照（不施肥）差异达显著水平。Gs 随施肥量的增加，呈现出先增加后降低的趋势。控释肥 12kg/hm^2 全部基施下，Gs 达最大值，说明适当的控释肥一次性基施对维持气孔开度、提高气孔的光合气体交换能力有积极的作用。高氮处理下 Gs 下降可能与其提高了气孔对环境敏感度有关。可见，控释肥全部基施能显著提高玉米光合速率。

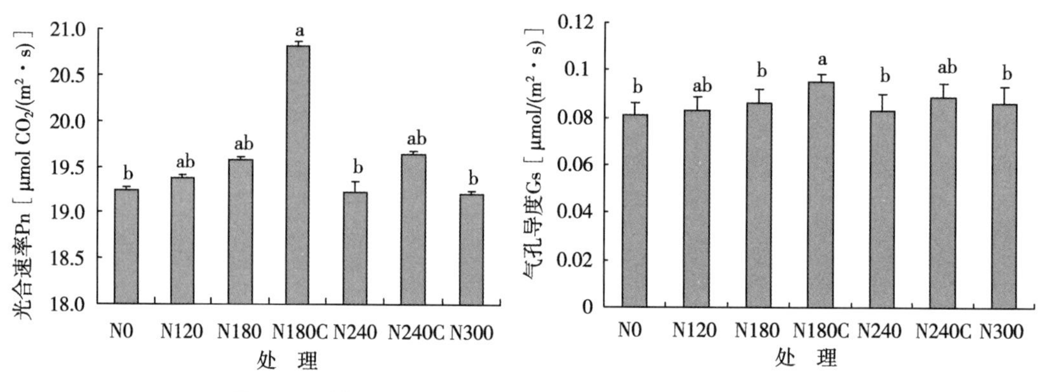

图 7-12 控释氮肥全部基施对玉米叶片 Pn 和 Gs 的影响

（2）提高了玉米干物质积累量。在拔节前期，不同用量的控释氮肥全部基施处理干物质积累量低于同等量普通氮肥处理。拔节后控释氮肥处理干物质积累速率明显加快，到抽雄期，180kg/hm^2 控释氮肥全部基施较普通氮肥 180kg/hm^2（基施：追施=1：1）处理和不施肥干物质积累量分别提高 4.2%和 7.1%，成熟期依次提高 15.2%和 22.3%（图 7-13）。240kg/hm^2 控释氮肥全部基施较普通氮肥 240kg/hm^2（基施：追施=1：1）处理和不施肥干物质积累量在抽雄和成熟分别提高 2.8%和 15.8%，14.5%和 3.3%。说明在拔节后控释氮肥光合产物积累优势显著，这可能是控释氮肥养分释放与玉米需肥规律相吻合，促进了玉米生长。

（3）提高了玉米产量和光能利用率。由表 7-50 可知，240kg/hm^2 控释氮肥全部基施产量和光能利用率最高，分为 16 372.3kg/hm^2 和 2.10%，较不施肥增加 32.4%和 0.52 个百分点，但与 N120C、N180、N180C、N240、N300 产量差异不显著。可见，控释氮肥一次性基施 240kg/hm^2 可以满足玉米整个生育期对肥料的需求，有利于提高光能利用率，进而提高了玉米产量。

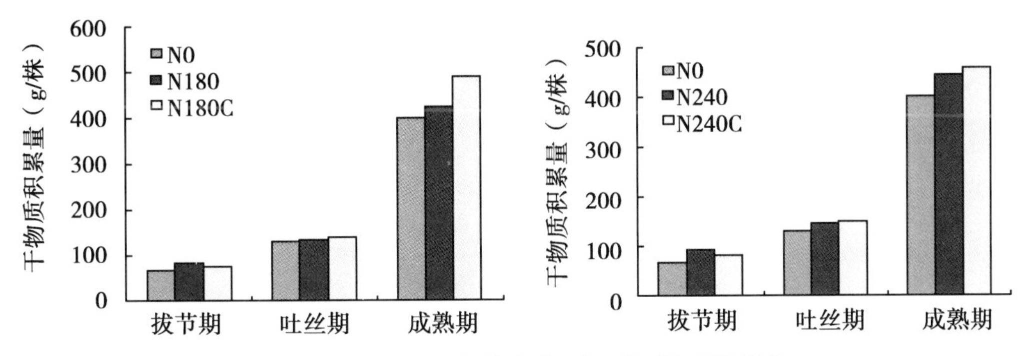

图 7-13　控释氮肥全部基施对玉米干物质积累的影响

表 7-50　控释氮肥基施对旱地地膜玉米产量和光能利用率的影响

施氮量	2013 年		2014 年		2015 年		2016 年		年平均	
	产量（kg/hm²）	光能利用率（%）	产量（kg/hm²）	光能利用率（%）	产量（kg/hm²）	光能利用率（%）	产量（kg/hm²）	光能利用率（%）	产量（kg/hm²）	光能利用率（%）
N0	12 259. 5	1. 64	12 280. 5	1. 56	11 565. 0	1. 43	13 359. 2	1. 70	12 366. 1	1. 58
N120	15 900. 0	2. 12	15 430. 5	1. 96	14 130. 0	1. 75	15 280. 2	1. 94	15 185. 2	1. 94
N120C	16 593. 0	2. 22	16 719. 0	2. 13	14 706. 0	1. 82	14 830. 9	1. 89	15 712. 2	2. 01
N180	15 376. 5	2. 05	15 975. 0	2. 03	14 802. 0	1. 83	15 647. 6	1. 99	15 450. 3	1. 97
N180C	16 470. 0	2. 20	16 588. 5	2. 11	15 295. 5	1. 90	14 471. 8	1. 84	15 706. 4	2. 01
N240	15 918. 0	2. 13	15 694. 5	2. 00	15 454. 5	1. 92	15 314. 5	1. 95	15 595. 4	2. 00
N240C	17 292. 0	2. 31	16 945. 5	2. 15	15 570. 0	1. 93	15 681. 7	1. 99	16 372. 3	2. 10
N300	16 084. 5	2. 15	16 042. 5	2. 04	15 097. 5	1. 87	16 169. 1	2. 06	15 848. 4	2. 03

2. 水氮协调对玉米光合产物积累转化及光化学参数的影响

在抗旱遮雨棚条件下通过人工控制供水和氮肥用量，揭示了水氮协调对地膜玉米光合产物分配、农学水分利用效率及叶片光合生理生态指标的影响。随着生育期供水量从380mm 减少到 170mm，玉米收获时地上光合产物积累量、籽粒产量、光合产物向籽粒中转移比例均逐渐减少（图 7-14），但增施 N 肥可以提高光合产物积累量和水分转化效率，增施 N 肥 8kg/亩时消耗 1mm 水分的干物质积累量增加 2. 509kg/亩，增施 16kg N 时提高到 3. 628kg/亩，24kg N 时减少到 1. 318kg/亩（图 7-15）。在同等水分条件下增施 N 肥提高了积累光合产量向籽粒中转移的比例，生育期供水 380mm 时随着施 N 量增加玉米经济系数由 0. 453 提高到 0. 561，供水量减少到 315mm 时由 0. 421 提高到 0. 520，但供水量达到 245mm 时经济系数在 0. 47~0. 43，变化不大，供水量下降到 170mm 时经济系数稳定在 0. 36。因此，水分过低或 N 肥过高都不利于调控玉米光合产物的积累与转移，水肥协调不但增加地上部光合产物积累量，更重要的是加快光合产量向籽粒中的转移。

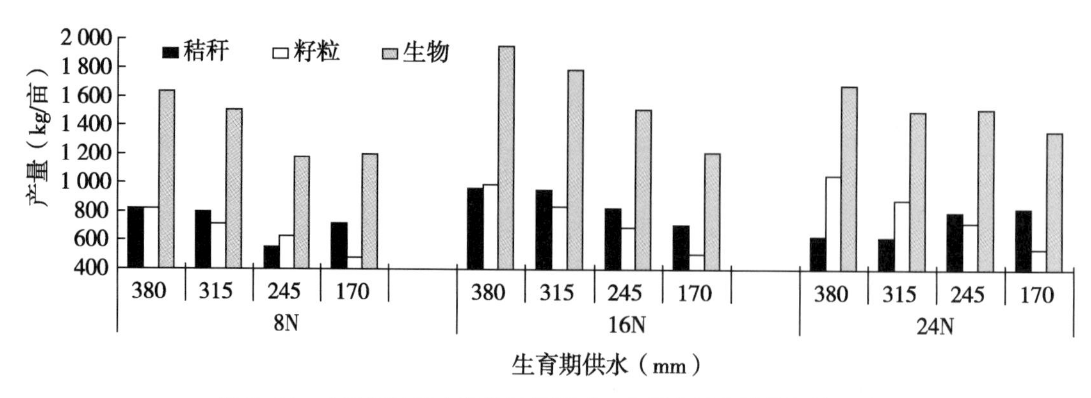

图 7-14 人工控制供水条件下氮肥对玉米干物质及其转化的影响

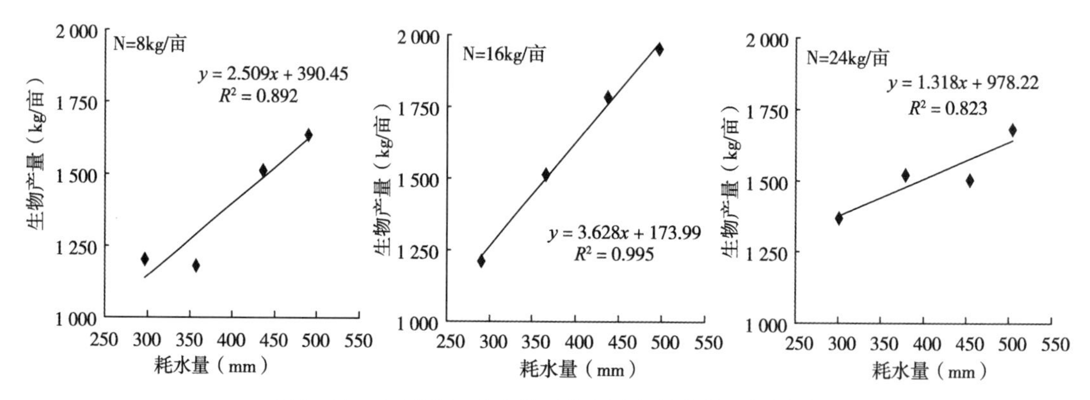

图 7-15 水氮配合对地膜玉米产量与耗水关系的影响

干旱胁迫对玉米叶片光转化参数影响很大，随着生育期水分胁迫增加，降低了玉米拔节期、大喇叭口期、灌浆中后期 PSⅡ的原初光能转化效率（Fv/Fm），使 PSⅡ开放部分比例（qP）降低（表 7-51），用于光合作物电子传递的份额减少，而以热能小时耗散，过量的光能不及时耗散会使光合器官受到损坏，导致叶片原生质膜结构伤害，从而引起玉米叶片原生质透性增加、电解质外渗量增大，电导率降低，叶片温度升高，叶绿素含量、蔗糖磷酸合成酶、蔗糖合成酶减少，降低了光合产物积累与分配。干旱胁迫条件下随氮量增加，Fv/Fm、qP 的值先增后降，即适宜施氮（16kg/亩）提高了光的吸收和转化效率。

表 7-51 水氮对地膜玉米拔节期光化学参数及灌浆中期叶片电导率和酶活性等指标的影响

处理		光系统Ⅱ光化学效率 Fv/Fm	光系统 φPSⅡ qP	电子传递速率 ETR	叶片相对电导率（%）	叶 温（℃）	叶绿素（mg/g）	蔗糖磷酸合成酶［μg/（g·min）］	蔗糖合成酶［μg/（g·min）］
施 N 量（kg/亩）	生育期供水量（mm）								
8	380	0. 704	0. 138	47. 83	62. 0	29. 5	1. 696	38. 197	26. 376
	315	0. 635	0. 141	41. 44	63. 0	30. 8	1. 444	32. 753	20. 768
	245	0. 687	0. 132	32. 42	65. 0	31. 0	1. 431	26. 475	17. 215
	170	0. 673	0. 124	23. 00	72. 0	30. 4	1. 365	24. 202	16. 944

（续表）

施N量（kg/亩）	生育期供水量（mm）	光系统Ⅱ光化学效率 Fv/Fm	光系统φPSⅡ qP	电子传递速率ETR	叶片相对电导率（%）	叶温（℃）	叶绿素（mg/g）	蔗糖磷酸合成酶[μg/(g·min)]	蔗糖合成酶[μg/(g·min)]
16	380	0.723	0.147	48.29	55.0	29.8	1.688	34.502	24.309
	315	0.678	0.143	46.94	54.0	30.4	1.655	34.042	23.272
	245	0.664	0.120	26.70	77.0	31.6	1.507	33.785	21.255
	170	0.682	0.135	25.71	76.0	31.1	1.287	27.200	14.701
24	380	0.678	0.151	50.95	52.0	29.8	1.773	33.353	28.791
	315	0.708	0.147	50.16	60.0	30.9	1.572	32.537	24.273
	245	0.668	0.132	28.55	67.0	31.0	1.549	33.069	22.974
	170	0.700	0.132	31.73	65.0	31.6	1.404	37.397	17.625

同样随着生育期供水量的减少，不同生育期时期玉米功能叶片的光合参数均降低，水分胁迫降低了叶片中电子传递速率和蔗糖合成酶，灌浆中期穗上叶和穗位叶光合速率、气孔导度、胞间 CO_2 浓度、蒸腾速率均明显下降（表7-52），而增施N肥可减缓降低的幅度，提高叶片光合效率。

表7-52　水氮配合对旱地地膜玉米光合生理指标的影响

处理		光合速率 Pn [mg CO_2/(cm^2·s)]		气孔导度 Gs [mmol/(cm^2·s)]		胞间 CO_2 浓度 Ci (μmol/mol)		蒸腾速率 Tr [g/(cm^2·s)]	
施N量（kg/亩）	生育期供水量（mm）	穗上叶	穗位叶	穗上叶	穗位叶	穗上叶	穗位叶	穗上叶	穗位叶
8	380	29.6	26.5	0.212	0.318	181.4	150.2	5.92	5.47
	315	26.7	24.7	0.208	0.228	162.6	148.8	6.12	4.37
	245	23.9	20.3	0.174	0.176	95.8	106.5	4.56	4.23
	170	19.8	17.6	0.113	0.133	88.4	99.5	3.44	3.01
16	380	29.9	28.8	0.228	0.252	174.8	139.7	5.41	4.74
	315	29.5	25.1	0.192	0.161	140.8	101.9	4.63	3.85
	245	25.1	23.8	0.148	0.166	125.5	93.8	4.86	3.91
	170	22.9	21.9	0.158	0.106	84.1	73.5	4.21	3.54
24	380	30.3	29.3	0.216	0.204	141.3	117.2	6.56	4.91
	315	28.3	26.2	0.138	0.196	91.4	128.7	4.98	4.24
	245	26.9	23.8	0.152	0.177	84.6	96.9	4.54	3.94
	170	24.1	23.4	0.131	0.141	80.5	82.7	4.42	3.67

附图　选育和引进筛选的抗旱优质高水分利用效率作物及品种

BLACK WHEAT KERNELS
ORGANIC
黑麦仁
引进筛选的抗旱优质金吨谷1号，
亩产380kg，增产24%
瑞祥黑小米
西卫许字2002第122号
保质期：12个月
净含量：1500克
观摩会

附图（续）

参考文献

陈拓，冯虎元，徐世建，等 . 2002. 沙漠植物叶片中的稳定同位素组成与水分利用效率 [J]. 中国沙漠，22，288-291.

陈英华，胡俊，李裕红，等 . 2004. 稳定同位素技术在水分胁迫中的研究 [J]. 生态学报，24，1 027-1 033.

程建峰，潘晓云，刘宜柏，等 . 2005. 水稻抗旱性鉴定的形态指标 [J]. 生态学报，25 (11)：3 117-3 125.

丛建鸥，李宁，等 . 2010. 干旱胁迫下冬小麦产量结构与生长、生理、光谱指标的关系 [J]. 中国生态农业学报，18 (1)：67-71.

丁明明，苏晓华，黄秦军 . 2005. 稳定同位素技术在树木遗传改良中应用 [J]. 世界林业研究，18 (5)，21-26.

兰巨生，胡福顺，张景瑞 . 1990. 作物抗旱指数的概念和统计方法 [J]. 华北农学报，1990，5 (2)：20-25.

李秧秧 . 2000. 碳同位素技术在 C3 作物水分利用研究中的应用 [J]. 核农学报，14 (2)：115-121.

林植芳，彭长连，林桂珠 . 2001. 不同基因型大豆和小麦稳定同位素分辨率与水分利用效率的关系 [J]. 作物学报，27：439-441.

林植芳 . 1990. 稳定同位素技术在植物生态生理中的应用 [J]. 植物生理学通讯，3：1-6.

山仑 . 2005. 生物节水研究现状及展望 [M] //香山科学会议第 267 次学术讨论会集 . 3-14.

武仙山，昌小平，景蕊莲 . 2008. 小麦灌浆期抗旱性鉴定指标的综合评价 [J]. 麦类作物学报，28 (4)：626-632.

张嵩午，王长发 . 1999. 冷型小麦及其生物学特征 [J]. 作物学报，25 (5)：608-615.

张正斌 . 2003. 作物抗旱节水的生理遗传育种基础 [M]. 北京：科学出版社 . 12.

朱云集，李向阳，郭天财 . 2004. 小麦灌浆期间冠层温度与产量关系研究 [J]. 河南科学，22 (6)：798-801.

Adjei G B，M B Kirkham. 1980. Evaluation of winter wheat cultivars for drought resistance [J]. *Euphytica*，29：155-160.

Bacon MA. 2004. Water Use Efficiency in Plant Biology [M]. Blackwell Publishing，Oxford，UK. 1-27.

Balota M，W A Payne，S R Evett. 2003. Morphological and physiological traits related with reduced canopy temperature depression in two closely-related wheat lines [R]. ASA-CSSA-SSSA Annual Meetings. 2-6 November，Denver，CO.

Bingemann CW，Varner JE，Martin WP. 1953. The effect of the addition of organic materials on the decomposition of an organic soil [J]. *Soil Science Society of America Proceedings*, 17: 34-38.

Blum A. 1988. Plant breeding for stress environments [M]. CRC Press, Boca Raton, FL, 38-78.

Blum A, L Shipiler, G Golan, et al. 1989. Yield stability and canopy temperature of wheat genotypes under drought stress [J]. *Field Crops Res.*, 22: 289-296.

Blum A, Mayer J, Gozlan G. 1982. Infrared thermal sensing of plant canopies as a screening technique for dehydration avoidance in wheat [J]. *Field Crops Res.*, 5: 137-146.

Bonner J. 1962. The upper limit of crop yield: this classical problem may be analyzed as one of the photosynthetic efficiency of plants in arrays [J]. *Science*, 137: 11-15.

Boutton TW. 1983. Comparison of quartz and pyrex tubes for combustion of organic samples for stable carbon isotope analysis [J]. *Analytical Chemistry*, 55: 1 832-1 833.

Chaudhuri U N, E T Kanemasu. 1982. Effect of water gradient on sorghum growth, water relatiuons and yield [J]. *Can. J. Plant Sci.*, 62: 599-607.

Condon AG, Richards RA, Farquhar GD. 1987. Carbon isotope discrimination is positively correlation with grain yield and dry matter production in field-grown wheat [J]. *Crop Science*, 27: 996-1 001.

Condon AG, Richards RA, Rebetzke GJ. 2004. Breeding for high water-use efficiency [J]. *Journal of Experimental Botany*, 407: 2 447-2 460.

Condon AG, Richards RA. 1992. Broad sense heritability and genotype × environment interaction for carbon isotope discrimination in field-grown wheat [J]. *Australian Journal of Agricultural Research*, 43: 921-934.

Cornish K, J W Radin, E L Turcotte, et al. 1991. Enhanced photosynthesis and g_s of pima cotton (*Gossypium barbadense* L.) bred for increased yield [J]. *Plant Physiol.*, 97: 484-489.

Damesin C, Lelarge C. 2003. Carbon isotope composition of current-year shoots from Fagus sylvatica in relation to growth, respiration and use of reserves [J]. *Plant, Cell and Environment*, 26: 207-219.

Delucia EH, Schlesinger WH (2001). Resource-use efficiency and drought tolerance in adjacent Great Basin and Sierran plants [J]. *Ecology*, 72: 51-58.

Ehleringer JR. 1993. Carbon and water relation in desert plants, an isotope perspective [M] //Ehleringer JR, Hall AE, Farquhar GD. Stable Isotope and Plant Carbon-Water Relation. Academic Press, San Diego. 155-172.

Fan T L, Maria B, Jackie R, et al. 2005. Canopy Temperature Depression Potential Criterion for Drought Resistance in Wheat [J]. *Agricultural Sciences in China*, 4 (10): 793-800.

Farquhar GD, Ehleringer JR, Hubick KT. 1989. Carbon isotope discrimination and photosynthesis [J]. *Annual Review of Plant Physiology and Molecular Biology*, 40: 503-537.

Farquhar GD, O'Leary MH, Berry JA. 1982. On the relationship between carbon dioxide discrimination and the intercellular carbon dioxide concentration in leaves [J]. *Australian Journal of Plant Physiology*, 9: 121-137.

Farquhar GD, Richards RA. 1984. Isotopic composition of plant carbon correlates with water use efficiency of wheat genotypes [J]. *Australian Journal of Plant Physiology*, 11: 539-552.

Feng X, Epstein S. 1995. Carbon isotopes of trees from arid environments and implications for reconstructing atmospheric CO_2 concentration [J]. *Geochimical et Cosmochimica Acta*, 59: 2 559-2 608.

Fisher R A, R Maurer. 1978. Drought resistance in spring wheat cultivars. I. Grain yield response [J]. *Aust. J. Agric. Res.*, 29: 897-907.

Genty B, Briantais J M, Baker N R. 1989. The relationship between the quantum yield of non-photochemical quenching of chlorophyll fluorescence and the rate of photosystem 2 photochemistry in leaves [J]. *Biochim Biophys Acta.*, 990: 87-92.

Hatch M D. 1987. C_4 photosynthesis: a unique blend of modified biochemistry, anatomy and ultrastructure [J]. *Biochim Biophys Acta*, 89 (5): 81-106.

Hubick KT, Farquhar GD. 1987. Carbon isotope discrimination-selecting for water use efficiency [J]. *Australian Cotton Grower*, 8: 66-68.

Idso S B, Jackson R D, Pinter Jr, et al. 1981. Normalizing the stress degree day parameter for environmental variability [J]. *Agric. Meteorol.*, 24: 45-55.

Jackson R D, Idso S B, Reginato R J, et al. 1981. Canopy temperature as a crop water stress indicator [J]. *Water Resour. Res.*, 17: 1 133-1 138.

Jackson R D. 1982. Canopy temperature and crop water stress [J]. *Adv. Irrig.*, 1: 43-85.

Jiao D M, et al. 2003. Physiological characteristics of the primitive CO_2 concentrating mechanism in PEPC transgenic rice [J]. *Sci. China (Ser. C)*, 46: 438-446.

Ku M, et al. 1999. High-level expression of maize phosphoenolpyruvate carboxylase in transgenic rice plants [J]. *Nat. Biotechnol*, 17: 76-78.

Liu D X, Zhang S W, Dong M X. 2004. Characteristic of grain filling and its correlative photosynthetic and physiological traits of cold wheat [J]. *J. of Triticeae Crops*, 24 (4): 98-101.

Ludlow M M, R C Muchow. 1990. A critical evaluation of traits for improving crop yield in water-limited environments [J]. *Adv Agron.*, 43: 107-153.

Peet M, et al. 1977. Photosynthesis, stomatal resistance, and enzyme activities in relation to yield of field-grown dry bean varieties [J]. *Crop Sci.*, 17: 287-293.

Pinter Jr P J, G Zipoli, R J Reginato, et al. 1990. Canopy temperature as an indictor of differential water use and yield performance among wheat cultivars [J]. *Agric. Water*

Manag., 18: 35-48.

Rajaram, S., H. J. Braun & M. Van Ginkel, 1996. CIMMYT's approach to breed for drought tolerance [J]. *Euphytica*, 92: 147-153.

Reynolds M P, Nagarajan S, Razzaque M A, et al. 1997. Using canopy temperature depression to select for yield potential of wheat in heat stressed environment [R]. Mexico, D F (Mexico), CIMMYT, 51.

Reynolds M P, W H Pfeiffer. 2000. Applying physiological strategies to improve yield potential [M] //Royo C, Nachit M M, Di Fonzo N, et al. Durum wheat improvement in the Mediterranean region: New challenges. CIHEAM-IAMZ. 95-103.

Reynolds M P, M Balota, M I B Delgado, et al. 1994. Physiological and morphological traits associated with spring wheat yield under hot, irrigated conditions [J]. *Aust. J. Plant Physiol.*, 21: 717-730.

SAS Institute. 1991. SAS user's guide: Statistics [M]. SAS Inst., Cary, NC.

Singh P, E T Kanemasu. 1983. Leaf and canopy temperatures of pearl millet genotypes under irrigated and nonirrigated conditions [J]. *Agron. J.*, 75: 497-501.

Zelitch I. 1975. Improving the efficiency of photosynthesis [J]. *Science*, 188: 626-633.

第八章　地膜覆盖对农业贡献及生物降解膜筛选评价

地膜是农业生产的重要物质资料之一，地膜覆盖技术应用带动了我国农业生产力的显著提高和生产方式的改变。2014 年全国地膜用量达到 144.1 万 t，覆盖面积超过 3 亿亩，应用区域已从北方干旱、半干旱区域扩展到南方的高山、冷凉地区，覆盖作物种类也从经济作物扩大到大宗粮食作物。地膜覆盖增温保墒、防病抗虫和抑制杂草等功能使作物增产 20%~50%，对保障中国食物安全供给做出了重大贡献，特别是在北方寒旱区，农业发展已高度依赖于地膜覆盖，没有地膜覆盖就没有旱作农业。但同时，地膜覆盖广泛应用也带来了一系列问题，如捡拾和回收不及时，残留地膜弃于房前屋后、田边地头、沟道和树梢，造成“视觉污染”，土壤中残留的地膜逐渐积累变成土地的“暗疮”，成为农业可持续发展的隐患，地膜焚烧释放释放出大量有害气体，生物降解地膜的研发已成为塑料工业和农业发展的重要战略方向。

第一节　地膜覆盖——农作物栽培史上的重大变革

新中国成立之后，随着土地改革和农业合作化的开展，多项农业先进技术的推广应用，有力地推动了我国农业生产的发展。其中，对整个农作物栽培技术的推动和提高最为显著的，当属塑料薄膜地面覆盖栽培，目前地膜覆盖已覆盖蔬菜、水果、粮食作物、经济作物、花卉等。地膜覆盖的应用，已成为继种子、化肥、农药之后的第四大农业生产资料，推动了农作物栽培技术的重大变革，成为“装满米袋子、丰富菜篮子”的革命性技术，被誉为“白色革命”。

一、地膜覆盖技术的引进与发展

地膜覆盖栽培技术是在 1978 年初从日本引入我国，至今已有 40 年的历史。虽然地膜栽培技术是从日本引进的，而追溯到它的鼻祖可以毫不夸张的说它来源于中国。据传几百年前甘肃中部遭受特大旱灾，赤地千里河焦草枯庄家绝收。一日一位老农在田里挖草根以充饥，在一片被覆盖的土地上发现了一丛生长茁壮的小麦，那油绿舒展的叶子、硕大的穗头在一片枯黄的麦田里格外显眼。老人心里想在田里铺上一层沙砾是不是可以达到同样的效果。第二年他在一小片麦地里铺上砂砾，果然不出所料，小麦在干旱条件下长势依然良好。从此沙田栽培在干旱少雨的西北地区逐渐推开，享誉全国的“白兰瓜”“黄河蜜”多出自沙田栽培。日本米可多株式会社社长、日本地膜研究会会长石本正一先生参观后惊叹不已，称“沙田”栽培是今日地膜覆盖技术的鼻祖。

大约在 1977 年后半年，我国在北京市举办了一期国际农业技术博览会，一些发达国家在会上展出其先进的农业设备和技术。其中，日本友好人士石本正一先生将其企业生产的、厚度为 0.02mm 的塑料薄膜及地面覆盖栽培技术作了较为全面的介绍，特别是这项技术的提高地温、增加有效积温、保持土壤墒情、提高抗旱能力以及促进早熟和高产的综合效应，当时日本的农业全靠地膜支撑，引起农业部有关领导的重视。经过协商，石本正一先生无偿向我国提供了一定数量的地膜供我国进行试验。当时，我国塑料薄膜生产技术还比较落后，只能生产厚度为 0.06mm 以上的用于覆盖大小拱棚的薄膜。石本正一先生提供的 0.02mm 的地膜就十分珍贵，农业部将这些有限的地膜试验重点放在了北方干旱和气候较冷凉的省（区），在蔬菜瓜类在试验，取得了显著增产作用。1979 年开始在 14 个省、市、自治区以蔬菜为主进行地膜覆盖栽培试验，1980 年在全国范围内把试验示范推广结合，覆盖面积增加很快，到 1984 年全国 29 个省、市、自治区推广面积达到 1 900 多万亩。此后，全国地膜栽培面积迅速扩大。1988 年全国覆盖面积近 3 000 万亩，30 年来迅速增加，目前每年 3 亿亩，增长了 10 倍，成为世界上地膜栽培面积最大的国家，地膜覆盖栽培的作物约有 60 多种，地膜覆盖栽培理论和技术有了重大突破和创新，是新中国成立以来应用面积最大、增产增收最显著、影响最为深远的一项农作物栽培新技术。

地膜覆盖因其极其显著的增温、保墒、增产和节水效果，对粮食、蔬菜、果品生产起到十分明显的推动作用，其地膜栽培形式不断完善，实现了机械化覆膜。在粮食作物有以下几种典型生产模式。

（1）地膜穴播种植。1986 年，甘肃省农科院首先提出了全生育期覆盖、打孔穴播的思路，1991 年正式提出了小麦全生育期地膜覆盖穴播栽培技术（兰念军，1998），小麦春季积温增加 68~105℃，随后，配套机械的研制使穴播小麦技术得到推广，同时穴播技术也开始在其他作物上得以应用，机械播种时需注意排种口的堵塞造成断苗、缺苗。之后相继研究了提出了垄膜侧种（山西）、周年覆盖种植和全膜覆土穴播（樊廷录等，1997；王勇，樊廷录等，1999）、全程微型聚水两元覆盖（陕西）等栽培技术，经历了阶段性覆膜到全生育期覆膜，其核心是最大限度集雨保墒，并实现了机械化覆膜穴播，使密植作物实现了从条播到覆膜穴播的重大突破。

（2）全地面地膜平覆盖种植。鉴于河西绿洲缺水和半膜平覆盖节水效果不高的问题，甘肃省农业科学院于 20 世纪 90 年代初研究提出了“玉米全地面覆盖节水抗、增产栽培技术”，之后逐渐应用到雨养旱作区。与半膜覆盖相比较，全膜覆盖玉米亩增产 110.9kg/亩，增产 13.9%，节水 100m^3，使海拔 1 800 m 的冷凉区玉米能正常成熟。其核心是最大限度抑制地面无效蒸发损失和增加积温，在节水和种植区域扩大方面实现了突破。

（3）全膜双垄沟集雨种植。针对年降水量在 250~500mm 半干旱区，玉米半膜平铺栽培存在地膜覆盖面积较小，保墒集雨效果差，难以解决早春因干旱而无法下种等问题，在总结膜侧沟播、全膜平铺及双垄沟播等技术的基础上，甘肃省于 2003 年创造地提出了以秋覆盖和早春顶凌覆盖为主的全膜双垄沟集雨种植技术（杨祁峰等，2007；杨祁峰，刘广才等，2010），将膜面集雨、覆盖抑蒸、垄沟种植集成为一体，玉米增产 20%~30%，水分利用效率平均 2.5kg/(mm·亩)，成为旱作高效用水和粮食大幅度增产的技术突破。相继探索应用了留膜留茬的一膜两年用节本增效保护性种植技术。其技术突破是无效或微效降雨资源化富集利用与积温增加的高度耦合，大幅度提高了有限降雨的利用率，提高了适宜种植的海拔高度，扩大了种植范围。

（4）黑色地膜覆盖高产高效种植。作物采用白色 PE 地膜覆盖栽培，由于地膜覆盖前的封闭除草剂没有处理好，早春地膜下面茂盛的杂草总是让人头疼。采用白色地膜双垄沟播增产 30%以上，但覆膜后生长后期土壤温度偏高，不利于根系的生长和薯块的膨大，地膜内杂草丛生消耗大量养分和水分，杂草包与成人的膝盖一样高，需要大量人力清理杂草，并且白色地膜透光，马铃薯茎块遭太阳照射后出现大量的青头薯，无法进入销售市场，严重影响商品率和品质。采用黑色地膜种植，不但保墒防杂草，地膜下温度较白色地膜低 2~4℃，有利于块茎膨大，提高大中薯比例，特别是有效解决了青头薯问题，实现了抗旱增产提质增效。黑膜种植马铃薯正在成为旱作农业的二次革命。

黑地膜覆盖栽培马铃薯通常采用两种方法，一种是先种后覆膜，待出苗后人工放苗，优点是保墒，播种速度较快；缺点是人工放苗费工费时，放苗不及时容易高温烧苗。另一种是先覆膜后破膜播种，优点是可以提早覆膜，提高地温，且不容易烧苗；缺点是需要专门的工具播种，播种速度慢，对地膜损伤大，保墒性差。在引黄补灌区，土壤质地较差，普通地膜覆盖技术灌水后极易发生淹垄现象，造成土壤板结，薯块变形；另外，覆膜后土壤温度偏高，不利于根系的下扎和薯块的膨大；同时膜下除草困难，容易出现绿薯等现象。高垄黑膜压土自然破膜出苗栽培技术是在普通地膜覆盖栽培的基础上，借鉴土壤压砂覆盖技术，通过 2~3 次垄面培土，在地膜上覆盖厚度 5~8cm 左右的土层，形成高垄，达到自然出苗和半沟量灌水防淹的栽培效果。具有自然出苗省劳力、地膜田中不见膜、保墒调温防绿薯、高垄防淹土疏松等特点。黑膜加覆土双层保护作用更减少了裸露的薯块，降低绿薯率，依靠膜上 3~5cm 的土层土壤重力和薯芽自然向上作用，薯芽能破膜顶土自然出苗，出苗率达到 95%以上，出苗整齐防高温烧苗，有利于培育壮苗。

二、地膜覆盖对农业生产的重大贡献

地膜覆盖对农业生产的作用是巨大的，是多方面的，在保墒增温和抑制杂草方面具有其他生产资料的不可替代性，地膜是继种子、化肥、农药之后的第四大农业生产资料，对农业生产贡献巨大。地膜覆盖因增温保墒、防病抗虫和抑制杂草等功能使作物增产 20%~50%，带动了农业生产力的显著提高和生产方式的改变，对保障食物安全供给做出了重大贡献。地膜覆盖应用区域已从北方干旱、半干旱区域扩展到南方的高山、冷凉地区，覆盖作物种类也从经济作物扩大到大宗粮食作物，地膜覆盖应用技术“装满了米袋子、丰富了菜篮子”，是农业生产的革命性技术，被誉为“白色革命”。随着气候变暖和降水减少，地膜用量持续增加，覆膜面积进一步上升，未来 10 年，我国地膜覆盖面积以每年 10%速度增加，有可能达到 5 亿亩，用量将超过 200 万 t。我国黄土高原采取地膜覆盖见图8-1。

一是扩大了作物种植区域与面积。地膜覆盖使作物种植区域北界北移 2~5 个纬度，有效积温增加 200~300℃，农作物适种区向北推进 500km 左右，海拔上升 500~1 000 m，播期提前 5~10d。不适宜种植区成为适宜区、不稳定生产区成为稳产高产区，扩大了品种应用范围。如采用全膜双垄沟播突破了旱地玉米种植的降水量界限和海拔高度限制，保证了早熟品种在高海拔地区正常成熟，种植海拔由 1 800 m 增加到 2 300 m，扩大了种植区

图 8-1　黄土高原的地膜覆盖

域范围。地膜覆盖提高了旱地玉米需水关键期降雨对其水分的满足程度，使年降水 500~600mm 地区成为稳定高产区，400~500mm 产量不稳定区变成稳定增产区，很少种玉米的 300~400mm 半干旱偏旱区扩种玉米成为现实。2010 年以来，甘肃省全膜双垄沟播玉米年播种面积超过了 1 000 万亩，用 1/4 的粮食播种面积生产了全省一半的粮食。

二是成为保障粮食安全和贫困地区“温饱工程”。北方旱作区由于水热条件较差，农作物产量一直较低，通过广泛采用地膜覆盖技术，极大促进了农作物产量的提高。地膜覆盖使北方旱作区玉米增产率超过 150%，大范围内玉米平均增产率为 25%~30%。据估算，地膜覆盖技术使我国玉米每年增产 100 亿~150 亿 kg，贡献了相当于全国玉米总产量的 5%~8%，棉花产量的 30%。

三是加快结构调整与生产方式转变。改变区域种植结构，构建了新型种植模式。特别是对旱作区和西南山区农业结构影响较大。

四是成为农业防灾节水技术支撑。应对干旱低温和水资源短缺，地膜覆盖成为不可替代的防灾减灾节水重大技术。每亩保水 100~150m^3，节水 40~100m^3。

三、甘肃省地膜覆盖现状及潜在污染问题

甘肃省地处高寒冷凉区，地膜因超常的增温保墒作用已成为玉米种植的主导技术，没有地膜就没有甘肃玉米的发展。20 年来，全省地膜使用量和覆盖面积呈波动上升趋势，用量从 1994 年 1.79 万 t 增长到 2013 年 15.2 万 t，增加了近 8.5 倍，年平均增长率 11.3%。1994 年地膜覆盖面积 23.9 万 hm^2，2013 年上升到 177.5 万 hm^2，占全省耕地面积的 50.7%，年递增 10.5%，并且仍有继续增长趋势。（图 8-2）

据调查，甘肃省农田地膜残留严重，中东部地区残留量 145.5kg/hm^2。2013 年 5 月 8 日 CCTV-1《焦点访谈》“农田里的白色污染”节目中提到，最严重污染地的残膜量达 597kg/hm^2。土壤中残膜对作物生长发育及产量影响较大。残膜对棉花的产量影响较小，可能是因为棉花属主根系作物，有较粗的主根和发达侧根，可穿透或绕过膜片吸收到深层的水分和养分；残膜对玉米和小麦的产量影响较大，这是因为玉米和小麦的根系为须根系型，而且根系主要集中在 0~20cm 的耕作层，受残膜的影响较突出。随着土壤中残膜量的增加（解红娥等，2007），玉米产量减产幅度较大，处理为 720kg/hm^2 和 1 440 kg/hm^2 的产量比对照分别降低 19.3% 和 27.5%，差异极显著。当农田土壤残膜量达 187.5kg/hm^2 时，玉米减产 8.8%，达显著水平（向振今等，1992）。

调查分析结果表明（表 8-1），残膜在土壤中主要分布在 0~30cm 的耕层内，不同深

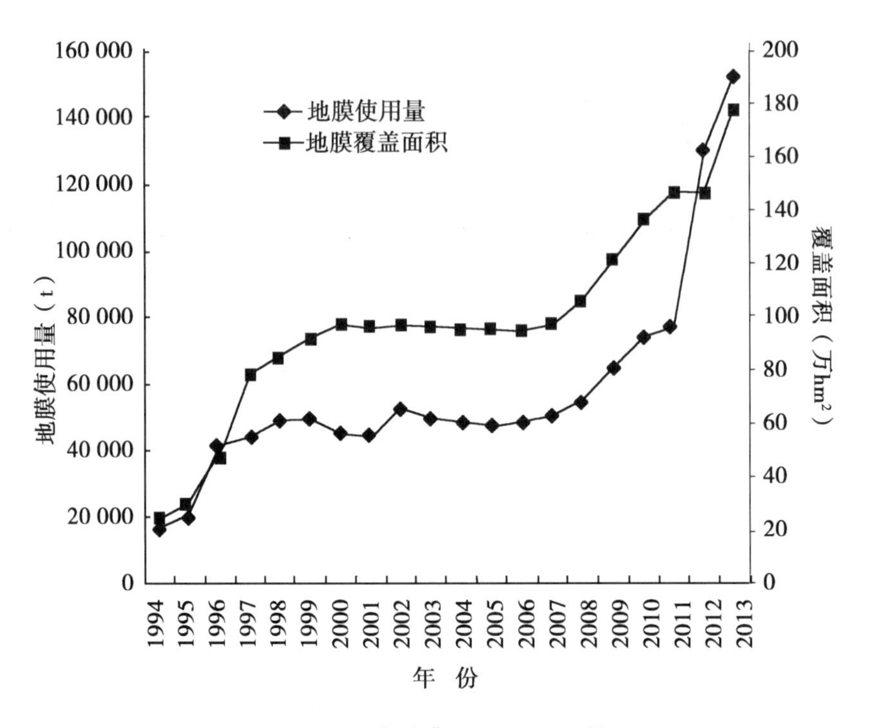

图 8-2 甘肃地膜覆盖面积及用量

度土层残膜量呈现规律性变化，土层越深，残膜量越少。甘肃东部和陕西渭北 0～10cm 土层中残膜量最多，占总量的近 80%，10～20cm 土层中次之，占总量的 10%～15%，20～30cm 土层最少，占总量的 4%～5%。

关于农田残膜对作物生产及产量影响的报道不多，多集中在一些对土壤结构和作物根系生长的定性认识方面。2012 年，我们在镇原雨养旱地设置 0kg/亩、1. 5kg/亩、3. 0kg/亩、4. 5kg/亩残膜量埋设全膜双垄沟玉米小区试验，小区面积 16. 5m^2，3 次重复。按试验设计向小区中掺入人工剪碎的地膜（小于 1cm^2 占 25%、1～2cm^2 占 40%、2～5cm^2 占 25%、大于 5cm^2 占 10%），掺混均匀，埋深 0～20cm 土层，混入地膜前仔细挑拣出土壤中原来的残膜。研究结果表明，随着土壤中残膜量增加，玉米产量下降，残膜量 4. 5kg/亩玉米产量比对照降低了 11. 3%，差异达显著水平，残膜量 1. 5kg/亩和 3kg/亩产量较对照分别降低了 4. 8%和 8. 2%，差异不显著；从产量构成因素来看，地膜残留数量对玉米百粒重、穗行数、行粒数没有影响，但随地膜残留量增加，产量构成要素也受到一定影响。

地膜残留在土壤中的积累，影响土壤水分的入渗，随着土壤中残膜数量的增加，土壤水分下渗速度减少，特别是残膜积累量影响 60～120cm 土层水分含量。在玉米苗期，随着地膜残留量的增加，0～120cm 土层土壤水分明显减少，残膜量从 1. 5kg/亩、3. 0kg/亩、4. 5kg/亩的增加，土壤贮水量呈现 282. 0mm、274. 5mm、269. 7mm 的减少，较对照依次减少 9. 8mm、17. 3mm、22. 1mm，收获期 0～120cm 土层土壤含水量残膜量 4. 5kg/亩处理最低，较对照降低 5. 7%，残膜量 1. 5kg/亩和 3. 0kg/亩的处理土壤含水量较对照分别降低 2. 7%和 4. 8%，而 120～200cm 土层土壤含水量基本一致。

表 8-1　西北长期覆膜农田 0~20cm 土层地膜残留量

地　区	调查县	作物地类型	调查点（个）	土层残留量（kg/hm^2）	数据来源
南疆地区	农一师	棉花	9	139. 4	2012 年调研数据
	农二师	棉花	6	287. 8	2012 年调研数据
	农三师	棉花	8	131. 1	2012 年调研数据
北疆地区	农五师	棉花	6	287. 8	2012 年调研数据
	农六师	棉花	22	234. 2	2012 年调研数据
	农七师	棉花	10	233. 0	2012 年调研数据
	农八师	棉花	18	304. 0	2012 年调研数据
	平均值			231. 0	
陇东地区	定西县	玉米	3	136. 5	2013 年调研数据
	会宁县	玉米	3	169. 5	2013 年调研数据
	平凉县	玉米	3	127. 5	2013 年调研数据
	正宁县	玉米	3	136. 7	2013 年调研数据
	白银县	玉米	2	160. 5	2013 年调研数据
	庆阳	玉米	3	142. 5	2013 年调研数据
	平均值			145. 5	
宁南地区	海源	玉米	3	129. 7	2013 年调研数据
	西吉	马铃薯	1	93. 1	2013 年调研数据
	中卫	西瓜	2	85. 4	2013 年调研数据
	平均值			102. 7	
渭北旱塬	瑶曲县	玉米	3	67. 9	2013 年调研数据
	宜君县	玉米	3	161. 3	2013 年调研数据
	玉华县	玉米	3	101. 5	2013 年调研数据
	平均值			110. 2	

资料来源：严昌荣等，2015，《中国地膜覆盖及残膜污染控制》

我国地膜覆盖面积世界第一，但广泛应用带来一系列问题，残留导致“白色污染”，残留地膜成了土地的“暗疮”，削弱了耕地抗旱能力，视觉污染严重。随着农业发展资源环境的严重约束和可持续发展的迫切要求，地膜污染逐渐成为焦点，“一控（水）、两减（肥药）、三基本（畜禽粪便、秸秆、地膜）”正在成为农业面源污染控制和绿色发展的主题。

四、农田地膜回收利用中存在的问题

地膜回收利用的思路主要是加大地膜回收利用力度，不仅减少了地膜的残留，而且回收的地膜可以得到重新利用，但是目前地膜回收利用也面临着诸多困难。

1. 回收效率低

普通地膜为了达到较高透明度、降低成本等，地膜做得很薄，厚度一般为0.004~0.006mm，这样也使得地膜强度差，使用后由于老化，而且与土壤粘在一起，无论是机器还是人工，都很难回收，回收效率很低。

2. 回收成本高

地膜回收时的人工及设备投入成本大于回收薄膜的收益，社会效益虽大，经济效益却很小。据国家玉米产业体系兰州站2017年在镇原开边乡调查，回收1t废旧地膜成本800元，加工成颗粒原料成本6 000元。加上残膜回收设备技术不够成熟，而大型残膜回收机械价格过高，农户购买能力不足。

3. 造成二次污染

回收的残膜与根茬、泥土混杂在一起，清洗干净十分困难，即使清洗，造成水资源浪费，残膜上的农药、化肥残留等也会对水造成二次污染。如果将残膜进行焚烧，又可能对大气造成污染。

4. 回收后重新利用价值不大

回收的破损地膜碎片，由于风化老化，性能损失严重，几乎没有循环再利用价值。因此，如果想通过地膜回收利用途径解决地膜污染问题，还需做如下几方面的努力。

（1）加大地膜厚度，减少回收难度。地膜厚度增加后，强度好、老化慢、使用后便于回收，残膜就会减少了，我国已经出台地膜厚度新的国家标准，把地膜厚度增加到0.01mm以上。

（2）修改地膜国家标准。GB 13735—1992《聚乙烯吹塑农用地面覆盖薄膜》中地膜的最低厚度为0.008±0.003mm，很多企业为了追求成本最低、利益最大，生产的地膜厚度通常为0.004~0.006mm，因此，为了便于回收，就要从标准上加大地膜厚度，例如修改地膜最低厚度为0.01mm，针对使用期较长的地膜，厚度甚至可以设定为0.015~0.020mm。

（3）加大地膜补贴。由于地膜增厚了，成本明显增加，农民的积极性下降，因此，政府可以出台相关补贴政策，鼓励农民选用增厚地膜，摒弃使用超薄地膜。

（4）加大回收机械研发。地膜回收是一个产业，人工回收成本高，效率低，加大地膜回收机械的研发，而且回收机械要做大做好，提高回收效率，降低回收成本。同时要研究适宜不同覆膜种植方式如全膜双垄沟、半膜覆盖、覆膜覆土和膜侧种植等的地膜捡拾机械。

（5）完善回收机构的机制，激励企业重新处理利用废旧地膜。政府应该建立专业的残膜或回收地膜的回收机构，鼓励回收机构去农田大规模回收，并鼓励回收机构循环利用回收地膜材料。总之，地膜回收利用这个途径还有很长的路要走。

第二节　可生物降解材料研究进展及评价方法

合成高分子材料给人们生活带来了极大方便，但使用后产生大量不可自然分解的废弃物成了白色污染源，给环境带来严重危害。因此，开发新的环境友好型材料十分必要。开发可生物降解材料已成为当今研究的热点之一。本节主要介绍可生物降解材料的定义、种类、淀粉基和大豆蛋白基两种可生物降解材料以及生物降解材料降解性的评价方法。

一、可生物降解材料的定义和降解机理

生物降解高分子是指高分子塑料使用性能优良，废弃时在自然界中被微生物作用而降解，最终变成水和二氧化碳等无害的分子物质，从而进入自然界良性循环的塑料及其制品。美国材料与试验协会（ASTM）对生物降解材料的定义是指在细菌、真菌、藻类等自然存在的微生物的作用下通过化学、物理或生物作用而降解或分解的高分子材料（周鹏等，2005）。而通常的可生物降解材料是指在材料中加入某种能促进降解的添加剂制成的材料，合成本身具有降解性的材料以及由生物材料制成的材料或采用可再生的原料制成的材料。理想状态下，生物降解材料受环境条件的影响，经过一定时间和包含一个或更多步骤，结构发生显著变化、性能丧失，最终完全分解为 CO_2 和 H_2O。生物降解是一个自然过程，在这个过程中，有机化合物转化成更为简单的化合物，通过基本的碳氮循环回到大自然中。

可生物降解材料的降解机理分为初级降解和最终降解。在初级降解阶段，高分子材料表面为微生物所黏附，微生物生产释放出酶，高分子材料在水解、氧化和酶的综合作用下破裂成相对分子量较小的短链聚合物。在最终阶段，这些短链的聚合物继续受到微生物生长的影响，经过微生物代谢后最终形成 CO_2 和 H_2O。降解过程中还有一些生物物理作用，由于可生物降解材料被微生物或某些生物作为营养源，微生物侵蚀高分子材料后，导致质量损失、性能如物理性能下降等，进而导致材料发生机械性破坏。

目前，生物降解的机理尚未完全研究透彻。一般认为，高分子材料的生物降解是经过两个过程进行的。首先，微生物向体外分泌水解酶，和材料表面结合，通过水解切断高分子链，生成分子量小于500g/mol 以下的小分子量的化合物（有机酸、糖等）；然后，降解的生成物被微生物摄入体内，经过种种的代谢路线，合成为微生物体物或转化为微生物活动的能量，最终都转化为水和二氧化碳。这种降解具有生物物理、生物化学效应，同时还伴有其他物化作用，如水解、氧化等，是一个非常复杂的过程，它主要取决于高分子的大小和结构，微生物的种类及温度、湿度等环境因素。高分子材料的化学结构直接影响着生物可降解能力的强弱，一般情况下，脂肪族酯键、肽键>氨基甲酸酯>脂肪族醚键>亚甲基。此外，分子量大、分子排列规整、疏水性大的高分子材料不利于微生物的侵蚀和生长，不利于生物降解。研究表明，降解产生的碎片长度与高分子材料单晶晶层厚度成正比，极性越小的共聚酯越易于被真菌降解，细菌对 a-氨基含量高的高分子材料的降解作用十分明显。高分子材料的生物降解通常情况下需要满足以下几个条件：①存在能降解高分子材料的微生物；②有足够的氧气、潮气和矿物质养分；③要有一定的温度条件；④pH值大约在 5~8。生物降解高分子材料的研究途径主要有两种，一种是合成具有可以被微生物或酶降解的化学结构的大分子；另一种是培养专门用于降解通用高分子材料的微生物。目前的研究方向以前一种为主，已经成功地合成了一系列生物可降解高分子材料。

二、可生物降解材料的种类

可生物降解材料根据其降解机理和破坏形式的不同，可分为完全降解性材料和生物破

坏性材料两种。大部分的可生物降解高分子是在有机体的生长周期中通过化学方法或者生物学方法合成。因此，根据合成方法的不同可将生物降解高分子分为：①生物型高分子，例如来自农业资源的天然高分子，即淀粉、纤维素等；②微生物型高分子，例如广泛存在于微生物体内的具有完全可生物降解性、生物相容性等优良性能的聚羟基脂肪酸酯；③利用来自农业资源的单体通过化学方法合成的高分子，例如聚乳酸。根据可生物降解材料原料的不同可将生物降解材料分为淀粉基、大豆蛋白基、纤维素基等生物降解材料。这些都是天然高分子材料，与其他生物降解高分子相比，它们具有原料来源广泛、价格低廉、易降解等优点，在生物降解材料领域具有重要的地位。

根据降解机理的不同，降解高分子材料可分为光降解高分子材料、生物降解高分子材料、光—生物降解高分子材料、氧化降解高分子材料、复合降解高分子材料等，其中生物降解高分子材料是指在自然界微生物或在人体及动物体内的组织细胞、酶和体液的作用下，使其化学结构发生变化，致使分子量下降及性能发生变化的高分子材料。根据生物降解高分子材料的降解特性可分为完全生物降解高分子材料（Biodegradable materials）和生物破坏性（或崩坏性）高分子材料；按照其来源的不同主要分为天然高分子材料、微生物合成高分子材料、化学合成高分子材料和掺混型高分子材料 4 类（刘伯业等，2010）。

1. 天然高分子材料

天然高分子物质如淀粉、纤维素、半纤维素、木质素、果胶、甲壳素、蛋白质等来源丰富、价格低廉，特别是天然产量居首位的纤维素和甲壳素，年生物合成量超过 1 010 t。利用它们制备的生物高分子材料可完全降解、具有良好的生物相容性、安全无毒，由此形成的产品兼具天然再生资源的充分利用和环境治理的双重意义，因而受到各国的重视，特别是日本。如日本四国工业技术实验所用纤维素和从甲壳素制得的脱乙酰壳聚糖复合，采用流延工艺制成的薄膜，具有与通用薄膜同样的强度，并可在 2 个月后完全降解；他们还对壳聚糖—淀料复合高分子材料进行了大量的研究工作，发现调节原料的比例、热处理温度，可改变高分子材料的强度和降解时间。

天然高分子材料虽然具有价格低廉、完全降解等诸多优点，但是它的热力学性能较差，不能满足工程高分子材料加工的性能要求，因此对天然高分子进行化学修饰、天然高分子之间的共混及天然高分子与合成高分子共混以制得具有良好降解性、实用性的生物降解高分子材料是目前研究的一个主要方向。

2. 微生物合成高分子材料

微生物合成高分子材料是由生物通过各种碳源发酵制得的一类高分子材料，主要包括微生物聚酯、聚乳酸及微生物多糖，产品特点是能完全生物降解。其中聚酯类由英国 ICI 公司开发的 Biopol 最为典型，其成分是 3–羟基丁酸酯（3HB）和 3–羟基戊酸酯（3HV）的共聚物（PHBV），由丙酸和葡萄糖为低物发酵合成。聚乳酸是世界上近年来开发研究最活跃的降解高分子材料之一，它在土壤掩埋 3~6 个月破碎，在微生物分酶作用下，6~12 个月变成乳酸，最终变成 CO_2 和 H_2O。美国 Kogill 公司于 1994 年投资 800 万美元建立年产量 5 000 t 的聚乳酸工厂，该工厂以玉米经乳酸菌发酵得到 L–乳酸经聚合制得聚乳酸；Cargill 陶氏聚合物公司在美国内布拉斯加州建成的 14 万 t/年生物法聚乳酸装置，是迄今为止世界上最大的聚乳酸生产装置。

微生物合成高分子材料有良好的降解性和热塑性，易加工成型，但在耐热和机械强度方面还需改进，而且成本较高，现在只在医药、电子等附加值较高的行业得到广泛应用。目前，各国科学家正在进行改用各种碳源以降低成本的研究。

3. 化学合成高分子材料

由于在自然界中酯基容易被微生物或酶分解，所以化学合成生物降解高分子材料大多是分子结构中含有酯基结构的脂肪族聚酯。聚酯及其共聚物可由二元醇和二元酸（或二元酸衍生物）、羟基酸的逐步聚合来获得，也可由内酯环的开环聚合来制备。缩聚反应因受反应程度和反应过程中产生的水或其他小分子的影响，很难得到高分子量的产物。开环聚合只受催化剂活性和外界条件的影响，可得到高分子量的聚酯，相对分子量高达106，单体完全转化聚合。因此，开环聚合成为内酯、乙交酯、丙交酯的均聚和共聚合成生物降解高分子材料的理想聚合方法。目前开发主要产品有聚乳酸（PLA）、聚己内酯（PCL）、聚丁二醇丁二酸酯（PBS）等。除了脂肪族聚酯外，多酚、聚苯胺、聚碳酸酯、聚天冬氨酸等也开发成功。

合成高分子材料比天然高分子材料具有更多的优点，它可以从分子化学的角度来设计分子主链的结构，从而来控制高分子材料的物理性能，而且可以充分利用来自自然界中提取或合成的各种小分子单体。不过在如何精确的通过设计分子结构控制其性能方面还有待进一步的研究。

4. 掺混型高分子材料

掺混型高分子材料主要是指将两种或两种以上高分子物共混或共聚，其中至少有一种组分是可生物降解的，该组分多采用淀粉、纤维素、壳聚糖等天然高分子。以淀粉为例，它可分为淀粉填充型、淀粉接枝共聚型和淀粉基质型生物降解高分子材料3类。淀粉与聚乙烯、聚乙烯醇、聚苯乙烯混合属淀粉填充型，淀粉接枝丙烯酸甲酯、丙烯酸丁酯苯乙烯等属淀粉接枝型，但是这两类高分子材料大部分不能完全彻底降解，属于不完全生物降解高分子材料，所以其前景不是很好。淀粉基质型生物降解高分子材料是以淀粉为主体，加入适量可降解添加剂来制备。如美国Warner-Lambert公司的“Novon”的主要原料为玉米淀粉，添加可生物降解的聚乙烯醇，该产品具有良好的成型性，可完全生物降解。这是一类很有发展前途的产品，是20世纪90年代国外淀粉掺混型降解高分子材料的主攻方向。

三、生物降解材料降解性的评价方法

生物降解材料的降解性是指材料在环境中经过生物、化学或物理（机械）作用下发生的裂解与同化，材料的降解往往受到这些因素的协同作用。能够使材料降解的微生物主要是细菌和真菌；氧化、水解、还原等连续的化学反应也可以促进材料的生物降解。以下介绍几种常用的测定、评价方法。

1. 土埋法

土埋法是将试样直接埋入土壤、活性污泥中暴露于未限定的真菌和细菌混合环境下进行测试。采用的微生物源是来自自然环境中的微生物群。经过一段时间的降解之后，可检测到降解性高分子材料的质量损失和各项性能的劣化。通常采用质量损失，显微镜观察以及相对分子质量法等分析手段来评价材料的生物降解性。张敏等研究了聚乳酸（PLA）、聚丁二酸丁二醇酯（PBS）和聚己内酯（PCL）等可降解脂肪酸族聚酯在土壤中的降解行为。研究表明，经过30d的土埋之后，PLA、PBS、PCL的质量都有所损失，尤其是PCL的质量损失达到了14%，通过显微镜观察到PCL表面有被微生物侵蚀的痕迹。三者的降解速度依次为PCL最快，PLA次之，PBS最慢。Rudnik等采用模拟农业地膜的方法对聚乳酸（PLA）和聚羟基脂肪酸酯（PHM2）在土壤中的生物降解性进行了对比研究。结果发现PHM2比PLA更适合做农业地膜的原材料。土埋法能够直接反映降解材料在自然环境中的降解情况，但是该法的试验时间较长；而且因土壤、微生物种类、温度、湿度等方面的不同，材料的降解产物难以确定，数据重现性也较差。

2. 酶解法

酶本质上是生物学催化剂，同时也是化学催化剂。酶通过降低活化能从而加速化学反应的速度。酶解法就是在容器中加入缓冲液和试验样品，然后加入对高分子材料有分解作用的特定酶（如酯酶、脂酶、纤维素酶、蛋白酶等），作用一定时间。然后通过残量测定法、显微镜观察、定量测定分解产物、相对分子质量降低等分析方法来评价试样的生物降解性。Katsumi等就是在酶溶液中探求生物降解高分子的降解机理的。宋春雷等采用酶解法研究了复合材料的降解性。他们通过测定PCL/玻璃纤维布复合材料中PCL的失重率进行评价。研究发现，经过一定时间后未辐照的PCL/玻璃纤维布复合材料中PCL的失重率达到100%，辐照过的PCL/玻璃纤维布复合材料的PCL失重率达到54%。酶解法在评价降解性时，仅使用样品就能获得定量性、重复性极好的数据，适用于降解产物的测定和解释降解机理。但该法特异性强，不适于结构不同的可生物降解材料；同时酶的纯化难度较大，价格昂贵，不适宜大范围展开。

3. CO_2释放量法

可生物降解材料在生物降解过程中会产生CO_2。因此测定CO_2的生成量可以直接反映生物分解的代谢产物。通过对比聚乙烯和聚羟基丁酸酯（PHB）在堆肥环境下产生的CO_2量，得出结论PHB的生物降解性较好。于镜华等研究了PBS在堆肥环境下的生物降解性，以丁二醇共聚酯（PBST）和纤维素作对照通过观察堆肥时间和CO_2生成量的关系对降解性进行评价。研究发现随着降解时间的延长，PBS样品降解产生的CO_2量逐渐增加。

4. 环境微生物试验法

环境微生物利用高分子底物的方式有2种，一种是微生物将酶释放到周围介质中，将底物分解为同化分子；另一种是微生物与高分子必须密切接触，以使细胞表面的酶发挥作用。为了保证实验的重复性，可以在室内进行环境微生物试验。该方法是在实验室条件下，将试样浸入容器中的微生物群进行实验室培养。容器中的微生物源来自于土壤、河水或者湖水中的微生物。通过气体吸收装置收集生物降解材料降解过程中产生的各类气体，如CO_2、CH_4、O_2等。通常采用的分析方法有：质量损失、目测菌落生长情况、显微镜观察、相对分子量法等。

第三节　我国降解地膜研究应用进展及评价方法

一、降解地膜的发展过程

降解地膜按照降解方式，可分为光降解、热降解、氧化降解、生物降解以及组合降解等，而真正环保、真正绿色的就是生物降解地膜。我国降解地膜发展经过 4 个阶段（图 8-3）。

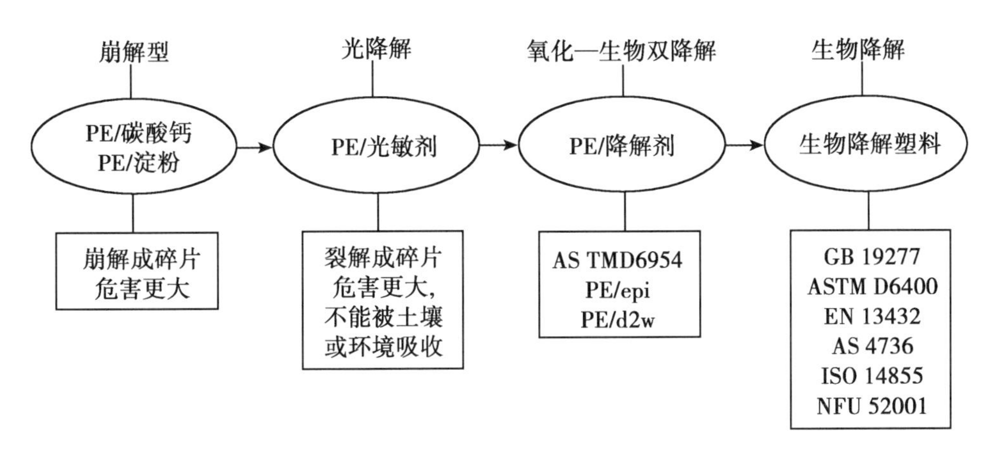

图 8-3　生物降解地膜的发展过程

降解塑料不等于生物降解塑料，尤其以聚乙烯为基质，添加各种降解助剂得到的降解材料，并不是真正绿色环保的材料，因为它的降解产物不能被环境代谢吸收，它们与生物降解塑料存在着根本的区别。

生物降解塑料是指在自然界如土壤和/或沙土等条件下和/或特定条件如堆肥化条件下或厌氧消化条件下或水性培养液中，由自然界存在的微生物作用引起降解，并最终完全降解变成二氧化碳（CO_2）或/和甲烷（CH_4）、水（H_2O）及其所含元素的矿化无机盐以及其他新生物质的材料。目前，世界上已经产业化的几种生物降解塑料有聚乳酸（PLA）、聚丁二酸丁二醇酯（PBS）、聚己二酸-对苯二甲酸-丁二醇酯（PBAT）、聚羟基烷酸酯（PHM2s）、聚丙撑碳酸酯（PPC）、聚己内酯（PCL）等，这些材料均已符合 ASTM D6400 和 EN13432 的标准。

生物降解塑料地膜是指以完全生物降解塑料为主要材料，或加入淀粉、纤维素等天然生物降解材料，或加入无环境危害的无机填充物、功能性小分子助剂等材料，采用吹塑、流延等工艺生产的农用地面覆盖薄膜。该生物降解地膜可在自然界条件下，由光照、温度、水分、氧、微生物等综合环境因素作用引起降解，并能在 1~2 个植物生长周期内能最终完全降解为二氧化碳和/或甲烷、水及其所含元素的矿化无机盐以及其他新生物质的地面覆盖薄膜。

生物降解地膜具有与普通 PE 地膜一样的使用性能，但它废弃后可被环境微生物完全分解，最终成为自然界中碳素循环的一个部分。由于其可以完全被环境中有机质代谢掉，从根本上解决了“白色污染”问题，因此，公认为是一种真正绿色的环保产品。

在我国这样一个农业大国，地膜使用量最大的国家，推广使用生物降解地膜，不但符合地膜的发展趋势，也适应了国民经济基础产业发展的需求。生物降解地膜本身能够在使用后完全降解，且降解后对土壤、作物、环境不存在任何负面影响，则能够从源头上彻底解决残留地膜造成的“白色污染”问题，是解决地膜污染最环保有效的一种方案。

我国疆域面积广大，各地区农业气候条件差异很大，农作物种类繁多，不同农作物对地膜使用时间、功能作用的要求不同，一种配方组成的地膜无法满足不同地区、不同农作物的生长需求。因此，生物降解地膜推广应用的瓶颈主要在于不同地区、不同气候环境下，针对不同作物，开发研制一种降解速度与作物生长需求相匹配的产品，而且其他性能指标（力学性能、增温性、保墒性、抑草性、透光性等）也得满足作物需求。

二、可降解地膜的种类及特点

根据主要原料可以分为天然生物质为原料的可降解地膜和石油基为原料的可降解地膜。天然生物质如淀粉、纤维素、甲壳素等，通过对这些原料改性、再合成形成生物降解地膜的生产原料。尤其是淀粉应用在生物降解地膜生产原料方面开展了大量工作。淀粉作为主要原料的地膜按照降解机理和破坏形式又可分为淀粉添加型不完全生物降解地膜和以淀粉为主要原料的完全生物降解地膜。添加型降解地膜，是在不具有降解特性的通用塑料基础上，添加具有生物降解特性的天然或合成聚合物等混合制成，它不属于完全生物降解的地膜。目前，添加型降解地膜，主要由通用塑料、淀粉、相容剂、自氧化剂、加工助剂等组成，其存留 PE 或聚酯不能完全生物降解；以淀粉为原料生产的完全生物降解地膜主要是通过发酵生产乳酸，乳酸经过再合成形成聚乳酸（PLA），以聚乳酸为主要原料生产的地膜。另一类重要的天然物质是纤维丝为原料生产的地膜，通过对纤维素醚化、酯化以及氧化成酸、醛和酮后制成地膜，可完全降解。以石油基为原料的可降解地膜生产主要包括二元酸二元醇共聚酯（PBS、PBAT 等）、聚羟基烷酸酯（PHM2）、聚己内酯（PCL）、聚羟基丁酸酯（PHB）、CO_2 共聚物—聚碳酸亚丙酯（PPC）等。这些高分子物质在自然界中能够很快分解和被微生物利用，最终降解产物为二氧化碳和水。

1. 淀粉基降解地膜

在生物降解地膜研发初期，淀粉基降解地膜一直是研发的重点，从最初用 6%～20%淀粉和聚合物烯烃共混制备地膜逐渐发展到由 50%淀粉和亲水性聚合物共混制备地膜；目前是将淀粉进行改性，生产出能够被生物降解的塑料，然后生产地膜。这种地膜具有工艺简单、成本低等优点。国内研发淀粉基降解地膜单位大部分生产添加型淀粉塑料，其产品中的淀粉含量一般为 10%～30%。

2. 完全生物降解地膜

20 世纪 80 年代初，英国发现 β 羟基丁酸酯（PHB）提取和纯化方法并制成薄膜，但 PHB 的耐冲击强度和耐溶性较差。日本东京工业大学将部分丙酸变换成乙酸，合成 4HB-3HV 无规共聚物，使其性能大幅度改善。我国的聚羟基烷酸酯的研究始于 20 世纪 80 年代，中国科学院上海有机化学研究所最早开展相关工作。天津大学采用化学法对 PHB 共聚物合成进行探索，也有人开始利用植物的叶子或根来生产 PHBV，由于 PHBV 自身固有一些缺陷（脆性等），成本高和价格昂贵限制了作为地膜的应用。

目前开发的用于生物降解地膜生产的材料主要由淀粉进行发酵成乳酸，再聚合成完全生物降解的半晶质聚合物，可在水和土壤中完全降解的聚乳酸（PLA）；由丁二酸和丁二醇两种单体聚合而成的聚丁二酸丁二醇酯（PBS）；二氧化碳和环氧丙烷共聚生成的聚碳酸亚丙酯（PPC）以及由 β-己内酯在催化剂作用下开环聚合生成的聚己内酯（PCL）等。

3. 纤维素类生物降解地膜

以天然纤维丝为原料生产生物降解地膜一直是研究的热点，这类地膜虽然在增温保墒等功能方面不如普通 PE 膜，但透水透气性能好。国内多家单位开展了草纤维地膜、纸基地膜的研究和应用，如中国国际科技促进会北京膜科学所研制出 CXW-1 草纤维农用地膜；湖北枝城第一造纸厂、新疆和田地区农科中心等开发出纸地膜；中国农业科学院麻类研究所应用麻纤维研制出麻地膜，被大规模应用在水稻育秧和南方蔬菜种植方面。

根据可降解地膜的影响因素，目前国内外广泛开展的研究工作，主要有生物降解地膜、光降解地膜、光/生物降解地膜、植物纤维地膜、液态喷洒薄膜、多功能农用薄膜等，但国内研究开发较多的是生物降解地膜、光降解地膜和光/生双降解地膜。

4. 生物降解地膜

生物降解地膜是在自然条件下，通过土壤微生物的生命活动而进行降解的一类地膜。生物降解地膜分为化学合成高分子基地膜、天然高分子基地膜两大类。从降解机理看，生物降解地膜又可分为不完全生物降解地膜和可完全生物降解地膜。其中，不完全生物降解地膜是指在通用塑料（PE、PP、PVC 等）中通过共混或接枝混入一定量的（10%~30%）具有生物降解性的物质；可完全生物降解地膜是使用中保持与现有塑料相同程度的功能，使用后能为自然界中细菌、真菌、海藻等微生物作用分解成低分子化合物，并最终分解成水和二氧化碳等无机物的高分子材料。尽管这类地膜能够降解，但都存在加工困难、力学性能和耐水性能差的问题，目前难以推广和应用。

5. 光降解地膜

光降解地膜是在高分子聚合物（PE）中引入光增敏基团或加入光敏性物质，使其在吸收太阳紫外光后引起光化学反应而使大分子链断裂变为低分子质量化合物的一类地膜。光降解地膜分添加型光降解地膜和合成型光降解地膜两类。光降解地膜的降解主要是地膜中的光敏剂吸收了来自太阳光中的紫外线，在其他助剂协同作用下引发光氧化反应，聚乙烯分子链开始断裂，地膜变脆，物理机械性能下降，最后破裂破碎和消失。但是光降解地膜也存在不足：一是降解受紫外线强度、地理环境、季节气候、农作物品种等因素的制约较大，降解速率很难准确控制；二是大田覆盖使用时，埋入土壤中的部分不能被降解，而且其分解物对大气、水质、土壤是否产生二次污染尚不明确，因此应用受到限制。

6. 光/生双降解地膜

光/生双降解地膜是在通用高分子材料（如 PE）中添加光敏剂、自动氧化剂、抗氧剂和作为微生物培养基的生物降解助剂等制作而成的一类地膜。光/生双降解地膜的特点是把地膜降解成小颗粒，短期内对作物生长不会有太明显的负面影响，不过随着使用时间的延长，土壤中塑料颗粒逐渐增加，会影响作物根系的生长，甚至减产。另外，非常难清除降解后的塑料小颗粒，可以说用人工方法无法清除，不利于农业的可持续发展。

在世界范围内，欧洲、美国和日本是降解材料技术和生物降解地膜研发和应用最先进的国家和地区。2010 年以来，随着生物降解材料和加工工艺技术进步，生物降解地膜应用越来越广泛。目前，日本和欧洲生物降解地膜在地膜市场的份额不断上升，近年来达到了 10%左右，局部区域的应用比例更高，如日本蔬菜种植中生物降解地膜比例已经超过 20%。而 PE 地膜等传统地膜则逐渐下降。这些生物降解地膜主要用于园艺和蔬菜生产方面，如日本现在每年有约 2 000t 生物降解地膜用于南瓜、莴苣、大白菜、甜薯、土豆、洋葱、萝卜和烟草等，欧洲也基本如此。

2010 年以来，日本昭和电工株式会社、德国 BASF、法国 Limagrain 开始与中国有关科研和农业技术推广部门合作，进行生物降解地膜的试验和示范工作，重点在西北的新疆、甘肃和内蒙古地区，西南的云南以及华北的北京、河北等，应用作物有棉花、玉米、烟草、马铃薯和蔬菜等。在地方政府的大力支持下，法国 Limagrain 在云南开展了大规模的生物降解地膜应用示范，覆盖作物超过 10 个，面积超过了 1 000 hm^2。与此同时，国内有关企业，如金发科技、浙江鑫富药业、新疆兰山屯河等，在生物降解树脂材料生产线完成的基础上，开始进行降解地膜的研发和应用，并不断改进和完善产品配方，使得产品应用性能、经济性能都得到了大幅度提高。

近年来，我国在生物降解地膜的研究和应用取得了长足进步，尤其通过二元酸二元醇共聚酯合成技术和设备的改进，PLA 合成中关键催化剂技术的突破，已经形成具有自主知识产权的生物降解塑料生产的核心技术和工艺。在此基础上，生物降解地膜生产配方和工艺也得到进一步改进和完善，已形成万吨级的生物降解地膜生产能力，并在局部区域和典型作物上开展了试验示范。2011 年以来，在农业部支持下，中国农业科学院与国内外相关企业合作，在我国北方地区建立了生物降解地膜适宜性评价基地，选择国内外主要生物降解地膜生产企业的产品，进行产品上机性能、农艺性能（增温保墒、杂草防除等）、降解性能（降解时间、降解方式和程度等）、经济性（与 PE 地膜比较，获取可降解地膜在投入、农作物产量增产、回收等参数）的综合评价，并根据试验结果提出产品配方改进和完善的建议。

三、生物降解的基本模式

生物降解地膜的降解模式主要包括两个过程：①太阳辐射引起的光降解；②微生物引起的生物降解。光降解是指地膜暴露在一定光强度一定时间后，地膜脆性变差、出现裂孔裂缝，直至分解成小的、分散的碎片。生物降解主要是指地膜受土壤中微生物活动影响而产生的降解现象。

1. 光降解

在大田地膜覆盖期间，地膜一般经历多种大气降解，尤其是来自紫外线（UV）辐射导致的光降解。光降解以两种形式影响可降解地膜。首先，它通过 Norrish Ⅰ 或 Norrish Ⅱ 反映，引起地膜分子内部无规主链断裂，这一反应通过降低性能和完整度而影响地膜的稳定性，并进而影响地膜对土壤的保护和对杂草的抑制作用。聚酯中富含的羟基增强了其对光降解的敏感性。由于主要用户户外，在地膜自氧化产生自由基后通常伴随着光氧化反应。其次，光降解引起地膜内部的交联反应，该反应由 Norrish Ⅰ 产生的自由基重组所驱动。聚合物结构的交联反应导致地膜失去延展性，地膜变得更脆。而通常地膜需要更好的延展性，以使其在被风吹到边缘部分被掀起时有一定的伸展性，完整性不被破坏。影响光降解速率的因素包括：①地膜配方与品质；②种植季节；③地理区域；④太阳辐射量和日照时长；⑤云层遮盖；⑥太阳角度。

2. 生物降解

生物降解聚酯在开始接触富含微生物的环境（如耕作、堆肥）之后，生物降解过程就启动了。细菌、真菌和藻类等以其作为食物源降地膜分解。

生物降解过程受到许多因素的共同影响，主要聚合物特性、微生物类型和降解前的预处理。聚合物的移动性、等规度、结晶度、分子量、官能团类型和聚合物中含有的塑化剂或添加剂均对其降解有重要影响。生物降解过程也受光降解的影响。对于以水解反应和/或微生物以其作为食物源分解为主要降解方式的生物降解地膜，其田间覆盖期间受到的光辐射以两种方式影响生物降解。首先，光降解导致的随机主链剪切将降低低聚合物分子的分子量，使其聚合物结构上更易于受到适度和微生物影响。其次，对于脂肪簇芳香族聚酯，光降解同时导致主链剪切和交联反应。地膜降解过程中，土壤中来自微生物的胞外酶将复杂的高分子分解为短链的小分子，如低聚体、二聚体和单体，这些小分子透过微生物外膜并被作为其生长繁殖的能量来源，称降解作用，最终被分解为 CO_2 和 H_2O 时，称为矿质化。

包括各种驱使聚合物结构老化的生物，如细菌、真菌及其生物菌，构成了聚合物的生物学环境，它们是聚合物生物讲解的主要动力。它们将聚合物作为一种食物源消耗，从而使聚合物失去原始结构。在适宜的湿度、温度和氧气条件下，生物降解往往较快。

真菌是引起材料降解的一种重要微生物。真菌对材料的老化作用，取决于其体内多种能分解非生物的酶，分解得到的能量供细菌自身所需。真菌需要一定的环境条件一达到最佳的生长和降解活性，如适宜的环境温度、充足的聚合物养分和较高的适度。细菌包括球菌、杆菌、螺旋菌和其他链状或丝状的细菌。与真菌类似，细菌的降解作用同样主要来自于酶促反应导致的非生物质分解，细菌从分解释放的物质中获得所需养分。土壤中的细菌是材料降解的重要媒介。

酶是一种具有与化学催化剂相似作用的生物催化剂，能够通过降低激活反应能量提高反应速率。在含酶的条件下，反应速率可以提高 $1\times10^{8}\sim1\times10^{20}$ 倍。大多数酶为含有一个多肽链和复杂三维结构的蛋白质。其活性与结构有关，不同的酶作用各不相同，有些通过自由基改变底物，有些则通过其他方式，生物氧化和生物水解是典型例子。

四、生物降解地膜降解机理与工艺技术

1. 降解机理

充分认识地膜的降解机理，才能针对性的对地膜的组成进行设计。地膜所处的环境为自然环境，不是堆肥，也不是单纯的土壤，有光照、空气、水分、微生物等复杂条件，降解机理极为复杂，生物降解地膜不可能只发生生物降解，它与普通 PE 地膜同样经受光、氧降解作用的同时，还要经受水解以及微生物的降解作用。地膜在自然使用状态下，发生

的降解作用有：①光降解。针对棉花等作物，在新疆等光照强度大、光照时间长的地区，以及高海拔地区，光降解作用会很强烈。②水解。针对水稻等作物，在雨水充沛的地区，水解作用会很强烈。③生物降解。在一定的温度、湿度作用下，微生物活性较高、种群较丰富的地区，生物降解作用会很强烈。④氧化降解。在低海拔地区，氧化降解作用会很强烈。⑤其他降解。土壤中的农药、化肥等对地膜也有一定的降解作用。

2. 工艺技术

根据生物降解地膜在自然环境下所经历的多种复杂的降解过程，针对性地进行配方设计和生产工艺设计，使其性能能够达到作物的使用要求。

（1）地膜专用降解树脂的分子设计与合成技术。树脂材料的分子组成以及分子结构，决定了其各种性能如力学性能、热性能、老化性能等，因此，要想获得特定性能的树脂材料，必须得对其分子组成和分子结构进行设计。例如，地膜吹塑加工时，膜泡直径一般较大，厚度一般很小，吹膜工艺对材料的熔体强度要求较高，因此，可以在树脂的合成阶段引入支化结构，提高材料的熔体强度。

（2）降解地膜专用料的复合改性技术。依据地膜的降解机理，针对性地在地膜材料中引入各种功能性助剂或组分，实现对其降解速率的控制，以及使得地膜达到满足使用要求的力学性能、增温性能、保墒性能等。

（3）降解地膜稳定加工技术。降解材料一般为脂肪族聚酯、脂肪族—芳香族共聚酯材料，分子链上大量酯基以及端羟基、端羧基的存在，使得材料的极性较大，受热加工吹膜时，黏性较大，开口性较差，必须找到合适的爽滑、开口体系解决薄膜的黏性和开口性问题。降解材料的热稳定性较差，加工温度较高时，容易热解。因此，加工温度一般偏低，而此时材料的熔体黏度就会较高，加工设备的负荷就会增大，这就要求设计设备的动力要充足。适用于柔性薄膜的降解材料一般为脂肪族—芳香族共聚酯，由于共聚、支化等原因，导致分子链结构不规整，结晶速度较慢，吹膜加工时，冷却速度就较慢，因此，要通过引入结晶成核剂等方法加快其冷却速度，使其尽快定型。由于降解材料的熔体强度偏低，冷却速度偏慢，在吹膜加工过程中，如果冷却风均匀性、平稳性较差时，膜泡局部区域容易被不稳定气流冲破，就会出现膜泡摆动或膜泡葫芦状现象，因此，要对吹膜机的风环结构进行改造，改善冷却风的稳定性和均匀性。适用于柔性薄膜的降解材料柔韧性较好，断裂伸长率较高，弹性较大，在吹膜过程中，牵引、收卷等工序容易张力过大，薄膜就会出现拉伸变形、死皱，因此，要对吹膜机的牵引和收卷系统进行无张力性改造，避免这些问题。由于降解材料的支化结构较少，吹胀比较小时，薄膜的纵横向强度差别较大，为了使得薄膜的纵横向强度均匀，吹胀比 2.5 以上时，薄膜在纵横向 2 个方向上都能经过一定的拉伸取向，强度区域均匀，因此，建议吹胀比尽量达到 2.5 以上。

（4）降解速度可控性关键技术。针对地膜的各种降解作用，设计各种地膜专用料配方，实现对其降解速率的控制。通过地膜厚度的调整，也能实现降解速率的调节。

（5）降解地膜的保水性优化技术。例如，厚度 0.01mm PBAT 薄膜透水率为 1 000 g/(m^2×24h) 左右，而 PE 仅 100g/(m^2×24h) 左右，保水性差，需要大大改善。优化技术包括：引入保水性的功能性助剂；引入阻隔材料或多层复合，提高薄膜阻水性。

（6）降解地膜标准与效果评价规范。降解地膜标准与效果评价规范包括：降解地膜厚度、降解速度、透光率等标准需要规范；使用降解地膜的作物有效积温、地膜保水性、增温性、抑草性等也需要标准评价；降解地膜使用后的残膜量，以及降解后对土壤、后续作物的长期影响，也需要进一步评价。

（7）降解地膜的低成本生产技术。降解材料的价格是 PE 的 2~3 倍，高昂的成本也是制约其推广应用的一个瓶颈。降解材料规模化的生产、工艺技术的改进，材料成本的降低，将是一个必然趋势。

五、生物降解地膜降解效果评价方法

1. 初始评价

与普通 PE 地膜相比，生物降解地膜除了降解特性外，其他力学性能指标如拉伸强度、断裂伸长率、直角撕裂强度、落镖冲击强度等也必须与普通 PE 地膜指标持平。

2. 过程评价

（1）降解速度。生物降解膜从覆盖到完全消失，要经历诱导期、破裂期（开裂期）、大裂期（崩解期）、碎裂期（完全崩解期）和无膜期（完全降解期）等阶段（表 8-2）。

表 8-2　生物降解地膜降解阶段的判定标准

诱导期	开始覆膜到出现<2cm 裂缝的时间阶段
开裂期（破裂期）	地膜出现>2cm 但<20cm 裂缝的时间阶段
大裂期（崩解期）	地膜出现>20cm 裂缝的时间阶段
碎裂期（完全崩解期）	地膜出现碎裂，最大地膜残片面积<25cm^2 的时间阶段
无膜期（完全降解期）	地膜在地表基本消失的时间阶段

*资料来源：严昌荣等，2010，《农用地膜的应用与污染防治》

地膜的降解阶段可以形象的反应地膜的降解速度，也直接影响作物的生长进程，因此，这些降解周期是评价地膜效果最有价值的指标之一。地膜的降解速度要与农作物对降解阶段的要求一致，偏差过大，即降解过快或过慢都可能造成减产。

（2）增温性。使用降解地膜时，记录土壤 0~25cm 深的温度变化，与使用 PE 地膜的情况对比，计算其有效积温，满足作物的生长需求。

（3）保墒性。降解地膜最大的挑战莫过于保墒性的提高，在西北部干旱地区，对地膜的保墒性要求非常高，尤其是育苗初期，保墒更为关键。因此，如何改善其保墒性，需要大家共同改进提高。

（4）其他。一些特殊用途或特殊功能的地膜，也可以采用降解材料，如有色地膜、打孔地膜、化学除草地膜、渗水地膜等。

3. 结果评价

（1）产量情况。地膜普及使用以后，使用降解地膜，作物产量与不覆盖地膜相比已经没有意义，只能与传统地膜相比，是否出现减产。推广降解地膜的最终目的，不仅仅是要解决普通地膜的污染问题，更重要的是保证作物的增产或不减产。

（2）降解效果。降解地膜在作物生长期结束后，降解效果如何，是否达到无膜期，如果没达到无膜期，残膜量多少，是否影响下一季作物耕种？这些问题都应该考虑。

第四节　作物地膜覆盖安全期及估算方法

在干旱半干旱地区，地膜覆盖的广泛应用得益于提高地温、保持土壤水分、抑灭杂草和防止肥料流失与提高肥料利用率等功能，大幅度提高资源资源利用率和作物及果蔬产量。但不同农业生态区因光热水资源差异很大，因而地膜的作用也因资源存在状况及农作制有很大差异。与此同时，我国地膜覆盖技术也存在滥用和泛用的问题，一些地方在农业生产上采用“一覆了之”的做法，不分季节、作物和气候条件，误认为地膜覆盖时间越长，作用越好，不仅未能合理利用地膜覆盖种植的功能，反而增加了地膜生产成本，在有些地方地膜覆盖因高温导致作物后期早衰减产。因此，根据区域农业自然条件、作物对光温和水分需求特点，采用有效覆盖时间是地膜覆盖技术应用中亟须解决的问题。

一、作物地膜覆盖安全期及其作用

基于地膜覆盖技术应用存在的不足和亟须解决问题，严昌荣等（2015）提出了作物地膜覆盖安全期的概念。作物地膜覆盖安全期定义为：“正常自然条件和农事操作下，地膜覆盖满足某一区域作物稳产增产所需积温和水分对应的有效天数，并且过了这一天数，地膜覆盖会对作物生长和生理或农田生态环境产生负效益，如，抑制作物的生长发育对作物产量和品质的提升具有生理负效益；对作物的生理负效益不明显，但会显著增加残膜回收的成本，降低回收或降解的效果对农田生态产生潜在危害。”在这个覆盖日数之前农田的地膜应该保持基本完整，具有增温保墒和防除杂草等功能，该日数之后，地膜破裂或者是人工、机械去除地膜对作物生长和最终经济产量不产生影响。

作物地膜覆盖安全期至少有以下 3 个方面作用和意义。首先，明确安全期有利于作物生产的高效管理。现有研究结果和农业生产实践活动已经证明，不同作物种类或者同一种作物在不同区域对地膜覆盖的要求存在差异，在作物生育前期，大气温度和相对湿度低，地表覆盖稀疏，土壤蒸发强度大易于杂草生长，地膜覆盖实现了增温保墒和抑制杂草的功能，特别是在高海拔冷凉地区和半干旱地区，地膜增温和保墒对作物生长是决定性的，促进了出苗和生长发育进程的加快，作物生育后期，在气温高和作物冠层覆盖大的情况下，地膜覆盖增温保墒和抑灭杂草功能大为降低或者基本消失，延长覆盖不仅会抑制土壤微生物和根系呼吸，降低根系的活性，抑制土壤养分的活化，常常使作物产生早衰。而且会增加地膜与土壤的黏附性能，增加揭膜的机械阻力和破碎化程度。此时农田中地膜存在与否对作物生长促进作用甚小或者没有，甚至会产生副作用。尤其是雨养旱作区地膜玉米 7—8 月遇到高温伏旱，地膜会加剧玉米早衰，提前逼熟，严重减产；地膜马铃薯会影响薯块膨大。黄淮海平原覆膜棉花适宜在 6 月底揭膜，若继续覆膜会导致影响追施花铃肥、无法培土，使得棉花抗倒伏能力差，棉花产量降低；西南低海拔区覆膜烟草应在覆膜 40～50d 后揭膜，以免长期覆膜土壤表层水分富集，水溶性和速效养分积聚，烟株根系集中分布表土层的问题而导致生育后期抗逆力弱，易倒伏，烟草品质降低等问题（肖汉乾等，2002；

杨峰钢等，2007）。

其次，明确安全期有利于指导地膜生产。覆盖在田间地膜能否保持完整受到多种因素的影响，其中地膜本身特点是一个非常重要原因，在环境条件一致情况下，地膜在田间保持完整的时间越长，其耐候期也必须越长，而耐候期长短与生产成本密切相关。如以聚丁二酸丁二醇酯（PBS）、聚丁二酸/己二酸－丁二醇酯（PBSA）、聚丁二酸/对苯二甲酸丁二醇酯（PBST）、己二酸丁二醇酯和对苯二甲酸丁二醇酯的共聚物（PBAT）和聚乳酸（PLA）等完全生物降解材料生产地膜时，为提高地膜抗拉强度和田间耐候性一般都通过增加地膜厚度来实现。德国 BASF 可生物降解地膜在新疆①连续试验结果显示，田间地膜耐候性增加 10d，厚度需增加 2μm（以 10μm 厚地膜为基准），生产成本将提高 15%～20%。通过明确特定区域和特定作物的地膜覆盖安全期，地膜生产者就可生产出既能满足作物需求，又能最大限度降低成本的可降解地膜，这对于未来可生物降解地膜的研究、生产和应用都具有十分重要的意义。

最后，明确作物地膜覆盖安全期，可以指导地膜销售，利于农民根据覆盖作物种类和生产条件选择合适的地膜，避免在可生物降解地膜销售和应用中的盲目性。

二、作物地膜覆盖安全期的估算方法

作物地膜覆盖安全期是一个新的概念，其估算方法目前比较鲜见。由于各地农业生产条件差异大，地膜覆盖作用发挥的影响因素众多，如果因素考虑太多太细可能使作物地膜覆盖安全期估算太繁杂而无法应用。因此，鉴于其核心和实质是地膜对作物生长的增效作用维持天数，只要考虑增温保墒、抑灭杂草等关键要素即可。据此，可尝试建立以下两种作物地膜覆盖安全期的估算方法。

（一）基于主要功能测定估算法

通过对作物覆盖地膜条件下土壤温度和水分的连续监测，构建作物地膜覆盖与未覆盖农田土壤温度、水分的时序图，通过研判 2 个处理地温和水分时序图的变化特点，寻求二者的交汇或者重合点即地膜覆盖的增温保墒功能消失或者基本消失的时间节点，从覆盖到这个日期的天数为某种作物地膜覆盖的温度安全期和水分安全期。

2011 年和 2014 年严昌荣等在新疆石河子棉花全生育期棉田土壤 10cm 处土壤日均地温的研究结果表明，在覆膜和未覆膜裸地条件下，棉花播种后 70d，两种覆盖方式的地温基本趋近一致，说明地膜覆盖的增温功能基本消失，即新疆石河子棉花地膜覆盖的温度安全期为 70d。同样，通过人工揭除地膜，研究不同揭膜时间农田杂草种类和生物量的变化，绘制作物不同时段揭除地膜后与一直覆膜农田杂草种类和生物量时序图，寻找覆膜抑制杂草功能消失的时间节点，确定作物地膜覆膜控制杂草安全期。最后通过作物多个单因素安全期叠加，确定某种作物在某一区域的地膜覆盖安全期。但为了适应生产实际，可将这个安全期确认为一个时间段，形成一个区间。

陇东旱塬地膜玉米 0～10cm 土层地温观察结果表明（图 8-4），随着玉米生育期进

① 新疆维吾尔自治区，全书简称新疆

程推进，地膜覆盖在早晨（8：00）、中午（13：00）和下午（19：00）保温效果存在阶段性差异，玉米播种后100d以前（即7月下旬，玉米灌浆后20d），地膜增温作用使玉米生长发育处在最适宜温度范围，100d以后中午和下午地膜覆盖耕层土壤温度高于玉米适宜生长温度的上限，影响籽粒灌浆和产量。玉米授粉后20d地膜破裂，不影响玉米生产，反而能够减轻由于抽雄后高温对地膜覆盖玉米根区土壤温度升高造成根系活力下降。因此，旱塬玉米地膜覆盖功能有效期（安全期）为7月下旬，即播种后100d左右。

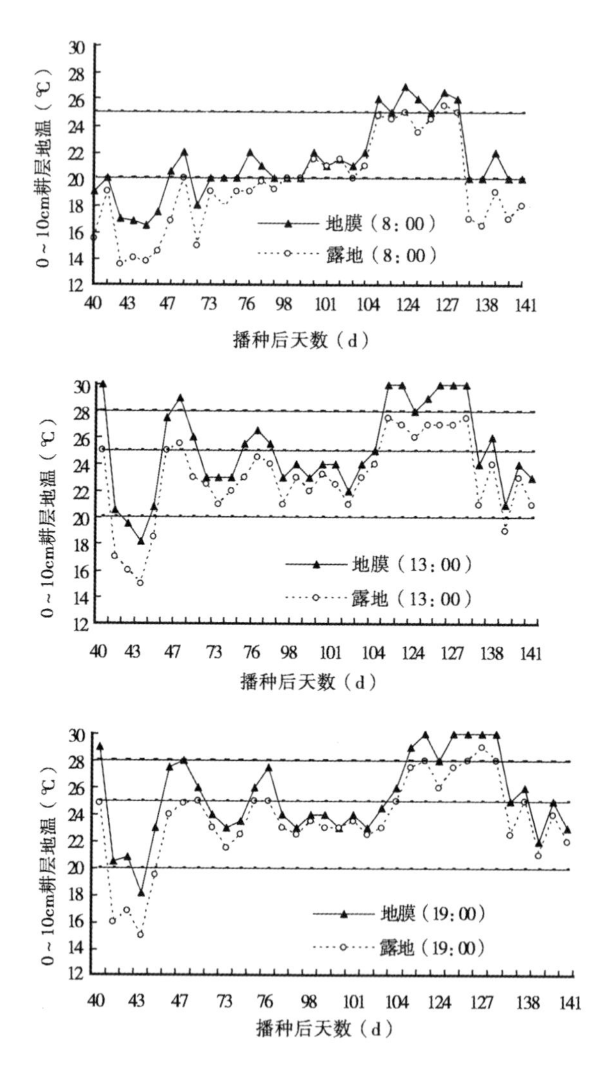

图8-4　地膜覆盖对旱地玉米田0～10cm土层地温的影响

（二）基于农作物郁闭度估算法

借用森林科学中郁闭度概念，用郁闭度来指示地膜覆盖功能变化状况，确定某一作物在某一区域地膜覆盖的安全期。在森林科学中，郁闭度是指森林中乔木树冠遮蔽地面的程度，它是反映林分密度的指标，它是以林地树冠垂直投影面积与林地面积之比，完全覆盖地面为 1 或 100%。作物郁闭度是指农作物冠层垂直投影面积与其生长农田面积之比。利用郁闭度来确定作物地膜覆盖安全期包括以下步骤：①系统测定作物郁闭度，并同时监测地膜增温保墒和抑灭杂草功能，建立作物郁闭度与地膜覆盖主要功能的关系曲线；②通过对作物郁闭度与地膜覆盖主要功能关系曲线的研判，确定覆盖地膜功能消失时作物郁闭度，并将此值确认为该作物在该地区地膜覆盖功能消失的阈值；③计算从作物覆膜起到作物郁闭度达到地膜覆盖功能消失的阈值的日数，以此确定作物地膜覆盖安全期。由于是借用林学上郁闭度的概念，测定方法也同样如此，郁闭度有多种测定方法。可以采用仪器进行直接测定，获得作物郁闭度值，如用作物冠层仪可直接测定作物冠层开度，计算作物郁闭度直接用。考虑到测定方便，也可以采用样点法对作物郁闭度进行估算，在农田内设置样点，判断样点是否为作物冠层遮盖，统计被遮盖样点数，计算郁闭度，即某种作物郁闭度为作物冠层遮盖样点数与样点总数的比值。该方法具有需要的工具少、作业方便、快速实用等特点。通过系统监测作物全生育期郁闭度和地膜覆盖功能参数，建立作物郁闭度与地膜覆盖主要功能的关系曲线，综合研判后确定地膜覆盖功能消失时作物郁闭度阈值。

作物不同，或者同一种作物的种植区域环境存在差异，郁闭度阈值会存在差异，但总体上，某一具体区域的某种作物，其地膜覆盖功能消失时郁闭度阈值应基本一致和达到稳定，这个值大小主要与地膜覆盖对作物生长的增效作用密切相关，如北方寒旱区域，增温保墒是地膜覆盖的主要功效，抑灭杂草的作用相对较弱，对该地区大部分作物而言，在其增温保墒功能消失后，作物已经封垄，郁闭度较大，作物冠层下光照的不足使得杂草没法生长。而在南方热带、亚热带地区，作物生长所需要的温度和水分不是主要限制因子，抑灭杂草就成为了地膜覆盖的主要功能，在确定地膜覆盖功能消失郁闭度阈值时就要重点考虑这一点。已有研究结果显示，在新疆灌溉棉区，当棉花郁闭度达 80%~90%时，地膜覆盖的增温和抑灭杂草功能基本消失，如果将棉花郁闭度达 80%~90%与其生育期联系起来，大约在棉花盛花期，即 7 月初，此时冠层基部光截获率接近单叶光补偿点阈值，冠层覆盖度高，作物棵间土壤无效蒸发占总蒸散比例很小，据此可进行棉花地膜覆盖安全期估算。因此，可根据某一区域某一种作物地膜覆盖功能消失郁闭度阈值，确定作物地膜覆盖安全期，实际应用中为进一步简化操作，还可将作物地膜覆盖功能消失郁闭度阈值与作物生育期关联，就可用作物生育期来指示其地膜覆盖安全期。

总而言之，作物地膜覆盖安全期及估算方法将为构建中国地膜覆盖技术适应性评价体系、探明地膜覆盖适宜区域的空间分异规律，以及生物降解地膜生产和应用提供技术支撑。但仍然处于起步阶段，需进行更加广泛研究、应用和完善，需要根据不同地区热量条件及玉米品种熟期，通过计算地积温大小来衡量，为生物降解地膜生产和应用提供支持。

第五节　生物降解地膜性能监测评价及作物种植技术

为解决农田残膜造成的污染问题，近几年来，一直探索降解膜替代 PE 膜的技术问题，但降解地膜的保温保墒效果及机械性能和对种植作物的影响，至今研究与连续监测的不多，需要对其性能进行研究与综合评价，为生物降解材料制备及降解膜功能提升提供依据。

一、试验设计及方法

（一）试验设计

大田埋设与玉米种植试验先后于2011—2016年在镇原县、定西市和兰州市3个地方进行，试验用降解地膜有日本三菱化学、德国BASF、广州金发、杭州鑫福、日本昭和PE地膜等，各年度降解地膜品种因加工工艺及配方改进有所差异。填埋试验，将试验用地膜剪成20cm×20cm大小，称取重量，然后开10~15cm深坑，于4月中旬将地膜平铺后小心填埋，每处理3次重复（图8-5）。地膜保水模拟观测在实验室进行，称取等量水装入烧杯中，然后用地膜封住烧杯口，定期称重，烧杯中设单纯水和水+土两种情况。玉米栽培试验同常规PE膜一样。

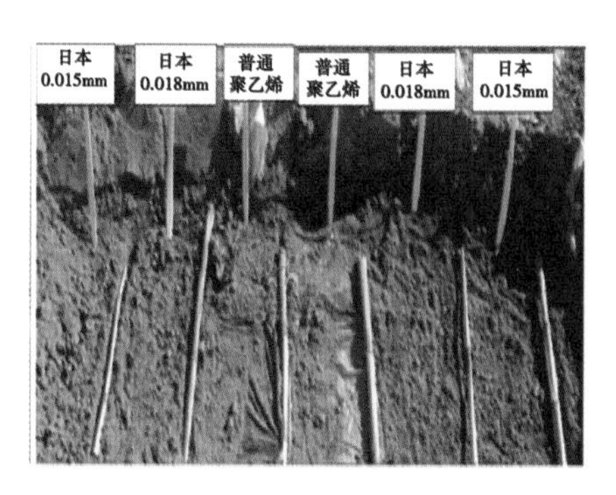

图8-5　降解膜田间埋设试验

（二）监测方法

降解观测：在填埋试验中每间隔一定天数（5d或15d）挖出地膜，用清水洗干净，观察和照相记录膜降解情况，37℃烘12h后称重，持续90多天，计算降解率；烧杯地膜保墒性试验每月称烧杯重量，持续9个月，计算保墒率。用金属曲管地温计5支一组，分别测定5cm、10cm、15cm、20cm、25cm土层地温（兰州市），将自动记录仪埋设在大田覆盖降解膜土壤中，定期记录不同层次土壤温度和水分变化。

地膜降解率（%）=（地膜初始重-挖出后地膜重）/初始重×100

地膜保墒率（%）=（$W-V$）/W×100

式中，W 为前一次土加水或水重（g），V 为后一次土加水或水重（g）。

二、试验结果

（一）生物降解膜的降解性能观测

1. 降解膜在土壤中的降解情况

埋设在土壤中降解膜与 PE 膜降解明显不同。在镇原县埋设后 25d 以内肉眼看不出降解情况，随着时间增加，日本三菱降解膜逐渐开始降。25d 后失重率迅速增加，到 65d 时降解膜失重率 95%以上（图 8-6 和表 8-3），普通 PE 膜和天津降解膜与覆盖前一样，未观察到降解情况（降解率为负值是地膜尚未清晰干净所致）。在兰州同样埋设试验结果类似（表 8-4 和图 8-6）。

不同类型降解地膜因降解材料不一样，埋设在土壤中的降解效果差异很大，总体来看，日本三菱化学、德国 BASF、广州金发和杭州鑫福 4 种类型为全生物降解膜，降解材料都为 PBAT，降解效果比较明显，其他材料的降解膜效果不很理想（图 8-7 和图 8-8）。同时也发现，降解地膜的降解效果与土壤水热条件关系十分密切，兰州试验均是在灌水条件下进行，全生物降解膜的降解效果最好，其次是镇原县降水量 500mm 以上，埋设的降解效果也比较好，但在干旱地区的定西市年降水量不足 400mm，降解效果比较差（表 8-5），德国 BASF、广州金发和杭州鑫福降解膜产品埋设土壤中 150d 时，降解率只有 2%~6%，明显低于兰州和镇原。埋设到 210d 时德国 BASF、杭州鑫福产品降解超过 90%，其余大部分产品降解率在 30%左右。因此，全生物降解地膜与当地降水条件密切相关。

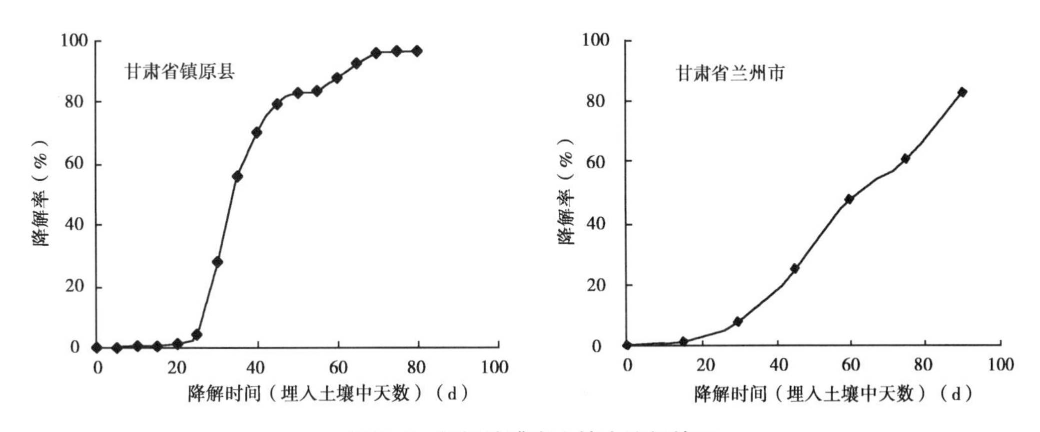

图 8-6　降解地膜在土壤中降解情况

表 8-3　不同类型降解膜在土壤中降解情况（2011 年，镇原县）

天　数 (d)	光氧双降解膜（天津）			全生物降解膜（日本三菱）			常规聚乙烯膜		
	初始重 (g)	降解后重 (g)	降解率 (%)	初始重 (g)	降解后重 (g)	降解率 (%)	初始重 (g)	降解后重 (g)	降解率 (%)
5	0. 545	0. 546	−0. 18	2. 677	2. 677	0. 00	1. 058	1. 061	−0. 28
10	0. 524	0. 525	−0. 19	2. 621	2. 611	0. 38	1. 012	1. 023	−1. 09
15	0. 538	0. 539	−0. 19	3. 048	3. 028	0. 66	1. 039	1. 041	−0. 19
20	0. 522	0. 524	−0. 38	2. 673	2. 645	1. 05	1. 069	1. 07	−0. 09
25	0. 517	0. 515	0. 390	2. 513	2. 404	4. 34	1. 06	1. 061	−0. 09
30	0. 550	0. 553	−0. 55	2. 579	1. 861	27. 84	1. 044	1. 049	−0. 48
35	0. 510	0. 514	−0. 78	2. 814	1. 244	55. 79	1. 096	1. 099	−0. 27
40	0. 509	0. 513	−0. 79	2. 777	0. 831	70. 08	1. 056	1. 059	−0. 28
45	0. 512	0. 511	0. 20	2. 713	0. 560	79. 36	1. 056	1. 061	−0. 47
50	0. 504	0. 516	−2. 38	2. 753	0. 479	82. 60	1. 056	1. 06	−0. 38
55	0. 508	0. 517	−1. 77	2. 713	0. 453	83. 30	1. 056	1. 058	−0. 19
60	0. 520	0. 523	−0. 58	2. 793	0. 353	87. 36	1. 083	1. 089	−0. 55
65	0. 521	0. 531	−1. 92	2. 787	0. 215	92. 29	1. 07	1. 072	−0. 19
70	0. 510	0. 513	−0. 59	2. 761	0. 115	95. 83	1. 065	1. 07	−0. 47
75	0. 520	0. 521	−0. 19	2. 741	0. 101	96. 32	1. 039	1. 041	−0. 19
80	0. 521	0. 532	−2. 11	2. 773	0. 097	96. 50	1. 022	1. 032	−0. 98

表 8-4　日本三菱化学生物降解地膜土壤中降解情况（2011 年，兰州市）

样　本	埋入土壤 15d			埋入土壤 30d			埋入土壤 45d		
	初始重 (g)	降解后重 (g)	降解率 (%)	初始重 (g)	降解后重 (g)	降解率 (%)	初始重 (g)	降解后重 (g)	降解率 (%)
1	0. 146 9	0. 145 8	0. 75	0. 150 2	0. 144 6	3. 73	0. 142 6	0. 110 6	22. 44
2	0. 136 7	0. 135 4	0. 95	0. 146 0	0. 136 7	6. 37	0. 138 3	0. 113 2	18. 15
3	0. 141 0	0. 138 6	1. 70	0. 146 7	0. 129 1	12. 00	0. 137 1	0. 091 4	33. 33
合　计	0. 424 6	0. 419 8	1. 13	0. 442 9	0. 410 4	7. 37	0. 418 0	0. 315 2	24. 64

样　本	埋入土壤 60d			埋入土壤 75d			埋入土壤 90d		
	初始重 (g)	降解后重 (g)	降解率 (%)	初始重 (g)	降解后重 (g)	降解率 (%)	初始重 (g)	降解后重 (g)	降解率 (%)
1	0. 141 7	0. 077 8	45. 10	0. 134 1	0. 034 3	74. 42	0. 143 4	0. 024 1	83. 19
2	0. 136 6	0. 068 6	49. 78	0. 145 9	0. 071 7	50. 86	0. 135 3	0. 036 1	73. 32
3	0. 139 8	0. 073 5	47. 42	0. 135 8	0. 058 5	56. 92	0. 150 9	0. 012 1	91. 98
合　计	0. 418 1	0. 219 9	47. 43	0. 415 8	0. 164 5	60. 73	0. 429 6	0. 072 3	82. 83

表 8-5　不同降解膜土壤埋设降解率（2015 年 4 月至 2016 年 10 月，定西市）　（单位：%）

地膜品种	埋入土壤中不同天数（d）的降解率												
	30	45	60	75	90	105	120	135	150	165	180	195	210
PE	0.00	0.00	0.00	0.00	0.00	0.00	0.00	0.00	0.00	0.00	0.00	0.00	0.00
V1	0.60	1.27	1.38	1.52	1.59	1.64	1.73	2.39	2.46	8.04	10.89	15.83	35.50
V2	0.40	1.41	1.46	1.70	1.76	1.85	2.04	2.53	2.92	6.44	7.80	10.80	30.99
V3	0.36	1.12	1.61	1.89	2.35	2.56	2.66	2.87	3.20	8.95	10.03	17.37	56.45
K9-8	0.75	1.58	1.80	1.97	2.46	2.78	2.83	2.91	3.17	4.67	6.78	7.97	23.41
K9-10	0.72	1.47	1.56	1.85	2.14	2.24	2.49	2.53	2.83	4.01	5.10	5.77	19.46
BASF	0.06	0.34	0.98	1.25	2.25	2.48	4.85	5.01	5.35	9.87	16.20	72.41	90.80
喜丰	0.00	0.00	0.00	0.00	0.00	0.00	0.00	0.00	0.00	0.00	0.00	0.00	0.00
鑫福 0	0.00	0.83	1.93	2.19	2.69	3.45	5.44	5.69	6.08	12.46	21.00	77.94	91.60
鑫福 1	0.74	1.11	1.59	1.62	1.70	1.94	2.20	3.25	3.63	6.49	10.90	18.27	33.73
鑫福 2	0.89	1.51	1.78	2.36	2.42	2.51	2.52	2.54	2.61	4.97	6.01	12.87	28.44

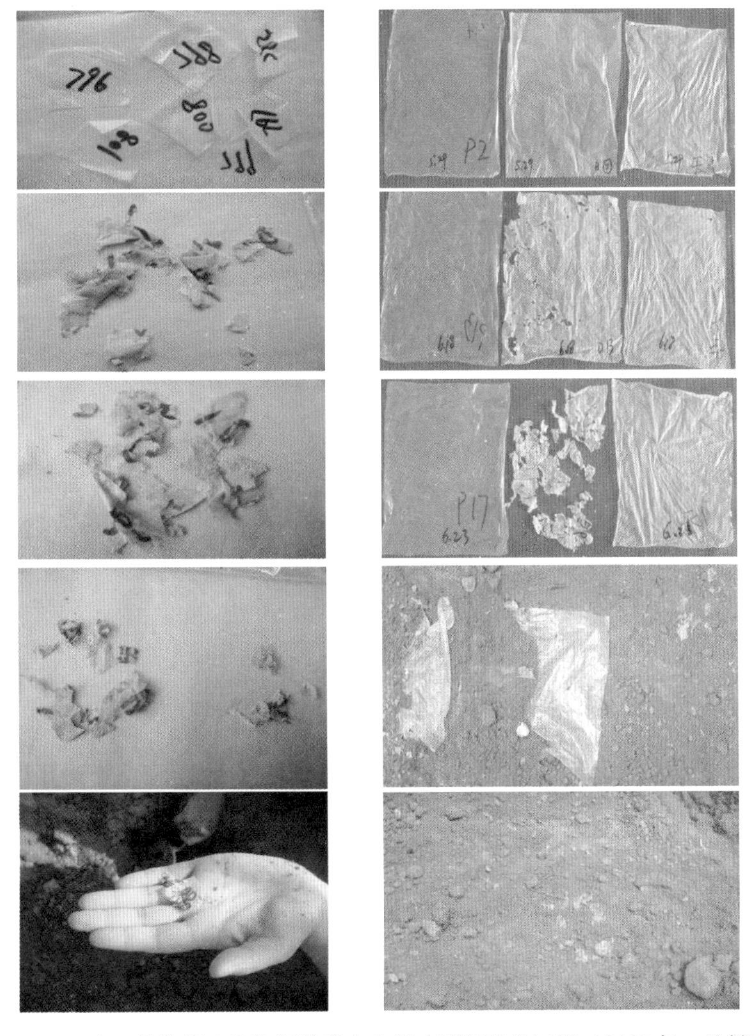

图 8-7　日本三菱化学生物降解地膜在土壤中降解变化过程（2011 年，兰州市）

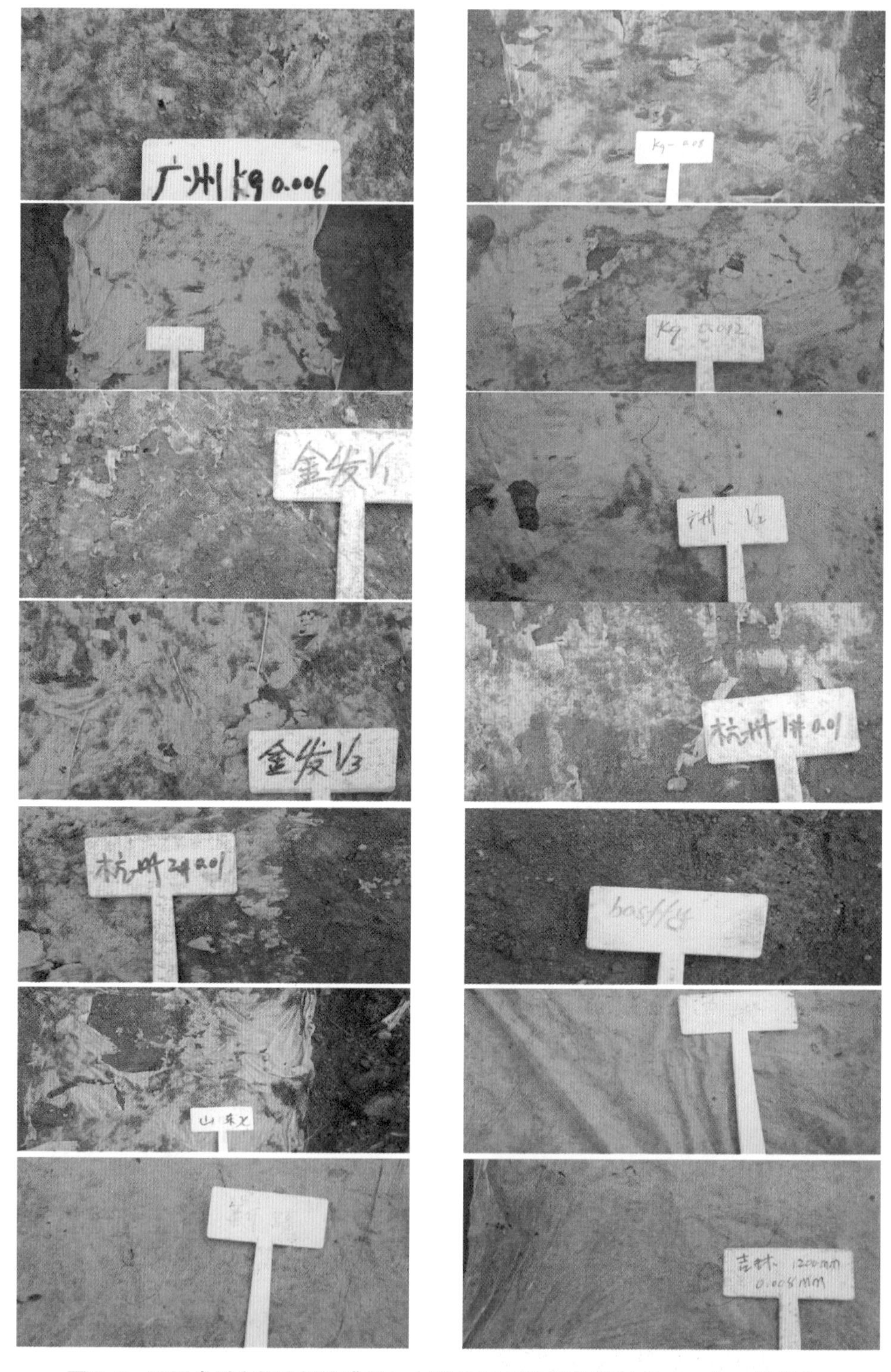

图 8-8　不同类型生物降解地膜埋入土壤 220d 时的降解情况（2016 年，兰州市）

2. 降解膜田间种植作物的地表降解情况

种植作物带降解膜因所处环境条件与埋设土壤中环境差异很大，其降解程度也明显不一样。由于种植作物带地膜降解情况难以量化，一般通过肉眼目测、地膜颜色、形态及表面完整情况进行记录判断，可分为阶段：①诱导阶段：铺膜后到地膜出现小裂缝的时间；②破裂阶段：肉眼清楚看到大裂缝的时间；③崩解阶段：地膜已经裂解成大碎块，没有完成的膜面，出现膜崩裂的时间；④碎片阶段：地面无大块残膜存在，基本为小碎片地膜的时间阶段；⑤全降解阶段：碎片在地面基本消失，仅有不到10%的小碎片。

2011 年，镇原旱地玉米田间降解情况观察，玉米生长前期日本三菱化学降解膜比天津降解膜降解速度慢，玉米苗期基本完好，玉米封垄后才出现较大裂痕，能够起到较好的增温保墒作用（表 8-6，图 8-9）。而天津降解膜（光降解膜）在玉米苗期开始出现较大裂痕，增温保墒效果较差。

表 8-6　2011 年旱地玉米种植带降解膜降解阶段（甘肃镇原）

地膜类型	降解阶段（覆膜后天数）			
	诱导阶段	破裂阶段	崩解阶段	完全降解阶段
普通聚乙烯膜	—	—	—	—
天津降解膜	25d	31d	78d	135d
日本三菱降解膜	50d	64d	153d	—

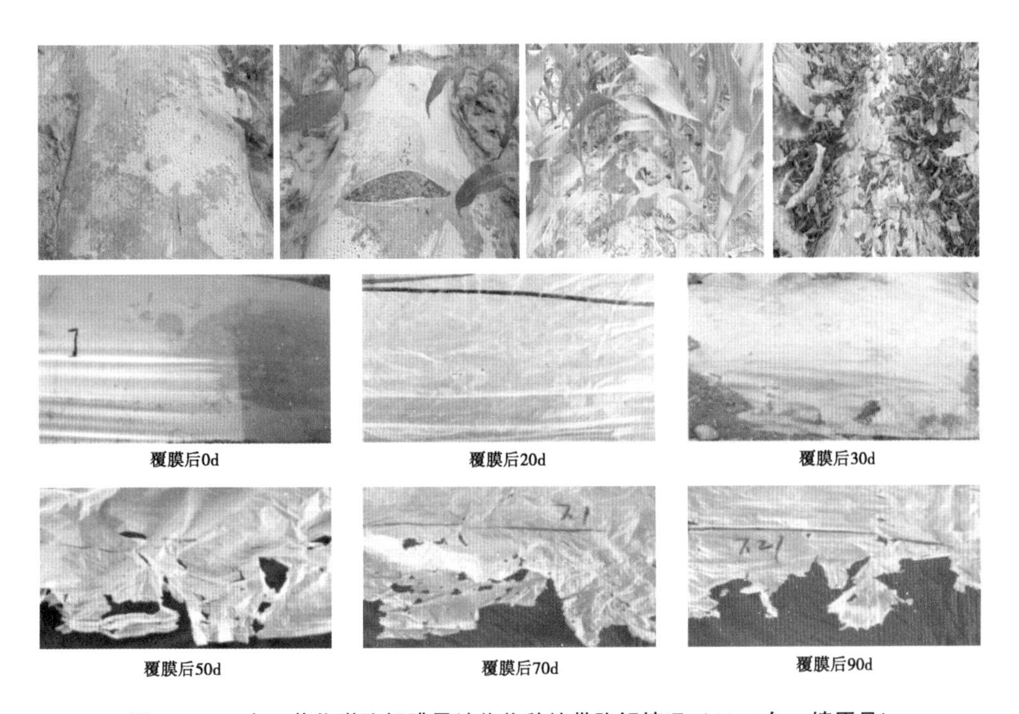

图 8-9　日本三菱化学降解膜旱地作物种植带降解情况（2011 年，镇原县）

2015 年和 2016 年在甘肃省不同区域降解地膜玉米种植带地膜降解情况的观察表明，不同降解材料来源的降解地膜，覆盖种植玉米的田间降解阶段差异很大，降解膜各阶段出现的时间受年份的影响也很大，同一类型降解膜在不同气候年份的降解阶段也不一样（表 8-7）。相比较而言，试验所用降解膜在定西旱地的降解很慢。在玉米生长期内，所有地膜均达不到完全降解阶段。因此，生物降解地膜在西北地区种植当季作物，地面尚观察不到全部降解的情况，地膜裂解成大碎块，没有完成的膜面，失去机械性能。

表 8-7　不同类型降解地膜玉米种植带地膜降解情况

年　份	地膜品种	诱导阶段（d）			破裂阶段（d）			崩解阶段（d）			完全降解阶段（d）		
		镇原县	定西市	兰州市	镇原县	定西市	兰州市	镇原县	定西市	兰州市	镇原县	定西市	兰州市
2015	鑫富 1	35	21	15	93	24	27	—	43	45	—	—	—
	鑫富 2	38	26	27	94	32	40	—	54	72	—	—	—
	山东企鹅	42	54	45	88	62	77	—	90	156	—	—	—
	BASF	86	61	80	102	87	145	—	112	—	—	—	—
	吉林	—	—	—	—	—	—	—	—	—	—	—	—
	新疆	—		—	—		—	—		—	—		—
	PE 膜	—	—	—	—	—	—	—	—	—	—	—	—
	广州 V1	66	57	41	92	69	76	—	97	—	—	—	—
	广州 V2	74	52	75	98	63	110	—	93	—	—	—	—
	广州 V3	74	54	80	112	65	120	—	91	—	—	—	—
	广州-6	54		30	90		42	127		85	—		—
	广州-8	52	39	38	90	54	70	127	82	114	—	—	—
	广州-10	56	41	42	98	58	70	—	85	126	—	—	—
	广州-12	56		50	98		80	—		135	—		—
2016	金发 10	67			87			118			—		
	金发 12	82	62		97	68		120	80		—	—	
	鑫富 1	34			43			92			—		
	鑫富 2	39			48			97			—		
	BASF	57	63		78	68		95	79		—	—	
	PE 膜	—	—		—	—		—	—		—	—	
	金发黑 10		81			87			101				
	金发黑 12		88			95			158				
	鑫富黑 1		13			16			31				
	鑫富黑 2		32			37			92				

2015 年引进 13 种降解地膜产品进行观测。在镇原降解膜 90~110d 出现破裂、韧性降低现象，此时恰好是玉米拔节至抽雄期，玉米起身封垄，此时破裂对玉米生长发育影响不显著。广州 k-0.006 和广州 k-0.008 在 127d 破裂成大片。其中杭州 1#和杭州 2#、山东企鹅 3 种降解膜在覆膜后 35~42d 出现裂口，韧性降低，失去了保墒和保温作用。在定西市，降解膜 20~90d 出现破裂，杭州 1#、杭州 2#在 30d 出现破裂，此时玉米苗期，膜面破裂影响地膜增温及保墒效果；山东企鹅、广州 V2、V3、k-0.008、k-0.01 在 60d 破裂，

玉米在拔节—大喇叭口期没有完全封垄，此时地膜破裂对玉米生长发育有一定影响；广州V1在70d、巴斯夫在90d发生破裂，此时玉米基本封垄，地膜破裂对玉米生长发育影响不显著。在兰州市的灌溉条件下，不同降解膜30~150d出现破裂，其中杭州1#、杭州2#、广州k-0.006在45d破裂，其余品种70~150d破裂，其中巴斯夫、广州V2、广州V3均超过了100d，破裂过早影响增温功能，保墒效果影响不大。

2016年引进降解膜品种9个，其中4个黑色降解地膜品种。在镇原县，降解膜45~100d左右破裂，鑫富1号、鑫富2号50d内发生破裂，除埋土部位破裂仍有延伸性、膜中部出现个别裂缝外，地表其余部分膜面基本完整。该年度6—7月初未现高温天气且连阴多雨，2种地膜破裂对玉米长势影响不大；巴斯夫80d左右破裂，肉眼可见保水性低于PE膜和其他降解膜。定西市种植马铃薯，鑫富黑1地膜不到20d破裂，鑫富黑2接近40d破裂，此时马铃薯还未封垄，蓄水保墒增温功能丧失过早；其余品种均在70~90d破裂，巴斯夫与金发白色降解膜均在70d破裂，金发2种黑色膜90d破裂，此时马铃薯已封垄，地膜破裂对马铃薯生长影响不大。

（二）生物降解地膜在土壤中的降解特征参数分析

土壤微生物以生物降解地膜为碳源进行繁殖，微生物的繁殖符合Logstic增长曲线，地膜降解率变化与Logstic曲线相类似。以2011年三菱化学生物降解地膜在镇原田间埋设试验数据为基础，建立降解速率（DR）与时间（t）方程，确定降解特征参数。

$$DR=\frac{90.88}{1+e^{7.4559-0.2191t}} \qquad R^2=0.987$$

从降解方程中可知，在镇原旱地条件下三菱化学全生物降解地膜降解过程分为降解初始期、降解快增期和降解缓慢期3个阶段，降解速率最快的时间是埋设土壤中34d，最大降解速率为5%/d，平均降解速率1.97%/d，快速降解期为12d（表8-8和图8-10）。埋设土壤中55d后，降解率超过90%。

表8-8　日本三菱化学降解地膜降解参数

项　目	参　数
最大降解速率出现天数（d）	34.0
T1第一拐点出现天数（d）	28.0
T2第二拐点天数（d）	40.0
持续降解天数（d）	55.0
T1降解初始期（d）	28.0
T2降解快增期（d）	12.0
T3降解缓增期（d）	15.0
最大降解速率（%/d）	5.0
平均降解速率（%/d）	1.97

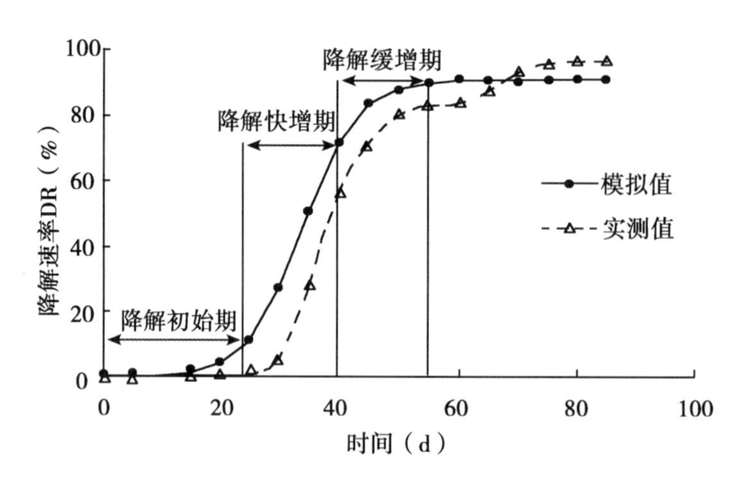

图 8-10　日本三菱化学生物降解膜在土壤中降解特征曲线

（三）生物降解膜的保墒保温效果

与聚乙烯 PE 膜相比较，由于生物降解地膜基料结构差异，导致土壤保温保墒效果差异很大。实验室烧杯模拟蒸发测定结果表明，生物降解膜保墒性差于普通农用地膜。A 处理（生物降解膜+水）保墒率在 85.2%~90.5%，B 处理（生物降解膜+土+水）保墒率在 88.6%~98.4%，平均保墒率分别为 88.6%和 94.2%；而 C 处理（常规膜+水）保墒率达 95.1%~99.6%，D 处理（常规膜+土+水保）墒率达 97.2%~99.8%，平均保墒率分别高达 98%和 98.7%。生物降解膜保墒率比普通 PE 地膜低 4.5~9.4 个百分点，是普通 PE 地膜的 90.4%~95.4%。

2011 年马铃薯试验地温测定结果表明，生物降解膜在马铃薯生育前期（5 月 3 日至 6 月 27 日）0~25cm 土层 8：30、14：30 和 20：30 温度均低于普通 PE 地膜。垄上 5cm、10cm、15cm、20cm 和 25cm 土层 8：30、14：30 和 20：30 三个时间点平均温度降解膜比 PE 膜分别低 0.82℃、0.79℃、0.81℃、0.84℃和 0.99℃。其中 14：30 两种地膜 0~20cm 土壤温度差异最小，降解膜比常规膜低 0.32~0.49℃，8：30 和 20：30 两个时间点 0~25cm 土层降解膜比 PE 膜分别低 0.88~1.09℃和 0.9~1.08℃，而且各层温度变化趋势基本一致；土壤不同层次中 20~25cm 土层两种膜日平均温度差异最大，降解膜比常规膜低 0.99℃，5~10cm 土壤两种膜平均温度差异最小，降解膜覆盖比 PE 膜低 0.79℃。

2012 年、2013 年地温测定结果表明：玉米播种至拔节生物降解膜全覆盖双垄沟播种植行内 8：30、14：30 和 20：30 三个时间点 0~25cm 土壤平均温度分别比裸地平作高 2.15℃和 1.66℃，并且随着时间推移，气温升高、玉米植株逐渐茂盛和膜的降解，生物降解膜全覆盖双垄沟播种植行内 0~25cm 土壤温度与裸地平作的差异越来越小。2012 年 4 月 17 日覆膜、播种，生物降解膜全覆盖双垄沟播种植行内 0~25cm 土壤平均温度比裸地平作 4 月 17 日至 5 月 6 日高 2.71℃、5 月 7 日至 5 月 16 日高 2.61℃、5 月 17 日至 5 月 26 日高 1.8℃、5 月 27 日至 6 月 6 日高 1.51℃；2013 年 4 月 3 日整地起垄覆膜、播种，生物降解膜全覆盖双垄沟播种植行内 0~25cm 土壤平均温度比裸地平作 4 月 3 日至 4 月 18 日高 2.77℃、4 月 19 日至 5 月 5 日高 2.02℃、5 月 6 日至 5 月 20 日高 1.13℃、5 月 21 日至

6月5日高0.72℃。

为系统监测生物降解地膜对土壤水分和温度的昼夜变化，2011—2012年于镇原县在旱地降解膜种植玉米带不同土层安装了土壤水分和温度自动记录仪。5月和7月的监测结果表明，生物降解膜覆盖玉米昼夜土壤水分明显低于PE膜，5月生物降解膜0~20cm土壤水分平均低2.9个百分点，7月低2.4个百分点（图8-11）。从表层、10cm、20cm深土壤温度变化结果与土壤水分相类似（图8-12），尤其是5月地表平均温度比生物降解膜比PE膜低1.3℃，中午1点到下午4点低3℃；5月10cm、20cm处土层温度生物降解膜温度仍然低于PE膜，随着生育进程的推后，生物降解膜与PE膜土壤温度差异缩小。5月0~20cm土层平均温度生物降解地膜比PE膜低0.7℃，到7月差异缩小到0.2℃。

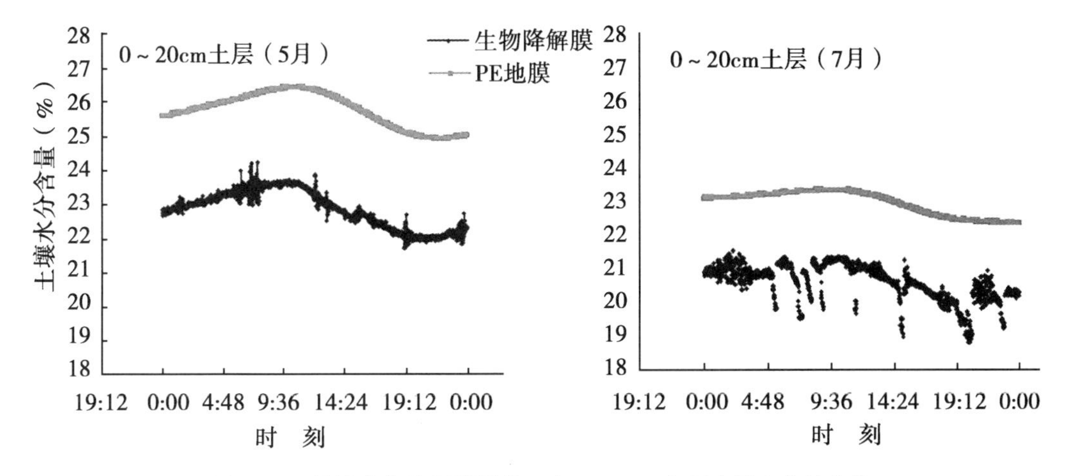

图8-11　旱地生物降解膜覆盖玉米0~20cm土层土壤水分的变化

（四）生物降解膜对作物产量的影响

2011—2014年试验中，日本三菱降解地膜与普通聚乙烯膜产量差异不显著（表8-9）。2011年产量为891.0kg/亩，较普通聚乙烯增产2.1%；2012年日本透明和黑色降解膜产量分别为778.7kg/亩和750.0kg/亩，较普通聚乙烯减产0.3%和3.4%；2013年，日本三菱、日本三菱1和日本三菱2产量分别为1 003.3 kg/亩、969.5kg/亩、1 013.3 kg/亩，较普通聚乙烯增产1.4%、-2.0%、2.4%；2014年杭州1号、杭州2号、杭州3号、日本三菱、山东企鹅和日本昭和6种降解膜产量分别为658.7 kg/亩、689.7 kg/亩、627.4 kg/亩、660.4 kg/亩、633.5 kg/亩、706.3kg/亩，较普通聚乙烯增产-5.7%、-1.2%、-10.2%、-5.4%、-9.3%、1.2%，水分利用效率与产量变化趋势基本一致。但杭州1号、杭州2号、日本三菱、日本昭和4种地膜的产量与普通聚乙烯差异不显著，但杭州3号和山东企鹅2种降解膜产量显著低于普通聚乙烯膜。

降解膜秋覆膜条件下，玉米播前保水与普通聚乙烯膜差异不显著，日本三菱透明和黑色分别较普通聚乙烯0~2m土层仅少贮水1.6mm和0.4mm，但显著高于露地播前土壤贮水量，0~2m土层贮水量较露地依次提高28.4mm和29.4mm。秋覆膜玉米产量和水分利用效率分别为1 005.0 kg/亩和2.08kg/(mm·亩)，较春覆膜提高3.0%和1.0%。秋覆膜条件下，降解膜处理与普通聚乙烯膜产量差异不显著，日本三菱透明和黑色产量分别为

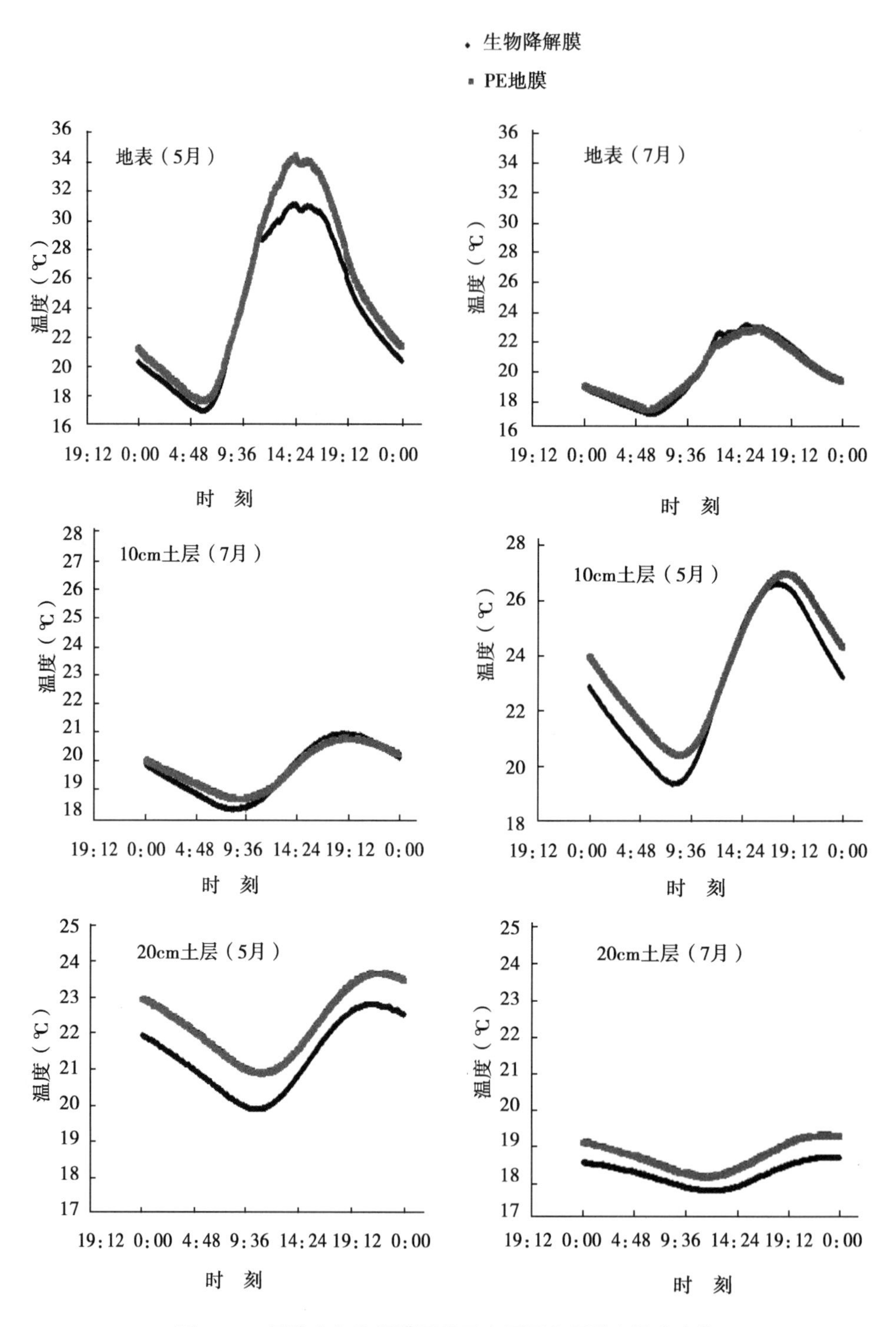

图 8-12　旱地生物降解膜覆盖玉米不同土层昼夜温度变化

1 059.5 kg/亩和 1 083.8 kg/亩，较春覆膜普通聚乙烯膜增产 2.8%和 5.1%，较露地增产 36.6%和 39.7%。2015 年定西干旱，常规 PE 膜产量和水分利用效率最高，由于降解地膜降解太早，破损严重，杭州 1 号产量和 WUE 较 PE 膜降低了 81.38%和 95.79%，广州金发 V1 和德国 BASF 分别较 PE 膜减产 9.25%和 14.30%，水分利用效率下降了 16.25%和 18.47%。但同年在兰州种植玉米灌溉条件下，杭州 2 号增产 13.6%、德国 BASF 增产 9.0%、金发 V 系列增产 5.2%。

表 8-9　降解膜对旱地玉米产量和水分利用效率的影响

年　份	地膜种类	播前 2m 土壤贮水(mm)	收获 2m 土壤贮水(mm)	生育期降水量(mm)	耗水量(mm)	籽粒产量(kg/亩)	水分利用效率[kg/(mm·亩)]
2011	普通 PE	430.8	444.3	359.2	345.7	872.8a	2.52a
	三菱降解膜	430.8	441.8	359.2	348.2	891.0a	2.56a
2012	普通 PE（透明）	467.5	482.0	393.4	378.9	781.2a	2.06a
	普通 PE（黑色）	467.5	464.8	393.4	396.1	776.7a	1.96a
	日本三菱透明	467.5	466.6	393.4	394.3	778.7a	1.97a
	日本三菱黑色	467.5	462.6	393.4	398.3	750.0a	1.88a
2013	普通 PE	448.9	525.1	528.7	452.5	989.2a	2.19a
	日本三菱	448.9	501.0	528.7	476.6	1 003.1a	2.10a
	日本三菱 1	448.9	500.3	528.7	477.3	969.5a	2.03a
	日本三菱 2	448.9	495.4	528.7	482.2	1 013.3a	2.10a
2014	普通 PE	492.1	439.0	371.3	424.4	698.3a	1.65a
	杭州 1 号	492.1	441.1	371.3	422.3	658.7a	1.56a
	杭州 2 号	492.1	444.5	371.3	418.9	689.7a	1.65a
	杭州 3 号	492.1	436.6	371.3	426.8	627.4b	1.47b
	日本三菱	492.1	450.2	371.3	413.2	660.4a	1.60a
	山东企鹅	492.1	440.0	371.3	423.4	633.5b	1.50ab
	日本昭和	492.1	447.0	371.3	416.4	706.3a	1.70a

从 2015 年降解膜玉米种植结果来看，兰州灌溉条件下各品种地膜产量差异较小，除金发 k-0.010 外其余品种与普通聚乙烯产量差异不大。镇原旱地试验点 3 种破裂较早的降解膜产量 11 947.5~12 496.5 kg/ hm^2，较聚乙烯地膜减产 19.2%~22.8%，金发 k-0.006、k-0.008 和 k-0.010 与普通聚乙烯地膜差异不显著，BASF 诱导期在覆膜后 86d，破裂阶段在覆膜后 102d，前期保水保温效果高于其他品种地膜，后期与其他品种几乎同时进入破裂阶段，产量与聚乙烯地膜差异不显著。定西试验点的产量与破裂时期呈显著线性正相关，地膜安全期越长产量越高。

从 2016 年的玉米试验结果来看，降解膜覆盖产量与普通聚乙烯地膜产量差异显著，均低于普通聚乙烯地膜产量，降低幅度为 5.8%~21.2%，减产幅度最小的产品是鑫富 1 号，减产 5.8%。定西种植作物马铃薯，白色地膜对马铃薯促进作用低于黑色地膜，鑫富

2 个黑色降解膜品种破裂期过早产量较低，巴斯夫、金发 2 个品种黑色地膜与普通地膜产量差异不显著。

综合几年的观察与研究结果，全生物降解地膜的降解性能与土壤水分、温度和土壤微生物有密切的关系，特别是土壤水分对其降解阶段影响很大。目前已经完善的德国 BASF、日本三菱、广州金发、浙江鑫福等的全生物降解膜产品，在土壤中均能全部降解，其机械拉伸及机械覆膜、保墒保温得到了改善（图 8-13），对旱地玉米而言，到灌浆中期达到破裂期就不会影响产量，可根据当期气候条件应用。

图 8-13　旱地玉米和马铃薯生物降解地膜栽培技术应用

第六节　生物降解膜环境友好型覆盖技术研发应用

正当人们兴奋于地膜覆盖技术到来的增产时，大量使用地膜带来的危害也凸显出来。2015 年，农业部提出了“一控两减三基本”治理农业面源污染的基本思路，最大限度控制残膜污染。特别是旱作农业区，由于水热资源的巨大约束，农民对地膜具有强烈的依赖性，地膜覆盖已成为农业发展的唯一选择，但眼下农产品价格持续走低，并且随着气候干暖化趋势的发展，旱作农业生产的水土资源环境压力加大，农业生产成本增大，以玉米、马铃薯和蔬菜等地膜覆盖为主的作物生产，地膜投入和捡拾成本超过了 100 元，急需加快生物降解地膜环境友好型农业技术的研发，推进旱地绿色增产模式应用。

一、加快研究确定不同区域地膜覆盖安全期，为生物降解膜配方优化提供依据

在旱作农业区，水热资源富集期和叠加期集中在 7—9 月，一般降水占全年降水的 60%、有效积温占全年的 55%，水热资源能满足以玉米、马铃薯、蔬菜和果品为主的秋收作物生产需要，而作物生长前期水热资源严重不足，需要通过地膜覆盖保墒保温来解决，即作物地膜覆盖有一个安全期，安全期内地膜功能期最优，主要集中在水热资源少且不协调的作物生育前期，水热资源富集的作物生育后期就不一定需要地膜覆盖。不同作物在不同生态区域地膜覆盖的安全期存在一定差异。因此，研究确定不同区域作物地膜覆盖的安全期，是确定地膜高效利用和节本增效的基础。

本项目团队通过土壤水分和温度及作物郁闭度指标，初步提出了确定地膜覆盖安全期的方法，但这个方法还有许多不足，今后要根据作物及品种生育期对有效积温的需求，确定满足作物前期生长所需有效积温的时段，再考虑地膜覆盖地积温增加对有效积温的补偿作用，确定地膜覆盖的安全期。通过地膜覆盖安全期就可以确定生物降解膜的诱导阶段和需要破裂的时期。

二、不断优化适宜地域条件的生物降解膜综合性能

生物降解膜综合性能包括保墒保温性能、机械性能、耐候性和降解性能四个方面，尽管目前生物降解膜厂家和产品种类很多，但绝大多数产品在这四个方面存在某种程度的不足，影响其扩大应用。今后应强化这个方面的技术攻关，要在材料和工艺上突破，实现与当地作物生长相适应的耐候性、田间作物种植降解时间可控、翻入土壤一年后残留物不超过 20%且继续降解为 CO_2 和 H_2O，无二次污染。

不同的生物降解材料因其性能不同制备出不同功能的降解地膜，要根据生物降解地膜保温保墒性普遍不如 PE 的实际，对降解材料进行改性，降低水汽透过率，提高保水性能；要根据生物降解膜横向和纵向拉伸强度不如 PE 膜的情况，增强两个方向的抗拉强度和断裂伸长率，适应机械化覆膜的要求；目前大多数全生物降解地膜，40d 左右就降解了，降解得太快，过早丧失了保温保墒性能，不适宜在北方旱作或高海拔地区应用，要根据作物对地膜覆盖安全期的要求和当地光照强度，提高耐候性，如西北地区旱地玉米生物降解膜的耐候性至少要在 90d 以上；以 PBAT、PLA、PBS 和 PCL 等降解材料制备和吹塑而成的全生物降解地膜，理论上均能通过微生物分解为低分子化合物，最终变成 CO_2 和 H_2O，实际上生物降解地膜的降解性能受降水、温度、光照条件和土

壤微生物活性等影响很大，我们在镇原县、定西市和兰州市等地观测结果充分说明了这一点，当年种植作物的地表面地膜只能裂解成大块或碎片，只用翻埋到土壤中到第二年才能观察到地膜残留物明显减少的情况，因此评价生物降解膜要有至少 2~3 年的过程。

三、推进生物降解膜作物全程机械化绿色增产增效技术应用

随着农业生产方式的转变和劳动力成本的持续飙升，加快农艺农机融合和推进农业关键环节的机械化，是我国农业转型时期解决谁来种地和提高种植效益的关键。针对我国北方旱作区玉米、马铃薯和蔬菜生产对地膜依赖性增加和地膜残留潜在污染加重的实际，要优先推进生物降解膜作物全程机械化绿色增产增效技术研发与应用，实现可持续发展，重点开展以下几个方面的技术创新与应用。

（一）实施生物降解膜玉米全程机械化绿色增产种植科技行动

一是优先在河西绿洲灌区和陇东旱塬区，选择种植大户和适度规模经营主体，加快推进玉米全程机械化，引导种植方式转变；二是引进适宜籽粒直收耐密品种和饲用品种，引导玉米品种种植结构调整，加快农牧结合和畜牧业发展；三是与科技企业合作，继续开展机械化播种和全生物降解地膜品种筛选，重点通过政府财政补贴和产学研合作，稳步推进 BASF、广州金发、鑫福药业等企业全生物降解地膜玉米种植技术的应用，突破双垄沟覆膜、施肥、膜上播种 3 个关键环节机械装备的改进完善，实现播种环节的机艺一体化；四是确定化肥减施阈值，推广控释氮肥一次基施代替尿素 N 分次施肥技术，示范无人机病虫害防控技术；五是加快推进生物降解膜玉米机械化收割技术，重点是选择机械粒收损失率低和作业效率高的收获机械，配套土壤深翻作业机，实现秸秆地膜翻压还田，实现地膜降解和地力提升。

（二）推进生物降解膜（黑）马铃薯机械化绿色提质增效技术应用

一是选择甘肃中部马铃薯主产区的雨养旱地和川水地，用生物降解膜替代黑色 PE 膜，实行机械化覆膜种植，旱地推广覆膜覆土种植，水地推广覆膜高垄栽培；二是推广减 N 增 K 高效施肥技术，施用马铃薯专用肥料，改善马铃薯外观品种和营养品质；三是推进马铃薯覆膜机械化种植和机械化收获技术应用，配套土壤深翻作业机，将地膜翻压入土，实现地膜降解。

（三）加快生物降解膜特色蔬菜增产增效技术应用

一是选择甘肃高原夏菜和特色蔬菜产区，用白色生物降解地膜代替 PE 膜，示范节水灌溉技术；二是以酒泉洋葱、兰州菜花等为主，开展生物降解膜栽培技术集成应用。

通过生物降解膜作物栽培技术的应用，第二年地膜残留物不超 20%以上，第三年不超过 10%。

附图1　旱地玉米和马铃薯生物降解覆盖机械化作业

附图 2　黄土高原旱地农田残膜污染及控制技术

参考文献

樊廷录，王勇，崔明九 . 1997. 旱地地膜小麦研究成效和加快发展的必要性及建议［J］. 干旱地区农业研究，1：27-32.

解红娥，李永山，杨淑珍，等 . 2007. 农田残膜对土壤环境及对作物生长发育环境的研究［J］. 农业环境科学学报，11（4）：153-156.

兰念军 . 1998. 小麦全生育期地膜覆盖栽培技术研究与应用［J］. 甘肃农业科技，10：29-31.

刘伯业，等 . 2010. 可生物降解材料及其应用研究进展［J］. 塑料科技，38（11）：87-90.

王勇，樊廷录，王立明，等 . 1999. 旱塬冬小麦周年覆膜穴播栽培技术研究［J］. 干旱地区农业研究，1：13-19.

向振今，李秋洪，刘森林 . 1992. 农田土壤中残留地膜对玉米生长和产量影响的研究［J］. 农业环境科学学报，11（4）：197-180.

肖汉乾，何录秋，王国宝 . 2002. 烤烟地膜覆盖栽培的负效应及其调控措施［J］. 耕作与栽培，（3）：16，57.

严昌荣，何文清，梅旭荣，等 . 2010. 农用地膜的应用与污染防治［M］. 北京：科学出版社 . 76-86.

严昌荣，等 . 2015. 作物地膜覆盖安全期的概念和估算方法探讨［J］. 农业工程学报，31（9）：1-4.

严昌荣，何文清，等 . 2015. 中国地膜覆盖及残膜污染控制［M］. 北京：科学出版社.

杨峰钢，陈益银，高致明，等 . 2007. 不同时间揭膜对烤烟生长发育和品质的影响［J］. 安徽农业科学，5（29）：9 283-9 284，9 306.

杨祁峰，孙多鑫，熊春蓉，等 . 2007. 玉米全膜双垄沟播栽培技术［J］. 中国农技推广，8：20-21.

杨祁峰，刘广才，熊春蓉，等 . 2010. 旱地玉米全膜双垄沟播技术的水分高效利用机理研究［J］. 农业现代化研究，1：113-117.

周鹏，等 . 2005. 可降解材料的研究进展［J］. 山西化工，25（1）：24-25.

第九章　旱作粮食生产能力提升及面向未来的发展重点

粮食是一种重要的战略资源。长期以来，由于种粮的比较效益低、粮价下跌，农民种粮积极性不高，同时大量建设圈地、粮田经济化，致使粮食播种面积下降，粮食供需出现了短缺信号。近年来，我国粮食生产实现“十一连增”后，供求关系发生重大变化，部分粮食品种出现阶段性供过于求，也为调整农业结构提供了难得机遇。转变发展方式，调整农业结构，决不意味着要调减粮食生产。我国目前粮食产量虽已超过1.2万亿斤①，但粮食供应仍处于“紧平衡”状态。随着人口增长、城镇化快速推进、粮食工业用途拓展和消费结构升级，未来粮食消费将继续刚性增长，“紧平衡”将是我国粮食供求的长期态势。如果对粮食生产稍有松懈，“紧平衡”就很容易被打破。事实上，我国目前人均粮食约450kg，与发达国家还有不小差距，还难以充分满足人们饮食水平提高的需要。我们这样一个人口大国，一旦国内粮食生产和供应出现滑坡，不可能指望通过进口解决吃饭问题。因而，国家一再强调“以我为主、立足国内、确保产能”。“悠悠万事，吃饭为大”，确保不了粮食产能，吃饭这个头等大事就会成问题，经济发展和人民生活就难以保障。必须构建稳固牢靠的粮食安全保障体系，确保中国人的饭碗任何时候都牢牢端在自己手上。

对于甘肃省而言，粮食安全是人民生产生活的基础，农业结构调整则是农民增收的关键。虽然经过改革开放近40年的发展，粮食总产从1978年的不足500万t上升到目前的1 100万t，翻了一番，实现了供需的紧平衡和历史性跨越。然而，甘肃粮食生产功能区域向中东部旱作区转移、供需平衡出现了新情况和新问题，粮食生产的水土资源环境压力明显加大，农业机械化水平比较低、生产成本居高不下，粮食安全生产与农业结构调整、生态建设始终是一对矛盾，事关全省经济发展，特别是水资源可持续利用是我省农业和农村经济发展的重大战略问题。全省推进农业供给侧结构性改革，并不简单地等同于压缩粮食生产，应优化粮食生产布局，使玉米、马铃薯等高产作物向优势区域集中，以高产粮食作物替代低产品种，以优质特色品种代替低值低效品种，重视保护和调动好农民种粮积极性，依靠科技进步提高单产，稳定粮食生产水平。

① 1斤=500g，全书同

第一节　甘肃省粮食产量变化轨迹与生产重心转移

一、粮食产量的变化特征

自1978年改革开放以来，甘肃省粮食总产量在波动中快速增加（甘肃农业统计年鉴，1978—2016），产量与年份的一元线性回归方程为：$y=17.496x-34\ 184$，$R^2=0.910\ 1$，表明甘肃省粮食总产量每年以17.496万t的速度增加，并通过了0.001的显著性检验（表9-1）。粮食产量随年份变化呈现波动中线性增加趋势，且变化频率高，阶段性变化特征明显（图9-1）。改革开放后38年来，在不同发展阶段甘肃省粮食总产先后跨越了500万t、700万t、800万t和1 000万t大关，年均递增率2.24%。从近500万t到接近600万t用了10年，年递增加率最高（6.16%），从近645万t达到近790万t用了14年，年递增率最低（1.46%），2004年到2010年用了6年，产量从800万t增加到950万t，年递增率2.89%，2011年突破1 000万t，年递增率2.62%，连续5年稳定在1 100万t左右。前两个阶段产量变异系数最高（9.0%~9.5%），而后两个阶段变异系数下降到5.5%~6.64%，说明前25年期间气候变化对粮食产量影响大于后12年，即全省粮食十二连丰与有利的气候因素有关。

表9-1　甘肃粮食总产量阶段变化参数

年　份	线性趋势	均值（万t）	标准差	变异系数（%）	年递增率（%）
1978—1988	$y=11.092x+445.47$	512.19	46.34	9.05	6.16
1989—2003	$y=10.221x+545.43$	739.62	70.32	9.51	1.46
2004—2010	$y=23.918x+143.35$	860.89	57.15	6.64	2.89
2011—2016	$y=25.651x+184.06$	1 120.33	61.61	5.50	2.62
1978—2016	$y=17.496x+405.84$	755.76	209.1	27.66	2.24

从粮食产量的线性倾向率来看，38年期间年均增加17.5万t，1978—1988年和1989—2003年两个阶段年均增加10万~11万t，2004—2010年和2011—2016年年均增加23.9万~25.6万t，是前两个阶段的2倍，是增加最快的阶段。近10多年粮食持续增产的主要原因是推广全膜双垄沟玉米增产技术。

二、农业结构调整与粮食生产重心转移

（一）粮食生产区域特点与结构调整趋势

甘肃省现有土地面积45.5万km^2，耕地6 900万亩。在耕地组成中，水田和水浇地约1 500万亩，占总耕地面积的19.1%，旱耕地5 400万亩，占总耕地的78%。旱耕地中，梯田2 900万亩，山旱地4 600万亩。2008年粮食总产888万t，其中夏粮占42%、秋粮占58%。在粮食总产中，灌溉农田占总产的32%和占商品粮的70%，旱作农田占粮食总

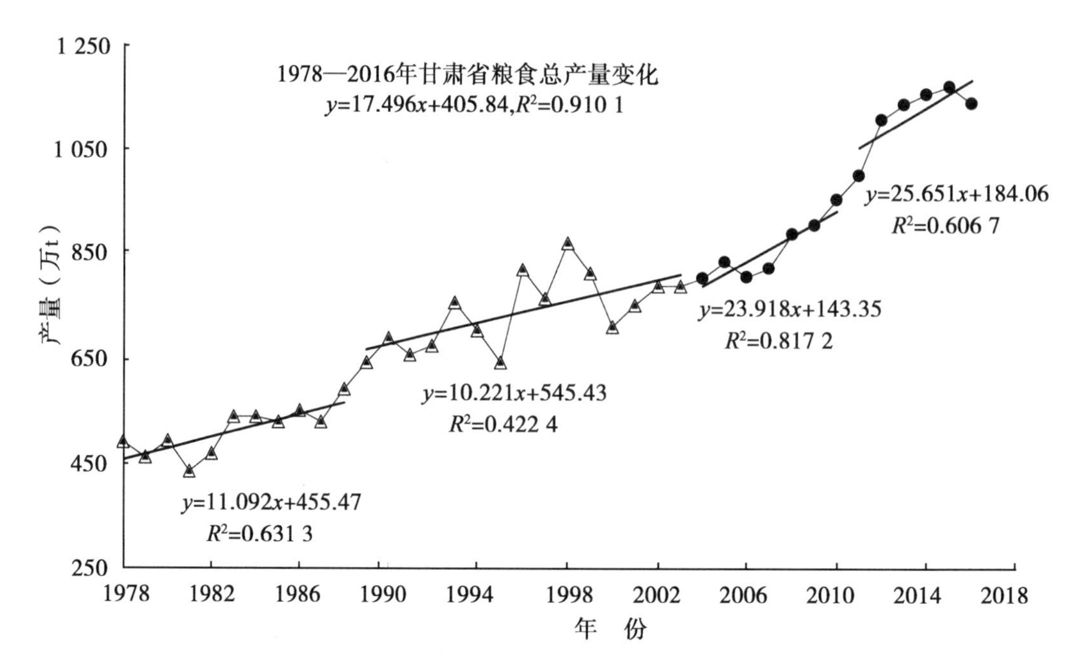

图 9-1　改革开放以来甘肃省粮食总产变化的阶段性特征

产的 68%。从甘肃省粮食主要产区来看，主要集中在庆阳、平凉、武威、张掖、陇南、定西和天水 7 个地市，占甘肃省粮食总产量的 74. 3%。其中，位于河西灌溉农业区的张掖和武威两个地市以占甘肃省耕地面积的 14%和农田灌溉用水量的 41. 7%，生产了甘肃省粮食总产的 21. 1%。位于黄土高原旱作区的庆阳、平凉、天水、定西 4 个地市，以占甘肃省耕地面积的 51. 3%和农田灌溉用水量的 8. 2%，生产了甘肃省粮食总产的 43. 4%，特别是庆阳和平凉两个地市，以占甘肃省耕地面的 24. 5%和农田灌溉用水量的 2. 5%，生产了甘肃省粮食总产的 24. 7%。

改革开放 30 年来，甘肃省顺应“三个规律”调整农业结构。一是顺应经济规律，调整农业产业结构，甘肃省农牧林总产值 2014 年较 1978 年增加了近 71 倍，但农牧林产值比例变化不大，三业比重由 1978 年的 78. 7：18. 3：3. 0 变为 2014 年的 79. 9：18. 3：1. 8，说明全省以农业为主的产业格局没有发生根本性变化，畜牧业发展仍然相对较慢；二是顺应市场规律，调整种植结构，粮食作物、经济作物、果蔬的比重由 1992 年的 80. 7 : 11. 7 : 7. 6 调整为 2014 年的 55. 6 : 24. 5 : 19. 9（图 9-2），粮食作物比重调减了 25 个百分点，相应的经济作物比重提高了 13 个百分点、果蔬比重增了 1. 5 倍；三是顺应自然规律，调整夏秋粮比例，建立了与降水规律相适应的适水型种植结构，夏秋比例由 1978 年的 60. 6 : 39. 4 调整为 2014 年的 32. 0 : 68. 0，夏秋种植结构 40 年转了个向（图 9-3），这与秋收作物与夏收作物生育期降水之比 60 : 40 的水分分布特征基本一致。

近 40 年来，甘肃省粮食年播种面积调减了约 200 万亩，但全省粮食总产量却由 500 万 t 增加到 1 000 万 t 以上，翻了一番，究其主要原因，一是大幅度调整夏秋种植结构，高产作物玉米和马铃薯面积大幅度增加（图 9-4），地膜玉米面积增加了近 2. 4 倍，达到

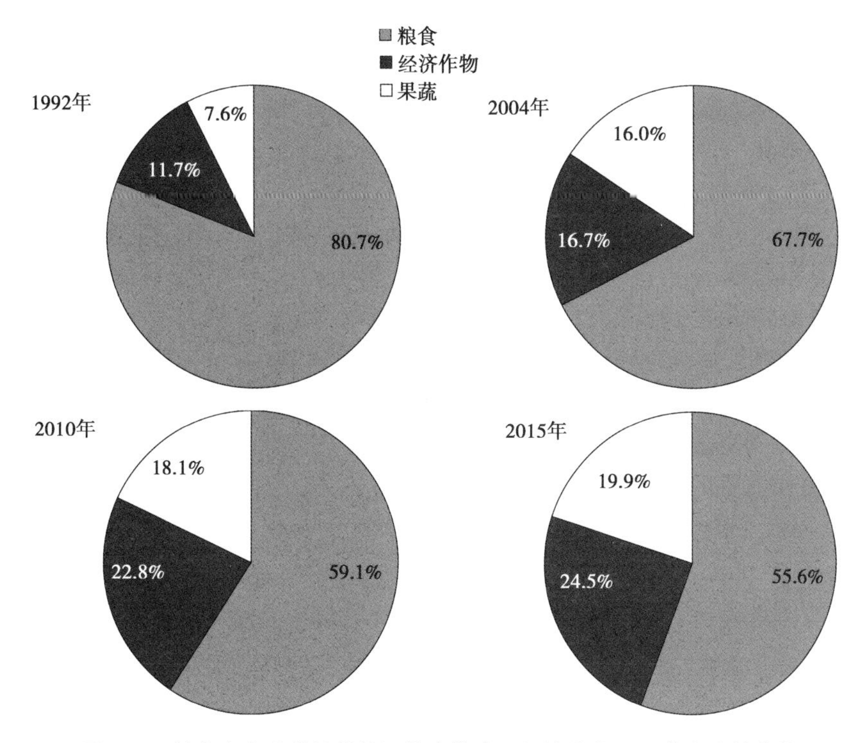

图 9-2　甘肃省农业种植结构调整中粮食、经济作物、果蔬占比的变化

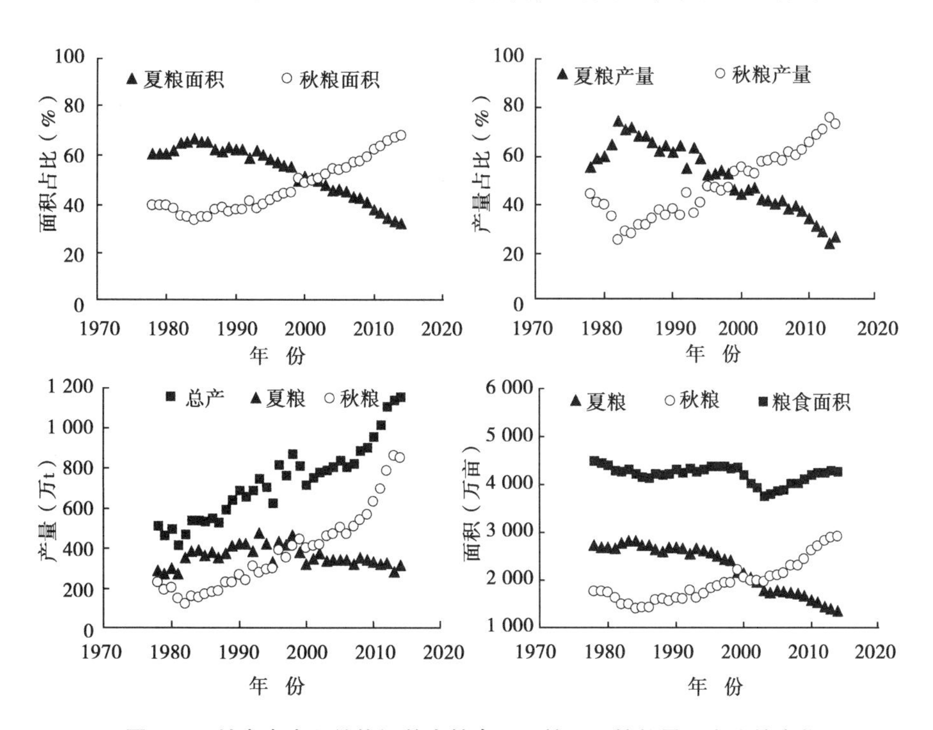

图 9-3　甘肃省农业结构调整中粮食、夏粮、秋粮数量及占比的变化

了 1 500 万亩，马铃薯面积增加了 1.4 倍，秋作物面积的增加是以牺牲小麦和杂粮播种面积为代价的，小麦播种面积由 2 100 万亩压缩到了 1 200 万亩；二是扩大地膜覆盖集雨种植技术，全省地膜覆盖面积超过了 2 600 万亩，其中玉米种植基本全部地膜化（图 9-5），1/3 的马铃薯也基本地膜化，尤其是全膜双垄沟集雨种植技术平均增产 30%以上，推动了粮食单产的稳定提高；三是农业化学品种投入明显增加，化肥投入由 75.6 万 t 增加到 322.3 万 t，提高了 3.3 倍，地膜投入由 0.082 万 t 增加到 15.58 万 t，提高了 90 倍；四是筛选推广了一批以马铃薯和玉米为主的抗逆增产优质粮食作物新品种。

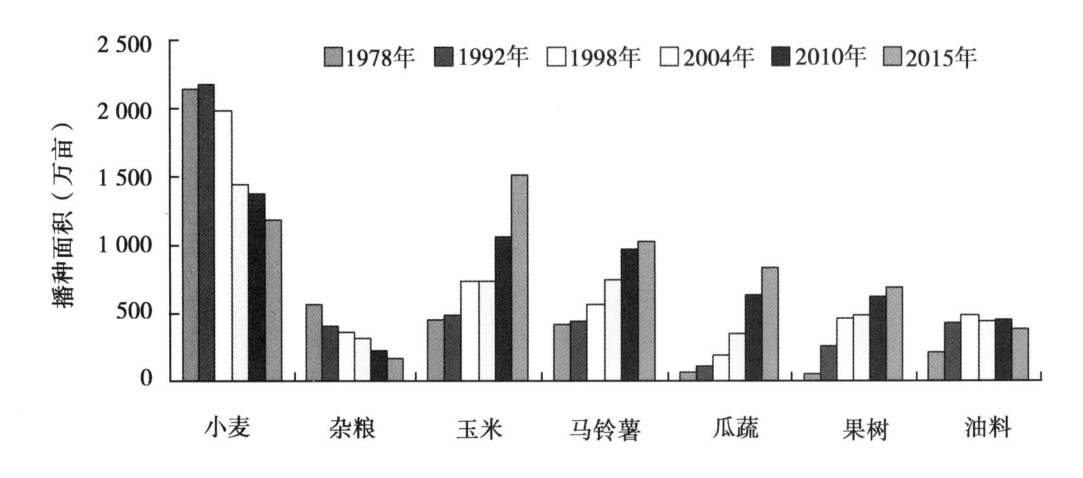

图 9-4　甘肃省种植结构调整中作物种植面积的转移

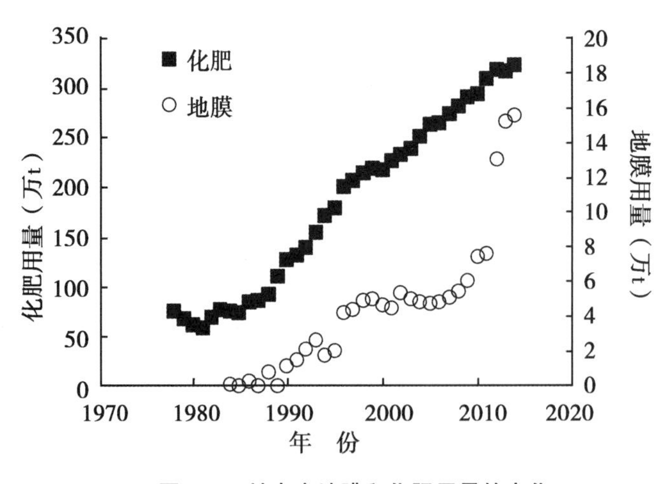

图 9-5　甘肃省地膜和化肥用量的变化

（二）粮食生产向中东部旱作区转移

为了确保全省粮食增产，粮食播种面积和总产量呈现增加趋势，2014 年较 1991 年主要粮食播种总面积增加 230 万亩，提高 6.82%，总产量增加 400 万 t，提高 68.1%，总体上大幅度增加了玉米和马铃薯播种面积及产量，压缩了小麦和杂粮播种面积（图 9-5）。但随着农业种植结构调整的不断推进，不同作物在区域之间发生了明显的转移，灌溉区、旱作区压缩小麦面积 60.7%（376.2 万亩）、32.3%（570.2 万亩），扩大大田玉米面积 87.7%（98.7 万亩）、300%（768.9 万亩），旱作区压缩杂粮面积 72.7%（213.4 万亩）（表 9-2 和图 9-6）。旱作区粮食播种面积和产量增加了 400 余万亩和 384 万 t，提高 18.4%和 130.4%，灌溉区减少 185 万亩、产量却增加 48.9 万 t，面积减少 23.4%、产量提高 21.1%。旱作区粮食播种面积占全省粮食面积的比重由 1991 年的 64.9%提高到 71.9%，增加了 7 个百分点，粮食产量所占比重由 50.2%提高的 62.5%，上升了近 12 个百分点；灌溉区粮食播种面积占全省粮食面积比重由 1991 年的 23.4%降低到 16.8%，产量所占比重由 39.4%下降到 25.8%。因此，在确保全省粮食生产中，旱作区以占 70%播种面积生产了 60%以上粮食产量，粮食播种面积和产量的增加显著超过了灌溉区粮食面积减少及面积和产量占比下降造成的产量损失，无疑成为全省粮食安全的稳压器和新的增长点，为确保全省粮食稳定增产和种植结构调整及灌溉区高效农业发展奠定了坚实的基础。

表 9-2　1991—2014 年甘肃省不同生态区主要粮食作物面积与产量的转移

年　份	区　域	播种面积（万亩）				粮食总产（万 t）			
		小麦	玉米	马铃薯	杂粮	小麦	玉米	马铃薯	杂粮
2014 年	灌溉区	243.3	211.2	142.6	11.2	88.9	137.1	51.7	2.6
	旱作区	759.1	1 025.6	739.2	80.3	154.5	366.5	148.9	8.7
	南部山区	162.2	104.6	139.3	1.8	60.5	37.0	28.4	0.4
	合计	1 164.6	1 341.4	1 021.1	93.4	303.9	540.5	229.0	11.6
1991 年	灌溉区	619.5	112.5	48.8	12.1	161.3	61.6	7.4	1.1
	旱作区	1 329.3	256.7	319.8	293.7	178.9	61.3	33.7	20.6
	南部山区	210.9	112.0	70.5	3.1	31.4	21.9	6.9	0.9
	合计	2 159.6	481.2	439.1	308.9	371.7	144.8	47.9	22.6

注：灌溉区指河西 5 市河西灌区及兰州市和白银市涉及沿黄灌区；旱作区包括庆阳、天水、平凉、定西、临夏 5 市及兰州市和白银市以雨养旱作为主的区域；南部山区包括陇南和甘南。杂粮主要包括糜子、谷子和高粱

三、甘肃省粮食供需现状分析

（一）甘肃省粮食供需平衡出现的新问题

20 世纪 90 年代后期开始，甘肃省率先在河西开展压夏扩秋、压粮扩经的结构调整，目前已由过去单纯的种植小麦转向制种（玉米、瓜菜和花卉）、酿造原料、高原夏菜等高效农业，河西商品粮基地作用蜕变，粮食生产与供需平衡发生了明显变化。

一是河西由于蔬菜、制种等作物面积的稳定扩大及水土环境的压力，对甘肃省的粮食贡献率逐年降低，商品粮基地的作用正在发生蜕变。20 世纪末，河西商品粮产区产量占甘肃省 32.3%，提供的商品粮占甘肃省的 70%，目前粮食产量只占甘肃省的 25%。酒泉市、张掖市、金昌市的粮食总产量不能满足当地消费需要。武威市已初步形成原粮自销、

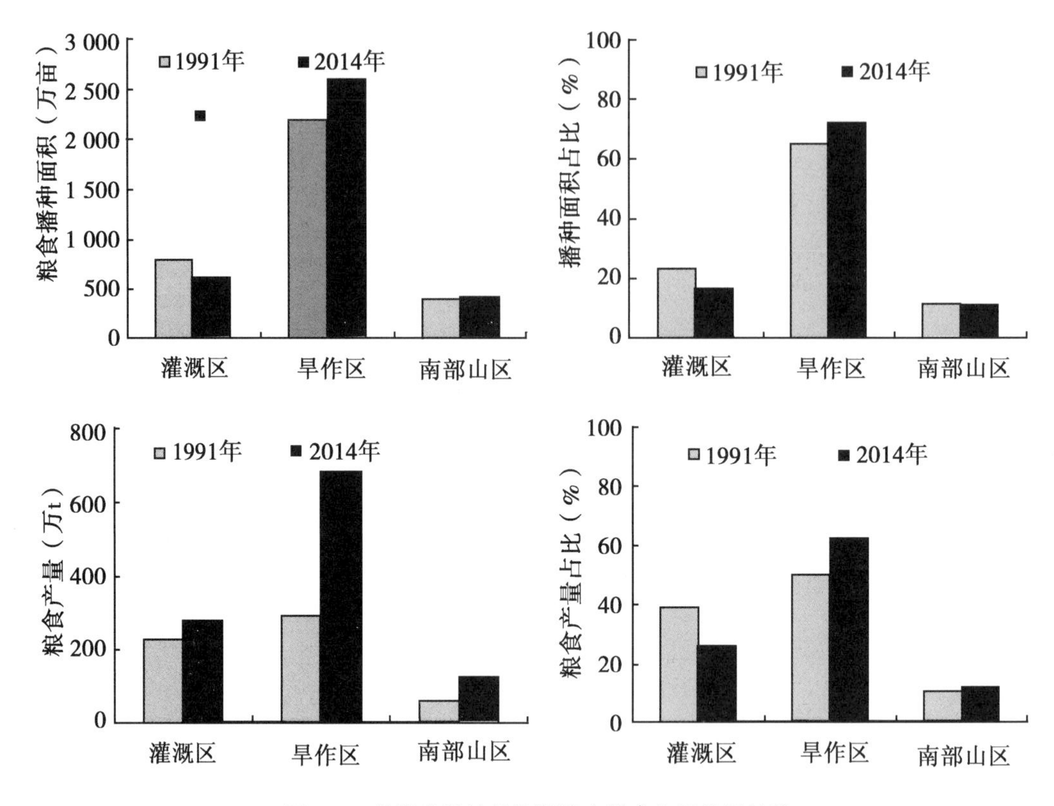

图 9-6　甘肃省种植结构调整中粮食向旱作区转移

加工增值、成品外销的产业化经营格局，面粉加工企业年加工能力近 20 亿斤，当地小麦总产量仅能满足其一半；以玉米为原料的产业化经营企业，年加工能力达 9 亿斤以上，能全部消化当地玉米生产量。历史上河西商品粮基地，是传统的、重要的国家商品粮基地，但现在由于结构调整和市场经济利益的驱动，粮食播种面积大幅度削减，对甘肃省的粮食贡献率逐年下降。

二是中部、陇东、陇南地区粮食产需缺口继续扩大。平凉、庆阳两市基本自给平衡，白银市略有缺口，兰州市每年外购 5.5 亿千克粮食，天水、定西、陇南等市，以及临夏回族自治州、甘南藏族自治州生态建设任务大，粮食生产能力弱，商品粮少，均需从区外调入粮食。

三是粮经收益差距大，相当部分的农民只种口粮田，吃商品粮的农民陆续增多，农户存粮越来越少。同时，由于粮食生产的周期性、低效益性和粮食生产条件的先天不足，粮食供需缺口随着城镇化的发展和农业结构的调整将长期存在，而且有不断扩大趋势。

（二）甘肃粮食社会供需平衡现状

通过对甘肃省粮食供需情况近 10 年数据的研究分析看，只要不遭遇大的自然灾害和突发事件，全省粮食供需是相对安全的。甘肃省的粮情简要概括为“一个平衡”和“三个不平衡”（马海霞，2014）。“一个平衡”指的是粮食生产与消费实现了基本平衡。“三个不平衡”，一是年度之间不平衡，丰年有余，歉年不足；二是区域之间不平衡，产区自给有余，销区自给不足，缺口较大；三是品种结构之间不平衡，主产品种小麦不但存在缺口，而且优质小麦数量少，作为主食品种之一的大米主要依靠省外调入。

甘肃省是国家布局中的粮食产销平衡省，尽管粮食生产实现“十一连丰”，但紧平衡的格局没有改变。甘肃省粮食的“紧平衡”，紧在两个方面，就是基础性制约和结构性矛盾。基础性制约是因为甘肃省自然条件严酷，农业生产条件脆弱，自然灾害易发频发，粮食生产的波动风险很大；结构性矛盾是指供需方面，每年需从省外购进 200 多万 t 小麦、50 多万 t 大米，而玉米和马铃薯销往省外较多。以 2014 年全省粮食生产与社会粮食供需平衡调查数据来分析说明。

（1）粮食生产现状。根据省农牧厅调查数据显示，2014 年甘肃省粮食播种面积 4 263. 7 万亩，其中夏粮 1 405. 7 万亩，占总粮播面积的 32. 9%，秋粮 2 858. 0 万亩，占总粮播面积的 67. 1%。小麦 1 087. 6 万亩，占总粮播面积的 25. 8%，玉米 1 441. 9 万亩，占总粮播面积的 33. 8%。2014 年全省粮食总产 1 158. 7 万 t，人均产量 224kg，亩均产量 271. 8kg。其中夏粮 301. 5 万 t，占总产的 26. 1%，秋粮 857. 2 万 t，占总产的 73. 9%。小麦 235. 9 万 t，占总产的 20. 4%，玉米 571. 5 万 t，占总产的 49. 3%。

（2）粮食消费情况。2014 年甘肃省消费粮食总计 1 129. 4 万 t，人均消费粮食 437. 4kg。其中城镇人口口粮 222. 0 万 t，占消费总量的 19. 7%，人均消费 214. 3kg；农村人口粮 405. 4 万 t，占消费总量的 35. 9%，人均消费 262. 2kg；饲料用粮 270. 3 万 t，占消费总量的 23. 9%；工业用粮 161. 6 万 t，占消费总量 14. 3%；种子用粮 70. 1 万 t，占消费总量的 6. 2%。

（3）供需平衡情况。一是粮食生产与社会需求实现紧平衡，生产略高于需求 29. 3 万 t。二是主粮缺口 300 万 t。2014 年甘肃省粮食产量与消费总量相比形成缺口 309. 5 万 t，其中小麦 238. 2 万 t，稻谷 71. 3 万 t。二是粮食外销量 310 万 t。2014 年全省玉米获得丰收，全年生产玉米 571. 5 万 t，其他粮食 309. 6 万 t（包括高粱、大麦、谷子、绿豆、红小豆、马铃薯），全年销往省外玉米 179. 8 万 t，其他粮食 133. 6 万 t。

（4）粮食购销及库存情况。2014 年，甘肃省收购粮食 335. 4 万 t，同比减少 3. 2%。其中省内收购 268. 1 万 t，同比减少 0. 7%。销售粮食 348. 5 万 t，同比减少 1. 6%。全年粮食购销减幅逐季缩小，其中，收购一季度减幅 24. 3%，二季度减幅 13. 0%，三季度减幅 2. 8%，四季度减幅 3. 2%；销售一季度减幅 23. 4%，二季度减幅 9. 4%，三季度减幅 4. 7%，四季度减幅 1. 6%。

（5）省际粮食流通量上升。甘肃省粮食经营、加工和转化企业从省外购进粮食 478. 0 万 t，比上年增加 159. 3 万 t，增幅 49. 9%。其中，小麦 324. 8 万 t，稻谷 62. 8 万 t，玉米 2. 7 万 t，大豆 12. 5 万 t，其他 75. 2 万 t。销往省外粮食 360. 9 万 t，比上年增加 4. 8 万 t，增幅 1. 3%。其中，小麦 42. 4 万 t，玉米 179. 8 万 t，大豆 5. 1 万 t，其他 133. 6 万 t。全年净调入粮食 117. 1 万 t。

第二节　甘肃省粮食社会供需平衡影响因素分析

甘肃省位于我国西部，特殊的地理位置，注定了甘肃省的粮食问题不仅是经济问题，还是社会问题、政治问题，甘肃省的粮食安全和粮食供需平衡是甘肃省发展的重要物质保障。近年来，随着外来流动人口数量增加，城市化建设步伐加快，粮食自给率不足，粮食需求一直呈刚性增长的趋势，而省内的各类生产要素如土地、劳动力、资本等逐渐从农村向城市转移，粮食供给增长面临的水土资源环境压力日趋加大，粮食供求总体趋向紧张，全省粮食和食物安全将面临严峻挑战。在粮食十一连增之后，全球和全国粮食价格持续走低、效益下滑和库存增加，全省可通过市场调节从产粮地区获得粮源来补充缺口，但受国际国内粮价影响，如遭遇极端气候造成粮食减产和出现突击性抢购等情况，会短期断粮引发社会问题，应当引起高度重视。

一、人口增加与主粮品种小麦面积下降矛盾日益凸显

虽然甘肃省粮食产需总量平衡，但粮食安全形势不容乐观。据《甘肃发展年鉴》记载，2005—2015 年，甘肃省总人口由 2 556. 9 万人上升到 2 582. 2 万人，净增人约 25. 3 万人；耕地面积由 5 131. 5 万亩下降到 5 096. 4万亩，耕地面积减少 35. 1 万亩；粮食作物中小麦种植面积有由 1 442. 1 万亩降至 1 087. 6 万亩，减少了 354. 5 万亩；小麦总产由 264. 8 万 t 下降到 235. 9 万 t，下降了 28. 9 万 t；而玉米种植面积增加了 687. 2 万亩，总产增加了 323 万 t。

甘肃省总人口在增长，耕地面积在下降，作为主食品种的小麦种植面积和总产量也在下降，而杂粮中的玉米和马铃薯种植面积及总产大幅度上升，粮食生产呈现“两增一减”（玉米和马铃薯增加，小麦减少）局面。就目前甘肃省粮食总产量、小麦总产量和总人口计算，人均占有粮食 448. 7kg，低于全国人均粮食占有量 1. 3kg，而甘肃省人均占有小麦仅 91. 4kg，仍然低于全国人均小麦占有量 100kg。甘肃省群众有吃杂粮的习惯，如玉米、马铃薯、糜子等可作为部分口粮，但现在杂粮已经不再是群众餐桌上的主粮，而是生活中的“调味品”。

我国将粮食安全现界定为人均占有粮食 400kg，近年来由于经济快速发展，人民生活水平大幅提高，副食品消费量增加，主粮消费下降，粮食安全线由此降低。但人均占有 100kg 主粮远达不到粮食安全的标准要求。按照“粮食安全”概念的历史演变去理解，粮食总量平衡是低层次的粮食安全标准，仅仅能够解决饥饿问题，而不能保证现代人的生活质量，不符合现代粮食安全准则。也就是说，粮食总量的平衡无法保证人们对主粮的需求，不能消除粮食安全的隐患。

虽然甘肃省与粮食主产、周边省份建立了长期的省际粮食贸易协定，但甘肃省地处内陆，工业发展缓慢，经济实力不强，省内人均收入偏低，特别是农民收入更低，如果依靠外来粮食作为粮食安全后盾，如遇特大灾荒，或不可预见的特大突发事件，省内粮食安全供给将无法保证。

二、粮食综合生产能力不高，产需矛盾长期存在并呈趋势性加大

甘肃省自然条件较差，粮食生产一直处于较低水平，粮食问题长期困扰着省内经济社会的发展。1990 年以前，粮食短缺问题一直存在，影响人民群众生活和经济社会发展水平，每年都要从省外购进大量的粮食满足群众用粮。20 世纪 90 年代中后期，随着抵御自

然灾害能力的明显提高，粮食综合生产能力逐渐增强，甘肃省告别了粮食短缺的历史年代，实现了粮食自给平衡、丰年有余的历史性转变，保证了居民食物消费和经济社会发展对粮食的基本需求。2002 年甘肃粮食总产量 782.7 万 t，2007 年粮食总产量 824.4 万 t，2014 年粮食总产量达到 1 158.7 万 t。同时，人均占有粮食水平也稳步增加，2002 年全省人均占有粮食 302kg，2007 年人均占有粮食 315kg，2014 年人均占有粮食达到 448kg。

虽然甘肃粮食生产取得“十一连增”，但要在高基数上保持稳定增长，难度会越来越大，粮食生产形势仍然十分严峻。表现在以下 4 个方面：一是随着省内各市州工业化和城镇进程的步伐加快，农业生产依托的耕地减少，保持现有耕地面积压力很大，农业用水紧缺问题必将凸显。二是随着种植业结构进一步调整，受比较效益影响，“谁来种地”的问题突出，这些因素势必对保持高标准的粮食作物面积造成一定影响，农田面积扩大难度很大。三是受市场等因素影响，玉米和马铃薯面积和产量不断增加，在粮食作物中的比重也一直在提高，加工需求增加，谷物产量增加较慢，结构上的供求问题和安全问题已经显现。四是一些粮食企业库存粮食锐减，库存水平低。

产量不足需是甘肃省粮情的基本特征。尽管 20 世纪 80 年代以来全省的粮食生产取得了很大的成效，产需缺口总体上呈不断缩小的趋势，但产不足需仍然是全省当前粮情的基本特征。考虑到今后一个时期，粮食播种面积难有大的增长、农村青壮年劳动力外出务工率不断提高、城镇化进程不断加速等因素，甘肃省粮食生产增长的难度将越来越大。与此同时，由于饮食结构升级不断提速、食品酿造和工业用粮的发展导致粮食需求量日益加大，甘肃省粮食产需缺口的运行轨迹可能出现拐点，发生由逐步缩小到逐渐扩大的变化。

对于粮食的问题，向来就有“手中有粮，心中不慌”的说法。实践证明，粮食供过于求，价格下跌，不仅影响到农民收入，而且造成粮食库存量增加，储存压力大，给国家财政带来一定负担。因此，适当控制粮食生产的总量，缓解粮食生产和流通过程中的众多矛盾，保持粮食供求的紧平衡状态，对经济社会发展会有积极作用。目前，根据甘肃省每年的农户存粮专项调查数据，和省、市、县粮食库存的实际情况，即使发生较大的自然灾害，近年内省内也不会出现大面积的粮食短缺。粮食供需正在逐步趋向平衡，但粮食市场仍存在起伏风险。近年来，城乡居民直接消费粮食数量逐年减少，城镇居民食品消费的速度和数量已处在一个相对稳定时期，而农民的食品消费增长短期内不会进入高峰期。由于粮食生产条件的不断改善，甘肃省粮食综合生产能力并没有受到影响，已达到 1 158.7 万 t的历史最高水平。从甘肃省目前社会粮食总供需平衡状况来分析，为确保全省粮食总供需基本平衡的状态，粮食产量必须保持在 1 140.5 万～1 155.8 万 t，各项基本条件显示，这个目标是可以实现的。

三、粮食品种结构不平衡，供需矛盾进一步显现

2004 年至今，虽然甘肃省粮食生产总量稳步提升（灾年除外），但小麦种植面积和产量的下降与马铃薯种植面积和产量的上升，造成了粮食供应不能满足消费的结构性需求，甘肃省每年需要从省外购进大量的小麦和大米以弥补供需缺口。粮食生产长期在较低水平徘徊，随着人口的逐渐增长，粮食刚性需求量将会越来越大，确保甘肃省粮食安全的任务更加严峻。

作为粮食产销平衡省，甘肃省粮食现状可概括为粮食生产与消费基本平衡，但年度之间不平衡、区域之间不平衡、品种结构之间不平衡，有从产销平衡区逐渐向粮食销区转化的趋势。以2014年甘肃省粮食局供需平衡统计数据为例，小麦年消费量474.1万t，产量只有235.9万t，缺口238.2万t；大米产量2.2万t，消费量52.4万t，缺口50.2万t，全部要从省外采购，这些品种的缺口还将进一步扩大。小麦在全省口粮消费比例达80%，近年由于比较收益下降，全省小麦播种面积一直呈下行趋势，导致小麦产量不断下滑，尤其是从2003年开始连续5年下降，2007年产量仅为237.4万t，较2002年减少74.7万t。2014年产量继续下降，仅为235.9万t。与此同时，由于饮食结构升级致使需求呈增长态势，全省城乡居民消费面粉主要是特一粉和特二粉，普通粉基本退出了市场，按面粉消费由普通粉、特二粉、特一粉的变化计算，在消费量不变情况下，面粉品级每提高一级，小麦的需求量相应增长13.9%和10.8%。小麦产量减少，需求加大，这样的趋势将进一步扩大小麦产需缺口，成为影响甘肃省粮食供需平衡的主要因素，粮食品种结构与实际需要之间的不协调，进一步加大甘肃省产销平衡难度。

第三节　发展中的甘肃省对粮食生产能力的要求

一、粮食生产发展取得明显成效

（一）60多年粮食总量的跃增

1949年甘肃粮食总产206万t，2016年达到1 141万t。67年跃升935万t，按百万吨级的增量水平，持续增加9个百万吨级生产能力，平均每7.2年形成1个百万吨级生产能力。改革开放前的30年，从1949年至1978年增长285万t，年均增量9.5万t，每形成1个百万吨级生产能力需时逾10年；改革开放后的38年增长856万t，年均增量22.5万t，每形成1个百万吨级生产能力需时6.3年。

（二）30年间粮食单位面积产量的增长

1978年甘肃粮食单产水平为1 637 kg/hm^2，2014年达到4 076 kg/hm^2。36年间全省粮食单产增长2 439 kg/hm^2。若以300kg/hm^{2}的单产增长时段划分，36年间全省大致跨上8个300kg/hm^{2}的增量台阶，平均每4.5年形成1个300kg/hm^{2}的增量能力。其中，需时最短仅约3年，有2次（1986—1989年、1989—1992年），平均增量分别为96kg/hm^2、127.7kg/hm^2；需时最长的为11年（1998—2009年）年均增量为26.5kg/hm^2。

1978—2016年，甘肃省粮食作物单位面积产量的增长，呈现明显的由快到慢，由高到低的非线型增长趋势，但这并不意味着全省粮食单产增长能力继续走低。2000—2009年，甘肃粮食作物单位面积产量恢复性增长势头强劲，并超过同期的全国单产增量水平；2011—2016年，连续6年粮食总产稳定在1 100万t左右，单产水平在3 600～4 000 kg/hm^2，预示着甘肃省单产能力提升存在相当大的增长空间。

（三）全省粮食增幅高过粮田面积减幅，总量得以跃增

甘肃省近30多年，农作物播种面积持续扩大，从1978年的350.8万hm^2，增加到

2009 年的 393.4 万 hm^2，31 年扩增 12.1%。而粮田面积稳中有减，从 1978 年的 299.8 万 hm^2，减少到 2009 年的 274.0 万 hm^2，31 年间减少 8.6%。全省粮食作物播种面积占总播种面积从 1978 年的 85.5%，缩减到 2009 年的 69.6%。由于农作物总面积的扩大和粮田面积减少，非粮作物面积扩大成为可能，31 年间全省以经济作物为主体的非粮作物占有份额，从 1978 年的 14.5%扩大到 2009 年的 30.4%，从一个侧面使全省农民收益增长成为可能。改革开放 31 年间，得力于全省粮食作物单产的倍增，使粮食总量跃增成为可能。

二、发展中的甘肃省对粮食生产能力的要求

（一）粮食供需形势分析

在粮食供给方面，一是由于受水土资源制约的严重影响，甘肃未来粮食增产空间十分有限。二是河西地区大幅度调减粮食播种面积，对全省粮食总产和商品粮贡献率明显下降。三是由于粮经收益差距大，多数农民可能会选择商品效益更好的蔬菜、酿酒原料和种子等非粮产业，致使粮食种植比例越来越小。四是国有粮食企业库存大幅度减少。2006 年 4 月底全省国有粮食企业商品粮周转库存比 2002 年年底减幅 41%。五是省外调粮压力增大。较长的运输距离使其无法承受大量外购粮食的高成本压力。六是大规模的退耕还林还草所造成的粮食短缺，短期内可能会由于国家给予一定的粮食补贴而得到缓解，一旦国家取消了这种补贴，由此形成的粮食供给缺口就会凸显。七是鉴于提高农民收入压力加大和农村劳动力转移，粮田非农化、耕地撂荒、休耕等趋势加快，粮食生产潜在压力日益凸显。

从粮食需求方面来看，一是人口自然增长会增加对粮食的需求，人口增加直接推动了对粮食需求总量的刚性增长。二是居民消费结构升级增加对粮食的需求。随着人们对肉、蛋、奶等粮食转化农副产品的需求量将不断上升，从而刺激粮食间接消费量大大增加。三是城镇化水平提高增加对粮食的需求。2009 年，甘肃省的城镇化率为 32.65%，今后甘肃工业化和城市化将进入快速发展阶段，城镇人口随之快速增长，对粮食的直接和间接消费量也将日益增大。

尽管今年全省人均占有粮食数量呈增长势头，2010 年的 369kg 已基本自给，显然甘肃省粮食供给能力下降而需求刚性增加的趋势明显，省内粮食自求平衡的难度增大，粮食安全形势依然相当严峻。

目前，甘肃粮食的生产量和消费量基本持平。1949 年甘肃省粮食总产量 206 万 t，总人口 968.5 万人，人均粮食占有量 212.71kg；1978 年甘肃省粮食总产量 510.55 万 t，总人口 1 870.1 万人，人均粮食占有量 273.01kg；2009 年甘肃省粮食总产量突破 900 万 t 大关，达到 906.2 万 t，总人口 2 632 万人，人均粮食占有量达到 344.3kg，而 2009 年全国平均水平为 397.7kg。2016 年以来，全省粮食总产达到 1 141万 t，人均占有粮食达到 430kg，接近全国的平均水平 445kg。自给程度按 450kg 的人均占有量考虑，属于“紧平衡”状态。

（二）粮食需求的目标定位

1. 国家和甘肃省的安排

《全国新增1 000亿斤粮食生产能力规划》将甘肃省列为11个非粮食主产省之一，依托河西走廊的山丹、尼东、甘州、临泽、凉州、景泰和永昌7个产粮大县（区），到2020年新增粮食生产能力2亿kg（20万t）。省上主管部门积极制订实施方案，启动了2亿kg新增粮食生产能力建设工程，计划投资35亿元，其中中央投资30亿元。这一工程将使全省粮食产能稳定在1 000万t左右，有力地促进甘肃粮食生产发展。

2008年，甘肃省委、省政府确定了旱作农业区新增25亿kg粮食工程的目标。甘肃省农牧厅安排在2008年的基础上，经过5年努力，新增粮食25亿kg，到2012年使甘肃粮食产量有望超过1 000万t，届时全省人均粮食占有量的水平就能接近全国的平均水平。

2010年，甘肃省人民政府下发《甘肃省旱作农业新增50亿斤粮食生产能力建设规划（2009—2015年）》，粮食播种面积稳定在4 000万亩以上，平均亩产增加到265kg，总产提高到1 050万t以上，与2000—2008年平均水平相比，新增粮食生产能力250万t以上。

2017年，甘肃省政府办公厅下发《2017年全省稳定粮食生产行动方案》，确保全省粮食面积稳定在4 100万亩以上，粮食总产量稳定在1 000万t以上。其中，小麦种植面积1 150万亩，玉米种植面积1 450万亩，马铃薯种植面积1 052万亩。

2. 人口增长和小康社会的粮食需求

按近10年甘肃人口自然增长率平均值计算，2015年、2020年、2030年全省人口将分别达到2 741.17万人、2 832.49万人和3 024.37万人，人口高峰期出现在2 039年左右，届时总人口将由2009年的2 635.46万人增加到3 100万人左右，人口的持续增长对粮食生产提出了更高的要求。目前，城镇化、工业化进程的加快对粮食的直接和间接消费量也将日益增大。此外，气候等制约因素使粮食持续增产的难度加大。如根据目前社会发展需要，按每人每年粮食消费量2015年为380kg、2020年为400kg、2030年为420kg计算，粮食总产需分别达到1 042万t、1 133万t、1 270万t才能保证粮食供需平衡。

（三）近30年间甘肃省粮食增长轨迹发展的粮食生产能力预期

1. 按总产年均13.4万t增量的发展预期

在甘肃粮食作物播种面积稳定在2009年274万hm^2基础上，以年均13.4万t增量计算得到2015年的986万t，2020年的1 053万t和2030年的1 187万t的产量预期，与各时段的可能需要分别存在55万t、82万t和84万t的缺口。

2. 按单产年均53.8kg/hm^2增量的发展预期

以近32年间甘肃粮食单产年均53.8kg增量为依据，在保持2009年274万hm^2粮食作物播种面积基础上，分别得出甘肃省粮食总产量：2015年994.6万t、2020年1 068.3万t、2030年1 215.7万t，与各时段预期的需求总量相比，仍然分别存在47.4万t、64.7万t和54.3万t的缺口（王立祥，廖允成，2014）。

3. 单产适度增长和种植指数回增的发展预期

气候生产力研究表明，甘肃省中部、东部旱作农区属我国东部七级气候生产潜力区，河西绿洲灌溉农区属西北干旱区的八级气候生产潜力区。现时全省的这两个气候区应能实现的气候生产力均倍过现时生产力，预示着甘肃粮食生产能力提升的广阔前景。2010 年全省种植指数为 86.3%，今后经过 20 年的努力，回升到 1979 年的 98.2%的水平，应是举手之劳。以现时全省有效灌溉面积、化肥等物质投入水平，以及农业现代化条件，与 1979 年相比，已是天壤之别。只要认识到位，措施得力，因地制宜地减少轮歇地面积，发展套种、复种，全省农田种植指数回增到 1979 年的水平，应是水到渠成。

考虑到确保 2010 年全省粮食占用耕地面积似有困难，留有余地的按年均 0.5 万 hm^2 减量加以运筹，只要种植制度回升到位，甘肃省粮田播种面积将能扩增 13.5%，接近 16.5%的人口增长幅度，是全省人均粮食占有播种面积得以稳定在 0.1hm^2 以上，辅以单产提高，人均粮食占有数量有望达到 400kg 的水平。基于甘肃省粮食单产的非线型增长势态，维持历史时期的 53.8kg/hm^2 的年均增量，似有难度，留有余地的以 50kg/hm^2、40kg/hm^2、30kg/hm^2 的年均增量，仍有望实现 420kg 的预期水平的 95%的自给程度。

4. 旱作区粮食生产能力预估

按现阶段 40%旱地粮田降水生产潜力开发度，经过努力，开发度平均提升到 60%计算。甘肃省按 1 500 万亩玉米、1 100 万亩马铃薯、1 100 万亩小麦计算，其中旱作区玉米 1 000 万亩、马铃薯 800 万亩、旱地小麦 900 万亩。旱地玉米亩增产 100kg、马铃薯 100kg（折粮）、小麦 25kg，可总增产粮食 20.25 亿 kg。即全省粮食总产量在目前 100 亿 kg 基础上，有 20 亿 kg 增长空间。

第四节　甘肃省粮食生产能力提升应予的着重点

一、优化粮食种植结构

在玉米单产倍于小麦的中部半干旱、高寒阴湿一熟区，压缩春小麦种植面积 3.33 万 hm^2，改种春玉米，由此可以新增粮食生产能力 15 万 t；在天水、庆阳、平凉的塬区和川道高产区，发展冬小麦收后复种早熟玉米 3.33 万 hm^2，以玉米单产 6 000 kg/hm^2 计，可新增 20 万 t 的玉米生产能力；在中部半干旱山坡地和灌溉地扩大早熟马铃薯种植面积 3.33 万 hm^2，可以新增 15 万 t 粮食生产能力。以上 3 项措施的实施，可增加粮食生产能力 70 多万 t。

二、改善基础生产条件

甘肃省农业生产条件较差，70%的土地分布在山旱地、坡耕地和高寒阴湿地区，实践证明，将坡耕地改造成水平梯田，可使粮食产量近期提高 10%～20%，远期提高 25%～30%，是持续提高粮食生产的有效途径之一。近年来甘肃省已开展大规模的机修梯田，每年兴修梯田近 7 万 hm^2，10 年新增水平梯田 70 万 hm^2，按每公顷增产 900kg 计，可增加 63 万 t 粮食的生产能力。

三、提高农田种植指数

2009 年，甘肃省耕地面积 462.4 万 hm^2，农作物总播种面积 393.8 万 hm^2，全省农田种植指数仅为85.2%，远不及全国130.3%的复种指数，也不及全省1978年98.2%的种植指数。同年全省粮食作物播种面积274.0万 hm^2，以85.2%的种植指数折算，2009年全省粮食作物占有321.6万 hm^2 的耕地面积，换言之，全省2009年存在47.6万 hm^2 荒弃或轮歇地；耕地紧缺时期，减少耕地轮歇或在宜于复种的陇东、平凉、天水和陇南适度复种，使全省种植指数恢复到1978年的98.2%，将能使全省粮食作物扩增46.7万 hm^2，按新增粮田面积单产以2009年的2/3计算，全省将能新增近100万t粮食生产能力。

四、充分发挥玉米、马铃薯优势作物的生产能力

2010年，甘肃省玉米种植面积83万 hm^2，单产4 673 kg/hm^2，总产395万t，面积和总产为历年最高，但单产尚不及2005年5 126 kg/hm^2 的水平。今后通过育种更新换代，近20万 hm^2 灌溉农田节水高效灌溉技术以及约65万 hm^2 旱作全膜双垄沟播技术的普及，依照1978—2005年间全省玉米单产年均82.8kg/hm^2 的增量水平，在2010年单产基础上，2020年全省玉米单产应达到5 500 kg/hm^2，平齐2010年全国玉米5 454 kg/hm^2 的水平。届时全省玉米面积适度扩增2万 hm^2，达到85万 hm^2 的种植规模，将能实现468万t的总产，较2010年具有新增73万t的生产能力。

2010年，甘肃省马铃薯种植面积65万 hm^2，单产2 869 kg/hm^2，总产185万t，面积和总产虽为历史最高，但单产尚不及2005年的3 576 kg/hm^2。今后大力普及优质脱毒良种，实现一级、二级脱毒种薯全覆盖，并把晚疫病等病虫危害损失降至5%以下，依照1978—2005年间单产年均110kg/hm^2 的增量水平，在2010年单产基础上，2020年全省马铃薯单产似应达到3 969 kg/hm^2 水平，考虑到未来10年面积可能扩增5万 hm^2 达到70万 hm^2 的种植规模，届时全省马铃薯将能新增95万t和具有280万t的生产能力。

第五节　甘肃省粮食生产能力提升的战略构思

一、强化河西绿洲粮食生产的功能

甘肃省被纳入国家产粮区的7个产粮大县基本全地处河西走廊绿洲农业区，分别为张掖市的山丹县、民乐县、甘州区、临泽县，武威市的凉州区，白银市的景泰县和金昌市的永昌县，要求到2020年新增粮食生产能力2亿kg。在重点建设几个产粮大县的基础上，同时不能忽视河西走廊绿洲农业区曾经是甘肃省乃至全国的十大商品粮基地之一，在甘肃省的粮食战略上承担过“兴西济东”的历史重任。近年来，在积极调整农业产业结构和构建新型产业的大背景下，河西走廊绿洲农业区发展成为全国的玉米、蔬菜及花卉制种基地，使河西绿洲商品粮基地的地位有所削弱，但在长期单纯从事玉米、蔬菜及花卉制种的过程中，已出现了轮作倒茬困难、病虫草害加重、土壤肥力下降的现象，在未来的农业发展战略中，还应稳定河西走廊绿洲农业区商品粮基地的地位。

二、重建“陇东粮仓”，并尽快纳入全省粮食规划

陇东地区平凉、庆阳两市15个县（区），土地广袤、地势平坦、热量充足、年降水

量超过 500～550mm，生产小麦、玉米等粮食作物既有一季夺高产的潜力，又有进行复种提高单位面积产量的余地，历史上曾是甘肃的“粮仓”。现今河西商品粮食基地受到制种业和其他新型产业的影响，重建“陇东粮仓”已进入了各级政府和专家学者的视线，应审时度势及早纳入甘肃粮食战略规划，特别是陇东黄土旱塬区有近 450 万亩相对平坦、机械化程度高、土壤耕性好的粮果生产带，粮食生产明显、潜力高，可为提升甘肃省粮食生产力做出贡献。

三、高度重视旱地农业在全省粮食生产中压舱石和功能区的战略定位

旱地农业主要分布在甘肃省中部的兰州、定西、天水、平凉、白银及临夏等市（州）18 个干旱县（区），平均年降水量在 250～500mm，历史上是小麦、豌豆、谷子、糜子和马铃薯的重要产区，特别是生产的马铃薯由于淀粉含量高、薯型好而备受消费者的青睐，甘肃“薯都”的打造主要以这一地区为马铃薯的生产基地，其根本就是得益于旱地农业的资源禀赋。近 10 年来，随着耐密早熟玉米新品种和全膜双垄沟技术的应用，甘肃中东部地区雨养玉米呈现 800kg/亩以上高产田，有些年份突破吨粮田，创建了雨养旱作区大面积现实高产纪录，成为粮食增产的主力军，旱作区已成为全省粮食生产功能区和压舱石。因此，要科学审视旱地农业在粮食产业中的重要地位和作用，在政策、财力、科技支撑方面要大力支持，让旱农区在甘肃省粮食供给平衡中分担一定的份额，发挥其粮食生产的潜力。

四、注重发挥沿黄及洮、渭、泾河灌区的粮食生产潜力

甘肃省的粮食主产区除过河西绿洲内陆灌溉农业区外，沿黄灌区及洮河、渭河、泾河灌区是粮食生产的高产带和潜力带，也是间作、套种和复种的主要区域，在间套复种中普遍采用的种植模式有：小麦/玉米、豌豆/玉米、小麦原荞麦、小麦原马铃薯、小麦原大豆、小麦原糜（谷）子、小麦原芹菜等，类型分粮粮型、粮菜型、粮经型等。其中小麦/玉米带状种植最高单产可达 15 000 kg/hm^2，平均单产也在 12 000～13 500 kg/hm^2；采用小麦原荞麦、小麦原马铃薯、小麦原大豆等复种形式时平均单产均在 12 000 kg/hm^2 左右，也远远超过一年一熟种植。因此，这一地带是甘肃省现在乃至未来粮食生产的重要地区，在甘肃省粮食生产扮演重要角色。

五、重视高寒阴湿及干旱山区的特色小杂粮的经济竞争优势

复杂的地理环境为甘肃省生产特色小杂粮奠定了基础，生产的优质莜麦、荞麦、扁豆、蚕豆、糜子等小杂粮既是珍贵的保健食品，更是出口创汇的特色农产品。值得关注的是这些特色农产品的市场行情越来越走俏，单价往往超过小麦和玉米。因此，小杂粮具有一定的经济竞争优势，是甘肃省高寒阴湿及干旱山区的资源潜力所在，在甘肃省粮食战略贮备中应以强化，在产业政策和财政支持上有所体现。

六、增强结构调整和旱作高效用水的科技创新

过去，解决甘肃省吃粮问题是建立在河西商品粮基地和陇东粮仓。而今河西调整结

构，发展特色产业比种粮比较效益要高得多，加上水资源制约，再恢复到种粮上可能性不大，陇东粮仓也在发展果品和蔬菜产业。在这种情况下，确保粮食安全，要在保护好河西走廊等经济条件好的地区粮食综合生产能力的前提下，把粮食生产的重点逐步转移到中东部旱作农业区。因此，关注旱作区水问题，调整粮食种植结构，走以旱作覆盖集雨种植为核心的高效用水之路，依靠科技进步提高单产是粮食生产的根本。

（一）调整粮食种植结构

一是在玉米单产倍于小麦的中部半干旱、高寒阴湿一熟区，压缩春小麦种植面积50万亩，改种春玉米，由此可以新增粮食生产能力15万t。二是在天水、庆阳、平凉的塬区和川道高产区，发展冬小麦收后复种（移栽）早熟玉米，50万亩复种玉米作为青贮玉米，以籽粒玉米单产400kg计，50万亩青贮玉米所提升饲用价值，相当于新增20万t籽粒玉米生产能力。三是在中部半干旱山坡地扩种马铃薯、补充灌溉地扩大早熟马铃薯种植面积50万亩，可以新增15万t粮食生产能力。

（二）大力发展以覆盖为主的旱作节水技术

以显著减少农田土壤水分无效蒸发损失和提高无效降雨的有效性为核心，重点应用夏休闲期、秋冬闲期覆盖保水技术，使夏休闲期降水蓄保效率达到50%以上、春播作物耕层土壤水分达到15%以上；完善地膜覆盖双垄沟微集水抗旱种植技术，提高<5mm降水的有效性。集成示范玉米全膜覆盖双垄沟播、膜侧沟播、秋覆膜、顶凌覆膜、一膜两用及小麦全膜覆土穴播等抗旱高效用水技术。

（三）加强科技进步，提高粮食综合生产能力

甘肃省粮食总产稳定提升到1 000万t以上，农业科技进步起了决定性作用。甘肃省科技进步对种植业的贡献率从改革初期的24%提高到2007年的47%，预计到2020年达到60%以上。为进一步提高科技进步对粮食的贡献，确保旱作区新增25亿千克粮食任务，在不断进行种植结构调整和挖掘单项高效用水技术的同时，重点抓好4个方面的工作。

（1）加强甘肃省粮食丰产科技创新与贮备研究。对制约甘肃省马铃薯、玉米、小麦等主要粮食增产的重大科技问题，如超高产育种、超高产栽培、节本增效、抗旱减灾等技术进行部署，重点筛选和应用一批抗病高产高水分利用效率的新品种及配套栽培技术，最大限度发挥生物节水及高效用水的潜力，为粮食稳定在100亿kg提供科技支撑与贮备。

（2）以突破性技术为核心，加速科技成果转化。以关键技术突破、成果转化和大面积应用为重点，在庆阳、平凉、天水、定西、临夏等地分别建立玉米、小麦、马铃薯核心试验区、示范区和辐射区，创建高产或超高产示范田，支撑和引领粮食增产。特别是在陇东黄土旱塬区，要建立旱地100万亩单产300kg优质冬小麦、200万亩单产超过650kg玉米高产带，挖掘中部半干旱和临夏高寒阴湿区地膜玉米增产潜力，建立中部和高寒区100万亩单产2 000 kg马铃薯高产带。

（3）开发和集成应用粮食高产的制度性技术。农业部50个农产品的调研结果表明，我国粮食增产的单项技术和硬技术较多，并且与国际先进水平相差不大，但上升到符合国情的制度性技术发展较慢。因此，在确保粮食安全生产中，要加速构建符合甘肃省省情和有区域特色的现代农作制研究与示范体系，探索建立粮食增产、农民增收、农业增效、资

源节约高效于一体现代农作制模式与配套技术体系。如旱地农作制与马铃薯连作障碍控制、全膜双垄沟玉米全程机械化模式模式及玉米秸秆—畜牧业循环农业模式等。

（4）构建现代农业产业技术体系，组建创新团队，集中解决粮食产业链中重大关键技术和应急技术。针对甘肃省优势农产品区域布局和现行科研体制，在不打破现有管理体制的前提下，建议省财政长期稳定支持以七大作物和主要农产品为主的现代农业产业技术体系建设，依托具有创新优势的省级和市（州）科研推广机构，合理布局农作物新品种选育、栽培、病虫害防治、水肥管理等方面的工作，发挥甘肃省农业科技创新联盟和省财政资金的支撑作用，组建科技创新团队，建立大协作、大联合机制，解决粮食产业链中的诸多关键技术，提高综合生产能力。

第六节　黄土旱塬区优质粮食生产潜力与品质增优

北方旱塬区是镶嵌在黄土高原丘陵区内的“明珠”，位于黄土高原水土流失区南部，有“油盆粮仓”之称，一直承担着区域内粮食供给的重要任务。随着大量坡耕地的退耕和山区人口向塬区迁移，以及种植结构调整的进行，粮田面积大幅度调减，塬区人—地矛盾日益尖锐，粮食生产任务越加繁重。

大量研究和区域农业发展历史表明，旱塬区粮食生产是一个弱质低效的风险产业，粮食生产目标是满足区域内农民口粮的基本自给和区域内部粮食的丰缺调剂。同国家其他粮食主产区比较，旱塬区有其特殊的粮食生产地域环境，有些作物及品种具有较高的商品率和创汇优势。因此，分析该区粮食产地质量环境，对主要粮食及有关加工产品进行卫生质量安全检测，将有助于促进优质粮食生产的发展。

一、旱塬粮食生产的有利条件及战略地位

旱塬区以占黄土高原水土流失区 28.3% 的耕地，生产了 40.1% 的粮食，养活了 29.2% 的人口，尤其是小麦、玉米播种面积约占全区的 47%，产量却占到 56%、48%。由此说明，旱塬区是北方旱区中一个重要的粮食生产基地。

（一）粮食生产的有利条件

1. 气候、土壤条件

该区多年平均降水量 450～620mm，年均温 80～120℃，属北方半湿润偏旱类型区，>10℃期间的降水量约占全年总降水量 70%～90%，水热资源同季，且年内分布基本与作物生长相同步，对作物生长发育十分有利，是黄土高原农业气候条件仅次于渭河谷地的区域。土壤类型主要有黑垆土和黄绵土，其中黑垆土是黄土旱塬的主要地带性土类，土层深厚，2m 土层可贮蓄 500～600mm 水分，耕性良好，有利于作物根系生长下伸，土壤水库效应在作物增产中十分重要。

2. 地貌、地形条件

旱塬区位于黄土高原水土流失区南部，东南与汾渭灌区接壤，北部与丘陵区交错分布，西部以六盘山、陇山为为界，土地类型以台塬为主，是黄土丘陵区中的高平原，地面

宽阔平整，土壤侵蚀仅发生在塬边沟道，有利于规模化机械旱作。在旱塬的总耕地中，平地（地面坡度<30°）和平坡耕地（地面坡度 3°~70°）占耕地总面积 67.7%；黄土塬和台塬可分为：①宽阔的缓倾斜平原；②河流高阶地；③断陷盆地两侧梯形抬升的台地；④顶部宽缓的丘陵。该亚区地貌分高原沟壑、丘陵沟壑和子午岭山地 3 种类型。黄土旱塬主要分布在甘肃庆阳和平凉地区，共有 26 条平坦的塬面，总耕地面 456.5 万亩，其中尤以保存较为完整且国内最大旱塬董志塬为代表，面积 910.7km²，另外还有陕西的洛川塬。陕西渭北旱塬主要以台阶地为主，塬面耕地约 880 万亩。黄土残塬或破碎塬主要分布于晋西南的大宁—隰县、陕西的长武、彬县和甘肃平凉、庆阳等地。由于该区塬与梁坡度平缓，尤其是高原沟壑区地面坡度小于 5°的地面占 46.4%，小于 15°的平缓地面占 70.8%，素有“油盆粮仓”之美称。

（二）粮食生产的迫切性和必要性

1. 是区域粮食发展战略的需求

黄土高原的粮食产量占国家粮食产量的 1.8%左右，份额很小，旱塬更小。在国家的粮食供给关系中，黄土高原也不承担国家粮食安全的重任，但一旦国家遭到重大的自然灾害、国际封锁或其他不可预见事件的发生，从国家安全与稳定的大局出发，首先将满足大中城市和沿海经济发达地区的粮食供给，而深处内陆的黄土高原则必须自己解决自己的粮食问题，事实上该区除了改善生态与发展经济的两重压力外，还将承受粮食安全的第三重压力。

以北方旱塬区 1991—1995 年粮食生产态势为例，粮食生产区位商的计算结果表明，不论是丰产年还是平产年，同全国相比较，整个黄土高原 1991—1995 年粮食生产区位商为 0.594，处于区位劣势，但在黄土高原各区之间、亚区内相计较而言，黄土旱塬区粮食生产具有明显的区位优势，区位商平均 1.665，其中渭北旱塬西部 2.684，其次是陇东旱塬，为 1.708，渭北旱塬东部、晋南最小，依次为 1.280、1.126。黄土台塬区 1949—1955 年共生产粮食 10 134.60 万 t，占黄土高原区同期粮食总产量的 42.03%，而土地面积只占全区的 27.73%，粮食生产区位商 1.771。尤其是 20 世纪 80 年代以来，黄土台塬区历年粮食产量在全区所占比重有增大趋势，由以往 35%~40%增至 45%。并且黄土台塬区在全国粮食生产中也具有一定的区位优势，1949 年（基期）区位商为 1.703，具有较大区位优势，1991 年具有区位优势，区位商为 1.508。因此，旱塬区承担着黄土高原内部粮食的安全供给任务，过去是这样，将来也是这样，发展旱塬粮食生产无疑是区域粮食发展战略的需求。

2. 是事关还林还草战略国策成败的关键

黄土高原在国家西部大开发中迎来了历史上前所未有的机遇和挑战。一方面国家退耕还林还草战略的实施为区域农业环境的休养生息和产业结构调整提供了必要的空间和时间；另一方面退耕还林还草补贴逐渐减少和取消后，黄土高原怎样实现可持续发展，怎样确保在遭到自然灾害或其他不可遇见困难时，依然能做到退的下、稳的住、不反弹、能致富的目标要求，又是本区所面对的重大挑战。黄土高原综合治理的经验与教训告诉我们，稳定口粮自给是保证退耕还林还草战略稳定实施的基础和前提。

到 20 世纪 90 年代末，黄土高原才基本解决温饱问题，粮食总产一般稳定在 90 亿 kg，人均占有粮食为315kg。这种温饱在多数地区是以广种薄收和生态赤字为代价的，据遥感调查，退耕还林草前坡耕地占到耕地面积的一半以上。1998年以来，在国家退耕还林还草政策的牵动下，黄土高原大量的坡耕地开始退耕，据调查一些县区为获取更多的国家补贴，已退耕了全部坡耕地，部分县区还退耕了梯田，随之带来了粮食生产能力的大幅度下降。据2002年在陕西米脂、延安、安塞、靖边，甘肃定西、庄浪，宁夏固原等县区调查，退耕后若政府停止补贴，仅依靠现有耕地资源的生产能力，将有66.7%的农户不能解决温饱，要完全依靠国家补贴。退耕前后粮食自给率从71.1%下降到33.3%。同时，黄土高原大于15°的坡耕地约232万hm^2，平均单产约750kg/hm^2，退耕还林草前，这些坡耕地是黄土高原农业用地的主体，如果退耕后黄土高原损失粮食产量约17.4亿kg，人均占有粮食至少减少50kg。

可见，退耕还林草补贴政策在很大程度上掩盖了粮食供需矛盾，大幅度提高退耕后剩余农田粮食生产能力，尤其是旱塬粮食单产水平，是确保还林还草战略国策成败的关键和事关区域粮食安全的大事。

3. 干旱缺水趋势加剧对粮食生产的压力

近半个世纪以来，尤其是20世纪80年代以后，我国北方同样出现了“气候干暖化”现象。内蒙古武川县近25年的统计资料表明，每10年平均气温升高0.65°C，降水减少30mm。甘肃省从20世纪70年代开始进入一个新的百年尺度干湿波动的干旱期，干旱期平均长度约50~65年，依次类推，从现在到2030年前后为干旱期，干旱频率较高，年降水量平均减少5%左右。1951—1989年间，全国气温在上升的同时，年平均降水量减少50mm，其中夏季减少38mm，气候变暖与变干相联系区域主要分布在35°N以北华北和西北地区。

与其他自然灾害相比，旱灾发生范围广、历时长，对农业生产影响最大。历史上发生的每一次大旱都给中华民族带来深重的灾难。据不完全统计，1949—2000年的49年中，全国年均受旱31 491万亩，占全国各种气象灾害受灾面积的55.7%，其中年均旱灾成灾面积13 391万亩，旱灾成灾率为40%，占全国总成灾面积的51.68%，平均每年因旱损失粮食200亿kg以上，占全国粮食损失总量的50%。其中1959—1961年三年连旱，受旱面积达164 667万亩，粮食减产306亿kg，1997年全国受旱面积50 271万亩，成灾面积30 015万亩，成灾率高达66%，粮食损失476亿kg，约占全年因灾损失粮食总量的75%。49年中有15年发生受旱面积超过4亿亩，11年受旱成灾面积超过2亿亩，相当于3年发生一次干旱，5年发生一次重旱。特别是近10年来，我国年旱灾面积达35 362万亩，年旱灾成灾面积18 762万亩，每年造成粮食损失250亿kg。2000年整个北方大旱，夏秋两季作物累计受旱3.8亿亩，其中重旱2.2亿亩，绝收5 800万亩，全国粮食减产450亿kg，其中约有2/3的减产来自干旱。

黄土高原地区地处内陆腹地，南面受喜马拉雅山和秦岭山脉等天然屏障阻隔，西南暖湿气流难以进入，东面受太行山、吕梁山系阻隔，太平洋暖湿气流难于内伸。因而干旱发生频率更高，灾害造成的农业减产量尤为显著。1949—1985年黄土高原旱灾面积年均10 995万亩，1950—1995年年均31 950亩，占该区耕地面积的22%。位于黄土高原的陕西和甘肃两省，年均受旱面积1 613万亩、1 006万亩，占各省总受灾面积的63.7%、

60.8%（高于全国平均），年旱灾成灾面积777.6万亩、519万亩，占各省总成灾面积的61.8%、60.0%（高于全国平均）。甘肃省的报告表明，20世纪90年代甘肃省中东部共发生6次严重干旱，素有陇东粮仓之称的庆阳市，2000年全区302万亩全部受旱，100多万亩绝收，夏粮减产60%；2015—2017年甘肃中部连续3年玉米严重受旱，大面积减产。

二、旱塬优质粮食产地环境条件分析

通过对黄土旱塬区农业生态环境及自然条件的综合考察和全面分析，认为该区域远离大城市，农业投入水平低，尚未形成现代工业化生产对农业生态环境的污染，具有发展优质绿色食品得天独厚的条件。

（一）清新的大气环境

优质绿色食品标准规定：产品或产品原料产地必须符合绿色食品产地环境质量标准，大气质量评价采用国家大气环境质量标准GB 3095—1996所列的一级标准。大气环境质量主要评价因子包括总悬浮微粒（TSP）、二氧化硫（SO_2）、氮氧化物（NO_x）、氟化物。

我国北方旱塬区远离大中城市，造成环境污染的工业如石油、煤炭、化工、造纸等企业较少，对生态环境的污染较工业发达地区轻微。甘肃省庆阳地区环保局监测站监测结果表明（表9-3）：陇东黄土旱塬区大气中的二氧化硫、氮氧化物、总悬浮颗粒、氟的日平均值分别为0.002 0 mg/m^3、0.000 28 mg/m^3、0.001 8 mg/m^3、2~3μg/m^3，显著低于国家标准，完全符合国家制定的绿色食品质量生产标准。

表9-3　陇东黄土旱塬区大气环境质量状况

测定项目	国家标准		本区实测数据		评　价
	日平均①	任何一次②	日平均①	任何一次②	
二氧化硫（SO_2）（mg/m^3）	0.05	0.15	0.002 0	0.122	完全符合国家绿色产品生产标准要求
氮氧化物（NO_x）（mg/m^3）	0.05	0.10	0.000 28	0.172	
总悬浮颗粒（TSP）（mg/m^3）	0.15	0.30	0.018	0.052	
氟（F）[μg/(dm^3·d)]	7.0		2~3.0	未测到	

注：①“日平均浓度”为任何一日的平均浓度不许超过的限值；②“任何一次”为任何一次采样测定不许超过的浓度限值

（二）纯净的水质

农田灌溉用水评价采用GB 5084—92《农田灌溉水质标准》，主要评价因子包括常规化学性质（pH值）、重金属及类重金属（Hg、Cd、Pb、As、Cr）、氯化物、氰化物、氟化物等。

黄土高原区塬与沟壑交替排列，沟壑区占50%以上，河流主要分布在川道和山沟之间，塬高水低，为典型的雨养农业区，90%以上的耕地依自然降水为水源，人畜饮水以地下机井水为主。由于大气和土壤污染很轻，雨水中所含铅、锡、铜、汞、砷等有害物质均在限制标准以下。不到6%的川道和坝地依靠数量有限的河流水进行灌溉，如甘肃省庆阳地区农田灌溉用水主要来自马莲河、蒲河、洪河、四郎河等五大河流及29

条支流，总径流量 14.471 亿 m^3，水质良好。庆阳地区还有约 4%的耕地采用深层地下水进行灌溉，水质化验结果符合绿色产品生产用水质量标准，接近于或达到国家 1 级标准（表 9-4）。

（三）洁净的土壤环境

绿色产品或原料生产要求产地土壤元素位于背景值正常区域，周围没有金属或非金属矿山，并且没有农药残留污染，评价采用 GB 15618—1995《土壤环境质量标准》。主要评价因子包括重金属及类重金属（Hg、Cd、Pb、Cr、As）。

陇东黄土高原区栽培作物的主要土壤类型有黄绵土（74.8%）、灰褐土（14.3%）、黑垆土（9.2%）等，土质优良，通透性和保水保肥性较好。由于受经济发展水平限制，农药化肥及人工合成生长调节剂使用量明显低于经济发达区和城镇郊区，土壤污染很轻，土壤污染物 Hg、Cd、Pb、As、Cr 的含量低于自然背景值（一级标准）和国家二级标准（表 9-5），符合优质绿色产品原料生产对土壤环境的要求。

表 9-4　陇东黄土旱塬农田灌溉用水质量状况（机井水）

测定项目	国家一级标准（mg/L）	实测（mg/L）（西峰）
pH	6.5~9.5	6.4~7.8
总 Hg	0.001	0.000 3~0.002 8
总 Cd	0.005	0.001
总 As	0.005	0.002 8
总 Pb	0.1	未检出
总 Cr	0.1	0.002
氯化物	250	4~33.7
氟化物	2.0~3.0	—
氰化物	0.5	0.004

表 9-5　陇东高原土壤环境状况　　（单位：mg/kg）

项　目		土壤污染物				
		Hg	Cd	Pb	As	Cr
实测值	黄绵土	0.0316~0.0876	0.163~0.187	22.42~38.62	14.38~14.48	88.6~75.7
	黑垆土	0.0308~0.0314	0.179~0.223	25.70~24.34	16.90~15.68	74.2~74.6
	灰褐土	0.0402~0.0438	0.180~0.247	25.20~26.56	16.76~20.54	88.0~90.2
国家标准（二级）		1.0	1.0	350	25	250
自然背景（一级）		0.15	0.2	35	15	90

综上所述，西北黄土旱塬区的大气、水、土壤环境质量符合国家优质绿色农产品生产的产地质量标准，是优质农产品的生产基地之一。

三、旱塬粮食生产的潜力

一个地区的粮食生产潜力是评价该地区粮食生产发展前景的重要指标。研究结果表明，北方黄土旱塬区具有较高的区域粮田生产力和粮食生产力，位于旱塬东南部的陕甘晋44县（市），粮田年均单产157.4~336.4kg/亩，平均215kg/亩。结果表明，主要粮食作物冬小麦的区域现实平均产量163.6kg/亩，最高产量232kg/亩，玉米为277.8kg/亩、486.6kg/亩。但旱塬地区冬小麦、玉米高产典型达到525kg/亩、1 087.6kg/亩，即实现了一季玉米亩产超吨粮、一季小麦亩产半吨粮的目标，创造了该区粮食高产纪录，在国内也不多见。若生产条件能充分满足粮食作物需要，则可增产几倍而不是几成。因此，通过不断改善农业生产条件和综合技术配套，黄土旱塬较大幅度提高粮食产量是完全可能的。

近几年创造了雨养旱地地膜玉米1 000~1 200 kg高产纪录。采用地膜撮苗种植技术，甘肃正宁、陕西长武和旬邑等地亩产达到了1 021~1 150 kg，较当地大田地膜玉米亩产高1.5~2.0倍。采用宽膜秋覆盖春播加高产品种，3年平均地膜玉米产量达到了960kg/亩，水分利用效率2.73kg/(mm·亩)。采用全膜双垄沟集雨种植，2008年甘肃省平凉市庄浪县南坪乡靳家大庄村靳高学2.4亩玉米单产达到1 136 kg；2009年渭北旱塬宜君百亩示范田达到1 002 kg/亩，2007年陕西澄城县冯原镇迪家河村雷王伟种植的3.48亩玉米，平均亩产1 250.8 kg，创造出全国旱地玉米吨粮田的高产纪录。随着高产品种应用和种植方式改进，西北黄土旱塬玉米产量记录不断被刷新，亩产超吨粮已成为现实，现实增产潜力很大。

黄土旱塬小麦产量潜力估算表明，陕西合阳、长武、甘肃陇东小麦水分潜力为586.3 kg/亩、575.0kg/亩、531.0kg/亩。而目前小麦实际产量仅相当于旱作降水潜力的40%~50%，还有一半以上潜力有待开发。近年来，旱塬小麦高产水平不断逼近水分潜力。2008年甘肃灵台县、正宁县百亩示范田平均亩产537kg、548kg，万亩示范区平均426kg、454kg；2008年陕西长武巨家镇1 020亩小麦平均亩产525kg，其中100亩达到550kg。陕西乾县采用地膜加秸秆全程覆盖后，小麦产量达到615kg/亩，陕西合阳采用高产品种加秸秆覆盖，产量达到501.3kg/亩。连续9年夏休闲期覆膜秋播冬小麦的结果是，冬小麦产量平均309.4kg/亩，高产值377.4kg/亩。因此，旱塬小麦具有亩产半吨粮的现实潜力。

旱塬一季玉米亩产超吨粮、一季小麦亩产半吨粮记录的获得，对该区农业生产、农业科学研究和区域发展具有重要的现实意义。我们认为旱塬区粮食产量不高的直接原因是投入不足和生产条件差，土地生产能力培育和高产技术开发是粮食增产的核心，在现有自然降水条件下若高产品种、保水技术、施肥技术等集成配套，粮食产量可较目前成倍增加而不是增加几成，降水潜力的实现程度伴随科技进步而不断提高。旱塬区是北方旱区重要优质粮食基地之一，可为区域内部粮食基本自给做出贡献，为黄土丘陵区和风沙丘陵区大面积退耕还林还草战略的稳定实施提供粮食保证，只有增加单产，才能确保压粮扩经、压夏扩秋的进行，才能确保坡耕地退得下、稳得住，才能减少国家对坡耕地退耕后农民粮食的外区调运负担，从而在保证人均口粮安全的基础上，推动退耕还林（草）战略和生态环境建设的稳步实施。

黄土旱塬区现有耕地约2 100万亩，其中渭北旱塬区和陇东旱塬区粮食播种面积分别为1 066万亩和1 053万亩，粮食平均单产分别为268kg/亩和254.58kg/亩，平均

261.08kg/亩，总产55.37亿kg。黄土旱塬区粮食播种面积中小麦和玉米约占70%，粮食总产中小麦和玉米总产量占85%以上，小麦和玉米播种面积约各占750万亩，平均单产分别为185kg/亩和335kg/亩，平均亩产约为260kg/亩。若按照小麦和玉米平均亩增产量42kg（增产率约16%）估计，每年增粮技术推广面积250万亩，5年累计推广应用面积1 250万亩，可实现增产粮食10.5亿斤，约占现有粮食总产量的9.5%。可见，黄土旱塬区仍有较大的粮食增产潜力。

四、旱塬主要粮食质量卫生安全监测

在对粮食生产的产地环境质量和品质研究与分析的基础上，认为北方旱塬区为除灌溉农区之外的一个区域性优质粮食生产基地，主要发展方向是满足区域内粮食的基本自给，主栽作物小麦生产以优质中强筋力型的面条和馒头为主，玉米以普通型优质高淀粉饲用玉米为主，小杂粮以抗旱救灾和商品性生产为主。然而，随着现代工业的发展和食物需求压力的加大，化肥和农药用量不断增加，粮食的卫生安全问题越来越受到人们的关注，在此对当地主栽作物、玉米、谷子籽粒的有关卫生指标进行监测。

选择当地生产上广泛应用的乐果、甲拌磷、六六六、滴滴滴为农药检测项目，砷As和铅Pb为重金属检测项目。测试结果表明，玉米、小麦、谷子籽粒中农药残留尚未未检出，重金属砷的检出量均低于国家标准，铅的检出量除玉米中略高于国家标准外，在小麦和谷子均未检出。因此，旱塬区生产的粮食原粮达到了国家优质绿色产品标准（表9-6）。

表9-6　陇东旱原优质玉米和小麦的主要卫生质量检测　（单位：mg/kg）

项　目	国家标准（NY/T 418—2000）	实测值（镇原县）		
		玉米	小麦	谷子
乐　果	≤0.02	未检出	未检出	未检出
甲拌磷	不得检出	未检出	未检出	未检出
六六六	≤0.05	未检出	未检出	未检出
滴滴滴	≤0.05	未检出	未检出	未检出
砷（As）	≤0.4	0.18	0.27	0.35
铅（Pb）	≤0.2	0.25	未检出	未检出

五、旱塬主要粮食作物品质现状及调控

小麦是北方旱区的第一大主栽优势作物和抗旱作物，旱塬区是黄土高原水土流失区小麦生产的核心区域，在满足当地居民口粮供应中具有重要作用。在分析旱塬冬小麦品质现状的基础上，充分利用新品种在粮食增产和增优中的主导作用，研究和总结形成了以陇鉴系列品种为核心，外引品种相配套，优化施肥用量、半精量播种和机械化高留茬收割等为主的小麦高产、优质、节本、增效技术。

（一）黄土旱塬冬小麦品质现状及评价

课题征集了甘肃黄土旱作区生产上应用的冬小麦新品种（系）53个，测定了其籽粒蛋白质、沉降值、硬度、湿面筋、赖氨酸5个主要品质性状指标。结果表明（表9-7），

甘肃省冬小麦品种籽粒品质性状蛋白质、赖氨酸、硬度变异较小，蛋白质、赖氨酸平均含量为 14.5%、0.47%，高于全国平均值，硬度 51.7%，湿面筋、SDS 沉降值分别为 28.5%、44.2%，低于国家标准，反映出蛋白质质量总体不高和面粉加工品质差的现状。

从营养品质和磨粉品质来看，蛋白质含量≥14%的强筋品种占 64.2%，13%~14%的中筋品种占 26.4%，<13%的弱筋品种仅有 9.4%，硬度≥50%、40%~50%、<40 的品种各占 60.4%、26.4%、13.2%，赖氨酸≥0.50%、0.40%~0.50%的品种占 22.6%、75.5%，小于 0.4%的品种极少，说明甘肃省生产上应用的冬小麦品种蛋白质含量普遍较高，其中近 2/3 的品种达到国家强筋小麦标准，磨粉品质普遍较好，营养品质高。从沉降值来看，达到强筋标准的品种仅占 17%，中筋品种占 58.5%，弱筋品种占 24.5%，湿面筋含量≥32%、28%~32%、<28%的品种分别占 24.5%、26.4%、49.1%。综合考察，在 53 个测试品种中，只有 3 个品种的各项指标达到国家优质强筋麦二级标准，占测试品种的 5.6%，没有弱筋麦品种。如果将面团稳定时间等指标考虑在内，没有一个品种达到优质强筋麦标准。

表 9-7　甘肃省 53 个冬小麦主栽品种（系）关键品质性状的变异

品质性状	平　均	变异幅度	标准差	变异系数（%）	频　段	频　数	频率（%）
					≥14.0%	34	64.2
蛋白质	14.51%	12.22%~16.79%	1.167	8.04	13.0%~14.0%	14	26.4
					<13.0%	5	9.4
					≥50mL	9	17
沉降值	44.21mL	30.22~58.2mL	7.138	16.15	40~50mL	31	58.5
					<40mL	13	24.5
					≥32%	13	24.5
湿面筋	28.52%	20.19%~36.85%	4.248	14.89	28%~32%	14	26.4
					<28%	26	49.1
					≥50%	32	60.4
硬度	51.76%	41.45%~62.08%	5.259	10.16	45%~50%	14	26.4
					<45%	7	13.2
					≥0.5%	12	22.6
赖氨酸	0.47%	0.40%~0.54%	0.037	7.87	0.4%~0.5%	40	75.5
					<0.4%	1	1.9

因此，甘肃省冬小麦品种以中筋型为主，满足农村居民以面条和馒头为主的消费习惯，综合指标达不到国家优质强筋、弱筋专用小麦 GB/T 17892—1999 标准。培育强筋型品种是今后品质改良重要方面。

（二）旱地小麦关键品质性状调控

经过品种比较和品质测试，先后筛选出了陇鉴系列冬小麦新品种，成为甘肃旱塬优质小麦生产的核心技术，从源头上提升小麦优质化水平，并配套了品质调优技术。

1. 陇鉴系列冬小麦品种的优良品质

经甘肃农业科学院品质测试中心和农业部哈尔滨谷物分析中心分析，筛选出的4个品种蛋白质、湿面筋、沉降值关键指标达到GB/T 17320—1998《专用小麦品种品质》（图9-7）。其中陇鉴127鲜切面面条总评分88.8分，达到国家优质专用面条粉质量标准，是我国北方晚熟冬麦区面条评分较高的品种。

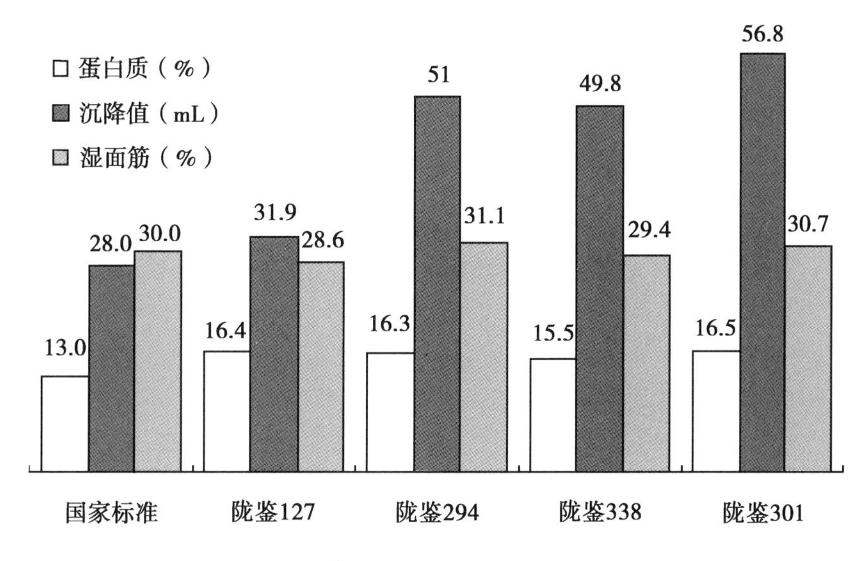

图9-7　陇鉴系列品种的品质现状

2. 陇鉴系列冬小麦品种抗旱节水

抗旱和高效利用黄土旱塬有限的土壤贮水，是衡量品种能否大面积推广应用的关键。课题连续两年人工创造小麦播前2m土壤贮水量496.7mm（湿润）、403.3mm（正常）、332.1mm（干旱）3个梯度水平，对筛选的陇鉴系列优质小麦品种进行了抗旱性鉴定和水分利用效率测定。结果表明（表9-8），在播前土壤贮水为正常、干旱条件下，3个冬小麦新品种产量较对照品种西峰20号增加15%~25%、32%~42%，水分利用效率提高0.09~0.15kg/（mm·亩）、0.11~0.12kg/（mm·亩）。在3个底墒条件下，3个品种的平均产量、水分利用效率较对照提高6.2%~13.2%、6.8%~16.9%。在土壤水分干旱处理时，陇鉴127、陇鉴294、陇鉴338、西峰20号品种的干旱产量指数依次为1.25、1.33、1.24、0.94。在土壤水分湿润处理时，4个品种的丰水产量指数依次为1.17、1.12、1.05、1.19。4个品种的产量—水分高效利用指数分别为1.21、1.22、1.14、1.07。筛选的3个陇鉴系列冬小麦品种既是抗旱品种，也是水分高效利用型品种。

表 9-8　陇鉴系列品种的田间抗旱性和水分利用效率

项　目	品　种	土壤播前 2m 不同贮水量条件下			平　均
		496. 7mm（湿润）	403. 3mm（正常）	332. 1mm（干旱）	
产　量（kg/亩）	陇鉴 127	285. 2	239. 1	138. 0	220. 8
	陇鉴 294	271. 5	222. 6	146. 5	213. 5
	陇鉴 338	255. 9	229. 1	136. 1	207. 0
	西峰 20（CK）	290. 0	191. 5	103. 5	195. 0
	京 411	263. 0	153. 9	108. 5	175. 1
	长治 6878	234. 8	181. 5	105. 2	173. 8
	晋麦 47	230. 9	175. 6	106. 1	170. 9
	西农 2911	239. 3	175. 6	95. 0	170. 0
	西农 1043	228. 9	155. 0	95. 4	159. 8
	西农 9614	182. 3	162. 0	95. 4	146. 6
	洛旱 2 号	195. 3	155. 4	82. 4	144. 4
水分利用效率[kg/(mm·亩)]	陇鉴 127	0. 81	0. 73	0. 53	0. 69
	陇鉴 294	0. 76	0. 67	0. 55	0. 66
	陇鉴 338	0. 70	0. 67	0. 53	0. 63
	西峰 20（CK）	0. 78	0. 58	0. 42	0. 59
	京 411	0. 72	0. 47	0. 45	0. 55
	长治 6878	0. 64	0. 53	0. 45	0. 54
	晋麦 47	0. 66	0. 55	0. 40	0. 54
	西农 2911	0. 62	0. 56	0. 40	0. 52
	西农 1043	0. 63	0. 47	0. 38	0. 49
	西农 9614	0. 51	0. 49	0. 37	0. 46
	洛旱 2 号	0. 53	0. 48	0. 33	0. 45

3. 氮肥对旱地冬小麦关键品质指标的影响

（1）磨粉品质。小麦磨粉品质可由容重和硬度两个指标来衡量。籽粒容重大于 770g/L、硬度大于 50%的品种为优质麦标准，试验提供的 3 个品种基本上达到优质麦标准，即小麦品种的磨粉品质是比较好的。随着氮肥用量的增加，容重和硬度增大，当氮肥用量达到 180kg/hm^2 时，3 个品种容重平均由 762g/L 增加到 770g/L，硬度由 54. 6%增加到 55. 2%，达到优质麦标准（表 9-9）。通过增加氮肥用量可提高籽粒的磨粉品质。

（2）营养品质。小麦营养品质包括粗蛋白和赖氨酸等。表 9-10 结果表明，3 个品种之间、氮肥处理之间籽粒赖氨酸含量变化不大，为0.43%~0.46%。

表9-9　氮肥用量对小麦磨粉品质的影响

施N量（kg/hm²）	西农1043		西峰24		庆农5号		平　均	
	容重（g/L）	硬度（%）	容重（g/L）	硬度（%）	容重（g/L）	硬度（%）	容重（g/L）	硬度（%）
90	761	54.7	767	55.0	758	52.6	762	54.6
135	766	56.6	769	55.4	765	53.3	767	55.1
180	769	56.2	774	56.0	774	54.2	772	55.2
225	758	57.9	766	56.6	771	55.3	765	56.4
平　均	763.5	56.4	769.0	55.8	767.0	53.9	766.5	55.3

表9-10　氮肥施用量对冬小麦籽粒营养品质的影响　（单位:%）

N量（kg/hm²）	西农1043		西峰24		庆农5号		平　均	
	粗蛋白	赖氨酸	粗蛋白	赖氨酸	粗蛋白	赖氨酸	粗蛋白	赖氨酸
90	11.9	0.43	13.0	0.45	9.4	0.40	11.4	0.43
135	11.9	0.43	13.5	0.46	10.3	0.43	11.9	0.44
180	13.1	0.45	13.7	0.46	11.8	0.46	12.9	0.46
225	13.7	0.46	14.0	0.45	12.0	0.46	13.2	0.46
平　均	12.65	0.44	13.55	0.46	10.88	0.44	12.35	0.45

（3）面粉加工品质。面粉品质主要包括湿面筋、沉降值和降落值等。国家标准规定，湿面筋大于28%和沉降值大于40%的小麦为优质中筋力品种，西农1043湿面筋27.08%，沉降值44.75%，基本符合国家标准，西峰24湿面筋28.78%，沉降值36.08%，只有1个指标达到国标，庆农5号湿面筋19.43%，沉降值25.65%，达不到国家标准（表9-11）。与往年及同一试验年份的测试结果比较，气候和土壤条件对这3个品种沉降值的影响要大于对湿面筋的影响，但其面粉品质的遗传特性不变。

表9-11　氮肥施用量冬小麦对面粉加工品质的影响　（单位:%）

N量（kg/hm²）	西农1043		西峰24		庆农5号		平　均	
	湿面筋	沉降值	湿面筋	沉降值	湿面筋	沉降值	湿面筋	沉降值
90	24.8	44.0	27.0	35.0	14.2	23.5	22.0	34.2
135	24.4	45.1	28.1	35.5	18.0	23.8	23.5	34.8
180	28.0	45.0	29.8	37.6	21.9	27.8	26.6	36.8
225	30.1	44.9	30.2	36.2	23.6	27.5	28.0	36.2
平　均	26.83	44.75	28.78	36.08	19.43	25.65	25.10	35.50

随着氮肥施用量的增加，3个品种的面粉湿面筋含量和沉降值随之提高，氮肥增加对湿面筋含量提高的程度大于沉降值提高的程度。纯氮量从90kg/hm^{2}增加到180kg/hm^{2}时，西农1043的湿面筋沉降值达到28.9%、45.0%，符合国麦优质中筋标准，其他两个品种指标也相应增加，但还达不到国家中筋力麦标准。表明增施氮肥有利于改善冬小麦面粉品质，但品质性状指标提高的程度受遗传特性控制。

4. 密度对旱地冬小麦关键品质指标的影响

（1）磨粉品质。播种量对以容重和硬度为主的籽粒磨粉品质有一定影响（表9-12），随着播量增加硬度有降低趋势，如播量由6粒/穴增加到15粒/穴时，西农1043硬度从58.5%下降到56.2%，西峰24从57.0%下降到54.6%，而庆农5号硬度变化不大。由此说明，播量对大粒型品种的硬度影响较大，播量增加，硬度减小，小粒型品种的硬度受播量影响较小。

播量对容重的影响似乎不同于对硬度的影响，随着播量增加，容重先增加后下降，增加和下降的幅度不大，当播量增加到9粒/穴时，3个品种容重最高，西农1043、西峰24、庆农5号依次为770g/L、773g/L、781g/L，较低播量最低提高2g/L，较高播量最高提高11g/L，达到或超过国家优质麦容重指标。选择适宜播量是提高小麦容重及商品率的一个方面。

表9-12　播量对冬小麦籽粒磨面粉品质的影响

播　量（粒/穴）	西农1043		西峰24		庆农5号		平　均	
	容重（g/L）	硬度（%）	容重（g/L）	硬度（%）	容重（g/L）	硬度（%）	容重（g/L）	硬度（%）
6	768	58.5	767	57.0	779	56.4	771	57.30
9	770	57.2	773	55.6	781	56.2	775	56.33
12	769	57.2	771	55.0	771	57.2	770	56.47
15	768	56.2	766	54.6	770	56.4	768	55.73
平　均	769	57.28	769	55.55	775	56.55	771	56.46

（2）营养品质。表9-13的结果表明，3个品种、4个播种量、品种播量之间赖氨酸含量均变化很小，平均为0.45%，变幅为0.42%~0.47%，即赖氨酸含量主要由遗传因素决定，播种量变化对其影响不大。但随着播种量的增加，各品种籽粒蛋白质含量均明显提高，当播量达到12粒/穴时，粗蛋白含量增加到最大值，西农1043、西峰24、庆农5号蛋白质含量依次增加到13.62%、13.90%、13.42%，较低播量（12粒/穴）增加1~2个百分点，若播量再增加，粗蛋百含量趋于降低。因此，选择适宜播量是提高粗蛋白含量的一项重要措施。

表 9-13　播量对冬小麦籽粒营养品质的影响　　（单位：%）

播　量（粒/穴）	西农 1043		西峰 24		庆农 5 号		平　均	
	粗蛋白	赖氨酸	粗蛋白	赖氨酸	粗蛋白	赖氨酸	粗蛋白	赖氨酸
6	12.44	0.42	12.94	0.44	11.71	0.44	12.36	0.43
9	12.54	0.42	13.32	0.44	11.77	0.44	12.54	0.43
12	13.62	0.44	13.90	0.47	13.42	0.46	13.65	0.46
15	13.63	0.45	12.97	0.45	13.02	0.47	13.21	0.46
平　均	13.06	0.43	13.28	0.45	12.48	0.45	12.94	0.45

（3）面粉加工品质。测试结果（表 9-14）表明，品种之间面粉加工指标性状存在明显不同，同前面结果一样，西农 1043 的湿面筋含量和沉降值最高，平均为 27.8%和 47.5%，达到国家优质中筋麦标准，西峰 24 次之，为 28.3%和 35.0%，庆农 5 号最低，为 24.3%和 26.6%，达不到国家标准。

表 9-14　播量对冬小麦面粉加工品质的影响　　（单位：%）

播　量（粒/穴）	西农 1043		西峰 24		庆农 5 号		平　均	
	湿面筋	沉降值	湿面筋	沉降值	湿面筋	沉降值	湿面筋	沉降值
6	26.4	46.5	27.5	34.3	21.4	24.8	25.10	35.20
9	26.4	47.6	27.7	34.9	22.5	25.9	25.53	36.13
12	29.3	48.8	30.0	36.0	26.8	27.7	28.70	37.50
15	29.2	47.0	27.8	34.8	26.4	27.9	27.80	36.57
平　均	27.8	47.5	28.3	35.0	24.3	26.6	26.78	36.35

随着播量的增加，3 个品种的湿面筋含量和沉降值相应增加，当播量增加到 12 粒/穴时，这两个指标均达到最大值，西农 1043 为 29.3%和 48.8%，西峰 24 为 30.0%和 36.0%，庆农 5 号为 26.8%和 27.7%，较对应品种低播量（6 粒/穴）处理增加 2~4 个百分点。再增加播量，湿面筋含量和沉降值随之下降，这同播量对蛋白质含量变化的影响基本一致。因此，播量对衡量面粉加工品质的湿面筋和沉降值有明显的影响，合理密植无疑是改善小麦加工品质的一个重要方面。

5. 栽培措施对旱地小麦产量—WUE—品质影响的评价

提高水分利用效率和品质增优是旱地农业长期致力于研究的主要内容，大量研究结果表明，品种、肥料和播量对旱地产量、水分效率和品质性状均有显著的影响。

（1）提高面粉加工品质是优质专用小麦品质调优的关键。对甘肃省冬小麦品种品质性状变化的研究结果表明，目前生产上应用品种的籽粒营养品质含量达到或超过全国平均值，品种之间蛋白质、赖氨酸含量变异最小，仅为 7%~8%；籽粒磨粉品质好，品种间硬度、容重均达到国家优质麦标准，变异也只有 10%左右；但面粉加工品质差，品种间湿面筋含量、沉降值低，变异达到14%~16%。由此可以看出，黄土旱原区冬小麦籽粒营养品质和磨粉品质较好，且品种间变异幅度小，面粉加工品质有待提高，品种间变异幅度又很大。因此，通过关键技术配套是优质专用小麦品质调优的关键。

（2）小麦品质的优劣、产量和水分利用效率受遗传与环境共同作用。3个不同地块条件下小麦品种的面粉加工品质结果表明（图9-8），同一地块不同品种的面粉湿面筋含量和沉降值差异较大，这主要是品种本身的遗传特性所致，如在地块1，西农1043、西峰24号、庆农5号的湿面筋含量为27.08%、28.78%、19.43%，沉降值为44.75mL、36.08mL、25.65mL；不同地块同一品种的湿面筋含量和沉降值也存在一定差异，这是由土壤质地和肥力所致，如在地块1、地块2、地块3，庆农5号的湿面筋含量为19.43%、24.35%、24.9%，沉降值为25.65mL、26.6mL、28.1mL。相比较而言，品种之间面粉加工品质性状的差异要大于地块之间的差异。不同品种之间产量和水分利用效率也有较大差异，如西农1043，产量294kg/亩，WUE0.84kg/(mm·亩)，而西峰24号产量260kg/亩，WUE0.76kg/(mm·亩)，前者较后者增产11.5%，WUE提高10.5%。

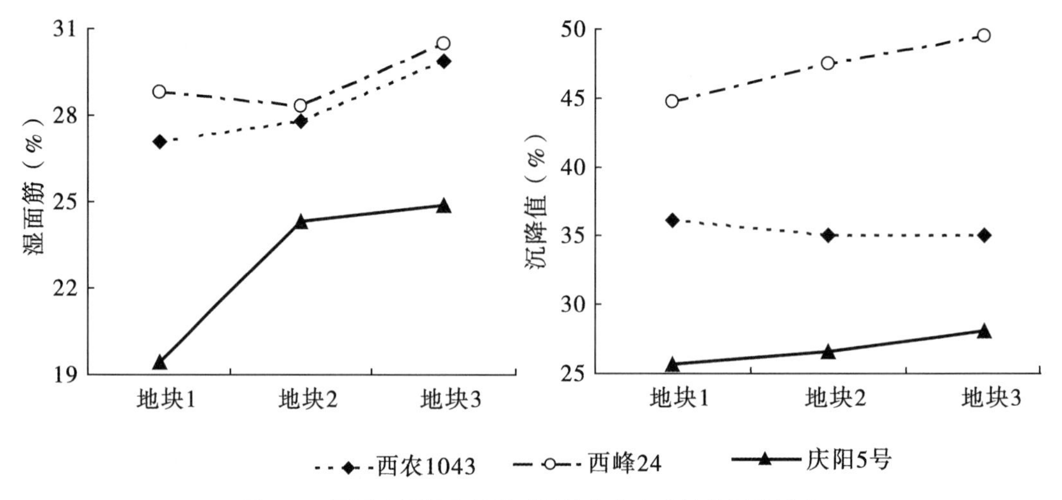

图9-8　不同土壤肥力地块对旱地冬小麦关键品质的影响

因此，筛选遗传上高产、高效用水、面粉加工品质指标性状好的品种是优质专用小麦生产的关键环节，同时应将优质小麦布局在肥力较好的地块，以实现优质专用品种关键品质性状保优增优的目的。

（3）合理施用N肥和精量播种同步提高水分利用效率、关键品质和产量。氮肥是优质小麦增产和品质增优的关键配套技术。旱地冬小麦N肥的施用必须充分协调产量、水分利用效率、关键品质改善三者的关系，才能达到保优增效的生产目标。课题试验研究结果表明，产量、水分利用效率、关键品质指标对N肥的反应存在一定差异，随着肥料用量的增加小麦籽粒磨粉品质（容重和硬度）、营养品质（蛋白质和赖氨酸）、面粉加工品质（湿面筋和沉降值）得到了不同程度的提高和改善，N肥在提高产量和水分效率的同时，能够保持品种遗传上具有的优质品质性状。针对北方旱塬区小麦籽粒磨粉品质和营养品质较好，但加工品质较差的实际，通过田间试验和品质测试，得出了产量、水分利用效率、沉降值与 N 肥用量的反应曲线，从方程得出当 N 肥用量达到 13.43kg/亩、12.21 kg/亩、11.67kg/亩时，前 3 项指标依次达到最大值，而湿面筋含量与 N 肥用量基本上呈直线增加关系。因此，课题提出旱地优质小麦 N 肥施用不应以达到最大产量为依据，而应适当减少用量，选择水分利用效率和关键品种同步增进的区间作为优化施肥依据，这样可以兼顾高效用水和关键品质同步增优。

根据分析结果，当施 N 量控制在 11.7～14.4kg/亩区间时，产量、水分效率、沉降值同步增进，起到了降本增产增优和高效的生产目的（图 9-9）。

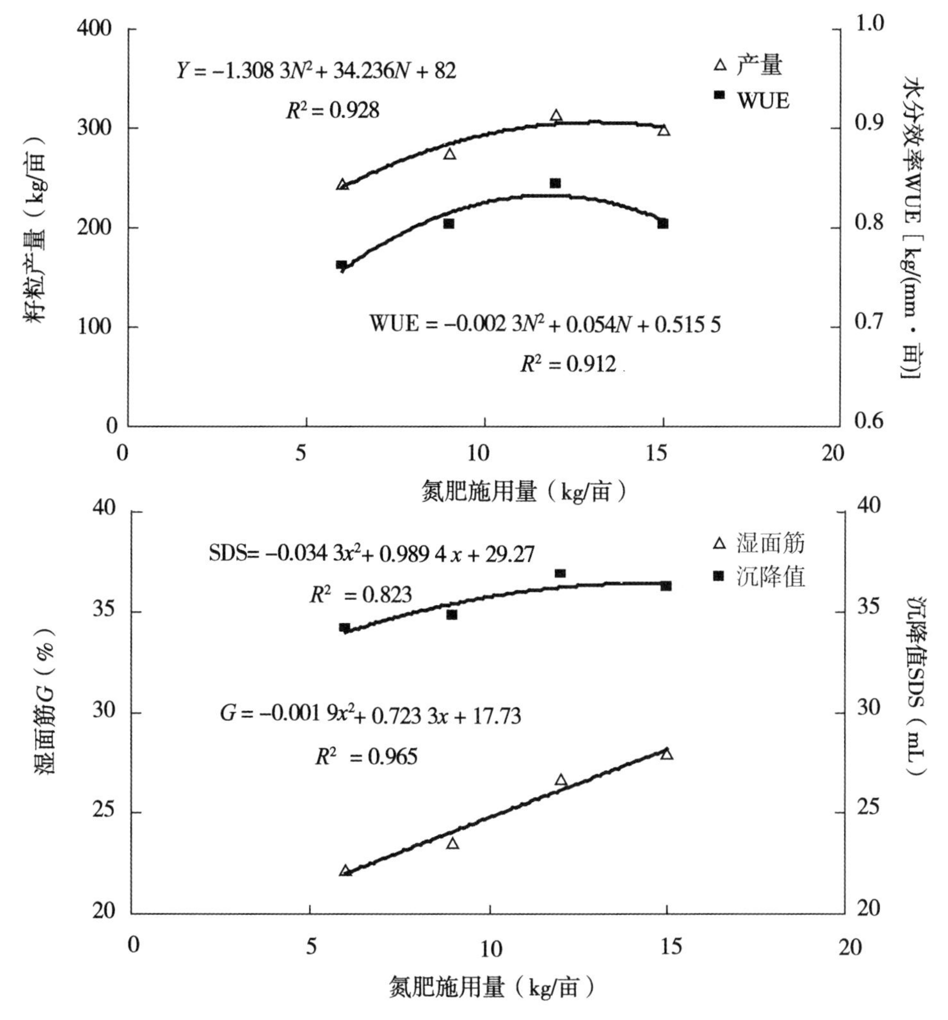

图 9-9　氮肥用量对旱地冬小麦产量、水分效率和关键品质的影响

群体大小也通过对土壤水分的消耗影响旱地冬小麦产量和关键品质。群体密度增大加剧了地上部生物量和土壤耗水的增加，但经济系数和以籽粒为基础的水分利用效率减小，群体密度降低，个体生产力增大，在一定程度上群体生产力和水分利用效率也降低。

研究结果表明，播种量对旱地小麦产量、水分效率、品质性状有明显的影响。通过回归方程拟合求得达到最高产量、水分利用效率、容重、湿面筋、沉降值的播种量存在一定差异，为了同时增进产量、水分效率、关键品质指标，取各控制目标最大时对应播量的平均值（28.7万粒/亩，即8.09kg/亩）为小麦保优增效的最适播种量（表9-15），其对应的控制目标产量、水分利用效率、容重、湿面筋、沉降值依次为263.7kg/亩、0.609kg/(mm·亩)、773.1g/L、26.0%、36.7mL，均达到了比较理想的指标。

生产上播种量（千粒重以35g计）一般为12.5kg/亩。根据研究结果，播种密度应降低35.3%，即实施半精量播种技术，可有效提高优质小麦的产量和水分效率，并保持或改善优质品种的关键品质性状，起到降本增效的效果，每亩种子投入减少4.41kg。

表9-15　旱地优质小麦保优增效的播种密度（*D*）确定

控制目标	拟合方程	R^2	控制目标最大时的播量		平均播量时的控制目标
			（万粒）	（kg/亩）	
产量（*Y*）	$Y=210.7+5.072D-0.112D^2$	0.98**	22.6	6.29	263.7
水分效率（WUE）	$WUE=0.53+0.0114D-0.0003D^2$	0.96**	19.0	5.28	0.609
容重（*L*）	$L=759.4+1.011D-0.0185D^2$	0.72*	27.3	7.59	773.1
湿面筋（*G*）	$G=19.2+0.384D-0.0051D^2$	0.75*	37.6	10.7	26.0
沉降值（*M*）	$M=29.3+0.423D-0.0057D^2$	0.86**	37.1	10.6	36.7
平　均			28.7	8.09	

总之，筛选高产、高水分利用效率、品质性状优良的品种是优质专用小麦生产的关键，土壤环境对品质性状有显著影响，应将优质品种布局在土壤质地和肥力状况较好的地块上，以对优质品种品质关键性状保优增优。栽培措施也显著影响产量、水分效率和品质性状，合理施N和调控播量，可使产量、水分效率、品质关键性状同步增进，起到对优质小麦保优增优的效果。

（三）旱地地膜玉米关键品质性状调控

春玉米是北方旱塬区的主栽粮食作物之一，在旱地粮食生产中占有重要地位，玉米作为饲料作物和工业原料将得到了迅速发展。随着旱地种植业结构的调整，玉米抗旱耐密优质高产新品种的筛选应用起着主导作用。本研究旨在通过不同类型玉米新品种的品种比较试验和关键品质指标测定，筛选生产应用和地方企业加工的适宜品种。

1. 不同类型玉米杂交种的品种指标

玉米的主要质量指标是遗传和环境因素共同作用的结果，尤其是环境条件对品质变异的影响很大。在旱塬地试验的品质测试结果表明（表9-16），所有参试品种的籽粒粗蛋白含量高于9%，除中单2号、豫玉22、豫玉32、DK656、郑单958、临单181品种蛋白质含量10%以下，达到国家二级饲用玉米标准外，郑单958和DK656品种淀粉含量接近75%的国家高淀粉玉米标准，其余品种蛋白含量均达到了10%以上，达到国家一等饲用玉米标准。从赖氨酸含量来看，所有普通玉米（饲用玉米）为0.23%~0.29%，比较低；优质蛋白玉米赖氨酸为0.31%~0.36%，虽然较普通玉米高，但达不到国家优质蛋白玉米

0.4%的标准；高油玉米的粗脂肪为7.82%~9.43%，达到国家二等和一等高油玉米质量标准。若考虑各项关键品质指标，临单217和中单9409虽达不到优质蛋白玉米标准，但其淀粉含量、赖氨酸、蛋白质较高，高油115蛋白质（11.8%）、脂肪（9.43%）、赖氨酸（0.32%）普遍高于其他品种。

表9-16　不同类型玉米品种主要品质（干基）　（单位:%）

类　型	品　种	水　分	粗蛋白质	粗脂肪	粗淀粉	赖氨酸
普通玉米	中单2号	10.7	9.07	4.16	70.13	0.29
	农大108	10.8	10.06	4.78	71.67	0.25
	沈单10	11.0	10.27	3.76	73.82	0.26
	豫玉22	10.6	9.62	4.69	71.41	0.28
	户单4号	10.6	11.08	4.14	72.29	0.25
	鲁单601	10.9	10.67	4.87	71.97	0.26
	豫玉32	10.6	9.61	5.33	72.89	0.24
	DK656	10.8	9.06	4.25	74.62	0.23
	周单5号	10.7	10.76	4.66	72.16	0.27
	沈单30	10.6	10.39	4.12	71.26	0.28
	DK747	10.8	10.19	4.74	72.91	0.23
	辽9806	10.7	10.52	4.17	72.29	0.27
	9905-1	10.8	10.52	4.61	72.64	0.28
	G-10	11.1	10.88	5.00	72.36	0.26
	郑单958	10.5	9.59	4.33	74.59	0.27
优质蛋白玉米	临单210	10.7	10.21	5.48	70.83	0.36
	临单211	10.4	11.09	4.90	70.75	0.31
	临单217	10.6	10.24	4.56	74.07	0.31
	中9409	11.0	10.11	3.80	73.52	0.33
	临单181	10.1	9.89	5.19	70.77	0.36
高油玉米	高油2-7	9.7	11.92	8.99	65.22	0.29
	高油2-8	9.9	10.51	7.82	66.60	0.30
	高油6号	9.9	11.39	8.26	66.62	0.27
	高油115	9.4	11.80	9.43	65.64	0.32
	高油298	10.5	10.60	7.89	66.33	0.26

2. 不同种植模式下施肥对旱塬区春玉米品质的影响

（1）不同覆膜方式和施肥比例对春玉米品质的影响。玉米籽粒的品质测试结果（表9-17）表明，不同种植方式和氮肥施用比例对其品质有显著的影响。

覆盖方式的影响。与不覆盖相比较，不论是春覆膜还是秋覆膜，均使玉米籽粒淀粉含量增加约1个百分点，蛋白质含量降低0.7~0.9个百分点，但秋覆膜与春覆膜之间几乎无差异。覆盖方式之间赖氨酸含量没有多大变化，而秋覆膜种植后的脂肪含量均较春覆膜和露地种植降低，可能与地力差异影响有关，有待进一步研究。

表 9-17　氮肥秋施比例对玉米籽粒品质的影响（干基）　　（单位：%）

氮肥秋施比例（%）	粗脂肪	粗蛋白质	赖氨酸	淀　粉
A：不施肥对照	3.86	8.95	0.33	74.68
B：0	3.73	9.16	0.35	74.88
C：20	3.68	9.82	0.32	75.24
D：40	3.68	9.03	0.33	75.30
E：60	3.46	9.07	0.33	75.49
F：80	3.66	9.21	0.33	74.48
G：100	3.74	9.24	0.33	74.84
D_0：40（露地）	4.01	9.90	0.35	74.00
D_1：40（春覆膜）	4.01	8.91	0.34	75.23
E_1：60（春覆膜）	4.02	9.18	0.31	75.78

氮肥秋施肥比例对品质的影响。在秋覆膜条件下，随着氮肥秋施比例由0%、20%、40%、60%的增加，淀粉含量逐渐增加，粗蛋白质含量降低，在秋基施60%和春追肥40%，淀粉含量达到最大，为75.49%，粗蛋白质含量9.07%。当秋施比例超过60%后，粗蛋白质含量增加，淀粉含量下降。在氮肥总量不变时，全部秋季基施或全部春季追施，蛋白质、淀粉、脂肪含量均较低。所以，氮肥60%基施和40%追施是玉米籽粒品质增优的氮肥分配方式，可使淀粉含量提高0.7个百分点，达到国家高淀粉玉米质量标准。

氮肥秋施比例对单位面积籽粒品质产出的影响。综合考虑单位面积产量与单位籽粒品质含量的变化，达到高产的施肥量似乎要高于达到关键品质如粗蛋白质含量最高或淀粉降低最小的施肥量，玉米单位面积籽粒关键品质产出的大小是产量与品质变化相互协调的结果。当氮肥秋施比例为0%、20%、40%、60%、80%、100%时，每公顷籽粒粗蛋白质产出量依次为1 125.0kg、1 246.5kg、1 210.5kg、1 210.5kg、1 251.0kg、1 209.5kg，粗淀粉产出量依次为9 204.0 kg、9 555.0 kg、10 090.5 kg、10 078.5 kg、10 114.5 kg、9 787.5 kg。鉴于旱塬普通玉米生产条件和玉米的社会需求，产出更多的粗蛋白质和粗淀粉是主要的生产目的，玉米氮肥的秋施比例以40%~80%为宜，可使正常年份玉米粗蛋白质、粗淀粉产出量达到1 200 kg/hm^2、10 050 kg/hm^2 以上。

春覆膜蛋白质含量虽较秋覆膜高0.11个百分点，但差异较小。说明氮肥秋施与春追对玉米淀粉、粗蛋白质含量影响较小，只是基追肥比例不同对籽粒品质影响较大。考虑到黄土旱塬高效用水的实际，采用秋覆膜保墒与施肥技术的结合对玉米品质调优的影响，在氮肥施用总量中，以秋施占40%~60%、春季追肥占60%~40%的分配方式，能明显提高玉米籽粒的淀粉含量。

（2）秋覆膜条件下关键品质调优的氮肥施用技术。品质测试结果（表9-18）表明，各处理氮肥用量50%在秋季基施和50%在春季追施的条件下，氮肥施用量对不同玉米品种籽粒的容重大小，以及粗脂肪、粗蛋白质和淀粉含量有不同的影响。

表 9-18　秋覆膜条件下氮肥对玉米籽粒品质的影响（干基）

处　理		水分（%）	粗脂肪（%）	粗蛋白（%）	赖基酸（%）	淀粉（%）	容重（g/L）
陇试 1 号	N0	9.98	4.30	9.63	0.33	72.96	767.33
	N90	9.99	4.42	9.82	0.36	72.24	768.00
	N180	9.97	4.23	10.62	0.33	72.01	765.00
	N270	9.48	4.38	10.76	0.34	71.56	763.33
	平均	9.86	4.33	10.21	0.34	72.19	765.83
金穗 2001	N0	10.48	3.60	7.93	0.32	76.76	749.33
	N90	10.67	3.61	9.02	0.34	75.72	750.00
	N180	10.54	3.66	9.77	0.34	75.11	753.00
	N270	10.08	3.63	9.33	0.32	75.12	754.33
	平均	10.44	3.63	9.01	0.33	75.68	751.67
豫玉 22	N0	9.58	4.40	7.63	0.32	72.64	701.00
	N90	10.1	4.40	8.55	0.32	72.44	707.67
	N180	10.14	4.45	8.75	0.33	72.41	706.67
	N270	9.7	4.50	8.46	0.33	71.73	711.67
平　均		9.88	4.44	8.35	0.33	72.31	706.75

粗脂肪。供试 3 个品种的粗脂肪含量差异较大。就不同肥料处理粗脂肪含量的平均值而言，豫玉 22、陇试 1 号、金穗 2001 依次达到 4.44%、4.33%、3.63%，不同施肥量大小对其增减影响不大。说明玉米粗脂肪含量是由品种的遗传特性决定的，氮肥施用量的调控有效。按照国家标准，这 3 个玉米品种脂肪含量属食用玉米二等、三等（≥4.0%或≥3.0%）类型。

粗蛋白质。粗蛋白质含量在 3 个玉米品种之间仍有较大差异。从不同肥料处理粗蛋白质含量的平均值来看，陇试 1 号为 10.21%，较金穗 2001（9.01%）和豫玉 22（8.35%）分提高 1.2%、1.86%。随着氮肥施用量的增加，各品种粗蛋白质含量相应增加，二者之间的相关系数为 0.877 9，当氮肥含量达到 180kg/hm^2 时，粗蛋白质含量上升到最大值，同不施 N 肥比较，粗蛋白含量增加 0.84~1.12 个百分点，使陇试 1 号玉米粗蛋白质含量由国家优质蛋白质玉米三等水平（≥9%）提高到二等水平（≥10%），接近一等水平（≥11%），使金穗 2001 玉米达到国家优质蛋白质玉米三等水平，接近二等水平。因此，玉米籽粒粗蛋白质含量既由品种遗传特性决定，也受 N 肥用量的调控。

赖氨酸。3 个品种为普通玉米类型，赖氨酸在 0.33%~0.34%，品种及肥料对其变化影响不大。

淀粉。品种之间籽粒淀粉含量差异较大，就各肥料处理的平均值而言，金穗 2001 为 75.68%，达到国家高淀粉玉米一等水平（≥75%），淀粉含量较陇试 1 号和豫玉 22 增加

3.3 个百分点。随着施氮量的提高籽粒淀粉含量降低，二者之间的相关系数为-0.985 6，但淀粉含量降低幅度很小，仅为 0.9~1.6 个百分点。表明玉米淀粉含量主要由品种遗传特性决定，受 N 的逆向调控。

容重。容重是反映玉米籽粒品质的一个重要指标。但从测试结果来看，施氮肥对容重影响不大，它的大小取决于品种的遗传特性，如各肥料处理容重的平均值陇试 1 号为 765.83g/L，金穗 2001 为 751.67g/L，豫玉为 22 706.75g/L。

（3）秋施肥条件下玉米高效用水和品质保优增优的氮肥决策。冬闲期覆盖增加了作物可利用的土壤有效水分，在覆膜的同时将肥料同时施入，增加了旱地施肥的主动性，使较高的土壤水分与肥料耦合在一起，可显著提高水肥利用效率和互作效应。在冬闲期覆盖的同时，N 肥不同用量处理研究结果表明（表 9-19），随着 N 肥施用量的增加，产量和水分利用效率同步提高，籽粒蛋白质含量增加，但淀粉含量却相应减少。通过 N 肥与各项指标的方程拟合和求解，当产量和水分利用效率分别最大时，蛋白质和淀粉含量均显著下降。由于北方旱塬区玉米产量的 70%以上用作饲料，发展高蛋白玉米是目前饲料玉米生产的重点，为此确定以玉米籽粒蛋白质含量达到最大时的 N 肥用量为优化施肥量，来保优增优玉米品质。当 N 肥用量为 12.92kg/亩时，蛋白质含量达到最大，为 9.67%，淀粉含量为 75.13%，产量、水分效率为 812.0kg/亩、2.01kg/(mm·亩)。

表 9-19　冬闲期覆盖 N 肥施用比例对玉米水分利用和关键品质的影响

N 肥秋施比例（%）	产　量（kg/亩）	水分效率［kg/(mm·亩)］	淀　粉（%）	蛋白质（%）
0	819.1	1.71	74.88	9.16
20	846.6	1.73	75.24	9.02
40	893.3	1.88	75.30	9.03
60	890.1	1.83	75.49	9.07
80	905.3	1.94	74.48	9.21
100	871.8	1.80	74.84	9.24

为进一步研究冬闲期覆盖条件下玉米 N 肥数量的分配方式，继续研究了冬闲期覆盖 N 肥施用比例对产量、水分效率、关键品质的影响。不同 N 肥施用比例对产量和水分利用效率有一定的影响，但对籽粒淀粉和蛋白质含量影响不大。考虑到玉米增产和高效用水的需要，通过 N 肥施用比例与产量的方程拟合，得出水分利用效率和产量最高时的 N 肥冬闲期的施用比例为 58%~66%。因此，在冬闲期覆盖条件下，应将总 N 肥用量的 60%作为基肥施入，以提高水肥的耦合效益，剩余的 40%在大喇叭口期追施，可达到高效用水和保优关键品质的目的。

3. 两种种植方式下施肥对玉米品质影响的比较

地膜覆盖种植同露地种植对玉米单位籽粒品质的影响存在一定的差异（表 9-20），主要表现为：地膜覆盖使玉米籽粒粗蛋白含量降低，如中单 2 号、户单 4 号、豫玉 22 粗蛋白质含量分别降低 0.76%、0.29%、1.64%；覆盖使籽粒淀粉含量显著增加，如中单 2 号、户单 4 号、豫玉 22 粗淀粉含量分别增加 0.96%、0.32%、2.69%，使直链淀粉在淀粉中所占比例有下降趋势，但降低幅度很小；覆盖对赖氨酸含量影响不大；覆盖对粗脂肪含量的影响在品种之间有一定差异，有待进一步研究。

表 9-20　两种种植方式对玉米品质影响的比较

品　种	种植方式	蛋白质（%）	淀　粉（%）	粗脂肪（%）	赖氨酸（%）	直链淀粉（%）	直链淀粉/总淀粉（%）
中单 2 号	覆膜种植	9.73	72.27	3.21	0.266	17.59	0.243
	露地种植	10.49	71.32	4.03	0.272	18.21	0.255
	覆盖—露地	-0.76	0.96	-0.82	-0.007	-0.63	-0.012
户单 4 号	覆膜种植	9.63	73.94	3.08	0.268	18.35	0.248
	露地种植	9.92	73.62	3.80	0.246	19.04	0.259
	覆盖—露地	-0.29	0.32	-0.73	0.022	-0.70	-0.011
豫玉 22	覆膜种植	8.00	73.30	4.16	0.263	17.33	0.236
	露地种植	9.63	70.61	3.86	0.288	16.87	0.239
	覆盖—露地	-1.64	2.69	0.31	-0.024	0.47	-0.002

但是，单位面积玉米籽粒品质产出的数量是单产和单位籽粒中品质含量的乘积，地膜覆盖后，单位面积上玉米籽粒粗蛋白质、粗淀粉、赖氨酸、直链淀粉的产出增加，其中淀粉含量增加最多，直链淀粉次之，粗蛋白质和赖氨酸增加较少（表 9-21）。

表 9-21　两种种植方式下玉米主要品质产出量的比较　（单位：kg/hm^2）

品　种	种植方式	粗蛋白质	粗淀粉	脂　肪	赖氨酸	直链淀粉
中单 2 号	覆膜种植	1 022.5	7 595.6	337.3	27.9	1 848.8
	露地种植	980.1	6 663.9	376.5	25.3	1 701.5
	覆盖—露地	42.4	931.6	-39.2	2.5	147.2
户单 4 号	覆膜种植	967.5	7 427.88	309.4	27.0	1 843.4
	露地种植	836.6	6 208.3	320.4	20.7	1 605.6
	覆盖—露地	130.8	1 219.5	-10.9	6.12	237.8
豫玉 22	覆膜种植	998.8	9 151.4	519.3	32.7	2 163.6
	露地种植	873.2	6 401.9	349.9	26.1	1 529.5
	覆盖—露地	125.6	2 749.5	169.4	6.6	634.1

（四）旱地谷子关键品质现状及调控

谷子是我国干旱、半干旱地区的重要粮食作物之一。因其抗旱、稳产、适应性强，适播期长，被誉为旱地农业的“铁杆庄稼”，在旱地农业中具有举足轻重的作用。

1. 谷子的关键品质性状

目前现行的谷子品种产量结果差异达到极显著，范围在 178.1～400.5kg/亩，最低为 8804-4-13，只有 178.1kg/亩；张杂谷 1 号最高，为 400.5kg/亩，较最低品种（系）

8816-2-2-4 增产 124.9%；金穗谷 1 号产量为 384.0kg/亩，较 8816-2-2-4 增产 115.6%。张杂谷 1 号、金穗谷 1 号分别较对照黄毛谷 307.7kg/亩增产 30.2%和 24.8%，其余均较黄毛谷减产。黑沙 1 号、晋谷 14、陇谷 9 号、陇谷 8 号、8518-3-2、8803-3-2-2、8816-2-2-4、8804-4-13 分别较对照减产 16.5%、33.0%、30.6%、24.7%、36.2%、27.5%、37.7%、42.1%（表 9-22）。

表 9-22　不同类型谷子品种（系）产量和品质状况

品　种	粗蛋白质（%）	淀　粉（%）	粗脂肪（%）	赖氨酸（%）	产　量（kg/亩）	较 CK 增产（%）	位　次
黑沙 1 号	12.72	76.11	5.56	0.31	385.6	-16.5	3
晋谷 14	11.45	76.28	4.61	0.32	206.1	-33.0	9
金穗谷 1 号	11.02	77.67	4.58	0.31	384.0	24.8	2
张杂谷 1 号	11.64	75.73	5.20	0.31	400.5	30.2	1
陇谷 9 号	14.18	73.27	5.32	0.33	213.6	-30.6	8
陇谷 8 号	13.36	74.36	5.31	0.32	231.8	-24.7	6
8519-3-2	12.55	75.33	5.24	0.31	196.3	-36.2	10
8803-3-2-2	13.64	74.33	5.38	0.33	223.0	-27.5	7
8816-2-2-4	12.47	75.61	5.31	0.32	191.8	-37.7	11
黄毛谷（ck）	12.25	74.60	5.28	0.33	307.7	—	5
8804-4-13	15.46	72.98	4.74	0.33	178.1	-42.1	12
张杂谷 1 号	12.37	77.03	4.73	0.29	379.6	23.4	4

试验中陇谷 9 号、陇谷 8 号、8518-3-2、8803-3-2-2、8804-4-13 的蛋白质含量分别为 14.18%、13.36%、12.55%、13.64%、15.46%，均达到≥12.5%的一级标准；其脂肪分别为 5.32%、5.31%、5.24%、5.38%、4.74%，均达到≥4.6%的一级标准。黑沙 1 号、8816-2-2-4、黄毛谷蛋白质含量分别为 12.15%、12.47%、12.25%，均达到11.8%~12.5%二级标准。其脂肪含量分别为 5.56%、5.31%、5.28%，均达到≥4.6%的一级标准。晋谷 14、金穗谷 1 号、张杂谷 1 号蛋白质含量分别为 11.45%、11.02%、11.64%，小于二级，但晋谷 14、张杂谷 1 号脂肪含量分别为 4.61%、5.20%，达到≥4.6%的一级标准，金穗谷 1 号脂肪含量为 4.58%，达到 4.2%~4.6%的二级标准。

综合分析来看，金穗谷 1 号、张杂谷 1 号、黄毛谷、黑沙 1 号、陇谷 8 号等 6 个品种比较好（表 9-23），田间表现植株整齐、抗倒伏、分蘖成穗强，产量潜力大，适宜在陇东旱塬地推广种植。

表 9-23　几个主栽谷子品种主要性状综合分析

品　种	倒伏性	分　蘖（个）	株　高（cm）	产　量（kg/亩）	品质（%）				特　点
					蛋白质	淀粉	脂肪	赖氨酸	
黑沙 1 号	无	4	126. 6	257. 1	12. 15	76. 1	5. 56	0. 31	综合指标好
陇谷 8 号	轻	0	138. 8	231. 8	13. 36	74. 4	5. 31	0. 32	综合指标好
黄毛谷	无	1	140. 9	307. 7	12. 25	74. 6	5. 28	0. 33	综合指标好
金穗谷 1 号	无	3	87. 4	384. 0	11. 02	77. 7	4. 58	0. 31	产量较高
张杂谷 1 号	无	2	124. 9	400. 5	11. 64	75. 3	5. 20	0. 31	产量较高

2. 谷子关键品质增优技术

在相同播种密度下，蛋白质含量随氮肥施用量的增加而增加的趋势；相同氮肥条件下，蛋白质含量有随着播种密度的增加而降低的趋势（表 9-24）。密度和肥料处理之间，籽粒蛋白质和淀粉含量变化较大，分别在 11. 69%～13. 01%和 74. 68%～76. 21%，籽粒粗脂肪及赖氨酸的含量变化不大，分别在 5. 1%～5. 76%和 0. 29%～0. 31%。说明施氮和调节播量可改善谷子蛋白质和淀粉含量，而对粗脂肪和赖氨酸影响较小。

表 9-24　不同密度和氮肥用量对谷子产量与品种的影响

处　理		品质（%）				亩　产（kg/亩）
密度（万株）	N 用量（kg/亩）	粗蛋白质	淀粉	粗脂肪	赖氨酸	
2	0	12. 27	76. 21	5. 10	0. 30	202. 0
	4	12. 29	75. 27	5. 50	0. 29	229. 4
	8	12. 46	75. 01	5. 46	0. 30	246. 1
	12	13. 01	73. 36	5. 52	0. 29	198. 4
3	0	12. 19	75. 83	5. 76	0. 29	236. 0
	4	12. 57	74. 68	5. 67	0. 31	256. 0
	8	12. 21	75. 92	5. 36	0. 29	271. 4
	12	12. 34	75. 25	5. 59	0. 31	235. 4
4	0	12. 10	75. 23	5. 70	0. 29	242. 5
	4	11. 69	75. 29	5. 48	0. 30	276. 2
	8	11. 80	75. 63	5. 46	0. 31	263. 5
	12	12. 53	75. 57	5. 52	0. 31	207. 1

第七节　旱作区农业面向未来的重点科技任务

甘肃省是典型的干旱半干旱省份，为加快现代旱作农业发展，确保农产品有效供给和农业可持续发展，甘肃省科技厅增加科技投入，组织实施了一批科技成果研发与应用项目，加强农艺农机融合，为全面提升旱作节水农业发展提供了科技保障，支撑和引领了全国同类区旱作农业的发展。

一、坚持问题导向，围绕水问题做好水文章

甘肃省围绕抗旱和节水两大主题，以提高降水利用率和作物水分效率为目标，坚持“顺应天时，遵循自然规律；顺应市场，遵循经济规律；顺应时代，遵循科学规律”的基本思路，千方百计蓄住天上水、保住土壤水、用好地表水，创立了“集水、蓄水、保水、用水、节水”五大技术体系，确立了“梯田、水窖、地膜、结构”为主的旱作农业发展模式，经受住了干旱、缺水、多灾的挑战，支撑了全省粮食总产由 10 年前的 800 万 t 到目前近 1 200 万 t 的跨越发展，解决了旱地粮食产量长期低而不稳的问题，在全国乃至国际上产生了积极的影响。20 世纪 90 年代初，甘肃省科技人员率先提出了以雨水治旱的主动抗旱思路，组织实施了一批集雨节灌工程和集水高效农业科技项目，支撑和引领了我国北方地区“121 集雨节灌工程”“窑窖工程”“甘露工程”等的大面积应用，在解决半干旱区人畜饮水的同时，创造性应用了道路庭院集雨+水窖贮水+滴管为主的黄土高原果树与庭院经济生产体系、日光温室棚面集雨与水窖贮水和膜下滴管连体构筑的蔬菜及食用菌生产模式，至今仍发挥着重要作用。

面对旱地粮食产量长期低而不稳和波动性大的问题，甘肃省创新了以秋覆膜保墒春播、全膜双垄沟集雨种植和全膜覆土穴播为主的旱地抗旱增粮技术，扩大了旱地玉米种植范围，使小于 5mm 无效降雨富集叠加高效利用，粮食单产增加 100～150kg/亩，提高 20%～30%，使玉米种植的海拔高度由 1 800m 增加到 2 300m，早熟品种能正常成熟，使以前很少种玉米 300～400mm 半干旱区扩种玉米成为现实、400～500mm 产量不稳定区变成稳定增产区，创建了旱地 800～1 000kg/亩高产田，水分利用效率达到2.0～2.5kg/(mm・亩)，被称为“旱作农业技术的一场革命”。通过整合财政资金、地膜和覆膜机具政府采购补贴、示范引导等措施，加快推广进程，2010 年以来全省种植面积稳定超过了 1 000 万亩，用占全省 1/4 的粮食播种面积生产了 2/3 的粮食总产，为农业种植结构调整和畜牧业发展提供了保障。针对黄土高原国家苹果产区干旱缺水、树体郁闭无效消耗水肥及肥水环境恶化等核心问题，国家科技支撑和省科技重大专项创新了果园“高垄覆膜、小沟集雨、穴贮肥水”“树盘覆膜、树行覆草”等水肥高效利用技术，建立了大面积覆膜集雨优质果园，增产 20%～32%，优质果率提高 14.5%，制定了高光效树形树体结构和化肥氮减量施用方案，降低了“大小年”结果幅差和土壤中氮富集。

二、推进品种创新，强化农艺农机融合

以充分发挥生物节水潜力实现提质增效为核心，甘肃省长期稳定支持主要农作物新品

种选育工作，选育出了以陇薯系列马铃薯、陇鉴和兰天系列小麦、陇单和吉祥系列玉米为代表的一批具有自主知识产权的新品种，研究开发出配套的抗逆栽培技术，在全省及西北地区应用取得了显著成效。选育出的陇薯3号薯块淀粉含量达到24.3%，是我国第一个高淀粉马铃薯新品种，年度推广面积占西北马铃薯种植面积的1/4，在山丹县创建了5t/亩的高产纪录，陇薯6号适合全粉及淀粉加工，通过国家审定，LK99成为适宜炸片、炸条、全粉加工及早熟菜用型品种，满足市场需求。抗锈小麦品种推广应用有效控制了条锈病的流行为害，对国家小麦锈病源头治理和保障全国小麦生产安全起到了决定性作用。选育的吉祥1号是继郑单958之后的国内推广面积较大的玉米新品种，获农业部植物新品种保护授权，年制种面积达30多万亩，年推广面积3 000多万亩，在甘肃镇原和庄浪创建了914kg/亩的旱地高产纪录。

为提高旱地作物地膜覆盖的劳动效率，先后设计研发出适宜不同作物种植技术要求的旋耕、施肥、覆膜一体机，实现了地膜覆盖作物种植的农艺农机融合，代替了人工和畜力覆膜，大幅度提高了劳动生产率。针对地膜覆盖作物人工点播费工费时问题，2014年立项的“旱地作物关键环节农艺农机融合及产业化应用”省重大专项，加强甘肃省农业科学院、甘肃农业大学和洮河拖拉机制造有限公司的结合，研制开发出地膜玉米膜上电动精量穴播机、马铃薯起垄覆膜穴播一体机和小麦全膜覆土穴播一体机，推进了关键环节的农艺农机融合，每年企业生产销售覆膜机和播种机2 400多台，纳入甘肃省省级农机具补贴。甘肃省全省抗逆优质新品种应用率达到95%，机械作业率接近50%。

三、关注重大问题，实施环境友好型技术

培肥地力是旱地粮食增产的关键。依托30多年肥料长期试验，确定了有机肥和化肥在旱地粮食增产中的贡献率为48%和52%，秸秆还田干旱年份增产38.7%。长期增施有机肥和秸秆还田后土壤养分呈现富集趋势，土壤有机碳年固定速率达到16.4~24.1kg/亩，化肥氮素的表观利用率超过了60%，隔年施磷素的表观利用率达到了25%，每年单施6kg/亩氮的产量同目前施10kg/亩氮的产量接近。因此，大力推广小麦机械化高留茬秸秆还田、玉米机械化收割秸秆粉碎还田、磷肥隔年施用和化肥氮减施等环境友好型农业关键技术，维持地力养分平衡和提高地力水平，藏粮于地，增加旱地粮食生产能力。

针对提高地膜利用年限问题，研究提出了地膜覆盖作物留膜留茬一膜两年用免耕种植模式，根茬还田投入有机碳60~80kg/亩，作物产量可与第二年新覆膜种植的持平，延长了冬春休闲期地膜覆盖，减少风蚀和蒸发损失，降低地膜、耕作、残膜拾捡投入，亩节本减少50%。地膜覆盖在大幅度提高旱地作物产量的同时，农田0~20cm残留量在5~6kg/亩，相当于当年覆盖地膜的总量，残膜使土壤水分下渗速度减缓，土壤贮水量减少7.8~16.8mm，玉米产量降低4.8%~11.3%。研究示范日本三菱化学、浙江鑫富药业和德国BASF等聚酯类物质为主的生物降解地膜，覆盖栽培玉米100d开始裂解，产量与常规聚乙烯PE膜无差异，玉米收获时入土部分降解60%，地膜翻入土壤后1年内降解90%以上。

四、转变生产方式，探索生态高效农牧循环模式

甘肃省加快旱作区以玉米、马铃薯、优质林果、中药材和草食畜五大特色产业的发

展，建立了以秋粮为主的适雨型种植结构和粮—畜—果—药可持续农业模式。地处甘肃省中部黄土丘陵沟壑区的通渭县坚持走“修梯田—调结构—搞养殖—建沼气—肥还田—再种植”的现代旱作循环农业发展路子，以企业为主体建立了畜草循环经济产业园。定西市着力发展生态循环型畜禽养殖，建立了“牛羊粪便—沼液沼渣—废弃饲草秸秆—有机肥—中药材和设施蔬菜种植基地”。黄土旱塬区的庆阳、平凉发展“玉米秸秆青贮氨化—肉牛养殖—沼气生产—沼肥利用—生态果园”“全膜玉米—秸秆利用—肉牛养殖—牛粪制有机肥—肥料还田”农业循环模式，实现了畜禽粪便无害化、作物秸秆青贮化、农药化肥减量化、沼渣沼液产品化、主导产业绿色化，农民用上了清洁能源，生产生活成本降低了，农村生活环境变好了。

近 10 年来，甘肃省农业科学院吴建平团队创新牛羊品质育肥及饲养管理模式，肉牛每天节省 1~2kg 玉米，日增重 1.5kg 以上，肉牛育肥期缩短 6~8 个月，秸秆青贮消化率提高 15%以上，推动了全省牛羊产业的提质增效。

面向未来，以“一控两减三基本”为核心（图 9-10）、农牧全产业链协调发展为目标，构建种植业、养殖业、加工业、有机肥为产业大循环，加快种植业提质增效转草、适度规模种养结合、农牧互补生态高效循环体系建设，因地制宜推进果—畜—沼、粮—畜—沼—肥、粮—畜—肥、草—畜—肥等循环农业模式，推动旱作区农业绿色节本、提质增效地可持续发展，是未来旱作农业发展的总体方向，也是产业精准扶贫的关键。

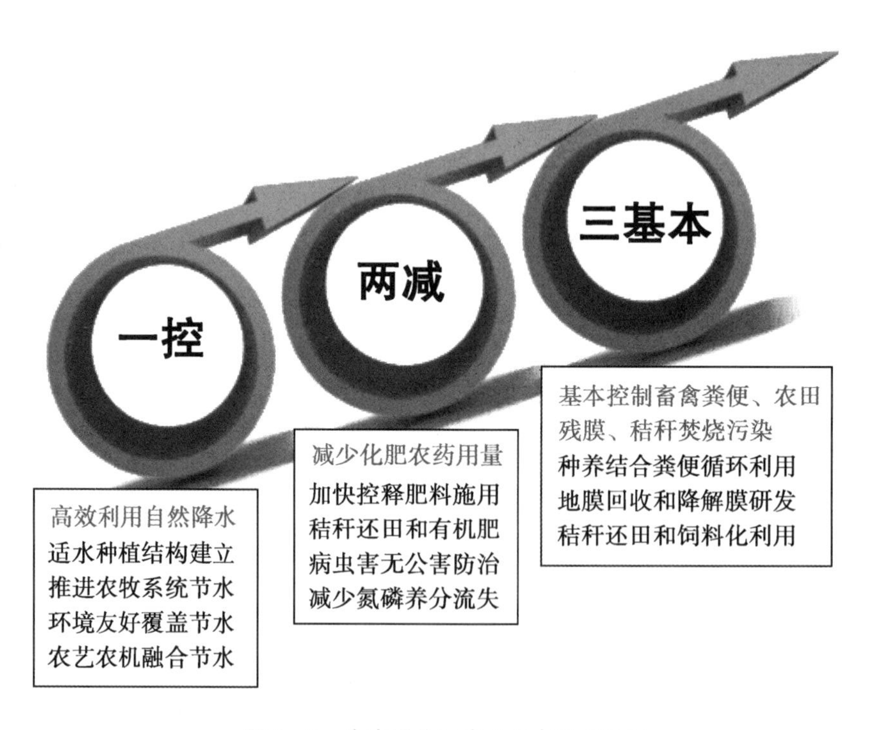

图 9-10　未来旱作区农业重点科技任务

附图　旱作区种植业—养殖业—有机肥—优质肉产品为主的生态高效农牧循环体系

参考文献

马海霞 . 2014. 甘肃省社会粮食供需平衡的数据测算及战略选择［D］. 兰州：兰州大学 .

王立祥，廖允成 . 2013. 中国粮食生产能力提升及战略贮备［M］. 宁夏：黄河出版传媒集团阳光出版社 .

上官周平，等 . 1999. 黄土高原粮食生产与持续发展研究［M］. 西安：陕西人民出版社.